ASSOCIATION FRANÇAISE

POUR

L'AVANCEMENT DES SCIENCES

ASSOCIATION FRANÇAISE

POUR

L'AVANCEMENT DES SCIENCES

Fusionnée avec

L'ASSOCIATION SCIENTIFIQUE DE FRANCE

(Fondée par Le Verrier en 1864)

(Reconnues d'utilité publique)

COMPTE RENDU DE LA 53e SESSION

LE HAVRE

· 1929

PARIS

AU SECRÉTARIAT DE L'ASSOCIATION

28, RUE SERPENTE (6e ARR.)

ET CHEZ MM. MASSON ET Cie

120, BOULEVARD SAINT-GERMAIN (6e ARR.)

—

1929

LISTE DES CONGRÈS ET LEURS PRÉSIDENTS
Volumes

ANNÉES			VILLES			PRÉSIDENTS	
1872	1re Session.		Bordeaux	1 vol.		Claude BERNARD	(*Décédé*)
1873	2e	—	Lyon	1 —		DE QUATREFAGES	(*Décédé*)
1874	3e	—	Lille	1 —		Adolphe WURTZ	(*Décédé*)
1875	4e	—	Nantes	1 —		Adolphe D'EICHTHAL	(*Décédé*)
1876	5e	—	Clermont-Ferrand	1 —		J.-B. DUMAS	(*Décédé*)
1877	6e	—	Le Havre	1 —		Paul BROCA	(*Décédé*)
1878	7e	—	Paris	1 —		Edmond FRÉMY	(*Décédé*)
1879	8e	—	Montpellier	1 —		Agénor BARDOUX	(*Décédé*)
1880	9e	—	Reims	1 —		J.-B. KRANTZ	(*Décédé*)
1881	10e	—	Alger	1 —		Auguste CHAUVEAU	(*Décédé*)
1882	11e	—	La Rochelle	1 —		Jules JANSSEN	(*Décédé*)
1883	12e	—	Rouen	1 —		Frédéric PASSY	(*Décédé*)
1884	13e	—	Blois	2 vol.	(1)	A. BOUQUET DE LA GRYE	(*Décédé*)
1885	14e	—	Grenoble	2 —	»	Aristide VERNEUIL	(*Décédé*)
1886	15e	—	Nancy	2 —	»	Charles FRIEDEL	(*Décédé*)
1887	16e	—	Toulouse	2 —	»	Jules ROCHARD	(*Décédé*)
1888	17e	—	Oran	2 —	»	Aimé LAUSSEDAT	(*Décédé*)
1889	18e	—	Paris	2 —	»	H. DE LACAZE-DUTHIFRS	(*Décédé*)
1890	19e	—	Limoges	2 —	»	Alfred CORNU	(*Décédé*)
1891	20e	—	Marseille	2 —	»	P.-P. DEHÉRAIN	(*Décédé*)
1892	21e	—	Pau	2 —	»	Edouard COLLIGNON	(*Décédé*)
1893	22e	—	Besançon	2 —	»	Charles BOUCHARD	(*Décédé*)
1894	23e	—	Caen	2 —	»	E. MASCART	(*Décédé*)
1895	24e	—	Bordeaux	2 —	»	Emile TRÉLAT	(*Décédé*)
1896	25e	—	Carthage (Tunis)	2 —	»	Paul DISLÈRE	(*Décédé*)
1897	26e	—	Saint-Étienne	2 —	»	J.-E. MAREY	(*Décédé*)
1898	27e	—	Nantes	2 —	»	Edouard GRIMAUX	(*Décédé*)
1899	28e	—	Boulogne-sur-Mer	2 —	»	Paul BROUARDEL	(*Décédé*)
1900	29e	—	Paris	2 —	»	Hippolyte SEBERT	(*Décédé*)
1901	30e	—	Ajaccio	2 —	»	E.-T. HAMY	(*Décédé*)
1902	31e	—	Montauban	2 —	»	Jules CARPENTIER	(*Décédé*)
1903	32e	—	Angers	2 —	»	Emile LEVASSEUR	(*Décédé*)
1904	33e	—	Grenoble	1 —	(2)	C.-A. LAISANT	(*Décédé*)
1905	34e	—	Cherbourg	1 —	»	Alfred GIARD	(*Décédé*)
1906	35e	—	Lyon	2 —	(1)	Gabriel LIPPMANN	(*Décédé*)
1907	36e	—	Reims	2 —	»	Henri HENROT	(*Décédé*)
1908	37e	—	Clermont-Ferrand	1 —	(3)	Paul APPELL.	
1909	38e	—	Lille	1 —	(4)	Louis LANDOUZY	(*Décédé*)
1910	39e	—	Toulouse	1 —	(5)	C.-M. GARIEL	(*Décédé*)
1911	40e	—	Dijon	1 —	»	S. ARLOING	(*Décédé*)
1912	41e	—	Nîmes	1 —	(4)	Charles LALLEMAND.	
1913	42e	—	Tunis	1 —	»	Emile HAUG	(*Décédé*)
1914	43e	—	Le Havre	1 —	(6)	Armand GAUTIER	(*Décédé*)
1915-1916	(Conférences)			1 —	(7)	Albert CALMETTE.	
1916-1917	—			1 —	»	—	
1917-1918	—			1 —	»	—	
1918-1919	—			1 —	»	—	
1920	44e Session.		Strasbourg	1 —	(8)	—	
1921	45e	—	Rouen	1 —		Auguste RATEAU.	
1922	46e	—	Montpellier	1 —		Louis MANGIN.	
1923	47e	—	Bordeaux	1 —		Alexandre DESGREZ.	
1924	48e	—	Liége	1 —		Pierre VIALA.	
1925	49e	—	Grenoble	1 —		Emile BOREL.	
1926	50e	—	Lyon	1 —		Alfred LACROIX.	
1927	51e	—	Constantine	1 —		Paul LANGEVIN.	
1928	52e	—	La Rochelle	1 —		Léon LINDET	(*Décédé*)
1929	53e	—	Le Havre	1 —		Général PERRIER.	

(1) Les Tomes I et II sont reliés séparément.
(2) Pour la 33e Session, Grenoble 1904, et la 34e Session, Cherbourg 1905, le Tome I a été remplacé par un Bulletin mensuel dont les numéros 8 et 9 de chaque année ont été consacrés aux comptes rendus des séances générales et aux procès-verbaux des Sections.
(3) Le Tome I a été remplacé par deux brochures parues en 1908.
(4) Le Tome I a été remplacé par une brochure parue dans l'année où a eu lieu le Congrès.
(5) Le Tome I a été remplacé par une brochure parue dans l'année où a eu lieu le Congrès. Le volume des Notes et Mémoires existe, divisé en quatre Tomes, dont chacun comprend sa Table des matières et sa Table analytique par ordre alphabétique.
(6) Le Tome I a été remplacé par une brochure parue en mai 1915.
(7) En 1915, 1916, 1917, 1918 et 1919, il n'y a pas eu de Congrès.
(8) La brochure remplaçant le Tome I a été supprimée.

CONGRÈS DU HAVRE

SÉANCE GÉNÉRALE D'OUVERTURE

25 JUILLET 1929

DISCOURS

M. LANG
Adjoint au Maire du Havre.

Mon Général,
Messieurs, Mesdames,

M. le Député-Maire espérait présider lui-même l'ouverture de ce Congrès. Les obligations de ses fonctions ne le lui ont pas permis.

Il m'a chargé de vous présenter, avec ses regrets, ses excuses les plus vives.

Après avoir excusé M. Léon Meyer, permettez-moi tout d'abord de vous remercier du grand honneur que vous avez fait à la ville du Havre en la choisissant comme siège du 53e Congrès de l'Association Française pour l'Avancement des Sciences.

Soyez assurés qu'elle l'apprécie hautement et qu'elle est infiniment heureuse d'accueillir en ce jour ses hôtes éminents à la tête desquels je salue respectueusement M. le Général Perrier, Président du Congrès, et notre illustre concitoyen, M. le Général Archinard.

Parmi ces hôtes je veux m'adresser plus particulièrement à ceux qui, venus d'Angleterre, de Belgique, d'Espagne, d'Italie et du Portugal, représentent non seulement auprès de nous les groupements scientifiques de leurs pays, mais sont encore, en quelque sorte, les messagers des sympathies de leurs compatriotes à l'égard de notre pays et de notre ville.

Ces sympathies, Messieurs, nous touchent profondément. La France, pendant la paix comme durant la guerre, a soif d'amitiés, et c'est de tout cœur que nous vous recevons dans cette ville du Havre où mieux que partout ailleurs peut-être on apprécie les avantages des relations qui s'établissent entre les peuples et l'intérêt que nous avons à nous rapprocher et à nous connaître.

Par delà vos personnes, c'est aux Nations elles-mêmes que vous représentez si dignement que j'adresse notre salut le plus cordial.

Mais je ne saurais oublier que l'Association Française pour l'Avancement des Sciences comprend l'élite de nos savants et de nos penseurs. Je m'incline devant cette élite, en exprimant le vœu que les liens qui vont se former ici ou se resserrer entre savants de diverses nationalités deviennent chaque jour plus étroits. En travaillant ensemble vous ferez en effet progresser la science, et par surcroît vous augmenterez le bonheur et le bien-être de l'Humanité.

Messieurs, qui de nous, en un jour comme celui-ci, ne se souvient du Congrès du Havre de 1914. Au moment où il inaugurait ses travaux, les nuages s'accumulaient à l'horizon et ce fut soudain l'effroyable catastrophe, la Patrie attaquée et envahie. Commencé dans l'angoisse, ce Congrès devait se terminer alors que la frontière était déjà violée. La pensée de tous ceux qui y prirent part allait vers la France qui, une fois de plus, devait verser son sang pour la cause sacrée de la justice et du droit.

La paix est revenue, Messieurs, et rien ne viendra troubler vos assises de 1929. Aussi nous escomptons de la collaboration intellectuelle qui va s'établir entre vous de féconds résultats.

On a dit et répété à chacune de vos réunions, au Havre, que notre cité était une ville d'affaire, vivant du commerce, de l'industrie et de la navigation ; mais on ajoutait fort justement qu'elle n'entendait pas demeurer étrangère aux travaux de l'esprit.

Quant à moi, je n'énumérerai pas ici ce qui a été fait au Havre dans le domaine scientifique, littéraire ou artistique. Je ne rappellerai pas la glorieuse lignée des écrivains havrais. Je tiens cependant à souligner devant vous l'intensité de nos efforts en ce qui concerne les institutions scientifiques et scolaires. Je veux dire également les sacrifices que nous nous imposons pour former des jeunes gens qui demain contribueront à élargir ce courant de connaissances qui prépare aux hommes un avenir meilleur.

Mais je m'en voudrais d'abuser de votre patience, et j'en aurai fini lorsqu'après avoir exprimé mes vœux pour le succès de vos travaux, j'aurais été l'interprète de tous mes concitoyens qui, par ma bouche, vous témoignent leur vive satisfaction d'avoir pour hôtes des personnalités éminentes qui consacrent leur labeur et leur dévouement à des recherches désintéressées.

En leur nom, je vous adresse mes plus chaleureux compliments comme à de bons ouvriers de la science, mais plus encore à des hommes auxquels, suivant la pensée antique, rien de ce qui est humain ne demeure étranger.

M. BUCHARD
Président du Comité local.

Mon Général,
Mesdames, Messieurs,

Au nom du Comité local d'organisation du Congrès de l'Association Française pour l'Avancement des Sciences, j'ai l'honneur de souhaiter la bienvenue aux membres participants à ce Congrès.

J'adresse mon cordial et déférent salut à tous les savants composant vos sections et à l'éminent Président de l'Association M. le Général Perrier, Membre de l'Institut.

Je présente l'hommage respectueux de ses concitoyens à M. le Général Archinard, Grand-Croix de la Légion d'honneur.

Dans une amicale pensée de fraternité scientifique la British Association a voulu s'associer à vos travaux; qu'elle en soit vivement remerciée; que le Colonel Sir Henry Lyons, Directeur du Musée de Londres ; M. Bather, Directeur du British Muséum ; M. Sheppard, Délégué de la British Association et tous leurs collègues reçoivent ici l'expression de notre reconnaissance.

Ce Congrès prend l'allure d'un Congrès international, car, outre les savants anglais, nous avons la bonne fortune de constater la présence de délégués de la Belgique, de l'Espagne, de l'Italie, du Portugal :
Messieurs les Professeurs :
A. Gravis, A. Lemeere, de Selys Longchamps, membres de l'Académie Royale de Bruxelles ; M. J. Timmermans, professeur à l'Université de Bruxelles.; M. le docteur Manuel Garcia Miranda, délégué de l'Association Espagnole pour l'avancement des Sciences ; M. le professeur Alexandro Ghigi, Président de l'Association italienne pour le progrès des sciences ; M. da Costa Lobo, Directeur de l'Observatoire astronomique de l'Université de Coimbra et Président de l'Association Portugaise pour l'Avancement des Sciences ; ont tenu à prendre une part active à vos discussions et à souligner ainsi tout le bienveillant intérêt qu'ils portent à cette haute manifestation de la Science française.

Le Gouvernement de l'Algérie nous a délégué M. Seurat, Professeur à l'Université d'Alger.

Pénétré de l'importance de ce Congrès, le Gouvernement de la République y a envoyé des représentants :

M. le Ministre de la Marine a chargé M. le Capitaine de vaisseau Nivet, Gouverneur du Havre, de le représenter ;

M. le Ministre des Travaux publics a désigné pour son délégué M. Lorin de Reure, Administrateur général de l'Inscription maritime ;

M. le Ministre des Colonies a chargé M. Thonet, Administrateur de 1re classe des Colonies, d'être son représentant ;

M. le Ministre de l'Instruction publique est représenté par M. le Général Perrier ;

M. le Ministre du Commerce et de l'Industrie par M. Gastier ;

M. le Ministre de l'Air par M. Mazer ;

M. le Sous-Secrétaire d'Etat des Postes et des Télégraphes par M. Collet. et les Services de la Marine marchande par M. Lorin de Reure.

Le Congrès du Havre se trouve très honoré de cette marque de haute considération de la part du Gouvernement.

Le Comité local a fait son possible, Mesdames et Messieurs, pour vous rendre agréable et utile votre séjour dans notre ville ; certes, il n'a pas la prétention d'avoir réalisé la perfection, mais il a désiré faciliter vos travaux, employer votre temps en tenant compte des préférences et des goûts de chacun de vous ; il a voulu surtout répondre par une grande bonne volonté à l'honneur que font à notre Ville les savants étrangers et français venus la visiter.

D'autres villes, peut-être plus qualifiées que la nôtre, sollicitaient cet honneur ; l'Association Française pour la troisième fois, a choisi Le Havre ; ce choix n'a-t-il pas été guidé par ce fait que le Congrès de 1914 fut brusquement interrompu par la déclaration de guerre et par cette pensée, heureuse pour nous, qu'il convenait, cette année, de continuer et de terminer celui resté inachevé.

Je ne saurais finir sans remplir un devoir agréable : celui de rendre hommage à ceux de mes collègues du Comité local qui ont dépensé sans compter, leur temps, leur activité, leur compétence, pour organiser ce Congrès.

Je ne puis les nommer tous, et tous, cependant, méritent nos remerciements.

Toutefois, vous me permettrez de citer plus particulièrement :

M. le docteur Loir qui a été le « Deus ex machina » de notre organisation ;

M. Hugues, qui fut un maréchal des logis incomparable ;

M. Legangneux, mon précieux collaborateur.

Je tiens également à remercier vivement :

M. Couturier, Maire de Fécamp et Conseiller général, qui s'est mis aimablement à notre disposition pour nous faire visiter sa ville, très intéressante ;

La Compagnie Générale Transatlantique qui vous fera admirer un de ses paquebots ;

M. Dupont, notre Vice-Président du Comité local et Directeur des Docks-

Entrepôts dont vous verrez, non sans étonnement, les immenses magasins ;

M. le Colonel Filloux, auquel notre armée doit de si utiles inventions, vous promènera dans les Usines Schneider ;

La Chambre de Commerce du Havre et son distingué et si actif Président M. Hermann du Pasquier qui nous a pécuniairement aidé à publier notre livre ;

L'Administration du port autonome, dirigée par M. Corbeaux, Inspecteur général des Ponts et Chaussées qui éprouvera, j'en suis convaincu, une grande satisfaction à vous faire visiter le port du Havre, son œuvre, dont nous sommes fiers, à juste titre ;

Ceux qui d'une plume alerte ont composé notre Livre ;

La Presse Havraise, toujours empressée à accueillir nos communications ;

Et enfin, l'Administration Municipale et son dévoué Maire, M. le Député Léon Meyer, auquel la Ville du Havre, reconnaissante, doit tous les progrès et les améliorations accomplis depuis dix ans dans toutes les branches de l'activité municipale.

Que ceux que je ne cite pas me pardonnent : ils sont nombreux, car je puis vous assurer, Messieurs, que partout nous avons rencontré les appuis, les collaborations, les bonnes volontés nécessaires pour nous permettre de mener — je n'ose encore dire à bien — l'œuvre entreprise ; tant il est vrai que lorsqu'on fait appel à leur dévouement, que ce soit pour la Science, comme aujourd'hui, pour les Arts, comme hier, pour la Bienfaisance, comme chaque jour, les Havrais répondent toujours : présent.

Sir Henry LYONS

Délégué de la British Association for the advancement of Science.

M. le Président,
Mesdames et Messieurs,

C'est un très grand honneur pour moi d'offrir à votre Association tous les vœux de l'Association Britannique pour l'Avancement des Sciences, et d'exprimer notre reconnaissance pour l'hospitalité montrée à ceux de ses membres qui sont empêchés de se rendre à la réunion dans l'Afrique du Sud.

Ceux de nous qui ont pu profiter de votre amabilité attendent impatiemment de prendre part à vos réunions où les derniers progrès dans toutes les branches des sciences seront discutés. De la discussion jaillit la lumière, et nous ne pouvons que gagner de précieux éclaircissements.

Voilà la seconde fois que l'Association Française pour l'Avancement des Sciences s'est jointe en une fraternité scientifique à l'Association sœur.

Dans l'occasion précédente, en 1914, lorsque l'Association Britannique se réunissait en Australie, un éminent chimiste, feu sir William Ramsay, occupait la même position que j'ai aujourd'hui. Votre Association se réunissait déjà sous la menace de la grande guerre qui devait, hélas, éclater si tôt. Dans les années qui suivirent, des milliers de mes compatriotes goûtèrent l'hospitalité de cette grande cité — Le Havre — sur leur chemin vers le front ; ils se souviennent avec gratitude des jours passés dans votre cité si hospitalière.

Mais il y a dix ans de tout cela.

La demande urgente qui fut faite à la Science pendant ces années de lutte n'a pas été la moins forte influence dans le merveilleux développement de toutes lesbranches de la Science, ce qui est le phénomène le plus remarquable de notre société actuelle.

La science moderne est essentiellement internationale ; chaque collaborateur doit se maintenir en rapport avec tous ceux des autres pays qui travaillent dans le même champ d'efforts ; et c'est dans des réunions semblables à celle-ci que les relations personnelles qui sont si nécessaires, peuvent être commencées et maintenues.

J'ai eu la bonne fortune d'être associé pendant les dix dernières années avec votre Président, le général Georges Perrier, dans le champ international de géodésie. Je reconnais et apprécie hautement l'énergie, la grande habileté scientifique et les connaissances techniques de cet illustre soldat qui, pour sa connaissance en géodésie — théorique et pratique —, a été élu comme membre de l'Institut de France ; je ne peux imaginer personne de plus éminemment adapté pour être Président de cette noble Association et pour diriger ses activités.

Au nom du Conseil de l'Association Britannique pour l'Avancement des Sciences et au nom de tous ses membres, spécialement ceux qui sont ici aujourd'hui recevant votre hospitalité, je souhaite à votre Association et à vous, Monsieur le Président, une réunion pleine de succès.

M. A. GRAVIS
Professeur émérite à l'Université de Liège.

Mon Général,
Mesdames, Messieurs,

A l'occasion du Congrès du Havre, l'Association française pour l'avancement des sciences a invité la Belgique à se faire représenter officiellement. En réponse à cette gracieuse invitation, M. le Ministre des

Sciences et des Arts, l'Académie Royale des Sciences, des Lettres et des Beaux-Arts de Belgique, l'Institut Agronomique de Gembloux, la Société Royale de Botanique de Belgique, la Société Belge de Biologie, la Société Entomologique, la Société de Chimie et la Société de Médecine Physique d'Anvers, ont désigné des délégués qui sont heureux de se trouver parmi vous. Au nom de mes collègues, j'ai l'honneur de prendre la parole pour remercier l'Association Française pour l'Avancement des Sciences de nous avoir procuré l'occasion de venir sur cette terre où le Gouvernement belge reçut du Gouvernement français une si généreuse hospitalité au cours de la guerre dont nous ressentons encore les effets pernicieux. Dès notre arrivée nous avons remarqué, à la façade de l'Hôtel de Ville, un faisceau de drapeaux, celui des Nations alliées, et au centre de ce faisceau, le drapeau belge ! Même disposition à la façade du local où nous sommes réunis en ce moment.

Notre émotion fut plus vive encore lorsque parcourant le beau volume qui nous a été remis de la part de la Municipalité, nous avons trouvé un chapitre intitulé : « Nos amis les Belges ». Nous y avons lu : « Au lendemain des batailles de Dinant et de Namur, des troupes belges de toutes armes durent battre en retraite avec l'armée française ; débandées elles avaient reçu l'ordre de se rallier au Havre... Rien n'était préparé pour les recevoir et il fallut improviser des abris sous le hangar aux cotons ». Suit le récit des événements qui se précipitèrent. Nous y retrouvons la trace des manifestations enthousiastes par lesquelles la population du Havre accueillit les réfugiés. De cette réception les Belges ont gardé le souvenir le plus vif et je saisis avec empressement l'occasion de témoigner aux habitants du Havre les sentiments de profonde reconnaissance de mes compatriotes.

Je remercie aussi la Municipalité havraise d'avoir consigné, dans le livre auquel je fais allusion, une nouvelle preuve de la sympathie qui unit deux peuples dont les cœurs ont tant de fois battus à l'unisson.

Oui, les Belges et les Français sont vraiment des amis. Depuis longtemps la Belgique regarde la France comme sa grande sœur ! Nous ne devons pas remonter bien haut dans l'Histoire pour trouver dans le passé des preuves manifestes de ces sentiments de fraternité. La Belgique se dispose à fêter bientôt le premier centenaire de son indépendance ; elle se souvient qu'en 1830, c'est la France qui l'a aidée à se débarrasser de l'occupation étrangère.

Cet événement sera commémoré l'an prochain par des fêtes qui s'organisent dès maintenant dans plusieurs de nos villes et auxquelles, nous l'espérons, beaucoup de Français voudront bien participer. Ainsi se perpétueront les sentiments de reconnaissance qui unissent les Belges et les Français dans une amitié impérissable.

M. F. M. DA COSTA LOBO

Président de l'Association portugaise pour le Progrès des Sciences,
Directeur de l'Observatoire de Coïmbra.

Quelle admiration le Portugal n'éprouve-t-il pas pour la France, cette noble nation dotée de si riches qualités : une langue claire et élégante, témoin de la lucidité de l'esprit et du raffinement du goût ; une aptitude exceptionnelle à résoudre les problèmes les plus complexes ; un fier patriotisme, solide garantie d'avenir, comme il a été dans le passé le palladium ayant permis toujours à ce pays de triompher des plus graves vicissitudes. Cette admiration serait déjà une raison suffisante pour que l'Association Portugaise pour le Progrès des Sciences ait tenu à rendre hommage à la France et spécialement à la Science française, qui, aujourd'hui, s'est donné rendez-vous au Havre.

A cette raison d'ordre général, je me permettrai d'ajouter d'autres raisons, d'ordre particulier. D'abord je tiens à témoigner la profonde reconnaissance que je dois à la Science française qui m'a prodigué ses trésors, spécialement à mes collègues des Sciences Astronomiques et surtout au savant Directeur des Observatoires de Paris et de Meudon, M. Deslandres. C'est à sa bienveillance inépuisable que je dois maintenant de disposer à l'observatoire de Coïmbra d'un spectrohéliographe de caractéristiques identiques à celle du grand spectrohéliographe de l'observatoire de Meudon, ce qui me permet de poursuivre d'actives recherches sur les phénomènes solaires.

Pour moi une raison de plus m'imposait de ne pas manquer à ce Congrès. Il est présidé par le savant Général Perrier, qui m'honore de son amitié, et dont je n'oublie pas la précieuse collaboration au Congrès tenu à Coïmbra, en 1925, par les Associations espagnole et portugaise pour le Progrès des Sciences, Congrès que j'ai eu l'honneur de présider. C'est pour moi un grand plaisir de pouvoir ici rappeler ce souvenir à mon éminent ami. Je suis heureux d'attester quelle trace ont laissée parmi nous ses profondes connaissances et sa haute distinction. Je tiens dans cette séance à rendre publics nos sentiments envers le Général Perrier qui préside aujourd'hui, entouré de personnalités si éminentes dans la Science et la Politique, représentants du savoir français et de l'illustre ville du Havre.

Qu'il me soit permis d'exprimer la satisfaction que j'éprouve à me trouver dans cette cité, relativement moderne, sise dans une position merveilleusement choisie par François Ier et dont nous admirons le développement depuis son origine. Cette prospérité d'une ville maritime n'est-elle pas une des conséquences de l'action, aux xive, xve et xvie siècles, des

Portugais, dont les efforts ont abouti à la prise de possession par la civilisation de tant de régions autrefois inconnues.

C'est sans aucun doute à la ténacité, au courage, et aux connaissances scientifiques, dont les Portugais ont fait preuve à cette époque héroïque, que les pays latins de l'Europe doivent, pour une bonne part, d'avoir étendu leur influence sur des régions aujourd'hui tributaires de leur génie.

Il est certain qu'ensuite l'action de l'Espagne a eu une puissante influence sur le développement de nos relations avec les pays d'outre mer et que la France a contribué à élargir et affermir considérablement ces relations, mais l'initiative des premières découvertes appartient aux Portugais. D'ailleurs leur influence persiste.

Le véritable territoire portugais ne s'étend pas seulement sur la métropole mais sur trois millions de kilomètres carrés. Le sang portugais qu'on n'a pas épargné a rendu bien portugaises les vastes régions du Mozambique et de l'Angola et ces merveilles de Madère, les Açores, le Cap Vert, St-Thomas, les Indes portugaises, Timor, etc.

Les monuments qu'on y trouve et qu'on rencontre aussi en abondance dans des contrées qui n'appartiennent plus au Portugal, comme le Brésil et le Maroc, ont été cimentés de sang portugais et attestent les qualités admirables de notre peuple.

Le nom d'Empire portugais n'est pas un vain mot, il est toujours justifié comme aux époques lointaines de notre grandeur.

Mais il est temps de finir, et je le fais en exprimant au nom de l'Association portugaise, mes meilleurs vœux de prospérité pour la France et pour la réussite de ce Congrès, assurée d'avance.

GHIGI Alessandro

Vice-Président de la Società Italiana per il Progresso delle Scienze.
Professeur de Zoologie à l'Université de Bologne.

J'ai l'honneur de présenter à l'Association Française pour l'Avancement des Sciences les salutations cordiales de la Società Italiana per il Progresso delle Scienze. C'est là un grand honneur pour moi, honneur qui ne correspond guère à la valeur de ma personne, mais ce m'est aussi un grand plaisir, car j'aime cette magnifique terre de Normandie où je compte de bons amis, comme Jean Delacour, ornithologiste et explorateur, qui depuis longtemps me l'ont fait considérer comme le but de mes plus agréables excursions presque annuelles.

Les buts que la « Società Italiana per il Progresso delle Scienze », se propose d'atteindre, sont parfaitement analogues à ceux des Sociétés Française et Anglaise. Elle tient à encourager le progrès, la coordination, la diffusion des Sciences et de leurs applications, mais elle veut en même temps créer en Italie une vie scientifique proprement dite qui étende ses racines dans le pays, d'où elle tire la sève de ses forces vivantes, réunissant les énergies de tous ceux qui aiment les Sciences, c'est-à-dire non seulement de ceux qui les cultivent par profession, mais aussi de ceux qui en suivent avec une active sympathie le continuel et glorieux Progrès, de manière à supprimer cette espèce d'antithèse qui dans l'esprit du public, existe souvent encore entre la Science et la Pratique et à propager dans toutes les classes sociales la persuasion que la Science est toujours le fondement indispensable de la Pratique.

Dans ses manifestations annuelles la « Società Italiana per il Progresso delle Scienze » vise à une synthèse scientifique : aux travaux analytiques de chacune de ses Sections on superpose ceux des classes où l'on discute des arguments intéressant un entier groupement scientifique et enfin dans les Assemblées générales se rassemblent tous ceux qui s'émeuvent dans un glorieux édifice de la pensée et de l'art, comme devant la vision synthétique des résultats obtenus par une science définie ou devant une des éclatantes manifestations de l'industrie.

La « Società Italiana per il Progresso delle Scienze » est ressuscitée en dix-neuf cent six (1906) avec le programme que je viens d'exposer. J'ai dit, ressuscitée, car elle s'était constituée la première fois à Pise en (1839) dix-huit cent trente-neuf, dans la première Réunion des Savants italiens qui eurent une grande part dans la formation de la conscience nationale et dans la volonté d'avoir une Italie unie et indépendante.

La Société actuelle a eu beaucoup de réunions comme les vôtres, elle a donné de l'impulsion aux études d'océanographie par la création du Comité Thalassographique, devenu ensuite organe de l'Etat, elle s'est intéressée et s'intéresse encore à de nombreuses et complexes recherches géographiques, géologiques, hydrauliques et chimiques.

Dans la période de la guerre et après la guerre, c'est notre Société qui a agité dans le Pays l'importance du développement scientifique et ce fut dans la mémorable réunion de Bologne en 1926 (dix-neuf cent vingt-six) que S. E. le Chef du Gouvernement confirma sa propre volonté de vouloir contribuer par des moyens convenables au développement de la recherche scientifique.

Notre réunion prochaine aura lieu au mois de septembre à Florence, la ville des fleurs et des arts, la ville de Dante, de Michel-Ange et de Galilée. C'est là qu'on a organisé une Exposition d'Histoire de la Science où l'on a rassemblé les livres, les manuscrits, les instruments les plus rares et uniques au monde produits par l'Italie de la Renaissance.

Je suis sûr d'interpréter le sentiment de mes collègues en vous disant que la présence de savants français et anglais à la réunion de Florence serait fort agréée et agréable et je forme les vœux les plus vifs, afin que les travaux de ce congrès franco-anglais auquel prend part en esprit même la science italienne, produisent d'abondants et riches résultats pour le progrès de la Science universelle.

M. le Général G. PERRIER
Membre de l'Institut, Président de l'Association.

Mesdames, Messieurs,

Pour la troisième fois se tient au Havre un Congrès de l'Association française pour l'Avancement des Sciences et pour la troisième fois, en cette même enceinte du Grand Théâtre, un Président de l'Association est astreint à accomplir le rite traditionnel du discours inaugural qui doit ouvrir chacune de nos Sessions.

C'est en 1877 que l'Association française s'est, pour la première fois, réunie au Havre. Elle était jeune alors, ayant tenu en 1872, cinq ans à peine auparavant, son premier Congrès à Bordeaux, suivi, avant celui du Havre, des Congrès de Lyon, Lille, Nantes et Clermont. C'était l'époque héroïque de l'Association. Fondée au lendemain de nos désastres de 1870-1871, dans le noble but d'aider, par la Science, au relèvement de la Patrie, conduite dans cette voie par des hommes comme Claude Bernard, de Quatrefages, Wurtz, d'Eichthal, Dumas, Broca, ses premiers Présidents, elle avait rapidement pris place parmi les Institutions scientifiques les plus importantes de notre pays.

Le premier Congrès du Havre fut brillant et il convient de rappeler ici que le passage de notre Association par cette ville eut pour elle deux conséquences heureuses :

Tout d'abord, c'est à la suite d'échanges d'idées et de discussions provoqués au sein de notre Section des Sciences médicales par le docteur Gibert, qui occupait le poste de Secrétaire général du Comité local du Congrès, et sur l'initiative de ce savant, que la Municipalité du Havre créa, en 1878, le premier Bureau municipal d'Hygiène ayant existé en France, Bureau qui a servi de modèle pour un grand nombre de villes et a obtenu de si remarquables résultats dans la lutte contre le taudis et dans l'abaissement de la mortalité. Nous pouvons même affirmer que le Congrès de 1877 eut d'importants résultats pour le pays tout entier.

L'attention était attirée désormais sur les questions d'hygiène publique.
De la collaboration du docteur Gilbert, du docteur Martin, de M. Henri
Monod, alors Directeur de l'Assistance publique, et de votre député
M. Jules Siegfried (que nous retrouverons 37 ans plus tard Président du
Comité local du second Congrès du Havre, naquit en 1886 une proposi-
tion de loi, déposée par ce dernier, qui est devenue, après de nombreuses
vicissitudes, la loi du 15 février 1902 sur la protection de la santé
publique.

En second lieu, vous n'ignorez pas que le Muséum d'Histoire naturelle
du Havre, installé dans l'ancien Palais de Justice, place du Vieux-Marché,
a pour origine une Exposition de Géologie organisée à l'occasion du Congrès de 1877 par les soins du Président de la Société géologique de Normandie, M. Lennier, en même temps Conservateur des collections
d'Histoire naturelle, qui avaient été jusqu'alors entassées dans le Palais
des Beaux Arts.

Souhaitons que notre actuelle réunion ait pour le Havre d'aussi heureux effets que celle de 1877. Qu'il me soit permis, puisque je viens
d'attirer l'attention sur le Bureau municipal d'Hygiène et le Muséum
d'Histoire naturelle, de souhaiter à ces créations de deux éminents savants
du Havre, le docteur Gilbert et M. Lennier, tout ce que peuvent le plus
désirer de semblables Institutions dans les temps difficiles que nous tra-
versons, vous devinez que je veux parler des crédits et du personnel
nécessaires pour marcher en avant dans la voie du progrès.

Que dirai-je du Congrès de 1914 ? Beaucoup d'entre vous se rappellent
les derniers jours de cette réunion, désertée peu à peu par tous ceux qui
avaient un poste à rejoindre, une famille à embrasser avant d'aller faire
leur devoir. Dans le mince volume consacré à ses comptes rendus, la plupart des communications sont résumées en quelques lignes ou indiquées
seulement par leur titre, et leurs dates évoquent les heures tragiques
vécues dans cette fin du mois de juillet, où nous sentions que la France
allait avoir à défendre son indépendance et son honneur.

Après 52 ans écoulés, depuis 1877, l'Association française retrouve
aujourd'hui une ville qui est passée de 92.000 à 158.000 habitants. En
comparant le volume sur le Havre publié à l'occasion du Congrès de 1914
avec celui qui vous est distribué en ce moment, en prenant part à toutes
les visites et excursions prévues pour notre Congrès, vous mesurerez
l'œuvre accomplie, durant ces quinze dernières années, par l'Administration municipale et diverses organisations privées, sous le rapport de
l'hygiène publique, de l'assistance privée et publique, de la lutte contre
le vice et de l'Instruction publique. Vous verrez ce qu'est devenu, comme

port maritime et ville industrielle, l'ancien Havre de Grâce de François Ier, d'où nos hardis marins partaient dès le début du xvie siècle sur les routes de l'Amérique, pour des batailles ou des découvertes.

Ce qui n'a heureusement pas changé ici, c'est l'accueil fait à notre Association. Le Maire actuel, M. Léon Meyer, Député, Président d'honneur du Comité local, nous a donné l'appui de sa haute autorité, comme ses prédécesseurs : M. Masurier en 1877, M. Morgand en 1914. Nos remerciements vont aussi au distingué Président du Comité local, M. Buchard, adjoint au Maire, dont le zèle pour la réussite de notre Session s'est manifesté à maintes reprises d'une manière si effective et à son Vice-Président, M. Dupont, Directeur des Docks et Entrepôts. Mais je tiens à faire une mention particulière du Secrétaire général du Comité local. Vous savez combien celui qui remplit ces fonctions doit faire preuve d'activité, de dévouement, d'initiative, et cela sans répit, pendant presque toute l'année qui précède le Congrès. Le docteur Loir, qui doit faire face, je ne vous l'ai pas dit tout à l'heure, mais vous le savez bien, à des devoirs déjà bien absorbants, comme Directeur du Bureau d'Hygiène et Conservateur du Muséum d'Histoire naturelle, avait déjà rempli en 1914 ces utiles et quelquefois ingrates fonctions de Secrétaire général du Comité local. Il aurait eu droit cette fois au repos. Il a préféré mettre son expérience au service d'un second Congrès et ceux qui ont collaboré avec lui pour organiser celui-ci savent tout ce que nous lui devons.

Je ne saurais citer ici tous les Havrais qui ont marché dans la voie tracée pour le plus grand succès de notre Session par MM. Léon Meyer, Buchard, Dupont et Loir. Qu'ils m'en excusent ! Il me faudrait énumérer tous les membres du Comité local. Je ferai toutefois une exception bien motivée en faveur de MM. Le Bourhis, Cailliate, le docteur Leroy, de Cardaillac et Schmidt, Présidents des Commissions du Livre, du Logement, des Excursions, des Expositions et de la Propagande, qui ont droit à notre particulière gratitude.

Je suis également dans l'impossibilité de souhaiter individuellement la bienvenue à tous les délégués des Universités, Institutions scientifiques ou Sociétés savantes françaises ou étrangères, qui ont bien voulu se faire représenter ici. Jamais je crois, et nous nous en réjouirons tous, ils n'ont été aussi nombreux ; leur liste comprend plus de 40 noms. Je signalerai seulement nos amis belges, dont certains sont venus officiellement au nom de leur Gouvernement : MM. Gravis, Professeur émérite à l'Université de Liège ; Lameere, Professeur à l'Université de Bruxelles ; de Selys Longchamps, Professeur à l'Université libre de Bruxelles, tous trois membres de l'Académie royale de Belgique ; le Comte de Hemptinne, Directeur de la Classe des Sciences de ladite Académie et M. Zimmermans, Professeur à l'Université de Bruxelles. Je tiens à les assurer des inoubliables souvenirs que nous a laissés le Congrès de 1924 à Liège et je les remercie affectueusement d'être venus ici affirmer les liens qui unissent les savants belges à la Science française. Ces liens se resserreront encore puisque à la suite d'une aimable invitation de la ville de Bruxelles, notre Conseil vient de décider de tenir dans cette capitale le Congrès de 1932.

Je dois enfin remercier les Ministres de la Marine, de l'Air, des Travaux publics, de l'Instruction publique, du Commerce, le Sous-Secrétaire d'Etat des Postes, Télégraphes et Téléphones et le Gouverneur général de l'Algérie de s'être fait représenter à notre Congrès. Ce dernier témoigne ainsi par avance de l'intérêt qu'il prendra au prochain Congrès qui se tiendra à Alger en avril 1930, à l'époque des fêtes du Centenaire de notre établissement dans l'Afrique du Nord.

Depuis qu'en 1874, notre Président d'alors, M. Wurtz, s'avisa de consacrer son discours inaugural à l'exposition d'une des grandes questions scientifiques qui lui étaient familières, la plupart de vos Présidents ont suivi cet exemple. Je devrais donc, à l'imitation de Broca, qui parla ici-même, en 1877, de l'homme préhistorique, d'Armand Gautier, qui célébra en 1914 le rôle et les bienfaits des Océans, vous entretenir de l'état actuel et de l'avenir d'une des Sciences de la Terre, la Géodésie, Science trop peu connue, au nom un peu rébarbatif et pour laquelle j'éprouve des faiblesses. Mais j'ai quelque scrupule à le faire. Certes cette Science est aujourd'hui en plein développement. Elle aborde depuis quelques années des problèmes passionnants, pour le géodésien tout au moins, qu'on n'aurait jamais osé envisager jadis. Sœur cadette de l'Astronomie et de la Mécanique céleste, elle est en relations étroites avec les Sciences géophysiques, Séismologie, Volcanologie, Océanographie, etc., et, comme l'a dit M. Picard, c'est souvent sur la limite commune à deux Sciences que se font les plus belles découvertes. La Géodésie a eu ses héros et ses martyrs. Elle offre à celui qui se livre tout entier à elle l'attrait puissant d'une vie de contrastes. D'une part campagnes souvent lointaines et dangereuses sur le terrain, où il faut faire preuve à la fois d'énergie, d'endurance, d'initiative et d'une conscience scientifique à toute épreuve. D'autre part utilisation des documents recueillis, discussions des résultats, méditations théoriques. C'est Arago qui a dit sur la tombe d'un des plus illustres géodésiens français, le colonel Puissant : « Sous la tente, dans la « cabane du pâtre, sur des rochers battus de la tempête, les travaux « pénibles de la journée n'empêcheront pas le laborieux observateur de « s'initier à tout ce que la grande Géodésie offre de subtil, de délicat, de « profond ».

Mais je craindrais d'être trop long en vous entretenant par exemple des beaux travaux de M. Vening Meinesz, un savant hollandais qui a réussi à déterminer l'intensité de la pesanteur en mer par l'observation du pendule à bord de sous-marins, événement qui fera époque dans l'histoire de la Géodésie, car c'était un problème jusqu'à présent non résolu, malgré de bien nombreuses tentatives, et sa solution offre d'incalculables conséquences, ou des théories actuelles de l'isostasie, dans lesquelles d'audacieux géodésiens tirent parti d'observations faites à la surface du globe pour pénétrer les mystères de la répartition des masses dans les profondeurs de l'écorce terrestre.

Je n'insisterai pas, car j'ai d'ailleurs à cœur, avant de terminer, d'attirer votre attention sur un sujet plus général et du plus grand intérêt pour notre Association, sur les Associations constituées à l'étranger avec le même titre et le même objet que la nôtre. Je voudrais vous les faire, si possible, mieux connaître en quelques mots. Trois d'entre elles ont envoyé dès délégués ici, de même que nous en envoyons à leurs Congrès, chaque fois qu'il nous est possible. Excellentes manifestations de coopération intellectuelle internationale !

Dans l'ordre chronologique, des Associations pour l'Avancement des Sciences ont été fondées en Grande-Bretagne (1831), aux Etats-Unis (1848). en France (1872), Australie (1888), Afrique du Sud (1903), Italie (1907), Espagne (1909), et Portugal (1915).

L'Association britannique pour l'Avancement des Sciences *(British Association for the Advancement of Science)*, est donc de toutes la plus ancienne, la plus respectable, puisque dans deux ans elle fêtera son Centenaire.

A l'époque de sa création, seize ans seulement s'étaient écoulés depuis la fin des grandes guerres de la Révolution et de l'Empire. Après avoir pansé ses blessures, la Grande-Bretagne pouvait consacrer son activité au développement de son Empire colonial, de son commerce, de son industrie, mais elle devait aussi remettre en honneur les recherches scientifiques trop négligées pendant la période troublée du début du siècle, et les diriger de manière à servir, par leurs applications pratiques, les intérêts du pays.

C'est ce que les fondateurs de l'Association, et notamment le plus connu d'entre eux, le physicien Brewster, comprirent très nettement. Issue de la *Yorkshire Philosophical Society*, organisée à peu près sur le modèle de la *Deutsche Naturforscher Versammlung*, Association dont la première réunion avait eu lieu en 1822 à Leipzig, et qui existe encore sous le nom de *Deutscher Naturforscher nnd Aerzte Gesellschaft*, l'Association britannique tint son premier Congrès à York en 1831.

Cette institution, d'un caractère nouveau, ne fut pas sans soulever bien des critiques et des oppositions. Il est piquant de constater aujourd'hui que le *Times* tourna en ridicule un de ses Congrès, et que certaines idées géologiques sur la formation de la terre où les théories transformistes de Darwin créèrent autour de l'Association une atmosphère de batailles, batailles entre la Science qu'elle représentait et l'orthodoxie traditionaliste.

De ces batailles, dont l'une (qui nous fait sourire aujourd'hui) se livra au sein même de l'Association (il s'agissait de savoir si les femmes seraient exclues ou admises), l'Institution sortit victorieuse et, depuis lors, elle joue un rôle de premier plan dans la vie scientifique du pays. Disposant de crédits notables distribués pour favoriser la recherche scientifique, en relations étroites avec le Gouvernement et toutes les Institutions scientifiques du pays, elle a exercé très efficacement son action dans tous les domaines de la Science. Citons, à titre d'exemple, le rôle prépondérant joué par elle, de 1842 à 1872, dans le développement et la direction de l'Observatoire géophysique de Kew, et de 1891 à 1900 dans la création du *National Physical Laboratory*.

Son passage, à l'époque des Congrès annuels, dans chacune des grandes villes du pays, a été fréquemment l'origine de créations durables, Instituts ou Sociétés savantes : Société géologique d'Edimbourg, créée en 1834 après le Congrès d'Edimbourg (1834), Société de Géographie de Glascow, créée en 1858 après le Congrès de Glascow (1855), Institut des Ingénieurs des Mines des Comtés de Stafford et Warwick, créé en 1867 après le Congrès de Birmingham (1865), Société d'Histoire naturelle de Norfolk et Norwich, créée en 1869 après le Congrès de Norwich (1868), etc...

L'Association a eu à sa tête comme Présidents, soit des hommes portant les plus grands noms de l'aristocratie britannique (et même le Prince consort en 1859, le Prince de Galles en 1926), soit les plus illustres savants de la Grande Bretagne (Sir John Herschell, Airy, Stokes, Huxley, Tyndall, Ramsay, Lord Rayleigh, Sir Norman Lockyer, George Darwin, Sir David Gill, Sir Ernest Rutherford, et tant d'autres).

En 1884, en tenant pour la première fois son Congrès annuel, hors d'Europe, dans un *Dominion* britannique, à Montréal, elle inaugura une tradition suivie depuis lors à Toronto (1897), en Afrique du Sud (1905), à Winnipeg (1909), en Australie (1914), à Toronto (1924), et cette année même à Prétoria. Déplacements autrement lointains que les modestes voyages de notre Association à Alger, Tunis, Oran ou Constantine ! Félicitons-nous d'ailleurs qu'ils soient si lointains. Cette circonstance nous a déjà valu de recevoir au Havre, en 1914, à la suite de Sir William Ramsay, bon nombre de nos collègues britanniques (qu'ils me permettent de les appeler cordialement de ce nom), pour lesquels le voyage

d'Australie n'était pas possible. Elle a engagé de nouveau aujourd'hui
80 environ d'entre eux, qui ne peuvent concilier avec leurs occupations
la longue absence nécessaire pour assister au Congrès de Prétoria, à venir
prendre part à nos travaux. Qu'ils soient les bienvenus, car leur présence
donne à notre Congrès, qui devient ainsi un véritable Congrès franco-
britannique, un éclat et un intérêt inaccoutumés !

L'*American Association for the Advancement of Science*, dont le siège
central est à Washington, ne compte pas moins de 15.000 membres
payant une cotisation annuelle de 5 dollars. Elle présente ce caractère
particulier qu'en plus des individualités, elle admet comme membres les
Sociétés scientifiques qui tiennent alors un Congrès annuel en même temps
et dans la même ville que le sien. On sait que celles-ci sont fort nombreuses
aux États-Unis et que certaines jouent un rôle fort important ; aussi rien
que le programme des travaux et communications d'un Congrès de l'Association constitue-t-il un vrai volume. Certaines Sociétés, plus spécialement
affiliées à l'Association, ont des représentants dans son Conseil. Le journal *Science*, hebdomadaire réputé, est l'organe de l'Association et tous ses
membres le reçoivent gratuitement. Elle distribue d'importantes subventions et décerne à chaque Congrès un prix de mille dollars à l'auteur de
la communication jugée la plus intéressante. Elle a pris l'habitude d'organiser pendant ses Congrès des expositions de plus en plus importantes
d'appareils et de publications scientifiques.

Ces quelques détails suffisent à montrer l'influence qu'une Institution
aussi puissamment organisée doit exercer sur les destinées scientifiques
de son pays.

Les Associations australienne et sud-africaine pour l'Avancement des
Sciences (*Australasian* et *South African Association for the Advancement
of Science*) datent respectivement de 1888 et 1903. Organisées sur le
modèle de l'Association britannique, elles jouent dans leur champ
d'action, Australie et Nouvelle-Zélande, ou Afrique du Sud, le même rôle
que leur aînée dans la métropole.

Les Associations italienne, espagnole et portugaise pour l'Avancement
des Sciences, sont de beaucoup les cadettes des Associations britannique
et française, mais elles ont déjà donné de leur vitalité des preuves telles
que leur avenir est largement assuré.

La première a été fondée en 1907, et, dès l'origine, a réuni un nombre
de membres démontrant amplement que sa création correspondait à un
besoin réel. Il convient de ne pas oublier qu'avant la constitution de

l'unité italienne, quelques Congrès de savants italiens s'étaient déjà réunis, par exemple à Pise en 1839, à Turin en 1840, à Gênes en 1846, à Florence en 1861, Congrès quelquefois mal vus et contrariés par les autorités, car elles craignaient que la Science ne servit de prétexte à des tractations d'ordre politique. Aujourd'hui, l'Italie est libre et unie, et « l'organisation de la Science italienne » fait à juste titre l'objet des préoccupations constantes de ses dirigeants. Dans cette organisation, la *Società italiana per il Progresso delle Scienze* a sa place marquée. Son prochain Congrès à Florence, au mois de septembre 1929, ne le cédera en rien aux dix-sept qui l'ont précédé.

L'Association espagnole, *Associación española para el Progreso* de *las Ciencias*, est née en 1909, grâce à l'initiative de l'éminent chimiste Carracido, Recteur de l'Université centrale de Madrid, et du naturaliste Mercet, aujourd'hui encore Secrétaire général de l'Association. Elle a compté parmi ses Présidents deux hommes d'Etat illustres : Moret et Dato. Ses Congrès, d'abord annuels, sont devenus bisannuels à partir de celui de Madrid (1913).

A cette époque, l'organisation d'une Association analogue en Portugal était à l'ordre du jour ; elle se trouva réalisée en 1915, grâce aux efforts de son Président actuel, M. Francisco da Costa Lobo. Depuis lors, les Associations espagnole et portugaise se sont réunies ensemble chaque deux ans, dans une ville de l'Espagne ou du Portugal, initiative à signaler, particulièrement heureuse : à Séville (1917), Bilbao (1919), Porto (1921), Salamanque (1923), Coimbra (1925), Cadix (1927), Barcelone (1929). Il m'a été donné de représenter l'Association française à deux de ces derniers Congrès. Je tiens à dire ici avec quelle affectueuse cordialité votre délégué a été reçu et fêté, à Coimbra comme à Barcelone.

Il me reste à remplir un devoir en signalant ici la présence, véritable hommage rendu à l'Association française et dont elle est justement fière, des représentants de trois des Associations dont je viens de vous parler.

L'Association britannique nous a envoyé un membre de son Conseil, le Colonel Sir Henry Lyons, ancien Directeur des travaux géodésiques en Egypte, Directeur du *Science Museum* à Londres (admirable Musée remarquablement organisé et récemment développé). Sir Henry Lyons a joué et joue encore un rôle éminent dans l'organisation du travail scientifique international, puisque Secrétaire général de l'Union géodésique et géophysique internationale depuis 1919, il va à présent assumer les fonctions de Secrétaire général du Conseil international de Recherches, une des plus hautes dont un homme puisse être investi dans l'ordre scientifique. Je m'honore d'avoir été, depuis dix ans, comme Secrétaire de la

Section de Géodésie de l'Union géodésique et géophysique internationale, le collaborateur de Sir Henry Lyons.

Permettez-moi d'adresser un souvenir fidèle à la mémoire de l'éminent cartographe, Sir George Fordham, que la mort a empêché d'accompagner ici Sir Henry Lyons, et de nous montrer son incomparable collection de cartes anciennes, comme il en avait l'intention.

Je souhaite aussi la bienvenue au représentant de l'Association italienne, M. le Professeur Ghigi de l'Université de Bologne. Je serais heureux qu'il veuille bien transmettre à son Association les vœux de la nôtre.

Enfin, je salue bien affectueusement, puisqu'il est pour moi un ami, le Président de l'Association portugaise ici présent, M. Francisco da Costa Lobo, Professeur d'Astronomie et Directeur de l'Observatoire à l'Université de Coimbra, que je dois vous présenter comme ayant prouvé par ses actes et ses écrits, dans des circonstances tragiques, sa profonde amitié pour la France.

La présence ici, autour du Président de l'Association française pour l'Avancement des Sciences, des représentants de trois autres grandes Associations similaires créées à l'étranger pour le même but, a une signification qui ne vous échappera pas. Elle montre que sur ce terrain neutre de la Science théorique et de ses applications, il n'y a pas de frontière. Nous avons eu un premier Congrès franco-britannique au Havre, en 1914, nous ouvrons aujourd'hui le second. Liège a été le théâtre, en 1923, d'un Congrès franco-belge qui ne sera pas le dernier. Espagnols et Portugais nous donnent à tous l'exemple de réunions périodiquement tenues en commun. Méditons-le, imitons-le.

Dans tous les statuts de ces Associations sœurs, nous trouvons à peu près la phrase qui figure dans les nôtres : Notre Association a pour but exclusif de favoriser, par tous les moyens en son pouvoir, le progrès et la diffusion des Sciences, au double point de vue de la théorie pure et du développement de leurs applications pratiques.

Vaste programme, plus vaste et plus ambitieux de jour en jour, au fur et à mesure que les Sciences s'élargissent, prenant des développements considérables, dans des directions imprévues. Pouvons-nous encore prétendre le remplir ?

La complexité sans cesse accrue des connaissances humaines impose aujourd'hui la spécialisation à quiconque veut en posséder à fond une part infime ; nos Associations, pour contribuer au progrès des Sciences doivent donc venir en aide à tous les chercheurs, dans toutes les branches de celles-ci, et c'est le rôle de leurs Sections de distinguer les études véritablement dignes d'intérêt, et de les mettre en lumière ; malheureusement nos faibles ressources ne sauraient le plus souvent être comparées à celles de certains établissements publics ou privés, auxquels nous ne pouvons avoir la prétention de nous substituer.

C'est, à mon avis, et de plus en plus, sur le second rôle assigné à nos Associations, que notre effort doit se porter : diffuser les Sciences et les diffuser de manière précisément à remédier à la spécialisation à outrance. Nous ne saurions prétendre avoir le monopole des travaux et des communications originales : nous n'empêcherons pas un physicien de communiquer les résultats de ses recherches le plus tôt possible à un journal de Physique, destiné à les répandre parmi les spécialistes directement intéressés, plutôt que de les réserver pour nos comptes rendus. Mais ce qui est notre devoir, c'est de faire connaître la substance de ces résultats, s'ils en valent la peine, à ceux qui, non physiciens, sont cependant susceptibles d'en apprécier l'intérêt, et désireux de ne rester étranger à aucun progrès important de la Science.

Le Président actuel de l'Association italienne, M. Blanc, Professeur de Géochimie à l'Université de Rome, se félicitait en ces termes, après le premier Congrès de l'Association à Parme, en 1907, des résultats obtenus dans ce sens : « Une communion de savants, dans les diverses branches du savoir humain, disait-il, est rendue plus nécessaire par la crise que traverse actuellement la Science, crise dérivant de l'apparente contradiction qui existe entre la nécessité de se spécialiser, si l'on veut acquérir l'habileté technique indispensable pour réaliser les découvertes, et le besoin que l'on éprouve d'étendre de plus en plus le champ de ses connaissances... Dès nos premières réunions, on a pu voir que le but que s'étaient proposé les initiateurs, c'est-à-dire celui de parer aux dangers du particularisme, répondait à un besoin généralement ressenti ; on a vu en effet, dans bien des cas, les membres de l'Association accourir en grand nombre à des conférences ou à des communications faites dans une Section autre que la leur. »

Imitez cet exemple. Que ce séjour au Havre, je vous le souhaite aussi fructueux et agréable que possible, et je suis certain qu'il le sera, soit pour chacun de vous l'occasion, non pas tant de se tenir au courant des travaux de sa Section — ils lui sont déjà familiers — mais d'étendre le champ de ses connaissances dans le domaine des disciplines qui lui sont un peu étrangères. Chacun deviendra ainsi, ou restera, ce que le xviie siècle appelait un honnête homme ayant des clartés de tout. Vous nouerez avec des personnes, d'idées ou de formation différentes, des relations essentiellement utiles, car à se connaître, les malentendus et les idées préconçues disparaissent. Vous deviendrez de meilleurs serviteurs de la Science et du Pays, vous conformant ainsi au programme de notre Association.

ASSEMBLÉE GÉNÉRALE

30 JUILLET 1929

PRÉSIDENCE DU GÉNÉRAL PERRIER
Président de l'Association, Membre de l'Institut.

PROCÈS-VERBAL

I. — Elections.

a) *Bureau pour 1929-1930.*

Sont élus à l'unanimité :
Président : Etienne Rabaud, Professeur à la Faculté des Sciences de Paris.
Vice-Président : Maurice de Broglie, Membre de l'Institut.
Secrétaire : E. de Martonne, Professeur à la Faculté des lettres.
Vice-Secrétaire : E. Cartan, Professeur à la Faculté des Sciences.
Trésorier : Raoul d'Harcourt.

b) *Délégués de l'Association.*

Le vote pour le choix de cinq délégués de l'Association a donné le résultat suivant :

MM. L. Dixsaut **, Professeur agrégé au lycée Pasteur à
    Neuilly. . . . . 297 voix
    Meunier *, Chef de travaux à l'Ecole Centrale des
    Arts et manufactures. . . . . 298 —
    Molliard *, Membre de l'Institut, Professeur à la
    Faculté des Sciences de Paris . . . . . . 297 —
    Henri Piéron ***, Professeur au collège de France . . 298 —
    Albert Turpain *, Professeur à la Faculté des Sciences
    de Poitiers. . . . . 298 —
    Léonce Vieljeux ****, Armateur à La Rochelle . . . 297 —

---

* Membres sortants rééligibles.
** En remplacement de M. le général Perrier, élu président de l'Association.
*** En remplacement de M. Moureu.
**** En remplacement de M. d'Arsonval.

c) *Liste des Présidents de Sections et de Sous-Sections pour 1930, des Secrétaires de Sections du Havre, des délégués au Conseil et à la Commission des Subventions.*

SECTIONS	PRÉSIDENTS POUR 1930	SECRÉTAIRES EN 1929	DÉLÉGUÉS AU CONSEIL	DÉLÉGUÉS AUX SUBVENTIONS	DÉLÉGUÉS SUPPLÉANTS
1er	Rouyer	Mazoué	Lemoyne	Elie Cartan	Lemoyne
2e	Gonnessiat	»	Bigourdan	»	Bigourdan
3e et 4e	Vicaire	Vaudrey	H. Saunier	Hégly	Vaudrey
5e	Thomas	Massain	»	Blondin	Tassilly
6e	Müller	»	Tiffeneau	Delépine	»
7e	Petitjean	Petitjean	Gal Delcambre	Gal Delcambre	R. Bureau
8e	Dalloni	Denizot	Léon Bertrand	Joleaud	P. Lemoine
9e	René Maire	L. Hédin	Mme Lemoine	Aug. Chevalier	Combes
10e	Peyerimhoff	André Marc	Louis Roule	Pierre Lesne	Gruvel
11e	Reygasse	Coutier	de Saint-Périer	A. de Mortillet	Géneau
12e	Dr Soulié	Ds Claoué	Millot	»	»
13e	Dr Bordet	Dr de Boissière	Dr Bourguignon	Dr Bourguignon	Dr Laquerrière
14e	Joachim	Wallis Davy	Roy	Dr Siffre	Wallis Davy
15e	»	Guillaume	Lematte	Collard	»
16e	»	Leroux	»	Lapierre	Bruneau
17e	Seurat	Millot	Legendre	Fage	Vayssière
18e	Vivet	»	Prudhomme	Chevalier	»
19e	Joleaud	Maurion	Grandidier	Lanquine	Bertrand
20e	Gaffiot	Delmas	»	Delmas	»
21e	»	»	Mme Piéron	Lemoine	»
22e	Raynaud	»	Rochaix	Rochaix	»
Sous-Section d'Archéologie	Albertini				
Sous-Section de Muséologie	Alazard				
Sous-Section de Linguistique					

II. — Rapport du Trésorier.

Raoul D'HARCOURT

Chef de Service au Département de l'Etranger à la Société Générale.

Mesdames, Messieurs,

J'ai l'honneur de vous présenter au nom du Conseil l'état des recettes et des dépenses de votre Association pour 1928.

RECETTES

Cotisations . . . . Fr.	68.890	»
Recettes diverses.	7.165	90
Intérêts du capital	62.762	24
Legs Girard	8.400	»
Total	147.218	14
Capital : Rachats de cotisations et parts fondateurs	8.080	»
Bourses de Séssion, Dons et legs	1.050	»
Total	156.348	14

DÉPENSES

Loyer, Contributions, assurances, achat et réparation du matériel	12.809	99
Appointements	29.533	35
Indemnité de M. Hérichard	3.000	»
Frais d'administration (frais de bureau, imprimés, frais de poste, téléphone, divers).	4.779	10
Recouvrement de cotisations	1.413	60
Frais afférents aux rentes et valeurs	1.068	05
Frais de la Session de La Rochelle	8.964	75
Subventions et Bourses de Session	22.800	»
Conférences en dehors du Congrès	4.975	45
Comptes rendus Congrès Constantine	35.378	70
Bulletin trimestriel.	11.273	07
Dépenses imprévues.	2.812	30
Placement de fonds.	8.330	»
Legs Girard	6.000	»
Total	153.138	36
RÉSERVE	3.209	78
	156.348	14

Grâce à la mesure adoptée l'année dernière par votre Assemblée Générale, mesure qui a consisté à relever un peu le taux de la cotisation annuelle, nous avons pu faire face à nos dépenses et, sans opérer aucun prélèvement sur la réserve, augmenter très sensiblement le montant des subventions, ainsi que notre Secrétaire général vous le dira. Le petit effort qui nous a été demandé a donc porté ses fruits.

PORTEFEUILLE

Au cours de 1928, 54 obligations diverses ont été amorties et leur montant 25.512 fr. 03 a été remployé en obligations similaires.

Les actions Dufayel que vous possédez sont enfin en cours d'échange contre des actions du Bon Marché. Lorsque les opérations seront terminées nous devrons vendre les nouveaux titres et procéder à des remplois conformes à nos statuts.

III. — Subventions 1928.

Subventions ordinaires

MM.   *Navigation, Aéronautique, Génie civil et militaire*

Michel Durepaire. . . Recherches sur le dispositif de « Commande à distance sur réseaux haute ou basse tension, sans fil supplémentaire ».   1.000

Physique

Robert Dangel. . . . Recherches sur les ondes courtes de la téléphonie sans fil et leur adaptation à la réalisation de radiocommunications téléphoniques avec de très petites puissances 1.000

Chimie

J. Barlot . . . . . . Réalisation d'un dispositif microscopique pour étudier la précipitation de l'étain métallique dans les solutions des sels stanneux et stanniques 2.500

Géologie

Jean Lacoste . . . . Travail de polissage et de plaques minces pour l'étude des échantillons de roches, Région de Moulay bou Clita (Rif méridional)   500

A. Lanquine . . . . Recherches stratigraphiques et paléontologiques 2.000

Botanique

A. Faure . . . . . Étude de la Flore au Maroc. . . .   500

Société des Sciences naturelles de la Charente-Inférieure . . . . . Publication du rapport de M. Fouillade,

	intitulé « Introduction à l'étude des modifications de la Flore dans la Charente-Inférieure.	500
A. Guillaume	Recherches de chimie végétale sur la Biologie des alcaloïdes dans les plantes	1.000
François Pellegrin	Établissement de six planches en héliogravure format in-quarto et de figures au trait accompagnant le mémoire « Les plantes de Mayombe d'après les récoltes de M. G. Le Testu ».	1.500

Zoologie

Jacques Millot.	Travail sur le rôle du foie dans le métabolisme des graisses chez les divers groupes de vertébrés	1.000
M. Augier	Acquisition de matériel pour recherches embryologiques.	1.000
R. Herpin	Recherches sur la Biologie et le développement des Annélides	1.500
Armand Porcherel	Travaux sur l'hérédité des caractères lainiers et la greffe testiculaire.	500

Anthropologie

J. Cazedessus	Fouilles de la Station préhistorique de Roquecourbère (Ariège)	1.000
P. David	Poursuite de travaux dans la Grotte de la Papeterie à Mouthiers (Charente)	1.500
Henri Martin	Recherches archéologiques	3.000
Etienne Patte.	Fouilles dans des sépultures néolithiques.	1.000

Sciences Pharmaceutiques

René Guyot	Travaux sur l'armillaire	1.000

Récapitulation

Navigation, Aéronautique, Génie civil et militaire	1.000
Physique	1.000
Chimie	2.500
Géologie	2.500
Botanique	3.500
Zoologie	4.000
Anthropologie	6.500
Sciences Pharmaceutiques	1.000
Total	22.000

IV. — Rapport du Secrétaire.

M. Maurice de BROGLIE

Membre de l'Académie des Sciences.

Monsieur le Président,
Mesdames, Messieurs,

L'exercice 1928 a vu l'Association Française pour l'Avancement des Sciences poursuivre son action et jouer son rôle d'encouragement et de liaison envers tous ceux qui, à des titres variés, coopèrent au but qu'elle poursuit.

Cette action que nous voudrions sans cesse plus large et plus efficace exige des ressources qu'une récente augmentation de cotisation, sans les couvrir comme il le faudrait, nous aide cependant à trouver ; nous avons eu la satisfaction de constater que ce surcroît de charges pour nos adhérents n'a pas entraîné de variation notable dans leur effectif et que le recrutement des nouveaux membres ainsi que la fidélité des anciens se maintiennent à un bon niveau ; le fait est d'un bon augure pour l'avenir de l'Association qui devrait à notre époque tenir une place plus grande encore que celle qu'elle occupe aujourd'hui.

Une collaboration étroite avec nos voisins, poursuivie dans une atmosphère de sympathie et d'amitié, est un des buts que l'Association poursuit. L'an dernier, pendant le Congrès de La Rochelle, le Conseil a désigné un délégué belge M. POUTRAIN, grâce au zèle et à l'activité duquel nos relations avec les milieux scientifiques de son pays font chaque jour de nouveaux progrès ; le souvenir du Congrès tenu à Liège il y a quelques années ne s'est pas effacé de notre mémoire et de notre cœur. Dans l'organisation du Congrès du Havre, une participation anglaise a été prévue et constitue une marque particulièrement heureuse de notre collaboration avec la British Association for the Advancement of Science, dont les importantes réunions peuvent à beaucoup de points de vue servir d'exemple et de modèle.

Outre le Congrès de la Rochelle dont le succès a été comme vous le savez, particulièrement remarquable, l'année a été marquée par plusieurs conférences qui ont attiré un très nombreux auditoire et obtenu le plus vif succès. M. Carlier, président de l'Association Française Aérienne a parlé du vol à voile en France et en Allemagne ; Maître Garçon a rappelé les épisodes qui ont marqué la curieuse histoire d'une voyante à Saint-

Saturnin-les-Apt et le professeur Roussy a fait un exposé de l'orientation actuelle des idées sur le cancer. De plus M. Roule, professeur au Muséum a fait au Havre une belle conférence sur Bernardin de Saint-Pierre, dont le texte a été publié dans le *Bulletin* du mois de mai dernier.

Chaque année, hélas, apporte aussi ses pertes et ses deuils et celle-ci laissera parmi nous des vides particulièrement nombreux et cruels.

Après M. Haug dont M. Rabaud saluait l'an dernier la mémoire nous avons vu disparaître notamment :

M. Moureu, membre de l'Académie des Sciences, délégué de l'Association, chimiste éminent et écrivain plein de talent dont la généreuse activité ne semblait pas si près de s'éteindre.

M. Dislère, ancien président de section au Conseil·d'Etat et M. Lindet, membre de l'Académie des Sciences, tous deux anciens présidents et amis dévoués de notre Association ; M. Florence, M. Donat-Agache, Président du conseil d'Administration des Etablissements Kühlmann ; M. Th. Reinach, membre de l'Institut ; M. Puiseux, membre de l'Académie des Sciences que l'astronomie française regrettera longtemps ; M. le professeur Widal membre de l'Académie des Sciences et de l'Académie de Médecine, médecin illustre et professeur éminent.

Nous rendons hommage à ces grandes figures ; elles nous servent d'exemple et resteront l'honneur de notre groupement.

V. — Prochain Congrès.

L'Assemblée générale décide que le prochain Congrès se tiendra en avril 1930, à Alger, à l'occasion des fêtes du Centenaire.

VI. — Vœux de l'Association.

Premier vœu
Transmis à M. le Ministre des Travaux Publics.

Le Congrès franco-anglais de l'Association Française pour l'Avancement des Sciences, réuni au Havre du 25 au 30 juillet 1929, après avoir étudié l'organisation actuelle des Ecoles Nationales de navigation en France et constaté notamment l'insuffisance des locaux de l'Ecole du Havre, retenant les desiderata maintes fois exprimés à ce sujet par les autorités et groupements constitués pour que l'attention des pouvoirs publics soit attirée sur cette importante question et qu'une suite favorable lui soit donnée d'urgence émet le vœu *qu'il soit procédé au plus tôt à l'installation dans le port du Havre d'une nouvelle Ecole de Navigation adaptée aux nécessités modernes de l'Enseignement maritime.*

Deuxième vœu

Transmis à MM. les ministres de l'Instruction Publique,
des Colonies, des Affaires étrangères et du Commerce.

L'Association Française pour l'Avancement des Sciences (Section de Botanique) réunie en Congrès le 29 juillet 1929,

Considérant qu'une mission de délimitation de la frontière Guyeno-Brésilienne est sur le point d'être organisée par le Gouvernement francais ;

Considérant que les territoires français que cette mission va parcourir, situés dans l'hinterland de la Guyane française, nous appartiennent depuis trois siècles et sont néanmoins presque entièrement inconnus au point de vue de la faune, de la flore, du sol et du sous-sol ;

Considérant que les nations colonisatrices ont le devoir impérieux d'étudier et d'inventorier les ressources naturelles des territoires qu'elles détiennent, la Science devrait apporter des données précieuses pour la mise en valeur de ces pays ;

Considérant que le Brésil a déjà commencé l'étude des contrées qui avoisinent la Guyanne en y envoyant des missions scientifiques ;

Emet le vœu :

Qu'à la Section française de la mission de délimitation, soient adjoints quelques techniciens et naturalistes en vue d'étudier les productions naturelles de la région que doit parcourir la mission ; qu'en particulier un botaniste inventorie les espèces pouvant fournir des bois, des carburants végétaux, des plantes à caoutchouc et à résines, les oléagineux, en un mot toutes les plantes de la flore de cette contrée en vue de faire connaître celles qui sont utiles à l'homme et dont la colonisation peut tirer partie.

Troisième vœu

Transmis à MM. les Gouverneurs de l'Algérie, du Maroc et de la Tunisie.

L'Association Française pour l'Avancement des Sciences (Section des Sciences pharmaceutiques et Section de botanique) réunie au Congrès du Havre,

Considérant que la Flore d'Algérie de Bettandier et Trabut a rendu à la

science pure et aux sciences appliquées dans nos possessions de l'Afrique
du Nord les plus grands services, que ses savants Auteurs sont malheureusement disparus ;

Considérant que ce grand ouvrage doit être tenu à jour et étendu à nos
possessions du Sahara, de la Tunisie et du Maroc ;

Emet le vœu que les Gouvernements de l'Algérie, du Maroc et de la
Tunisie, s'entendent pour la publication à frais communs de cet ouvrage
que M. le professeur René Maire de la Faculté des Sciences d'Alger est en
mesure de réaliser.

Quatrième vœu

Transmis à MM. les Ministres des Colonies et de l'Instruction Publique.

La Section de géographie, émet le vœu que, tout en gardant à une ou
à plusieurs des cinq îles CROZET (Océan Indien) un caractère de « Parc
National » où toute chasse et toute exploitation soient interdites de
manière que la faune et la flore s'y reproduisent sans aucune gêne, la
France essaie de donner à cet archipel, actuellement absolument inhabité
et complètement isolé une valeur économique, et tâche d'y installer une
station météorologique chargée de transmettre par télégraphie sans fil
ses observations aux navigateurs.

Vœux de Sections.

La Section de Muséologie insiste sur la nécessité d'indiquer d'une façon
indélébile la provenance exacte des pièces.

Elle fait une recommandation spéciale aux collectionneurs privés :
Qu'ils inscrivent les provenances aujourd'hui où ils se souviennent
encore.

Si cette recommandation est suivie par quelques amateurs des milliers
de spécimens de valeur seront sauvés.

Vœu de la 20ᵉ Section.

La Section d'Economie Politique de l'Association Française pour l'Avancement des Sciences considérant que, pendant la guerre et depuis la
guerre de 1914, tous les monarques et chefs d'Etat, belligérants et neutres,
ainsi que tous les délégués de toutes les nations à la Société des nations et

aux divers Congrès et Conférences ont constamment proclamé et répété que leur Nation était prête à contribuer de toutes ses forces à assurer la paix du Monde.

Emet le vœu :

1º Que pour le règlement des dommages, des emprunts et des dettes d'une guerre passée les nations opèrent comme en Marine après un abordage entre plusieurs navires (même quand ils ne sont pas assurés) c'est-à-dire qu'elles commencent par faire payer les dommages par l'abordeur dans la limite de ses facultés économiques et qu'ensuite, pour le solde, elles le règlent en *Avaries communes* au moyen d'une contribution de tous les intéressés — quelle que soit leur nationalité — au prorata de ce qui *revient* réellement à chacun après le sauvetage opéré.

2º Que, contre les risques d'une guerre ou d'une calamité future, les Nations s'assurent mutuellement en versant annuellement une prime en argent au prorata du revenu dont elles ont joui chacune dans l'année, c'est-à-dire en proportion de leurs *capacités* économiques réelles en copiant, aussi exactement que possible, pour la perception et la répartition des fonds sur ce qui se fait et réussit dans toutes les assurances ordinaires « Incendie, accident, vol, vie, » etc...

Vœu de la 21ᵉ Section.

La Section de Pédagogie de l'Association Française pour l'Avancement des Sciences en présence de l'introduction dans la loi de finances de dispositions réalisant la gratuité de l'enseignement secondaire dans les classes de sixième des lycées et collèges à partir de 1930 et d'année en année dans les classes suivantes, la section de pédagogie de l'Association Française pour l'Avancement des Sciences appelle l'attention des pouvoirs publics sur les difficiles problèmes de sélection et d'orientation que pose cette réforme et sur la nécessité de ne l'envisager que dans le cadre d'une réorganisation générale de l'enseignement public assurant à tous les enfants d'égales possibilités pour le choix d'une carrière conforme à leurs aptitudes.

L'Association signale le danger que pourrait présenter pour l'avenir de cette réorganisation, à laquelle elle attache une extrême importance, l'application d'une mesure préliminaire insuffisamment préparée dans ses rapports avec un projet d'ensemble.

Vœu de la 22ᵉ Section.

La 22ᵉ Section (Hygiène et Médecine Publique) émet le vœu que les pouvoirs publics rendent simultanées les grandes vacances dans tous les ordres d'enseignement primaire, secondaire, supérieur et technique et en avancent la date de façon à ce que les mois de juillet et août leur soient consacrés en entier.

VIII. — Remise de Médailles.

Médailles décernées ·à l'occasion du Congrès du Havre.

MM. Léon Meyer, Député, Maire du Havre : Buchard, Président du Comité local ; Dupont, Vice-Président du Comité local ; le docteur Loir, Secrétaire Général du Comité local ; Brichet, Trésorier du Comité local ; Dupasquier, Président de la Chambre de Commerce ; Corbeaux, Directeur du Port Autonome ; Saunier, Organisateur de l'Exposition ; Hugues, Secrétaire du Comité local ; Legangneux, Secrétaire du Comité local ; Sir Henry Lyons, Délégué de la British Association : Sheppard, Délégué de la British Association ; Ghigi, Délégué de l'Association Italienne pour l'Avancement des Sciences ; Da Costa Lobo, Délégué de l'Association Portugaise pour le Progrès des Sciences ; le professeur Léon Bernard, Conférence au Congrès : le professeur Emile Perrot, Conférence au Congrès ; Fontègne, Conférence au Congrès ; le Général Perrier, Président de l'Association.

IX. — Remerciements.

MM. les Sénateurs et Députés de l'Arrondissement du Havre ; M. Meyer, Député, Maire du Havre ; M. Lalmand, Sous-Préfet du Havre ; MM. les Membres de l'Administration du Conseil Municipal ; M. Buchard, Président du Comité Local ; M. Dupont, Vice-Président du Comité · Local ; M. Loir, Secrétaire Général du Comité Local ; M. Brichet, Trésorier du Comité Local ; M. Dupasquier, Président et les Membres de la Chambre de Commerce ; M. Corbeaux, Directeur et les Membres du Conseil d'Administration du Port Autonome ; MM. Hugues et Legangneux, Secrétaires du Comité Local ; MM. les Présidents et les Membres des Commissions ; MM. le Proviseur, Censeur, Econome du Lycée ; M. le Président du Syndicat d'Initiative ; MM. les Membres du Comité Local ; Madame Sigaudy ; Madame Loir et le Comité des dames ; M. le Consul de sa Majesté Britannique et la Colonie anglaise ; M. Proux, Maire de Sainte-Adresse ; M. Delille, Adjoint au Maire de Sainte-Adresse ; M. Couturier, Maire et Conseiller général de Fécamp ; M. Lindon, Maire d'Etretat ; M. le Colonel

Filloux, et le Conseil d'Administration des Usines Schneider ; Les Etablissements Augustin Normand ; La Compagnie Générale Transatlantique ; MM. les Directeurs des Compagnies de Chemin de fer, l'Administration des Postes ; M. le Directeur de la Radiodiffusion ; La Presse locale, régionale et française ; M. le Directeur du Casino ; L'Administration du Palais des Régates ; M. le Directeur des Galeries du Havre ; la Compagnie Industrielle et Maritime ; MM. Legrand de l'Abbaye de Fécamp.

SÉANCE DES SECTIONS

1er groupe.

SCIENCES MATHÉMATIQUES

Première Section.

MATHÉMATIQUES

Président . . . . . L. Gustave Du Pasquier, Professeur de mathématiques
à l'Université de Neuchâtel (Suisse).
Vice-Président. . . C. Clapier, Professeur de Mathématiques, Docteur ès
Sciences.
Secrétaire . . . . . L. Mazoué.

Daniel ARANY

Professeur de Mathématiques à Budapest.

NOTE SUR LE « SECOND PROBLÈME » DE LA DURÉE DU JEU DANS LE CAS DE TROIS JOUEURS

1. — Désignons par $(n_{x,y})$ la probabilité que, de deux joueurs, A et B, possédant chacun une fortune illimitée, A perde x francs en n parties. La valeur de $(n_{x,y})$ est donnée par l'équation suivante :

$$(n_{x,y}) = n_{x,y} \cdot p_i q_j = \frac{n!}{i!\,j!}\, p_i q_j \tag{1}$$

où $2i = n - x$, $2j = n - y$, $x + y = 0$, $p + q = 1$, et p et q étant les probabilités que le joueur A gagne ou perde une partie.

Désignons par $(n^a_{x, y})$ la probabilité que le joueur A perde x francs en n parties, quand sa fortune est limitée et égale à a francs, la fortune de B étant toujours illimitée. La valeur de $(n^a_{x, y})$ est donnée par l'équation suivante :

$$(n^a_{x, y}) = n^a_{x, y} \cdot p^i q^j = (n_{a - \alpha, - a + \alpha} - n_{a \div \alpha, - a - \alpha}) \, p^i q^j \qquad (2)$$

où $\alpha = a - x$.

Pour $a = x$, l'équation (2) doit être remplacée par la suivante :

$$(n^x_{x, y}) = \frac{x}{n} (n_{x, y}) \qquad (3)$$

2. Dans le cas de trois joueurs, A, B et C, la probabilité pour que le joueur A perde x francs et le joueur B y francs en n parties est donnée par l'équation suivante :

$$(n_{x, y, z}) = n_{x, y, z} \cdot p^i \cdot q^j \cdot r^k = \frac{n!}{i! \, j! \, k!} \, p^i q^j r^k \qquad (4)$$

où $3i = n - x$, $3j = n - y$, $3k = n - z$ et $x + y + z = s$, $p + q + r = 1$; la fortune de chacun des trois joueurs étant supposée illimitée.

Quand la fortune du joueur A est limitée et égale à x, la formule correspondant à l'équation (3) est la suivante :

$$(n^x_{x, y, z}) = \frac{x}{n} (n_{x, y, z}). \qquad (5)$$

Dans le cas où la fortune de A est égale à a francs, la formule correspondant à l'équation (2) devient *très compliquée*. Je la présente ici *sans démonstration*, pour divers cas particuliers, d'où l'on pourra déduire la loi de formation de la formule générale.

Pour $y = n$ on a :

$$n^{x+1}_{x, n, z} = n_{x, n, z} - 2 . n_{x + 3, n, z - 3}$$
$$n^{x+2}_{x, n, z} = n_{x, n, z} - 1 . n_{x + 3, n, z - 3} - 2 . n_{x + 6, n, z - 6}$$
$$n^{x+3}_{x, n, z} = n_{x, n, z} \qquad\qquad - 3 . n_{x + 6, n, z - 6} - 2 . n_{x + 9, n, z - 9}$$
$$n^{x+4}_{x, n, z} = n_{x, n, z} \qquad\qquad - 1 . n_{x + 6, n, z - 6} - 5 . n_{x + 9, n, z - 9} -$$
$$- 2 . n_{x + 12, n, z - 12}$$

    etc.   etc.

Le tableau des coefficients des seconds membres des équations précédentes est le suivant :

$\dfrac{t}{x}$	0	1	2	3	4	5	.
0	1	2	.	.	.	.	.
1	1	3	2	.	.	.	.
2	1	4	5	2	.	.	.
3	1	5	9	7	2	.	.
4	1	6	14	16	9	2	.
.	.	.	.	.	.	.	.

L'équation aux différences finies à laquelle les valeurs (x, t) sont assujetties est la suivante :

$$(x, t) = (x - 1, t) + (x - 1, t - 1)$$

et la solution de cette dernière équation est : $(x, t) = \binom{x+1}{t} + \binom{x}{t-1}$.

Par les 12 formules ci-après (page 36), on reconnaît la loi de formation de la formule, qui correspond, dans le cas de trois joueurs, à la formule (2), cette dernière se rapportant au cas de deux joueurs.

Pour $y = n - 3$, on a :

$$n^{x+1}_{x, n-3, z+3} = n_{x, n-3, z+3} - 1.2 . n_{x+3, n-3, z}$$
$$+ 1.2 . n_{x+3, n, z-3}$$

$$n^{x+2}_{x, n-3, z+3} = n_{x, n-3, z+3} - 1.1 . n_{x+3, n-3, z} \qquad - 1.2 \, n_{x+6, n-3, z-3}$$
$$+ 1.1 \, n_{x+2, n, z-3} \qquad + 2.2 \, n_{x+6, n, z-6}$$

$$n^{x+3}_{x, n-3, z+3} = n_{x, n-3, z+3} \qquad\qquad - 1.3 \, n_{x+6, n-2, z-3} - 1.2 \, n_{x+9, n-3, z-6}$$
$$+ 2.3 \, n_{x+6, n, z-6} \quad + 3.2 \, n_{x+9, n, z-9}$$

$$n^{x+4}_{x, n-3, z+3} = n_{x, n-3, z+3} \qquad\qquad - 1.1 \, n_{x+6, n-3, z-3} - 1.5 \, n_{x+9, n-3, z-6} - 1.2$$
$$+ 2.1 \, n_{x+6, n, z-6} \quad + 3.5 \, n_{x+9, n, z-9} \quad + 4.2$$

etc.   etc.

Pour $y = n - 6$, on a :

$$n^{x+1}_{x, n-6, z+6} = n_{x, n-6, z+6} - 1.2 \, n_{x+3, n-6, z+3}$$
$$+ 1.2 \, n_{x+3, n-3, z}$$
$$- 1.2 \, n_{x+3, n, z-3}$$

$$n^{x+2}_{x, n-6, z+6} = n_{x, n-6, z+6} - 1.1 \, n_{x+3, n-6, z+3} \quad - 1.2 \, n_{x+6, n-6, z}$$
$$+ 1.1 \, n_{x+3, n-3, z} \quad + 2.2 \, n_{x+6, n-3, z-3}$$
$$- 1.1 \, n_{x+3, n, z-3} \quad - 3.2 \, n_{x+6, n, z-6}$$

$$n^{x+3}_{x, n-6, z+6} = n_{x, n-6, z+6} \qquad\qquad - 1.3 \, n_{x+6, n-6, z} \quad - 1.2 \, n_{x+9, n-6, z-3}$$
$$+ 2.3 \, n_{x+6, n-3, z-3} + 3.2 \, n_{x+9, n-3, z-6}$$
$$- 3.3 \, n_{x+6, n, z-6} \quad - 6.2 \, n_{x+9, n, z-9}$$

$$n^{x+4}_{x, n-6, z+6} = n_{x, n-6, z+6} \qquad\qquad - 1.1 \, n_{x+6, n-6, z} \quad - 1.5 \, n_{x+9, n-6, z-3} - 1.2$$
$$+ 2.1 \, n_{x+6, n-3, z-3} + 3.5 \, n_{x+9, n-3, z-6} + 4.2$$
$$- 3.1 \, n_{x+6, n, z-6} \quad - 6.5 \, n_{x+9, n, z-9} \quad - 10.2$$

etc.   etc.

Giacomo CANDIDO

Proviseur du Lycée de Brindisi en Italie.

SUR L'ORIGINE ET SUR QUELQUES APPLICATIONS DES FONCTIONS DE LUCAS

1. — Le premier travail de Lucas sur les fonctions U_n et V_n est une *Note* de trois pages environ, du 6 juin 1876, insérée dans les *Comptes Rendus des séances de l'Académie des Sciences de Paris*. Cette *Note* fut suivies en décembre 1877, de la théorie des fonctions numériques simplement périodiques.

Ce beau mémoire est un développement de la *Note* de 1876, sauf la dernière partie de cette *Note* et principalement les fonctions numériques des racines d'une équation du 4e degré, ou de degré quelconque. Ces fonctions, selon Lucas, sont liées aux fonctions elliptiques et abéliennes. Cet important sujet ne fut jamais développé, à ma connaissance, ni par l'auteur ni par d'autres.

Les fonctions U_n et V_n n'étaient pas nouvelles dans la science ; rappelons que

$$U_n(p,q) = \frac{X_1^n - X_2^n}{X_1 - X_2} \ldots \text{(1)}, \qquad V_n(p,q) = X_1^n + X_2^n \ldots \quad \text{(2)}$$

où X_1 et X_2 sont les racines de l'équation du deuxième degré

$$X^2 - pX + q = 0 \tag{3}$$

L'équation (1) est d'un auteur inconnu, mais à la façon de Lucas elle se trouve dans sa *Théorie des nombres* et dans les *Nouvelles Annales de mathématiques*, année 1871, p. 516, sous la forme d'une identité à vérifier, proposée par M. G. P. W. Baehr. L'équation (2), connue sous le nom de formule de Waring, se rapportant à l'équation du deuxième degré, est considérée par Lagrange dans la Note XI de son *Traité de la résolution des équations numériques de tous les degrés*.

Actuellement $U_n(p,q)$ et $V_n(p,q)$ s'appellent *Fonctions de Lucas*. Ce nom restera dans la science, car cet illustre géomètre français, par des travaux nombreux et toujours importants, fut le premier à attirer l'attention sur la fécondité de ces fonctions, et il les appliqua tout particulièrement à la théorie des nombres. Les U_n et V_n, comme l'observe M. Cipolla [1], avaient été employées auparavant par Euler, Lagrange, Legendre, Tchébichef et Génocchi.

2. — Dans cette communication, comme l'indique son titre, je me bornerai à rappeler l'origine des fonctions de Lucas, leurs éléments essentiels et quelques-unes de leurs applications à l'analyse indéterminée et aux fractions continues. Pour des raisons de brièveté, j'ai laissé de côté l'étude des équations $V_n(x, a) + h = 0$ et $V'_n(x, a) = 0$ correspondant à l'équation de Moivre et de sa dérivée.

Ayant ainsi délimité mon sujet, j'ai dû omettre encore ce qui concerne les recherches arithmétiques, branche enrichie en Italie par les contributions très remarquables de Genocchi et de Cipolla [2].

On voit qu'il y a, dans les fonctions de Lucas, deux éléments bien distincts, savoir : l'index n et l'argument (p,q). Voici une très simple relation liant les deux fonctions et comprenant les deux susdits éléments : *Si l'élément* p *de l'argument est considéré comme variable, on a*

$$V'_n(p,q) = nU_n(p,q) \qquad (4)$$

Cette relation, sur laquelle nous revenons [3] et qui avait échappé à Lucas, conduit à deux équations différentielles linéaires du deuxième ordre, du type de celles qui se rapportent aux polynômes de Legendre et aux fonctions de Bessel, à savoir :

$$(p^2 - 4q)V''_n + pV'_n - n^2V_n = 0 \qquad (5)$$
$$(p^2 - 4q)U''_n + 3pU'_n - (n^2 - 1)U_n = 0 \qquad (6)$$

L'équation (5) est déjà donnée, relativement à la fonction cosinus, par Serret [4] ; elle est retrouvée pour la fonction V_n par Lucas lui-même [5]. Ces deux auteurs s'en servent pour développer les fonctions en question sous deux formes différentes. La manière dont Lucas obtient (5) nous confirme le fait qu'il ne s'était pas rapporté à la relation (4).

---

[1] Michele Cipolla. Applicazioni della teoria delle funzioni numeriche del second'-ordine alla risoluzione della congruenza di secondo grado (*Rendiconti della R. Accad. delle scienze fisiche e mat. di Napoli*, maggio 1903).

[2] V. la note (1) et aussi : *loc. cit.* Un metodo per la risoluzione della congruenza di secondo grado.

[3] G. Candido. Sulle funzioni U_n e V_n di Lucas (*Periodico di Matematica*, t. XVII, maggio-guigno 1902).

G. Candido. Contribution à l'étude des fonctions V_n et U_n de Lucas (*Congrès A. F. A. S.* Liége, 1924).

[4] J. A. Serret. *Cours d'algèbre supérieure*, t. I, p. 239 (édit. 1885).

[5] E. Lucas. Théorie des fonctions numériques simplement périodiques (*American Journal of Mathematics*, vol. I, 1878, pp. 184-240 ; pp. 289-321).

3. — Je vais attirer l'attention sur un autre lien entre les fonctions U_n et V_n et des éléments déjà étudiés, lien dont je n'ai pas réussi à trouver de trace ailleurs ; ce lien est l'identité

$$(\lambda \pm \mu\sqrt{\overline{D}})^n = \lambda_n \pm \mu_n\sqrt{\overline{D}} = \frac{1}{2}\,V_n(2\lambda,\ \lambda^2 - D\mu^2)$$
$$\pm \sqrt{D}\mu U_n(2\lambda,\ \lambda^2 - D\mu^2) \qquad (7)$$

4. — L'équation (7) relie les fonctions U_n et V_n à la résolution complète de l'équation de Fermat

$$x^2 - Dy^2 = 1 \ldots \qquad (8)$$

Si nous appelons *Lucasienne* une solution quelconque d'équations indéterminées exprimée par les fonctions U_n et V_n, on a ce théorème de LAGRANGE :

Si $x = \lambda$, $y = \mu$ *est la plus petite solution positive de l'équation (8), toutes les solutions positives de cette même équation de Fermat sont données par la Lucasienne*

$$\left\{ x_n = \frac{1}{2}\,V_n(2\lambda,\ + 1), \qquad y_n = \mu U_n(2\lambda,\ + 1) \right\} \qquad (9)$$
$(n = 0, 1, 2, \ldots + \infty)$.

Nous ne savons si nous exagérons l'importance de cette nouvelle façon de présenter ce célèbre théorème de LAGRANGE, mais cette nouvelle formulation donnée par (9) a, sur les autres énoncés, les avantages suivants :

a) *Elle permet d'écrire tout de suite toute les solutions de (8), quand la plus petite solution positive en est donnée.*

Observons surtout que, grâce aux équations (9), la table X de la *Théorie des nombres* de LEGENDRE se transforme de suite en une table donnant toutes les solutions de (8). Soit comme exemple l'équation particulière

$$x^2 - 3y^2 = 1, \qquad (10)$$

dont la table X fournit la solution initiale (2, 1) ; les égalités (9) donnent toutes les solutions de (10) :

$$x_n = \frac{1}{2}\,V_n(4,\ + 1) \qquad y_n = U_n(4,\ + 1).$$

b) *Elle permet d'écrire tout de suite la solution générale de (8) sous des formes différentes, en correspondance avec les différents développements connus des fonctions* U_n *et* V_n.

c) Si D est fonction d'un paramètre λ, les égalités (9) mènent à deux équations différentielles linéaires du deuxième ordre, satisfaites par les solutions x_n et y_n de (8). Voici deux propositions y relatives :

L'équation différentielle linéaire du deuxième ordre à laquelle satisfont les x_n s'obtient par l'élimination de V_n'', V_n', V_n entre les deux équations :

$$(4\lambda^2 \mp 4)V_n''(2\lambda, \pm 1) + 2\lambda V_n'(2\lambda, \pm 1) - n^2 V_n(2\lambda, \pm 1) = 0, \left.\right\}$$
$$x_n = \frac{1}{2} V_n(2\lambda, \pm 1).$$

L'équation différentielle linéaire du deuxième ordre à laquelle satisfont les y_n s'obtient par l'élimination de U_n'', U_n', U_n entre les deux équations :

$$(4\lambda^2 \mp 4)U_n''(2\lambda, \pm 1) + 3.2\lambda U_n'(2\lambda, \pm 1) - (n^2 - 1)U_n(2\lambda, \pm 1) = 0, \left.\right\{$$
$$y_n = \mu U_n(2\lambda, \pm 1).$$

d) *Les lois de récurrence entre les diverses fonctions U_n, entre les diverses fonctions V_n et celles entre les U_n et les V_n se traduisent, grâce à* (9), *par des relations de récurrence entre les diverses grandeurs x_n, entre les diverses grandeurs y_n, et entre les x_n et les y_n.*

Ces relations de récurrence comprennent les relations classiques.

e) *Elle permet de construire tout un formulaire lucasien se rapportant aux équations*

$$x^2 - Dy^2 = \pm k, \tag{11}$$

et même relatif aux équations

$$a_{11}x^2 + 2a_{12}xy + a_{22}y^2 + 2a_{13}x + 2a_{23}y + a_{33} = 0.$$

De ce formulaire font partie non seulement les formules classiques de récurrence, mais aussi celles indiquées par M. Rignaux dans l'*Intermédiaire des Mathématiciens*, vol. 26, p. 19. J'ajoute un groupe de formules qui n'a pas été remarqué jusqu'ici. Je le donne pour le cas du signe $+$ dans (11) ; il peut s'énoncer ainsi :

Si (λ, μ) *est la plus petite solution positive de* (8) *et* (ξ_m, ψ_m) *une solution fondamentale de* (11) *dans le cas du signe $+$, toutes les solutions de celle-ci, relatives à la solution fondamentale considérée, sont données par*

$$X_n = (\lambda\xi_m + D\mu\psi_m)U_n(2\lambda, +1) - \xi_m U_{n-1}(2\lambda, +1), \left.\right\}$$
$$Y_n = (\lambda\psi_m + \mu\xi_m)U_n(2\lambda, +1) - \psi_m U_{n-1}(2\lambda, +1). \left.\right\} \quad n = 1, 2, 3, \ldots \text{ad inf.}$$

Remarque. — Dans une étude détaillée qui paraîtra prochainement, on trouvera l'application des fonctions U_n et V_n à la résolution d'autres équations indéterminées, tout particulièrement de celle-ci :

$$x^2 - Dy^2 = \pm k^n \tag{L}$$

dont se sont occupés Lagrange, Legendre, Cauchy et à une époque plus récente MM. Laudry, De Longchamps et moi-même (V. § 7) [1].

5. — Un autre élément, provenant de la combinaison des fonctions U_n et V_n et qui peut-être est indiqué ici pour la première fois, c'est le quotient

$$\frac{V_n(p, q)}{U_n(p, q)}, \tag{12}$$

Il coïncide avec le double de la n^{ième} *réduite de la fraction continue de Cataldi* [2] :

$$p + \frac{q}{2p_0} + \frac{q}{2p_0} + \frac{q}{2p_0} + \dots$$

Il permet d'arriver à la formule

$$\sqrt{p^2 + q} = \frac{1}{2} \lim_{n=\infty} \frac{V_n(2p, -q)}{U_n(2p, -q)} \tag{13}$$

Celle-ci n'est point étrangère à l'application des fonctions U_n et V_n indiquée par moi pour résoudre l'équation de Fermat.

Remarquons que de l'égalité (13), on tire facilement les expressions de $\sqrt{p^2 + q}$ données par MM. Œttinger [3] et Günther [4]. En effet, ces expressions se traduisent comme suit en notations lucasiennes :

$$\sqrt{p^2 + q} = \lim_{n=\infty} q\, \frac{U_{n-1}(2p, -q)}{U_n(2p, -q)} + q, \text{ (Œttinger)} \tag{14}$$

$$\sqrt{p^2 + q} = \lim_{n=\infty} \frac{U_{n+1}(2p, -q)}{U_n(2p, -q)} - p. \text{ (Günther)} \tag{15}$$

L'équation (15), retrouvée par Lucas, est appliquée par lui, dans la Section V^e (25) du Mémoire de 1877. Avec la même facilité, les fonctions U_n et V_n permettent de transformer la fraction de Cataldi en séries, en partant de (12). Nous croyons utile de rappeler une autre propriété de (13), mise en lumière pour la première fois par Frattini [5]. La voici :

---

[1] F. Landry. *Cinquième mémoire sur la théorie des nombres* (Librairie Hachette, juillet 1856).

G. de Longchamps. Sur un mémoire de M. Landry (*Journal de math. spéciales*, 2e série, t. III, 1884).

G. Candido. Sulle equazioni $x^2 - ay^2 = \varepsilon^n$, $x^2 - ay^2 = \pm b^n$ (*Giornale del Battaglini*, vol. XLIII).

[2] E. Bortolotti Pietro Antonio Cataldi ed i primi algoritmi. La scoperta delle frazioni continue (*Bollettino della « Mathesis »*, anno XI° (1919), f. 5, 6, 7, 8).

[3] L. Œttinger. Ueber die Näherungswerthe der periodischen Kettenbrüche, etc. (*Archiv der Math und Phys.*, von J. A. Grunert, 1865, p. 301).

[4] V. *loc. cit* (7).

[5] G. Frattini *Periodica di matematica*, vol. 7°, anno 1902, p. 73 e p. 143.

En indiquant par $\dfrac{p_n}{q_n}$ la $n^{\text{ième}}$ réduite de la fraction continue ordinaire

$$a_1 + \cfrac{1}{a_2} + \cfrac{1}{a_3} + \ldots$$

qui représente $\sqrt{p^2 + q}$, le quotient (12) est plus proche de $\sqrt{p^2 + q}$ que de la réduite correspondante $\dfrac{p_n}{q_n}$.

Ce théorème est fécond en applications, et tandis que les réduites $\dfrac{p_n}{q_n}$, du moins tant qu'elles conservent leur forme algébrique générale, à partir de la deuxième, sont très compliquées, les expressions (12) sont incomparablement plus simples et plus proches de la valeur de la racine.

Nous nous bornerons ici aux propositions suivantes, que les fonctions de Lucas et le quotient (12) permettent d'établir ou de vérifier avec une simplicité qu'on chercherait en vain à obtenir par d'autres moyens :

1) *La $(nr)^{\text{ième}}$ réduite de la fraction continue de Cataldi est à moins d'un coefficient* $[U_n(2p, - q)]^{-1}$, *la réduite $n^{\text{ième}}$ d'une fraction continue de même nature.*

2) Importante et féconde en conséquences est cette autre propriété de (12) trouvée par une autre voie en 1856 par M. LANDRY ([1]) et reprise dans une élégante étude faite plus tard par M. DE LONCHAMPS ([2]) — Nous la traduisons en symboles lucasiens, ce qui nous amène à la démonstration presque immédiate :

Deux réduites consécutives,

$$\frac{\frac{1}{2} V_{n+1}(2p, - q)}{U_{n+1}(2p, - q)} , \qquad \frac{\frac{1}{2} V_n(2p, - q)}{U_n(2p, - q)} ,$$

donnent lieu à l'identité :

$$\frac{1}{4} V^2_{n+1}(2p, - q) - (p^2 + q)U^2_{n+1}(2p, - q)$$
$$= - q\left[\frac{1}{4} V^2_n(2p, - q) - (p^2 + q)U^2_n(2p, - q)\right].$$

6. — C'est cette propriété qui permet à M. Landry de déterminer *une* solution de l'équation (L). On parvient à ce résultat de M. Landry avec une simplicité extrême, en se servant des symboles lucasiens. En effet, ceux-ci nous donnent la proposition suivante :

([1]) V. note (6).
([2]) V. note (6

Une solution fondamentale (ξ_m, ψ_m), *de l'équation*

$$\xi^2 - D\psi^2 = k$$

étant connue, on en déduit immédiatement une solution de l'équation (L), savoir :

$$x_n = \frac{1}{2}\, V_n(2\xi_m, - k), \qquad y_n = \psi_m \cdot U(2\xi_m, - k),$$

de laquelle on tire une infinité d'autres solutions au moyen des formules

$$X_i = \frac{x_n}{2}\, V_i(2\lambda, + 1) + D y_n U_i(2\lambda, + 1),$$

$$Y_i = \frac{y_n}{2}\, V_i(2\lambda, + 1) + x_n \mu U_i(2\lambda, + 1),$$

où (λ, μ), *est la plus petite solution positive de* $x^2 - Dy^2 = 1$.

Moyennant les fonctions U_n et V_n, non seulement on parvient d'une manière rapide à la solution *unique* de M. Landry, mais l'usage de ces fonctions-là permet d'augmenter pratiquement le nombre des susdites solutions. J'ajoute toutefois que ce dernier fait, l'un des desiderata de l'illustre arithmologue M. André Gérardin [1], est ici simplement énoncé.

7. — Enfin, j'ajouterai une application de (13) à une ancienne question, montrant la facilité et la rapidité avec lesquelles l'usage des fonctions de Lucas donne des résultats remarquables.

Du fait que, si a_1 est une valeur approchée de $\sqrt{N}$, il suit que les valeurs

$$a_2 = \frac{1}{2}\left(a_1 + \frac{N}{a_1}\right), \quad a_3 = \frac{1}{2}\left(a_2 + \frac{N}{a_2}\right), \quad a_4 = \frac{1}{2}\left(a_3 + \frac{N}{a_3}\right), \ldots$$

seront des valeurs toujours plus proches de $\sqrt{N}$.

On veut démontrer que *la réduite*

$$\frac{\frac{1}{2}\, V_{2n}(2p, - q)}{U_{2n}(2p, - q)} \text{ se déduit de cette autre } \frac{\frac{1}{2}\, V_n(2p, - q)}{U_n(2p, - q)}$$

par la même loi par laquelle on déduit l'un de l'autre les termes $a_2, a_3, \ldots$

La démonstration se réduit à vérifier que l'égalité

---

[1] *Sphinx-Œdipe*. 20ᵉ année. série C, 1925, p 43, nᵒ 1919.

$$\frac{\frac{1}{2} V_{2n}}{U_{2n}} = \frac{1}{2} \left[\frac{\frac{1}{2} V_n}{U_n} + \frac{N}{\frac{\frac{1}{2} V_n}{U_n}} \right] \qquad (16)$$

est une identité ; la vérification est immédiate, parce que le second membre de (16) se transforme successivement comme suit :

$$\frac{1}{2} \left[\frac{V_n}{2U_n} + \frac{2NU_n}{U_n} \right] = \frac{V_n}{4U_n} + \frac{NU_n}{V_n} = \frac{1}{U_{2n}} \left[\frac{1}{4} V_n^2 + NU_n^2 \right] = \frac{\frac{1}{2} V_{2n}}{U_{2n}}$$

Le lien entre les a_i et les réduites de Cataldi est complété par cet autre théorème :

La valeur de a_{n+1} est la $(2^n)^{\text{ième}}$ réduite de Cataldi ([1]).

Cela se démontre rapidement par induction ([2]).

En effet, on vérifie tout de suite qu'on a

$$a_1 = \frac{\frac{1}{2} V_{2^1-1}}{U_{2^1-1}}, \quad a_2 = \frac{\frac{1}{2} V_{2^2-1}}{U_{2^2-1}}, \quad a_3 = \frac{\frac{1}{2} V_{2^3-1}}{U_{2^3-1}} .$$

Supposons maintenant que l'on ait

$$a_n = \frac{\frac{1}{2} V_{2^n-1}}{U_{2^n-1}} ,$$

alors on a aussi immédiatement [voir la démonstration du théorème précédent] :

$$a_{n+1} = \frac{1}{2} \left[a_n + \frac{N}{a_n} \right] = \frac{1}{2} \left[\frac{\frac{1}{2} V_{2^n-1}}{U_{2^n-1}} + \frac{N}{\frac{\frac{1}{2} V_{2^n-1}}{U_{2^n-1}}} \right] = \frac{\frac{1}{2} V_{2^n}}{U_{2^n}} ,$$

et le théorème est démontré.

([1]) V. note (7).
([2]) Per una dimostrazione diretta, v. note (7).

C. CLAPIER
Docteur ès Sciences.

SUR LA DÉFORMATION DU CUBE ARTICULÉ

Imaginons un cube de côté a, articulé à ses sommets et pouvant se déformer jusqu'à devenir infiniment aplati et étudions les propriétés de la figure dans ses déformations successives.

I. — Le cube devient un parallélépipède, dont toutes les faces sont des losanges et dont les diagonales AA', BB', CC', se coupent au centre Ω. Les diagonales d'un losange étant rectangulaires, AB perpendiculaire à C'D' est orthogonale à sa parallèle CD ; et le tétraèdre ABCD a ses arêtes opposées orthogonales ; c'est un tétraèdre orthocentrique dont nous allons retrouver les principales propriétés :

1° $\overline{AB}^2 + \overline{CD}^2 = \overline{AB}^2 + \overline{C'D'}^2 = 4a^2$ et en désignant par EF la médiatrice joignant le milieu de AB au milieu de CD.

$$\overline{AB}^2 + \overline{CD}^2 = \overline{AD}^2 + \overline{BC}^2 = \overline{AC}^2 + \overline{BD}^2 = 4.\overline{EF}^2.$$

Le volume du tétraèdre est le tiers du volume du parallélépipède qui est le produit des trois arêtes par le sinus de l'angle trièdre qu'elles donnent ; de sorte que le premier volume :

$$V = \frac{a^3}{3} \sqrt{\omega},$$

ω sinus de l'angle trièdre formé par les trois médiatrices qui joignent les milieux de deux arêtes opposés.

2° La sphère (Ω), de centre Ω et de rayon $\dfrac{a}{2}$, passe par les pieds de ces médiatrices ; le plan d'une face BCD rencontre cette sphère suivant un cercle qui passe par les milieux du triangle BCD et qui n'est autre que son cercle d'Euler ; il en résulte que le centre Ω se projette sur le plan d'une face au centre ω du cercle d'Euler relatif au triangle formé par les trois sommets de cette face, et la sphère (Ω) passe par les pieds P des perpendiculaires communes à deux arêtes opposées (fig. 1), telles que AD et BC ; elle passe aussi par les milieux des hauteurs BH', DH', CH' du triangle BCD.

Dans le plan de cette face, effectuons un rabattement autour de DP, de manière que A se rabatte en A_1 et l'orthocentre H en H_1 qui sera le point de concours des hauteurs du triangle DPA_1.

Nous avons, d'après les propriétés de ce point :

$$H_1P \times H_1Q = H_1A_1 \times H_1H' = \pm \rho^2 = \mu^2$$

μ est le rayon de la sphère (H), ayant pour centre l'orthocentre du tétraèdre et conjuguée par rapport à lui. La relation précédente montre que cette sphère est orthogonale à la sphère (Ω) et l'on a :

$$\overline{H\Omega}^2 = \mu^2 + \frac{a^2}{4}.$$

Si (O) est le centre de la sphère circonscrite au tétraèdre, on sait que AH rencontre à nouveau cette sphère en un point H'' tel que :

$$HH'' = 3.HH'$$

et par suite :

$$HA \times HH'' = 3\mu^2 ;$$

la sphère de centre H et de rayon $\mu\sqrt{3}$ est orthogonale à la sphère (O), d'où la relation :

$$\overline{OH}^2 = R^2 + 3\mu^2$$

R, rayon de la sphère circonscrite.

Cette dernière relation résulte d'ailleurs du théorème de Faure, relatif à la sphère circonscrite au tétraèdre conjugué ABCD par rapport à la sphère (H) ; de même que le théorème corrélatif de Steiner, donne :

$$\overline{IH}^2 \pm \mu^2 + 3r^2$$

I et r étant le centre et le rayon de la sphère inscrite dans le tétraèdre envisagé.

3° ω étant le milieu de $O'H'$, Ω est le milieu de OH ; c'est le centre de gravité du tétraèdre : si on place en effet, 4 poids égaux aux sommets du tétraèdre, leur centre de gravité sera sur les trois médiatrices.

La sphère (J) homothétique de la sphère (O) dans le rapport d'homothétie $\frac{1}{3}$, a son centre au point J conjugué de O par rapport aux points Ω et H (fig. 2)

$$OCr = CrJ = JH.$$

Elle passe par les pieds H' des hauteurs du tétraèdre, les centres de gravité G des faces et les points K des hauteurs tels que $HK = \dfrac{HA}{3}$.

Nous avons donc, relativement au tétraèdre orthocentrique ABCD, deux

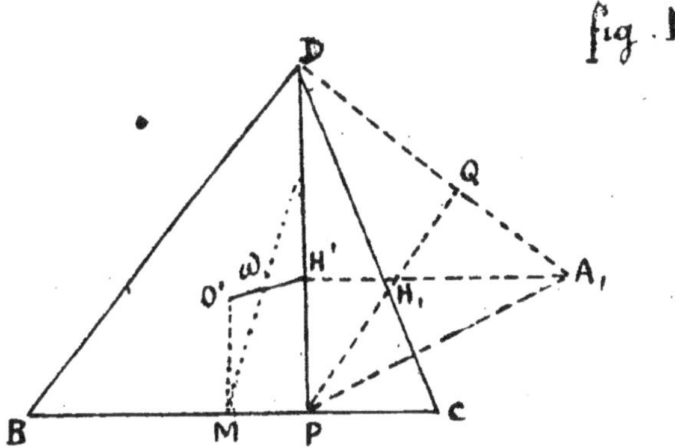
fig. 1
D
Q
ω
H'
O'
H₁
A₁
B
M
P
C

fig. 2
O
C₂
JL
J
H

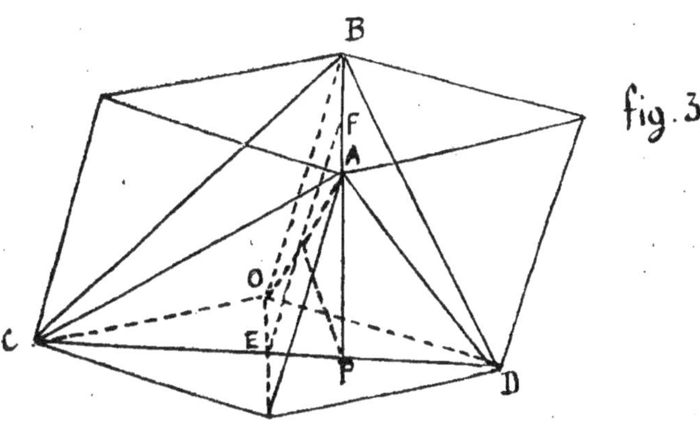
fig. 3
B
F
A
O
C
E
P
D

sphères remarquables (Ω) et (J) contenant chacune 24 points particuliers. Le rayon de la première est $\dfrac{a}{2}$, celui de la seconde $\dfrac{R}{3}$: a, côté du rhomboèdre construit sur 2 arêtes opposées, R rayon de la sphère circonscrite.

II. — Si le cube devient infiniment aplati, l'un des sommets A du tétraèdre devient, le point de concours des hauteurs du triangle formé par les trois autres ; le centre O' du centre du cercle circonscrit au triangle BCD est tel que $O'B = O'C = O'D = a$ (fig. 1). La sphère (O) et la sphère (J) deviennent le plan de la figure 2.

Quand à la sphère (Ω), elle se réduit au cercle d'Euler commun aux quatre triangles BCD, ABC, ABD, ACD. La figure 3 montre une démonstration très simple de la propriété du cercle des neuf points relatifs à un triangle :

$$\Omega E = \Omega F = \Omega P = \frac{a}{2} \ ; \ \overline{EF}^2 = \frac{\overline{AC}^2 + \overline{AD}^2 - \overline{AB}^2}{4} + \frac{\overline{BD}^2 + \overline{BC}^2 - \overline{CD}^2}{4} = R'^2.$$

Paul DUPUIS

Professeur à Saint-Aubin près Neuchâtel (Suisse).

SUR DES LIEUX GÉOMÉTRIQUES EN CONNEXION AVEC LES CORDES D'UNE CONIQUE FIXE

Énoncé du problème. — Par les extrémités d'une corde variable d'une conique fixe, on trace les parallèles aux axes de celle-ci. Déterminer le lieu géométrique des sommets du rectangle ainsi formé, la corde tournant autour d'un point donné P situé sur l'axe de la conique.

§ 1er. — Nous étudierons, dans ses grandes lignes, le cas où la conique fixe est une parabole. Nous déduirons ensuite, par analogie, les résultats relatifs à l'ellipse et à l'hyperbole.

Soit la parabole $y^2 = 2px$ rapportée à un système d'axes cartésiens, l'axe des x étant l'axe de la parabole, l'axe des y la tangente au sommet. Soit, en outre, le point donné P (a, o), d'abscisse a, en lequel la corde d

coupe l'axe des x et autour duquel cette corde tourne. Nous pouvons déterminer quelques points du lieu en considérant des positions particulières de la corde variable d.

1. La corde est perpendiculaire à l'axe des x. — Le rectangle que donne la construction prescrite par l'énoncé est minimum, il se réduit à une droite. La construction donne les points P′ et P″ ; ils sont sur la courbe et sur la parabole.

2. La corde est perpendiculaire à l'axe des y. — Elle coupe la parabole en son sommet S, le rectangle se réduit à une droite infinie, le point S est sur la courbe cherchée

3. La corde occupe une position quelconque. — Désignons par $P_1 P_2 P_3 P_4$

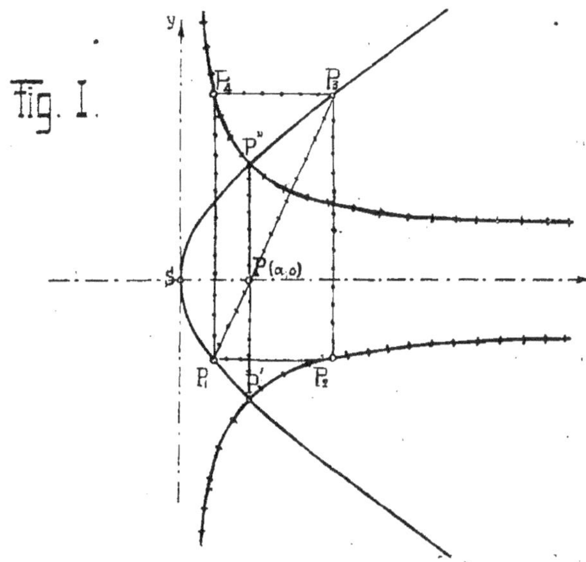

les sommets du rectangle prescrit par l'énoncé, leurs coordonnées seront respectivement : $(x_1 y_1)$ $(x_2 y_1)$ $(x_2 y_2)$ $(x_1 y_2)$. L'équation de la corde passant par $P(a,o)$, de coefficient angulaire λ, sera : $y = \lambda (x - a)$, celle de la parabole : $y^2 = 2px$. Eliminons λ, et nous obtenons l'équation du lieu cherché :

$$\lambda = \frac{y}{x-a} \qquad \frac{y}{x-a} = \frac{y^2}{\dfrac{y^2}{2p} - a} \qquad \text{ou} : \quad xy^4 - 2a^2py^2 + 4a^2p^2x - 2px^2y^2 = 0$$

$$y^2(xy^2 - 2a^2p) - 2px(xy^2 - 2a^2p) = 0 \qquad (y^2 - 2px)(xy^2 - 2a^2p) = 0.$$

La nouvelle courbe obtenue a donc pour équation :

$$xy^2 - 2a^2p = 0 \quad \text{ou} \quad y = \pm\sqrt{\dfrac{2a^2p}{x}}.$$

Les signes $\pm$ indiquent la symétrie par rapport à l'axe des x.

Pour $x \to 0$, on voit que $y \to \infty$; et pour $x \to \infty$ on voit que $y \to 0$. La courbe se compose de deux branches infinies ; elle a deux asymptotes qui sont les axes coordonnés.

Positions particulières du point donné P.

$$1.\ P(-a, o)\ \ldots\ldots \quad y = \pm\sqrt{\dfrac{2(-a)^2p}{x}} \quad \text{ou} \quad y = \pm\sqrt{\dfrac{2a^2p}{x}}.$$

Le lieu cherché est confondu avec celui obtenu dans le cas du point $P(a, o)$.

2. $P(o, o)$. — La corde variable tourne autour du sommet de la parabole. L'équation du lieu cherché peut s'écrire :

$$xy^2 = 2a^2p ; \quad \text{ou} \quad xy^2 = 0 \text{ puisque } a = 0$$

le lieu se réduit au système des axes coordonnées :

$$x = 0, \quad y = 0.$$

3. $P(p/2 ; o)\ldots$ — La corde variable tourne autour du foyer. L'équation du lieu cherché devient :

$$y = \pm\sqrt{\dfrac{p^3}{x}}.$$

§ **2**. — La conique fixe est une *ellipse* (fig. 2) et les axes coordonnés confondus avec les axes de cette ellipse.

Commençons par envisager quelques positions particulières de la corde variable d.

1. Corde perpendiculaire à l'axe des x.

Points P_1 et P_2.

2. Corde perpendiculaire à l'axe des y.

Points P_3 et P_4.

3. Corde passant par les sommets du petit axe.

Points P_5 et P_6, maximum de l'ordonnée.

4. *Corde dans une position quelconque.*

Equation de l'ellipse :

$$b^2.x^2 + a^2.y^2 - a^2b^2 = 0.$$

Equation de la corde variable :

$$y = \lambda(x - a).$$

On obtient une équation représentant simultanément l'ellipse et le lieu cherché. La courbe est fermée, toujours comprise à l'intérieur du rectangle enveloppant l'ellipse.

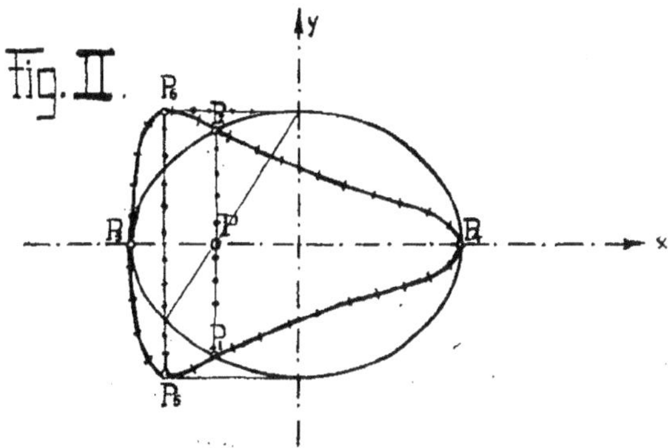

Positions particulières du point donné P.

1. $P(o, o)$. — La corde variable tourne autour du centre de l'ellipse; le lieu est confondu avec l'ellipse.

2. $P(-a, o)$. — La courbe variable tourne autour du sommet S de l'ellipse.

Le lieu cherché se réduit aux axes coordonnés.

3. Le point donné P est au foyer. — L'équation du lieu devient :

$$y = \pm \frac{b^3 \sqrt{a^2 - x^2}}{a(a^2 + c^2 - 2cx)} \,.$$

Remarque. — Si l'on admet que la parabole est une ellipse dont un foyer reste fixe, tandis que l'autre s'éloigne à l'∞ sur l'axe des x, on peut aisément passer du lieu de l'ellipse à celui de la parabole et inversément.

§ 3. — La conique fixe est une *hyperbole* (fig. 3) et les axes coordonnés confondus avec les axes de cette hyperbole.

Positions particulières de la corde variable d.

1. Corde d perpendiculaire à l'axe des x.

Points correspondants du lieu : P_1 et P_2.

2. Corde d perpendiculaire à l'axe des y.

Points correspondants du lieu : S_1 et S_2.

3. Corde d dans une position quelconque. — On détermine d'abord un premier groupe de points du lieu tels que P_3 et P_4. Lorsque la corde *d*, en tournant autour de P, devient parallèle à une asymptote on obtient un seul point du lieu : P_5 ; la perpendiculaire en ce point à l'axe des x est

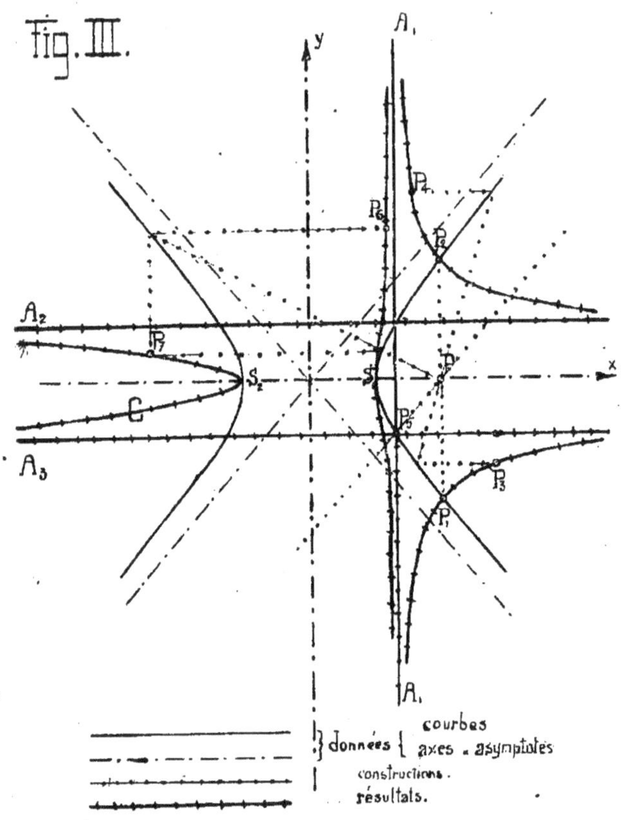

une première asymptote A_1 du lieu, ce dernier s'étend à l'∞ vers les y positifs et les y négatifs. La corde fournit ensuite deux groupes de points : les uns situés entre la tg au sommet et l'asymptote A, tels que P_6, les autres décrivant la courbe C. Celle-ci est comprise entre deux parallèles à l'axe des x situées à la même distance que P_5 de celui-ci. Ces parallèles sont deux nouvelles asymptotes A_2 et A_3 du lieu.

Louis GABEREL

Professeur de géométrie, à l'Université de Neuchâtel (Suisse).

CONSTRUCTION D'UNE SURFACE D'APPROXIMATION POUR L'ÉTUDE DES FONCTIONS SPHÉRIQUES

Dans ses *Anwendungen der Differential und Integralrechnung auf Geometrie* (p. 206), F. Klein posait le problème suivant.

Les quantités φ et θ désignant les coordonnées variables angulaires (longitude et colatitude), une fonction $f(\varphi, \theta)$ de ces deux variables est arbitrairement définie sur la sphère de rayon un (sphère unité), de telle manière qu'elle est alternativement égale à $+1$ et à -1 sur les octants successifs de la sphère. On demande d'exprimer la représentation approchée de cette fonction par le moyen des fonctions sphériques. On poussera l'approximation jusqu'au quatrième degré. Enfin, on construira la surface représentative d'approximation de la fonction.

C'est le problème que nous allons traiter en établissant même les équations des surfaces d'approximation jusqu'au neuvième degré.

On posera pour abréger : $\cos \theta = \mu$.

Cela étant, on sait qu'on peut développer $f(\varphi, \mu)$ en série convergente :

$$f(\varphi, \mu) = Y_0 + Y_1 + Y_2 + \ldots + Y_m + \ldots,$$

où :

$$Y_m \equiv Y_m(\varphi, \mu) = \sum_{n=0}^{n=m} [A_{n,m} \cos n\varphi + B_{n,m} \sin n\varphi] \sin^n \theta \, \frac{d^n P_m(\mu)}{d\mu^n},$$

soit en posant :

$$\sin^n \theta \, \frac{d^n P_m(\mu)}{d\mu^n} = (1 - \mu^2) \frac{d^n P_m(\mu)}{d\mu^n} \equiv P_m^n(\mu),$$

$$Y_m(\varphi, \mu) = A_{0,m} P_m(\mu) + \sum_{n=1}^{n=m} (A_{n,m} \cos n\varphi + B_{n,m} \sin n\varphi) P_m^n(\mu),$$

les $P_m(\mu)$ étant appelés *fonctions sphériques simples* ou *zonales*, ou *coefficients de Legendre* et les $P_m^n(\mu)$ étant les *fonctions sphériques associées* (voir Bierly : An elementary treatise on Fourier's series, etc., Boston, 1902).

On a toujours $m \geqq n$. Alors :

$$f(\varphi, \mu) = \sum_{m=0}^{m=\infty} \left[A_{0,m} P_m + \sum_{n=1}^{n=m} (A_{n,m} \cos n\varphi + B_{n,m} \sin n\varphi) P_m^n \right]$$

avec la signification suivante des coefficients :

$$A_{0,m} = \frac{2m+1}{\pi} \int_0^{2\pi} d\varphi \int_{-1}^1 f(\varphi, \mu) P_m d\mu,$$

$$A_{n,m} = \frac{2m+1}{2\pi} \cdot \frac{(m-n)!}{(m+n)!} \int_0^{2\pi} d\varphi \int_{-1}^1 f(\varphi, \mu) \cos n\varphi P_m^n d\mu,$$

$$B_{n,m} = \frac{2m+1}{2\pi} \cdot \frac{(m-n)!}{(m+n)!} \int_0^{2\pi} \int_{-1}^1 f(\varphi, \mu) \sin n\varphi P_m^n d\varphi.$$

En séparant les deux intégrations sur les hémisphères supérieur et inférieur, on a :

$$A_{0,m} = - \frac{2m+1}{4\pi} \left(\int_{-1}^0 P_m d\mu - \int_0^1 P_m d\mu \right) \int^{2\pi} f(\varphi, \mu) d\varphi,$$

l'intégrale de 0 à 2π en φ ne se rapportant plus qu'à l'hémisphère supérieur.

Les calculs donnent alors :

$$A_{0,m} = 0,$$

et une réduction analogue donne aussi :

$$A_{n,m} = 0.$$

On a ensuite :

$$B_{n,m} = - \frac{2m+1}{2\pi} \cdot \frac{(m-n)!}{(m+n)!} \left(\int_{-1}^0 P_m^n d\mu - \int_0^1 P_m^n d\varphi \right) \int_0^{2\pi} f(\varphi, \mu) \sin n\varphi \, d\varphi.$$

On obtient alors :

$B_{n,m} = 0$, pour n impair,

$B_{n,m} = 0$, pour $n = 4k$, soit n pairement pair.

D'autre part, j'ai établi que :

$$\int_{-1}^0 P_m d\mu - \int_0^1 P_m^n d\mu = \begin{cases} 0, \text{ pour } +m\ n \text{ pair} \\ 2 \int_{-1}^0 P_m^n d\mu, \text{ pour } m + n \text{ impair.} \end{cases}$$

ce qui a permis d'obtenir :

$$B_{2,3} = \frac{7}{8\pi}, \quad B_{2,5} = 0, \quad B_{2,7} = \frac{65}{768\pi}, \quad B_{6,7} = \frac{1}{18432\pi}.$$

Pour les $B_{2,9}$ et $B_{6,9}$, j'ai dû calculer P_9^2 et P_9^6, les tables de *Bierly* n'allant pas au delà du degré $m = 8$. Ces résultats, qui peuvent être utiles pour d'ultérieures recherches seront transcrits ici :

$$P_9 = \frac{1}{128}(12155\mu^9 - 25740\mu^7 + 18018\mu^5 - 4620\mu^3 + 315\mu),$$

$$P_9^2 = \frac{495}{16}\sin^2 0\,(221\mu^7 - 273\mu^5 + 91\mu^3 - 7\mu).$$

$$P_9^6 = \frac{675675}{2}\sin^6 0\,(17\mu^3 - 3\mu),$$

où l'on a : $\qquad\qquad \sin^2 \theta = 1 - \mu^2.$

On trouve alors :

$$B_{2,9} = -\frac{19}{3840\pi}, \qquad B_{6,9} = \frac{19}{1935360\pi},$$

Posons $Y_i(\varphi, \mu) = F_i(\varphi, \theta)$, nous aurons :

$$F_0 = F_1 = F_2 = F_4 = F_5 = F_6 = F_8 = 0,$$

$$F_3 = \frac{7}{85}\sin 2\varphi P_3^2, \quad F_7 = \frac{65}{786\pi}\sin 2\varphi P_7^2 + \frac{1}{18432\pi}\sin 6\varphi P_7^6,$$

$$F_9 = -\frac{19}{3840\pi}\sin 2\varphi P_9^2 + \frac{19}{1935360\pi}\sin 6\varphi P_9^6.$$

Si donc, on pose encore :

$$r_m(\varphi, \theta) = F_0 + F_1 + F_2 + \ldots + F_m,$$

on voit que l'approximation reste la même jusqu'au degré six inclusivement, c'est-à-dire qu'on a :

$$r_3 = r_4 = r_5 = r_6 = \frac{7}{8\pi}\sin 2\varphi\, P_3^2.$$

Surface d'approximation. — Soit $N(\varphi, \theta)$ un point quelconque de la sphère unité. Sur l'axe orienté ON, reportons à partir de l'origine un segment mesuré par r_m. Le lieu des extrémités de ce segment pour tous les points (φ, θ) de la sphère sera la surface ayant pour équation en coordonnées sphériques :

$$r_m = \sum_0^m F_i(\varphi, \theta).$$

C'est l'équation de la surface d'approximation de la fonction arbitraire exprimée en fonctions sphériques, pour le degré m. Jusqu'au degré 9 il n'y a que trois surfaces distinctes d'approximation savoir :

$$r_3 = F_3, \quad r_7 = F_3 + F_7, \quad r_9 = F_3 + F_7 + F_9.$$

On vérifie que *ces trois surfaces sont symétriques par rapport aux axes coordonnés*, et si, à partir de $\varphi = 0$, on numérote les octants : 1, 2, 3, 4 sur l'hémisphère supérieur, et 5, 6, 7, 8 sur l'hémisphère inférieur, on voit qu'*elles n'existent que dans les trièdres correspondant aux octants 1, 3, 5, 7.*

Il suffit donc de construire la partie de la surface étudiée qui est située dans le premier trièdre. Nous nous bornons à la première surface :

$$r = \frac{13,125}{\pi} \sin 2\varphi \sin {}^2\theta \cos \theta,$$

qui est la même pour les degrés 3, 4, 5, 6 et par suite où l'on a

$$r = r_3 = r_4 = r_5 = r_6.$$

Cette surface est symétrique par rapport au plan $\varphi = \dfrac{\pi}{4}$, *bisecteur du dièdre* (x, y). D'ailleurs, l'équation en coordonnées cartésiennes s'obtient aisément :

$$(x^2 + y^2 + z^2)^2 - \frac{26,25}{\pi} x y z = 0,$$

et comme elle est symétrique en x, y, z, on voit que la surface est aussi symétrique par rapport aux plans bissecteurs des dièdres (y, z) et (z, x).

Tout *cône* $\theta = \theta_1$, où $\theta < \theta_1 < \dfrac{\pi}{2}$, coupe la surface suivant une courbe gauche définie sur ce cône par un rayon vecteur :

$$r_1 = \frac{13,125}{\pi} \sin^2 \theta_1 \cos \theta_1 \sin 2\varphi,$$

dont la projection sur le plan xy a pour équation polaire : $R_1 = r_1 \sin \theta_1$, de la forme :

$$R_1 = A_1 \sin 2\varphi.$$

Pour la sphère entière, cette équation, est celle d'une *rosace à quatre feuilles,* symétrique par rapport aux axes x, y et aux bissectrices de leurs angles.

Bornons-nous au premier folium. *Pour deux cônes* θ_1 *et* θ_2, *les deux foliums sont homothétiques par rapport à l'origine.*

Sections φ. — La section méridienne, $\varphi = \dfrac{\pi}{4}$, a pour équation polaire dans son plan (axe polaire Oz) :

$$R = \frac{13,125}{\pi} \sin^2 \theta \cos \theta.$$

Toute autre section méridienne φ donnerait :

$$r = R \sin 2\varphi, \quad \text{d'où :} \quad \frac{r}{R} = \sin 2\varphi.$$

Donc, si l'on rabat la séction φ sur la section $\frac{\pi}{4}$ autour de Oz, les deux courbes deviennent homothétiques de rapport $\sin 2\varphi$. Si dès lors, on

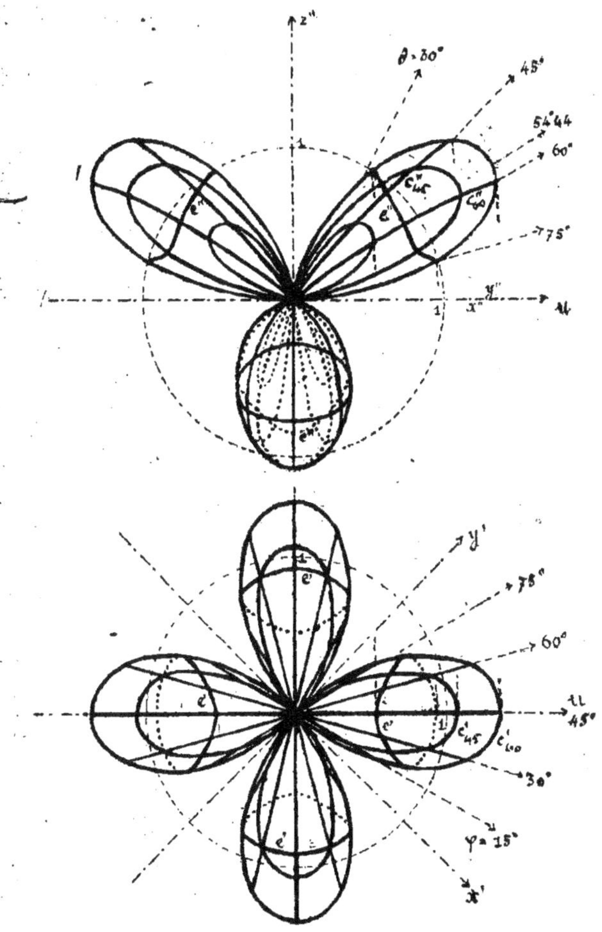

Projections de Monge

de la surface d'approximation $(x^2 \times y^2 \times z^2)^2 - \dfrac{26,25}{\pi} \times yz = 0$.

Plan horizontal de projection : xy. Plan vertical de projection : bissecteur $z(x,y)$.
$e(e'e'')$: courbe d'exactitude. $c_\theta\big(c'_\theta,\ c''_\theta\big)$: Cônes II.

imagine qu'en tournant autour de Oz, à partir de $\varphi = \dfrac{\pi}{4}$, la courbe se rétrécisse continûment dans le rapport d'homothétie $\sin 2\varphi$, elle engendrera la surface relative au premier octant de $\dfrac{\pi}{4}$ à 0 et de $\dfrac{\pi}{4}$ à $\dfrac{\pi}{2}$. On est ramené à étudier la courbe R.

Cette courbe est tangente à l'axe polaire Oz et à la trace du plan $\varphi = \dfrac{\pi}{4}$ sur le plan xy.

Le rayon polaire maximum existe pour $\operatorname{tg}\theta = \sqrt{2}$, soit : $\theta = 54°44'9''$. C'est

$$R_{max.} = \frac{13,125}{\pi} \cdot \frac{2}{3\sqrt{3}} = 1,608\ldots$$

qui est porté sur le rayon vecteur qui passe par le point de coordonnées cartésiennes $(1, 1, 1)$.

Le point de cote Z maximum existe pour $\theta = \dfrac{\pi}{4}$:

$$Z = R \cos \frac{\pi}{4} = 1,04\ldots$$

Le cône $\theta = \dfrac{\pi}{4}$ coupe la surface d'approximation aux points où les courbes φ ont leurs cotes maximales.

Le lieu des tangentes aux points de cotes maximales des courbes φ forme un *conoïde* ayant pour plan directeur le plan xy et pour directrice rectiligne l'axe des z.

Le plan, en un point de la direction curviligne aux cotes maximales, qui est tangent à la surface, l'est aussi au conoïde, et par suite il coupe le plan xy suivant une droite parallèle à la tangente à la directrice curviligne.

Le point d'*éloignement E maximum* de l'axe des z a pour colatitude $\theta = \dfrac{\pi}{3}$, et l'on trouve :

$$E = \frac{13,125}{\pi} \cdot \frac{3}{8} \sin \frac{\pi}{3} = 1,357\ldots$$

Le lieu de la projection de ce point sur le plan xy est encore une *rosace à quatre feuilles*, d'équation polaire :

$$R = \frac{13,125}{\pi} \cdot \frac{3\sqrt{3}}{16} \sin 2\varphi.$$

Courbe d'exactitude. — J'appelle ainsi la courbe, sur la surface d'approximation, le long de laquelle la fonction arbitraire est exactement représentée. Cette courbe est évidemment l'intersection de la sphère unité, d'équation $r = 1$, avec la surface d'approximation. Elle a donc pour *équation sur la sphère unité* :

$$\frac{13,125}{\pi} \sin 2\varphi \sin{}^2\theta \cos \theta = 1.$$

Si l'on y suppose φ constant, on aura une équation en $\cos\theta$ dont les racines correspondront aux intersections de la courbe d'intersection avec le méridien φ. Cette équation peut s'écrire :

$$\cos^3\theta - \cos\theta + \frac{\pi}{13{,}125\sin 2\varphi} = 0.$$

On vérifie aisément qu'une racine $\cos\theta$ est inférieure à -1. Le produit des racines est $-\dfrac{\pi}{13{,}125\sin 2\varphi}$, soit négatif. Donc, si les trois racines sont réelles, la somme des racines devant être nulle, il y aura encore deux racines positives. D'ailleurs, aucune n'est supérieure à 1. Il y aura donc alors deux racines positives comprise entre 0 et 1. Ce sont les seules qui correspondront à un angle θ réel, et par suite, dans l'intervalle des valeurs de φ où les racines $\cos\theta$ sont réelles, chaque méridien φ coupe la courbe d'exactitude en deux points.

Or, la conditon de réalité des racines $\cos\theta$ donne pour l'angle φ :

$$\sin 2\varphi \geq \frac{3\sqrt{3}\,\pi}{26{,}25}.$$

Le cas de l'égalité correspond aux deux limites :

$$\varphi_1 = 19°13'35'',5, \qquad \varphi_2 = 70°46'24'',5$$

équidistantes de $\dfrac{\pi}{4}$ ou $45°$, entre lesquelles se trouve la courbe d'exactitude. Pour $\varphi = \varphi_1$, ou $\varphi = \varphi_2$, l'équation en $\cos\theta$ a deux racines égales, $\cos\theta = \dfrac{1}{\sqrt{3}}$, d'où $\operatorname{tg}\theta = \sqrt{2}$, c'est-à-dire que les méridiens φ_1 et φ_2 *touchent* la courbe d'exactitude aux points où les courbes φ_1 et φ_2 de la surface d'approximation ont leur rayon vecteur maximum.

Si dans l'équation de la courbe d'exactitude on suppose θ constant on obtient une équation :

$$\sin 2\varphi = \frac{\pi}{13{,}125\sin^2\theta\,\cos\theta},$$

qui définit les points d'intersection de la courbe d'exactitude avec le parallèle θ. Pour que ces points soient réels sur le premier octant de la sphère, il faut évidemment et il suffit que θ soit tel que

$$\frac{\pi}{13{,}125\sin^2\theta\,\cos\theta} \leq 1.$$

Le cas de l'égalité, qui est celui de $\sin 2\varphi = 1$, soit de $\varphi = \dfrac{\pi}{4}$, donne l'équation

$$\cos^3\theta - \cos\theta + \frac{\pi}{13,125} = 0.$$

Les seuls angles réels entre 0 et $\frac{\pi}{2}$ qu'elle définit sont :

$$\theta_1 = 32°6'48'',8, \qquad \theta_2 = 75°9'25'',6.$$

Les équations $\theta = \theta_1$ et $\theta = \theta_2$ sont celles des parallèles limites entre lesquels est comprise la courbe d'exactitude sur le premier octant.

Ces parallèles sont tangents à celle-ci.

André GÉRARDIN

Membre N. R. du Comité des travaux historiques et scientifiques, à Nancy.

PRIMALITÉ ET FACTORISATIONS QUADRATIQUES
JUSQU'A DIX MILLIARDS

Jean GRIZE

Licencié ès sciences mathématiques. Le Locle (Suisse).

SUR LES ÉQUATIONS DE LAGRANGE TRAITÉES A L'AIDE DE LA THÉORIE DU CORPS QUADRATIQUE

---

§ 1er. Définitions, notations. — Soit m un entier positif tel que m est incongru à 1 (mod. 4), ne contenant aucun facteur carré et l un entier premier avec m ; l'équation :

$$x^2 - my^2 = \pm l. \quad\quad\quad\quad\quad (1)$$

sera dite une *équation de Lagrange de première espèce* ; m en est la base et l le paramètre.

Si $m \equiv 1 \pmod 4$, l'équation :

$$x^2 + xy - \frac{m-1}{4}\, y^2 = \pm l \quad\quad (2)$$

sera dite une *équation de Lagrange de seconde espèce*.

Les deux équations (1) et (2) peuvent s'écrire sous la forme :

$$x^2 + \rho xy - ky^2 = \pm l. \quad\quad (3)$$

où : $\rho = 0 \quad k = m$ quand m est incongru à 1 modulo 4

et :

$$\rho = 1 \quad k = \frac{m-1}{4} \quad \text{quand } m \equiv 1 \pmod 4.$$

L'équation (3) est dite résoluble quand elle peut être satisfaite par des entiers x et y premiers entre eux. Dans la suite, nous supposerons que l est un nombre premier impair p.

§ 2. Formules de récurrence. Théorème. — *Désignons par $x_1 y_1$ une solution de l'équation (3), cette solution fait partie d'une suite illimitée de solutions se déduisant les unes des autres par les formules :*

$$\left.\begin{array}{l} x_{n+1} = ax_n + kby_n \\ y_{n+1} = b(x_n + \rho y_n) + ay_n \end{array}\right\} \quad\quad (4)$$

où l'on a posé pour l'unité fondamentale du corps quadratique $C(\sqrt{m})$:

$\varepsilon = a + b\omega$ avec $\omega = \sqrt{m}$ pour m est incongru à 1 (mod. 4) et $\omega = \dfrac{1 + \sqrt{m}}{2}$ pour $m \equiv 1 \pmod 4$.

Pour démontrer les formules (4) il suffit de multiplier $x_1 + y_1\omega$ par les puissances successives : $\varepsilon, \varepsilon^2, \varepsilon^3 \ldots$ de l'unité fondamentale.

Si l'on pose :

$$
\begin{array}{ll}
M_1 = ky_1 & N_1 = x_1 + y_1 \\
M_2 = aM_1 + k(ay_1 + bN_1) & N_2 = aN_1 + aN_1 + b(M_1 + N_1) \\
M_3 = aM_2 + k(a^2 y_1 + bN_2) & N_3 = a^2 N_1 + aN_2 + b(M_2 + N_2) \\
\cdots\cdots\cdots & \cdots\cdots\cdots \\
M_{n+1} = aM_n + k(a^n y_1 + bN_n) & N_{n+1} = a^n N_1 + aN_n + b(M_n + N_n)
\end{array}
$$

les formules de récurrence ci-dessus deviennent :

$$\left.\begin{array}{l} x_{n+1} = a^n x_1 + bM_n \\ y_{n+1} = a^n y_1 + bN_n \end{array}\right\} \quad\quad (5)$$

L'examen des formules de récurrence ci-dessus conduit immédiatement aux constatations suivantes :

1° Si dans les formules (5) on remplace (ab) par les nombres $a_n b_n$ obtenus en élevant à la $n^{\text{ième}}$ puissance l'unité fondamentale ε, $(\varepsilon^n = a_n + b_n \omega)$ on obtient encore une solution de la même suite.

2° Si dans l'équation : $x^2 + xy - \dfrac{m-1}{4} y^2 = \pm p$, $\dfrac{m-1}{4}$ est pair toutes les valeurs de y sont paires.

3° Si y_1 est impair et b pair, toutes les valeurs de y sont impaires.

4° Si y_1 est impair et b également, la suite infinie des solutions engendrée par $x_1 y_1$ contient des solutions dans lesquelles y est pair.

§ 3. — Supposons possible l'équation $x^2 + xy - \dfrac{m-1}{4} y^2 = \pm p$ et soit (xy) une solution.

Posons :

$$x = X - Y \quad \Big\} $$
$$y = 2Y \quad - \Big\} \qquad \cdots \cdots \cdots \quad (6)$$

l'équation devient :

$$X^2 - mY^2 = \pm p.$$

Cette transformation pourra toujours se faire quand m est de la forme $8h + 1$, puisque dans ce cas y est pair.

Si $m = 8h - 3$, la transformation (6) ne donnera que les solutions dans lesquelles y est pair.

§ 4. CONDITIONS DE POSSIBILITÉ. — Le théorème suivant est évident :

THÉORÈME 2. — *Pour que l'équation :*

$$x^2 - my^2 = \pm p$$

où m est incongru à 1 modulo 4 et où p est un nombre premier impair soit possible, il faut et il suffit que, dans le corps $C(\sqrt{m})$, (p) soit le produit de deux idéaux principaux.

THÉORÈME 3. — *Pour que l'équation $x^2 - (8h + 1) y^2 = \pm p$ soit possible il faut et il suffit que, dans le corps $C(\sqrt{m})$, (p) soit le produit de deux idéaux principaux.*

Dans ce cas, en effet, dans toutes les solutions (xy) de l'équation :

$$x^2 + xy - 2h . y^2 = \pm p$$

y est pair. Si donc on a :

$$(p) = (x + y\omega) . (x + y\omega')$$

la transformation (6) pourra s'effectuer. La condition est donc suffisante. En outre, elle est évidemment nécessaire.

THÉORÈME 4. — *Si m est incongru à 1 modulo 4 ou si $m = 8h + 1$ et si le nombre des classes d'idéaux du corps $C(\sqrt{m})$ est égal à 1, pour que l'équation :*

$$x^2 - my^2 = \pm p$$

soit possible, il faut et il suffit que l'on ait :

$$\left(\frac{m}{p}\right) = + 1.$$

Ce théorème est une conséquence des théorèmes 2 et 3.

THÉORÈME 5. — *Soit m un entier positif de la forme $8h - 3$ et soit $\varepsilon = a + b\omega$ l'unité fondamentale du corps $C(\sqrt{m})$, unité dans laquelle nous supposons b impair, si l'équation :*

$$x^2 + xy - \frac{m-1}{4}\,y^2 = \pm p$$

est possible, c'est-à-dire si :

$$(p) = (x + y\omega)\,(x + y\omega')$$

l'équation :

$$x^2 - my^2 = \pm p$$

admet des solutions.

Le théorème 4 se généralise aisément :

THÉORÈME 6 ([1]). — *m étant un entier positif incongru à 1 modulo 4 ou un entier de la forme $8h + 1$ et tel que le nombre des classes d'idéaux du corps $C(\sqrt{m})$ est égal à 1, pour que l'équation :*

$$x^2 - my^2 = \pm l$$

où :

$$l = p_1^{a_1} \cdot p_2^{a_2} \ldots p_\nu^{a_\nu} \text{ soit possible, il faut et il suffit que :}$$

$$\left(\frac{m}{p_1}\right) = \left(\frac{m}{p_2}\right) = \ldots \left(\frac{m}{p_\nu}\right) = + 1.$$

Voici les valeurs de $m < 100$ pour lesquelles le théorème 6 est applicable :

2, 3, 5, 6, 7, 11, 13, 14, 17, 19, 21, 22, 23, 29, 33, 37, 38, 41, 43, 46, 47, 53, 57, 59, 61, 62, 67, 69, 71, 73, 77, 83, 86, 89, 93, 94, 97.

([1]) Théorème démontré par une autre méthode pour $m = 2, 3, 5$. par M. NIELSEN, *Recherches sur les équations de Lagrange.* Copenhague, 1922, p. 88.

Du paramètre 2.

Théorème 7. — *L'équation $x^2 - my^2 = \pm 2$ où m est premier de la forme $4h + 3$ est toujours possible.*

En effet, 2 divise le discriminant du corps $C(\sqrt{m})$. Les idéaux ambiges divisant le discriminant, sont principaux :

$$(2) = (2, 1 + \sqrt{m}).(2, 1 - \sqrt{m}) = (x + y\sqrt{m}).(x - y\sqrt{m}).$$

Théorème 8. — *Si $(x_1 y_1)$ désigne la plus petite solution de :*

$$x^2 - my^2 = \pm 2$$

et si $\varepsilon = a + b\sqrt{m}$ est l'unité fondamentale du corps $(C\sqrt{m})$ on a la formule :

$$(x_1 + y_1\sqrt{m})^2 = 2 (a + b\sqrt{m}) \tag{6}$$

Résolution de l'équation $x^2 - my^2 = \pm 2$ [1].

La formule (6) donne :

$$x_1^2 + my_1^2 = 2a \qquad y_1 = \frac{b}{a}$$

d'où l'on tire :

$$x_1^4 - 2ax_1^2 + mb^2 = 0$$

et :

$$x_1 = \sqrt{a \pm 1} \qquad y = \frac{b}{x_1}.$$

On choisira le signe sous le radical de manière que $a \pm 1$ soit un carré parfait.

---

[1] Formules démontrées autrement par M. NIELSEN, *Recherches sur les équations de Lagrange.*

Husny HAMID

Doyen de la Faculté des Sciences de Stamboul.

SUR LES POINTS MINIMA DES SURFACES RÉGLÉES

1. — Etant donnée une surface réglée non développable, proposons-nous de chercher géométriquement les points remarquables pour lesquels la courbure $\frac{1}{R_1} + \frac{1}{R_2}$ est nulle. Ces points peuvent être appelés « points minima » de la surface.

On sait que les rayons de courbure principaux sont égaux et de signes contraires si les lignes asymptotiques se coupent à angle droit.

En un point minimum la génératrice g de la surface réglée est donc coupée à angle droit par la deuxième direction asymptotique.

2. — Soient g, g_1, g_2 trois génératrices successives, infiniment voisines, de la surface réglée. Ces trois droites définissent une quadrique Q qui est osculatrice à la surface réglée. Toute droite g' de Q qui s'appuie sur g, g_1, g_2 rencontre la surface en trois points infiniment voisins : une telle droite est donc une direction asymptotique de la surface.

En un point m de la génératrice g, les deux directions asymptotiques sont la génératrice g et la droite g', situé sur Q, issue de m et s'appuyant sur g_1 et g_3.

Le point m sera minimum si g' est perpendiculaire à g. Considérons alors l'ensemble des droites d qui s'appuient sur g_1 et g_2 et sont perpendiculaires à la droite y. Toute droite d qui rencontre g, le fait manifestement en un point minimum. Mais les droites d sont parallèles à un plan II quelconque perpendiculaire à g ; elles constituent donc le paraboloïde P des droites s'appuyant sur g_1, g_2 et sur la droite i de l'infini du plan II.

En général une droite coupe une quadrique en deux points ; donc la droite g coupe en général le paraboloïde P en deux points m', m'' par lesquels passent respectivement la droite d' et la droite d'' ; ces deux points m', m'' sont donc des points minima.

Théorème. — Sur chaque génératrice il y a en général deux points minima.

3. — Les deux droites d' et d'' sont situées sur P et appartiennent à Q. Donc les deux quadriques P et Q ont en commun les deux droites d' et d'' qui sont des génératrices d'un même système. Ces deux quadriques se coupent suivant le quadrilatère dont les côtés sont d', d'', g_1, g_2.

4. — Coupons P et Q par un plan II perpendiculaire à g. Nous aurons manifestement comme intersection de P la droite i et une tangente à la conique (q) d'intersection de Q. Les droites d' d'' (situées sur P et Q), parallèles à II rencontrent le plan II sur la droite i en deux points situés sur la conique (q) ; ces deux points sont d'ailleurs à l'infini. D'où le résultat :

Théorème. — Les deux points minima d'une génératrice g sont réels et distincts, confondus ou imaginaires suivant que la quadrique osculatrice est coupée par un plan quelconque perpendiculaire à g suivant une hyperbole, une parabole ou une ellipse.

5. — Il peut arriver que tous les points de la génératrice soient des points minima. Cela exige que les quadriques P et Q coïncident. Il suffit d'ailleurs pour cela que Q contienne i, car alors Q a en commun avec P trois génératrices de même espèce g_1, g_2 et i.

Théorème. — Tous les points d'une génératrice g sont minima quand la quadrique osculatrice Q contient la droite de l'infini des plans perpendiculaires à g ; cette quadrique Q est donc un paraboloïde à plans directeurs perpendiculaires.

6. — On sait que l'hélicoïde à plan directeur est une surface réglée minima. Puisque tous les points sont minima, on a pour toutes les génératrices la propriété indiquée au numéro précédent.

7. — Il est aisé de chercher les points minima par le calcul.

Les équations des génératrices g peuvent s'écrire sous la forme classique :

$$x = az + p.$$
$$y = bz + q.$$

Adoptons b pour paramètre, en sorte que a, p, q sont des fonctions connues de b.

Choisissons pour axe des z, une génératrice g_0 particulière, pour origine O le point central, pour plan xOz le plan central. Nous aurons :

$$a = b = p = q = 0 \qquad a' = q' = 0 \qquad b' = 1.$$

S l'on avait $p' = 0$, la surface serait développable.

Les cotes des points minima situés sur la génératrice g_0 sont alors fournies par l'équation du second degré :

$$a''z^2 + p''z - p'q'' = 0.$$

8. — Supposons que l'on ait : $a'' \neq 0$, $p'' = 0$, $q'' = 0$. L'équation du second degré admet alors une racine double nulle. Les deux points minima sont donc confondus avec le point central. Il est remarquable que cette propriété se présente quand la biquadratique caractéristique du paraboloïde des normales dégénère en une droite et une cubique ([1]).

J. KARAMATA

Assistant à l'Université de Belgrade.

ASYMPTOTES DES COURBES PLANES DÉFINIES COMME ENVELOPPES D'UN SYSTÈME DE DROITES

Toute courbe plane C peut être définie comme enveloppe d'un système de droites de la forme :

$$x \cos \varphi + y \sin \varphi = p(\varphi) \tag{I}$$

$p(\varphi)$ étant une fonction de φ, que nous supposerons continue et possédant une dérivée première continue.

Les coordonnées d'un point de C ayant la forme :

$$x = p(\varphi) \cos \varphi - p'(\varphi) \sin \varphi \,;\; y = p(\varphi) \sin \varphi + p'(\varphi) \cos \varphi \tag{C}$$

pour qu'il y ait une asymptote il faut que $p(\varphi)$ ou $p'(\varphi)$ devienne infini pour une valeur au moins de φ.

Soit :

$$X \cos \varphi_0 + Y \sin \varphi_0 = p_0 \tag{D}$$

l'équation d'une droite D, elle sera une asymptote si la différence :

$$Y - y = \frac{p_0 - p(\varphi) \cos (\varphi - \varphi_0) + p'(\varphi) \sin (\varphi - \varphi_0)}{\sin \varphi_0} \tag{II}$$

([1]) Voir Husny Hamid. *Sur le paraboloïde des normales à une surface réglée.* C. R. du Congrès de l'A. F. A. S. à La Rochelle, 1928.

entre son ordonnée et l'ordonnée de la courbe C tend vers zéro lorsque $\varphi \to \varphi_0$ (l'une des deux fonctions $p(\varphi)$ ou $p'(\varphi)$ devant tendre vers l'infini lorsque $\varphi \to \varphi_0$).

De (II) il s'ensuit que D sera une asymptote si :

$$p(\varphi) \to p_0 = p(\varphi_0) \tag{III}$$

et :

$$(\varphi - \varphi_0)p'(\varphi) \to 0 \tag{IV}$$

$p'(\varphi)$ devenant infini, lorsque φ tend φ_0.

Inversement, les conditions (III) et (IV) doivent toujours être remplies pour que C puisse avoir des asymptotes. Car, pour que $Y - y$ tende vers zéro il faut que :

$$p(\varphi)\cos(\varphi - \varphi_0) - p'(\varphi)\sin(\varphi - \varphi_0) = \psi(\varphi)$$

tende vers une limite déterminée lorsque $\varphi \to \varphi_0$. Cette équation nous don_nant :

$$p(\varphi) = -\sin(\varphi - \varphi_0)\int_0^\varphi \frac{\psi(\xi)d\xi}{\sin^2(\xi - \varphi_0)}$$

il s'ensuit, d'après la règle de l'Hôpital, que $p(\varphi)$ doit de même tendre vers une limite déterminée p_0 lorsque $\varphi \to \varphi_0$.

Par suite, pour que $Y - y$ tende vers zéro il faut que les conditions (III) et (IV) soient remplies, ce qui montre qu'elles sont nécessaires et suffisantes pour que la courbe C ait une asymptote D.

$p(\varphi_0)$ doit donc rester fini et p' doit devenir infini pour $\varphi = \varphi_0$ de manière que (IV) soit remplie. Mais $p'(\varphi)$ peut devenir infini de deux manières : ou bien $p'(\varphi)$ tend vers $+\infty$ (ou $-\infty$) ou bien $p'(\varphi)$ oscille entre deux limites différentes dont l'une est infinie.

Dans ce second cas on peut choisir une suite de valeurs φ_ν de φ, tendant vers φ_0 de manière que $p'(\varphi)$ tende vers un nombre quelconque α de son intervalle d'oscillation. De (C) il s'ensuit que :

$$x_\nu = p(\varphi_\nu)\cos\varphi_\nu - p'(\varphi_\nu)\sin\varphi_\nu \to p(\varphi_0)\cos\varphi_0 - \alpha\sin\varphi_0$$

et :

$$y_\nu = p(\varphi_\nu)\sin\varphi_\nu + p'(\varphi_\nu)\cos\varphi_\nu \to p(\varphi_0)\sin\varphi_0 + \alpha\cos\varphi_0$$

lorsque :

$$\varphi_\nu \to \varphi_0,$$

ce qui montre que la courbe C, en prenant les oscillations de plus en plus grandes, vient en quelque sorte s'applatir contre un segment infini de la droite D, défini par l'intervalle d'oscillation de $p'(\varphi)$ lorsque $\varphi \to \varphi_0$. Dans ce cas, donc, la droite D n'est pas une véritable asymptote (au sens strict du mot).

Il ne reste donc que le cas ou $p'(\varphi)$ tend vers $+\infty$ (ou $-\infty$) et avec cette condition on peut s'en passer de la condition (IV), comme il va résulter du :

Lemme. — *Soit $f(x)$ une fonction possédant une dérivée première et telle que :*

$$f(x) \to a \quad \text{lorsque } x \to 0$$
$$f'(x) > 0 \quad \text{pour tout } x > 0,$$

alors :

$$xf'(x) \to 0 \quad \text{lorsque } x \to 0.$$

Pour le démontrer supposons que $xf'(x)$ ne tende pas vers zéro lorsque $x \to 0$, de la seconde hypothèse il résultera l'existence d'un nombre positif m tel que $xf'(x) > m$ pour tout $x \gtrless 0$. De là en divisant par x et intégrant entre x et α on tire :

$$f(x) > m\lg(x) - m\lg(\alpha) + f(\alpha),$$

α étant un nombre positif. D'où il résulterait en faisant tendre x vers zéro, que $f(x) \to -\infty$, ce qui contredit la première hypothèse. Il faut donc que $xf'(x) \to 0$,

Dans le cas considéré plus haut, où :

$$p(\varphi) \to p(\varphi_0) \quad \text{et} \quad p'(\varphi) \to +\infty \ (\text{ou} - \infty) \ \text{lorsque } \varphi \to \varphi_0,$$

on voit que les deux hypothèses, du lemme cité, sont remplies, il s'ensuit que :

$$(\varphi - \varphi_0)p'(\varphi) \to 0 \quad \text{lorsque} \quad \varphi \to \varphi_0,$$

c'est-à-dire que ces hypothèses entraînent la condition (IV).

Nous avons donc démontré le :

Théorème. — *Pour qu'une courbe C définie comme enveloppe du système de droites (I) ait une asymptote proprement dite, pour $\varphi = \varphi_0$, il faut et il suffit que :*

$$p(\varphi) \to p(\varphi_0) \quad \text{et} \quad p'(\varphi) \to \pm\infty \quad \text{lorsque} \quad \varphi \to \varphi_0.$$

Ce résultat, qui est intuitif géométriquement, présente néanmoins, comme nous le voyons, quelque difficulté pour être démontré analytiquement d'une manière rigoureuse.

T. LEMOYNE

Paris.

SUR DIVERS LIEUX ET ENVELOPPES RELATIFS AUX SYSTÈMES D'HYPERBOLES ÉQUILATÈRES

Toute hyperbole équilatère coupe la droite de l'infini en deux points A, B conjugués par rapport aux points cycliques I, J ; par conséquent pour qu'une conique conjuguée par rapport à I et J touche la droite de l'infini, il faut que ses deux points d'intersection avec IJ se confondent soit avec I soit avec J. On en conclut que si dans un système d'hyperboles équilatères de caractéristiques (μ, ν), aucune conique décomposée n'est tangente à la droite de l'infini, ce système comprend $\frac{\nu}{2}$ hyperboles équilatères *imaginaires* tangentes à la droite de l'infini IJ au point I, et autant touchant cette droite au point J. Exemple : les hyperboles équilatères circonscrites à un triangle ABC comprennent deux hyperboles équilatères imaginaires tangentes à la droite de l'infini l'une au point cyclique I, l'autre au point cyclique J.

Un système d'hyperboles équilatères de caractéristiques (μ, ν) peut contenir trois sortes de coniques réduites à deux droites : 1° deux droites rectangulaires (cas classique) ; 2° deux droites *imaginaires* AI, BI (et par suite AJ, BJ) passant par le même point cyclique ; 3° une droite du plan et la droite de l'infini.

Les $(2\mu - \nu)$ coniques réduites à deux points (ou infiniment aplaties) du système d'hyperboles équilatères (μ, ν) sont telles que les droites qui joignent leurs deux points constituants (points de base) se composent de $\mu - \frac{\nu}{2}$ droites imaginaires passant par I et de $\mu - \frac{\nu}{2}$ droites imaginaires passant par J ; ces coniques infiniment aplaties n'ont d'ailleurs, en général, aucun de leurs points de base en I (ou J), de sorte qu'en général elles ne sont pas tangentes à la droite de l'infini.

Par le point cyclique I où passent déjà ces $\mu - \frac{\nu}{2}$ coniques réduites à deux points doivent passer μ coniques du système. Il en reste donc $\frac{\nu}{2}$ passant par I (et autant par J) : ce sont les $\frac{\nu}{2}$ hyperboles équilatères imaginaires tangentes en I (ou en J) à la droite de l'infini, que nous avons précédemment signalées.

Ces considérations permettent d'appliquer la théorie des caractéristiques aux hyperboles équilatères et de prévoir d'ailleurs certains cas d'exception.

Pour abréger, nous appellerons *système normal* d'hyperboles équilatères (μ, ν), un système tel que les $\frac{\nu}{2}$ coniques tangentes en un point cyclique à la droite de l'infini soient *indécomposées*. En particulier, ce système ne comprendra, pour coniques réduites à deux droites, que des couples de droites rectangulaires.

1. Ceci posé, on peut énoncer le théorème suivant :

Théorème I. — *Le lieu des centres des hyperboles équilatères d'un système de caractéristiques (μ, ν) normal est une courbe d'ordre ν qui rencontre la droite de l'infini en $\frac{\nu}{2}$ points confondus avec chacun des points cycliques.*

Le lieu passe par les points doubles des hyperboles du système décomposées en deux droites rectangulaires ; si les hyperboles du système ont deux points communs A, B, il passe également par le milieu de AB.

(Nous désignons par point double d'une hyperbole décomposée en deux droites le point de rencontre de ces deux droites).

Ce qui précède montre que :

Théorème II. — *Dans un système normal d'hyperboles équilatères (μ, ν), la caractéristique ν est paire.*

Quand, en particulier, on a $\nu = 2$, le lieu des centres est un cercle et l'on peut énoncer le théorème suivant :

Théorème III. — *Quand les hyperboles équilatères d'une famille sont telles qu'à une droite quelconque du plan soient tangentes deux de ces courbes, et que ces hyperboles soient en situation générale par rapport à la droite de l'infini, c'est-à-dire simplement assujetties, relativement à cette droite, à être conjuguées par rapport aux points cycliques, le lieu de leurs centres est un cercle qui passe par les points doubles des hyperboles décomposées en deux droites, par le milieu du segment AB si les hyperboles ont deux points communs A, B.*

Il suffit dès lors de chercher dans une table de caractéristiques les systèmes normaux d'hyperboles équilatères tels que $\nu = 2$ pour en déduire les résultats suivants, dont plusieurs sont classiques.

Les lieux des centres des hyperboles équilatères : 1° circonscrites à un triangle ; 2° inscrites à un triangle ; 3° conjuguées à un triangle ; 4° passant par un point donné et tangentes à une droite fixe en un point donné ;

5° tangentes à deux droites fixes dont l'une en un point donné ; 6° et 7° admettant un point P pour pôle d'une droite donnée Δ et passant par un point fixe (ou tangentes à une droite fixe) (Voir également, Ch. MICHEL, *Compléments de Géométrie moderne*, p. 307) ; 8° *tangentes à deux droites données et conjuguées par rapport à deux autres droites données ; 9° admettant un contact du second ordre en un point donné avec une conique donnée* (voir aussi, G. HUMBERT, *Cours d'Analyse de l'Ecole Polytechnique*, t. I, p. 73) ; 10° *bitangentes à une conique fixe, l'un des points de contact étant donné ; 11° tangentes à deux droites et vues d'un point P sous un angle droit, sont tous des cercles.*

On pourrait facilement prolonger cette liste en remarquant que les hyperboles équilatères harmoniquement inscrites à un cercle ont pour seconde caractéristique $\nu = 2$, de même que les hyperboles équilatères circonscrites aux quadrilatères inscrits à un cercle et circonscrits à un autre cercle, etc. Nous laisserons ce soin au lecteur, nous contentant de faire remarquer que lorsque les directions asymptotiques des hyperboles équilatères (μ, ν) sont données, le lieu du centre est en général une courbe d'ordre $\dfrac{\nu}{2}$ (voir mon ouvrage *Les Lieux géométriques en Mathématiques spéciales*, p. 45).

CAS D'EXCEPTION. — Nous avons signalé au début qu'un système (μ, ν) d'hyperboles équilatères pouvait contenir des coniques décomposées en deux droites imaginaires passant par un même point cyclique, ou en une droite du plan et en la droite de l'infini : le système (μ, ν) n'est pas alors un système normal. Dans ce cas, chacune des coniques réduites à deux droites imaginaires passant en un point cyclique, et chacune des coniques réduites à une droite du plan et à la droite de l'infini admet une droite pour lieu de centres. S'il y a k couples de droites AI, BI (ou AJ, BJ) et h couples de droites quelconques associées à la droite de l'infini formant coniques du système (μ, ν), le lieu réel n'est plus que de l'ordre $\nu - (h + k)$.

Exemple : Les hyperboles équilatères de sommet donné S, passant par un point fixe A, ont pour caractéristiques $\mu = 3$, $\nu = 6$. Mais ce n'est pas un système normal ; il comprend les trois coniques décomposées (SI, AI), (SJ, AJ) et (SA, IJ), qui admettent chacune une droite pour lieu de centres. Le lieu total, qui est du 6e degré $(\nu = 6)$, se décompose donc en ces trois droites, et une cubique : on voit facilement que c'est une strophoïde.

REMARQUE. — Il n'est pas sans intérêt de rapprocher le théorème III de celui que nous avons indiqué au Congrès de l'an dernier sur les systèmes de cercles de caractéristique $\mu = 2$, et de celui que nous avons établi au

Congrès de 1923 (p. 105 du Compte rendu) sur les systèmes de paraboles de caractéristique $\mu = 2$.

2. Les considérations du début montrent également que :

Théorème IV. — *L'enveloppe des asymptotes et des axes des hyperboles équilatères d'un système normal (μ, ν) est une courbe de classe $\mu + \nu$ tangente $\frac{\nu}{2}$ fois à la droite de l'infini en chacun des points cycliques.*

En prenant $\mu = 1$, $\nu = 2$, on en conclut que :

Les enveloppes des asymptotes et des axes des hyperboles équilatères : 1° circonscrites à un triangle ; 2° conjuguées à un triangle ; 3° passant par un point fixe et tangentes à une droite en un point donné ; 4° ayant un contact du second ordre avec une conique donnée en un point donné, sont toutes des hypocycloïdes à trois rebroussements.

On trouve également que :

Théorème V. — *Le lieu des foyers des hyperboles équilatères d'un système normal (μ, ν) est d'ordre 3ν.*

Théorème VI. — *Le lieu des sommets des hyperboles équilatères d'un système normal (μ, ν) est d'ordre 4ν.*

<hr>

Paul MENTRÉ

Professeur à la Faculté des Sciences de Nancy.

<hr>

SUR LES PROPRIÉTÉS PROJECTIVES D'UN COMPLEXE DU 3e DEGRÉ

<hr>

1. — Dans une Communication au Congrès international de Bologne [1], j'ai montré l'intérêt que présente l'étude tangentielle d'un complexe de droites ; rappelons que tout complexe de droites peut être considéré comme étant l'enveloppe de l'un des trois complexes linéaires stationnaires associés à la génératrice. En général, d'ailleurs, un complexe linéaire stationnaire dépend de trois paramètres.

Je me propose d'étudier un cas particulier intéressant, en me bornant à donner quelques-unes des nombreuses propriétés projectives.

<hr>

[1] Paul Mentré, « Sur les familles de complexes linéaires », *Congrès international de Bologne*, 1928.

2. — Il s'agit d'un complexe du 3e degré dont l'équation en coordonnées pluckériennes ordinaires est :

$$2(Y - M)(M^2 - Z^2) = (X^2 + L^2)Z - 2LMX.$$

Ce complexe est engendré par une droite r dépendant de 3 paramètres u, v, w et ayant pour coordonnées pluckériennes :

$$Z = 1, \quad N = -v^2 + v\,\frac{u^2 + w^2}{2} - uw,$$

$$Y = -\frac{u^2 + w^2}{2} + uvw - v, \quad M = -v,$$

$$X = uv - w, \quad L = vw - u.$$

3. — Commençons par dire que les quatre foyers inflexionnels (au sens de *Kœnigs*) et les trois complexes linéaires stationnaires (au sens de *Klein*) sont distincts, sauf pour des génératrices r exceptionnelles. Le complexe étudié n'est donc pas très particularisé projectivement, car les complexes les plus simples au point de vue projectif ont des foyers inflexionnels confondus et par suite des complexes linéaires stationnaires confondus.

4. — L'un γ des trois complexes linéaires stationnaires ne dépend que des deux paramètres u, w ; ses coordonnées pluckériennes sont :

$$X = u, \quad L = w$$
$$Y = 1 + uw, \quad M = -1$$
$$Z = 0, \quad N = \frac{u^2 + w^2}{2}.$$

Puisque l'on a $Z = 0$, le complexe linéaire stationnaire γ contient la droite s située à l'infini dans le plan xOy.

Nous allons considérer le complexe donné comme étant l'enveloppe du complexe linéaire γ dépendant de deux paramètres et passant par une droite fixe.

5. — Puisque le complexe linéaire γ enveloppe le complexe donné, ce dernier est engendré par la demi-quadrique Q qui est la caractéristique de γ. D'ailleurs cette demi-quadrique dépend des deux paramètres u, w ; elle est manifestement une surface principale et elle passe par la droite s.

Le complexe étudié est engendré par une demi-quadrique Q, surface principale, qui subit un déplacement à deux paramètres et contient une droite fixe.

6. — Quand la droite génératrice r décrit. une demi-quadrique Q; en prenant un déplacement à un paramètre v, le complexe linéaire γ reste fixe et contient Q, ce qui l'oblige à contenir deux génératrices, s_1, s_2 de la demi-quadrique Q', complémentaire de Q.

Les droites s_1, s_2 dépendent de deux paramètres et engendrent par suite deux congruences (s_1) (s_2) mises en correspondance droite à droite[1]. Ces deux congruences sont d'ailleurs très simples. L'une (s_1) est formée par l'ensemble des droites situées dans un plan contenant s ; l'autre (s_2) est formée par l'ensemble des droites issues d'un point fixe appartenant à s.

La correspondance des droites s_1, s_2 est une correspondance homographique qui associe les faisceaux plans.

7. — Etudions la famille à deux paramètres de quadriques Q. La caractéristique de Q comprend d'une part la droite s et d'autre part quatre points m_1, m_2, m'_1, m'_2. Ces quatre points caractéristiques dépendent, comme Q, de deux paramètres et engendrent par suite des surfaces. Il est remarquable que m_1 et m'_1 engendrent une même quadrique (m_1) tandis que m_2 et m'_2 engendrent une autre quadrique (m_2).

Les deux quadriques (m_1) (m_2) sont les enveloppes de la quadrique Q· Elles ont pour équations respectives :

$$x^2 + 2z^2 + 2yz - 1 = 0$$
$$x^2 - 2z^2 + 2yz - 1 = 0.$$

Ces deux quadriques se raccordent le long de deux génératrices communes d'équations $z = 0$, $x = 1$ et $z = 0$, $x = -1$.

La demi-quadrique Q, génératrice du complexe donné, enveloppe l'ensemble de deux quadriques ayant en commun deux génératrices doubles.

Les points m_1 m'_1 sont situés sur une droite commune à Q et à (m_1) ; ce sont les 2 points où les deux surfaces réglées φ et (m_1) à génératrice commune $m_1 m'_1$ sont tangentes.

On peut faire une remarque analogue pour les points $m_2 m'_2$.

Dans le déplacement à deux paramètres de la demi-quadrique Q, tandis que la génératrice s reste fixe, il existe deux génératrices privilégiées $m_1 m'_1$ et $m_2 m'_2$ qui ne subissent qu'un déplacement à un paramètre et engendrent des surfaces (m_1) et (m_2) qui enveloppent Q.

8. — Menons, par les quatre points m_1, m'_1, m_2, m'_2 les génératrices de Q'. Ces quatre droites s'appuient sur s sur laquelle elles tracent une

---

[1] Cf. Paul MENTRÉ Sur les surfaces principales des complexes de droites. *C. R. de l'Académie des Sciences*, 18 mars 1929, t. 188, p. 846.

division harmonique. Ces quatre droites prennent des déplacements à deux paramètres ; elles engendrent des congruences de Kœnigs dont une nappe focale est s tandis que l'autre nappe focale est la surface (m_1) ou la surface (m_2).

Les quatre génératrices considérées sur Q' rencontrent la droite r en quatre points. Il est remarquable que ces quatre points associés convenablement deux à deux définissent sur r une même involution que les quatre foyers inflexionnels associés convenablement deux à deux.

———

Herbert ORY

Docteur ès sciences, Professeur à Yverdon en Suisse.

———

RÉSOLUTION COMPLÈTE DE L'ÉQUATION
$$\alpha x^2 + \beta x + \gamma = 0$$
OU α, β, γ SONT DES DUOTETTARIONS

———

Nous avons présenté, l'année dernière, au Congrès de l'Association Française pour l'Avancement des Sciences à La Rochelle, une étude sur diverses méthodes d'extraction des racines $n^{\text{ièmes}}$ de tettarions. Ces méthodes peuvent être utilisées, comme nous l'avons fait remarquer, pour la résolution de certaines équations. Nous allons brièvement montrer ici leur application à la résolution de l'équation du deuxième degré dans le domaine des duotettarions.

Considérons donc l'équation :

$$\alpha x^2 + \beta x + \gamma = 0$$

où α, β, γ sont des duotettarions. En multipliant cette équation à gauche par α^{-1}, elle se réduit à la forme :

$$x^2 + ax + b = 0,$$

qui lui est équivalente.

Premier cas. — Supposons que a soit un nombre réel. Il est alors permutable avec tout tettarion, donc aussi avec x. L'équation peut se résoudre comme suit. Nous posons :

$$\left(x + \frac{a}{2} \right)^2 = \frac{a^2}{4} - b.$$

Nous extrayons la racine carrée du duotettarion

$$\frac{a^2}{4} - b$$

d'après une des méthodes ([1]) que nous avons indiquées dans le travail précité. Nous avons alors :

$$X = -\frac{a}{2} + \alpha_i,$$

α_i étant l'une des quatre racines carrées du duotettarion $\frac{a^2}{4} - b$.

Deuxième cas. — Supposons que a et b soient tous les deux des duotettarions diagonaux :

$$a = \left\{ \begin{array}{cc} a_1 & 0 \\ 0 & a_4 \end{array} \right\} \quad ; \quad b = \left\{ \begin{array}{cc} b_1 & 0 \\ 0 & b_4 \end{array} \right\}$$

Posons :

$$x = \left\{ \begin{array}{cc} x_1 & x_2 \\ x_3 & x_4 \end{array} \right\}$$

Il est très facile de démontrer que les coordonnées x_2 et x_3 doivent être nulles, c'est-à-dire, que x est aussi un duotettarion diagonal et nous avons :

$$x_1 = \frac{-a_1 \pm \sqrt{a_1^2 - 4b_1}}{2}$$

$$x_4 = \frac{-a_4 \pm \sqrt{a_4^2 - 4b_4}}{2} \ .$$

Les quatre solutions sont les suivantes :

$$x = \frac{1}{2} \left\{ \begin{array}{cc} -a_1 \pm \sqrt{a_1^2 - 4b_1} \ , & 0 \\ 0 \ , & -a_4 \pm \sqrt{a_4^2 - 4b_4} \end{array} \right\}$$

Troisième cas. — Supposons que a seul soit un duotettarion diagonal, b étant un duotettarion quelconque. Nous avons :

([1]) On choisira de préférence la méthode qui utilise les permutations, car elle est générale et s'applique non seulement aux duotettarions, mais aux polytettarions quelconques.

$$x^2 + \left\{ \begin{array}{cc} a_1 & 0 \\ 0 & a_4 \end{array} \right\} x + \left\{ \begin{array}{cc} b_1 & b_2 \\ b_3 & b_4 \end{array} \right\} = 0$$

Posons, comme ci-dessus :

$$x = \left\{ \begin{array}{cc} x_1 & x_2 \\ x_3 & x_4 \end{array} \right\},$$

et développons le premier membre de cette égalité. Écrivons que les coordonnées correspondantes sont égales dans les deux membres. Nous sommes conduits aux quatre équations simultanées suivantes :

$$(I) \quad \left\{ \begin{array}{l} x_1^2 + x_2 x_3 + a_1 x_1 + b_1 = 0 \\ (x_1 + x_4) x_2 + a_1 x_2 + b_2 = 0 \\ (x_1 + x_4) x_3 + a_4 x_3 + b_3 = 0 \\ x_4^2 + x_2 x_3 + a_4 x_4 + b_4 = 0 \end{array} \right.$$

Les deuxième et troisième équations donnent :

$$x_2 = - \frac{b_2}{x_1 + x_4 + a_1}, \qquad (1)$$

$$x_3 = - \frac{b_3}{x_1 + x_4 + a_4}. \qquad (2)$$

Ces valeurs introduites dans les deux autres équations conduisent au nouveau système :

$$(II) \quad \left\{ \begin{array}{l} x_1^2 - x_4^2 + a_1 x_1 - a_4 x_4 + b_1 - b_4 = 0 \\ (x_1 + x_4 + a_1)(x_1 + x_4 + a_4)(x_1^2 + a_1 x_1 + b_1) + b_2 b_3 = 0 \end{array} \right.$$

duquel nous tirons (1re équation) :

$$x_4 = \frac{- a_4 \pm \sqrt{a_4^2 + 4(x_1^2 + a_1 x_1 + b_1 - b_4)}}{2} \qquad (3)$$

et, cette valeur introduite dans la deuxième équation donne :

$$(III) \qquad A p^3 + B p^2 + C p + D = 0$$

où nous avons posé, pour abréger :

$$p = x_1^2 + a_1 x_1 + b_1 ; \qquad (4)$$
$$A = (a_1 - a_4)^2 ;$$
$$B = - [4 b_2 b_3 + a_4^2 b_1 + a_1^2 b_4 - a_1 a_4 (b_1 + b_4) + (b_1 - b_4)^2] ;$$
$$C = b_2 b_3 (2 b_1 + 2 b_4 - a_1 a_4) ;$$
$$D = - b_2^2 b_3^2.$$

L'équation (III) détermine p ; x_1 est donc déterminé par l'équation (4). x_4 s'obtient ensuite à l'aide de l'équation (3) et, enfin x_2 et x_3 sont déterminés par les équations (1) et (2). Le problème est donc résolu.

Quatrième cas. — La résolution de l'équation générale :

$$x^2 + ax + b = 0,$$

où a et b sont maintenant supposés quelconques, se ramène au cas que nous venons de traiter. Nous pouvons, en effet, supposer que a est un duotettarion diagonal. S'il n'est pas diagonal, une permutation permet, en général, de le rendre tel. Il suffit d'appliquer aux duotettarions a et b la permutation :

$$S = \left\{ \begin{matrix} s_1 & s_2 \\ s_3 & s_4 \end{matrix} \right\},$$

où :

$$s_1 = a_1 - a_4 + \sqrt{(a_1 - a_4)^2 + 4a_2 a_3} \; ; \quad s_2 = 2a_2 ;$$
$$s_3 = 2a_3 ; \quad s_4 = - (a_1 - a_4) - \sqrt{(a_1 - a_4)^2 + 4a_2 a_3}.$$

Si nous posons :

$$SaS^{-1} = m \quad \text{et} \quad SbS^{-1} = n,$$

il est facile de vérifier que m prend la forme :

$$m = \left\{ \begin{matrix} m_1 & o \\ o & m_4 \end{matrix} \right\}.$$

L'équation proposée, $x^2 + ax + b = 0$, se transforme en la suivante :

$$y^2 + my + n = 0.$$

m est maintenant diagonal et le procédé développé plus haut peut désormais être appliqué. Si nous désignons par y_i les racines de cette dernière équation, la permutation inverse de S appliquée à y_i donne les racines x_i de l'équation proposée. Nous avons :

$$x_i = S_{y_i}^{-1} S$$

Le problème est donc résolu de façon tout à fait générale.

L.-Gustave DU PASQUIER

Professeur à l'Université de Neuchâtel en Suisse.

JEAN-HENRI LAMBERT ET LE CALCUL DES PROBABILITÉS A L'ACADÉMIE DE BERLIN SOUS FRÉDÉRIC II

§ 1. — On sait que l'Académie de Berlin rayonna d'un éclat particulièrement intense sous le règne de Frédéric II qui la réorganisa complètement et lui fit adopter le français comme langue officielle. Ce qu'on sait moins, c'est le rôle important joué à l'époque de Frédéric II (24 I 1712-17 VIII 1786) par le calcul des probabilités, la place considérable qu'il avait dans les préoccupations scientifiques des hommes les plus éminents ; ce qu'on sait moins encore, ce sont les découvertes faites à cette époque par quelques-uns des membres les plus célèbres de l'illustre compagnie, notamment par Euler et Lambert. Ayant déjà eu l'occasion d'exposer en détail les mérites d'Euler concernant le calcul des probabilités et ses multiples applications (¹), je me propose de mettre en lumière les contributions apportées par Lambert aux fondements de la science actuarielle. On verra que l'opinion universellement admise qui attribue à Gompertz une formule célèbre et la priorité d'avoir introduit systématiquement les variables continues dans le domaine des mathématiques d'assurances, doit être revisée (²).

Né le 26 VIII 1728 à Mulhouse en Alsace, mort le 25 IX 1777 à Berlin, Jean-Henri Lambert appartient par son origine à la France, par sa vie à

(¹) Voir le tome I₇ de LEONHARDI EULERI OPERA OMNIA, édité par L.-Gustave DU PASQUIER. Ce tome, qui renferme les 20 travaux d'Euler sur le calcul des probabilités et ses applications, contient en outre tout ce qu'Euler a publié sur les récréations mathématiques ; c'est un volume de 638 pages in-4°, paru en 1923. Il est aussi important par les matières qui s'y trouvent traitées qu'intéressant par la variété de son contenu. Des 28 travaux qu'il renferme, 14 sont en français et parmi eux les plus importants et les plus étendus, 12 sont en latin et 2 en allemand. Les *Œuvres complètes de Léonard Euler*, publiées sous les auspices de la Société Helvétique des Sciences naturelles, comprendront 69 volumes gr. in-4°, d'environ 600 pages chacun ; 23 volumes ont actuellement paru. Voir aussi LÉONARD EULER ET SES AMIS, par L.-Gustave DU PASQUIER, livre de 140 pages gr. in-8°, avec un portrait hors texte de Léonard Euler, paru en 1927, Librairie scientifique, J. Hermann à Paris.

(²) C'est aussi l'opinion de M. Alfred Lœwy, professeur à l'Université de Fribourg ; voir son article *Johann Heinrich Lamberts Bedeutung für die Grundlagen des Versicherungswesens...* Sonderabdruck aus der Festgabe für Alfred Manes, Berlin 1927. Cet article m'a inspiré la présente note.

l'Allemagne, par ses travaux à tous les domaines de l'activité intellectuelle ([3]). Petit-fils d'un Français réfugié et dépossédé pour cause de religion, à qui la petite république de Mulhouse avait accordé le droit de bourgeoisie; fils d'un tailleur pauvre qui avait beaucoup de peine à pourvoir à la subsistance d'une famille nombreuse, J.-H. Lambert était occupé dès sa première jeunesse à aider, de grand matin, sa mère dans les soins du ménage et à travailler avec son père durant le reste du jour; poussé vers l'étude par un instinct irrésistible, mais trop indigent pour suivre une école, il apprit par lui-même les rudiments des lettres et fut son propre maître. Dès qu'il avait quelque argent, il achetait une chandelle et passait, en secret, des nuits entières à dévorer les livres qu'il trouvait à emprunter. Grâce à des protecteurs dévoués, le jeune Lambert devint précepteur des petits-enfants du comte Pierre de Salis à Coire et put acquérir de vastes connaissances de tous genres.

En 1760, Lambert publia une « *Photometria...* », livre où il jetait les premiers fondements de cette nouvelle science. En 1761, il fit paraître à Augsbourg, en allemand, ses célèbres *Lettres cosmologiques*, ouvrage qui ajoutait aux connaissances générales sur la constitution de l'univers presqu'autant qu'à la renommée de l'auteur ([4]). En 1764, il publia à Leipsic son *Nouvel Organon* qui, dès l'abord, fut jugé un chef-d'œuvre et valut à son auteur une brillante réputation. L'illustre philosophe Imanuel KANT témoignait le plus grand respect à Lambert, le qualifiant de « premier génie de l'Allemagne », et ce respect atteste le mieux la grande autorité dont Lambert jouissait en Europe. « C'est l'homme le plus capable de réformer les matières qui font l'occupation habituelle des philosophes », écrivait Kant.

Lambert ne se bornait pas aux travaux de sa Classe; il fournissait aux trois autres Sections des mémoires nombreux et excellents, tous marqués au coin d'une puissante originalité et d'une profondeur pleine de précision. Le recueil de l'Académie de Berlin renferme 52 mémoires de Lambert; en outre, Lambert a publié une centaine de travaux dans d'autres périodiques et, en plus, dix grands ouvrages, tous remarquables. Ses contemporains, le voyant mener de front toutes les études, le comparaient volontiers à Leibniz; aussi l'historien est-il obligé, comme s'exprime

---

([3]) Christian BARTHOLMÈSS. « *Histoire philosophique de l'Académie de Prusse, depuis Leibniz jusqu'à Schilling. Particulièrement sous Frédéric le Grand* », t. II, p. 170 et suiv. Paris, 1851. Voir aussi « *Johann Heinrich Lambert nach seinem Leben und Wirken...* » herausgegeben von Daniel HUBER, Basel, 1829.

([4]) Les *Cosmologische Briefe* furent traduites en français : une première fois, en traduction libre, par MERIAN de Bâle, son admirateur et collègue à l'Académie de Berlin : « *Système du monde, par Lambert* », Berlin, 1770 ; deuxième édition, 1784. Une seconde fois, par D'ARQUIER, avec annotations, Amsterdam, 1801.

Fontenelle, de décomposer Lambert en plusieurs savants. Je ne le considérerai ici que comme actuaire appliquant le calcul des probabilités.

LAMBERT et la science actuarielle.

§ 2. — Deux mémoires publiés par Lambert dans ses *Contributions à l'usage de la mathématique et de ses applications* [5] nous intéressent spécialement:

a) *Théorie de la précision des observations et des expériences.*

b) *Remarques sur la mortalité, les registres de décès, les naissances et les mariages.*

Une étude attentive de ces articles montre que Lambert est l'un des plus perspicaces théoriciens de la statistique et de l'assurance sur la vie humaine, un précurseur oublié des Gompertz et des actuaires du 19ième siècle.

Dans le premier mémoire, Lambert s'occupe de la représentation graphique des nombres que fournissent les observations statistiques ou les mesures de grandeurs réelles et des méthodes d'ajuster ces données. En langage géométrique : Supposons que l'expérience ait fourni des nombres

$$y_1, \ y_2, \ y_3, \ y_4, \ \ldots$$

correspondant aux valeurs

$$x_1, \ x_2, \ x_3, \ x_4, \ \ldots$$

de la grandeur envisagée. En interprétant les x_r, y_r comme coordonnées cartésiennes, on obtient un certain ensemble de points :

$$P_1, \ P_2, \ P_3, \ P_4, \ \ldots$$

Il se pose le problème de relier ces points isolés par une ligne continue appropriée dont l'équation sera, mettons, $y = f(x)$ et qui représentera intuitivement la dépendance existant entre les grandeurs x et y. Et si l'ensemble des points P_r donnait une courbe d'allure par trop fantaisiste et irrégulière, on renoncera à faire passer la courbe par tous les points donnés ; on la tracera entre les points, de manière à réduire le plus possible les écarts ; on envisagera ces écarts comme dus au hasard, au jeu de causes fortuites. Cette façon de procéder, devenue tout à fait courante à notre époque, même dans la vie journalière, était très peu connue du

(5) Johann Heinrich Lambert, *Beytraege zum Gebrauche der Mathematik und deren Anwendung*, avec planches ; t. I, p. 488, Berlin, 1765 ; t. II, 1770 ; t. III, p. 476-599, Berlin, 1772.

temps de Lambert. Il fut le premier à l'utiliser *systématiquement* et à en faire une méthode de recherche. Lambert fut sans doute le premier à formuler clairement et en termes explicites le problème de l'ajustement. En tous cas, Lambert a traité ce problème avec grand succès et indiqué plusieurs méthodes d'ajustement.

Exemple : Une table de mortalité tirée des registres obituaires de Londres pour les années 1753 à 1758 est ajustée par Lambert de deux manières différentes, graphiquement et analytiquement. En notations modernes internationales, l'observation fournit pour chaque âge x le nombre l_x des survivants.

Pour la solution graphique, Lambert dit qu'il faut « tracer à main levée une ligne courbe ayant la courbure la plus uniforme possible et passant autant que faire se peut par les points donnés ».

Par la solution analytique, Lambert arrive à exprimer les nombres l_x des survivants d'âge x, figurant dans cette table de mortalité, par la fonction rationnelle entière du 5e degré que voici :

$$y = l_x = 26\ 950 - 985,7\ x + 9,709\ 150\ x^2 - 0,034\ 27\ x^3$$
$$- 0,002\ 701\ 7\ x^4 + 0,000\ 066\ 635\ x^5.$$

Elle n'est valable que pour les âges de 45 à 90 ans, parce que seuls les nombres relatifs à ces âges-là ont servi à la confection de la table.

C'est la première fois qu'on donnait un ajustement analytique de nombres fournis par des dépouillements statistiques.

Dans ce premier mémoire, Lambert donne aussi un ajustement graphique de la fameuse table de mortalité dressée par le Hollandais Willem KERSSEBOOM (1691-1771) et remarque que la « courbe de vie », c'est-à-dire, en notations modernes internationales, la courbe des survivants $y = l_x$, reste au-dessus de celle que donne la table londonienne, et que cela tient au fait que la mortalité des rentiers est plus faible.

§ 3. — Dans le second mémoire sus-mentionné, *Remarques sur la mortalité...*, Lambert pousse les investigations encore plus loin et déduit même les diverses fonctions biométriques dont se serviront les actuaires et statisticiens du 19ième siècle. La table de mortalité qui lui sert de point de départ est une table « générale » qui ne tient pas compte de la différence de l'allure de la mortalité à la ville et à la campagne. Lambert connaît pourtant ce facteur de mortalité et dit clairement que la mortalité est plus grande dans les villes qu'à la campagne ; mais il tient à baser ses calculs sur une sorte de mortalité moyenne. Il obtient cette table en ajustant les résultats bruts par une méthode graphique.

En notations modernes internationales, x représentant l'âge des personnes envisagées et figurant comme indice au bas et à droite du symbole principal, voici les fonctions biométriques introduites par Lambert, dans ce mémoire, pour $x = 1, 2, 3, 4, \ldots, n, \ldots$ jusqu'à l'âge limite ω, c'est-à-dire l'âge le plus élevé qui figure encore dans la table de mortalité :

1° Les nombres successifs de survivants, l_x.

2° Les nombres de décès annuels, $d_x = l_x - l_{x+1}$.

3° Les nombres $\dfrac{1}{q_x} = \dfrac{l_x}{d_x} \equiv v_x$, où v_x représente le nombre des personnes qu'il faut prendre pour qu'il se produise dans leurs rangs juste *un* décès par an, entre les âges x et $x + 1$.

4° La vie probable d'une personne d'âge x, c'est-à-dire le nombre $w(x)$ défini par l'équation

$$l_{x + w(x)} = \frac{1}{2}\, l_x. \tag{1}$$

En d'autres termes : au bout de $w(x)$ années, le nombre des survivants est diminué exactement de moitié, de sorte qu'une personne d'âge x a autant de chances de se trouver dans la moitié encore vivante que dans la moitié déjà disparue à l'âge $x + w(x)$.

5° La vie moyenne future d'une personne quelconque d'âge x, soit

$$e_x = \frac{l_x + l_{x+1} + \cdot \;\; \cdot \;\; \cdot + l_\omega}{l_x} - \frac{1}{2}, \tag{2}$$

Lambert insiste sur la différence de principe qu'il y a entre ces deux notions : celle de vie probable (introduite dans la science par l'astronome Edmond HALLEY (1656-1742) et celle de vie moyenne (due à DEPARCIEUX). Chose remarquable, Lambert nous apprend à déterminer la vie moyenne future à l'aide du calcul intégral ; il trouve

$$e_x = \frac{1}{l_x} \cdot \int_x^\infty l_x dx. \tag{3}$$

Remarque historique. — Avant Lambert, Christian HUYGENS (1629-1695) était déjà arrivé à ces mêmes notions. Huygens connaissait également la représentation graphique du nombre des survivants et se servait de cette courbe d'équation $y = l_x$ pour déterminer l'abscisse correspondant à l'ordonnée $\dfrac{1}{2}\, l_x$, donc la vie probable. Voir une lettre de Christian Huygens à son frère Lodewijk, du 21 XI 1669. Mais cette correspondance était naturellement inconnue à Lambert ; elle ne fut publiée qu'à la fin du 19ième siècle (Voir *OEuvres complètes de Christiaan Huygens*, t. VI, p. 524 et 531, La Haye, 1895).

§ 4. — Ce qui frappera le plus l'actuaire, ce sera de voir Lambert introduire la notion *d'intensité d'une fonction* un demi-siècle avant B. GOMPERTZ à qui jusqu'ici on en attribuait la priorité.

Lambert trace la tangente à la courbe d'équation $y = l_x$ au point correspondant à l'âge x, calcule la sous-tangente correspondante, la trouve égale à $- l_x : \dfrac{dl_x}{dx}$, puis ajoute : « Cette sous-tangente est d'ailleurs la véritable mesure de la force de vie » (Lambert, *Contributions* [5], t. III, p. 505 et 510). Or, la valeur réciproque de cette « Mesure de la force vitale » introduite par Lambert n'est pas autre chose que la *force of mortality* définie par B. Gompertz et dès lors universellement adoptée par les actuaires sous la dénomination de *Intensité de mortalité à l'âge x*, définie par

$$\mu_x \equiv - \frac{y'}{y} = - \frac{dl_x}{l_x\, dx} \qquad (4)$$

La définition de Gompertz ayant paru en 1825 [6], tandis que Lambert publiait le tome III de ses *Contributions...* en 1772, il ressort de ces faits que la priorité de l'introduction de cette très importante notion d'intensité, comme aussi de l'emploi systématique des variables continues en science actuarielle, revient non pas à Gompertz, comme on le croyait jusqu'ici, mais à J.-H. Lambert.

Du moment où Lambert, au lieu des taux annuels de mortalité q_x, utilise leurs valeurs réciproques $1 : q_x$, il était indiqué pour lui d'utiliser $1 : \mu_x$, valeur réciproque de l'intensité de mortalité μ_x.

Il n'est pas sans intérêt de voir Lambert dire : « Jusqu'à l'âge de 15 ans, la force de vie augmente en progression arithmétique et même plus rapidement encore ; à 15 ans se manifeste une cause qui travaille en sens contraire, de sorte que la force vitale, à partir de la 17e année, non seulement cesse d'augmenter, mais diminue jusqu'à 25 ans ; aux environs des âges de 25, de 50 et de 80 ans, de nouvelles inégalités se manifestent dans la diminution de la force vitale, de sorte qu'à ces âges-là, de nouvelles causes doivent entrer en action ou les anciennes modifier leur intensité ».

Lambert a dressé plusieurs tables de mortalité ajustées. L'une d'elles est tirée uniquement des registres de décès de la ville de Londres, s'étendant sur une période de 30 années. L'ajustement des résultats bruts se fait par la méthode analytique et Lambert arrive à la formule de mortalité suivante où, pour la première fois, on voit figurer une fonction exponentielle :

$$y = l_x = 10\,000 \left(\frac{96 - x}{96} \right)^2 - 6176 \left[\exp\left(\frac{-x}{31{,}682} \right) - \exp\left(\frac{-x}{2{,}43114} \right) \right]$$

où $\exp(u)$ signifie e^u.

---

[6] Voir « *On the nature of function expressive of the law of human mortality..* » Philosophical Transactions of the Royal Society of London, 1825, part II, p. 518.

Cette formule est valable jusqu'à 95 ans. Lambert remarque ce qui suit : « Le premier terme, qui est paraboliq e, indiquerait que le genre humain s'éteindrait par décès à peu près comme un vase cylindrique rempli d'eau se vide. Les deux autres termes ont beaucoup de connexion avec l'échauffement et le refroidissement des corps, puisque la ligne logarithmique intervient, ainsi que je l'ai montré depuis longtemps dans les *Acta helvetica*, t. II. Malgré cela, je regarderai la formule ci-dessus comme une approximation acceptable des faits, comme quelque chose de plus commode que l'interpolation ordinaire. Et quand on veut faire des investigations sur la mortalité à Londres, on peut effectivement s'en servir avec avantage ». Un peu plus loin, Lambert utilise les fonctions biométriques, introduites par lui, spécialement dans les cas où la formule de mortalité peut se mettre sous forme de parabole d'ordre supérieur :

$$y = l_x = c \cdot x^q.$$

§ **5.** — Dans la dernière section, qui traite de l'influence de la petite vérole sur la mortalité, on voit Lambert occupé à dresser une table d'extinction d'un groupe sur lequel agissent *deux* causes de diminution (c'est ainsi qu'on formulerait en langage moderne les problèmes qu'il traite) ; la première de ces causes est la mort par une cause autre que la petite vérole, la seconde cause est cette maladie quand l'issue en est mortelle.

Désignons le nombre des personnes qui décèdent, entre les âges x et $x + 1$, à la suite de la première cause par d'_x, à la suite de la seconde cause par d''_x, et soit de nouveau l_u le nombre des personnes survivantes d'âge u. On a manifestement, dans ces conditions,

$$l_{x+1} = l_x - d'_x - d''_x. \tag{5}$$

On trouve alors comme « *probabilité partielle de décès* entre les âges x et $x + 1$ par suite de la première cause » :

$$'q'_x = d'_x : (l_x - \frac{1}{2} d''_x). \tag{6}$$

Cette formule fut donnée par Jean Karup, le célèbre actuaire danois de Gotha, à qui revient le mérite, comme on le sait, d'avoir conçu et introduit la notion de *probabilité partielle* qu'il appelle « probabilité indépendante ». Or, chose remarquable et inattendue, cette formule, abstraction faite de la notation moderne, se trouve déjà chez Lambert. Chez ce dernier, la formule (6) se présente sous la forme du quotient

$$\frac{\Delta r}{r} = \frac{\Delta y - \nu}{y - \frac{1}{2}\nu}$$

où $y = l_x$ représente le nombre des survivants d'âge x, où Δy représente
le nombre total des décès entre les âges x et $x + 1$, dans les rangs de
ces y survivants et quelle que soit la cause du décès, petite vérole ou non,
où enfin v représente le nombre de ceux qui, parmi les survivants d'âge x,
furent enlevés exclusivement par la petite vérole entre les âges x et $x + 1$.

Avec cette notion de probabilité partielle ou indépendante, Lambert
réussit à construire une table fictive d'extinction d'un groupe de l_0 nouveau-nés, table qui indique « comment le nombre de ces nouveau-nés
diminuerait si la petite vérole n'existait pas du tout ou, du moins, si elle
n'était jamais mortelle ».

Or, c'est exactement ce que faisait Karup un siècle plus tard, pour
établir les formules permettant de calculer les primes d'assurance dans
le cas où les rangs des assurés sont décimés par deux causes indépendantes l'une de l'autre : la mort et l'invalidité. A côté de l'ordre d'extinction réel, c'est-à-dire de la table donnant d'année en année le nombre des
assurés en activité de service :

$$l_x^{(a)},\ l_{x+1}^{(a)},\ l_{x+2}^{(a)},\ l_{x+3}^{(a)},\ \ldots, \tag{7}$$

Karup détermine deux ordres de sortie fictifs, dont chacun représente
l'effet de l'une seule des deux causes de sortie agissant en réalité simultanément. Ce sont :

1^0 La suite des nombres

$$'l_x,\ 'l_{x+1},\ 'l_{x+2},\ 'l_{x+3},\ \ldots, \tag{8}$$

obtenue en supposant que la mortalité agisse toute seule sur l'ensemble
des assurés et que l'influence de l'invalidité soit éliminée. On obtiendrait
donc cette table fictive (8), si chaque assuré en activité de service et qui
serait frappé d'invalidité était remplacé immédiatement par un membre
actif du même âge ; la diminution du nombre des assurés serait ainsi due
exclusivement à l'effet de la mortalité.

2^0 La suite des nombres

$$''l_x,\ ''l_{x+1},\ ''l_{x+2},\ ''l_{x+3},\ \ldots, \tag{9}$$

obtenue en supposant que l'invalidité agisse toute seule sur l'ensemble
des assurés et que l'influence de la mortalité soit éliminée. On obtiendrait
donc cette table fictive (9), si chaque assuré décédé en activité de service
était remplacé immédiatement par un membre actif du même âge ; la
diminution du nombre des assurés serait alors due exclusivement à l'effet
de l'invalidité.

Ces ordres de sortie fictifs (8) et (9) donnent lieu aux fonctions biométriques que Karup appelait « indépendantes » et qu'il conviendrait mieux d'appeler *partielles* (⁷). La suite des nombres (8), par exemple, conduit à « la probabilité partielle de décès », au « taux partiel annuel de décès », etc. La suite des nombres (9) conduit à « la probabilité partielle d'invalidité », au « taux partiel annuel d'invalidité », etc. . Lorsque Jean Karup, dans le dernier quart du 19ième siècle, publia ses idées et les nouvelles méthodes qui en découlaient, elles donnèrent lieu à de vives discussions et parfois même à des polémiques acerbes (⁸). Mais le développement de la science actuarielle a montré qu'elles présentent de réels avantages dans les calculs nécessités par l'assurance invalidité.

Il est intéressant de constater que Lambert était arrivé à ces mêmes notions et avait trouvé ces mêmes formules, du moins les plus importantes d'entre elles, un siècle plus tôt (abstraction faite de la notation) ; et cela prouve que ce génie avait une intuition en quelque sorte prophétique pour l'avenir de l'évolution de la science qu'il cultivait. Cette intuition géniale et profonde ne s'est d'ailleurs pas bornée au domaine du calcul des probabilités et de ses applications.

Michel PETROVITCH

Belgrade.

EXEMPLES PHYSIQUES DE TRANSFORMATION
DES ÉQUATIONS DE LAGRANGE

Pour un même phénomène et *sans changer le système* $(q_1, q_2, \ldots q_n)$ qui le définit, on peut écrire les équations de Lagrange :

$$\frac{d}{dt}\left(\frac{\partial T}{\partial q_k'}\right) - \frac{\partial T}{\partial q_k} = Q_k \qquad (k = 1, 2, \ldots n) \qquad (1)$$

avec différentes expressions des fonctions T et Q_k.

La classe suivante de phénomènes en fournit un exemple intuitif où

(⁷) Voir L.-Gustave DU PASQUIER, « *Neue mathematische Grundlage einer Lebensversicherungtheorie. .* » Comptes rendus du Congrès international d'actuaires, Amsterdam, 1912.

(⁸) Voir par exemple « *Mathematische Theorie der Invaliditäts-Versicherung* », par L.-Gustave DU PASQUIER, notamment p. 92-109, Berne, 1913.

l'on peut connaître les significations concrètes des termes des équations, ou bien voir l'utilité de la transformation au point de vue analytique. Considérons les phénomènes consistant en fluctuations simultanées d'un système q_k dans lequel chaque vitesse de variation q'_k varie directement sous l'action simultanée, d'une part d'un ensemble de forces fonctions des paramètres q_1, q_2, ..., q_n et du temps, et d'autre part d'une résistance variant en raison directe de la vitesse q'_k elle-même.

En supposant les coefficients d'inertie λ_k des q_k constants (les coefficients d'activité μ_k des résistances $\mu_k q'_k$ pouvant varier explicitement avec le temps), le phénomène est régi par le système d'équations :

$$\lambda_k \frac{dq_k}{dt} = X_k - \mu_k q'_k \qquad (k = 1, 2, \ldots n), \qquad \begin{matrix} \lambda_k > 0 \\ \mu_k > 0 \end{matrix} \qquad (2)$$

où X_k est la composante totale des forces (autres que les résistances) directement appliqué à q_k. En posant :

$$2T = \lambda_1 q_1'^2 + \ldots + \lambda_n q_n'^2 \tag{3}$$

$$Q_k = X_k - \mu_k q'_k \tag{4}$$

les équations (2) s'écrivent sous la forme de Lagrange avec le terme $\dfrac{\partial T}{\partial q_k}$ identiquement nul.

D'autre part, en prenant :

$$2T = e^{\frac{1}{\lambda_1} \int \mu_1 dt} q_1'^2 + \ldots + e^{\frac{1}{\lambda_n} \int \mu_n dt} q_n'^2 \tag{5}$$

$$Q_k = \frac{1}{\lambda_k} e^{\frac{1}{\lambda_k} \int \mu_k dt} X_k \tag{6}$$

les équations (2) s'écrivent sous la même forme de Lagrange, *mais avec le 2T et les Q_k tout différents*. Le terme $\dfrac{\partial T}{\partial q_k}$, identiquement nul dans les deux cas, apparaît lorsqu'on change le système.

Ayant ainsi deux formes des équations de Lagrange :

$$\frac{d}{dt}\left(\frac{\partial T_1}{\partial q'_k}\right) = Q_{1,k} \qquad \text{et} \qquad \frac{d}{dt}\left(\frac{\partial T_2}{\partial q'_k}\right) = Q_{2,k} \tag{7}$$

pour un même phénomène et un même système, on peut de la manière connue en écrire une infinité.

Dans le cas, par exemple, des λ_k et μ_k constants, en posant $\dfrac{\mu_k}{\lambda_k} = \alpha_k$ on aura :

$$2\mathrm{T}_1 = \lambda_1 q_1^{'2} + \ldots + \lambda_n q_n^{'2} \qquad\qquad \mathrm{Q}_{1,k} = \mathrm{X}_k - \mu_k q_k^{'}$$

$$2\mathrm{T}_2 = e^{\alpha_1 t} q_1^{'2} + \ldots + e^{\alpha_n t} q_n^{'2} \qquad\qquad \mathrm{Q}_{2,k} = \frac{e^{\alpha_n t}}{\lambda_n} \mathrm{X}_k$$

et l'on peut prendre :

$$2\mathrm{T} = 2\mathrm{A}_1 \mathrm{T}_1 + 2\mathrm{A}_2 \mathrm{T}_2 = \sum_{k=1}^{k=n} (\mathrm{A}_1 \lambda_k + \mathrm{A}_2 e^{\alpha_k t}) q_k^{'2}$$

$$\mathrm{Q}_k = \mathrm{A}_1 \mathrm{Q}_{1,k} + \mathrm{A}_2 \mathrm{Q}_{2,k} = \sum_{k=1}^{k=n} \left(\mathrm{A}_1 + \frac{\mathrm{A}_2}{\lambda_k} e^{\alpha_k t} \right) \mathrm{X}_k - \mathrm{A}_1 \mu_k q_k^{'}$$

où A_1 et A_2 sont deux constantes arbitraires.

La forme que l'on prendra pour 2T et les Q_k dépendra des considérations d'ordre physique pouvant intervenir dans le problème, ou bien des conditions purement analytiques à réaliser. Ainsi, la première forme des équations de Lagrange, celle où l'on prendra pour T la fonction T_1 et pour les Q_k les $\mathrm{Q}_{1,k}$, serait à employer lorsqu'il y a intérêt à grouper et à mettre en évidence dans les équations mêmes, d'une part les forces d'inertie (fournies alors par les premiers membres des équations), et d'autre part les forces appliquées des natures concrètes connues (fournies par les seconds membres des équations). La deuxième forme, celle avec T_2 et les $\mathrm{Q}_{2,k}$, présente un intérêt tout particulier lorsque les forces appliquées X_k dérivent d'une fonction $\mathrm{U}(q_1, \ldots q_n, t)$; il en sera alors de même des seconds membres des équations de Lagrange et l'on peut traiter le problème par les méthodes de Hamilton, Jacobi, Poisson. Cette deuxième forme revient à assimiler le phénomène à un autre défini par le même système et dépourvu des résistances, mais dans lequel les coefficients d'inertie λ_k et les composantes totales des forces appliquées varient au cours du temps suivant les lois de formes respectives :

$$e^{\frac{1}{\lambda_k} \int \mu_k dt} \qquad \text{et} \qquad \frac{\mathrm{X}_k}{\lambda_k} e^{\frac{1}{\lambda_k} \int \mu_k dt}.$$

Si les X_k dérivent d'une fonction de force U, ces dernières forces dériveront de la fonction :

$$\mathrm{U}' = \frac{\mathrm{U}}{\lambda_k} e^{\frac{1}{\mu_k} \int \mu_k dt}.$$

La classe indiquée de phénomènes embrasse d'abord, comme cas particulier, le mouvement des points matériels libres ou assujettis à glisser sur une surface ou une courbe, sous l'action des forces dépendant des coordonnées et du temps, et d'une résistance proportionnelle à la vitesse du point (problème traité par M. Elliot). Le rôle des λ est joué par les masses des points ; celui des μ par la résistance spécifique du milieu et celui des q par les composantes des vitesses.

Elle embrasse aussi le mouvement rotatif d'un ensemble de volants munis d'ailettes, dans un milieu opposant une résistance proportionnelle à la vitesse des ailettes. Le rôle des q_i serait joué par les vitesses angulaires des volants, celui des λ par leurs moments d'inertie et celui des μ par la résistance spécifique du milieu multipliée par la distance correspondante de l'ailette à l'axe de rotation.

La même classe embrasse également le phénomène de décharge simultanée d'un groupe de n condensateurs électriques, entretenue par un ensemble de n forces électromotrices $E_1, \ldots, E_n$ dont chacune serait intercalée dans un des n circuits et dépendrait de l'ensemble des charges électriques $q_1, \ldots q_n$ des condensateurs. En désignant par l_k et r_k le coefficient de self-induction et la résistance ohmique spécifique du k-ième circuit, par c_k la capacité du condensateur correspondant, le phénomène sera régi par le système d'équations :

$$l_k q_k'' = - E_k - \frac{1}{c_k} q_k - (r_k + l_k') q_k' \qquad (k = 1, 2, \ldots n)$$

$\left(l_k' = \dfrac{dl_k}{dt} \right)$ (qui supposent que l'on considère comme positive l'intensité du courant de décharge lorsque la charge électrique correspondante diminue). Le rôle des λ est joué par les l ; celui des μ par les $r + l$, et celui des X par les forces $- E - \dfrac{1}{c} q$ (forces électromotrices intercalées et forces électromotrices de Coulomb dans les circuits). Le rôle des résistances proportionnelles aux vitesses est joué par les forces contre-électromotrices $- (r + l') q'$ proportionnelles aux intensités respectives des courants de décharge. Lorsque les forces électromotrices E_k dérivent d'une fonction $U(q_1, \ldots q_n, t)$, les forces Q_k dériveront d'une fonction de la forme :

$$A e^{\int \frac{r_k}{l_k}} \left(U + \Sigma \frac{1}{2c_k} q_k'^2 \right)$$

et l'on peut traiter le problème par les méthodes de Hamilton ou de Jacobi.

Le même cas se présente dans une foule d'autres phénomènes *analytiquement analogues* au précédent comme, par exemple, dans les vibrations simultanées de n diapasons, lorsqu'il y a une résistance intérieure de frottement proportionnelle à l'élongation, et une résistance du milieu proportionnelle à la vitesse de vibration, celles-ci étant entretenues par des forces extérieures dépendant de l'ensemble $(q_1, \ldots q_n)$ d'élongations. Le rôle des λ serait joué par les masses vibrantes ; celui des rq' par les forces intérieures de frottement et celui des $\dfrac{q}{c}$ par les forces élastiques.

On aurait le même cas dans le phénomène hydraulique connu, analogue au précédent : mouvement de liquides dans des vases réunis par des tubes horizontaux très courts. Il en est de même du phénomène des variations de n courants dans un système de n circuits fixes isolés les uns des autres, sans induction mutuelle sensible, sous l'action de n forces électromotrices dont chacune serait intercalée dans un des circuits et dépendrait de l'ensemble $(q_1 \ldots q_n)$ de quantités d'électricité débitée dans les n circuits. Le rôle de λ_k serait joué par le coefficient l_k de self-induction du k-ième circuit ; le rôle de μ_k par sa résistance ohmique spécifique r_k et celui de X_k par la force électromotrice E_k intercalée dans ce circuit.

Léon POMEY

Directeur de la manufacture des Tabacs de Pantin,
Examinateur d'admission à l'Ecole Polytechnique.

PROPOSITIONS GÉOMÉTRIQUES SE RATTACHANT
A LA GÉNÉRALISATION DANS L'ESPACE DU THÉORÈME DE PASCAL

I — Voici quelques-unes des propositions que nous avons en vue :

Théorème 1. — *Etant donné deux coniques C et C' qui se coupent en α_0, α_1, α_2, α_3, si par un de ces points, α_0, on mène une première droite qui coupe C en α_4 et C' en α'_4, puis une seconde droite qui coupe C en α_5 et C' en α'_5, les six points $\alpha_1\alpha_2\alpha_3\alpha_4\alpha'_4\alpha''$ sont sur une même conique, ainsi que les six points $\alpha_1\alpha_2\alpha_3\alpha_5\alpha'_5\alpha''$, en appelant α'' l'intersection des cordes $\alpha_4\alpha_5$ et $\alpha'_4\alpha'_5$. Et corrélativement.*

Théorèmes 2. — *Dans la même hypothèse, les droites $\alpha_1\alpha'_3$ et $\alpha_3\alpha''$ se rencontrent sur la droite de Pascal de l'hexagone $\alpha_0\alpha_1\alpha_2\alpha_3\alpha_4\alpha_5$. Les droites $\alpha_3\alpha''$ et $\alpha_0\alpha_1$ se rencontrent sur la droite qui joint le point de rencontre de $\alpha_1\alpha_2$ avec $\alpha_4\alpha'_5$ au point de rencontre de $\alpha_2\alpha_3$ avec $\alpha_4\alpha'_4$. Ce dernier point est sur* *la droite joignant le point de rencontre de $\alpha_4\alpha_5$ avec $\alpha_1\alpha_2$ au point de rencontre de $\alpha_3\alpha''$ avec $\alpha_1\alpha_4'$; etc. Et corrélativement.*

Théorème 3 (Généralisation du théorème 1). — *Ayant mené, par un point α_0 commun à deux coniques C et C', cinq droites $D_i (i = 1, 2, \ldots, 5)$ dont chacune recoupe C en un point α_i et C' en α_i', si l'on joint un quelconque des points α_i, soit α_1, aux quatre autres, et de même le point correspondant α_1' (de même indice) aux quatre autres points α_i', chaque droite $\alpha_1\alpha_i (i = 2, 3, 4, 5)$ rencontre la droite correspondante $\alpha_1'\alpha_i'$ en un point α_i'' tel que les quatre points $\alpha_i'' (i = 2, 3, 4, 5)$ ainsi obtenus et les deux points α_1, α_1' sont sur une même conique ; et il en serait de même si on était parti de deux autres points correspondants α_i, α_i' différents de α_1, α_1'. Et corrélativement.*

II. — Complétons ceci en l'exprimant sous une forme plus symétrique : Considérons sept groupes de six points :

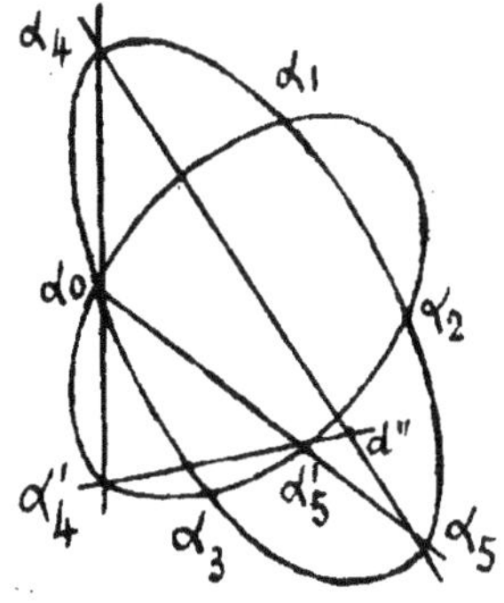

.	α_2^1	α_3^1	α_4^1	α_5^1	α_6^1	α_7^1
α_1^2	.	α_3^2	α_4^2	α_5^2	α_6^2	α_7^2
α_1^3	α_2^3	.	α_4^3	α_5^3	α_6^3	α_7^3
.	.	.	.	.	.	.
α_1^6	α_2^6	α_3^6	α_4^6	α_5^6	.	α_7^6
α_1^7	α_2^7	α_3^7	α_4^7	α_5^7	α_6^7	.

disposés dans le plan de la manière suivante : Les points de la $k^{\text{ième}}$ ligne [que nous appellerons points du groupe (k)] pouvant être représentés par la notation α_i^k, où i prend toutes les valeurs de 1 à 7 sauf la valeur k, considérons à part deux de ces groupes, par exemple les groupes (j) et (k), et supposons-les tels que : A) le point α_k^j du groupe (j) (correspondant à $i = k$) coïncide avec le point α_j^k du second ; B) sur ce point α_k^j ou α_j^k, commun aux deux groupes, sont toujours alignés un autre point quelconque α_i^j du groupe (j) $(i \neq k, j)$ et le point correspondant α_i^k du groupe (k), caractérisé par le même indice i. Ensuite un autre point quelconque α_i^m sera, par définition, l'intersection de la droite $\alpha_m^j\alpha_i^j$ joignant les deux points α_m^j et α_i^j du groupe particulier (j) avec la droite analogue $\alpha_m^k\alpha_i^k$ joignant les points α_m^k et α_i^k du groupe (k). Cela posé, l'ensemble des points α_i^l ainsi obtenus jouit des propriétés suivantes :

THÉORÈME 4. — *Les sept groupes de six points obtenus par les constructions précédentes constituent une configuration parfaitement symétrique de 21 points distincts   ainsi les deux propriétés A et B attribuées initialement par hypothèse aux deux groupes particuliers (j) et (k) appartiennent également ment à tous les autres groupes de points qu'on en a déduits, de telle sorte que le système de points qui vient d'être construit, ne changerait pas si l'on recommençait les constructions en partant de deux autres groupes quelconques pris comme groupes particuliers à la place de (j) et (k).*

Ou, sous une forme plus précise :

Le système de 21 points distincts obtenu par les constructions précitées constitue une configuration symétrique dans laquelle : A) tout point α_k^j coïncide avec le point α_j^k ; B) ce point α_k^j (ou α_j^k) est en ligne droite avec les deux points α_i^j et α_i^k ; C) tout point α_i^m est l'intersection des deux droites $\alpha_m^j\alpha_i^j$ et $\alpha_m^k\alpha_i^k$; et cela, QUELLES QUE SOIENT LES VALEURS *(de 1 à 7)* DONNÉES AUX INDICES *j, k, m, i (sous réserve que $i \neq k$, j, m et que $m \neq j$, k).*

THÉORÈME 3 BIS. — *Si deux hexagones, formés avec les points de deux groupes* QUELCONQUES *(j) et (k), sont des hexagones de Pascal, il en est de même pour tout autre hexagone formé avec les points α_i^m d'*UN AUTRE *groupe* QUELCONQUE *(m).*

NOTA. — Il est aisé de donner également divers théorèmes sur les *droites de Pascal* de ces divers hexagones. Nous omettons aussi, pour abréger, les propositions corrélatives.

III. — Les théorèmes précédents sont en liaison intime avec l'extension du Théorème de Pascal aux cubiques gauches. Rappelons rapidement cette extension :

Etant donné, dans l'espace, sept points $a_i(i = 1, 2, \ldots, 7)$ appelons *angle hexaèdre* (a_i) celui qui a pour sommet le point a_i et dont les six arêtes passent respectivement par les six autres points donnés. Nous dirons de plus que c'est un *angle hexaèdre de Pascal,* si (ses faces étant rangées dans un certain ordre) ses faces opposées se coupent suivant trois droites situées dans un même plan. La généralisation annoncée s'énonce alors ·

Pour que sept points a_i $(i = 1, \ldots, 7)$ soient sur une même cubique gauche, il faut et il suffit que deux des angles hexaèdres (a), de sommets différents, soient des angles hexaèdres de Pascal..

Or on voit immédiatement que : Pour que les sections par un plan arbitraire Π de tous les angles hexaèdres (a_i) possibles soient des hexagones de Pascal. il suffit qu'il en soit ainsi pour deux d'entre eux, de sommets différents.

On reconnaît là le résultat formulé par le *théorème 3 bis (ou 3)*, quand on désigne par α_i^j ou α_j^i) le point où le plan Π coupe la droite $a_i a_j$ — point qui est un sommet d'un hexagone.

D'ailleurs un tel point α_k^j (ou α_j^k) devant se trouver évidemment sur chacune des droites $\alpha_i^k \, \alpha_i^j$ suivant lesquelles le plan Π coupe chacun des plans qui passent par la droite $a_k a_j$ et par un autre point a , on obtient immédiatement le *théorème 4*.

Si notamment le plan Π passe par trois des points donnés : a_1, a_2, a_3, on a en particulier les *théorèmes 1 et 2*.

(J. RICHARD

Docteur ès Sciences et professeur honoraire, *Châteauroux*.

SUR LES LABYRINTHES

Pour expliquer à une personne qui ignore les mathématiques, en quoi consiste une théorie, pour montrer de plus que l'objet de cette science n'est point uniquement le nombre et la grandeur, on pourrait prendre comme exemple ce que je vais exposer.

Il s'agit de la théorie des *Labyrinthes* de Trémaux, donnée par Edouard Lucas, dans ses récréations mathématiques. J'en fais ici une exposition détaillée, pour lui donner l'aspect d'une théorie mathématique complète.

Un labyrinthe est un ensemble de chemins ; je ne le suppose pas à deux dimensions. c'est-à-dire que deux chemins peuvent passer l'un au dessous de l'autre. Tous les chemins communiquent entre eux, c'est-à-dire que le labyrinthe n'est point formé de deux parties séparées. Il peut y avoir des *impasses* fermées à un bout. Les points de croisement des chemins sont des *carrefours*.

En désignant les carrefours par des lettres, un chemin joignant le carrefour A au carrefour B sera le chemin AB. S'il y avait plusieurs chemins AB, on les distinguerait par des indices. Une impasse partant de A pourrait alors être désignée par AA. Ces notations nous serviront seulement à la fin de ce travail.

Nous supposons qu'on pénètre dans le labyrinthe par un chemin unique. Lucas suppose un carrefour initial qui a ainsi un rôle un peu différent des autres ; je supposerai ce carrefour initial précédé d'un chemin pouvant être d'ailleurs très court, et se réduire à une porte d'entrée.

S'il est d'autres chemins par où l'on puisse pénétrer dans le labyrinthe, ou en sortir, je les supposerai fermés ; ils seront alors remplacés par des impasses.

Je vais montrer que, sans connaître le plan d'un labyrinthe, *on peut le parcourir entièrement en passant deux fois par chaque chemin*. Chaque fois qu'on parcourra un chemin, on mettra une marque à chaque bout. Un chemin parcouru deux fois portera deux marques à chaque extrémité.

Cela posé, voici les règles données par Lucas. Elles serviront de principes ou d'axiomes dans les raisonnements qui vont suivre.

1° *Règle des impasses.* — En arrivant au bout d'une impasse, on rebrousse chemin. L'impasse est ainsi parcourue deux fois, *dans deux sens différents.*

2° *Règles des carrefours.* — I. — Si l'on arrive dans un carrefour A *pour la première fois*, par un chemin DA, on prend un chemin AF. Chacun de ces chemins est ainsi parcouru une fois. DA est le *premier chemin d'entrée* dans le carrefour, AF le *premier chemin de sortie.*

II. — Quand on arrive dans un carrefour A déjà exploré, par un chemin MA non encore parcouru, on reprend ce même chemin AM qui se trouve ainsi parcouru deux fois, *une fois dans chaque sens.*

III. — Quand on arrive dans un carrefour par un chemin déjà parcouru, on prend un chemin non encore parcouru, *s'il en existe.*

IV. — Quand on arrive dans un carrefour par un chemin déjà parcouru et qu'il n'existe pas de chemin non encore parcouru on prend un chemin déjà parcouru une fois. On verra tout à l'heure qu'il en existe toujours un et un seul.

Lorsque tous les chemins aboutissant à un carrefour A ont été parcourus deux fois et portent, par suite, chacun deux marques à leur extrémité A, nous dirons que le carrefour est *plein.* Nous ferons encore la remarque suivante. Lorsque l'explorateur n'est pas dans le carrefour A, il est sorti du carrefour autant de fois qu'il y est entré, et par conséquent, il y a dans le carrefour un nombre *pair* de marques. Mais si l'explorateur est dans le carrefour, il y a une entrée de plus qu'il n'y a de sorties et par suite, il y a dans le carrefour un nombre *impair* de marques.

On va maintenant démontrer une série de propositions :

I. — L'explorateur ne peut être arrêté dans un carrefour.

En effet s'il ne pouvait pas continuer, c'est que le carrefour serait plein, et, par suite, chacun des chemins du carrefour porterait deux marques. Or, nous avons vu que l'observateur étant dans le carrefour, il y a dans celui-ci un nombre impair de marques ; il ne peut donc être plein.

II. — Tant qu'un carrefour n'est pas plein, si l'observateur n'est pas dans le carrefour supposé déjà parcouru, il y a dans ce carrefour *deux chemins et deux seulement* parcourus *une seule* fois ; je les nomme chemins *spéciaux*.

La première fois qu'on entre dans le carrefour, on applique la première règle ; elle fournit deux chemins parcourus une fois, le premier chemin d'entrée, et le premier chemin de sortie.

Quand on applique la règle II, on obtient un chemin nouveau parcouru deux fois, le premier chemin d'entrée et le premier chemin de sortie restent parcourus *une* fois.

Lorsqu'on applique la troisième règle, c'est qu'on entre par l'un des chemins déjà parcourus une fois, c'est-à-dire par l'un des deux chemins spéciaux. Ce dernier se trouve donc parcouru *deux* fois, mais on prend un chemin non encore parcouru, qui se trouve maintenant parcouru *une* fois. On a donc bien encore deux chemins parcourus une fois ; seulement l'un d'eux est changé (Nous verrons que c'est toujours le premier chemin de sortie).

Quand on applique la quatrième règle, c'est que le carrefour est plein. En effet, avant qu'on applique cette règle, le carrefour ne possédait pas de chemin non parcouru, sans quoi on devrait appliquer la troisième règle.

Le carrefour avait tous ses chemins parcourus deux fois, sauf deux. On vient par l'un des deux et l'on sort par l'autre. Tous les chemins du carrefour sont donc parcourus deux fois.

III. — Il est impossible de parcourir un chemin deux fois dans le même sens.

La première et la troisième règles sont relatives à des chemins parcourus pour la première fois. La deuxième règle fournit un chemin parcouru dans les deux sens. Un chemin AB ne pourrait donc être parcouru deux fois dans le même sens que par application de la règle IV.

Soit AB le *premier* chemin parcouru ainsi deux fois dans le même sens. Puisque c'est par application de la règle IV, le carrefour A est plein (Dernière partie de la proposition II). Chaque chemin porte donc deux marques au carrefour A. Puisqu'il y a autant d'entrées que de sorties, et qu'il y a deux sorties au même chemin AB, il faut qu'il y ait un autre chemin, CA, présentant deux entrées au carrefour A ; le chemin CA aurait donc été parcouru deux fois dans le même sens, et le chemin AB ne serait pas le premier présentant cette particularité, ce qui est contraire à l'hypothèse.

IV. — Le chemin par lequel on sort finalement d'un carrefour est le premier chemin d'entrée.

En effet : le premier chemin d'entrée et le premier chemin de sortie restent inchangés tant qu'on n'applique pas la troisième règle. Lorsqu'on applique cette règle, l'un des deux chemins est changé pour un autre, c'est celui par lequel on arrive ; si c'était le premier chemin d'entrée, on serait entré dans le carrefour deux fois par le même chemin. On vient de voir que cela est impossible. Donc, le premier chemin d'entrée reste avec un seul parcours jusqu'à ce que le carrefour soit plein.

V. — Lorsqu'on revient au point de départ, tous les carrefours sont pleins. Supposons les carrefours numérotés dans leur ordre de parcours. On sort du premier carrefour par son premier chemin d'entrée, donc ce carrefour est plein ; le premier chemin d'entrée dans le deuxième carrefour est donc parcouru deux fois, donc le deuxième carrefour est plein, et ainsi de suite de proche en proche.

On peut faire correspondre à ce problème une sorte de jeu de dominos. A chaque chemin AB, je fais correspondre *deux* dominos marqués AB. A chaque impasse partant de A, je ferai correspondre un seul domino AA jouant le même rôle qu'un double du jeu ordinaire. J'ajoute deux dominos marqués *extérieur, premier carrefour.* Alors, au parcours du Labyrinthe correspondra une façon de placer les dominos, en suivant la règle ordinaire du jeu (C'est-à-dire que chaque lettre d'un domino doit être en contact avec la même lettre du domino suivant). On part de l'extérieur et on y revient. Il y a deux dominos pour chaque chemin, parce que chaque chemin doit être parcouru 2 fois.

Il semble que, en remplaçant le problème des labyrinthes par un problème sur les dominos, on bannisse l'intuition ; mais je crois que pour un esprit habitué au raisonnement, l'intuition n'est pas gênante.

Mon exposé est synthétique. On pourrait montrer comment on a été conduit aux règles adoptées, en cherchant à réserver jusqu'à la fin, dans chaque carrefour, deux chemins parcourus une seule fois.

Boris SEITZ

Docteur ès Sciences et professeur, à Cernier près Neuchâtel (Suisse).

SUR UN PROBLÈME CONCERNANT CERTAINES SÉRIES INFINIES

Enoncé du problème. — Supposons la série :

$$\sum_{n=0}^{\infty} a_n Z^n. \qquad \qquad (1)$$

absolument convergente pour toutes les valeurs de Z dont la valeur absolue est inférieure à 1. On envisage la série :

$$\sum_{n=0}^{\infty} a_n \{ P_m(x) \}^n \qquad \qquad (2)$$

avec les mêmes coefficients a_n, où $P_m(x)$ est un polynôme de degré m. On demande de déterminer les valeurs de x pour lesquelles cette série (2) est absolument convergente.

Dans nos recherches, nous nous baserons sur les théorèmes suivants :

1°
$$| \Sigma a | \leqslant \Sigma | a | \qquad \qquad (3)$$

quel que soit a, complexe ou réel.

2° Soit $\quad P_m(x) \equiv b . x^m + b_0 x^{m-1} + \ldots + b_{m-1} x + b_m . \quad (4)$

Si b_m est $\neq 0$, on peut toujours choisir le module de x suffisamment petit pour que l'inégalité :

$$| b_m | > k | b_0 x^m + b_1 x^{m-1} + \ldots + b_{m-1} x | . \ldots (5)$$

soit satisfaite, k étant un nombre réel positif > 1, d'ailleurs quelconque. Il suffit pour cela de choisir :

$$| x | < \frac{| b_m |}{| b_m | + k \mathrm{B}} . \qquad \qquad (6)$$

B étant la valeur absolue du plus grand des coefficients $b_0, b_1, \ldots b_{m-1}$.

Il faut distinguer deux cas, suivant que $b_m \neq 0$

ou : $\qquad \qquad \qquad b_m = 0.$

Premier cas.

$$b_m \neq 0.$$

Posons :

$$Z \equiv P_m(x).$$

La série (2), en vertu de l'hypothèse, sera absolument convergente pour toute valeur de Z, telle que :

$$| Z | \equiv | P_m(x) | < 1 \quad \ldots \quad \ldots \quad (7)$$

Or (th. 1) :

$$| P_m(x) | \leqslant | b_0 x^m + \ldots + b_{m-1} x | + | b_m |.$$

Il s'ensuit que si :

$$| b_0 x^m + \ldots + b_{m-1} x | + | b_m | < 1$$

à plus forte raison :

$$| P_m(x) | < 1.$$

D'autre part, pour toute valeur de :

$$| x | < \frac{| b_m |}{| b_m | + k\mathrm{B}}$$

on a (th. 2) :

$$| b_0 x^m + \ldots + b_{m-1} x | < \frac{| b_m |}{k}$$

et par suite :

$$| P_m(x) | < \frac{| b_m |}{k} + | b_m |.$$

L'inégalité (7) sera satisfaite si l'on choisit k tel que :

$$\frac{| b_m |}{k} + | b_m | < 1 ;$$

k étant positif, cette inégalité n'est possible que si $| b_m | < 1$.

On trouve :

$$| b_m | + k | b_m | < k$$
$$k \{ | b_m | - 1 \} < - | b_m |$$

ou :

$$k > \frac{| b_m |}{1 - | b_m |} \quad \ldots \quad \ldots \quad (8)$$

Ainsi la série (2) est absolument convergente pour toutes les valeurs de x dont la valeur absolue est :

$$| x | < \frac{| b_m |}{| b_m | + k\mathrm{B}}$$

k étant choisi plus grand que :

$$\frac{\mid b_m \mid}{1 - \mid b_m \mid} ,$$

La seule condition imposée aux coefficients du polynôme $P(x)$ est la suivante :

$$0 < \mid b_m \mid < 1.$$

Deuxième cas.

$$b_m = b_{m-1} = \quad . \quad . \quad . \quad b_{m-p-1} = 0.$$

Soit b_{m-p} le dernier coefficient $\neq 0$, et :

$$P(x) \equiv b_0 x^m + \quad . \quad . \quad . \quad + b_{m-p} x^p ;$$

on a :

$$\mid P_m(x) \mid = \mid x^p \mid . \mid b_0 x^{m-p} + \quad . \quad . \quad . \quad + b_{m-p} \mid .$$

Par hypothèse, on doit avoir :

$$\mid x^p \mid . \mid b_0 x^{m-p} + \quad . \quad . \quad . \quad + b_{m-p} \mid < 1 . \quad . \quad . \quad (9)$$

Or (th. 2) :

$$\mid b_0 x^{m-p} + \quad . \quad . \quad . \quad + b_{m-p} \mid < b_{m-p} + \frac{\mid b_{m-p} \mid}{k}$$

pour tout x dont la valeur absolue :

$$\mid x \mid < \frac{\mid b_{m-p} \mid}{\mid b_{m-p} \mid + kB} \quad . \quad . \quad . \quad . \quad . \quad (10)$$

B étant la valeur absolue du plus grand des coefficients $b_0, b_1, \quad . \ . \ b_{m-p+1}.$

L'inégalité (9) sera encore satisfaite, si :

$$\mid x^p \mid . \left\{ \mid b_{m-p} \mid + \frac{\mid b_{m-p} \mid}{k} \right\} < 1$$

et à plus forte raison si on choisit k tel que :

$$\frac{\mid b_{m-p} \mid}{\mid b_{m-p} \mid + kB} \cdot \left\{ \mid b_{m-p} \mid + \frac{\mid b_{m-p} \mid}{k} \right\} < 1$$

c'est-à-dire :

$$\frac{\mid b_{m-p} \mid}{\mid b_{m-p} \mid + kB} \cdot \frac{\mid b_{m-p} \mid k + \mid b_{m-p} \mid}{k} < 1.$$

On trouve :

$$\mid b_{m-p} \mid^2 k + \mid b_{m-p} \mid^2 < \mid b_{m-p} \mid k + k^2 B$$

ou $$B k^2 + \{ \mid b_{m-p} \mid - \mid b_{m-p} \mid^2 \} k - \mid b_{m-p} \mid^2 > 0.$$

Cette inégalité est satisfaite pour toutes les valeurs de k extérieures aux racines, donc pour :

$$k > \frac{\sqrt{\{\,|\,b_{m-p}\,| - |\,b_{m-p}\,|^2\,\}^2 + 4\,|\,b_{m-p}\,|^2 B} - \{\,|\,b_{m-p}\,| - |\,b_{m-p}\,|^2\,\}}{2B}$$

ou :

$$k > \frac{|\,b_{m-p}\,| \cdot [\,\sqrt{\{1 - |\,b_{m-p}\,|\,\}^2 + 4B} - \{1 - |\,b_{m-p}\,|\,\}\,]}{2B}.$$

Ainsi dans ce deuxième cas, pour toutes les valeurs de x dont la valeur absolue est :

$$|\,x\,| < \frac{|\,b_{m-p}\,|}{|\,b_{m-p}\,| + kB}$$

k étant défini par l'inégalité (11), la série (2) est absolument convergente.

Conséquence. — La série (2) peut être ordonnée suivant les puissances croissantes de x.

Cas particulier :

$$|\,b_{m-p}\,| = B.$$

L'inégalité (11) prend la forme :

$$k > \frac{B\,\{\,\sqrt{(1 - B)^2 + 4B} - (1 - B)\,\}}{2B} \quad \text{ou} \quad k > B.$$

L'inégalité (10) définit $|\,x\,|$ comme suit :

$$|\,x\,| < \frac{1}{1 + k}\,.$$

Exemples.

1° Soit la série :

$$\sum_{n} (x^2 + \cos^2 30^\circ)^n.$$

On a :

$$b_m \neq 0 \,;\, |\,b_m\,| = |\,\cos^2 30^\circ\,| = 3/4 \,;\, B = 1.$$

L'inégalité (8) nous donne :

$$k > \frac{3/4}{1 - 3/4} \,;\, k > 3.$$

Posons : $k = 3 + \varepsilon$; $\varepsilon \to 0$. Dès lors :

$$|\,x\,| < \frac{3/4}{3/4 + 3 + \varepsilon} \quad \text{ou} \quad |\,x\,| < \frac{1}{5}\,.$$

2° Envisageons la série :

$$\sum_n (2x - x^\varrho)^n$$

$$|\,b_{m-p}\,| = 2\,;\, \mathrm{B} = 1\,;\, k > \frac{2\left[\sqrt{(1-2)^2 + 4} - (1-2)\right]}{2} \text{ ou } k > \sqrt{5} + 1$$

et par suite :

$$|\,x\,| < \frac{2}{2 + \sqrt{5} + 1} = \frac{2}{\sqrt{5} + 3} = \frac{3 - \sqrt{5}}{2}.$$

La série envisagée est absolument convergente pour tout x dont la valeur absolue est plus grande que :

$$\frac{3 - \sqrt{5}}{2}.$$

J. SOULA

Professeur à l'Université de Montpellier.

COMPARAISON DU MAXIMUM ET DU MINIMUM DU MODULE
D'UNE FONCTION ENTIÈRE

Soient $f(z)$ une fonction entière, $M(r)$ et $p(r)$ le maximum et le minimum de son module pour $|\,z\,| = r$; on sait que l'ordre infinitésimal de $p(r)$ est comparable à celui de $\dfrac{1}{M(r)}$. Parmi les inégalités qui précisent cet énoncé de M. Borel, je rappellerai celle de M. Valiron [1] :

$$\int_\alpha^r \overset{+}{\log} \frac{1}{p(x)}\, dx < \int_\alpha^{kr} \log M(x)\, dx \;\;[2] \qquad (\alpha > 0,\ k > 1).$$

Sans prétendre apporter un résultat vraiment nouveau ni une méthode nouvelle, je voudrais proposer une autre inégalité qui me paraît présenter.

---

[1] Valiron. Fonctions entières et fonctions méromorphes. *Mémorial des Sciences math.*, fasc. II, p. 24 ; *Bulletin des Sciences math.*, déc. 1922, t. XLVI, p. 445.

[2] Je désigne en général par $\overset{+}{\mathrm{A}}$ une quantité égale à A si $A > 0$ et à 0 si $A \leq 0$. J'adopte une définition analogue pour $\overset{-}{\mathrm{A}}$.

quelques avantages. L'inégalité précédente n'a été démontrée, à ma connaissance, que si $f(z)$ est un produit canonique d'ordre fini ; on passe aisément de là au cas d'une fonction d'ordre fini quelconque, mais la méthode que j'emploie donne immédiatement le résultat pour toute fonction entière ; cette méthode est due à M. Landau, M. Hadamard en a souligné l'importance [1]. J'obtiens aussi des inégalités valables dans les angles ou $f(z)$ n'a pas de zéro ; enfin je fais intervenir $\dfrac{1}{x} \overset{+}{\log} \dfrac{1}{p(x)}$ à la place de $\overset{+}{\log} \dfrac{1}{p(x)}$.

I. — J'admettrai que la fonction $f(z)$ n'est pas nulle pour $z = 0$ et qu'on l'a multipliée par une constante de façon que $f(0) = 1$. Soient $a_1, a_2, \ldots a_n \ldots (a_n = r_n e^{ipn})$ ses zéros rangés dans l'ordre des modules r_n non décroissants. Soient $a_1, a_2, \ldots a_n$ ceux des zéros qui sont intérieurs au cercle de centre 0 de rayon r. Je pose :

$$\psi_n(z) = \frac{f(z)}{\left(1 - \dfrac{z}{a_1}\right) \ldots \left(1 - \dfrac{z}{a_n}\right)}, \qquad h_n = \log \psi_n(z).$$

Si z est sur le cercle $|z| = 2r$, on a $|f(z)| < M(2r)$ et $\left|1 - \dfrac{z}{a_i}\right| < 1$, $(i = 1, 2, \ldots n)$.

On a donc $\psi_n(z) < M(2r)$ et cette inégalité est valable à l'intérieur du cercle $|z| \leqslant r$. Appliquons l'inégalité connue de M. Carathéodory [2] à la fonction $h_n(z)$, holomorphe dans le cercle $|z| < r$:

$$|h_n(z)| < \frac{r}{r - |z|} \, 2 \log M(2r)$$

$$\log |\psi_n(z)| > \frac{-2r}{r - |z|} \log M(2r).$$

Posons $|z| = \rho$ et prenons $r = \mu\rho$, μ étant un nombre compris entre 0 et 1 et choisi une fois pour toutes. Nous obtenons :

$$\log |f(z)| > -\frac{2\mu}{\mu - 1} \log M(2\mu\rho) + \sum_{r_i < \mu\rho} \log \frac{|a_i - z|}{r_i}.$$

Je puis encore écrire :

$$\overset{-}{\log} |f(z)| > -\frac{2\mu}{\mu - 1} \log M(2\mu\rho) + \sum_{r_i < \mu\rho} \overset{-}{\log} \frac{|a_i - z|}{r_i}. \tag{1}$$

Considérons un angle T de sommet 0, d'ouverture 2β et où ne se trouve

---

[1] HADAMARD. *Bulletin de la Soc. math. de France*, 1927, p. 135.
[2] Il suffirait d'appliquer l'inégalité de M. BOREL. *Leçons sur les fonctions entières*, p. 104.

pas de zéro de $f(z)$; soit T′ un angle ayant même sommet et même bissectrice que T et dont l'ouverture est $2(\beta - \gamma) < 2\beta$. On verra que :

$$\frac{\mid a_i - z \mid}{r_i} > \sin \gamma.$$

La somme qui figure dans le deuxième membre de (1) est supérieure à $\sin \gamma . \varphi(\mu\rho)$ en désignant par $\varphi(x)$ le nombre des zéros de $f(z)$ qui sont intérieurs au cercle de rayon x. On peut évaluer ce nombre de plusieurs façons. A l'aide de la formule de Jensen, j'obtiens (¹) :

$$\varphi(x) < \frac{2 \log M(sx)}{\log s}$$

et, en prenant $s = 2$, j'arrive à :

$$\overline{\log} \mid f(z) \mid > - \, \text{H} \log M(2\mu\rho) \qquad (2)$$

où μ est un nombre arbitrairement voisin de 1 et H un nombre qui ne dépend que de μ et de γ.

2. — Revenons au cas où l'on ne fait pas d'hypothèse sur la distribution des zéros. Donnons à ρ les valeurs comprises entre deux nombres positifs α et R. On pourra, dans la somme qui figure au deuxième membre de (1), remplacer $\overline{\log} \dfrac{\mid a_i - z \mid}{r_i}$ par $\overline{\log} \dfrac{\mid r_i - \rho \mid}{r_i}$ et prendre tous les termes de cette forme pour lesquels $r_i < \mu$R ; le deuxième membre ne peut que diminuer. Divisons ensuite par ρ et intégrons :

$$\int_{\alpha}^{R} \frac{1}{\rho} \, \overline{\log} \, p(\rho) d\rho > - \frac{2\mu}{\mu - 1} \int_{\alpha}^{R} \frac{\log M(2\mu\rho)}{\rho} \, d\rho + \\ + \sum_{r_i < \mu\rho} \int_{\alpha}^{R} \frac{1}{\rho} \, \overline{\log} \, \frac{\mid r_i - \rho \mid}{r_i} \, d\rho.$$

Or :

$$\int_{\alpha}^{R} \overline{\log} \, \frac{\mid r_i - \rho \mid}{r_i} \, d\rho > \int_{0}^{2r_i} \frac{1}{\rho} \log \frac{\mid r_i - \rho \mid}{r_i} \, d\rho$$

(¹)
$$\int_{r_0}^{r} \varphi(x) dx = \frac{1}{2\pi} \int_{0}^{2\pi} [f(re^{i\varphi}) - f(r_0 e^{i\varphi})] d\varphi < 2M(r).$$

Or :
$$\int_{r_0}^{r} \varphi(x) dx > \varphi(r_0) \int_{r_0}^{r} \frac{dx}{x} \, .$$

Il n'y a qu'à poser $s = \dfrac{r}{r_0}$.

car $\log \dfrac{|\,r_i - \rho\,|}{r_i}$ devient positif pour $\rho > 2r_i$. La dernière intégrale est égale à la constante absolue :

$$- k = - \int_0^2 \frac{1}{t} \log \frac{1}{(1-t)}\, dt.$$

On a donc :

$$\sum_{r_i < \mu\mathrm{R}} \int_\alpha^\mathrm{R} \frac{1}{\rho} \log \frac{|\,r_i - \rho\,|}{\rho}\, d\rho > - k\varphi(\mu\mathrm{R}) > \frac{2k}{\log s} \log \mathrm{M}(s\mu\mathrm{R}), \quad (s > 1).$$

Soit $s' > s$:

$$\int_{s\mu\mathrm{R}}^{s'\mu\mathrm{R}} \frac{\log \mathrm{M}(x)}{x}\, dx = \log \mathrm{M}(\xi) \int_{s\mu\mathrm{R}}^{s'\mu\mathrm{R}} \frac{dx}{x}, \quad (s\mu\mathrm{R} < \xi < s'\mu\mathrm{R})$$

$$\log \mathrm{M}(s\mu\mathrm{R}) \leqslant \log \mathrm{M}(\xi) = \frac{1}{\log \dfrac{s'}{s}} \int_{s\mu\mathrm{R}}^{s'\mu\mathrm{R}} \frac{\log \mathrm{M}(x)}{x}\, dx.$$

Je prendrai $s' = 2,\ 1 < s < 2$; je remplacerai la limite inférieure $s\mu\mathrm{R}$ par $2\mu\alpha$ ce qui est permis si $2\alpha \leqslant s\mathrm{R}$. Soit $\dfrac{h}{2}$ la plus grande des quantités :

$$\frac{2\mu}{\mu - 1} \quad \text{et} \quad \frac{2k}{\log s \log \dfrac{2}{s}}.$$

Nous arrivons enfin à l'inégalité :

$$\int_\alpha^\mathrm{R} \frac{d\rho}{\rho}.\log^+ \frac{1}{p(\rho)} < h \int_{2\mu\alpha}^{2\mu\mathrm{R}} \frac{dx}{x} \log \mathrm{M}(x), \tag{5}$$

valable pour $\mathrm{R} > \dfrac{2\alpha}{s}$; μ est un nombre arbitraire supérieur à 1, la constante h dépend de μ, mais ne dépend ni de α ni de la fonction $f(z)$ étudiée. C'est l'inégalité que je voulais obtenir.

3. — On peut substituer aux intégrales précédentes des sommes d'un nombre fini de termes ; je donnerai à ρ les valeurs entières $p_0, p_0 + 1, \ldots p$; j'écris pour chaque valeur l'inégalité (1), je divise par ρ et j'ajoute. Toutefois, comme $\log p(\rho)$ peut devenir égal à $-\infty$, il conviendra de ne donner à ρ que les valeurs pour lesquelles $|\,\rho - r_i\,|$ est au moins égal à 1. Les sommes qui ne contiennent que de telles valeurs de ρ seront marquées par un accent (Σ' au lieu de Σ). On obtient ainsi :

$$\sum_{\rho=p_0}^{p} \frac{1}{\rho} \overset{-}{\log} p(\rho) > \frac{2\mu}{\mu-1} \sum_{\rho=p_0}^{p} \frac{1}{\rho} \log M(2\mu\rho) + \sum_{r_i<\mu p} \sum_{\rho=1}^{p}{}' \log \frac{|\,r_i-\rho\,|}{r_i}$$

La somme $\displaystyle\sum{}' \frac{1}{\rho} \log \frac{|\,r_i-\rho\,|}{r^i}$ se compare à l'intégrale :

$$\int_0^p \frac{d\rho}{\rho} \log \frac{|\,r_i-\rho\,|}{r_i} \cdot$$

On démontrera aisément qu'elle est inférieure à la constante K. On peut ensuite transformer l'inégalité en suivant la démonstration précédente et en remplaçant les intégrales par des sommes d'un nombre fini de termes. Le résultat est l'inégalité :

$$\sum_{\rho=p_0}^{p}{}' \frac{1}{\rho} \overset{+}{\log} \frac{1}{p(\rho)} < \lambda \sum_{\rho=p_0}^{p} \frac{1}{\rho} \log M(2\mu\rho)$$

valable pour $p_0 < \frac{s}{2} p$. La constante λ dépend des nombres μ et s qui sont quelconques supérieurs à 1 ; elle ne dépend ni de p_0 ni de la fonction $f(z)$ étudiée.

Frédéric-M. URBAN

Docteur ès Sciences et Actuaire-conseil à Brünn.

UN THÉORÈME SUR LES MOYENNES DANS LA SÉRIE BINOMIALE

---

1. — La manière la plus satisfaisante de déduire le théorème de Bernoulli consiste à développer $(p + q)^s$ en une série procédant suivant les fonctions Φ_i. Les coefficients de ces séries dépendent des valeurs médianes prises par les puissances deuxième, troisième, quatrième, ... , $r^{\text{ième}}$, des écarts d'avec la moyenne. En désignant par D l'opération qui consiste à prendre la moyenne, nous avons :

$$\mu_r = D[(k-E)^r] = D\left[\sum_{\alpha=0}^{r} (-1)^\alpha \binom{r}{\alpha} k^\alpha E^{r-\alpha}\right] \cdot \qquad (1)$$

où $E = sp$, tandis que k prend toutes les valeurs entières, de zéro à s, avec les probabilités mathématiques

$$\binom{s}{\beta} p^{\beta} q^{n-\beta} \qquad\qquad (\beta = 0, 1, 2, \ldots, s). \qquad (2)$$

Nous pouvons écrire :

$$\mu_r = \sum_{\alpha=0}^{r} (-1)^{\alpha} \binom{r}{\alpha} M_{\alpha} (sp)^{r-\alpha} \qquad (3)$$

où les M_{α} représentent les sommes suivantes :

$$M_{\alpha} = \sum_{\beta=0}^{s} \binom{s}{\beta} \beta^{\alpha} p^{\beta} q^{s-\beta}. \qquad (4)$$

2. — Pour déterminer les M_{α}, nous prenons comme point de départ

$$\varphi_s(t) = (pe^t + q)^s. \qquad (5)$$

En prenant α fois de suite la dérivée, nous obtenons :

$$M_{\alpha} = \left[\frac{d^{\alpha}\varphi_s(t)}{dt^{\alpha}} \right]_{t=0} = \sum_{\gamma=1}^{\alpha} B_{\gamma}^{(\alpha)} p^{\gamma}(s)_{\gamma} \qquad (6)$$

où $(s)_{\gamma}$ représente la fonction factorielle. Les nombres $B_{\gamma}^{(\alpha)}$ sont indépendants de s et de t et satisfont aux relations suivantes :

$$B_1^{(\alpha)} = B_1^{(\alpha-1)} = \ldots \ldots \ldots = B_1^{(1)} = 1 \qquad (7a)$$

$$B_{\gamma}^{(\alpha)} = B_{\gamma-1}^{(\alpha-1)} + \gamma . B_{\gamma}^{(\alpha-1)} \qquad (7b)$$

$$B_{\alpha}^{(\alpha)} = B_{\alpha-1}^{(\alpha-1)} = \ldots \ldots \ldots = B_1^{(1)} = 1. \qquad (7c)$$

On voit par là que ces nombres sont les *nombres de Stirling* de seconde espèce. A l'aide de $(7b)$, on démontre aisément que

$$B_{\alpha-\lambda}^{(\alpha)} = C_1^{(\alpha-\lambda)} \binom{\alpha}{2\lambda} + C_2^{(\alpha-\lambda)} \binom{\alpha}{2\lambda-1} + \cdots \ldots \ldots + \binom{\alpha}{\lambda+1}. \qquad (8)$$

3. — De la définition de $(s)_i$, il suit que, dans

$$(s)_i = A_1^{(i)} . s^i - A_2^{(i)} . s^{i-1} + A_3^{(i)} . s^{i-2} - \ldots\ldots + (-1)^{i-1} A_i^{(i)} . s, \qquad (9)$$

on a $A_1^{(i)} = 1$ et que les autres coefficients $A_r^{(i)}$ sont les sommes des nombres entiers de 1 à $(i-1)$ pris un à un, deux à deux, trois à trois etc. Il s'ensuit, de plus, que

$$A_\alpha^{(i)} = A_\alpha^{(i-1)} + (i-1)\,A_{\alpha-1}^{(i-1)}. \tag{10}$$

De cette dernière égalité, on déduit par sommation :

$$A_\alpha^{(i)} = \sum_{\beta=1}^{i-1} \beta A_{\alpha-1}^{(\beta)}. \tag{11}$$

En partant de là, on démontre par induction que :

$$A_\alpha^{(i)} = \sum_{\lambda=1}^{\alpha-1} (-1)^{\lambda-1} . F_\lambda^{(\alpha)} . \binom{i+\alpha-1-\lambda}{i-\alpha-1-\lambda}. \tag{12}$$

Les coefficients F qui figurent dans (12) ont, avec les nombres C qui interviennent dans (8), les relations suivantes :

$$C_{2\alpha+1}^{(i-\lambda)} = F_{2\alpha+1}^{(\lambda+1)} \tag{13a}$$

$$C_{2\alpha}^{(i-\lambda)} = - F_{2\alpha}^{(\lambda+1)} \tag{13b}$$

Pour la démonstration de (9), écrivons l'équation (6) sous la forme suivante :

$$M_i = \sum_{\beta=1}^{i} \sum_{\gamma=1}^{i-\beta+1} (-1)^{\gamma+1} . A_\gamma^{(i-\beta+1)} . B_\beta^{(i)} . p^{i-\beta+1} . s^{i-\beta-\gamma+2} \tag{14}$$

La formule (3) devient alors :

$$\mu r = \sum_{\alpha=0}^{r} (-1)^\alpha . \binom{r}{\alpha} . (sp)^\alpha . \sum_{\beta=1}^{r-\alpha} \sum_{\gamma=1}^{r-\alpha-\beta+1} (-1)^\gamma . A_\gamma^{(r-\alpha-\beta+1)} . B_\beta^{(r-\alpha)}$$
$$. p^{r-\alpha-\beta+1} . s^{r-\alpha-\beta-\gamma+2}. \tag{15}$$

Dans cette formule, toutes les sommations peuvent s'étendre jusqu'à r, car

$$A_\gamma^{(r-\alpha-\beta+1)} = 0 \text{ si } \gamma > r - \alpha - \beta + 1 \tag{16a}$$

$$B_\beta^{(r-\alpha)} = 0 \text{ si } \beta > r - \alpha. \tag{16b}$$

En changeant l'ordre de succession des sommations, nous obtenons :

$$\mu r = \sum_{\beta=1}^{r} \sum_{\gamma=1}^{r} (-1)^{\gamma+1} . p^{r-\beta+1} . s^{r-\beta-\gamma+2} . \sum_{\alpha=0}^{r} (-1)^\alpha . \binom{r}{\alpha} . A_\gamma^{(r-\alpha-\beta+1)}$$
$$. B_\beta^{(r-\alpha)}. \tag{17}$$

En se rappelant (8) et (12), on voit que $A_\gamma^{(r-\alpha-\beta+1)}$ et $B_\beta^{(r-\alpha)}$ sont des sommes de coefficients binomiaux. Dès lors, ces expressions sont des fonctions rationnelles de α ; de plus, $A_\gamma^{(r-\alpha-\beta+1)}$ est de degré $2\gamma - 2$ et $B_\beta^{(r-\alpha)}$ est de degré $2\beta - 2$. Leur produit est donc une fonction rationnelle entière de α, de degré $2\beta + 2\gamma - 4$ et l'on voit que μ_r pourra se mettre sous la forme d'une somme de termes tels que

$$a_k S_{r,k} = a_k . \sum_{\alpha=0}^{r} (-1)^\alpha . \binom{r}{\alpha} . \alpha^k. \tag{18}$$

Ces sommes s'évanouissent si $k < r$. Dans (17), le premier terme non nul provient de la somme pour laquelle

$$2\beta + 2\gamma - 4 \geqq r \text{ ou } \beta + \gamma - 2 \geqq \frac{r}{2}. \tag{19}$$

La puissance correspondante de s est $r - \beta - \gamma + 2$ et c'est la puissance la plus élevée de s figurant dans l'expression de μ_r. Elle est de degré k si $s = 2k$ ou $s = 2k + 1$. Les considérations ci-dessus démontrent la proposition suivante :

La valeur médiane de la $r^{\text{ième}}$ puissance de l'écart d'avec la moyenne, dans le développement de $(p + q)^s$ suivant la formule du binôme, est une fonction rationnelle de s, fonction dont le degré est $\left[\dfrac{r}{2}\right]$, c'est-à-dire le plus grand nombre entier contenu dans $\dfrac{r}{2}$.

·Georges VALIRON

Professeur à l'Université de Strasbourg.

SUR LA CROISSANCE DES FONCTIONS ENTIÈRES

Soit :

$$f(z) = \sum c_n z^n \tag{1}$$

une fonction entière. Désignons par r le module de z, par C_n le module de c_n et par $M(r)$ le maximum du module de $f(z)$ lorsque $|z| = r$.

Si B(r) désigne le terme maximum de la série (1), c'est-à-dire le plus grand des nombres $C_n r^n$ ($n = 0, 1, 2, \ldots$), et si l'on pose :

$$F(r) = \sum C_n r^n, \qquad G(r)^2 = \sum C_n^2 r^{2n},$$

on sait que, dès que $f(z)$ possède au moins deux termes :

$$B(r) < G(r) < M(r) \leqq F(r). \tag{2}$$

La relation entre les fonctions $F(r)$ et $B(r)$ a été étudiée d'abord par MM. Borel et Lindelöf ; j'ai montré ensuite que, lorsque l'ordre de $f(z)$ est fini et égal à ρ, à tout nombre donné positif ε correspond une valeur de r à partir de laquelle on a :

$$F(r) < B(r) r^{\rho + \varepsilon} ; \tag{3}$$

M. Wiman et moi avons établi que, ε positif étant donné, on a :

$$F(r) < B(r) \left[\log B(r)\right]^{\frac{1}{2} + \varepsilon} \tag{4}$$

sauf dans des intervalles dans la suite desquels la variation totale de $\log r$ reste finie. De même, si $\nu(r)$ désigne le rang du terme maximum $B(r)$ (si plusieurs termes de (1) ont pour module $B(r)$, on prend le plus petit de leurs rangs), on a, dans des conditions analogues à (4) :

$$F(r) < B(r) \left[\nu(r)\right]^{\frac{1}{2} + \varepsilon} \tag{5}$$

(Voir à ce sujet mon mémoire des *Annales Ecole normale*, t. XXXVII, 1920). En particulier, pour une fonction d'ordre fini ρ, on a d'après (4) et dans les mêmes conditions :

$$F(r) < B(r) r^{\frac{\rho}{2} + \varepsilon}. \tag{6}$$

Dans un mémoire récent, M. Brinkmeier a montré que l'ordre ρ étant fini et ε positif arbitraire, on a, à partir d'une valeur de r :

$$F(r) < M(r) r^{\frac{\rho}{2} + \varepsilon} ; \tag{7}$$

l'inégalité cesserait d'ailleurs d'être vérifiée pour une suite de r indéfiniment croissants et pour certaines fonctions si l'on supprimait ε dans l'exposant de r (*Mathematische Annalen*, t. XCVI, 1927).

Cette proposition conduit à une approximation de $M(r)$ analogue à celle résultant de (6), mais qui a l'avantage d'être valable, comme (3), pour tous les r assez grands. *On peut y apporter un complément analogue à celui que* (6) *apporte* à (3). J'ai montré dans le Mémoire cité (th. VII, p. 237) que, ε positif étant donné, $M(r)$ et $F(r)$ sont déterminés asymptotiquement par un groupe de $[\nu(r)]^{\frac{1}{2}+\varepsilon}$ termes entourant le terme maximum pourvu qu'on soit dans les conditions d'application de (4). On aura alors :

$$F(r) < 2 \sum_{p}^{q} C_n r^n$$

la somme étant étendue au groupe de termes en question. D'après l'inégalité de Cauchy :

$$\left(\sum_{p}^{q} C_n r^n \right)^2 < \left(\sum_{p}^{q} C_n^2 r^{2n} \right)(p - q + 1),$$

on voit qu'on a, dans les mêmes conditions que (4) :

$$F(r) < G(r)[\nu(r)]^{\frac{1}{4}+\varepsilon}. \tag{8}$$

D'autre part le raisonnement de la page 239 de mon mémoire cité montre également que, toujours dans les mêmes conditions :

$$F(r) < G(r)[\log B(r)]^{\frac{1}{4}+\varepsilon}. \tag{9}$$

Dans le cas de l'ordre fini ρ, on a, toujours dans les mêmes conditions :

$$F(r) < G(r)r^{\frac{\rho}{4}+\varepsilon}, \tag{10}$$

inégalité qui n'est pas tout à fait de la même forme que (7) ; mais la méthode de M. Brinkmeier donnait tout aussi bien l'inégalité :

$$F(r) < G(r)r^{\frac{1}{2}\rho+\varepsilon} \tag{7'}$$

plus précise que (7) et valable aussi à partir d'une valeur de r.

Les inégalités (8), (9), (10), *sont précises à ε près* ; on le voit sur les fonctions usuelles. Mais, d'après le résultat de M. Brinkmeier, elles ne peuvent avoir lieu pour tous les r assez grands ; on le voit aussi plus simplement, sans utiliser les polynomes de Landau ou de Hardy et Littlewood, en prenant des séries formées par des groupes de termes en progressions géométriques convenables, séparés par de grandes lacunes, de telle façon que pour une suite de r indéfiniment croissants la valeur de $F(r)$ soit donnée asymptotiquement par un seul groupe d'un grand nombre de termes de modules tous égaux à $B(r)$. En utilisant cette même construction mais en y introduisant à la place des progressions des polynomes de Littlewood et Hardy, on voit aisément qu'il ne peut exister aucune relation de la forme :

$$F(r) < \psi (M(r))$$

valable pour toute fonction $f(z)$ à partir d'une valeur $r(f)$ de r. Ceci montre l'intérêt des formules générales (8) et (9).

(8), (9) ou (10) peuvent être utilisées concurremment avec (2) ; on peut aussi y remplacer au second membre $G(r)$ par $M(r)$ et en comparant les inégalités ainsi obtenues, on en obtient de nouvelles. On aura des résultats assez symétriques en introduisant :

$$\mu(r)^2 = \frac{M(r)^2}{F(r)\,G(r)}$$

on aura dans les mêmes conditions que (4) :

$$[\log B(r)]^{-\frac{1}{8}-\varepsilon} < \mu(r) < [\log B(r)]^{\frac{1}{8}+\varepsilon} \tag{11}$$

donc, si l'ordre ρ est fini :

$$r^{-\frac{1}{8}\rho-\varepsilon} < \mu(r) < r^{\frac{1}{8}\rho+\varepsilon} \tag{12}$$

et dans ce dernier cas, à partir d'une valeur de r :

$$r^{-\frac{1}{4}\rho-\varepsilon} < \mu(r) < r^{\frac{1}{4}\rho+\varepsilon}. \tag{13}$$

L'inégalité (13) est précise (à ε près) dans les deux sens, il existe des fonctions pour lesquelles les deux limites sont atteintes alternativement pour des r indéfiniment croissants. Dans (11) et (12) les limites de droite sont atteintes (à ε près) pour tous les r dans le cas des fonctions usuelles ; mais je ne sais pas si les limites de gauche sont atteintes.

Tout ceci s'étend à certaines classes de fonctions holomorphes dans le cercle $|z| < 1$.

Signalons enfin que dans une note récente des Comptes rendus, M. P. Lévy a donné d'intéressants résultats relatifs à la comparaison des fonctions $M(r)^2$ et $F(r)B(r)$.

ASTRONOMIE, GÉODÉSIE, MÉCANIQUE

Président. . . . . . M. Helbronner, Membre de l'Institut.

Emile BELOT
Vice-Président de la Société Astronomique de France.

1º LES SYSTÈMES PLANÉTAIRES SONT-ILS RARES OU FRÉQUENTS DANS LES UNIVERS STELLAIRES ?

Les astronomes du xxᵉ siècle dans leurs recherches sur l'origine des systèmes planétaires se partagent en deux écoles : 1º ceux qui croient à la capture par les Soleils d'astres errants dans une nébuleuse où s'arrondissent leurs orbites (T. Sée) ou au hasard de condensateurs météoritiques (hypothèse météoritique de Chamberlin et Moulton, Mac-Millan, etc.) et 2º ceux qui pensent qu'un système planétaire doit sa matière au Soleil central.

Aux premiers il suffit d'objecter que le hasard ne saurait donner aux planètes par rapport au Soleil et aux satellites par rapport aux planètes la même loi exponentielle des distances ($x_n = a + c^n$) qui est d'une précision remarquable dans son application ([1]). La seconde catégorie d'astronomes cherche comment une étoile peut éjecter une partie de sa matière. Eddington et Jeans n'entrevoient que la possibilité de *chocs directs* ou de *demi-chocs* producteurs à distance de bourrelets se marie.

Dans *Nature* (6 janvier 1923) Eddington calcule que « d'après la densité « moyenne des étoiles, il n'y aurait qu'une rencontre en cent milliards « d'années. Ainsi les astronomes ne sont pas disposés à regarder favora-

----

[1] E. Belot. *Origine dualiste des Mondes*, Paris, Payot, 1924.

« blement une hypothèse sur l'origine du système planétaire postulant
« quelque chose du genre d'une collision ». Il semble qu'il y a ici quelque chose du genre de sophisme qui est dit par *énumération incomplète.*
Il peut y avoir *collision d'un soleil* non sur un autre, mais *sur une nébuleuse* dont le volume dans l'espace sidéral est beaucoup plus grand que celui des soleils : c'est l'hypothèse de notre cosmogonie dualiste (voir ci-dessous). Finalement Eddington se rallie à l'hypothèse météoritique.

Jeans en 1928 vient de publier un livre considérable *Astronomy ana Cosmogony*, or, sur 414 pages il ne consacre que 15 pages au système planétaire dont 10 seulement de partie constructive. Après avoir reconnu qu'une approche (appulse) de deux étoiles à la distance de Neptune ne donnerait lieu qu'à un *demi-choc* en 30 milliards d'années, sans certitude que les bourrelets de marée soulevés sur chaque étoile pourraient leur faire produire une émission planétaire, après avoir étudié longuement leur mode de scission par rotation des formes stellaires en poire qui ne semblent pouvoir produire que des étoiles doubles spectroscopiques de masses peu différentes l'une de l'autre, Jeans ne voit qu'un processus capable de faire naître un système planétaire, celui qu'on constate sur les spirales 51 (Chiens de chasse), NGC 5278-9, NGC 4395-4401 dont l'une des spires se termine par une nébuleuse secondaire. Cette conclusion manque absolument de logique de la part de Jeans après avoir écrit que « l'interprétation des formes spirales est un des problèmes « les plus déconcer-
« tants de la cosmogonie et qu'il doit régner dans ces astres des forces
« inconnues de nous ». En un mot il nous renvoie d'un problème qui lui paraît insoluble (naissance des planètes) à un autre encore plus incompréhensible pour lui. Sa conclusion est que les *systèmes planétaires sont extrêmement rares dans l'Univers.*

**Les deux genres de systèmes planétaires d'après la cosmogonie dualiste.
Nombre des Novæ.** — D'après la cosmogonie dualiste, c'est *le choc* (analogue à celui d'une Nova) *d'une étoile sur une nébuleuse* qui produit un système planétaire. Cherchons le nombre des Novæ pouvant apparaître par an : on sait que les Novæ sont toujours au voisinage de la Voie lactée et que dans les nébuleuses spirales vues par la tranche une bande nébuleuse obscure marque nettement l'Equateur, on connaît aussi les nuages stationnaires de calcium obscurs de la Voie lactée. Admettons que les 2 milliards d'étoiles accessibles à nos instruments sont contenus dans un cylindre de hauteur h ayant pour base un cercle parallèle à la Voie lactée de rayon $\gamma = 10.000$ années de lumière. Sur les 2 milliards d'étoiles il y en a probablement $N = 1$ milliard à mouvement centripète et 1 milliard à mouvement centrifuge capables de heurter l'anneau nébuleux extérieur. La vitesse moyenne des étoiles étant de 20 kilomètres soit 4,22 u. a. par

an, le volume parcouru par les étoiles centrifuges sera par an $2\pi\mathrm{R}h\mathrm{V}$ si h est faible en regard de R : le volume moyen par étoile centrifuge étant $\dfrac{\pi\mathrm{R}^2h}{\mathrm{N}}$, le nombre n d'étoiles pouvant heurter par an la nébuleuse extérieure sera $n = \dfrac{2\mathrm{VN}}{\mathrm{R}}$. On trouve $n = 13,2$. Or ,en 1923 le professeur Bayley a fait rechercher sur les clichés d'Harvard combien depuis 30 ans avaient apparu de Novæ plus brillantes que les étoiles de la 10ᵉ grandeur : il en a trouvé au moins 15 par an.

Ainsi les Novæ sont très fréquentes et l'on s'étonne que Jeans n'ait pas dit un mot dans son livre de ces phénomènes cosmiques formidables qui en quelques heures font passer parfois une étoile de la 12ᵉ grandeur à la première.

Mais toutes ces Novæ vont-elles produire des systèmes planétaires semblables au nôtre ? Soit α l'angle de la direction du choc avec l'axe de rotation de l'étoile. Cet angle a été de 28° dans notre système planétaire ; il paraît probable que jusqu'à $\alpha = 45$ il y aura encore émission d'anneaux planétaires ayant leur plan voisin de l'Equateur. Mais entre $\alpha = 45^\circ$ et $\alpha = 90^\circ$ il paraît certain qu'un autre processus d'émission de matière stellaire va se produire : pour $\alpha = 90^\circ$ (choc dans l'Equateur) tendront à se former dans l'Equateur dans une direction perpendiculaire à celle du choc deux bourrelets pouvant quitter l'Equateur : la pulsation de l'étoile produira des bourrelets successifs suivant les premiers le long de spires diamétralement opposées. Ce sont les nodosités de ces branches spirales qui produisent sans doute des planètes d'un genre différent de celle de notre système où $\alpha < 45^\circ$ et qui résultent de la condensation d'anneaux ([1]). Ces planètes n'auront sans doute pas la même loi des distances que celles de notre système, mais elles auront ceci de commun avec elles que les plus massives et les moins denses seront les plus éloignées du centre. Les Novæ génératrices des deux genres de planètes doivent avoir les mêmes apparences lumineuses et spectrales : on ne pourrait les distinguer que si leurs émissions nébuleuses avaient pour les unes la forme circulaire et pour d'autres une forme spirale d'ailleurs temporaire en raison de leur rapide condensation planétaire. L'hélice spiraloïde évasée, trajectoire des masses planétaires dans la nébuleuse de notre système a pour équation en projection sur l'écliptique:

$$\rho = a + \varepsilon e^{\mathrm{B}\Omega} \tag{1}$$

Elle convient, comme je l'ai vérifié, aux diverses variétés de nébuleuses

---

[1] **Si les α sont répartis au hasard de part et d'autre de $\alpha = 45$, le nombre des systèmes planétaires du genre spiral serait $2,414\left(\sqrt{2} + 1\right)$ fois plus grand que le nombre des systèmes planétaires semblables au nôtre.

spirales, bien que dans celles-ci le noyau soit un amas d'étoiles et non une étoile simple. On voit de suite que la nébuleuse choquant le noyau dans son équateur peut étirer l'une des spires et refouler l'extrémité de l'autre comme le cas se présente dans les trois spirales citées par Jeans : ainsi il n'y a dans les formes spirales ni énigme déconcertante, ni forces inconnues comme le croit Jeans. Nous trouvons l'équation des branches spirales qu'il n'a pas cru pouvoir établir.

Conditions pour que le choc d'une étoile sur une nébuleuse produise un système planétaire. — Mais il peut y avoir des soleils sans famille planétaire comme il y a des familles sans enfants : tout dépend de l'intensité du choc nébuleux. Cette intensité dépend d'abord de la densité de la nébuleuse : comme nous savons par la statistique de Bayley que toutes les étoiles ont dû passer par la phase de Nova et traverser des nébuleuses au cours des âges en leur enlevant des matériaux denses, il paraît certain que les nébuleuses il y a 4 ou 500 millions d'années étaient plus denses qu'aujourd'hui où le spectroscope n'y révèle que l'hydrogène, l'hélium, et un peu d'oxygène ionisé (ancien nébulium).

Considérons maintenant les systèmes planétaires du premier genre comme le nôtre ($\alpha < 45^\circ$). Le choc doit avoir une intensité suffisante pour que la force centrifuge de rotation $\omega^2 R$ ajoutée à la force centrifuge de pulsation qu'on peut écrire $\omega_1^2 R$ dominent l'attraction A à l'équateur de l'étoile de masse M :

$$\omega^2 R + \omega_1^2 R > A \qquad (2)$$

Premier cas. — Si ω est faible A diffère peu de $M f : R^2$; ω_1 par analogie avec ω peut s'écrire $B : T_1$, T_1 étant la période de pulsation ; il est évident en effet que plus T_1 est courte, plus la vitesse de pulsation centrifuge est grande. Dans ce cas l'inégalité (2) montre que pour une masse donnée M, le premier membre sera d'autant plus grand que R sera plus grand et T_1 plus petit, une étoile géante émettra facilement des anneaux surtout au début de la Nova où T_1 est petit. C'est le cas du système solaire où le protosoleil était géant et où, quand T_1 s'est allongée à 39 j. 5 l'émission planétaire (Terre et planètes inférieures) a été très faible alors qu'au début de la pulsation s'est faite l'émission des planètes géantes.

Deuxième cas. — Si ω a une valeur assez grande pour que la masse M s'aplatisse en ellipsoïde, le rayon R équatorial augmente, A diminue : le premier membre de (2) augmente encore avec R, mais il suffit d'une moindre valeur de ω_1 pour que l'inégalité soit satisfaite et qu'il y ait émission planétaire.

Troisième cas. — Si l'inégalité (2) n'est pas satisfaite, le choc ne produit pas de variation de masse de l'étoile par émission planétaire, la pulsation peut se produire indéfiniment avec T_1 invariable, mais assez longue. Il s'agit alors des céphéides, étoiles géantes ; les moins denses à longue période sont dans la Voie lactée ; les plus denses (période d'environ 12 jours) sont surtout dans les amas globulaires. Mais d'après nous, leur pulsation a lieu non à *volume sphérique variable* qui transformerait en chaleur assez d'énergie pour modifier rapidement leur période, mais à *volume ellipsoïdal constant* ne modifiant pas la densité, mais seulement la forme extérieure par le déplacement périodique des couches légères de la surface.

Conclusion. — L'analyse précédente montre que les systèmes planétaires sans être aussi nombreux que les Novæ, sont, contrairement à l'opinion de Jeans et d'Eddington très nombreux dans notre Univers stellaire bien qu'appartenant à deux genres d'évolution bien différents suivant que le choc a lieu dans la région polaire ou dans la région équatoriale de l'étoile. Les Novæ dans le passé lointain, ont dû être plus fréquentes qu'aujourd'hui parce que les nébuleuses étaient plus nombreuses et plus denses. Le fait que la photographie nous a révélé depuis le début du siècle une trentaine d'étoiles nouvelles dans l'Univers voisin d'Andromède démontre aussi l'existence de systèmes planétaires dans les Univers stellaires extérieurs au nôtre.

2° MÉTAMORPHOSE ET ÉVOLUTION DE LA MASSE TERRESTRE DEPUIS SON ÉMISSION PAR LE PROTOSOLEIL JUSQU'A SA CONDENSATION SPHÉROIDALE

Un fait étrange marque le développement de l'Astronomie du xxe siècle : les astronomes ont la nostalgie de l'infini édifiant des théories sur l'architecture des Univers, sur la physique interne des étoiles les plus lointaines, et aucun d'eux ne s'occupe de l'astre le plus rapproché de nous, celui qui nous porte, la Terre. Les géologues n'ont aucune méthode leur permettant de résoudre le problème de l'origine de la Terre qui amène à considérer une ère primitive astrophysique et irréversible. Cependant tous les astronomes pensent que la Terre comme toutes les planètes est sortie du soleil : mais aucun ne peut préciser comment. T. See admet le hasard d'une capture d'un astre traversant la nébuleuse primitive, Chamberlin, Moulton, Eddington, penchent pour la théorie météoritique de Lockyer et Mac Millan, Jeans imagine l'approche d'une masse stellaire capable en passant près du Soleil d'en faire jaillir des bourrelets de marée énormes qui auraient produit les planètes. Aucun de ces processus où le hasard joue le rôle principal ne peut expliquer comment la Terre de très faible masse, de grande densité (5,52) est près du Soleil alors que les planètes géantes en sont loin avec des densités 5 fois moindres, comment toutes les planètes obéissent à une loi des distances X_n ($X_n = 62,3 + 1,886^n$ en rayons solaires) que j'ai démontrée en 1905 [1].

Seule la Cosmogonie dualiste que j'ai édifiée peut donner des précisions très complètes sur l'émission de l'*anneau terrestre* par l'équateur du protosoleil sa rupture et son enroulement en *tube-tourbillon* ayant son axe parallèle à celui de la Terre, enfin la condensation de ce tourbillon vers son centre de gravité pour former le *sphéroïde terrestre* et produire en même temps l'*émission de ses satellites*. Le protosoleil S très aplati par sa rotation en 57 jours ayant une densité 10^{-5}, par son choc à grande vitesse sur la nébuleuse N se met à pulser, les pulsations renflant périodiquement son équateur. C'est l'hémisphère Nord qui reçoit dans la direction SA, faisant un angle de 28° avec l'axe de rotation, le choc de la nébuleuse et qui produit ainsi la radiation intense qui s'observe dans les Novæ. La masse-énergie de cette radiation provoque par effet de recul une pression sur l'hémisphère Nord. Ces deux actions retardent la translation du protosoleil en sorte que par inertie les couches externes E de l'hémisphère austral montent vers l'Equateur et y reçoivent la vitesse centrifuge du renflement de pulsation. Si cette action centrifuge est suffisante, elle peut en s'ajoutant à la force centrifuge de rotation obliger les couches E à quitter l'Equateur sous forme d'un *anneau*.

L'anneau terrestre. — Quelle trajectoire suivra l'anneau dans la nébuleuse ? J'ai démontré en 1919 [2] la formule suivante donnant le parcours z d'un anneau gazeux dans l'air de densité Δ et dont le rayon initial x_0 passe au rayon x :

$$z = \frac{A}{\Delta} L \frac{x}{x_0} . \tag{1}$$

Cette formule a été vérifiée très exactement par M. le professeur Sadron (*J. de Physique*, mars 1926). C'est en appliquant cette méridienne logarithmique M à la trajectoire des anneaux planétaires que j'ai démontré la loi exponentielle des distances planétaires. Mais pour que cette application ait donné une vérification si précise, il fallait qu'une condition cosmique ait été réalisée dans les anneaux planétaires : l'équilibre en tous leurs points entre la force centrifuge et l'attraction forces inexistantes dans les anneaux de laboratoire. Or j'ai démontré que dans les milieux

---

[1] *C. R.*, 4 décembre 1903.
[2] *C. R.*, t. 169, 1919, p. 639.

résistants il existe en effet des orbites spirales à gravitation ainsi constamment équilibrée par la force centrifuge ([1]).

D'après la loi des distances planétaires, en admettant seulement une planète ultra-neptunienne, l'anneau terrestre a été le huitième émis par le protosoleil dont la pulsation d'abord intense en raison de sa courte période (5 à 8 jours d'après la période des Novæ récentes) a donné lieu à l'émission des anneaux de grandes masses des planètes géantes, formées aux dépens des couches légères de la surface du protosoleil. Mais la pulsation s'amortit vite dans les Novæ et leur période reste assez constante tant que la masse centrale et sa densité varient peu. D'après une formule de Emden-Shapley, j'ai pu par la densité moyenne 10^{-7} du protosoleil calculer la période $T = 39,5$ jours du protosoleil au moment où sa masse peu diminuée par les anneaux des planètes comme la Terre augmentait encore faiblement par l'adjonction de masses nébuleuses. L'anneau terrestre ($n = 8$) composé de couches déjà profondes du protosoleil et émis après l'émission des anneaux des planètes légères, pouvait contenir des vapeurs de métaux lourds (fer, etc.) et avait à parcourir $8 \times 6,281 = 50,248$ u. a. pour atteindre l'écliptique primitive tout en élargissant son rayon de 0,29 u. a. (62,3 rayons solaires) à son rayon actuel 1 u. a. La distance 6,281 u. a. est, d'après la Cosmogonie dualiste, celle qui sépare 2 ventres consécutifs de pulsation le long de l'axe de translation S. A. De tous ces éléments on peut facilement calculer qu'il a fallu seulement $8 \times 39,5 = 316$ jours à la vitesse de translation moyenne de 275 kilomètres pour que l'anneau terrestre émis en E arrive dans l'écliptique E' en se dilatant à la vitesse centrifuge moyenne de 3 km. 8 par seconde ([2]).

Mais ce n'est pas tout : comment l'anneau terrestre, si fragile en raison de sa faible densité 10^{-6} et de sa grande dimension n'a-t-il pas été disloqué par la résistance du milieu nébuleux au cours de son immense voyage EE' ? C'est que le milieu nébuleux entourant le protosoleil avait été appauvri de matière par la puissante radiation de la Nova protosolaire, ainsi que le montrent les photographies près du centre de nombreuses nébuleuses planétaires. Admettons d'après des mesures faites sur les Novæ que la température de surface de la Nova protosolaire ait été de 24.000° soit 4 fois celle du Soleil ; pour un point situé dans l'écliptique la surface apparente était $62,3 \times 38,6 = 2.400$ fois celle du Soleil. La force répulsive de radiation valait donc $4^4 \times 2400 = 614.000$ fois celle du Soleil. Elle était de plus de 900.000 dans la direction de l'axe du protosoleil. Dès lors tous les gaz et poussières légères et blanches contenus dans la nébuleuse sont chassés loin du protosoleil qu'ils entourent

---

([1]) *C. R.*, 12 mai 1919.
([2]) *C. R.*, 8 juin 1929.

d'une voûte lumineuse.à grande distance GG au delà de Mars. A l'intérieur de cette voûte ne peuvent pénétrer que les poussières denses obéissant encore à la gravitation malgré la force répulsive : c'est ce qui explique la faible masse et la grande densité de la Terre, en même temps que
la grande masse et la faible densité des planètes géantes.

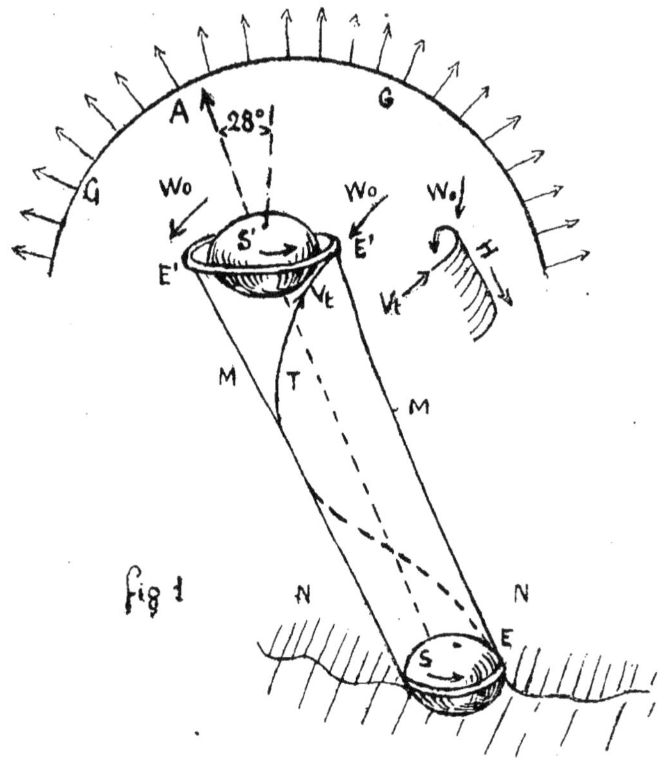

Avant d'aller plus loin, montrons que la stabilité de l'anneau terrestre
(comme celle des anneaux planétaires) dans sa randonnée à travers la
nébuleuse est due à son énergie cinétique. La vitesse de translation de
275 km./sec. jointe à une vitesse centrifuge de 3 u. a. 8 due à la pulsation
assure à chaque molécule de l'anneau une grande rigidité de la trajectoire spiraloïde T qu'il décrit dans la nébuleuse. On ne peut donc appliquer à cet anneau les conditions de stabilité assez précaires que Poincaré
calcule pour les anneaux de Laplace et de Saturne (ch. III, *Hyp. Cosmo-
goniques*). L'anneau terrestre, d'abord composé de gaz et vapeurs, pouvait

donc en s'éloignant du protosoleil subir une condensation partielle en poussières et en recevoir de la nébuleuse sans risquer de se rompre. Et en effet, c'est seulement quand la vitesse de translation a été réduite à environ 50 km./sec. par amortissement dû à la matière nébuleuse, que l'anneau a pu se rompre et s'enrouler en un *tube-tourbillon planétaire* coaxial à la future planète.

Le mécanisme d'émission de l'anneau terrestre expulsé à l'équateur du protosoleil montre qu'il est composé de couches superficielles ayant une grande hauteur H dans le sens du méridien et une faible épaisseur moyenne e ces conditions s'expriment simplement en supposant que son volume est égal à $\frac{1}{6}\,\pi H^3$ soit celui d'une couche équatoriale extérieure au cylindre dont les bases sont les parallèles situés à la hauteur $\frac{H}{2}$ de part et d'autre de l'Equateur protosolaire. En égalant à la masse terrestre la masse de ce volume contenant la matière du protosoleil de densité 10^{-5} on trouve $H = 1.050.000$ kilomètres et par suite l'épaisseur moyenne e de l'anneau est de 2.124 kilomètres. L'hypothèse que la masse de l'anneau terrestre est égale à celle de la Terre au moment de son émission doit correspondre à la réalité ; car si l'anneau augmente un peu de masse pendant les 316 jours de son voyage à travers la nébuleuse, il la perdra pendant la courte phase d'émission de l'anneau lunaire et des autres satellites de la Terre.

Le calcul montre que la gravitation interne de l'anneau est impuissante à réduire en 316 jours sa hauteur H et son épaisseur e. Mais l'expansion mécanique de l'anneau par l'impulsion centrifuge due à la pulsation réduira son épaisseur e dans le rapport inverse de son rayon initial 0,29 à son rayon final 1 : en un mot son épaisseur se réduira de 2.124 kilomètres à 616 kilomètres, condition très favorable à sa rupture

Le tourbillon terrestre. — Nous avons expliqué ailleurs en détail [1] le mécanisme de cette rupture ; elle a pour cause la composante w_0 de la vitesse de nébuleuse projetée sur l'écliptique. Quand la vitesse de translation de l'anneau dans la direction SA est suffisamment amortie, la vitesse tangentielle Vt des molécules de l'anneau se trouve du côté E en antagonisme avec w_0 alors qu'en E_1 ces vitesses sont de même sens. Il en résulte que sur la hauteur H de l'anneau, sa vitesse tangentielle diminuée en E' tend d'abord à le faire tomber vers le Soleil puis à le replier sur lui-même par la pression due à w_0, enfin à l'enrouler en un tube-tourbillon

---

[1] *Origine dualiste des Mondes*, p. 70. Paris, Payot, 1924 ; Voir aussi : *Origine des formes de la Terre*, Paris Gauthier-Villars, 1918.

de sens direct, de hauteur H, dont l'axe est la tangente en E′ à la méri
dienne EE . Cet axe deviendra celui de la Terre : il fera avec l'axe de
l'écliptique un angle oscillant entre 21°59′ et 24°36′ parce que la tangente
à la méridienne en E′ fait avec l'axe de l'écliptique un angle un peu inférieur à celui de 28° (direction SA) avec l'axe primitif du protosoleil (Voir
le détail E″ de la figure).

Le tourbillon terrestre, seconde métamorphose de la masse de la Terre
a sensiblement la même masse qu'elle, mais est instable au point de vue
de la gravitation qui tend à faire tomber ses parties Nord et Sud vers son
centre de gravité : le frottement de la nébuleuse pourrait même avoir
détaché de sa partie Sud des fragments qui formeraient des petites
planètes de la famille de la Terre comme cela est arrivé pour Mars qui
dans son sillage à travers la nébuleuse a abandonné Eros, Adalierta et
Hungaria formant pour ainsi dire « la queue » du tourbillon de Mars.

Condensation du tourbillon et émission des satellites. — Si le centre de
gravité du tourbillon terrestre était au milieu de sa hauteur H c'est-à-dire
à 525.000 kilomètres de son extrémité ou 1,367 fois la distance de la Terre
on peut calculer qu'il a suffi de 7,84 jours pour condenser le tourbillon
terrestre en un sphéroïde. Les parties Nord et Sud du tourbillon s'écra-
sent de part et d'autre de l'Equateur terrestre avec une vitesse relative
voisine de 22 km./sec. soit 2 fois la vitesse 11 kilomètres parabolique à la
distance du rayon de la Terre. Ce mécanisme d'écrasement entre gaz et
vapeurs élastiques, analogue à celui de la rencontre des couches Nord et
Sud du protosoleil, produit l'émission périodique des anneaux satelli-
taires de la Terre dans son Equateur. Les distances x_n des anneaux dans
l'Equateur obéissent à la même loi exponentielle que les distances des
planètes au Soleil :

$$x_n = 0,35 + 2,8972^n \quad (1) \quad [1,35 - 3,247 - 8,744 - 24,670 - 70,811] \quad (2).$$

La distance $x_5 = 70,811$ est celle que la Lune aurait atteint dans
l'Equateur alors qu'elle s'est arrêtée au-dessous de ce plan à la distance
63,58 de son apogée, en raison de la résistance de la nébuleuse.

C'est par comparaison avec les lois des distances des autres planètes et
notamment du système de Mars que j'ai pu préciser les paramètres de la
formule (1). Le rayon 0,35 du tourbillon terrestre correspond à 2.240 kilo-

---

(¹) Les 4 anneaux de rayons 1,35 — 3,247 — 8,744 — 24,67 qui ont disparu au cours
des ères géologiques précipités dans la région intertropicale expliquent très simplement les 4 phases orogéniques (huronienne, calédonienne, hercynienne, alp-hima-
layenne) séparées comme au secondaire par une rémission complète des forces orogéniques.

mètres et aux cercles de latitude $\pm$ 70° : la densité moyenne du tourbillon terrestre, dont l'enroulement à partir de l'anneau avait en moins d'un an rapproché beaucoup les molécules était de 0,36. On peut admettre que l'arrivée à leur distance des anneaux satellites de la Terre n'a pas exigé depuis leur émission plus de 8 jours comme la condensation du tourbillon terrestre en un sphéroïde. Il y a loin, comme on le voit, entre ces multiples précisions et la théorie de Darwin, imaginant de faire sortir la Lune d'une excroissance de la Terre et de la conduire par des réactions de marées (?) de la distance 2,5 à la distance 60,26 en 56 millions d'années au moins, sans nous expliquer comment s'est produite la séparation de la Lune et de la Terre. Dans un tourbillon, les matières denses sont à la périphérie : c'est donc aux latitudes $\pm$ 70° que se sont condensées les matières ferrugineuses. C'est aussi à ces latitudes que se trouvent les pôles magnétiques. Ces mêmes latitudes correspondent aux rayons moyens de l'Océan arctique et de l'Antarctide.

G. BIGOURDAN

Membre de l'Institut.

LE GRAND TÉLESCOPE DE 1 M. 20 DE DIAMÈTRE
DE L'OBSERVATOIRE DE PARIS

L. Foucault devait entreprendre la construction d'un grand objectif de 0 m. 75 d'ouverture, avec deux verres, crown et flint, achetés par Le Verrier à la Maison Chance frères, de Birmingham, lors de l'Exposition universelle de 1855. Il voulut d'abord travailler des objectifs beaucoup plus petits, pour mettre à l'essai peu à peu ses méthodes de travail et d'épreuve, et il fut ainsi amené à créer le miroir plan de verre, pour lui servir de ciel artificiel, ainsi que les miroirs concaves, dont celui de Marseille de 0 m. 80 de diamètre, est le plus grand spécimen. Plus tard il s'occupa de la construction d'un miroir de télescope de 1 m. 20 de diamètre, mais la maladie qui devait l'emporter l'avait déjà marqué : le miroir ne fut pas fait. C'est celui dont je voudrais donner l'histoire sommaire, comme il a été fait, par exemple, pour celui de l'Observatoire de Melbourne.

Le verre de ce miroir, destiné à créer un télescope newtonien, fut fondu avec les plus grands soins par la maison de Saint-Gobain en 1863 et sous la surveillance de Pelouze. Après la mort de L. Foucault, son élève Ad. Martin s'engagea de son côté à le construire, par traité du 25 mai 1869, tandis que la partie mécanique avait été entreprise par Eichens, suivant des conditions particulières (¹) souscrites le 8 juin 1869.

La guerre de 1870 arrêta tout le travail optique et il ne fut repris qu'en 1874 : le 12 mai divers membres du Conseil de l'Observatoire de Paris se rendirent chez Sautter et constatèrent que l'on commençait de le doucir. On se hâte de remettre en état la grande galerie de l'Observatoire où on le transporte bientôt ; en même temps on s'occupe activement de préparer la construction du tube ; l'abri roulant, fait par la Compagnie du chemin de fer de Lyon, était déjà construit et monté en place.

Le 9 juillet 1874 Wolf lit un rapport sur l'état d'avancement du grand télescope : le miroir est poli et la surface est parfaitement sphérique : on le considérait comme si près d'être terminé que Wolf et Martin proposaient de s'occuper du grand objectif, en attendant l'arrivée de l'automne, époque où la température est moins variable, pour le terminer.

Le 14 janvier 1875 Wolf déclare que « les défauts actuels de la surface du miroir produisent des déformations moindres que celles qui résultent des agitations de l'air ». Il suffira de quelques journées de temps calme et clair pour que le travail soit complètement terminé.

Le 8 juin 1876 la partie mécanique est définitivement acceptée par le Conseil, mais la partie optique n'a pas donné de résultats satisfaisants, ce que Martin attribue aux oculaires employés ; il demande, pour les remplacer, un délai dont il ne fixe pas la limite ; on exige au moins un grossissement de 400 à 500.

Le 21 juin la Commission d'examen, composée de Le Verrier président, Cornu, Fizeau, Tresca et Wolf se réunit et reçoit les quatre grossissements suivants : 175 (négatif ancien) — 270 (positif ancien) — 370 (positif nouveau) — 550 (positif ancien) ; toutefois Martin déclare qu'il n'accepterait le jugement qu'avec les deux plus faibles pouvoirs grossissants. Ensuite chaque commissaire donne son opinion écrite ; et le 27 juin ces commissaires se réunissent. Alors la Commission est d'avis :

1° Que la réparation du miroir doit être faite par M. Martin ;

2° Qu'il y a lieu de lui assigner pour ce travail un délai déterminé et qu'avant tout il convient de l'interroger sur son appréciation à cet égard ;

3° Que, s'il en exprime le désir, la galerie du second étage sera mise à

(¹) Le traité ne fixait pas le prix total parce qu'à cette époque on n'avait jamais construit un si grand instrument. L'observatoire était autorisé à y engager une somme de 80.000 francs et à faire construire l'appareil par pièces, sur plans approuvés par Le Verrier.

sa disposition, avec toutes les facilités nécessaires à l'exécution du travail,
mais à l'exclusion des locaux de la tour de l'Ouest ;

4° Que si le miroir ainsi retouché venait à ne pas répondre, à l'époque
présente, aux exigences de sa destination, l'administration se trouverait
complètement dégagée vis-à-vis de M. Martin, et toute liberté serait alors
acquise au sujet des moyens à employer pour obtenir un résultat meilleur.

Le Conseil à son tour se réunit le 17 juillet et prend connaissance des
diverses pièces : Le Verrier a écrit à Martin le 30 juin, et au ministre le
7 juillet, en lui envoyant les procès-verbaux ; puis le ministre répond
le 11 que « l'exécution du traité, passé avec M. Martin en mai 1869, doit
recevoir sa complète exécution en ce qui concerne le miroir et les oculaires.

« Il y a lieu d'obtenir de M. Martin la fixation d'un terme pour l'achèvement de son nouveau travail.

« Ce constructeur va être appelé au ministère pour recevoir notification
de ces dispositions ».

Le ministre propose, en outre, de confier la surveillance du travail de
retouche à Fizeau et Wolf, mais Fizeau fait observer qu'il ne connaît
aucun moyen pratique d'exercer une telle surveillance et, en plus, que
toute intervention de tiers n'aurait d'autre résultat que de dégager la responsabilité du constructeur.

A la séance du Conseil du 7 août 1876, Martin, dûment prévenu,
« demande que l'Observatoire mette à sa disposition le magasin de l'Est
[au rez de chaussée] avec le couloir latéral. Il croit que le meilleur
moment pour commencer le travail serait vers le 1er septembre, parce
qu'alors la différence entre les températures intérieure et extérieure est
moindre ; il fait observer d'ailleurs que les préparatifs nécessaires le conduiront à peu près jusqu'à cette époque. Il fixe à la fin d'octobre la termi-
naison du travail ». Tout cela lui est accordé.

Le 2 novembre, le président informe le Conseil que le miroir de 1 m. 20
n'a pas été livré. Après délibération « le Conseil prévient M. Martin que le
miroir doit être remis en place le 30 novembre, et qu'il ait à le fournir
pour cette époque tout argenté et avec les oculaires nécessaires, l'intention
du Conseil étant de le considérer dès lors comme définitivement livré ».

Lors de la séance du Conseil du 11 janvier 1877, Le Verrier lit le rapport suivant :

J'ai le profond regret d'avoir à faire connaître au Conseil que je n'ai reçu
aucune réponse du Ministre relativement aux propositions du Conseil au sujet
du grand miroir, et que j'ai transmises à la date du 4 novembre [1876].

Bien entendu, nous n'avons dès lors reçu aucune nouvelle qui puisse faire pressentir l'achèvement du grand miroir, mis à la disposition de M. Martin depuis 5 mois. Grave affaire, dont les difficultés viennent d'absorber encore une année entière sans qu'on en aperçoive la fin.

J'ai donc seulement à lire au Conseil deux pièces datant déjà du 16 novembre, que je n'avais pas communiquées parce que je pensais que l'affaire allait se terminer, mais dont je dois, dans la situation présente, donner connaissance.

Le silence gardé par le Ministre, au sujet des propositions du Conseil, s'explique par ce fait qu'il a reçu très certainement des incitations nombreuses, telle que celle dont je viens de donner lecture au Conseil. Lorsqu'une administration dans l'embarras, me disait un haut fonctionnaire de l'Université, vient à recevoir l'avis, bien ou mal motivé, qu'elle peut s'abstenir d'agir, il y a de grandes chances qu'elle écoute pour un temps ces avis, quelque peu autorisés qu'ils soient.

Je n'en déplore pas moins que des agissements se soient soulevés pour arrêter l'effet des décisions du Conseil, prises dans l'intérêt de l'État et de la Science, et que, dans ces questions, se trouve mêlée sans droit la main d'un fonctionnaire de l'établissement.

Toutes ces choses arriveront nécessairement à avoir une fin, d'autant plus difficultueuse pour ceux qui s'y seront mêlés, qu'elle se sera fait plus longtemps attendre. Pour le moment, je ne puis rien proposer au Conseil ; et je suis réduit à le prier d'agréer toutes les excuses de l'administration de l'Observatoire, empêchée comme le Conseil lui-même.

Le 13 avril 1877 Le Verrier fait un rapport où, après divers détails, il ajoute :

Le 19 mai [1876], j'eus à constater, sur les minuit et demi, que les oculaires contenaient des diaphragmes et qu'au lieu d'observer avec toute la surface du miroir on n'avait guère disposé la plupart du temps que du quart de cette surface (la partie centrale). Deux des Membres de la Commission avaient manifesté à plusieurs reprises leur étonnement du peu de lumière donné par ce grand miroir sans qu'il eût été possible d'en dire la cause ; et c'était cette faiblesse étonnante de la lumière qui me conduisait, dans la nuit du 19 mai, à en chercher le motif. J'en fis part à la Commission. J'ai tenu jour par jour, et quelquefois heure par heure, un procès-verbal très précis de ces incidents...

Dans la séance du Conseil, en date du 8 juin, les Membres de la Commission, péniblement impressionnés par ces délais sans limites, exposent qu'il paraît bien difficile, si le miroir avait des défauts notables, de parvenir à les compenser par des défauts contraires de l'oculaire. .

Dans la suite des vérifications exécutées par la Commission avec les deux faibles grossissements, la Commission resta frappée de deux faits :

La Polaire se présentait comme un composé de rayons si nombreux, qu'on y distinguait avec quelque peine le compagnon, lequel est visible avec de faibles instruments.

L'étoile double γ de la Vierge qui, dans l'équatorial de 9 pouces de l'Observatoire, se présente comme deux points bien distincts, même avec un grossissement de 700 fois, offrait, dans le grand miroir, avec un grossissement de 270 seulement, deux nébulosités, deux masses de lumière s'étendant de l'une à l'autre...

Le Conseil n'ayant aucune action directe possible, le Directeur ne peut faire autre chose que d'avertir régulièrement le Ministre de cette situation déplorable.

Le Ministre la connaissant, il y a lieu d'espérer que l'Administration supérieure saura, au moment qu'elle croira opportun, prendre les mesures nécessaires pour défendre l'honneur scientifique de la France à la veille de l'Exposition de 1878, contre les intérêts privés qui ne reculent devant rien pour atermoyer jusqu'au moment où il n'y aura plus le temps de pourvoir sérieusement...

Telles sont les résolutions prises par le Conseil de l'Observatoire, en vertu des attributions qui lui sont confiées par le décret du 13 février 1873.

Assurément le Conseil a rempli son devoir en cherchant à sauvegarder les droits de la Science française, et si rien n'aboutit, malgré l'accord complet existant entre le Conseil et le Directeur de l'Observatoire, c'est qu'il doit y avoir d'autres obstacles habilement organisés pour protéger certains intérêts privés au détriment des droits de la Science et des intérêts de l'Etat.

Suivant l'expression de Le Verrier, rien n'aboutit en effet, et le 23 Septembre 1887 il mourait sans avoir vu achevé ce télescope commencé depuis si longtemps.

Henri MÉMERY

Observatoire de Talence (Gironde).

QUELQUES REMARQUES SUR L'INFLUENCE VARIABLE
DES TACHES SOLAIRES
A LEUR PASSAGE AU MÉRIDIEN CENTRAL DE L'ASTRE

Depuis la découverte de la période solaire de 11 ans qui régit les taches, les facules et les autres phénomènes de la surface du Soleil et à la suite des recherches qui ont amené à admettre une relation entre les variations de ces taches d'une part et, d'autre part, les variations du magnétisme terrestre, on possède de nombreuses observations qui tendent à montrer une action particulière des taches solaires lors de leur passage au méridien central de l'astre.

Cette action des phénomènes solaires se manifeste tantôt par l'apparition d'aurores polaires, tantôt et simultanément par des perturbations plus ou moins intenses sur l'aiguille aimantée, sur les appareils électromagnétiques, etc... On sait, d'autre part, qu'il existe un parallélisme frappant entre la courbe annuelle des taches solaires et la courbe représentant les variations de l'intensité magnétique terrestre. Toutefois, on a formulé contre cette influence particulière des phénomènes solaires un certain nombre d'objections qui portent principalement sur les points suivants :

1º Toutes les taches de grande étendue qui passent au méridien central solaire ne sont pas suivies de perturbations électriques ou magnétiques terrestres ;

2º On observe que des perturbations se produisent alors qu'aucune grande tache n'est visible près du méridien central solaire ;

3º L'apparition de taches au bord Est et, d'autres fois, la formation de taches sur le disque paraissent provoquer des perturbations magnétiques.

L'examen sommaire des grandes perturbations magnétiques de ces dernières années nous amène à constater ce qui suit : -

La grande perturbation magnétique du 26 janvier 1926 est survenue après le passage au méridien central solaire, le 24 janvier, de deux grands groupes qui ont été visibles à l'œil nu ; il existe donc ici un retard de deux jours sur le passage de ces taches. Voici ce que dit, à ce sujet, M. H. Deslandres (*L'Astronomie*, 1926, p. 115) :

« Une grosse tache qui passe ou a passé au méridien central du Soleil
« est parfois accompagnée d'un orage terrestre ; mais une tache plus
« grosse antérieure ou postérieure, passe aux mêmes places sans
« qu'aucun phénomène concomitant apparaisse sur la Terre. On n'a pas
« encore discerné l'indice, la propriété qui distingue les taches vraiment
« actives.

« Aussi, est-il indiqué d'étudier avec le plus grand soin les taches,
« leurs alentours et le Soleil entier lorsqu'une perturbation magnétique
« terrestre est signalée.

« Le 26 janvier, au moment de la perturbation terrestre deux forts
« groupes de taches visibles sans lunette étaient présents dans la partie
« Ouest du disque ; ils avaient traversé le méridien central l'un le 22 jan-
« vier et l'autre, le 24 janvier ; ce dernier groupe formé d'une petite
« tache et d'une tache très grosse et complexe qui la suivait, est proba-
« blement la cause du phénomène ; car, pour ce groupe le retard de
« l'orage terrestre par rapport au passage de la grosse tache au méridien
« central est de 47 h. 30, et dans les observations similaires antérieures
« le retard est en moyenne de 45 heures ».

La perturbation magnétique du 14 au 16 mai 1921 a correspondu avec le passage au méridien central d'une belle tache et a donné lieu, de la part de Flammarion, aux remarques suivantes :

« S'il y a des coïncidences avec le passage de groupes considérables au
« méridien central, il y en a aussi avec d'autres positions, notamment

« avec l'arrivée de taches au bord du disque, et également avec des
« facules et avec des protubérances. Nous pourrions aligner ici cent
« exemples variés. Le problème n'est donc pas encore résolu quant à
« l'analyse exacte de l'action solaire.

« D'ailleurs, une même tache, qui a coïncidé avec une forte perturba-
« tion, revient souvent plusieurs fois de suite au méridien central par la
« rotation de l'astre radieux, et ces retours ne renouvellent pas les per-
« turbations ».

Le 22 mars 1920, une forte perturbation magnétique a coïncidé avec
une assez belle tache régulière au méridien central précédée par un groupe
immense, le tout s'étendant sur 500.000 kilomètres.

La perturbation magnétique du 25 septembre 1909 est survenue à la
suite du passage au méridien central, le 24 septembre, d'un grand groupe
de taches qui a augmenté en étendue jusqu'au 28 septembre.

Lors de la grande perturbation du 31 octobre 1903, l'aspect du Soleil
était le suivant : Une grande tache arrivée le 25 octobre présentait une
augmentation d'activité et est passée au méridien central le jour même
de la perturbation magnétique, le 31 octobre. Une autre tache, arrivée le
29 octobre était située près du bord Est, et un groupe, arrivé au bord Est
le 30 octobre, avait augmenté en étendue le 31.

Il résulte des faits ci-dessus que la plupart des perturbations et orages
magnétiques surviennent au moment ou à peu de distance du passage des
grandes taches au méridien central solaire. Les orages magnétiques qui
ne coïncident pas avec la présence de taches peuvent provenir du passage
d'une région active au méridien central solaire, cette région active n'étant
caractérisée par aucun phénomène visible.

En ce qui concerne la remarque signalée au sujet du passage des
grandes taches n'ayant été suivi d'aucune perturbation terrestre, il semble
qu'il serait facile d'expliquer ce fait en considérant les variations des
taches solaires de la manière suivante :

En premier lieu, l'observation montre que chaque tache ou groupe de
taches ou de facules présente, pendant son évolution, une particularité
analogue à celle de la période undécennale, c'est-à-dire que la phase de
croissance ou de développement est toujours plus courte que la phase de
décroissance ; il y a là un fait d'ordre général que l'on observe aussi bien
dans le domaine organique que dans le domaine physique.

On sait que la courbe annuelle des taches solaires dans chaque période
monte pendant 3 à 5 ans, présente un maximum qui dure un an ou deux,
puis descend pendant 6 à 8 ans, en présentant quelquefois un maximum
secondaire, comme en 1907.

D'autre part, si l'on compare jour par jour les variations des taches
solaires et les variations des phénomènes magnétiques et météorologi-

ques, on observe que l'action des taches solaires présente son maximum lors de la phase de croissance ou de développement des taches, et que l'action de ces dernières diminue ou même devient nulle lors de leur phase de diminution ou de décroissance.

Il est alors facile de constater que les perturbations magnétiques les plus importantes coïncident avec le passage des taches dans leur phase active ou de développement, leur action paraissant fortement diminuée ou même annulée dans leur phase de décroissance ; leur passage à ce moment de leur évolution ne provoquerait aucune perturbation terrestre.

L'absence d'action de certaines grandes taches passant au méridien central solaire, lors de leur retour après plusieurs rotations de l'astre, s'explique ainsi facilement, ces taches se trouvant à ce moment dans leur phase de décroissance.

L'action des taches solaires sur les phénomènes électriques ou magnétiques s'observe également dans le même sens sur la plupart des phénomènes météorologiques. D'ailleurs, l'observation montre que les variations générales de l'intensité magnétique coïncidant avec les variations des phénomènes solaires correspondent également avec des perturbations atmosphériques.

Ces divers faits viendraient à l'appui d'une liaison soupçonnée depuis longtemps entre les phénomènes magnétiques et les phénomènes météorologiques, les uns et les autres provenant d'une cause unique, le Soleil, foyer gigantesque, producteur et distributeur de toute l'énergie en action autour de nous.

———

Raymon DANGER

———

SUR UN MODE DE PROCÉDER EMPLOYÉ A LA GUADELOUPE EN L'ABSENCE D'UN RÉSEAU DE NIVELLEMENT DE BASE

———

DÉFINITION DU TRAVAIL ET PRÉCISION RECHERCHÉE

Le nivellement faisant l'objet de cette note avait pour but de déterminer les cotes d'altitude des divers points essentiels du projet d'adduction et de distribution d'eau potable dans les agglomérations de la Grande-Terre, telles que cotes des différents bassins et réservoirs, des diverses agglomérations à alimenter enfin, profil en long des divers tracés prévus pour les canalisations, soit 140 kilomètres environ de cheminement.

Les tracés prévus ne constituaient pas tous des circuits fermés, mais au contraire, se présentaient le plus souvent sous forme d'antennes de 25 à 30 kilomètres de longueur.

Il ne pouvait être question de laisser sans fermeture des cheminements tachéométriques de cette longueur, étant donné la gravité possible des conséquences d'une erreur.

D'autre part, aucun nivellement d'ensemble n'a jamais été fait de la Guadeloupe.

Nous avons donc dû envisager, dès le début des opérations, des moyens de contrôle ayant pour but, moins de rechercher une très grande précision, hors de proportion avec les nécessités mêmes du projet, que d'éviter des erreurs de nature à fausser les études et à causer ultérieurement de graves mécomptes dans la distribution d'eau.

Etant donné la marge de sécurité adoptée dans l'étude du projet, une erreur de 0 m. 50 et même de 1 mètre dans l'altitude relative des extrémités d'une conduite de 30 à 40 kilomètres, pouvait être considérée comme admissible.

C'est à l'obtention de cette précision minimum qu'ont tendu les moyens d'exécution et de contrôle que nous avons adoptés.

Il n'existe pas de repères de nivellement à la Guadeloupe, mais les services techniques de Pointe-à-Pitre ont adopté, pour baser leurs opérations partielles, le haut du mur du quai au droit de l'intersection des quais de Lardenoy et de Ferdinand de Lesseps, considéré à 0.84 au-dessus du niveau moyen de la mer. C'est ce point qui a servi de départ à tout notre nivellement.

RECHERCHE DES MOYENS DE CONTRÔLE
DES CHEMINEMENTS EN ANTENNES

Plusieurs procédés étaient possibles pour vérifier la fermeture de ceux de nos cheminements qui ne constituaient pas des circuits fermés.

1° Relier l'extrémité des différentes antennes de profils de conduites par des cheminements de fermeture. c'est-à-dire n'ayant plus pour but de niveler un tracé du projet, mais seulement de contrôler les opérations ou les calculs, en créant des circuits fermés ;

2° Déterminer, préalablement aux relevés tachéométriques des profils, la cote d'un certain nombre de repères judicieusement répartis sur toute la surface de l'île, notamment aux extrémités des antennes, au moyen d'un nivellement géométrique précis partant du repère de Pointe-à-Pitre ;

3° Placer des repères comme il vient d'être dit, mais, au lieu de déterminer leur cote au moyen d'un nivellement de précision partant du repère de Pointe-à-Pitre, la déterminer, en chacun des points choisis comme repères auprès du rivage, d'après le niveau de la mer en ce point, le plan d'eau étant supposé constituer, à une heure donnée, une surface de niveau, c'est-à-dire être à la même altitude, à la même heure, sur tout le périmètre de l'île.

Nous avons écarté la première solution comme trop onéreuse et pas assez sûre :

Trop onéreuse, parce que, d'une part, elle obligeait à relever de 60 à 70 kilomètres de cheminements supplémentaires, inutiles à l'étude du projet ; parce que d'autre part, pour obtenir une précision acceptable dans des circuits tachéométriques d'aussi grande longueur, il aurait fallu apporter aux relevés des soins tout particuliers, qui auraient diminué le rendement de l'*ensemble* du travail.

Pas assez sûre, parce que dans des circuits fermés d'une aussi grande longueur, un écart de fermeture rentrant dans la tolérance n'est pas toujours la preuve, qu'il n'existe pas de fautes à l'intérieur du circuit, compensées par des fautes de signe contraire.

La deuxième solution aurait donné des résultats plus sûrs, mais n'aurait pas été moins onéreuse puisqu'elle nous obligeait à exécuter un nivellement géométrique spécial de 85 kilomètres environ.

Nous avons pensé que la troisième solution serait de beaucoup la plus sûre, si notre supposition était reconnue exacte, puisqu'elle éliminait automatiquement les erreurs habituelles et les fautes possibles d'un nivellement sur une longue distance ; la plus économique aussi puisqu'elle permettait en un coup de niveau, de déterminer la cote d'un repère.

Nous l'avons donc adoptée, après avoir vérifié de la façon exposée ci-après, la supposition que le plan d'eau de la mer constituait bien pratiquement une surface de niveau approximative, dans les limites de la précision recherchée.

ÉTUDE SOMMAIRE DE L'AMPLITUDE DES MARÉES ET DU MOUVEMENT RELATIF DES MARÉES ET DEUX POINTS DU RIVAGE DISTANT DE 30 KILOMÈTRES

Disons tout de suite, que les observations qui vont suivre n'ont eu aucune façon la prétention d'être une étude des marées et de la surface de niveau constituée par la mer. Nous n'avions ni le temps, ni les moyens, ni surtout le besoin de faire cette étude.

Les quelques observations que nous avons faites, par les moyens les plus élémentaires et les plus rapides ont ou seulement pour but d'une

part, de déterminer l'amplitude approximative des marées, d'autre part.
de rechercher dans quelle mesure il y a synchronisme dans leur mouvement sur le périmètre de l'île, afin de déduire de ces observations le degré
de précision qu'on pouvait attendre du procédé envisagé par nous pour
déterminer la cote des repères, en se basant sur le plan d'eau de la mer en
un point quelconque du rivage.

Voir le tableau suivant :

*Cotes d'eau relevées par rapport au repère de Pointe-à-Pitre
considéré à l'altitude + 0,84.*

Heures	11 avril		12 avril		29 mai		30 mai	
	Cotes d'eau mesurées à partir du repère	Altitude du plan d'eau par rapport au niveau moyen	Cotes d'eau mesurées a partir du repère	Altitude du plan d'eau par rapport au niveau moyen	Cotes d'eau mesurées à partir du repère	Altitude du plan d'eau par rapport au niveau moyen	Cotes d'eau mesurées à partir du repère	Altitude du plan d'eau par rapport au niveau moyen
8	0 m. 60	+ 0,24	0 m. 62	+ 0,22	0 m. 44	+ 0,40	0 m. 36	+ 0,48
9	0 m. 76	+ 0,08	0 m. 75	+ 0,09	0 m. 45	+ 0,39	0 m. 37	+ 0,47
10	0 m. 75	+ 0,09	0 m. 75	+ 0,09	0 m. 46	+ 0,38	0 m. 39	+ 0,49
11	0 m. 75	+ 0,09			0 m. 54	+ 0,30	0 m. 44	+ 0,40
12			0 m. 75	+ 0,09	0 m. 58	+ 0,26	0 m. 46	+ 0,38
13								
14	0 m. 65	+ 0,19	0 m. 68	+ 0,16	0 m. 64	+ 0,20	0 m. 56	+ 0,28
15	0 m. 57	+ 0,27	0 m. 60	+ 0,24	0 m. 67	+ 0,17	0 m. 58	+ 0,26
16	0 m 45	+ 0,39	0 m. 52	+ 0,32	0 m. 63	+ 0,21	0 m. 55	+ 0,29
17	0 m. 43	+ 0,41	0 m. 47	+ 0,37	0 m. 58	+ 0,26	0 m. 54	+ 0,30
Ecart entre le point le plus bas et le plus haut . . .		0,33		0,28		0,23		0,23

Il résulte du tableau précédent, que, au cours des 4 jours d'observation, les mouvements maxima du plan d'eau au cours de la même journée, ont été respectivement de 0,33, 0,28, 0,23 et 0,23 entre 8 heures et
17 heures.

L'écart entre la cote la plus basse (+ 0,09) et la cote la plus haute
(+ 0,49) atteintes au cours de ces journées d'observation est de *0,40* centimètres.

La détermination des cotes des divers repères choisis sur le périmètre

de l'île ayant été faite les 11 et 12 avril, jours où le plan d'eau a varié à
Pointe-à-Pitre de 0 m. 33 au maximum, on peut supposer que, même si
le mouvement des marées n'est pas synchronique sur tout le périmètre de
l'île, l'erreur qui peut en résulter pour la cote d'un repère, est du moins
comprise entre 0 et 0 m. 33.

Pour nous rendre compte s'il y a synchronisme dans le mouvement des
marées, sur les divers points du rivage, nous avons mesuré, toutes les
heures, pendant une journée les variations du plan d'eau par rapport au
repère de Pointe-à-Pitre et par rapport à un point fixe choisi comme
repère, à Port-Louis, à 30 kilomètres de Pointe-à-Pitre.

Le tableau suivant résume nos observations.

*Tableau des variations comparées du niveau de la mer, par rapport au
repère de Pointe-à-Pitre et par rapport à un point fixe pris comme
repère à Port-Louis.*

Heures	Pointe-à-Pitre		Port-Louis	
	Cotes mesurées à partir du repère	Différence entre 2 cotes successives	Cotes mesurées à partir du repère	Différence entre 2 cotes successives
8	0 m. 36		1 m. 51	
9	0 m. 37	+ 0,01	1 m. 55	+ 0.04
10	0 m. 39	+ 0,02	1 m. 62	+ 0,07
11	0 m. 44	+ 0,05	1 m. 64	+ 0,02
12	0 m. 46	+ 0,02	1 m. 68	+ 0,04
14	0 m. 56	+ 0,10	1 m. 74	+ 0,06
15	0 m. 58	+ 0,02	1 m. 74	
16	0 m. 55	+ 0,03	1 m. 75	+ 0,01
17	0 m. 54	+ 0,01	1 m. 75	

Il serait téméraire de vouloir tirer des conclusions précises d'une seule
observation.

Toutefois il semble, à première vue, que le synchronisme, s'il n'est pas
absolu, puisque à partir des seize heures, le niveau a constamment baissé
depuis 15 heures, amorce un mouvement de hausse à Pointe-à-Pitre,
alors qu'il est à peu près stationnaire à Port-Louis, est du moins approximatif.

En effet, le mouvement des vagues, si calme que soit la mer, ne permet pas des mesures au centimètre près. Il faut donc considérer, non les
variations horaires, trop faibles, mais les variations extrêmes et leur
signe.

Ainsi de huit heures à quinze heures, les cotes mesurées manifestent une différence de + 0,22 à Pointe-à-Pitre + 0,24 à Port-Louis. De quinze heures à dix-sept heures la différence est de + 0,04 à Pointe-à-Pitre et de + 0,01 à Port-Louis : soit un écart de 0,02 centimètres d'une part, de 0,03 centimètres, d'autre part. Ces écarts ne représentent pas nécessairement une différence réelle de niveau, car ils sont dans l'ordre de précision des moyens de mesure employés.

On peut en tout cas, admettre que cet écart maximum de 0,03 centimètres représente approximativement l'ordre de précision qu'on peut attendre de la détermination d'une cote de repère au moyen du plan d'eau.

Si l'on songe que le repère de l'Anse-Bertrand est à 45 kilomètres de Pointe-à-Pitre, que celui de Saint-François est à près de 40 kilomètres, par des routes accidentées, on voit qu'il aurait fallu un nivellement direct très soigné pour obtenir cette précision.

DÉTERMINATION DES REPÈRES EN DIVERS POINTS DU PÉRIMÈTRE DE L'ILE

Pour déterminer la cote de repères fixes en divers points du rivage, basée sur le plan d'eau, nous avons au moyen d'un niveau, mesuré la différence de niveau entre le plan d'eau et le point fixe choisi comme repère dans les agglomérations suivantes où des cheminements devaient aboutir : Morne à l'Eau, Port-Louis, L'Anse-Bertrand, le Petit Canal, Le Moule, Saint François, Sainte-Anne, le Gosier, *en notant exactement le jour et l'heure de chacune des opérations*.

Pendant ce temps, un opérateur mesurait toutes les heures la cote du plan d'eau par rapport au repère de Pointe-à-Pitre.

Nous avons ainsi pu suivre, d'heure en heure, les variations du plan d'eau à Pointe-à-Pitre et en déduire les cotes des divers points fixes choisis comme repères.

VÉRIFICATION PAR UN NIVELLEMENT DIRECT DE L'UN DES REPÈRES AINSI DÉTERMINÉS

Pour vérifier et chiffrer le degré de précision de ces déterminations, nous avons exécuté un cheminement de nivellement géométrique précis, entre le repère de départ de Pointe-à-Pitre et le repère de Morne à l'Eau situé à 16 kilomètres environ du premier.

Ce nivellement exécuté au moyen d'un niveau Wild a été établi, dans la première partie, par un aller et retour au point de départ pour étalonner l'intrument ; dans la deuxième partie, en un seul sens, mais en utilisant deux points de passage entre chaque station.

Les mires employées étaient des mires ordinaires, à une seule face, à perpendicule, du type Goulier. L'équidistance des points arrière et avant était appproximativement obtenue au pas, la portée maximum étant de 60 mètres. Des repères étaient laissés tous les 500 mètres environ, sur des points fixes : seuils, ponceaux, socles.

Le calcul du premier tronçon, de 3 kilomètres environ, nivelé dans les deux sens, a manifesté un écart de fermeture de 0,002 mm. Les points ntermédiaires nivelés à l'aller et au retour n'ont pas révélé d'écart supérieur à 0 mm. 005.

La précision obtenue est donc, pour ce tronçon, presque comparable à celle des cheminements du premier ordre du nivellement général de la France, dont l'erreur moyenne kilométrique est : erreur accidentelle : 1 mm. 2, systématique 0 mm. 2.

La précision de l'instrument et de la méthode nous étant ainsi démontrée, le reste du cheminement n'a été fait qu'en un seul sens, mais en prenant deux points de passage par station et en laissant tous les 600 à 700 mètres un repère marqué sur un point fixe.

Le nivellement a été calculé de repère à repère par la moyenne des deux séries de points de passage.

Voir le tableau ci-contre.

Il résulte de ce tableau que l'écart total de fermeture du cheminement est de 31 millimètres, les écarts sur chaque tronçon, de repère à repère, étant en moyenne de 2 millimètres.

On peut en déduire que la cote de 1 m. 24 du repère extrême, celui de Morne à l'Eau, est déterminée à moins de 0 m. 02 près.

Or la cote obtenue directement au moyen du plan d'eau est de *1 m. 16* soit un écart de *0 m. 08* avec le nivellement direct.

Cette constatation nous a montré que la détermination de repères au moyen du plan d'eau avait une précision très supérieure à celle qui était recherchée et donnerait toute sécurité aux nivellements tachéométriques qui viendraient se rattacher à ces repères.

Le tableau ci-contre montre les écarts constatés sur chacun des tronçons :

Repères — Altitudes obtenues par chaque série de points de passage	Ecarts en millimètres	Repères — Altitudes obtenues par chaque série de points de passage	Ecarts en millimètres
Repère 27			
» 28 { 14.910 / 14.912	— 0,002	Repère 39 { 18.341 / 18.341	0
» 29 { 21.750 / 21.751	— 0,001	» 40 { 13.309 / 13.310	— 0,001
» 30 { 24.385 / 24.386	— 0,004	» 41 { 13.562 / 13.566	— 0,004
» 31 { 13.624 / 13.621	+ 0,003	» 42 { 13.144 / 13.146	— 0,002
» 32 { 17.233 / 17.233	0	» 43 { 5.514 / 5.512	+ 0,002
» 33 { 11.031 / 11.038	— 0,007	» 44 { 4.055 / 4.058	— 0,003
» 34 { 7.597 / 7.598	— 0,001	» 45 { 1.794 / 1.797	— 0,003
» 35 { 11.626 / 11.630	— 0,004	» 46 { 2.167 / 2.166	+ 0,001
» 36 { 14.184 / 14.189	— 0,005	» 47 { 2.322 / 2.322	0
» 37 { 12.946 / 12.951	— 0,005	Repère : Morne à l'Eau { 1.242 / 1.238	+ 0,004
» 38 { 13.168 / 13.171	— 0,003	Ecart total de fermeture de l'ensemble 31 mm.	
» 39 { 13.049 / 13.047	+ 0,002		

CHEMINEMENTS TACHÉOMÉTRIQUES

Les cheminements en vue de l'établissement des profils ont été établis au tachéomètre Sanguet, par visée réciproque de station à station, car ils avaient également pour but des relevés planimétriques et calculés de repère à repère, ou en partant de points déjà calculés pour se refermer en un point nodal.

Le tableau suivant met en évidence les écarts de fermeture des chemi-nements sur les repères.

Désignation du cheminement	Longueur	Cote repère	Cote tachéo-métrique	Ecart total de fer	Erreur kilométri-que
Rep. Port-Louis à :					
— Petit Canal	9 km.	1,16	1 m. 25	+ 0,09	+ 0,030
Rep. Morne à l'Eau à :					
Rep. Petit Canal . . .	16 km.	19,17	19 m. 07	— 0,10	— 0,025
Morne à l'Eau à :					
Rep. La Moule.	15 km.	1,75	1 m. 64	+ 0,09	+ 0,022
Rep. Anse Bertrand à :					
Rep. Port-Louis	9 km.	1,81	1 m. 67	— 0,14	— 0,046
Pointe-à-Pitre à :					
Gosier	8 km.	6,03	5 m. 99	— 0,04	— 0,014
Rep. Saint-François à :					
Rep. Sainte-Anne. . . .	16 km.	2,10	2 m. 17	+ 0,07	+ 0,017

L'examen de ces écarts de fermeture confirme, à la fois la précision des cheminements et des repères, et nous donne la certitude de la précision de l'ensemble du travail est très supérieure à celle qui était recherchée.

Cette précision, grâce à la répartition des repères qui a permis de calculer les cheminements par tronçons assez courts, a été obtenue sans précautions spéciales, par un lever expédié.

CONCLUSION

L'établissement des repères sur tout le pourtour de l'île a été exécuté en deux jours, le cheminement de nivellement de vérification en 5 jours. soit : 7 jours de travail sur le terrain à une brigade et 2 jours de calculs.

Sans ces repères, il aurait fallu, pour obtenir une sécurité et une préci-sion *très inférieures*, plus de 70 kilomètres de cheminements supplémen-taires de vérification, soit 30 jours au moins de travail sur le terrain pour une brigade, et environ 15 jours de calculs de carnets

En outre, la grande longueur des circuits qu'il aurait fallu établir (de 40 à 100 kilomètres) aurait nécessité des précautions spéciales qui auraient sensiblement allongé la durée du lever et des calculs.

L'économie réalisée a donc été très notable, avec un résultat technique infiniment plus sûr.

G. DURAFFOURD

Membre du Comité national français de Géodésie et de Géophysique,
Régisseur des travaux du cadastre et d'amélioration agricole
des Etats de Syrie, du Liban et des Alaouites.

a) LE CALCUL DES TRIANGULATIONS DANS UN SYSTÈME DE PROJECTION ÉTENDUE

b) ÉTABLISSEMENT DE LA TRIANGULATION DE LA VILLE DE BEYROUTH EN VUE DE L'EXÉCUTION DE SON CADASTRE

INTRODUCTION

Le cadastre des villes représente l'opération la plus délicate des travaux
courants de topographie foncière. Il constitue la garantie juridique de la
propriété, la base du régime hypothécaire, la sécurité des transactions.
Il doit protéger l'exercice direct du droit de propriété, c'est-à-dire avoir
force probante quant à la position, aux limites et à la contenance des
propriétés, d'où la nécessité de rechercher dans son exécution toute la
précision que les méthodes modernes et les instruments actuels permettent d'obtenir.

Or, la première condition qui se pose est l'établissement d'un canevas
de points de triangulation sur lequel la polygonation puisse être greffée
et compensée, afin d'assurer aux relevés des détails la précision et l'im-
mutabilité nécessaires et permettre, par la suite, de procéder à la mise à
jour du cadastre.

L'étendue peu importante des villes permet, en général, de négliger les
corrections dues à la sphéricité terrestre qui doivent être introduites dans
les calculs des triangulations s'étendant à toute une région ou à tout un
pays. Cette particularité, paraît, a priori, favorable à l'établissement
d'une triangulation plane calculée sur un système d'axes de coordonnées
local, méthode qui offre l'avantage d'éviter l'introduction dans les calculs,
des corrections résultant des déformations des systèmes de projection
étendue. Mais ce procédé qui se comprend lorsqu'il s'agit d'établir le levé
isolé d'une ville ou quand le pays n'est pas doté d'une triangulation

générale, est à rejeter lorsqu'il s'agit de dresser un cadastre d'ensemble, cas dans lequel l'homogénéité entre les calculs et le raccordement entre les plans des diverses communes et villes, doivent être une règle absolue.

En Syrie et au Liban, où la triangulation géodésique effectuée par le Service géographique de l'Armée, pour le lévé de la carte, est établie de façon à pouvoir être utilisée également pour l'établissement du cadastre,

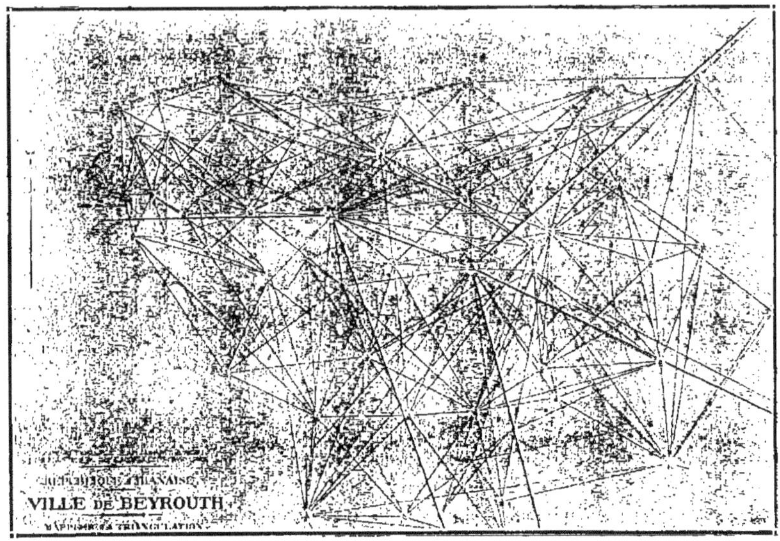

le rattachement des triangulations de ville au réseau géodésique et le calcul de ces triangulations dans le système de projection général adopté, ne pouvaient être nullement discutés, malgré les craintes qu'on pouvait avoir à ce dernier égard, étant donné l'éloignement de certaines villes, qui, comme Beyrouth, se trouvent à 330 kilomètres de l'origine de la projection.

Toutefois, le système de projection adopté ([1]) en vue du calcul dans un système *unique* des coordonnées rectangulaires du cadastre de l'ensemble

---

([1]) Projection stéréographique dont le point origine a été choisi (38ᴳ de latitude et 43ᴳ5 de longitude) de façon à ce que la totalité des territoires placés sous mandat français soit comprise dans un cercle de 400 kilomètres de rayon, avec les particularités suivantes :

a) Les régions désertiques limitées à l'Ouest par l'Oasis de Damas, et la chaîne de l'Anti-Liban, sont comprises dans un premier cercle de 200 kilomètres de rayon.

b) Les régions habitées ou exploitables qui affectent la forme d'un arc de couronne, sont comprises entre deux cercles de 200 et 350 kilomètres de rayon, à l'intérieur

des pays sous mandat, ne donnant qu'une déformation linéaire de 1/4000ᵉ
environ à 300 kilomètres de l'origine, les craintes exprimées ci-dessus se
révélaient infondées, étant donné que cette déformation n'avait en somme
aucune influence sur le levé des détails et la détermination superficiarei
des parcelles, qui ont, en ville, de petites dimensions — cas dans lequel
les corrections de surface, dûes à la déformation linéaire de la projection
sont toujours inférieures à la tolérance réglementaire fixée pour les
calculs de contenances. D'autre part, rien n'empêchait de calculer, si cela
devenait nécessaire, ces corrections.

I. — Conditions locales

La ville de Beyrouth est située sur une sorte de promontoire constitué
par une petite colline orientée Est-Ouest, dont le versant Nord s'infléchit
vers la mer et le versant Sud vers la plaine qui s'étend depuis les basses
collines de la chaîne du Liban jusqu'à la mer.

Cette constitution particulière formant un obstacle aux vues étendues,
il ne fut pas possible de procéder à l'établissement du réseau de triangulation dans les conditions observées habituellement pour trianguler les
villes, qui consistent à encercler celles-ci d'un réseau de points après
avoir choisi un sommet central, de façon à pouvoir intersecter ensuite, à
l'intérieur des triangles ainsi formés, les sommets utiles au rattachement
de la polygonation. Il fut nécessaire, à Beyrouth, de multiplier les stations
situées en ville, afin de constituer un réseau de triangles à mailles courtes,
de manière à assurer des vues suffisantes pour le recoupement des points
de cinquième ordre non stationnés.

desquels la déformation linéaire a été réduite à son minimum en procédant au changement d'échelle : 1 — 0,000466, ce qui donne les déformations suivantes :

Distance à l'origine 0	Distance à l'origine 200 km.	Distance à l'origine 275 km.	Distance à l'origine 350 km	Distance à l'origine 400 km.
$- \, 0,000466$ $- \dfrac{1}{2146}$	$- \, 0,000220$ $- \dfrac{1}{4545}$	0 0	$+ \, 0,000289$ $+ \dfrac{1}{3460}$	$+ \, 0,000520$ $+ \dfrac{1}{1920}$

2. — CONSTITUTION DE LA TRIANGULATION DE BEYROUTH

A. — *Triangulation géodésique.*

La triangulation de Beyrouth qui a été exécutée en même temps que celle de la région située à l'Est, au Nord et au Sud de la ville, forme un réseau homogène, greffé sur quatre points de la triangulation géodésique stationnés, de premier et de deuxième ordre ci-après : Collège Patriarcal de Beyrouth, Deir-el-Kalat-Aïnab, et Nahr-el Kelb.

Le canevas géodésique a été complété par la détermination dans Beyrouth d'un point complémentaire de deuxième ordre : Notre-Dame de Nazareth.

B. — *Triangulation de rattachement.*

Le réseau de triangulation de rattachement de la ville (réseau de points stationnés intermédiaire entre le canevas géodésique et la triangulation cadastrale) a été formé par cinq points encerclant la ville : Collège Américain, 29, 124, 58, 131.

C. — *Triangulation cadastrale.*

Le réseau de la triangulation cadastrale comporte 48 points stationnés (4e ordre) et 108 points intersectés (5e ordre et signaux naturels : minarets, clochers, tours, etc...), ce qui représente des côtés moyens de 500 mètres en tenant compte de l'ensemble des points, et de 800 mètres, en ne tenant compte que des sommets destinés au rattachement de la polygonation.

3. — EXÉCUTION DES TRAVAUX DE TRIANGULATION

a) *Reconnaissance et implantation.*

La reconnaissance de la triangulation a comporté deux phases :

Première phase. — Reconnaissance du réseau de rattachement.

Dans l'établissement de ce réseau, on n'a tenu compte que des nécessités afférentes à la constitution d'un canevas de points solidement rattachés à la triangulation géodésique et ayant des vues suffisantes pour pouvoir recouper les sommets de la triangulation cadastrale.

Deuxième phase. — Reconnaissance de la triangulation cadastrale.

Le réseau de triangulation de rattachement reconnu, il a été procédé à l'implantation de la triangulation cadastrale qui a été effectuée, dans la mesure du possible, parallèlement à celle de la polygonation principale, en vue d'adapter cette triangulation aux nécessités du levé.

Les points de triangulation ont été repérés à l'aide de bornes cylindriques coulées dans un massif de béton ou de couronnes en fonte spéciale portant en relief le mot « cadastre » serties sur des tubes creux de 0,05 de diamètre scellés dans les terrasses.

Les points situés sur les terrasses ont été rabattus lorsqu'il était nécessaire, au sol, par un ou plusieurs triangles auxiliaires dont les angles et l'un des côtés au moins ont été mesurés.

b) *Observations.*

Les observations ont été effectuées, en ce qui concerne la triangulation de rattachement, avec un cercle azimutal à microscopes Chasselon et avec un cercle S. I. O. P. en ce qui concerne la triangulation cadastrale. (Le cadastre en Syrie est doté depuis cette époque, de théodolites Wild, grand et petit modèles).

c) *Calculs.*

Tous les calculs ont été effectués par la méthode dite du point approché (intersection et relèvement). Les résultats obtenus ont été les suivants :

Adoptant pour tolérance moyenne 0 m. 02 (valeur très voisine de celle admise pour la triangulation de la ville de Genève : 0 m. 015) la précision obtenue est la suivante pour le réseau de triangulation cadastrale de la ville :

1. — *Points de 4ᵉ ordre stationnés (40).*

18 points dont le rayon moyen d'in-
décision est compris entre . . 0 m. et 0 m. 02 soit 45 0/0
9 points dont le rayon moyen d'in-
décision est compris entre . . 0 m. 02 et 0 m. 04 soit 23 0/0
13 points dont le rayon moyen d'in-
décision est compris entre . . 0 m. 04 et 0 m. 08 soit 32 0/0

2. — *Points de 5e ordre intersectés* (108).

73 points dont le rayon moyen d'in-
décision est compris entre . . 0 m.   et 0 m. 02 soit 68 0/0
18 points dont le rayon moyen d'in-
décision est compris entre . . 0 m. 02 et 0 m. 04 soit 17 0/0
12 points dont le rayon moyen d'in-
décision est compris entre . . · 0 m. 04 et 0 m. 08 soit 11 0/0
5 points dont le rayon moyen d'in- ,
décision est compris entre . .   0 m. 08 et 0 m. 10 soit   4 0/0 (¹).

L'erreur linéaire *moyenne* est donc pour des côtés de 500 à 600 mètres d'environ $\frac{4}{55000}$ soit $\frac{1}{13750}$ et l'erreur maximum de $\frac{1}{5000}$ environ.

d) *Vérification d'échelle.*

En vue de permettre une vérification de l'échelle de la triangulation, il a été mesuré une base de contrôle située sur la jetée du port entre les points 99 et 29 de la triangulation

Ce mesurage effectué trois fois dans les deux sens, avec deux fils d'invar préalablement étalonnés, a donné, après toutes compensations et *réduction dans le système de projection*, une longueur de 646 m. 6539 pour une discordance maximum de 0 m. 009, ce qui représente une précision du mesurage de 1/170000 environ.

La comparaison de cette longueur avec celle déduite directement des coordonnées des points 99 et 29 constituant les termes de la base a donné les résultats suivants :

Longueur de la base déduite des coordonnées stéréogra-
phiques. . . . . 646 m. 651
Longueur de la base mesurée, réduite dans le système
de projection . . . . 646 m. 6539
Discordance. . . . . . . 0 m. 0029

Cette discordance, de l'ordre de 1/215550, démontre avec quels soins les travaux ont été exécutés et *donne une idée de la précision exceptionnelle obtenue.*

(¹) Les 5 points admis avec un rayon moyen d'indécision compris entre 0 m. 08 et 0 m. 10 sont des points situés dans les sables et ne faisant pas partie de la triangulation de ville proprement dite.

Cette précision prouve également que les déformations résiduelles introduites par le système de représentation sont absolument négligeables, si l'on tient compte de l'approximation avec laquelle la base précitée a été mesurée.

e) *Calcul de la déformation linéaire.*

Les calculs des coordonnées de la triangulation de Beyrouth ayant été effectués dans le système de projection stéréographique adopté pour l'établissement du cadastre des Etats sous mandat, il convenait de rechercher la déformation linéaire résultant de ce système de représentation dont les avantages ont été analysés dans une communication de M. Duraffourd, présentée au Congrès de Bordeaux, 1923, de l'Association Française pour l'Avancement des Sciences.

D'après le tableau inséré dans l'introduction de la présente note, la déformation provenant du système de projection précité, s'établit comme suit suivant la distance à l'origine, changement d'échelle $1 - 0.000466$:

$$- 1/4545 \quad \text{à 200 kilomètres de l'origine,}$$
$$- 0 \qquad\quad \text{à 275 kilomètres de l'origine,}$$
$$+ 1/3460 \quad \text{à 350 kilomètres de l'origine.}$$

Ces variations peu considérables eu regard aux déformations qui résultent d'autres systèmes de projection, permettent de regarder comme constante l'échelle dans toute l'étendue des levés.

La ville de Beyrouth étant située à 335 kilomètres de l'origine, la déformation $\lambda = \dfrac{m(m - c \cos M)}{4\rho_0 N_0}$ s'établit comme suit :

Longueur de la base mesurée sur la jetée du port entre
les points de triangulation 29 et 99 (mesurage direct) . 646 m. 5017

Calcul de la correction $\lambda = \dfrac{m(m - c \cos M)}{4\rho_0 N_0}$ . . . . 0 m. 1522
____
Longueur de la base réduite dans le système de projection stéréographique . . . . 646 m. 6539

La déformation résultant du système de représentation est donc de 1/4250, ce qui correspond à une déformation superficiaire d'environ 1/2000, qui est sans influence sur les tolérances en matière de calcul superficiaire, et, par conséquent, sur la précision exigée du cadastre.

Conclusion

Le calcul des triangulations dans un système de projection *unique pour tout un territoire,* appliqué pour la première fois en Syrie et recommandé depuis par l'Union internationale de Géodésie et de Géophysique, permet d'obtenir non seulement l'homogénéité indispensable dans les travaux complexes et méthodiques du cadastre, mais une précision qui permet d'admettre l'échelle *locale* des levés comme rigoureusement constante.

D'autre part, les calculs s'effectuent directement en coordonnées rectangulaires à partir du réseau de deuxième ordre exclus, à condition de corriger les observations des triangulations de troisième ordre et de rattachement, de la déformation angulaire résultant de la projection, dont le calcul se fait à l'aide d'abaques ou de cercles, qui résolvent de façon très simple et très rapide les formules de correction angulaires et linéaires :

$$\beta = - \frac{mc \sin M}{4\rho_0 N_0 \sin 1''} \quad \text{pour les angles,}$$

$$\lambda = \frac{m(m - c \cos M)}{4\rho_0 N_0} \quad \text{pour les longueurs.}$$

Les avantages de ce procédé sont considérables *au point de vue du prix de revient des travaux* qui sont encore rendus plus rapides par l'emploi, pour les calculs, de la méthode des ingénieurs hydrographes (emploi du point approché et des compensations graphiques à grande échelle). Ces avantages peuvent se classer comme suit :

1° Les calculs s'effectuent dans un seul système de coordonnées, ils sont simples et rapides.

2° Ils sont effectués avec les angles observés, corrigés, s'il y a lieu, de la déformation angulaire (triangulation de troisième ordre et de rattachement et si c'est nécessaire de quatrième ordre), même lorsque les stations sont excentriques par rapport aux signaux.

3° Les déplacements normaux de lieux géométriques se calculent avec des valeurs approchées des longueurs des visées : on n'a donc pas à se préoccuper, au cours des opérations, de la déformation des longueurs dans le système de représentation.

4° Les calculs s'effectuent avec les valeurs naturelles (nouvelles tables à huit décimales éditées par la Section de Géodésie de l'Union géodésique et géophysique internationale) ce qui permet l'emploi des machines à calculer.

5° Le graphique à grande échelle permet d'effectuer très simplement toutes les compensations locales en cas de visées surabondantes et, en particulier, dans le cas très important des points déterminés par intersection. Il donne en outre, l'erreur probable de détermination du point calculé (rayon moyen d'indécision).

Enfin, l'emploi des nouveaux appareils Wild pour l'observation des triangulations fait gagner un temps considérable sur celui qui devait être consacré autrefois à ce travail et permet d'obtenir une précision beaucoup supérieure à celle qui pouvait être atteinte avec les anciens instruments à microscopes.

Quant aux résultats obtenus à Beyrouth, ceux-ci sont confirmés par les calculs de la polygonation qui atteignent facilement la précision de 1/5000ᵉ et par la vérification des plans cadastraux, qui a donné des résultats excellents, ainsi qu'il ressort de l'extrait ci-après, pris au hasard, relatif à la vérification du plan cadastral au 1/500 de la Section 3 de la circonscription foncière du Port de la ville de Beyrouth :

Contrôle par sondage de l'arpentage des propriétés (extrait).

Numéros des parcelles contrôlées	Superficies calculées d'après les mesurages directs effectués sur le terrain à titre de contrôle	Superficie calculée sur le plan (calcul des contenances parcellaires au planimètre après compensation par masse)	Discordances	Tolérances légales (¹) 1/100 de la superficie
	ca	ca	ca	ca
183	744	745	1	7
271	255	254	1	2
272	505	504	1	2
Ilot 183 + 271 + 273	1.504	1.503	1	

(¹) Il est à remarquer que les discordances constatées entrent également dans la tolérance pour la comparaison des résultats des deux calculs effectués en vue de la détermination des contenances parcellaires et pour les rapprochements établis entre les surfaces totales des masses et la réunion des contenances parcellaires correspondantes (T : $0,004 \sqrt{S} + 0,01 S^2$).

Baabda, 15 juin 1929.

LABORDE

Chef d'escadron de l'artillerie coloniale.

1° LA NOUVELLE PROJECTION DU SERVICE GÉOGRAPHIQUE
DE MADAGASCAR

Le choix d'un système de représentation plane du sphéroïde terrestre est l'un des premiers problèmes techniques que soulève l'organisation rationnelle des travaux géographiques dans un pays de grande étendue.

Ce problème avait été résolu au début des opérations du Service géographique de Madagascar (1896) par l'adoption de la projection équivalente de Bonne ; cette solution, acceptable pour les publications cartographiques, présentait de graves inconvénients pour la topographie, en raison des altérations élémentaires pouvant atteindre 36 minutes centésimales pour les angles, $\pm \frac{1}{350}$ pour les longueurs, altérations surpassant de beaucoup, surtout pour les angles, les erreurs instrumentales dans les levers de précision ; elle interdisait absolument l'emploi des coordonnées rectangulaires pour les calculs de triangulation.

En 1926, le commandant Laborde adopta une projection nouvelle n'offrant pas les inconvénients de la projection de Bonne ; cette projection a été mise en service en 1926 pour les calculs de géodésie, en 1927 pour les levers topographiques et la publication des cartes nouvelles.

La nouvelle projection réunit les conditions suivantes :

Elle est rigoureusement conforme, c'est-à-dire totalement exempte d'altérations angulaires élémentaires.

Parmi toutes les projections possibles, c'est celle qui réduit au minimum la plus grande altération linéaire dans le champ d'application envisagé (l'île de Madagascar tout entière) ; cette plus grande altération linéaire est de $+ \frac{1}{840}$, maximum qu'on pourrait réduire de moitié par une réduction générale d'échelle ; pratiquement au lieu de $\frac{1}{1\,680}$ moitié du maximum, on a adopté pour la réduction générale d'échelle la fraction simple $\frac{1}{2\,000}$, de sorte que l'altération linéaire est comprise entre les deux valeurs extrêmes :

$$- \frac{1}{2\,000} \text{ (soit } - 0 \text{ m. } 50 \text{ par kilomètre) à l'origine ;}$$

$$+ \frac{1}{1\,450} \text{ (soit } + 0 \text{ m. } 69 \text{ par kilomètre) à la périphérie.}$$

Les applications géodésiques ont été étudiées avec un soin particulier ; le maniement pratique des corrections aux angles et aux longueurs a été suffisamment perfectionné pour permettre d'utiliser les coordonnées rectangulaires dans tous les calculs de triangulation, *y compris le 1er ordre.*

La projection a été établie en prenant comme surface de référence le nouvel *ellipsoïde international* (Hayford 1909).

* *

Le mémoire consacré à la nouvelle projection de Madagascar, s'inspire des travaux de Tissot, Courtier Roussilhe et expose en outre quelques recherches personnelles que l'auteur se propose de développer plus longuement dans un travail en préparation. Il comprend deux parties, l'une théorique, l'autre pratique.

La partie théorique renferme quelques notions mathématiques sur la représentation conforme des surfaces. Elle rappelle sommairement les résultats classiques dont il sera fait usage dans la partie pratique et présente, sommairement aussi, quelques résultats nouveaux en ce qui concerne l'étude des altérations dues à la représentation, en particulier l'étude de l'altération de courbure géodésique.

Dans la partie pratique, l'auteur se propose de déterminer les systèmes de projection répondant à la fois aux conditions suivantes :

Champ d'application très étendu ;

Adaptation rigoureuse à la forme du pays pour lequel la projection est établie ;

Possibilité d'utilisation pour toutes les opérations de la géographie métrique, y compris le calcul des triangulations précises de 1er ordre.

La solution adoptée a été choisie entre plusieurs solutions admissibles, les unes connues, les autres inédites. Cette solution est exposée sous une forme assez générale et avec assez de détail pour en permettre l'application facile à un pays d'une étendue comparable à Madagascar, mais d'une forme différente.

2º DÉTERMINATION DE LA LONGITUDE D'HELLVILLE (NOSSI-BÉ)
(Octobre-novembre 1926)

par le Capitaine Le Page, de l'infanterie coloniale.

Le pilier méridien d'Hellville à Nossi-Bé est le point origine des triangulations cotières des Ingénieurs hydrographes et des cartes marines de
Madagascar. La latitude avait fait l'objet de deux déterminations antérieures très précises et très concordantes (Favé, 1888, cercle méridien :
13º24′23″.4 Sud ; Driencourt, 1903, astrolabe à prisme : 13º24′23″.5). La
longitude n'était encore connue qu'à 2 ou 3 secondes de temps près (détermination par transport du temps entre Saint-Denis de la Réunion et
Nossi-Bé).

Une nouvelle détermination de la longitude de ce point important pour
la cartographie de Madagascar a été effectuée par le capitaine Le Page, à
l'occasion de l'opération internationale des longitudes d'octobre-novembre 1926.

Les résultats obtenus ont été aussi précis que le permettait l'outillage
restreint mis à la disposition de l'observateur, outillage qui ne permettait
ni l'élimination de l'équation personnelle, ni l'enregistrement des signaux
radiotélégraphiques.

Le capitaine Le Page, seul opérateur de la mission, n'était assisté que
d'un aide européen (le canonnier Lasère, topographe de profession) et de
deux aides indigènes (un opérateur radiotélégraphiste et le tirailleur ordonnance de l'officier).

Les observations astronomiques ont été faites à l'astrolabe à prisme
(Jobin du modèle géodésique) et enregistrées au chronographe. Le garde-
temps employé était une pendulette Leroy à contacts électriques.

La réception des signaux horaires scientifiques était effectuée à l'oreille
par la méthode des coïncidences. Les signaux utilisés étaient ceux de
Bordeaux, émission de 20 h. 1 m. à 20 h. 6 m. T. M. G.

*
* *

Le mémoire du capitaine Le Page, illustré de croquis, expose très clairement les dispositions judicieuses prises pour tirer le meilleur parti du
personnel et du matériel modestes dont il disposait ; à ce titre, il fournit

un modèle qui sera utilement consulté par les géodésiens coloniaux ayant à opérer dans des conditions analogues.

La préparation du cahier de calages, le calcul des observations astronomiques ont été adaptés au cas particulier dont il s'agissait : exécution d'une série assez longue de soirées dans une station de latitude antérieurement connue avec précision. Pour mieux suivre la marche du garde-temps au cours de chaque soirée, les observations astronomiques ont été divisées en groupes de 10 à 15 étoiles, comportant à peu près égalité de passages à l'Est et de passages à l'Ouest ; chacun de ces groupes, traité par le calcul et compensé par la méthode de Mayer, fournissait un état de la pendule rapporté à l'instant moyen du groupe ; ces états indépendants, traités par les moindres carrés, donnaient l'état du garde-temps à l'instant moyen de la soirée (voisin de l'heure de la réception) et une marche moyenne. L'heure du premier et celle du dernier battement, en temps de la pendule réceptrice, ont été déduites de l'observation des coïncidences par les moindres carrés. Le mémoire du capitaine Le Page renferme des exemples de ces différents calculs.

*
* *

La longitude du pilier méridien d'Hellville a été calculée en comparant les heures sidérales locales du 1er et du 306e battements de Bordeaux avec celles observées par les mêmes battements aux cinq observatoires de Greenwich, Paris, Alger, Zi-Ka-Wei, Helwan, et en adoptant pour ces derniers la longitude résultant de l'opération d'octobre-novembre 1926.

Les résultats sont les suivants :

Par *Greenwich* (15 soirées). Long. Nossi-Bé = 3 h. 13 m. 05 s. 94
Par *Paris* (18 soirées).   »   =   05 s. 85
Par *Alger* (18 soirées).   »   =   05 s. 95
Par *Zi-ka-wei* (17 soirées).   »   =   05 s. 96
Par *Helwan* (18 soirées).   »   =   05 s. 94

Moyenne adoptée = 3 h. 13 m. 05 s. 92 Est Gr.

POIVILLIERS

1º NOTE SUR LE « STÉRÉOTOPOGRAPHE » POIVILLIERS (¹)

Le « Stéréotopographe » Poivilliers est un appareil destiné au tracé automatique et continu de tous les éléments de la carte (planimétrie, nivellement, profils...), et à la détermination des coordonnées d'un point quelconque du terrain, en utilisant deux, photographies distinctes de la zone dont on veut effectuer le relevé. Ces photographies peuvent être prises aux deux extrémités d'une base quelconque, terrestre ou aérienne, leur position relative pouvant également être quelconque.

Il se compose essentiellement (planche I et II) :

1º D'un dispositif optique permettant le pointé stéréoscopique des différents points du terrain communs aux deux clichés. Les angles d'azimut et de hauteur des points' visés peuvent être mesurés sur des cercles divisés.

2º D'un dispositif mécanique permettant :

— Soit de lire sur trois règles divisées les coordonnées rectangulaires d'un point du terrain visé stéréoscopiquement sur les deux clichés ;

— Soit de reporter automatiquement la position planimétrique du point sur une planchette, sa cote étant lue sur la règle divisée correspondante ;

— Soit de viser, et de tracer de façon continue à une échelle arbitraire, la planimétrie d'une ligne quelconque réelle du terrain ou d'une ligne fictive de cote donnée par exemple.

PRINCIPE DE L'APPAREIL

A. — *Dispositif optique.* — Chaque cliché est fixé, pour la restitution, dans une chambre semblable à celle de prise de vue et munie d'un objectif identique ; il est semblablement placé par rapport à cet objectif, ce qui reconstitue le cône perspectif initial.

Ce cône perspectif est orienté, par rapport à la verticale, comme le cône

---

(¹) Cet appareil est construit par la « Société d'Optique et de Mécanique de Haute-Précision », 125, boulevard Davout, Paris.

perspectif de prise de vue, au moyen de mouvements appropriés de rotation de la chambre. L'azimut et la hauteur zénithale d'un point du cliché
sont donc égaux aux angles correspondants du terrain mesurés à l'aide
d'un théodolite stationné au point de vue.

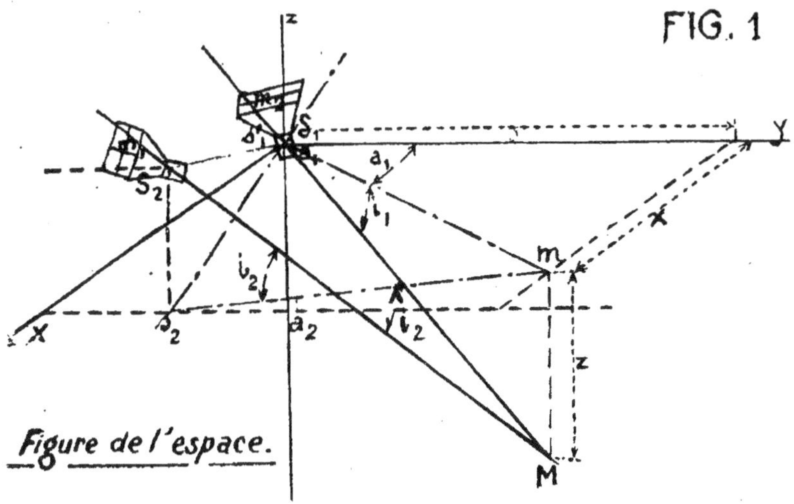

L'observation de chaque cliché se fait à travers l'objectif de la chambre
au moyen d'une lunette coudée, basculant autour d'un axe horizontal, et
dont la ligne de visée balaie un plan vertical fixe à la façon d'une lunette
méridienne. Les angles d'azimut sont fournis par la rotation de la chambre autour d'un axe vertical, et les angles de hauteur par le basculement
de la branche coudée de la lunette; les deux axes de rotation passent sensiblement par le centre de la pupille d'entrée de l'objectif.

Les deux lunettes sont jumelées de façon à fournir l'impression stéréoscopique quel que soit l'orientement relatif des clichés. L'opérateur a
devant les yeux une image en relief du terrain et de l'index. La visée
d'un point s'effectue par l'impression de contact stéréoscopique de l'index
et de cette image du terrain ; on sait que la précision obtenue est bien
supérieure à celle correspondant à deux visées monoculaires du même
point, de plus ce procédé permet la visée de points non identifiables séparément sur chaque cliché.

La partie optique de chaque lunette comporte un prisme de Wollaston,
mobile autour de l'axe de basculement, avec une vitesse angulaire deux fois
moindre que celle de la branche coudée. Ce mouvement corrige la rotation de l'image observée à travers l'oculaire. Une rotation complémen-

taire de l'image permet d'assurer la vision stéréoscopique quel que soit le système de référence choisi pour la restitution. Deux prismes oculaires escamotables permettent d'introduire une réflexion supplémentaire dans le système optique, ce qui fait que l'on peut utiliser indistinctement des négatifs ou des positifs, et surtout que l'on peut inverser la base tout en conservant une image stéréoscopique droite du terrain. Ceci a une importance pratique assez considérable dans le cheminement photographique aérien, car on peut laisser un cliché en place dans la même chambre, et l'utiliser cependant avec le cliché qui le précède et celui qui le suit dans

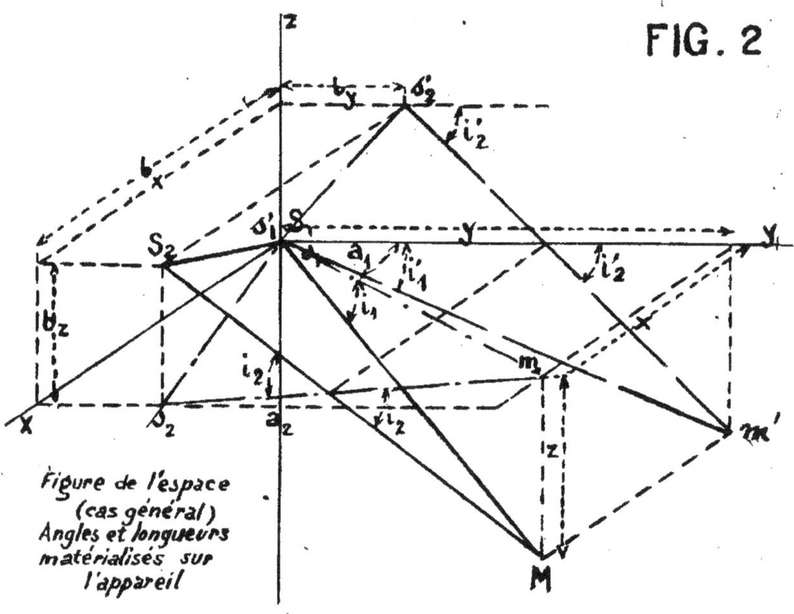

le cheminement. Enfin l'index de visée est reporté, pour chaque branche de lunette, en avant du dispositif correcteur de rotation d'image, de façon à éliminer les erreurs pouvant provenir des imperfections mécaniques ou optiques de ce dispositif.

Connaissant la base et les angles de visée, on peut tracer la carte par la méthode des intersections, le dispositif mécanique jumelé avec le dispositif optique résout automatiquement le problème.

B. — *Dispositif mécanique.* — Le principe du dispositif employé réside essentiellement dans la mécanisation de l'épure élémentaire de géométrie descriptive fournissant les projections des lignes de visée d'un point M sur deux plans de comparaison, rectangulaires, lorsque l'on connaît les projections de ce point et celles des points de vue S_1 et S_2.

Les angles et les longueurs matérialisés sur l'appareil sont indiqués sur la figure 2.

Des pivots matérialisent les projections s_1, s_2, s_1', s_2' des points de vue sur le plan des xy et sur celui des yz, les projections des lignes de visée

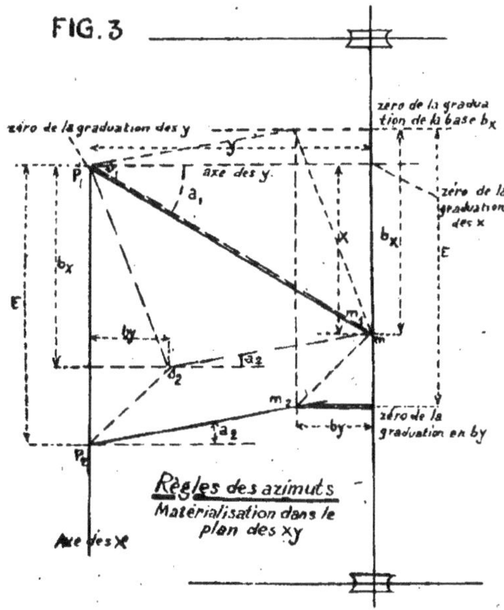

sont matérialisées par des règles mobiles autour de ces pivots ; les projections du point M sont matérialisées par des galets situés au point de rencontre des règles. Le plan des yz est rabattu sur le plan horizontal autour de S, y comme charnière.

Pour des facilités de réalisation mécanique, les pivots des règles sont fixes sur l'appareil au lieu de dépendre des projections de la base. Il en résulte une translation s_2P_2 (fig. 3) de la projection horizontale de la ligne de visée correspondant au point s_2, et un dédoublement m_1, m_2 du galet m, ces deux galets sont portés par un chariot mobile sur un pont dont la direction de guidage est parallèle à l'axe des x. Ce pont est mobile lui-même dans une direction normale à sa direction de guidage ; sa position dépend de l'éloignement y du point M.

La position relative des galets m_1 m_2 dépend de celle du point s_2 par rapport au point s_1, c'est-à-dire des projections b_l, b_{ll} de la base S_1S_2 sur le système de référence choisi.

La figure 3 explicite cette position. L'ensemble est matérialisé par les règles et pivots supérieurs de l'appareil.

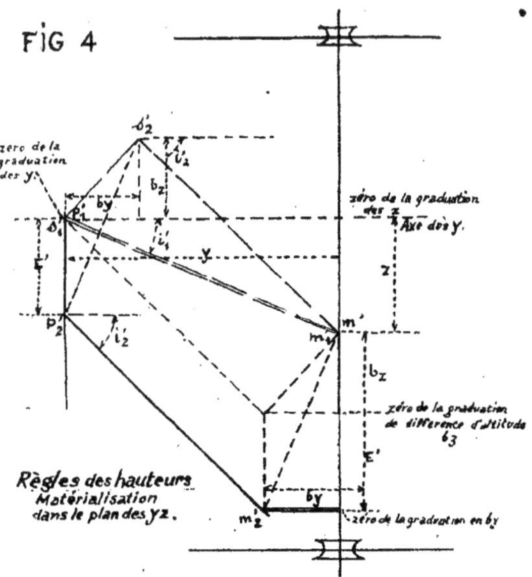

La figure 4 explicite de même la translation $s_2' P_2'$ de la projection sur le plan des yz de la ligne de visée correspondant au point S_2, ainsi que le dédoublement m_1, m_2' du galet m'. Cet ensemble est matérialisé par les règles et pivots inférieurs de l'appareil.

Les règles supérieures font avec l'axe des y des angles a transmis directement aux chambres ; les règles inférieures font avec ce même axe des angles i' qui sont reliés aux angles i dont doivent basculer les branches de lunette, par la relation :

$$\operatorname{tg} i = \operatorname{tg} i' \cdot \cos a.$$

Un dispositif auxiliaire (relai), effectue automatiquement cette transformation pour chaque branche de lunette. Son principe réside dans la mécanisation de l'épure de rabattement d'un angle sur un plan parallèle à l'un de ses côtés.

FONCTIONNEMENT ET POSSIBILITÉS

Deux manivelles et une pédale assurent le déplacement du pont et des chariots. Ces déplacements entraînent la rotation des chambres et des parties coudées de la lunette, et permettent de viser stéréoscopiquement un point quelconque de la zone de terrain commune aux deux clichés. L'action simultanée des trois commandes permet le tracé de la planimétrie au moyen d'un crayon solidaire du chariot supérieur.

FIG. 5

Pour le tracé des courbes de niveau, on immobilise le chariot inférieur à la cote voulue, et on assure à l'aide des deux manivelles le contact stéréoscopique de l'index et du terrain.

Dans le cas de photographie d'avion à axe vertical, on effectue un changement de système de comparaison. L'éloignement y correspond alors aux cotes du terrain et le plan des xz est horizontal. Le tracé s'effectue alors au moyen d'un dispositif complémentaire.

Le « stéréotopographe » permet le tracé direct de la carte à toute échelle depuis le $\dfrac{1}{100\,000}$ jusqu'au $\dfrac{1}{1\,000}$ et plus suivant le cas. Il peut être utilisé pour les relevés de cartographie, de topographie, du cadastre et des travaux publics. La longueur de base peut varier suivant l'échelle et le genre de travail à exécuter depuis quelques mètres jusqu'à plusieurs kilomètres.

PRÉCISION DE L'APPAREIL

Des essais de précision de restitution ont été effectués avec l'appareil du service géographique de l'armée, sous le contrôle du Laboratoire d'Optique.

Des clichés ont été pris dans les Alpes avec une chambre spéciale, 13 × 18 de 200 millimètres environ de focale. Les plaques utilisées ont été des plaques « Aviator » Crumière très rapides, *du commerce*. La prise de vue a été faite sans détermination des points de stationnement, ni de la base et sans mesure des directions de prise de vue, l'appareil ayant simplement comme support une planchette ordinaire de topographe.

Pour la restitution, la mise en place des clichés a été effectuée sur quatre points de contrôle identifiables (points du Service géographique, et points de réseau de M. Helbronner). Le tracé résultant a été comparé au relevé de la même zone dressé au moyen du « Stéréo-autographe », Von Orel par la Brigade photogrammétrique des Alpes. La concordance est du même ordre que celle de deux relevés de la même région exécutés à l'appareil Von Orel au moyen de deux couples distincts de clichés restitués par le même opérateur. Il est à noter que les clichés utilisés dans l'appareil Von Orel doivent être pris dans un orientement bien déterminé et connu, plaques verticales, et nécessitent une mesure précise de la base; de plus les plaques employées sont spéciales, leur émulsion étant très lente, à grain très fin, et nécessairement coulée sur glace.

2° SUR UNE MÉTHODE DE MISE EN PLACE DES CLICHÉS
DANS LES APPAREILS DE RESTITUTION

Problème de la mise en place. — Un cliché peut être considéré, à l'orthoscopie près des objectifs, et aux erreurs près de réfraction atmosphérique, comme une perspective conique du terrain, géométriquement déterminée lorsque l'on connaît :

Les trois coordonnées du point de vue (point principal avant de l'objectif),

L'azimut et la distance zénithale de la normale au cliché,

La distance du point principal arrière de l'objectif au plan du cliché (distance principale),

La position, dans le plan du cliché, du pied de la normale issue de ce point (centre de plaque),

L'orientement du cliché dans son plan par rapport à une origine arbitraire.

De ces neuf éléments, trois sont facteurs exclusifs de l'appareil de prise de vue et peuvent être considérés comme constants dans cet appareil. Ce sont :

La position du centre de plaque (deux paramètres) et la distance principale.

La position du centre de plaque est généralement déterminée par l'intersection de deux lignes fictives matérialisées chacune par deux points enregistrés sur le cliché au moment de son impression.

La distance principale est un nombre caractéristique de chaque appareil. Pour éliminer les erreurs pouvant provenir de l'influence des dilatations dues à la température, et des déformations superficielles de la couche sensible lors de son traitement chimique (déformations supposées égales dans toutes les directions autour du point), il est préférable de définir la distance principale par l'angle sous lequel on voit à travers l'objectif photographique, deux points sensiblement symétriques par rapport au centre de plaque, imprimés sur le cliché au moment de la prise de vue. Ces points correspondent à des repères fixes de la chambre, ils peuvent d'ailleurs servir pour la détermination du centre de plaque.

Les six autres éléments, que j'appellerai plus spécialement *paramètres de mise en place*, sont particuliers à chaque cliché. Dans le cas de photographies terrestres, ils peuvent être déterminés directement par des mesures effectuées au moment de la prise de vue ; il n'en est pas de même dans le cas de photographies prises de véhicules en mouvement (photographies d'avion par exemple). Dans ce cas, pour pouvoir fixer la position du cliché, il est nécessaire de connaître les coordonnées de quatre points au moins identifiables sur celui-ci ; trois suffisent si l'on connaît une position approchée du point de vue.

Le problème qui se pose pour la mise en place des clichés est alors de faire passer les lignes de visée relatives aux points connus du terrain, lignes matérialisées de façon variable suivant le type d'appareil, par les points figuratifs qui leur correspondent dans l'appareil de restitution.

La détermination mathématique des coordonnées du point de vue (intersection des tores capables des segments déterminés par les points connus pris deux à deux) est pratiquement inextricable.

D'un autre côté, étant donné le nombre des paramètres, on conçoit que les méthodes par tâtonnement soient longues et fort aléatoires.

J'ai cherché une méthode qui fut à la fois pratique et rigoureuse, en m'efforçant :

d'une part de réduire le plus possible la durée d'immobilisation des appareils de restitution, qui constitue un temps mort dans l'exploitation de ces appareils ;

d'autre part de diminuer simultanément la durée et la difficulté des calculs préliminaires.

Cette méthode suppose que l'on possède des valeurs approchées des six paramètres de mise en place.

Principe de la méthode. — La méthode employée consiste à déterminer sur l'appareil de restitution, les coordonnées des intersections des lignes de visée de ces points connus (matérialisées ainsi qu'il a été dit de façon variable suivant le type d'appareil de restitution), avec les plans d'éloignement approché correspondants. Pour l'unification des formules, je désignerai l'éloignement par y quelle que soit l'inclinaison de l'axe de prise de vue ; dans le cas des photographies aériennes dites verticales cet éloignement correspond aux cotes, et le plan des xz est horizontal, dans le cas des photographies terrestres ou aériennes obliques le plan des xz est vertical.

Si la mise en place était correcte, les différences de coordonnées lues Δx_i^j, Δz_i^j relatives aux couples de points connus i et j identifiables sur le cliché, seraient égales aux différences correspondantes des coordonnées vraies. La mise en place n'étant qu'approchée, il n'en est pas ainsi, et l'on constate des écarts εx_i^j, εz_i^j entre ces quantités correspondantes. Ainsi que nous allons le montrer, les erreurs de mise en place, supposées petites, sont des fonctions linéaires des écarts mesurés ε correspondants à trois points i, j, k, dont on peut déterminer à l'avance les coefficients. Ceux-ci étant connus, on obtient les valeurs des corrections à faire subir à la mise en place par un calcul rapide à la règle effectué immédiatement après la détermination des quantités ε. On peut prendre comme corrections, soit la moyenne des valeurs obtenues en groupant les points trois par trois, soit les valeurs séparées fournies par chacun de ces groupes, en s'astreignant alors à ne restituer qu'à l'intérieur de la pyramide déterminée par ces trois points et le sommet. Si les erreurs de mise en place approchée sont trop grandes on est obligé d'opérer en deux fois.

Détermination des coefficients des équations de correction. — Quelles que soient les erreurs de mise en place du cliché, on peut toujours le supposer convenablement orienté par rapport à un système de comparaison approprié dont l'origine est au point de vue. Les lignes matérialisant dans l'appareil les directions de visée correspondant à un point M du terrain, passent par un point m dont les coordonnées $x'y'z'$ dans ce

système, sont égales, à l'échelle près, à celles du point M du terrain.
Soient alors x, y, z les coordonnées de ce point m par rapport au système
de référence de l'appareil dont l'origine est toujours supposée au point de
vue, on a, en considérant de faibles erreurs angulaires d'orientement du
cliché :

$$(1) \qquad \left\{ \begin{aligned} x &= x' - y'\alpha + z'\gamma \\ y &= x'\alpha + y' - z'\beta \\ z &= - x'\alpha + y'\beta + z' \end{aligned} \right.$$

α, β, γ étant les angles dont il faut faire tourner le trièdre $Sxyz$ autour de
l'axe Sz et des positions successives des axes Sx et Sy. pour l'amener en
coïncidence avec le trièdre $Sx'y'z'$. Ces relations sont obtenues par l'application directe des formules de changement d'axe.

Le point m est à une distance d, parallèle au point des xz, du plan
d'éloignement approché $\eta = y' + \delta$, égale à :

$$(2) \qquad d = y' + \delta - y = - x'\alpha + z'\beta + \delta.$$

La ligne de visée passant par m rencontre ce plan en un point de
coordonnées :

$$(3) \qquad \left\{ \begin{aligned} X &= x + \frac{x}{y}\,d \\ Z &= z + \frac{z}{y}\,d. \end{aligned} \right.$$

En remplaçant dans ces expressions xyz et d par leurs valeurs tirées
des équations 1 et 2 et en négligeant toujours les infiniment petits du
deuxième ordre, on obtient pour les coordonnées du point de rencontre :

$$(3\ bis) \qquad \left\{ \begin{aligned} X &= x' - \left(\frac{x'^2 + y'^2}{y'} \right)\alpha + \frac{x'z'}{y'}\beta + z'\gamma + \frac{x'}{y'}\delta \\ Y &= y' + \delta \\ Z &= z' - \frac{x'z'}{y'}\alpha + \left(\frac{y'^2 + z'^2}{y'} \right)\beta - x'\gamma + \frac{z'}{y'}\delta. \end{aligned} \right.$$

Si l'on désigne alors par ξ_i, η_i, ζ_i les coordonnées approchées d'un
point i et si l'on forme les quantités ε précitées on a, avec la même
remarque sur les infiniment petits :

$$(4) \quad \left\{ \begin{aligned} -\left(\frac{\xi^2 + \eta^2}{\eta} \right)_i^j \alpha + \left(\frac{\xi\zeta}{\eta} \right)_i^j \beta + (\zeta)_i^j\gamma + \left(\frac{\xi}{\eta} \right)_i^j \delta &= \varepsilon x'_i \\ -\left(\frac{\xi\zeta}{\eta} \right)_i^j \alpha + \left(\frac{\eta^2 + \zeta^2}{\eta} \right)_i^j \beta - (\xi)_i^j\gamma + \left(\frac{\zeta}{\eta} \right)_i^j \delta &= \varepsilon z'_i \\ -\left(\frac{\xi^2 + \eta^2}{\eta} \right)_i^k \alpha + \left(\frac{\xi\zeta}{\eta} \right)_i^k \beta + (\zeta)_i^k\gamma + \left(\frac{\xi}{\eta} \right)_i^k \delta &= \varepsilon x'_i \\ -\left(\frac{\xi\zeta}{\eta} \right)_i^k \alpha + \left(\frac{\eta^2 + \zeta^2}{\eta} \right)_i^k \beta - (\xi)_i^k\gamma + \left(\frac{\zeta}{\eta} \right)_i^k \delta &= \varepsilon z'_i \end{aligned} \right.$$

Système de quatre équations linéaires en α, β, γ, δ dont les solutions sont fournies par les expressions :

$$(5)\quad\begin{cases}
\alpha = \dfrac{1}{\Delta}\,(A\varepsilon x_i^j + A'\varepsilon z_i^j + A''\varepsilon x_i^k + A'''\varepsilon z_i^k)\\[2mm]
\beta = \dfrac{1}{\Delta}\,(B\varepsilon x_i^j + B'\varepsilon z_i^j + B''\varepsilon x_i^k + B'''\varepsilon z_i^k)\\[2mm]
\gamma = \dfrac{1}{\Delta}\,(C\varepsilon x_i^j + C'\varepsilon z_i^j + C''\varepsilon x_i^k + C'''\varepsilon z_i^k)\\[2mm]
\delta = \dfrac{1}{\Delta}\,(D\varepsilon x_i^j + D'\varepsilon z_i^j + D''\varepsilon x_i^k + D'''\varepsilon z_i^k)
\end{cases}$$

dans lesquelles Δ est le déterminant principal du système 4 et $AA'A''A'''$, $BB'B''B'''$, …. les mineurs du troisième degré correspondants aux inconnues α, β…

En désignant par :

$$\Delta x = \xi - x', \qquad \Delta y = \eta - y', \qquad \Delta z = \zeta - z'$$

les erreurs de position du point de vue, on a, en portant les expressions 5 dans les expressions 3 *bis* relatives au point i par exemple :

$$(6)\quad\begin{cases}
\Delta x = \xi_i - X_i + \dfrac{1}{\Delta\eta_i}\begin{bmatrix}
+\varepsilon x_i^j[-A(\xi_i^2 + \eta_i^2) + B\xi_i\zeta_i + C\eta_i\zeta_i + D\xi_i]\\
+\varepsilon z_i^j[-A'(\xi_i^2 + \eta_i^2) + B'\xi_i\zeta_i + C'\eta_i\zeta_i + D'\xi_i]\\
+\varepsilon x_i^k[-A''(\xi_i^2 + \eta_i^2) + B''\xi_i\zeta_i + C''\eta_i\zeta_i + D''\xi_i]\\
+\varepsilon z_i^k[-A'''(\xi_i^2 + \eta_i^2) + B'''\xi_i\zeta_i + C'''\eta_i\zeta_i + D'''\xi_i]
\end{bmatrix}\\[10mm]
\Delta y = \delta\\[4mm]
\Delta z = \zeta_i - Z_i + \dfrac{1}{\Delta\eta_i}\begin{bmatrix}
+\varepsilon x_i^j[-A\xi_i\zeta_i + B(\eta_i^2 + \zeta_i^2) - C\xi_i\eta_i + D\zeta_i]\\
+\varepsilon z_i^j[-A'\xi_i\zeta_i + B'(\eta_i^2 + \zeta_i^2) - C'\xi_i\eta_i + D'\zeta_i]\\
+\varepsilon x_i^k[-A''\xi_i\zeta_i + B''(\eta_i^2 + \zeta_i^2) - C''\xi_i\eta_i + D''\zeta_i]\\
+\varepsilon z_i^k[-A'''\xi_i\zeta_i + B'''(\eta_i^2 + \zeta_i^2) - C'''\xi_i\eta_i + D'''\zeta_i]
\end{bmatrix}
\end{cases}$$

On peut remarquer que les coefficients des quantités ε dans les expressions des six paramètres de mise en place, sont les racines p, q, r, s du même système d'équations linéaires dont le terme constant dépend seul du paramètre considéré (voir tableau page suivante).

La détermination de ces coefficients est donc ramenée à la résolution de ce système d'équation 7. Elle peut être effectuée avant tout essai de mise en place. Des tableaux de calcul simplifient ce travail.

Dans le cas des photographies d'avion à axe vertical, et en terrain peu accidenté les équations sont plus simples car l'éloignement approché η peut être considéré constant pour les trois points dans les coefficients de p, q, r, s.

Si on a réglé la mise en place approchée du cliché de façon à ce que les coordonnées lues correspondant au point i, x_i et z_i soient égales respectivement aux coordonnées approchées ξ_i et ζ_i les expressions des corrections de mise en place sont de la forme :

$$p \varepsilon x_i^j + q \varepsilon z_i^j + r \varepsilon x_i^k + s \varepsilon z_i^k.$$

Opérations de mise en place. — Les opérations à effectuer sur l'appareil de restitution consistent :

À faire marquer au système enregistreur les coordonnées approchées $\xi_i \eta_i \zeta_i$ du point i.

À orienter le cliché de façon à viser ce point tout en respectant l'approximation des paramètres d'orientement.

À faire marquer au système enregistreur l'éloignement approché r_{ij} correspondant au point j, à viser ce point et à lire les coordonnées X_j, Z_j.

À opérer de même pour le point k.

Les quantités ε sont données par les relations :

$$\varepsilon x_i^j = X_j - \xi_j, \quad \varepsilon z_i^j = Z_j - \zeta_j \quad \varepsilon x_i^k = X_k - \zeta_k \quad \varepsilon z_i^k = Z_k - \zeta_k.$$

$$(7)\quad
\begin{aligned}
&\left(\tfrac{\xi^2+\eta_i^2}{\tau_i}\right)_i^j p + \left(\tfrac{\xi\zeta}{\tau_i}\right)_i^j q + \left(\tfrac{\xi^2+\eta_i^2}{\tau_i}\right)_i^k r + \left(\tfrac{\xi\zeta}{\tau_i}\right)_i^k s = \tfrac{\xi_i^2+\eta_{i2}^2}{\tau_{ii}} \\
&\left(\tfrac{\xi\zeta}{\tau_i}\right)_i^j p + \left(\tfrac{\eta_i^2+\zeta^2}{\tau_i}\right)_i^j q + \left(\tfrac{\xi\zeta}{\tau_i}\right)_i^k r + \left(\tfrac{\eta_i^2+\zeta^2}{\tau_i}\right)_i^k s = \tfrac{\xi_i\zeta_i}{\tau_{ii}} \\
&(\zeta)_i^j p - (\xi)_i^j q + (\zeta)_i^k r - (\xi)_i^k s = \zeta_i \\
&\left(\tfrac{\xi}{\tau_i}\right)_i^j p + \left(\tfrac{\zeta}{\tau_i}\right)_i^j q + \left(\tfrac{\xi}{\eta_i}\right)_i^k r + \left(\tfrac{\zeta}{\tau_i}\right)_i^k s = \tfrac{\xi_i}{\tau_{ii}}
\end{aligned}$$

Δx	Δy	Δz	α	β	γ
$\dfrac{\xi_i^2+\eta_{i2}^2}{\tau_{ii}}$	0	$\dfrac{\xi_i\zeta_i}{\tau_{ii}}$	-1	0	0
$\dfrac{\xi_i\zeta_i}{\tau_{ii}}$	0	$\dfrac{\eta_i^2+\zeta_i^2}{\tau_{ii}}$	0	1	0
ζ_i	0	$-\xi_i$	0	0	1
$\dfrac{\xi_i}{\tau_{ii}}$	1	$\dfrac{\zeta_i}{\tau_{ii}}$	0	0	0

Un calcul rapide à la règle fournit Δx, Δy, Δz ; α est donné de la même façon en valeurs naturelles On peut le transformer en grades ou en écarts linéaires en appliquant les formules 3 *bis* relatives au point i par exemple.

Dans le cas général β et γ ne correspondent pas à des orientements mécanisés sur l'appareil, on ne les calcule pas et on termine la mise en place expérimentalement après avoir corrigé les autres paramètres.

Dans le cas des photographies d'avion à axe vertical β et γ correspondent respectivement au basculement de l'axe de prise de vue et à l'orientement du cliché dans son plan, on peut les déterminer de la même façon que α.

Eugène PRÉVOT

Ingénieur des Ponts et Chaussées en retraite.

LE ZÉRO INTERNATIONAL DES ALTITUDES
ET LES LENTES VARIATIONS DU NIVEAU MOYEN DE LA MER

Le choix d'un zéro international des altitudes a été mis à l'étude, pour l'Europe, dès 1864, par l'Association géodésique internationale. En 1889, M. Ch. Lallemand a démontré que la meilleure solution pratique du problème consiste à faire coïncider, dans chaque pays, le *zéro normal* des altitudes avec le niveau moyen d'une mer voisine. Mais on a reconnu depuis que ce niveau moyen subit, avec le temps, de lentes oscillations de l'ordre du *décimètre*.

Dès lors, les niveaux moyens déduits, dans les divers pays, d'observations non contemporaines, et le plus souvent insuffisamment prolongées, ne définissent pas, comme il conviendrait, une même surface de niveau ; il s'ensuit que l'unification des zéros altimétriques n'est pas encore réalisée avec la précision désirable.

Pour améliorer cette unification, il faudrait disposer sur toute la surface du globe, de stations marégraphiques ayant fonctionné *simultanément*, pendant une *très longue période* (un siècle environ, comme on le verra plus loin) ; les niveaux moyens — dits alors *niveaux moyens normaux* — calculés pour toute cette période, appartiendraient ainsi à une même surface de niveau, le *géoïde*, qui se trouverait donc expérimentalement repérée et qu'il y aurait lieu de choisir, pour tous les continents, comme *zéro international des altitudes*.

Est-il possible de déduire dès maintenant ce zéro idéal des données marégraphiques actuellement recueillies ? En toute rigueur, on devrait répondre à cette question par la négative puisque les périodes d'observations sont encore, en général, beaucoup trop courtes. Mais, d'une analyse des variations du niveau moyen de la mer sur les littoraux français, à laquelle j'ai procédé de 1925 à 1927 ([1]), il résulte que ces variations peuvent être représentées par une équation permettant de les calculer à l'avance, lorsque les coefficients numériques de cette équation ont pu être

---

([1]) Le *nivellement général de la France*, de 1878 à 1927, par Ch. LALLEMAND et E. PRÉVOT (p. xxix et 608 à 611). Imprimerie Nationale, 1927.

déterminés dans une station marégraphique principale, dite *poste étalon*.
On peut alors, comme nous allons l'indiquer, calculer la correction qu'il
faut apporter à la cote du niveau moyen répondant à une période relativement courte (5 à 10 ans par exemple) d'observations effectuées en un
poste temporaire de la même région, pour obtenir la cote du niveau
moyen normal que l'on y aurait observé pendant une période d'une
centaine d'années, et le problème de la détermination du zéro international des altitudes se trouve ainsi indirectement résolu.

Avant de justifier la possibilité de cette correction, il convient de signaler comment a été découverte, pour le littoral français, la loi de variation
du niveau moyen annuel de la mer.

On disposait, pour cette étude, des données fournies, pour la période
1851-1906, par le marégraphe de Brest, relevant du service hydrographi-
que de la Marine, et de celles obtenues, depuis 1885, au marégraphe
totalisateur de Marseille, appartenant au service du Nivellement général
de la France. L'examen de ces données avait permis à M. Ch. Lallemand (¹) de signaler un exhaussement continu d'environ *trois quarts de
millimètre par an* (²) susceptible d'être attribué, selon lui, soit à un lent
affaissement du sol, soit à une cause astronomique déterminant une
oscillation de *très longue* période. En considérant séparément les niveaux
moyens annuels calculés, pour Brest, de 1851 à 1906, et, pour Marseille,
de 1885 à 1925, il n'était pas possible de choisir entre ces deux hypothèses. Mais la comparaison des courbes représentatives des hauteurs d'eau
relevées à plusieurs des médimarémètres de M Ch. Lallemand, installés
sur un même littoral ou sur des littoraux voisins, m'avait fait remarquer
que les principales oscillations du niveau moyen, dans ces divers postes,
sont très souvent similaires, ce qui dénote qu'elles sont dues à de mêmes
causes générales. Dans ces conditions, si l'on calcule, en deux postes d'une
même région du globe (Brest et Marseille par exemple), les altitudes des
niveaux moyens observés *simultanément*, pendant un nombre suffisant
d'années, la discordance entre ces deux altitudes peut être considérée, à
un certain degré d'approximation près, comme un *écart constant*, représentant la somme algébrique de l'erreur du nivellement entre ces deux
points et des anomalies locales éventuelles des niveaux moyens correspondants. Ainsi, en utilisant la période de 12 années d'observations communes à Brest et à Marseille (1885 à 1906), on trouve que l'on passe du

---

(¹) *Rapport sur les travaux du service du Nivellement général de la France de
1922 à 1924*, par Ch. LALLEMAND (2ᵉ Congrès de l'Union internationale de géodésie
et de géophysique, tenu à Madrid en 1924. Rapport 7b).

(²) En 1924, j'avais signalé que, sur ce mouvement d'exhaussement, se greffait,
d'une manière très nette, la marée de 18 ans 2/3 de période due à la révolution de la
ligne des nœuds de l'orbite lunaire dans le plan de l'écliptique.

niveau moyen à Brest à celui de Marseille en diminuant de 26 millimètres l'altitude du premier. Je me suis donc cru autorisé à corriger de 26 millimètres tous les niveaux moyens annuels calculés, pour Brest, de 1851 à 1884, afin de les rendre directement comparables à ceux obtenus à Marseille. En juxtaposant ensuite les niveaux moyens annuels de Brest, ainsi corrigés, et ceux de Marseille, j'ai obtenu la représentation ci-contre de la variation du niveau moyen annuel de la mer sur le littoral français pendant une période totale d'environ 75 ans (1851 à 1925) (voir, sur la figure, la ligne brisée en *trait plein fort*).

À l'examen de l'ensemble de ce diagramme, on pouvait déjà soupçonner l'existence d'une marée dont la période, d'après des calculs préliminaires, paraissait devoir être comprise entre 86 et 96 ans. Aucun des astronomes consultés n'ayant pu m'indiquer de phénomène astronomique ayant une telle périodicité, M. Ch. Lallemand me conseilla de poursuivre mes recherches en considérant une période qui fut un multiple exact de celle de l'onde déjà observée de 18 ans 2/3.

A ce moment d'ailleurs, M. Joseph Lévine, par une note insérée dans l'*Astronomie* (Bulletin de la Société astronomique de France, n° 12, septembre 1925), rappelait que, dans son *Atlas météorologique de Paris*, paru en 1921, il avait, à propos de la périodicité des minima de la pression barométrique à Paris, signalé l'existence d'une période de 93 ans, commune à la révolution de la ligne des nœuds de l'orbite lunaire et à celle de la terre sur son orbite. On a, en effet, d'après l'*Annuaire du Bureau des Longitudes* :

Révolution du nœud ascendant de l'orbite lunaire (environ 18,6 ans) : 6.793,5 jours ;

Année tropique : 365,242 jours,

ce qui donne presque identiquement :

$$6.793,5 \text{ jours} \times 5 = 365,242 \text{ jours} \times 93 = 33.967,5 \text{ jours.}$$

La durée totale des observations marégraphiques (75 ans) étant encore notablement inférieure à la période de 93 ans ainsi justifiée et dès lors admise pour la marée lente découverte, les procédés habituels d'analyse étaient impuissants pour fournir, avec une approximation suffisante, les éléments de la sinusoïde représentative de cette marée ; j'eus alors l'idée de superposer au tracé en *trait plein fort* du diagramme un calque de ce même tracé, après lui avoir imprimé une rotation de 180° dans son plan et une translation convenable ; j'obtins ainsi la ligne en *trait plein fin*, consultable avec l'échelle inférieure des années et en changeant le signe des cotes. Cette ligne présente avec le tracé renforcé une analogie évidente et facilement justifiable.

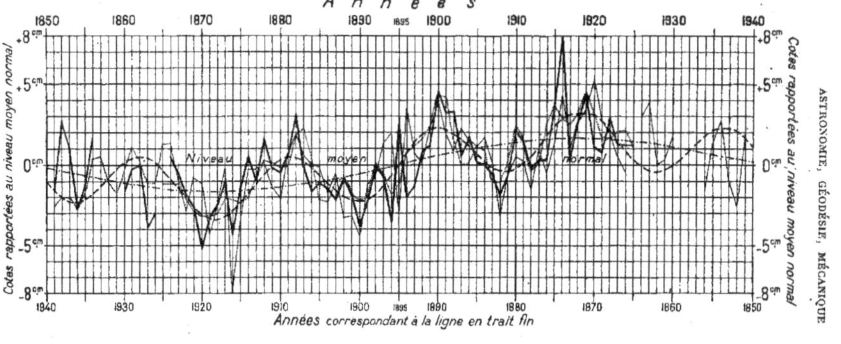

Variation du niveau moyen annuel de la mer sur le littoral français de 1851-1925

A n n é e s

1850   1860   1870   1880   1890   1895   1900   1910   1920   1930   1940

Cotes rapportées au niveau moyen normal

Niveau moyen normal

Cotes rapportées au niveau moyen normal

1840   1930   1920   1910   1900   1895   1890   1880   1870   1860   1850

Années correspondant à la ligne en trait fin

Niveau moyen annuel observé.

La même courbe retournée de 180° dans son plan autour du point d'abcisse 1895 et d'ordonnée 0.

Onde de 93 ans de période.

Onde de 18 ans 2/3 de période, superposée à la précédente.

Niveau moyen annuel calculé au moyen de la formule de prévision de M. E. Prévot.

Sur ce diagramme, on peut remarquer, se superposant à l'arc de sinusoïde représentant la marée de 93 ans (trait mixte), la marée de 18 ans 2/3 de période, due à la révolution de la ligne des nœuds de l'orbite lunaire dans le plan de l'écliptique, déjà signalée par moi en 1924.

La concordance des principales fluctuations dues à la symétrie des sinusoïdes représentatives des marées de 93 ans et de 18,6 ans, justifie l'emploi du procédé ci-dessus indiqué de recherche par retournement ; tout se passe comme si l'on disposait d'un nombre *double* d'observations réelles et, dans l'espèce, pour la détermination de l'onde de 93 ans, en particulier, la durée totale d'observations de 75 ans se trouve virtuellement augmentée de 14 ans et portée de 75 à 89 ans (1851 à 1940). La sinusoïde de 93 ans, après sa détermination, coupe son axe en 1895. L'amplitude totale de la marée de 93 ans fut trouvée égale à 33 millimètres et celle de la marée de 18,6 ans, à 35 millimètres ; la combinaison des deux ondes donne naissance à des oscillations atteignant, au total, entre le minimum (année 1872) et le maximum (année 1918), la valeur théorique de 65 millimètres.

Mais ce n'est pas tout. La superposition des deux tracés figurés, l'un en trait fort et l'autre en trait fin, me révéla, en outre, des analogies remarquables entre les pointes positives de certaines époques et celles négatives d'autres époques sensiblement symétriques des premières par rapport à l'année 1895.

J'en conclus qu'aux deux premières marées déjà reconnues, devaient s'en superposer d'autres, de périodes plus courtes. En partant de périodes de phénomènes astronomiques et astro-physiques déjà connus, et en ayant recours au procédé de l'analyse harmonique, tel que M. Ch. Lallemand l'avait adapté autrefois à la recherche des marées diurnes et semi-diurnes, annuelles et semi-annuelles, je pus mettre finalement en évidence l'influence possible de cinq nouvelles ondes, dont les périodes sont, en années, de : 11,1 ; 8,85 ; 5,55 ; 4,65 et 4,425 [1].

[1] Pour la nature et les amplitudes de ces ondes, voir la note de Ch. Lallemand et E. Prévot sur les *Variations lentes du niveau moyen de la mer sur le littoral français*, dans les *Comptes rendus de l'Académie des Sciences*, t. CLXXXVIII, n° 22, 1929, p 1345. Depuis l'exécution de cette étude, on nous a communiqué les intéressantes *Remarques générales sur les transgressions atlantiques*, de M E Le Danois, Directeur de l'Office scientifique et technique des pêches maritimes, insérées dans le *Rapport Atlantique 1923*, publiées sous les auspices du *Conseil permanent international pour l'exploration de la mer* (Rapports et procès-verbaux des réunions, volume XXXV, Andr. Fred Host et fils, Copenhague, 1925). De ces remarques, il résulte que les transgressions atlantiques, ou déplacement des eaux superficielles par rapport aux eaux profondes, sont soumises elles-mêmes, comme ces dernières, à des influences périodiques (111 ans, 18 ans 1/2, 9 ans 1/4, etc) et que les fluctuations de la pêche du hareng, dues aux migrations de ces poissons, sont en rapport avec ces lentes marées. Ainsi, comme on l'a souvent constaté, des recherches purement scientifiques peuvent ultérieurement conduire à des applications d'ordre pratique tout d'abord insoupçonnées.

Pour la prévision à longue échéance du nouveau moyen annuel, il suffit alors de superposer toutes les ondes ainsi reconnues par la formule :

$$\mu = C + \Sigma a \, \frac{\sin 2\pi (B - A)}{\times p}$$

dans laquelle :

μ représente l'altitude cherchée du niveau moyen annuel pour l'année B ;

C, une constante locale ;

a et p, respectivement la demi-amplitude et la période de chacune des sept ondes composantes ;

A, l'une des années où la branche ascendante de l'onde composante considérée recoupe l'axe de celle-ci.

Sur la figure, la ligne tracée en *pointillé* représente les variations annuelles du niveau moyen calculées à l'aide de cette formule. Les écarts entre ce pointillé et la ligne pleine sont probablement imputables à des influences météorologiques.

Ces notions étant acquises, on conçoit que, pour généraliser dès maintenant l'emploi universel du *zéro international* des altitudes, tel que nous l'avons défini au début de cette note, il y aurait lieu de procéder ainsi :

1° Déterminer en quelques stations mondiales, où des observations marémétriques ont été poursuivies pendant une soixantaine d'années au moins, les coefficients numériques de l'équation des variations du niveau moyen annuel, puis, à l'aide de l'équation afférente à chacun de ces *postes étalons*, la cote du niveau moyen correspondant à une période égale à la plus longue des ondes reconnues, soit 93 ans ; c'est, pour ledit poste, le *niveau moyen normal* M ;

2° Pour tout poste relativement récent ou temporaire, devant servir à la détermination du zéro altimétrique d'un pays, calculer le niveau moyen μ, pour les n années d'observations dont on dispose $(n > 5)$;

3° À l'aide des observations faites au *poste étalon* de la même région du globe, calculer le niveau moyen M_n pour ces n mêmes années ;

4° Calculer la correction $\mu_n - M_n$ qu'il faut ajouter algébriquement aux cotes des niveaux moyens observés au poste étalon pour obtenir, d'après la remarque faite, p. 167, des cotes très approchées des niveaux moyens au poste temporaire ;

5° Déterminer enfin la cote approchée du *niveau moyen normal* au poste temporaire, en ajoutant la correction $\mu_n - M_n$ à la cote M du niveau moyen normal au poste étalon :

$$\mu = M + (\mu_n - M_n).$$

Pour fixer le zéro normal des nivellements du pays auquel appartient le poste temporaire, il suffit ensuite de faire coïncider ce zéro avec le *niveau moyen normal* μ, ainsi calculé, ce qui assure *ipso facto* son identité avec le *zéro international des altitudes.*

En vue d'atténuer, dans un pays donné, l'effet des erreurs des nivellements, on pourrait d'ailleurs déterminer, comme il vient d'être dit, les cotes du niveau moyen normal en plusieurs postes temporaires, situés sur le littoral ou sur celui des régions immédiatement voisines, et l'on ferait ensuite coïncider le *zéro normal* des altitudes de ce pays avec la moyenne des cotes en question, calculée en faisant abstraction des postes affectés d'anomalies locales (¹).

RemarQue. — Il est désirable que les pays déjà dotés d'un *zéro normal* officiel, signalent, dès que les recherches préliminaires seront suffisamment avancées, l'écart entre ce zéro et le *zéro international,* afin qu'on puisse y avoir égard dans les recherches scientifiques.

Pour la France, le *zéro normal,* à Marseille, est à 21 millimètres au-dessous du *zéro international.* En raison surtout des erreurs de nivellement, cet écart, entre Marseille et Brest, passe de 21 à 47 millimètres.

ROUSSILHE

Ingénieur Hydrographe en Chef de la Marine.

LA PHOTOGRAPHIE AÉRIENNE ET LA RÉVISION
DU CADASTRE DE FRANCE

Dans une conférence présentée au Congrès de l'A. F. A. S. à Bordeaux (3 août 1923), j'ai eu l'occasion de montrer comment l'emploi de l'avion pouvait révolutionner les méthodes topographiques, et permettre par suite de résoudre très rapidement les nombreux problèmes de réorganisation économique qui se posent actuellement en Europe.

Après quelques démonstrations techniques, qui n'ont au fond qu'un

---

(¹) J'ai proposé une méthode pour faire la sélection utile dans le *Bulletin géodesique* de 1928 (p. 96 et 97).

intérêt secondaire, j'ai montré eh particulier comment la *Photographie aérienne* peut permettre de résoudre la question si importante de *révision du Cadastre* de France, étroitement liée à l'établissement de la nouvelle carte au $\frac{1}{10.000}$.

En me proposant de mettre au point en peu de temps — au cours d'expériences méthodiques et répétées — une méthode *précise, économique et rapide* pour tous les levers de plan à grande échelle, je n'hésitais pas à escompter les encouragements puissants du milieu si cultivé de l'A. F. A. S. : à tous ceux qui m'ont aidé et soutenu, je dois aujourd'hui le compte-rendu de mes travaux, et l'analyse des résultats obtenus de 1923 à 1928.

Le problème de la révision économique et rapide du Cadastre n'a été posé avec clarté qu'en juillet et octobre 1923, lors de l'organisation du service d'Etudes du Cadastre au Ministère des Finances.

Dans ses rapports au Ministre et dans les instructions qu'il m'adressait le 8 octobre, le regretté Baudouin-Bugnet, Directeur général des Contributions directes et du Cadastre, établissait à la fois le bilan du passé et le programme de l'avenir.

Après avoir montré tous les inconvénients des anciens plans cadastraux, restés sans changement depuis 50 ou même 100 ans, — et précisé avec netteté l'ordre de grandeur des délais d'exécution et des prix de revient admissibles, 20 ans, 5 francs-or par hectare — l'éminent Directeur général, persuadé que la *photographie aérienne* serait le moyen idéal de résoudre le problème, adoptait entièrement le programme d'études et expériences que j'avais naturellement été chargé de rédiger, et le faisait approuver par M. de Lasteyrie, Ministre des Finances.

Ainsi enfermé volontairement dans un plan de travail détaillé et dans des promesses formelles, il n'y avait plus pour moi, quelles que fussent les difficultés administratives ou techniques, et les obstacles dus à la nature ou aux hommes, qu'à *exécuter*, c'est-à-dire à constituer à peu près de toutes pièces la doctrine et le matériel nécessaires, à former des opérateurs, et à répondre nettement à toutes les questions posées.

Ce fut l'œuvre des années 1923 à 1928, — sans préjudice des expériences de lever régulier (¹), — de trois campagnes géodésiques dans l'Aisne, l'Oise et la Marne, de nombreuses études connexes et d'une collaboration importante à l'enseignement professionnel des géomètres.

Cette œuvre peut se décomposer en quatre parties principales :

1° Définition du but à atteindre et de la technique à suivre, au cours d'une première *expérience de revision cadastrale* par la photographie

---

(¹) 6 communes de l'Oise, de l'Aisne et de l'Aube.

aérienne, expérience à laquelle ont été conviées les autorités compétentes, et qui a été suivie de projets d'exécution : *La Houssoye* (1923-1924) ;

2º Mise au point progressive de la méthode et du matériel, et *expériences répétées sur des terrains variés* en vue de rédiger les *instructions* définitives, et d'étudier les *rendements, les prix de revient* et l'organisation du travail : *20 communes* de l'Oise, de l'Aisne et de l'Aube (1924-1928) ;

3º Etude des conditions et de la mesure dans lesquelles les *procédés topographiques normaux* et les *géomètres* privés pourraient concourir à la révision envisagée, *expériences sur le terrain*, pour définir les rendements et prix de revient comparés (Auneuil et Villotran en 1924, Jaucourt en 1927) ;

4º Enfin, pour donner un sens précis aux règles de tolérance adoptées lors des expériences de révision du Cadastre : étude, par tous moyens appropriés, de *l'échelle* et de la précision des plans cadastraux anciens (Oise 1924-1928).

Voici maintenant les *résultats*. Les quatre principales questions, posées par le programme ministériel de juillet 1923, sont complètement résolues :

1º La révision du Cadastre de France est *nécessaire*, aussi bien pour les matrices cadastrales (50 à 60 0/0 d'erreurs) que pour les plans eux-mêmes (100 à 130 0/0 d'erreurs ou omissions) aussi bien dans l'intérêt des Services publics que pour les besoins des particuliers eux-mêmes ;

2º Cette révision est *possible dans un délai de 20 ans*, en mettant en action 2.500 opérateurs et aides au maximum, travaillant en principe à l'entreprise, et utilisant le concours intensif de la photographie aérienne ;

3º Au point de vue technique, la précision réalisée, par la photographie aérienne comme par les procédés normaux, est voisine de *0 m. 80*, soit $\frac{1}{3}$ de millimètre à l'échelle du $\frac{1}{2.500}$. Elle est largement suffisante pour les besoins de la propriété foncière et des Services publics, et notamment pour la révision ou l'établissement des cartes de France au $\frac{1}{10.000}$.

Cette précision atteint d'ailleurs la limite même et approximative des plans cadastraux anciens : elle ne saurait faire mieux ;

4º *Le prix de revient moyen* n'excède pas 22 fr. 25 par hectare.

En tenant compte, d'une part des économies à réaliser grâce à une véritable organisation industrielle du travail, d'autre part des majorations à prévoir pour frais généraux et bénéfices d'entreprise, on arrive à un tarif moyen de *23 francs*.

En appliquant ce tarif au chantier probable de révision du Cadastre de France (40 millions d'hectares), on est donc conduit à un devis estimatif de *920 millions* (soit 45 millions pendant 20 ans).

Si l'on compare ce devis général à celui que représente, — pour un délai impossible à chiffrer —, l'application pure et simple de la loi du 17 mars 1898, avec les règlements actuels et les procédés qui en dérivent (tarif moyen 150 francs, dépense totale 6 milliards) on met en évidence une *économie globale dépassant 5 milliards*, à laquelle viendront évidemment s'ajouter :

Les plus-values à récupérer sur l'impôt foncier ;

Les économies à réaliser dans l'établissement et la conservation des matrices cadastrales ;

La suppression de certaines dépenses faisant double emploi (révision de la carte de France par exemple).

En dehors de l'intérêt majeur de la réforme ici préconisée, l'importance d'un meilleur aménagement des dépenses cadastrales de l'Etat, des départements et des communes justifierait à tout le moins, de la part des pouvoirs publics et du Parlement, un sérieux examen de la question.

Tous ces résultats sont appuyés sur 27 expériences répétées dans trois départements différents, et sur 50 rapports et instructions de détail déposés aux archives du Service d'Etudes du Cadastre. Ils correspondent à *25.000 hectares* de lever à grande échelle $\left(\dfrac{1}{2.500} \text{ à } \dfrac{1}{1.000}\right)$, et à plus de *200 feuilles de plan*. Cela peut-être considéré comme une référence, et je crois pouvoir dire, — comme mon illustre précurseur *Laussedat* il y a 50 ans —, « il faut démontrer le mouvement en marchant ».

Au surplus, j'ai eu le plaisir d'entretenir pendant 10 ans une volumineuse correspondance avec les représentants autorisés de tous les milieux intéressés, et je suis très fier, pour mon pays, d'avoir répandu à l'étranger des idées que je crois fécondes, et d'avoir ainsi donné, du moins je l'espère, un peu plus de renom à la Science et à l'Industrie françaises.

Une centaine de savants, ingénieurs et praticiens ont vu mes travaux, ont suivi mes expériences, ont contrôlé mes résultats. Huit des colonies françaises et 26 Etats étrangers. ont fait à la méthode *Roussilhe* l'accueil le plus généreux.

Si, par conséquent, les circonstances et obstructions diverses n'ont pas encore permis aux Services techniques français de tirer tout le parti possible de ces résultats, il faut espérer que rien n'est perdu : un jour ou l'autre — comme pour la machine à vapeur, le gaz d'éclairage, où la T. S. F. — la phototopographie aérienne nous reviendra de très loin, sous le couvert d'un nom nouveau et probablement peu français, et tous les bons ouvriers de la première heure, — je suis loin d'être le seul, — seront complètement méconnus.

Cela n'a pas d'importance : une seule chose compte : *travailler* et *produire*.

Mais j'espère que l'industrie privée, — qu'un prochain et très complet ouvrage renseignera complètement —, saura s'emparer d'une méthode qui a fait ses preuves, et en développera brillamment toutes les applications en *France*, aux *Colonies*, et à l'*Etranger*.

Jules ANDRADE

Correspondant de l'Institut.

SUR UN THÉORÈME DE CHRONOMÉTRIE ;
SPIRAUX EN ALLIAGE DE PALLADIUM

Je signale dans ce bref mémoire un théorème de chronométrie que j'ai rencontré en 1925 en revenant du Canada et avec lui les curieuses propriétés des spiraux associés, celles-ci concernent non pas les spiraux d'acier mais les spiraux fabriqués avec l'alliage de palladium. De ces spiraux j'ai conservé deux précieux échantillons qui m'avaient été fournis par la Fabrique suisse des spiraux.

Je n'ai garde de croire que le mérite de cet alliage va tenir au problème de Physique Mathématique que je vais exposer ; en attendant soulignons nettement le secret du mérite de ces précieux spiraux comparés aux spiraux d'acier des anciens chronomètres marins. Le secret de la supériorité de l'alliage de palladium sur l'acier, le voici très simplement résumé : plus heureux que l'acier, le nouvel alliage résiste victorieusement à la rouille humide qui a tant mordu l'acier des anciens chronomètres marins, et c'est l'œuvre des chimistes que nous devrons tout d'abord remercier. Je reviens maintenant à l'étude des spiraux hélicoïdaux associés et groupés ensemble convenablement. C'est un problème de Physique Mathématique dont la géométrie est assez simple.

Tout d'abord il nous faut bien voir que le ruban cylindrique hélicoïdal possède diverses génératrices d'appui ou même d'encastrement mais que ces divers encastrements appartiennent tour à tour soit à une région du bâti fixe du chronomètre, soit à une région solidaire du balancier ; la région du bâti fixe est le *pilon* ; la région solidaire du balancier se nomme *virole*. Envisageons alors les données physiques relatives à ses spiraux ; à savoir, E : coefficient d'élasticité de la matière du spiral, R son rayon ; P l'étendue angulaire du ressort fabriqué, *étendue* estimée en radian ; enfin I : *le moment d'inertie de l'aire* du ruban hélicoïdal. Enfin retenons que nos spiraux associés formant deux groupes sont l'un dextrorsum, l'autre sinistrorsum et que ces ressorts symétriques l'un de l'autre par rapport à un plan perpendiculaire à l'axe d'oscillation d'où résulte la conduite du balancier par des oscillations isochrones dont le moment mécanique régulier a pour mesure le produit : $\dfrac{8\,EI}{RP}\left(1 \times \dfrac{4}{P^2}\right)u$ pour l'écartangulaire de rotation désigné par u. Telle est la formule qui rappelle quelque peu celle de Phillips utilisée par lui pour le modelage des courbes terminales de son ressort cylindrique ordinaire.

M. de CAMAS

SUR LES FONDEMENTS DE LA MÉCANIQUE ONDULATOIRE

Grâce à MM. L. de Broglie et Schrödinger, il semble bien que la mécanique ondulatoire soit entrée dans le domaine classique.

C'est une joie pour le signataire de ces lignes de le proclamer, car il avait rêvé, il y a plus de trente années qu'on pourrait, de la conception de l'éther de Fresnel, faire sortir les lois de la mécanique ordinaire.

Dans un article de la *Revue Scientifique* du 13 décembre 1902, j'esquissais la théorie suivante :

Je supposais que les particules ultimes de la matière pouvaient être considérées comme des sphères douces d'inertie et j'admettais aussi dans un éther élastique ambiant l'existence de vibrations de périodes déterminées, dans tous les sens.

Ces vibrations, se réfléchissant sur la surface des masses ultimes représentant la matière, il en résultait, par le fait de l'interférence des vibrations directes et des vibrations réfléchies, une série de régions nodales et ventrales entourant les centres matériels. Suivant que les vibrations se réfléchissaient en changeant de signe ou sans changer de signe, les petites surfaces de la matière étaient des nœuds ou des ventres.

J'admettais que les actions électriques élémentaires pouvaient se décrire comme si elles étaient dues aux percussions des particules intimes de l'éther sur les surfaces des masses matérielles. Je définissais une particule d'électricité positive en disant : c'est un nœud qui tend à aller vers les ventres ; une particule d'électricité négative, un ventre qui tend à aller vers les nœuds.

Pour savoir comment sont répartis les nœuds autour du point matériel, il faut donner une densité à l'éther.

L'électromagnétisme, si on considère un univers ponctuel, nous apprend que l'énergie de l'espace par unité de volume est égale au carré du champ. W étant cette énergie, H étant le champ, y la distance du point considéré au centre matériel, on a :

$$W = H^2 = \left(\frac{1}{y^2} \right)^2 = \frac{1}{y^4} . \qquad (1)$$

Il est naturel d'assimiler W à une densité d'éther δ et d'écrire :

$$\delta = \frac{1}{y^4} .$$

Si on considère une onde sphérique partant du centre, ou plutôt d'une sphère de petit rayon, on aura, t étant le temps, et l'élasticité étant supposée constante :

$$\frac{dy}{dt} = \frac{1}{\sqrt{\delta}} \qquad (2)$$

en vertu de la formule de Newton (que nous admettons). Les nœuds (ou neutres) s'obtiendront en calculant les espaces parcourus par une onde pendant les temps :

$$t = 0, \ t = 2\theta, \ t = 3\theta, \ \dots \ t + n\theta.$$

La formule (2), intégrée, donnera, à un facteur constant près :

$$n = \frac{y - a}{y} . \qquad (3)$$

Tous les nœuds sont à distance finie. On voit que l'atome $\delta = \frac{1}{y^4}$ quantifie l'éther par masses égales. Le calcul que nous venons de faire n'est pas autre chose qu'une quantification de l'action hamiltonienne appliquée à tout l'espace.

Mais il y a autre chose : la masse centrale peut avoir un mouvement de rotation. Nous admettrons que ce mouvement de rotation, pour des raisons particulières (fractures, par exemple) peut être transmis à l'éther et que tout se passe comme si l'énergie était conservée.

Considérons donc, dans l'atome $\delta = \dfrac{1}{y^4}$ une couche sphérique d'épaisseur dy et de vitesse tangentielle v. L'énergie de cette couche reste constante, donc :

$$\delta \times 4\pi y^2 dy \times v^2 = \mathrm{c^{te}}. \text{ Mais } dy = y^2 dt \text{ et } \delta = \frac{1}{y^4}\,.$$

Donc :
$$v = \mathrm{c^{te}}.$$

La vitesse de rotation de l'éther étant constante, la fréquence ν de l'éther dans la couche de rang n est de la forme :

$$\nu = an + b.$$

Comme n, ν a une forme analogue à celle de g_{44} de la relativité générale.

Ce qui précède, avec quelques hypothèses sur les fractures de l'éther, et les syncopes du temps, constitue la base de la théorie dynamique ondulatoire que j'ai conçue avant 1900 et que j'ai pu esquisser le 13 décembre 1902 dans la *Revue scientifique.*

On peut comparer ces idées anciennes avec celles des auteurs de la mécanique ondulatoire moderne, L. de Broglie et Schrödinger.

Le point de départ essentiel de ces auteurs est l'emploi de l'intégrale d'Hamilton, telle qu'elle se présente dans l'étude du mouvement du point. Ici, pour faire la comparaison avec nos idées, nous supposerons que ce point est sollicité par un centre suivant la loi de Coulomb (ou de Newton).

Broglie considère une solution de l'équation du mouvement des ondes $\left(\Delta u = \dfrac{1}{\mathrm{V}^2}\dfrac{d^2 u}{dt^2}\right)$:

$$u(x, y, z, t) = \mathrm{C} \cos 2\pi\nu \left[t - \int \frac{dl}{\mathrm{V}}\right] \tag{4}$$

et il identifie la phase du cosinus avec l'action hamiltonienne qui est ici :

$$\mathrm{W}t - \mathrm{S}_1(x, y, z) \tag{5}$$

avec :

$$\mathrm{S}_1 = \mathrm{W}t - \mathrm{S} \tag{6}$$

parce que Broglie fait de plus l'hypothèse $\mathrm{W} = h\nu$.

L'équation de Jacobi donne [1] :

$$2m_0(\mathrm{E} - \mathrm{F}) = \sum \left(\frac{\partial \mathrm{S}_1}{\partial x}\right)^2 \tag{7}$$

---

[1] Voir L. DE BROGLIE, *La mécanique ondulatoire*, Gauthier-Villars.

où E et F représentent respectivement l'énergie potentielle et cinétique. On peut admettre $h\nu = W = E + (m_0 c^2)$.

D'autre part, l'équation de l'optique est :

$$\sum \left(\frac{\partial \psi}{\partial x}\right)^2 = \frac{1}{V^2} \tag{8}$$

où ψ est défini par $S_1 = h\nu\psi$ et $\psi = \int \frac{dl}{V}$.

Multiplions l'équation (8) par $h^2\nu^2$ et comparons avec (7), on voit que :

$$\sum \left(\frac{\partial S_1}{\partial x}\right)^2 = \frac{h^2\nu^2}{V^2} = 2m_0(E - F) \tag{9}$$

avec :

$$V = \frac{E}{\sqrt{E - F}}.$$

Mais on peut se demander (et je m'excuse ici si je comprends mal) si l'équation (9) est bien une équation de mécanique ondulatoire et si ce n'est pas simplement une équation ponctuelle.

Schrödinger, autant que j'en puis juger par l'analyse que Broglie a donnée de son travail, a étendu le mouvement à tout l'espace, mais la forme de son équation de départ n'est pas :

$$\Delta u + 4\pi^2\nu^2 \frac{E - F}{E^2} u = 0$$

mais :

$$\Delta u + \frac{4\pi^2}{h^2} (E - F') u = 0,$$

ν^2 n'y figure pas.

L'équation de Schrödinger est celle que donnerait grossièrement notre mécanique ondulatoire avec l'hypothèse :

$$\delta = \frac{1}{y}.$$

On en déduit :

$$\int \sqrt{\delta}\, dy = n \quad \text{d'où :} \quad y = n^2,$$

(Voir réimpression de notre article de 1902, page 16, ligne 11 où je donne ces niveaux de Bohr, Blanchard, éditeur). Pourquoi fais-je ces remarques au sujet des travaux d'hommes éminents et pour lesquels je n'ai que la plus profonde admiration ?

Parce que je tiens à cette densité $\delta = \frac{1}{y^4}$ qui m'apparaît comme étant la seule densité d'éther possible de l'univers ponctuel.

J'ai obtenu cette densité par voie de récurrence ([1]) ; c'est une densité apparente limite qui, nous l'avons vu plus haut, découle de l'équation $W = H^2$ de l'électro-magnétisme. De plus, les conséquences philosophiques résultant de l'adoption de cette densité me paraissent d'un grand intérêt (je ne puis les développer ici).

Considérons encore une sphère électrisée de rayon y_0. Son énergie est, à un facteur constant près $\dfrac{1}{y_0}$. Comme elle est susceptible d'exercer une action à l'extérieur, c'est que cet extérieur n'est pas vide : il s'y trouve quelque chose à quoi je puis attribuer une densité δ.

Je dois donc avoir :

$$\frac{1}{y_0} = \int_{y_0}^{\infty} 4\pi y^2 dy \delta$$

d'où en remplaçant y_0 par y et différentiant :

$$\frac{dy}{y^2} = y^2 dy \delta$$

à un facteur constant près et $\delta = \dfrac{1}{y^4}$.

D'ailleurs nous avons vu que :

$$W = H^2 = \left(\frac{1}{y^2}\right)^2 = \delta \quad \text{(Coulomb)}.$$

Comme on a :

$$mv^2 - mv_0^2 = \frac{1}{y} - \frac{1}{y_0}$$

au point de vue du mouvement d'un point on voit que cette équation relative à un point peut être déduite de la considération de percussions de toutes les particules de l'univers considéré sur toutes les particules du corps d'épreuve, que constitue le point mobile.

La conclusion, elle n'est pas faite pour plaire, je le crains, c'est qu'il faudrait abandonner, ici, pour le point de vue du mouvement des corps dans la mécanique newtonienne, l'hypothèse :

$$W = h\nu.$$

Alors, l'équation de Jacobi est :

$$2m_0 (E - F) = \sum \left(\frac{\partial S_1}{\partial x}\right)^2 ;$$

l'équation de l'optique :

$$\frac{1}{V^2} = \sum \left(\frac{\partial \psi}{\partial x}\right)^2 = \delta.$$

([1]) Voir Chapitre II. *Réflexions sur la mécanique ondulatoire*. Blanchard, éditeur.

Par définition, si l'on veut :

$$S_1 = \nu\psi.$$

Mais ici ν est une constante universelle, c'est la fréquence des ondes qui sillonnent l'éther.

Comme : $\quad \psi = \int \dfrac{dy}{V}$, $\quad$ on voit que : $\quad$ si $\delta = \dfrac{1}{y^4}$, $\psi = \dfrac{1}{y}$

et : $$S_1 = \frac{1}{y}$$

à un facteur constant près.

. On a de plus :

$$\sqrt{2m_0(E - F)} = \frac{\partial S_1}{\partial y} = \frac{1}{y^2}$$

et :

$$E - F = \frac{1}{y^4} :$$

E et F sont des énergies par unité de volume.

L'équation de l'optique est :

$$\Delta u + \frac{4\pi^2\nu^2}{V^2}\, u = 0 ;$$

donc :

$$\frac{1}{V^2} = \sum \left(\frac{\partial \psi}{\partial x}\right)^2 = \sum \left(\frac{\partial S_1}{\partial x^2}\right)^2 = 2m_0(E - F) = \frac{1}{y^4}$$

à des facteurs constants près et l'équation dite de Schrödinger devient :

$$\Delta u + \frac{8\pi^2\nu^2 m_0}{y^4}\, u = 0.$$

Si l'on se reporte à ce que j'ai écrit au sujet de l'atome d'hydrogène (*Réflexions sur la mécanique ondulatoire*), on doit en conclure que les choses ne se passent pas tout à fait de la même manière au sein de l'atome et dans les conditions ordinaires de l'observation.

NAVIGATION & AÉRONAUTIQUE
GÉNIE CIVIL & MILITAIRE

Président. . . . . . . II. Saunier, Ingénieur principal du service vicinal,
Le Havre.
Vice-Président . . . G. Evers, Le Havre.
Secrétaire . . . . . P. Vaudrey, Ingénieur constructeur, Reims.

Abbé ANTHIAUME
De l'Académie de marine.

L'ENSEIGNEMENT DE LA SCIENCE NAUTIQUE EN ANGLETERRE
AUX XVIᵉ ET XVIIᵉ SIÈCLES

Au xvıᵉ siècle l'Angleterre ne possédait pas encore d'établissement
scientifique pour les marins. Quand le gouvernement songeait à protéger
son littoral, ou à favoriser son commerce à l'étranger, ou même à préparer quelque grand voyage sur mer, il faisait appel soit à l'initiative privée, soit à l'association.

Une confrérie de pilotes et de marins fut établie en 1512, et deux ans
après le roi Henri VIII lui accorda sa première charte ; elle porta dès lors
le nom de *Trinity House*. Le but de cette corporation était sans doute de
conserver et de développer la science nautique et l'art maritime ; cependant jusque-là nous ne voyons rien qui ressemble à un enseignement
technique du pilotage.

Quand les Anglais songèrent à entreprendre des voyages de découverte,
ils furent contraints, faute d'instruction suffisante, de recourir à la
science et à l'expérience de navigateurs étrangers. Puis la nécessité d'un

enseignement maritime se faisant sentir, ils utilisèrent d'abord des traductions d'ouvrages espagnols. Leurs premières expéditions leur firent reconnaître l'importance de la théorie dans l'art de la navigation, et tous les livres qui furent publiés sous le règne d'Elisabeth renfermaient de nouvelles inventions et des méthodes perfectionnées. La science des Anglais alla donc toujours en progressant. Quand paraissait un bon volume de science nautique, les éditions s'en succédaient rapidement.

Vers la fin du xvie siècle, on songea à ouvrir des écoles de navigation, et le 31 décembre 1600 la Compagnie des Indes orientales créa une chaire d'hydrographie et en confia la direction au célèbre Edward Wright.

Cependant au xviie siècle les officiers anglais apprenaient assez souvent la théorie de la navigation à bord des navires marchands sur lesquels ils étaient embarqués, et les commissions de capitaine ou de pilote étaient distribuées plus à la faveur qu'au mérite. Les jeunes gens de famille naviguaient au service des « patrons » de navires, d'abord comme serviteurs ou comme mousses. Ceux qui semblaient trop âgés pour remplir ces offices étaient admis en qualité de volontaires et apprenaient comme les autres, en voyageant, la théorie et la pratique du pilotage. Les officiers de navire étaient donc d'anciens matelots ou même d'anciens domestiques du bord.

A *Trinity House*, après la concession des lettres patentes de 1660, on soumit à un examen les capitaines des navires du roi. Mais les interrogations bien peu compliquées ne portaient que sur la connaissance de la Manche. Dans la marine du commerce, au contraire, pour commander un navire on n'avait besoin ni du brevet d'aptitude ni de commission spéciale. Le premier marin venu pouvait conduire un bâtiment.

En 1675 furent interrogés pour la première fois à *Trinity House* les jeunes gens du collège de l'hôpital du Christ à Londres, appelé *Blue-coat-school*, parce que les élèves portaient une longue tunique bleue. Cet ancien collège forma pendant longtemps des officiers de marine. Néanmoins nous avons tout lieu de croire que leur instruction était peu étendue, et basée seulement sur des notions générales. Ce n'était pas, à vrai dire, une école de navigation ; l'éducation professionnelle se faisait toujours en cours de route.

En 1676, pour encourager les jeunes gens de bonne famille à entrer dans la marine, chaque vaisseau de la flotte royale fut autorisé à embarquer des Volontaires « Volunteers by order », ayant moins de seize ans ; on les appelait « King's letter boys ».

Nous lisons dans un Mémoire sur le pilotage (octobre 1707) que les Anglais s'appliquent avec ardeur à l'étude de la science nautique. « Dans tous les vaisseaux il se tient une escole de pilotage en présence du capitaine. Il y a toujours grand nombre de matelots qui sont instruits, qui payent mesme aux pilotes trente sols par mois pour l'estre. Tous ceux qui sont un peu avancés prennent hauteur, dressent des journaux, et tous les matelots gouvernent à tour de rôle. Enfin au retour des campagnes les officiers et les pilotes remettent à ceux qui sont préposés les journaux de leur navigation qui sont examinés exactement pour en tirer ce qui a esté reconnu de nouveau et voir les erreurs qu'ils ont faites, et les punir ou les récompenser s'ils l'ont mérité ».

Auteurs ou traducteurs d'œuvres rédigées
à l'usage des marins anglais.

Nombreux routiers traduits d'ouvrages étrangers.

Cunningham : le *Miroir cosmographique* (1559).

Richard Eden, traducteur de plusieurs ouvrages et notamment en 1561 de ceux du Portugais Cortès.

William Bourne : *Règlement de la mer* (1573).

John Dee : un savant traité sur le Calendrier et en 1577 Mémoires se rapportant à l'art de la navigation.

Robert Norman fabricant de boussoles à Ratcliffe découvrit en 1576 l'inclinaison de l'aiguille aimantée, publia sa découverte en 1585 et en 1590 un *Grand Routier*.

Thomas Hood enseigna l'hydrographie dans la maison de sir Thomas Smith, traduisit quelques livres utiles aux navigateurs et en publia plusieurs.

Thomas Blundeville édita ses œuvres à Londres.

Simon Forman : les *Fondements de la longitude* (1591).

John Davis : les *Secrets du marin* (1594).

Edward Wright, professeur de navigation de la Compagnie des Indes orientales, tenait sa classe chez Th. Smith. En 1599, il publia : « Certains errors in navigation detected and corrected », livre dans lequel il décrivit le projection cartographique dite de Mercator ou des cartes réduites.

Au XVIIe siècle, William Gilbert écrivit : « De Magnete Magneticisque corporibus de magno magnete tellure » (1600). Beaucoup de questions traitées concernent la navigation. Voulant expliquer l'inclinaison de la boussole, il enseigna le premier que la terre est un aimant.

Robert Dudley publia à Florence (1646) sous le titre : « Dell arcano de Mare » un remarquable ouvrage où l'on trouve un complet recueil de cartes, un traité de navigation et des dessins de tous les instruments employés à bord des navires.

Edmund Gunter découvrit en 1622 la variation ou changement de la déclinaison de l'aiguille aimantée. Il appliqua les logarithmes des nombres, des sinus et des tangentes à des lignes droites tracées sur une échelle ou règle qu'on a appelée « Echelle de Gunter ». Il introduisit l'emploi de « the measuring chain » (sans doute le loch), et fut le premier qui se servit de l'expression « cosinus » pour désigner le sinus du complément d'un arc.

Résumant ce bref Mémoire, nous concluons que la routine et l'audace guidèrent seules bien souvent au xvie et même au xviie siècle le marin anglais dans ses expéditions. Et cependant il avait à lutter non pas seulement contre la perfidie des flots changeants, mais contre l'effroi de l'immense inconnu que l'imagination de l'homme peuplait alors de lugubres fantômes. Quelle énergie surhumaine ne fallait-il pas au capitaine pour triompher de ces terreurs, pour affranchir son esprit des vieux préjugés, pour élever son âme plus haut que les périls et entraîner son équipage au devant de ces ténèbres que l'œil se fatiguait en vain à percer et dans lesquelles il craignait de sombrer ! Il savait bien qu'il jouait sa vie et celle de ses matelots sur une hypothèse. C'est donc aux débuts de la navigation au long cours qu'il faut remonter pour comprendre vraiment l'héroïsme de la vie maritime, et les navigateurs anglais, à l'âme fortement trempée, contribuèrent aux progrès de la civilisation en conduisant de hardis pionniers vers les terres inconnues.

Eug. BLANC

Capitaine au Long Cours.

LES COMPAS GYROSCOPIQUES

QUELQUES PARTICULARITÉS REMARQUABLES DU COMPAS GYROSCOPIQUE (¹)
DE M. S. G. BROWN

*Rappel des propriétés du gyroscope et de sa transformation
en compas.*

1. — Plusieurs méthodes ont été employées pour l'amortissement des oscillations du compas, de part et d'autre du méridien.

Anschutz, dans son premier compas faisait usage d'un jet d'air qui

----

(¹) Le compas étant en ordre de marche dans la salle d'exposition.

s'opposait au mouvement en azimut de l'axe du tore quand celui-ci, cherchant sa position d'équilibre (horizontal dans le plan du méridien) s'incline sur l'horizontale. La force amortissante du jet d'air était proportionnelle à l'inclinaison du tore. Celui-ci soumis à une force constante qui tend à l'éloigner de l'horizontale (fixité dans l'espace), il en résulte que l'équilibre n'était obtenu que lorsque cette force et celle du jet d'air étaient égales. D'où erreur résiduelle, appelée erreur de latitude, parce que d'autant plus forte que le gyro placé à une latitude plus élevée tend à s'écarter davantage de l'horizontale.

Une autre méthode consiste à excentrer la base de l'axe vertical de manière à faire commencer la précession avant que l'axe du tore ait franchi le méridien. Ici encore, nous retrouvons l'erreur résiduelle, dite erreur de latitude.

Dans son compas M. S. G. Brown a appliqué l'amortissement sur l'axe horizontal. Les précessions provoquées par l'huile des gros flacons sont contre-balancées par l'huile de deux autres flacons plus petits, placés à côté des gros. Le sens convenable de l'écoulement du liquide est donné par une soufflerie d'air donnant de la pression à la fois au gros flacon placé le plus bas et au petit flacon placé le plus haut. Le liquide des petits flacons ne s'écoule qu'avec un certain retard, réglable à l'aide d'un pointeau.

Un tel système appliqué entièrement à l'axe horizontal élimine l'erreur résiduelle. Le compas Brown *n'a pas d'erreur de latitude*.

II. — La force directrice des compas gyroscopiques est proportionnelle à la vitesse angulaire de rotation de la terre, à la vitesse de rotation du tore, à la masse de ce dernier, au cosinus de la latitude, etc.

Dans le Brown, le tore tourne à la vitesse d'environ 15.000 t. m., sa masse est d'environ 2 kilogrammes.

Malgré cette vitesse de rotation du tore, relativement élevée, la force directrice reste faible, comme dans n'importe quel compas d'ailleurs, car le facteur rotation de la terre est extrêmement réduit.

Le maximum de cette force, pour le Brown (quand l'axe est orienté E.-W.), est d'environ 210 centigrammes, agissant sur un levier de 25 millimètres. Cette force d'ailleurs diminue à mesure que l'axe se rapproche du méridien, quand l'axe n'est plus qu'à 1° du méridien, elle n'est plus que d'environ 3 centigrammes avec le même levier.

La masse à entraîner par cette force directrice est assez élevée, puisqu'elle se compose non seulement du tore, mais de tout l'élément sensible, flacons huile contrepoids, rose, axes, etc., au total environ 3 kg. 500. On conçoit qu'il faut que dans un gyro compas, la suspension soit absolument sans friction, cette friction, si elle existait aurait d'ailleurs le second inconvénient de provoquer une précession verticale de l'axe du tore.

Différents artifices ont été employés pour réduire les frictions de l'axe vertical, appareil flottant dans un bain de mercure (Anschutz) ou suspendu par des fils sans torsion en un point, auquel un système de moteur pas à pas fait suivre toutes les oscillations du gyro en azimut.

M. S. G. Brown a résolu la question d'une façon très originale. L'extrémité inférieure de l'axe vertical pénètre sans friction dans un cylindre au fond duquel une pompe refoule 180 fois par minute de l'huile à une pression voisine de 35 kilogrammes par centimètre carré. De sorte que l'élément sensible repose tout entier sur cette huile sous pression. De plus le mouvement vertical alternatif donné par la pompe, facilite encore le mouvement de rotation en azimut (ceci est comparable aux roues avant d'une automobile, le volant offre une certaine résistance si la voiture est stoppée, en marche la résistance à vaincre est considérablement diminuée). Nous croyons pouvoir affirmer que ce système est le plus parfait réalisé jusqu'à ce jour, au point de vue antifriction dans n'importe quelle machine. Il permet au gyro-compas de se tenir toujours à moins de 1/10 de degré du Nord vrai, bien que la force directrice à ce moment soit absolument infime.

L'extrémité supérieure de l'axe vertical réduit à la grosseur d'une aiguille à tricoter, ne sert que de guide, à travers une feuille de laiton continuellement lubrifiée par un morceau de drap imbibé d'huile, appliqué au-dessus.

Le triphasé qui alimente le moteur du tore est amené jusqu'à cette partie de l'axe au moyen de bagues qui l'entourent sans le toucher. Ces bagues connectées aux bornes du générateur, portent sur leur face intérieure une rigole remplie de mercure.

Ce mercure par capillarité forme contact avec les anneaux qui correspondent à chaque phase sur l'axe vertical. De ce point, le courant est transmis au moteur.

III.' — Les indications du compas sont utilisées en plusieurs points du navire : à la barre, aux taximètres de relèvement, au radio-goniomètre, etc... L'ensemble des appareils destinés à distribuer et enregistrer ces indications, a été appelé le système de répétition.

Dans chaque appareil répétiteur, un petit moteur fait exécuter à la rose les mêmes mouvements relatifs que la rose du compas-étalon elle-même. Une soufflerie d'air alimentée par la rotation du tore, et placée sur le côté ouest du carter, agit sur deux volets portés par une crémaillère. En fermant l'un ou l'autre de ces volets, et par l'intermédiaire de deux contacts, agissant sur le contrôleur, elle fait tourner ce dernier, soit dans un sens, soit dans l'autre et par conséquent distribuer aux moteurs de répétitions, .

de façon à ce que ceux-ci tournent soit dans le sens des aiguilles d'une montre, soit en sens inverse.

En même temps ce contrôleur distribue également au moteur qui entraîne la crémaillère portant les volets. D'où synchronisme des mouvements de l'ailette (volets) et des répétiteurs.

Le système est agencé de telle sorte que l'ailette est toujours ramenée en face de la soufflerie. Il en résulte un mouvement de va-et-vient continuel de l'ailette et de tous les répétiteurs, n'excédant pas d'ailleurs 2/3 de degrés, astreints aussi à suivre tous les déplacements de la soufflerie et par conséquent de la rose.

Un des répétiteurs, celui de la barre, fera, grâce à un système de multiplication, quatre tours d'horizon, pour un seul décrit par la rose du compas. Ceci a permis de faire une graduation d'une dimension suffisante pour que l'homme de barre s'aperçoive de la moindre embardée du navire. Il peut la corriger dès son début et la route déjà donnée d'une façon très exacte par le gyro, sera d'autant mieux suivie, d'où économie notable de route et par conséquent de temps et d'argent.

Un autre répétiteur, par sa rose excentrée introduit automatiquement la correction de route et de vitesse et l'officier de quart aura toujours sous les yeux *sa route vraie*.

Un autre répétiteur encore a été transformé en enregistreur. Sa plume trace sur une feuille convenablement graduée, tous les caps et embardées du navire. Témoin précieux en cas de litige.

Enfin l'idée d'atteler le compas sur la barre, à l'aide de relais, a été réalisé par le pilote automatique. Le problème n'est pas aussi simple que l'on pourrait croire, le navire ayant des caractéristiques de giration et de tenue de route très variables, suivant l'état du temps et de la mer. Le problème a cependant été mené à bien et sur *L'Ile-de-France* avec le pilote automatique Brown, nous avons pu gouverner à moins de 1° près par beau temps et à moins de 2° par grosse mer et bonne brise.

M. S. G. Brown a appliqué les principes du gyroscope à d'autres appareils. Je citerai pour mémoire son gyroscope de direction de tir, qui donne une approximation de moins de deux minutes d'arc, l'horizon artificiel gyroscopique et aussi l'indicateur de giration pour aéroplanes.

Nous devons la découverte des principes du gyroscope à notre grand Foucault. Qu'il me soit permis de rendre hommage ici à ceux qui les ont si ingénieusement appliqués et mis en pratique, malgré les difficultés de toutes sortes, qu'ils ont dû surmonter.

M. ROQUES

Directeur de l'Ecole Nationale de Navigation du Havre.

1° UTILISATION NAUTIQUE DU RADIOGONIOMÈTRE

Tous les navires sont actuellement pourvus du radiogoniomètre dont l'utilisation permet dans bien des cas d'accroître la sécurité de la route du navire et, à ce point de vue, nous examinerons le degré de confiance que le navigateur doit accorder à cet appareil. Nous envisagerons aussi les services qu'il peut rendre à la mer en des circonstances diverses.

Critique du relèvement radiogoniométrique. — La détermination de la direction de propagation des ondes électriques émises par un poste côtier où le navire lui-même, est une opération délicate et la précision des mesures dépend d'un grand nombre de facteurs.

En premier lieu l'observateur doit être parfaitement exercé, la pratique du relèvement consistant à repérer : 1° la position du cadre pour laquelle se produit l'extinction du son ; 2° la position pour laquelle le son reprend à l'oreille. Il existe donc une plage de silence et il va de soi que cette plage doit être considérée par l'opérateur comme une plage d'incertitude dans les mesures. L'ouverture de cette plage atteint couramment plusieurs degrés à bord d'un navire relevant un poste côtier. Et, circonstance aggravante, elle dépend évidemment de l'acuité auditive de l'observateur, l'oreille humaine devant être considérée comme un médiocre appareil enregistreur du son sans sensibilité. Il serait peut être préférable de repérer avec un appareil de mesure (galvanomètre balistique par exemple) la position du cadre pour laquelle la quantité d'électricité induite serait nulle ou minimum ; la précision des mesures semblerait devoir y gagner. M. Mesny à qui nous devons de remarquables travaux sur le cadre mobile montre cependant qu'en prenant comme position réelle d'extinction la bissectrice de la plage de silence on évalue le gisement du poste émetteur à 2° près dans les circonstances les plus favorables, le sens de l'erreur étant inconnu.

Une deuxième difficulté de l'observation se présente lorsqu'on relève le poste côtier du bord. On mesure le gisement du poste émetteur par rapport à l'axe du navire. Ce navire s'il est de faible tonnage (chalutier, cargo) tient mal sa route par mer tant soit peu houleuse, et la mesure sera entachée de la valeur de l'embardée normale du navire. Cette erreur est cependant atténuée sur les grands bâtiments si à côté du poste radiogoniométrique on dispose un compas répétiteur. A ce point de vue seul l'officier de quart, responsable du point à la mer, devrait observer le gisement s'il veut accorder à la mesure la même confiance qu'aux méthodes de navigation qu'il pratique lui-même à l'alidade. Malgré toutes ces précautions la valeur d'un relèvement radiogoniométrique pris du bord sera toujours subordonnée à la précision du compas, le seul instrument permettant de repérer pratiquement à la mer les quatre points cardinaux.

Enfin une troisième source d'erreur à bord est la déviation radiogoniométrique due à la diffraction des ondes sur les obstacles métalliques. Cette déviation est très capricieuse malgré son allure quadrantale. Beaucoup d'officiers ont essayé de déterminer d'une façon précise et pratique la courbe des déviations; pour un même gisement la déviation observée prend souvent des valeurs différentes et ceci ne doit pas trop nous surprendre en l'état actuel car il reste bien des anomalies imprévues dans la propagation des ondes électriques surtout des ondes courtes. Pour éviter cette nouvelle source d'erreur on recommande d'installer le goniomètre loin des cheminées, des mâts métalliques, mais, s'il est possible d'observer ces prescriptions à bord des grands navires il n'en est plus de même sur les chalutiers car faute de place l'on met l'appareil où l'on peut.

Pour fixer les idées voici à bord de l'*Ile de-France* les erreurs radiogoniométriques.

<table>
<tr><td>Maximum de la déviation
quadrantale</td><td>Plage de silence</td></tr>
<tr><td>20° à 22°</td><td>7 à 8° à 40 milles</td></tr>
</table>

N. B. — L'ouverture de la plage de silence dépend de la distance de l'émetteur au récepteur ; si pour les faibles distances elle parait proportionnelle elle augmente ensuite très rapidement.

LE POINT A LA MER PAR LE RADIOGONIOMÈTRE. — Comme nous l'avons indiqué précédemment il faut admettre une erreur de 2° au moins dans le relèvement. Cette erreur entraînera sur la position du navire une incertitude d'autant plus grande que le navire est plus éloigné du poste relevé ? Comme le radiogoniomètre équivaut par ses indications à une alidade on doit admettre qu'à ce point de vue il donnera des résultats médiocres. Un navigateur qui observerait des relèvements terrestres au compas à 2° près naviguerait avec bien peu de précision. Si 2ε est la largeur de la bande d'incertitude mesurée suivant un grand cercle perpendiculaire à la direction du relèvement on pourra écrire :

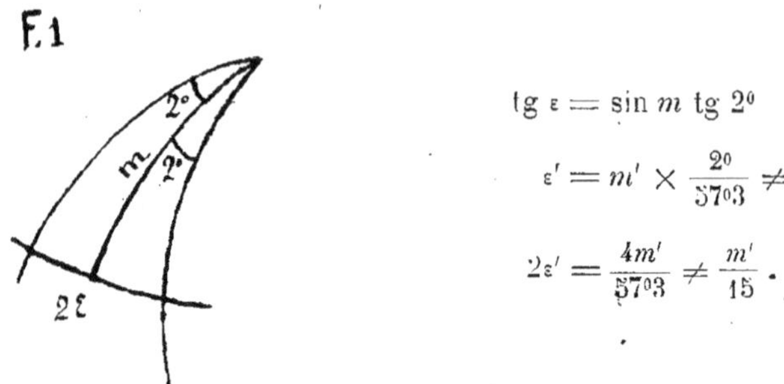

$$\text{tg } \varepsilon = \sin m \text{ tg } 2^0$$

$$\varepsilon' = m' \times \frac{2^0}{57^03} \neq$$

$$2\varepsilon' = \frac{4m'}{57^03} \neq \frac{m'}{15}.$$

L'erreur en milles est donc approximativement le $1/15^e$ de la distance.

Ce procédé de navigation pourrait devenir dangereux si le navigateur n'évalue pas les incertitudes avec une marge suffisante. L'échouage du paquebot *Paris* sur le plateau d'Eddystone a pour cause initiale l'incertitude du relèvement radiogoniométrique utilisé, certaines circonstances malheureuses, mises à part. La distance de l'un des postes relevés au navire était d'environ de 60 milles ; l'erreur du point radiogoniométrique était de 4 milles ce qui correspond à une incertitude normale de 2^0 dans le relèvement.

Dans bien des cas cependant la navigation au radiogoniomètre peut fournir des indications intéressantes. En particulier elle permet de rectifier la position estimée du navire venant du large à l'approche des côtes. Elle diminue souvent l'incertitude de l'estime si la nébulosité du ciel n'a pas permis depuis plusieurs jours de faire le point astronomique circonstance fréquente sur les routes transocéaniques de l'Atlantique du Nord.

Comme il arrive souvent dès que l'on utilise des appareils nouveaux on a voulu voir dans le radiogoniomètre l'appareil futur destiné à supplanter le sextant et le chronomètre. Certains auteurs parlent de droite radiogoniométrique qu'ils considèrent avec la confiance que l'on doit accorder aux droites de hauteur. Il est facile de comparer les deux méthodes en les superposant. Soit P E Z le triangle sphérique de position de la sphère goécentrique ; Z est la position du navire, E sera l'image de l'astre s'il s'agit du point astronomique ou la position du poste radiogoniométrique relevé s'il s'agit du point par gonio.

Dans la méthode astronomique on détermine au sextant le côté $\overset{\frown}{\text{E Z}} = p$ à la minute; dans l'autre méthode on détermine les angles Z ou E. Soit ΔZ l'erreur radiogoniométrique et Δp, l'erreur dans l'observation de la hauteur.

$$\text{cotg } z \sin p - \text{cotg } Z \sin E = \cos p \cos E.$$

Différentiant pour obtenir $\dfrac{\Delta Z}{\Delta p}$

$$\operatorname{cotg} z \cos p\, dp + \frac{1}{\sin^2 Z}\, dZ \sin E = -\sin p \cos E\, dp$$

$$dZ \times \frac{\sin E}{\sin^2 Z} = -dp \left[\frac{\cos z \cos p}{\sin z} + \sin p \cos E \right]$$

$$dZ \frac{\sin E}{\sin^2 Z} = -dp \times \frac{\cos e}{\sin z}$$

$$dZ = -dp \times \frac{\sin Z}{\operatorname{tg} e} .$$

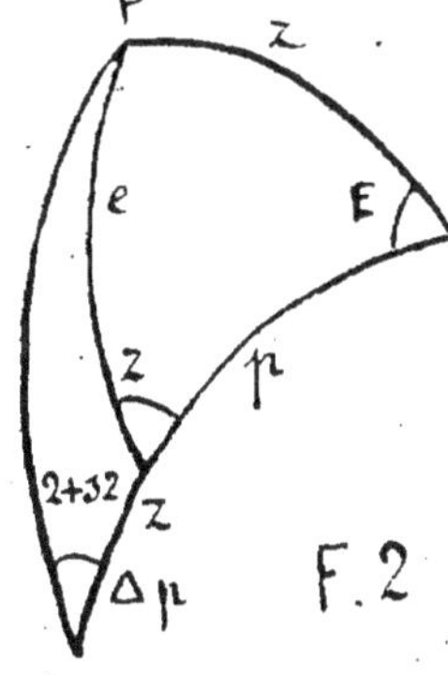

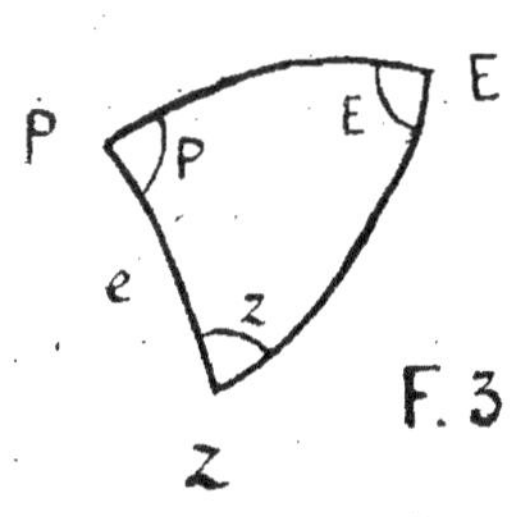

Cette formule différentielle nous permet de comparer les deux méthodes. Le sextant calcule p à la minute d'arc $sp = 1'$. Pour obtenir la même
approximation au radiogoniomètre il faudrait commettre une erreur $dZ =$
$1' \times \dfrac{\sin Z}{\operatorname{tg} e}$ c'est-à-dire du même ordre de petitesse. En l'état actuel de la
radiogoniométrie $dZ = 2^0$ et la droite radiogoniométrique sera affligée
d'une bande d'incertitude considérable sur la position du navire au large.

Si le procédé était d'ailleurs applicable il serait plus pratique de relever
l'astre E au compas, d'en déduire l'azimut c'est-à-dire l'angle Z, on serait
ramené à la méthode goniométrique.

Cet appareil ne pouvant remplacer le chronomètre et le sextant on doit
comme nous l'avons vu lui accorder la confiance d'une alidade en tenant
compte des erreurs normales du relèvement observé. On admettra les
indications utilisables quant à la sécurité de la route du navire jusqu'à
une distance maximum de 600 milles au poste relevé. Dans ces limites il
peut rendre de réels services surtout en temps de brume à défaut d'autres
procédés de navigation. Au delà de cette distance il est plus prudent de

s'en rapporter aux éléments de l'estime si l'on n'a pas pu observer de point astronomique. On se heurterait en outre à des difficultés pratiques de calcul. Pour les distances de 0 à 600 milles on tourne la difficulté sur la carte marine en traçant la droite radiogoniométrique corrigée de la convergence. Pour les distances supérieures cette correction n'est plus valable et les calculs se compliquent : ou bien le navire se fait relever et l'on détermine E, ou bien il relève et l'on détermine Z. Si l'on connaît E il faudrait se résigner à tracer sur la carte l'image d'un arc de grand cercle (d'angle initial E) au voisinage de la position présumée du navire. Si au contraire on connaît Z la difficulté pratique est plus grande encore car le lieu géométrique de la position du navire n'est plus l'arc d'orthodromie alors indéterminé mais un segment capable sphérique d'angle Z. Cette courbe qui du point de vue astronomique peut être considérée comme courbe d'égale azimut ne présente aucune particularité remarquable qui permette d'en effectuer un tracé pratique applicable sur une passerelle. Son équation en coordonnées sphériques est :

$$\text{cotg } z \sin e - \text{cotg } Z \sin P = \cos e \cos P.$$

P et e désignant les coordonnées de la courbe. z la colatitude du poste relevé.

Il faudra donc encore déterminer deux points au moins de cette courbe au voisinage de la position du navire et cette détermination si elle n'offre pas de difficultés théoriques est très laborieuse.

Les applications pratiques du radiogoniomètre. — Si le radiogoniomètre n'a pas la précision de l'alidade (moins encore celle du sextant) il présente sur elle l'avantage énorme de pouvoir relever un point invisible soit à cause de sa trop grande distance soit à cause de la brume. A ce deuxième point de vue son utilisation est précieuse. Un poste radiogoniométrique situé au point d'atterrissage d'un port, d'un chenal permettra au navire pris dans la brume d'atterrir avec précision puisque l'incertitude diminue pour s'annuler à mesure qu'on se rapproche du poste relevé. Pour cette seule raison tous les navires devraient être pourvus d'un radiogoniomètre et l'on s'explique mal que certaines compagnies de navigation se soient montrées longtemps réfractaires à l'installation d'un radiogoniomètre à bord. En l'absence de cet instrument le navire dans la brume doit attendre une éclaircie, l'atterrissage à la sonde étant souvent impraticable de par la nature du relief sous-marin. En outre indépendamment de la sécurité, un navire immobilisé constitue un capital improductif pour la compagnie.

Le radiogoniomètre est un appareil plus utile encore à bord des navires pratiquant la grande pêche à Terre Neuve et Islande dans des régions où le pourcentage des jours de brume atteint 60 0/0. Il permettra au chalutier dont la pêche est insuffisante de relever et d'aller à la rencontre de celui qui aura la bonne fortune de trouver le banc de poisson. Economie de temps, production meilleure et l'armateur a vite amorti le prix modique de cet appareil (15.000 fr.).

Enfin tout dernièrement on a cherché à déterminer la trajectoire des cyclones par des relèvements radiogoniométriques. Les bruits parasites atmosphériques paraissent devoir atteindre leur maximum lorsque le gonio est orienté dans la direction du centre du météore. Un article publié le 23 juin 1927 dans le *Journal de la Marine Marchande* montre comment le *Kittery* a pu repérer la trajectoire d'un cyclone qui a ravagé la Floride. Les Américains poursuivent actuellement les études de ce nouveau procédé de prévision météorologique par l'installation de postes spéciaux permettant de relever le plus loin possible le cyclone pour en prévoir les emplacements futurs.

2º ORGANISATION DES ÉCOLES NATIONALES DE NAVIGATION

L'enseignement maritime en France est assuré actuellement par onze Ecoles Nationales de Navigation réparties dans nos grands ports de commerce, par quelques établissements privés et enfin à bord du navire école « Jacques Cartier » de la Compagnie Générale Transatlantique.

Cet enseignement fut institué par Colbert qui par l'Ordonnance d'août 1681 organisa les Ecoles Royales d'Hydrographie dirigées par un corps d'Officier de Marine professeurs d'Hydrographie. Des établissements furent d'abord créées au Havre et à Dieppe parmi une population maritime réputée pour être la pépinière féconde de hardis capitaines. L'historique de ces Ecoles d'Hydrographie aujourd'hui Ecole Nationales de Navigation a été magistralement traité par un érudit des choses maritimes M. l'abbé Anthiaume dans son ouvrage *Evolution et enseignement de la Science Nautique*. Aussi proposons-nous seulement d'attirer l'attention du Congrès sur la situation et les nécessités actuelles de l'enseignement maritime.

Le navire moderne synthétise ce que le génie scientifique a su créer jusqu'à nos jours et c'est une tâche délicate que d'inculquer à de jeunes élèves les connaissances complexes nécessaires à la conduite de nos grandes unités. Comme autrefois la base de l'enseignement est encore l'étude de l'astronomie de position ; mais si jadis les connaissances du capitaine au long-cours étaient limitées à l'utilisation du sextant et du chronomètre aujourd'hui il faut familiariser ces officiers avec une nouvelle technique issue de nombreuses branches de l'activité humaine. M. Girault ancien Directeur du Travail Maritime définissait à juste titre le capitaine au long-cours non seulement un technicien pour lequel le sens marin ne suffit plus mais aussi un administrateur, un chef, un juriste.

De plus la suppression progressive de la marine à voile depuis le milieu du siècle dernier, supplantée par les modes de propulsion à vapeur et électrique a accru encore les difficultés de l'organisation de l'enseignement maritime et il a fallu créer le corps des officiers mécaniciens de la marine marchande qui évolue parallèlement à celui des officiers du pont.

Autrefois les élèves de nos Écoles se recrutaient essentiellement parmi les marins ou les fils de marins déjà initiés à la pratique du métier. Aujourd'hui une propagande louable a permis d'étendre le champ de recrutement et de faire appel à des candidats issus de tous les coins de France ; mais si le nombre de postulants aux Écoles de Navigation est chaque année très élevé beaucoup sont des sujets médiocres. Hormis quelques vocations, l'enfant, élève peu brillant au collège voit trop souvent dans le régime d'externat de l'École et le métier de marin la possibilité de s'affranchir de la tutelle paternelle et, de vivre une vie meilleure. La preuve en est évidente au Havre où un régime facultatif d'internat est organisé au Lycée; sur treize élèves admis en octobre 1928 il n'en restait que trois au 1er janvier. Dix d'entre eux abandonnèrent cet établissement pour le régime plus doux de la pension en ville. M. Lecoq actuellement Inspecteur d'Hydrographie signale dans un rapport d'inspection que « les Écoles donnent le plus souvent asile à un trop grand nombre de ratés de Lycée dont les professeurs n'arrivent à tirer des candidats présentables que grâce à un effort et une patience dignes d'un meilleur emploi ». Aussi bien des élèves sont obligés de redoubler, la première année de cours étant pour eux le moyen de compléter le bagage scientifique qui leur permettra l'année suivante de suivre avec quelques chances de succès les études spécialisées. Les déchets sont encore élevés, la proportion des reçus aux examens de première année ne dépassant guère 20 0/0 ; ce pourcentage est plus faible encore si l'on évalue le nombre de ceux qui obtiennent le brevet final de capitaine au long-cours après deux ans et demi d'étude et soixante mois de navigation. Cette sélection sévère se justifie car l'examen d'entrée à l'École n'est pas au niveau des connaissances exigées par la suite pour mener les études à bonne fin. Mais ne serait-il pas préférable de relever le niveau de cet examen pour sélectionner au début ? Et c'est la solution si satisfaisante adoptée sur le navire école « Jacques Cartier » de la Compagnie Générale Transatlantique.

A titre d'indication sur les 2.600 candidats qui se sont présentés aux examens d'officier de pont pendant l'année scolaire 1926, 760 seulement ont été reçus. Mais si le recrutement actuel permet d'assurer largement les besoins de l'armement en officiers de pont les statistiques constatent par contre une pénurie d'officiers mécaniciens et les Compagnies de navigation se heurtent chaque jour à des difficultés croissantes pour assurer le service des machines à bord.

Pour former cette jeunesse, élite de la mer une organisation modèle est de première nécessité. Or, actuellement l'installation de nos Ecoles Nationales est à réaliser ; à ce point de vue l'Ecole du Havre est bien celle qui laisse le plus à désirer, constatation paradoxale et humiliante pour notre premier port transatlantique. En vérité il y a des élèves au Havre mais il n'y a pas d'Ecole ; nous disposons de trois classes seulement dans les locaux de l'Ecole Supérieure de Commerce, obtenues grâce à la bienveillante sollicitude de la Chambre de Commerce. Trois salles de cours pour abriter 150 élèves répartis en six sections indépendantes telles est la place réservée dans la ville du Havre à l'Ecole Nationale de Navigation. Il va de soi que l'installation se borne à quelques pupitres, des murs nus et, rien n'est conçu pour un enseignement maritime. Le matériel n'existe pas et existerait-il les locaux actuels ne permettraient pas de l'installer. A grand'peine nous avons réussi a trouvé dans les combles un emplacement pour l'installation d'un radiogonomètre et d'un poste de T. S. F. Il est étrange qu'une organisation matérielle aussi défectueuse ou tout est à créer n'attire pas l'attention des pouvoirs publics. L'Ecole de Navigation devrait être non seulement un établissement destiné à former nos futurs officiers de la Marine Marchande mais aussi un foyer intellectuel où ceux-ci, leur diplôme acquis, pourraient se documenter sur les nouvelles méthodes des sciences nautiques. En l'état actuel que se passe-t-il ? L'enseignement est essentiellement livresque, l'élève devenu officier oublie l'Ecole de navigation, embarque avec le bagage acquis mais finit souvent par sombrer dans la routine.

Dans les autres ports de commerce la situation de l'Ecole de Navigation moins pitoyable qu'au Havre est insuffisante sous bien des rapports. Aussi examinons dans un rapide exposé les nécessités modernes d'une Ecole Nationale de Navigation à construire au Havre. Certains ont préconisé l'Ecole à la mer, d'autres l'Ecole à terre. La meilleure solution qui a d'ailleurs prévalu à l'étranger et en France pour l'Ecole Navale nous paraît devoir concilier ces deux points de vue opposés. L'enseignement théorique mais non livresque serait donné à l'Ecole à terre, l'enseignement appliqué serait assuré à bord d'un navire annexe, Ecole d'application.

Les locaux devraient autant que possible être situés au voisinage immédiat du port, avec une terrasse face au large pour permettre aux élèves des observations astronomiques à l'horizon de la mer. La grandeur de l'établissement dépendrait de l'importance de l'Ecole et, si l'on considère celle du Havre la plus importante avec celle de Marseille, cinq amphithéâtres seraient au moins nécessaires auxquels il faudrait adjoindre une salle de travaux pratiques, et une bibliothèque. On pourrait ensuite procéder à l'installation du matériel d'étude. Autrefois ce matériel était limité à l'acquisition de quelques sextants, chronomètres, horizons artificiels. Aujourd'hui des appareils nouveaux, permettant d'accroître la sécurité du navire à la mer, sont rentrés dans le domaine de la pratique courante. Depuis 1913 tous les grands paquebots sont pourvus de compas gyroscopiques ; or actuellement pas une école de navigation en France ne possède de gyro-compas ; l'étude en est faite au tableau, bien insuffisante, trop abstraite pour celui qui sera appelé à prendre dans quelques mois la conduite de cet appareil à bord. A cela il faudrait ajouter les nouveaux appareils de sondages par les ultra-sons du savant professeur Langevin, des machines électriques, et le matériel de T. S. F. utilisés journellement à la mer. Enfin une place spéciale serait réservée à tout ce qui intéresse la construction et la propulsion des navires, on pourrait demander aux Compagnies de navigation, aux chantiers de constructions navales des modèles de navire, des plans de forme, des croquis d'une grosse utilité pour la compréhension des cours et cette branche de l'enseignement serait commune aux candidats du pont et de la machine.

Cette installation matérielle permettrait de mener de front l'enseignement théorique et technique ; l'élève comprendrait que l'Ecole est faite moins pour le bourrer en vue d'un examen que pour lui inculquer les connaissances des fonctions qu'il sera appelé à exercer à bord. Un grand pas sera fait et il suffira alors de le familiariser avec l'utilisation d'appareils où de procédés qu'il connaîtra dans tous leurs détails. Ici seulement s'impose le navire-annexe, école d'application. L'élève sous la conduite de capitaines au long-cours abordera pratiquement les problèmes du métier de marin : navigation côtière, astronomique, à la sonde, etc... Il complétera sa formation par certaines études appliquées réalisables à bord seulement : manœuvres du navire, règles de route, exercices de sécurité, opérations de sauvetage. Et comme il n'y a pas loin de la théorie bien comprise à l'application un séjour de quelques mois à bord du navire serait d'une effet plus salutaire que les soixante mois de navigation et d'embarquement exigés encore pour l'obtention du brevet de capitaine au long-cours comme au temps de la marine à voile. Il va sans dire qu'il serait superflu de multiplier les navires-annexes ; deux suffiraient l'un pour les écoles de la région Nord, l'autre pour celles de la région Sud de la France.

Conclusion

La réalisation de l'Ecole Nationale de Navigation exigerait la collaboration étroite de tous les organismes intéressés au développement de la marine marchande : Municipalité, Chambres de Commerce, Syndicat des Armateurs. Il serait avant tout nécessaire de procéder à l'installation de locaux adaptés à l'enseignement maritime. En particulier au Havre où la tâche apparaît plus urgente qu'ailleurs nous ne doutons pas que la Municipalité, la Chambre de Commerce qui ont su de tout temps réaliser si brillamment les nécessités de notre grand port transatlantique ne décident sous peu avec l'appui de l'Etat la création en notre Ville d'une Ecole Nationale de Navigation modèle.

CONSTANTIN

LA STABILISATION AUTOMATIQUE DES AVIONS

Lorsque les hommes primitifs ont fait leurs premières tentatives de navigation, ils ont dû d'abord se risquer sur des troncs d'arbres flottants dont ils ont peu à peu appris à maintenir l'équilibre longitudinal ou latéral au moyen de pagaies rudimentaires. Mais un nouveau et véritable moyen de transport n'est né que lorsque nos ancêtres ont su creuser ces troncs d'arbres et surtout les former et les assembler en bateaux à coque à *équilibre automatique*.

Certes, nos avions modernes possèdent des qualités aérodynamiques et des moyens de propulsion perfectionnés qui rendent l'analogie lointaine. Toutefois, comme ces esquifs primitifs, ils exigent du pilote qu'il *consacre une activité presque entière, par mauvais temps, au maintien de l'équilibre longitudinal et transversal de la nef qu'il dirige.*

Par l'accoutumance, qui, c'est une loi biologique connue, produit très vite, chez les êtres vivants, des caractères acquis difficilement modifiables ensuite, nous trouvons cela tout simple et tout naturel. Cependant si nous libérons notre esprit, si nous le dégageons des entraves qu'a formées l'habitude, si nous faisons appel uniquement à la saine raison, nous ne pouvons pas ne pas être frappés de ce que ce fait a d'anormal et d'effrayant. Pouvons-nous concevoir que la navigation sur l'eau se fût développée dans des proportions s'approchant des proportions actuelles si les bateaux n'avaient pu être que de gigantesques périssoires, munies si l'on veut des servo-moteurs les plus puissants et les plus dociles, mais dont l'équilibre eût dépendu entièrement et à chaque instant, du coup d'œil et de l'habileté d'un seul homme ? *Peut-on concevoir la possibilité du développement, tel que nous le souhaitons tous, de l'aviation, tant que l'avion et ses occupants seront voués sans recours possible à une catastrophe irrémissible par suite d'une défaillance, par suite même d'une distraction d'un pilote ?* Faut-il citer des exemples d'accidents présents à toutes les mémoires ?

Et qui ne connaît les incertitudes et les dangers du pilotage, dans le brouillard ou dans les nuages, même au seul point de vue de l'équilibre ?

Or il est possible, il est facile, d'assurer à l'avion l'équilibre automatique par le jeu même des forces aérodynamiques agissantes. Le dispositif est simple, robuste, indéréglable, bon marché... La très légère augmentation de résistance à l'avancement qu'il engendre est plus que compensée par la grande précision de manœuvre qui en résulte et l'écomie certaine de combustible consécutive... Car, ainsi que le fait le chargement automatique des chaudières, l'emploi de cet appareil permet d'assurer automatiquement et constamment le maintien du régime de marche le plus économique.

Ce stabilisateur aujourd'hui est bien connu (voir *Les Ailes*, 11 novembre 1926). Il est composé de deux girouettes Constantin agissant directement sur les commandes, sans l'intermédiaire d'aucun servo-moteur. Son action consiste, dans le sens longitudinal, à maintenir automatiquement l'angle d'attaque choisi par le pilote et modifiable au gré de celui-ci. Latéralement, il empêche tout glissement. Il donne donc automatiquement à l'avion l'inclinaison exactement suffisante pour que les virages soient corrects.

Au point de vue théorique, aucun technicien n'a jamais pu faire d'objection sérieuse aux principes qui sont à la base de son fonctionnement.

Au point de vue pratique, ce fonctionnement a été tout à fait satisfaisant. Suivant l'expression même du pilote qui a fait les essais, l'appareil « ne fait jamais de bêtise ». Il pilote vite et juste. *Il supprime l'effort physique.* Il rend donc possible dans des conditions bien meilleures que les conditions ordinaires, *le vol de nuit, les nuages et le brouillard.*

Il permet d'utiliser les avions, presque indépendamment de l'habileté propre des pilotes, jusqu'à *l'extrême limite de leur efficacité aérodynamique.*

Il rend impossibles les piqués dangereux et évite ainsi aux constructeurs une difficulté de construction presque insurmontable.

Il supprime chez les pilotes ce qu'il y a aujourd'hui dans leurs fonctions de purement mécanique et les transforme — est-ce là les diminuer ? — en de véritables commandants de bord.

Tout ce qui précède se rapporte au vol proprement dit. Il reste à dire un mot de l'envol et de l'atterrissage. Ici la plus grande prudence s'impose. L'action du pilote est prépondérante. Mais qui peut douter que cette action ne s'exerce principalement par modification convenable de l'angle d'attaque ? Or, où trouver un servo-moteur mieux adapté, à ce point de vue et plus docile que notre stabilisateur ? Est-il imprudent de penser que, même dans ces manœuvres délicates, qui peuvent plus difficilement être rendues automatiques que les manœuvres d'équilibre dans le vol proprement dit, la girouette sera encore un auxiliaire précieux.

En résumé, la solution complète du problème, au moins pour les grands avions, consiste en l'emploi du stabilisateur automatique par girouettes, qui, en vol, libère complètement le pilote des préoccupations d'équilibre et de la fatigue qui en résulte, qui ne le laisse jamais se hasarder dans les angles dangereux, et qui peut être encore pour lui, au moment de l'envol et de l'atterrissage, un auxiliaire précieux.

Ainsi, dans les limites utiles, « la stabilité en vol et l'efficacité des gouvernes des avions » existants *sera complètement assurée.* Et tous les progrès de détail ou d'architecture générale que nous réserve l'avenir, pourront être mis à profit à leur tour.

Si, ce qui n'est d'ailleurs nullement certain, l'aéroplane reste la machine volante de l'avenir, il n'est pas aventuré de prévoir que le stabilisateur à girouettes s'imposera *tôt ou tard* comme son complément indispensable.

Paul MAZER

Ingénieur au corps de l'Aéronautique.

APPAREILS DE SONDAGE DE PILOTAGE ET DE NAVIGATION

L'Association Française pour l'Avancement des Sciences a mis à son ordre du jour les questions de sondage et de navigation dans la brume, Les mémoires présentés se rapportent à la stabilisation des avions. Ils se rattachent de ce fait à la navigation sans repères extérieurs puisqu'ils contribuent à donner à l'avion une position correcte sans le concours du pilote.

Il paraît utile d'indiquer aux chercheurs s'occupant de ces questions ce qui a été fait jusqu'à ce jour sur les différents problèmes posés par l'association.

1° *Sondage.* — On conçoit qu'un hydravion muni d'un sondeur efficace puisse amerrir au milieu de la brume. Le pilote est, en effet, à peu près certain de trouver sous la brume un plan horizontal sans obstacles verticaux. Sur terre à moins d'être dans les limites d'un aérodrome il est utile de faire un sondage en altitude et un sondage suivant l'axe de marche de l'avion.

Le Service technique de l'Aéronautique a eu à étudier différents types de Sondeur. Le Sondeur Mesny est constitué par un émetteur à onde courte. On observe la variation de longueur d'onde due à l'interférence de l'onde réfléchie, variation qui est fonction de l'altitude. Les essais effectués à bord de ballon furent concluants, en avion les variations de longueur d'onde dues aux vibrations de l'antenne ont empêché d'avoir des indications utiles. Les Américains ont repris ces expériences, et en supprimant les vibrations de l'antenne sont arrivés à avoir des résultats intéressants.

Le Sondeur Bœhm déjà utilisé en navigation maritime a donné quelques résultats à bord d'avion.

Enfin on étudie à l'heure actuelle des sondeurs à émetteur sonore dirigé, en utilisant des amplificateurs à lampe pour la réception.

M. Canac directeur scientifique du laboratoire de Toulon a commencé une série d'essais sur la mesure des intensités du son. Etudes qui pourront être utilisées dans l'établissement d'un sondeur à ondes réfléchies.

2° *Pilotage dans la brume.* — Pour le pilotage sans repères extérieurs M. Rougery de la maison Farman a installé à Buc une école d'entraînement qui rend les plus grands services.

Le pilote enfermé dans une cabine étanche doit tenir son cap, manœuvrer son avion correctement en vol horizontal et en virage. Il doit effectuer ces manœuvres avec le seul concours d'instruments de bord puisqu'il n'a comme repère aucun point à l'horizon.

Pour tenir le cap, éviter les embardées on utilise :

1° le compas magnétique bien connu de tous les navigateurs ;

2° le contrôleur de vol constitué par un gyroscope dont l'axe horizontal est perpendiculaire à l'axe longitudinal de l'avion.

L'instrument décèle par l'intermédiaire d'une aiguille se déplaçant devant un repère toute vitesse de rotation autour de l'axe vertical donc toute embardée de l'avion.

Pour éviter les inclinaisons latérales de l'avion l'appareil gyroscopique est complété par une bille se déplaçant dans un tube torique rempli d'huile. Le simple examen de la bille et de l'aiguille liée au gyroscope indique à l'aviateur s'il vole droit sans inclinaison latérale.

Pour effectuer un vol horizontal à altitude constante le pilote dispose :

1° de son indicateur de vitesse, et d'un niveau à bulle ou d'un indicateur d'angle d'attaque ;

2° d'un variomètre ou indicateur d'altitude à grande sensibilité.

Les pilotes au début peu familiarisés avec l'emploi des instruments prenaient en vol des positions acrobatiques sans s'en rendre compte, avec un peu d'entraînement ils ont réussi de beaux vols réguliers avec virage et retour au point de départ.

On conçoit l'importance de ces instruments et l'intérêt de leur emploi dans l'exploitation des lignes aériennes. Le pilote américain Acosta au cours de sa mémorable traversée avec le commandant Byrd a navigué pendant six heures dans la brume uniquement avec ses instruments sans voir même le bout de ses ailes.

L. FOURCAULT

Diplômé de l'Institut d'Urbanisme de l'Université de Paris.

L'EXTENSION DES GRANDES VILLES ET L'ÉVOLUTION DES TRANSPORTS EN COMMUN

La Science nouvelle de l'organisation des villes, « l'urbanisme » se trouve en face de multiples problèmes, dont quelques-uns n'ont été jusqu'ici qu'effleurés. Tel est celui des transports en commun dans l'agglomération et ses faubourgs.

Déjà des erreurs graves et fort coûteuses pour l'avenir ont marqué la construction des chemins de fer desservant les grandes villes : gares trop centrales, qu'il faudra reculer vers la périphérie ou transformer en souterrains (Paris, Londres, Chicago, etc.) ; voies traversant des villes en passages à niveau (Nantes, Grenoble), causes d'accidents qu'il devient indispensable de supprimer au prix de déviations ou travaux coûteux.

Ces erreurs du passé rachetées, il faut en éviter de nouvelles et prévoir l'avenir, notamment pour les transports entre la cité et sa banlieue. On sait que les études rationnelles des ingénieurs et urbanistes qui sont consacrées à l'aménagement des villes et à leurs plans d'extension ont conclu à la nécessité de l'extension en surface, c'est-à-dire sur un grand périmètre où pourront se développer largement les cités jardins ou cités satellites, séparées de la ville tentaculaire par de larges espaces libres, jardins, parcs ou terrains de culture maraîchère. Or ce plan nécessite une organisation adéquate des transports en commun, sinon toute sa réalisation sera compromise.

Contrairement aux idées en vigueur jusqu'ici, la voie ferrée doit dans ce cas, non pas être nécessitée par le peuplement, le suivre et le desservir, mais bien au contraire le précéder, provoquer et diriger la colonisation d'une région choisie et préparée dans ce but.

Bien des erreurs seraient ainsi évitées. Par exemple la « vieille » ligne de Vincennes a provoqué dans la région sud-ouest de Paris la construction urbaine dans toute la boucle de la Marne, région basse et sujette à des inondations désastreuses, dont le terrain d'alluvions aurait dû rester consacré aux cultures maraîchères. Par contre la région Sud, qui présentait à quelques kilomètres de là des plateaux et collines très propices à l'habitation est restée jusqu'à présent peu construite, par défaut de moyens de transports rapides.

Nous allons résumer les vues actuelles sur la question en prenant comme exemple cette région Parisienne.

Dans toutes les grandes villes se pose actuellement un problème aussi impérieux que difficile à résoudre : faciliter la circulation des véhicules, alors que leur nombre s'accroît sans limites et congestionne, embouteille les voies publiques, et d'autre part développer les moyens de transports en commun. Comme ces derniers utilisent forcément des véhicules encombrants, un antagonisme évident apparaît entre les deux taches urgentes qui s'imposent aux administrations municipales. Il en résulte des décisions qui peuvent paraître anormales telle la suppression des tramways dans les centres urbains, qui est à l'ordre du jour actuellement. Nous nous proposons d'examiner ici la question telle qu'elle se pose pour l'agglomération parisienne.

Quelques chiffres sont d'abord utiles pour donner une idée de la qualité principale du transport en commun : sa capacité de débit horaire, qui est le nombre de voyageurs pouvant être transportés en une heure sur le parcours total d'une ligne. Les chemins de fer électriques souterrains (Métro, Nord-Sud) peuvent transporter 21.000 voyageurs à l'heure, avec les trains de 5 voitures se suivant à 1 minute d'intervalle.

Les tramways avec remorque ont un débit de 3.600 voyageurs avec départs toutes les 2 minutes.

Enfin les autobus transportent environ 2.500 voyageurs à l'heure, les voitures se suivant à une minute d'intervalle.

Il n'est pas possible d'accélérer davantage l'intensité de trafic des transports à cause des temps d'arrêt inégaux aux différentes stations, et aussi par suite des nombreux troncs communs que produit la juxta-position des itinéraires dans les quartiers du centre. Là les voitures se succèdent à quelques secondes d'intervalle et il devient impossible d'aug-menter la fréquence au départ des lignes sous peine d'embouteiller ces fractions de parcours.

On voit d'après les chiffres ci-dessus que les tramways transportent plus de monde que les autobus. La capacité d'une voiture de tramway est de 49 places et 46 places dans les remorques. L'autobus parisien à 4 roues comporte 38 places, le modèle à 6 roues transporte 48 voyageurs mais son emploi n'est possible que sur les parcours ne comportant pas de tournants de rues, ce qui le restreint aux grands boulevards.

D'un autre côté, le transport d'un voyageur est sensiblement moins élevé par le tramway, véhicule solide et d'usure presque nulle, que par l'autobus dont les frais d'entretien de bandages et du moteur doivent entrer en ligne de compte.

Malgré ces avantages de débit et d'économies, le tramway est vivement combattu, tout au moins quant à son emploi dans le milieu de l'agglomé-ration urbaine. Et de fait plusieurs lignes ont déjà été supprimées dans le centre de Paris, ou tout au moins leur terminus reporté à l'extérieur du périmètre de circulation intense. Or comme l'objet d'une ligne de trans-ports en commun est de transporter les voyageurs là ou le plus grand nombre se dirige, le fait de les laisser en route ou de les obliger à prendre un autre véhicule constitue un grave manquement de ce service public.

Quelles sont les raisons de cette expulsion des tramways ? En réalité elles se résument en une seule : le tramway est trop encombrant, ou plu-tôt il l'est par son attachement aux rails qui le force à rester au milieu du chemin, quelle que soit la gêne qui en résulte. Voici par exemple un camion dont le cheval s'abat au milieu de la chaussée. Les autos contournent l'obstacle, et leur circulation continuera. Mais les tramways devront s'arrêter et s'immobilisent en longues files les uns derrière les autres. De même un déraillement, une panne de courant causent des arrêts collectifs qui enrayent même le trafic des rues transversales et empêchent souvent les véhicules de s'arrêter pour permettre aux voyageurs descendant d'un tramway de gagner le trottoir.

C'est que dans tout quartier à circulation intense, le moindre arrêt des véhicules cause un encombrement dont la durée augmente celle de la remise en train du mouvement général. Il est même heureux pour les piétons que l'on soit obligé aux carrefours de donner alternativement la voie aux différentes files de voitures, ce qui permet de les inviter à profi-ter du passage, sinon toute traversée de chaussée devrait leur être interdite au nom de la régularité de la circulation automobile. L'embouteillage, et même les arrêts réguliers de traversées coûtent fort cher en temps perdu pour les voyageurs, le personnel, dépenses de carburant, etc. A Paris aux heures d'encombrement un autobus ne fait plus qu'un voyage dans le temps où il en ferait trois. On estime à 600 le nombre de voitures supplémentaires qu'il a fallu par suite mettre en circulation sans que le nombre de voyageurs ait augmenté.

Faut-il en conclure que les autobus vont devenir et rester les seuls maîtres du pavé urbain ? D'autres véhicules ne peuvent-ils nous transporter en nous secouant moins, sans ébranler nos maisons, sans gaz d'échappement, et peut-être à meilleur marché Pour avoir un aperçu sur ces possibilités, nous devons jeter un coup d'œil sur ce qui se fait ailleurs.

Aux Etats-Unis on trouve en concurrence avec les tramways de gros autobus à 6 roues de 90/105 H. P. avec impériales, donnant 63 places assises. L'emploi des 6 roues permet cette capacité, malgré la charge énorme, mais mieux répartie que sur nos 4 roues à bandages, le train arrière formé de 4 roues à couplage oscillant tient mieux la route, est plus souple aux obstacles, d'où économie de frais d'entretien, il ne dérape pas même sur verglas. Mais les cités américaines, aux larges avenues droites, n'offrent pas les trop courts virages de certains quartiers des vieilles villes d'Europe.

On trouve également des autobus à impériale, couvertes ou non, à Londres et à Berlin ce qui double la capacité de transport de ces véhicules. Mais l'expérience qui en avait été faite à Paris avait montré certaines difficultés pour la perception des places, et le temps mis par les voyageurs à effectuer les montées et descentes augmentait souvent la durée du « tour ». Effectivement la suppression de ces impériales s'est traduite par une augmentation de 20 0/0 de la vitesse commerciale, et même l'utilisation des places disponibles à augmenté de 15 0/0 ce qui prouve que le public parisien perdait l'habitude de monter à l'impériale.

Les qualités de souplesse et de robustesse que l'on reconnaît sans conteste au moteur électrique ont conduit certains constructeurs à établir des autobus pétroléo-électriques. C'est-à-dire que le moteur à essence habituel entraîne une génératrice d'électricité, laquelle fournit le courant à un ou deux moteurs électriques actionnant les roues motrices du véhicule. Malgré sa complexité apparente, ce système, qui avait déjà été appliqué en France à des camions lourds, est utilisé avec succès à Philadelphie et diverses autres villes des Etats-Unis. Plus de démarrages brutaux, de changements de vitesse grinçants ; l'autobus pétroléo-électrique est très souple, son moteur tournant à vitesse réduite s'use moins vite, ce qui compense le prix plus élevé du mécanisme.

Les autobus à accumulateurs, dont la ville de Lyon possède un service municipal, présentent évidemment au plus haut degré ces qualités de souplesse et de silence qui sont une agréable surprise pour le voyageur. Leur vitesse est aujourd'hui un peu limitée par le régime des accumulateurs, mais cet inconvénient s'atténuera sans doute par le perfectionnement de ces derniers. C'est dans tous les cas une application fort utile dans les villes alimentées par du courant de houille blanche, ou disposant d'électricité de nuit à bas prix.

Depuis quelques années fonctionnent des véhicules qui ne marchent pas sur rails, possèdent la mobilité des autobus, tout en offrant les avantages de la traction électrique par trolley : ce sont les « trolleybus » ou autobus munis de deux trolleys, l'un amenant le courant et l'autre servant de conducteur de retour. Ce système qui fonctionne sur quelques réseaux anglais, a récemment été expérimenté en France et paraîtrait intéressant pour notre banlieue, surtout lorsque les grands transports de force envisagés nous amèneront l'énergie électrique produite à bon marché par la houille blanche du massif Central ou du Rhône.

La voiture à un seul Agent.

La simplicité de la conduite électrique a permis sans inconvénient depuis plusieurs années le service à un seul agent, à la fois conducteur et receveur. L'économie ainsi réalisée est très importante, puisqu'elle atteint plus de vingt mille francs par voiture et par an, aussi on a étendu ce système aux autobus des lignes sans arrêts rapprochés, comme celles de banlieue.

La recette se fait à la montée des voyageurs, aussi se sert-on de voitures aménagées avec entrée près du siège du conducteur. Certains modèles comportent aussi une porte de sortie, dont le conducteur commande à distance l'ouverture. Pour éviter les pertes de temps, les voyageurs sont invités à avoir leur monnaie prête avant de monter en voiture. Cette petite sujétion est acceptée de bonne grâce lorsque les usagers comprennent qu'elle correspond à une diminution des tarifs. En Angleterre et en Hollande notamment l'éducation du public s'est faite très facilement à cet égard.

Chose curieuse la statistique a établi que la voiture à un seul agent occasionne moins d'accidents aux voyageurs. Cela se comprend parce qu'il n'y a plus de départs intempestifs par négligence ou mauvais signal du receveur. L'employé est ici le seul maître à bord, et il est le gardien effectif de la porte... Economie et sécurité, cela vaut bien une bonne volonté de la part des voyageurs.

Des voitures de ce genre sont en service sur des lignes de la banlieue parisienne, servant de « rabatteurs » à certaines stations de chemins de fer. Les autobus en effet ne sont pas du tout en rivalité avec les voies ferrées ; ils doivent au contraire en devenir les auxiliaires nécessaires . comme nous allons le voir dans le projet suivant de desserte du plus grand Paris, établi par M. Mariage administrateur de la Société des Transports en Commun de la Région Parisienne.

Déplacement de la population vers la banlieue.

Pour établir un projet d'ensemble des services de transport d'une agglomération telle que Paris, il fallait définir ce qu'on appelle en urbanisme les éléments démographiques, c'est-à-dire les statistiques de la population et de ses mouvements probables, avec les extensions prévisibles. C'est ce qu'a fait l'auteur du projet en question, et on y voit que la banlieue parisienne actuellement évaluée à 1.800.000 habitants, atteindra vers 1950 la même population que la capitale (2.800.000) pour la dépasser ensuite, d'autant plus facilement que la ville commence dès maintenant à décroître par suite de la diminution du nombre des locaux d'habitation, remplacés de plus en plus par le commerce ou l'industrie.

Les Parisiens habitent actuellement une banlieue prenant un cercle de 10 kilomètres de rayon. Vers 1950-1960 cette banlieue atteindra sans doute 20 kilomètres avec une population doublée. On voit que le problème des transports doit être traité d'ensemble et de loin, car c'est de la régularité de ces voies circulatoires que dépend la croissance harmonieuse des cités satellites qui viendront décongestionner la capitale et terminer la fâcheuse crise du logement qui y sévit.

Les « Courants de circulation » correspondant aux déplacements des habitants de la banlieue sont :

1º de la périphérie vers le centre et vice-versa ;

2º de commune à commune, ou périphériques.

Le premier est le plus important, car des masses énormes de travailleurs sont à transporter matin et soir, à heures fixes, d'où nécessité de puissants moyens de transport, qui devront d'ailleurs être mis en veilleuse le restant de la journée. Seul le chemin de fer électrique permet ces transports massifs et rapides.

Comme le montre le schéma le projet de desserte du « grand Paris » comporte :

A. — Un réseau de chemins de fer électriques.

B. — Un réseau secondaire de rabatteurs vers les stations du réseau précédent lequel assure également des liaisons locales. Ce seront les tramways et autobus qui feront ce service de rabatteurs.

C. — Enfin le réseau Métropolitain, prolongé dans la banlieue immédiate formant la « Zone agglomérée ».

Le projet prévoit une durée maximum de 30 minutes pour des voyageurs venant de la périphérie extrême. Les chemins de fer électriques, n'ayant pas d'arrêt dans la zone agglomérée (par suite de cette limitation utile du temps de parcours) seront doublés, dans cette zone agglomérée, par le Métropolitain, établi en superposition ou tout au moins avec des gares communes d'échanges. Le système des 4 voies, dont 2 express, qui existe déjà à New-York serait ainsi établi à Paris.

Une telle organisation pourrait être réalisée sans rien demander au budget, malgré son coût énorme, en faisant constituer le capital par un accroissement du prix de vente des terrains desservis, ce qui est assez logique et va d'ailleurs être mis en pratique pour la nouvelle voie de Paris à Saint-Germain.

Exemple d'aménagement immédiat de la Banlieue Sud.

La banlieue Sud de Paris, bien qu'elle comporte des sites vallonnés très agréables pour l'habitation n'a eu jusqu'ici qu'un développement restreint par insuffisance des moyens de transport. De 131 habitants à l'hectare à la porte de la capitale à Montrouge, la densité de la population tombe à quelques habitants à l'hectare à une dizaine de kilomètres (0,9 à Rungis). Le chemin de fer de Limours et le tramway d'Arpajon qui sont les deux artères de cette vaste région sont encore exploités par train à vapeur dont les intervalles sont quelquefois de deux heures....

On comprend donc que le projet de desserte rapide établi par la T. C. R. P. puisse prévoir que la population actuelle de 60.000 habitants atteindra 250.000 dans un délai de 30 ans. Le développement de la population rend d'ailleurs nécessaire un aménagement immédiat car les trains à vapeur actuels ne suffisent plus au trafic limité par l'exiguïté des souterrains (gare du Luxembourg). Avec la traction électrique qui n'exige pas le retournement de la machine, ce dernier inconvénient disparaît. Le temps de parcours serait de 25 minutes au lieu des 42 minutes actuellement, temps prohibitif pour un grand nombre de travailleurs ayant encore un trajet à faire dans Paris.

Cette ligne électrique n'aurait aucun arrêt dans la banlieue immédiate, où elle est doublée par une ligne secondaire et par un tramway électrique à grande vitesse. Les services électriques rabatteurs en grande banlieue sont ici constitués par des autobus en attendant qu'un peuplement plus dense justifie l'établissement de tramways.

En résumé le problème des transports en commun devient plus ardu dans le centre de la capitale où des voies spéciales souterraines ou aériennes devront être créées à bref délai. Mais pour la périphérie il suffit d'envisager dès maintenant une organisation rationnelle, capable de pourvoir aux extensions futures. A la vérité les lignes de transport devraient précéder et diriger le peuplement et non pas le suivre comme un serviteur toujours en retard... C'est là un fait dont la nouvelle science de l'urbanisme doit à la fois tenir compte et profiter pour diriger l'établissement du « Grand Paris ».

DONZET

Ingénieur, directeur de la Voirie et des Eaux de Limoges.

INFLUENCE DES CONDENSATIONS OCCULTES SUR LA FORMATION ET LE DÉBIT DES SOURCES PROFONDES

J. BLONDEL

UNE APPLICATION INTÉRESSANTE DES PROCÉDÉS MODERNES D'ÉPURATION BIOLOGIQUE A L'HOPITAL DES PETITES SŒURS DES PAUVRES A BOLBEC

Que se passait-il il y a à peine quelques années, que se passe-t-il encore trop souvent hélas, lorsqu'il s'agit de construire une habitation dans un pays sans égouts, dépourvu d'entreprises de vidanges, ou ce qui revient pratiquement au même, où ces entreprises prélèvent des taxes prohibitives ? Les propriétaires, plus soucieux d'économie que d'hygiène, s'ils étaient riverains d'un cours d'eau, y déversaient directement les eaux polluées, et comme chaque commune riveraine usait largement du même procédé, les eaux n'arrivaient jamais à s'épurer sous l'action oxydante de l'air et les rivières devenaient de ce fait la véritable voie des épidémies.

Nous avons tous présent à l'esprit le souvenir de quelque ville ou village de notre belle Normandie, où les édicules suspendus au-dessus du cours d'eau qui traverse la commune (véritable ancêtre du tout à l'égout) offrent au touriste un pittoresque d'un genre spécial, mais peuvent suffire à lui ôter le goût d'un séjour trop prolongé.

A défaut de rivière, le propriétaire avait recours à la tinette, ce paradis des mouches et des insectes, dont le plus souvent le contenu était répandu dans le jardin, voire dans le potager. Enfin combien a-t-on vu de fosses dites étanches, qui par un miracle de construction, ne se trouvaient jamais remplies et partant n'avaient jamais besoin d'être vidées pour la plus grande joie de leur propriétaire mais au grand dam de la santé publique.

Une autre solution séduisait encore nombre de constructeurs : elle consistait à brancher les W.-C. sur une fosse septique qui recueillait également les eaux pluviales, de toilette, de bain, de cuisine, etc... Le tout à la sortie de la fosse septique et sans aucune épuration, était envoyé dans un puisard creusé le plus profondément possible. N'hésitons pas à dire que cette solution, évidemment très simple, était plus dangereuse que toutes celles que nous avons énumérées précédemment et qu'on peut véritablement la qualifier de criminelle, car les puisards descendaient souvent jusqu'au niveau de la nappe phréatique, et les eaux n'étant nullement épurées, il en est résulté une infection progressive des eaux souterraines, constituant un immense danger pour la santé publique.

Des municipalités, des conseils départementaux (et notamment le Conseil d'Hygiène et de Salubrité de la Seine) se sont émus de cette situation et ont cru bien faire en interdisant complètement l'emploi des fosses septiques. Celles-ci allaient être condamnées sur l'ensemble du territoire, quand une heureuse intervention du Conseil Supérieur d'Hygiène de France est venue remettre les choses au point en dotant l'architecture d'une véritable charte concernant l'évacuation des eaux usées. L'importance de cette charte est telle que nul de ceux qui s'intéressent au bâtiment ne devrait ignorer ses prescriptions. Celles-ci se trouvent d'ailleurs reproduites dans la circulaire ministérielle du 22 juin 1925 qui a été suivie dans la plupart des départements de la promulgation d'un arrêté préfectoral (Citons notamment l'arrêté de M. le Préfet de la Seine-Inférieure en date du 5 novembre 1925).

Il y a donc maintenant un processus d'épuration biologique reconnu comme donnant entière satisfaction au point de vue de l'épuration des effluents et tel que ceux-ci ne peuvent plus constituer un danger pour la santé publique. Voyons donc comment doit être conçue une installation septique répondant à ces conditions, réglementaire par conséquent et étudions par exemple la façon dont le problème a été résolu pour l'hôpital des Petites Sœurs des Pauvres à Bolbec (Seine-Inférieure) par M. Franche, architecte D. P. L. G. au Havre, qui avait fait appel au concours des Eta-. blissements Hygea de Paris, spécialistes en la matière.

Il s'agissait d'assurer une installation septique pour 55 usagers hommes et 70 usagers femmes, soit au total 125 personnes. L'effluent devait être naturellement parfaitement épuré car à sa sortie après avoir suivi dans un égout souterrain la rue voisine sur une centaine de mètres, il se trouvait déversé dans un caniveau à ciel ouvert, longeant des habitations, pour être finalement envoyé à la rivière qui traverse la ville.

Pour faciliter les travaux et étant donné que le quartier des hommes était séparé de celui des femmes par d'importants bâtiments déjà construits, on a été amené à faire deux installations absolument distinctes, comprenant chacune sa salle d'épuration. Ces deux installations étant semblables, voyons simplement plus en détail comment l'une d'elles est constituée et prenons par exemple l'installation des femmes.

Elle se compose d'une grande fosse de 4 mètres de long sur 1 m. 50 de large et 2 mètres de haut, dite fosse primaire, et dont le but est uniquement de dissoudre les matières solides sous l'action de microbes ou ferments qui les désagrègent, les décomposent en liquides et en gaz. Remarquons que le volume d'une telle fosse primaire doit être très exactement calculé en fonction du nombre des usagers : car si la fosse était trop petite, la concentration du liquide étant trop forte, les matières solides ne seraient pas suffisamment désagrégées et ressortiraient telles quelles par la tubulure de sortie : si au contraire la fosse était trop grande, elle fonctionnerait tout aussi mal car les phénomènes de fermentation ne se produisent que dans des milieux bien définis, ayant des concentrations strictement limitées et si on fournit aux microbes l'eau en trop grande quantité, elle leur apportera sous forme d'oxygène dissout une nourriture de choix et ils s'abstiendront de s'acharner après les édifices moléculaires organiques pour les détruire afin d'en retirer ce même oxygène.

Le Conseil Supérieur d'Hygiène, dans le rapport signalé ci-dessus, a fixé la contenance spécifique à 250 litres par usager pour les installations allant jusqu'à 10 personnes : au delà de ce nombre, le constructeur peut suivant son expérience et toujours sous sa responsabilité proportionner la contenance des fosses au nombre de personnes à desservir.

C'est ainsi qu'à Bolbec, la fosse primaire des femmes a une capacité volumétrique de 12.000 litres pour 70 usagers, soit un peu plus de 170 litres par tête.

Les eaux-vannes des W.-C. sont amenées par une canalisation qui plonge dans la fosse de façon à déboucher à peu près à mi-distance entre le niveau de l'eau et le fond de l'appareil : cette canalisation se termine en forme de dauphin, afin de répandre les apports horizontalement pour éviter les remous, la fermentation ne se faisant bien que dans un milieu en repos.

A l'intérieur de la fosse, existent deux cloisons qui partagent la fosse en trois compartiments inégaux : la première cloison, appelée « herse » est percée d'ouvertures qui se trouvent placées au niveau de la zone liquide contenant le moins de matières non encore dissoutes car, rappelons-le, le travail microbien ne se fait bien que dans un milieu immobile, sans courants et comme le travail incessant des micro-organismes modifie la densité du liquide, celui-ci ne tarde pas à se mettre en équilibre par zones ou couches de densité différentes, et l'expérience a montré que la zone la moins chargée se trouvait sensiblement un peu au-dessous de l'arrivée des apports : c'est donc à ce niveau qu'il convient de disposer les trous de la herse pour que le petit compartiment ne reçoive que de l'eau sans matières solides. La seconde cloison ou « écran » forme déflecteur pour protéger l'orifice de sortie : cet écran n'atteint pas le niveau de l'eau et par suite le liquide arrivant de la herse doit le contourner par en haut, et ce long cheminement a pour effet de séparer une fois encore les particules solides, trop lourdes, qui gagnent à subir encore l'action désintégrante des ferments septiques.

Nous trouvons enfin dans la fosse primaire, un dernier compartiment, séparé du précédent par une cloison montant au-dessus du niveau du liquide, mais ne descendant pas jusqu'au fond de la fosse : l'effluent y pénètre donc par le bas. Il comprend à quelques centimètres au-dessus du radier de la fosse, une dalle perforée, supportant de gros blocs de mâchefer de la grosseur du poing : ce compartiment forme ce qu'on appelle le « colloïdeur ». Lorsque l'effluent sort de la fosse primaire, qu'il a franchi par conséquent la herse et l'écran, il paraît limpide, mais en réalité il n'est pas encore apte à subir l'action de l'épurateur dont il colmaterait trop vite les lits bactériens. En effet on constate qu'au toucher cet effluent est légèrement visqueux et un examen microscopique décèle qu'il contient en suspension des petite particules solides : c'est de la matière organique à l'état colloïdal, et dans cet état aucune chicane ne pourrait la retenir. C'est pourquoi on doit s'en débarrasser en faisant siphonner l'effluent de bas en haut à travers un lit de gros mâchefer qui retiendra les particules solides sans risquer d'être rapidement colmaté.

A sa sortie du colloïdeur, l'effluent est vraiment limpide et on peut alors songer à l'épurer, opération qui a pour but de transformer les composés ammoniacaux organiques en produits minéraux, nitrites ou nitrates.

Dans l'installation que nous étudions, cette épuration se fait dans une chambre qui a 3 m. 40 de long, sur 2 m. 25 de large et 1 m. 45 de haut. Il est à remarquer que contrairement à ce qui se passe pour la fosse primaire, les parois de cette chambre d'épuration n'ont pas besoin d'être étanches : seul le radier, destiné à recevoir les effluents, doit être absolument imperméable.

L'effluent, sortant du colloïdeur, est amené dans cette chambre par une goulotte de distribution qui le déverse sur deux épandoirs en ciment armé : ceux-ci surmontent deux empilages de cellules, également en ciment armé et contenant du mâchefer en grains de la grosseur d'une noisette environ.

L'effluent est divisé par l'épandoir en filets qui sont également répartis sur chacune des piles de cellules : il filtre à travers le mâchefer dont elles sont garnies. Ce mâchefer absorbe les composés organiques, comme un linge retient la matière colorante lorsqu'on le plonge dans un bain de teinture, en sorte que lorsque l'effluent a léché une quantité suffisante de mâchefer, il est débarrassé de toute la matière organique qu'il contenait : il est donc épuré.

Mais il reste à débarrasser le mâchefer de la matière organique qui s'y est déposée, sans quoi à l'arrivée d'un nouveau jet d'effluent, il serait saturé et ne pourrait plus retenir les molécules organiques et le nouvel effluent ne serait plus épuré. C'est ici qu'interviennent les microbes dont le mâchefer constitue l'habitat et dont le rôle est de purger le mâchefer en nitrifiant les molécules organiques qu'il a absorbées. Mais qui dit nitrification dit oxydation et par conséquent il faut fournir aux colonies bactériennes le plus d'air frais possible et dans ce but prévoir une véritable ventilation, d'autant plus que la fermentation nitrique dégage beaucoup d'acide carbonique, gaz lourd, avec lequel le tirage ne s'établit pas naturellement. Aussi voyons-nous dans un angle de la chambre d'épuration une prise d'air débouchant au niveau du sol et dans l'angle supérieur, le départ d'une gaine de ventilation qui monte jusqu'au faîte du bâtiment voisin et est surmontée d'un aspirateur statique.

C'est d'ailleurs dans le but d'assurer une meilleure ventilation que les Etablissements Hygea ont réparti le mâchefer dans des cellules : celles-ci sont en effet conçues de telle sorte que l'air circule largement entre elles, baignant ainsi complètement le mâchefer et assurant une oxydation parfaite des matières organiques. Cette disposition a en outre le gros avantage de permettre une remise en état facile, rapide et par conséquent peu onéreuse du système au cas où à la longue et malgré toutes les précautions prises, l'épurateur se trouverait engorgé. On sait en effet combien il est difficile et pénible de vider un bac rempli de mâchefer colmaté, tandis que les cellules étant simplement posées les unes sur les autres, et chaque cellule pleine pesant seulement de 8 à 10 kilos, rien n'est plus facile que de changer le mâchefer en cas de besoin.

Pour terminer notre description de l'installation, remarquons une rigole qui court au milieu du radier de la chambre d'épuration. C'est dans cette rigole que se rassemblent les effluents avant de gagner la canalisation d'évacuation, et c'est là que les agents du service d'hygiène, chargés de surveiller le bon fonctionnement de l'installation, viendront prélever des échantillons de l'effluent.

Signalons enfin que cette installation absolument réglementaire puisqu'elle répond point par point aux données du Conseil Supérieur d'Hygiène, peut être véritablement qualifiée d'économique. D'après les chiffres que nous devons à l'obligeance de M. Franche, le prix total de cette installation s'est en effet élevé à *45.276 fr. 80* tous frais compris, c'est-à-dire en faisant entrer dans ce compte les fouilles, maçonneries, fournitures et mise en place des appareils spéciaux, canalisations secondaires, etc... Or, si on avait voulu exécuter des fosses étanches pour le même nombre d'usagers, il aurait fallu exécuter des fouilles plus importantes de façon à augmenter le cubage des fosses pour éviter des vidanges trop fréquentes et l'ensemble des travaux se serait élevé à un prix au moins égal au chiffre ci-dessus : ce qui n'aurait pas évité chaque année des frais de vidanges élevés et tous les inconvénients que présente cette opération.

Nous venons de voir comment a été réalisée l'installation des Petites Sœurs des Pauvres à Bolbec ; il est bon d'ajouter que ce système d'épuration peut être utilisé utilement dans un grand nombre de cas : groupes d'H. B. M. — cités ouvrières — lotissements — écoles, etc... La technique fondamentale restera toujours la même, mais évidemment le processus d'application s'adaptera aux circonstances particulières. Tantôt l'épuration sera faite par petites installations individuelles, tantôt des stations d'épuration seront crées de place en place pour traiter les effluents d'un groupe de fosses primaires, tantôt enfin de véritables canalisations de tout à l'égout conduiront les eaux usées à une station centrale d'épuration.

Et comment se débarrasser des effluents ? Un seul mote d'évacuation reste à juste titre interdit par le Conseil Supérieur d'Hygiène, c'est le puisard, car il faut éviter d'approcher la nappe phréatique. Mais si on ne peut les déverser dans un cours d'eau voisin (ce qui n'a plus d'inconvénients puisqu'il s'agit d'eaux épurées), on pourra avoir recours à un drainage souterrain, procédé qui rendra souvent de grands services. Dans ce cas le fond des tranchées recevant les drains sera garni d'une couche de mâchefer et à la surface du sol on plantera autant que possible des arbres ou arbustes à feuillage perpétuel, sapins, fusains, troënes ou autres. C'est ainsi qu'aux Etats-Unis les effluents d'immenses stations d'épuration sont envoyés dans le sol à la surface duquel on a créé de grands jardins publics.

Concluons ce trop sommaire aperçu d'une si vaste question en souhaitant qu'on attache désormais toute l'importance nécessaire au problème de l'évacuation des eaux usées, qu'il s'agisse d'eaux-vannes de W. C. ou d'eaux industrielles provenant de distilleries, de laiteries, d'abattoirs ou autres, et qu'on se rende compte enfin que si, dans les agglomérations modernes, il est bon de jouir de l'électricité, du chauffage central et autres commodités, il est encore plus important d'assurer une parfaite épuration des eaux usées, car il s'agit là, non seulement de confort, mais d'hygiène et de la conservation de la santé publique.

M. LACROIX

Ingénieur principal du Service vicinal en retraite.

LE PLASTITE

Le problème posé aux techniciens de la route en vue de satisfaire aux exigences de la circulation actuelle peut s'énoncer ainsi :

« Constituer à l'aide d'un liant imperméable et plastique une chaussée « résistante conservant son uni et non glissante ».

Si on considère que la circulation automobile s'exerce sur l'ensemble du réseau routier et réclame partout une viabilité améliorée, il est indispensable que la solution du problème énoncé ci-dessus soit réalisée avec un prix de revient peu élevé, tout en prolongeant la durée des chaussées.

La technique généralement suivie consiste à cylindrer les matériaux en utilisant comme matière d'agrégation les sables locaux. C'est le procédé du macadam à l'eau.

Répandue en fin de compression, la matière d'agrégation ne pénètre pas dans toute la couche cylindrée ; elle reste en surface où son rôle se borne à garnir les joints apparents.

Deux ou trois mois après le cylindrage, les chaussées ainsi faites doivent recevoir un revêtement superficiel (goudron ou émulsion) ; sinon, la désagrégation commence à se manifester et les « nids de poule » apparaissent.

La chaussée étant protégée par ce revêtement n'a pas la durée qu'on pourrait désirer car il existe une cause de destruction non apparente bien que réelle c'est l'usure interne, conséquence inévitable du frottement réciproque des matériaux en contact direct.

Pour augmenter la durée de la chaussée il convient d'interposer entre ses éléments un liant qui les agglomérera et qu'on rencontre dans le procédé « Le Plastite ».

Ce produit est fabriqué à base d'argile plastique provenant de schistes argileux judicieusement choisis que l'on soumet à un traitement physique combiné avec l'action de correctifs appropriés qui ont pour but d'améliorer dans certains cas leur plasticité, la maintenir ensuite, ainsi qu'une imperméabilité constante quelles que soient les conditions atmosphériques.

Le gel et le dégel n'ont aucune action sur ce produit.

Au dosage de 320 kilogrammes par mètre cube de macadam il réalise le béton plein, c'est-à-dire garantit l'imperméabilité absolue. Son adhérence aux matériaux les plus durs. sa stabilité physique et chimique et sa plasticité lui permet de supporter sans rupture les mouvements du sol et le rendent particulièrement apte à sa fonction.

Il s'emploie à l'état pulvérulent sur la chaussée remise en forme avant le répandage des matériaux à cylindrer. Une faible proportion (1/5 environ) est réservée pour garnir les vides superficiels qui peuvent apparaître en fin de compression.

Le cylindrage réalise l'enrobage par pénétration.

Il importe que les matériaux agglomérés soient durs, tels les quartzites, porphyres et autres de même résistance à l'écrasement, car soustraits à l'usure superficielle ils doivent résister aux pressions développées par la circulation.

Le piochage de l'ancienne chaussée, surtout dans le cas où il n'existe pas de fondation est à déconseiller car il se produit sous l'action du cylindre et de la circulation ultérieure des sous-pressions qui, dirigées de bas en haut tendent à expulser le liant qui devient surabondant en surface.

Le « Plastite » résiste aux influences atmosphériques et employé sur des routes humides longeant rivières ou marécages il donne d'excellents résultats.

Sur les routes à très forte circulation les chaussées agglomérées au « Plastite » constituent d'excellentes « chaussées supports » définies par M. l'Ingénieur en Chef Jeannin dans sa remarquable étude sur les « méthodes d'entretien des Routes » publiées dans la revue *Le Génie Civil*, 16 mars 1929 ». Elles sont, après une année, tout à fait au point pour recevoir un tapis d'usure.

Le procédé est le moins coûteux de tous puisque par rapport au macadam à l'eau la dépense n'est supérieure que de 2 à 3 francs par mètre. carré à ce dernier.

Si on tient compte d'une part de la suppression de la matière d'agrégation habituellement employée que le « Plastite » remplace et d'autre part de la suppression du revêtement superficiel inutile sur les chaussées en « Plastite » pendant au moins une année, le prix de revient du « Plastite » devient inférieur, avec tous les avantages qu'il présente, à celui du macadam à eau.

P. VAUDREY

Ingénieur constructeur, hydraulicien à Reims.

1° LE ROBINET « SANS RIVAL »

de puisage étanche par principe, de prix réduit, de durabilité illimitée, d'entretien nul.

Les particularités principales de ce nouveau robinet, appelé à révolutionner quelque peu l'hydraulique, en s'imposant surtout dans les petites installations d'eau, sont les suivantes :

Ouverture par action indirecte et fermeture de la soupape par la simple pression de l'eau, ce qui rend impossible sa détérioration par un serrage trop fort, construction entière en pièces de laiton spécial, matricées à chaud, dont l'étanchéité, la robustesse et la durabilité même, la *résistance aux variations de pression et à l'attaque des eaux calcaires,* sont absolues ; prix d'achat inférieur à celui des robinets fondus à vis de pression de fabrication sérieuse et *absence d'entretien appréciable* ; enfin, commodité de démontage et de nettoyage éventuels.

Son fonctionnement est des plus simples. Jugez-en :

En dévissant plus ou moins le bouton, une tige munie d'une griffe en croix avec vis filetée est poussée en avant, ce qui déplace le piston à soupape et livre passage à une quantité d'eau plus ou moins importante, réglable ainsi à volonté. En revissant ce bouton, la tige revient en arrière de sorte que, *par la simple pression de l'eau,* ledit piston est remis en place et la soupape est fermée.

Dans ce nouveau robinet, il n'existe aucun clapet en cuir capable de s'amollir, de s'écraser comme de se désagréger, ou même de caoutchouc susceptible d'être arraché par une manœuvre brutale et directe de la clef des robinets-pression à vis des modèles courants, ce qui les fait goutter ensuite, car une telle avarie au joint de caoutchouc souple du « Sans Rival », encastré dans le métal formant corps avec le piston, est impossible puisque la manœuvre est effectuée *indirectement* par la vis que commande le bouton et cela avec la plus grande douceur. D'autre part, le presse-étoupe est disposé en dehors de la partie du robinet soumise à la pression, ce qui évite aussi les égouttements habituels.

Pour obtenir un fonctionnement régulier sous toutes les pressions usuelles qui varient généralement de 1 à 6 atmosphères, il a été prévu un ressort supplémentaire dans la chambre de soupape, lequel assure la fermeture de cette dernière, même dans le cas de la pression d'eau la plus infime. Ce ressort n'est pas absolument nécessaire pour le fonctionnement du « Sans Rival », puisque la soupape est toujours appliquée à sa place par la pression normale du courant d'eau. Mais il peut arriver cependant que, pour une cause quelconque, la soupape soit ouverte plus ou moins par la pression atmosphérique. C'est alors que le ressort en spirale, disposé derrière la soupape, intervient pour transmettre constamment sur celle-ci une force suffisante telle que, en ouvrant un robinet à un étage inférieur par exemple, la pression atmosphérique ne soit pas en état d'ouvrir automatiquement la soupape pour donner passage à une quantité d'eau si infime qu'elle soit.

Le « Sans Rival » n'est établi actuellement qu'en un type unique qui peut recevoir des douilles de 10-12-15-18 et même de 20 millimètres pour être soudées sur tuyaux de plomb. Son raccord mâle est fileté au pas des tubes pour éviter cette soudure dans la pose sur canalisation en fer.

Nos auditeurs retiendront l'intérêt capital de cet intéressant instrument et, sans nul doute, voudront-ils l'expérimenter dans leurs prochaines installations. Nous leur serons reconnaissants de nous en faire connaître les résultats pour nous faciliter la vérification de nos propres observations.

2⁰ L'ANTI-BÉLIER « PNEUMATIQUE »

Lequel d'entre vous, Messieurs, n'a été maintes fois incommodé par le désagréable et obsédant vacarme que produit dans les tuyauteries intérieures des habitations le désastreux « coup de bélier », si connu et redouté de tous les spécialistes de la construction et de l'hydraulique. Vous êtes trop avertis de la question pour que nous venions ici vous détailler les effets nuisibles de ce déplorable phénomène, nous nous contenterons donc de vous décrire ici la construction et le fonctionnement, d'ailleurs très simples, de l'Anti-bélier *Pneumatique* dont les groupements professionnels du Bâtiment ont d'ailleurs retenu le principe rationnel et l'application pratique. Son utilité, sa nécessité même, surtout dans les installations de chauffe-bains au gaz, de chaudières à gaz pour chauffage central d'appartements, etc., ne sont plus à démontrer aujourd'hui..

Le « Pneumatique » est formé d'un réservoir cylindrique C fermé à son extrémité supérieure et ouvert à celle inférieure pour y recevoir un tampon percé et fileté, terminé en une douille ou tubulure D permettant de raccorder le réservoir à la canalisation du liquide sous pression ; un joint en cuir gras, interposé entre le bord inférieur renforcé du réservoir et la bride du tampon, assure l'étanchéité de la fermeture.

Dans l'intérieur de ce réservoir est disposé un piston P à quatre éléments garnis de cuirs emboutis a, b, c, d, serrés par un boulon central entre deux écrous, ces garnitures ne débordant pas pour qu'au cas où les éléments supérieur ou inférieur viendraient à porter respectivement contre le chapeau ou sur l'embase. le bord biseauté des cuirs emboutis ne vienne pas rencontrer ces parties métalliques et s'y écraser (Pour les applications à l'eau bouillante, le cuir employé pour les joints et emboutis est remplacé par une matière spéciale à base d'amiante, résistant à la chaleur).

Le réservoir à air est donc ainsi parfaitement clos et l'air ne peut s'en échapper. Toutefois, le fond (extrémité supérieure) peut être percé en son centre d'un trou que l'on obture au moyen d'un bouchon garni d'un joint en plomb, pour amener au-dessus du-piston la quantité d'air nécessaire, ou pour la renouveler si on le juge utile. Cette éventualité est susceptible de se présenter surtout dans les applications à des canalisations de liquides distribués sous de très fortes pressions et motivant l'injection d'air comprimé en haut du dispositif qui vient d'être décrit.

En résumé, le *Pneumatique* constitue *l'anti-bélier idéal*, puisqu'il consiste simplement dans un réservoir résistant et absolument étanche, dans lequel est interposé, entre la masse d'eau ou de liquide quelconque sous pression et la masse d'air formant matelas élastique, un piston mobile rendu complètement étanche par un bain d'huile de ricin ; ce piston se déplaçant automatiquement dans le réservoir par suite des poussées qu'il reçoit tantôt du liquide sous pression. tantôt de l'air qui a été comprimé lorsqu'il vient à se détendre.

On conçoit donc aisément que ce dispositif étant totalement indépendant de toute action mécanique, est vraiment automatique et que son fonctionnement normal, régulier et durable est indéfiniment assuré sans le moindre entretien.

3° CONTRIBUTION A L'ÉTUDE ET A LA SOLUTION DE LA QUESTION : LA RECHERCHE DES FUITES D'EAU AUX CANALISATIONS SOUS PRESSION

Maurice POSTEL

Ingénieur des Arts et Manufactures.

SUR UNE SOLUTION NOUVELLE POUR LA COLLECTE ET L'ÉVACUATION DES ORDURES MÉNAGÈRES

Les égouts de système ordinaire existent depuis l'époque romaine et ont servi, jusqu'au milieu du siècle dernier, exclusivement à l'évacuation des eaux pluviales et des eaux usées provenant des éviers.

L'invention de la cuvette à chasses d'eau a permis, à partir de 1840, de supprimer les garde-robes mais l'installation des cuvettes n'a été rendue initialement possible qu'à partir de l'aménagement au pied des chutes de systèmes diviseurs destinés à arrêter les parties solides : de cette manière, seules les parties liquides continuaient leur parcours aux égouts de sorte que ces derniers n'avaient à subir aucune modification.

Les systèmes diviseurs ou tinettes filtrantes ont ainsi amené la diminution progressive des fosses fixes et provoqué le développement des W. C. et, dès 1878, à Paris, 14.000 chutes étaient desservies par ces appareils.

En 1880, l'administration propose l'écoulement direct à l'égout, d'abord dans les rues où les égouts étaient d'un débit suffisant et ensuite dans toutes les autres voies, quitte à mettre, en tête des canalisations sanitaires, des chasses d'eau suffisantes pour éviter les dépôts de matières solides.

C'est ce que l'on a appelé l'écoulement direct à l'égout, lequel vient seulement d'être rendu complètement obligatoire à Paris.

On voit ainsi, qu'au cours d'une période de quatre-vingts années, les services demandés aux égouts se sont beaucoup accrus et que, grâce aux chasses d'eau un transport qui était autrefois terrestre (tonnes de vidange, transport de tinettes) est devenu souterrain.

ÉVACUATION DES ORDURES MÉNAGÈRES DANS LA MAISON

On assiste à un phénomène semblable en ce qui concerne les ordures ménagères.

La recherche, par le Département de la Seine, d'une formule moderne pour la construction d'habitations à bon marché a provoqué la mise au point d'un appareil permettant d'évacuer les ordures ménagères des appartements. Pour cette évacuation, on utilise les chasses d'eau.

Le principe de cet appareil est le même que celui des W. C. On a simplement tenu compte des données particulières au problème à savoir : *a*) dépense d'eau à éviter et *b*) nature spéciale des produits à évacuer.

Pour éviter une dépense d'eau exagérée, on a songé à utiliser l'eau même qui a servi antérieurement aux différentes opérations du ménage (lavage des mains, des légumes et de la vaisselle). Cette eau, en effet, n'est pas tellement polluée qu'il y ait des inconvénients majeurs à la mettre en réserve pendant une ou deux heures de manière à obtenir économiquement l'eau nécessaire à la formation de la chasse.

Les difficultés provenant de la nature spéciale des produits à évacuer ont été beaucoup plus grandes. Leur mise au point a nécessité des tâtonnements assez longs. On s'est d'abord demandé s'il n'y avait pas lieu de broyer les ordures de manière à ne faire entrer dans les canalisations que des objets de dimension déterminée. L'expérience a montré qu'il ne fallait pas songer à mettre entre les mains des ménagères un appareil broyeur, pratiquement impossible à nettoyer et qui aurait dû pouvoir broyer aussi bien des corps élastiques comme des bouchons, des semelles de caoutchouc ou des chiffons que des corps durs comme des débris de vaisselle ou des planches de caisse.

On a donc renoncé au broyage des ordures ménagères et l'on s'est contenté d'un calibrage. Ce dispositif permet de donner au public un appareil excessivement simple et garantit l'installation contre l'introduction malveillante ou maladroite d'objets volumineux. La solution imaginée ne sert donc pas à l'évacuation de ces derniers objets. Mais il faut se dire qu'ils sont tous non-fermentescibles : ce sont, par exemple, des meubles brisés, des chaussures ou des vêtements usagés, etc.

Le premier vidoir qui réalise une évacuation conforme aux idées précédentes est l'évier-vidoir que l'on trouve décrit ci-après.

Il se compose d'un évier en grès ou en pierre supporté par une cuve ou corps de vidoir en fonte émaillée qui est fermée à sa partie inférieure par un obturateur.

Le pied de l'appareil est raccordé au tuyau de chute par un cône-coude spécial scellé dans le plancher.

L'orifice habituel d'écoulement de l'évier est plus grand que d'habitude et est normalement recouvert par une grille en cuivre nickelé. L'eau qui a servi aux opérations normales du ménage, traverse cette grille, tombe dans la cuve au-dessus de l'obturateur et son niveau s'élève ainsi jusqu'à des orifices de trop-plein. Elle continue ensuite son parcours en traversant un siphon situé sous l'obturateur.

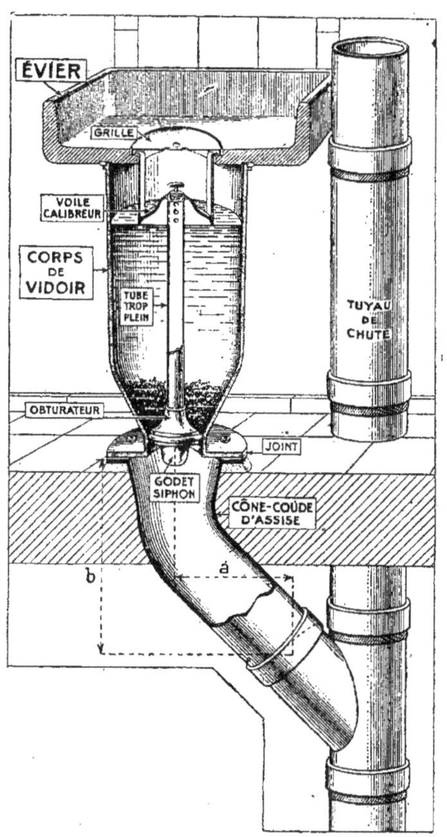

Chaque fois que l'on produit des ordures ménagères, on soulève la grille de l'évier et on les fait tomber dans le corps de vidoir où elles se trouvent immédiatement noyées, donc soustraites à l'atmosphère de la cuisine. De temps en temps, on soulève l'obturateur, ce qui rendra complètement libre l'orifice inférieur du vidoir et laissera passer dans le tuyau de chute une véritable chasse très massive d'eau et d'ordures.

Cet appareil s'installe dans l'immeuble comme tous autres appareils sanitaires, c'est-à-dire que les éviers-vidoirs sont les uns au-dessus des autres et raccordés par un tuyau de chute en principe rectiligne.

ÉVACUATION DES ORDURES MÉNAGÈRES EN DEHORS DE LA MAISON

Le problème de l'évacuation des ordures ménagères étant ainsi réglé pour les appartements, il fallait, pour que ce problème soit traité intégralement, trouver une solution pour le transport de ces ordures en dehors de l'immeuble et pour leur destruction finale.

On a d'abord songé à installer au pied des tuyaux de chutes des tamis diviseurs dont le but était semblable à celui de ceux qui se sont établis dans les grandes villes vers 1850. Ces systèmes diviseurs reçoivent les ordures ménagères enrobées des chasses d'eau entre deux grilles où elles se séparent de cette eau, et sont ensuite égouttées dans un deuxième compartiment. Ensuite, elles passent finalement dans une boîte réglementaire et sont enlevées par les moyens ordinaires. Ce dispositif n'a qu'un seul avantage, celui de permettre dès maintenant l'installation d'éviers-vidoirs dans les immeubles et c'est ainsi qu'il en existe actuellement environ 1.500 à Paris.

Mais il faut espérer que ce système n'est que provisoire car il ne supprime pas la manipulation de la boîte d'immeuble.

Une installation plus complète a été faite dans le département de la Seine, à la Cité-Jardin du Plessis-Robinson ; elle est en service depuis le 1er janvier 1926 et donne toute satisfaction.

On y a profité de la violence de la chasse d'eau obtenue par l'évier-vidoir pour transporter les ordures ménagères, uniquement par gravité, dans un réseau de tuyaux de grès de 0 m. 20 de diamètre, posés avec une pente qui n'est jamais inférieure à 5 0/0. Ces canalisations conduisent ainsi les ordures ménagères d'un certain nombre d'immeubles en un point bas où se trouve un poste de collecte souterrain, sorte de citerne avec trop plein raccordé sur le réseau d'égout du département. Les ordures ménagères sont retenues dans ce poste et sont aspirées à intervalles réguliers (tous les quinze jours environ) par une tonne automobile que l'on amène au droit du poste et où l'on a fait préalablement le vide. Cette opération se fait en vase clos sans qu'il y ait manutention apparente des ordures ménagères. Il n'y a donc pas lieu qu'elle se fasse seulement à des heures déterminées, ce qui permet une meilleure utilisation du matériel et du personnel.

Nous ne pensons d'ailleurs pas que malgré les bons résultats obtenus ce système soit le meilleur car il nécessite encore l'emploi d'un véhicule.

Il faut plutôt penser que l'avenir développera le système à chasses d'air, dans le genre de celui qui fut installé en 1911 à Villeneuve-Saint-Georges. On va d'ailleurs commencer des travaux semblables dans la ville de Rouen.

Dans ce système, le fonctionnement reste le même jusqu'au poste de collecte, mais celui-ci est vidé non plus par une tonne mobile, se déplaçant de poste en poste, mais par une pompe à vide située au point bas du réseau et avec laquelle il est relié par le réseau lui-même.

Nous n'insisterons pas davantage sur le fonctionnement de ce système à chasses d'air qui est suffisamment connu. Il suffit de dire que la violence des chasses d'air permet de transporter des ordures ménagères par des moyens pneumatiques, à des vitesses d'environ 8 à 10 mètres à la seconde. Un tel système permettrait alors de rassembler par voie entièrement souterraine toutes les ordures ménagères d'une ville en un seul point.

Une seule question reste alors posée. C'est la destruction pratique des ordures ménagères auxquelles le séjour dans les éviers-vidoirs, la descente dans le tuyau de chute et le transport par gravité a donné une conformation spéciale.

Des essais de fermentation par cellules Beccari ont été faits à la cité-jardin du Plessis-Robinson sur des ordures ménagères extraites des postes de collectes par la tonne-crible.

Le procédé consiste à mettre les ordures ménagères dans une cellule à double paroi, dont les cloisons intérieures sont perforées et ménagent à travers la masse des ordures une circulation d'air.

Les fermentations qui se développent amènent la transformation des ordures en un poudreau inodore dont la teneur en azote est variable de 5 à 15 0/0.

Nous considérons cette solution comme satisfaisante pour un groupe isolé, situé à proximité de terrains assez vastes qui, d'une façon certaine, resteront en culture, car l'engrais extrait des cellules Beccari n'est pas d'une richesse telle qu'il puisse justifier des frais de transport très élevé. Il faut d'ailleurs s'attendre pour l'éloignement de ce poudreau en dehors des villes aux mêmes phénomènes observés d'une façon constante pour les ordures ménagères livrées à l'agriculture à l'état brut. Au début, les cultivateurs commencent par payer pour l'enlèvement, puis ils l'enlèvent gratuitement et finalement, il faut transporter ces ordures à des distances de plus en plus grandes pour trouver des cultivateurs susceptibles de les utiliser.

C'est cette question de l'exploitation qui rend peut-être le plus problématique le développement des cellules Beccari pour la destruction des ordures ménagères des villes.

Nous ne pouvons nous étendre longuement sur une solution qui nous semble meilleure pour détruire réellement les ordures ménagères, c'est celle de l'incinération.

Après des essais auxquels nous nous sommes livrés, il semble que l'on puisse, par des moyens simples, enlever aux ordures ménagères arrivées à un point central par chasses d'eau, par chasses d'air ou tonne-crible, la plus grande partie de l'eau qu'elles contiennent.

On se trouvera alors devant un problème normal d'incinération d'ordures ménagères.

Une installation basée sur ces principes doit être réalisée dès la fin de 1929 ; 120 éviers-vidoirs seront raccordés sur un seul point où les ordures ménagères seront séparées de l'eau des chasses, puis débarrassées de leur eau d'addition et incinérées.

Si les résultats espérés se réalisent, on peut admettre que l'on aura trouvé pour les ordures ménagères une solution d'ensemble aussi satisfaisante que celle obtenue le siècle dernier par les réseaux de tout-à-l'égout et les installations d'épuration.

René DANGER

Ingénieur-géomètre, à Paris.

ESSAI DE CLASSIFICATION DES TRACÉS DE VILLES. PLANIGRAPHIE URBAINE

(Avec projections)

REDOU

Commis principal de l'Inscription maritime au Havre.

GILET DE SAUVETAGE. — MAILLE EXTENSIBLE

PHYSIQUE

Président. . . .   M. GINAT, Professeur agrégé de Physique, Lycée du
                       Havre.
Vice-Président . .   M. CHAVASSE.
Secrétaire . . .   MASSAIN.

G. P. ARCAY

(Laboratoire de Chronométrie de la Faculté des Sciences de Besançon).

1° LES PROGRÈS RÉCENTS DE LA CHRONOMÉTRIE

Est-il nécessaire de rappeler l'importance philosophique, scientifique
et sociale du temps ? L'homme ne veut pas être limité dans le temps et
c'est le problème de l'immortalité qui se pose ; une science ne commence
à prendre conscience d'elle-même que le jour où l'on peut relier au temps
les phénomènes dont elle s'occupe d'où l'importance capitale de transfor-
misme pour les sciences naturelles ; le temps c'est de l'argent, formule
banale qui résume, sous une forme accessible à tous, un des principaux
aspects du problème industriel.

Toute détermination de temps est liée directement ou indirectement à la
question de l'Heure, placée sous le contrôle de la *Commission internationale de l'Heure*, qui a pour organe exécutif, *le Bureau international de
l'Heure*, rattaché à l'Observatoire de Paris dont l'objet principal est la
détermination de l'heure la plus exacte, et sa distribution par télégraphie
sans fil au moyen de signaux conventionnels. On sait en quoi consiste la
détermination de l'heure : on a fait choix d'une horloge idéale, la sphère

céleste, d'une unité de temps la 86400ᵉ partie de la durée du mouvement diurne, d'un index, le méridien origine, et d'une origine des temps et il s'agit de saisir l'instant où un point de a sphère céleste passe devant l'index ; l'heure du passage est connue, la difficulté est d'observer le passage ce, à quoi on s'applique dans les observatoires soit directement par la méthode dite des passages où la lunette méridienne joue le rôle d'aiguille soit indirectement par la méthode des hauteurs égales avec l'astrolabe à prisme. La première demeure la plus précise grâce à l'emploi des micromètres impersonnels qui, remédie à l'équation personnelle, erreur à laquelle il a fallu récemment adjoindre l'équation de grandeur et l'effet de sens du mouvement de l'étoile observée. Mais s'il est ainsi relativement aisé de noter à 0ˢ01 le passage d'un astre à l'axe optique de la lunette, on ne peut guère en déduire qu'à 0ˢ03 ou 0ˢ04 son passage au vrai méridien, et la détermination de l'heure reste encore une œuvre d'art.

Les propriétés déjà bien étudiées des cellules photoélectriques et des lampes à trois ou quatre électrodes mettent heureusement à la disposition des astronomes des moyens nouveaux : possibilité d'enregistrement direct du passage d'une étoile au méridien (Ferrié et Jouaust), amélioration de la comparaison de ce passage d'une étoile au méridien au top de la pendule directrice par fractionnement de la seconde en dixièmes et vingtièmes à l'aide d'une horloge auxiliaire à lampes, remise à l'heure à chaque battement de la pendule et inscription de tous les signaux, différenciés par leur longueur, à l'aide du même galvanomètre dont le retour au zéro est presque instantané (Abraham et Planiol).

L'organisation du service horaire international fait étudier avec beaucoup de soin les irrégularités des pendules astronomiques dont la durée des secondes d'une même minute, varie pour les meilleures d'entre elles de plus de 4 à 5 millièmes de seconde en plus ou en moins, ces inégalités sont de deux sortes : les unes périodiques sont dues au rouage, les autres accidentelles ont pour cause les contacts. L'effet des contacts peut être éliminé en plaçant sur le balancier un miroir qui à chaque passage par la position d'équilibre, réfléchit sur une cellule photoélectrique dont le courant est pour l'usage ensuite amplifié, les rayons lumineux émanés d'une lampe électrique (G. Ferrié et R. Jouaust) ; les mêmes savants ont montré que l'on peut utiliser le courant produit par la cellule photoélectrique pour entretenir le mouvement du pendule à l'aide du dispositif indiqué autrefois par Cornu, le comptage des oscillations est alors demandé à une pendule auxiliaire synchronisée qui a également pour fonction d'interrompre une fois sur deux le faisceau lumineux réfléchi. La première application du pendule auto entretenu a été de permettre l'émission des signaux rythmés dont l'espacement est constant à moins d'un millième près.

L'ensemble de deux pendules libres à température et pression constantes, soustraits à toute influence perturbatrice constitue un garde
temps (Le Rolland), si nous lançons à tour de rôle chacun des pendules
avant que l'autre soit revenu au repos et si nous savons les relier l'un à
l'autre dans le temps. M. Le Rolland a proposé pour cela la méthode photographique imaginée par Lippmann et qu'il a mise au point, mais elle est
loin d'être la plus pratique et il n'est pas sûr que ce soit la plus précise.

Deux autres problèmes qui avaient retenus l'attention de Lippmann
ont reçu une solution pratique. En utilisant le montage de Cornu dans
ses recherches sur la synchronisation pour lier un galvanomètre au pendule et en faisant réfléchir d'abord sur un miroir porté par ce pendule au
voisinage de son point de suspension, puis sur le miroir du galvanomètre,
un faisceau lumineux émanant d'un collimateur fixe dont les rayons
décrivent ainsi un cône circulaire de Lissajous, M. Chrétien a enregistré
en chiffres le millième de seconde. M. A. Guillet, après avoir transformé
mécaniquement directement un mouvement oscillatoire harmonique en
mouvement circulaire uniforme et réalisé ainsi un moteur chronométri-
que, l'a utilisé pour la détermination du décalage de deux pendules.

La chronométrie scientifique a été complètement renouvelée par l'utilisation des oscillations électriques (triodes, quartz). Personne n'ignore
aujourd'hui qu'un circuit oscillant formé d'une bobine et d'un condensateur dans le circuit plaque d'une lampe, la grille étant réunie au filament
par une deuxième bobine couplée avec la première est analogue à un
pendule, et que les oscillations sont entretenues par un choix convenable
du couplage des bobines. En associant deux lampes de telle sorte que la
grille de chacune d'elles soit en liaison avec la plaque de l'autre par
l'intermédiaire de capacités, M. H. Abraham a réalisé des multivibrateurs
ainsi appelés parce qu'il suffit de changer « la constante de temps », en
modifiant les capacités et les résistances de liaison, pour obtenir toute
une gamme d'oscillations entretenues.

L'horlogerie civile a évolué sous l'influence des causes économiques
parmi lesquelles il convient de citer le développement intensif des transports en commun avec départs à heure fixe, le développement des grosses
entreprises occupant un nombreux personnel, imposant un contrôle
sérieux du temps de travail. les modifications apportées dans le calcul
des salaires des ouvriers, les demandes irrégulières suivant les heures
de la journée et la saison, de l'énergie produite par les centrales électriques et par conséquent, la variation du prix de cette énergie suivant les
heures de la journée de telle sorte que dans un avenir très rapproché les
centrales électriques deviendront les véritables centres horaires de leur
région. A ces causes, il convient d'ajouter le développement et l'interna-
tionalisation des sports,

Il en est résulté l'unification de l'heure dans les villes et dans les grandes usines, la création de toute une série de chronographes et d'enregistreurs de toutes sortes, la nécessité pour chacun, d'un garde-temps robuste, gardant la minute et d'un prix abordable, d'où d'une part : intensification de la fabrication en grande série, et d'autre part, l'obligation d'ouverture prochaine dans les centres horlogers de bureaux de mesures horlogères et de conditionnement.

La chronométrie de petit volume a été complètement transformée par les progrès de la métallurgie qui ont simplifié le réglage. Les aciers au nickel (Ch.-Ed. Guillaume) ont d'abord supprimé pratiquement l'erreur secondaire ; la réalisation de l'élinvar a ensuite permis le réglage aux températures avec un balancier monométallique pour les chronomètres de demi-précision et la réduction du rôle des systèmes compensateurs pour les pièces de concours (P. Ditisheim), ce qui a également affaibli les effets perturbateurs de l'air.

L'évolution de la chronométrie a été marquée par la création en France (Besançon) et en Suisse (Neuchâtel) de Laboratoires de recherches horlogères qui possèdent tous deux ce caractère très significatif d'être un rameau détaché des Laboratoires de Physique Générale de la Faculté des Sciences.

Il convient également de signaler en terminant qu'en France la Faculté des Sciences de Besançon a pris l'initiative de la création d'un enseignement supérieur de la Chronométrie destiné à former des Ingénieurs « ès arts horlogers ».

2º ÉTUDE EXPÉRIMENTALE DE LA DÉFORMATION DU SPIRAL PLAT

(en collaboration avec A. Tissot)

Au cours de ses recherches sur les courbes terminales du spiral plat ([1]), feu Marcel Moulin ([2]) a largement utilisé la photographie comme moyen de contrôle expérimental.

Le spiral étudié était fixé par sa virole sur un axe vertical au-dessus d'un plateau en laiton et son autre extrémité était maintenue par une pince convenablement disposée. L'axe pivotait à la partie inférieure sur

([1]) *Comptes rendus de l'Académie des Sciences*, 6 notes, 1er et 2e semestre 1913 et 1er semestre 1914. *France Horlogère*, 1er semestre 1914.

([2]) Fondateur du Laboratoire de Chronométrie de la Faculté des Sciences de Besançon (novembre 1910), tué devant Meaux, le 6 septembre 1914.

une plaque de contre-pivot vissée dans un pont et portait sous la platine un disque permettant de le faire tourner d'un angle connu.

Le spiral ainsi disposé était placé sous un appareil photographique vertical à grand tirage qui en donnait une image environ trois fois plus grande qu'il était possible d'agrandir à son tour de 15 à 20 fois, ce qui permettait de déceler très facilement des déplacements de l'ordre du centième de millimètre.

Il a pu ainsi montrer :

1° qu'à la contraction les spires extérieures se rapprochent plus les unes des autres que les spires intérieures et qu'elles s'écartent davantage à l'expansion,

2° qu'un spiral muni d'une courbe terminale extérieure obéissant à la seule condition Phillips-Grossmann ne reste pas centré pendant la déformation et se jette dans le même sens à l'expansion comme à la contraction,

3° que les goupilles de raquette tendent à jeter le spiral vers le piton à la contraction et en sens inverse à l'expansion,

4° qu'un spiral satisfaisant aux conditions qu'il a énoncées (¹) reste, malgré l'emploi de goupilles de raquette, centré à la contraction comme à l'expansion.

Les conditions de Moulin sont donc pratiquement acceptables dans le cas d'une déformation statique du spiral ; en est-il de même dans le fonctionnement normal du spiral ? Autrement dit pour une même rotation de l'axe un spiral se déforme-t-il de la même façon statiquement et cinématiquement ? telle est la question que l'un de nous (²) s'est efforcé d'élucider par la cinématographie et à laquelle nous allons essayer d'apporter une première réponse.

Rappelons d'abord, les traités d'Horlogerie n'en parlant pas (³), que les régleurs ont, depuis longtemps observé et que la photographie prise sans précautions spéciales, montre nettement que dans un spiral bien centré en mouvement une spire demeure immobile (⁴) (fig. 1).

Dans le cours de cette étude, nous avons pris comme source lumineuse l'étincelle produite entre deux tiges d'aluminium sur lesquelles un condenseur est monté en dérivation, par une bobine d'induction dont le primaire était rompu par un interrupteur rotatif solidaire de l'arbre entraî-

---

(¹) Ces conditions ont été retrouvées par une méthode différente et indépendamment par M. F. KEELHOFF, Professeur à l'Université de Gand. *Mémoires de l'Académie royale de Belgique*, 1926. Voir aussi M. J. HAAG. *Bull. Soc. Math. France*, 1921.

(²) G. P. AUCAY. *Comptes rendus Ac. des Sc.*, 1929.

(³) A l'exception de *Pendule, Spiral, Diapason* de H. Bouasse, t. I, p. 215.

(⁴) Moulin a donné les raisons de cette immobilité et calculé le rayon de cette spire. *C. R. de l'Ac. des Sc.*, 19 mai 1913, p. 1518.

nant le film et utilisé la technique classique depuis les beaux travaux de M. Lucien Bull ([1]).

Le spiral étudié associé à un balancier, l'ensemble ayant une période de 0,4 seconde ([2]), était monté à la façon ordinaire ; mais l'éclairage se faisant par transmission la platine était largement ouverte de façon à dégager entièrement le balancier dont l'axe était maintenu par deux bras aussi minces qu'il a été possible de le faire sans nuire à la rigidité indis-

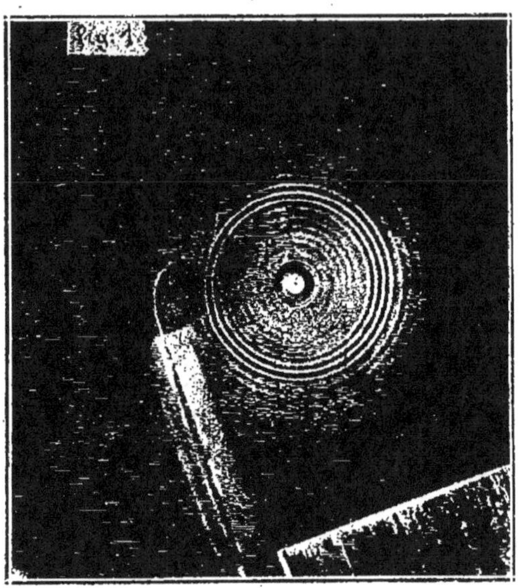

pensable au bon fonctionnement ; pour la même raison la largeur des bras du balancier avait été diminuée.

Deux dispositifs auxiliaires permettaient l'un d'armer le spiral d'une quantité connue (360°) et de le libérer à volonté, l'autre de fixer le balancier dans une position voisine de la position d'étude choisie puis de l'amener par un déplacement lent et continu à occuper exactement cette position.

([1]) Dont les bienveillants conseils nous ont été très précieux. Nous le prions ainsi que les Etablissements Gaumont auquel notre Laboratoire n'a jamais fait appel en vain, d'agréer l'expression de notre reconnaissance. Nous ne saurions oublier notre excellent collaborateur M. P. Petit, qui a adapté à nos expériences avec beaucoup de soins et d'intelligence, l'appareil mis gracieusement à notre disposition par les Etablissements Gaumont.

([2]) Normale pour un chronomètre de poche.

La platine placée parallèlement du côté de l'objectif et au contact de la lentille concentrant la lumière était rigidement fixée sur le même support.

Le réglage fait on ne touchait plus à aucune partie de l'appareil, les manipulations se réduisant à armer et à libérer le spiral ou à faire tourner le balancier d'un angle donné et à entraîner le film.

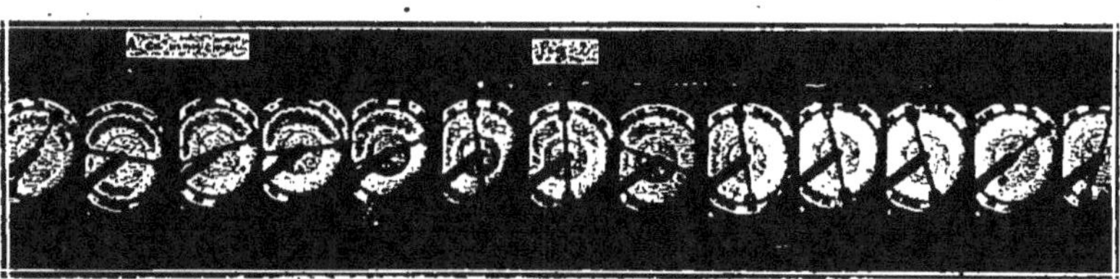

La figure 2 montre les treize clichés correspondant à une oscillation complète du balancier $\left(G = \dfrac{1}{2}\right)$.

Pour comparer les déformations cinématiques du spiral aux déformations statiques deux méthodes ont été successivement employées. Dans la première on utilisait le film pris pendant l'oscillation du balancier replacé après développement dans l'appareil de prise de vues comme écran translucide sur lequel on formait l'image du spiral, le balancier étant écarté de sa position d'équilibre d'un angle convenable ; par tâtonnement on amenait cette image à se faire très exactement sur l'image obtenue dans l'opération précédente ce qui revenait à faire coïncider l'image du spiral avec son négatif.

L'observation était faite avec un microscope à faible grossissement (15 fois environ) à oculaire micrométrique placé perpendiculairement ce qui avait obligé à disposer devant l'objectif un petit prisme à réflexion totale ; des vis à mouvements lents permettaient le centrage et la mise au point.

Par la suite on a trouvé plus commode une fois le réglage de la déformation statique effectué, de photographier le spiral (fig. 3) et de superposer sur la platine du microscope le positif obtenu au négatif correspondant de la déformation ciné-matique. L'observation peut alors se faire en lumière ordinaire et il est facile de photographier l'ensemble.

Quel que soit le procédé employé, on n'avait à se préoccuper dans la comparaison des deux déformations ni du défaut de parallélisme du plan du spiral et du plan du film, ni des défauts de l'objectif puisque les deux images étaient obtenues dans des conditions rigoureusement identiques.

Grâce à ces précautions nous pouvons indiquer que dans les limites de précision des expériences (1/100e de millimètre) les déformations statiques et cinématiques d'un spiral muni d'une courbe terminale extérieure régulière et sans goupilles de raquette se superposent.

C'est là, nous semble-t-il, une contribution expérimentale importante à la théorie des courbes terminales.

3º CONTRIBUTION A L'AUSCULTATION DES CHRONOMÈTRES DE POCHE

(en collaboration avec A. Tissot)

Est-il possible de demander au tic-tic familier d'une montre autre chose que la preuve qu'elle fonctionne, peut-on analyser les divers bruits qui le composent, est-il en un mot, possible d'ausculter une montre et si oui, quels résultats peut-on espérer obtenir par cette méthode ? Telle est la question que nous nous proposons d'examiner.

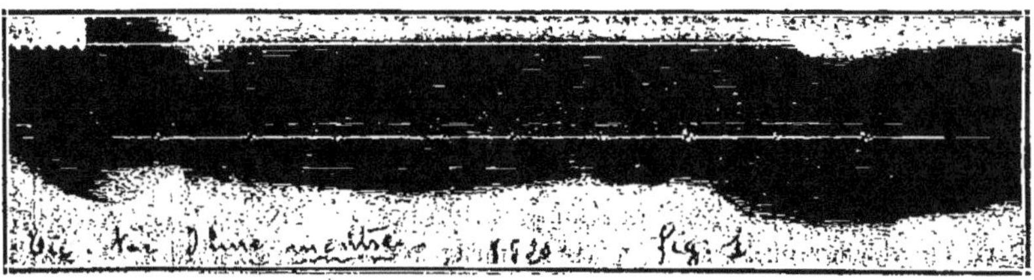

Il n'est certes pas de régleur qui ne se soit efforcé de découvrir par cette méthode l'origine d'un mystérieux frottement à peine perceptible à son oreille exercée, ni d'analyser ainsi les défauts de l'échappement.

L'auscultation des montres a été, dès l'origine du Laboratoire de Chronométrie inscrite à son programme et dans les quelques mois qui ont précédé la guerre, feu Moulin s'en était, sans succès d'ailleurs, occupé. En 1920, nous avons réussi, en collaboration avec M. R. Goudey de l'Observatoire de Besançon, à enregistrer les bruits des chûtes (fig. 1), mais faute d'un matériel approprié et de crédits nécessaires pour l'acquérir ce n'est que tout récemment que nous avons pu, grâce à l'obligeance de M. R. Dubois et à la libéralité des Etablissements C. E. M. A. d'Asnières, la reprendre (¹).

Dans l'intervalle M. Straumann du Laboratoire des Fabriques d'Horlogerie Thomson S. A. à Waldenbourg (Suisse) a présenté aux assemblées de la Société suisse de chronométrie, le 29 mai 1926 et le 2 juin 1928 deux études sur l'analyse des bruits de la montre avec démonstration d'un appareil enregistreur (²).

Disons tout de suite qu'il. utilise une méthode d'inscription photographique et que toutes nos expériences ont été faites par inscription graphique. Disons également que M. Straumann estime que cette méthode permet l'étude des fonctions de l'échappement, de la transmission d'énergie et du rendement du rouage, de la localisation des défauts du rouage et la détermination des variations rapides d'amplitude du balancier dont l'étude a été faite en 1900 par M. M. Brillouin et annonce avoir pu, grâce à l'emploi de cette méthode, augmenter le rendement du mécanisme du chronomètre qu'il étudiait.

(¹) Nous prions M. R. Dubois dont la grande expérience en radiophonie nous a été très utile de bien vouloir trouver ici l'expression de nos remerciements reconnaissants.
(²) *Journal suisse d'horlogerie*, 53ᵉ année, 1928, n° 7, juillet, p. 164.

Plus modestement nous voudrions montrer que cette méthode malgré son apparente simplicité, ne peut être, sans une mise au point délicate, employée avec sûreté.

Les bruits de la montre (¹) sont de deux sortes : *les uns sont fonctionnels*, ce sont les chocs successifs d'abord de la cheville du plateau du balancier contre l'un des bords de la fourchette, de l'autre bord ensuite contre la cheville au commencement et à la fin du dégagement et le choc dû à l'arrêt brusque de la roue d'échappement à la fin de la chûte d'une dent sur une des levées (fig. 2), *les autres sont accidentels* comme les divers frottements, les bruits produits par le décollement brusque des spires du ressort de barillet, etc. Les premiers surtout ceux qui correspondent à la fin des chûtes sont les plus intenses et dans une montre parfaitement construite seraient isochrones et d'intensité moyenne égale (²).

Pour les enregistrer on s'ingénie généralement à leur substituer des courants d'intensité variable dont les variations correspondent le plus fidèlement possible à celles du phénomène sonore ; ces courants ordinairement très faibles sont ensuite amplifiés de manière à leur permettre d'actionner la partie mobile d'un oscillographe.

La trace que laisse le style de l'enregistreur sur la feuille de papier enfumé qui se déroule devant lui d'un mouvement uniforme est donc le résultat de trois interprétations introduisant chacune sa déformation particulière plus ou moins importante de telle sorte que quels que soient les appareils employés comme traducteur (³), amplificateur et oscillographe la lecture d'un diagramme n'est possible que si l'on a constitué au préalable un catalogue des effets de tous les défauts possibles réalisés volontairement et isolément ; remarquons en passant qu'il suffit pour que cette méthode d'enregistrement soit utile qu'un même défaut se traduise de la même façon et que cette façon soit caractéristique du défaut. Cette technique longue est la seule sûre, c'est celle dont nous poursuivons l'application et elle nous a déjà donné d'intéressants résultats. Elle nous a permis en particulier de discriminer certaines déformations dues au microphone que nous avons employé dans nos premières expériences de celles dues à l'amplificateur.

(¹) Pour être bref, nous n'examinerons que le cas le plus général d'ailleurs d'une montre fonctionnant avec un échappement à ancre.

(²) Intensité moyenne seulement par suite de l'effet du rouage mis en évidence par les études de M. M. BRILLOUIN rappelées plus haut.

Leur isochronisme peut être utilisé pour comparer rapidement par la méthode des coïncidences acoustiques la marche de la montre étudiée à celle d'un chronomètre étalon.

Voir en particulier : JAQUEROD et MUGÉLI, *Helvetica physica Acta*, vol. I, fasc. 2 (1928), pp 139 à 164.

(³) Nous désignons ainsi tout appareil, microphone de tous systèmes, quartz piézo-électrique, etc., transformant l'énergie sonore en énergie électrique.

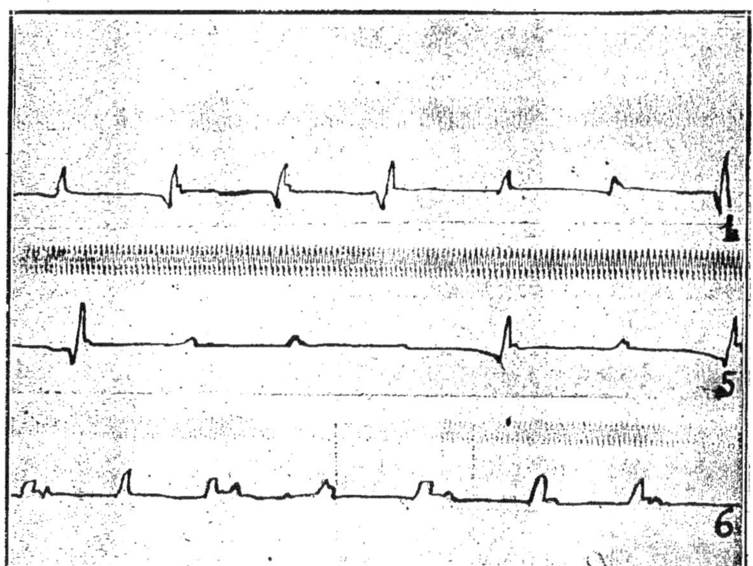

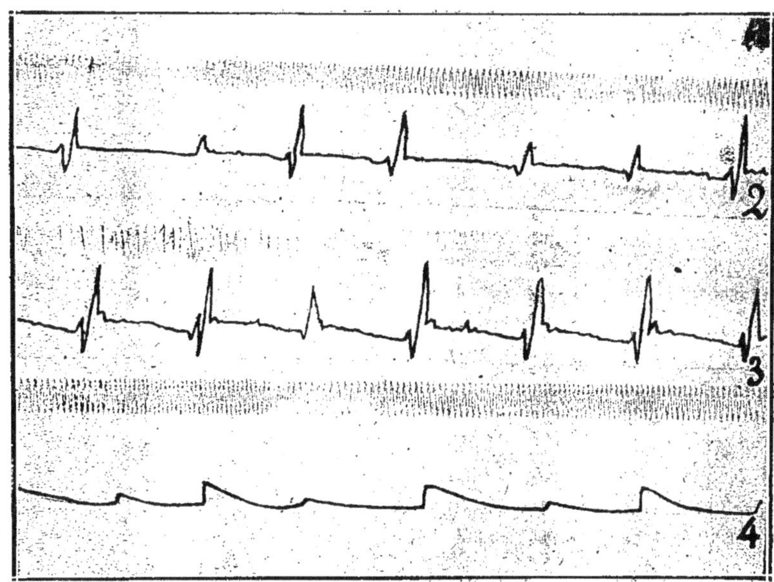

PLANCHE

1. Montre pendant en haut   (amplification 3 étages).
5. Inégalité des chûtes   »   »
6. Frottements parasites   »   »
2. Montre pendant à gauche   »·   »
3. Montre pendant à droite   »   »
4. Amplification à 2 étages.

A titre d'exemple, nous expliquerons quelques enregistrements obtenus dans les conditions suivantes :

La montre étudiée était, à l'aide d'une machoire mobile, rendue solidaire d'un support en laiton auquel était fixé un microphone solid-bak ; elle pouvait à volonté être placée horizontalement ou verticalement. L'amplificateur à deux ou trois étages suivant les expériences est schématisé ci-contre (fig. 3); il était associé avec un oscillographe Abraham-Carpentier. A côté, un diapason entretenu inscrivait le centième de seconde sur la même bande de papier enfumé.

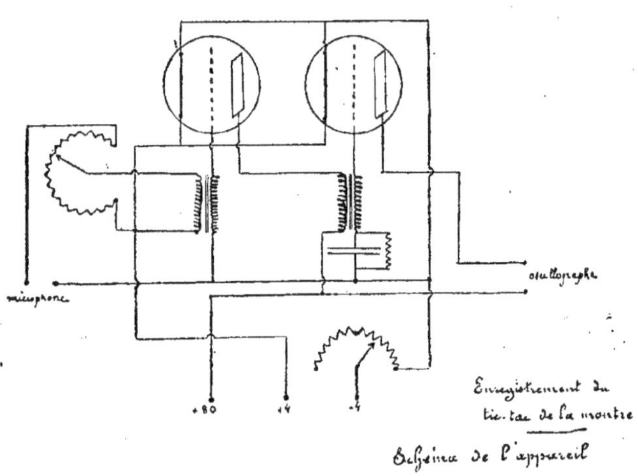

Fig. 3

Sans précautions spéciales, il est donc possible de déduire des diagrammes :

1° la période de l'oscillation du balancier et par conséquent la marche d'une montre,

2° l'inégalité d'espacement des chutes,

3° l'existence des variations rapides d'énergie des chocs, en rapport avec la marche du rouage.

Mais la dissociation des différents bruits, l'étude des défauts d'échappement, de la transmission d'énergie et du rendement du rouage nécessitent la réalisation d'un traducteur, d'un amplificateur et d'un oscillographe très fidèles qui doivent être éprouvés par la méthode indiquée plus haut.

M. François CANAC

Directeur scientifique du Laboratoire du Centre d'Etudes de la Marine,
à Toulon.

MESURE DES INTENSITÉS SONORES

Le nombre et l'importance des problèmes d'acoustique actuels posent en premier lieu la question de la mesure des intensités sonores. Une méthode connue, dite du « seuil acoustique », consiste à réduire suivant une fraction déterminée l'intensité à mesurer, jusqu'à ce que le son cesse d'être perceptible. Ce coefficient de réduction servira donc à classer les sons et à déterminer leur intensité physiologique si l'on se donne la loi qui relie celle-ci à l'intensité mécanique actuelle et à l'intensité mécanique du seuil.

Pour déterminer ce coefficient de réduction, une bonne méthode consiste à utiliser comme source sonore un émetteur téléphonique actionné par une hétérodyne musicale. L'émetteur est shunté par une résistance variable R. Si la résistance interne de l'hétérodyne est suffisamment élevée (l'émetteur est branché dans le circuit plaque de la dernière lampe) le courant débité par l'hétérodyne peut être considéré comme constant. Si l'on admet que l'intensité mécanique acoustique est proportionnelle au carré du courant traversant l'émetteur, elle est de la forme :

$$I_{ac} = K \left(\frac{R}{R + \rho} \right)^2 . i^2.$$

i courant constant débité par l'hétérodyne.

ρ impédance de l'émetteur.

Dans le cas où le son est au seuil de l'audition, son intensité est :

$$I_s = K . \left(\frac{r}{r + \rho} \right)^2 . i^2.$$

r étant la valeur de la résistance shunt correspondant à ce seuil.

Or l'impédance de l'émetteur est toujours très grande devant la résistance shunt, de sorte que l'on a :

$$\frac{I_{ac}}{I_s} = \left(\frac{R}{r} \right)^2.$$

Si l'on admet pour l'intensité physiologique la valeur :

$$\Im = 10 \,.\, \log \frac{I_{ae}}{I_s} \,,$$

on aura :

$$\Im = 10 \,.\, \log \left(\frac{R}{r} \right)^2 .$$

La difficulté de la méthode réside dans la détermination du seuil. Celle-ci est très difficile et peut conduire à des erreurs grossières. Mais, moyennant certaines précautions d'ailleurs très simples, on peut faire des mesures fidèles et suffisamment précises : à 10 0/0 près très rapidement et à moins de 5 0/0 avec un peu d'habitude. Ces précisions sont déjà très suffisantes pour étudier des appareils acoustiques qui diffèrent très facilement entre eux du simple au double·sans qu'on s'en aperçoive distinctement.

a) Il faut opérer dans le silence complet. Ceci est essentiel, le moindre bruit faisant déplacer le seuil d'une façon considérable. On constituera une « chambre sourde » suffisante en tendant de feutre épais toutes les parois du laboratoire. Une meilleure solution consistera à tapisser les parois (plancher et plafond compris) d'alvéoles constituées par des sortes d'étagères recouvertes de feutre et formant des dièdres absorbants.

Dans ces conditions la chambre non seulement sera sourde aux bruits extérieurs, mais sera suffisamment absorbante pour supprimer les ondes stationnaires perceptibles. De toutes façons dans les déterminations de seuil il sera essentiel d'avoir toujours la tête dans la même position, ce qui est facile à obtenir en prenant des alignements simples. Enfin on n'écoutera qu'avec une oreille et on bouchera l'autre.

b) Ces précautions ne sont cependant pas suffisantes. Près du seuil, l'oreille se suggestionne et, pour peu qu'elle soit fatiguée, elle continue à entendre, même si le son a cessé.

On remédie à cet inconvénient en découpant le son au moyen d'un commutateur, laissant des périodes d'audition sensiblement égales aux périodes de silence. Dans ces conditions, le seuil est obtenu quand on ne saisit plus le découpage du son. Il est ainsi beaucoup mieux défini.

Cette méthode s'applique bien à la comparaison des hauts-parleurs. On cherche pour différentes notes les seuils d'audition avec les hauts-parleurs à étudier.

Le même montage s'applique aux mesures par comparaison avec un son étalon. Pour cela l'hétérodyne actionne alternativement le haut-parleur à étudier et un émetteur auxiliaire. L'oreille est munie d'un tube de caoutchouc qu'un permutateur met en communication soit avec un petit cône (écoute du haut-parleur) soit avec l'émetteur auxiliaire. Celui-ci est

shunté par une résistance R à laquelle on donne une valeur convenable
pour amener l'égalité des deux sons alternativement entendus.

Comparateur acoustique

Cet appareil ne fait intervenir aucun intermédiaire électrique. Il est particulièrement commode si la source à étudier est éloignée, ou produite par
un instrument à vent.

On utilise un résonateur à piston dont le fond mobile est déplacé par
une tige creuse. Dans celle-ci coulisse un tube prospecteur, dont une
extrémité est reliée à l'oreille par un tube de caoutchouc. Tirons à bloc le
tube prospecteur et déplaçons le fond du piston de façon à mettre l'appareil en résonance. Immobilisons le piston et enfonçons le tube prospecteur d'une longueur de x. Le comparateur est le siège d'ondes stationnaires présentant un ventre de pression contre le fond et un nœud à une
distance égale à un quart de longueur d'onde. A la distance x l'amplitude
de pression est :

$$p = p_0 \cdot \cos 2\pi \frac{x}{\lambda} \, .$$

En déplaçant le tube prospecteur on a donc les sons de toutes les intensités, depuis le maximum (proportionnel à p_0^2) jusqu'à 0.

A une distance du fond égale à $\frac{\lambda}{4}$ on n'entend rien, mais on constate
que le silence est obtenu non pas seulement pour ce point, mais pour une
bande de part et d'autre de ce point. La largeur $2a$ de cette bande caractérise le seuil d'audition. Si l'on prend pour origine le nœud de pression à
la distance a de ce nœud la pression est égale à la pression limite d'audition ou pression seuil :

$$p_s = p_0 \cdot \sin 2\pi \frac{a}{\lambda} \, .$$

A une distance x du même nœud, la pression a la valeur :

$$p = p_0 \cdot \sin 2\pi \frac{x}{\lambda} \, .$$

Les intensités mécaniques sont proportionnelles au carré des pressions
et :

$$\frac{I}{I_s} = \frac{\sin^2 2\pi \frac{x}{\lambda}}{\sin^2 2\pi \frac{a}{\lambda}}$$

a est toujours petit vis-à-vis de la longueur d'onde, s'il en est de même de x :

$$\frac{I}{I_s} = \left(\frac{x}{a}\right)^2 .$$

On prend souvent ce rapport pour caractériser l'intensité physiologique :

$$\mathfrak{s} = 10 . \log\left(\frac{x}{a}\right)^2 = 20 \log \frac{x}{a} .$$

L'intensité physiologique d'un son est donc caractérisée par le nombre qui indique combien de fois la demi-largeur du seuil est contenue dans l'abscisse correspondant à ce son dans le comparateur.

Dans le cas où l'on ne peut confondre le sinus et l'arc :

$$\mathfrak{s} = 20 \log \frac{\lambda}{2\pi a} . \sin 2\pi \frac{x}{\lambda} .$$

Pour le son maximum :

$$\mathfrak{s} = 20 \log \frac{\frac{\lambda}{2\pi}}{a} .$$

L'intensité physiologique est alors caractérisée par le nombre qui indique combien de fois la demi-largeur du seuil est contenue dans la « longueur en phase ».

Le comparateur donne facilement λ et a et permet donc de mesurer $\mathfrak{s}$.

M. CAPLET
Ingénieur des Arts et Manufactures.

·1° NOTE SUR LA VITESSE DU SON DANS LE PAPIER

La plupart des diffuseurs de Haut-Parleurs, sont faits en papier à dessin.

Pour étudier le mécanisme des vibrations dans un tel organe, il faut connaître son coefficient d'élasticité, d'où l'on peut déduire la vitesse de propagation d'un son.

Ces chiffres ne sont pas indiqués dans les Ouvrages de Physique, ou les Aide-Mémoire, et j'ai cherché à les déterminer. En chargeant une bandelette de papier à dessin, posée à plat sur deux appuis, par un poids au milieu, on détermine une flexion, et une flèche mesurable, et, par une formule connue, on en déduit ce coefficient d'élasticité de traction, à l'état statique.

J'ai trouvé ainsi, pour l'échantillon choisi, E. 550 kilogrammes par millimètre carré.

La densité de ce papier était de 1,070 ; et, par une autre relation connue, on en déduit la vitesse de propagation longitudinale : V = 2.300 mètres par seconde.

Dans les métaux durs, et le verre, cette vitesse est de l'ordre de 5.000 mètres.

Bien entendu, cet essai, grossier, ne donne qu'un ordre de grandeur, et non pas une constante physique.

Mais, dans une membrane de diffuseur, les efforts périodiques sont transversaux à cette membrane, et l'on sait que, dans ce cas, le coefficient d'élasticité des efforts tranchants est les 2/5e du coefficient E déterminé ci-dessus.

On en conclut que la vitesse de propagation de ce mouvement périodique sera plus faible, et le calcul nous donne 1.450 mètres, pour ce nouveau chiffre.

Dans la théorie du mouvement vibratoire, on admet que le piston pulsant est infiniment rigide, et qu'il se déplace tout d'un bloc.

La vitesse de propagation, finie, que nous avons trouvée montre que cette hypothèse est fragile.

Dans un disque actionné par son centre, le mouvement part du centre, et se propage vers les bords, avec cette vitesse de 1.450 mètres, selon une loi sinusoïdale ; de sorte qu'à un certain instant l'amplitude de déplacement du centre est maxima, tandis qu'au bord elle est nulle. On conçoit que le volume d'air déplacé, et par suite l'intensité du son produit, soit en réalité plus faible qu'en théorie.

Ce bord immobile représente une nodale, pour une fréquence déterminée, et l'on voit aisément que le rayon du disque vaut le quart de la longueur d'onde.

Or, pour un disque de 30 centimètres de diamètre, la perturbation du centre se transmettra en 1/10.000e de seconde, environ, et correspondra à une fréquence du quart, soit 2.500 périodes, c'est-à-dire environ la note ré 6.

On comprendra ainsi pourquoi l'énergie pulsatoire est mal utilisée pour les notes aiguës.

En pratique, les choses ne se passent pas avec cette belle simplicité ; on a démontré récemment, en réalisant les figures de Chladni, sur un diffuseur Western, de 40 centimètres de diamètre, que déjà à 350 périodes, se dessinaient des nodales circulaires.

En résumé, pour avoir une reproduction correcte des sons, la membrane pulsante doit être de petit diamètre, très rigide et l'intensité du son s'obtiendra par l'augmentation de l'amplitude du déplacement.

2° NOTE SUR LES BOBINAGES DE HAUT-PARLEURS

Les bobinages de haut-parleurs, sont-ils bien proportionnés ? J'ai eu la curiosité d'étudier la question, et les conclusions de mon étude m'ont paru assez intéressantes, pour que je les publie.

A l'origine, les données de construction des haut-parleurs ont été copiées sur celles des téléphones employés avant eux c'est-à-dire, en moyenne 2 bobines de 5.000 tours chacune, avec une résistance ohmique de 2 à 4.000 ohms. Ces chiffres pouvaient se justifier par l'emploi des premières triodes.

Mais la création de lampes spécialisées modifie du tout au tout, ces premières données.

On démontre que dans le cas d'un courant alternatif, l'attraction de l'armature d'un électro polarisé est de la forme : $F = \dfrac{B\mu Hs \cos \omega t}{4\pi}$, et H est lui-même proportionnel aux ampère-tours : $H = hni$.

Remarquons déjà ici que, contrairement à l'attraction d'un électro en fer doux, $F' = \dfrac{B^2 s}{8\pi}$, l'effort total n'est plus proportionnel qu'à BS, les autres coefficients étant supposés constants, et que nous aurons intérêt à avoir des surfaces notables d'attraction, puisque B ne prédomine plus par son carré.

Si nous appelons ρ la résistance de la lampe triode, nous pourrons écrire :

$$(3) \qquad I = \frac{E}{\sqrt{(\rho + R)^2 + (L\omega - 1/\omega C_m)^2}}$$

R et L étant la résistance et self du bobinage, et C_m une capacité fictive représentant la résistance motionelle de l'armature. Cette capacité, dans un haut-parleur électro-dynamique est de l'ordre de 1 micro-farad, et son action dans la valeur de I n'est notable que pour les très basses fréquences ; nous négligerons donc C_m dans cette étude.

En résumé, pour connaître la variation de la force attractive, il suffit d'étudier la variation de :

$$(4) \qquad \frac{n}{\sqrt{(\rho + R)^2 + L^2\omega^2}}$$

dans laquelle L est elle-même fonction du nombre de tours n du fil, selon la formule empirique dite de Nagaoka, $L = kn^2d$, d étant le diamètre moyen du bobinage, et k un coefficient fonction de la hauteur et de l'épaisseur relatives de ce bobinage.

Nous étudierons d'abord la valeur de (4) en supposant une fréquence constante, mettons 1.000, la marge des fréquences audibles étant supposée de 60 à 4.000 périodes ; et nous ferons varier n.

Pour un bobinage de dimensions usuelles nous aurons ainsi :

n	500	r	440 ohms	L	0,22 henrys	Lω	1.450 ohms
	1.000		880		0,90		5.700
	2.000		1.320		2		12.700
	5.000		4.400		23		144.000

Nous voyons déjà sur ce tableau combien s'accroît l'impédance du bobinage, Lω, avec le nombre de tours.

Pour nous rendre compte de l'influence de ρ dans la valeur de l'attraction, nous appliquerons les données du tableau à 3 types de lampes, A 410, B 406, B 443, par exemple.

Les résultats des calculs sont représentés dans le diagramme suivant, qui est tracé en coordonnées logarithmiques, en raison de l'étendue des échelles.

Dans ce diagramme, pour mieux nous rendre compte de l'influence de chaque lampe, j'ai multiplié F par le coefficient d'amplification k de la lampe, ce qui revient à poser que les voltages sur les grilles sont égaux.

L'étude de ces courbes nous montre que, pour cette fréquence de 1.000 périodes, l'attraction passe par un maximum variable selon la triode, et aussi selon le nombre de tours.

Plus la lampe est résistante, plus ce maximum est pour un nombre de tours élevé.

Ce nombre de tours, 3.000 pour les A 410 et B 443, et 1.500 pour la B 406, est bien plus faible que ceux admis par les fabricants.

Mais, ce que nous venons de voir, ne représente qu'une des faces du problème : nous avons choisi, assez arbitrairement, la fréquence 1.000, alors que les fréquences audibles s'étagent, mettons de 60 à 4.000.

Nous allons donc chercher, maintenant, la variation de kni, selon la fréquence.

Pour ne pas allonger cette note, je donnerai seulement les résultats pour la B 406 ; les courbes, pour les autres lampes étant analogues.

Les courbes pour un grand nombre de tours n'ont pas été tracées, elles sont inutiles comme nous allons le voir.

En effet, au point de vue de la fidélité de reproduction, il faut que, dans toute la gamme des fréquences audibles, l'attraction de la bobine reste constante, pour un même déplacement de la membrane microphonique ; autrement, il y aurait distorsion.

Expérimentalement, toutefois, on admet qu'une différence de courant à a réception, de 30 0/0 (soit de 50 0/0 d'intensité audible, celle-ci étant proportionnelle au carré de l'amplitude) n'est que difficilement perceptible. Nous admettrons donc cette tolérance de 30 0/0 dans l'intensité de courant.

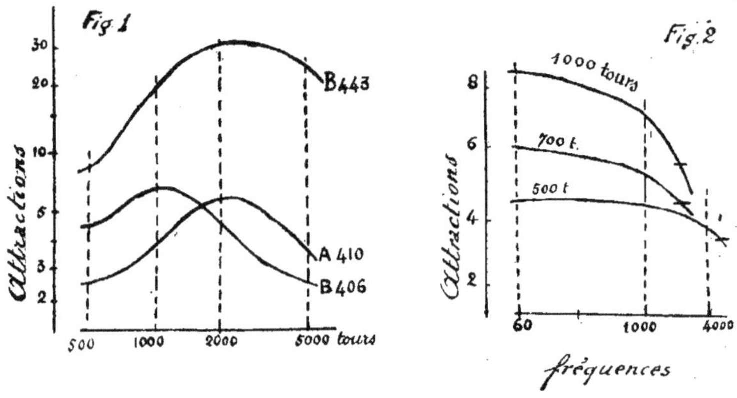

Sur les courbes, un trait horizontal marque les 7/10e de la force attractive maxima. Nous voyons donc qu'un nombre de tours de 1.000 ne donne de distorsions acceptables qu'entre 60 et 2.000 environ, il est donc à rejeter.

On verrait que 700 tours seraient seuls acceptables.

Nous pourrons donc dire : que le maximum de tours acceptable sera toujours inférieur au nombre de tours donnant l'attraction maxima.

Les conclusions de cette étude sont les suivantes :

Les nombres de tours des bobinages de haut-parleurs, généralement adoptés, sont trop grands ; et amènent une distorsion considérable, pour les notes aiguës.

Il est indispensable d'adapter les bobinages selon les lampes employées ; et un nombre de tours assez faible, de 500 à 1.500, selon les lampes, réalisera les meilleures conditions, pour satisfaire à la fois, les conditions d'intensité de son et l'absence de distorsions.

Une étude analogue, que je ne détaillerai pas, montre aussi qu'il y a souvent intérêt, quand il y a deux bobines, à les relier en dérivation, au lieu de les mettre en série.

Il y a augmentation de l'intensité, et, parallèlement, diminution de la distorsion.

L. DIXSAUT

Professeur au Lycée Pasteur (Neuilly-sur-Seine).

AMÉLIORATIONS RÉCENTES APPORTÉES AU RENDEMENT DES MACHINES THERMIQUES

Depuis 50 ans environ, la valeur du rendement des machines thermiques a fait de grands progrès : d'une limite théorique maxima de 0,15, on est passé à 0,50 et le rendement pratique vrai, 0,1 est devenu 0,25.

L'amélioration des condenseurs, l'élévation de température à la chaudière par l'emploi de pressions plus grandes et de la surchauffe, l'utilisation de la détente et surtout de la turbine qui permet des températures plus élevées et une condensation sous pression plus faible, ont représenté les premières étapes dans cette amélioration de la transformation de l'énergie calorifique. Mais les progrès les plus remarquables ont été faits au cours des 10 dernières années et sont dus à une meilleure utilisation des combustibles et à une transformation complète de la chaufferie.

Les centrales thermiques ont, pendant ces 10 dernières années, augmenté leur production de 95 0/0 et elles n'ont augmenté leur consommation en charbon que de 17 0/0.

Les foyers automatiques, soit à grille mécanique, soit à poussoirs, ont constitué la première étape de cette transformation ; ils ont subi récemment quelques perfectionnements, soit par l'injection d'air secondaire au-dessus des grilles (diminution de fumée, combustion plus complète), soit par une modification du profil des voûtes qui augmente la turbulence et accroît la fumivorité, soit enfin par le refroidissement des murs à l'aide de tubes d'eau mis sur le circuit des chaudières.

L'étape la plus importante a été réalisée par l'emploi du charbon pulvérisé. Si l'installation est plus coûteuse, si la consommation d'énergie pour le fonctionnement des appareils de chauffe est plus grande, les avantages considérables dans l'emploi compensent largement ces inconvénients. Il faut envisager en effet :

a) La réduction de main-d'œuvre, surtout considérable pour les chaufferies d'usines à grande puissance ;

b) La remarquable souplesse de marche permettant de supporter plus facilement les variations de charge et les pointes qui caractérisent le régime d'un centrale électrique ;

c) La possibilité d'utiliser des combustibles très variés, même inférieurs, déchets de mine sans valeur marchande, poussières, charbon cendreux, etc. ;

d) La possibilité de modifier le charbon utilisé sans avoir à modifier le foyer, car on fait des brûleurs pouvant employer indifféremment des pulvérisés ou du mazout ;

e) L'augmentation de puissance dans un encombrement donné.

Dans un mémoire présenté à la Conférence des réseaux électriques. M. Mailloux cite l'exemple des chaudières des usines Fordson, où, par suite du remplacement des grilles par des brûleurs à pulvérisé avec écrans latéraux, surchauffeurs et réchauffeurs d'air, la vaporisation maxima est passée de 110 tonnes à 225 tonnes par heure.

Serait-il possible d'accroître encore le rendement de ces machines ? Deux idées nouvelles se font jour actuellement.

La première consiste, en conformité avec le principe de Carnot, à élever la température de la source chaude, donc le rendement théorique maximum, et par suite le rendement thermique vrai. Avec les chaudières à vapeur d'eau, malgré les progrès récents, on est limité par les pressions atteintes, on atteint déjà 80 kgp. par centimètre carré et on envisage, dans les chaudières Benson par exemple, des pressions très supérieures.

Le rendement étant indépendant de l'agent de transmission, on a songé à l'emploi d'un fluide à tension maxima faible, en l'espèce le mercure qui pour la température de 670° — très supérieure à la température critique de l'eau — donne une pression de 32 kilogrammes par centimètre carré. Mais la condensation de cette vapeur est assez difficile, car si on maintient au condenseur une pression de 1/10e d'atmosphère (valeur habituellement employée) le mercure se liquéfie à 240° environ. Il semble donc, si on ne calcule que le rendement théorique maximum conforme au principe de Carnot, que cette appareil coûteux et compliqué n'apporte aucun avantage ; en effet les rendements sont :

I) Eau pour la pression de 80 kilogrammes :

Température de la chaudière . . . . 300°
Température du condenseur . . . . . . 50°

$$r_1 = \frac{300 - 50}{300 + 273} = \frac{250}{573} \text{ approximativement égal à } 0,44.$$

II) Mercure pour la pression de 32 kilogrammes :

Température de la chaudière . . . . . . 670°
Température du condenseur . . . . . . 240°

$$r_2 = \frac{670 - 240}{670 + 273} = \frac{430}{943} \text{ approximativement égal à } 0,46.$$

Ces valeurs sont sensiblement égales.

Mais à cette température l'eau de refroidissement du condenseur sera vaporisée et cet organe deviendra un véritable générateur de vapeur d'eau, qui, utilisant la chaleur résiduaire de l'usine à mercure comme sous-produit, alimentera des turbines à vapeur d'eau. Le rendement théorique maximum complémentaire sera :

$$r'_2 = \frac{240 - 50}{240 + 273} = \frac{190}{513} \text{ approximativement égal à } 0,37$$

sans prévoir la surchauffe alors qu'on pourrait porter la température vers 350°.

Le rendement théorique global de cette installation sera :

$$R = r_2 + r'_2 - r_2 r'_2 \text{ approximativement égal à } 0,66$$

valeur qui permet des espoirs nouveaux dans la voie des meilleurs rendements. M. Emmet a installé en 1927 une chaudière de ce type à Hartford (Connecticut) capable de donner 10.000 kilowatts. Il ne faut d'ailleurs pas oublier que le mercure a une chaleur de vaporisation huit fois plus petite que celle de l'eau et une chaleur spécifique trois fois plus petite.

Les essais de M. Emmet ont permis de réaliser dans la consommation en charbon d'une telle installation une économie de 53 0/0 par rapport à une centrale à vapeur d'eau, laquelle représente environ 4.000 calories (soit 1/2 kg. de charbon) par kilowatt-heure.

Mais dans les calculs industriels, il faut tenir compte, en contre-partie, de l'amortissement des dépenses d'installation qui sont plus élevées et de l'amortissement du mercure, qui s'élève à 6 kilogrammes (au taux de 100 fr. le kg.) par kilowatt installé.

Toutes ces études deviendront peut-être sans utilité le jour où le charbon pulvérisé — sans chaudière ni condenseur — sera directement brûlé dans des turbines à combustion interne, solution probable de l'avenir vers laquelle s'orientent les recherches actuelles. Mais la dernière idée,

actuellement utilisée, pourra de toute façon jouer un grand rôle dans l'avenir : c'est celle qui consiste à améliorer, non le rendement thermique, mais le rendement industriel du combustible.

Il ne faut pas oublier, suivant l'expression de M. Audibert, que la houille est un « minerai de produits organiques ». La combustion de la houille crue semble donc une erreur et on doit songer à une distillation préalable capable de récupérer les produits chimiques qu'elle renferme et permettant une utilisation plus rationnelle du « minerai de chaleur ».

Cette prédistillation ne doit pas être faite à haute température ; le coke obtenu, s'il est intéressant pour les usages industriels, est par contre un combustible peu avantageux. La distillation à basse température donne au contraire un semi-coke immédiatement utilisable, soit sur grille mécanique, soit sous forme pulvérisée.

Ainsi ces deux opérations, réchauffage et carbonisation, qui se font habituellement dans le foyer, étant réalisées en dehors du foyer, on conçoit que l'on puisse obtenir une amélioration du rendement, ceci indépendamment de la récupération des sous-produits.

Les Américains ont déjà réalisé des installations de ce genre dans des centrales thermiques (Milwaukee en particulier) ; la vente des goudrons et du gaz couvre l'amortissement des frais relatifs à l'installation de prédistillation et laisse un bénéfice important permettant d'abaisser le prix de revient de l'électricité. Le charbon broyé passe d'abord dans une première cornue verticale de 10 mètres où il subit un réchauffage et séchage par l'air chaud. Il sort à 320° pour passer dans une deuxième cornue où il subira la prédistillation vers 600° à 650°. Le chauffage est réalisé par un gaz inerte permettant un réglage très facile ; ce gaz est un mélange de gaz distillé pris au gazomètre, de gaz distillé brûlé ayant servi au chauffage, et de vapeur d'eau surchauffée. Les gaz et vapeurs des hydrocarbures évacués passent dans la série habituelle des échangeurs, laveurs et condenseurs où on recueille les goudrons et purifie les gaz, puis vont au gazomètre.

La durée de l'opération est de l'ordre de quelques minutes et le débit peut être réglé de manière à alimenter uniformément en semi-coke les foyers de la centrale. Ce semi-coke est un excellent combustible mais qui a l'inconvénient d'être très fragile et friable, aussi doit-on éviter sa manutention. Si on ne doit pas l'utiliser de suite aux brûleurs à pulvérisés, il faut, soit en faire des agglomérés artificiels, soit réaliser un dispositif de distillation permettant d'obtenir une agglomération naturelle (procédé allemand de la Kohlenscheidungsgesellschaft par exemple).

On voit que deux industries importantes, celle de l'énergie thermique et celle de la distillation de la houille sont destinées à être fusionnées de plus en plus étroitement dans l'avenir et qu'il ne faut pas s'étonner de voir prochainement les centrales modernes nous présenter ce fait paradoxal d'avoir un rendement pratique industriel supérieur au rendement théorique maximum de Carnot et par suite de voir le prix du kilowatt-heure thermique, qui s'abaisse, être inférieur à celui du kilowatt-heure hydraulique qui s'élève par suite du coût presque prohibitif des installations.

M. GINAT

Professeur-agrégé de physique au Lycée du Havre.

RECHERCHES SUR L'EFFET SOUPAPE
DANS LES VOLTAMÈTRES A ALUMINIUM

L'effet soupape d'un voltamètre à électrodes d'aluminium, connu depuis plus de 50 ans, est encore mal expliqué. J'ai entrepris quelques expériences sur ces voltamètres dans le but de préciser leur théorie.

On sait qu'une soupape Pb/Phosphate d'Am/Al par exemple peut servir de redresseur de courant alternatif. On observe en général un dégagement gazeux peu abondant autour de l'électrode d'aluminium. J'ai constaté que ce gaz contenait une faible proportion d'oxygène (4 0/0 environ) le reste étant constitué par l'hydrogène.

On observe un dégagement de chaleur notable au niveau de l'anode d'aluminium. J'ai mesuré cette quantité de chaleur. Elle est égale à l'énergie électrique mise en jeu dans le même temps dans la soupape. Si l'on défalque de cette quantité de chaleur celle qui correspond à l'effet Joule, on trouve que le reste croît avec le courant, d'abord rapidement, puis plus lentement. Si d'ailleurs la température s'élève, le redressement du courant diminue. Il est cependant inexact d'admettre que la soupape cesse de fonctionner à des températures de 60° à 70° de l'électrolyte. J'ai réalisé quelques oscillogrammes du courant dans la soupape à des températures croissantes, de 30° à 94°. Le redressement du courant existe encore à cette dernière température.

L'anode est lumineuse à partir d'une certaine tension. Cette lueur se transforme en étincelles et en arcs si la tension et l'intensité s'accroissent. J'ai étudié le spectre de cette lueur en comparaison avec celui d'un tube de Plücker à oxygène : leur identité prouve l'existence d'une gaine d'oxygène autour de l'anode.

Un voltamètre à aluminium à l'état neuf ne possède pas les propriétés d'une soupape. Il doit intervenir une « formation » par le courant, formation qui dépend de la nature chimique et de la pureté du métal et de l'électrolyte, de l'intensité du courant de formation, du temps, de la température, des formations antérieures de l'anode. J'ai constaté qu'une sorte d'hystérésis chimique intervenait, en ce sens que la formation ne suit pas la variation du courant, mais tend à se maintenir, en général, lorsque le courant ayant augmenté décroît ensuite.

L'ancienne théorie d'oxydation-réduction me paraît expliquer, en première approximation, l'effet soupape, à condition de compléter cette théorie en introduisant les propriétés de l'aluminium et celles de l'alumine, en ce qui concerne l'adsorption notamment.

On comprend, en effet, qu'une couche d'alumine uniforme, compacte, puisse se former sur une électrode d'aluminium pur et protège l'électrode contre une attaque ultérieure rapide.

Si l'aluminium est impur, la couche d'alumine ne forme plus un vernis à la surface de l'électrode ; l'attaque a lieu en profondeur : l'électrode se désagrège rapidement. Ce fait est en accord avec les propriétés connues de l'aluminium. L'usure d'électrodes impures a été fréquemment observée au cours d'expériences d'utilisation des soupapes. Elle est accompagnée d'abondante floculation d'alumine. Une soupape nécessite donc l'emploi d'aluminium pur.

Les phénomènes d'adsorption existent à un haut degré pour l'alumine en ce qui concerne les matières colorantes. Ne peut-on supposer qu'ils se manifestent également pour les gaz et cela d'autant plus que l'alumine est à l'état colloïdal et présente une plus grande surface ?

Dans les colloïdes, les ions OH sont adsorbés de préférence aux ions H. Il en serait de même pour l'oxygène provenant de la décharge des ions OH au contact de l'anode. Le dégagement d'oxygène est en effet inférieur aux 4/100ᵉ du volume total des gaz dégagés.

L'adsorption est d'une manière générale réglée par une équation d'équilibre, mal connue d'ailleurs. Elle croît lorsque la pression augmente. Or la couche diélectrique gazeuse autour de l'alumine est d'épaisseur très faible. Le champ électrique y est donc élevé et la pression également. Ce fait contribue à accroître l'importance de l'adsorption.

L'adsorption diminue lorsque la température s'élève, fait en accord avec la diminution de l'effet de redressement de l'aluminium avec la température. Le redressement ne disparaît cependant pas pour des températures de 60° à 70° de l'électrolyte. Cela pourrait s'expliquer par une adsorption résiduelle de l'alumine.

La formation de la soupape consisterait en :

1° Création de la couche d'alumine colloïdale adsorbante ;

2⁰ Adsorption de l'oxygène.

On conçoit que cette formation ne dure pas, après l'électrolyse. Une électrode d'aluminium, abandonnée à elle-même, perd de l'oxygène. On peut admettre que la tension n'existant plus aux armatures du condensateur (constitué par l'électrolyte, le diélectrique gazeux et l'électrode), la pression tombe à sa valeur normale. L'oxygène adsorbé ne peut se maintenir sur l'alumine et se dégage plus ou moins rapidement. L'expérience montre que la soupape se reforme d'ailleurs d'autant plus vite que le temps qui sépare cette deuxième formation de la première est plus court. Il s'agirait donc uniquement de la reconstitution de la pellicule gazeuse.

Si ce temps est suffisant (variable en fonction des dimensions de la soupape) la soupape se reforme plus lentement que dans le premier cas. On peut admettre que la pellicule d'alumine subit elle-même une transformation (colloïde en cristalloïde) ou une dissolution dans l'électrolyte, etc...

Les phénomènes lumineux et la disparition de l'effet soupape au-dessus d'une certaine tension s'expliquent : Par suite d'influences diverses (champ électrique, réactions chimiques...) le gaz de la pellicule est ionisé. Si la tension V aux armatures du condensateur (constitué par l'électrolyte, le diélectrique gazeux et le métal de l'électrode) croît, le courant d'ionisation croît. Lorsque V atteint une valeur suffisante, la décharge se produit sous forme d'effluves d'abord, d'étincelles ensuite, qui se transforment en arcs si la densité de courant est suffisante.

L'étude spectroscopique de la lueur au niveau de l'anode d'aluminium montre que la décharge se produit dans l'oxygène. Ce fait confirme l'hypothèse de l'adsorption d'oxygène par la couche d'alumine anodique.

Lorsque V croît, l'électrolyse tend à produire une couche gazeuse de plus en plus épaisse, la capacité tend donc à diminuer. La capacité de l'électrode diminue en effet avec la tension. Le potentiel explosif est de 220 volts environ pour l'aluminium dans une solution de $PO^4(NH^4)H^2$, 400 volts dans une solution de borate d'Am.

On peut interpréter le brusque coude de la caractéristique $i = f(V)$ (i courant au travers de la soupape, V tension aux bornes de la soupape) d'un voltamètre à Al (fig. 1) : ce coude correspond à l'électrolyse visible et aussi au potentiel explosif du condensateur électrolytique formé.

La caractéristique précédemment envisagée affecte une dissymétrie beaucoup plus accusée que la courbe correspondante du platine par exemple. Le coude de la caractéristique se produit à des tensions beaucoup plus élevées pour l'aluminium que pour le platine. Les phénomènes calorifiques, lumineux, etc..., sont donc beaucoup plus importants pour l'aluminium que pour les métaux tels que Pt, Ni, Fe..., et sont plus aisément observables. La loi de similitude pourrait ici s'appliquer jusqu'à un certain point et c'est pourquoi l'étude des soupapes est de nature à renseigner sur les propriétés des voltamètres lorsque la tension qui leur est appliquée est inférieure à leur f. c. e. m.

Il est facile d'expliquer maintenant le redressement du courant alternatif par les soupapes. En raison de la dissymétrie de la caractéristique

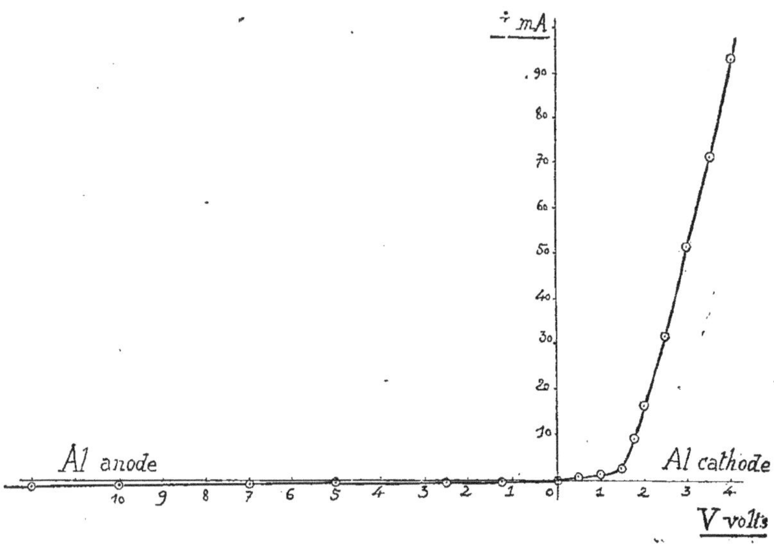

Fig. 1

$i = f(V)$ (fig. 1), un voltamètre à électrode d'aluminium doit se comporter, en courant alternatif, comme un redresseur de courant.

L'adsorption de la couche d'alumine étant supposée sélective l'oxygène est plus facilement absorbé que l'hydrogène. L'oxygène adsorbé lorsque l'électrode d'aluminium est anode, est réduit par l'hydrogène lorsque l'électrode est cathode, l'électrode se comporte, en gros, comme un condensateur à capacité variable. Lorsque l'électrode est anode (polarisation par l'oxygène) la capacité du condensateur est grande ; elle est relativement plus grande (en raison de la diminution d'épaisseur de cette couche ou de l'adsorption d'une faible couche d'hydrogène) lorsque l'électrode devient cathode.

Le potentiel explosif varie nécessairement en sens inverse (1,5 v. environ Al cathode ; 220 v. Al anode pour un voltamètre $Pb/PO^4(NH^4)H^2/Al/$. Le seul courant à envisager dans le premier cas (Al anode) serait un courant d'ionisation superposé au courant alternatif faible traversant le condensateur, tant que le potentiel explosif n'est pas atteint. Dans le deuxième cas (Al cathode) le courant prendrait une valeur notable au travers du condensateur, percé ou non, de capacité considérable, constitué par l'ensemble électrolyte-gaz-électrode, compte tenu de la résistance de l'alumine, qui n'intervient d'ailleurs que pour les fortes intensités de courant et pour les épaisseurs notables de la couche adsorbante. Le courant semble être limité, surtout dans le deuxième cas, par la résistance de l'électrolyte.

Une quantité notable de chaleur est dégagée dans un voltamètre à aluminium. Cette grande quantité de chaleur (pour une tension faible inférieure à 200 v.) autour de l'électrode d'aluminium proviendrait de la réaction $2H + O = H^2O$ de l'hydrogène ou l'oxygène dégagés par électrolyse sur l'oxygène ou l'hydrogène adsorbés par la soupape.

Si la théorie précédente permet d'expliquer et de coordonner les principaux faits relatifs aux soupapes, elle ne permet pas de les interpréter dans le détail. La représentation de l'électrode par un condensateur, même shunté par une résistance, est au point de vue des circuits électriques peu satisfaisante. La capacité et la résistance des anodes sont des fonctions complexes de variables nombreuses qu'il importerait de préciser, avant tout, par l'expérimentation.

LESAGE et GINAT

SUR UN DISPOSITIF DE FREINAGE A RÉCUPÉRATION POUR MOTEUR A COURANT CONTINU

Le freinage à récupération n'étant pas réalisable directement au moyen des machines séries employées en traction électrique, l'utilisation de l'énergie dissipée, soit dans l'arrêt des trains, soit dans la descente des pentes, n'a pu jusqu'à présent être obtenue qu'en ayant recours à des systèmes compliqués d'excitation séparée ou à des machines shunt dont les inducteurs en fil fin présentent de grands inconvénients de fragilité pour le dur service auquel ils sont soumis.

Le présent dispositif ([1]) se propose de résoudre la question, en suppri-

---

[1] Brevet déposé.

mant la complication des premiers et la fragilité des seconds et d'obtenir, de plus, une caractéristique de fonctionnement en génératrice, aussi stable que possible.

Ses particularités comprennent essentiellement :

1° L'emploi d'un troisième balai, intercalé entre les balais principaux, destiné à fournir pour la marche en récupération, la tension d'excitation aux inducteurs :

2° La division des inducteurs en un nombre approprié d'éléments, constitués en fil de grosseur intermédiaire entre celui utilisé dans les machines série et celui en usage dans les dynamos shunt ;

3° Le groupement suivant la caractéristique recherchée en parallèle ou série parallèle pour la marche en moteur, et en série parallèle ou série pour la marche en génératrice de ces divers éléments.

Les avantages d'un tel dispositif sont les suivants :

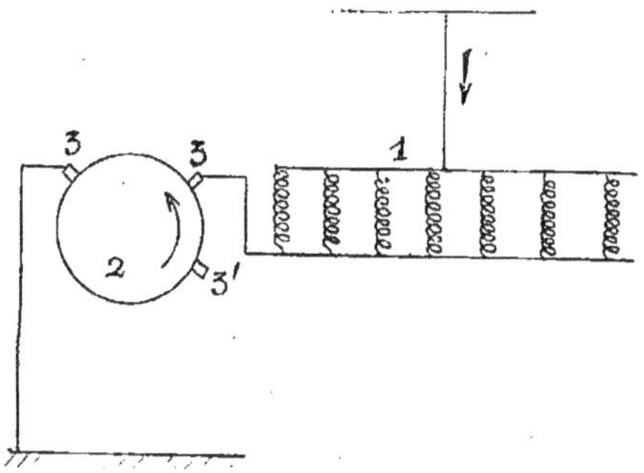

Fig. 1.

1° Marche en moteur identique à celle obtenue avec les machines série ordinaires. En effet, le groupement en parallèle ou série parallèle des éléments inducteurs 1 permet de les monter en série avec l'induit 2 (fig. 1). L'intensité dans chacun d'eux n'atteint qu'une valeur compatible avec la section du fil et les ampères-tours par pôle restent comparables à ceux d'un moteur à excitation série ;

2° Facilité de fonctionnement en récupération, grâce à la possibilité de donner à la machine une caractéristique analogue à celle d'une dynamo shunt. Ce résultat est obtenu par l'artifice du troisième balai 3′ et du groupement en série ou série-parallèle des éléments inducteurs 1.

La tension entre le balai auxiliaire et le balai principal précédent peut être, en effet, choisie assez faible pour être en rapport avec la résistance de tous les inducteurs montés en série (fig. 2).

3° Stabilité de marche en récupération. Cette particularité découle des propriétés spéciales de la dynamo à trois balais et, en particulier, des deux suivantes :

a) Faibles variations de la tension en fonction de la vitesse de rotation ;

b) Débit proportionnel à la tension du réseau.

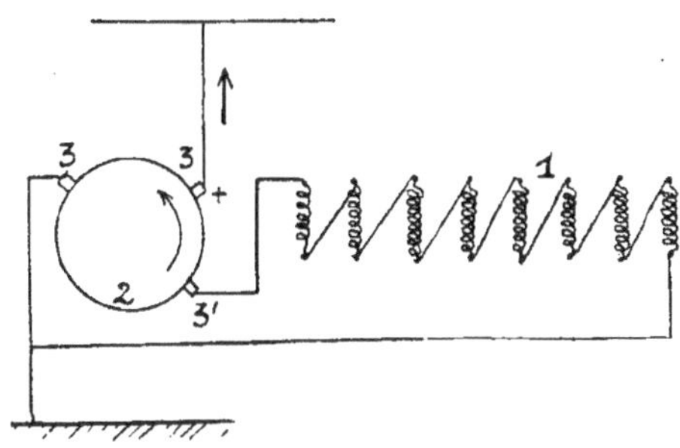

Fig. 2

4° Facilité de graduer l'effort de freinage, soit par groupements divers des inducteurs, soit par intercalation, dans leur circuit des résistances de démarrage. Donc, possibilité de régler le freinage suivant la vitesse, jusqu'à une limite voisine de l'arrêt absolu. Celui-ci peut être obtenu par le passage au freinage rhéostatique, au moyen d'un contacteur automatique fermant, au moment voulu, le circuit du moteur sur celui des résistances ;

5° Facilité de construction et robustesse des inducteurs dont le fil peut être choisi assez gros pour n'être pas fragile.

Tous ces groupements d'inducteur et d'induit peuvent, sans difficulté, être réalisés au moyen de contrôleurs analogues à ceux employés pour la commande des machines à courant continu. Enfin, l'action régulatrice du troisième balai peut, suivant les cas, être complétée par l'adjonction de quelques spires inductrices, agissant soit en compound, soit en anti-compound.

LADISLAS GORCZYNSKI

COMMENT MESURER L'INTENSITÉ DES RAYONS VIOLETS ET ULTRA-VIOLETS

Bien que la méthode spectroscopique donne toujours le moyen le plus précis pour l'étude des intensités partielles du rayonnement, l'emploi des écrans, sous forme des verres colorés et des cuves remplies avec des solutions appropriées, est non seulement fort utile, mais souvent très difficile à remplacer. Vu la grande simplicité de ces mesures et la rapidité avec laquelle on opère avec les écrans, ces derniers seront toujours utilisés de préférence dans les cas si fréquents où l'emploi des méthodes, beaucoup plus compliquées, des spectrographes avec les galvanomètres à miroir ne pourra pas être envisagé.

Comme écrans rouges et infra-rouges on utilise tout simplement des verres rouges et des verres noirs opaques pour les rayons visibles du spectre. Le problème se complique aussitôt qu'on passe aux parties plus réfrangibles du spectre. Non seulement on constate ici l'affaiblissement très rapide de l'intensité du rayonnement transmis, mais il faut compter encore avec la difficulté provenant du fait que les verres qui nous paraissent violets, laissent en réalité passer davantage des rayons infrarouges et même des rouges. Pour éviter ces derniers il faut alors combiner les verres colorés avec les solutions aqueuses de sulfate de cuivre ou de sulfate de nickel.

Notons aussi que déjà une cuve d'eau présente un excellent absorbant pour la grande partie des rayons infrarouges. Une couche d'eau de 1 centimètre seulement arrête toutes les longueurs d'onde plus grande que 1,4 micron (14.000 unités d'Angstrom) ; beaucoup mieux encore agit la solution de sulfate de cuivre. Concentrée à 10 0/0 elle laisse passer, outre la partie de 0,32 à 0,65 micron, une petite portion de l'infrarouge entre 0,9 et 1,2 micron. La transmission pourtant n'arrive pas ici-même à un demi pour cent de manière qu'en prenant les solutions plus concentrées on élimine pratiquement tout l'infrarouge.

On peut employer trois écrans suivants :

1° Verre violet spécial de Jéna, employé conjointement avec la solution aqueuse (20 0/0) de sulfate de cuivre ou même avec une cuve d'eau pure, transmet les rayons de 0,37 à 0,48 micron ;

2° Verre violet de Corning « Red Purple » avec une cuve de sulfate de cuivre (20 0/0) transmet de 0,33 à 0,43 micron ;

3° Verre violet de Corning « Blue Purple » avec une cuve de sulfate de nickel (concentration de 50 0/0) transmet de 0,26 à 0,36 micron.

Pour employer ces écrans il faut compter avec la grande difficulté pratique qui résulte notamment de la faible quantité d'énergie transmise ensemble par les verres et solutions indiquées plus haut. Dans le cas le plus favorable la proportion du rayonnement solaire, transmis par l'écran n° 1, est de 1 0/0 environ ; cette proportion est encore beaucoup plus faible pour les deux écrans suivants.

Si l'on veut éviter les galvanomètres très sensibles à miroir, il ne reste comme moyen pratique que l'emploi de l'écran n° 1 qui se compose d'un verre violet spécial (F. 3.873 de Jéna) avec une cuve remplie avec de l'eau pure ou mieux encore avec une solution aqueuse de sulfate de cuivre. Pour pouvoir opérer avec des millivoltmètres du modèle courant on ajoute une simple lentille de 5 à 10 centimètres de diamètre.

Disposant d'un solarimètre ordinaire avec le support et le tube pyrhéliométrique tel qu'il est construit par les Etablissements bien connus de Jules Richard à Paris, on remplace le verre blanc (plan ou sphéro-cylindrique) placé à l'extrémité du tube par une lame de verre violet spécial de 2 mm. 5 d'épaisseur environ. On fixe devant l'ouverture du tube, sur deux tiges par exemple, une cuve avec une lentille plan-convexe pour concentrer les rayons, le verre violet pouvant former tout simplement une face de notre cuve.

Avec un pareil dispositif, très simple à manier on obtient une amplification suffisante pour mesurer l'intensité des rayons violets et ultra-violets avec un millivoltmètre robuste de Richard qui marquera alors les déviations produites par la pile solarimétrique.

F. W. EDRIDGE GREEN

Conseiller près le Board of trade.

L'IMPORTANCE DES PHÉNOMÈNES SUBJECTIFS
DANS LA THÉORIE DE LA VISION

RÉSUMÉ

Tous les phénomènes visuels sont subjectifs. Par exemple, si toute l'humanité était aveugle pour les couleurs, les couleurs n'existeraient pas.

Et, si, comme il en existe beaucoup, toutes les personnes ne voyaient que trois couleurs du spectre : le rouge, le vert, et le violet, le jaune n'existerait pas.

Dans le cas qui nous intéresse ici, nous ne considérerons que les phénomènes subjectifs dus à la structure de l'œil.

Par exemple la persistance de l'image positive après la vision, après que toute excitation extérieure a cessé peut faire conclure que le stimulus dans la vision est liquide et mobile dans la rétine, deux images persistantes peuvent se combiner en une seule, ou changer leur position relative par suite des mouvements de l'œil et une image persistante de couleur rouge peut séparer en deux une image persistante de couleur verte. Ceci est dû à la pression exercée sur les muscles de l'œil.

Ces différents faits, et beaucoup d'autres encore, appuient l'opinion émise, que les cônes sont les seuls éléments capables de percevoir, et que la vision est due à l'excitation des cônes de la rétine par suite de la décomposition photo-chimique du liquide qui les entoure, et qui est rendu sensible par le pourpre rétinien.

Helmholtz et Nagel ont tous deux établi qu'il n'y avait aucun fait évident prouvant que les bâtonnets étaient les éléments capables de percevoir ; l'opinion contraire est presque uniquement celle de ceux qui se trompent.

Jean RIPERT   et   Georges BERNHEIM
Docteur ès Sciences.   Ingénieur.

SUR L'APPAREIL D'ANALYSES « PANSCOPE »
ET LE COMPARATEUR-PHOTOMÉTRIQUE RIPERT-BERNHEIM

1. — APPAREIL « PANSCOPE »

L'appareil que nous avons l'honneur de vous présenter est le seul instrument qui ne soit pas une modification ou une adaptation d'un appareil médical.

Il a été conçu pour l'analyse chimique et physique à l'aide des rayons ultra-violets et correspond à un besoin réel du chercheur ou du chimiste désirant travailler à l'aide des phénomènes de fluorescence.

Le principe de l'appareil est naturellement d'interposer entre une source de rayons ultra-violets (brûleur à mercure et l'objet à examiner, un filtre qui ne laisse passer uniquement que des radiations ultra-violettes.

Cet appareil peut servir également, en rabattant son porte-écran, à toute réaction physico-chimique.

Le phénomène de fluorescence encore si mal connu quant à sa genèse est délicat à manier pour obtenir des résultats précis, constants, comparables.

Il demande à être produit dans les conditions les meilleures et c'est uniquement avec un appareil construit dans ce but que l'on peut obtenir des résultats probants, scientifiques, inattaquables.

Comme vous pouvez le voir sur cet appareil, le travail de l'observation est aussi facile, aussi précis qu'avec un appareil scientifique courant.

Le brûleur de quartz est d'une intensité optima, muni d'ailettes ; sa distance au filtre est rigoureusement constante.

La partie essentielle de l'appareil, si nous négligeons les conditions d'aération, d'étanchéité, disposition de la boîte, du porte-objets, *est le filtre.*

Un mot est nécessaire sur cet organe et nous pourrions longuement parler des conditions qu'il doit remplir.

N.-B. — Le « Panscope » et le Comparateur-Photométrique Ripert-Bernheim sont en vente à la Société d'Hygiène Française, 44, rue de la Jonquière, Paris.

La fluorescence d'un corps est excitée qualitativement et quantitativement d'une manière tout à fait différente suivant la longueur d'onde excitatrice.

Toutes les radiations ultra-violettes depuis 4.000 A jusqu'aux radiations ultra-violettes extrêmes, et celles du domaine intermédiaire, créent des phénomènes de fluorescence.

Les filtres ou appareils monochromateurs peuvent laisser passer un choix de ces différentes radiations de 4.000 à 1.000 unités Angstrœm.

Il faut donc choisir parmi les radiations celles qui donneront les meilleurs phénomènes de fluorescence lumineuse.

En effet, il existe des fluorescences obscures, et par exemple, une radiation excitatrice de 2.400 A. donne un spectre de fluorescence de l'atropine s'étendant de 2.725 à 3.150 A. Une excitation de 2.536 A. sur le même corps donne un spectre s'étendant de 2.670 à 3.400 A. Une excitation de 2.652 A. donne un spectre de fluorescence s'étendant de 2.670 à 3.400 A. Une radiation de 3.650 A. donne un spectre s'étendant de 3.800 à 5.200 A. environ, soit une manifestation lumineuse que notre œil enregistre comme bleuâtre.

D'après certains travaux récents, il semble que pour obtenir des phénomènes lumineux importants, il soit nécessaire d'irradier les corps en examen avec des rayons ultra-violets s'étendant de 3.000 à 3.800 A.

Dans cet intervalle, domine la raie 3.650 A. du mercure d'une intensité inégalée par les arcs au fer, cadmium, tungstène, nickel, etc... Les trois autres raies : 3.080, 3.020 et 3.000 A. sont de moindre importance, et leur intensité n'est pas comparable à celle de 3.650 A.

Pour obtenir une sélectivité très grande on peut réaliser des filtres dits de Wood laissant passer uniquement la raie de 3.650 A., mais c'est au détriment de l'intensité de celle-ci qui ne donne plus que des phénomènes de fluorescence faibles ou insuffisants.

Devant ces faits, nous avons établis des filtres laissant passer les radiations ultra-violettes de 3.800 à 3.000 A.

Ceci posé, nous avons réalisé des filtres toujours identiques à eux-mêmes, dont la fabrication rigoureusement constante est contrôlée au spectrographe. Nous sommes certains que chaque filtre livré par nous est identique aux précédents, et l'usager n'aura pas à réétalonner son appareil s'il vient à remplacer son écran.

Tous les résultats obtenus à l'aide de l'appareil « Panscope » ainsi équipé, sont donc comparables dans le monde entier.

Il est certain que si tous les phénomènes de fluorescence lumineux avaient toujours été examinés, enregistrés électriquement il n'y aurait jamais eu de discussion, et la bibliographie n'abonderait pas en observations contradictoires.

Le Comparateur Photométrique Ripert-Bernheim
et le « Panscope », appareil d'analyse aux rayons ultra-violets.

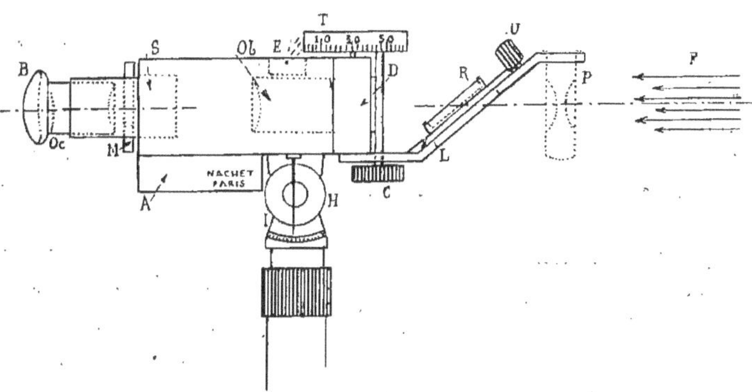

Comparateur Photométrique Ripert-Bernheim.

Malheureusement, l'œil seul a déterminé les couleurs et les intensités de fluorescence, et comme tous nos sens, il est sujet à erreurs, et donne des résultats personnels. Il ne peut percevoir qu'une résultante lumineuse et décrire les couleurs qui dominent. Cette dominante ne sera jamais la même pour chacun de nous.

Les expérimentateurs qui se sont servis d'appareils scientifiques, spectrographe, spectro-photomètre, microphotomètre, cellule électrique, ont eu des résultats qu'aucune méthode ou réaction chimique n'aurait pu leur donner.

Le sulfate de quinine a été retrouvé dans des urines pendant 9 jours et la concentration de la solution était de $\frac{1}{500.000}$, dose avec laquelle aucun réactif chimique n'eut donné un résultat.

Ces appareils dont nous avons parlé plus haut ne sont pas utilisés dans les laboratoires courants. Le chimiste dans l'industrie, l'expert, surchargés de travail, ne peuvent utiliser pratiquement ces méthodes, nécessitant une longue mise au point.

Nous avons pensé qu'un appareil comparable, si l'on peut dire, à ceux utilisés pour les mesures colorimétriques du pH rendrait service aux usagers de la lumière de Wood, en supprimant l'arbitraire des observations faites à l'œil nu.

Notre but a été comme pour la réalisation du « Panscope » de permettre, grâce à ce comparateur-photométrique, de « comparer » avec certitude les résultats obtenus par différents observateurs.

Succinctement cet appareil est ainsi composé :

Dans deux vases identiques, d'un modèle standard, sont déposées les matières à comparer ; ces vases se placent devant les lentilles de l'appareil, toujours dans les mêmes conditions. Les lumières émises par les substances placées au foyer antérieur des lentilles frontales suivent un trajet parallèle et tombent sur deux parallélépipèdes accolés, parallélépipèdes à réflexion totale.

Ces deux plages lumineuses juxtaposées sur le parallélépipède sont examinées à l'aide d'un oculaire positif ou négatif.

Ainsi, la pupille est placée dans des conditions d'examen identiques pour les deux substances, et l'œil pourra définir l'intensité et la qualité du rayonnement.

Un système photométrique différentiel permet d'égaliser l'intensité lumineuse des deux plages. Il est basé sur le principe de l'œil de chat, et l'ouverture d'un des carrés correspond à une fermeture de l'autre ; le mouvement de ces diaphragmes est transmis par crémaillère et pignons. Un tambour gradué de 0 à 50 permet de mesurer la translation.

Cette graduation est à 0 quand les deux carrés ont une ouverture égale, et à 50, à droite ou à gauche, quand l'un des deux carrés est totalement fermé. La graduation est donc proportionnelle à la surface des diaphragmes du système photométrique, et à l'aide d'une table, il est possible de calculer le rapport des éclairements des deux substances.

Il était indispensable, pour obtenir une précision suffisante et une analyse dans la comparaison des fluorescences d'interposer devant l'œil de l'observateur, différents filtres permettant de faire l'observation en lumière monochromatique, c'est-à-dire comparer les parties, par exemple bleues de deux fluorescences, et non pas demander à l'œil d'égaliser un jaune ou un vert avec un bleu.

Ces filtres monochromatiques, montés sur un barillet, sont bleus, verts, jaunes, rouges : le monochromatisme de ces filtres est assez bon, car ils sont choisis parmi les meilleures marques et sélectionnés au spectroscope.

Un dispositif situé à l'avant du porte-objets permet la comparaison des liquides contenus dans deux tubes en quartz d'un modèle standard.

A titre d'exemple, nous vous rappelons notre communication faite à la Société des Experts-Chimistes de France sur les fraudes des beurres de cacao le 10 juillet 1929.

Nous avons pu suivre et mesurer le raffinage des pétroles white spirit, pendant la sulfonation, le traitement aux terres spéciales, aux charbons activés, au chlorure d'aluminium.

L'intensité de la fluorescence nous indiquait parfaitement le degré d'absorption des carbures diéthyléniques, et dans d'autres cas, sur des pétroles d'origine russe, le déparaffinage.

Nous avons employé cette même méthode pour les huiles de graissage, et sommes arrivés à des résultats absolument nouveaux.

La distinction des différentes qualités d'essences d'ylang-ylang est faite à l'aide du « Comparateur-Photométrique Ripert-Bernheim, il permet également de suivre la déterpénation d'huiles essentielles, bergamote, etc...

La mesure de l'état de pureté d'un corps est faite aussi bien qu'au spectrophotomètre.

La teneur de certaines « poudres de riz » en oxyde de zinc est rapidement établie, ainsi que dans les talcs, etc...

L'état de pureté d'une farine ainsi que son âge approximatif est chose réalisable.

CHIMIE

Président. . . . A. GASCARD, Professeur à l'Ecole de Médecine et de Pharmacie de Rouen. .

GASCARD

Professeur à l'Ecole de Médecine et de Pharmacie de Rouen

et

LENOUVEL

ÉTUDE DE LA CONDUCTIBILITÉ DES ÉLECTROLYTES

Les méthodes de Kohlrausch et de Bouty pour la mesure de la résistance des électrolytes ne peuvent s'appliquer à la détermination continue
de la variation de conductibilité d'un acide neutralisé progressivement
par l'addition d'une base.

Nous nous sommes proposés d'étudier ces variations en les enregistrant
automatiquement.

DESCRIPTION DE L'APPAREIL. — L'acide à neutraliser est renfermé dans
un vase en verre cylindrique d'une capacité de 120 centimètres cubes. Les
40 centimètres cubes de solution normale d'acide sont neutralisés par
40 centimètres cubes de soude normale ; l'écoulement régulier de la soude
est assuré par l'emploi d'un vase de Mariotte relié à un tube capillaire de
diamètre convenable.

La durée totale de l'opération est de 15 ou de 60 minutes. Cette durée
comprend le temps nécessaire à l'écoulement de la quantité de soude

assurant la neutralisation de l'acide, suivi d'une période pendant laquelle l'addition de soude se poursuit.

Le récipient cylindrique tourne autour de son axe avec une vitesse de un tour par seconde environ ; le mouvement circulaire du liquide est contrarié par les électrodes, ce qui en assure l'homogénéité. Les électrodes

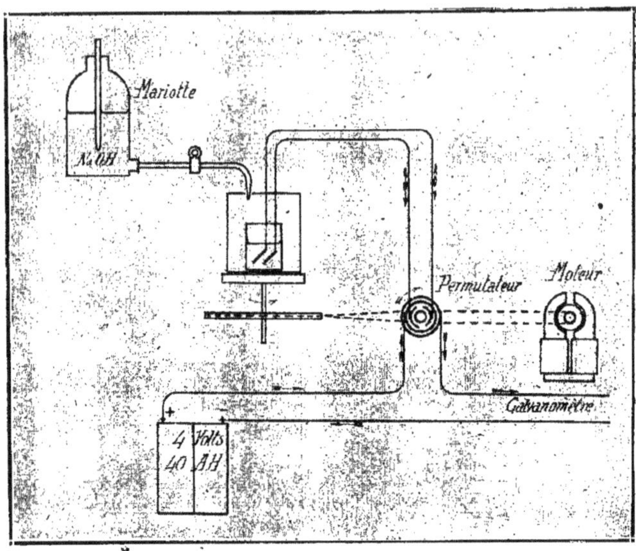

Fig. 1.

sont constituées par deux lames de platine de 1 centimètre carré environ, distantes de 1 centimètre et disposées obliquement de façon à assurer un brassage vertical. Ces électrodes sont reliées à un permutateur tournant constitué par deux bagues et deux demi-bagues sur lesquelles portent quatre balais en argent. Les bagues sont en laiton argenté. Le courant qui traverse la cuve est ainsi inversé dix fois par seconde environ ; dans ces conditions les électrodes ne présentent aucun dégagement gazeux pour des intensités atteignant 0,4 ampère. La source de courant est un accumulateur de 4 volts 40 AH.

L'intensité du courant débité est mesurée par un galvanomètre à cadre convenablement shunté, ce qui permet d'en diminuer la sensibilité en assurant un amortissement suffisant.

Les déviations de ce galvanomètre sont fonction de l'intensité débitée et par suite de la résistance de l'électrolyte.

Le spot lumineux forme son image sur la surface d'un papier sensible enroulé sur un cylindre enregistreur qui tourne à raison d'un tour par heure où par 1/4 d'heure.

Un spot supplémentaire permet de noter à volonté les points critiques des phénomènes : établissement du courant de soude, virage d'un indica-

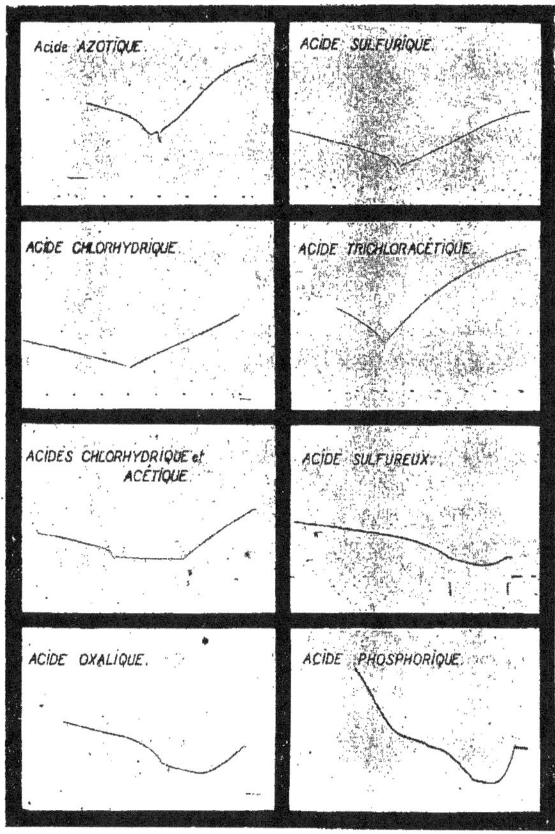

Fig. 2.

teur. Un contact assuré par le mouvement d'horlogerie produit une impression supplémentaire à intervalles de temps égaux.

Les résultats généraux que nous avons obtenus sont les suivants :

1° *Acides forts*. — Cette série comprend les acides chlorhydrique, azotique, sulfurique et trichloracétique.

La conductibilité de l'acide est élevée. Elle diminue de façon presque linéaire jusqu'au voisinage de la neutralité, puis présente un minimum très accentué à la neutralité. L'addition de soude se poursuivant, la conductibilité croît rapidement.

2° *Acides faibles.* — Cette série comprend les acides acétique, succini-

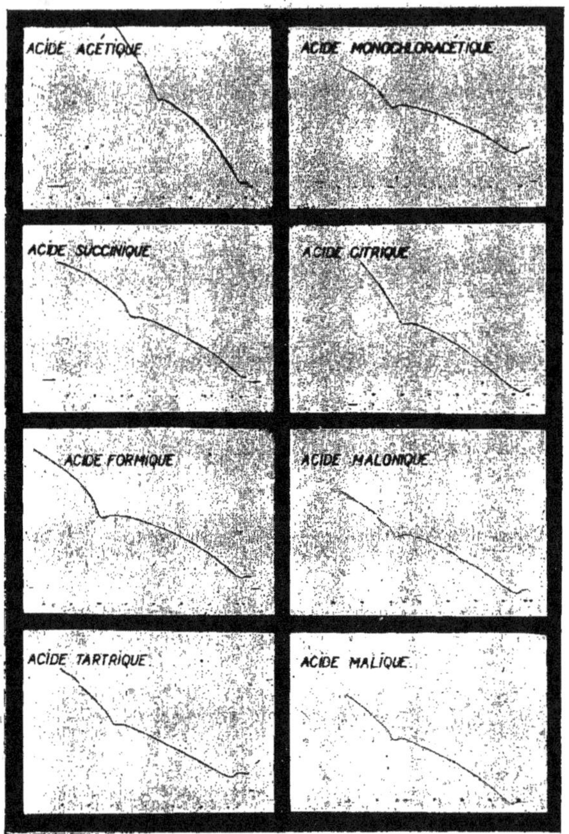

Fig. 3.

que, malique, malonique, maléique, monochloracétique, citrique, tartrique, formique.

La conductibilité de l'acide est faible et augmente rapidement lors de l'addition de soude. Au voisinage de la neutralité la conductibilité reste presque constante, puis elle augmente lorsque l'addition de soude se poursuit. La courbe présente donc un point anguleux au voisinage de la neutralité.

3° *Mélange d'un acide fort et d'un acide faible.* — C'est le cas d'un mélange à parties égales d'acides chlorhydrique et acétique.

La courbe présente successivement les particularités de l'acide fort puis de l'acide faible.

4° *Acide à plusieurs fonctions de force différentes.* — Cette série comprend les acides phosphorique, sulfureux et oxalique.

L'acide phosphorique présente une fonction acide fort, d'allure particulière et deux fonctions acide faible.

Les acides sulfureux et oxalique ont une fonction acide fort et une fonction acide faible.

5° *Acides organiques.* — Les acides organiques se comportent comme des acides faibles : formique, acétique, malique, tartrique.

La présence d'éléments électronégatifs Cl ou O sur le carbone α voisin du carbone de la fonction acide tend à transformer celle-ci en acide fort (trichloracétique).

Un seul atome de Cl ou un oxhydrile sont sans action : monochloracétique malique, tartique.

Une seconde fonction acide en α est très efficace (oxalique).

La seconde fonction acide n'agit plus placée en γ (succinique) ou même en β (malonique).

Il semble que l'oxygène sans action à l'état d'oxhydrile soit au contraire très efficace à l'état de carboxyle.

Il serait donc intéressant d'essayer des acides α cétoniques ou l'acide glyoxylique. Il est vrai que ces corps en solution s'hydratent et se transforment en glycols.

Les acides α bichlorés seraient également intéressants à essayer.

CONCLUSIONS. — L'étude que nous présentons est très incomplète ; les loisirs que nous laissent nos fonctions ne nous ont pas encore permis de poursuivre nos essais ni de perfectionner notre technique.

Nous nous proposons d'appliquer cette méthode à différents acides organiques ou minéraux.

La température de l'électrolyte varie pendant l'expérience en raison de la quantité de chaleur produite par la neutralisation de l'acide ; la lenteur des échanges de chaleur ne nous a pas permis de stabiliser la température, nous n'y parviendrons qu'en augmentant la durée des opérations.

La variation de la température est probablement sans action sur l'allure générale de la courbe. Dans le cas des acides forts, la conductibilité diminue alors que l'élévation de température devrait la faire augmenter.

Nous nous proposons également de rechercher par enregistrement simultané de la température et de la conductibilité si la quantité de chaleur dégagée présente les mêmes particularités que la résistance électrique.

Ces recherches nous ont été suggérées par la lecture du *Cours de Chimie* de MM. Lamirand et Brunold ; nous tenons à leur exprimer ici notre gratitude. Nous y associons la ville de Rouen de qui nous tenons les moyens matériels nécessaires pour poursuivre ces recherches.

V. GRIGNARD

Membre de l'Institut, Doyen de la Faculté des Sciences de Lyon.

et

J. DŒUVRE

Chef de Travaux à la Faculté des Sciences de Lyon.

SUR LE L-CITRONNELLAL ET LE L-RHODINAL

Dans une série de recherches antérieures (*C. R.*, 1928, t. 187, p. 270, 330) nous avons étudié, au moyen de l'ozone, la constitution de divers alcools terpéniques acycliques non saturés, et non avons montré en particulier que le citronnellol, dextrogyre ou lévogyre, contenu dans les essences naturelles, était constitué en majeure partie (80 à 90 0/0) par le corps possédant l'enchaînement terminal isopropylidénique (forme β) et répondant à la formule suivante :

$$CH_3 - \underset{\underset{CH_3}{|}}{C} = CH - CH_2 - CH_2 - \underset{\underset{CH_3}{|}}{CH} - CH_2 - CH_2OH$$

En même temps, il existe 20 à 10 0/0 de la forme α, possédant l'enchaînement terminal méthylénique :

$$CH_2 = \overset{\overset{\textstyle CH^3}{\textstyle |}}{C} - CH^2 - CH^2 - CH^2 - \overset{\overset{\textstyle CH^3}{\textstyle |}}{CH} - CH^2 - CH^2OH.$$

En outre, sous des influences acides et en particulier sous l'action du chlorure de benzoyle, il se produit un déplacement de la position de la double liaison, entraînant une augmentation de la proportion de la forme α, au détriment de la forme β. Ce phénomène se réalise dans la préparation du l-rhodinol de Barbier et Bouveault à partir de l'essence de géranium.

Pour confirmer notre manière de voir sur la constitution du l-citronnellol et du l-rhodinol, nous avons préparé les aldéhydes correspondants et nous les avons examinés au moyen de notre méthode d'ozonisation quantitative.

L'ozonisation d'un mélange de géraniol (44 0/0) et de l-citronnellol (56 0/0) extrait de l'essence de géranium a conduit à l'obtention de 86 0/0 d'acétone, montrant ainsi la forte prédominance de la forme β dans ces produits naturels.

Ce mélange, soumis à la déshydrogénation catalytique, au moyen du cuivre réduit, à 220° sous 10 millimètres, a donné du citral et du l-citronnellal. Après plusieurs rectifications ce dernier a été isolé à 85-87° sous 10 millimètres, ses constantes physiques sont les suivantes : $D \frac{18}{4} = 0,856$; $n_D^{18} = 1,4499$; $\alpha_{16}^D = - 4°25'$ (1 dm.). Son ozonisation quantitative a indiqué : 20 0/0 forme α, 85 0/0 forme β. Il permet d'obtenir une semi-carbazone fondant à 80° (benzène + éther de pétrole) et donnant par ozonisation 91 0/0 de forme β.

Le mélange primitif de géraniol et de l-citronnellol, traité par C^6H^5COCl, à 150° pendant dix heures, puis distillé et saponifié, a conduit au l-rhodinol de Barbier et Bouveault :

$$Eb._{10} = 110°, \ D \frac{19}{4} = 0,857, \ n_D^{19} = 1,4562$$

$$\alpha_{17}^D = - 1°18' \ \text{(pour 1 dm.)}.$$

L'ozonisation a indiqué : 42 0/0 forme α, 55 0/0 forme β.

Le l-rhodinol, soumis à la déshydrogénation catalytique dans des conditions identiques à celles mentionnées précédemment, a donné l'aldéhyde correspondant : le l-rhodinal,

$$Eb._{12} = 89\text{-}90°, \ D \frac{17}{4} = 0,856, \ n_D^{17} = 1,4481$$

$$\alpha_{17}^D = - 4°48' \ \text{(pour 1 dm.)}$$

ozonisation quantitative : forme α 39 0/0

forme β 62 0/0.

Le l-rhodinal a donné deux semicarbazones, séparables par cristallisation fractionnée dans un mélange de 1 partie de C^6H^6 + 3 parties d'éther de pétrole 50-70°, savoir : a) fondant à 75°, douée d'activité optique et montrant par ozonisation 64 0/0 de forme β ; b) fondant à 65°, possédant une activité optique presque nulle et donnant à l'ozonisation 62 0/0 de forme β.

Ces deux semicarbazones sont constituées par des mélanges des formes α et β et, au cours de la cristallisation, il ne se produit pas de séparation des formes isomériques. La différence des points de fusion est due à la présence, en proportions variables, des composés actifs et racémiques.

Nous avons rencontré, ainsi, dans l'étude de ces aldéhydes des faits expérimentaux analogues à ceux observés antérieurement sur les alcools correspondants et nous avons apporté une nouvelle preuve à notre manière de voir sur la constitution du citronnellol et du rhodinol.

E. LABORDE
Professeur à la Faculté de Pharmacie de Strasbourg

et

Mlle ZLAKOWA
Pharmacien.

ESSAIS DE PRÉCIPITATION D'ACIDES ORGANIQUES ET MINÉRAUX PAR LE NITRON

En 1905, Busch [1] a découvert un composé organique qui est le 1-4-diphényl-endanilino-dihydrotriazol dont la formule de constitution est

---

[1] Busch. *Berich. der deut. Chem. Gessels.* Zu Berlin, n° 38, p. 856, 1905.

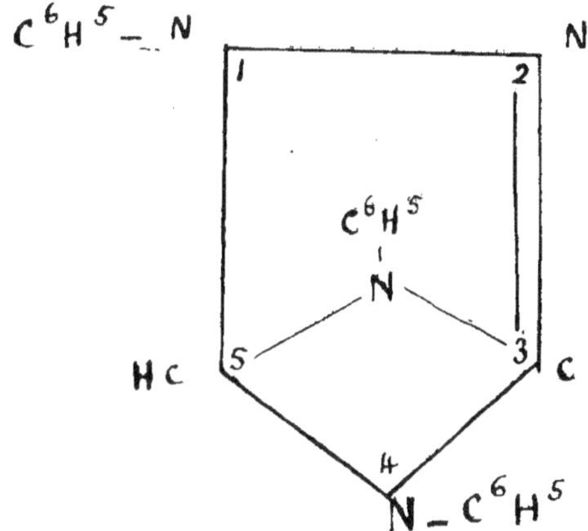

et auquel on a donné le nom plus simple de *Nitron*.

Ce corps, ainsi que Busch l'a constaté le premier, a la propriété de donner avec l'acide azotique et avec les azotates en solution un précipité d'azotate de nitron insoluble, ce qui permet la recherche qualitative et quantitative de cet acide libre ou combiné.

Plus tard d'autres auteurs ont montré que le *Nitron* pouvait aussi précipiter l'acide chlorique, l'acide picrique ainsi que d'autres dérivés nitrés, notamment les nitrocelluloses.

Il nous a paru intéressant de chercher à généraliser cette réaction pour le dosage d'acides organiques et minéraux et de dérivés nitrés.

Nous communiquons dans cette note les résultats de nos premières recherches.

Le réactif se prépare suivant les indications de Busch pour le dosage de l'acide azotique et des azotates.

Technique. — Dissoudre à froid 10 grammes de Nitron dans 100 centimètres cubes d'une solution d'acide acétique à 5 0/0. Filtrer et conserver la solution dans des récipients en verre jaune-brun afin d'éviter l'action décomposante de la lumière.

ESSAI SUR L'ACIDE PHTALIQUE (ORTHO)

Dissoudre à chaud 1 gramme d'acide phtalique dans quantité suffisante d'eau distillée pour avoir 100 centimètres cubes de solution.

10 centimètres cubes de cette solution sont étendus à 40 centimètres cubes par addition d'eau distillée, puis portés à l'ébullition et traités par 10 centimètres cubes de la solution acétique de nitron. Il se forme immé-

diatement un précipité, on plonge le mélange réactionnel dans de l'eau glacée pendant une heure. Le précipité est recueilli sur un filtre taré, lavé à l'eau distillée puis placé à l'étuve à 100° pendant une heure quinze minutes et enfin pesé.

Le poids du précipité ainsi obtenu a été de 0,331 pour la prise d'essai représentant 0,10 d'acide phtalique.

En se basant sur les poids moléculaires du nitron, de l'acide phtalique et du phtalate de nitron il est facile de déterminer le poids d'acide phtalique contenu dans les 0,331 de phtalate de nitron.

Le poids moléculaire de l'acide phtalique étant . . . 166
Celui du nitron de. 382
Celui du phtalate de nitron de 548

on a pour le poids de l'acide phtalique précipité :

$$x = \frac{166 \times 0{,}331}{548} = 0{,}10.$$

Le poids de l'acide phtalique trouvé est donc égal à celui contenu dans la prise d'essai.

La méthode est donc rigoureusement exacte.

N. B. — Busch précipitait l'acide azotique par la solution acétique de nitron en présence d'acide sulfurique (quelques gouttes).

Si pour le dosage de l'acide phtalique, on fait intervenir l'acide sulfurique même à faibles doses on *n'obtient pas de précipité*.

ACIDE MÉTANITROBENZOÏQUE

On opère comme pour le dosage de l'acide phtalique. La prise d'essai ayant été de 10 centimètres cubes d'une solution à 1 0/0 de cet acide on a obtenu avec 10 centimètres cubes de solution de nitron un précipité qui traité comme ci-dessus pèse 0,3105.

Le poids moléculaire de l'acide métanitrobenzoïque étant de . 167.085
Celui du métanitrobenzoate de nitron de 549.085

le poids d'acide métanitrobenzoïque contenu dans 0,3105 de métanitrobenzoate sera :

$$x = \frac{167.085 \times 0{,}3105}{549.085} = 0{,}10.$$

Le résultat est donc aussi précis que celui obtenu avec l'acide phtalique.

Encouragés par ces résultats nous avons expérimenté sur toute une série d'acides organiques et minéraux ainsi que sur quelques dérivés nitrés.

Nos résultats ont été mauvais.

Les corps essayés n'ont été précipités qu'incomplètement ou bien n'ont pas été précipités par le nitron.

Dans le groupe des corps ne précipitant qu'incomplètement sont compris les acides suivants :

Salicylique — phosphorique — oxalique — le glycocolle ou acide aminoacétique.

Le précipité d'acide salicylique et de nitron renferme très sensiblement la moitié de l'acide salicylique ; il en est de même pour l'acide phosphorique et pour l'acide oxalique ainsi que pour l'acide aminoacétique. Si l'on opère comme le fait Busch en présence d'acide sulfurique on obtient un précipité volumineux. Mais ce précipité se dissout par lavage à l'eau froide.

Parmi les corps qui ne forment pas de précipité avec la solution acétique de nitron se trouvent :

1º Les acides arsénieux, arsénique, borique, phosphotungstique, tungstique et vanadique ;

2º Les acides anisique, aspartique, barbiturique, benzoïque, nitrobenzoïques, cacodylique, camphorique, cinnamique, citrique, cyanhydrique, cyanurique, nitrophtaliques et urique ;

3º Le phénol ordinaire, la résorcine ;

4º L'aniline et son sulfate, les nitronaphtalines, les naphtylamines.

Ces recherches seront continuées dans le but de savoir si certains des corps déjà essayés et d'autres ne pourraient pas être précipités dans des solvants autres que l'eau. Mais d'ores et déjà nous estimons que la méthode au Nitron, n'est pas susceptible d'être généralisée pour la recherche qualitative et quantitative des acides ou des dérivés nitrés.

Gilbert Th. MORGAN

Director of the Chemical Research Laboratory, Teddington (Englan)

et

Edward Auty COULSON

SYNTHÈSE DES HOMOLOGUES DE L'ANTHRACÈNE
Les 2:6- et 2:7-Diméthylanthracènes.

Au cours d'une étude sur les hydrocarbures plus compliqués de la série aromatique obtenus du goudron de basse température certains produits ont été obtenus qui par oxydation ont fourni deux anthraquinones méthylées. Dès lors, il est devenu désirable de nous procurer des échantillons authentiques des 2 : 6- et 2 : 7-diméthylanthracènes et de leurs quinones correspondantes.

Les méthodes employées pour la synthèse des 2 : 7 composés sont symbolisées dans le diagramme de la page ci-contre.

Le composé essentiel pour cette synthèse est la 2 : 4 : 4'-triméthylbenzophénone (II) qui se prépare le plus facilement en grand par la condensation du m-xylène avec le chlorure p-toluique en présence du chlorure d'aluminium. Mais, puisque cette condensation pourrait avoir lieu par l'une ou l'autre de deux façons, tout doute sur la configuration chimique du cétone est écarté par une synthèse alternative qui consiste à faire réagir le p-tolunitrile avec les composés Grignard provenant soit du p-bromo-m-xylène ou du p-iodo-m-xylène. La cétimine, RR'C : NH, ainsi produite s'hydrolyse facilement en produisant du 2 : 4 : 4'-triméthylbenzophénone. Ce cétone huileux qui est assez inactif envers les réactifs qui se condensent avec les groupes carbonyls est caractérisé par son oxime cristallisé (III).

Maintenu à son point d'ébullition le 2 : 4 : 4'-triméthylbenzophénone se transforme lentement en perdant de l'eau en 2 : 7-diméthylanthracène (I) ainsi obtenu par une méthode synthétique exempte de l'ambiguité qui s'attache souvent aux condensations Friedel et Crafts.

Une comparaison entre les propriétés de l'hydrocarbure synthétique et celles des autres diméthylanthracènes cités dans la littérature chimique nous montre que notre produit est identique à un hydrocarbure tenu par

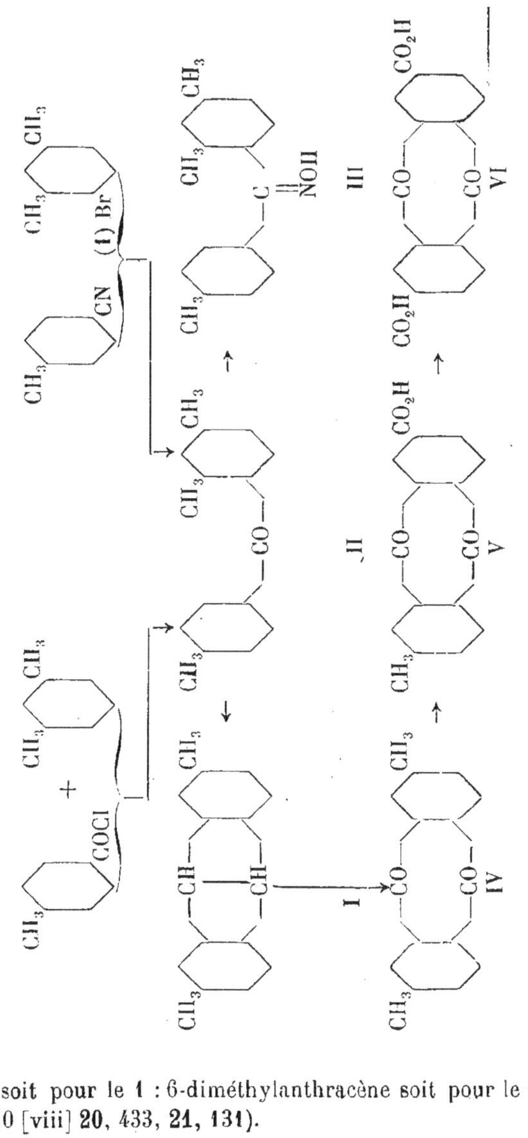

J. Lavaux soit pour le 1 : 6-diméthylanthracène soit pour le 1 : 7 (*Ann. Chim.*, 1910 [viii] **20**, 433, **21**, 131).

Ce désaccord, qui sera expliqué dans la suite de ce travail devient plus évident par le fait que Lavaux a décrit le 2 : 7-diméthylanthracène comme étant un autre hydrocarbure identique à celui que nous avons produit par la synthèse suivante :

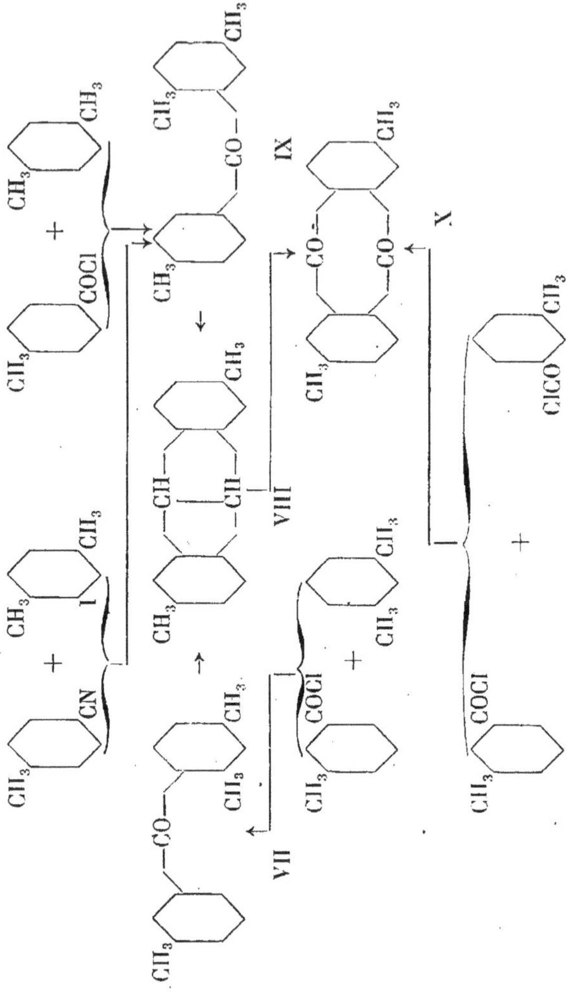

Le 2 : 5 : 4'-triméthylbenzophénone(IX) se prépare en grand par la condensation du *p*-xylène et du chlorure *p*-toluique en présence du chlorure d'aluminium. La configuration chimique du produit est confirmée par sa synthèse au moyen du *p*-tolunitrile et du composé Grignard provenant du *o*-iodo-*p*-xylène. Maintenu à son point d'ébullition ce cétone se déshydrate et se transforme en hydrocarbure qui par son mode de formation ne peut être autre chose que le 2 : 6-diméthylanthracène (VIII).

Outre cette preuve rigoureuse de constitution chimique une synthèse supplémentaire a été accomplie par la répétition d'une condensation étudiée par Seer (*Monatsh.*, 1911, 32, 143) dans laquelle il a fait réagir le *m*-xylène et le chlorure *m*-toluique en présence du chlorure d'aluminium pour produire le 2 : 4 : 3'-triméthylbenzophénone (VII). Ce cétone, comme son isomère-2 : 5 : 4' se déshydrate en bouillant et se transforme en 2 : 6-diméthylanthracène. Puisque la condensation de Seer pourrait avoir lieu de trois façons différentes pour donner de un à trois cétones isomériques qui par déshydratation produiraient soit le 1 : 5-diméthylanthracène soit le 1 : 7, soit le 2 : 6 ou des mélanges de ces hydrocarbures, il s'ensuit que ces condensations successives ne peuvent pas être considérées comme une preuve certaine de l'orientation des deux groupes méthylés. Quand même il est remarquable qu'en dehors de la migration des groupes méthylés, la condensation de Seer ne pourrait pas donner naissance au 2-7-diméthylanthracène.

Par oxydation le 2 : 6-diméthylanthracène produit la 2 : 6-diméthylanthraquinone (p. f. 242° formule X) identique à la diméthylanthraquinone moins fusible provenant du goudron de basse température. D'abord cette quinone a été préparée par Seer *(loc. cit.)* qui l'a obtenue comme produit principal de l'action du chlorure d'aluminium sur le chlorure *m*-toluique seul à 130°-140°. Ce savant avait fait remarquer que cette condensation pourrait se produire soit par une, soit par toutes les trois façons conduisant aux 1 : 5, 1 : 7- et 2 : 6-diméthylanthraquinones.

Cette synthèse a de l'importance en vue du désaccord entre nos résultats et ceux de Lavaux parce qu'il est évident que, en dehors des migrations possibles des groupes méthylés, le chlorure *m*-toluique seul ne pourrait pas se condenser pour produire la 2 : 7-diméthylanthraquinone. Nos essais pour obtenir cette quinone par l'action de chlorure d'aluminium sur un mélange des chlorures *m*-toluiques et *p*-toluiques nous ont seulement donné un léger rendement de 2 : 6-diméthylanthraquinone qui était évidemment obtenu entièrement du chlorure *m*-toluique car la répétition de cette condensation sur le chlorure *p*-toluique seule n'a pas rendu de diméthylanthraquinone bien que théoriquement ce chlorure acide ne dût produire que l'isomère 2 : 6 lui-même.

Ces expériences indiquent que dans les condensations Friedel-Crafts passées en revue, ce sont seulement les atomes d'hydrogène se trouvant dans les positions para à l'égard des groupes méthylés qui peuvent être déplacés sous forme d'acide chlorhydrique.

Les synthèses des 2 : 6- et 2 : 7-diméthylanthracènes et de leurs quinones décrites plus haut nous ont permis de reconnaître deux quinones parmi les produits d'oxydation des homologues de l'anthracène qui existent dans le goudron de basse température. La plus fusible des deux quinones, qui fond à 170°, est la 2 : 7-diméthylanthraquinone. La moins fusible, qui fond à 240°, est la 2 : 6-diméthylanthraquinone. De plus, nos synthèses des deux diméthylanthraquinones nous permettent d'offrir une explication plus simple, qu'auparavant étaient possibles des affirmations contradictoires qu'on trouve dans les ouvrages traitant des diméthylanthracènes.

A la suite d'une longue série de travaux (*Comptes rendus*, 1904, **139**, 976 ; 1905, **140**, 44 ; **141**, 204, 354 ; 1906, **143**, 687 ; 1908, **146**, 345 ; 1911, **152**, 1400. *Ann. Chim.*, 1910 [viii] **20**, 433, **21**, 131). Lavaux a critiqué plusieurs recherches précédentes, au cours desquelles les diméthylanthracènes avaient été préparés. Il a conclu que les investigateurs précédents avaient considéré à tort comme composés simples des corps qui contenaient deux isomères distincts. Les observations auxquelles Lavaux appliquait cette correction étaient pour la plupart des condensations du genre Friedel-Crafts effectuées en présence du chlorure d'aluminium anhydre. Il est évident que dans plusieurs cas des modifications profondes ont eu lieu de sorte qu'on ne pouvait trouver trace d'aucune relation entre les configurations chimiques des réactifs et celles des produits de condensation. Ces réactions sont citées ci-dessous par ordre chronologique :

a) Le chlorure de xylène impur $CH_3.C_6H_4.CH_2Cl$ chauffé soit dans l'eau sous pression (van Dorp, *Annalen*, 1873, **169**, 207) ; soit avec le chlorure d'aluminium (Friedel et Crafts, *Bull. Soc. Chim.*, 1882 [ii], **37**, 530) ;

b) Le chlorure de benzyl et le toluène avec le chlorure d'aluminium (Friedel et Crafts, *ibid*) ;

c) Le toluène et le chloroforme avec le chlorure d'aluminium (Schwarz, *Ber.*, 1881, **14**, 1528, Elbs et Wittich, *Ber.*, 1885, **18**, 34) ;

d) Le toluène et le bichlorure de méthylène avec le chlorure d'aluminium (Friedel et Crafts, *Bull. Soc. Chim.*, 1884 [ii] **41**, 323 ; *Ann. chim. phys.*, 1887 [vi] **11**, 265) ;

e) Le toluène et le chlorure d'aluminium (Anschütz et Immendorf, *Ber.*, 1884, **17**, 2817) ;

f) Le toluène et le tétrabromure d'acétylène avec le chlorure d'aluminium (Anschütz, *Annalen*, 1886, **235**, 172) :

Lavaux a démontré que le diméthylanthracène impur sortant de toutes ces réactions agit comme un composé unique fondant à 225°-226° et ne subissant pas de modification par des recristallisations répétées. Pourtant après plusieurs lavages successifs au moyen du toluène, il se produit une séparation des deux isomères. Le résidu après avoir été cristallisé de sa solution dans le toluène donne un seul composé fondant à 240° auquel Lavaux a donné le nom de diméthylanthracène A et qui par oxydation produit une diméthylanthraquinone fondant à 169°. Ces points de fusion

indiquent que cet hydrocarbure et sa quinone sont identiques respectivement au 2 : 7-diméthylanthracène et au 2 : 7-diméthylanthraquinone
obtenus dans nos expériences. Des eaux-mères de toluène Lavaux a retiré
un hydrocarbure plus soluble qui par oxydation donne une diméthylanthraquinone fondant à 236°5. Cette quinone, réduite, a produit un seul
hydrocarbure, le diméthylanthracène B de Lavaux, fondant à 244°5. Ces
points de fusion montrent que cet hydrocarbure et sa quinone sont identique respectivement au 2 : 6-diméthylanthracène et à la 2 : 6-diméthyl-
anthraquinone de nos expériences. Lavaux reconnaît que son diméthylanthracène B n'était autre que l'hydrocarbure obtenu dans la réaction du
toluène sur le chlorure d'éthylidène en présence du chlorure d'aluminium
(Anschütz, *Annalen*, 1886, **235**, 313). Il a supposé aussi que le diméthylanthracène impur (p. f. 224°-225° quinone p. f. 155° obtenu d'une huile de
goudron par Zincke et Wachendorf se compose des deux isomères A et B
(*Ber.*, 1887, **10**, 1681).

Pour les raisons suivantes, Lavaux fut faussement conduit à croire que
son hydrocarbure B est le 2 : 7-diméthylanthracène. Par oxydation sa
quinone se transforme en un acide anthraquinonedicarboxylique qui
ensuite par la fusion alcaline prolongée s'hydrolise en acides isophtali-
ques et téréphtaliques.

De ces résultats Lavaux a déduit que l'acide quinonedicarboxylique
était soit le dérivé 2 : 6, soit le 2 : 7. Il a remarqué d'abord que l'hydrocarbure parent était différent de celui que Dewar et Jones avaient préparé
(p. f. 215°-216°, quinone p. f. 159°-160°) et qu'ils considéraient comme
étant le 2 : 6-diméthylanthracène (*Trans. Chem. Soc.*, 1904, **85**, 212).
Lavaux qui attachait importance considérable à la supposition des chimistes anglais fut conduit faussement à croire que son hydrocarbure B
était le 2 : 7-diméthylanthracène. Seer avait cependant émis l'opinion que
l'hydrocarbure de Dewar et Jones était vraiment l'isomère 2 : 7 alors
inconnu. Maintenant il est probable que ce produit, quoiqu'il soit impur,
se compose principalement de cet hydrocarbure. Dewar et Jones avaient
supposé que dans la réaction entre le toluène et le carbonyl de nickel le
produit intermédiaire est la *p*-tolualdéhyde qui se transforme ensuite en
hydrocarbure avec perte de l'eau oxygénée. Mais cette supposition doit
être rejetée car la condensation supposée ne conduirait qu'au 2 : 6-dimé-
thylanthracène. En voici une explication plus probable :

Lavaux a essayé de confirmer son hypothèse sur la configuration 2 : 7 de son hydrocarbure B en le produisant par une réaction entre le *p-p'*-ditolylméthane (XII) et le bichlorure de méthylène en présence de chlorure d'aluminium, mais dans cette expérience il obtenait toujours un mélange des deux isomères A et B. Il arrive au même résultat en partant du toluène et du bichlorure de méthylène. Il est évident qu'une migration de groupes méthylés a eu lieu pendant le premier de ses deux essais, car sinon il n'aurait obtenu que le composé A (XI). Ayant répété le procédé

Lavaux avec le toluène et le chlorure de méthylène nous avons trouvé en effet que le produit principal est l'hydrocarbure 2 : 7.

L'hydrocarbure 2 : 6 ne se forme qu'en petite quantité. La formation de l'hydrocarbure-2 : 7 comme produit principal s'explique facilement dans le diagramme décrit plus haut. Par des procédés analogues à ceux employés dans l'orientation de l'hydrocarbure B, Lavaux fut conduit à supposer que son hydrocarbure A est soit le 1 : 6-diméthylanthracène soit le 1 : 7. Par l'oxydation de son hydrocarbure A il est arrivé à un acide anthraquinonedicarboxylique et il a soumis cet acide à la fusion alcaline très prolongée. Parmi les produits de dégradation il a reconnu les acides phtalique, isophtalique et téréphtalique. C'est pourquoi il considérait que la configuration 1 : 6 serait là plus probable pour son hydrocarbure A. Mais notre synthèse de cet hydrocarbure (p. 278) démontre que ce composé est en vérité le 2 : 7-diméthylanthracène. Cette configuration déterminée, il est facile de comprendre pourquoi cet hydrocarbure est le produit principal dans la condensation du p-p'-ditolylméthane avec le bichlorure de méthylène (p. 280).

Depuis que Lavaux a terminé ses recherches un produit fondant à 225°-226° et contenant du diméthylanthracène a été préparé par Frankforter et Kokatnur (*Journ. Amer. Chem. Soc*, 1914, 36, 1534) qui ont fait réagir le trioxyméthylène et le toluène en présence du chlorure d'aluminium. Ces chimistes qui n'ont pas fait allusion à la correction de Lavaux n'ont pas séparé de leur produit les deux isomères qu'il contenait. Cook et Chambers ont aussi obtenu les deux isomères en même temps que le β-méthylanthracène par la condensation de l'acétylène et du toluène. Ces observateurs ont accepté la manière de voir que Lavaux avait proposée sur la constitution des deux diméthylanthracènes (*Journ. Amer. Chem. Soc.*, 1921, 43, 338). L'isomère A a été préparé par Bœrnstein, Schliewiensky et Szczedsny-Heyl (*Ber.*, 1926, 59, 2814) qui ont aussi accepté l'opinion de Lavaux sur l'orientation 1 : 6 ou 1 : 7 pour ce composé, hypothèse dont l'inexactitude est maintenant démontrée.

Dans ses expériences déjà mentionnées plus haut (p. 284) Seer supposait que son diméthylanthracène dérivé de la 2 : 4 : 3'-triméthylbenzophénone était identique à l'hydrocarbure B et il a déduit qu'en ces deux cas les groupes méthylés étaient dans les positions 2 : 6. Depuis une preuve plus rigoureuse de cette orientation 2 : 6 a été fourni par Flumiani (*Monatsh*, 1924, 45, 43) qui en condensant l'acide 2 : 5-dioxy-*m*-toluique avec de l'acide sulfurique a obtenu la 1 : 4 : 5 : 8-tétroxy-2 : 6-diméthylanthraquinone qui se transforme par distillation avec la poudre de zinc en 2 : 6-diméthylanthracène identique au produit de Seer.

Résumé

1. Le 2 : 7-diméthylanthracène (p. f. 241° corrigé) a été préparé par une méthode synthétique qui établit rigoureusement l'orientation des deux groupes méthylés. Ensuite cet hydrocarbure a donné par oxydation la 2 : 7-diméthylanthraquinone (p. f. 170° corr.).

2. Ces dérivés 2 : 7-diméthylés sont identiques respectivement au diméthylanthracène A (p. f. 240°) et à sa quinone (p. f. 169°) isolés par Lavaux en supposant qu'ils aient tous deux la configuration 1 : 6. Il est démontré maintenant que cette orientation est inexacte.

3. Le 2 : 6-diméthylanthracène (p. f 250° corr.) a été synthétisé absolument et transformé par oxydation en 2 : 6-diméthylanthraquinone (p. f. 242° corr.).

4. Ces dérivés 2 : 6-diméthylés sont identiques respectivement au diméthylanthracène B et à sa quinone isolés par Lavaux qui les a considérés comme dérivés 2 : 7 bien que l'orientation 2 : 6 correcte ait été plus tard proposée par Seer.

5. Parmi les huiles lourdes du goudron de basse température provenant d'un charbon bitumineux on trouve un mélange des dérivés d'anthracène qui par oxydation produisent la 2 : 6-diméthylanthraquinone et la 2 : 7-diméthylanthraquinone.

Qu'il nous soit permis de dire en terminant que c'est grâce à deux réactions essentiellement françaises que ce complément à l'étude de l'anthracène et de ses dérivés a été rendu possible ; à savoir le procédé Grignard et la modification que Blaise y a apportée.

MÉTÉOROLOGIE ET PHYSIQUE DU GLOBE

Président d'honneur. .	Général DELCAMBRE, Directeur de l'Office National Météorologique.
Président	R. BUREAU, Chef de la Section des Transmissions à l'Office National Météorologique, Paris.
Secrétaire.	L. PETITJEAN, Chef de la Section de Prévisions Météorologiques, Alger.

R. BUREAU

Chef de Section à l'Office National Météorologique.

L'ÉVOLUTION RÉCENTE DE LA MÉTÉOROLOGIE ÉLECTRIQUE ET DE SES MÉTHODES

DISCOURS D'OUVERTURE DE LA 7e SECTION DE L'ASSOCIATION FRANÇAISE POUR L'AVANCEMENT DES SCIENCES

Messieurs,

Le sujet mis cette année à l'ordre du jour de la section de météorologie et de physique du globe peut paraître à première vue quelque peu extérieur à ces sciences. Ne semble-t-il pas concerner tout au plus les confins de la météorologie et de la radio-électricité et les applications de la météorologie à la radiotélégraphie ? Ce n'est qu'une apparence. Les moyens d'observation et de mesure mis par la radiotélégraphie d'abord, par toutes les techniques radioélectriques ensuite, à la disposition des météorologistes et des géophysiciens nous ont ouvert des horizons nouveaux et illimités sur l'ensemble des phénomènes naturels de notre globe et surtout de son atmosphère. Pour peu qu'on y prête attention, il apparaît rapidement que toutes les recherches entreprises en ce domaine dans des buts presqu'exclusivement radioélectriques s'orientent fatalement vers une étude plus approfondie de l'atmosphère et de ses modifications perpétuelles.

Un ingénieur radioélectricien ne saurait donc limiter une recherche de cet ordre à la découverte d'une solution obtenue une fois pour toutes et éternellement applicable, ce qui lui permettrait de prévoir dans ses calculs l'influence de l'atmosphère et d'en tenir un compte exact.

Tous les phénomènes radioélectriques où intervient l'atmosphère auront comme celle-ci des aspects perpétuellement renouvelés. Si l'on entreprend leur étude, ce ne doit donc pas être dans l'espoir de l'achever plus ou moins vite, mais dans l'intention d'assurer des séries nouvelles d'observations et de mesures qui auront à être continuées d'années en années, de décades en décades. C'est le cas pour tous les travaux relatifs à la propagation des ondes. Moins que nulle part ailleurs, il n'est légitime de dire qu'une question est vidée de toute nouveauté, que les lois des phénomènes sont connues et que l'on peut tourner la page.

Aux premiers temps de ces études on avait tendance à ne considérer comme facteurs géophysiques que le résultat de mesures assurées auprès des postes émetteurs et récepteurs et en particulier des mesures de pression et de température. Cette manière de faire était certes due en partie à la difficulté d'avoir d'autres renseignements d'ordre météorologique, mais également à une certaine méconnaissance de la structure et du rôle réel de l'atmosphère. Dans la propagation des ondes par exemple, trois facteurs entrent en jeu : le poste émetteur, le poste récepteur, et le milieu de propagation, c'est-à-dire l'atmosphère *dans toute son épaisseur et souvent dans toute son étendue* (et non point dans certaines valeurs de ses éléments près de l'émetteur et près du récepteur). C'est donc la structure de l'atmosphère en surface et surtout en altitude qui joue un rôle primordial ; on l'a bien vu depuis que les notions de masses d'air et de front ont fait faire un tel pas à la météorologie radioélectrique. Pour connaître cette structure à un instant donné, nous ne disposons, surtout en altitude, que d'observations et de mesures en nombre restreint ; et c'est par des raisonnements longs, complexes et par des méthodes indirectes que le météorologiste, à condition encore qu'il soit spécialisé dans ce travail d'analyse, peut arriver à dessiner l'image de l'atmosphère à un instant donné. De plus il faut bien prendre garde que cette image n'est jamais une image statique mais n'est que l'aspect instantané d'une évolution dynamique.

Ainsi donc on doit renoncer à enfermer dans un cadre purement électrique toute étude de radiotélégraphie où l'atmosphère intervient. Ce cadre éclatera nécessairement dans le temps puisque le problème sera chaque jour nouveau et dans l'espace puisque des mesures météorologiques locales seront toujours insuffisantes.

A cette évolution de l'ingénieur vers les méthodes géophysiques et à son accoutumance au travail hors laboratoire ou plutôt au travail dans le laboratoire naturel qu'est notre atmosphère entière et même notre monde solaire, correspond une évolution du géophysicien et du météorologiste vers des méthodes d'observations et de mesures de plus en plus précises et vers une technique de plus en plus sévère.

. Il ne faut pas trop reprocher aux météorologistes d'avoir parfois entrepris l'étude de phénomènes radioélectriques (naturels comme les atmosphériques, ou provoqués comme la propagation des ondes) à l'aide de moyens rudimentaires ou presque sans instruments. Tout d'abord parce que souvent ils durent imaginer des méthodes simples et peu onéreuses pour suppléer aux coûteux instruments qu'ils ne pouvaient encore se procurer. Et aussi parce que, souvent, les premiers problèmes qui se posaient pouvaient être abordés à l'aide de moyens assez rudimentaires la précision avec laquelle on mesure un phénomène devant être fonction de la variabilité de celui-ci. Or ici la variabilité est extrême soit pour les parasites atmosphériques, soit pour la propagation. De telle manière que des observations qualitatives ont été longtemps suffisantes. Elles l'étaient en particulier parce que, du fait de l'énorme variabilité, les observations de différents postes étaient aisément comparables entre elles et que, grâce à des réseaux assez étendus et assez denses, il devenait possible d'étudier les phénomènes en surface ou d'étudier leur succession dans le temps et leur périodicité ; ce sont là en fait deux résultats *quantitatifs* auxquels mènent des mesures *qualitatives*.

On peut même affirmer que, de ces méthodes, on n'a pas encore tiré tout le profit possible. L'organisation de réseaux suffisamment denses permettra de les améliorer et de soumettre les résultats à une critique sévère et effective. Il y a là une voie au bout de laquelle il ne convient pas de placer sur une barrière l'écriteau « aucune issue ».

Les avantages de l'observation directe ont également été invoqués pour justifier l'absence d'instruments. Le météorologiste les connaît bien, du moins celui qui regarde les nuages et les ciels (c'est-à-dire les groupements de nuages). Mais il sait aussi que l'observation directe *isolée* ne serait d'aucun secours et qu'il faut des observations identiques et comparables assurées par tous les postes d'un réseau. Alors il fait appel aux instruments qui sont ici les appareils photographiques et tous leurs perfectionnements (depuis le cinéma jusqu'à la photographie en couleurs). Il ne faut donc pas condamner comme on l'a fait récemment, au sujet des atmosphériques, l'instrument à être toujours inférieur à l'observateur et les opposer l'un à l'autre. Je ne serai pas suspect d'une préférence *a priori* pour l'emploi d'instruments, moi qui pendant des années n'ai pas craint, malgré les critiques énoncées ou sous entendues, de poursuivre des recherches sur la base de documentations rudimentaires provenant d'observations directes mais peu onéreuses et qui viens encore une fois d'affirmer ma confiance en l'utilité de méthodes d'observations qualitatives correctement organisées. Mais je crois aussi que tout bon instrument de mesure, que tout bon enregistreur nous apprendra toujours des faits qui restaient cachés à l'observation directe. En particulier l'étude de la variation diurne des parasites atmosphériques — étude essentielle pour ce phénomène — a fait des progrès incontestables grâce à l'emploi d'enregistreurs qui ont aujourd'hui des sensibilités égales ou supérieures à l'oreille et qui peuvent même différencier des atmosphériques de caractères divers. L'observation directe n'est d'ailleurs pas rendue inutile par l'enregistrement. Elle peut au contraire s'appuyer sur lui pour devenir plus aiguë. De même le réglage, le perfectionnement, le contrôle des instruments sont facilités à l'extrême par une bonne observation parallèlement menée.

Toutes les méthodes instrumentales de la radioélectricité doivent donc peu à peu devenir familières aux géophysiciens et aux météorologistes. Une évolution de ceux-ci vers la technique instrumentale des radioélectriciens est la contre-partie à l'évolution des radioélectriciens vers les méthodes expérimentales de la physique du globe et de la météorologie.

*
* *

Les recherches de météorologie radioélectrique se partagent en deux catégories : l'étude des phénomènes radioélectriques naturels dénommés « atmosphériques » et celle de la propagation dans l'atmosphère d'ondes créés volontairement. Pendant longtemps ces deux catégories de recherches ont paru distinctes. Il semble bien aujourd'hui qu'elles tendent à se prêter un mutuel appui. Voyons ce qu'il est advenu pour chacune d'elles au cours de ces dernières années :

L'étude des atmosphériques a donné lieu à des controverses ardentes et qui n'ont pas encore cessé. Permettez à votre président d'abuser quelques instants de son rôle pour juger ces controverses au-dessus de chacune des parties qui y prirent part et de ne plus être pendant quelques instants, l'un des adversaires qui s'y sont affrontés. Vous m'octroyerez ainsi le droit de porter sur moi-même un jugement sans indulgence.

Les principales discussions portent sur trois points principaux :

1° Le rôle joué par les éclairs visibles des orages comme origine des atmosphériques ;

2° L'origine tropicale des atmosphériques et l'importance des perturbations météorologiques du front polaire dans leur formation ;

3° L'origine cosmique des atmosphériques et leur relation avec le magnétisme terrestre.

On ne peut nier que pendant des années, l'assimilation *a priori* des atmosphériques avec l'action à distance d'éclairs proches ou lointains, n'ait été une faute de logique.

On ne peut nier non plus aujourd'hui, en face de faits expérimentaux établis avec un si grand luxe d'admirables expériences par l'école britannique (R. A Watson Watt, E. V. Appleton, Herd) et que confirment aussi d'autres résultats tout récents obtenus en France, que les orages (avec éclairs et tonnerre) sont à l'origine des violents atmosphériques qu'on y observe pendant certaines après-midi d'été et que ces orages et leurs éclairs provoquent des atmosphériques rigoureusement semblables dans des stations éloignées de plusieurs centaines de kilomètres. Lorsque R. Bureau a prétendu qu'il n'en était presque jamais ainsi, il a commis une erreur provenant de généralisations un peu hâtives et aussi, ne l'oublions pas, d'une base instrumentale encore insuffisante. Ceci acquis, il reste à étudier jusqu'à quel point d'autres causes que les décharges lumineuses des éclairs ne sont pas susceptibles de provoquer des atmosphériques sensibles (dans un récepteur ordinaire) soit à faible, soit à grande ou très grande distance.

Le second point qui a donné lieu aux controverses a souvent été mal précisé. On pourrait l'intituler : importance relative, comme source d'atmosphériques observés dans les régions tempérées, des orages tropicaux d'une part, des perturbations météorologiques des latitudes moyennes (front polaire) d'autre part.

Je regrette que R. Bureau ne se soit pas limité davantage à cette controverse, car jusqu'à présent l'expérience et les résultats instrumentaux ne semblent pas lui donner tort. La thèse de l'origine tropicale revient en fait à généraliser le rôle des atmosphériques d'après-midi dus aux orages. Elle se résume ainsi « A tous moments la source principale d'atmosphériques est le point (continental) du globe terrestre où le soleil est le plus près du zénith ».

A condition que R. Bureau veuille bien ne pas exclure la possibilité d'atmosphériques de portée mondiale provenant de certaines sources tropicales, il semble bien qu'il n'ait pas tort d'attribuer une importance prédominante au front polaire et d'opposer, depuis plus de 5 ans et le rôle actif de certains fronts (froids) et de certaines masses d'air (polaire instable) dans la production d'atmosphériques, et le rôle inverse d'autres fronts (chauds) et d'autres masses d'air (tropical stable) qui affaiblissent ou détruisent les atmosphériques. Qu'on évoque simplement certains résultats des mesures goniométriques britanniques. Mais ce qu'il faut dire (il ne l'a pas toujours dit) c'est que l'action des perturbations météorologiques aux latitudes moyennes n'est pas uniquement locale mais qu'elle peut avoir une grande portée, supérieure peut être à celle des orages tropicaux.

Le troisième sujet de controverse voit cette fois dans le même camp R. A. Watson Watt et R. Bureau. Le premier n'a pas reproché au second sa sévérité envers les défenseurs d'une origine cosmique des atmosphériques. La théorie de l'origine cosmique a encore d'ardents partisans. Il faut les rapprocher des partisans de la couche ionisée de la haute atmosphère comme lieu d'origine de nombreux atmosphériques. A ces derniers on ne saurait donner absolument tort. R. A. Watson Watt lui-même, partisan convaincu d'une origine presqu'exclusivement localisée dans la troposphère, a signalé l'existence d'atmosphériques liés à certaines perturbations magnétiques, et le frère des enregistreurs de Saint-Cyr installé à Poulo Condor à l'occasion de l'éclipse de soleil du 9 mai 1929, a montré une action indubitable et accentuée de l'éclipse sur le régime des atmosphériques.

L'action des couches ionisées ne doit pas nous étonner. Les atmosphériques reçus ne dépendent pas seulement des sources d'atmosphériques, mais de la propagation des ondes émises par celles-ci. L'idée n'est pas nouvelle et Eccles le premier l'a développé (nous sommes en Angleterre) dans le sens de l'origine tropicale. J. Lugeon l'a reprise dans le sens de l'origine frontologique (fronts froids) en se basant sur les courbes tracées par l'enregistreur du nombre d'atmosphériques par unité de temps. Cela veut-il dire que cet enregistreur né en France a des idées préconçues contre l'origine tropicale ?

Ce qui semble en tous cas acquis, c'est l'influence profonde de la propagation dans le phénomène des atmosphériques nocturnes.

Cette action de l'atmosphère sur la propagation, nous pouvons l'étudier à l'aide d'expériences provoquées en choisissant nos moyens, nos heures et nos ondes. Elle est l'objet du second chapitre de la météorologie radio-électrique. De ce chapitre je me contenterai de ne dire que quelques mots sur le point capital que voici :

La propagation des ondes est commandée tout d'abord par l'état électrique des couches ionisées de la très haute atmosphère dont on sait aujourd'hui mesurer la hauteur (équivalente) et c'est en Angleterre qu'une fois encore on y est parvenu (Appleton et Barnett). Cette propagation est également très sensible à l'état de la troposphère. Par la propagation nous pouvons avoir un moyen de comparer les phénomènes des couches ionisées et ceux de la troposphère. Je crois avoir ainsi montré dans un travail en cours d'impression qu'ils pouvaient être en liaison étroite et que les grandes perturbations du front polaire retentissaient jusqu'aux couches ionisées. Que d'autres expériences viennent confirmer ce résultat, et l'on en mesurera toutes les conséquences. Ces conséquences dépassent même notre atmosphère. Car l'état électrique des couches ionisées dépend aussi et directement du rayonnement solaire, du magnétisme terrestre et des courants telluriques. Il est bien probable |qu'elles servent d'intermédiaire à tout un ensemble de phénomènes cosmiques, telluriques, magnétiques et météorologiques.

Vous conviendrez donc, messieurs, que le sujet que j'ai mis à l'ordre du jour n'est pas « en marge » de la météorologie et de la physique du globe. Il s'étend sur l'ensemble de ces sciences et les déborde même.

P. DOURY

Office National Météorologique
Centre radio de Saint Cyr.

L'ENREGISTREMENT DES ATMOSPHÉRIQUES
A SAINT-CYR (Seine et-Oise)

Un appareil enregistreur de parasites atmosphériques a été réalisé à Saint-Cyr, au Centre d'Ecoutes de l'Office National Météorologique, suivant les directives données par le Capitaine Bureau, Chef de la Section des Transmissions.

Cet appareil donne, d'une part, un enregistrement de la fréquence des parasites, d'autre part un enregistrement de l'intensité. L'organe sensible est constitué par un récepteur de T. S. F. A (fig. 1) qui actionne, d'une part l'enregistreur d'un anémo-cinémographe, B, par l'intermédiaire d'un relais télégraphique, d'autre part un milliampèremètre enregistreur à courant continu C. Les parties B et C sont montées respectivement sur le secondaire d'un transformateur de rapport 1. Les primaires de ces transformateurs sont en série dans le circuit plaque de la dernière lampe de l'appareil A.

Organe sensible. — La partie A (fig. 2) est constituée par un Tesla dont le secondaire est connecté à un appareil changeur de fréquence comprenant : un changement de fréquence par bi-grille, deux étages d'amplification en moyenne fréquence, une détectrice et une basse fréquence à transformateur. A la suite de cet appareil deux étages d'amplification basse fréquence à transformateurs.

Élimination des émissions. — Il faut s'attacher, en y procédant, à ne pas diminuer en même temps les atmosphériques. On y parvient de la façon suivante :

L'onde de modulation est accordée sur une fréquence très grande par

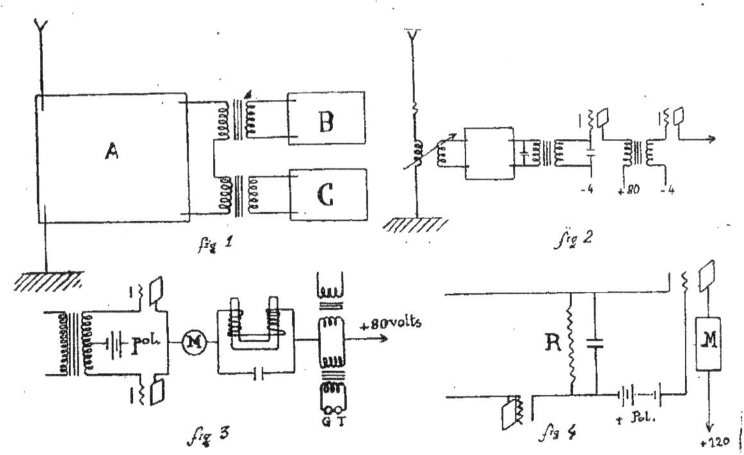

rapport à la moyenne fréquence et aussi par rapport au circuit secondaire du Tesla; celui-ci étant accordé sur 6.000 mètres environ. On donne à la self primaire du Tesla une valeur faible (100 spires) par rapport à la self secondaire (400 spires), primaire et secondaire couplés au maximum. Une résistance de 3.000 ohms est intercalée dans le circuit antenne-terre, ce circuit se trouve très amorti et pratiquement apériodique.

Sur chacun des enroulements du transformateur du premier étage basse fréquence, on branche en parallèle un condensateur de valeur convenable. On obtient ainsi un étage basse fréquence à résonance. Les atmosphériques produisent dans l'écouteur un claquement plus bref ayant une tonalité musicale ; ce dernier détail à son importance, nous verrons plus loin pour quelle raison.

La partie haute fréquence et la partie basse fréquence sont alimentées séparément en prenant bien soin d'isoler les accumulateurs d'une façon parfaite.

Il y a avantage à se servir d'une antenne très hauté, la descente prise au milieu de façon à diminuer l'effet directif.

Les accumulateurs travaillent toujours en palier ; on les change périodiquement au bout d'un temps à déterminer suivant leur capacité et la consommation des lampes qu'ils alimentent. Celles-ci sont l'objet d'une surveillance attentive. Le mieux est d'avoir deux jeux de lampes que l'on fait alterner.

Enregistreur. — 1° Sur Anémocinémographe (fig. 3). — Le point délicat est le fonctionnement du relais télégraphique. Pour que ce relais fonctionne dans les meilleures conditions possibles, il importe tout d'abord qu'aucun courant permanent ne passe dans l'enroulement, aussi le place-t-on dans le circuit plaque d'une basse fréquence montée en Push Pull, mais en prenant bien soin de rendre le courant plaque rigoureusement nul, à l'aide d'une polarisation grille de valeur convenable. D'autre part, le relais fonctionnera d'autant mieux que les variations de courant seront plus rapides. Or, nous avons vu plus haut que du fait d'avoir monté un étage d'amplification basse fréquence à résonance on avait rendu les signaux plus brefs on rend la pente plus raide encore en plaçant un condensateur de forte capacité en parallèle sur l'enroulement du relais.

Les contacts du relais sont branchés aux contacts des 25 mètres de l'anémo-cinémographe comme on brancherait les contacts de la girouette et l'appareil fonctionne dans les mêmes conditions. Chaque montée du style indiquera un atmosphérique au lieu d'indiquer 12 m. 50 de vent.

Pour surveiller la sensibilité du relais, on a monté un galvanomètre G, très sensible sur le secondaire d'un transformateur de rapport 1, dont le primaire est en série dans le circuit plaque. On obtient ainsi, pour chaque atmosphérique, une déviation instantanée donnant une valeur de l'intensité de chaque décharge. Un écouteur est branché en série avec le galvanomètre.

Sur le secondaire d'un second transformateur de rapport 1, dont le primaire est branché en parallèle sur le premier, est monté un dispositif permettant l'écoute à distance par téléphone. On peut ainsi faire des observations sur la simultanéité des atmosphériques en des lieux différents.

2° Sur milliampèremètre enregistreur (fig. 4). — Sur le secondaire du transformateur de liaison entre la partie A et la partie C, est montée une lampe fonctionnant en redresseur. Aux bornes du circuit redressé est placée une très grosse capacité *c* shuntée par une résistance R. Nous nous sommes arrêtés, comme valeurs, à 90 microfarads pour la capacité et à 3 mégohms pour la résistance. Les atmosphériques chargent ce condensateur, la résistance laisse fuir cette charge. La différence de potentiel ainsi obtenue est appliquée entre le filament et la grille d'une lampe montée en amplificatrice de courant continu. Le milliampèremètre enregistreur est branché en série dans le circuit plaque de cette lampe. Il convient de polariser la grille négativement d'une valeur convenable. Suivant le type de lampe employé on choisit des valeurs de tension plaque et de polarisation-grille telles que l'on travaille toujours sur la partie rectiligne de la caractéristique.

L'enregistreur que nous venons de décrire d'une manière assez succincte a été mis au point après de laborieux tâtonnements. Les résultats obtenus depuis un an permettent de constituer une documentation qui apportera une aide précieuse à l'étude des parasites atmosphériques.

BUFFAULT

Office National Météorologique
Centre radio de Saint-Cyr.

LES ATMOSPHÉRIQUES
AU CENTRE D'ÉCOUTES RADIOMÉTÉOROLOGIQUES
DE L'OFFICE NATIONAL MÉTÉOROLOGIQUE A SAINT-CYR

Au centre d'écoutes radiométéorologiques de l'Office National Météorologique à Saint-Cyr-l'Ecole, l'écoute des météogrammes pendant environ vingt heures par jour permet de suivre presque sans interruption l'évolution des atmosphériques au cours de la journée en plus de l'enregistrement qui en est effectué quotidiennement.

Différents aspects des atmosphériques. — Quelles que soient les difficultés qu'un observateur rencontre à distinguer les atmosphériques selon leurs différents sons on arrive avec une longue pratique à isoler deux types :

a) Des décharges allongées assez musicales, comparables à la note d'un poste à amorties bien réglé. On les observe la nuit et de grand matin. Ils disparaissent vers le lever du jour pour ne réapparaître qu'au crépuscule et persister ensuite ;

b) Des décharges brèves ou allongées mais crépitantes bien isolées les unes des autres. Ce second type, plus irrégulier apparaît en général au cours de la matinée ; il passe presque toujours par un maximum vers 15 heures, et disparaît très lentement.

Souvent ces deux types de décharges coexistent, en particulier en fin d'après-midi.

Graphiques. — Au cours de la période s'étendant d'octobre 1926 à octobre 1927, il a été établi pour chaque mois un graphique de la variation moyenne de l'intensité des atmosphériques, au cours de la journée.

L'examen de l'ensemble des 12 graphiques fait ressortir nettement :

a) La diminution des atmosphériques aux premières heures du jour ;

b) L'existence constante d'un minimum dont l'emplacement variable se situe généralement entre 8 heures et midi ;

c) Au début de l'après-midi une croissance rapide jusque vers 15 heures suivie ou non d'une décroissance. Ainsi :

En janvier, croît jusqu'à 14 heures ; palier de 14 à 15 ;

en février, croît jusqu'à 14 heures ; décroît de 14 à 15 ;

en mars, croît jusqu'à 15 heures ; décroît de 15 à 17 ;

en avril, croît jusqu'à 15 heures ; constant de 15 à 16, croît légèrement de 16 à 17 ;

en mai, croît jusqu'à 15 heures ; sensiblement constant de 15 à 17 ;

en juin, croît jusqu'à 15 heures ; décroît de 15 à 16 ;

en juillet, croît jusqu'à 15 heures ; constant de 15 à 16, décroît de 16 à 18 ;

en août, croît jusqu'à 15 ; de 15 à 16 heures, décroissance très faible ;

en septembre, croît jusqu'à 15 heures ; constant de 15 à 16.

Cette recrudescence vespérale apparaît plus évidente encore sur certaines courbes journalières des mois considérés. On la note en particulier chaque fois que l'on se trouve dans la phase « traîne » d'un système nuageux. Elle est *toujours* due à des atmosphériques du type crépitant. On remarquera aussi qu'elle est plus tardive l'été que l'hiver.

d) Enfin, — fait observé, depuis longtemps — pour une même heure, les atmosphériques sont plus forts l'été que l'hiver. Le graphique ci-contre permet de s'en assurer ([1]).

Rapports entre les atmosphériques et les phénomènes météorologiques. — On a fréquemment observé une coïncidence entre les atmosphériques et le passage des cumulus de traîne ou des cumulo-nimbus. On note alors une augmentation momentanée de l'intensité et de la fréquence des atmosphériques (type crépitant) qui accompagne le front du nuage.

Inversement, une recrudescence passagère des atmosphésiques s'accompagne du passage d'un Cumulus bourgeonnant ou d'un cumulo-nimbus. Ainsi, entre autres, le 23 mars 1927 à 16 h. 30 on note une apparition brusque des atmosphériques. Or la pluie qui n'avait cessé de tomber depuis le matin redouble de violence pour cesser peu après. Ainsi qu'en ont témoigné les appareils enregistreurs, il s'agissait d'un grain venu en fin de corps et l'attention des observateurs ne fut attirée sur ce phénomène que par suite de l'évolution des atmosphériques.

([1]) Il est curieux de rapprocher ce graphique de celui de la répartition annuelle des orages (cf Angot).

Autres phénomènes

Électrisation de l'antenne. — On observe souvent lors du passage du front d'un cumulo-nimbus que la recrudescence des atmosphériques s'accompagne de l'électrisation de l'antenne. Ce phénomène est généralement très court et cesse aux premières gouttes de pluie ([1]).

Crépitement et grêle. — Lors d'un grain avec orage et grêle le 25 mars 1927 à 15 heures à Saint-Cyr et le 26 mars 1927 à Tours on a observé un crépitement accompagnant la chute de grêle et suivant ses fluctuations. Ce crépitement ressemble à celui que feraient les grêlons en frappant des vitres.

En outre, on a observé trois fois qu'il cessait net après un éclair pour renaître progressivement ensuite (observations effectuées sur cadre et sur antenne).

D'après la théorie de Angot, les grêlons qui se forment à la partie inférieure du cumulo-nimbus seraient électrisés positivement et l'ionisation de l'air due à une étincelle (éclair) ne devrait pas avoir pour effet de leur faire perdre leur charge électrique ; il faut donc chercher ailleurs que dans la chute des grêlons électrisés l'origine de ce crépitement et il semble que des observations précises avec des instruments appropriés permettraient aisément de résoudre cette question.

G. H. HUBER

Enseigne de vaisseau.

EXEMPLE D'ENREGISTREMENT D'ATMOSPHÉRIQUES
SUR L'ATLANTIQUE

La note ci-après a trait à un exemple d'enregistrement des atmosphériques à bord du croiseur *Tourville*. L'enregistreur est celui déjà décrit et utilisé par R. Bureau à Paris ([2]). On lui a fait subir quelques modifications, de manière à en permettre le fonctionnement à bord d'un navire.

([1]) Peut-être parce que l'antenne n'est plus assez isolée.
([2]) R. Bureau, A. Viault et A. Gret, *Comptes rendus,* 184, 1927, p. 157 ; R. Bureau, *La Météorologie,* Nouvelle série 3, 1927, p. 287.

Le diagramme reproduit ci-dessous a coïncidé avec le passage d'une perturbation à allure cyclonique (creux de 42 mm.) venue des environs de la Floride, faisant route vers le nord et qui a débouché trois jours plus tard dans la région de Terre-Neuve (19 avril). La partie arrière de cette dépression a présenté une grande abondance de grains (occlusion d'un cumulo Nimbus) *dont chacun a donné une recrudescence d'atmosphériques visibles sur le graphique ci-dessous.*

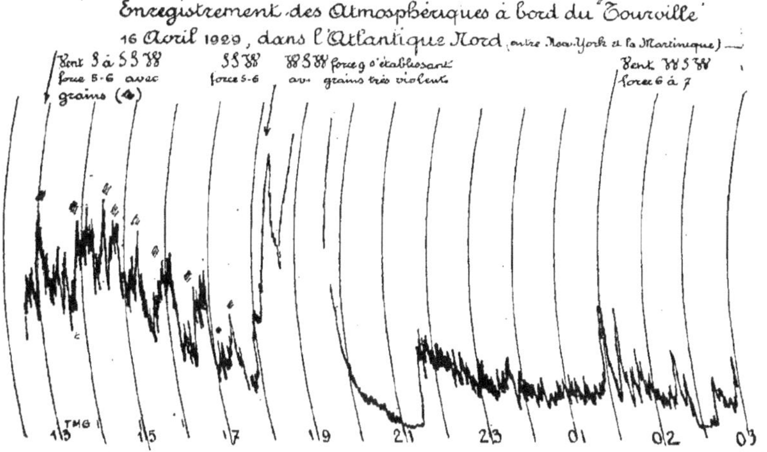

Le fait que les Américains font naître les atmosphériques dans la partie centrale des perturbations vient probablement de ce que les occlusions partielles telles que celles que nous venons de signaler sont situées très près du minimum de pression, violentes, abondantes en précipitations et probablement fréquentes dans la région même où nous l'avons nous-même observée.

R. A. WATSON WATT [1]

1º LA MÉTÉOROLOGIE ET LA RADIOGONIOMÉTRIE DES ATMOSPHÉRIQUES

2º L'ÉCLAIR ET LES ATMOSPHÉRIQUES

[1] Communications publiées dans la *Revue de Météorologie.*

P. N. TWERSKOI et B. F. ARCHANGUELSKY

!RÉSULTAT D'OBSERVATIONS DE PARASITES DANS LA VILLE
DE SLOUTZK ([1])

F. SCHINDELHAUER
Observatoire météorologique et magnétique Potsdam.

DE L'INFLUENCE DU CHAMP MAGNÉTIQUE
TERRESTRE SUR LES ATMOSPHÉRIQUES DE LA TÉLÉGRAPHIE
SANS FIL

L'opinion que le champ magnétique terrestre doit être d'une manière ou d'une autre en liaison avec les « atmosphériques » de la télégraphie sans fil n'est pas nouvelle. Déjà en 1917, de Groot ([2]) signale que l'augmentation des atmosphériques qui survient la nuit pourrait être provoquée par des particules électrisées émanant du soleil et qui ne pourraient atteindre que l'hémisphère de la terre qui est plongé dans la nuit.

A l'observatoire météorologique et magnétique de Potsdam furent entreprises en 1921 quelques recherches ([3]) en vue de déterminer la direction des atmosphériques, en admettant qu'il y a des centres d'atmosphériques (foyers orageux) dont la direction peut être relevée par les méthodes ordinaires de la radiotélégraphie. Pour une petite période d'observations on obtint alors le résultat que, *pendant le jour*, la direction des atmosphères coïncidait avec la direction du méridien magnétique. Ces observations révélèrent l'existence d'une variation diurne très régulière, qui paraissait devoir être peu troublée par les phénomènes météorologiques.

Grâce aux moyens fournis par la « Notgemeinschaft der Deutschen

---

([1]) Communications publiés dans la *Revue de Météorologie*.
([2]) DE GROOT. *Jahrbuch drahtl. Tel.*. 12, p. 533, 1917.
([3]) SCHINDELHAUER. *Jahrbuch drahtl. Tel.*

Wissenschaft » (Association de secours de la Science allemande) il fut possible de poursuivre systématiquement les recherches. Comme le problème ne pouvait être résolu dans sa totalité que par une collaboration de plusieurs stations, Potsdam prit part aux recherches anglaises qu'avaient entreprises R. A. Watson Watt [1] et le « Comitee on Atmospherics and Weather ». En particulier l'enregistreur de Watson Watt put être monté à Potsdam avec les mêmes dimensions électriques que l'appareil anglais. Ci-après est fournie une vue d'ensemble tout à fait résumée des résultats qui ont été obtenus par une période d'une année d'observations. Grâce à l'amabilité de R. A. Watson Watt je possède en outre les valeurs horaires de la direction sur les stations de Ditton Park, Lerwick et Aboukir. Voici les stations utilisées :

				Déclinaison magnétique
1. Lerwick.	. . .	60°2 N.	1°2 W.	18° W.
2. Potsdam	. . .	52°4 N.	13°1 E.	7° W.
3. Aboukir.	. . .	31°3 N.	33°0 E.	1° W.

Les idées qui m'ont guidé dans l'exploitation des résultats sont brièvement les suivantes :

La terre est un aimant permanent dont l'axe magnétique ne coïncide pas avec l'axe de rotation. Le pôle magnétique nord se trouve environ par 70° W., 78° N. Par suite la déclinaison augmente d'Aboukir à Lerwick.

Des particules électriques se meuvent dans ce champ magnétique sur des trajectoires en spirale enroulées autour des lignes de force ; elles ont donc en général un mouvement de rotation et un mouvement de translation. Si le libre parcours est très grand (à très grande hauteur), il règne alors un pur mouvement de rotation des particules, dans lequel, dans le cas limite, le rayon de rotation peut devenir si grand que la terre entière est entourée. Pour de faibles libres parcours, donc dans les couches basses, les particules se meuvent dans la direction des lignes de force magnétique. On peut donc dire *a priori* que, la nuit, quand le rayonnement solaire n'agit pas, le mouvement de rotation pure dominera, tandis que le jour, quand l'action des rayons ultra-violets descend dans les couches basses, il pourra apparaître aussi un mouvement de translation dans la direction du champ magnétique. Les atmosphériques, c'est-à-dire les modifications brutales du champ électro-magnétique actuel, apparaissent maintenant de telle manière que le mouvement de rotation — le diamagnétisme des couches élevées — ou le mouvement de translation des par-

---

[1] R. A. WATSON WATT. *The Institution of El. Eng.*, 64, p. 596, 1926.

ticules soient changées rapidement ; c'est-à-dire en d'autres termes, qu'on
peut admettre des impulsions de courant qui surviennent la nuit dans les
hautes couches perpendiculairement aux lignes de force, et, dans les cou-

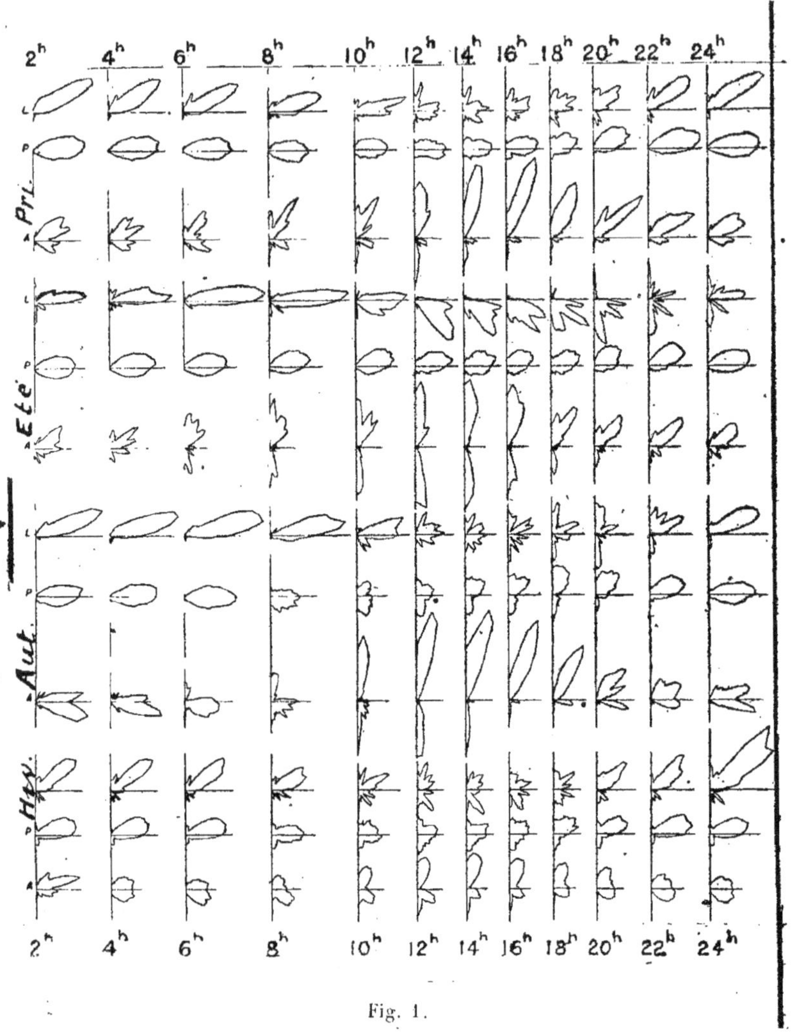

Fig. 1.

ches ionisées le jour] par contre, dans la direction des lignes de force. La
nuit ces perturbations électro-magnétiques sont provoquées par des particules qui viennent d'arriver du soleil, le jour par des modifications subites

de la conductibilité de la couche ionisée ainsi que par des courts-circuits
de la couche avec la surface terrestre dans les orages.

Variation diurne de la direction des atmosphériques. — Pour représenter la variation diurne de la direction des atmosphériques la fréquence
des directions lues de 5° en 5° sur les courbes a été calculée en pour cent
de la fréquence totale pour chaque heure du jour et représentée en coordonnées polaires et ceci spécialement pour chaque saison (fig. 1). Les
diagrammes polaires nous montrent ce qui suit :

1° *La nuit* domine dans toutes les stations et en toutes saisons la
direction des atmosphériques perpendiculaire au méridien magnétique,
qui correspond au mouvement de rotation pure des particules électriques.
Par conséquent les écarts de cette direction de rotation par rapport à la
direction E.-W. augmentent vers le Nord depuis la plus faible valeur de
la déclinaison magnétique à Aboukir jusqu'à la plus forte valeur à
Lerwick.

2° *Le jour* par contre, il s'établit aussi pour toutes les stations le mouvement de translation des particules dans la direction Nord-Sud magnétique. C'est à Aboukir que cette perturbation diurne se voit le mieux,
parce que au-dessus de cette station, la couche ionisée est plus importante qu'au-dessus des autres stations qui ne sont qu'au bord de la couche
de jour. Avec l'accroissement du mouvement de translation des particules, le mouvement de rotation diminue. Cela peut tenir à ce que la
couche ionisée de jour se trouve notablement plus bas que la couche de
nuit et a, au début, une ionisation entièrement séparée. Aussi joue-t-elle
le rôle d'écran vis-à-vis de la surface terrestre pour le champ de la couche du courant circulaire (¹).

3° Le plan de rotation des particules montre dans toutes les stations
une variation diurne régulière. Il s'écarte le matin vers le Sud, le soir
vers le Nord de sa position normale. Cela est dû probablement à
l'influence du déplacement du pôle magnétique nord de la terre vers l'axe
de rotation (²).

4° Dans toutes les stations existe une variation annuelle de la direction
des atmosphériques qui évolue dans le même sens. Au printemps, la
direction de rotation s'éloigne de sa direction moyenne vers le nord et à
l'automne vers le Sud.

Nombre des atmosphériques. — Si l'on compte sur les courbes le nombre
d'atmosphériques par minute, on voit apparaître les variations diurne et
annuelle reproduites et expliquées ailleurs(³), variations qui semblent confirmer l'explication des atmosphériques donnée ci-dessus.

(¹) Cf. Schindelhauer. *Elektrische Nachrichten Technik*, Bd. 5, 1928, p. 442
(²) Schindelhauer. *Elektrische Nachrichten Technik*, Bd. 6, juin 1928.
(³) Schindelhauer. *Elektrische Nachrichten Technik*, Bd. 5, 1928, p. 442.

L'allure générale du caractère des atmosphériques à Potsdam est représentée par la figure 2. On y a utilisé les moyennes diurnes. Comme on le voit la courbe montre jusqu'en été une pulsation très régulière. La distance moyenne de deux maxima est de 30 jours. Il semble donc régner ici la même régularité que dans le retour périodique des perturbations magnétiques : la période observée est la période de rotation du soleil. Il reste à attendre une confirmation de cette hypothèse dans les résultats des stations anglaises ainsi que dans une plus longue période d'enregistrement.

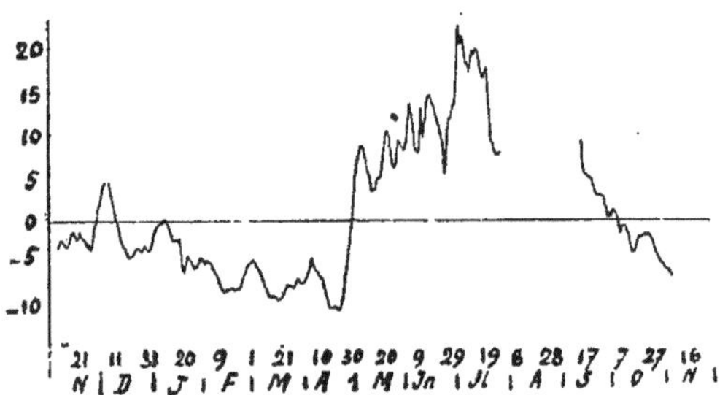

Fig. 2.

En été l'allure régulière de la courbe est détruite. Il intervient certainement à cette époque des influences d'orages, de telle sorte que le goniomètre de Watt devient alors en fait un enregistreur d'orages. La valeur pratique de l'appareil pour relever la direction des centres d'orage est ainsi incontestable.

Je remercie M. le professeur R. A. Watson Watt pour l'aide cordiale qu'il m'a donnée ainsi que pour le matériel d'observation de ses stations qu'il m'a transmis, ce qui a rendu possible une confirmation provisoire des vues présentées ci-dessus.

La « Notgemeinschaft der Deutschen Wissenschaft » a supporté tous les frais résultant de l'acquisition des appareils et de l'exploitation des courbes. Qu'elle en soit remerciée.

Jean LUGEON

Bureau Central Météorologique Zurich.

RÉFRACTION ET PROPAGATION DES ATMOSPHÉRIQUES
DANS LA TROPOSPHÈRE

Les divers travaux faits sur le sens de propagation, la portée, la fréquence par minute des trains d'atmosphériques, sur leur intensité, leur forme à l'oscillographe cathodique, me conduit à distinguer trois zones d'altitudes différentes de leurs *foyers* ou centres d'émission.

Ces foyers auraient des propriétés physiques (électriques et thermodynamiques) distinctes et intrinsèques ; ils n'existeraient pas nécessairement dans toutes les altitudes simultanément et seraient localisés :

A) *Dans la troposphère*, où l'on reconnaît les types d'atmosphériques les plus intenses, de tous processus, émanant d'altitudes très variables entre le sol et l'étage des cirrus. Ils seraient le produit, d'une manière générale, de certains changements d'état :

1° A la surface de subsidence ou de discontinuité ; *a*) de température ; *b*) d'état hygrométrique ; *c*) d'état électrique, cette dernière qualification étant précisée ; .

2° Dans les zones de brassage à mouvements de convection complexes, verticaux, ascendants ou descendants ;

3° A la surface supérieure horizontale de la couche d'inversion de température, immobile ou non, et dont l'altitude varie au cours de l'année, du sol à 3.500 mètres environ.

B) *Dans les régions supérieures de la troposphère*, probablement au voisinage de la couche isotherme de Teisserenc de Bort.

C) D'une manière générale dans la *stratosphère*, soit dans la couche d'inversion, dite d'ozone, ou même au delà de la couche de Heaviside, dans la région des aurores polaires.

Les atmosphériques de ces deux dernières classes B et C, atteindraient rarement ou peut-être jamais la surface du globe, de par leur énergie vraisemblablement très faible et l'écran absorbant que formeraient les basses couches de la troposphère, sur leur chemin.

La variation journalière, la fréquence par minute et d'autres propriétés permettent souvent de dire à quels types d'atmosphériques on a affaire.

On peut assurer que leur loi de propagation est semblable à celle des ondes hertziennes amorties, du moins pour les décharges appartenant à la catégorie des « grinders ». Ces ondes naturelles se comportent différemment selon l'ionisation des milieux qu'elles traversent. En faisant appel à des analogies optiques, il devient possible d'expliquer presque toutes les anomalies dans la variation diurne, dues pour la plupart à des corps d'air différemment ionisés, dont la forme, dans l'espace de la troposphère, est donnée par les surfaces isobariques ou de température potentielle.

Le phénomène le plus remarquable est celui qui se produit au moment du passage d'un régime anticyclonique à un régime cyclonique, ou inversement. Dans l'anticyclone dont les surfaces isobariques sont convexes

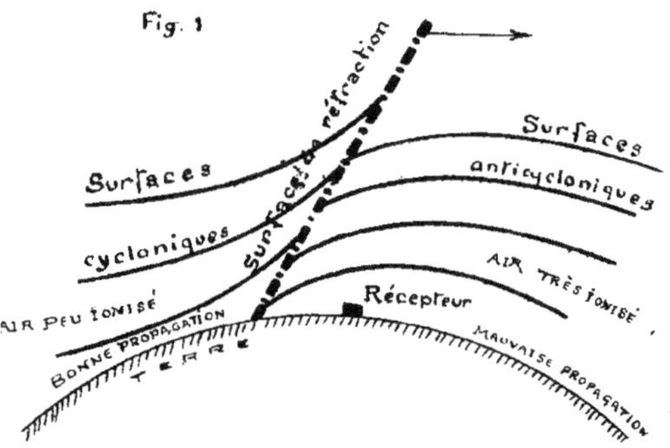

vers le ciel, la propagation est mauvaise, l'air est électriquement pollué, en particulier par les gros ions et favorise la naissance de « parasites locaux » sur les couches stratifiées d'inversion de température (mer de brouillard en hiver). Dans le cyclone l'air est comparativement beaucoup plus pur, c'est-à-dire peu ionisé ; la propagation y est bonne et la disposition des surfaces isobariques concaves vers le ciel est défavorable à la formation de parasites locaux, mais favorable à la propagation à grandes distances (fig. 1).

Si la surface de séparation des deux corps anticyclonique et cyclonique, que l'on peut appeler une *surface de réfraction électro-magnétique*, se déplace de l'ouest vers l'est, on remarquera à son passage en Suisse la disparition presqu'instantanée des parasites nocturnes locaux, mais par contre l'augmentation des parasites lointains. Ce changement de régime n'est pas nécessairement accompagné d'une variation barométrique dans les basses altitudes. Par contre les stations de montagne du Saentis, à 2.500 mètres et du Jungfraujoch, à 3.450 mètres, relèvent, dans ce cas, une chute de l'ordre de 1 à 2 millibars. Au point de vue de la diagnose météorologique ce phénomène présente un réel intérêt, puisqu'il permet de déceler si le récepteur se trouve sous un régime anticyclonique ou cyclonique.

Les atmosphériques sont renforcés dans les anticyclones minces et de peu d'étendue, composés d'air tropical pur électriquement, à l'inverse des anticyclones d'air continental. Le récepteur se trouverait alors, comme au foyer d'une lentille dont la convexité regarderait le ciel (fig. 2). Cette

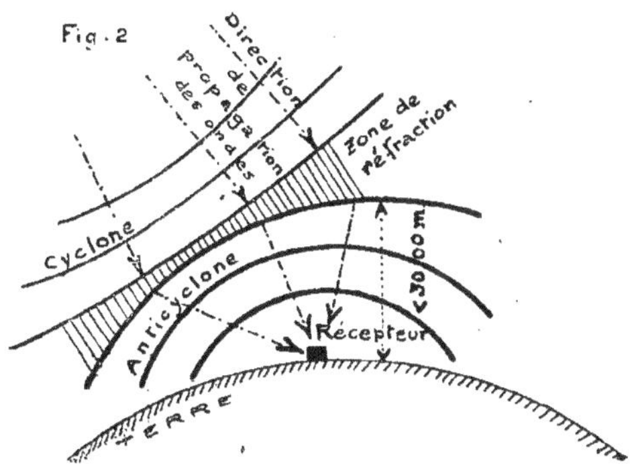

apparition se répète chaque fois que la Suisse est traversée par un satellite des hautes pressions des Açores, détaché au S.-W. et entraîné vers le N.-E. par la circulation générale, en temps de grande activité du front polaire.

Un phénomène d'absorption non moins important dans la troposphère est celui occasionné par la présence d'*écrans électromagnétiques* dans le zénith du récepteur, et cela sous forme de couches ou bancs électrisés qui se laissent difficilement traverser par les ondes réfléchies très amorties (fig. 3). Les cirrus et les brumes sèches jouiraient de ces propriétés, comme par ailleurs de l'air tropical chaud qui s'élance sur une masse lourde reposant sur le sol. Ainsi au fur et à mesure qu'un tel écran s'épaissit, les ondes lointaines qui le traversent diminuent de fréquence et d'intensité au récepteur sous-jacent. Si l'écran s'amincit, l'effet est contraire. Ces deux phases se succèdent, par exemple, au début et à la fin d'une série de familles cycloniques sur l'Océan.

On peut encore énoncer les règles suivantes : La propagation est d'autant plus facile et régulière que l'activité cyclonique du front polaire est grande et intense. Lorsque toutes les couches de la troposphère sont en mouvement rapide et les filets d'air parallèles entre eux ou sur des surfaces spirales continues, il n'y a pas de phénomènes de diffraction ou de réfraction possibles dans toute la zone cyclonique. Celle-ci peut avoir plusieurs milliers de kilomètres de rayon.

Comme conclusion préliminaire on dira qu'au point de vue de la propagation et de la formation des atmosphériques, les anticyclones sont hété-

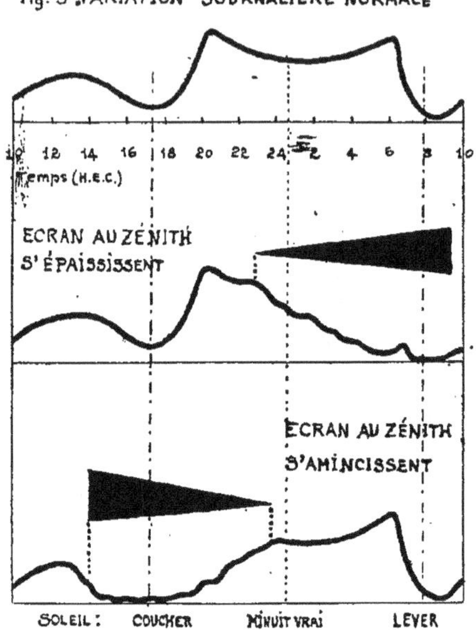

rogènes et les cyclones homogènes ; les premiers donnant lieu à une *pollution électrique de l'air*, les seconds à une *épuration électrique de l'air*. En généralisant ces conceptions on arrive à montrer que les parasites définissent en une station l'origine géographique de l'air en circulation.

A. VIAUT

Météorologiste Principal
Office national météorologique Paris.

LES ATMOSPHÉRIQUES ET LES MASSES D'AIR

A) Situation générale et évolution de cette situation du 6 au 12 juin 1929

On assiste les 6 et 7, à la fin d'un régime de perturbations d'Ouest (front polaire) circulant au sud d'une zone de basses pressions quasi fixe sur le Nord de l'Europe :

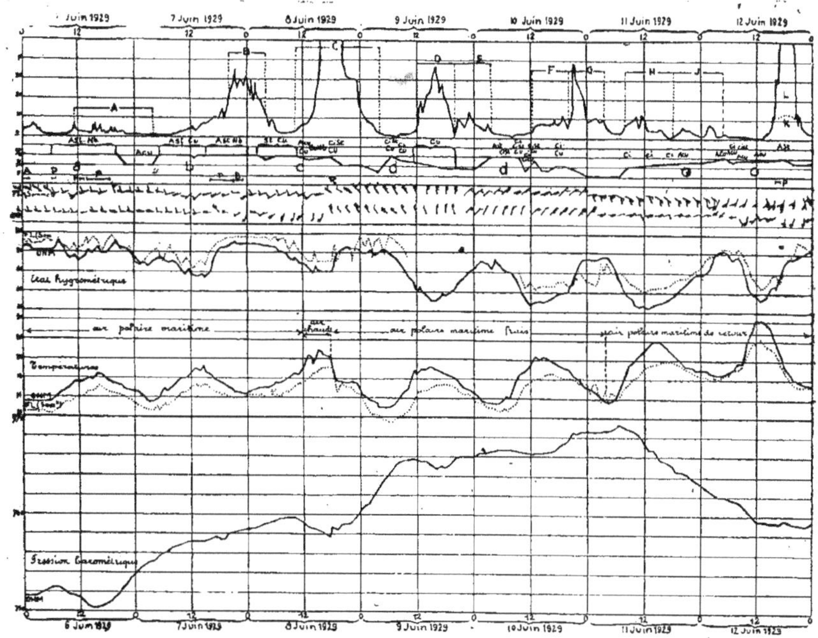

Dans la région parisienne, passage les 6 et 7, de deux systèmes nuageux dépressionnaires complets (*a*) et (*b*) (cf. diagramme).

Une invasion d'air polaire maritime (fin de famille) qui a débuté le 6 sur l'Ouest de l'Europe, à l'Est de l'anticyclone atlantique A, se poursuit, de plus en plus orientale, les 7, 8, 9.

Sous son action on assiste au comblement graduel des basses pressions précitées, avec transformation au cours de la journée du 8 (cf. fig. 1) de

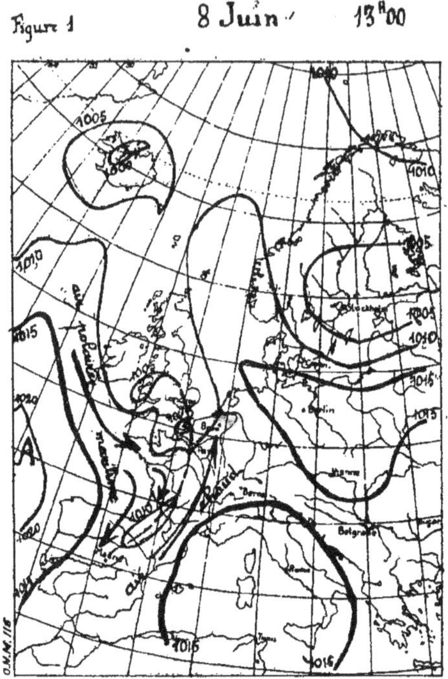

la situation dépressionnaire en une situation orageuse, vraisemblablement à la suite de la mise en présence directe de la masse d'air polaire et d'une masse d'air chaud, originaire du Sud de l'Europe (A Paris orage (c) le 8 à 18 heures cf. diagramme).

On assiste ensuite, sous l'action de cette masse d'air polaire maritime, à la formation progressive sur le centre de l'Europe (cf. fig. 2 et 3) d'un anticyclone (m) qui, à partir du 11, se déplacera vers l'Est, en se renforçant.

En outre, il convient de signaler l'évolution les 9 et 10 de plusieurs perturbations orageuses, d et o (fig. 2 et 3) liées à de petites ondulations sur le front froid qui limite vers le Sud la masse d'air polaire maritime.

Le 9, un système orageux très net (d) intéresse la Gascogne. Le 10, ce système se déplace lentement vers le NE. en faiblissant. Tandis qu'un autre (*o*) se forme sur le Nord de l'Espagne. Pendant les deux journées Paris reste en marge du premier système.

Enfin la perturbation (*o*) qui évolue sur le Nord de l'Espagne les 10 et 11, remonte le 12 vers le NNE., en contournant l'anticyclone (*m*) par l'Ouest (fig. 3) après avoir été rattrapée sur l'Ouest de la France par la queue d'une perturbation d'une nouvelle famille du front polaire.

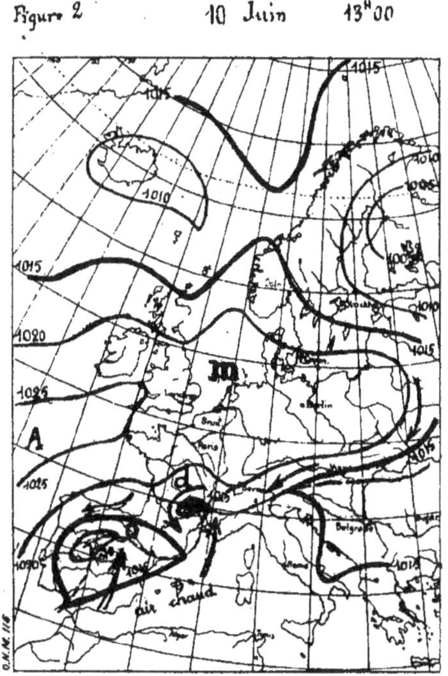

B) Liaison entre les atmosphériques (¹) enregistrés a Saint-Cyr et l'évolution des masses d'air

Le 6, atmosphériques migrateurs A (évolution diurne très irrégulière) avec quelques faibles atmosphériques de nuit. Ils sont tous liés au passage de l'occlusion qui amène le système dépressionnaire *a*.

(¹) On adopte comme terminologie « migrateurs », « stagnants », « de nuit », celle qui est basée sur le caractère de la variation diurne. Cf. Bureau. *C. R.*, 180, 1925, 529. La partie du diagramme concernant les atmosphériques, donne leur nombre par minute.

Le 7, mêmes phénomènes en liaison avec le système *b*. Toutefois, l'effet nocturne B, est beaucoup plus marqué, en coïncidence avec la présence d'une quantité plus importante d'air polaire maritime, qui commence à jouer le rôle de petit anticyclone mobile.

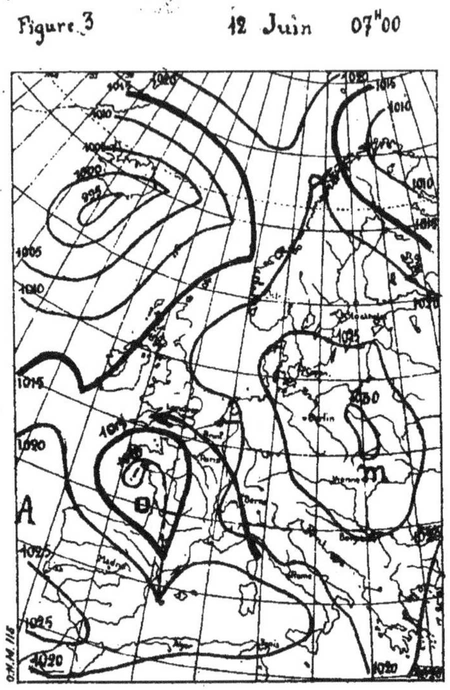

Figure 3   12 Juin   07ʰ00

Le 8, atmosphériques C, débutant comme des migrateurs, mais prenant très rapidement le caractère d'atmosphériques stagnants (variation diurne caractéristique). Ce changement de caractère, coïncide avec la transformation précédemment indiquée d'une situation dépressionnaire, en une situation orageuse.

Le 9, atmosphériques stagnants D, et très faibles atmosphériques de nuit E. Les premiers sont liés au système orageux *d* de Gascogne ; les seconds à la formation d'une pointe anticyclonique sur le Nord de la France.

Le 10, atmosphériques stagnants F, faibles, parce que le système orageux *d* faiblit et s'éloigne vers le NE.

Les atmosphériques de nuit G, sont au contraire renforcés pour que la région parisienne se trouve maintenant dans la partie méridionale de la masse d'air polaire, qui sert à établir l'anticyclone *m*.

Le **11**, atmosphériques II, d'air polaire instable, faiblissant l'après-midi. Paris se trouve en effet successivement au Sud, puis au Sud-Ouest de la masse (*m*). Il finit par se trouver vers 13 heuresdans une zone d'affaissement de la masse d'air polaire, ce qui explique la faible instabilité et les faibles atmosphériques de l'après-midi.

Les atmosphériques de nuit J, subissent l'action du même affaiblissement et sauf à la fin de la nuit sont nettement inférieurs à la normale.

Le **12**, atmosphériques stagnants K, au milieu desquels s'introduisent ceux (L) d'une discontinuité vigoureuse.

Les premiers appartiennent à l'évolution du système orageux du sud ; les seconds au passage, sur la région parisienne, de la discontinuité à laquelle est lié le système orageux.

E. ROUGETET

Chef du poste météorologique de Montélimar.

SUR UN CAS PARTICULIER DE PARASITES
ÉCOUTÉS SUR PETITES ONDES

ASSOCIATION AVEC LA SITUATION ATMOSPHÉRIQUE

Dans un exposé fait à la Société des amis de la T. S. F. (Conférence de documentation du 16 mai 1926) le capitaine Bureau signale l'étroite corrélation qui existe entre les parasites et la situation atmosphérique ([1]).

Il nous a été donné de suivre attentivement dans l'exemple ci-dessous, s'étendant du 1er au 4 septembre 1926, le rapport qui existe entre les parasites et un système nuageux accompagnant un front chaud.

Avant de décrire ce cas particulier, il est nécessaire de voir quelle était la situation atmosphérique ce jour-là 1er septembre à 7 heures :

Un vaste anticyclone est centré sur l'Europe centrale avec maximum à Kiew et paraît neutre. Par contre, celui qui existe sur l'Atlantique commande la marche des perturbations dans le sens W.-N.-W. Une profonde dépression à marche lente se trouve située au Nord de la Scandinavie avec

---

([1]) Voir également *La Météorologie*, n° 1, janvier 1926.

minimum à Ingoy. Des pressions basses existent sur la côte occidentale et le S.-W. de la France.

Une ligne de discontinuité tracée au moyen de la direction des vents à 7 heures permet de déceler le front chaud qui s'est avancé de la cote orientale d'Espagne sur l'Ouest de la France occasionnant sur son passage de violentes pluies torrentielles ayant causé des dégâts importants sur presque tous les points touchés notamment dans la province de Barcelone et en France dans l'Hérault (¹).

Le 1ᵉʳ septembre au matin, les vents sont faibles ou nuls sur la Provence. Le ciel est complètement couvert à Montélimar ; le vent en altitude vient du Sud tandis qu'il souffle de Nord dans les basses couches 0 à 500 m.) comme l'indique le sondage de 8 h. 25 :

Au sol	N.-N.-E	3 mètres
100	N.	5 »
200	N.	7 »
300	E.-N.-E.	1 »
400	N.-E.	1 »
500	E.-S.-E.	1 »

Au poste spécial pour l'écoute des parasites et ondes courtes on observe depuis 5 h. 15 des roulements continus entrecoupés de décharges sèches et allongées (DS DA) de fréquence illimitée et d'une faible intensité (intensité 2).

Les roulements disparaissent à partir de 7 heures et seules des DS et DA sont observées jusqu'à 10 heures d'une fréquence variant d'entre 12 et 18 et d'une intensité plus faible 1 sauf à 11 heures où l'intensité augmente à 1.

Le ciel qui jusqu'à maintenant était resté très nuageux commence à devenir très sombre au Sud et l'on distingue dans cette direction une ligne opaque qui s'avance vers le Nord (*A. St. opacus*), à 11 h. 30, la pluie commence.

A cet instance, les DS et DA disparaissent rapidement pour faire place à de faibles et lointains grésillements (produits vraisemblablement par une succession de petites étincelles de période très élevée) qui s'éloignent progressivement pour s'éteindre complètement à 13 heures.

De 13 heures à 16 heures, aucun phénomène électromagnétique n'est décelé par les écouteurs.

A 17 heures, une ligne d'éclaircie apparaît au Sud où la couche d'*A. Stratus* s'est partiellement déchirée et laisse entrevoir quelques trous bleus. Les Nimbus ont disparus et la pluie cesse à 17 h. 10.

(¹) La violence et l'abondance de ces précipitations paraissent dues au contraste brutal qui existait entre la masse d'air tropical alimentée par un courant de Sud venu de l'Afrique septentrionale et le courant d'W. frais des basses couches.

Les parasites (DS) à cet instant réapparaissent d'une intensité très faible mais d'une fréquence déjà moyenne 18. A 18 heures, des DS et DA simultanées s'observent, intensité 1, fréquence 20. Le ciel présente à ce moment, l'aspect d'une traîne avec nuages moyens déchirés et des nuages élevés très brillants sur un fond bleu très foncé.

La journée du 2 septembre est peu facile à analyser à cause des orages locaux nombreux qui se manifestèrent durant l'après-midi aux environs du poste et qui ont naturellement occasionné des interférences violentes autant que fréquentes avec les parasites normaux.

La journée du 3 est fertile en exemples.

L'anticyclone Atlantique persiste. Une zone de pressions stables s'étend sur toute la France avec noyau de pluies orageuses dans le Sud et le S.-W. Le vent à Montélimar est faible de secteurs S.-S.-W. à W.-S.-W. Le ciel est couvert par couche d'*A. Stràtus* doublée de Nb. La pluie tombe depuis 4 h. 40 et ne cesse qu'à 7 h. 5.

Des parasites continus (roulements intensité 2) sont observés jusqu'à 6 heures pour faire place à partir de 7 heures à des DA de moindre intensité. Des DS et DA simultanées sont enregistrées jusqu'à 10 heures (intensité 1, fréquence 14 à 23).

Une éclaircie apparaît vers 11 h. 15 au Sud allant au Nord. Les parasites DS et DA augmentent brusquement et leur fréquence croît jusqu'à 30. Le ciel se recouvre à 12 heures par couche d'*Alto Srattus glutinatus* et l'éclaircie s'éloigne vers le Nord. Les parasites diminuent et leur fréquence tombe à 5.

Le ciel est un peu dégagé de 13 h. 30 à 17 heures et une belle éclaircie s'est maintenue jusqu'à cette heure au-dessus du poste et ses environs. Les parasites observés durant ces heures furent très nombreux, leur intensité croît de 16 h. 20 à 18 heures, heure à laquelle la couche d'*A. Stratus* formant écran à l'Est a disparu.

Ces diminutions et ces augmentations se font assez rapidement et paraissent précéder ou suivre les zones nuageuses à une distance approximative de 70 kilomètres. Elles doivent être sans doute attribuées à des retours momentanés d'air froid en altitude.

Pendant la journée du 4 septembre les mêmes manifestations se reproduisirent avec cette seule différence que l'on observa le 1er, les premiers indices du front chaud avec corps pluvieux tandis que la journée du 4 représente la fin de ce système avec traîne orageuse caractéristique.

On est en droit d'espérer que l'écoute des parasites puisse servir utilement la prévision locale.

Il paraît possible actuellement, rien que par l'observation des phénomènes électromagnétiques, de déterminer à l'avance l'arrivée d'un front chaud ou froid.

Robert BUREAU
Chef de Section O. N. M.

L'EXPLORATION RADIOÉLECTRIQUE DE L'ATMOSPHÈRE

DORDAUNET

INTENSITÉ DES SIGNAUX RADIOTÉLÉGRAPHIQUES ET SITUATION MÉTÉOROLOGIQUE
(A BORD DU « DAUPHIN » GOLFE DE GASCOGNE)

LECLERC-COURBE

LE TEMPS ET LES ATMOSPHÉRIQUES SUR L'ATLANTIQUE

MONROUZEAU

ATMOSPHÉRIQUES ET BRUMES SUR LE BANC DE TERRE NEUVE

PROPAGATION

Ch. MAURAIN

Directeur de l'Institut de Physique du Globe, Paris.

RELATIONS ENTRE LES ÉTUDES SUR LE MAGNÉTISME ET L'ÉLECTRICITÉ TERRESTRES ET LE PROBLÈME DE LA PROPAGATION DES ONDES ÉLECTROMAGNÉTIQUES

La notion la plus ancienne de l'existence d'une forte conductibilité électrique dans les couches élevées de l'atmosphère découle de recherches sur le magnétisme terrestre. Balfour Stewart (1882) puis Schuster (1889) ont interprété les variations diurnes des éléments magnétiques en admettant la production dans la haute atmosphère de courants induits dus à des mouvements de l'atmosphère conductrice par rapport au champ magnétique terrestre. C'est plus tard (1902) que Kennelly et Heaviside ont fondé une explication générale du mode de propagation des ondes électroma_ gnétiques autour du Globe sur l'existence de couches de forte conductibilité dans la haute atmosphère.

Il n'y a d'ailleurs aucun doute que les phénomènes présentés par la propagation des ondes de T. S. F., étant de nature électromagnétique, sont liés à ceux qu'on étudie depuis longtemps sous le nom de « magnétisme et électricité terrestres », et il est désirable que les recherches en ces domaines soient en liaison étroite.

En fait, il n'y a pas encore beaucoup de points sur lesquels les deux ordres de recherches soient bien réunis, du moins au point de vue expérimental.

En ce qui concerne le magnétisme terrestre, le seul genre de recherches qui soit dans ce cas est l'étude de la connexité entre les perturbations des éléments magnétiques et les perturbations de la propagation des ondes électromagnétiques. Des comparaisons déjà anciennes portant sur des ondes longues de T. S. F. n'avaient pas fait apparaître de relations. Des comparaisons plus récentes portant sur des ondes courtes ont donné un résultat positif. L'étude théorique du sujet montre que, en effet, l'influence d'un champ magnétique sur la propagation des ondes dépend dans une large mesure de la longueur d'onde de celles-ci, et que cette influence peut être insensible sur des ondes longues et notable sur des ondes courtes. Mais les résultats tant théoriques qu'expérimentaux sont assez peu précis, et il semble qu'on pourrait faire progresser le sujet de plusieurs manières.

D'une part, il y aurait lieu d'étudier les communications par ondes de diverses longueurs d'onde entre des couples de stations situées soit sur un même méridien magnétique, soit sur une ligne perpendiculaire aux méridiens magnétiques. D'autre part, il serait sans doute possible de faire des expériences sur les ondes très courtes étudiées récemment, à l'aide de champs magnétiques artificiels auxquels on pourrait donner une intensité plus grande que celle du champ magnétique terrestre.

En ce qui concerne l'électricité atmosphérique, je ne connais pas de travaux à base expérimentale dans lesquels aient été mises en évidence des relations entre la propagation des ondes électromagnétiques et les quantités électriques telles que le potentiel, la conductibilité et l'ionisation atmosphériques. C'est seulement l'étude des parasites de la T. S. F. qui se relie à celle des phénomènes électriques orageux et, éventuellement, des phénomènes électromagnétiques d'origine cosmique.

Dans l'étude théorique de la propagation des ondes électro-magnétiques dans l'atmosphère interviennent le nombre, la nature et la mobilité des ions qui s'y trouvent. Mais ce sont les données relatives à la haute atmosphère qui s'introduisent dans l'étude du rôle des couches conductrices, et on ne connaît pas de moyens d'obtenir à leur sujet de renseignements expérimentaux directs. La nature des ions de ces couches reste indécise, bien qu'on ait des raisons de penser qu'ils sont en moyenne plus simples que ceux qui existent dans les couches basses de l'atmosphère ; d'ailleurs la densité et la composition de la haute atmosphère, desquelles dépendent le libre parcours moyen et la mobilité des ions, sont mal connues. Il résulte de là que les conclusions des études théoriques sur ce sujet sont assez divergentes. D'après les travaux récents de Hulburt, Maris, Gunn, l'ionisation produite par la radiation solaire ultra-violette suffirait à l'interprétation des phénomènes de propagation des ondes électro-magnétiques ; les variations périodiques et accidentelles de cette radiation provoqueraient (du moins en grande partie) celles de la propagation. Ces auteurs cherchent même dans le rôle de cette radiation solaire l'interprétation des variations des éléments magnétiques ; les orages magnétiques seraient dus à des paroxysmes solaires entraînant une émission anormale de radiations ultra-violettes ; la théorie de Schuster sur la variation diurne du magnétisme terrestre, rappelée ci-dessus, devrait être abandonnée ;

les aurores polaires trouveraient aussi dans cette ionisation leur explication.

Il semble qu'il faille attendre des données plus précises ou des recoupements entre les explications théoriques de phénomènes divers pour se prononcer. Sur ce point encore des expériences sur la propagation d'ondes très courtes dans des espaces où l'on ferait varier la pression, la composition des gaz et l'ionisation apporteraient sans doute des renseignements intéressants.

Il convient de remarquer que certaines des études relatives à la recherche de relations entre des phénomènes aussi variables que les phénomènes magnétiques et électriques terrestres et la propagation des ondes électromagnétiques doivent porter sur de longs intervalles de temps. Par exemple l'activité solaire a une période d'un peu plus de onze années, et sa variation ne se présente pas de même au cours des périodes successives ; on ne peut donc espérer en manifester avec netteté l'influence sur un certain phénomène qu'en étudiant celui-ci de manière aussi continue que possible pendant une longue durée.

J. BALTA ELIAS

Professeur-Adjoint à l'Université de Barcelone
Observatoire Météorologique de l'Université.

RÉCEPTION A BARCELONE DES ÉMISSIONS SUR ONDES COURTES
RÉSULTATS D'UNE ANNÉE D'ÉCOUTE

En avril 1928, nous avons commencé l'écoute systématique à Barcelone des émissions faites par divers postes, sous les auspices de l'Office National Météorologique pour l'étude de la propagation des ondes courtes, nous avons suivi depuis lors ces émissions sans interruption jusqu'à présent (exception faite du dernier trimestre 1928 pendant lequel nous avons été absent de Barcelone).

Dans cette écoute, nous avons utilisé toujours le même récepteur (*Schnell low loss* 1 détectrice et 1 basse fréquence à transformateur) installé chez nous (dans le centre de la ville) et dans les mêmes conditions d'antenne, etc., et d'alimentation, filament et plaque (par batteries d'accus) ; son étalonnage soigneusement établi entre $\lambda = 15$ mètres et $\lambda = 100$

mètres par comparaison avec un onde-mètre étalon, s'est conservé invariable d'ailleurs.

Quoiqu'il soit difficile d'en tirer de déductions en rapport avec les situations météorologiques, les résultats généraux d'après nos observations sont les suivants :

1o Paris (Mont-Valérien) $\lambda = 48$ mètres n'a jamais été audible à Barcelone à 7 heures ni à 13 heures et presque à coup sûr il en serait de même aux autres heures où règne le jour sur le trajet Paris-Barcelone, car il doit s'agir de l'affaiblissement bien connu que la lumière solaire exerce sur ces ondes ; un essai pendant la nuit éluciderait cette question ;

2o De même, les émissions de Bordeaux (J.) sur 23 mètres et dernièrement sur 21 m. 6 n'ont été jamais perçues à Barcelone à 6 h. 45, 13 h. 05 et 19 heures, mais dans ce cas, il s'agit sans doute de la zone de silence caractéristique des ondes de cette longueur et dans laquelle se trouve Barcelone ; cette supposition semble confirmée par la réception normale de cette émission à des plus grandes distances ;

3o Il est remarquable de voir avec quelle régularité sont reçues à Barcelone, pendant toute l'année, les émissions de Bordeaux (J.) sur 38 mètres à 7 heures, 12 h. 50 et 19 h. 15 ; l'intensité de réception, variable ordinairement entre $r = 5$ et $r = 8$, ne semble sujette a aucune loi de variation, influence saisonnière, etc..., mais quelquefois elle subit des affaiblissements très prononcés et même des extinctions complètes, sur lesquels nous reviendrons tout à l'heure ;

4o Une pareille régularité de réception s'est montrée sur l'onde de 51 mètres de Casablanca à 8 h. 30 et à 19 h. 30 mais seulement dans la période hivernale comprise entre les mois d'octobre et mai derniers ; vers le mois de mai 1928 ce poste a cessé d'être entendu jusqu'à l'automne et le même phénomène vient de se produire cette année et à la même époque (Mai dernier).

Il nous semble que la cause de ce phénomène est attribuable aussi à l'effet de la lumière solaire sur ces ondes, car c'est pendant l'été que le jour règne (ou presque) sur tout le parcours Casablanca-Barcelone, ce qui n'arrive pas pendant l'hiver.

Revenons sur le *fading* et extinctions qu'à certains jours manifeste l'émission de Bordeaux sur 38 mètres ; comme ce phénomène à Barcelone a coïncidé très souvent avec un ciel dépressionnaire, une baisse barométrique, des pluies, etc., j'ai tenté de rechercher les rapports qui peuvent exister entre ces évanouissements et la situation atmosphérique régnant sur l'Europe occidentale.

En règle générale, il semble que ces anomalies de la réception *ne dépendent aucunement des dépressions secondaires méditerranéennes* mais coïncident presque toujours avec la présence ou l'invasion d'une dépression atlantique sur l'Europe occidentale (Iles Britanniques et France principalement).

Ces dépressions de grande étendue semblent affecter aussi la propagation d'autres émissions effectuées dans leur domaine ce que nous avons vérifié à plusieurs reprises avec les émissions des météos de l'Air Ministry Londres (G. F. A.) sur 40 m. 6 et avec les radioconcerts Philips (P. C. J.) d'Eindhoven.

Pour ne pas imposer la fatigue de longues statistiques, je montre ci-dessous mes observations concernant deux jours typiques.

7 février 1929. — Réception impossible du *météo* de G. F. A. sur 40,6 à 8 heures. Bordeaux, à 13 heures varie d'intensité de $r = 7$ à $r = 3$ et présente même de longues extinctions ; à 19 h. 15 il devient absolument impossible de le recevoir. A la même heure, le radioconcert P. C. J. arrivait avec grande pureté et intensité $r = 8$, mais après l'émission de Casablanca sur 51 mètres (*qu'on reçut sans évanouissements et avec forte intensité*) le radioconcert diminua brusquement d'intensité.

2 mai 1929. — *Le météo* de G. F. A. à 8 heures arrivait très faible et avec évanouissements fréquents (le jour précédent, il fut impossible de le recevoir). Bordeaux, à 13 heures, présentait un *fading* accentué et son intensité était $r = 5$; à 19 h. 15 il ne fut pas entendu du tout. P. C. J. arrivait très faible dès le début du radioconcert (fortes perturbations atmosphériques) ; par contre Casablanca à 19 h. 30 arrivait avec une forte intensité $r = 8$.

Il est remarquable que ces jours-là (et aussi presque tous les autres jours de situation météorologique analogue) les émissions de Casablanca sur 51 mètres et de Lisbonne (C. T. V.) sur 32 mètres (météo de 8 h. 55) aient été entendues à Barcelone avec une forte intensité et sans évanouissements ; comme cela a coïncidé presque toujours avec l'existence de pressions supérieures à la normale sur l'Espagne (tout au moins sur sa moitié méridionale) et le Nord du Maroc, il en résulterait une confirmation de l'influence des surfaces de discontinuité sur la propagation des ondes, signalée par Hérath, Duckert et Huber.

En ce dernier cas, le parcours des ondes entre Casablanca ou Lisbonne et Barcelone est tout entier dans une même masse d'air (celle de l'anti cyclone méridional) et par suite, on n'observe pas le fading ni les extinctions que présentent par contre les ondes des autres postes ([1]) dont les ondes dans leur parcours doivent rencontrer des masses d'air différentes (celles du cyclone atlantique).

Pour finir, je veux faire remarquer les résultats presque toujours négatifs de notre écoute des émissions faites par avions, navires, vaisseaux de

---

([1]) Bordeaux, Air Ministry, Philips.

guerre, etc..., c'est ainsi que jusqu'à présent, nous n'avons jamais entendu le *Jacques Cartier* ni la *Ville d'Ys* avec aucune des ondes qui ont été utilisées, seulement en mai 1928 nous avons pu suivre les émissions de la *Jeanne d'Arc* pendant la croisière qu'elle effectua dans la Méditerranée.

Toutefois, j'avoue que malheureusement, il m'a été impossible d'écouter plus assidûment que je ne l'ai fait.

BEAUVAIS

INFLUENCES DE L'ATMOSPHÈRE SUR LES ONDES ULTRA-COURTES

Des anomalies ont été observées au cours d'essais de radiotéléphonie entre la Corse et le Continent au moyen d'ondes très courtes, en mai 1929. Le poste comprenait un émetteur symétrique type Mesny et la modulation était obtenue par le montage David. La réception se faisait au moyen de récepteurs à superréaction. Les expériences principales ont eu lieu entre la batterie de Simboula, au fort de la Revère (près Nice) à l'altitude 700 mètres et le col de Techime en Corse, altitude 600 mètres. La distance séparant les deux stations est de 200 kilomètres ; ces deux points ne sont pas en visibilité les deux rayons tangents à la terre issus de chacune des deux stations touchant la surface de la mer en des points distants d'une quinzaine de kilomètres.

La communication radiotéléphonique duplex entre ces deux points a pu être néanmoins obtenue dans de très bonnes conditions et les expériences ont donné lieu aux remarques suivantes :

Entre Nice et la Corse, les ondes employées ont été normalement de 5 m. 30 et de 6 mètres, et la puissance habituellement utilisée était de 35 watts alimentation (y compris la modulatrice).

Dans ces conditions et avec des antennes en onde entière, la réception se faisait *normalement* de part et d'autre à plus de 1 mètre du casque.

Mais des anomalies de propagation des ondes sont intervenues certains jours, soit au milieu de la journée, soit au cours de l'après-midi. Ces anomalies consistaient en un affaiblissement *progressif et permanent* de la réception, très différent du fading habituel des ondes courtes dont les variations *sont rapides*, cet affaiblissement était suivi d'un retour lent à la réception normale, la durée du phénomène total étant de plusieurs heures.

Par exemple l'affaiblissement pouvait commencer vers 14 ou 15 heures pour avoir son maximum vers 18 heures, la réception normale se rétablissant vers 19 ou 20 heures. Une autre fois par contre, l'affaiblissement maximum pouvait avoir lieu vers 14 ou 15 heures et la réception redevenir normale vers 16 heures. La nuit après le coucher du soleil, aucun affaiblissement n'a été constaté. Il semble d'ailleurs que ce phénomène d'affaiblissement n'ait eu lieu que les jours les plus ensoleillés, et encore pas tous les jours. Il n'en a pas été constaté les jours où le soleil ne se montrait pas et où les deux stations se trouvaient dans le brouillard ou la pluie.

Les longueurs d'onde employées normalement étaient de 5,3 et 6 mètres mais des essais ont été faits avec la longueur d'onde de 3 m. 75.

Les variations d'intensité dues à la propagation sont les mêmes pour les 3 ondes, lorsque les unes passent, les autres passent aussi.

Parasites atmosphériques

Au cours des essais effectués entre la Corse et le Continent, il a été loisible de constater une fois de plus que les ondes très courtes ne sont pratiquement pas influencées par les parasites. On peut dire, que sauf le cas d'orages violents et proches on n'entend jamais de parasites... Dans le cas d'orages voisins les parasites ne se manifestent qu'au moment où les éclairs jaillissent, dans ce cas souvent les deux correspondants les entendent simultanément.

Une seule fois, à la Revère, la réception sur 6 mètres a été rendue impossible par suite des parasites ; l'orage était au-dessus du poste et la charge statique de l'antenne en onde entière (ayant son point le plus haut à 7 mètres du sol) était telle que des effluves jaillissaient à l'intérieur du poste de réception entre les boucles de couplage d'antenne et les selfs.

A ce moment d'ailleurs la réception sur l'onde de 3,75 avec antenne en onde entière et dont le point le plus haut n'était pas à 5 mètres n'était nullement affectée, et il a été possible d'effectuer pendant l'orage une communication téléphonique en duplex, la réception se faisant à la Revère sur 3 m. 75 et l'émission sur 5 m. 30. Les parasites étaient pratiquement nuls sur 3 m. 75 à la Revère et naturellement complètement nuls en Corse.

P. DUCKERT

Observatoire aéronautique de Lindenberg.

INFLUENCE DE L'ATMOSPHÈRE
SUR LA PROPAGATION DES ONDES ÉLECTRO-MAGNÉTIQUES

Le problème des influences atmosphériques sur la propagation des ondes électro-magnétiques n'a toujours pas reçu de solution satisfaisante. Celle-ci est extrèmement difficile à donner car nous ne sommes pas en mesure d'exprimer le problème au moyen de formules, c'est-à-dire d'indiquer une solution mathématique.

Depuis déjà un certain nombre d'années, j'ai réuni sur ce sujet des observations et effectué des mesures pour toutes les situations possibles de temps afin de trouver une solution qui puisse répondre aux trois questions suivantes :

1° Influence des discontinuités de l'atmosphère sur l'intensité de réception et sur l'effet d'affaiblissement des signaux de T. S. F. ;

2° Influence de la stratification de l'atmosphère sur la direction de propagation des ondes ;

3° Siège des principaux foyers atmosphériques,

Je vais résumer brièvement ci-après les résultats principaux de mes recherches :

L'influence des couches de transition de l'atmosphère terrestre sur l'intensité de réception des ondes électro-magnétiques est considérable. En général, mes mesures ont confirmé le résultat déjà publié par F. Herath, à savoir que les surfaces de glissement entre émetteur et récepteur affaiblissent la réception et que celles qui recouvrent à la fois l'émetteur et le récepteur sous la forme d'une calotte peuvent renforcer d'une manière importante la réception. Le critérium essentiel m'a paru, depuis longtemps déjà, se trouver dans la relation entre l'humidité et l'altitude. Des mesures ultérieures, faites avec la plus grande précision, ont ensuite montré que la relation de l'humidité spécifique avec l'altitude dans les couches de transition déterminait presque exclusivement les troubles dans le transport de l'énergie. Par l'introduction de la température équivalente, ce critérium a été rendu plus facile. Des inversions ont toujours une influence sur la force de réception des signaux. Ce résultat s'applique presque uniformément à toutes les longueurs d'ondes ; pour les plus hautes fréquences il semble qu'il y ait un renforcement de cet effet. Jusqu'à 35 mètres vers le bas il a pu être mis en évidence.

A côté de ces perturbations qui donnent lieu à des périodes d'affaiblissement d'une grande durée, il existe aussi, comme je l'ai montré dans un mémoire paru dans le tome XV des *Travaux de l'Observatoire de Lindenberg*, des perturbations de plus courte durée (quelques minutes) qui dépendent davantage du temps. Ces dernières sont en rapport étroit avec des phénomènes atmosphériques qui ont leur siège en altitude tels que le passage de masses d'air chaud et humide.

Les mesures qui, d'abord, étaient des mesures relatives, furent par la suite remplacées par des mesures absolues.

Le deuxième domaine de recherches embrasse l'influence de l'atmosphère sur la propagation des ondes. Les documents utilisés sont considérables et renferment en grande partie nos propres mesures ainsi que d'autres qui furent faites par la marine. Les résultats qui ont déjà paru en partie dans les communications de l'Observatoire de Lindenberg ainsi que dans le tome XIII des *Beiträge zur Physik der freien Atmosphäre* sont très concordants et font apparaître les causes de l'influence d'une façon particulièrement claire. On a reconnu qu'en dehors des oscillations généralement établies de l'intensité des signaux pendant le crépuscule et la nuit, il s'en produisait d'autres pendant le jour qui peuvent atteindre parfois une grande importance. Ces dernières sont liées à l'existence de couches déterminées dans l'atmosphère. Lorsque l'atmosphère était stratifiée d'une manière très instable on observait toujours un affaiblissement des signaux particulièrement prononcé et de courte durée. Les surfaces de glissement vers le haut avec accroissement ou constance de l'humidité spécifique en altitude provoquaient toujours des oscillations dans la réception. La surface de glissement n'est pas forcément en rapport avec le temps, elle peut aussi provenir de causes orographiques (vents ascendants de montagnes, de dunes, etc.) sans que son influence s'exerce différemment. Lorsqu'il s'agit d'une stratification stable et qu'une influence peut être discernée, cette dernière est toujours très faible et ne donne lieu qu'à des affaiblissements de longue période. Si l'on veut approfondir l'étude de ces petites oscillations, on peut déduire d'un grand nombre d'observations que l'émission est affectée par la situation atmosphérique. Les troubles principaux qui faussent chaque émission sont liés à des inversions de température avec accroissement de l'humidité spécifique en altitude, c'est-à-dire en pratique avec les stratifications instables. Ce sont malheureusement ces dernières qui jouent un grand rôle sur les émissions destinées à la navigation. Une des séries d'observations publiée dans les *Beiträge zur Physik der freien Atmosphäre*, t. XIII, montre que les rayons de la propagation peuvent suivre des trajectoires curvilignes lorsqu'ils sont affectés par des influences atmosphériques.

Quant à la question de savoir où se trouve le siège principal des troubles atmosphériques, les observations ne sont pas encore suffisantes pour y répondre. Les recherches poursuivies dans ce but ne l'ont été que sur de très grandes longueurs d'ondes d'environ 20.000 mètres. Le résultat se résume brièvement en ceci qu'il faut chercher le siège des troubles atmosphériques pour les grandes longueurs d'onde dans certaines surfaces de glissement vers le haut, c'est-à-dire à des couches de séparation de l'atmosphère présentant un accroissement particulièrement grand de l'humidité spécifique en altitude.

A. JOUFFRAY

Mantallot (Côtes-du-Nord).

DES VARIATIONS A LONGUE PÉRIODE
DANS LA PROPAGATION DES ONDES COURTES

Le premier concours de réception transatlantique, en décembre 1922, marque, en quelque sorte, le début des recherches sur la propagation des ondes courtes.

A cette époque les longueurs d'ondes employées étaient voisines de 200 mètres. Mais dès l'année suivante MM. Deloye et Pierre Louis, montraient le parti que l'on pouvait tirer des ondes de 100 mètres et au-dessous pour les communications à longue distance.

Seulement, ces ondes se révélèrent bientôt comme assez capricieuses : suivant les circonstances, elles « portaient », même avec une faible puissance à l'émission ; ou « ne portaient pas », même en augmentant considérablement la puissance.

La nécessité de déterminer les conditions optima d'une bonne liaison radiotélégraphique sur onde courte suscite alors, chez les amateurs comme chez les professionnels, une foule d'essais.

Je ne citerai que ceux auxquels il m'a été donné de prendre part :

En 1924, essais de FL sur 115, 75, 50 mètres ; de M. Colmant avec Alger sur 80 mètres ; de Meudon sur 50 mètres ; de M. A. Vuibert entre 100 et 35 mètres.

En 1925, essais du poste XY de M. Lecroart sur 50 mètres.

De 1925 à 1927, essais de MM. Colmant et Beauvais sur diverses λ entre 90 et 20 mètres.

Enfin, à partir de 1927, tous les essais relatifs à l'étude de la propagation des ondes courtes sont centralisés par l'Office National Météorologique sous la direction technique de M. le capitaine Bureau.

Chacun de ces essais fit faire un pas en avant dans la connaissance des ondes courtes et mit en lumière les lois de leur propagation en fonction de la distance, de la λ, de l'heure (variation diurne) et de l'époque (variation annuelle).

Le moment semble venu de se demander si, en dehors de la variation annuelle, il n'en existe pas d'autres, de période plus longue ou simplement différente.

On pourrait penser qu'une comparaison entre les essais cités plus haut fournirait une réponse à cette question.

Malheureusement, ces essais furent plutôt des coups de sonde, et aucun d'eux, à l'exception de ceux de XY, ne présente les caractères de fixité de λ et de continuité nécessaires à une comparaison utile avec les essais méthodiques poursuivis depuis deux ans par l'Office National Météorologique.

Ce sont donc ces derniers (1927-1928 et 1929) et ceux de XY (1925) qui serviront de base à la présente étude et à la comparaison figurée dans les quatre diagrammes ci-joints.

Les courbes en ont été tracées d'après les résultats pointés d'environ 2.000 écoutes, et suivant la méthode usitée en pareil cas, la courbe laissant de part et d'autre le même nombre de points ([1]).

Les intensités sont « estimées » ([2]) de 0 à 9, suivant l'usage courant en France, et portées en ordonnées. Les temps sont portés en abscisses, le 15 septembre, date de début des essais de l'Office National Météorologique, étant pris comme origine pour faciliter la comparaison. La période 1927-1928 est affectée de l'indice 1, la période 1928-1929, de l'indice 2.

En général, l'écart moyen entre la courbe et les pointés est inférieur à une demi-unité ([3]).

([1]) Exception faite pour les écoutes dites « négatives » ($r = 0$) auxquelles il n'est évidemment pas possible d'attribuer le même poids qu'aux écoutes dites « positives » ($r \neq 0$).

([2]) L'estimation de l'intensité ne donne pas un résultat sensiblement inférieur à la méthode du téléphone shunté. Ces deux méthodes appellent les mêmes critiques. Il serait très désirable que quelques postes d'écoute soient outillés pour mesurer l'intensité de réception par une méthode plus impersonnelle.

([3]) Exception faite pour les écoutes dites « négatives » ($r = 0$) auxquelles il n'est évidemment pas possible d'attribuer le même poids qu'aux écoutes dites « positives » ($r \neq 0$).

Les écoutes ont été faites à Mantallot (C.-du-N.) par le même observateur et avec le même récepteur. Elles sont donc comparables entre elles au point de vue réception, dans les limites des variations de l'équation personnelle.

Les émissions dont les écoutes font l'objet de la présente comparaison sont :

XY, $\lambda = 50$ mètres. Emissions du Fort d'Issy de janvier à août 1925.

Z, $\lambda = 48$ mètres. Emissions du Mont-Valérien de septembre 1927 à juin 1929.

J, $\lambda = 38$ mètres. Emissions assurées par Bordeaux de septembre 1927 à juin 1929 dans des conditions de constance et de régularité tout à fait remarquables.

DIAGRAMME I. — *Variations annuelles de XY et Z, vers le milieu du jour.* — Lorsque l'on parle de variation annuelle de la réception il faut évidemment préciser (la distance et la λ étant fixées) quelle heure a été adoptée invariablement pour l'observation journalière. L'intensité de réception étant fonction surtout de la hauteur du soleil au-dessus de l'horizon, on pourrait à la rigueur (si elle n'était fonction que de cette variable) déduire la variation annuelle de la variation diurne.

Dans le diagramme I, l'écoute de Z a été faite entre 13 heures et 13 h. 10 T. M. G., celle XY, entre 12 heures et 14 heures T. M. G.

Nous remarquons tout de suite qu'en 1925 et 1929 la réception est beaucoup moins bonne, surtout à partir d'avril, qu'en 1928.

De plus, alors que Z_1 semble suivre presque exactement la variation annuelle théorique, Z_2 présente deux anomalies négatives, l'une en décembre, l'autre en avril-mai-juin. On pourrait penser à une faiblesse de l'émission pendant ces deux périodes : mais ce qui incite à penser qu'il s'agit bien d'un phénomène de propagation, c'est que J_2 présente par rapport à J_1 (D. III) les mêmes anomalies aux mêmes époques.

DIAGRAMME II. — *Variations annuelles de la réception de J à 7 heures.* — Comme dans le diagramme I, l'intensité moyenne de la réception est nettement plus faible à partir de 1929 — et même de septembre 1928 — que pendant la période précédente. Et de même que J_1, comme Z_1, suit presque exactement la variation annuelle théorique, de même J_2, comme Z_2, présente une forte anomalie négative à partir de mars 1929. Pendant la période correspondante à cette anomalie les écarts entre la courbe et les pointés dépassent beaucoup l'écart moyen ($\Delta r = 0,5$) comme si la couche réfléchissante s'était trouvée dans un état de modifications continuelles.

DIAGRAMME III. — *Variations annuelles de la réception de J à 13 heures.*
— Comme il a été dit plus haut, mêmes remarques que pour Z.

Intensité moyenne de réception nettement plus faible à partir d'avril 1929, et anomalie négative de J_2 en décembre 1928.

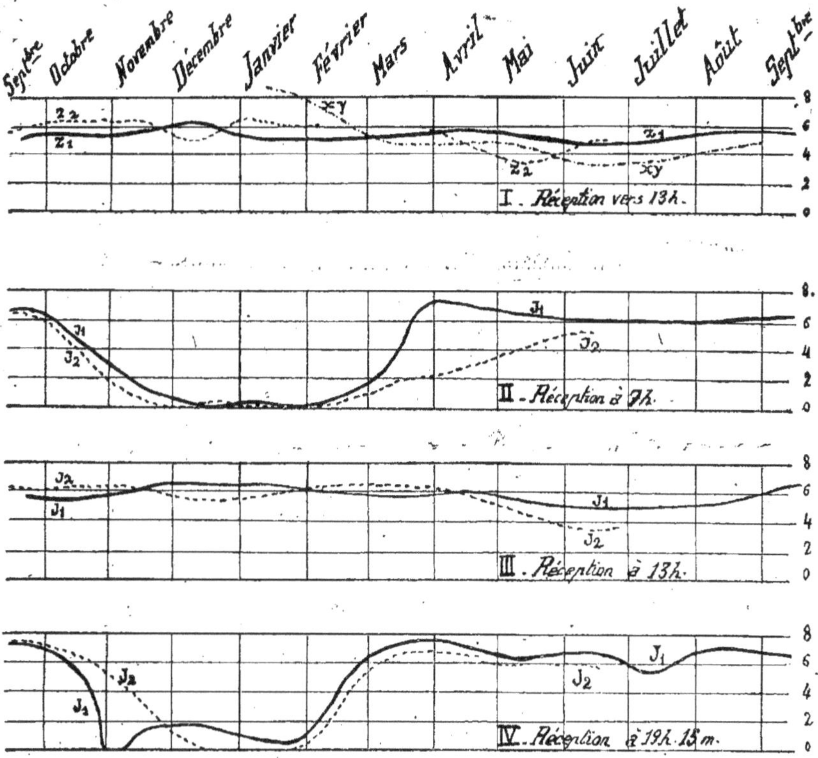

DIAGRAMME IV. — *Variations annuelles de la réception de J à 19 heures.*
— L'intensité de réception faiblit encore nettement en 1929 (exactement à partir de décembre 1928).

Mais, à l'inverse de ce que l'on constatait dans les diagrammes précédents, c'est J_2 qui semble suivre la variation annuelle théorique tandis que J_1 présente deux anomalies, la première négative au début de novembre 1928 et la seconde positive, immédiatement après, du 8 novembre au 8 janvier environ.

De plus le parallélisme des deux courbes, à partir du 15 janvier 1929 est tout à fait remarquable.

En résumé, si pour une λ et une distance données, on trace la courbe annuelle d'intensité de réception à l'heure H, cette courbe — en première approximation fonction de la hauteur du Soleil à cette même heure H — affecte en général une allure régulière (Z_1 et J_2).

L'ensemble peut en être déplacé dans le sens des ordonnées. Autrement dit, l'intensité de réception peut être, pendant toute l'année, supérieure ou inférieure à une certaine moyenne.

La courbe peut présenter des variations secondaires (anomalies) plus ou moins importantes, analogues aux variations que produiraient les vagues de chaud ou de froid sur la courbe annuelle de température, mais avec cette particularité que ces anomalies, tout en subsistant pendant plusieurs semaines ou plusieurs mois, n'affectent la réception que pendant certaines heures de la journée (ex. : les anomalies de J_2 en mars-avril-mai 1929 ont leur maximum d'amplitude à 7 heures, s'atténuent à 13 heures, disparaissent complètement à 19 heures).

Actuellement la valeur moyenne annuelle de l'intensité de réception semble diminuer, sans que l'on puisse dire — faute d'un nombre d'années d'observations suffisant — s'il s'agit là d'une variation séculaire, ou, hypothèse *a priori* plus vraisemblable, d'une variation à très longue période (correspondant par exemple aux variations des taches solaires, etc...) Le rapprochement des courbes XY, Z_1 et Z_2 inciterait d'ailleurs à croire que 1925 n'a pas été une année de réception excellente [1].

De même, il serait très intéressant de savoir si les anomalies de la variation annuelle ne se répètent pas périodiquement ; ou si, du moins, périodiquement, certaines années ne sont pas plus riches que les autres en anomalies (à ce point de vue 1928 semble présenter un minimum).

Ces connaissances seraient utiles, non seulement pour accroître la sécurité des liaisons radiotélégraphiques sur ondes courtes (navires, dirigeables, avions, etc...) mais aussi pour arriver à relier les phénomènes de propagations à d'autres phénomènes géophysiques ou astrophysiques déjà connus.

Sous l'impulsion de M. le général Delcambre, son éminent directeur, l'Office National Météorologique a su s'attirer, et, chose plus importante mais plus difficile, a su retenir des collaborateurs de jour en jour plus nombreux. Il est à souhaiter que les essais qu'il dirige se poursuivent pendant plusieurs années et s'amplifient dans la mesure des crédits dont il dispose. Et je ne serais pas très surpris qu'avant peu de temps on arrive à créer des stations d'émissions et un réseau de postes d'écoutes destinés

---

[1] On peut cependant objecter que la différence de λ de 2 mètres entre XY et Z agit précisément en diminuant l'intensité de réception de XY pendant l'été. Par contre la puissance de XY était notablement supérieure à celle de Z. Ceci montre l'intérêt d'émissions constantes en λ et, autant que possible en puissance.

exclusivement à l'étude des phénomènes de propagation, réalisant ainsi dans le domaine des ondes courtes ce que Leverrier avait réalisé dans le domaine de la météorologie.

A. TOURROU

F. 8 J. K. Bordeaux

LES NUAGES ET LA PROPAGATION DES ONDES (Résumé)

PHÉNOMÈNES CONSTATÉS SUIVANT LES DIVERS ÉTATS DU CIEL

Temps couvert. — 9 heures. Lorsque le temps est couvert les valeurs à la réception sont plus faibles que lorsque le temps est clair, résultat de l'absorption ; les affaiblissements en cours de travail se manifestent par 1 ou 2 points en moins, mais la liaison peut continuer.

15 heures. Absorption plus prononcée donc intensité de réception moindre, les affaiblissements restent dans le même rapport.

21 heures. Valeurs de réceptions toujours supérieures à celles de 9 heures et de 15 heures effet de nuit connu de tout le monde et les affaiblissements sont peu sensibles.

Temps nuageux. — Résultats intermédiaires entre ce qui précède et ce qui suit.

Temps nuageux avec éclaircies. — 9 heures. Les valeurs de réceptions sont supérieures à celles reçues par temps couvert, égales à celles reçues par temps clair, mais si un nuage en principe un cumulus, passe sur le trajet de l'onde, les valeurs de l'intensité de réception passent de 7 à 3 par exemple.

15 heures. Même allure générale mais très souvent la chute d'intensité passe par 0. dure 1, 2 minutes, quelquefois davantage selon la vitesse du vent en altitude. qui déplace le nuage plus ou moins vite.

21 heures. Lorsque les cumulus persistent jusqu'au lendemain les réceptions sont à peu de chose près semblables à celles du matin.

Temps clair. — En principe quelle que soit l'heure, les affaiblissements en cours de travail ne se constatent pas, mais l'allure générale reste la même pour les valeurs d'intensité fonction de l'heure : fortes le matin, moins fortes à 15 heures, plus fortes à 21 heures.

Résultats. — Sur 500 émissions reçues, 600 se présente comme il est expliqué ci-dessus, donc rapport 5/6.

Emissions pour l'Office National Météorologique. — Depuis septembre 1927, tous les lundi et jeudi à 7 heures, 13 heures, 19 heures sont effectuées à Bordeaux des émissions sur 38 et 22 mètres. .

Je ne parlerai pas de l'onde de 22 mètres qui est reçue très irrégulièrement en France ; l'étude n'est pas encore assez poussée pour essayer de tirer des conclusions.

L'onde de 38 mètres écoutée par une vingtaine de postes situés en France et au Maroc présente, d'après les relevés fournis par l'Office National Météorologique des phénomènes du même ordre : toutefois le nombre des constatations n'est plus dans le rapport 5/6, il est bien inférieur, mais cela se comprend étant donné la dispersion des récepteurs, dont certains se trouvent relativement éloignés de Bordeaux, points où les conditions météorologiques sont la plupart du temps différentes.

APPLICATIONS DE LA RADIOTÉLÉGRAPHIE A LA MÉTÉOROLOGIE

BERNARD

Lieutenant de Vaisseau

NOTE SUR L'UTILISATION DE LA T. S. F. POUR LA MÉTÉOROLOGIE SUR LES OCÉANS

Jusqu'à ces dernières années, le navigateur qui prenait la mer ignorait tout du temps qu'il allait rencontrer, non pas qu'on manquât absolument de renseignements météorologiques sur les océans, au contraire les conditions climatologiques moyennes sont assez bien connues sur l'ensemble des océans, ce sont là certes des renseignements intéressants mais absolument insuffisants, car en météorologie chaque cas est un cas particulier et tout capitaine prudent doit se tenir prêt à rencontrer la tempête même dans les régions où elles sont très rares. Par ailleurs les navigateurs qui ont longtemps pratiqué une région déterminée arrivent à connaître assez bien les signes avant-coureurs locaux de tel ou tel phénomène météorologique et à suivre ainsi l'évolution du temps, mais ce n'est là qu'une sorte de prévision assez grossière et peu sûre.

Le marin se lançait donc à l'aventure — au point de vue météorologique, s'entend — et prêt à tout recevoir sans pouvoir modifier sa route pour éviter le mauvais temps puisqu'il ne savait de quel côté la modifier, un peu comme un homme qui aurait à traverser une pièce les yeux bandés, sachant qu'il s'y trouve des tables, des chaises..., mais sans connaître leur emplacement.

Evidemment cette ignorance du temps que l'on va rencontrer ne se traduit pas toutes les fois par des accidents graves, heureusement, mais ce sont bien souvent des avaries légères soit au bateau soit à la cargaison et surtout des retards, donc toujours des dépenses qu'une meilleure connaissance des conditions météorologiques sur le parcours eut permis de réduire sinon d'éviter.

Cette claire connaissance du temps qu'il va rencontrer, on ne peut dire que le marin l'ait dès maintenant sur toutes les mers du globe, mais on peut affirmer qu'au moins dans certaines régions et en particulier dans l'Atlantique Nord il dispose de renseignements précieux, grâce à la T. S. F. ou, d'une façon plus précise, grâce aux ondes courtes qui seules permettent d'obtenir des portées rendant l'écoute possible à des bâtiments au large des côtes : le marin peut maintenant écouter les radiogrammes météorologiques comportant des observations terrestres et même des observations de navires en mer; il peut donc tracer une carte du temps dans sa région et, à l'aide des méthodes modernes de prévision, prévoir le temps qu'il va rencontrer et établir sa route en conséquence.

Nous venons de dire que les météogrammes internationaux comprennent des observations de navires à la mer, c'est là, en effet, l'autre résultat fructueux de l'emploi des ondes courtes en mer : il devient possible de recevoir des observations de navires situés à de grandes distances : indiquons, à titre d'exemple, que la liaison France-Antilles par ondes courtes peut être considérée comme assurée de nuit de sorte qu'un bâtiment aux Antilles peut être sûr de passer ses observations en France au moins une fois par jour, ce qui est très suffisant. En fait, il ne passera pas que ses observations, mais aussi celles des navires voisins non munis de postes à ondes courtes qu'il a pu récolter. De telles récoltes d'observations sont faites couramment par le navire-école *Jacques Cartier*, par le croiseur école d'application *Jeanne d'Arc*, actuellement *Edgar*

Quinet et par l'aviso *Ville D'Ys* au cours de leurs croisières en Atlantique.

Ces observations, en dehors de l'intérêt qu'elles présentent pour les autres bâtiments à la mer, sont des plus utiles pour le météorologiste terrestre qui le plus souvent a des renseignements suffisants sur les continents, mais manque d'observations sur les océans; c'est surtout en Europe occidentale que cet inconvénient se fait sentir : on sait que toutes les perturbations nous viennent de l'Atlantique, la plupart ont déjà traversé l'Amérique du Nord et ont pu être étudiées pendant cette traversée, mais autrefois, à partir du moment où elles s'engageaient sur l'Atlantique, on les perdait de vue et on ignorait dans quelles conditions elles s'étaient conservées ou transformées et avec quelle vitesse elles se déplaçaient; ces renseignements, un système de collecte d'observations de navires en Atlantique peut les donner facilement car il suffit souvent de peu d'indices pour suivre une perturbation dont on a pu étudier les caractéristiques, d'autant plus que les perturbations se modifient généralement moins vite au-dessus des océans que sur les continents.

Les marins sont donc entrés grâce aux ondes courtes dans le grand courant commercial météorologique : comme consommateurs, grâce aux renseignements qu'ils peuvent capter et comme fournisseurs envoyant des observations précieuses aux services météorologiques continentaux. On ne saurait trop insister sur la liaison étroite qu'il faut conserver entre les deux éléments du problème ; on n'obtiendra une collaboration continue de bateaux suffisamment nombreux qu'en leur procurant en échange des renseignements sur leurs routes, et la carte du temps représente pour eux la meilleure forme de renseignement, car c'est sous cette forme qu'ils comprennent ce qui se passe et peuvent étudier la meilleure route à suivre. Cette méthode est d'ailleurs hautement recommandée aux capitaines anglais par le Meteorological Office britannique, qui, dans le *Marine observer*, présente souvent des discussions de prévisions faites par des capitaines à la mer ou des renseignements intéressants communiqués par eux concernant l'évolution du temps.

Faut-il conclure de ce qui précède que le problème est résolu, c'est-à-dire que les marins d'une part et les météorologistes continentaux d'autre part, ont une connaissance précise de ce qui se passe sur les océans ? Il n'en est pas encore ainsi malheureusement; à certains moments, on a de très belles cartes atlantiques, donnant tous les renseignements voulus, mais parfois le lendemain, on a de grands trous sans observation, car les observateurs bien placés la veille se sont déplacés, chacun de son côté. Il ne suffit pas en effet que les observateurs soient suffisamment nombreux, il faut encore qu'ils soient bien placés les uns par rapport aux autres et par rapport aux continents. On voit que le problème n'est pas simple. En outre comme toute question pratique en météorologie, il suppose une collaboration internationale qui est actuellement à l'étude.

Nous pouvons indiquer, à titre d'exemple personnel, que nous avons vu fonctionner ce service de prévisions faites à bord de bateaux à la mer sur des cartes faites d'après des radiométéogrammes, sur la *Jeanne d'Arc* d'abord, puis sur la *Ville d'Ys* dans l'Atlantique Nord. Au cours des traversées de l'Atlantique, on pouvait noter que le nombre d'observations de bateaux reçues était fonction du temps ; par beau temps, on se serait cru seul sur l'océan, les appels par T. S. F. pour récolte d'observations demeurant sans réponse, mais quand le temps venait à se gâter, on découvrait de nombreux voisins ne demandant qu'à envoyer des observations et à recevoir des renseignements. C'est surtout au cours des croisières de la *Ville d'Ys* sur les Bancs de pêche de *Terre-Neuve* que ce service était intéressant ; les perturbations venaient du continent américain tout proche, on pouvait faire de très bonnes cartes d'après les météos américains qu'il était facile de recevoir et enfin les prévisions rendaient de grands services aux pêcheurs des Bancs qui, allant relever leurs lignes à morues dans de petits doris, craignent le vent qui met ces petites embarcations en péril surtout quand elles sont chargées, et la brume qui les empêche de retrouver leur bateau.

CREUSOT

Station météorologique du *Jacques Cartier*.

CONDITIONS DE RÉCEPTION A BORD DU SS « JACQUES CARTIER » DES MÉTÉOGRAMMES CONTINENTAUX SUR L'ATLANTIQUE NORD

Les observations météorologiques utilisées pour l'établissement des cartes et des prévisions peuvent être divisées en deux catégories :

1° Observations de navires reçues directement ;

2° Observations terrestres, transmises par les stations de T. S. F. continentales.

Les premières, reçues sur les ondes de trafic normal des navires (600,700 et 800 m.) ont fait l'objet d'une précédente étude.

Les météogrammes continentaux sont transmis sur toutes les ondes (fréquences) autorisées par la récente Convention de Washington, depuis les ondes ultra-courtes jusqu'à celles de plusieurs milliers de mètres.

Ces diverses émissions nécessitent un appareillage de réception approprié et constitué à bord du *Jacques Cartier* par :

1° Un ensemble de réception pour ondes courtes (au-dessous de 80 m.) ;

2° Un ensemble de réception pour ondes moyennes (jusqu'à 8.000 m.) ;

3° Un ensemble de réception pour ondes au-dessus de 8.000 m.

La réception pour ondes courtes est constituée par un système à réaction du type Schnell. Les réceptions pour ondes moyennes et longues, par boîtes d'accord suivies d'amplificateurs appropriés, avec hétérodyne.

Les émissions principales des météos continentaux intéressant l'Atlantique Nord, sont faites par les stations suivantes :

1° Tour Eiffel (Indicatif FLE) ;

2° Air Ministry (Indicatif GFA Londres) ;

3° Punta Delgada (Indicatif CUA Açores) ;

4° Julianehaab (Indicatif OXF Groënland)

pour l'Europe, et par

5° Arlington (Indicatif NAA) ;

6° San Francisco (Indicatif NPG)

pour les U. S. A.

Les émissions de FLE sont faites sur : 32 m. 50, 73 m. 50 et 7.200 mètres.

Celles de GFA sur 40 m. 43 et 4.100 mètres.

Celles de CUA sur 2.200 mètres et sont ensuite répétées par Lisbonne CTV sur 33 m. 50.

Celles de OXF sont effectuées sur 3.100 mètres et répétées ensuite sur 31 m. 50 par la même station, puis sur 5.300 mètres par la station danoise de Copenhague (Lyngby) OXE.

Les émissions américaines sont effectuées :

1° Par Arlington NAA sur 18 m. 60, 74 m. 70, 2.650 et 4.443 mètres ; ces ondes étant utilisées de la façon suivante : à 3 heures $= \lambda$ 2.650 et 4.443 simultanées ; à 4 heures : 74 m. 70 ; à 15 heures : 18 m. 60 et 2.650 mètres ; à 16 heures : 18 m. 60.

2° Par San-Francisco NPG : à 3 h. 30 sur 34 m. 96 et 2.700 mètres ; à 17 heures sur 34 m. 96 ; 2.700 et 7.005 mètres.

On ne peut manquer de remarquer dans cet ensemble la prédominance de l'onde courte qui tend, à doubler d'abord les ondes longues, puis par la suite, à s'y substituer. Cette transformation n'a pas peu contribué au rendement de la réception à bord du *Jacques Cartier*, ceci en raison de la portée presque illimitée des stations utilisant les ondes courtes et de la sélectivité à la réception. D'autre part, l'absence presque complète de parasites atmosphériques sur les ondes au-dessous de 35 mètres constitue un gros avantage lorsque le navire se trouve dans les régions tropicales.

En fait, la portée des stations à ondes longues se trouve limitée par le brouillage causé par les stations voisines et surtout par les atmosphériques. C'est ainsi que l'onde de 7.200 (FLE 80 kilowatts), pût être reçue confortablement à Galveston pendant l'hiver, alors que les parasites atmosphériques limitent souvent la portée de cette station au 65° W.

Même observation en ce qui concerne la station britannique de Air Ministry (GFA 50 kwtts).

Les météos transmis sur ondes courtes par FLE sont pratiquement reçus pendant toute la durée du voyage, bien que la puissance d'émission soit infiniment plus réduite : 5 kwtts sur 73 m. 50 et 7 kwtts sur 32 m. 50.

Les stations américaines offrent des avantages identiques et les émissions effectuées sur 18 m. 60 par le poste d'Arlington, puissance 5 kwtts, permettent au *Jacques Cartier* de recevoir les observations américaines de jour et dès sa sortie du Havre, alors que précédemment le service météorologique du bord devait se contenter jusqu'au 25° W. d'un bulletin météorologique de nuit souvent incomplet.

La réception du météogramme de San-Francisco est encore plus remarquable. Alors que les ondes longues (2.700 et 7.000 m.) ne sont jamais entendues dans l'Atlantique Nord, l'onde de 34 m. 96 est fréquemment reçue de nuit jusqu'au 30° W. La station n'est malheureusement pas encore dotée d'une émission au-dessous de 20 mètres, ce qui permettrait vraisemblablement la réception de ses météos pendant la plus grande partie de la traversée de l'Atlantique, de jour comme de nuit.

Le modèle du genre semble avoir été réalisé à la station d'Arlington qui, avec une puissance relativement faible (5 kwtts) assure sur tout l'Atlantique Nord la diffusion des météos américains, de jour sur 18 m. 60 et de nuit sur 74 m. 70. Ces météogrammes ont toujours été reçus avec la plus grande régularité et quelles que soient les conditions atmosphériques.

D'où l'on peut conclure qu'une réception parfaite des divers météos peut être assurée grâce aux ondes courtes, sans aucune lacune, tout en permettant de diminuer notablement la puissance d'émission tout en simplifiant l'appareillage de réception.

GAILLARD

Station météorologique du *Jacques Cartier*.

CONCENTRATION PAR LE « JACQUES CARTIER » ET RETRANSMISSION A PARIS D'OBSERVATIONS MÉTÉOROLOGIQUES DES NAVIRES SUR L'ATLANTIQUE NORD

Pour la collecte des observations météorologiques des navires et pour la retransmission de celles-ci à Paris, le *Jacques Cartier*, appartenant à la Compagnie Générale Transatlantique est muni d'un matériel radiotélégraphique approprié, ainsi que d'un bureau météorologique.

Outre les postes d'émission et de réception réglementaires pour un navire de sa catégorie, il possède un poste à ondes entretenues et un autre à ondes courtes, qui lui permettent une liaison aisée avec Paris et la diffusion quotidienne de ses météogrammes dans l'Atlantique Nord, pendant ses traversées.

Il a paru nécessaire de donner aux navires, en échange de leurs observations météorologiques, une situation générale du temps sur l'Atlantique, ainsi que l'évolution probable des phénomènes pendant les 24 heures qui suivent.

Le bureau météorologique est donc chargé de l'établissement des cartes nécessaires et du libellé du communiqué météorologique. En outre, il transforme en radiotélégrammes chiffrés selon le code international en vigueur, les observations des navires, transmises en clair et dans différentes langues.

Longueurs d'onde utilisées. — Tous les navires utilisent généralement, pour la transmission de leurs observations, les longueurs d'onde 700 et 800 mètres, afin de ne pas gêner les communications ordinaires et le trafic commercial, pour lesquels les longueurs d'ondes 450 et 600 mètres sont employées.

Rayon d'action du Jacques Cartier. — A la mer, il est d'environ 1.000 milles ; mais il convient de signaler que la majorité des navires suit des routes déterminées (International Tracks), dont les directions varient relativement peu, en fonction des saisons. Comme conséquences :

1° La densité des observations météorologiques est toujours plus élevée sur ces routes que partout ailleurs ;

2° Le maximum du nombre d'observations reçues est presque toujours atteint sur les régions de jonction des routes. Exemples : parages des Açores, région E des Bermudes.

Dates des observations. — En règle générale, les observations envoyées par les navires de toutes nationalités au « Jacques Cartier », sont effectuées à midi heure locale ; moins nombreuses sont celles faites à 00, 06, 12 et 18 heures temps moyen de Greenwich.

Or, les cartes météorologiques tracées à bord sont relatives à ces dernières heures — plus spécialement 00 et 12 heures — il s'ensuit un décalage progressif entre les observations continentales (de 12 heures par exemple) et celles des navires (de midi local), qui peut atteindre 4 heures vers le 60e degré de longitude Ouest.

Cette anomalie ne présente d'inconvénients pratiques que sur les régions perturbées par un phénomène violent et local ; il est alors relativement aisé d'extrapoler dans le temps, ou d'obtenir des compléments d'observations qui sont fournis sur simple demande du *Jacques Cartier.*

Ordre de réception. — Celui des observations de midi local est automatiquement établi d'après la position en longitude des navires transmetteurs ; les météogrammes de ceux qui se trouvent à l'E. du *Jacques Cartier* sont reçus les premiers.

Les autres observations sont transmises dès que possible, dans la limite où l'heure de leur rédaction coïncide avec les heures du quart des radiotélégraphistes.

L'écoute des observations de midi local commence généralement à 11 heures locales et se poursuit jusqu'à 16 heures environ.

Nature des réceptions. — Sur la quantité reçue, de nombreux météogrammes, envoyés par les navires « à tous », c'est-à-dire sans destinataire désigné, sont interceptés ; d'autres reçus directement des navires appellant le « Jacques Cartier » ; d'autres enfin sont reçus par l'intermédiaire de navires collationneurs.

Navires retransmetteurs. — Ces derniers sont — en général — vers la limite du rayon d'action du *Jacques Cartier* et présentent le gros avantage de recueillir, dans leur zone d'action, des observations que celui-ci ne peut recevoir directement, parce que trop éloigné.

Ils permettent souvent ainsi le tracé ininterrompu des cartes météorologiques sur tout l'Atlantique, avec un précision acceptable.

Lorsqu'ils sont voisins du *Jacques Cartier*, ils recueillent des observations pendant que celui-ci reçoit les météogrammes continentaux sur différentes ondes.

Les retransmissions s'effectuent généralement sur rendez-vous et l'on utilise l'onde de 800 mètres ou les ondes entretenues quand les retransmetteurs possèdent un poste.

Parmi ces derniers, il convient de distinguer ceux qui travaillent bénévolement par le « Jacques Cartier » et ceux qui, en échange des observations qu'ils envoient, demandent qu'il leur soit transmis celles de navires déterminés, ou qui sont hors de leur zone d'action.

Naturellement, on ne peut savoir, au début d'une traversée, si des navires retransmetteurs collaboreront au service ; ceux-ci se proposent en cours de voyage.

Méthode de travail à bord du Jacques Cartier. — Celle qui donne le meilleurs résultats est la suivante : le *Jacques Cartier*, en dehors des heures d'écoute des météogrammes continentaux, se met à la disposition des navires, non seulement pour ce qui concerne le service météorologique, mais pour toute espèce de trafic, notamment pour opérer la liaison entre les navires. Il en résulte la constitution — pendant une traversée — d'une sorte de « clientèle » avec laquelle le *Jacques Cartier* reste en relation constante.

Parmi les navires qui envoient des observations météorologiques, ceux des Etats-Unis utilisent, pour la transmission, un langage très abrégé, souvent une succession de lettres initiales des mots qui forment les phrases d'un météogramme ; comme ces observations sont de beaucoup les plus nombreuses, il est nécessaire que les officiers radiotélégraphistes soient très entraînés et possèdent la langue anglaise ainsi que l'espèce de code utilisé par les opérateurs des Etats-Unis quand ils correspondent entre eux.

Transmissions à l'Office national météorologique de France. — Après différents essais, on a convenu que le *Jacques Cartier* utiliserait, pour les transmissions à grandes distances, les longueurs d'onde de 32 m. 80 et 75 m. 60, ensemble ou séparément.

Toutes les observations de navires sont retransmises quotidiennement à l'Office National Météorologique, par l'intermédiaire du poste de la Tour Eiffel (FLE) en trois vacations.

Pendant la première (20 h. 30 à 21 h. 30), une trentaine d'observations peuvent être reçues et les accusés de réception sont donnés par FLE avant 0 heure.

Pendant les deux autres (2 h. 30 à 3 h. 30 ; 5 h. 30 à 6 h. 15), sont transmises les observations restantes de l'après-midi, ainsi que celles de 0 heure et de 1 heure ; dès que la liaison bilatérale est établie.

Cette organisation fonctionne remarquablement en quelque partie de l'Atlantique Nord que se trouve le navire et, seules les perturbations atmosphériques très violentes peuvent empêcher la liaison bilatérale, qui est alors reprise au plus tôt.

A l'heure actuelle, on peut compter sur la réception d'une moyenne de 800 observations de navires, pendant une traversée de 11 à 12 jours de service météorologique effectif (car on ne peut travailler à moins de 200 milles des côtes ; le poste à ondes amorties du *Jacques Cartier* gêne les postes côtiers et les navires ne transmettent presque rien lorsqu'ils sont au voisinage de la terre).

Cette moyenne, qui est relative à des voyages d'hiver, diminue légèrement en été, mais la moyenne journalière ne descend pas au-dessous de 65 observations.

———

Docteur K. KEIL

Leitung des Flugwetterdienstes, Berlin.

———

L'IMPORTANCE DE LA TÉLÉGRAPHIE SANS FIL
POUR LA MÉTÉOROLOGIE SYNOPTIQUE

———

Quand on songe aux domaines dans lesquels la radiotélégraphie a permis des progrès marqués, le Service général des transmissions de nouvelles (télégrammes, service de presse, radio) se place naturellement au premier plan.

Mais, parmi les sciences, c'est certainement la météorologie qui a tiré de la radiotélégraphie les avantages les plus considérables.

Quand on considère les cartes météorologiques tracées vers 1910, on les voit s'étendre à peu près dans le domaine compris entre les Pyrénées, les Alpes, la Scandinavie et la Mer Noire. Aujourd'hui, il est tout naturel que chaque Institut Météorologique d'une certaine importance trace régulièrement une carte météorologique de l'hémisphère Nord qui s'étend depuis l'Extrême-Orient jusqu'à San-Francisco en passant par l'Europe et suive sur cette carte l'évolution du temps de jour en jour. Il est clair que des progrès gigantesques en sont résultés pour la météorologie synoptique.

De plus, l'étendue des informations individuelles s'est accrue d'une manière considérable depuis vingt ans. A cette époque on devait se limiter à transmettre deux groupes de cinq chiffres pour chaque station sous peine de voir trop s'accroître le prix des télégrammes.

Aujourd'hui nous envoyons dans le Code International cinq groupes de cinq chiffres pour l'observation de chaque station. Cela n'a été possible dans la pratique parce que l'on n'a besoin de transmettre qu'une fois chaque information pour la porter à la connaissance de tous les intéressés. Et ce n'est pas seulement l'étendue du domaine sur lequel on a des renseignements qui s'est ainsi augmentée, mais également le contenu des renseignements individuels.

On s'aperçoit de l'importance de ces progrès seulement quand par exemple il s'agit de donner des renseignements météorologiques pour des entreprises aéronautiques sur de vastes étendues. Il y a dix ans, qui aurait pensé à faire en Europe une prévision pour l'Amérique ?

Grâce à des efforts qui ont trouvé avant tout en France les moyens les plus étendus nous pouvons aujourd'hui dessiner quotidiennement une carte météorologique de l'Hémisphère Nord. Encore un peu de temps à attendre et nous pourrons faire de même pour l'Hémisphère Sud. Déjà aujourd'hui nous recevons quotidiennement des renseignements de l'Amérique du Sud. Déjà aujourd'hui l'Océan se peuple de plus en plus d'observations. La radiotélégraphie est ici aussi la servante de la météorologie synoptique.

Encore un peu de temps et le météorologiste d'Europe s'entretiendra avec ses collègues d'Extrême-Orient et d'Afrique du Sud sur les événements météorologiques particulièrement intéressants de ces régions. Ainsi un pont s'offre à la liaison des points les plus éloignés du globe et des hommes les plus éloignés les uns des autres, mais ainsi aussi un pont s'ouvre à la collaboration des nations dans le domaine scientifique.

C. G. ABBOT

OBSERVATIONS DE LA CONSTANTE SOLAIRE (¹)

(¹) Communication publiée dans la *Revue de la Météorologie.*

Ladislas GORCZYNSKI

docteur ès sciences.

COMMENT MESURER L'INTENSITÉ DES RAYONS VIOLETS
ET ULTRA-VIOLETS

RÉSUMÉ

Après avoir rappelé le principe des solarimètres avec les tubes pyr-héliométriques, employés déjà depuis 1926 pour la radiation totale, l'auteur montre comment cet appareil très simple peut servir aussi pour l'évaluation précise des intensités partielles et surtout pour les mesures du rayonnement violet en valeur absolue.

Puisque par les verres colorés utilisés comme écrans violets passent toujours plus ou moins facilement les rayons infra-rouges, il faut combiner ces écrans avec des cuves remplies avec des solutions convenablement choisies.

D'autre part, par suite du peu d'énergie calorifique qui décroît en outre si rapidement au fur et à mesure quand on passe dans l'ultra-violet, il faut concentrer les rayons au moyen de lentilles si l'on veut éviter l'emploi des galvanomètres sensibles à miroir et se servir des millivoltmètres robustes utilisés avec les solarimètres.

L'auteur décrit un dispositif pratique lequel se compose d'un solarimètre du modèle courant, mais adapté aux mesures des rayons violets. Comme écran on emploie pour cela un verre coloré spécial, conjointement avec une cuve remplie de solution aqueuse de sulfate de cuivre ou même d'eau pure. Grâce à une lentille plan-convexe qui concentre les rayons, le dispositif en question fonctionne aisément avec un millivoltmètre robuste de Richard du modèle courant.

Ce dispositif peut servir non seulement pour le rayonnement solaire mais peut être aussi facilement adapté pour les sources artificielles.

Henri MEMERY

Observatoire de Talence (Gironde).

LES PÉRIODES EN MÉTÉOROLOGIE

RÉSUMÉ

1° Il existe des années chaudes et des années froides séparées par des intervalles égaux à ceux de la période undécennale des taches solaires ; mais ces intervalles ne peuvent pas être égaux entre eux, puisque aucune période solaire ne ressemble à la précédente ou à la suivante, soit comme durée, soit comme intensité.

2° Ces variations de chaque période solaire sont encore accentuées au point de vue de l'influence sur nos températures par les recrudescences et les diminutions importantes de taches ou de facules qui se montrent à toutes les époques de la période des taches et qui sont suivies chaque fois d'une augmentation ou d'une diminution de la température sur nos contrées.

3° L'action des périodes solaires se retrouve d'un siècle à l'autre par le retour de certaines saisons extrêmes sensiblement aux mêmes dates de chaque siècle ; toutefois, les observations solaires et météorologiques antérieures aux xviii° et xix° siècles étant incomplètes, il ne semble pas possible de suivre la plupart de ces variations sur plusieurs siècles consécutifs.

4° Il semble que le problème de la prévision du temps à longue échéance ne pourra être abordé utilement que lorsqu'on aura reconnu la cause de la formation et de la disparition des taches, facules et autres phénomènes de la surface du soleil et que l'on pourra ainsi déterminer à l'avance les dates d'apparition et de disparition de ces phénomènes ; or, même avec leur connaissance très imparfaite, il paraît possible, dès maintenant en se servant des trois éléments indiqués plus haut : période undécennale, variation séculaire, fréquence annuelle des taches, de déterminer, plusieurs années à l'avance, les dates de certaines saisons extrêmes.

Les températures de l'hiver de 1930, après celles de l'hiver de 1929, fourniront une nouvelle base pour montrer la valeur relative de cette méthode, qui a tout au moins l'avantage d'être très simple et dont la vérification est à la portée de tous les observateurs.

Abbé GABRIEL

APPLICATION DU CYCLE LUNO-SOLAIRE DE 372 ANS

M. G. BENNETT M. Sc.

H. H. Wills Physics laboratory Université de Bristol.

UNE THÉORIE DE LA VISIBILITÉ APPLIQUÉE A LA MÉTÉOROLOGIE

Le problème de la visibilité présente un intérêt très vaste, puisqu'il affecte tous les moyens de transport et ainsi la plupart de nos activités commerciales et autres. Il importe donc de connaître ses caractères spécifiques, afin de découvrir une solution pratique.

La visibilité est, en premier lieu, un phénomène psychophysiologique et elle dépend de certains stimulants physiques d'illumination. L'objet de cette communication est de discuter d'abord la manière de laquelle la visibilité dépend de ces stimulants, et en second lieu la production et la modification de ces stimulants sous des conditions atmosphériques diverses.

Il ne faut point confondre la visibilité, au sens où nous employons ce mot, ni avec la distance maximum à laquelle un objet peut être aperçu, ni avec la luminosité. Un objet ne devient visible que quand il a plus ou moins d'éclat que le fond sur lequel il tranche. La visibilité d'un objet dépend aussi de sa dimension et sa forme, mais si ces dernières restent constantes on aura la formule :

$$V = f(B_1, B_2)$$

où V est la visibilité, et B_1 et B_2 représentent les deux éclats en question.

Il m'a été possible de déterminer la forme de cette fonction comme suit. On dresse un objet qui a la forme de deux rectangles contigus d'éclats différents. Leur éclat peut être modifié à volonté. On mesure la visibilité de la ligne de démarcation pour des éclats différents, au moyen du compteur Wigand, instrument qui donne sur une échelle arbitraire, une évaluation de la sensation psychologique que l'on appelle la visibilité. L'analyse des constatations ainsi faites a fourni l'équation suivante :

$$V = F_1\left(F_2 + \log_{10} \frac{B_1 - B_2}{2}\right)$$

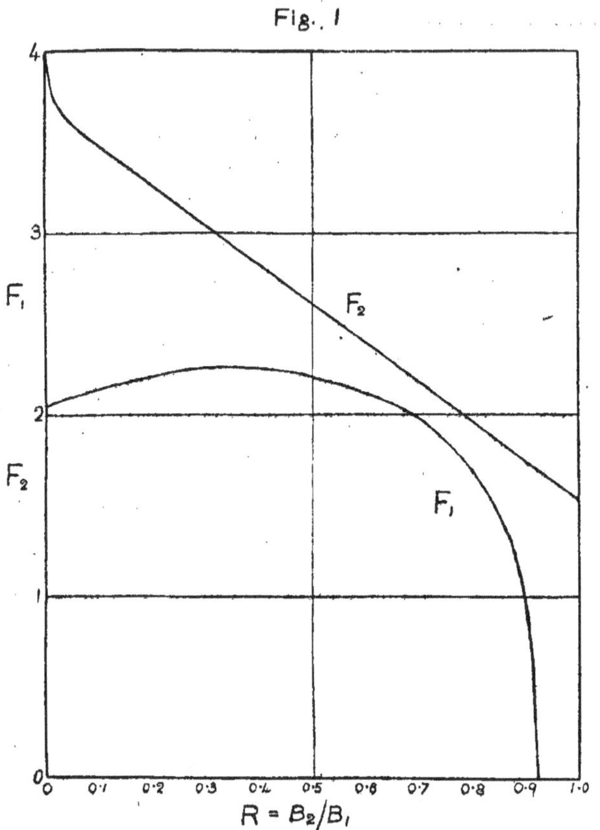

Fig. 1

où F_1 et F_2 sont les fonctions (voir fig. 1) de $R = B_2/B_1$. et B_1 et B_2 sont mesurés en « foot-candles » apparent ($B_2 < B_1$). Sous certaines conditions de l'atmosphère le contour d'un objet peut avoir une apparence diffuse ; c'est-à-dire que la transition de B_1 à B_2 peut paraître graduelle et non soudaine. L'obscurcissement, ou perte de visibilité, causé par cette diffusion peut être désigné δV. La valeur δV dépend de B_1, de B_2 ; et aussi de la vitesse de la transition de B_1 à B_2. La forme finale de cette fonction de visibilité devient donc :

$$V = F_1\left(F_2 + \log_{10} \frac{B_1 + B_2}{2}\right) - \delta V \qquad (1)$$

Nous arrivons maintenant à l'examen des valeurs B_1 et B_2 et des vitesses de transition de B_1 à B_2 qui auront lieu en réalité dans des conditions variées d'illumination et d'obscurité atmosphérique. Dans le cas d'un objet vu dans une atmosphère parfaitement transparente, δV est zéro, et les éclats seront, mettons, B_1 et B_2. Si, maintenant, quelque matière obscurcissante sous la forme de particules finement divisées et flottantes, est introduite dans l'atmosphère, les susdites valeurs seront modifiées comme suit :

1° *Absorption*. La matière ne transmet qu'une portion t des rayons de l'objet qui se heurtent contre elle. B_1 et B_2 deviennent alors tB_1 et tB_2.

2° *Éclat superposé*. Une portion g de toute la lumière I du soleil et du ciel est éparpillée par la matière dans les yeux de l'observateur, ce qui donne un éclat $G = gI$ qui est superposé sur tout l'objet. Alors B_1 et B_2 deviennent $(tB_1 + G)$ et $(tB_2 + G)$.

3° *Diffusion*. La matière a le pouvoir d'éparpiller la lumière de tous côtés et ainsi de troubler la propagation normale rectiligne de la lumière. Il s'ensuit que le contour de l'objet devient diffus et sa visibilité est réduite par le montant δV.

Pour achever le problème il faut découvrir alors l'étendue de ces trois effets qui contribuent à l'obscurcissement d'un objet, et sont en relation avec la matière obscurcissante. Dans ce but, on a produit dans des chambres, avec des murs en verre, des atmosphères obscurcissantes artificielles, et l'on a mesuré leurs propriétés optiques. On s'est servi de deux sortes de matières ; l'une de gouttes de liquide produites par du phosphore brûlé dans un air d'humidité constante et connue ; l'autre de particules de charbon produites par du camphre brûlant. On a pu régler la concentration « C » de la matière dans l'atmosphère ainsi que l'épaisseur « d » de l'atmosphère. Un rayon de lumière a été projeté sur la chambre et le montant de la lumière éparpillée dans de différentes directions a été mesuré au moyen d'un photomètre. Quelques résultats typiques se montrent au tableau n° 2 où le « radius vector « s_θ est le montant de lumière éparpillée dans une direction qui forme un angle θ avec le rayon incident. Il est évident que $s_0 = t$. Le montant de la diffusion a été déterminé en mesurant la visibilité d'un objet vu à travers l'atmosphère et en la comparant avec la visibilité non obscurcie. Les résultats pour la diffusion et pour l'éparpillement dans les deux directions principales de $\theta = 0$ et $\theta = 90°$ sont les suivants :

Gouttes liquides

$$\log_{10} t = -1,265\ \Delta$$
$$s_{90°} = 0,213\ \Delta^{0,46} c^{0,85}$$
$$f = 50,2\ \Delta^{11,8}$$
$$\Delta = c^{0,32} d$$

Particules de charbon

$$\log_{10} t = -0,38\ \Delta$$
$$s_{90°} = \text{négligeable}$$
$$f = \text{négligeable}$$
$$\Delta = c^{0,87} d$$

$$(2)$$

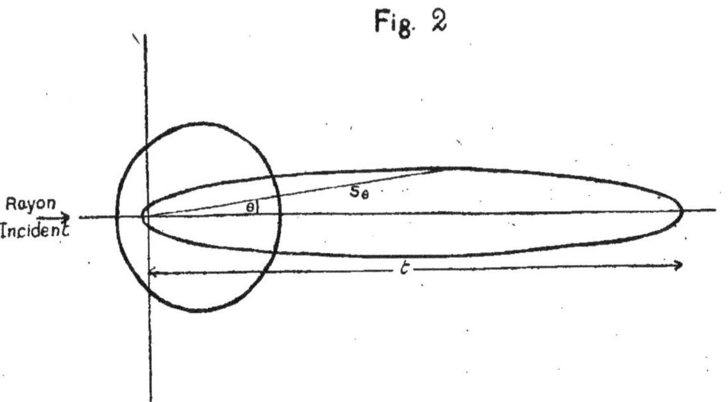

Fig. 2

Des résultats typiques pour deux atmosphères.

où f est la valeur de δV pour un objet dont $B_1 = 1$ et $B_2 = 0$, c'est-à-dire que pour tout autre objet

$$\delta V = f\ \frac{t^{\frac{B_1 + B_2}{2}} + G}{B_1 - B_2}.$$

En portant ces données à l'équation (1) on peut calculer la visibilité d'un objet d'éclats non obscurcis B_1 et B_2 quand il est vu à travers certaines concentrations et épaisseurs de matière obscurcissante sur laquelle une illumination donnée se projette. Il ne serait pas aisé de déduire une équation qui représente le cas général ; mais les conclusions suivantes que l'on tire de la théorie seront intéressantes.

1° A mesure que la distance d de l'observateur à l'objet s'accroît, l'obscurcissement causé par l'absorption augmente uniformément dans les deux espèces de matière.

2° A mesure que la concentration C de la matière s'accroît, l'obscurcissement causé par l'absorption augmente selon $c^{0,87}$ dans le cas des particules de charbon, et selon $c^{0,32}$ dans le cas des gouttes.

3° Les montants de la diffusion et de l'éclat superposé dans le cas des particules de charbon sont négligeables, sauf quand la source de l'éclat superposé est presque dans la ligne de vision et dans ce cas l'éclat devient iI.

4° L'éclat superposé dans le cas des gouttes est en général une fonction compliquée de c et de d et de la distribution de l'illumination I par-dessus le ciel.

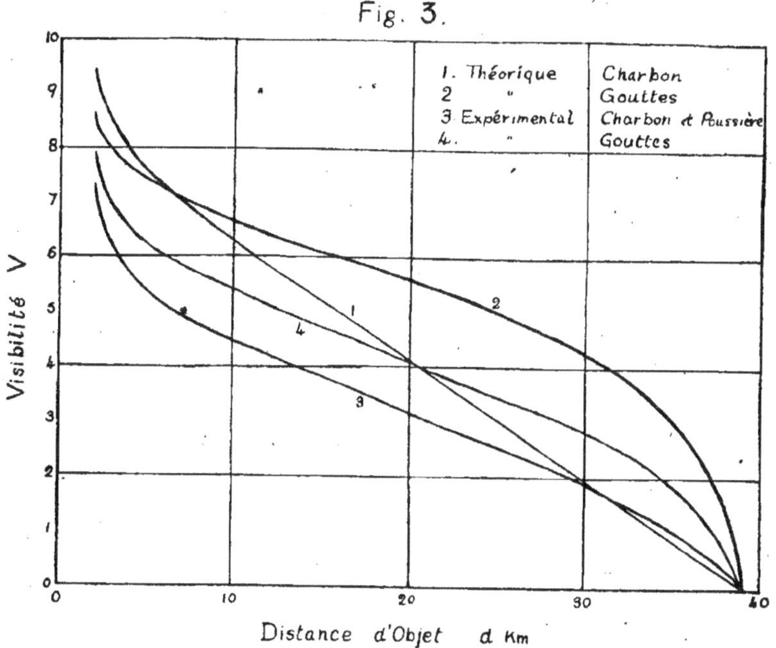

5° Dans le cas des gouttes la diffusion dans les premières phases de l'obscurcissement est très petite. Cependant, quand d ou c s'accroît, la diffusion augmente fort rapidement ; et quand le progrès de l'obscurcissement est complet la diffusion devient l'effet prédominant.

La diminution de visibilité d'un objet qui se produit lorsque l'observateur s'en éloigne, est montrée au tableau n° 3 pour deux sortes de matière obscurcissante ; et la variation de distance maximum D selon la concentration de la matière peut être exprimée par la formule $D = c^{-n}$ ou n est 0,87, dans le cas des particules de charbon, et 0,32 dans le cas des gouttes de liquide.

Pour vérifier cette théorie on a exécuté une série d'observations spéciales à Leafield et à Cranwell en Angleterre, pendant une période de trois mois. En plus des observations ordinaires du « English Meteorological

Office » prises sur ces lieux, l'illumination totale a été mesurée au moyen d'un photomètre spécial. Le montant de la poussière de l'atmosphère a été mesuré au moyen d'un « Owens Jet Dust Counter », et la visibilité de ces objets qui étaient visibles dans la série choisie a été mesurée par un compteur Wigand. Alors on a analysé ces observations, ainsi que la littérature du sujet en question, pour découvrir les conditions physiques de l'atmosphère qui sont en relation avec différents degrés et espèces de visibilité. On est arrivé par conséquent aux conclusions suivantes. Les facteurs prédominants sont évidemment :

1° La grandeur de l'objet et son contraste avec l'arrière-plan.

2° La concentration et la nature de la matière flottante.

Sous ce titre on peut inclure :

a) L'humidité ;

b) La concentration des noyaux de condensation dispersés dans l'atmosphère ;

c) La concentration des particules solides, dispersées dans l'atmosphère.

3° L'éclat superposé peut être important ou sans importance selon les circonstances.

D'autres facteurs moins importants sont :

1° L'éclat de l'objet.

2° L'agitation du contour de l'objet par les petites turbulences dans l'atmosphère.

Ces conclusions sont en accord avec la théorie ; ce qu'on voit par les exemples suivants :

La variation de la distance maximum de visibilité D à cause de l'humidité est montrée au tableau n° 4 pour deux espèces de jours, l'un assez poussiéreux, l'autre assez clair. Les courbes sont à peu près hyperboliques et ainsi de la même forme que la formule théorique $D = c^{-n}$. Or on conclut que les montants de la poussière et de l'humidité forment ensemble une mesure de la concentration totale C de la matière obscurcissante. On explique le fait que la courbe expérimentale est asymptotique à $H = k$ (où k dépend du montant de la poussière en supposant que la condensation de vapeur d'eau ne commence que quand l'humidité s'élève au-dessus de la valeur k.

Encore une autre confirmation de la théorie est fournie par les observations sur la décroissance de visibilité d'un objet puisque l'observateur s'en éloigne. Ces résultats que l'on expose sur le tableau n° 3 ont été analysés pour montrer la différence entre des jours où la matière obscurcissante se composait principalement de gouttes (comme l'indiquent la grande humidité et le peu de poussière), et des jours où elle se composait principalement de poussière (indication de peu d'humidité et de beaucoup de poussière). Ces deux espèces de jours ne sont pas tout à fait les cas extrêmes traités dans la théorie, mais la différence de courbure est évidente et s'accorde assez avec la théorie.

En discutant ce point il est intéressant de remarquer les apparitions ou disparitions soudaines des objets entourés de brouillard et situés à une distance définie de l'observateur. L'explication de ce phénomène est que

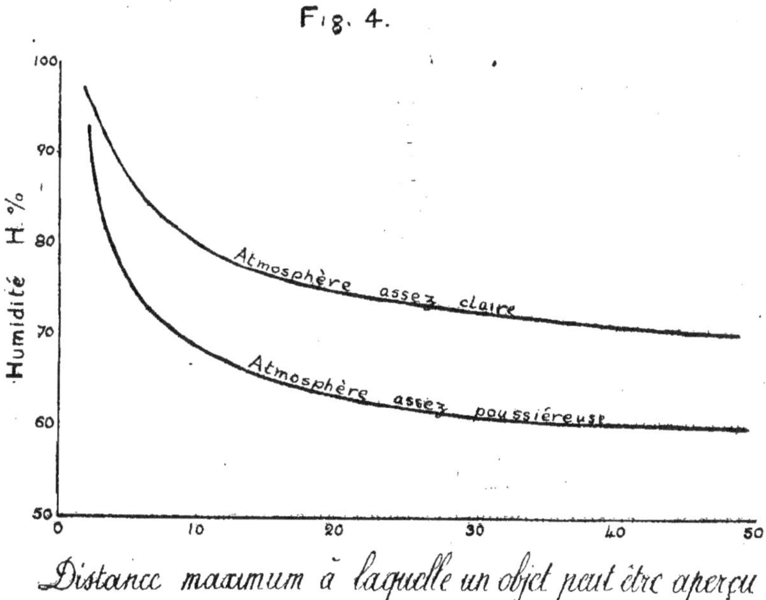

Fig. 4.

Distance maximum à laquelle un objet peut être aperçu

la diffusion s'accroît comme la douzième puissance de la distance, et ainsi quoiqu'elle soit négligeable à de petites distances elle s'accroit très rapidement à une distance qui dépend de la concentration d'eau dispersée.

Il restera toujours maintes questions à vérifier lorsqu'on aura toutes les données ; mais on peut conclure, quoique certains effets en rapport avec la visibilité, tels que la grandeur et autres, soient omis, que la théorie explique néanmoins les traits principaux du phénomène.

Une grande partie de ce travail a été exécutée au « H. H. Wills Physics Laboratory » de l'Université de Bristol, et j'ai à remercier M. le Professeur A. M. Tyndall, de ce laboratoire, de son bienveillant intérêt. Je dois aussi exprimer ma reconnaissance aux Capitaines Brunt et Entwistle pour avoir fait des arrangements qui ont permis ces observations aux stations du « Meteorological Office », et à MM. Heywood et Oddie qui les ont exécutées.

G. MELANDER

Directeur du Service météorologique finlandais,
Helsingfors.

SUR LES MESURES EFFECTUÉES A L'AIDE DU COMPTE-POUSSIÈRES DE AITKEN

Résumé

Des mesures ont été effectuées en différents endroits par l'auteur à l'aide du compte-poussières de Aitken entre 1894 et 1902.

La plupart des résultats de ses observations ont déjà été publiés dans son ouvrage : *Sur la condensation de la vapeur d'eau dans l'atmosphère*, Helsingfors, 1897, où il a été montré qu'un filtre aussi grossier que l'était le coton utilisé par Coulier peut retenir des noyaux de condensation tout à fait invisibles. Ce n'est pas la résistance mécanique du coton mais l'humidité qui paraissait jouer le rôle principal.

Il a montré que les noyaux de poussière relativement gros peuvent ne pas être des noyaux de condensation. Ils condensent bien, lorsqu'ils sont froids, une certaine quantité de vapeur d'eau sur leur surface mais n'entraînent pas la formation de plus grosses gouttes d'eau transparentes. Les fumées augmentent cependant d'une manière remarquable le nombre des *noyaux de condensation actifs* de l'air ; ces derniers sont moins de la poussière de charbon finement divisée que des *particules salines* beaucoup plus fines mélangées à de la fumée.

L'auteur a émis l'hypothèse en 1897 que la plupart des noyaux de poussières actifs qui provoquent la condensation des vapeurs d'eau dans l'atmosphère proviennent de l'eau emportée des océans par les tempêtes.

Le nombre des noyaux de poussière comptés à l'aide de l'appareil de *Aïtken* dépend visiblement de l'humidité de l'air. La question de savoir quels sont les noyaux de poussière qui peuvent servir de noyaux de condensation n'est pas encore résolue. Dès que les gouttes qui proviennent de la mer sont évaporées elles peuvent être comptées comme des noyaux de condensation. Mais si ces derniers s'emparent de l'eau contenue dans l'air ils se transforment de nouveau en gouttelettes d'eau qui sont inactives pour la condensation. Les noyaux salins saturés d'eau peuvent cependant redevenir actifs après dessiccation consécutive à l'insolation et aux conditions anticycloniques.

L'auteur cite des recherches ultérieures de Lüdeling et de Hilding Köhler qui ont confirmé ses hypothèses. Il cite ensuite quelques observations relatées dans des publications finlandaises peu connues et conclut ainsi :

« Des mesures de poussières faites pendant longtemps en un lieu per-
« mettraient de déterminer avec exactitude la relation entre le nombre de
« poussières et la direction du vent ainsi que l'endroit d'où viennent les
« poussières. Malheureusement, il ne m'a pas été possible de faire des
« mesures de poussières pendant toute une année, du fait que le compte-
« poussières n'était plus utilisable à quelques degrés au-dessus de zéro par
« suite de la condensation sur la plaque de verre divisée. »

L. PETITJEAN

Inspecteur de l'O. N. M.
Alger.

L'AIR ACTIF ET L'AIR PASSIF DANS LA CIRCULATION GÉNÉRALE ATMOSPHÉRIQUE

I. — L'étude de la circulation générale atmosphérique sur une sphère uniforme en rotation a conduit Helmholtz [1] à la détermination de deux surfaces de discontinuité théoriques. Ce résultat fut ensuite retrouvé par l'observation et les surfaces de discontinuité ont reçu les noms de « front polaire » et de « front des alizés ». A l'état stationnaire, ces surfaces séparent des courants inférieurs de Nord-Est de courants supérieurs de Sud-Ouest, les échanges thermiques s'effectuant dans une zone tourbillonnaire analogue à celle que *H. V. Sverdrup* a décrite dans son ouvrage sur l'*Alizé de l'Atlantique Nord* [2] ; dans les couches voisines du sol, les masses d'air séparées par les discontinuités sont parallèles et opposées ; la « circulation », au sens où l'a définie *V. Bjerknès* est constante et les tourbillons restent stationnaires, les masses d'air étant « neutres ».

En fait, des causes perturbatrices d'origine géographique, telles que le frottement ou l'irrégularité de l'insolation interviennent pour créer des accélérations normales aux discontinuités et la circulation varie dans le

[1] V. H. HELMHOLTZ. Ueber atmosphärische Bewegungen. *Sitzungsberichte der Kgl. preuss. Akademie*, 1888.
[2] V. H. V. SVERDTUP. *Der nordatlantische Passat*, Leipzig, 1917.

temps, les masses d'air étant « actives ». Leur activité est d'autant plus grande que la composante de leur accélération prise normalement aux discontinuités est plus grande. Un déplacement de l'une des masses s'effectuant normalement à une discontinuité (masse active) engendre dans l'autre masse un déplacement parallèle à la discontinuité et dirigé sur la gauche du premier (masse passive) (¹). Les masses froides étant animées d'une composante verticale descendante et les masses chaudes d'une composante verticale ascendante, la surface de discontinuité prend l'aspect ondulé d'une succession de parties convexes et de parties concaves correspondant aux surfaces de fronts froids et de fronts chauds.

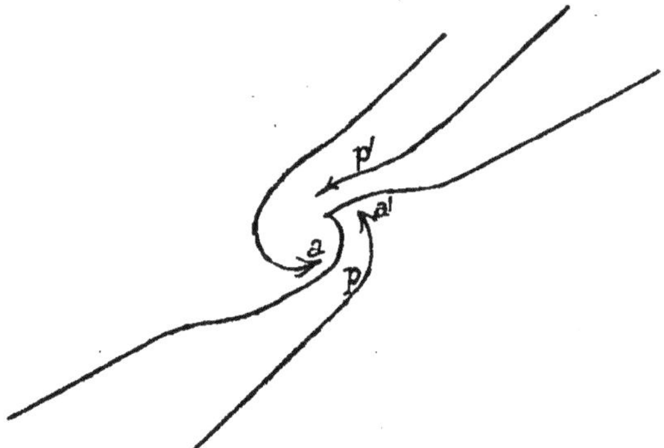

Fig. 1.

Les cartes de flux de l'Afrique du Nord où l'on voit apparaître pendant la saison chaude de nombreuses perturbations locales sont suggestives à cet égard ; le long de discontinuités quasi-rectilignes, les vents convergent d'abord vers un front neutre (v. fig. 1) puis un tourbillon se forme (v. fig. 2) entre l'air froid actif (*a*) et l'air chaud passif (*p*) ainsi qu'entre l'air chaud actif (*a'*) et l'air froid passif (*p'*). En même temps que le tourbillon prend naissance, en altitude souffle un courant d'air chaud tropical de Sud-Ouest qui provoque, en s'affaissant, la baisse barométrique (²). On observe alors la succession des nuages suivants : au début, des *Fracto-Cumulus* de Nord-Est flottent au-dessous d'*Alto-Cumulus duplicatus* de Sud-Ouest, les mouvements turbulents s'exerçant au-dessous de la surface d'affaissement. Ensuite arrivent des *Cirrus* écumeux de Sud-Est qui précèdent des *Alto-Cumulus castellatus* et *floccus* de Sud-Ouest, ainsi que

(¹) V. L. Petitjean. L'air actif et l'air passif dans les discontinuités atmosphériques. *La Météorologie*, 1927, p. 94.
(²) V. L. Petitjean. La discontinuité Nord-Africaine. *La Météorologie*, 1925, p. 446.

l'*Alto-Stratus* formé par l'ascension de l'air tropical. Enfin, lors du passage du front froid surviennent des *Mammato-Cumulus* et des *Cumulo-Nimbus*. En raison de la petitesse des perturbations d'été en Afrique du Nord, l'observation locale des nuages vient ainsi confirmer les observations synoptiques.

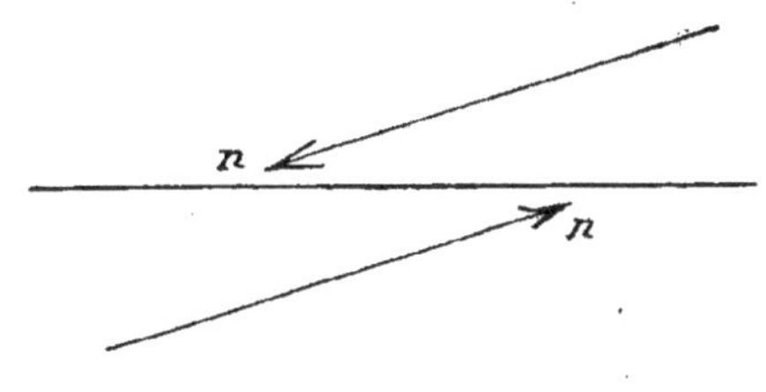

Fig. 2.

II. — Autour d'un anticyclone stationnaire tel que l'anticyclone des Açores, différents courants de perturbations ont été parfaitement mis en évidence par l'application de la méthode des noyaux de variations barométriques ([1]). Ce sont : le courant « direct » qui longe au Nord l'anticyclone, le courant « dérivé » qui se détache du premier pour longer la face orientale de l'anticyclone et le courant « inverse » qui longe ce dernier par le Sud. Les vents des couches moyennes de l'atmosphère qui dirigent le mouvement des perturbations sont normaux à l'air froid actif des couches inférieures et orientés sur la gauche de ce dernier. Ainsi, lorsque l'air froid actif arrive du Nord comme c'est généralement le cas sur l'Océan Atlantique, au Sud du Groënland, le courant des perturbations est dirigé de l'Ouest à l'Est (front polaire). Lorsque l'air froid actif arrive du Nord-Ouest, le courant de perturbation est dirigé du Sud-Ouest au Nord-Est. Enfin, en ce qui concerne le courant « dérivé », l'air actif froid arrive du Nord-Est, comme c'est le cas pour les invasions d'air arctique provenant du Nord de la Sibérie, les perturbations descendent sur la gauche de ce dernier, c'est-à-dire du Nord-Ouest au Sud-Est. Les observations aérologiques révèlent alors un affaissement de l'air du Nord sur la face occidentale de l'anticyclone aux niveaux moyens de l'atmosphère.

Les invasions d'air froid actif qui accompagnent la formation des perturbations sur les bords d'anticyclones stationnaires ont pour résultat de déformer ces centres d'action indépendamment de leur déplacement dans le sens des méridiens, lequel est fonction des variations d'intensité de la circulation générale atmosphérique.

([1]) SCHERESCHEWSKY et WEHRLÉ. Les courants de perturbation et le front polaire. *C. R. Académie des Sciences*, t. 179, p. 285.

Prenons, par exemple, le cas de l'hémisphère boréal. Lorsque la circulation y est plus intense du fait d'un accroissement d'intensité de la radiation solaire, les centres d'action sont plus hauts en latitude, l'air échauffé au-dessus des régions équatoriales s'élevant à de plus grandes altitudes avant de retomber à des latitudes plus septentrionales pour donner naissance à l'anticyclone de l'Atlantique. Cette influence se fait particulièrement sentir au cours de l'hiver : suivant que l'intensité de la radiation solaire est plus ou moins forte, le climat de l'Europe occidentale et de la Méditerranée est du type « océanique » ou du type « continental », c'est-à-dire que les vents régnants sont doux et humides dans le premier cas, froids et secs dans le second. L'air froid actif qui souffle dans la partie postérieure des perturbations descend à de moins basses latitudes en régime océanique qu'en régime continental. A une plus ou moins forte intensité de la radiation solaire correspond ainsi une trajectoire plus ou moins étendue de l'air polaire vers le Sud.

Cette déduction nous conduit à suggérer à ceux de nos collègues qui se sont spécialisés dans les études de radio-météorologie, l'intérêt qu'il y aurait à rechercher une corrélation entre l'intensité ou la fréquence des parasites atmosphériques et les variations d'intensité de la radiation solaire.

III. — En un lieu déterminé, la variabilité des éléments du climat dépend de deux facteurs : 1° de la position de ce lieu par rapport aux centres d'action (type de climat océanique ou continental) et 2° de sa position par rapport aux courants de perturbation qui, en contournant les centres d'action, donnent lieu, sur leur passage, aux fluctuations du temps. Le premier facteur varie avec des périodes multiples de l'ordre de plusieurs mois ou de plusieurs années ; le second, avec des périodes multiples de l'ordre de quelques heures à quelques jours. Au lieu considéré et pour une époque déterminée, les perturbations passeront donc en nombre plus ou moins grand et seront plus ou moins profondes suivant : 1° la position des centres d'action à l'époque envisagée et 2° la position du lieu considéré par rapport aux courants de perturbation. Supposons qu'il s'agisse, pour fixer les idées, des variations de la pluviosité dans une localité de l'Algérie située à l'Ouest du Bassin méditerranéen, Oran par exemple. Il pleut plus abondamment à Oran pendant les années où le régime continental prédomine, c'est-à-dire lorsque l'anticyclone eurasiatique s'avance sur l'Europe occidentale. Des perturbations sont engendrées par de l'air froid actif qui descend du Nord-Est et tourne progressivement au Nord puis au Nord-Ouest en arrivant sur le Bassin méditerranéen où elles stationnent. C'est cette situation qui a régné en novembre 1927 pendant les inondations de l'Oranie. Par contre, lorsque le régime océanique prédomine, l'air froid

actif des perturbations qui contournent l'anticyclone de l'Atlantique sur sa
face orientale traverse directement le Bassin méditerranéen du Nord-Ouest
au Sud-Est et provoque des précipitations plus abondantes sur les départements d'Alger et de Constantine et sur la Tunisie que sur l'Oranie. La
statistique vient d'ailleurs confirmer notre explication purement dynamique : en effet, la quantité moyenne annuelle de pluie tombée entre 1860
et 1879 à Oran a été supérieure des deux tiers environ à celle qui est tombée de 1914 à 1924. Or, d'après *Rosenbaum* ([1]) le type continental a nettement prédominé pendant la première période, tandis que le type océanique a prévalu pendant la seconde.

G. DEDEBANT
Chef du service météorologique du Maroc.

L'ÉVOLUTION BAROMÉTRIQUE

L'aspect complexe d'une carte isobarique se résoud en trois sortes de
champs de pression élémentaires :

1° Un *champ fixe,* ou plus exactement, lentement variable, forme le
« fond » de la carte ;

2° Il s'y superpose un ou plusieurs *champs migrateurs,* couvrant le plus
souvent, chacun une zone distincte, mais aussi s'enchevêtrant parfois
pour donner naissance à des interférences ;

3° Un champ migrateur se propage rarement sans déformation. Chacune de ses figures mouvantes subit une *évolution*.

Les procédés actuels d'analyse du champ de pression (variations dans
une gamme d'intervalles-écarts à la moyenne) visent surtout à séparer
la composante migratrice du champ, de sa partie stable. Peu d'efforts
ont été tentés pour isoler, ou seulement définir, le *champ d'évolution*.

On conçoit pourtant l'importance d'une telle notion, liée aux aggrava-
tions et aux améliorations du Temps, à la naissance et à la mort des perturbations atmosphériques.

Nous exposerons ici la première contribution que l'instrument mathé-

<hr>

([1]) L. Rosenbaum. Ueber die Abhängigkeit der elfjährigen Klimaschwankungen von
der Sonnenfleckenhäufigkeit. *Met. Zeit.*, juin 1929, p. 217.

matique apporte au problème de l'évolution des météores, par l'intermédiaire de l'élément « pression barométrique ». Cette contribution se borne
à mettre entre les mains du météorologiste, un mécanisme d'exploration
qui est, pour l'Evolution, l'analogue de la Méthode des Variations, pour la
Migration. Les propriétés « physiques » ou « intrinsèques » de l'évolution
des météores, ne peuvent évidemment être révélées, que par l'application
de ces procédés d'analyse aux cartes synoptiques quotidiennes.

Fonction d'évolution

Dans une certaine zone, on observe que la migration des perturbations
s'effectue avec une vitesse Ω, dans une direction fixe (vitesse du courant
de variations ; vitesse des fronts de discontinuité).

L'image isobarique de l'une des perturbations est une certaine
figure F (dépression ou anticyclone mobiles ou seulement thalweg ou
dorsale).

On peut imaginer que l'on passe d'une position F_1 de F, correspondant
au temps t_1, à une position ultérieure F_2 (temps t_2), « suffisamment voisine ([1]) », par la succession des opérations suivantes :

1º Une translation de F_1 égale à $\Omega(t_2 - t_1)$, selon la direction de migration, qui l'amène à recouvrir grossièrement F_2 : *propagation sans déformation* ;

2º Une déformation de F_1, dans sa nouvelle position F_1', qui parfait la
coïncidence avec F_2 : *déformation sur place.*

Nous appellerons évolution entre les instants t_1 et t_2, le champ représenté par la soustraction des figures F_2 et F_1'.

Lorsque l'intervalle $(t_2 - t_1)$ tend vers zéro, on obtient l'*évolution
instantanée.*

Remarquons que l'évolution dans un intervalle fini, est une *évolution
apparente*, résultant à la fois de la transformation intrinsèque de la
perturbation, et de la variation dans l'espace du champ fixe préexistant.

Au contraire, l'évolution instantanée, se rapportant à un intervalle
infiniment petit, fait disparaître l'influence du champ fixe, et représente
uniquement l'évolution propre de la perturbation.

Il n'est pas inutile d'examiner maintenant l'aspect analytique de la
question.

([1]) L'intervalle de temps $(t_2 - t_1)$ doit être assez petit pour ne pas mêler les perturbations successives, de même que dans la méthode des variations, l'intervalle ne
doit pas excéder la demi-période.

Il est possible, d'une infinité de manières, de décomposer le champ de pression $p(y, x, t)$ en la somme de deux fonctions :

$$f(y, x - \Omega t) + \varphi(y, x, t)$$

dont la première est un champ migrateur, et la seconde, un champ d'évolution.

(L'axe des x est orienté dans la direction de migration).

Formons la combinaison :

$$\mathrm{E}(y, x, t) = \Omega \frac{\partial p}{\partial x} + \frac{\partial p}{\partial t} \cdot$$

Elle est égale à :

$$\Omega \frac{\partial \varphi}{\partial x} + \frac{\partial \varphi}{\partial t},$$

car la fonction f donne une combinaison nulle. L'évolution φ est donc solution de l'équation aux dérivées partielles :

$$\Omega \frac{\partial \varphi}{\partial x} + \frac{\partial \varphi}{\partial t} = \mathrm{E}(y, x, t).$$

Le champ de pression $p(y, x, t)$ étant une solution particulière de cette équation linéaire, et une fonction arbitraire A, de $x - \Omega t$, vérifiant l'équation sans second membre, l'intégrale générale est évidemment :

$$\varphi = p + \mathrm{A}(y, x - \Omega t).$$

L'évolution $\varphi_{t_1}^{t_2}$ entre les instants t_1 et t_2 est de cette forme. Pour cette fonction particulière on doit écrire la condition aux limites :

$$\varphi_{t_1}^{t_2}(y, x, t_1) = 0$$

qui donne :

$$\mathrm{A}(y, x - \Omega t) = - p(y, x - \overline{\Omega t - t_1}, t_1)$$

d'où enfin :

$$\varphi_{t_1}^{t_2}(y, x, t_2) = p(y, x, t_2) - p(y, x - \overline{\Omega t_2 - t_1}, t_1).$$

Cette forme de la fonction $\varphi_{t_1}^{t_2}$ traduit effectivement la définition géométrique que nous en avons, plus haut, donnée.

L'évolution instantanée est la dérivée de $\varphi_{t_1}^{t_2}$ par rapport à t_2 pour $t_2 = t_1$, soit, en supprimant les indices devenus inutiles :

$$\frac{\partial \varphi}{\partial t} = \frac{\partial p}{\partial t}(y, x, t) + \Omega \frac{\partial p}{\partial x}(y, x, t) = \mathrm{E}(y, x, t).$$

Nous donnerons à E, le nom de *fonction d'évolution*.

Comme nous l'avions déjà fait remarquer, le champ fixe de pression se trouve éliminé dans la dérivation de φ par rapport au temps.

E est donc l'évolution du champ variable de pression, et non pas du champ isobarique total, ce qui donne à cette fonction une importance toute spéciale pour les applications.

INTERPRÉTATION GÉOMÉTRIQUE DE LA FONCTION D'ÉVOLUTION

LIGNE D'ÉVOLUTION PURE

La fonction d'évolution peut s'écrire :

$$E = \mathcal{C} - \Omega g_x$$

$\mathcal{C}$ étant la tendance barométrique (unité de temps choisie égale à 3 heures).

g_x étant le gradient selon la direction de migration.

D'autre part, nous avons montré que la vitesse de déplacement ω [1], d'un isobare, s'écrivait :

$$\omega = \frac{\mathcal{C}}{g}\,.$$

g, étant le gradient selon la normale à l'isobare :

$$g_x = g \sin \theta$$

$\left(\theta = \text{angle de l'isobare avec la direction de migration } 0 < \theta < \frac{\pi}{2}\right)$. Il vient finalement :

$$E = \mathcal{C}\left(1 - \frac{\Omega \sin \theta}{\omega}\right)$$

formule qui permet le calcul en chaque point de l'évolution barométrique.

La ligne *d'évolution maxima* correspond à $\theta = 0$.

C'est le lieu des points où l'isobare est parallèle à la direction de migration, ou bien des points où la tangente est indéterminée (discontinuité des dérivées premières d'espace).

Le long de ce lieu, la tendance est égale à l'évolution instantanée ; l'influence de la propagation s'y trouve éliminée. D'où le nom de *ligne d'évolution pure*.

---

(1) Le champ du déplacement instantané des isobares. *C. R. à l'Académie des Sciences*, 18 juillet 1927.

Au centre d'une dépression, au sommet d'un anticyclone ou d'un col, on a :

$$\frac{\partial p}{\partial x} = 0$$

d'où :

$$E = \frac{\partial p}{\partial t} \, .$$

Un tel point appartient toujours à la ligne d'évolution pure.

On peut dire aussi, que s'il y a évolution au centre d'une figure isobarique, c'est qu'une isobare de cote nouvelle sort de ce centre, et qu'on y doit considérer comme infinie la vitesse de déplacement ω des isobares, d'où :

$$E = \mathcal{E}$$

Interférences

Considérons une zone où existent deux vitesses de migration Ω et Ω_1, de directions différentes. Supposons, pour simplifier, que les perturbations appartenant à ces deux régimes soient *permanentes* c'est-à-dire dénuées d'évolution propre.

Malgré cela, l'interférence des perturbations des deux régimes crée une *évolution apparente*. La quantité $\mathcal{E}\left(1 - \dfrac{\Omega \sin \theta}{\omega}\right)$ représente la fraction de la tendance barométrique due à la perturbation (Ω_1). En particulier, le long de la ligne L, plus haut définie, la tendance de la perturbation (Ω) est nulle.

De même, il existe une ligne L_1, où la tendance représente uniquement (Ω).

L'intersection de L et L_1 est nécessairement un point de tendance nulle. Dans une figure isobarique fermée, ce point en est d'ailleurs le centre. Dans un col isobarique, c'en est le sommet.

Enfin lorsque les mouvements interférents se propagent dans la même direction, les lignes L et L_1 sont confondues avec une ligne de tendances nulles.

Si la tendance n'est pas nulle au point commun des lignes d'évolution pure, on doit en conclure que l'une au moins des perturbations évolue. La tendance est la somme de leurs évolutions.

Ainsi, le cas d'interférence, particulièrement lorsque les perturbations mêlées évoluent, apparaît comme extrêmement complexe. Il semble la pierre d'achoppement des méthodes d'analyse du champ de pression.

La ligne d'évolution pure et les Fronts de discontinuité

Soit Φ un front de discontinuité. La vitesse de propagation de la perturbation est (Ω), normale au front Φ.

Une isobare (I) subit une réfraction au passage du front de discontinuité. Cette réfraction équivaut à une variation rapide de direction de la tangente, de T_1 à T_2. L'angle (T_1, T_2) contenant la direction (Ω), la ligne d'évolution pure se trouve située dans la zone de transition brusque que le front Φ schématise.

Les fronts de discontinuité sont donc des lignes d'évolution pure.

Cette relation peut s'établir autrement. M. Mezin, dans un travail inédit sur la *Cinématique des Surfaces d'égales cotes* du *champ d'une variable scalaire*, a appliqué à un front de discontinuité, la formule :

$$\omega = \frac{\mathfrak{S}}{g}$$

que nous avions donnée pour la vitesse de déplacement d'une isobare.

Il obtient :

$$\Omega' = \frac{\mathfrak{S}_1 - \mathfrak{S}_2}{g'_1 - g'_2} \cdot$$

Les indices 1 et 2 se rapportent respectivement aux deux zones séparées par le front de discontinuité.

Les gradients sont mesurés normalement au front. On déduit immédiatement de cette formule :

$$\mathfrak{S}_1 - \Omega' g'_1 = \mathfrak{S}_2 - \Omega' g'_2.$$

Même dans le cas où la perturbation se propage obliquement au front, on a :

$$\Omega' g'_1 = \Omega g_1 \quad \text{et} \quad \Omega' g'_2 = \Omega g_2$$

g_1 et g_2 étant, cette fois, les gradients dans la direction de migration.

Par suite :

$$E_1 = \mathfrak{S}_1 - \Omega g_1 = \mathfrak{S}_2 - \Omega g_2 = E_2.$$

C'est-à-dire que l'évolution instantanée a la même valeur en deux points infiniment voisins situés de part et d'autre du front de discontinuité.

Elle est donc maxima ou minima, le long de la ligne de discontinuité, ce qui constitue, en tous cas un maximum de valeur absolue.

EXPRESSION MATHÉMATIQUE DES VARIATIONS

Nous avons trouvé, pour l'évolution entre les instants t_1 et t_2 :

$$\varphi_{t_1}^{t_2} = p(x,\, t_2) - p(x - \Omega \overline{t_2 - t_1},\, t_1)$$

qui peut aussi s'écrire, en posant :

$$t_2 - t_1 = \Delta$$

et :

$$t_2 = t$$

$$\varphi_{t-\Delta}^{t} = p(x,\, t) - p(x,\, t - \Delta) + p(x,\, t - \Delta) - p(x - \Omega\Delta,\, t - \Delta).$$

Or, la première différence n'est autre chose que la variation vraie au temps t, dans l'intervalle Δ, soit $\overline{V}_\Delta$.

La seconde, changée de signe, est la variation au temps t dans l'intervalle Δ, dans l'hypothèse où la perturbation se propage sans évoluer (noyaux constants), soit V_Δ.

Et l'on a :

$$\overline{V}_\Delta(t) = V_\Delta(t) + \varphi_{t-\Delta}^{t}.$$

En faisant tendre Δ vers zéro, on a une expression analogue pour les variations dérivées :

$$\overline{V}'(t) = V'(t) + \frac{\partial \varphi}{\partial t}.$$

Le noyau vrai s'obtient en ajoutant au noyau constant son évolution dans l'intervalle de variation.

Ces formules permettent de généraliser la notion de ligne d'évolution pure.

Là où $V'(t) = 0$, c'est-à-dire le long des lignes de creux des thalwegs et des lignes de crête des dorsales, du champ de pression, la tendance représente l'évolution instantanée.

Ces lignes sont donc des lieux d'évolution instantanée pure.

De même, le long des lignes où $V_\Delta(t) = 0$, la variation est égale à l'évolution du noyau en Δ au cours de cet intervalle. Or, ces lignes sont (rigoureusement) décalées de $\dfrac{T}{4} - \dfrac{\Delta}{2}$ sur les thalwegs et les dorsales, puisqu'il s'agit ici de noyaux constants. Elles sont donc faciles à tracer.

On s'aperçoit aisément que, dans le cas d'une houle régulière de noyaux constants, les lignes d'évolution pure coïncident avec les lignes de variation nulle, ce qui assure la permanence du courant de variations.

THÉORIE GÉNÉRALE DES NOYAUX VARIABLES

Une intéressante application des formules précédentes est de fournir la démonstration des propriétés des noyaux *variables*, supposées connues celles des noyaux *constants*.

Dans un travail encore inédit, nous avons montré qu'un noyau constant d'intervalle Δ, $(V\Delta)$ était lié au noyau « dérivé » V', par la relation :

$$V_\Delta(t) = \Delta\left[V'\left(t - \frac{\Delta}{2}\right) - \frac{4}{3}\,\mu^2 N'\right].$$

$\mu = $ rapport de l'intervalle Δ à la période.
$N' = $ profondeur du noyau dérivé.

Cette formule ne vaut que dans la région centrale du noyau en Δ (comprendre : dans une zone d'étendue $\delta = \Omega\Delta$, centrée sur le noyau).

Elle exprime les deux propriétés classiques des noyaux constants :

1° Décalage égal à $\frac{\Delta}{2}$ (en temps) entre les sommets du noyau en Δ et du noyau dérivé ;

2° Rapport des profondeurs égal à $\frac{N\Delta}{N'} = K\Delta$ avec $K = 1 - \frac{4}{3}\,\mu^2$ (rapport normal).

Ceci rappelé, nous poserons que l'évolution a une allure parabolique. Elle croît en effet, de la naissance de la perturbation à un stade adulte, puis décroît jusqu'à la mort de la perturbation.

De sorte que l'on peut écrire :

$$\varphi^t_{t-\Delta} = \Delta \cdot \frac{\partial}{\partial t}\left[\varphi\left(t - \frac{\Delta}{2}\right)\right].$$

Il est donc possible de mettre $\overline{V}_\Delta$ sous la forme :

$$\overline{V}_\Delta = \Delta\left[V'\left(t - \frac{\Delta}{2}\right) + \frac{\partial \varphi}{\partial t}\left(t - \frac{\Delta}{2}\right) - \frac{4}{3}\,\mu^2 N'\right]$$
$$= \Delta\left[\overline{V}'\left(t - \frac{\Delta}{2}\right) - \frac{4}{3}\,\mu^2 N'\right].$$

Cette forme est valable dans la région centrale du noyau constant.

Si l'évolution n'est pas trop considérable, en égard à la profondeur des noyaux, on peut admettre que le sommet de $\overline{V}_\Delta$ sera encore dans la région centrale de V_Δ. Il faut pour cela que la perturbation soit suffisamment éloignée des termes de son évolution (*perturbation adulte*). En pareil cas, les centres du noyau en Δ et du noyau instantané de la même époque offriront encore le décalage $\frac{\Delta}{2}$.

Quant aux profondeurs, elles présenteront le rapport :

$$\frac{\overline{N}\Delta}{\overline{N'}} = \Delta \left[1 - \frac{4}{3} \mu^2 \frac{N'}{\overline{N'}} \right] = \overline{K}\Delta.$$

La variation relative de K est :

$$\frac{\overline{K} - K}{K} = \frac{1}{1 - \frac{4}{3} \mu^2} \cdot \frac{4}{3} \mu^2 \frac{\overline{N'} - N'}{\overline{N'}} \leqslant 2\mu^2 \frac{\overline{N'} - N'}{\overline{N'}} \, .$$

Pour $\mu = \frac{1}{2}$, elle sera inférieure à $\frac{1}{10}$, lorsque l'évolution n'excédera

pas le $\frac{1}{5}$ de la tendance totale. Alors la règle du rapport normal sera

vérifiée à $\frac{1}{10}$ près.

Remarquons que dans le cas des noyaux constants, le rapport normal existe entre des noyaux simultanés. Pour les noyaux variables, on est amené, au contraire à comparer le noyau en Δ avec le noyau dérivé antérieur d'un demi-intervalle. D'où la règle de prévision :

« Lorsque le noyau d'intervalle Δ présente un *rapport anormal* avec le noyau instantané de la même époque, il doit se mettre *en harmonie* avec lui au bout d'un temps égal à la moitié de l'intervalle. »

Cette règle permet de prévoir quantitativement la profondeur des noyaux variables.

G. AUBOURNE CLARKE

LA LIAISON ENTRE LES NUAGES ET LE TEMPS

RÉSUMÉ

« L'observation de la forme et du développement des nuages pendant
« ces dernières années a pris une importance croissante à deux points de
« vue différents mais convergents : 1⁰ En raison de l'influence de la hau-
« teur des nuages bas sur la sécurité de la navigation aérienne et 2⁰ parce
« qu'une étude récente a montré que certaines formes de nuages ont

« tendance à se retrouver dans certains types de temps et a fournir ainsi
« une aide efficace pour la prévision du temps. »

L'auteur décrit les différentes sortes de nuages d'après la classification
internationale Il montre la difficulté de classer certaines formes de transition entre deux types bien définis mais il fait remarquer que cette difficulté n'est qu'apparente lorsqu'on tient compte de l'évolution des nuages
au cours du temps. En outre, des modifications de la forme typique peuvent survenir et la dénaturer considérablement : un exemple est fourni
par l'alto-cumulus *castellatus* ou bien par la transformation d'alto-
cumulus en nuages ressemblant à des cirrus lorsqu'une évaporation
se produit dans des couches d'air plus chaudes sous-jacentes. De même,
les alto-cumulus lenticulaires présentent d'incessants changements de
forme qui peuvent provoquer la confusion avec une variété de strato-
cumulus. L'auteur parle ensuite des « inversions » et de leur disparition
dans la forme « castellatus » lorsque la température décroît rapidement
en altitude. Il rappelle la constitution d'une dépression d'après l'école
norvégienne ainsi que la répartition des divers types de nuages suivant
la position d'un observateur par rapport au centre de la dépression ; il
cite également le travail de MM. Schereschewsky et Wehrlé sur les systèmes nuageux (*Mémorial de l'Office National Météorologique*).

L'auteur parle ensuite des nuages du type stratus et strato-cumulus
que l'on observe par temps anticyclonique, de même que dans les régions
situées entre les dépressions successives ou en marge d'aires anticycloniques.

« Lorsque la pression est élevée sur la France et basse au Nord de
« l'Ecosse, les nuages les plus communs sont de types intermédiaires,
« cirro-cumulus et alto-cumulus avec, occasionnellement des cirrus,
« cirro-stratus et alto-stratus. En fait, nous avons là les ciels de la marge
« droite du Sud d'une dépression. Mais il existe deux variétés plutôt
« intéressantes de ce type de ciel. Si nous sommes davantage sous l'in-
« fluence anticyclonique le vent est à peu près du Sud-Ouest et les nuages
« supérieurs et intermédiaires sont de la forme lenticulaire particulière-
« ment au-dessus des régions élevées. Pour une telle situation, la tempé-
« rature a tendance à être très haute spécialement sur la côte Nord-Est
« de l'Ecosse où les maxima diurnes sont supérieurs à la normale d'envi-
« ron 5° C. Une partie de cet excès peut être due à la libération de cha-
« leur pendant les précipitations sur la côte Ouest, mais l'on est tenté
« d'invoquer l'appoint d'un léger effet « Föhn ». La seconde variété est
« celle où de longues bandes droites de cirrus et cirro-cumulus se meu-
« vent avec une grande vitesse de l'Ouest à l'Est. Ils sont habituellement
« suivis à bref délai par une chute rapide et parfois très marquée de la
« température (en certains cas une chute d'environ 10° C. a été obser-

« vée). Ceci est évidemment dû à une invasion du courant polaire froid
« qui circule autour de la dépression arrivant du Nord à sa partie posté-
« rieure et remplaçant le courant anticyclonique plus chaud de Sud-
« Ouest ».

L'auteur attache ensuite une attention spéciale aux cumulus et cumulo-
nimbus de la région des calmes équatoriaux ainsi qu'à leur évolution
diurne. Tant que les cumulus conservent leur forme normale et ne se
développent pas trop en hauteur le temps reste beau mais s'ils s'accroissent et bourgeonnent il y a des chances d'averses. L'auteur expose ensuite
la formation des cumulo-nimbus au-dessus des îles de l'Océan Indien.

Les cumulus que l'on trouve à l'arrière d'une dépression n'ont pas de
bases bien délimitées comme ceux de beau temps ; ils sont plus grands,
plus épais et en transformation continuelle. Les cumulus de beau temps
s'étendent à leur sommet en une couche ressemblant à des strato-cumulus.
Par contre, les mammato-cumulus dont la base pend sont observés presque toujours avant la pluie.

———

Gabriel GUILBERT

Lauréat de l'Institut.

———

1º SUR LA FORMATION DES NUAGES

———

L'observation démontre que les nuages se divisent en deux grandes
classes, nuages supérieurs ou nuages de glace et neige, et nuages inférieurs composés de gouttelettes ou particules liquides.

Entre les deux existent de nombreux nuages de transition, dus à des
phénomènes bien peu connus de transformation.

Les nuages de glace se forment évidemment dans les hautes et même
très hautes altitudes. Il y a des cirrus à 15.000 mètres : il est fort probable qu'on en trouverait à 20.000 et peut être davantage.

Or, tout nuage, quel qu'il soit, est descendant.

Ses particules constitutives, ou flocons ou gouttelettes sont infiniment
plus pesantes que l'air qui les environne. A moins que cet air ne devienne
lui-même ascendant, soit par la chaleur, soit par des phénomènes tour-
billonnaires, le principe reste immuable : Tout nuage est descendant.

Dans cette brève communication, nous n'envisagerons que les cirrus supérieurs, pour nous demander quelle peut être leur évolution dans l'atmosphère.

Remarque primordiale : leur formation a lieu par des températures très basses. Il peut y avoir, de 10 à 30.000 mètres d'altitude, des — 60 et même — 100 degrés. Conséquence incontestable, ces cirrus prennent naissance dans des couches atmosphériques très sèches. La siccité de l'air des hautes régions est bien connue. Elle doit être extrême dans les sphères supérieures.

On doit se demander et c'est un vrai mystère, comment la particule initiale de glace, a pu naître en l'absence presque totale de vapeur d'eau.

Quoi qu'il en soit, c'est un fait, le cirrus naît dans cette atmosphère sèche et parfois sur de très vastes étendues.

Aussitôt formé, quoique entraîné et par la rotation terrestre et par la propre vitesse des courants atmosphériques, il doit descendre.

Que devient-il alors ?

Evidemment, dans cette descente progressive, il joue le rôle de condensateur. Il absorbe l'humidité aérienne. La cristallisation opère : le cirrus grossit, mais, de toute nécessité, plutôt par la multiplication des particules de glace que par agglutination. Sinon, le cristal initial deviendrait vite d'un tel poids que sa chute serait fatale à travers l'espace, dans des régions où l'air est extrêmement léger parce que raréfié à l'excès.

Or, il n'en est rien : le cirrus s'allonge, s'étale, parfois en masses immenses mesurant des centaines de kilomètres, des millions de kilomètres carrés.

On doit se demander comment de telles masses de glace peuvent se former dans une atmosphère de sécheresse presque absolue.

Si le facteur eau est presque nul, il doit nécessairement être compensé par le facteur temps.

Il faut donc, selon nous, — hypothèse pure, nous en convenons — un long temps, très long temps, pour que le cirrus initial en arrive à devenir .les palliums, souvent immenses, de cirrus. Même des cirrus isolés ne doivent se former qu'avec une excessive lenteur, durant un temps que nous évaluerons à des mois et même des années.

Il en est exactement de même pour les nuages d'orage, qui appartiennent incontestablement, d'après la seule observation directe, à la classe des cirrus.

La présence des halos, de l'arc circum-zénithal notamment dans les nuages d'orage, démontre leur constitution cristalline.

Or, pour acquérir l'énorme volume qu'on leur connaît et qui leur permet de déverser sur d'immenses étendues des millions, peut-être des milliards de tonnes d'eau ou de grêle, les nuages d'orage doivent exiger aussi des mois et des années pour leur accroissement progressif.

Les nuages cirrus dont ils dérivent sont ainsi capables de circuler tout autour de la terre et probablement plusieurs fois, avant de devenir et le nuage neigeux et le nuage d'orage.

C'est précisément ce qui donne aux cirrus leur valeur dans la prévision : Ils précèdent de très loin le centre dépressionnaire et en même temps pluvieux et venteux. Et ce rôle d'éclaireur ils le remplissent pour tout le globe et durant de longs jours, puisqu'avant de se transformer ils parcourent des cycles immenses, au gré des courants atmosphériques.

Il nous a paru utile de signaler ce mode de formation des cirrus et de tous les nuages de glace. Contrairement aux nuages aqueux qu'un souffle aérien peut former instantanément, ces nuages supérieurs exigent fatalement un temps considérable pour leur formation, puisque, constitués par la vapeur d'eau, ils n'en rencontrent, dans les régions supérieures, que d'infinitésimales quantités.

2º SPÉCIMENS DE PRÉVISIONS DU TEMPS

3º SUR LES « SUCCESSIONS NUAGEUSES »

Marc LARDRY

Professeur de Physique.

COURANTS TELLURIQUES SUR BASES TRÈS COURTES

Poursuivant toujours l'enregistrement permanent des courants entre bases très courtes, je puis donner de nouvelles précisions confirmant et étendant les résultats communiqués au Congrès de la Rochelle.

Je rappelle qu'un enregistreur à pointés (type pyrométrique Chauvin et Arnoux, maximum 500 microampères) est branché entre deux plaques de zinc distantes de 8 mètres et enfouies à 1 mètre de profondeur dans la couche géologique (glaise verte). Le courant permanent subit des variations extraordinaires, les unes brutales, les autres lentes.

L'examen des graphiques révèle des variations saisonnières, l'intensité passant par un fort maximum en juin ou en juillet. Mais il apparaît aussi d'autres maximums ainsi que des minimums très accusés.

En calculant les moyennes quotidiennes portant sur cinq années, de façon à éliminer les causes accidentelles de variations, on obtient la courbe des variations du courant pendant l'année. On trouve un fort maximum, très pointu, au milieu de juin, puis un second maximum bien moins accusé en fin décembre. De même, on remarque un minimum très net en avril et un second au début de décembre.

La courbe ainsi obtenue ne s'emboîte pas du tout dans celle des moyennes des températures journalières qui présente un seul maximum très arrondi en juillet-août et un seul minimum en décembre-janvier. Il est donc certain que la base n'enregistre pas le seul phénomène thermoélectrique auquel on songe immédiatement. Par contre, si on inverse la courbe des moyennes des perturbations magnétiques journalières, on trouve que la nouvelle courbe obtenue présente un maximum très accusé au milieu de juin, un autre en décembre, un minimum très accusé en mars et un autre en octobre. Dans leur ensemble les deux courbes (courbe des courants telluriques et courbe inversée des perturbations magnétiques) ont une ressemblance frappante qui tendra peut-être vers l'identité lorsque le nombre des années d'observation sera suffisamment grand. Mais alors, j'arrive à ce résultat que *les courants telluriques sur bases très courtes sont maximums en intensité lorsque les perturbations magnétiques sont minimums.*

De même, en inversant les courbes de variabilité de la pression atmosphérique et de la vitesse du vent. On trouve pour la première un maximum en juin et deux minimums en décembre-janvier et en mars et pour la seconde deux maximums, en juin et septembre, et deux minimums, en décembre-janvier et avril. La concordance des graphiques est moins bonne que dans le cas des perturbations magnétiques, cependant la concordance des maximums de juin et des minimums de mars-avril est très nette. *Les courants telluriques passent par leur maximum d'intensité lorsque la pression atmosphérique et la vitesse du vent passent par leur minimum de variabilité et réciproquement.*

Donc jusqu'ici, c'est-à-dire au bout de cinq années d'observation, il semble qu'il y ait une relation entre les courants telluriques sur base très courte et les phénomènes magnétiques et météorologiques du globe.

Faute de documentation étendue sur les orages magnétiques de ces dernières années, je n'ai pu vérifier s'il y a corrélation étroite, donc certaine, entre le magnétisme terrestre et les courants telluriques sur bases très courtes comme il y en a une sur bases très longues. Par contre la vérification est amplement faite dans le cas des phénomènes météorologiques.

Dans mon dernier mémoire, je signalais l'action des grains sur les courants telluriques. La chute d'un grain produit de très grosses perturbations pendant toute la durée du grain, puis lorsque le grain est terminé, l'intensité décroît exponentiellement pendant quelques heures et remonte rectilignement. Malheureusement, les années précédentes je ne pouvais constater le phénomène que pendant les giboulées de mars, c'est-à-dire à une époque où les courants telluriques sont très faibles et les perturbations peu sensibles, ou bien pendant les orages d'été, époque de grande intensité, mais alors les éclairs introduisent des perturbations supplémentaires. Cette année, les giboulées ont été très tardives et ont duré jusqu'en fin juin, j'ai alors pu observer dans de très bonnes conditions. Le résultat est : que cette année le maximum annuel est en retard sur celui des années précédentes ; que les perturbations sont provoquées par le passage du grain ; que la diminution exponentielle d'intensité résulte de la chute de pluie, probablement de son infiltration dans le sol. En effet, en juin il est passé beaucoup de grains secs, caractérisés par d'épais nuages, très noirs, accompagnés d'un fort mais bref coup de vent, mais sans chute de pluie sur la base. A chaque passage, l'aiguille de l'enregistreur accusait des oscillations, parfois très faibles, lorsque le grain passait un peu à côté, parfois très fortes, lorsque le grain passait presque au zénith. Lorsqu'il y avait chute de grosse pluie ; alors l'intensité décroissait exponentiellement comme d'ordinaire.

En résumé et en ce qui concerne l'influence des phénomènes météorologiques, il semble manifeste que le passage d'un grain se traduit par une extraordinaire instabilité du champ électrique au voisinage du sol et même dans le sol superficiel. A ce point de vue, il serait instructif de doubler une base courte de courants telluriques par un électromètre enregistrant le champ statique au voisinage immédiat du sol et, si possible, dans le sol même.

Ed. SALLES

Institut de Physique du Globe (Paris).

LA RADIOACTIVITÉ EST-ELLE UN PHÉNOMÈNE GÉNÉRAL ?

Dès le début des recherches sur la radioactivité, on s'est demandé si les organismes vivants ne présenteraient pas des phénomènes analogues. La réponse fut négative. Néanmoins, on voit de temps à autre publier des

expériences affirmant le contraire, M. Nodon a par exemple publié en
1924, dans les *Comptes rendus de l'Académie des Sciences*, plusieurs notes
où il prétend que les végétaux examinés par lui, entre autres, le lierre,
sont poids pour poids plus actifs que l'Uranium. Je me propose de
montrer que cette radioactivité est peu vraisemblable.

La première expérience qui vient à l'idée, consiste à enfermer dans une
chambre d'ionisation des feuilles fraîchement cueillies, mais comme elles
dégagent de la vapeur d'eau, pour éviter une fuite notable il faut dessécher énergiquement. Paul Becquerel opérant ainsi n'a rien vu. De mon
côté j'ai expérimenté avec l'appareil d'Elster et Geitel, faisant passer par
une ouverture percée dans la boîte contenant les feuilles, l'électrode fixée
à l'électroscope ; de cette façon l'espace séparant la boîte de l'électroscope
empêchait la vapeur d'eau de pénétrer dans ce dernier. Les expériences
absolument négatives ont porté sur des feuilles de différentes essences
cueillies soit dans les Vosges, soit auprès de Paris. Une feuille de lierre
cueillie à côté du laboratoire n'a rien donné non plus.

Au cours de recherches sur la conductibilité de l'air, j'ai fait des
mesures dans le parc de l'observatoire du Parc Saint-Maur, d'abord sur
un emplacement recouvert de gazon et planté d'arbres, ensuite dans une
sorte de clairière où des arbres élevés formaient voûte, le sol étant recouvert de lierre et d'autres plantes ; rien d'anormal n'a été observé.

A l'observatoire du Val Joyeux, MM. Garou et Ravet, ont exécuté sous
ma direction des mesures de l'ionisation de l'air (petits et gros ions),
M. Gibault y fait journellement (trois fois par jour) des mesures de la
conductibilité électrique de l'air. L'observatoire est environné de cultures,
on devrait donc s'attendre à trouver au moment où les récoltes sont
coupées et enlevées, une diminution sensible de l'ionisation et de la conductibilité. Rien de semblable ne se trouve dans les registres des observations. J'ajouterai que la conductibilité y est plutôt plus faible qu'ailleurs.

Bergwitz n'a pas trouvé de déperdition excessive dans les forêts du
Hartz, moi non plus dans un bois des environs de Zermatt, ou dans les
Vosges. C. T. R. Wilson, au cours de ses mesures du courant vertical, a
placé une plante sur le plateau de son appareil et a trouvé un courant
normal, je pourrais multiplier les exemples.

Que se passerait-il si le phénomène existait ? Prenons le cas du lierre,
qui serait poids pour poids plus actif que l'Uranium ; supposons simplement qu'ils sont radioactivement égaux.

L'Uranium doit principalement son activité aux Uranium I et II, qui
émettent des rayons α ; nous négligerons les effets dus aux rayons β et γ
émis par les Uranium X_1 et X_2 ce qui a pour effet de diminuer les nombres d'ions formés ; mais les chiffres obtenus sont suffisamment signifi-
catifs. Un gramme d'Uranium émet en une seconde $2,37.10^4$ particules α.

Au cours de son parcours une particule α d'Uranium I produit $1,26.10^5$ ions, l'Uranium II $1,37.10^5$ ions, soit en tout $6,22.10^5$ ions. On voit donc quelle invraisemblable production d'ions il y aurait sur un sol recouvert de lierre. Or pour expliquer l'ionisation de l'air, il suffit d'une production de quelques ions à la seconde, soit 5 au maximum.

Il est facile de calculer le nombre d'ions existant au moment où l'équilibre s'est réalisé, il suffit de prendre la relation classique $q = \alpha n^2$ où q est la production, α le coefficient de recombinaison, et n le nombre d'ions de chaque signe. On trouve habituellement pour n un nombre voisin de 500, moyenne de la plupart des observateurs et de la plupart des stations, tandis que dans le cas qui nous occupe n serait de l'ordre de 10^7, soit plus de dix mille fois supérieur à ce que les mesures des différents chercheurs ont donné. Comme il est invraisemblable que certaines plantes soient radioactives et les autres pas, on devrait s'attendre à ce que là où existe de la végétation, il est impossible à un corps conducteur de garder sa charge. Affirmation démentie par les faits.

J'ai laissé systématiquement de côté l'action sur la plaque photographique, cette dernière pouvant être impressionnée par tout autre chose que par des corps radioactifs.

La radioactivité reste donc l'apanage des corps suivants : Uranium, Radium, Actinium, Thorium, et probablement aussi du Potassium et du Rubidium, c'est-à-dire en somme du règne minéral.

PAPILLON

Ingénieur-adjoint principal de l'Aéronautique
à l'Office National Météorologique.

ANÉMOMÈTRE ÉLECTRO-MAGNÉTIQUE ENREGISTREUR PERMETTANT LA MESURE ET L'ENREGISTREMENT CONTINU DE LA VITESSE INSTANTANÉE DU VENT

PRÉSENTATION DE L'APPAREIL

Le vent est parmi les éléments atmosphériques un de ceux qui retient le plus l'attention des aviateurs, et dont la mesure est indispensable aux météorologistes qui ont l'honorable, mais lourde charge de veiller à leur sécurité.

L'étude des grains en particulier, par suite de l'intérêt qu'elle présente pour la Navigation Aérienne nécessite la mesure précise de l'intensité et de la durée des rafales de vent.

Les anémomètres actuellement en service dans les Observatoires et Stations météorologiques ne permettent pas cette mesure précise, car ils n'enregistrent que la *vitesse moyenne* du vent et ne donnent qu'une idée imparfaite de l'intensité et de la durée des rafales à étudier.

C'est pour combler cette lacune et pour remédier à l'insuffisance des renseignements fournis par les anémomètres actuels, que, sur la demande du Général Delcambre, Directeur de l'Office National Météorologique de France, l'Ingénieur adjoint principal de l'Aéronautique Papillon a étudié, construit et mis au point un anémomètre permettant la *mesure directe et l'enregistrement continu de la vitesse instantanée* du vent.

Cet appareil conçu spécialement pour les besoins de la Météorologie, pourra également rendre de grands services à l'Aéronautique et à la Navigation maritime ; les constructeurs d'éoliennes et de moteurs à vent pourront en tirer de précieux renseignements, et son utilisation se recommande dans tous les cas où il est intéressant de connaître l'action du vent et d'en étudier les effets.

L'anémomètre présenté a été étalonné dans la soufflerie de l'Institut Aérotechnique de Saint-Cyr du Ministère de l'Air.

Il permet l'enregistrement des vitesses instantanées du vent comprises entre 0 et 50 mètres à la seconde.

PRINCIPE DE FONCTIONNEMENT ET DESCRIPTION DE L'APPAREIL

L'anémomètre comprend un appareil transmetteur et un appareil enregistreur reliés électriquement entre eux par trois conducteurs.

Le principe de fonctionnement de l'anémomètre est basé sur l'application des lois fondamentales qui régissent l'électro-magnétisme et les courants d'induction.

Le transmetteur est constitué par un aimant artificiel dont le flux est créé au moyen d'un courant d'excitation permanent et constant. Les branches de cet aimant, disposées horizontalement l'une au-dessous de l'autre, sont solidaires d'un axe vertical muni à sa partie supérieure d'un moulinet à quatre coupes hémisphériques type Robinson.

L'aimant tourne avec l'axe par l'action du vent sur le moulinet, et l'extrémité des branches constituant les pôles de l'aimant, passent alternativement devant chacune des deux bobines, disposées verticalement et diamétralement opposées, constituant les induits.

Les noyaux de ces induits en tôle spéciale extra-douce, sont disposés de façon à utiliser dans les meilleures conditions, le flux de l'aimant au moment de son passage devant chacun d'eux ; on obtient ainsi dans les enroulements, un courant d'induction maximum.

Les qualités fondamentales d'un anémomètre destiné à enregistrer la *vitesse instantanée* du vent, doivent permettre à celui-ci :

1° *D'enregistrer la valeur des variations brusques de la vitesse du vent quelle que soit cette vitesse.* — Cette valeur se rapprochant le plus possible de la valeur réelle ;

2° *De conserver toute sa sensibilité par vent faible.* — Ces considérations ont servi de base à l'étude de l'anémomètre électro-magnétique et les dispositions ci-dessous ont été prises lors de sa construction.

1° *Utilisation d'un moulinet de faible inertie non soumis aux variations de la direction du vent.* —. Le moulinet est constitué par 4 coupes hémisphériques en aluminium de 61 millimètres de diamètre ; la distance de centre en centre des coupes diamétralement opposées est de 165 millimètres, son poids est de 80 grammes. Son plan de rotation étant horizontal, *il reste donc complètement indépendant de la direction du vent*, ce qui est d'une importance capitale par vent faible ;

2° *Frottements des portées de l'axe du moulinet réduits au minimum.* — La partie supérieure de l'axe porte-moulinet est guidée par un roulement à billes de petites dimensions préalablement rodé, sa partie inférieure repose sur une bille en acier, logée au fond d'une crapaudine en bronze qui guide en même temps l'axe au centre de l'appareil et retient le lubrifiant très longtemps après son application ;

3° *Frottement magnétique pratiquement nul.* — La partie de l'aimant comprise entre ses deux branches est formée par une portion de l'axe vertical de l'anémomètre constitué de même que les branches par du fer de Suède pur. Dans l'espace libre·compris entre les branches, est disposé une bobine perforée en son centre de façon que l'axe puisse tourner à l'intérieur de cette bobine sans en toucher les parois.

L'entrée et la sortie du fil enroulé autour de cette bobine, sont reliées respectivement aux bornes d'une batterie composée de 3 éléments de pile Féry Super 3, réunis en série.

On a disposé dans ce circuit un rhéostat et un milliampèremètre à cadran, permettant d'abaisser et de fixer l'intensité du courant d'excitation de l'aimant à 0 amp. 008 environ. A cette intensité, le flux de l'aimant est très faible, et le freinage magnétique est sans influence appréciable sur la marche normale du moulinet.

4° *Utilisation d'un galvanomètre enregistreur à cadre très sensible.* — Pendant la rotation du moulinet, il se développe successivement dans l'enroulement des induits : un courant induit inverse quand l'aimant s'en rapproche, un courant induit direct quand l'aimant s'en éloigne. Le flux de l'aimant étant très faible, le courant recueilli à la sortie des induits est un *courant alternatif de très faible intensité*, qui ne peut être pratiquement enregistré par aucun récepteur électrique.

L'enregistrement de la vitesse du vent, pour être précis doit être effectué par un galvanomètre à cadre mobile, et ce cadre ne pouvant dévier que sous l'action d'un *courant continu*, le problème est résolu de la façon suivante :

Chaque induit, au moment du passage de l'aimant, est le siège de deux courants induits de sens opposés ; le procédé consiste à recueillir successivement dans chacun des induits, le *courant induit direct* seul, et à n'utiliser que ce courant, d'une intensité supérieure, quoique d'une durée plus courte que le courant induit inverse.

5° *Rôle du contacteur.* — Un dispositif de contacts appropriés, appelé *contacteur*, est commandé directement par l'axe du moulinet au moyen d'une bague en bronze excentrée, solidaire de l'axe, le synchronisme indispensable entre la marche du contacteur et la rotation du moulinet, est assuré automatiquement par l'appareil lui-même.

Le contacteur reçoit le courant alternatif initial fourni par les induits et distribue dans la ligne reliée aux bornes de l'enregistreur, *un courant discontinu ondulé ; mais de même sens, dont la valeur moyenne est fonction de la vitesse de rotation du moulinet.*

Le contacteur est d'un entretien pratiquement nul. L'ouverture et la fermeture du circuit des induits ayant lieu au moment où le courant induit change de sens et par conséquent nul, il n'y a pas formation d'étincelles aux contacts, donc pas d'encrassement à craindre du fait de dépôts charbonneux.

Les contacts sont en platine iridié, et leur usure est nulle ; l'ensemble du contacteur est protégé par un carter en galalith le préservant des poussières et des projections d'huile.

Le remplacement du contacteur de rechange livré avec chaque appareil se fait, le cas échéant, en quelques instants, sans débrancher aucun fil, et sans l'aide d'aucun outil.

6° *Avantages de l'anémomètre présenté.* — Le transmetteur anémométrique ainsi constitué est un appareil robuste, dans lequel *tous les enroulements sont fixes et indépendants de la partie tournante ;* il a de plus l'avantage de ne comporter ni collecteur, ni balais.

Etant donnée la faible inertie de la partie mobile, et l'absence de tout frottement parasite, c'est donc bien la mesure de la vitesse intantanée du vent et de ses moindres variations qui est enregistrée avec une grande précision, au moyen d'un galvanomètre enregistreur Chauvin et Arnoux.

Des expériences comparatives effectuées simultanément à la soufflerie de l'Institut Aérotechnique, avec l'anémomètre électro-magnétique et un déprimomètre enregistreur Richard, ont permis de démontrer les qualités d'instantanéité de l'anémomètre ; l'écart des indications fournies par les deux appareils étant insignifiant.

L'enregistreur est relié électriquement au transmetteur au moyen de trois fils de ligne.

G. REMPP

Institut de Physique du Globe, Strasbourg

L'EMPLACEMENT FUTUR DE L'INDUSTRIE A STRASBOURG
CONSIDÉRÉ AU POINT DE VUE DU RÉGIME DU VENT

Qu'un Lorrain, qu'un Mulhousien — cultivé et qui s'intéresse aux choses de la nature — vienne habiter Strasbourg, il ne tardera pas, sans même être un fervent de la bicyclette, à remarquer un changement complet dans le régime du vent. Ce changement, il l'attribuera, avec raison, à l'influence de ce couloir qui s'allonge entre les Vosges et la Forêt-Noire : la vallée rhénane.

Dans une étude statistique publiée par R. Assmann ([1]) et qui donne des tableaux et des roses du vent pour une cinquantaine de stations, figure, à côté de Strasbourg, la maison forestière « Eichhoff », aujourd'hui « Toussaint », située non loin de Château-Salins, sur une hauteur qui domine le plateau lorrain. Cette station représente le régime normal, exempt de perturbations locales.

Le contraste entre Strasbourg et Toussaint est frappant. Assmann a divisé les vents en cinq groupes suivant leur vitesse : vents faibles, 0-2 m./sec. ; modérés, 2-5 m./sec. ; assez forts, 5-10 m./sec. ; forts, 10-15 m./sec. ; très forts, au-dessus de 15 m./sec.

La fréquence de ces degrés est respectivement : à Toussaint, 40, 37, 17, 4 et 2 0/0 ; à Strasbourg, 42, 49, 7, 1 et 0,2 0/0. La proportion des vents assez forts, forts et très forts est donc beaucoup plus faible à Strasbourg, bien que la statistique d'Assmann soit basée sur les observations des gardiens de la Cathédrale, faites à 60 m. au-dessus du sol, où l'accroissement de la vitesse du vent est déjà notable.

---

[1] *Die Winde in Deutschland*, Brunswick, 1910.

La direction prépondérante à Toussaint est S.-W. : 35 0/0 des observations; les vents les plus rares sont S. et N., fréquences respectivement 6 et 3 0/0. A Strasbourg, du contraire, les vents S. et N. dominent : fréquences, 33 et 31 0/0 ; suivent, de loin, les vents S.-W. et W. (11 0/0 pour chacune de ces directions); les autres directions se rencontrent 2 à 4 fois sur 100 observations.

Assmann a encore étudié séparément les vents faibles, modérés, etc. Les résultats principaux sont les suivants : la proportion des vents S.-W. et W. augmente notablement quand on dépasse le degré des vents modérés ; les vents forts et très forts soufflent plus souvent de S.-W. et W. que S. ou de N. ; au contraire, les directions N.-E. et surtout E., S.-E. et N.-W. c'est-à-dire les moins fréquentes, sont encore plus rares parmi les vents modérés que parmi les vents faibles et ne sont presque plus représentées parmi les degrés suivants.

Une étude que j'ai entreprise moi-même embrasse un trop petit nombre d'années pour donner des valeurs absolues exactes, ce qui n'était d'ailleurs pas dans mon intention. Mais comme j'ai distingué 16 directions et que j'ai utilisé les inscriptions d'une girouette enregistreuse, il est peut-être utile de comparer mes résultats à ceux d'Assmann. J'ai trouvé les fréquences suivantes :

	Calmes	N.	N.-N.-E.	N.-E.	E.-N.-E.	E.	E.-S.-E.	S.-E.	S.-S.-E.
Année .	2,3	6,4	11,7	8,6	1,9	1,7	1,6	1,7	2,5
Eté . .	2,1	7,2	6,6	8,9	2,0	2,2	1,5	2,0	3,9

	S.	S.-S.-W.	S.-W.	W.-S.-W.	W.	W.-N.-W.	N.-W.	N.-N.-W.
Année .	11,6	15,1	10,5	· 5,4	5,8	3,6	4,7	4,8
Eté . .	11,6	10,1	9,3	6,4	7,8	5,1	7,4	5,9

Les directions prédominantes, pour l'ensemble de l'année, sont N.-N.-E. et S.-S.-W., c'est-à-dire, exactement les directions parallèles à l'axe de la vallée rhénane. Il semble que les gardiens de la Cathédrale aient compté comme vents du S., la totalité des vents S.-S.-W ; comme vents du N., non seulement les vents N.-N.-W. et N.-N.-E., mais encore une certaine fraction de vents qui étaient plus près d'E. Avec cette restriction, les résultats d'Assmann sont confirmés.

Quand il s'agit d'examiner l'emplacement choisi pour des usines au point de vue du transport vers la ville voisine des fumées et, éventuellement, des émanations désagréables, malodorantes, etc., qu'elles émettront, la fréquence des vents n'entre pas seule en ligne de compte : on ne saurait négliger cet autre facteur important qu'est l'agitation tourbillonnaire

« turbulence » du vent. Parallèlement à cette agitation augmentera, en effet, la vitesse avec laquelle un gaz projeté dans l'atmosphère y sera dissous en se répandant dans une couche de plus en plus large et de plus en plus haute. Or, la turbulence dépend, d'une part, de la vitesse du vent (il semble qu'elle y soit proportionnelle); d'autre part, de l'état d'équilibre vertical : elle augmente avec le gradient thermique vertical. Ces deux éléments — vitesse du vent et gradient thermique — présentent, dans les plus basses couches de l'atmosphère, une variation diurne tout à fait semblable avec un maximum au milieu du jour, un minimum étendu la nuit, et cette variation est la plus accentuée en été et par temps clair. Cette marche diurne sera aussi celle de l'agitation tourbillonnaire.

Les nouveaux ports de Strasbourg, qui attireront, on l'espère. de nombreuses entreprises industrielles, seront situés, par rapport aux principaux quartiers de la ville, dans une direction qui varie entre E. et S.-S.-E. Les vents de ce secteur sont les plus rares ; leur fréquence est de 8 à 10 0/0 seulement. D'autre part, ce sont des vents de beau temps, possédant par conséquent une forte agitation tourbillonnaire au milieu de la journée, une très faible la nuit. Il importe donc d'étudier la variation diurne de leur fréquence ; le résultat de cet examen est des plus heureux. Les vents de E., E.-S.-E., S.-E, et S.-S.-E. ont, en effet, tous un maximum de fréquence soit vers midi, soit dans le courant de l'après-midi — donc, à peu près à l'heure où l'agitation tourbillonnaire est la plus forte — et un minimum de fréquence la nuit. Cette variation diurne est la plus prononcée pour les vents d'E. et d'E.-S.-E. ; le rapport entre la fréquence maxima et la fréquence minima est de 3 ou 4 à 1 pour l'année, de 9 à 1 pour les vents d'E. en été.

Rares dans l'ensemble, les vents du secteur E. à S.-S.-E. sont donc particulièrement rares aux heures où l'agitation tourbillonnaire, c'est-à-dire la vitesse de diffusion des fumées, etc., est la plus faible.

Si l'on voulait mettre les habitants de la ville à l'abri de la fumée et des gaz qu'émettront les usines à créer, on ne pouvait pas trouver pour celles-ci, un emplacement plus favorable que celui qu'on a choisi.

Joseph SANSON

Ingénieur agronome,
Président de la Commission météorologique de Seine-et-Oise.

RELATIONS ENTRE LE CARACTÈRE MÉTÉOROLOGIQUE DES SAISONS ET LES RENDEMENTS DES RÉCOLTES DE CÉRÉALES DANS LE DÉPARTEMENT DE SEINE-ET-OISE

« De tous les facteurs météorologiques qui contribuent à nous donner des récoltes, c'est l'eau, a dit Risler, qui a le plus d'influence ». Nous avions pu donner une nouvelle confirmation à cette maxime en mettant en évidence les relations ci-après qui existent, dans le Centre de la France, entre les pluies tombées durant le trimestre avril-mai-juin et les excédents ou les diminutions de récoltes de blé (*C. R. Ac. Agriculture*, 22 décembre 1926) :

1° Si les *précipitations* recueillies pendant ces trois mois sont *inférieures* à la normale, le *rendement dépasse* la moyenne, à condition que l'écart des températures à la moyenne ne soit pas supérieur à un degré (dans ce dernier cas, en effet, la récolte est déficitaire par suite de l'échaudage).

2° Si les *précipitations* pendant ces trois mêmes mois sont *supérieures* à la normale, le *rendement reste au-dessous* de la moyenne.

Mais ces règles, établies pour le Centre de la France, ne s'appliquent pas aux régions plus septentrionales de notre pays, où les céréales arrivent moins vite à maturité que dans les régions centrales. Il paraît donc naturel à première vue que l'action prépondérante exercée par les pluies sur les récoltes de céréales se produise, dans les régions situées au nord de la Loire, à une époque de l'année plus tardive que dans celles se trouvant au sud de ce fleuve : c'est ce qu'il nous a semblé intéressant de rechercher, en prenant pour exemple le département de Seine-et-Oise.

Nous avons noté, d'une part, les hauteurs de pluie, la température et le nombre d'heures d'insolation relevés depuis 1900, par saison météorologique, à Paris (qui peut être considéré comme le point central de Seine-et-Oise), et de l'autre les rendements des récoltes de blés et d'avoines en Seine-et-Oise ; nous avons ensuite calculé, saison par saison, pour l'ensemble de ces 29 années, la moyenne de la température, de la pluie et de l'insolation, ainsi que le rendement moyen annuel des récoltes de blé et d'avoine. Nous avons enfin établi ;

1º Pour le *blé*, le tableau des années où les *pluies de l'été* météorologique (juin, juillet, août) ont été déficitaires en distinguant si les récoltes ont été supérieures ou inférieures à la normale, et celui où ces mêmes pluies ont été en excédent, avec la même distinction pour les récoltes.

2º Pour l'*avoine*, des tableaux identiques, mais en tenant compte des *pluies du printemps* météorologique (mars, avril, mai).

I. — BLÉ

A. Années où les pluies d'été ont été déficitaires en Seine-et-Oise :

1º Avec des rendement en blé supérieurs à la moyenne : 1901, 1902, 1903, 1904, 1906, 1907, 1908, 1911, 1918, 1921, 1928 ;

2º Avec des rendements en blé inférieurs à la moyenne : 1900, 1913, 1919, 1923.

B. Années où les pluies d'été ont été en excédent en Seine-et-Oise :

1º Avec des rendements en blé inférieurs à la moyenne : 1905, 1910, 1914, 1916, 1917, 1920, 1926, 1927 ;

2º Avec des rendements en blé supérieurs à la moyenne : 1909, 1912, 1915, 1922, 1924, 1925.

Il en résulte que, dans la majorité des cas, c'est lorsque les pluies sont inférieures à la normale pendant les mois de juin, juillet et août que se produisent les plus belles récoltes de blé et lorsqu'elles sont supérieures qu'on enregistre les plus faibles rendements.

Mais l'examen des années constituant des exceptions à ces règles est intéressant à faire au point de vue météorologique. Dans le premier cas, malgré des pluies déficitaires, les récoltes ont été cependant inférieures à la normale :

a) En 1900, année où la température du printemps, inférieure de 1º2 à la moyenne, a été la plus froide de la série des 29 années (il est à remarquer que toutes les années dont le printemps a eu une température inférieure de plus de 1º à la normale ont été déficitaires au point de vue des récoltes de blé).

b) En 1913 et en 1923 où les insolations au printemps ont été très faibles, respectivement de 444 et 426 heures seulement au lieu de 510 heures en année normale ;

c) En 1919, où les pluies d'hiver ont été très abondantes : 233 millimètres au lieu de 138 en année normale (toutes les années où les pluies d'hiver ont dépassé 200 millimètres ont donné des récoltes déficitaires en blé).

Dans le second cas, malgré des pluies en excédent, les récoltes ont été pourtant supérieures à la normale :

a) En 1915, 1922, 1924 et 1925, où l'abondance des pluies s'est surtout manifestée dans les deux dernières décades d'août, alors que la moisson était déjà rentrée ;

b) En 1912, où le printemps a été très chaud, supérieur de 1°1 à la moyenne ;

c) En 1909, où l'insolation au printemps a été de 650 heures, la plus forte de la série.

II. — AVOINE

A. Années où les pluies de printemps ont été déficitaires en Seine-et-Oise :

1° Avec des rendements en avoine inférieurs à la moyenne : 1900, 1901, 1903, 1904, 1905, 1915, 1921 ;

2° Avec des rendements en avoine supérieurs à la moyenne : 1909, 1911, 1912, 1914, 1920.

B. Années où les pluies de printemps ont été en excédent en Seine-et-Oise :

1° Avec des rendements en avoine supérieures à la moyenne : 1902, 1906, 1907, 1908, 1910, 1913, 1922, 1923, 1924, 1925, 1926, 1927, 1928 ;

2° Avec des rendements en avoine inférieurs à la moyenne : 1916, 1917, 1918, 1919.

Il en résulte que, dans la majorité des cas, c'est lorsque les pluies sont supérieures à la normale pendant les mois de mars, avril et mai que se produisent les plus belles récoltes d'avoine et lorsqu'elles sont inférieures qu'on enregistre les plus faibles rendements.

Examinons maintenant les caractères météorologiques des années faisant exception à ces règles. Dans le premier cas, malgré des pluies déficitaires, les récoltes ont été néanmoins supérieures à la normale :

a) En 1909, 1911, 1912 et 1914, année où le mois de juin a été très pluvieux ;

b) En 1920, année où la température du printemps, supérieure de 1°1 à la moyenne, a été la plus chaude de la série des 29 années (il est à remarquer que toutes les années dont le printemps a eu une température supérieure de plus de 1° à la normale ont été en excédent au point de vue des récoltes d'avoine).

Dans le second cas, malgré des pluies en excédent, les récoltes ont été pourtant au-dessous de la normale :

a) En 1917 et 1918, années où l'hiver a été très froid, inférieur respectivement de 2°8 et 1°2 à la moyenne ;

b) En 1916 et 1919 où les insolations en hiver ont été les plus faibles de la série, respectivement de 138 et 132 heures au lieu de 194 heures en année normale.

Conclusions

I. En Seine-et-Oise, les récoltes de *blé* sont, en général, supérieures à la moyenne, lorsque le total des pluies de l'été météorologique (juin, juillet, août) est inférieur à la normale. Toutefois, un printemps très froid (inférieur de plus de 1° à la normale) ou peu ensoleillé, ainsi que des pluies hivernales très abondantes (supérieures à 200 millimètres) sont des circonstances suffisantes pour amener, malgré ces conditions de pluviosité estivale, une récolte déficitaire.

Les récoltes de blé sont, en général, inférieures à la moyenne lorsque le total des pluies de l'été météorologique est supérieur à la normale. Toutefois, un printemps très chaud (supérieur de plus de 1° à la normale) ou très ensoleillé est une circonstance suffisante pour amener, malgré ces conditions de pluviosité estivale, une récolte en excédent.

Il est à remarquer qu'en fait les pluies de la fin d'août, c'est-à-dire survenant après la rentrée de la moisson, sont évidemment sans effet sur les récoltes de blé et qu'elles doivent dès lors être négligées pour tenir compte des règles ci-dessus.

II. En Seine-et-Oise, les récoltes d'*avoine* sont, en général, inférieures à la moyenne, lorsque le total des pluies du printemps météorologique (mars, avril, mai) est inférieur à la normale. Toutefois, un mois de juin très pluvieux ou un printemps très chaud (supérieur de plus de 1° à la normale) sont des circonstances suffisantes pour amener, malgré ces conditions de pluviosité printanière, une récolte en excédent.

Les récoltes d'avoine sont, en général, supérieures à la moyenne lorsque le total des pluies du printemps météorologique est supérieur à la normale. Toutefois, un hiver très froid ou peu ensoleillé est une circonstance suffisante pour amener, malgré ces conditions de pluviosité, une récolte déficitaire.

Ajoutons, pour terminer, qu'il n'existe aucune proportionnalité entre l'excédent ou la diminution des pluies sur la normale et l'excédent ou la diminution des rendements des récoltes sur la moyenne.

J. LACOSTE

Institut de Physique du Globe.
Strasbourg

SUR LES DIFFICULTÉS QUE PRÉSENTE L'ÉTUDE DES SÉISMOGRAMMES DANS LE CAS DES TREMBLEMENTS DE TERRE RAPPROCHÉS. UTILITÉ DES SÉISMOGRAPHES DE GRANDE SENSIBILITÉ

Du 10 avril au 12 mai 1929 un grand nombre de séismes de moyenne intensité se sont produits en Italie. Il a été permis d'étudier en détail quelques-uns de ces séismes. Le but était :

1° De chercher les premières phases enregistrées dans quelques stations voisines ;

2° De chercher l'heure origine d'après les données séismographiques de différentes stations ;

3° De déterminer les régions épicentrales, celles-ci ne concordant pas toujours avec les données de l'étude macroséismique, surtout sur des surfaces géologiquement compliquées.

Douze de ces séismes étudiés permettent d'indiquer trois régions épicentrales.

1° Du 10 au 21 avril. Origine de la vallée du Reno, environ du Mont Vigese (Apennins), au sud-ouest de Bologne ;

2° Journée du 22 avril. Environs de Reggio et Carpi ;

3° Du 28 au 12 mai. Vallée du Reno, vers 15 kilomètres au Sud-Ouest de Bologne.

On sait que, par le fait de l'absorption, la nature de la première onde inscrite dépend de l'intensité du séisme, de la distance épicentrale, de la sensibilité de l'appareil inscripteur.

Le tableau ci-contre donne, pour chaque séisme l'heure origine la plus probable, la distance épicentrale pour les différentes stations et au-dessous la nature de la première onde inscrite dans chaque station.

L'examen de ce tableau montre combien est difficile, malgré toute la conscience de l'observateur, l'étude des séismes à épicentre rapproché lorsqu'on ne dispose pas d'appareils appropriés.

Les conclusions que l'on peut tirer du séismogramme peuvent être absolument erronées par le fait que l'on ignore souvent la nature de la pre-

Date	Heure origine	Strasbourg	Coire	Zurich	Neufchâtel	Padoue	Trévise	Grenoble	Paris	Besançon
10 avril.	5 h. 43′11″	580 P	325 $\overline{P}$	400 $\overline{P}$	430 $\overline{P}$	165 $\overline{P}$	200 $\overline{P}$	»	850 $R_s\overline{P}$	490 $\overline{P}$
19 avril.	4 h. 15′16″	580 P	330 $\overline{P}$	400 $\overline{P}$	430 $\overline{P}$	160 $R_s\overline{P}$	200 $R_s\overline{P}$	450 $\overline{P}$	850 $R_s\overline{P}$	490 $\overline{P}$
20 avril.	1 h. 09′42″	585 P	330 $\overline{P}$	400 $\overline{P}$	430 $\overline{P}$	165 $R_s\overline{P}$	200 $R_s\overline{P}$	435 $\overline{P}$	850 $R_s\overline{P}$	490 $\overline{P}$
21 avril.	9 h. 46′37″	580 P	»	»	»	160 $R_s\overline{P}$	200 $R_s\overline{P}$	»	»	»
22 avril	8 h. 25′25″	480 $\overline{P}$	310 $\overline{P}$	380 $R_s\overline{P}$	370 $R_s\overline{P}$	130 $R_s\overline{P}$	160 $R_s\overline{P}$	410 $R_s\overline{P}$	800 $R_s\overline{P}$	480 $\overline{P}$
»	14 h. 18′10″	480 $\overline{S}$	»	380 $R_s\overline{P}$	370 $R_s\overline{P}$	130 $\overline{S}$	160 $\overline{S}$	»	»	»
28 avril.	19 h. 39′55″	530 P	320 P	390 P	380 $\overline{P}$	135 $\overline{P}$	170 $\overline{P}$	»	840 $R_s\overline{S}$	520 $\overline{P}$
29 avril.	18 h. 35′57″	530 P	330 P	390 P	380 $\overline{P}$	130 $R_s\overline{P}$	180 $\overline{P}$	420 $R_s\overline{P}$	»	»
1er mai .	21 h. 12′28″	530 P	320 P	390 P	390 P	»	»	»	840 S ?	520 $\overline{P}$
11 mai .	19 h. 22′45″	530 P	310 P	390 P	380 P	»	160 $\overline{P}$	430 $\overline{P}$	840 P	»
»	23 h. 57′16″	530 $\overline{S}$	»	390 P	380 P	»	160 $\overline{P}$	»	»	»
12 mai .	1 h. 13′09″	»	330 P	380 $\overline{P}$	385 $\overline{P}$	»	165 $R_s\overline{P}$	»	»	»

mière onde inscrite, que d'autres émergences possibles dues à des réflexions et permettant des contrôles, ne ressortent pas. On voit que des stations voisines de l'épicentre (100 à 200 kilomètres) n'enregistrent pas toujours les premières ondes longitudinales, d'où des erreurs dans la détermination des distances épicentrales.

On comprend donc quelle serait, dans des pays sismiques, l'utilité de séismographes appropriés très sensibles permettant de situer exactement les épicentres, d'observer peut-être des particularités dans les ondes émergentes, autant de faits qui apporteraient une aide plus efficace aux recherches des géophysiciens et à celles des géologues. Quelques stations séismologiques, Strasbourg en France, Zurich, Coire, Neufchâtel en Suisse, ont été dotées de tels appareils, la présente note n'a pour but que de montrer une fois de plus leur utilité.

GÉOLOGIE ET MINÉRALOGIE

Président: . . .	G. DELPÉRÉ DE CARDAILLAC, Président de la Société de Géologie de Normandie.
Vice-président . .	M. CUVILLIER, Professeur au Lycée du Caire.
Secrétaire. . . .	G. DENIZOT, assistant à la Faculté des Sciences de Marseille.

Edgar AUBERT DE LA RUE

NOTE PRÉLIMINAIRE SUR LA GÉOLOGIE ET LA PÉTROGRAPHIE DES ILES KERGUELEN

De nombreux échantillons lithologiques ont été rapportés de l'Archipel de Kerguelen par plusieurs navigateurs. Ils ont été décrits par différents auteurs, notamment par Roth [1], A. Renard [2], R. Reinisch [3] et par M. A. Lacroix [4]. Il ressort de ces différentes études que les Kerguelen sont en grande partie constituées par des laves basaltiques tabulaires, au milieu desquelles on observe, en certains endroits, des trachytes et des phonolites.

Parmi les échantillons rapportés il y a quelques années, par MM. R. Rallier du Baty, Loranchet et E. Peau, M. A. Lacroix a reconnu quelques roches grenues intéressantes [5] en particulier des syénites néphéliniques,

[1] ROTH. Über die Gesteine von Kerguelen's Land. *Monatsberichte des Kœnig Akad. der Wissenschaften zu Berlin.* 18 novembre 1875, p. 723-735.

[2] A. RENARD. Notes on the Kerguelen Island. In Report of the Petrology of Oceanics Islands. *Phys. Chem. Challenger Exp*, Part. VII, p. 107-141, Londres 1899.

[3] R. REINISCH. Petrographische Beschreibung der Kergelen-Gesteine. *Deutsche Südpolar Expedition*, 1901-1903. t. II. Kartographie und Geologie, p. 211.

[4] A. LACROIX. *Minéralogie de Madagascar*, t. III, p. 243 247 (Paris, 1923).

[5] A. LACROIX. Les roches éruptives grenues de l'Archipel de Kerguelen. *C. R. Ac. Sc.*, 1924, 2ᵉ semestre (t. 179, n° 3).

des essexites, des granites et des eucrites. On ne possède malheureusement pas d'indications précises sur leur mode de gisement.

Lors d'un voyage que je viens de faire dans les mers australes, j'ai pu séjourner plusieurs mois aux Iles Kerguelen, durant l'été austral 1928-1929. J'en ai profité pour explorer plusieurs régions peu connues de l'archipel et pour entreprendre l'étude de la constitution géologique de cette possession lointaine. Je rapporte de ce voyage de très nombreux échantillons lithologiques qui me permettront, je l'espère, de dresser prochainement une esquisse géologique de cet archipel.

Les roches basaltiques dominent dans tout l'archipel et constituent, ainsi que j'ai pu m'en rendre compte, la partie centrale du pays, qui est aujourd'hui en partie occupée par d'immenses glaciers. Ces coulées basaltiques, puissantes chacune de quelques mètres, sont le plus souvent séparées par des couches de tufs volcaniques. Dans certaines parties du pays, là où elle a le mieux résisté à l'érosion, cette immense couverture basaltique atteint près de 1.000 mètres d'épaisseur. D'une manière générale, ces coulées présentent une très faible inclinaison vers l'Est-Sud-Est. J'ai observé en plusieurs points, notamment dans la Presqu'île Jeanne d'Arc, à Port-Couvreux, à Port Jeanne d'Arc, d'assez puissantes intercalations de grès grossier et de conglomérats à éléments volcaniques, entre certaines coulées de basalte.

En dehors des lits de charbon (lignite), surtout nombreux dans le Nord du pays et également compris entre des basaltes, ces conglomérats sont les seules formations d'origine sédimentaire que je connaisse aux Kerguelen.

Je dois également signaler la très grande extension des ponces à sanidine, également comprises entre certaines coulées de basalte, notamment à la Presqu'île Jeanne d'Arc, à la Presqu'île Bouquet de la Grye, dans le Golfe du Morbihan et dans la Baie de la Mouche.

Les basaltes varient beaucoup d'un point à un autre, soit par leur structure, soit par leur composition minéralogique.

Les trachytes et les phonolites sont des roches surtout fréquentes dans le Sud-Est du pays, dans les Péninsules Courbet et Joffre ainsi que dans la Presqu'île Amiral Ronarc'h.

Ces roches forment des montagnes de forme très particulière et sont bien reconnaissables de loin. Tels sont : le Pain de Sucre, le Mont Tizard, la Tête d'Homme, etc., etc.

Il se peut que certains de ces trachytes soit postérieurs aux basaltes, mais j'ai pu avoir la certitude qu'une partie d'entre eux étaient au contraire plus récents. Tel est en particulier le cas de certains trachytes de Port Jeanne d'Arc, qui recoupent des cinérites reposant sur des basaltes.

Dans le nord de l'archipel, je dois signaler un magnifique affleurement trachytique, sur la rive Est de l'Anse du Jardin (versant occidental du Mont Lignite).

Dans toute la Péninsule Galliéni, au pied du Mont Ross, se dressent de très nombreuses aiguilles phonolitiques.

Les trachytes et les phonolites des Iles Kerguelen sont des roches extrêmement gélives qui éclatent avec une grande facilité et se débitent en feuilles à la manière des schistes.

Dans toutes les îles du groupe, j'ai noté l'existence d'une quantité considérable de dykes éruptifs, généralement verticaux et recoupant les basaltes tabulaires. Plus résistants que ces derniers, ils restent en général en saillies et formes de hautes murailles d'un aspect très curieux. La nature de ces dykes est très variable. Certains sont basiques (basaltes, ankaramite, dolérite) ; ce sont les plus fréquents. J'en connais également de phonolitiques (Lac J. Bontemps).

Ces grands dykes, sont particulièrement nombreux dans la Baie Cumberland, à l'Ile Howe, à l'Ile Foch, entre le Bassin de la Gazelle et la Baie Bailey et dans le Sud entre le Cap George et la Baie des Swains.

En plusieurs endroits j'ai recueilli de l'obsidienne. Notamment au sommet de la Pyramide Branca (obsidienne basaltique à olivine) et au fond de la Baie de la Mouche (obsidienne trachytique) ; cette dernière est en relation avec les ponces à sanidine.

Une région très intéressante au point de vue pétrographique est la Péninsule Galliéni. Dans les moraines apportées par les glaciers du Mont Ross, j'ai recueilli les roches les plus diverses, ce qui montre que cet ancien massif volcanique a une constitution très complexe. J'ai trouvé en effet là des phonolites, des trachytes, des basaltes, des syénites, des gabbros, etc.

Au sud du Mont Ross, sur une crête basaltique que forme le Mont Andrée Aubert de La Rüe, haut de 900 mètres environ, j'ai recueilli de nombreux fragments de gabbros et de diorite. Sur les versants de cette montagne j'ai également ramassé des blocs roulés d'une roche doléritique, à ægyrine, augite titanifère et amphibole sodique, rappelant la luscladite ou la théralite.

Dans le sud des Iles Kerguelen, du côté de Port Jeanne d'Arc et dans les moraines du Mont Ross j'ai observé d'assez nombreuses enclaves de roches grenues (gabbro, diorite) au milieu de roches basaltiques.

La région, qui à mon avis présente le plus d'intérêt au point de vue pétrographique est la Péninsule de l'Amiral. Les roches grenues forment là de très beaux affleurements, notamment entre l'Anse du Gros-Ventre et le Cap Dauphin.

Sur le versant oriental du Mont Léon Lutaud, qui domine l'Anse du Gros-Ventre, j'ai recueilli en place des roches d'une très grande fraîcheur. Il s'agit de syénites alcalines, de diorites et de monzonites. Ces différentes roches sont traversées par d'innombrables filons de roches microgrenues (micromonzonites, etc., etc.).

Au pied du Mont des Rafales, qui lui, est basaltique, et sur une petite île qui se trouve dans le fond de la Baie de la Mouche, de très nombreux blocs de syénite gisent à la surface du sol. Ils ont sans doute été apportés là par les glaciers.

En dehors du Mont Ross, qui est un ancien complexe volcanique, j'ai noté en différents endroits, principalement à Port Christmas (Mont Havergal), au nord de Port Jeanne d'Arc et sur la rive ouest de la Baie des Swains, quelques cratères bien conservés qui ont émis des laves basaltiques, postérieures toutefois aux grandes coulées tabulaires qui forment le substratum de l'archipel, dont l'origine est analogue à celle des basaltes du Dekkan.

Certains auteurs ont émis l'hypothèse que les Kerguelen et les terres voisines (Iles Crozet, Marion, Heard, Saint-Paul et Amsterdam) étaient les vestiges d'un ancien continent, aujourd'hui effondré.

Rien à mon avis, ne justifie cette hypothèse et en ce qui concerne les Iles Kerguelen, je suis persuadé qu'il n'existe là aucun substratum d'origine sédimentaire. Ces îles témoignent de l'existence d'une terre autrefois plus considérable mais d'origine exclusivement volcanique. Cette terre, considérablement décapée par l'érosion et qui s'est en partie affaissée, se réduit aux quelques trois cents îles ou îlots qui forment aujourd'hui l'archipel de Kerguelen. Le substratum des Kerguelen me semble être en partie basaltique et les roches grenues que l'on observe en quelques points, notamment dans le Sud-Ouest, semblent intrusives au milieu des basaltes.

Louis DANGEARD et Léopold BERTHOIS

NOTE PRÉLIMINAIRE SUR LES FORMATIONS QUATERNAIRES
DE LA VALLÉE DE LA RANCE

L'histoire de la vallée de la Rance est très complexe, même lorsqu'on se borne à considérer la partie de cette histoire qui va du Quaternaire moyen à l'époque actuelle. La vallée correspond à une dépression ancienne qui a subi des modifications diverses suivant la nature des roches, le climat, la position du niveau de base.

A l'époque post-monastirienne la dépression a été comblée par une épaisse série de formations continentales qui sont analogues, dans leurs conditions de gisement et leurs relations mutuelles, à celles de la côte septentrionale de Bretagne ; ces dernières ont donné lieu récemment à une interprétation nouvelle ([1]). Ce sont des amas de *solifluxion* et des dépôts éoliens : *head* à éléments plus ou moins volumineux, *limons* variés, *lœss*.

Nous avons commencé une étude de ces formations qui présentent, dans la vallée de la Rance, des caractères particulièrement intéressants. Dès maintenant nous pouvons faire à leur sujet un certain nombre de remarques.

Sur les deux rives de la Rance, le head surmonte ordinairement la roche franche ou altérée sans interposition d'autres dépôts ; à l'embouchure de la rivière de Langrolay (rive gauche), nous avons, au contraire, trouvé sous le head une couche de sables grossiers un peu ferrugineux qui sont peut être d'origine marine. L'existence de ces sables, dans le lit même de la Rance, fait prévoir l'importance des dépôts meubles anciens dans lesquels la vallée actuelle est emboîtée.

Le head, qui représente des coulées pierreuses, est généralement composé de blocs anguleux répartis sans ordre dans une gangue de limon ; lorsqu'il s'est formé aux dépens des schistes briovériens tendres, la gangue augmente d'importance et semble avoir été plus fluide ; des coulées limoneuses, disposées souvent sur des pentes très faibles, alternent avec des zones graveleuses, à petits fragments de schistes. Ce faciès spécial du head et du limon est particulièrement typique au nord de la rivière de Langrolay.

A Mordreuc (rive droite) nous avons observé, par exception, d'assez nombreux cailloux roulés et patinés, mélangés aux blocs anguleux du head. Nous avons eu l'occasion de noter ([2]) que la gangue du head contient parfois, comme aux environs du Conquet, quelques éléments roulés, mais, ici, les conditions ne sont pas les mêmes et la présence de ces galets pose un problème.

Les limons sont souvent très épais ; ils correspondent tantôt à des coulées boueuses, tantôt à des lœss, ces deux faciès étant souvent difficiles à distinguer l'un de l'autre. Le premier est nettement représenté à Port-

---

([1]) Y. MILON et L. DANGEARD. Sur l'importance des phénomènes de solifluxion en Bretagne pendant le Quaternaire. *C. R. Acad. des Sc*, t. CLXXXVII, p. 136, séance du 2 juillet 1928.

([2]) LÉOPOLD BERTHOIS et LOUIS DANGEARD. Formations quaternaires aux environs du Conquet et du Lanildut (Finistère). *B. S. G. M. B.*, séance du 5 mai 1929.

Saint-Jean (rive droite), où l'on observe une alternance de boue et de graviers ; le deuxième existe à Saint-Magloire (rive droite), où nous avons recueilli, à la base du lœss, plusieurs cailloux patinés et sculptés par le vent : l'un d'eux présente des facettes d'usure éolienne très nette (photos).

Fig. 1. — *A gauche :* « dreikanter » des alluvions du Rhin (17 cm. × 10 cm) ; *à droite :* caillou du lœss de Saint-Magloire (6 cm. 7 × 4 cm. 7).

Au nord du moulin de Rochefort (rive gauche), la falaise montre, au-dessus du head, plus de 20 mètres de limon contenant de nombreuses poupées calcaires et des coquilles de Gastropodes Pulmonés (*Succinea, Pupa*). Un échantillon moyen de ce limon a fourni à l'analyse 8,40 0/0 de CO_3Ca. Un autre échantillon, prélevé à 300 mètres de la cale de Plouër (rive gauche), contenait 10,36 0/0 de CO_3Ca. Ces limons sont donc aussi riches en calcaire que des lœss typiques (8 0/0 dans le lœss de Chine [1]). Ce fait reste assez difficile à expliquer, étant-donné la faible teneur en calcaire des roches de la région.

---

[1] J. DE LAPPARENT. *Leçons de Pétrographie*, Paris, Masson, 1923, p. 308.

Léon AUFRÈRE

LE PROBLÈME GÉOLOGIQUE DES DUNES
DANS LES DÉSERTS CHAUDS DU NORD DE L'ANCIEN MONDE
(Sahara, Arabie, Inde)

Le remarquable ensemble cartographique levé au 1 : 200.000 et publié au 1 : 500.000 par le Service-Géographique de l'Armée, nous permet de reprendre avec des éléments nouveaux, la question des dunes des déserts. Cette question se ramène à trois problèmes inséparables : le problème morphologique qui est celui des dunes, le problème météorologique qui est celui des vents et le problème géologique qui est celui des ergs ou des sables.

I. — En principe, les dunes simples sont constituées par deux éléments solidaires et juxtaposés les formes d'érosion du côté au vent et les formes d'accumulation du côté sous le vent. Ces dernières pourtant peuvent se trouver isolées quand le sable s'accumule derrière un obstacle immobile ; on peut avoir des formes mineures, *haïcha* et *nebka*, à l'abri des plantes, et des formes majeures *en chaîne* derrière une colline rocheuse. En s'épaississant, une dune peut devenir elle-même un obstacle pratiquement immobile sur laquelle le sable glisse pour allonger indéfiniment la dune vers l'aval et constituer une longue chaîne parallèle à la direction du vent.

La dune simple la plus commune paraît être *la dune en vague*, en pente douce du côté au vent et fortement inclinée du côté opposé. Quand ses deux extrémités sont libres, le plan de la vague de sable devient convexe du côté au vent, comme la barchane. Elle présente une crête aiguë et recourbée qui lui vaut le nom de *sif* (plur. *siouf*) ou lame de sabre, dans le Sahara Algérien.

La dune en vague n'est pourtant qu'une forme mineure, trop petite pour trouver sa place sur les cartes au 1 : 1.000.000 où elle s'efface devant les grandes *chaînes de sable* qui sont à peu près parallèles aux vents dominants et qui portant le nom de *draa* ou bras (d'erg). Beaucoup plus élevées que les vagues, elles ont des sommets (*rhourdes*) qui dépassent 200 et même 250 mètres, au-dessus des couloirs interdunaires, *feidjs* ou *gassis*. Partant des crêtes et perpendiculaires à elles, les siouf s'étendent sur les versants et dans les gassis de sorte que le draa avec ses siouf présente une disposition pennée. Rolland considérait les chaînes comme des assemblages ou des superpositions de dunes en vague. Les draas présentent en effet des segments perpendiculaires à la direction générale qu'on peut considérer comme des vagues hypertrophiées et qui donnent à l'ensemble de la crête l'allure d'une ligne brisée. Mais, d'autre part, Foureau et Chudeau considéraient les hautes dunes sahariennes comme des collines ensablées et souvent sur les côtes, on voit des dunes littorales monter à l'assaut des falaises mortes. Ces remarques nous avaient conduit à considérer les chaînes comme des crêtes résiduelles ensablées et les gassis comme des vallées creusées par le vent, comparables aux yardangs, mais beaucoup plus larges. Cette hypothèse s'applique peut-être à des formes de départ, quand le vent libère le sable, comme dans le Hobeur où le sable n'est pas assez abondant pour ensevelir les crêtes.

Dans les *slassels*, les siouf sont à peu près parallèles aux chaînes et orientés N.-O.—S.-E. Nous avons supposé que le sable était apporté des haouds par le vent du N.-O. et que le modelé dunaire était l'œuvre du vent dominant c'est-à-dire de l'alizé du N.-E. Une explication à peu près analogue a été donnée pour les dunes situées au N.-O. du Sinaï.

Les *collines de sable* ou *rhourdes* de l'Erg Oriental présentent au N.-O. des facettes d'érosion ou *rorhaffas* et au S.-E., un chevelu de siouf orientés N.-O.—S.-E. Au-dessous des rorhaffas, le sol est surcreusé comme si le sable enlevé ici était utilisé par le vent pour l'édification du rhourde.

Enfin *la mer de sable* se compose de vagues plus ou moins serrées. C'est semble-t-il, une forme de départ quand le vent a devant lui du sable *libre*. Les vagues sont festonnées et les festons ouverts du côté sous le vent. Mais bientôt aux dunes transversales, s'ajoutent des *dunes en crête symétriques* et parallèles au vent. Dans le quadrillage, certains segments se nourrissent plus que les autres alors que le vent surcreuse à leurs pieds. Au-dessus et aux dépens des vagues et des crêtes rythmées, s'organisent alors des rhourdes et des draas en ligne brisée formés de segments parallèles et de segments perpendiculaires aux vents dominants. C'est ce qui se dégage des photographies d'avions de la région de la Saoura qui nous ont été aimablement communiquées par le Service Géographique de l'Armée. Il y a, semble-t-il compensation entre les parties surcreusées et les parties surélevées et cette règle nous donne peut-être l'explication des rhourdes et des draas qui constituent les ergs les plus évolués.

Dans le Désert de Thur, les *dunes de mousson* présentent des dispositions très variées qu'elles doivent à l'importance relative des deux directions opposées suivies par les vents. Les cartes du *Survey of India* montrent des chaînes longitudinales et des dunes transversales, en *vague*, en *rateau ou en barre*.

II. — La morphologie dunaire du Sahara septentrional s'explique par une composante principale N.-O. conforme aux observations anémométriques du Sud-Algérien, de la Tripolitaine et de l'Egypte. Les dunes du Sous paraissent des vagues poussées vers le S.-E , comme celles qui sont autour de Ouargla. Les *slassels* du N.-O. de l'Erg Oriental sont dirigés N. O.-S.-E. Au Sud de la Marmarique, les chaînes septentrionales de l'Erg Libyque sont orientées S.-10°-E. (Desio) ; c'est à peu près la direction des chaînes situées à l'Ouest du Nil.

Dans le Sahara Central et méridional et dans sa bordure soudanaise, les chaînes et les vagues paraissent modelées par le vent du N.-E. ou de l'E.-N.-E, et même de l'Est, surtout vers l'extrême Sud. Ce sont des *dunes d'alizé*. Le changement de direction paraît en général s'effectuer assez brusquement, entre le 30° et le 31° parallèles dans le Sahara Algérien et beaucoup plus au Sud, vers le 22°, dans le Désert Libyque. Quand le passage de la direction N.-W. à la direction N.-E. s'effectue graduellement, on peut supposer qu'il représente la transition entre les westerlies et les alizés sur les pentes orientales de l'anticyclone des Açores ; mais quand il se fait brusquement, on peut se demander s'il n'est pas dû à l'intersection de deux composantes saisonnières ou bien encore à la position saisonnière de deux segments différents de la même trajectoire. Mais dans l'ensemble, la direction des vents que demande la morphologie dunaire du Nord-Africain s'accorde avec les observations météorologiques et rentre dans le plan de la circulation atmosphérique générale qu'elle permet d'ailleurs de compléter,

Dans les régions tchadiennes, se trouvent des crêtes orientées N.-O.-S.-E. (Mission Tilho). Ce sont des dunes antérieures au Tchad qui les couvre (Garde) et au Bahr el Ghazal qui les tranche. Nous les avions considérées comme des dunes longitudinales, mais ce sont plutôt des vagues transversales modelées pendant une période plus sèche que la période actuelle par l'alizé du N.-E. et rentrant dans le plan général des dunes sahariennes et soudanaises.

III. — On peut maintenant essayer de poser le problème géologique.

Le déplacement du sable dans le sens du vent est un phénomène superficiel dont l'importance relative est en raison inverse de la masse de la dune. Les formes majeures sont pratiquement immobiles et le détail de leur modelé se modifie un peu comme celui d'une montagne soumise à l'action des eaux courantes. De même, dans son ensemble, l'erg ne bouge pas, mais ses bords peuvent subir des modifications de détail, par exemple, quand un front de vagues s'avance et que sa marche est soutenue par une nourriture suffisante et ininterrompue.

Si un climat désertique s'étendait sur le Bassin Parisien, les ergs prendraient une disposition auréolaire dans les affleurements sableux de l'Eocène et du Crétacé et une disposition centrale dans le Miocène de la Sologne. Les dunes de l'Erg Oriental (avec celles du Sous et de la région des chotts Sud-Tunisiens) se trouvent à peu près dans le fond d'une cuvette de style Aquitain, fermée par une chaîne plissée. Sauf celles de l'Extrême Nord, elles ont vraisemblablement été modelées dans les formations endoréiques de l'Oligo (?)-Miocène ou Terrain des Gour de Flamand, et non dans les alluvions des oueds sahariens, plus récents que le terrain des gour où ils ont creusé leurs vallées.

Les ergs Issaouane et Edeyen occupent une position auréolaire comme la bordure Est de l'Erg Occidental au-dessous des cuestas du Mzab, du Tademaït, des hammadas de Tinghert et el Homra. Mais Foureau, qui a décrit avec beaucoup de soin le plancher des gassis, signale dans les grès calcareux, des couches gypsifères qui caractérisent les formations endoréiques de l'Oligo (?)-Miocène. L'erg Iguidi, occupe le fond d'une dépression topographique anticlinale, il a été modelé sans doute dans des formations détritiques analogues au Terrain des Gour qui ont ennoyé les dépressions anticlinales comme les dépressions synclinales et monoclinales.

Les dunes de Mauritanie sont construites dans des formations récentes. Quant aux dunes soudanaises et tchadiennes ou prétchadiennes, il est difficile de dire si le sable a été pris aux formations de la fin du Crétacé ou du début de l'Eocène ou bien à des formations détritiques moins anciennes. Les grandes chaînes du Désert Libyque partent des sables burdigaliens que domine la cuesta désertique de Qattera. Poussés par les vents du Nord dans un désert qui n'a gardé aucune trace d'un passé humide, les sables se sont avancés dans le cœur du continent jusqu'à 600 kilomètres de leurs affleurements, favorisés par l'extrême sécheresse de la contrée, par l'allongement indéfini des chaînes vers l'aval du vent ou par la marche ininterrompue des vagues en colonne ou en monome.

Les ergs de l'Arabie centrale et méridionale se trouvent dans des dépressions monoclinales, comme l'Edeyen et l'erg d'Issaouane. Il est possible que l'ennoyage des reliefs par des formations endoréiques se soit étendu à toutes les dépressions du Grand Plateau Désertique. Les dunes du Bas-Indus ont été modelées dans des terrains détritiques accumulées entre les Chaînes tertiaires et le massif ancien.

Les dispositions tectoniques et topographiques permettent en somme de supposer que le sable des ergs représente un faciès de remaniement des formations géologiques sous-jacentes. Mais le sable des dunes qui peut être étudié est celui que le vent promène à leur surface. Il doit prendre des caractères éoliens qui augmentent en même temps que le chemin parcouru, c'est-à-dire vers l'aval du vent ou de l'erg. M. Cayeux a étudié trois échantillons prélevés dans l'erg Occidental. Il n'a trouvé que du sable fluviatile, ce qui s'accorde avec l'origine endoréique des éléments auxquels nous avons supposé que ce sable avait été emprunté. Mais le polissage par le vent s'accentue en allant du Nord au Sud, *dans le sens des vents dominants*. L'étude géologique confirme et complète remarquablement les spéculations morphologiques et météorologiques.

Gustave AVENEL

FORMATION GÉOLOGIQUE DE LA SEINE-INFÉRIEURE

Résumé

G. DENIZOT

Assistant à la Faculté des Sciences, Marseille.

1° SUR L'INTERPRÉTATION DES PLATEAUX DU BASSIN DE LA SEINE

La topographie du bassin de la Seine est essentiellement constituée de trois sortes d'éléments : les vallées, les plateaux, les collines.

Cette distinction est bien nette en Haute-Normandie, dans la partie terminale du bassin. La Seine coule au fond d'une vallée que limitent des coteaux en forte pente, interrompus par les ressauts des terrasses, mais limitant toujours la vue par un relief vigoureux. Lorsqu'on gravit ces coteaux, brusquement en leur sommet on atteint le rebord du plateau qui s'étend au contraire à perte de vue, entre 130 et 150 mètres ([1]). Le contraste est formel, et son intérêt accru du fait des importantes déformations du

([1]) Il faut en beaucoup de points défalquer de l'altitude brute une forte épaisseur de limons, parfois plus de 10 mètres,

substratum crétacique, autour de Rouen, dont la trace ne se voit pas sur la plateforme : il ne saurait donc être question de la prendre pour structurale. Très loin à l'horizon de cette plateforme apparaissent les collines : nous considérons comme tel le grand relief du Bray.

Ces dispositions sont précisées dans le Vexin. La plateforme vers 145 mètres nivelle avec la Craie les couches tertiaires, en particulier le calcaire lutétien ; l'affleurement sableux du Sparnacien est naturellement occupé par des vallonnements ultérieurs, mais la plateforme s'est conservée, au N.-E. de Magny. sur les Sables moyens. Elle s'arrête au pied de buttes vigoureuses, hautes d'une soixantaine de mètres, constituées des couches suivantes jusqu'aux meulières, faciès lacustre de la fin du Stampien.

La même surface passe au sud de la Seine et, par les plateaux escortant l'Eure, débouche sur la Beauce qu'elle nivelle intégralement. La Beauce n'est d'aucune façon la surface structurale de la formation lacustre qui la supporte : le plateau si régulier entre Pithiviers et Chartres présente successivement, de 140 à 160 mètres, les diverses assises aquitaniennes et stampienne de cette formation, puis l'Eocène (Calcaire de Morancez, Grès ladères) enfin la Craie, et c'est au sein de cette Craie que s'arrête la plateforme au pied des collines du Bois-Bailleau et du Thimerais.

J'ai interprété ([1]) ces dispositions par l'étagement de deux topographies d'aplanissement, l'une reposant sur les buttes du Vexin et les bords nivelés de la boutonnière du Bray, sur les collines chartraines, plus ancienne, l'autre plus récente en contrebas.

Les sables granitiques du Miocène n'atteignent pas les collines que nous venons de citer, alors qu'ils se présentent en nombreux vestiges sur la plateforme inférieure : remaniements dans les limons, poches dans le substratum calcaire; et dans la Beauce apparaissent des témoins en place, dont la surface de base s'incline vite vers la Sologne. La plateforme apparaît donc comme postérieure à ces sables. J'ai écarté la relation avec les Faluns, par l'analogie, et d'ailleurs la continuité apparente, avec la plateforme 100-120 mètres de la Basse-Loire, postérieure au Miocène : j'ai invoqué la grande phase de pénéplanation reconnue au sommet du Pliocène, précédant de façon immédiate le creusement des vallées et l'édification des terrasses quaternaires.

Quant aux sommets des collines, ils appartiennent à une ancienne plateforme plus complexe. Sur le pourtour de la Région orléanaise, elle entre en relations avec la surface terminale du lacustre de Beauce, et date de la fin de l'Aquitanien ; plus loin elle peut s'incorporer en les retouchant plus

---

([1]) *Les formations continentales de la Region orléanaise*, 1927. Communications préliminaires aux *Comptes rendus*. 1920 1921.

ou moins des éléments antérieurs, l'ensemble formant en tous cas une surface très peu accidentée ; vers la périphérie se distinguent des témoins de topographies encore plus vieilles.

Passons vers l'autre extrémité du bassin. De part et d'autre de l'Aisne, en amont de Rethel, on distingue une série de plateaux qui, de 180 mètres, s'élèvent très lentement vers 210 auprès de Sainte-Menehould. On les voit bien à gauche, nivelant les coteaux crayeux (Main de Massiges, Mont Yvron), et à droite en Argonne : ils reposent sur la Gaize au pied des collines plus élevées d'une cinquantaine de mètres qui, sous le nom de Haute-Chevauchée, constituent la partie culminante du pays. Dans le bois de la Grurie, la plateforme 205-215 mètres se fait remarquer par une couverture d'argile rouge, procédant de la destruction de la Gaize, mais avec des remaniements : ceux-ci sont attestés par la présence dans l'argile de galets de quartz blancs et rosés de plusieurs centimètres. A 80 mètres

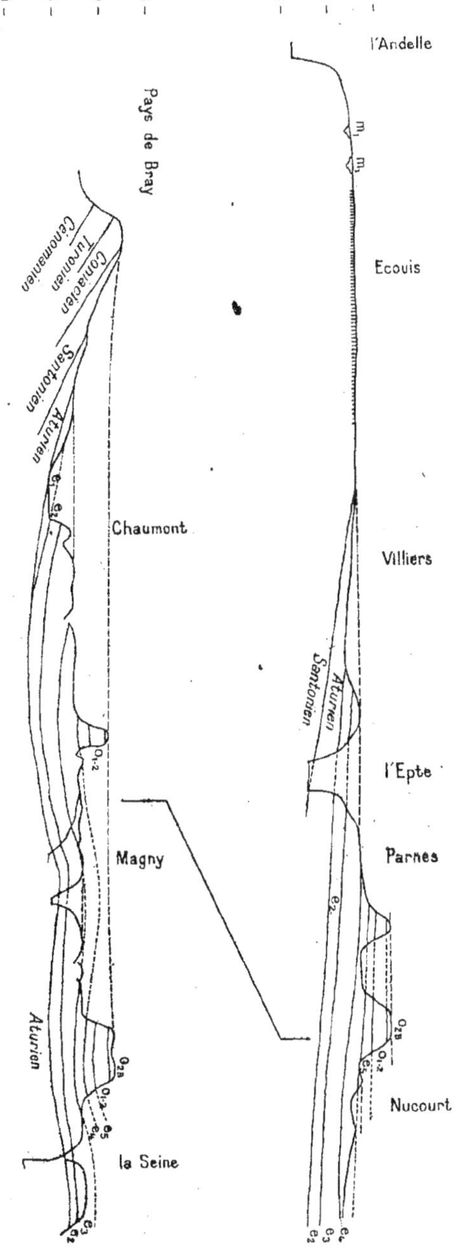

Fig. 1. — Profils géologiques dans le Vexin (extraits des *Form. cont. Rég. orléan.*, fig. 2).

au-dessus de l'Aisne, ces plateaux n'offrent aucune trace des alluvions qui apparaissent immédiatement en contrebas, formant terrasse à 70 mètres, puis à 50 mètres, terrasses très étendues, chargées de galets provenant de la région de Saint-Dizier et correspondant à une ancienne liaison avec le réseau de la Marne ; les terrasses plus basses, à 25 mètres et à 10 mètres sont au contraire réduites et postérieures aux captures qui ont séparé les sous-bassins (¹). Là encore la pénéplanation — car nous ne saurions invoquer que des actions continentales — se révèle immédiatement antérieure au quaternaire.

Au Sud-Est du bassin, on a depuis longtemps remarqué la vaste surface du Plateau de Langres, d'ailleurs fort inégale, partant de 450 mètres vers cette ville pour s'élever graduellement à 550 ou 600 mètres à l'Ouest de Dijon. Cette surface rase diverses failles et conserve des vestiges non seulement de sables crétaciques, mais de cailloutis oligocènes, elle est donc postérieure à ceux-ci (²). Cependant elle s'arrête brusquement sur le grand rebord faillé de la Côte-d'Or, surplombant la dépression de la Saône au fond de laquelle sont d'importants lambeaux lacustres à *Helix Ramondi* (datés vers la limite du Stampien et de l'Aquitanien). Or, il existe du rebord de plateau à ces lambeaux un contrebas de plus de 200 mètres que rien ne vient combler : les sables villafranchiens de Chagny se sont accumulés dans la dépression sans paraître même atteindre la partie culminante de ce lacustre. Aussi pensons-nous que le faisceau de la Côte-d'Or, pour limiter la plateforme, a joué encore après son établissement et avant le Villafranchien : c'est par suite de l'effondrement que s'est faite l'accumulation des sables de Chagny.

Sur le versant de la Seine, M. Bruet, dans une série de notes (³), a signalé la faune de Chagny sur les plateaux d'Arc-en-Barrois, en particulier en amont vers 390 mètres, dominant l'Aujon d'une hauteur voisine de 110 mètres (plutôt que 140 mètres d'abord indiqué). Des indications mêmes de l'inventeur, et la remarque a déjà été faite (⁴), il résulte qu'il ne s'agit pas d'une alluvion, mais de minces faciès résiduels et remaniements superficiels, où les galets quartzeux et cristallins sont accidentels — comme ceux de l'Argonne, les uns et les autres provenant à notre avis de transports antérieurs — et que ces lambeaux sont un peu en contrebas de la plateforme 400-450 mètres : celle-ci est plus ancienne que le Villafranchien.

Postérieure d'autre part à l'horizon à *Helix Ramondi*, cette plateforme

---

(¹) *Soc. géol Fr.*, *C. R. som.*, 1917, p. 173 et 1919, p. 133.
(²) CHAPUT, Évol. col. struct. Côte-d'Or, *B. Carte géol. Fr.*, n° 167.
(³) *C. R. Acad. Sc* , CLXXXIV, p. 1262 ; CLXXXV, p. 602 : CLXXXVI, p. 510 : *Soc. géol. Fr., Bull.*, XXVII ; *C. R. som.*, 1929, p. 89 ; *A. F. A. S.*, LII, p. 314.
(⁴) CHAPUT, *op. cit.* LAGEORGETTE, *C. R. som.*, 1919, p. 124, 144.

a pu être datée d'une époque plus ou moins tardive du Miocène. Sans enta-
mer la possibilité d'une telle attribution, nous préférons retrouver ici la
grande pénéplanation terminant une partie de l'Aquitanien, sur une partie de laquelle se sont répandus les transports granitiques miocènes du centre de la France. Cette ancienne pénéplanation se relie aux événements
contemporains du lac de Beauce et s'achève avec ce lac; elle s'étend sur
une grande partie de la France, retouchant et par endroit s'incorporant
des débris de topographies antéreures.

2⁰ LES SABLES GRANITIQUES DU CAP DE LA HÈVE

Passy a signalé en 1832 au sommet de la falaise de Sainte-Adresse un
lambeau de sables quartzeux grossiers, du type dit « granitiqne ». M. Dollfus, d'après leurs grains mal roulés et non classés, les a rattachés à la
grande couverture burdigalienne, prolongement des sables de la Sologne;
tandis que M. Depéret a fait état de galets siliceux divers pour les relier à
une terrasse fluviale de 100 mètres (¹).

A l'occasion du Congrès, j'ai visité ce gisement avec MM. Delpéré de
Cardaillac et Avenel. Le cap de la Hève est couronné par une petite surface horizontale à 97-98 mètres (²), légèrement plus basse en dehors de ce
point. En regard des phares, nous avons vu au sommet de la falaise, dans
l'argile à silex épaisse, des poches de 2 ou 3 mètres du sable grossier, mal
roulé et non classé, sans aucun galet; il n'y a au-dessus qu'une mince
couche terreuse de quelques décimètres chargée de silex crétaciques
intacts, de fragments de grès, de petits galets patinés de l'Eocène et de
silex gris petits, nettement roulés mais non arrondis comme sont les
galets marins.

En face la batterie, une poche plus vaste, d'une dizaine de mètres, nous
a présenté, tout à fait indépendants l'un de l'autre, le sable grossier là
encore privé de galets avec un gros paquet de sable fin éocène.

Il convient donc d'admettre avec M. Dollfus l'existence, au dessus du
Havre, de sables « granitiques » équivalents de ceux de Rouen, de
Lozère, etc. et prolongeant comme eux l'assise de Sologne; mais sans
doute sont-ils notablement plus bas que l'assise originelle, d'abord parce
qu'ils pénètrent en poches dans la formation crétacique, ensuite parce que

---

(¹) Voir CHAPUT. *Bull. Carte géol. France*, n° 153, 1923, p. 14.
(²) D'après les repères des phares.

cette formation s'est tassée par décalcification. D'autre part l'existence d'une terrasse voisine de 100 mètres est vraisemblable, confirmée par l'étendue de l'aplanissement vers cette altitude et sa liaison avec d'autres vestiges de remaniements des assises antérieures qui ont été notés en amont ; mais l'exiguïté des lambeaux ne permet guère de préciser leurs conditions de formation.

LEROY

Conservateur de la bibliothèque Canel à Pont-Audemer.
Membre de la Société géologique de Normandie.

NOTES DE GÉOLOGIE LOCALE

LE PUITS TUBULAIRE DE MANNEVILLE-SUR-RISLE,
ET LES TERRAINS SÉDIMENTAIRES TRAVERSÉS PAR LE FORAGE

Dans la propriété de M. Limare, située à Manneville-sur-Risle, ancienne propriété Thubeuf, il a été installé en juin 1926, un puits tubulaire, dont le parfait achèvement et le plein rendement, font le plus grand honneur à l'entreprise de sondages Lefèvre frères, à Quièvréchain (Nord), qui a exécuté les travaux sur les indications et le plan de M. A. Danicourt, ingénieur hydrologue à Amiens.

M. A. Danicourt nous ayant très aimablement octroyé la permission d'analyser son travail, nous allons rapidement passer en revue, les terrains rencontrés au cours des sondages.

Le premier étage des terrains traversés par la fouille, est, après l'humus, ou terre végétale, le *limon des plateaux* silico-argileux, constituant, lui-même, toute la surface du plateau de Manneville-sur-Risle, et reposant sur les *argiles à silex*, produit, résultant comme on sait, de la destruction : de la trituration par les eaux quaternaires, des couches crétacées sous-jacentes ; ces deux sédiments se confondent souvent. A la base de ce terrain, existe un conglomérat d'argile rouge et de silex anguleux, pouvant avoir une épaisseur variable d'une douzaine de mètres.

Puis vient la craie blanche, ou *Sénonien*, qui n'est représentée ici que dans ses assises inférieures, par une craie noduleuse, assez dure, contenant des *Micraster Cortestudinarium* et *Breviporus* ; elle atteint ici une épaisseur de 35 à 37 mètres, et repose sur la craie marneuse atteignant 12 à 15 mètres d'épaisseur, sans silex en tête, noduleuse et marneuse, avec silex dans sa partie moyenne, pour devenir friable à la base.

Vient· ensuite la craie glauconieuse, ou *Cénomanienne*, qui a de 60 à 65 mètres d'épaisseur, et affecte divers faciès : marneuse blanche, légèrement glauconieuse, et sans silex dans sa partie supérieure, devenant sableuse et plus glauconieuse pour être à la base argilo-sableuse, très glauconieuse, à silex gris et nodules noirs.

Cette craie cénomanienne repose elle-même, sur la *gaize*, représentée par une couche grèseuse recouvrant le *gault* sous-jacent, qui offre ici l'aspect d'une argile noire, micacée, en tête, pour ainsi passer aux sables ferrugineux qui constituent l'étage *Néocomien*, sédiment de base de la période crétacique.

Nous sommes ici, à la profondeur de 96 m. 50, point définitif atteint par le forage ; après avoir noté, que le niveau statique se trouve. à la profondeur de 71 m. 40. Le niveau du puits foré, comparativement à l'étiage, est à la profondeur de 82 mètres, c'est-à-dire au niveau de la route de . Rouen. Le niveau de la Risle étant à une altitude de 85 mètres, le forage, après avoir traversé les couches sédimentaires que nous venons de décrire, c'est-à-dire la colline entière, a donc atteint une profondeur de 11 m. 50, plus bas que le cours actuel de la rivière.

La· nappe aquifère dont le rendement est de 900 à 1.000 litres d'eau par heure, a été trouvée entre le niveau statique, dont nous parlons et l'argile noire, micacée, du *gault* ; le travail d'aspiration de la pompe d'élévation, se trouvant à 93 m. 50.

Dans son rapport, M. Danicourt fait remarquer que le peu d'épaisseur du *Sénonien*, sous la propriété, alors que au Nord-Est, cette assise atteint une grande puissance ; alors que le *Cénomanien* forme la sédimentation souterraine de toute la rive gauche de la rivière de Risle, sans parler des assises *Jurassiques*, qui affleurent dans la direction Sud-Ouest, à Pont-l'Evêque, et à Cormeilles, lui permet de dire que *les couches piquent vers le Nord-Est*, conséquence du *synclinal*, qui a bouleversé l'ordre de stratification ([1]).

Ainsi que nous l'avons dit, l'exécution de ce puits tubulaire, jusqu'alors unique dans la contrée, fait le plus grand honneur à l'ingénieur-hydro-

---

([1]) Le *synclinal* de la Risle, au Nord de l'axe d'Aulnay, suit d'abord la vallée de la Risle ; il est jalonné à Pont-Audemer, par des lambeaux d'argile plastique, rencontrés dans un sondage, à une altitude inférieure à 100 mètres, puis se dirige sur Saint-Grégoire-du-Vièvre, Brionne, passe sous la grande plaine du Neubourg, coupe la vallée de l'Iton, à peu de distance à l'Ouest d'Evreux, et s'enfonce sous la campagne de Saint-André, où la craie cénomanienne a été rencontrée à 263 mètres de profondeur (G. Dollfus. *Les ondulations des couches en Normandie*).

logue : M. A. Danicourt, sur le rapport et les plans duquel il a été
exécuté.

Il faut féliciter M. Limare, d'avoir été le promoteur de cet intéressant
travail, et de l'avoir mené à bien, à l'encontre de toutes les critiques sus-
citées par la routine et les préjugés, malheureusement encore trop répandus dans nos campagnes.

Il a ainsi fait œuvre utile, et nous a permis de connaître, au moyen des
travaux entrepris, la constitution géologique, d'une des formations
crayeuses de notre région.

Etienne PEAU

Publiciste.

GÉOLOGIE ET MINÉRALOGIE DE L'ARCHIPEL KERGUELEN

P. RUSSO

Chef du Bureau d'Hydrogéologie de l'Institut Scientifique Chérifien (Rabat).

RAPPORTS TECTONIQUES ENTRE LE RIF,
LA CORDILLÈRE BÉTIQUE ET L'ATLAS

De mes dernières observations faites dans le Rif et les régions voisines,
sur le terrain, et de leur confrontation avec celles faites en divers points
d'Espagne et d'Afrique du Nord par MM. Abrard, Beaugé, Bourcart,
Daguin, Douvillé, Flamand, Gentil, Glangeaud, Joleaud, Lecointre,
Lemoine, Lutaud, Neltner, Staub, Termier, etc., il ressort un certain
nombre de faits et de déductions qui permettent d'envisager les rapports
du Rif et des autres chaînes de l'Afrique du Nord comme le montre le
croquis sommaire qu'on verra plus loin, et en tout cas, de façon totalement différente de ce qui était admis précédemment :

1° L'examen des pendages des assises au voisinage de Tanger et de

Tarifa peut faire croire à la présence d'un synclinal sur l'emplacement du détroit de Gibraltar. Une étude plus détaillée montre que cette apparence est due à la fois à un ennoyage et à des phénomènes de dissolution dans les argiles sous-jacentes aux grès durs, et que *tous* les anticlinaux profonds visibles dans les coupures naturelles des oueds sont orientés N.-S. des deux côtés du détroit ;

2º Les plis rifains proprement dits et les plis de couverture qui les

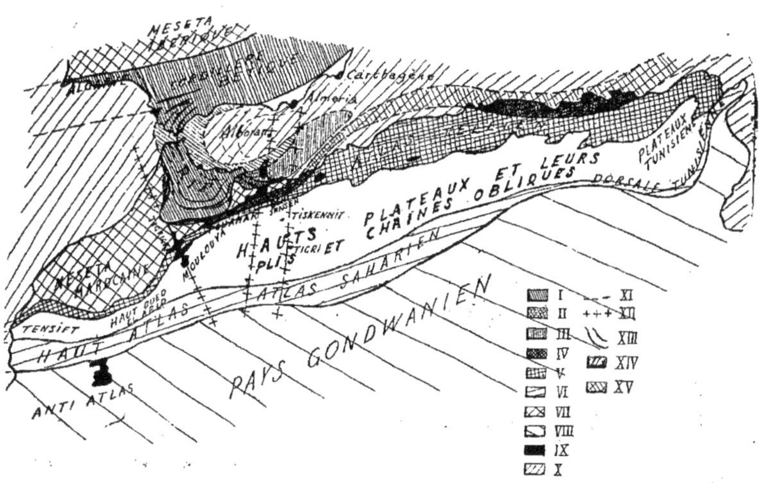

I. Pays alpin.

II. Plis de couverture du Rif oriental.

III. Prolongement hypothétique de ces plis sous la mer.

IV. Région des massifs anciens en bordure du Pays apennin.

V. Branche apennine septentrionale.

VI. Branche apennine méridionale.

VII. Meseta marocaine et Meseta ibérique.

VIII. Bouclier saharien.

IX. Régions volcaniques.

X. Terres masquées sous les eaux autres que le pays alpin.

XI. Raccords des limites de zones.

XII. Axes de fractures et de volcans.

XIII. Plis principaux du Rif et de la Cordillère bétique au voisinage de Gibraltar.

XIV. Zones où se montre le Trias en abondance en bordure de la zone béticorifaine.

XV. Portion sous-marine hypothétique de la région des massifs anciens.

accompagnent à l'Est dans le pays de Melilla n'ont aucune continuité avec les plis du Moyen Atlas ni avec ceux des Beni Snassen. Ils en sont séparés par une région tabulaire et volcanique à substratum paléozoïque, qui couvre la région située au Nord de Guercif, Camp Bertaux, Berkane et Martimprey, sur les pays des Beni Bou Yahi, Oulad Ahmou Raho, Oulad Abdallah et la plaine des Triffa ;

3º Les plis de couverture de l'Est Rifain sont sans rapports directs avec les plis rifains. Ils courent simplement à la surface de la zone tabulaire et volcanique qui reparaît au Nord vers Melilla. Ils se terminent au S.-E. ou à l'Est par des terminaisons périclinales ;

Les plis du Moyen Atlas se prolongent, en direction, après ennoyage sous la plaine de la Moulouya, par les axes des segments successifs de la Moulouya, et se montrent à nouveau suivant ces mêmes axes, dans les Beni Snassen et les collines d'Oudja (Mghiris, Naïma, etc.) ;

5° La dépression tabulaire entre le Grand et le Moyen Atlas, que j'ai signalée dans la région d'Azilal se poursuit par le Haut Oued el Abid et se raccorde à celle de la Moulouya supérieure pour enfin rejoindre les Hauts Plateaux dans la région de Midelt ;

6° Les plis de couverture des Hauts Plateaux raccordent l'Atlas Saharien à l'Atlas Tellien à travers la zone tabulaire dont il vient d'être parlé et qui forme les Plateaux Tunisiens, la Meseta oranaise, la dépression Moulouya-Tensift et les régions intermédiaires. L'Anti-Atlas fait partie du socle Saharien et non de l'Atlas (Neltner) ;

7° Les plis des Beni Snassen passent, comme l'a montré Gentil, dans le massif du Filhaoucen, et ils ne se raccordent pas avec ceux du littoral oranais, mais disparaissent en mer vers l'embouchure de la Tafna. Ils sont accompagnés de massifs hercyniens que l'on retrouve à l'Ouest vers Touahar, et qui semblent pouvoir être hypothétiquement raccordés à ceux de la côte algérienne ;

8° Les hypothèses formulées par M. Staub, d'une carapace(1926) et du non-passage des plis bétiques à travers le détroit de Gibraltar (1927) avec raccordement du Rif à la série tellienne, et de son analogie avec les Dinarides ne paraissent pas concorder avec les faits observés. Il en est de même des hypothèses de M. Argand et antérieurement de Suess ;

9° Il semble nécessaire de voir dans le Rif une virgation des plis bétiques se montrant au droit de Cadix, et accusée par les masses triasiques qui apparaissent entre Jerez et Medina Sidonia. Les remarques faites par M. Staub touchant la nécessité dans les hypothèses de Suess et de M. Argand de venues volcaniques en des régions où il n'en existe pas (ce qui ruine ces hypothèses) ne jouent pas ici. En effet dans mon interprétation, le Rif est simplement formé de plis déferlant sur un môle rigide (Meseta marocaine) poussé vers le Nord au niveau de la zone bétique. Mais ce môle n'est lui-même qu'un des compartiments fracturés d'un môle plus vaste, ayant fléchi sous la pression du Rif renversé sur lui. Sur la ligne de fracture Melilla-Guercif et sur les fractures voisines (Oudjda, Moyen Atlas, Tigri, etc.) se montrent les venues volcaniques. Elles n'ont aucune raison d'exister dans la région de Cordoue à Malaga, non plus que de Huelva ou de Sevilla. Le raccordement avec la chaîne bétique est le fait que la partie la plus N.-E. de la Meseta marocaine a plongé un peu en profondeur, sa région Ouest, vers le Rharb, se relevant au contraire (bascule). Il n'y a pas là de « Deekenkarapace ».

BOTANIQUE

Président d'honneur . .	A. Gravis, Professeur émérite à l'Université de Liège.
Président.	Auguste Chevalier, Professeur au Muséum National d'Histoire Naturelle de Paris.
Vice-Président	Pierre Senay, Le Havre.
Secrétaire	L. Hédin, Ingénieur agronome.

Abbé P. FRÉMY

Professeur de Sciences naturelles
à l'Institut libre de Saint-Lô (Manche).

LES *CYLINDROSPERMUM* DE LA NORMANDIE

Le genre *Cylindrospermum* a été créé par Kützing (*Phycologia generalis*, p. 211) en 1843. Il appartient à la famille des *Nostocaceæ*. Ses principaux caractères sont les suivants :

Thalle étalé, indéfini, muqueux, d'un vert noirâtre, ordinairement plus foncé au milieu que sur les bords.

Trichomes ayant la même structure sur toute leur longueur, peu allongés, formés d'articles subcylindriques aussi longs ou plus longs que larges.

Hétérocystes terminaux, jamais d'hétérocystes intercalaires.

Spores situées sous les hétérocystes, ordinairement solitaires, plus rarement sériées.

Les *Cylindrospermum* vivent le plus souvent sur la terre humide, plus rarement dans les eaux douces tranquilles ; très accidentellement, on peut les rencontrer dans les eaux saumâtres.

CLÉ ANALYTIQUE DES ESPÈCES

<table>
<tr><td>I. Spores sériées.</td><td>1. C. catenatum.</td></tr>
<tr><td>II. Spores solitaires.</td><td></td></tr>
<tr><td>   A. Spores papilleuses.</td><td>2. C. majus.</td></tr>
<tr><td>   B. Spores lisses.</td><td></td></tr>
<tr><td>   1. Spores cylindriques.</td><td>3. C. stagnale.</td></tr>
<tr><td>   2. Spores ovales ou elliptiques.</td><td></td></tr>
<tr><td>   a. Spores tronquées à chaque bout.</td><td>4. C. licheniforme.</td></tr>
<tr><td>   b. Spores arrondies à chaque bout.</td><td>5. C. muscicola.</td></tr>
</table>

1. **Cylindrospermum catenatum** Ralfs, *Ann. and Magaz. of Nat. History*, 1850, V, p. 338, Tab. VIII, fig. 14 ; Bornet et Flahault, *Révision des Nost. hétérocystées*, IV, 1888, p. 254. — *Thalle* muqueux, orbiculaire, confluent, indéfini, d'un vert noirâtre. *Trichomes* épais de 4 µ, érugineux, pâles. *Articles* longs de 4-5 µ, rétrécis aux articulations. Hétérocystes oblongs, longs de 6-7 µ, larges de 4 µ. *Spores* oblongues, longues de 13-18 µ, larges de 7-10 µ, à épispore lisse, d'un brun doré, sériées par 2-8ς (fig. 1). — Boue humide, au bord et sur le fond des étangs et des rivières. — *C*. Falaise (De Brébisson !).

2. **Cylindrospermum majus** Kütz. *Phyc. gen.*, p. 212 ; Born. et Flah., *loc. cit.*, p. 252. — *Thalle* largement étalé, indéfini, muqueux, d'un vert sombre. *Trichomes* épais de 4-5 µ, d'un vert-érugineux pâle. *Articles* longs de 5-6 µ, cylindriques, rétrécis aux articulations. *Hétérocystes* un peu plus gros que les articles végétatifs, pâles, ayant jusqu'à 10 µ de long. *Spores* ventrues-elliptiques, longues de 20-30 µ (rarement — 38 µ), larges de 10-15 µ (le plus souvent de 12 µ), à épispore papilleuse brunâtre (fig. 2). — Les hétérocystes portent souvent de nombreux individus d'une bactériacée parasite, *Ophryothrix Thuretiana* Borzi, qui ont un aspect de cils. Le *Cylindrospermum comatum* Wood n'est certainement qu'une plante présentant cette particularité. — Terre humide, eaux douces tranquilles. — *M*. Falaise (Le Bailly ! Godey !) ; Vire (Pelvet !). *M*. Bretteville-sur-Ay ! Millières ! Saint-Lô ! lande de La Meauffe !

3. **Cylindrospermum stagnale** Born. et Flah., *loc. cit.*, p. 250. — *Thalle* floconneux-étalé, fixé ou flottant, muqueux, d'un vert sombre. *Trichomes* d'un vert-érugineux pâle, épais de 3,8-4,5 µ. *Articles* jusqu'à 3-4 fois plus longs que larges, un peu rétrécis aux articulations. *Hétérocystes* subsphériques, ou, plus souvent, oblongs, épais de 6-7 µ, pouvant avoir jusqu'à 16 µ de long. *Spores* cylindriques, arrondies aux deux bouts, longues de

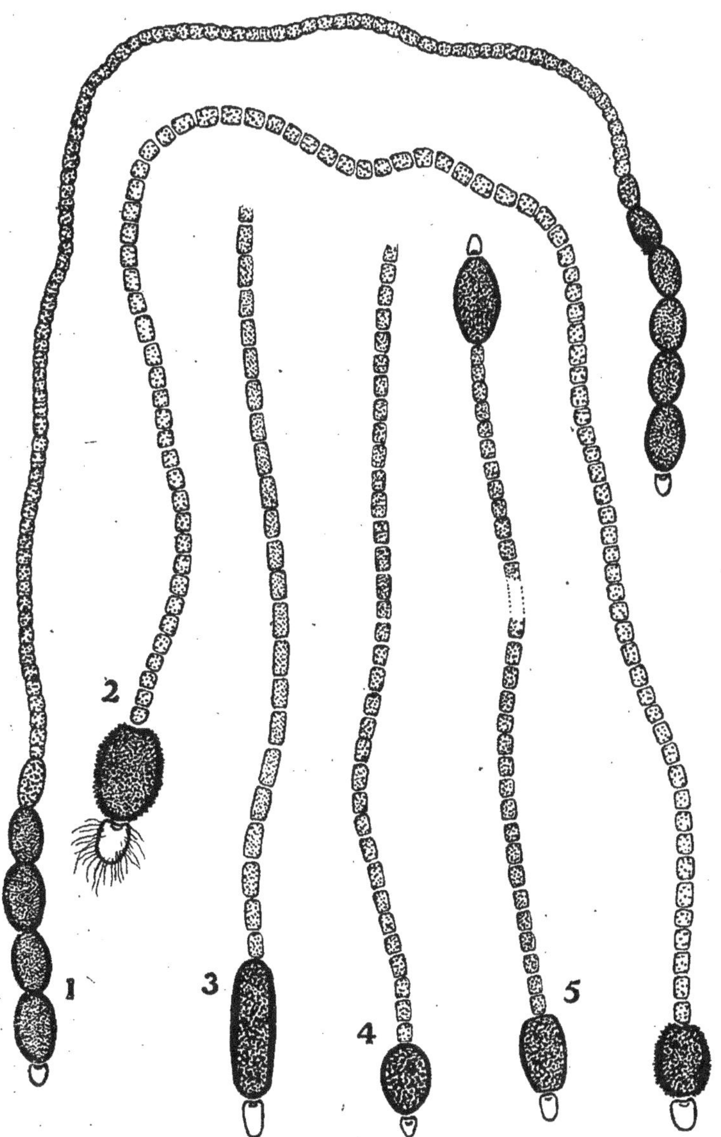

Fig. 1-5. — 1. *Cylindrospermium catenatum* Ralfs × 500. — 2. *C. majus* Kütz. × 500. — 3. *C. stagnale* Born. et Flah. × 500. — 4. *C. muscicola* Kütz. × 500. — 5. *C. licheniforme* (Bory) Kütz. × 500.

32-40 µ., larges de 10-16 µ., érugineuses, à épispore lisse, d'un jaune brunâtre (fig. 5). — Marais tourbeux, eaux stagnantes, terre humide parmi
les mousses. — *C.* Caen (Chauvin !) ; Falaise (de Brébisson ! Godey !).

4. **Cylindrospermum licheniforme** (Bory) Kütz.; Born. et Flah., *loc. cit.*,
p. 253. — *Thalle* orbiculaire-confluent, finalement largement étalé, indéfini, muqueux, d'un vert sombre. *Trichomes* épais de 4,2 µ., d'un vert-
érugineux vif. *Articles* longs de 4-5 µ., peu rétrécis aux articulations.
Hétérocystes oblongs, longs de 7-12 µ., larges de 5-6 µ. *Spores* oblongues ou
ventrues-elliptiques, tronquées à chaque bout, longues de 20-30 µ (rarement — 38 µ), longues de 12-14 µ., à épispore lisse, d'un brun rougeâtre.
(fig. 5). — Terre humide, bords des fossés, endroits marécageux. — *C.* Caen
(Morière !) ; Tracy-sur-Mer (De Brébisson !) ; Falaise (Godey !) ; Vire
(Lenormand ! Pelvet !). *M.* Environs de Cherbourg (Thuret) ; Le Mesnil-
Rouxelin (Godey !) ; Saint-Lô ! Agneaux ! lande de La Meauffe ! lande de
Beuvais en Saint-Michel-des-Loups !

5. **Cylindrospermum muscicola** Kütz. *Phyc. germ.*, p. 173 ; Born. et
Flach., *loc. cit.*, p. 254. — *Thalle* étalé, muqueux, d'un vert sombre.
Trichomes épais de 3-4,7 µ., érugineux, pâles. *Articles* cylindriques, légèrement rétrécis aux articulations. *Hétérocystes* oblongs, longs de 5-7 µ.,
larges de 4 µ. *Spores* ovales, longues de 10-20 µ., larges de 9-12 µ., arrondies à chaque bout, à épispore lisse, d'un jaune doré. (fig. 4). — Terre
humide. — *M.* Landes de Lessay ! Agneaux !

A. GRAVIS

Professeur émérite à l'Université de Liège.

QUELQUES CONSIDÉRATIONS SUR LES PLANTES APHYLLES

Note préliminaire

Plantes aphylles, ce terme semble désigner des végétaux complètement
dépourvus de feuilles. En réalité, il n'existe pas, chez les Phanérogames,
de plantes entièrement privées de feuilles, mais il s'en trouve un certain

nombre chez lesquelles les feuilles étant très réduites et manquant de chlorophylle sont incapables de remplir leurs fonctions habituelles de transpiration et de fixation du carbone. Ces espèces dites aphylles sont très diversifiées ; elles méritent d'être considérées avec attention et comparées à divers points de vue.

I. — *Au point de vue morphologique*, signalons d'abord quelques espèces dont les feuilles bien constituées tombent de bonne heure comme chez le *Spartium junceum* (Papilionacées) : ses nombreux, longs et fins rameaux verts forment une sorte de balai durant la plus grande partie de l'année.

D'autres espèces à feuilles tout à fait rudimentaires ont des rameaux ressemblant à ceux des Prêles : tels sont le *Casuarina quadrivalvis* et le *Polygonum equisetiforme*.

Le *Muhlenbechia platiclada* (Polygonées) et le *Carmichelia* (Papilionacées) ne produisent qu'un petit nombre de feuilles de plus en plus restreintes et en même temps aplatissent de plus en plus leurs rameaux. Le *Phyllanthus* (Euphorbiacées) et les *Phyllocactus* (Cactées) ont des feuilles minuscules à peine reconnaissables, mais leurs rameaux sont élargis et amincis au point de ressembler à des feuilles.

D'autres végétaux à feuilles très réduites portent, au contraire, des rameaux cylindriques, assez grêles, terminés en épine : *Ulex* (Papilionacées), *Zilla* (Crucifères), *Acanthoscyos* (Cucurbitacées). Dans un buisson de *Colletia* (Rhamnées), on distingue de fins rameaux cylindriques feuillés, et des rameaux aplatis, épineux, sans feuilles apparentes. Les *Salicornia* (Chénopodiées), au contraire ont leur tige et leurs rameaux succulents.

D'autres encore semblent complètement dépourvus de feuilles. On cite souvent les Cactées comme si toutes étaient dans le même cas. En réalité, les *Pereskia* ont des feuilles parfaitement conformées ; les diverses espèces d'*Opuntia* ont des feuilles de plus en plus réduites ; chez les autres Cactées, les feuilles sont souvent si atrophiées qu'elles sont microscopiques et cachées dans une touffe de poils nommée le coussinet.

Par contre, les tiges de ces végétaux sont très souvent épaissies, charnues et couvertes de côtes longitudinales ou de mamelons plus ou moins proéminents : citons les *Cereus*, *Echinocactus*, *Mamillaria* et les espèces cactiformes des genres *Euphorbia*, *Stapelia*, *Cissus*. Le curieux *Kleinia articulata* (Composées) a des feuilles bien conformées mais éphémères, cette plante étant véritablement cactiforme durant la majeure partie de l'année.

Les cas rappelés ci-dessus sont assez simples, les feuilles plus ou moins atrophiées étant suppléées par les entrenœuds des tiges plus ou moins adaptées aux fonctions chlorophylliennes. Considérons maintenant les espèces dont les feuilles sont réduites à des gaines simplement protectrices, tandis que les hampes florifères, très longues, sont chargées des fonctions de nutrition : *Aphyllanthes* (Liliacées), plusieurs espèces de *Juncus*, de *Scirpus*, de *Cyperus* et de *Heleocharis* (Cypéracées). Chez le *Russelia* (Scrophulariacées), c'est l'inflorescence qui grandit beaucoup et se ramifie considérablement. Chez le *Bowiea* et les *Asparagus* (Liliacées) les pédoncules sont très nombreux et la plupart non florifères, souvent même élargis et foliiformes.

Ailleurs encore, les bourgeons situés dans l'aisselle des feuilles rudimentaires avortent après avoir développé une préfeuille : *Ruscus* (Liliacées). Les Lemnacées, dont l'organisation est fort dégradée, présentent un phénomène analogue.

Certains *Streptocarpus* (Gesnéracées) n'ont ni tiges ni feuilles sauf leurs cotylédons ; un de ceux-ci disparaît de bonne heure, mais l'autre s'accroît pendant longtemps et atteint une taille énorme. La floraison de ces bizarres végétaux s'opère par des hampes adventives avec quelques petites bractées.

L'*Æranthus* est aussi privé de tiges et de feuilles apparentes : cette Orchidée épiphyte a des racines aériennes un peu aplaties qui possèdent de la chlorophylle et remplacent les feuilles. Un cas semblable est offert par plusieurs Podostémonacées qui vivent à l'état de racines vertes submergées et qui produisent seulement des pousses aériennes florifères avec quelques petites feuilles durant la courte durée des basses eaux..

Il nous reste enfin à citer certains végétaux réduits à l'état de racines souterraines et saprophytes qui ne montrent, au-dessus du sol, qu'une inflorescence décolorée : *Monotropa* dans la famille de ce nom, *Corallorhiza* et *Neottia Nidus-avis* dans celle des Orchidées. Il y a aussi des parasitées tels que les *Cuscuta* (Cuscutacées) et le *Cassytha* (Laurinées), à tiges volubiles filiformes, puis les Orobanchées, les Rafflésiacées et les Balanophorées dont on ne voit extérieurement qu'une inflorescence ou même une seule fleur.

II. — *Au point de vue biologique* les plantes aphylles sont généralement autotrophes, c'est-à-dire capables de s'alimenter par leurs propres moyens, leurs feuilles étant remplacées par d'autres organes munis de chlorophylle : rameaux (*Spartium*, *Muhlenbechia*, etc...), hampes florifères (certains *Juncus* et Cypéracées), pédoncules (*Bowiea*, *Asparagus*), racines (*Æranthus*, Podosténonacées), etc... Les unes vivent dans des endroits très secs (plantes xérophiles : *Cereus*, *Euphorbia* cactiformes, etc...) ; d'autres dans les lieux humides ou même dans l'eau (plantes hydrophiles : Cypéracées, Podostémonacées, etc...). Il y en a qui sont complètement aériennes (plantes épiphytes : *Æranthus*, *Tæniophyllum*, etc...).

D'autre part, certaines plantes aphylles dépourvues de chlorophylle sont allotrophes c'est-à-dire réduites à vivre de débris organiques en décomposition (plantes saprophytes : *Monotropa*, *Neottia*, *Nidus-avis*, etc...), ou aux dépens d'êtres vivants (plantes parasites : *Cuscuta*, *Orobanche*, etc...).

Il convient de signaler aussi que les plantes des terrains salés (plantes halophiles) sont souvent aphylles : tels sont les *Salicornia*, les *Anabasis* et *Haloxylon* (Chénopodiacées).

On a tort de confondre souvent plantes aphylles et plantes xérophiles puisque certaines espèces du premier groupe peuvent se rencontrer dans des lieux humides et même dans l'eau. Si la plupart des Cactées s'accommodent d'un climat très sec durant une partie de l'année, c'est qu'elles font provision d'eau à l'époque des pluies. Il en est de même des Mésembryanthémées et des Crassulacées qui cependant ont des feuilles élaboratrices.

III. — *Au point de vue systématique*, je me bornerai à constater la présence de plantes aphylles dans un grand nombre de famille complètement indépendantes les unes des autres, ainsi qu'on le remarquera aisément par les citations qui précèdent. Certaines familles, comme celle des Cactées comprennent beaucoup d'espèces aphylles ; d'autres, au contraire, n'en compte qu'un petit nombre, voire qu'une seule, telle la famille des Laurinées qui renferme le curieux *Cassitha filiformis*.

Le type aphylle le plus caractéristique, celui des *Cereus* et autres Cactées à tige aquifère munie de côtes ou de mamelons, se retrouve dans les familles des Euphorbiacées, Asclépiadées, Ampélidées, etc... Ce sont de fort beaux exemples de convergence.

IV. — *Au point de vue géographique*, il est à noter que les plantes aphylles s'observent principalement dans les régions du globe voisines des tropiques, dans les déserts, mais il y en a aussi dans les climats tempérés et même froids, notamment des Joncées, des Cypéracées et des Chénopodiées.

Certains groupes de plantes aphylles ont une patrie bien délimitée : les Cactées sont toutes d'origine américaine sauf une espèce de *Rhipsalis* ; par contre les Euphorbes cactiformes sont indigènes en Afrique.

V. — *Au point de vue phyllétique*, il y a lieu de rechercher sous l'influence de quels facteurs certaines plantes ont réduit leurs feuilles et ont pris une organisation spéciale. Ordinairement on se borne à dire qu'elles se sont adaptées à la sécheresse. Nous ne pouvons plus nous contenter de cette explication simpliste, attendu qu'il y a des plantes aphylles aquatiques et que beaucoup de celles qui sont terrestres possèdent des organes chlorophylliens à grande surface : côtes et mamelons, rameaux aplatis, pédoncules foliiformes, etc...

La sécheresse du sol et de l'air, une vive lumière aussi, ont certainement été des facteurs de l'évolution de beaucoup de plantes aphylles, mais il semble bien que le froid entravant la croissance des jeunes feuilles a dû causer l'atrophie du limbe foliaire chez les végétaux des régions septentrionales. Sous les cascades des grandes fleuves, la violente agitation de l'eau s'est opposée à l'existence de pousses feuillées aquatiques, aussi voyons-nous chez les Podostémonacées les racines constituer à elles seules l'appareil végétatif, les petites pousses feuillées et florifères aériennes étant de très courte durée.

Des expériences faites par divers auteurs ont montré l'influence très marquée de la lumière, de la sécheresse, du sel marin, etc..., sur le développement des feuilles.

Il est à remarquer qu'ici comme en Phytogéographie, les causes actuelles ne suffisent pas pour expliquer tout ce dont nous sommes témoins ; il faut parfois faire intervenir des causes passées difficiles à apprécier. Des plantes dont les feuilles ont cessé de fonctionner dans un climat inclément, ont pu hypertrophier des organes de remplacement lorsque le climat s'est modifié ou lorsque leurs graines ont été transportées dans d'autres pays. Il semble qu'une espèce dont les feuilles ont été atrophiées soit devenue incapable d'en produire de normales par la suite : l'évolution, dit on, n'est pas réversible.

Dans bien des cas l'explication Lamarckienne par l'influence du milieu est parfaitement justifiée, mais il en est d'autres où cette explication ne paraît pas pouvoir s'appliquer. Il y a dans ce domaine bien des expériences à faire.

En vue d'aider à la reconstitution de l'évolution phyllétique d'un groupe d'animaux, on recourt souvent à l'examen embryonnaire. Dans le règne végétal, on peut envisager les plantules provenant de semis. Dans les espèces aphylles, ces plantules produisent souvent des feuilles normales, mais chez d'autres plus complètement adaptées sans doute, les premières feuilles sont déjà rudimentaires. Dans le premier cas, on dit que l'ontogénie répète la phyllogénie.

L'étude des plantes aphylles me préoccupe depuis longtemps déjà. Elle soulève des questions qui ne semblent pas avoir suffisamment éveillé l'attention des botanistes. Je me propose d'en poser quelques-unes et de contribuer à leur solution en faisant connaître, dans un travail d'ensemble, quelques recherches et quelques réflexions que j'ai pu faire, ainsi que les observations de quelques-uns de mes anciens élèves : Melle M. Jodogne, MM. A. Monoyer, D. Rousseau et L. Joyeux.

A. GUILLAUME
Professeur à l'École de Médecine et de Pharmacie de Rouen.

VARIATIONS DE TENEUR EN ALCALOIDES DANS LES GRAINES DE LUPIN AUX DIVERS STADES DE LA MATURATION

Nos expériences ont été faites sur des graines provenant de pieds de lupin cultivés dans le jardin de Fontainebleau et soumis à l'action du phosphate d'ammonium employé comme engrais.

1° *Mode opératoire.* — Pour cela nous avons prélevé des gousses à différents états de maturité :

1° Gousses vertes, plates, à semences petites ;

2° Gousses encore vertes, mais à semences plus développées ;

3° Gousses vert jaunâtre à semences de grosseur normale, mais verdâtres ;

4° Gousses jaunâtres, ligneuses, à semences mûres et blanches.

Les fruits ainsi recueillis sur un certain nombre de pieds du même carré de plantes ont été ouverts et les graines retirées ont été immédiatement pesées pour avoir des lots de 100 grammes fraîches ; les gousses vides correspondantes ont été pesées également.

Et les quatre lots de graines et de gousses, transportées au laboratoire de Rouen ont été mis à sécher à l'étuve à 35°, après avoir eu soin d'étaler les organes sur des claies et de les retourner souvent pendant la dessiccation. Après 10 jours, nous avons pu passer les graines au moulin à café et la poudre fine ainsi obtenue a été de nouveau séchée à 35° jusqu'à l'absence de perte de poids. Les gousses ont mis de 15 à 20 jours avant dessiccation suffisante.

2° Les *résultats* sont consignés dans le tableau ci-dessous : la proportion d'eau, très élevée chez la jeune graine, va en diminuant progressivement à mesure qu'elle mûrit. Il en est de même pour la gousse qui la renferme ; mais la graine se déshydrate beaucoup plus rapidement que la gousse et celle-ci est beaucoup plus longue à sécher.

3° *Interprétation des résultats.* — Nous constatons que la proportion d'alcaloïdes pour 100 grammes de graines fraîches s'élève progressivement à mesure que celles-ci s'approchent de la maturité : c'est à ce moment qu'elle atteint son maximum. Par contre, si l'on rapporte la teneur à l'unité, c'est-à-dire à la graine, c'est avant sa maturité complète, lorsque la graine a son volume définitif qu'elle est la plus riche en alcaloïdes.

Feldhaus dans une expérience semblable sur les semences de *Datura stramonium*, en 1905, avait observé que c'était avant maturité complète de la capsule, c'est-à-dire quand la graine venait d'atteindre sa grandeur normale que le pourcentage en alcaloïdes était le plus grand, mais il n'avait pas envisagé la teneur par graine, ce qui au point de vue physiologique est surtout important à considérer.

Néanmoins, en tenant compte uniquement de la quantité en valeur absolue (rapportée à 100 grammes d'organe), il serait intéressant que des expériences semblables fussent envisagées sur les graines à alcaloïdes, en particulier lorsque l'on veut pour des usages thérapeutiques, récolter de ces graines soit pour l'extraction des principes actifs, soit pour l'emploi officinal des semences.

VARIATIONS DE TENEUR EN ALCALOÏDES PENDANT LES QUATRE STADES
DE MATURATION DE LA GRAINE
(rapportée aux graines fraîches).

	pour 100 grammes		alcaloïde par graine
	alcaloïdes	nombre de graines	
1 . . .	60 mg.	156	0 mg. 384
2 . . .	66 mg.	40	1 mg. 650
3 . . .	70 mg.	21	3 mg. 300
4 . . .	97 mg.	51	1 mg. 902

Teneur en alcaloïdes dans 100 grammes de gousses fraîches : 1 : 72 mg. ; 2 : 31 mg. ; 3 : 20 mg. ; 4 : 8 mg

VARIATIONS DE TENEUR EN ALCALOIDES DANS LES FEUILLES DE LUPIN RECUEILLIES DANS CERTAINES CONDITIONS

1º *Feuilles jeunes et feuilles âgées provenant d'un même pied.* — Nous avons choisi deux pieds de lupin cultivés dans des conditions différentes et nous avons séparé en deux lots pour chaque pied les feuilles jeunes et les feuilles âgées du bas de la tige.

Les poids de récolte ont été les suivants :

	Feuilles	
	jeunes	âgées
N⁰ 1	448 gr.	247 gr.
N⁰ 2	101 gr.	19 gr.

Ensuite, nous avons fait des lots de 100 grammes de feuilles jeunes et de feuilles âgées pour chacun des deux pieds, que nous avons fait sécher à l'étuve à 35⁰ : puis pulvérisé. Le dosage des alcaloïdes dans ces lots nous a donné pour 200 grammes de feuilles fraîches et par pied :

	Feuilles			
	jeunes		âgées	
	0/0 frais	par pied	0/0 frais	par pied
N⁰ 1 . .	31 mg. 4	141 mg.	7 mg. 2	19 mg.
N⁰ 2 . .	23 mg. 7	24 mg.	3 mg. 1	0 mg. 6

Conclusion. — La proportion des alcaloïdes est beaucoup plus élevée dans les feuilles jeunes et, quand on envisage la récolte des feuilles dans la culture des plantes médicinales à alcaloïdes, il y a intérêt à ne cueillir que les feuilles jeunes.

2⁰ *Feuilles jeunes détachées de la tige avant séchage ou séchées sur tige.* — Des feuilles restées sur tige mettent plus longtemps à sécher que d'autres feuilles détachées immédiatement de la tige et séchées séparément ; leur vie est ainsi prolongée, les échanges vitaux continuent de se faire et il peut en résulter une influence sur la teneur en alcaloïdes.

Les dosages des alcaloïdes dans des lots appartenant à deux pieds de lupin ont donné les chiffres suivants :

	Feuilles	
	détachées	restées sur tige
N⁰ 1 . . .	34 mg.	37 mg.
N⁰ 2 . . .	27 mg.	31 mg.

Conclusion. — On voit donc qu'il continue à se former des alcaloïdes dans les feuilles qui persistent à vivre pendant un certain temps de la vie de la plante.

A. KOPP

Directeur de la Station Agronomique de la Réunion.

ORIENTATION BOTANIQUE DE LA SÉLECTION DE LA CANNE A SUCRE

La multiplication des variétés de canne à sucre au fur et à mesure du travail des Stations agronomiques a entraîné depuis quelques années un certain nombre de travaux botaniques dont il est intéressant de relever les principaux résultats.

Les études de Barber publiées surtout dans les *Mémoires du Department of Agriculture de l'Inde* ont porté principalement sur les cannes sauvages du nord de l'Inde et ont pu servir de base pour les travaux ultérieurs concernant la systématique des *Saccharum*. La révision de ce genre faite par Jeswiet n'a plus conservé que quatre espèces dont trois saccharines : *S. officinarum* L. *S. Barberi* Jesw. et *S. sinense* (Roxb.) Jesw. et une non saccharine *S. spontaneum*, très importante à cause de sa rusticité.

On est arrivé ces dernières années à montrer qu'une variété de canne est en réalité un seul individu fractionné en des milliers de tronçons indépendants. Ses caractéristiques sont celles d'un « clone » et celles qui sont liées à sa constitution propre restent invariables dans l'espace, sinon dans le temps. Il ne s'ensuit pas que le comportement est le même en tous les endroits, l'adaptation d'une variété à un climat, par exemple étant très étroitement définie, de même la résistance à une maladie, la richesse saccharine, etc. Le gros effort de sélection fait dans les dernières trente années a eu pour but de parer à la soi-disant dégénérescence des variétés cultivées. Il semble bien établi aujourd'hui qu'en réalité ce sont moins les « clones » qui se sont modifiées que les facteurs environnants et surtout ceux de sol qui ne sont plus aussi bien adaptés au besoin de la canne incriminée.

Comme au début de ces recherches, la seule canne cultivée en dehors des Indes était le *Saccharum officinarum* et qu'on n'avait guère d'indications précises sur sa résistance aux diverses maladies, le travail d'hybridation dans la plupart des pays n'a guère été, en fait, qu'une fécondation entre clones, c'est-à-dire entre individus d'un même type. Les autofécondations effectuées entre fragments d'un même clone ont montré la grande

variabilité des descendants obtenus et l'impossibilité de compter de façon
certaine sur la transmission des caractères désirés.

Les travaux de sélection à Java ont eu au contraire pour but de trouver
des cannes résistant à la maladie du Sereh. On a donc été amené à se
tourner vers les cannes plus rustiques de l'Inde. Le *S. officinarum* en
effet se caractérise au point de vue agronomique par des tiges franchement grosses, juteuses, tendres, à jus très riche en saccharose et pauvre
en glucose, à fort rendement à l'hectare. Ce sont donc des cannes très
intéressantes pour la culture, mais dotées d'un appareil radiculaire un
peu insuffisant et sujet aux attaques de parasites divers. De plus elles
sont en général sensibles à la Mosaïque. Les cannes du *S. Barberi* qui,
botaniquement diffèrent assez des précédentes représentent la plus
grande partie des variétés cultivées par les Indigènes dans l'Asie tropicale. Elles sont minces, dures, fibreuses, à feuilles très engaînantes, à
système radiculaire très développé. Ce sont des cannes rustiques, tallant
beaucoup, mais dont l'immunité aux maladies à virus est assez variable
d'un clone à l'autre, ce qui pourrait laisser supposer qu'en réalité cette
espèce est assez peu homogène. Ces cannes sont en général sensibles au
charbon et à la pourriture rouge. Le pollen est souvent avorté. Quant au
S. sinense également très cultivé dans le nord de l'Inde, ses variétés
montrent très souvent les symptômes de la Mosaïque sans en souffrir. Ils
sont très résistants au froid et se sont montrés intéressants pour l'hybridation avec les autres *Saccharum*. Quant au *S. spontaneum* qui n'est pas
saccharifère, il a fourni un matériel d'hybridation remarquable par la
fidélité de transmission de sa rusticité et de sa résistance aux maladies.
Il est malheureusement susceptible au mildiou de la canne.

L'idée directrice de la sélection à Java au cours de ces dernières années
a été le croisement de *S. officinarum* avec *S. spontaneum* pour augmenter
la résistance aux maladies ; on réintroduit ensuite à plusieurs reprises
(« annoblissement ») dans la descendance obtenue, du « sang » de *S. offi-*
cinarum provenant de variétés elle-mêmes « hybrides » à l'intérieur de
l'espèce. D'après Posthumus ont peut résumer ainsi les résultats obtenus
au point de vue génétique :

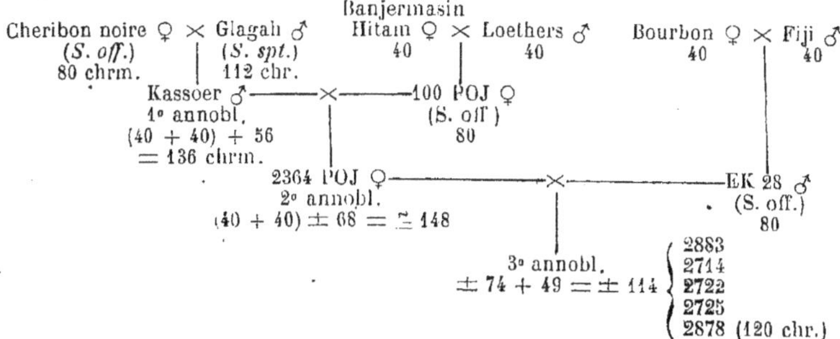

La *P. O. J. 2878* qui fait actuellement florès à Java et qui a donné le rendement formidable de 20 tonnes de sucre sera-t-elle considérée comme le point terminal de la recherche, il ne le semble pas et la *Proefstation voor de Suikerindustrie* continue ses recherches. Deux voies s'ouvrent : Ou bien continuer l' « annoblissement » régulier des variétés, on tendrait alors peu à peu à se rapprocher de la formule chromosomique de *S. officinarum* du type *Loethers* par exemple. Il n'y aurait donc pas, dans un tel programme, d'amélioration réalisée, mais au contraire un recul. D'après Posthumus, la marche de l'évolution serait la suivante :

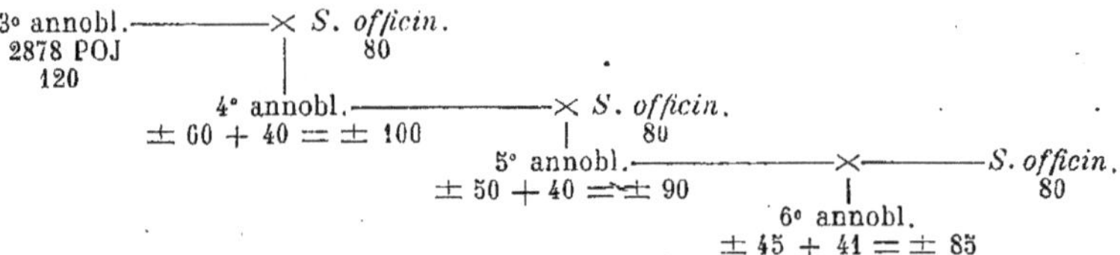

On a observé, par contre, que dans la *P. O. J. 2878* les cellules sont de beaucoup plus grande taille que dans le *S. officinarum* typique, et cette particularité serait en rapport avec les rendements étonnants donnés par cette variété. Il n'est pas impossible, d'autre part, que l'on puisse trouver un rapport entre ce gigantisme et l'augmentation du nombre de chromosomes. On aurait alors, en recroisant, à partir de *P. O. J. 2878*, 3ᵉ stade de l'annoblissement, avec *S. spontaneum* une augmentation du nombre de chromosomes où l'on peut espérer la source de trouvailles intéressantes. Posthumus envisage de la façon suivante la marche de cette sélection :

On se trouve là en présence d'un programme intéressant et plein de promesses. Il est juste d'ajouter que très probablement l'étude cytologique des variétés encore peu connues de *S. barberi* et de *S. sinense* paraît appelée à ouvrir un champ intéressant.

Notons enfin qu'une expédition américaine vient de faire une longue et très complète exploration de la Nouvelle Guinée que l'on suppose être le pays d'origine de *S. officinarum*. Elle en a rapporté de très nombreuses variétés qui fourniront certainement un matériel d'étude très important.

Il semble bien maintenant que la sélection de la canne à sucre, grâce aux travaux botaniques de Barber, de Jeswiet, de Fawcett, aux travaux cytologiques de Bremer, aux travaux génétiques de Posthumus, soit sortie complètement des tâtonnements sans méthode et qu'elle travaille avec autant de sécurité que la sélection des grandes plantes utiles des pays tempérés.

Bibliographie

Barber (C. A.). — Studies in Indian Sugar Canes, nos 1, 2, 3, 4, 5. *Mem. Dept. Agric. India Bot. Ser.*, vol. 7, n° 1 (1915), 8, n° 3 (1916), 9, n° 4 (1918), 10, n° 2 (1919), 10, n° 3 (1919).

Jeswiet (J.). — Beschrijving der Soorten van Suikerriet. *Mededeel. Proefst. V. suikerind.*, 1925, n° 11 et 12, pp. 392, 441.

Bremer (G.). — De cytologie van het Suikerriet. *Mededeel. Proefst. Suikerind.*, 1928, n° 11, pp. 565, 795.

Posthumus (Dr. O.). — De Rietveredeling aan het proefst. voor de Javasuik.. *Meded. Proefst. Suikerind.*, 1928, n° 21, pp. 991-1022.

L. HÉDIN

Ingénieur agronome,
Chargé de mission au Cameroun.

LES CAFÉIERS SPONTANÉS AU CAMEROUN

A la demande de M. Aug. Chevalier, Directeur du Laboratoire d'Agronomie coloniale, M. le Gouverneur Marchand, Commissaire de la République au Cameroun, a bien voulu nous confier une mission botanique dans cette colonie sous mandat français, au cours de laquelle nous avons pu parcourir de février 1927 à juin 1928 une grande partie de la zone de forêt dense et les savanes de Dschang, de Bafia et de Batouri.

En même temps que nous rassemblions de nombreuses observations sur l'agriculture indigène et les cultures pratiquées par les Européens

(Cacaoyers, Palmiers à huile, Tabac, Hévéa, Caféier, etc.) et que nous procédions à la détermination scientifique d'un grand nombre des arbres de la forêt, nous nous sommes particulièrement intéressés à la recherche des Caféiers spontanés dans la grande forêt dense ou dans les galeries forestières.

La présence de Caféiers de grande taille, dont la production offre un intérêt économique, nous ayant été signalée à Yokadouma et dans une galerie forestière de la vallée du Nkam, près de Bafang, nous nous rendîmes sur place pour prélever des échantillons botaniques que nous étudiâmes à notre retour au Laboratoire d'Agronomie coloniale. Nous pûmes les comparer avec ceux qui ont été réunis par M. Aug. CHEVALIER, au cours de ses différents voyages en Afrique et avec ceux des collections du Muséum d'Histoire naturelle de Paris.

On trouve l'énumération des divers Caféiers rencontrés au Cameroun dans divers ouvrages publiés par nos prédécesseurs (notamment von A. FRŒHNER, Ubersicht über Arten der Gattung *Coffea in Notizblatt des Kœnigbotanischen Gartens und Museums zu Berlin*, n° 7, 24 mars 1897, pp. 230-238 et Die Gattung *Coffea* und ihre Arten. *Engler's Bot Jahrb.*, XXV, 1898, pp. 263-295).

Nous n'indiquerons ci-dessous que les espèces que nous avons nous-même récoltées, en indiquant certaines formes qui, nous pensons, n'ont pas été signalées.

Coffea melanocarpa Wehd. — Cette espèce a été signalée à Yaoundé à 800 mètres d'altitude. C'est un petit arbuste broussailleux de 1 m. 50 que nous avons trouvé sur le flanc d'une colline voisine de Vogo Betsy près de Yaoundé, à une altitude analogue, dans la forêt sur sol gneissique (Coll. L. HÉDIN, n° 1405, 15 juillet 1927) et dans les environs de Ndikinimeki, dans une galerie forestière, à 900 mètres environ (25 décembre 1927).

Coffea brevipes Hiern. — Cette espèce a été rencontrée depuis la région cotière jusqu'à 1.000 mètres environ. Une variété C. *brevipes*, var. *longifolia* a été signalée au bord de la Lokunge, non loin de Lolodorf. M. F. FLEURY a récolté l'espèce vers le kilomètre 37 sur le chemin de fer du Nord. Nous même l'avons observée en forêt près de Yaoundé, non loin de l'espèce précédente, mais en moins grande abondance (Coll. L. HÉDIN, n° 1406).

Elle végète également au voisinage de l'espèce précédente dans la forêt de Ndikinimeki.

Coffea jasminoïdes Welw. — M. BATES, dont nous avons pu consulter l'herbier sur place, a récolté cette espèce dans la subdivision de Lanié, près de la bouche du Djaa.

Coffea Staudtii Frohn. — Cette espèce avait été rencontrée à 400 mètres d'altitude sur le Johann Albrestch en Cameroun actuellement sous mandat anglais.

Nous l'avons retrouvée en fleurs près du pont de Nkam, sur la route de Nkongsamba à Bafang, le long d'un ruisseau. Elle se présente comme un arbuste racineux d'une soixantaine de centimètres de haut (Coll. L. Hédin, Nkam, n° 3, 13 déc. 1927).

Coffea (aff. *C. Staudtii*). — Près de l'espèce précédente, végète une espèce affine, à port dressé, de 60 à 80 centimètres de haut. Ses feuilles rappellent beaucoup celles de *C. Staudtii* Frohn. Les lobes de la corolle, au nombre de 6, sont étroits, obtus ; la fleur épanouie a un diamètre de 2 cm. 5. Le fruit, sphérique, est aplati latéralement ; on l'observe en même temps que les fleurs (Coll. L. Hédin, Nkam, n° 1, 13 déc. 1927).

Coffea C. aff. *humilis* A, Chev. (d'après M. Aug. Chevalier). — Nous avons rencontré ce Caféier à Ndikinimeki dans une galerie forestière. Abrisseau à tige grêle de 2 mètres de haut, à racines pivotantes. Fructification en décembre.

Groupe du *Coffea canephora* Pierre. — Nous avons observé deux Caféiers spontanés, non nommés, appartenant à ce groupe :

1° Caféier du Nkam : Arbuste de 6 à 7 mètres de haut, au tronc de quelques centimètres de diamètre. Rappelle le Caféier du Kouilou par ses feuilles atténuées à la base, longues de 18 à 22 centimètres, larges de 7 centimètres ; 12 à 14 paires de nervures ; pétiole long de 1 cm. 5. Acumen obtus.

Lobe externe du premier calicule : 14 millimètres de long. Corolle à 6-7 lobes.

Fleurs réunies par groupe de 8 à 12.

Des colons ont ramassé des graines de ce Caféier pour les semer dans leurs plantations.

2° Dans une galerie forestière de la subdivision de Doumé, nous avons rencontré un Caféier de 7 à 8 mètres de haut, appartenant au même groupe.

Feuilles à base atténuée aiguë, longues de 16 à 18 centimètres, larges de 7 centimètres, un peu ondulées sur les bords. Nervures 8 à 10. Pétiole : 1 cm. 5 de long.

Fleurs groupées à l'aisselle des feuilles en deux cymes de 5 à 6 fleurs chacune. Corolle à 5 lobes ; bractées de 12 mm. Les branches portent des fleurs à l'extrémité et de jeunes fruits à la base.

Caféiers de Yokadouma. — Les Caféiers sylvestres de la région de Yokadouma furent tout d'abord signalés en 1922 pas le capitaine Perret qui rapporta des échantillons botaniques dont l'étude fut entreprise par M. Aug. Chevalier (Nouveaux documents sur le Caféier Chari. *Revue de*

Botanique appliquée, 1926, pp. 765-766). Signalés sur les bords de la Bangue, de la Boumba, dans la région entre la Boumba et Mouagougou, le long des affluents de la Boumba, nous même les avons observés dans les environs de Yokadouma et sur la route de Landjoué à Moapak.

Ce sont des arbres de 6 à 15 mètres de haut, au tronc de 20 à 30 centimètres de diamètre, au fût rarement bien droit, portant à son extrémité un petit bouquet de feuilles. Ces feuilles sont généralement étroites ou obovales, subobtuses ou faiblement acuminées, longues de 16-19 centimètres, larges de 5 centimètres à 8 cm. 5, à limbe décurrent sur le pétiole, 5-8 nerviées, un peu repliées sur elles-mêmes, légèrement ondulées. Calice 6-mère ; à la dissection, on note 15 cymes axillaires par verticille, avec 4-6 fleurs par cyme, quelquefois 8. Fruit oval de petite taille. C'est un Caféier à rapprocher du *C. Abeskutæ* Cramer. Les indigènes ont ramassé en forêt des graines de ce Caféier et le cultivent dans la subdivision de Yokadouma.

A 4 ans, ce sont des arbustes de 1 m. 60 de haut, qui commencent à donner quelques fruits (Première floraison à 2 ans 1/2). La récolte la plus importante a lieu en décembre et janvier.

Dans les plantations indigènes de la région de Yokadouma, nous avons pu observer une autre forme de Caféier, sans pouvoir nous assurer si elle provenait d'arbustes spontanés, ou de croisements avec des espèces cultivées en Oubanghi-Chari. C'est un Caféier que l'on distingue aisément dans la plantation de la précédente, par son port moins étalé, sa haute taille (2 m. 20 à 4 ans), ses précocité et productivité moindre.

Ses feuilles ont 22-26 centimètres de long sur 9-10 centimètres de large et sont marquées de 7-10 nervures saillantes. Calice 5-mère, entouré de bractées persistantes, longues de 1 cm. 5, rappelant celles des caféiers du groupe *C. canephora*. Le fruit est globuleux ; le grain est plus gros que celui de l'espèce précédente.

A. MONOYER

Chef des Travaux pratiques de Botanique
à l'Université de Liège.

STRUCTURE DES FAISCEAUX PÉTIOLAIRES DU RAPHIA

Un faisceau de palmier présente des structures différentes à ses divers niveaux et à ses divers âges.

Dans le stipe, un faisceau ayant terminé son développement, comprend trois parties, différentes par leur composition histologique et par le rôle qu'elles remplissent.

La portion supérieure peu sclérifiée, à courbure centripète, est principalement conductrice, et son fonctionnement, comme tel, est temporaire : sa durée étant liée à la vie de la feuille dont ce faisceau dépend. La portion moyenne située plus profondément dans l'épaisseur du stipe et dont le parcours est sensiblement parallèle à l'axe de la tige, est également peu sclérifiée et conductrice, mais son fonctionnement est permanent parce que, ainsi que nous l'avons démontré, elle est reliée par des branches anastomotiques aux portions homologues conductrices des autres faisceaux.

Quant à la portion inférieure à courbure centrifuge très allongée, et dont la situation est presque entièrement périphérique, elle est fortement sclérifiée, ses éléments conducteurs sont très réduits et son rôle est surtout mécanique. Conformément aux principes formulés par Schwendener sur la répartition des tissus de soutien, la situation à la périphérie, de la portion sclérifiée des faisceaux du stipe est adéquate au rôle principal rempli par cette portion.

En résumé, dans le stipe, un faisceau adulte possède une gaine de sclérenchyme relativement épaisse du côté libérien. Du côté ligneux, la gaine est beaucoup plus mince, souvent dépourvue d'éléments sclérenchymateux dans les parties moyennes et supérieures du parcours du faisceau, c'est-à-dire là où celui-ci remplit surtout la fonction conductrice.

Dans le pétiole, la gaine fasciculaire montre une structure différente ; cette structure qui est constante dans les appendices foliaires des palmiers que nous avons étudiés, paraît au premier abord, assez étonnante : en effet, la gaine fasciculaire est à peu près aussi épaisse du côté ligneux que du côté libérien. On peut donc se demander si cette structure n'est pas de nature à entraver les échanges entre les tissus non conducteurs et les faisceaux, là où ils sont le plus nécessaires c'est-à-dire dans les feuilles.

Mais un examen plus attentif, montre qu'il existe une disposition particulière qui permet ces échanges ; c'est cette disposition qui fait l'objet de notre communication.

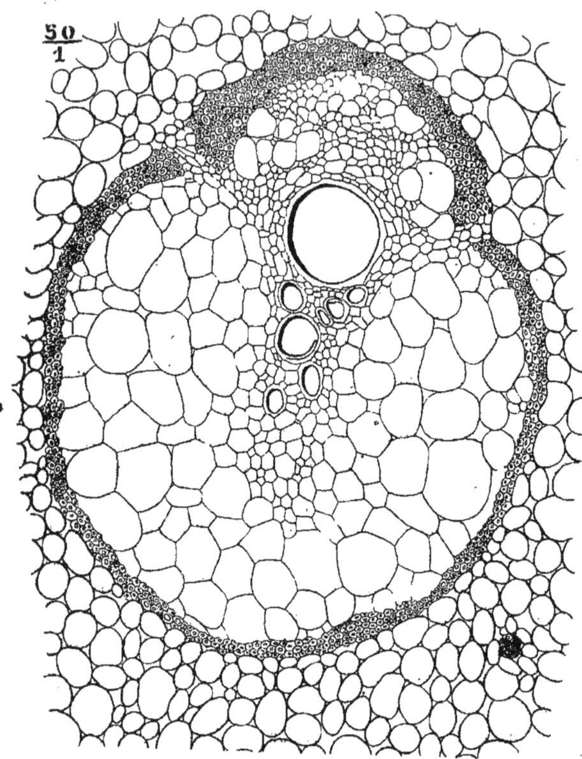

Faisceau d'un pétiole de *Raphia* sp.

Examinons un faisceau du pétiole de *Raphia* (voir figure).

Ce faisceau est très gros parce qu'il contient outre les éléments habituels (bois et liber) de nombreuses cellules parenchymateuses. Il est entouré par une gaine de sclérenchyme d'une épaisseur de trois à cinq cellules fortement sclérifiées.

Cependant cette gaine n'est pas continue. Elle semble formée de deux arcs de cercles d'inégal développement. Le plus court correspond au pôle libérien, le plus long au pôle ligneux. Ces deux arcs se font face par leur concavité ; mais leurs branches ne se joignent pas complètement.

Ainsi un étroit pertuis est ménagé sur chacun des flancs du faisceau. Ce pertuis est occupé par des cellules à parois très minces. Dès lors, dans les feuilles, les liquides peuvent facilement pénétrer dans les faisceaux ou en sortir, par ces pertuis.

Comme ils sont situés exactement au point de jonction du liber avec le bois, ils servent également à l'apport de l'eau et des substances minérales dissoutes, et à l'enlèvement des substances élaborées par les feuilles.

De semblables pertuis existent aussi, ainsi que nous l'avons figuré (*Académie Roy. des Sciences de Belgique*, 1925, t. VIII, pl. V, fig. 2 et 4) dans les faisceaux des feuilles de *Cocos botryophora*.

Les pétioles de *Calamus*, de *Phœnix dactylifera*, de *Chamærops humilis* montrent une structure comparable à celle que nous venons de décrire.

Il est probable que la même particularité, gaine à pertuis, se retrouverait dans les pétioles de toutes les espèces possédant des faisceaux entourés d'une zone de sclérenchyme.

La structure exposée ci-dessus, paraît bien justifiée ; en effet, l'existence d'une gaine close formée de cellules à membranes extrêmement épaisses et quasi-imperméables, serait en l'absence de tout autre disposition, de nature à gêner considérablement la distribution de l'eau par le bois et l'absorption par le liber des matières élaborées.

En résumé, les pertuis semblent jouer pour les faisceaux un rôle analogue à celui rempli dans les vaisseaux, par les ponctuations.

***

W. RUSSELL

Docteur ès Sciences à Paris [1]

***

SUR LA PRÉSENCE DE SCLÉRITES
DANS LES FOLIOLES D'UNE LÉGUMINEUSE, CÉSALPINIÉE

***

Les feuilles adaptées à vivre dans les climats secs renferment parfois des éléments lignifiés appelés sclérites qui servent à renforcer l'appareil de soutien. Ces sclérites se présentent en général sous forme de cellules

[1] Travail fait au Laboratoire d'Agronomie colonial du Muséum dirigé par M. A. Chevalier.

rameuses qui s'insinuent entre les cellules du mésophylle. La présence de sclérites a été signalée chez diverses familles : Oléacées (Olivier), Camelliacées (Thé), Melastomacées, Protéacées, Loganiacées, etc., mais jusqu'à présent de semblables formations n'ont pas été je crois trouvées chez les Légumineuses. Au cours d'une étude sur l'appareil sécréteur de quelques-Césalpiniées africaines (¹), j'ai eu l'occasion d'observer dans les folioles de l'une d'entre elles le *Pterygopodium oxyphyllum*, Harms. des sclérites dont l'agencement est assez particulier. Ces sclérites qui proviennent de l'élongation de certaines cellules sous-épidermiques, notamment de celles qui doublent l'épiderme supérieur sont remarquables par la diversité de leurs formes ; ils peuvent ressembler à des épines, des crochets, des hameçons, des arêtes barbelées ou bien s'étirer en fibres sinueuses qui serpentent entre les cellules du parenchyme foliaire et atteignent parfois 1/2 millimètre de longueur. Ces fibres restent souvent simples sur tout leur parcours ; quand elles se ramifient elles émettent soit de courtes branches latérales fréquemment récurrentes, soit uniquement des branches terminales constituant une sorte d'arborescence. Ces ramifications terminales vont s'appliquer en se dilatant contre la surface épidermique ou bien finissent en pointe au sein du mésophylle.

On observe des cas de coalescence entre des sclérites nés côte à côte ou issus l'un d'une face, l'autre de la face opposée de la foliole.

NOUVELLE STATION DE DIANTHUS GALLICUS DANS LE COTENTIN

Dans une note publiée en 1926 (²), j'avais signalé la présence du *Dianthus gallicus* à Blainville-sur-Mer (Manche) non loin des maisons des gardiens du Phare du Sénéquet.

Cette découverte m'a paru intéressante parce que le *D. Gallicus* jadis rencontré à Grandcamp (Calvados) n'avait pas été mentionné dans les nouvelles éditions de la Flore de Normandie par M. Corbières.

A la localité toujours prospère de Blainville, j'ai la satisfaction de pouvoir en ajouter une autre que j'ai fortuitement trouvée en 1928 ; la localité en question est située au voisinage du terrain de golf de Coutainville.

(¹) W. Russell et L. Hedin. Nouvelles Légumineuses Césalpiniées africaines à appareil sécréteur (*Comptes rendus Ac. des Sciences*, 18 mars 1929).
(²) W. Russell. *Une station de Dianthus gallicus* dans *le Cotentin*. Feuille des Naturalistes dirigée par MM. M. Molliard et Rabaud, 1926.

Il est à présumer que dans un temps prochain le bel OEillet de la flore
atlantique disparaîtra de ce lieu trop fréquenté, mais actuellement il
abonde sous le couvert des plantes littorales qui peuplent la dune.

Pierre SENAY

PLANTES DISPARUES OU EN VOIE DE DISPARITION
ET PLANTES NOUVELLES POUR LA SEINE-INFÉRIEURE

Depuis un certain nombre d'années des plantes intéressantes signalées
par les anciens botanistes ont disparu à la suite de l'extension urbaine de
Rouen et du Havre mais on peut les retrouver ailleurs dans le département. Le développement industriel, ferroviaire et maritime a amené,
surtout depuis la guerre, et en particulier au Havre des modifications
beaucoup plus profondes qui menacent de destruction notre bonne localité
halophile du Hoc. On n'y trouve plus les espèces suivantes :

Silene maritima With.   *Convolvulus Soldanella* R. Br.
S. conica L.   *Euphorbia Paralias* L.
Honkenya peploides Ehrh.

dont la disparition est relativement ancienne tandis que nous avons pu
assister à l'extinction progressive il y a quelques années des derniers
pieds d'*Artemisia maritima* L. et d'*Eryngium maritimum* L.
   On ne retrouve plus :

Trifolium maritimum Huds.   *Carex arenaria* L.
T. scabrum L.

que nous présumons également disparus.
   Vers l'est d'Harfleur, les atterrissements de la Seine, que l'endiguement
du fleuve a encore accélérés, ont éliminé *Trifolium maritimum* Huds. et
Hippophœ rhamnoides L. (spontané ?) qui y étaient déjà plutôt rares, des
espèces comme *Artemisia maritima* dont R. F. Mail faisait d'amples
récoltes pour les besoins de son officine sans qu'il y parût tant cette
composée était répandue de même que *Statice Limonium* L. dont on ne
trouve plus trace. Une autre, autrefois commune, *Glaux maritima* L. persiste sur de petits espaces tandis que *Samolus Valerandi* L. est devenu
très fugace.

Quoique *Salicornia herbacea* L. soit encore un peu récoltée, elle est loin d'être aussi abondante qu'à l'époque où elle permettait à Viau de lancer son industrie de conserves (Cf. Aug. Chevalier, *Les Salicornes*, etc. [Rev. Bot. appliq., vol. II (1922)]).

D'autres voient chaque jour leur habitat se restreindre de plus en plus ; ce sont : *Cakile maritima* Scop., *Spergularia marginata* Bor. et *Geranium Robertianum* L. var. *maritimum* Bab.

Deux Renoncules sont à rayer de notre flore : *Ranunculus ophioglossifolius* L. et *R. parviflorus* L. Elles manquent manifestement en Haute Normandie et y ont été, sans aucun doute, signalées par erreur.

Les espèces suivantes n'ont pas été retrouvées dans le pays de Caux : *Anemone ranunculoides* L., *Helleborus occidentalis* Reut. et *Andromeda polifolia* L.

En revanche, il est agréable de noter que nos deux microendémiques *Viola Rothomagensis* Desf. et *Iberis intermedia* Guers. se maintiennent fort bien à leurs localités classiques et la situation de leurs stations respectives ne fait aucunement présager leur disparition ([1]).

Il en est de même des quelques bonnes espèces ou sous-espèces ci-dessous :

Aconitum (Napellus) pyramidale Rchb.
Brassica oleracea L.
Linaria ochroleuca Bréb.
Orobanche major L.
Phegopteris Dryopteris Fée.
Ph. calcarea Fée.
Ph. polypodioides Fée.
Asplenium marinum L.

toutes très localisées à l'exception du Chou.

C'est seulement après plusieurs années de recherches que l'*Asplenium* a pu être retrouvé à Etretat; située dans une fissure verticale de la falaise, cette fougère est presque hors d'atteinte.

Il reste enfin à donner la liste des plantes qui, à notre connaissance, n'avaient pas encore été constatées dans la Seine-Inférieure :

Hypericum Desetangsii Lamt.
Nephrodium cristatum Michx.
Lappa nemorosa Koern.
Nephrodium uliginosum Ry.

signalées par A. P. Allorge. *Contrib. à l'étude de la flore normande* [Bull. Soc. Linn. Norm., 7e sér., 3e vol. (1920), 288].

Erythræa tenuiflora Hoffg. et Link, que les anciens botanistes havrais ont vraisemblablement confondue avec les variétés d'*E. ramosissima* parmi lesquelles elle croît, existe au Havre, dans des sables vaseux, en arrière du cordon de galets entre les Neiges et le Hoc ; sa station est devenue excessivement restreinte et son existence paraît compromise.

([1]) Même remarque en ce qui concerne *Biscutella neustriaca* Bonnet qui croît dans l'Eure, non loin de nos limites.

C'est la plus septentrionale de ses localités françaises puisque Rouy : *Fl. Fr.* [X, 243] ne l'indique que « ... jusqu'à Grandcamp (Calvados) ; nul au delà vers le Nord » ; elle étend toutefois son aire à la Grande-Bretagne.

Au point de vue systématique, je ne sais si nous sommes vraiment là en présence d'une bonne espèce. Je serais plutôt enclin à voir dans *E. ramosissima (sensu amplo)* et *E. tenuiflora* les éléments d'une espèce collective encore mal définie. Du reste, G. C. Druce (¹) fait de la seconde une variété de la première mais il maintient au rang d'espèce *E. latifolia* Smith dont Rouy n'a fait qu'une simple variété du *tenuiflora*.

Rosa gallicoides Déségl. ; A. Félix : *Rosæ Galliæ* n⁰ 135 et deux micromorphes de *R. canina : Oleronensis* Ry. ; A. Félix : *Rosæ Galliæ* (à publier) et *R. Allionii* Burn. et Gr. variation *Senayi* A. Félix : *Rosæ Galliæ* n⁰ 138 : « styles hérissés », pour ne citer que celles-là.

Les plantes introduites sont bien entendu hors de question ; elles ont été traitées ailleurs (P. Senay : *Contrib. à la Flore du Havre et des env.* [Bull. Soc. Linn. Seine Marit. (1922) n⁰ 2]. M. Debray et P. Senay : *Sur quelques plantes natur., subspont. ou adventices,* etc. [Bull. Soc. Linn. Seine Marit. (1923), n⁰ 12]) et nous y reviendrons bientôt. Toutefois, je ne saurais passer sous silence *Spartina Towsendi* Groves dont l'immense formation à l'Est du Havre a pu être admirée par nos collègues de la IX⁰ section du Congrès de l'A. F. A. S. au cours de l'excursion du 27 juillet 1929, bien que cette graminée ne soit pas dans son entier développement à cette époque de l'année.

Paul DELAON

Vice-président de la Société Linnéenne de la Seine Maritime du Havre.

TUBER BRUMALE

M. Paul Delaon, auteur d'une étude histologique et cytologique de *Tuber brumale,* trouvée aux environs du Havre, en donna communication au Congrès. L'exposé de ses observations sur les caractères microscopiques,

---

(¹) Sous les noms respectifs de *Centaurium pulchellum* Druce *b. tenuiflorum* (Link) et de *C. latifolium* Druce ; *Hayward's Botanist's Pocketbook* [17⁰ éd. (1922), 132].

la formation des asques et des spores, appuyé de merveilleuses micro-photographies, intéressa vivement les Membres de la 9e Section (Botanique). En raison de sa haute portée scientifique, cette étude devait figurer dans le volume relatant les travaux du Congrès du Havre, mais M. P. Delaon décéda quelques jours après sa communication, et le manuscrit fut envoyé trop tard pour pouvoir être inséré.

La Société Linnéenne publiera ce travail dans l'un de ses prochains Bulletins mensuels ; les Membres de l'Association Française pourront le recevoir gratuitement en adressant leur demande au siège de la Société Linnéenne, 56, rue Anatole-France, Le Havre.

ZOOLOGIE, ANATOMIE ET PHYSIOLOGIE

Président.	Henri Gadeau de Kerville, Correspondant du Muséum national d'Histoire Naturelle.
Vice-Président . . .	Auguste Lameere, Professeur à l'Université de Bruxelles.
Secrétaire	Marc André.

ZOOLOGIE

Marc ANDRÉ

Assistant au Muséum national d'Histoire Naturelle

L'APPAREIL RESPIRATOIRE DU *THROMBICULA AUTUMNALIS* SHAW (ACARIEN : FAM. *THROMBIDIIDÆ*)

Le *Thrombicula autumnalis* Shaw, dont la larve est l'Acarien parasite connu sous le nom de Rouget (*Leptus*), appartient à la famille des *Thrombidiidæ* qui se classe dans l'ordre des *Prostigmata*, caractérisé par une paire d'orifices respiratoires, ou *stigmates*, placés dorsalement à la base des chélicères, c'est-à-dire dans la région tout à fait antérieure du corps.

Chez cette espèce, on trouve effectivement les stigmates sur la face dorsale des chélicères, vers le quart postérieur de la longueur de celles-ci.

Ordinairement chez les *Thrombidiidæ*, les stigmates sont surmontés chacun d'un organe spécial, l'*appareil protecteur stigmatique* ou *péritrème*.

Cependant ces organes protecteurs font défaut chez quelques formes, parmi lesquelles se trouve précisément le *Thrombicula autumnalis* : en effet, comme l'a indiqué Oudemans (1913, *Arch. f. Naturg.*, 79. Jahrg.,

Abth. A, 9, Ht., p. 127), il n'y a pas de péritrèmes au-dessus des stigmates dans cette espèce. Cet auteur a d'ailleurs constaté la même absence chez le *Microthrombidium sylvaticum* C. L. Koch (*ibid.*, p. 123, pl. XI, fig. 24), chez le *M. parvum* Oud. (*ibid.*, p. 129) et le *M. rhodinum* C. L. Koch (1916, *Tijdschr. Entom.*, Deel LIX, p. 18, fig. 7), où les stigmates, assez petits, ont plus ou moins la forme de deux reins se tournant le dos.

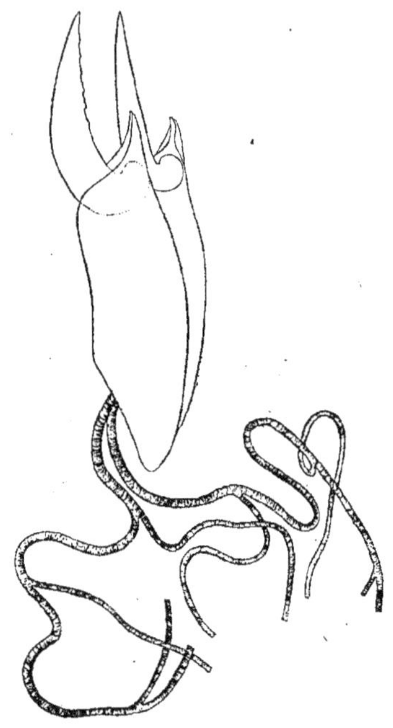

Chélicères et trachées de *Thrombicula autumnalis* Sh. (Nymphe).

En général, dans l'*appareil trachéen* des *Prostigmata* comme chez la plupart des Acariens, les troncs principaux, qui partent chacun de l'un des deux stigmates et qui sont seuls munis d'une sculpture chitineuse spiralée ou réticulée, donnent naissance à des touffes de fines trachées fasciculées, toutes d'égale épaisseur, qui ne se ramifient plus et sont dépourvues de fil spiral.

Mais il y a des formes exceptionnelles chez lesquelles, de même que chez les Gamasides, le système trachéen est arborescent : dans ce cas, chacun des deux troncs ne donne qu'un petit nombre de branches trachéennes, d'inégal volume, qui se distribuent dans le corps et qui alors sont toutes munies intérieurement du fil spiral typique.

Or c'est cette disposition que j'ai constatée dans le *Thrombicula autumnalis*, chez des nymphes femelles : chaque tronc trachéen principal se ramifie également en un petit nombre de trachées pourvues d'un fil spiral.

Ce même mode de développement avait été observé par Sig Thor (1904, *Ann. Sc. Nat.*, 8ᵉ s., t. XIX, p. 40) chez le *Tarsotomus* [*Erythracarus*] *hercules* Berl. et récemment Oudemans (1928, *Entom. Bericht.*, Deel VII, n° 160, p. 311 ; 1928, *Tijdschr. v. Entom.*, t. LXXI, p. xiii) l'a signalé chez l'*Enemothrombium ramosum* George [*Ottonia*].

F. A. BATHER, F. R. S.

UNE CLASSE D'ÉCHINODERMES SANS TRACE DE SYMÉTRIE RAYONNÉE

On considère les Echinodermes comme des animaux ayant une structure rayonnée. Pour la plupart la structure est quinquéradiée, c'est-à-dire que les organes sont disposés le long de cinq rayons, ou dans les espaces entre ces cinq rayons On admet généralement que le système qui gouverne cette disposition est le système hydraulique, mais il serait plus exact d'assigner l'origine des rayons à l'extension des gouttières ciliées qui conduisent l'eau chargée de particules nutritives vers la bouche. Nous ne nous arrêterons pas à examiner pourquoi l'extension de ces gouttières avec leur squelette supporteur fut dominée par le nombre 5 ; je l'ai expliqué dans plus d'une publication. On sait qu'il existe quelques genres ayant plus de 5 rayons, ou même quelques-uns qui en ont moins de 5 ; néanmoins c'est avec raison qu'on considère le nombre 5 comme fondamental. On sait aussi que l'impression de ce nombre n'affecte pas tous les systèmes d'organes également dans toutes les classes ; on peut citer les Holothuries. tandis que l'hydropore ou madréporite avec le canal de sable échappe presque toujours à l'incidence de la symétrie rayonnée. Une symétrie pentamère ne se trouve jamais parfaitement réalisée. Cela n'affecte pas la définition acceptée des Echinodermes comme étant des animaux essentiellement quinquéradiés.

Toutefois il faut ajouter à cette phrase la qualification que la symétrie radiée s'impose sur une symétrie bilatérale ; cela veut dire qu'une symétrie bilatérale a précédé la symétrie quinquéradiée ; ou, si on le préfère, que des ancêtres purement bilatéraux, sans symétrie rayonnée, furent la souche de tous les animaux quinquéradiés qui sont les Echinodermes reconnus.

Se basant sur ce fait morphologique ainsi que sur quelques faits d'embryologie, des zoologistes ont imaginé un ancêtre vermiforme, allongé, ayant une symétrie bilatérale bien marquée, d'où le nom *Dipleurula*.

Dans l'évolution des Echinodermes de la *Dipleurula* le premier pas fût, on le suppose. la fixation de cette dernière au fond de la mer par l'extrémité antérieure près de la bouche. D'après la même théorie, le second pas fut le passage de la bouche à l'autre extrémité du corps, qui était alors en haut. La bouche attirait avec elle l'œsophage et la moitié de l'intestin,

qui par conséquent prit la forme d'une anse. On ne s'attend pas à ce que
je raconte tous les détails de ce procédé, par lequel les singularités de la
structure échinodermale trouvent leur explication. Aujourd'hui mon but
est de vous présenter tout un groupe de formes qui, bien qu'admises
comme échinodermes, n'ont ni la symétrie radiaire ni, autant qu'on peut
le voir, les autres singularités, la structure crystalline et réticulée des
osselets toujours excepté. Je me demande si ces formes ne sont pas des-
cendues de la *Dipleurula* par une autre voie, une voie qui n'est jamais
arrivée au grade de pentamérie.

Dans les roches cambriennes et ordoviciennes se trouvent plusieurs
genres, autrefois placés parmi les Cystidées, mais caractérisés par une
symétrie plus ou moins bilatérale, qui semble être plutôt primitive que
secondaire. C'est dans leur tige que cette bilatéralité est plus prononcée. En
effet la tige est toujours composée d'osselets rangés par paires ; on les
appelle dimères. Rappelons que dans les autres Cystidées, qui ont acquis
une symétrie bilatérale franchement secondaire, la tige est toujours composée d'osselets circulaires en simple série. Ayant égard à cette particularité de tige dimérique, feu Otto Jaekel proposa le nom de Heterostelea
pour la section de son groupe Carpoidea qui les contenait.

Prenons quelques exemples de ces Heterostelea ! Nous verrons que
jointes à leur ressemblance générale se trouvent des différences très curieuses dans la position des ouvertures du canal alimentaire et de l'hydropore
s'il en existe.

Dans *Dendrocystis* l'entrée (on ne peut pas parler d'une bouche) est
située aussi loin de la tige que possible, pas symétriquement mais de
côté ; et la sortie (ou l'anus) est du même côté et tout près de la tige. Il
n'est pas difficile d'expliquer cette disposition comme une adaptation,
mais pour le moment je m'appuie sur le fait morphologique.

Dans *Cothurnocystis* et quelques formes alliées le courant nutritif entre
par de nombreuses ouvertures ciliées, situées d'un côté de la face supérieure et près de la tige. Il sort par une ouverture pourvue d'un sphincter
et située de l'autre côté de la même face aussi loin de la tige que possible. Ainsi l'arrangement est la converse de ce qui règne dans le *Dendrocystis*.

Les Trochocystidées ont les deux ouvertures à côté l'une de l'autre, au
bord de la thèque le plus éloigné de la tige. Afin que la matière fécale ne se
mélange pas avec le courant nutritif, il y a des gouttières fermées et des
plaques directrices, sur lesquelles nous ne nous arrêterons pas.

Il est possible que ces structures ne réussissent pas entièrement dans
leur tâche. Quoi qu'il en soit, le *Mitrocystis* et ses alliés, d'une forme peu
éloignée de celle de *Trochocystis*, et ayant la sortie dans une position
semblable, ont deux ouvertures d'entrée, une de chaque côté près du bord

de la thèque dans sa moitié inférieure, c'est-à-dire à proximité de la tige.
Je suppose que ces ouvertures avaient leur origine dans l'enfoncement
des gouttières ou sillons subvectifs sous les parois de la thèque, et par
conséquent que leur position n'est pas primitive.

Or, si l'on cherche la disposition primitive d'où pourraient provenir
toutes ces dispositions divergentes par rapport à la tige, on n'en trouve
qu'une de possible : savoir, celle d'un Y, avec la tige en bas, l'entrée au
bout d'un de ses membres — disons le gauche, et la sortie au bout de
l'autre — à droite. De ce schéma on peut dériver les autres dispositions
très facilement.

Ainsi, on représente *Cothurnocystis* par un Y avec le membre à gauche
plus court.

Dans *Dendrocystis* c'est le membre à droite qui s'est raccourci, tandis
que le membre gauche s'est élevé et prolongé.

Dans *Trochocystis* les deux membres, aussi bien que la tige, sont rac-
courcis, de sorte que les ouvertures se rapprochent. Rappelons que les
sillons subvectifs traversent le bord de la thèque à une distance qui varie
selon le genre et l'espèce. C'est ainsi que les deux entrées de *Mitrocystis*
prennent leur origine.

Si nous sommes d'accord jusqu'ici nous pouvons nous demander
qu'elles sont les relations entre l'Y primitif et la *Dipleurula*. Supposons la
tige raccourcie et les membres de l'Y écartés. Une telle structure n'est pas
en effet très éloignée de celle de quelques Cothurnocystidées. Ce n'est
qu'un petit pas d'ici à une forme allongée, droite, et sans tige. On n'a
qu'à imaginer qu'une *Dipleurula* s'est fixée par son ventre au lieu de sa
tête pour arriver à la forme ainsi reconstituée.

Il reste cependant à trouver l'origine de la structure dimérique de la
tige. Elle peut, sans doute, être une simple adaptation. Mais dans ce cas
on s'attendrait à une modification semblable dans la tige de *Pleurocystis*,
avec son habitus presque identique à celui de *Mitrocystis*, tandis que la
présence de cette bilatéralité dans tous les Heterostelea sans exception
suggère une structure homogénétique plutôt que convergente, c'est-à-dire
une structure dérivant de quelque structure de l'ancêtre commun.

Tournons notre attention vers un autre groupe d'animaux : les Machæ-
ridia, qu'on a longtemps considérés comme des Cirripèdes paléozoïques,
mais que mon ami, M. T. H. Withers et moi, nous prenons pour des
Echinodermes, ayant égard à la structure cristalline de leurs osselets et à
l'impossibilité de les retenir dans les Arthropodes.

Or, la plus simple de ces formes est le genre *Lepidocoleus*. Son squelette est allongé, composé de deux séries de plaques imbriquées qui alternent. De celui-ci on peut sans difficulté dériver le *Turrilepas* et le *Plumu-
lites*, par duplication des séries. On voit que la description de cette

structure correspond essentiellement avec celle de la tige des Heterostelea ; en effet on a plus d'une fois confondu les deux dans la littérature.

Je ne prétends pas que les Heterostelea soient descendus de *Lepidocoleus* ; ils sont, d'après nos connaissances actuelles, un peu plus anciens.
Mais il me semble que *Lepidocoleus* et *Turrilepas* ont un squelette tel
qu'on peut imaginer revêtant une *Dipleurula* quand celle-ci avec son
corps mou, flexible, vermiforme, commença à sentir la nécessité d'une
protection extérieure. Si la *Dipleurula* s'attachait au fond de la mer à
mi-corps par la région ventrale d'un tel squelette, la tige éventuelle aurait
une structure dimérique, alterne.

Revenons au corps des Heterostelea. Il ne présente, comme j'ai dit
aucune trace de symétrie radiaire. La bouche (ou l'entrée) restait à son
extrémité primitive, l'anus (ou sortie) à l'autre extrémité. Les migrations,
s'il y en eût, de ces ouvertures n'étaient jamais du même caractère que la
migration de la bouche dans les vrais Pelmatozoaires. Il n'y avait jamais
ni torsion de l'intestin ni tiraillement des cœlomes. Par conséquent pas
d'hydrocirque, et pas de système ambulacraire. Si un hydropore existait,
ce que nous ignorons, il demeurait une ouverture purement excrétoire. La
bouche n'étant jamais en haut, ni exposée de tous côtés également à
l'eau, ne s'étendait pas dans les cinq rayons des autres pelmatozoaires.

En un mot on reconnaît ici des Echinodermes qui n'ont jamais traversé
les mêmes voies évolutionnaires que les autres classes, et qui ne possèdent pas les caractères les plus familiers du Phylum. Ils constituent un
embranchement tout à fait distinct.

Marcel DUTEURTRE

LE CHANGEMENT DE CARAPACE ET LA PROMENADE NUPTIALE
CHEZ LES CRABES

Un appât idéal. — Le crabe franc est une appellation locale, qui désigne le crabe qui s'apprête à muer : trop à l'étroit dans sa vieille carapace,
et poussé par la croissance à s'agrandir afin de permettre à ses organes
d'être à leur aise et faciliter leur fonction.

Les mâles apparaissent au bord de la côte dès le 15 mars si le temps est beau et jusqu'au 15 avril. Ce sont généralement des grands mâles et ce changement d'habit est une robe d'amour.

Affaibli, les pinces aussi molles que le reste du corps, incapable de se défendre le crabe attend sous une roche à l'abri de ses nombreux ennemis, les poissons, les céphalopodes et les oiseaux, que sa carapace durcisse et se colore.

Aussitôt en état de lutte, il se nourrit copieusement de poisson frais et surtout de Néréides, qui à ce moment frayent et pullulent, et il se met à la recherche d'une femelle.

Cette femelle, elle aussi va dans quelques jours abandonner sa robe de pensionnaire, mais dans quelques jours seulement.

La prendre dans ses pattes, partir vers des eaux moins profondes et la défendre contre les convoitises des moins favorisés : c'est la promenade pré-nuptiale (qui fait penser aux prémices des scorpions de Fabre), cette promenade, qui dure des jours et des nuits, et qui lassait le Maître, qui malgré des heures et des jours d'attente n'a jamais pu assister à l'accouplement.

Chez les crabes cette promenade qui se fait du large au littoral dure jusqu'au moment où la femelle se libère de sa carapace.

L'accouplement a lieu ensuite et durera le temps nécessaire au durcissement de celle qui déjà porte en son corps les espoirs de la descendance. Pendant quatre ou cinq jours, le mâle ne sera qu'un bouclier et deux pinces menaçantes vers le péril. Durcie, capable de se défendre elle-même, la femelle est abandonnée à son rôle maternel.

Elle pondra des œufs très petits, qui se fixeront sous son abdomen, après les fausses pattes, et ces œufs se développeront là confortablement en attendant la sortie des larves ou zoés, qui prendront place dans la faune du plancton, avant de devenir des crabes parfaits. Le changement de carapace est donc lié intimement à la reproduction chez les mâles comme chez les femelles. Et la promenade nuptiale peut se diviser en deux parties :

1º Promenade pré-nuptiale : attente que la carapace de la femelle se libère ;

2º Promenade nuptiale : procréation et protection, attente que la carapace de la femelle soit en état de protéger son corps et ses pinces capables de la défendre.

Dr A. GANDOLFI HORNYOLD

OBSERVATIONS SUR LA TAILLE, LE SEXE ET L'AGE
DE LA PETITE ANGUILLE ARGENTÉE DE L'ÉTANG DE THAU

En décembre 1927, j'ai commencé l'étude de la taille en relation avec le sexe de la petite Anguille argentée de l'Etang de Thau, et j'ai complété les recherches en décembre 1929.

Je remercie M. le Professeur Bataillon, pour l'aimable hospitalité qu'il m'a offert à la Station Zoologique de Sète.

J'ai étudié un total de 359 individus dont 238 mâles et 121 femelles. Les Anguilles étudiées mesuraient de 31-54 centimètres avec un poids de 31-225 grammes.

L'objet de ces recherches était, de déterminer la limite de taille pour les deux sexes et j'ai établi l'âge des Anguilles par l'étude des écailles et des otolithes.

En 1927, le plus grand mâle que j'ai rencontré mesurait 45 centimètres, avec un poids de 128 grammes et la plus petite femelle 43 centimètres, avec 104 grammes. En 1928, j'ai rencontré un mâle de 46 centimètres, avec 135 grammes et une femelle qui ne mesuraient que 407 millimètres, avec 124 grammes.

La plus grande taille connue pour le mâle chez l'Anguille, est de 51 centimètres mais il est bien rare de rencontrer des mâles, ayant une taille supérieure à 45 centimètres, ou qui atteignent et dépassent le poids de 150 grammes tandis que la femelle peut atteindre, plus d'un mètre de longueur, avec un poids de plusieurs kilos.

Par contre les mâles deviennent argentés plus tôt que les femelles, et avec une taille inférieure, car on peut rencontrer des mâles argentés de 29-30 centimètres, mais par contre il est fort rare de rencontrer des femelles argentées, de taille inférieure à 45 centimètres.

La femelle argentée de 407 millimètres de l'Etang de Thau est probablement une des plus petites femelles argentées connues.

Les maisons d'exportation font deux classes, la petite Anguille fine, d'un poids inférieur à 150 grammes et la grande, qui dépasse ce poids.

Presque la totalité de l'Anguille argentée ou fine, est exportée en Italie pour l'industrie des conserves.

Si la séparation des deux classes était toujours très rigoureuse, on pourrait dire que la classe dite petite fine, n'est composée que de mâles. Ce n'est pas le cas, et très probablement en étudiant un nombre considérable de cette classe, on rencontrerait quelques mâles qui dépassent le poids de 150 grammes.

Je donnerai un tableau des Anguilles étudiées au cours des années 1927-1928, avec les groupes d'âge, les moyennes pour la longueur et le poids, les variations de longueur et de poids, le nombre de zones des écailles, la différence D. entre le nombre de zones des écailles et celui des otolithes, et enfin le nombre des individus de chaque groupe d'âge.

Comme dans tous mes travaux les chiffres romains I, II, III, placés derrière le nombre de zones des écailles, indique que l'Anguille en question avait peu, assez ou beaucoup d'écailles, avec le nombre maximum de zones.

♂

	Groupe				
	V	VI	VII	VIII	IX
Longueur moyenne cm. . .	33,85	36,17	38,97	40,62	41,08
Poids moyen gr.	50,71	66,16	87,14	88,38	106,86
Longueur cm	33-35	31-41	36-42	39-46	39-45
Poids gr.	47-59	72-98	67-127	86-142	94-125
Nombre de zones écailles. .	3 II-4 I	3 III-4 II	3 III-5 II	4 I-5 II	5 I-5 III
D	1-2	2-3	2-4	3-4	4
Nombre d'individus . . .	7	39	88	89	15

♀

	Groupe				
	VI	VII	VIII	IX	X
Longueur moyenne cm .	—	43	45,35	47	48	50,50
Poids moyen gr. . . .	—	112	139,10	160,36	167,06	185,18
Longueur cm	—	—	42,48	44-51	41-53	48-54
Poids gr.	—	—	121-213	136-191	121-214	158-225
Nombre de zones écailles.	—	4 III	3 III-5 II	4 III-6 I	4 I-6 I	6 I-7 I
D.	—	2	2-4	2-4	3-5	3-4
Nombre d'individus . .	—	1	28	55	31	6

Les Anguilles étudiées étaient dans leur sixième-onzième année de vie, après leur arrivée sur la côte sous forme de Civelle, en admettant la formation annuelle des zones. Les mâles mesuraient de 310-460 et les femelles de 407-540 millimètres respectivement.

Les plus jeunes mâles appartenaient au groupe d'âge V, et une femelle au VI et il semblerait que peu de mâles deviennent argentés avant d'atteindre le groupe VI, et peu de femelles avant d'atteindre le VII.

Je n'ai pas rencontré des parasites intestinaux chez ces Anguilles.

R. HERPIN
Docteur ès sciences.

L'INFLUENCE DU MAZOUT SUR LES ANIMAUX MARINS

Depuis le remplacement du charbon par le *mazout* dans la propulsion des navires de fort tonnage, beaucoup de ports sont littéralement infestés par ce combustible qui, comme on sait, est un mélange de carbures liquides de densité relativement forte.

Lorsque le mazout est rejeté à la mer en quantités énormes, comme le fait s'est produit il y a quelques mois à Cherbourg lors de l'échouage du *Transylvania*, les algues et les animaux de la partie supérieure de la zone intercotidale en sont imprégnés, et beaucoup sont tués.

Lé désastre est visible, immédiat, mais localisé, et il n'atteint qu'un petit nombre d'espèces. Les Mollusques comestibles (Littorines, Pourpres) qui ne sont pas tués, s'imprègnent de l'odeur de pétrole et deviennent immangeables.

Il en fut de même, paraît-il des poissons capturés dans le bassin de radoub du Homet où fut amené le *Transylvania* et nous avons constaté le même fait sur les *Palæmonetes varians* Leach. vivant dans les canaux de la mare de Tourlaville, constamment imprégnés du mazout échappé des réservoirs de la marine, situés dans leur voisinage.

Mais, avant de se fixer sur le rivage, le mazout s'étale en couche mince à la surface de la mer. Même en dehors de l'accident du *Transylvania*, il m'est arrivé de rencontrer en rade des nappes de cette huile minérale de plusieurs centaines de mètres de diamètre. Le mazout surnageant ainsi à la surface de la mer se sépare en deux parties. L'une, noire et épaisse, a tendance à s'agglomérer en petits amas qui adhèrent très fortement à tous les corps flottants ; elle finit par s'éliminer en se fixant aux rochers du rivage et aux digues, sur lesquelles elle forme une bande noire visible à plusieurs kilomètres de distance. Il a fallu plusieurs mois pour que le mazout provenant du *Transylvania* soit desséché, et actuellement il n'est pas encore disparu.

La partie la plus fluide forme une couche mince présentant les irisations dues à l'interférence de la lumière réfléchie sur les faces supérieure et inférieure de cette couche. Cette couche mince se conserve fort longtemps ; elle paraît s'éliminer aussi par fixation au rivage. En effet des flacons d'eau de mer paraissant dénuée de mazout ayant été recueillis au cours de pêches de nuit, ont présenté l'odeur caractéristique du pétrole, lors de leur ouverture, le lendemain. Cette eau, versée dans un cristallisoir, a formé sur les bords un enduit huileux très adhérent.

L'un des méfaits de ce mazout flottant est son action sur les oiseaux de mer. Un assez grand nombre de ces derniers sont recueillis à mer basse, morts ou tout au moins dans l'impossibilité de s'envoler ; leurs plumes étant collées les unes aux autres par du mazout épais et noir.

L'un d'eux présentait même des traces de mazout noir sur sa muqueuse stomacale.

A plus forte raison le mazout flottant doit-il avoir une action funeste sur le microplancton. Beaucoup de Poissons pondent des œufs qui flottent à la surface de la mer. D'autre part, la plupart des Crustacés et des Mollusques possèdent des larves pélagiques montant la nuit à la surface.

Les doléances des pêcheurs, prétendant que le rejet de mazout à la mer est la cause de l'appauvrissement de la rade de Cherbourg en espèces comestibles, paraissent parfaitement justifiées. C'est peut-être pour la même raison que mes pêches pélagiques d'Annélides Polychètes, effectuées la nuit avec une lanterne à acétylène, sont beaucoup plus pauvres en individus que celles effectuées par Fage et Legendre à Concarneau.

Des mesures auraient déjà été prises pour interdire la vidange des cales des paquebots, lors de leur escale en rade. Il importerait, dans l'intérêt de la pêche côtière que ces règlements soient généralisés et qu'on assure leur application.

R. P. LONGIN NAVAS

(Saragosse)

QUELQUES INSECTES NÉVROPTÈRES ET VOISINS DU MUSÉE DE BALE (Suisse)

Je vais énumérer quelques espèces assez intéressantes d'un lot qui m'a été envoyé pour étude par le docteur Edouard Handschin du Musée de Bâle (Suisse).

NÉVROPTÈRES

Famille MYRMÉLÉONIDES

1. *Palpares speciosus* L. « Cekes. Capland ».
2. *Palpares interioris* Kolbe. « Abessinien, Schabelitz, 1914 ».
3. *Stenares improbus* Walk. « Nacht. v. Dr. Weber, 1917 ».
4. *Macroleon lynceus* F. « Victoria (Camerun), avril 1883, E. P. ».
5. *Balaga micans* Mac Lachl. Yokohama, R. Merian.
6. *Hesperoleon mexicanus* Banks. Mazatlan, Mexico.

Famille CHRYSOPIDES

7. *Chrysopa Handschini* sp. nov. (fig. 1).

Caput (fig. 1) flavum, stria sanguinea elongata inter oculos et os, alia breviore in occipite juxta oculos ; his fusco-nigris ; palpis flavo-fulvis ; antennis ala anteriore brevioribus, apicem versus fuscescentibus.

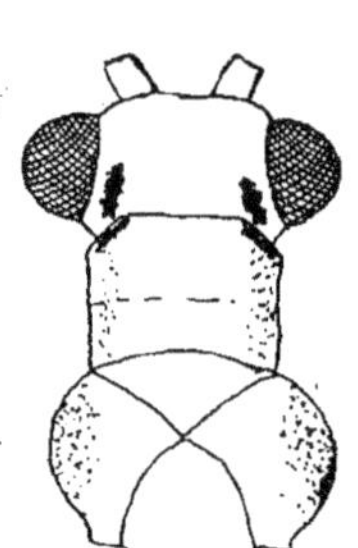

Fig. 1. — *Chrysopa Handschini* Nav. Partie antérieure.

Thorax (fig. 1) flavus. Pronotum transversum, angulis anticis oblique truncatis, rubris. Meso- et metanotum lobis humeralibus fulvis.

Abdomen flavo-fulvum, flavo pilosum, lamina subgenitali ♂ carinata, apice subacuta, rufescente.

Pedes flavi, flavo pilosi : tibiis posterioribus teretibus, vix compressis.

Alæ hyalinæ, irideæ, venis ramisque, stigmate flavo-viridibus ; venulis costatibus fuscis, gadatis 5/6, in series parallelas dispositis.

Ala anterior venulis plerisque totis, ramis initio et axillis furcularum marginalium fuscis ; venulis intermediis 4, interna ad quartum apicale cellulæ divisoriæ inserta.

Ala posterior venulis discalibus fere haud obscuratis, neve axillis furcularum marginalium ; venulis intermediis 4.

Long. corp. ♂	8	mm.
Long. al. ant.	12	mm.
Long. al. post.	10,5	mm.

Patrie : Afrique, Shehwaore, Mozambique.

8. *Nothochrysa æqualis* Walk. Soputan, ca. 1150 m., 20 avril 1915.

Famille PSYCHOPSIDES

9. *Cabralis gloriosus* Nav. (fig. 2).

La description se rapportant à la ♀, il faudra ajouter quelque phrase sur l'autre sexe,

,   ᵇ ᵃceum ; cercis superioribus ♂ grandibus testaceis, valvæformibus ; inferioribus pariter testaceis et valvæformibus, brevibus,
apice rotundatis (fig. 2).

Pedes flavidi, albido pilosi, calcaribus brevibus, rectis.

Alæ reticulatione, pilis fimbriisque albis, membrana subhyalina, albida
fortiter iridea.

Ala anterior maculis 3 fuscis inter subcostam, radium ejusque secto-
rem, item una ad anastomosim procubiti ; umbris fulvis variis, in area
costali et margine posteriore in strias transversas, præter marginem

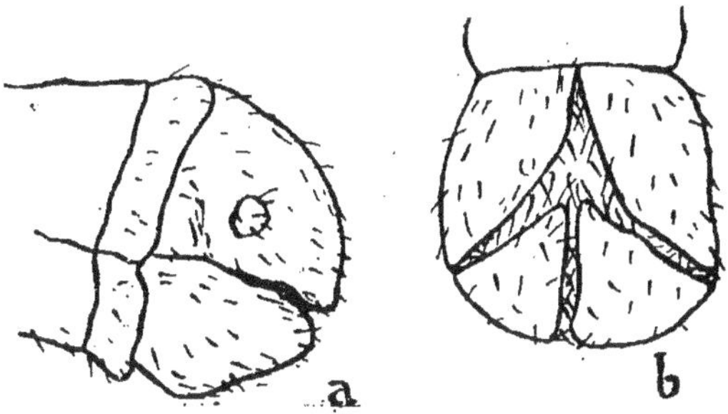

Fig. 2. — *Cabralis gloriosus* ♂ Nav. Extrémité de l'abdomen.
a) De côté ; *b)* Par-dessous.

externum in atomos parum sensibiles, in disco ad series gradatas in
maculas subelliticas positis.

Ala posterior immaculata ; serie venularum gradatarum in area costali
ultra medium alæ finiente.

       Long. corp. ♂   11   mm.
       Long. al. ant. .   .   .   .   .   .   18,5 mm.
       Long. al. post . .   .   .   .   .   16,5 mm.

Patrie : Afrique. « Schioase, N. O. Transvaal, Sud-Afrika, Coll.
Junod ».

MÉGALOPTÈRES

Famille Chauliodides

10. *Corydalus cornutus* L. var. *crassicornis* L. Caracas, Venezuela,
docteur O. Gutzviller, 1927. Je crois cette forme nouvelle pour l'Amérique du Sud.

C'est à M. Henri Gadeau de Kerville que je suis redevable de l'étude
d'un lot intéressant d'insectes de l'ancien ordre des Névroptères, collectés
en Normandie par divers entomologistes.

Il convient d'en publier la liste, tout en omettant les espèces plus communes. Puisse-t-elle stimuler les entomologistes de la région pour l'étude
de ces insectes, un peu négligés partout.

Je ferai l'énumération par ordres et par familles.

NÉVROPTÈRES

Famille Chrysopides

1. *Chrysopa vulgaris* Schn. var. *carneola* Nav. Saint-Germain-sur-
Avre (Eure), 23 avril 1927, A. Langlois.

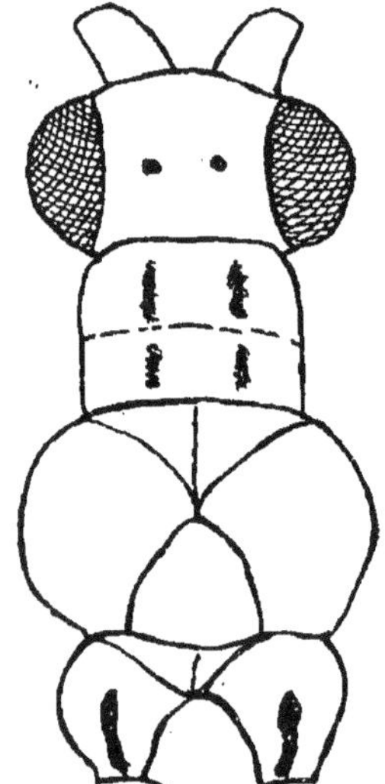

Fig. 3. — *Chrysopa prasina* Burm. var. *Langloisi* Nav. Tête et thorax.

2. *Chrysopa vulgaris* Schn. var. *cingulata* Nav. St-Germain-sur-Avre (Eure), 23 avril 1927, A. Langlois.

3. *Chrysopa alba* L. Pont-de-l'Arche (Eure), juin 1927, Louis Dupont.

4. *Chrysopa flavifrons* Brau. St-Léger-sur-Sarthe (Orne), 25 juillet 1925, Maurice Dalibert.

5. *Chrysopa prasina* Burm. var. *adspersa* Wesm. La Vacherie, commune des Andelys (Eure), 15 juin 1927, Henri Gadeau de Kerville.

6. *Chrysopa prasina* Burm. var. *Langloisi* nov. Viridis.

Caput duobus punctis rubro-fuscis in vertice ; stria nigra ad genas et ad clypei latera ; oculis fuscis ; antennis flavis, immaculatis.

Prothorax transversus, stria longitudinali utrinque interrupta, fusca, marginibus lateralibus fusco punctatis. Metanotum stria fusca longitudinali ad lobos humerales.

Abdomen tergitis leviter fusco punctatis ad latera.

Alæ fere ut in var. *adspersa* Wesm. ; venulis gradatis in ala anteriore
7/9 vel 6/8, in posteriore 6/7 viridibus, vel oblique visis fuscis.

Long. corp.	. . . . . .	9,5 mm.
Long. al. ant.	. . . . . .	15,5 mm.
Long. al. post.	. . . . . .	14,4 mm.

Patrie : Evreux (Eure), 26 juillet 1927, A. Langlois.

7. *Nineta flava* Scop. Pont-de-l'Arche (Eure), Le Hôme-sur-Mer (Calvados), 3 août 1911, Maurice Dalibert.

Famille HÉMÉROBIDES

8. *Hemerobius humuli* L. Pont-de-l'Arche (Eure), fin avril 1897, Louis Dupont; Evreux (Eure), 19 juillet 1927, A. Langlois.

9. *Hemerobius lutescens* F. Pont-de-l'Arche (Eure), mai 1893, Louis Dupont.

10. *Hemerobius stigma* Steph. Les Damps (Eure), sept. 1903, Louis Dupont.

11. *Drepanopteryx phalenoides* L. Pont-de-l'Arche (Eure), juillet 1905, Louis Dupont.

Famille SISYRIDES

12. *Sisyra fuscata* L. Sur un végétal, au bord de la Seine, La Vacherie, commune des Andelys (Eure), 19 juin 1927, Henri Gadeau de Kerville.

MÉGALOPTÈRES

Famille SIALIDES

13. *Sialis lutaria* L. Pont-de-l'Arche (Eure), 12 mai 1892, Louis Dupont, de Mêle-sur-Sarthe (Orne), 10 mai 1926, Maurice Dalibert.

14. *Sialis fuliginosa* Pict. Au bord de l'Andelle, Pont-Saint-Pierre (Eure), 30 juin 1928, Henri Gadeau de Kerville.

PSOCOPTÈRES

Famille PSOCIDES

15. *Psocus nebulosus* Steph. Forêt-de-Bourse, Montmirel, 28 juillet 1925, Maurice Dalibert.

EPHÉMÉROPTÈRES

Famille EPHÉMÉRIDES

16. *Ephemera danica* Müll. Au bord de l'Andelle, Pont-Saint-Pierre (Eure), 10 juin 1928, Henri Gadeau de Kerville.

17. *Ephemera glaucops* Pict. Pont-de-l'Arche (Eure), Louis Dupont.

Famille EPHÉMÉRELLIDES

18. *Ephemerella ignita* Poda. Pont-de-l'Arche (Eure), Louis Dupont.

TRICOPTÈRES

Famille PSYCHOMYIDES

19. *Psychomyia pusilla* F. Pont-de-l'Arché (Eure), mai 1893, Louis Dupont.

Famille PHRYGANIDES

20. *Phryganea grandis* L. Pont-de-l'Arche (Eure), 24 mai 1915, juin 1901, Louis Dupont.

Famille LEPTOCÉRIDES

21. *Leptocérus aterrimus* L. La Vacherie, commune des Andelys (Eure), 19 juin 1927, Henri Gadeau de Kerville.

22. *Leptocerus riparius* Albarda. Pont-de-l'Arche (Eure), Louis Dupont.

23. *Mystacides nigra* L. Pont-de-l'Arche (Eure), mai 1903, Louis Dupont.

24. *Mystacides longicornis* L. Saint-Germain-sur-Avre (Eure), 23 août 1917, A. Langlois.

25. *Setodes viridis* Fourcr. La Vacherie, commune des Andelys (Eure), 19 juin 1927, Henri Gadeau de Kerville.

Famille LIMNOPHILIDES

26. *Limnophilus vittatus* F. Bois-Héroult (Seine-Inférieure), M.-E. Noury, coll., éclosion fin mai 1908.

27. *Limnophilus rhombicus* L. Hécourt (Eure), 31 octobre 1923, A. Langlois; au bord de l'Andelle, Pont-Saint-Pierre (Eure), 10 mai 1928, Henri Gadeau de Kerville.

28. *Limnophilus flavicornis* F. Pont-de-l'Arche (Eure), Louis Dupont.

29. *Limnophilus lunatus* Curt. Pont-de-l'Arche (Eure), Louis Dupont; Saint-Germain-sur-Avre (Eure), 28 août 1927, A. Langlois.

30. *Limnophilus affinis* Curt. à la lumière, 16 septembre 1927, Bois-Guilbert (Seine-Inférieure), M.-E. Noury, coll.

31. *Halesus digitatus* Schrk. Hécourt (Eure), 31 octobre 1923, A. Langlois; Les Damps (Eure), septembre 1903, Louis Dupont.

32. *Stenophylax permistus* Mac Lachl. Evreux (Eure), 29 avril 1927; 3-5 mai 1923, A. Langlois; Saint-Germain-sur-Avre, 24 mai 1898 (Eure), Louis Dupont.

33. *Stenophylax stellatus* Curt. Saint-Germain-sur-Avre (Eure), 28 août 1927, A. Langlois.

34. *Anabolia nervosa* Curt. Pont-de-l'Arche (Eure), Louis Dupont.

M.-E. NOURY

SUR QUELQUES CÉCIDIES DES FOUGÈRES
DE LA HAUTE-NORMANDIE ORIENTALE

De nombreux auteurs ont signalé les cécidées produites sur les fougères par différents cécidozoaires notamment par un diptère *Anthomyia signata* Brischke ou *Chortophila signata* Brischke.

Houard entre autres, dans son travail intitulé : « Etudes ptéridologiques » (Paris 1920), p. 25, n° 24, met en doute l'action de ce diptère sur *Pteris aquilina* L.

En juin de l'année dernière, j'ai pu récolter en quantité cette déformation dans un bois des environs de Bois-Guilbert. Peu après de nombreuses larves blanc jaunâtre abandonnaient les cécidies et se transformaient en pupes en terre. Mises en élevage elles m'ont donné cette année aux environs du 20 mai et jusqu'à la fin du mois de nombreux diptères. En même temps est éclos un chalcidien parasite.

Ayant soumis ces diptères à l'examen de M. le docteur Villeneuve, le savant diptérologue de Rambouillet, celui-ci les a identifiés comme étant *Chirosia parvicornis* Zetterstedt.

Voici donc un point bien éclairci. Dans la région de Bois-Guilbert ce n'est pas *Chortophila signata* Brischke, comme l'ont écrit certains auteurs, qui déforme les pinnules de *Pteris aquilina* L. mais bien *Chirosia parvicornis* Zetterstedt.

Dans le même travail de Houard la cécidie portant le n° 18 p. 21 indiquée sur *Athyrium Filix-fœmina* Roth et attribuée à *Chortophila signata* Brischke est suivie d'un point de doute.

Il m'est encore possible de faire la lumière sur ce point. M. Henri Gadeau de Kerville a obtenu le cécidozoaire de galles provenant de la forêt Verte aux environs de Rouen et l'insecte soumis à M. le Docteur Villeneuve a été reconnu comme étant bien *Chortophila signata* Brischke.

De mon côté ayant récolté les mêmes déformations à Saint-Saëns (Seine Inférieure) sur les bords de la route forestière de Bully, lors de l'excursion annuelle de la Société des Amis des Sciences naturelles de Rouen le 21 juin 1925, j'en ai obtenu deux imagos dont l'un soumis à M. le Docteur Villeneuve a été déterminé comme *Chortophila signata* Brischke.

Si dans cette éclosion je n'ai obtenu que deux diptères c'est que le plus grand nombre des pupes était parasité par un hyménoptère braconide que je crois être *Phænocarpa ruficeps* Nees.

J'ajouterai à ces quelques lignes une courte liste des cécidies que j'ai pu observer sur les fougères de la région indiquée plus haut. Et pour éviter les redites inutiles je fais précéder chaque espèce du numéro qui lui est assigné dans le magistral ouvrage de Houard : « Les zoocécidies du Bassin méditerranéen ». Paris, 1908.

LISTE DES CÉCIDIES OBSERVÉES

I. — PTERIS AQUILINA L.

1. — N° 65. *Chirosia parvicornis* Zett. Bois-Guilbert.
2. — N° 68. *Perrisia filicina* Kieff. Bois-Guilbert, Neufchâtel-en-Bray, Varengeville-sur-Mer.
3. — N° 69. *Perrisia pteridicola* Kieff. Bois-Guilbert, Neufchâtel-en-Bray.
4. — N° 70. *Selandria temporalis* Thoms. Bois-Guilbert, Neufchâtel-en-Bray.
5. — N° 66. *Eriophyes pteridis* Moll. Boseo Bordel.

II. — ATHYRIUM FILIX-FŒMINA Roth.

6. — N° 63. *Chortophila signata* Brischke. Forêt Verte (environs de Rouen). Saint-Saëns, Serqueux.

III. — POLYSTICHUM FILIX-MAS Roth.

7. — N° 56. *Chortophila signata* Brischke. Bois-Guilbert.
Toutes les localités indiquées sont de la Seine-Inférieure.
Je remercie très vivement et très cordialement M. Henri Gadeau de Kerville et M. le docteur Villeneuve le premier pour le renseignement qu'il a bien voulu me donner, le second pour sa grande et incomparable amabilité à mettre sa science au service des plus modestes chercheurs.

Dr Jacques PELLÉGRIN
Docteur ès sciences
S.-Directeur de Laboratoire au Muséum d'Histoire naturelle.

LES POISSONS DES BASSINS COTIERS DU CAMEROUN

Les cours d'eau du Cameroun se répartissent en 4 groupes de bassins différents :
1° Celui du Tchad avec le Chari et son affluent le Logone ;

2° Celui du Niger avec la Bénoué ;

3° Celui du Congo avec la Sangha et son affluent la rivière Dja ou Ngoko ;

4° Enfin les petits fleuves côtiers se jetant dans le golfe de Guinée (Wuri, Sanaga, Nyong, Ntem).

Il sera seulement question ici de la faune ichtyologique de ces derniers qui vient d'être étudiée au Musée de Vienne par M. M. Holly d'après les collections du docteur Haberer et au Muséum de Paris par moi-même d'après les riches matériaux recueillis par M. T. Monod et M. Chamaulte.

La faune ichtyologique de ces bassins côtiers s'est révélée d'une grande variété et relativement assez spécialisée. Nombre de formes leur sont particulières et plusieurs types curieux ont été décrits.

On trouvera ci-dessous la liste par familles de toutes les espèces jusqu'ici signalées dans les rivières côtières du Cameroun.

POLYPTÉRIDÆ : 1. *Calamoichthys calabaricus* J. A. Smith.

MORMYRIDÆ : 2. *Mormyrops deliciosus* Leach ; 3. *M. longiceps* Günther ; 4. *M. caballus* Pellegrin ; 5. *Petrocephalus simus* Sauvage ; 6. *Isichthys Henryi* Gill. ; 7. *Marcusenius Kingsleyæ* Gthr. ; 8. *M sphecodes* Sauv. ; 9. *M brachyistius* Gill ; 10. *M. longianalis* Boulenger ; 11. *M. adspersus* Gthr. ; 12. *M. Batesi* Blgr. ; 13. *M. castor* Pappenheim ; 14. *Paramyomyrus æquipinnis* Pelgr. ; 15. *Gnathonemus Moorei* Gthr : 16. *G. Petersi* Gthr. ; 17. *G. ntemensis* Pelgr. ; 18. *G. phantasticus* Pelgr. ; 19. *Mormyrus bumbanus* Blgr. ; 20. *M. Goheeni* Flower ; 21. *M. tapirus* Papp.

NOTOPTERIDÆ : 22. *Notopterus afer* Gthr. ; 23. *Xenomystus Nigri* Gthr.

CLUPEIDÆ : 24. *Cynothrissa mento* Regan ; 25. *Pellonula vorax* Gthr.

CHARACINIDÆ : 26. *Sarcodaces odoë* Bloch ; 27. *Hydrocyon Forskali* Cuv. ; 28. *H. lineatus* Bleeker ; 29. *Bryconæthiops microstoma* Gthr. ; 30. *Alestes dentex* L. ; 31. *A. intermedius* Blgr. ; 32. *A. longipinnis* Gthr. ; 33. *A nurse* Rüppell ; 34. *A. tæniurus* Gthr. ; 35. *A. opisthotænia* Blgr. ; 36. *A. macrolepidotus* C. V. ; 37. *A. Batesi* Blgr. ; 38. *Hemigrammalestes urotænia* Blgr ; 39. *Petersius septentrionalis* Blgr. ; 40. *P. pulcher* Blgr. ; 41. *P. major* Blgr. ; 42. *P. occidentalis* Gthr. ; 43. *Phago maculatus* E. Ahl. ; 44. *Gavialocharax Monodi* Pelgr. ; 45. *Nannæthiops unitæniatus* Gthr. ; 46. *Neolibias unifasciatus* Steind. ; 47. *Distichodus engycephalus* Gthr. ; 48. *D. Kolleri* Holly ; 49. *Nannocharax fasciatus* Gthr. : 50. *N. intermedius* Blgr. ; 51. *Xenocharax spilurus* Gthr.

CYPRINIDÆ : 52. *Labeo Greeni* Blgr. ; 53. *L. Lukulæ* Blgr. ; 54. *L. annectens* Blgr. ; 55. *L. chariensis* Pelgr. et var. *nunensis* Pelgr. ; 56. *Varicorhinus Tornieri* Steind ; 57. *V. Sandersi* Blgr. et var. *fimbriatus* Holly ; 58. *V. Steindachneri* Blgr. ; 59. *V. Mariæ* Holly ; 60. *V. Werneri* Holly ; 61. *Sanagia velifera* Holly ; 62. *Barbus brevispinis* Holly et var. *monu-*

nensis Pelgr. ; 63. *B. Versluysi* Holly ; 64. *B. Mbami* Holly ; 65. *B. Batesi* Blgr. ; 66. *B. micronema* Blgr. ; 67. *B. Habereri* Steind ; 68. *B. progenys* Blgr. ; 69. *B. caudovittatus* Blgr. ; 70. *B. holotænia* Blgr. ; 71. *B. Guirali* Thominot ; 72. *B. Bourdariei* Pelgr. ; 73. *B. nigeriensis* Blgr. ; 74. *B. tæniurus* Blgr. ; 75. *B. camptacanthus* Bleeker ; 76. *B. dolichosoma* N. et Grisc. ; 77. *B. callipterus* Blgr. ; 78. *B. melanhypopterus* Pelgr. ; 79. *B. aspilus* Blgr. ; 80. *B. trispilomimus* Blgr. : 81. *B. Jæ* Blgr. ; 82. *Barilius Batesi* Blgr. ; 83. *B. ubangiensis* Pelgr. ; 84. *B. Kingsleyæ* Blgr.

SILURIDÆ : 85. *Clarias platycephalus* Blgr. ; 86. *C. jaensis* Blgr. ; 87. *C. Hollyi* Pelgr. ; 88. *C. submarginatus* Peters ; 89. *C. Walkeri* Gthr. ; 90. *C. longior* Blgr. ; 91. *C. angolensis* Steind. ; 92. *C. bythipogon* Sauvage ; 93. *C. oxycephalus* Blgr. ; 94. *C. Dumerili* Steind. ; 95. *C. liberiensis* Steind ; 96. *C. pachynema* Blgr. ; 97. *C. laeviceps* Gill. ; 98. *Allabenchelys brevior* Blgr. ; 99. *A. longicauda* Blgr. ; 100. *Eutropius niloticus* L. ; 101. *E. cameronensis* Pelgr. ; 102. *E. brevianalis* Pelgr. ; 103. *Schilbe mystus* L. ; 104. *Bagrus bayad* Forsk. ; 105. *Chrysichthys nigrodigitatus* Lacép. ; 106. *C. filamentosus* Blgr. ; 107. *C. Walkeri* Gthr. ; 108. *Amphilius longirostris* Blgr. ; 109. *A. brevis* Blgr. ; 110. *Paranchenoglanis guttatus* Lœnnberg ; 111. *Auchenoglanis altipinnis* Blgr. ; 112. *A. Ballayi* Sauv. et var. *Gravoti* Pelgr. et var. *Pietschmanni* Holly ; 113. *A. longiceps* Blgr. ; 114. *A. pantherinus* Pelgr. ; 115. *Synodontis obesus* Blgr. ; 116. *S. Rebeli* Holly ; 117. *S. Hollyi* Pelgr. et var. *ntemensis* Pelgr. ; 118. *S. Steindachneri* Blgr. ; 119. *S. Batesi* Blgr. ; 120. *S. Loppei* Pelgr. ; 121. *Microsynodontis Batesi* Blgr. ; 122. *Chilochromis cameronensis* Blgr. ; 123. *C. Batesi* Blgr. ; 124. *Doumea typica* Sauv. ; 125. *Phractura intermedia* Blgr. ; 126. *P. longicauda* Blgr. ; 127. *Malapterurus electricus* Gm.

CYPRINODONTIDÆ : 128. *Fundulus bivittatus* Lœnnberg ; 129. *F. Pappenheimi* Ahl. ; 130. *F. Riggenbachi* Ahl. ; 131. *F. Batesi* Blgr. ; 132. *F. Gustavi* Ahl. ; 133. *F. Beauforti* Ahl. ; 134. *F. Sjoestedti* Blgr. ; 135. *Haplochilus cameronensis* Blgr. ; 136. *H. Carnapi* Ahl. ; 137. *H. Preussi* Ahl. ; 138. *H. obscurus* Ahl. ; 139. *H. sexfasciatus* Gill ; 140. *H. loboanus* Ahl. ; 141. *H. jaundensis* Ahl. ; 142. *H. Elberti* Ahl. ; 143. *H. spilauchen* A. Dum. ; 144. *H. bellicauda* Ahl. ; 145. *H. Pascheni* Ahl. ; 146. *H. nyongensis* Ahl. ; 147. *H. Normani* Ahl. ; 148. *H. Jacobi* Ahl. ; 149. *H. loloensis* Ahl. ; 150. *H. Zenkeri* Ahl. ; 151. *H. sangmelinensis* Ahl. ; 152. *Procatopus nototænia* Blgr. ; 153. *Procatopus abbreviatus* Pelgr.

NANDIDÆ : 154. *Polycentropsis abbreviata* Blgr.

SERRANIDÆ : 155. *Lotes niloticus* L.

CICHLIDÆ : 156. *Tilapia Linnelli* Lœnnberg ; 157. *T. galilæa* Artédi ; 158. *T. Heudeloti* A. Dum. ; 159. *T. macrocephala* Bleek ; 160. *T. Mariæ* Blgr. ; 161. *T. dubia* Lœnnberg ; 162. *T. melanopleura* A. Dum. ; 163. *T. Meeki* Pelgr. ; 164. *T. Kottæ* Lœnnb. ; 165. *T. Tholloni* Sauv. ;

166. *T. cameronensis* Holly ; 167. *Pelmatochromis lateralis* Blgr. ; 168. *P. Guentheri* Sauv. ; 169. *P. nigrofasciatus* Pelgr. ; 170. *P. caudifasciatus* Blgr. ; 171. *P. longirostris* Blgr. ; 172. *P. Boulengeri* Lœnnb. ; 173. *P. Kingsleyæ* Blgr. ; 174. *P. subocellatus* Gthr. ; 175. *P. kribensis* Blgr. et var. *calliptera* Pelgr. ; 176. *Hemichromis fasciatus* Peters ; 177. *H. bimaculatus* Gill.

GOBIIDÆ : 178. *Eleotris Lebretoni* Steind. ; 179. *E. kribensis* Blgr. ; 180. *E. vittata* A. Dum. ; 181. *Gobius Maindroni* Sauv.

ANABANTIDÆ : 182. *Anabas nanus* Gthr. ; 183. *A. Kingsleyæ* Gthr. ; 184. *A. maculatus* Thominot.

OPHIOCEPHALIDÆ : 185. *Ophiocephalus obscurus* Gthr.

MASTACEMBELIDÆ : 186. *Mastacembelus Marchei* Sauv. ; 187. *M. Sclateri* Blgr. ; 188. *M. Lœnnbergi* Blgr. ; 189. *M. goro* Blgr. ; 190. *M. flavomarginatus* Blgr. ; 191. *M. brevicauda* Blgr. ; 192. *M. longicauda* Blgr.

Cette liste comprend 192 espèces réparties en 58 genres et 15 familles. Si l'on tient compte de ce fait que nombre de formes semi-marines qui remontent dans les cours d'eau ne figurent pas ici, c'est là un total considérable et qui montre la richesse de la faune ichtyologique de ces rivières côtières du Cameroun.

Il pourra être intéressant de comparer cette liste avec celle donnée par moi (¹), en 1921, et concernant les Poissons de l'Afrique occidentale du Sénégal au Niger.

Parmi les formes les plus remarquables récemment décrites il y a lieu, en terminant, de mentionner le *Gavialocharax Monodi* Pelgr. Characinidé à museau prolongé en une sorte de bec denté et le *Sanagia velifera* Holly, dont j'ai vu les types au Musée de Vienne, Cyprinidé à bouche très différenciée, à dorsale prolongée. Ce sont là des Poissons fort singuliers, dont on ne trouve pas d'analogues dans les autres fleuves africains.

(¹) *Ass. fr. Av. Sc. Congrès de Rouen*, 1921, p. 633.

Armand PORCHEREL

Docteur Vétérinaire [1].

OBSERVATIONS RELATIVES A L'HÉRÉDITÉ CHEZ LE MOUTON

Croiser deux races pures de moutons de couleur et de conformation différentes, pour nous rendre compte de la répartition des caractères morphologiques et phanéroptiques, tel a été notre but. Nos observations ont porté sur les trois races Mérinos, Bizet, Sahune ; qu'il nous soit permis de rappeler tout d'abord les caractères ethniques de chacune d'elles.

Tout le monde connaît la race ovine Mérinos, remarquable par l'étendue et la finesse de sa toison, qui est fermée, tassée, riche en suint de couleur blanc pur ou le plus souvent jaune-citron ou orange. La longueur du brin varie de 0 m. 08 à 0 m. 15 le diamètre de 15 µ à 18 µ 20 µ.

La tête est forte, couverte de laine, jusqu'au chanfrein, qui présente des plis transversaux ; les lèvres sont épaisses, les oreilles courtes, dirigées horizontalement chez le bélier, entre les tours de spire des cornes, qui sont volumineuses. Certaines races de Mérinos en sont dépourvues. Un caractère bien particulier au Mérinos est l'élargissement de la région du jarret, caractère que nous avons vu se transmettre dans la majorité des cas. Tout le corps est recouvert de laine, jusqu'aux onglons.

Le Mouton Bizet plus particulièrement élevé dans la Haute-Loire, est de moyenne ou de petite taille, suivant la différence de fertilité du sol sur lequel il est élevé ; l'ossature est très fine, la toison est de couleur rousse ou grise, mêlée de blanc ; le blanc existe presque toujours à la tête, sous forme d'une large liste recouvrant le front et le chanfrein, tandis que les faces latérales comprenant les oreilles, les yeux, les joues et les lèvres sont d'un noir terne.

L'extrémité de la queue est toujours blanche, deux pattes au moins doivent être marquées de blanc, jusqu'au niveau du boulet.

Formée de mèches semi-pointues, la toison est cependant serrée, s'étend jusqu'en arrière de la tête, et s'arrête à la partie supérieure des membres, le ventre est nu. Le poids de la toison très variable de 1 kg. 500 à 2 kilogrammes, 2 kg. 500, peut atteindre 3 kilogrammes chez les sujets bien

---

[1] Travail du laboratoire de Chimie agricole de la Faculté des Sciences de Lyon. Professeur Couturier.

sélectionnés, ce qui comparé au poids du corps, nous donne un rapport allant de 1/16 à 1/22. Le brin est loin d'être homogène, semi-frisé, son diamètre dans une même région varie de 18 μ. à 28 μ. comme nous avons pu le constater.

Nos sujets d'expérience nous ont donné une laine dont le diamètre moyen était respectivement pour les mâles de 22 μ., 23 μ., 26 μ., 28 μ., 29 μ. ; pour les brebis de 23 μ., 25 μ..

Aucune sélection n'a encore été faite de ce côté, du moins nous le croyons ; c'est là un point auquel il serait important de prêter la plus grande attention.

Le mouton Bizet a la tête forte, avec un chanfrein très busqué principalement chez le bélier. Une légère dépression existe à la jonction des os du nez avec les frontaux, les cornes presqu'aussi volumineuses que chez le mouton Mérinos, sont comme chez ce dernier, spiralées et forment un tour et demi dans lequel passe l'oreille.

Lorsqu'elles existent chez la femelle, elles sont plus fines, moins développées, arquées en arrière ; la majorité des femelles en est dépourvue. A une certaine époque, certains éleveurs — comme M. de Gautret, qui entretenait dans son domaine d'Alleret près de Paulhaguet (Haute-Loire) un superbe troupeau de Bizet, — s'était efforcé de sélectionner les sujets sans corne. C'est ainsi qu'en 1907, nous avons pu voir, au Concours National Agricole de Lyon des sujets dépourvus de ces appendices. Sur 40 agneaux mâles nés dans une année chez M. de Gautret, les cornes manquaient sur 18 sujets, chez d'autres elles n'avaient qu'un faible développement.

Aujourd'hui, on exige au contraire les béliers cornus. Une certaine différence existe nécessairement entre le mâle et la femelle ; celle-ci à la tête plus petite, le profil est à peine busqué, seulement à partir de la naissance du chanfrein ; le mâle est de taille plus élevée, le corps est plus fort, la côte plus cintrée, la musculature générale plus développée, les articulations, les membres plus épais.

La race de Sahune, exploitée dans la Drôme, présente des formes allongées ; le profil de la tête est convexe chez les mâles et subconvexe chez les femelles.

La toison est blanche, fermée et mécheuse, non tassée : la tête et les pattes sont dépourvues de laine ; la gorge, le bréchet, l'inter-ars, la région sternale, l'hypocondre, le ventre, les aines, et les méplats des cuisses sont nus ou simplement tomenteux.

On constate quelquefois sur la tête et les membres, des taches rousses rappelant celles observées chez le barbarin, de même quelques sujets ont la toison fine du Mérinos, tous caractères indiquant des croisements plus ou moins lointains avec ces deux races.

La longueur du brin, chez les sujets que nous avons observés, a été de

0 m. 08 à 0 m. 10, le diamètre moyen a atteint 25 μ, 27 μ, 28 μ, 29 μ, avec des variantes dans une même région du corps allant de 18 μ à 28 μ.

1. — Croisement Mérinos Bizet.

Une brebis Bizet est couverte par un bélier Mérinos d'Arles, nous obtenons un agneau pesant 4 kg. 50, soit le 9,1 du poids de la mère, lequel était de 37 kilogrammes.

Avant de décrire les caractères du jeune, nous croyons utile de rappeler, ce qui peut arriver dans le cas d'accouplement de deux races pures à caractères différents.

D'après Etienne Rabaud [1], l'expérimentateur constate l'existence de plusieurs modes héréditaires, qui se groupent autour de trois principaux, le mode alternatif, le mode intermédiaire et le mode en série continue ».

Pour le mode alternatif Etienne Rabaud cite l'exemple de l'accouplement d'une souris grise avec une souris blanche, à ascendance grise. « Que le mâle soit gris et la femelle blanche ou inversement le résultat sera constamment le même, les individus de première génération, descendants immédiats du couple gris et blanc seront tous gris. »

Dominance et récessivité, sont les faits morphologiques essentiels de la première génération dans le mode alternatif, suivis de la disjonction des caractères en proportions déterminées dès la deuxième génération. Dans le mode intermédiaire « le mélange des caractères est plus ou moins intime, mais toujours parfaitement appréciable. »

Avec le mode en série continue, « l'accouplement de deux races distinctes donne des individus qui diffèrent tous les uns des autres, et de telle manière que mis en série ils établissent un lien morphologique entre les deux parents ».

Le sujet issu de notre croisement Mérinos-Bizet présente les caractères suivants :

1° La couleur est celle du Bizet, avec une liste blanche en tête ;

2° La toison est fermée, tassée s'étendant jusque sur les joues, couvrant la partie inférieure des membres et le ventre ;

3° La conformation est celle du Mérinos, avec le *jarret-large* de ce dernier ;

4° La tête est pourvue de cornes ;

5° Le diamètre moyen du brin, pour l'ensemble du corps est de 22 μ 9, avec des variantes dans les différentes régions (épaule, côté, dos, face externe de la cuisse) allant pour les dimensions extrêmes de 18 μ à 30 μ.

---

[1] Etienne RABAUD. Etude physiologique de l'Hérédité. *Traité de physiologie normale et pathologique*, t. XI, reproduction et croissance.

Toutefois les brins fins l'emportent de beaucoup sur les brins épais, ces derniers surtout plus nombreux, dans la région de la cuisse, ce qui est la règle.

Le diamètre moyen du brin est, chez le père Mérinos égal à 18 μ. celui de la mère Bizet 25 μ.

Avec cette dernière la laine est peu homogène, et nous arrivons à une moyenne de 30 μ. par l'échantillon recueilli à la face externe de la cuisse.

2. — *Croisement Mérinos-Sahune.*

Une brebis Sahune présentant des taches rouges autour des yeux, avec l'extrémité des oreilles et de la queue rouges, est couverte par un bélier Mérinos d'Arles ; elle nous donne une agnelle pesant 4 kilogrammes, poids correspondant au 12,5 de celui de la mère, qui pèse 50 kilogrammes.

Le jeune sujet nous montre une toison semi-tassée, s'avançant sur les joues avec un toupet de laine sur le front, couvrant la partie inférieure du corps pour s'arrêter à la partie supérieure des membres. Le jarret est celui du Mérinos. Les mêmes taches rouges signalées chez la mère, se rencontrent chez l'agnelle.

L'examen de la laine nous a permis de faire les constatations suivantes :

La mèche est intermédiaire, le brin est mi-frisé d'un diamètre moyen de 22 μ, avec des variantes pour l'ensemble des diverses régions du corps allant de 18 μ à 28 μ., les brins fins étant plus nombreux.

La laine du père Mérinos a un diamètre moyen de 22 μ. 9, chez la mère Sahune il atteint 27 μ.

Une autre brebis Sahune est couverte par le même bélier Mérinos nous obtenons une agnelle du poids de 2 kilogrammes seulement ayant les caractères suivants : tête fine, allongée du Sahune, toison fermée, s'avançant sur les joues couvrant la partie inférieure du corps et s'arrêtant aux genoux et aux jarrets, ces derniers moyennement épais ; à signaler un léger toupet de laine sur le front.

3. — *Croisement Bizet-Sahune.*

Une troisième brebis Sahune, est couverte par un bélier Bizet ; elle nous donne une agnelle du poids de 4 kg. 100 soit le 11,9 de celui de la mère pesant 49 kilogrammes.

Le jeune sujet montre la couleur du Bizet avec une liste blanche en tête ; la toison est fermée, s'arrête en arrière de la tête et à la partie supérieure des membres, couvre le corps et légèrement le ventre.

Conclusions. — 1° Dans les croisements, où le Bizet est intervenu soit du côté mâle ou femelle, celui-ci a toujours donné sa couleur ;

2° Dans les croisements où le Mérinos a été utilisé ce dernier a transmis les caractères de son jarret et ceux de sa toison.

3° Dans les croisements Mérinos-Sahune, Bizet-Sahune, le Mérinos et le Bizet sont dominants.

Le plan d'expériences que nous avons l'intention de poursuivre sera le suivant :

Nous ferons accoupler :

1° Un bélier Bizet avec :

> *a)* une brebis Mérinos âgée ;
> *b)* une brebis Mérinos jeune ;
> *c)* une brebis Bizet-Sahune ;
> *d)* une brebis Bizet.

2° Un bélier Mérinos avec :

> *a)* une brebis Bizet ;
> *b)* une brebis Mérinos-Sahune ;
> *c)* une brebis Mérinos-Sahune ;
> *d)* une brebis Mérinos.

3° Le bélier Mérinos-Bizet sera accouplé avec une femelle Mérinos.

Les sujets métis issus de ces diverses opérations seront ensuite unis ensemble.

Les expériences de cette nature sont évidemment longues, demandent du temps et de l'argent.

Pourrons-nous les réaliser ?

Quoi qu'il en soit, nous serons très heureux, si les quelques faits que nous apportons, peuvent contribuer à l'étude si intéressante des phénomènes héréditaires, de plus nous croyons démontrer ainsi une fois de plus, que dans l'amélioration des races ovines, au point de vue des qualités de la laine, il est de toute nécessité d'apporter la plus grande attention à l'examen de cette dernière chez les reproducteurs, comme nous l'avons déjà exprimé, dans une précédente communication [1].

---

[1] Armand PORCHEREL. Hérédité des caractères lainiers. *Congrès de Constantine*, 1927

Louis ROULE

CONSIDÉRATIONS SUR LES POISSONS ABYSSAUX
APPARTENANT AUX FAMILLES
DES OMOSUDIDÉS ET DES ÉVERMANNELLIDÉS

I. — J'ai reçu dernièrement, par l'obligeant intermédiaire de M. le docteur J. Richard, Directeur du Musée Océanographique de Monaco, deux représentants de grande taille, et en excellent état, de ces deux familles. Ayant été pris dans les parages de Madère, par les pêcheurs employant des engins de grandes profondeurs, ils avaient été conservés dans les collections du Séminaire de Funchal, et envoyés plus tard en Europe pour leur détermination. Leur étude m'a conduit aux considérations suivantes, concernant leur systématique. Le mémoire descriptif, accompagné de dessins, paraîtra ultérieurement.

II. — Les deux familles dont il est ici question figurent séparées l'une de l'autre dans la classification de David S. Jordan (1923), alors qu'elles étaient confondues en une seule dans les classifications antérieures. Elles appartiennent, avec celles des Myctophidés et des Paralépidés, à l'ordre des Iniomiens (Malacoptérygiens abdominaux à deuxième dorsale adipeuse, et à prémaxillaire formant le bord de la mâchoire supérieure).

La famille des Omosudidés ne contient que le genre *Omosudis* Gunther (1887). La famille des Evermanellidés renferme, en faisant abstraction de deux formes douteuses, *Neosudis* Castelnau 1873, et *Scopelarchus* Alcock 1896, quatre genres : *Evermannella* Fowler (1901), *Dissomma* Brauer (1902), *Benthalbella* Zugmayer (1911), *Promacheon* Weber (1913).

Le nom d'*Evermannella* donné à l'un de ces genres est destiné à remplacer, par application des règles de la priorité, un nom plus ancien, celui d'*Odontostomus* Cocco (1838). Ce dernier terme ayant été choisi, une année plus tôt, en 1837, par Beck, pour désigner un Mollusque, la loi de préemption synonymique s'applique nécessairement à lui dans le cas présent.

A mon avis, ces deux familles ne doivent point être isolées l'une de l'autre. Il convient de revenir au sentiment d'autrefois, qui les unissait et ne les séparait point. Seulement, cette famille unique ne peut plus être désignée par le terme d'*Odontostomidés*, puisque le nom générique correspondant est périmé en ce qui concerne les poissons. Les règles de la priorité conduisent, en conséquence, à lui donner le nom d'*Omosudidés*, l'appellation générique *Omosudis* étant la plus ancienne.

Cette famille unique possède les caractères suivants pour sa diagnose essentielle : « Iniomiens à corps allongé et nu, à forte tête aussi haute que le tronc, à grande bouche largement fendue portant aux deux mâchoires des dents très allongées et taillées en biseau ou courbées en crochet sur leur pointe ; photophores peu nombreux ou absents ». Elle ne contient, à mon avis, que trois genres : *Omosudis* Gunther, *Evermannella* Fowler, *Coccorella* Roule (gen. nov.).

III. — Parmi les espèces relevant de cette famille, la plus anciennement connue est *Evermannella balbo* Risso (*Scopelus balbo* Risso 1820, *Odontostomus hyalinus* Cocco 1838), de la Méditerranée et des régions atlantiques avoisinantes. Plus tard est venue *Omosudis Lowei* Gunther 1887, et, ultérieurement, ont été décrites les autres espèces mentionnées par les auteurs, formant dans l'ensemble un total d'une dizaine. Or, de ces diverses formes, seules *Evermannella balbo* et *Omosudis Lowei* sont signalées comme capables d'atteindre une taille relativement forte, supérieure à une vingtaine de centimètres. Par contre, les représentants des autres sont tous de faibles dimensions, qui, pour la plupart restent comprises entre quinze et cinquante millimètres. En outre, leur exiguïté s'accompagne de la possession de caractères particuliers, et semblables à ceux que montrent habituellement les alevins. A plusieurs reprises, l'observation a prouvé que telle est vraiment la réalité. J. Schmidt (1918), étudiant une série d'individus appartenant au genre *Dissomma*, a signalé qu'elle conduit progressivement au genre *Evermannella*. De mon côté (1919) j'ai noté la situation ambiguë, tenant des deux genres, d'un exemplaire recueilli dans ses croisières par le Prince de Monaco.

Seulement, comme les termes de comparaison faisaient défaut entre ces alevins présumés et les adultes bien conformés, car les caractères réels de ces derniers n'avaient pu être établis, la systématique était tenue de considérer, en raison de leurs caractères spéciaux, ces formes de petite taille comme répondant à autant d'espèces particulières. Les diagnoses s'arrêtaient à des dispositions, telles que le chiffre des rayons des pectorales, qui ne méritent point une telle valeur. Les individus reçus de Madère permettent de rectifier ces données, car, étant parvenus à l'état adulte, ils précisent l'état et la qualité des caractères véritables. C'est après les avoir étudiés que j'estime devoir ramener à trois le nombre des genres de la famille, en donnant ci-après leurs diagnoses exactes :

Omosudis. — Vertex triangulaire, acuminé, lisse, caréné latéralement, crête claviculaire ossifiée bien marquée, descendant obliquement jusqu'à la face ventrale de la partie antérieure du tronc ; yeux grands et non télescopiques ; pectorales et pelviennes relativement petites ; dorsale assez basse ; anale courte, comptant 12-14 rayons ; corps translucide, laissant discerner la pigmentation péritonéale. Type : *Omosudis Lowei* Gunther (1887).

Evermannella. — Vertex étroit, lisse, ovalaire et étranglé entre les orbites ; crête claviculaire étroite, descendant obliquement jusqu'aux flancs ; yeux grands et télescopiques ; pectorales et pelviennes relativement fortes ; dorsale haute ; anale longue, comptant 30-35 rayons ; corps translucide, laissant discerner la pigmentation péritonéale. Type : *Evermannella balbo* Risso (*Scopelus balbo* Risso 1820).

Coccorella (Gen. nov. que je dédie à A. Cocco, l'ichthyologiste sicilien 1799-1854, qui créa le genre *Odontostomus*). Vertex large, ovalaire, divisé en trois régions, dont la moyenne et l'antérieure portent des pores nombreux, parmi lesquels plusieurs sont larges et bordés de lèvres saillantes comme des papilles ; crête claviculaire très étroite, descendant jusqu'aux flancs ; yeux moyens, non télescopiques ; pectorales et pelviennes relativement fortes ; dorsale haute ; anale longue, comptant 26-30 rayons ; corps pigmenté, de teinte très foncée. Type : *Coccorella atrata* Alcock (*Odontostomus atràtus* Alcock 1893).

Les caractères distinctifs dominants sont donnés par la nageoire anale et le vertex, dont les particularités permettent d'établir la diagnose différentielle suivante :

A. — Anale courte, 12-14 rayons . . . . *Omosudis*
B. — Anale longue, 26-35 rayons . . . . .
 a) Vertex lisse ; corps translucide. . . *Evermannella*
 b) Vertex papilleux ; corps pigmenté . . *Coccorella*

Ces trois genres ayant des représentants dans l'Atlantique, car l'un des exemplaires de Madère appartient à *Coccorella*, il est très probable, à mon avis, que l'on peut donner aux formes douteuses les affectations suivantes : *Benthalbella infans* Zugm., et *Omosudis brevis* Brauer sont des alevins d'*Omosudis* ; *Dissomma anale* Brauer, *Omosudis elongatus* Brauer, et *Odontostomus (Dissoma) perarmatus* Roule, sont des alevins d'*Evermannella*.

IV. — J'ai montré précédemment, dans plusieurs de mes travaux, qu'il était utile, dans l'appréciation en systématique des espèces abyssales, d'introduire la notion des particularités d'ordre tératologique. Le présent mémoire prouve qu'il en est de même pour une autre notion, celle des caractères infantiles et propres aux alevins. La révision de ces espèces, quant à leur valeur réelle, doit être envisagée de cette double façon.

PHYSIOLOGIE

Dr J. M. LE GOFF

ACTION VASODILATATRICE DU COBALT

Le premier et le plus important travail sur l'étude des propriétés physiologiques du cobalt a été fait en 1880 par Anderson Stuart dans le laboratoire de Schmiedeberg. Ses expériences portèrent sur des animaux et non sur l'homme ; chez le lapin, il trouva que ce métal a une action spéciale sur la moelle épinière, exagérant les réflexes de sorte qu'il suffit de pincer le pied de l'animal ou de frapper ce pied sur le plancher pour provoquer un tremblement général ou une convulsion violente. Dans le cas d'un chien le tableau fut exactement celui de la chorée chez l'homme. Chez le chat et le chien, il ne trouva pas de grande différence dans les symptômes d'empoisonnement par le cobalt et le nickel. Les effets les plus frappants sont ceux fournis par le système nerveux. Dans les expériences sur le sang, il observa une chute de la pression artérielle qui se prolongea jusqu'à la mort ([1]).

Quatre ans après, F. Coppola à Palerme étudia la toxicité de ce métal sur de petits animaux ([2]).

De l'autre côté de l'Atlantique en 1887, R. H. Chittenden et Charles Norris dans un travail d'une très grande précision découvrirent l'absorption du cobalt par les tissus. Leurs expériences portèrent entièrement sur le lapin et leur but principal était de déterminer la répartition du poison dans l'organisme. Ils utilisèrent le nitrate de cobalt qu'ils administraient par la bouche en le plaçant dans des capsules de gélatine. Il est évident, ont-ils conclu que les sels de cobalt possèdent des propriétés réellement toxiques ils semblent causer la mort par arrêt du cœur la température rectale s'élevant même de 2 ou 3 degrés centigrades. Les vaisseaux sanguins de l'oreille devenant contractés, l'oreille apparaît blanche et tout à fait froide. Le pouvoir d'emmagasiner le cobalt est assez spécial suivant l'organe que l'on considère ainsi c'est la rate, la moelle épinière et le cerveau

---

([1]) *Journal of Anat. and Physiol.*, XVII, 89, 1883.
([2]) *Lo Sperimentale*, LV, 375.

qui possèdent au plus haut degré ce pouvoir de saisir et de fixer le cobalt ([1]).

J'attire votre attention sur ce fait important et en même temps je rappelle l'opinion de Armand Gautier qui a toujours enseigné qu'un composé chimique n'est actif que s'il est attiré et fixé dans les tissus.

Si nous faisons exception du travail de J. Antal en 1894 ([2]) dans lequel cet auteur préconise le cobalt comme un antidote des empoisonnements par le cyanure de potassium, on peut dire que l'étude physiologique du cobalt était à son point mort jusqu'au jour où G. Bertrand et Machebœuf ont annoncé la présence de petites quantités de cobalt dans les tissus des animaux et même dans les solutions commerciales d'insuline : la rate et le pancréas chez l'homme étant les organes contenant la plus grande quantité de ce métal, respectivement 2 mgr. 64 et 2 milligrammes par kilo de matière sèche, puis viennent le rein avec 1 milligramme et le foie avec 0,9 ([3]).

Rapprochant ces résultats des faits mis en évidence par Chittenden et Norris à savoir que la rate, la moelle épinière et le cerveau ont le pouvoir de fixer le cobalt, j'ai essayé de savoir quels étaient les effets physiologiques de petites quantités de cobalt, sur l'organisme humain et principalement sur l'organisme des diabétiques. Il était tout d'abord indispensable de déterminer exactement quelle quantité de cobalt on pouvait introduire dans le corps humain avec effet appréciable mais non toxique.

Pendant ces 4 dernières années, j'ai fait une série d'expériences que je me contenterai de résumer aujourd'hui, elles portèrent tout d'abord sur des lapins et des chiens.

J'utilisai surtout le chlorure de cobalt pur, ce corps est très soluble dans l'eau, dans le lait, une solution de gélatine ou le sérum sanguin, sans produire de coagulation ou de précipité. J'ai administré sa solution aqueuse soit par la bouche soit par injections sous-cutanées. Pendant 4 mois, j'ai injecté, chaque semaine, à un lapin de 4 kilos de 1 à 5 centigrammes, en tout 1 gr. 212 de chlorure sans remarquer aucun effet toxique. Une lapine pleine de 2 kilos reçut 15 centigrammes en 3 semaines et elle mit bas 4 petits bien constitués. A la fin de la période de lactation, je les séparai en 3 groupes : le 1er contenait le lapin A pesant 510 gr. et la mère, le 2e le lapin B pesant 530 gr., le 3e les lapins C et D pesant 460 et 440 g.

A la mère et au lapin A pesant 510 gr. je donnai avec l'alimentation habituelle 50 à 60 gr. de son humecté avec 50 centimètres cubes d'une solution de chlorure de cobalt à 6 0/0; B reçut chaque jour avec sa nour-

([1]) *Studies from the Laboratory of Yale University*, vol. III.
([2]) *Ungar. Archiv. Med.*, t. XXXIII, 1894.
([3]) *Bulletin Soc. Chim.*, juin 1926, p. 942.

riture 25 à 30 gr. de son humecté avec 15 centimètres cubes de la même solution ; C et D 50 à 60 gr. de son humecté avec 30 centimètres cubes d'eau. La ration de son fut mangée intégralement dans chaque cas et tous les jours. Au bout de 67 jours A et B avaient ingéré 6 gr. de cobalt et pesaient 1465 et 1480 grammes, les deux petits servant de contrôle pesaient 1465 et 1480 grammes. Il semble donc certain que le cobalt n'intervient pas dans la croissance chez les jeunes lapins. Je voulus m'assurer que ce corps était bien absorbé par le tube digestif et puis éliminé par les urines en partie du moins. A un lapin de 3 kilos dont la vessie avait été vidée je donnai 50 grammes de son humecté avec 30 centimètres cubes d'une solution à 6 0/0 de chlorure de cobalt. Pendant les 24 heures qui suivirent je recueillis 30 centimètres cubes d'urine contenant 8 milligrammes du produit ingéré ([1]).

A la nourriture de 2 chiens d'un an j'ajoutai chaque jour 25 centigrammes de chlorure de cobalt durant 300 jours pour l'un et 100 pour l'autre sans remarquer aucun trouble appréciable.

Les expériences que je viens de résumer me permettaient de rechercher sans danger les effets du cobalt sur l'homme.

Dans 3 cas j'ai administré le cobalt par voie buccale et dans 72 par voie hypodermique, utilisant pour les injections une solution isotonique de chlorure, de citrate, salicylate de cobalt et même de cobaltamine.

La première injection contenant 2 centigrammes de chlorure de cobalt fut faite en février 1926 à un jeune homme de 20 ans qui s'intéressait à mes recherches. Cette injection faite dans les muscles de la région fessière fit apparaître à la face et aux oreilles une rougeur soudaine qui dura 10 minutes. Le sujet déclarant ressentir une vive chaleur dans toute la tête. Le nombre des pulsations augmenta peu, mais la pression vasculaire évaluée au moyen de l'oscillomètre sphygmométrique de Pachon diminu aassez fortement ([2]). En 1926 je lui fis 36 injections, en 1927, 58, et en 1928, 28 ; en tout 122 contenant 2 grammes, de sel cobalteux.

Lorsque l'injection renferme 4 ou 5 centigrammes du produit, la face le cou, les oreilles deviennent très rouges pendant 10 et 15 minutes, quelquefois des nausées surviennent et même des douleurs intestinales, dans 2 cas le sujet vomit quelques centimètres cubes de bile. Un autre sujet me dit qu'il lui semblait qu'il avait la tête dans un four, un autre que sa tête semblait devoir éclater, mais l'effet constant est la rougeur de la face et des oreilles que j'ai observée chez 71 sujets sur les 72 qui ont bien voulu se prêter à mes expériences. La plupart étaient des sujets sains, d'autres étaient atteints de diverses maladies chroniques. Les résultats obtenus

---

([1]) *Société de Biologie*, t. XCVI, p. 455.
([2]) *Comptes rendus*, 186, 1928, p. 171.

dans ces cas seront publiés ultérieurement. Il est remarquable de constater que les mêmes doses de nickel ne produisent pas une semblable vaso-
dilatation ([1]).

Dr W. W. MYDDLETON

Birkbeck College, Université de Londres.

UNE ÉTUDE CHIMIQUE SUR L'ACTIVITÉ DU LOBE ANTÉRIEUR DE LA GLANDE PITUITAIRE

Ces recherches ont été poursuivies en collaboration avec M. le docteur
Spaul à qui sont dues toutes les expériences biologiques. Notre collaboration avait pour but de développer une méthode chimique pour évaluer
qualitativement et quantitativement l'activité des extraits hypophysaires.
De plus, nous avons essayé de faciliter l'isolation des corps actifs.

On a fait de nombreuses réactions de précipitation aux extraits du lobe
antérieur et du lobe postérieur de l'hypophyse de bœuf. La réaction la plus
utile a été donnée par l'addition d'une solution de l'iode, (N/20). Quand on
adopte des conditions définies et constantes on trouve un parallélisme
remarquable entre le volume du précipité iodé et l'activité biologique de
l'extrait du lobe antérieur (Accélération de la métamorphose des têtards et
des larves Axolotls provoquée par l'injection des extraits.

A ce point-ci il se présenta une complication. Par exemple tous les
extraits du lobe postérieur et les extraits du lobe antérieur faits au moyen de
l'acide chlorhydrique dilué ou de l'acide sulfurique dilué, alors qu'ils
donnaient des précipités iodés augmentés, n'accéléraient pas la métamorphose. Les précipités iodés de ces extraits inactifs ne contenaient que des
traces atténuées de phosphate. Le précipité iodé d'un extrait actif du lobe
antérieur a été caractérisé par la présence de phosphate. On peut constater que le corps actif du lobe antérieur est un composé phosphatique
qui peut se transformer en sulfate ou en chlorure.

On a converti les phosphates actifs des précipités iodés en sulfates, en
chlorures, en acétates et en picrates et on a repris ces sels par l'acide acétique dilué au volume primitif des extraits. Excepté le picrate qui est

très toxique tous ces extraits reconstruits ne montraient aucune activité.

On a reconstruit le phosphate de ces sels inactifs et la solution du phosphate régénéré a repris son activité. On peut se servir d'une méthode chimique pour évaluer les extraits commerciaux en mesurant le volume du précipité iodé qui se forme dans des conditions d'expérience identiques et en recherchant le phosphate dans ces précipités. On a appliqué cette méthode pour rechercher la teneur en substance active des glandes des races différentes de bétail.

La corrélation favorable de la méthode chimique et biologique nous a conduits à une étude sur la localisation de la sécrétion active dans le lobe antérieur. Nous avons adapté la méthode de précipitation par l'iode à la technique histologique. On a fait agir sur des coupes de la glande d'une solution de l'iode. L'iode a teint en jaune quelques-unes des cellules, et la coloration a été augmentée par traitement au leuco-base du vert malachite. Les cellules qui contiennent le principe actif du lobe antérieur se colorent en vert.

Les photographies des coupes indiquent que les cellules sécrétoires sont semblables aux cellules acidophiles révélées par le réactif de Mallory quant à la taille, au contour et à la distribution.

F. LATASTE

LE PSYCHISME ANIMAL

(Les localisations nerveuses, l'observation et l'expérimentation ;
les préfendus tropismes ; le psychomètre).

11ᵉ Section.

ANTHROPOLOGIE

Président . .   Docteur E. Loppé, Directeur du Musée Lafaille. La Rochelle.
Vice-Président.   Marcel Duteurtre.
Secrétaire . .   M. Coutier.

Jean CAZEDESSUS

GALERIE DE ROQUECOURBÈRE
(Ariège).

Dessins de M. L. MOTHE

En 1927, comme j'achevais l'exploration du Tarté, l'un de mes ouvriers me dit qu'on lui avait signalé des grottes dans la falaise de Roquecourbère à Betchat. En effet, je découvris presque au sommet de sa pente abrupte deux abris remplis jusqu'à la voûte, et, quelques mètres plus bas, au milieu d'un bois, près d'une source dont l'eau tombe dans le Lens, affluent de droite du Salat, un atelier que M. Breuil attribue à l'Aurignacien ancien et qui pourrait bien avoir été celui des troglodytes du Tarté tout proche. Grâce à une subvention de l'Association Française pour l'Avancement des Sciences et l'entremise des abbés Lordat et Cazassus auprès de M. Lhuilier, propriétaire de la station, les fouilles commencèrent en septembre 1927 et se poursuivirent assez régulièrement jusqu'au mois de mai dernier.

Les travaux, auxquels s'associa mon ami H. Lasselin, révélèrent dans l'abri le plus élevé du Moustérien et, dans ce que nous croyions être un autre abri, une galerie tortueuse d'une largeur et d'une hauteur moyenne de 2 mètres. Sa profondeur demeure inconnue, car nous n'avons enlevé en longueur que 50 mètres du remplissage. Celui-ci, presque partout, atteignait le plafond. La terre des 30 premiers mètres, quoique compacte, fut enlevée facilement à la brouette, mais le reste, argile plastique très humide où les ossements étaient réduits en pâte, nous donna tant de mal que nous renonçâmes à poursuivre nos travaux.

Dès le surplomb, 3 foyers superposés apparurent : moustérien dans le bas, solutréen au milieu et magdalénien au sommet. Deux fragments de poterie néolithique gisaient à l'entrée.

La couche moustérienne — peu importante — contenait des pointes à main (pl. I, fig. 1, 2 et 6), des racloirs (fig. 3, 4 et 5), des percuteurs, de grands éclats de silex utilisés et quelques restes de cuisine.

Le foyer solutréen — le plus considérable — s'étendait du surplomb jusqu'au point où cessèrent nos travaux. Il avait calciné la roche de chaque côté de la galerie. Il était surtout puissant au premier tournant de celle-ci où les parois s'élargissent. Il donna plusieurs burins et grattoirs en général petits, des lames sans retouches dont la plus grande a 13 centimètres, des percuteurs, une belle enclume, des nucléus volumineux, de grands éclats portant traces d'usage, une pointe avec ébauche de cran (pl. II, fig. 4) et des feuilles de laurier splendidement façonnées (fig. 1, 2, 3, 6). Beaucoup sont cassées en deux, et, comme les fragments ne se raccordent pas ; on peut supposer que les Solutréens les brisaient à la chasse et détachaient le morceau resté au sommet de la hampe à leur retour dans la grotte (fig. 5 et 8).

Le silex employé dans les 3 étages provient du voisinage ou des hauteurs de Cérisols où il abonde. Seule la calcédoine, dont peu d'outils sont faits, a été importée. D'innombrables éclats, rappelant les écailles des poissons, indiquent une taille intense de feuilles de laurier dans la couche solutréenne.

Le foyer magdalénien, mince ruban noirâtre de très faible épaisseur, sis à 40 centimètres du solutréen, ne livra d'abord que peu d'outils — burins et grattoirs — tout petits (pl. III, fig. 3, 6, 7, 8 et 9) et une jolie figure de renne (fig. 13 et 14). Elle est gravée sur le côté convexe d'une minuscule pierre de couleur violacée. Le côté concave est coché sur son pourtour. Cette pierre a l'allure d'un coquillage. Était-ce une breloque ? La cassure de droite qui a détruit une partie du dessin et peut-être un trou de suspension ne permet pas de le dire. Nulle autre œuvre d'art n'a été recueillie à Roquecourbère, pourtant les plaques schisteuses y foison-

Pl. I

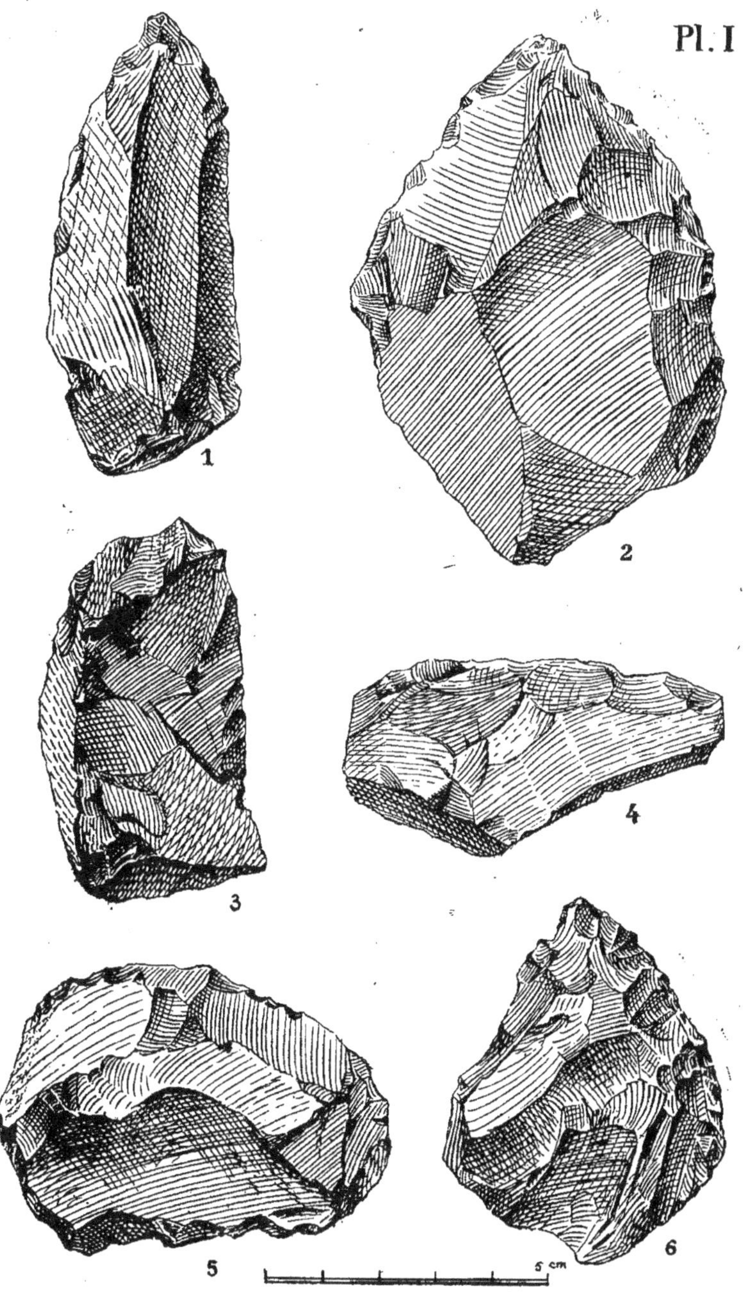

Pl. II

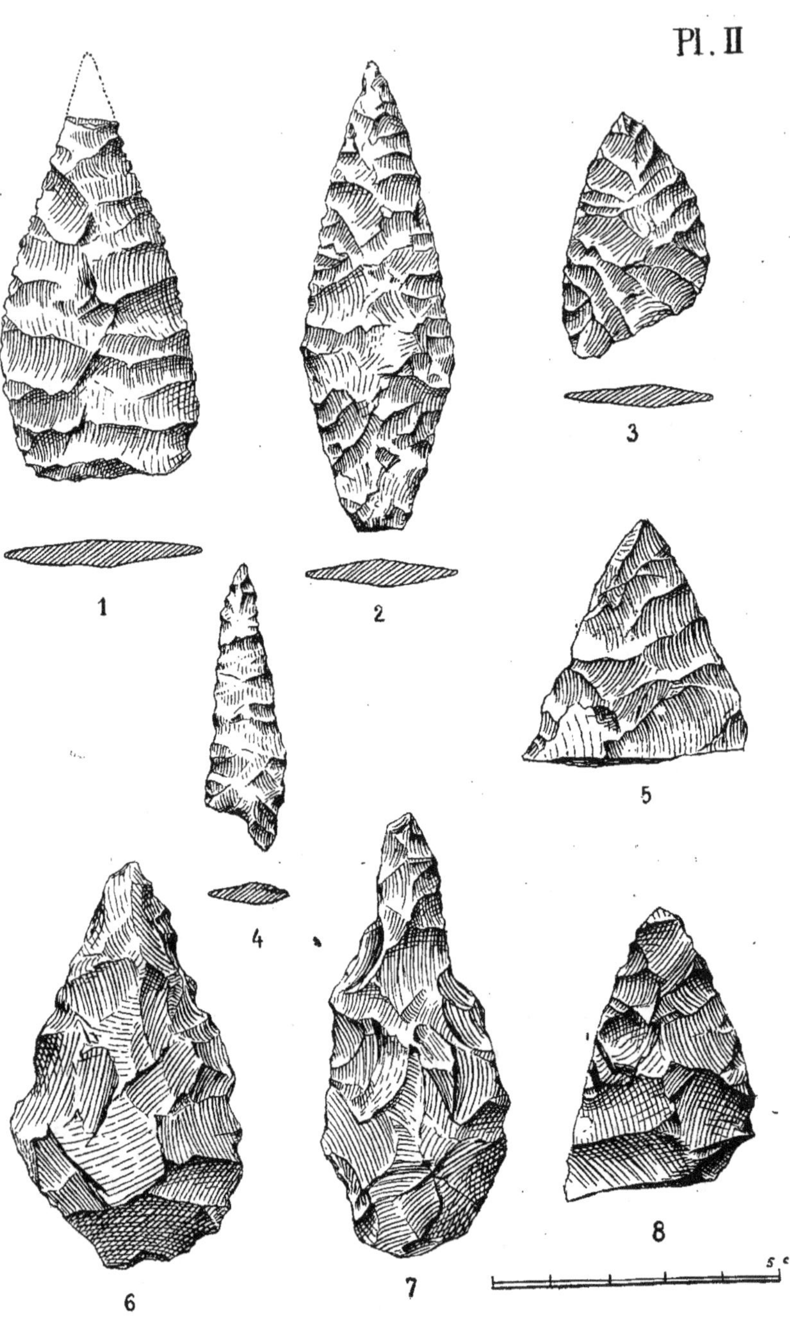

Pl. III

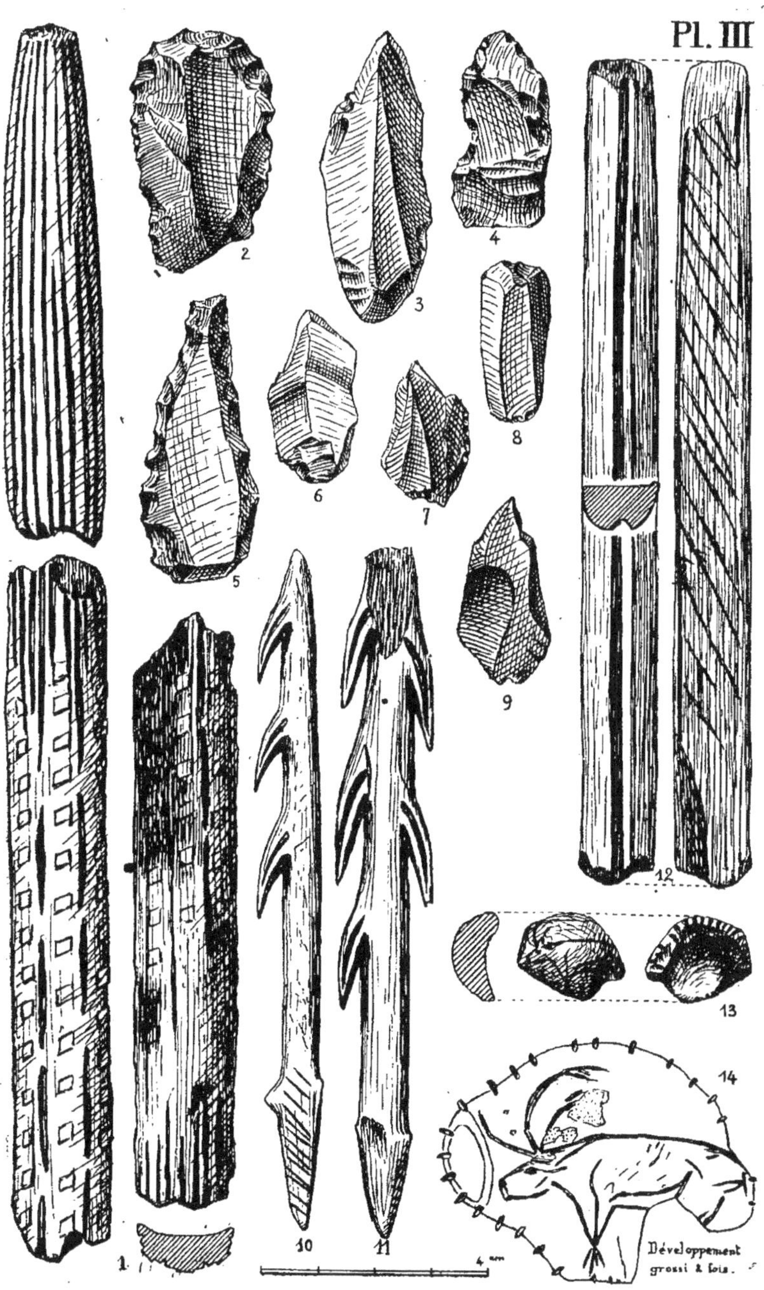

naient, mais leur décomposition a pu effacer les gravures qui pouvaient y être tracées.

Enfin, à 25 mètres de l'entrée, devant un tournant étroit et surbaissé, furent recueillis de nombreux bois de renne avec quelques incisions, une douzaine de percuteurs, deux harpons dont les dessins 10 et 11 de la planche III dispensent de toute description, une sagaie cassée et deux baguettes semi-cylindriques. La première, décorée de rectangles en relief et de lignes en creux, mesure 28 centimètres lorsque ses 3 fragments sont ajustés. Elle était plus longue (fig. 1). La deuxième, ornée en son milieu d'une rainure longitudinale, est un morceau de 14 centimètres. La face plate est striée obliquement (fig. 12).

Identifiée par M. Gaillard, directeur du Muséum de Lyon, la faune se compose :

Equus caballus, L., Cheval. — Deux arrière-molaires inférieures, deux incisives, plusieurs phalanges et quatre sabots d'individus différents.

Cervus elaphus, L., Cerf. — Fragment de mandibule gauche avec molaire de lait et deux molaires de seconde dentition. Fragment de bois avec incisions.

Cervus tarandus, L., Renne. — Mandibules et diverses dents. Fragments de bois de jeunes individus. Partie postérieure de crâne. Extrémités inférieures de métacarpien et de métatarsiens. Calcanéum.

Rupicrapa europœa, L., Chamois. — Fragment de mandibule droite avec deux prémolaires et deux molaires. Cheville osseuse de corne.

Bison priscus, Boj., Bison ou Aurochs. — Nombreuses arrière-molaires inférieures, surtout M3. Plusieurs phalanges des ongles et des doigts.

Bos primigenius, L., Bœuf primitif. — Fragment de mandibule avec la troisième arrière-molaire. Extrémité distale d'un métacarpien.

Canis lupus, L., Loup. — Mandibule droite et canines. Astragale.

Vulpes vulgaris, L., Renard. — Plusieurs mandibules et divers os des membres.

Ursus spelœus, Rosen, Ours des cavernes. — Canines et tuberculeuses d'individus de petite taille, avec plusieurs métacarpiens et métatarsiens de dimensions différentes.

Hyæna spelea, G., Hyène des cavernes. — Fragment de mandibule droite, canines et diverses dents isolées. 3 cropolites.

Males taxus, Bod., Blaireau. — Mandibule droite et partie inférieure d'humérus gauche.

Felis paridus, L., Panthère. — Canines supérieures.

Il est à remarquer que le renne manque dans le Moustérien et qu'il est rare dans le Solutréen. Le bœuf primitif, l'ours des cavernes, l'hyène et la panthère furent récoltés vers le fond de la galerie, presque sur le plancher. Les restes des autres animaux sont communs aux 3 étages.

Bref, la station de Roquecourbère, par sa situation sur une pente raide et son orientation au Nord, n'a pas été longtemps habitée. Ses trois dépôts archéologiques, assez pauvres, en sont la preuve. Elle offre, toutefois, un grand intérêt, car, dans cette région des Pyrénées, le Moustérien et le Solutréen, avant nos fouilles, étaient totalement inconnus.

Colonel A. CONSTANTIN

LE PEUPLEMENT DU BASSIN DU RHONE

RÉSUMÉ

Dès l'époque chelléenne, l'homme a laissé des traces de son industrie dans le bassin du Rhône. On les a trouvées dans la Haute-Saône, le Jura, la Côte d'Or, la Saône-et-Loire où elles sont particulièrement abondantes, l'Ain, le Rhône, l'Ardèche. Il est probable que l'habitat humain fut plus étendu à cette époque que ne le montrent les trouvailles d'outillage chelléen. Mais sous les masses énormes de glace qui pendant la glaciation würmienne allèrent des Alpes presque jusqu'au Rhône, bien des coups de poing durent être broyés ou emportés par les eaux glaciaires au milieu des cailloux et des sables.

Des silex acheuléens ont été recueillis dans la Haute-Saône, la Côte-d'Or, la Saône-et-Loire, l'Ain, le Rhône, la Drôme. C'est encore en Saône-et-Loire qu'on en a découvert le plus grand nombre. Dans plusieurs gisements, ces silex étaient mélangés à des silex chelléens ou à des silex moustériens.

On a trouvé de ces derniers dans le Doubs, en Saône-et-Loire, dans l'Ain, le Rhône, l'Ardèche, le Gard, la Drôme, l'Hérault, le Vaucluse, les Alpes-Maritimes.

Les découvertes de la mâchoire de Mauer près de Heidelberg et du crâne de Piltdown en Angleterre permettent seules de conjecturer les types des hommes chelléens et acheuléens. Mais elles ont été faites assez loin du bassin du Rhône; et tandis que la mâchoire de Mauer est d'un aspect tout à fait bestial, les courbures du crâne de Piltdown rappellent déjà les types humains actuels.

Pour ce qui est de l'homme moustérien, quoique jusqu'ici on n'en ait trouvé aucun ossement dans le bassin du Rhône, il est presque certain qu'il était du type néanderthalien. Ce type a, en effet, été trouvé non seulement dans le Néenderthal et à Spy, mais aussi, à la Chapelle aux Saints, au Moustier, à la Ferassie et à la Quina, sans parler de la mandibule découverte à Arcy-sur-Cure, c'est-à-dire tout près du Morvan, donc dans le voisinage du bassin du Rhône.

Vers la fin de la glaciation würmienne et au début du post-glaciaire, l'industrie aurignacienne apparut en Saône-et-Loire, dans l'Ain, l'Ardèche, le Vaucluse et les Alpes-Maritimes. Les squelettes trouvés dans la grotte des Enfants, près de Menton, indiquent qu'à la période la plus ancienne de l'aurignacien, il y avait sur les bords de la Méditerranée occidentale des hommes ayant, avec des caractères négroïdes, ceux du type découvert en 1868 à Cro-Magnon. Ce type que d'autres découvertes ont montré à l'aurignacien moyen et supérieur est présenté dans le bassin du Rhône par le squelette des Hoteaux et ceux de Solutré, quoique leur dolichocéphalie soit moindre, ainsi d'ailleurs que celle du crâne du Placard, dans la Charente.

Une gravure sur plaquette osseuse trouvée, d'après le docteur L. Mayet, dans la terrasse de 18 à 20 mètres ([1]) à la Colombière donne à penser que parmi les aurignaciens de l'Ain, certains individus avaient des ressemblances avec l'homme de Chancelade.

L'industrie solutréenne, peut être intermédiaire entre celle d'Aurignac et celle de la Madeleine, plus probablement chevauchant dans le temps sur l'une et sur l'autre, du moins dans le bassin du Rhône, est représentée dans ce bassin par des objets trouvés en Saône-et-Loire, et dans l'Ardèche. Si l'on peut s'en rapporter à la reconstitution d'un crâne découvert jadis à Solutré en même temps que des silex typiques de ce gisement, égaré au muséum de Lyon, puis retrouvé en morceaux, des brachycéphales auraient commencé à s'infiltrer sur notre sol dès l'époque solutréenne. Ce qui donne quelque vraisemblance à l'indication bien incertaine fournie par le crâne en question, c'est la présence de crânes brachycéphales au milieu de dolichocéphales et de mésaticéphales en dessous de couches nettement argiliennes à Ofnet, en Bavière, c'est aussi l'aspect mongoloïde de crânes trouvés auprès de l'atelier solutréen du Roc, dans la Charente, par le docteur Henri Martin.

Des vestiges de l'industrie magdalénienne ont été découverts dans la Haute-Saône, le Jura, la Côte-d'Or, en Saône-et-Loire, dans l'Ain, le

---

([1]) Cette attribution stratigraphique a été contestée par plusieurs préhistoriens qui placent au magdalénien la découverte du docteur Mayet.

Rhône, la Haute-Savoie, l'Isère, la Drôme, l'Ardèche, le Gard, les Alpes-Maritimes et les Bouches-du-Rhône ([1]).

Les hommes du type de Chancelade, très dolichocéphales et au front bombé, paraissent avoir dominé pendant le magdalénien. Ils auraient vécu dans le bassin du Rhône à côté d'hommes de Cro-Magnon, et aussi de représentants d'une race dolichocéphale, dont, en 1926, M Cl. Gaillard a découvert un crâne d'enfant dans l'abri de la Genière (Ain). Cetté race négroïde ou australoïde peut être regardée comme descendant de celle de Grimaldi.

La civilisation mésolithique se montre dans le bassin du Rhône sous ses formes aziliennes et tardenoisiennes. L'azilien a été rencontré dans le Gard, dans la Drôme, dans l'Isère, dans la Savoie, dans l'Ain à l'abri Sans Sac où il est mélangé à du tardenoisien. Cette dernière industrie a été trouvée dans le Jura, la Côte-d'Or, en Saône-et-Loire, dans les Basses-Alpes et dans le Vaucluse. Il semble qu'au moment où la civilisation mésolithique s'établit dans le bassin du Rhône, la plupart des hommes du type de Chancelade émigrèrent vers le Pôle, à la poursuite du renne qui fut remplacé par le cerf.

Les trouvailles relatives aux civilisations néolithiques montrent que le bassin du Rhône fut très peuplé par les hommes à qui il faut les attribuer. Si Paul de Mortillet ne cite dans son inventaire des polissoirs néolithiques que huit localités de ce bassin où on en ait trouvé, les stations terrestres, les palafittes, les enceintes et les monuments mégalithiques sont extrêmement nombreux. Rien qu'en Saône-et-Loire on compte 92 stations. Pour la Provence, Mme V. Cotte en cite 550 environ, mais qui s'échelonnent du début du néolithique à la fin de l'Hallstattien et qu'elle a réunies à cause de la difficulté de séparer dans les sépultures l'enéolithique de l'âge du bronze et celui-ci de l'âge du fer. Le nombre des dolmens s'élève jusqu'à 224 dans le Gard et celui des enceintes préhistoriques jusqu'à 239 dans les Alpes-Maritimes. Mais il est presque toujours impossible de dire avec certitude si les dolmens remontent au néolithique proprement dit ou à l'énéolithique, comme c'est plus probable ; et il est encore plus difficile de déterminer l'âge des enceintes, certaines ayant été occupées sans interruption jusqu'au Moyen-Age.

Le campignien est beaucoup moins représenté que le robenhausien dans le bassin du Rhône ; mais celui-ci était déjà très peuplé à l'époque où l'industrie robenhausienne y fut florissante. La région du Jura, de l'Ain et de Saône-et-Loire, ainsi que la Provence, principalement aux environs d'Apt, paraissent avoir été particulièrement habitées. Il est remarquable qu'un certain nombre d'objets néolithiques caractéristiques aient été recueil-

---

([1]) A Trets où elle est accompagnée d'objets néolithiques.

lis sur l'itinéraire emprunté par la voie domitienne dite d'Hercule qui reliait l'Espagne à l'Italie par Narbonne, la côte méditerranéenne, Arles, Cavaillon, la vallée du Canavon, Lurs et Sisteron, et que des haches néolithiques d'une forme spéciale aient été trouvées placées par deux verticalement dans le sol, près de la frontière des Alpes et près de celle des Pyrénées. La Provence aurait donc été alors en relations plus étroites avec les contrées méditerranéennes qu'avec le reste de la France, même qu'avec la Bourgogne, la Comté et la Savoie par où un courant d'exportation des silex du Grand-Pressigny gagnait la Suisse. Ainsi s'expliquerait l'influence de la civilisation néolithique appelée pyrénéenne par Bosch-Gimpera, sur celle du sud du bassin du Rhône. Cela n'infirme pas l'opinion de G. Hervé qui pense que les brachycéphales sont venues en France avec la civilisation néolithique et qu'ils se sont groupés autour de deux centres distincts : un centre belge au Nord-Est, un centre allobroge au Sud-Est, ce dernier comprenant la Savoie, l'Isère et la Drôme. D'autant moins que les trouvailles d'objets campigniens faites par Muller paraissent indiquer une influence du Nord sur le Sud et que les travaux de Piroutet montrent que la Franche-Comté a été habitée par deux groupes de robenhausiens : les uns venus par Belfort dans le Jura salinois et bizontin ; les autres, les palafitteurs, venus par les cols du Jura dans la région des lacs et les environs de Lons-le-Saunier.

Les brachycéphales néolithiques étaient de taille peu élevée, ils correspondaient aux types de Furfooz et de Grenelle, et à l'*H alpinus*. Ils se sont trouvés tout d'abord au milieu de dolichocéphales du type des Baumes-Chaudes, dont la taille moyenne était de 1 m. 61. D'autres dolichocéphales, ceux-ci de grande taille et rappelant l'*H. nordicus* ou *europæus* semblent être venus ultérieurement des régions situées au nord de la Suisse.

A l'époque énéolithique, puis à l'âge du bronze, dont la civilisation est venue par la Suisse et par les départements du Jura et de la Savoie pour s'étendre le long du cours moyen de la Saône et le long du Rhône près de son confluent avec cette rivière, le fond de la population du bassin du Rhône était constitué par des représentants des mêmes types qu'au néolithique. Mais à côté de dolichocéphales et de brachycéphales typiques apparaissent alors des mésaticéphales issus probablement de leurs croisements. De plus, dès le Bronze I, la proportion des brachycéphales augmente au point qu'en certains endroits ils sont presque la majorité, et parmi eux, il en est de haute taille qui rappellent le type de Borreby.

A l'époque Hallstatienne des dolichocéphales du type nordique, suivis par d'autres du même type à l'époque marnienne apportèrent la civilisation du fer. Ces dolichocéphales sont les Gaulois que l'on ne peut distinguer des Celtes. Des squelettes de petite taille et brachycéphales générale-

ment de femmes ou d'enfants, trouvés à côté des leurs, donnent à penser
que le type nordique était celui de la classe dominante, de celle dont la
statuaire antique et les portraits faits par les historiens nous ont indiqué les traits essentiels. Au-dessous de cette aristocratie guerrière, il y
avait d'autres hommes ; les descendants de ceux qui vivaient sur notre
sol antérieurement à son occupation au vi[e] siècle avant notre ère par les
Celtes ou Gaulois. Ces hommes étaient les Ligures qui ne différaient guère
des Celtes sous le rapport de la religion, des mœurs et de la langue et qui,
comme la plupart des linguistes le pensent aujourd'hui, parlaient un
idiome apparenté à la fois à l'italique et au celtique.

Pendant le 1er âge du fer, des brachycéphales de grande taille rappelant
le type dinarique arrivèrent dans la région des Alpes, peut-être du pays
de ces Illyriens que l'histoire et l'archéologie montrent peu distincts des
Ligures.

Vers le ve siècle avant notre ère, ceux-ci dont il ne convient de parler
que comme on parle aujourd'hui des Anglo-Saxons furent refoulés à l'Est
du Rhône par des Ibéres venus du Sud-Ouest et bientôt soumis à leur tour
à la domination gauloise. Il est probable que l'élément dolichocéphale du
type méditerranéen fut renforcé par la domination ibérique, mais peu, à.
cause de la faible durée de celle-ci.

Isaïe DARVENT

PIERRES A REPRÉSENTATION FIGURÉE DU PALÉOLITHIQUE,
périodes archeuléenne et moustérienne.

(Exposition d'échantillons et de photographies)

P. DAVID

FRISE DE L'ABRI SOUS ROCHE
DIT « DE LA CHAIRE A CALVIN » OU DE LA « PAPETERIE »
Commune de Mouthiers (Charente).

Avant de commencer ma communication, je tiens à remercier la « Société pour l'Avancement des Sciences » de la subvention qu'elle a bien voulu m'accorder. Grâce à elle, j'ai pu augmenter le nombre de mes ouvriers et améliorer mon matériel. Mon objectif a été le dégagement des deux sculptures signalées l'année dernière au Congrès de la Rochelle. En effectuant ce travail, j'ai pu me rendre compte de leur époque et de leur représentation réelle ; de plus j'ai eu la grande satisfaction d'en découvrir une troisième.

A 1 m. 20 environ au-dessus du niveau actuel du sol, j'ai découvert, en 1927, les premières sculptures trouvées en Charente : 2. animaux probablement affrontés, sculptés en champlevé sur la paroi droite de l'abri.

Les dépôts stalagmitiques, les mousses et les lichens les recouvraient presque entièrement. Aussi, avec le docteur Henri Martin qui, inlassablement m'aida de sa science et de son expérience dans les travaux délicats avons-nous entrepris de les dégager.

Après un lavage au jet et un brossage à l'eau de savon, la plus grande partie des mousses étant enlevée, nous avons alors attaqué avec des ciseaux de bois les dépôts stalagmitiques. Bien que nous ayons eu la précaution de n'employer que des essences de bois très résistants (buis, cormier) nos outils s'émoussaient très rapidement sans résultat appréciable. Nous avons alors eu recours à des instruments d'acier avec lesquels nous avons réussi à détacher des plaquettes de quelques millimètres. Nous avons trouvé en premier lieu une couche calcaire maintenant en place, une mince couche archéologique, ce fait est très important. Immédiatement nous avons prélevé plusieurs échantillons de ces deux dépôts.

J'ai constaté la présence d'éclats et de pièces taillés ainsi que de petites parcelles d'os brûlés. Le fait qui découle de cette constatation permet d'affirmer que cette industrie est postérieure aux sculptures.

La coupe du talus nous ayant indiqué 2 niveaux d'habitation nettement séparés nous confirme que l'exécution des sculptures remonte à l'industrie du niveau inférieur. La découverte d'une pointe à cran indiscutablement en place dans cette couche nous permet de l'attribuer à l'industrie solutréenne ; ces sculptures sont probablement contemporaines de celles du Roc et non magdaléniennes comme je le supposais tout d'abord. La troisième couche qui les révélait, par conséquent la plus ancienne était de teinte marron brunâtre et d'une grande résistance. Enfin la belle coloration ocre qui recouvrait directement les animaux est apparue à la

Bison I   Cheval II

fin du dégagement. Comme on le voit il existe sur la paroi trois niveaux nous permettant une stratigraphie aussi certaine que dans la coupe d'un talus.

Au point de vue du dégagement le résultat que j'ai obtenu est assez satisfaisant, comme vous pourrez vous en rendre compte par cette photo.

J'ai pu dégager le poitrail, une partie de la tête, toute la ligne du dos et la croupe du deuxième animal. Il peut être décrit d'une façon satisfaisante ; il s'agit d'un cheval au repos, la queue tombante. La tête paraît assez petite proportionnellement au cou, ce qui nous fait supposer que le sculpteur a compris une crinière. Le ventre est gravide, particularité que nous retrouverons d'ailleurs dans les deux autres sculptures.

Dans l'ensemble les proportions sont parfaitement observées ainsi que l'attitude.

·L'animal qui lui fait vis-à-vis est très probablement un bison reconnaissable à la finesse des membres antérieurs ; ceux-ci complètement tendus semblent indiquer un arrêt brusque. Les altérations ayant rongé toute la partie supérieure il m'a été impossible de découvrir les contours du cou et de la tête.

A droite du cheval décrit précédemment se trouvait un enduit stalagmitique que j'ai traité avec la technique indiquée précédemment. Mes efforts ont été couronnés de succès. Bientôt apparut la coloration ocreuse, puis un champlevé. Après plusieurs semaines de travail j'ai pu dégager entièrement le troisième motif de la frise. Comme elle n'était pas exposée

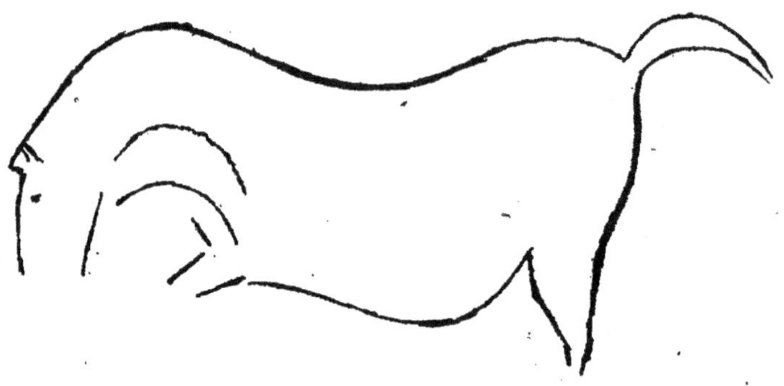

aux intempéries cette belle sculpture était mieux conservée, elle représente un autre cheval, mais au galop cette fois ; il suit celui que nous avons décrit tout à l'heure. Son allure, comme nous l'indique ce croquis est celle du galop, la tête est baissée, la patte antérieure gauche est repliée tandis que la postérieure gauche est tendue et dirigée d'arrière en avant ce qui correspond bien au premier temps de cette allure. La tête légèrement rongée par le temps au niveau des naseaux prend son véritable relief en s'approchant du cou. L'œil bien dessiné est surmonté d'une paupière bombée. L'oreille très fine est admirablement reproduite, elle précède une crinière nettement représentée, la queue est arquée, elle a la forme d'un croissant.

Cette sculpture est pour moi la plus belle des trois, par son état de conservation, par les détails de l'œil et de l'oreille et surtout par son allure et son mouvement.

Eloignés de nous par des milliers de siècles les habitants de cet abri, de véritables artistes, savaient non seulement représenter ce qu'ils voyaient mais encore donner la vie dans toute sa réalité. Ils n'ont pas été surpassés par leurs successeurs.

Marcel DUTEURTRE

1° L'AGE DES STATIONS DES SAPINIÈRES ET DU VAL REINETTE
DE LA FORÊT DE MONTGEON

Ces deux stations découvertes par nous au cours de l'année 1903, lors de l'ouverture de la forêt de Montgeon, ont été l'objet de diverses notes d'auteurs attirés par les Éolithes, silex taillés ou considérés comme tels, et qui furent très à la mode pendant la période de 1900 à 1914.

De ce fait, les silex taillés provenant de ces ateliers sont restés sans classement bien défini. M. Rutot, dans une lettre à M. Romain disait : « J'ai la certitude que ces silex taillés sont néolithiques, mais avec un faciès se rapprochant des Éolithes. »

De là la présentation de M. Romain : Néolithique à faciès Éolithique (*Bulletin de la Société Normande d'Études préhistoriques*, 1904).

Nous comptions, pour solutionner la question, sur l'Exposition de Préhistoire du Congrès de l'Association Française pour l'Avancement des Sciences de 1914, quand la guerre éclata, arrêtant brusquement les travaux en cours.

Depuis, le temps aidant, par des fouilles annuelles, nous voyons les Silex taillés des Sapinières et du Val Reinette s'affirmer de parenté très rapprochée avec les Silex des stations Campigniennes des environs du Havre.

Nous trouvons là tous les types de l'outillage et particulièrement de nombreux tranchets, ciseaux et pièces grossières à biseaux. Pas de pics nettement déterminés, mais la matière affleurant l'extraction en était très facile (silex turonien).

Les silex sont surtout grossiers du fait que le silex turonien se clive mal.

L'outil principal et nous dirons même le plus caractérisé est le tranchet, de toutes les dimensions, grands et petits, et il est facile par les séries que nous possédons de voir son évolution sur place.

Le Val Reinette offre des types anciens et très patinés.

Les Sapinières, atelier plus important, possède plus de pièces : les types sont semblables et rappellent par les tranchets les stations Campigniennes des Hogues. Il y a aussi de très jolis perçoirs, et au Val Reinette des pièces à encoches latérales rappelant celles d'Yport.

Nous classons les Sapinières et le Val Reinette parmi le Campignien du début et nous vous soumettons cette série de tranchets et d'outils divers, qui nous paraissent de nature à appuyer cette opinion.

2° DÉCOUVERTE D'UNE STATION SOUS-MARINE DE SILEX TAILLÉS PALÉOLITHIQUES SUR LA PLAGE DE SAINTE-ADRESSE

La grande tempête de décembre, qui bouleversa notre littoral, a également remonté le cordon de galets, dispersé les bancs de sable et modifié profondément l'aspect de la plage.

C'est à cette circonstance que nous devons la découverte d'une centaine de silex paléolithiques, au même endroit. Entre la sente Alphonse Karr et le Palais des Régates, il existait à mer basse deux cuvettes assez profondes, bien connues des pêcheurs de crevettes et de bouquets. Pendant la tempête, le banc de sable, dans lequel se trouvaient ces deux cuvettes, fut complètement enlevé, laissant à découvert un sous-sol de gros graviers et galets, tranchant nettement avec les roches environnantes, formées des débris des bancs de calcaire du Kimmeridge.

C'est l'aspect de la bordure composée de galets teintés de jaune qui environne la Tillée, qui nous décida à exploiter ce banc.

Un grand éclat paraissant être un racloir à forme carrée, vint confirmer notre pensée ; la mer montante nous fit remettre au lendemain nos recherches. Pendant les marées suivantes, nous avons récolté 20 pièces, toutes éclats très grands, larges, quelques outils unifaces. Une patine noire assez profonde recouvre ces pièces. Un grand nombre de Nucléi sont inclus dans le sous-sol, aucun outil biface.

M. l'abbé H. Breuil, auquel nous avons communiqué nos recherches a rapproché cet outillage de celui des stations anglaises de Clacton-sur-Mer à l'embouchure de la Tamise. Mêmes éclats très grands, peu d'outils, aucune pièce biface, et des quantités de Nucléi ; la patine noire est la même : d'après M. H. Breuil, elle est due à un très long séjour dans la tourbe. Nos silex sont à proximité du Vallon de Sainte-Adresse où des bancs de tourbe ont existé, comme ils existent dans nos terrains de rapport, qui forment le sous-sol de la ville du Havre. L'industrie Clactonnienne, d'après M. H. Breuil, se trouve sporadiquement pendant toute la période acheuléenne, jusqu'au début du moustérien. De plus les silex clactonniens sont caractérisés par l'angle très ouvert que forme le plan de frappe avec le plan d'éclatement : souvent le bulle de percussion est décalé. Il en est de même dans certaines pièces de notre station, que nous désignerons sous le nom de station des Régates.

Elle est située à 1.500 mètres environ nord-est de l'extrémité de la station sous-marine du Havre, laquelle est chéléenne, avec des outils bifaces et une patine brun-fauve, souvent très foncée. Depuis nous avons récolté une centaine de pièces dont quelques-unes au bord de la plage parmi les enrochements du Casino au Becquet, c'est-à-dire au delà du Cap de la Hève.

En ce moment le sable et la vase recouvrent de nouveau la station mais nous sommes persuadés que les coups de vent de l'automne nous permettront de faire de plus amples récoltes.

M. H. Breuil a déjà rencontré cette industrie en France dans la Somme et dans la vallée du Rhône.

Nous profitons de cette occasion pour le remercier publiquement d'avoir bien voulu nous donner ces précieux renseignements et guider de sa grande science nos modestes travaux.

3° OUTILLAGE DE LA STATION DES HOGUES
SE RAPPROCHANT DU FACIÈS DES SAPINIÈRES

La station des Hogues, située sur le territoire de la commune de Froberville, s'étend sur un long plateau à l'ouest d'Yport.

Découverte en 1875 par M. le docteur Capitan, elle offre des habitats nettement différents qui se sont succédés du Campignien du début jusqu'au Néolithique.

Très riche en outillage varié, malgré une très longue exploitation des préhistoriens Havrais et autres, on peut y faire encore de très intéressantes récoltes.

Plusieurs visites à la station fixent des habitats divers.

Cette série d'outils grossiers, en silex blanc du Turonien ou du Sénonien a été récoltée à l'extrémité est du plateau près du sentier qui rejoint la route de Vaucottes à Yport.

Ces silex taillés par leur technique s'apparenteraient aux pièces provenant des Sapinières de la forêt de Montgeon. Les tranchets sont aussi grossiers, le silex employé est de même nature et mis en présence de l'outillage habituel ils sont nettement différents.

C'est dans cette partie que se rencontrent les pièces à encoches latérales formant un fort étranglement, qui dans certaines pièces est très accentué.

Au Val Reinette à la forêt de Montgeon, nous avons trouvé ces mêmes pièces à encoches latérales.

Il y aurait dans cette partie des Hogues un habitat qui paraît être, d'après son outillage, plus ancien que les autres centres de recherches.

Nous plaçons cet habitat au début du Campignien et il nous paraît voir là aux Hogues le tranchet évoluer sur place.

Le grand nombre d'outils divers trouvés à Yport semble prouver des occupations très longues et très diverses de la station.

Henri MARTIN

RECONSTITUTION DE LA STATION SOLUTRÉENNE DU ROC (Charente)

L'intérêt croissant des fouilles entreprises au Roc depuis 25 ans m'a conduit à tenter une reconstitution sur place des lieux d'habitat lors de l'occupation solutréenne. Ce travail de longue haleine exigeait des précautions et des appuis efficaces. La possession du terrain était indispensable ; grâce à MM. Ed. et Ch. Thuret j'ai pu circonscrire dans la vallée du Roc un lot de 3.000 mètres carrés environ et en devenir acquéreur. Cette station, tout récemment, a été cédée aux Musées Nationaux, elle deviendra une annexe du Musée de Saint-Germain.

Le terrain comprend deux grottes principales, celle de la Vierge et celle du Roc, puis deux autres cavités de moindre importance. Dans ces abris naturels les Troglodytes quaternaires et particulièrement les Solutréens ont vécu et y ont abandonné de nombreux spécimens de leur outillage. Ces grottes s'ouvrent vers le milieu de la falaise sur la rive droite de la vallée, elles sont exposées au Sud, leur situation est donc excellente, d'autant plus qu'elles sont relativement sèches. En avant de ces grottes s'étend vers la vallée un talus très important, la pente mesure en certains points 20 mètres et l'épaisseur du dépôt dépasse souvent 2 mètres. Les vastes déblaiements pratiqués dans ce talus m'ont livré des documents du plus grand intérêt : je citerai la découverte d'une sépulture sous blocs et celle d'un atelier ornementé d'une frise sculptée. Dans la sépulture j'ai retrouvé trois squelettes humains appartenant à la race de Chancelade. Ce lieu d'inhumation a été conservé et protégé à cause de son importance, car la poche où étaient inclus les squelettes repose sur une couche archéologique assez riche caractérisant l'industrie solutréenne. Ces différents témoins constituent des éléments précieux pour les démonstrations et pour les discussions qu'entraînent les problèmes d'archéologie préhistorique. Tout récemment, après son affectation officielle aux Musées Nationaux, la station du Roc a été visitée par un groupe d'élèves appartenant à l'Université de Paris sous la direction des professeurs Rabaud et Joleaud. Sur place, nous avons fait revivre les différents points de ce centre préhistorique ; nous avons reconnu dans une des grottes un revêtement stalagmitique sur une couche solutréenne et au fond de la première chambre constaté une étroite galerie, longue de 15 mètres, qui semble aboutir à des poches assez vastes, mais l'exploration est actuellement insuffisante pour reconnaître l'étendue de ces anfractuosités. Extérieurement, au-dessous de l'entrée de la grotte du Roc, se trouve l'abri sépulcral sous blocs, le fond de la poche qui contenait les squelettes a été conservé et met en évidence l'un des modes de sépulture employé à l'époque quaternaire. Les cadavres étaient tassés et repliés dans un espace fort réduit et reposaient directement sur une belle couche à industrie solutréenne. On peut reconnaître actuellement sur la coupe les ossements et les silex caractéristiques de cette époque. Le bloc principal qui recouvre l'abri provient d'un ancien éboulement, il pèse environ 20 tonnes et son étayement a été nécessaire : deux piliers en maçonnerie s'opposent aux glissements possibles. Cette sépulture appuyée sur une couche archéologique constitue un témoin de haut intérêt, aussi toutes les précautions ont été prises pour assurer sa conservation ; un grillage en fil d'acier et une charpente en fer protègent et ferment hermétiquement le devant de l'abri.

A quelques mètres en amont de la sépulture, sur le flanc du talus, s'étale une plate-forme où j'ai découvert l'atelier solutréen ornementé d'une frise sculptée. Aujourd'hui les moulages en ciment des différents blocs sont en place et leur inauguration a été faite devant l'Université de Paris, lors de son excursion du 20 mai 1929. Cette frise a été moulée sous la direction de M. Champion, les empreintes en gélatine ont été coulées sur les originaux dans les ateliers du Musée de Saint-Germain et l'habileté si appréciée de notre ami se retrouve encore aujourd'hui devant la reproduction de ces magnifiques sculptures. Les blocs ont été remis en place sur leurs socles naturels et suivant une ligne cintrée on peut suivre les différents éléments de cette importante ornementation : le Bœuf musqué chargeant un homme, les Chevaux au ventre gravide et le Sanglier, la tête fléchie recherchant sa nourriture, ont retrouvé la position que les sculpteurs de l'âge du Renne leur avaient donnée il y a vingt-cinq mille ans ! Les blocs ont été patinés avec les éléments provenant du lavage des blocs originaux et l'effet obtenu est impressionnant. La reconstitution de cette frise a nécessité également un gros travail de protection ; une vérandah longue de 7 mètres sur 3 de profondeur munie d'une couverture en tôle ondulée protège les moulages contre les intempéries et la chute des pierres.

Le talus appuyé sur la falaise n'a pas été exploré dans toute l'étendue de la station, car mes travaux ont été jusqu'à présent plus particulière-

ment poussés au-dessous des deux grottes. Dans sa partie la plus déclive, la couche archéologique devient très humide et s'inonde parfois, car elle atteint le niveau du pré marécageux. L'industrie dans la couche inférieure contient encore des pointes à cran et des feuilles de laurier ; les ouvriers solutréens ont donc laissé leurs traces dans des dépôts très épais.

Si nous nous portons en aval des différents points signalés précédemment on trouve encore le plan incliné du talus mais il est dominé par des abris sous roche creusés vers le sommet de la falaise ; on peut supposer que les Troglodytes solutréens ont fréquenté aussi cet autre emplacement de la station non encore exploré.

Les travaux entrepris cette année au Roc m'ont déjà livré deux blocs sculptés, l'un porte un Bison dans une belle attitude, l'autre deux Bouquetins affrontés, en position de lutte (figure). Ce dernier chef-d'œuvre a été communiqué à l'Académie des Inscriptions et Belles-Lettres.

Les recherches dans ce beau gisement se poursuivront avec une sécurité d'autant plus grande qu'aujourd'hui le terrain est protégé et appartient aux Musées Nationaux.

D. PEYRONY

Inspecteur des Monuments préhistoriques aux Eyzies-de-Tayac (Dordogne).

1° LE GISEMENT PRÉHISTORIQUE DE LA MICOQUE
ET SES NOUVELLES INDUSTRIES

Jusqu'ici, le gisement de La Micoque, commune des Eyzies-de-Tayac (Dordogne) n'était guère connu que par les belles pointes lancéolées et cordiformes de son niveau supérieur.

Cependant, au cours d'une fouille de quelques jours faite en 1906, j'y ai constaté l'existence d'une industrie bien plus ancienne, à caractères archaïques, que j'ai qualifiée de *protochelléenne* ([1]).

Ayant fait acquérir le gisement par l'Etat, cette année j'y ai recommencé des recherches Les résultats obtenus jusqu'à ce jour sont des plus encourageants, car ils montrent, en position stratigraphique, des industries lithiques appartenant, les unes, au *Paléolithique ancien* connu et les autres, probablement, à la *période préchelléenne*.

Voici la coupe actuelle du dépôt :

1° Reposant sur un sol d'éboulis calcaires, d'épaisseur encore indéterminée, une couche brune de 0 m. 30, composée d'éléments calcaires roulés, au milieu desquels on rencontre des éclats de silex débités, mais simplement utilisés, dont aucun n'a, jusqu'ici, une forme bien définie. Ils présentent les caractères généraux des pièces que nous appelons *éolithes*.

2° Puis vient une épaisseur de 0 m. 40, de petits éboulis calcaires roulés, complètement stérile.

3° Au-dessus une autre couche brune de 0 m. 15, de même nature que la première. Elle m'a donné un silex usagé.

([1]) D. Peyrony. Etude comparée des deux niveaux quaternaires de La Micoque (Dordogne). *Bulletin de la Société de géographie de Bordeaux*, 1908.

4° Superposés, on remarque 0 m. 40 d'éboulis calcaires de toutes les dimensions sans la moindre parcelle de silex.

5° Un conglomérat stérile de 0 m. 60, d'éléments calcaires roulés, recouvre le tout.

6° Sur ce dernier, repose un niveau archéologique de 0 m. 60, avec une abondante industrie à caractères encore archaïques, industrie que j'attribue, comme en 1906, au *Protochelléen*.

7° Un nouveau conglomérat d'objets roulés (éléments calcaires et silex taillés) de 0 m. 40, s'étend uniformément sur le niveau précédent. Il a fourni, en surface, un coup de poing cordiforme, à bords sinueux, vraisemblablement *chelléen*.

8° Puis, on trouve un sol de nature rocheuse, de 0 m. 60 à 0 m. 80 d'épaisseur composé d'éboulis calcaires non roulés, de toutes les dimensions, réunis par un ciment calcaire de nature stalagmitique.

9° Sur ce plancher existe une nouvelle couche archéologique de 0 m. 15, dont l'industrie présente tous les caractères du *Moustérien typique*.

10° Un troisième conglomérat d'objets roulés de 0 m. 15 (éboulis calcaires et silex taillés) la sépare

11° D'un nouvel horizon archéologique de 0 m. 20 dont l'industrie, avec un coup de poing légèrement amygdaloïde, probablement *Acheuléen*, a beaucoup plus d'affinité avec celle du niveau n° 6 qu'avec celle du précédent.

12° Il est surmonté d'un quatrième conglomérat d'objets roulés de 0 m. 25

13° Sur lequel on remarque une épaisseur de 0 m. 90 de terre rouge amenée par les eaux pluviales de ruissellement, mélangée à de petits éboulis calcaires *non roulés*. Cette strate est complètement stérile.

14° Enfin vient un deuxième plancher de 0 m 50 d'épaisseur, de même nature que le n° 8, dans lequel on ne remarque pas la moindre trace de terre rouge, ni d'objets roulés.

15° Là-dessus reposait la couche à belle industrie que tout le monde est convenu d'attribuer à l'*Acheuléen final*.

16° Le tout était recouvert, en arrière, de 3 mètres de terre et d'éboulis.

Ce puissant dépôt montre bien en place les plus anciennes industries lithiques humaines qui seront admises comme telles, sans contestation, par tous les préhistoriens qui visiteront le gisement.

Son étude géologique, archéologique et paléontologique, permettra de résoudre une partie des problèmes posés par la superposition de couches aussi différentes et de faire entrer, d'une façon définitive, dans le cadre des industries humaines, des objets en silex dont le débitage et les retouches étaient attribués, jusqu'à ce jour, par beaucoup de savants, à des actions mécaniques naturelles.

2⁰ PRÉSENTATION DE QUELQUES PIÈCES INÉDITES
DU MAGDALÉNIEN SUPÉRIEUR

Au cours de mes anciennes fouilles dans le grand abri de La Madeleine, j'avais rencontré à la partie supérieure du niveau moyen (niveau des harpons à barbelures unilatérales) des pièces ayant eu, pour mon regretté maître et collaborateur, le docteur Capitan et pour moi-même, la même destination probable que l'engin de pêche prohibé connu sous le nom de « *trident* » ou « *fourchette* » qu'utilisent encore les braconniers, pour prendre le gros poisson des rivières (¹).

Ces objets ne se distinguent le plus souvent du harpon que par une base acérée transformée en pointe et le sommet aplati devenu la soie d'emmanchement (fig. 1, n⁰ 1). Les deux faces et les côtés sont couverts de sillons obliques et longitudinaux permettant de fixer le pédoncule plus solidement au manche et de laisser écouler plus facilement le sang.

Ces objets ne présentent pas, comme le harpon, de renflement basilaire destiné à retenir solidement l'armature lorsque l'animal harponné essayait de se sauver. Cette particularité n'était pas nécessaire à la pièce n⁰ 1, fig. 1, puisque l'outil devait transpercer le poisson et le tenir assujetti jusqu'à ce que le pêcheur l'eût saisi de l'autre main. La soie, s'élargissant en direction des pointes, se consolidait dans le manche en frappant l'animal.

Le plus souvent ces sortes de pièces ne présentent qu'une tige médiane et deux barbelures bilatérales. Elles forment alors le vrai *trident*, peut-être plus pratique que le précédent.

Mais la pièce la plus caractéristique de cette série est celle représentée par le n⁰ 2, fig. 1. C'est une baguette aplatie, en bois de renne, de 3 millimètres d'épaisseur, dont une extrémité est taillée presque en pointe et l'autre, très large, divisée en deux branches bifides aux deux tiers de sa longueur. Elle porte des traits obliques qui devaient remplir le même rôle que ceux déjà signalés.

Mes dernières fouilles à La Madeleine m'ont donné quelques pièces nouvelles qui paraissent avoir eu la même destination.

Le n⁰ 3, fig. 1, provient de l'extrême fin du Magdalénien. Il se compose d'une pointe courte aplatie et usagée, à laquelle faisaient suite 4 barbelures carrées bilatérales et est terminé par une longue soie d'emmanche-

---

(¹) Docteur Capitan et D. Peyrony. *La Madeleine. Son gisement. Son industrie. Ses œuvres d'art.* Librairie Émile Nourry, à Paris.

ment taillée en biseau simple (fig. 1, n° 4). Les barbelures portent de profonds sillons sur les deux faces, identiques à ceux qu'on remarque sur celles des harpons du même niveau.

La pièce la plus curieuse est représentée par les n°s 1 et 2, fig. 2. C'est le fragment d'une sorte de harpon à double rang de barbelures inverses. Chaque côté porte 4 pointes dirigées dans le même sens et une

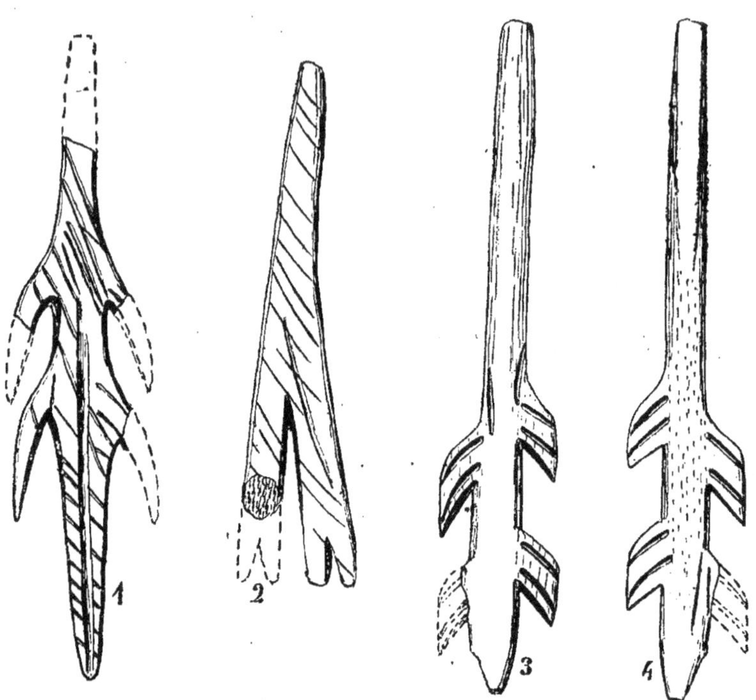

Fig. 1. — Tridents ou fourchettes magdaléniens, N°s 1 et 2, haut du niveau des harpons à barbelures unilatérales ; n°s 3 et 4, Magdalénien final (3/4 gr. nat.).

dans le sens opposé. Cet engin paraît avoir rempli une double fonction : celle de harpon avec les pointes récurrentes et celle de *trident* ou *four-chette* avec les barbelures piquantes.

L'une des faces est convexe (fig. 2, n° 1) tandis que l'autre est aplatie (fig. 2, n° 2). Cette dernière particularité pourrait faire supposer que l'engin complet se composait de deux pièces identiques accouplées par la face plane avec barbelures tournées en sens inverse.

Une troisième pièce, provenant d'un niveau du Magdalénien final, est une baguette quadrangulaire en bois de renne. Elle porte sur les côtés des entailles en gradins (fig. 2, n° 4) qui, lorsqu'elle est vue de face, lui donnent un aspect sinueux (fig. 2, nᵒˢ 3 et 5).

L'une des faces (fig. 2, n° 3) présente aussi des entailles, mais un peu

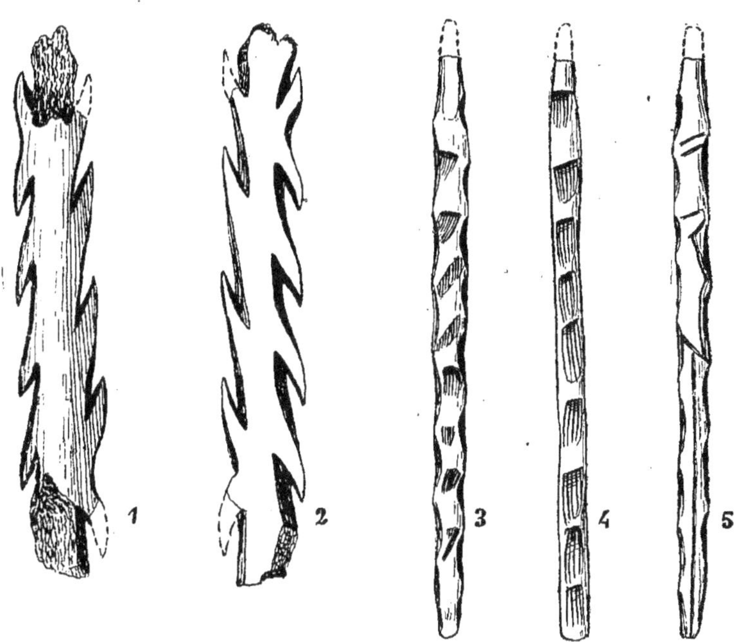

Fig. 2. — Objets du Magdalénien supérieur (3/4 gr. nat.).

moins profondes et l'autre (fig. 2, n° 5), une rainure longitudinale, un cheval très stylisé et deux incisions obliques et parallèles.

A mon humble avis, cet objet était une pointe de trait dont les reliefs élargissaient la blessure et les parties concaves permettaient l'écoulement plus rapide du sang de la bête atteinte.

Cette diversité d'outillage dénote, chez les derniers Magdaléniens, une observation et une ingéniosité de plus en plus grandes, qu'on ne remarque pas chez leurs prédécesseurs.

Capitaine OCTOBON

FIN DE L'AGE DE LA PIERRE DANS LES RÉGIONS MÉDITERRANÉENNES

SCIENCES MÉDICALES

Président. . . A. Gosset. Professeur à la Faculté de Médecine de Paris.
Membre de l'Académie de Médecine.
Secrétaire. . . Docteur A. Claoué. Bordeaux.

Ch. CLAOUÉ Fils

Bordeaux.

QUELQUES CAS DE CHIRURGIE PLASTIQUE NASALE (¹)

À la Clinique de mon père, à Bordeaux, nous avons eu l'occasion, ces temps derniers, de traiter un certain nombre de cas de chirurgie plastique et esthétique du nez. Veuillez me permettre de vous présenter ceux qui nous ont paru avoir quelque intérêt.

1º Voici une jeune fille, Mlle B... dont la photographie de face montre une déviation traumatique remontant à l'enfance. Le nez osseux est porté à gauche de 20º par rapport à la verticalité et le nez cartilagineux à droite d'un angle de même valeur. L'union de la partie osseuse avec la partie cartilagineuse forme un angle de même valeur. L'examen rhinoscopique révélait en outre une forte déviation de la cloison à gauche, entraînant une obstruction nasale à peu près totale de ce côté.

Nous avons fait la résection sous-muqueuse de la portion déviée de la cloison. Puis, après avoir libéré le nez osseux de son union avec les branches montantes et, en haut, de son union avec l'épine frontale, nous l'avons mobilisé vers la droite et maintenu en position correcte.

Dans le traitement post-opératoire, pour maintenir le nez en bonne

---

(¹) Communication à la Société de laryngologie des hôpitaux de Paris.

position, nous avons utilisé l'excellent appareil de Moulonguet. Mais l'expérience nous a montré que cet appareil gagnerait en perfection, s'il y avait interdépendance de réglage du mouvement de bascule des deux pelottes droite et gauche.

2° Il s'agit d'un homme M. H..., porteur de volumineuses varices de la face avec un état couperosique très prononcé. Quand ce malade vint nous trouver, bien des thérapeutiques (radiothérapie, injections d'adrénaline, scarifications, etc.) avaient déjà été tentées sans succès. Le côté droit de la face a été seul traité jusqu'ici. Ce résultat a été obtenu par l'électro-coagulation.

3° Voici un autre malade porteur d'un nez déformé. L'os propre gauche dévié fait une forte saillie sous la peau ; le nez est long et les ailes présentent une saillie exagérée. De profil la bosse s'accuse plus nettement. La pointe du nez est tombante en raison de la disparition du soutien cartilagineux, car ce malade a été opéré antérieurement d'une résection trop généreuse de la cloison.

Après l'opération l'arête nasale est bien rectiligne, la pointe du nez a été remontée, les ailes ont été amincies. La bosse a bien disparu et le profil ne laisse rien à désirer.

Au sujet de la technique, disons à l'occasion de ce cas, qu'à côté des rapes, nous avons trouvé très pratique l'usage du burin pour faire sauter la bosse. Mais le burin non protégé travaillant sous la peau est dangereux pour elle ; il risque de la trouer. J'ai vu le fait se produire entre les mains d'un opérateur cependant habile et entraîné. Aussi avons-nous trouvé prudent de faire construire des burins latéralement protégés. Nous avons fait faire un modèle pour agir en surface et un modèle pour agir en profondeur.

Pour la fracture des parties latérales, nous avons adopté les scies de Schiotz. Les modèles que nous avons fait construire rappellent comme forme les scies de Joseph, mais elles ont l'avantage de s'adapter à un manche mobile, et d'être très fines.

4° Voici un cas bien curieux. Mlle C..., est une fillette de 7 ans, présentant une anomalie congénitale du nez. Vu de face, on voit le nez aplati par absence de développement du lobule, avec sillons verticaux et légèrement obliques à gauche. On remarque aussi l'élargissement de la racine du nez et l'écartement anormal des yeux. La photographie de profil montre nettement l'absence de lobule et l'absence de la sous-cloison.

Cette malade ne présente pas d'obstruction nasale, n'a pas d'antécédents syphilitiques. Il n'y a pas eu dans sa famille de déformations analogues.

Voici les radiographies :

Celle de face montre l'élargissement anormal de l'ethmoïde et des sinus frontaux très volumineux.

La radiographie de profil montre le développement en hauteur des sinus frontaux et surtout l'absence de développement des os propres du nez, ce qui, je crois, est une anomalie très rare.

Signalons en outre que cette petite malade présente de l'hypertrophie congénitale du pied droit.

Les parents de cette petite malade me demandent de tenter une intervention pour améliorer son esthétique.

Ce cas nous a paru intéressant, en raison de sa rareté, en raison de l'anomalie du développement des sinus frontaux et de l'ethmoïde, en raison de l'absence des os propres et du jour qu'il peut jeter sur l'évolution des bourgeons formateurs de la pointe du nez.

Docteur COULOUMA

L'ÉPIDÉMIE DE DIPHTÉRIE.DE BÉZIERS

RÉSUMÉ

Elle a débuté en octobre 1928 dans un établissement libre d'instruction où plusieurs porteurs de germes étaient réunis. Dès les premiers jours elle a atteint 10 enfants. Le licenciement de cette école a répandu la maladie dans Béziers et aux environs de notre ville, car les porteurs de germes étaient très nombreux.

L'épidémie a eu sa plus grande intensité durant le dernier trimestre 1928. Moins grave en 1929, elle atteint surtout les rougeoleux depuis le mois d'avril.

Au point de vue laboratoire, l'examen bactériologique direct a rarement permis de donner un résultat, la culture nous faisait voir des bacilles diphtériques courts, dès la 16e heure d'étuve.

Caractères de cette épidémie : Nous avons eu à Béziers une centaine d'angines diphtériques ; sur ce nombre nous avons eu à déplorer 18 décès.

Nous expliquons cette grande mortalité par le polymorphisme de la maladie : bien souvent en effet, il n'y avait pas de fausses membranes et le laboratoire seul pouvait conclure. Les diagnostics n'ont pu être posés immédiatement.

En deuxième lieu il semble que le sérum antidiphtérique a perdu son efficacité : des enfants, traités dès le début de la maladie avec des doses élevées de sérum, sont morts rapidement par le croup ou ont été victimes des toxines diphtériques.

Enfin certains porteurs de germes sont restés infectés plusieurs mois.

Pour les soigner le sérum diphtérique purifié a donné de meilleurs résultats que l'anatoxine qui produit une immunité tardive.

Conclusion.

Cette épidémie nous montre qu'en présence d'une angine chez un enfant, il faut toujours procéder à l'examen de laboratoire, quel que soit l'aspect clinique.

Après confirmation de la maladie il faut injecter des doses massives de sérum, de 80 à 100 centimètres cubes en trois jours, en commençant par 40 centimètres cubes le premier jour.

En temps d'épidémie, contrairement à l'usage, les porteurs de germes devraient être gardés dans l'école contaminée et traités au sérum purifié, tandis que les enfants sains seraient seuls ramenés à leurs familles.

Discussion.

Le docteur DUJARRIC DE LA RIVIÈRE fait remarquer qu'il est indispensable de pratiquer l'injection de sérum sans attendre les résultats de l'examen bactériologique lorsque la clinique le commande, que le licenciement des Ecoles contaminées est, du point de vue de l'Hygiène, une mauvaise mesure, que la vaccination antidiphtérique par l'anatoxine de Ramon doit être la base de la lutte antidiphtérique car il est avéré qu'elle est efficace et sans danger.

GOSSET

Professeur à la Faculté de Médecine de Paris.

Ivan BERTRAND et Georges LŒWY

VÉSICULE FRAISE ET CHOLÉLITHIASE

Peu de problèmes ont suscité autant d'intérêt et de discussions passionnées que la pathogénie de la lithiase biliaire. Peu de questions également ont offert plus de multiplicité et de défaut de précision dans leurs données : divergences de l'anatomie et de la pathologie comparées, physiologie indéterminée de la vésicule, modifications individuelles et spécifiques du métabolisme de la cholestérine, substance dont l'origine dans l'organisme est encore un mystère, influences bactériennes. Dans de telles conditions, tous les efforts devraient tendre à grouper les faits et chercher à établir entre eux un lien conducteur. C'est cette tâche que nous nous sommes efforcés d'accomplir depuis 1919 en rapprochant des faits cliniques, des constatations opératoires et des résultats éloignés les renseignements fournis par l'examen microscopique, bactériologique et chimique des vésicules et des calculs biliaires.

En 1919, nous avons constaté que certaines vésicules, enlevées opératoirement, chez des malades ayant eu une histoire de cholélithiase, présentaient un aspect particulier de la muqueuse que l'on ne pouvait mieux comparer, ainsi que l'avait fait Mac Carty, à celui d'une fraise mûre avec ses akènes.

Extérieurement, ces vésicules ne montraient que des modifications légères. La séreuse avait souvent un aspect normal, et la paroi était mince. Parfois, il existait un dépôt de graisse visible par transparence sous la séreuse, quelques adhérences entre la face inférieure de la vésicule et le duodénum ou l'épiploon ; la ponction ramenait généralement une bile très foncée, concentrée, filante. En somme, ces vésicules ne présentaient aucune trace d'inflammation. L'examen histologique montrant un épithélium intact, des tuniques vésiculaires normales, confirmait cette impression.

La muqueuse offrait un aspect caractéristique dont nous avons donné une description complète à la *Société de Biologie*, le 31 juillet 1920. Elle était parsemée de grains jaunâtres, sphériques, ovoïdes, plus ou moins nombreux et de dimensions diverses. Sur certaines préparations, l'aspect fraise était réalisé dans toute sa beauté. Tous les grains adhéraient à la muqueuse par un pédicule plus ou moins large, et, à un examen sous l'eau, flottaient autour de l'axe qui les reliait à la muqueuse.

C'est seulement par un examen spécial qu'il a été possible de retrouver sur les coupes les grains jaunes de la muqueuse. Les réactifs habituellement employés, le toluène, le xylol, dissolvaient le contenu de ces formations. En employant des coupes à congélation teintes par les colorants électifs des graisses, nous avons reconnu que ces grains des vésicules fraises étaient formés par l'accumulation, au-dessous d'un épithélium intact, de matériaux lipoïdes dans des cellules conjonctives particulières. Ces cellules, à cytoplasme fin et régulier, rappellent par leur aspect, les spongiocytes des capsules surrénales. Comme elles, elles constituent des petites éponges minuscules qu'imprègnent les lipoïdes.

Quant aux lipoïdes, leur examen histochimique, effectué par notre regretté collaborateur Mestrezat, a révélé les réactions spécifiques des lipoïdes phosphorés et des éthers de la cholestérine.

En résumé, les grains des vésicules fraises sont formés par des amas sous-épithéliaux de cellules conjonctives particulières, spongiocytes (*foam cells* des auteurs étrangers) dont le cytoplasme spongieux est imprégné de cholestérine libre ou combinée à l'état d'éthers avec des acides gras, et associé à un lipoïde phosphoré (lécithine).

Que deviennent ces grains jaunes de la vésicule fraise ? Il est probable que dans un certain nombre de cas, ils disparaissent, soit par activité cellulaire, soit par desquamation. Mais, si les dépôts sous-épithéliaux de lipoïdes augmentent, nous croyons qu'ils peuvent aboutir à la chute de l'extrémité de la villosité gonflée de lipoïdes dans la bile vésiculaire. En effet, la disposition anatomique de la muqueuse vésiculaire avec ses villosités, l'accumulation des lipoïdes aboutit à l'hypertrophie des villosités dont l'extrémité se renfle en massue et dont le pédicule s'amincit de plus en plus. Sur plusieurs préparations, la pédiculisation est telle que le grain semble prêt à se détacher et à tomber dans la cavité vésiculaire.

Que ce processus se réalise en effet, et il existera désormais dans la bile vésiculaire un petit corps étranger ; un petit *sac épithélial rempli de lipoïdes* dont la dissolution ultérieure sera justement protégée par ce revêtement épithélial.

Un autre processus peut s'observer : plusieurs coupes montrent que les amas lipoïdiques peuvent se libérer dans la cavité vésiculaire par un processus de déhiscence de l'épithélium de la villosité, très comparable à celui de l'athéromatose où l'on voit une bouillie d'acides gras et

de cholestérine résultant de la fonte de la plaque d'endartérite, s'ouvrir
dans la cavité vasculaire et se déverser dans le courant sanguin.

Dans les deux cas, rupture du pédicule ou déhiscence de la villosité,
se trouvent formés les premiers dépôts originels dont parle Naunyn ceux
qui fournissent les éléments pour la formation des calculs. Ils constituent,
mieux que des cellules de desquamation, de petits calculs de cholestérine,
à l'intérieur desquels on ne trouve jamais comme pour les calculs d'infection un centre de bilirubinate de chaux.

Ces concrétions initiales de lipoïdes croissent par adhésion (Bachbold.
Kolloide 2. Auffl. in Naunyn. *Mitteil. a. d. Grenzgeb. der Med. u. Chir.*,
Bd. 33, 1921, p. 1-54) et adsorption de cholestérine de la bile. Ils peuvent facilement disparaître d'une vésicule dont l'évacuation est normale,
ou bien si la concentration périphérique superficielle est suffisante pour
former une écorce solide rester à demeure dans la vésicule et être l'origine
de calculs de cholestérine.

Si ce processus est réel, on devrait pouvoir trouver dans les vésicules
fraises des calculs de cholestérine. C'est ce que nous avons précisément
constaté. Sur les pièces opératoires que nous avons examinées, trois fois il
existait à la fois un aspect fraise de la muqueuse, des concrétions minuscules rattachées à la paroi par un mince pédicule, des formations de
même aspect, libres dans la bile, et des calculs *muriformes*. A part la
différence de volume, les formations libres présentaient le même aspect
muriforme et la même composition chimique que les formations pédi-
culées de la muqueuse.

Ces constatations répondent aux desiderata de Lecène et Moulonguet
dans leur article de la *Presse Médicale* de 1926.

Enfin, nous sommes parvenus à inclure et à couper un de ces granules
libres dans la bile vésiculaire, et à y démontrer l'existence d'une trame
réticulée organique (rappelant vaguement un fragment de tissu grais-
seux). Il ne persistait dans les mailles de ce réseau organique aucun
élément spongyocytaire, mais des masses de cholestérine cristallisée

Une des objections les plus fréquentes à notre conception pathogénique
se base sur la différence de composition chimique des calculs libres et
des akènes élémentaires. Mais il est possible d'observer, au cours de
divers processus pathologiques, l'association de cristaux de cholestérine
et de spongiocytes bourrés de produits lipoïdiens (bouillie athéroma-
teuse, cholestéatome des plexus choroïdes, salpingites). Il n'est donc pas
impossible d'admettre que la substance des spongiocytes représente une
forme histologique de transfert ou de résorption de la cholestérine et que
la transformation de ces deux corps l'un dans l'autre soit réversible.

En résumé, la vésicule fraise est une vésicule *pathologique*, elle est le premier stade d'un processus *aseptique* qui peut aboutir à la mise en liberté dans l'intérieur de la vésicule, de concrétions de cholestérine. Le Professeur Chauffard, dans ses *Leçons sur la Lithiase Biliaire*, voulut bien accepter notre manière de voir et reproduire quelques-unes de nos planches.

A l'étranger, Boyd, dans un travail du *British Journal of Surgery*, 1923, pense également que le stade initial de la formation des calculs doit être recherché dans les parois de la vésicule. Il remarque qu'une opinion semblable, la nôtre, a été exprimée dans le livre de Chauffard. « Lorsque le dépôt d'éthers de la cholestérine augmente dans la villosité fraise, son pédicule peut s'amincir à un point tel que la chute est inévitable. Un corps étranger, composé de cholestérine et de corps albumineux, libre dans la cavité vésiculaire, forme alors un noyau idéal pour un dépôt ultérieur de cholestérine. Nous avions dit, en 1921, « les dépôts sous-épithéliaux d'éthers de cholestérine augmentent progressivement de volume, leur pédiculisation devient de plus en plus prononcée, et peut aboutir à la chute du grain dans la cavité vésiculaire. Ils forment alors le centre autour duquel de nouveaux cristaux se déposeront pour donner naissance à un calcul » (*Bull. et Mém. de la Soc. de Chir.*, 14 déc. 1921).

Stewart, dans le *British Med. Journal* (1924, t. 2, p. 1893) admet également que les grains jaunes de la vésicule fraise peuvent se détacher et devenir libres dans la cavité vésiculaire. La ressemblance remarquable entre les calculs mûriformes de petite taille et les dépôts de lipoïdes de la paroi, lui fait établir entre eux une relation étiologique directe.

Mentzer, dans les *Archives of Surgery* (1927) confirme cette opinion. La stase de la bile n'est pas le facteur essentiel de la formation des calculs ; ce qui importe, ce sont les noyaux de formation qu'on rencontre dans la bile et qui ne sont pas autre chose que des fragments détachés de muqueuse chargés de cholestérine.

En avril 1929, Whitaker rappelle que la suralimentation et la grossesse produisent une augmentation de la cholestérine de la bile et dans certains cas un aspect fraise de la muqueuse vésiculaire, avec chute des grains dans la cavité.

« Ces fragments, s'ils ne sont pas trop abondants ou volumineux, peu-
« vent être expulsés par le cystique avec retour consécutif à la normale.
« La cholestérose de la muqueuse peut disparaître, d'autre part, soit par
« l'activité des cellules muqueuses, soit par leur desquamation. Il se
« peut, que, chez certains malades, la formation des calculs ait lieu à un
« moment donné, accompagnée de crises typiques, de coliques hépatiques,
« puis que, les causes ayant disparu, la vésicule biliaire redevienne nor-
« male » (*Archives of Surgery*, avril 1929, vol. 18, pp. 1783, 1802).

En somme, la réalité du processus que nous avons les premiers décrits en 1921, n'a pas échappé à de nombreux auteurs, qui le confirment d'année en année.

D'où viennent la cholestérine et les lécithines des grains jaunes des vésicules fraises? Il ne semble pas que ces masses, énormes par rapport aux dimensions des villosités, puissent provenir de la desquamation ou de la dégénérescence cellulaire. Du moment que la bile contient une grande quantité de cholestérine, d'autant plus abondante que la vésicule concentre la bile qu'elle contient, il est plus logique d'admettre un rapport immédiat entre la cholestérine de la bile et les dépôts de la paroi.

Les lipoïdes sont-ils absorbés par la muqueuse vésiculaire ou sont-ils sécrétés par cette muqueuse. C'est-à-dire dans quel sens fonctionne la cellule épithéliale vésiculaire? Cette question n'est pas encore résolue. Les faits expérimentaux sont en faveur des deux hypothèses. Des expériences, en cours au laboratoire de la Salpêtrière, vont nous permettre de déterminer de façon précise, le sens de fonctionnement, la polarisation de la cellule épithéliale vésiculaire. Quel que soit ce sens, rien ne sera changé à la chute du grain fraise dans la cavité vésiculaire et à la nature pathologique de la vésicule qui les porte.

A. GOSSET, Léon BINET et D. PETIT-DUTAILLIS

ABAISSEMENT DU TAUX DES CHLORURES DANS LE SANG
A LA SUITE DES FISTULES INTESTINALES EXPÉRIMENTALES

Nous avons eu l'occasion d'insister déjà sur l'importance de la chute du taux des chlorures du sang que détermine l'occlusion intestinale. Chez un chien, dont on a ligaturé l'intestin, on enregistre une chloropénie à allure progressivement croissante; l'administration de chlorure de sodium dans un tel cas, retarde considérablement la mort de l'animal (R. L. Haden et Th. G. Orr). Chez l'homme atteint d'occlusion intestinale, l'injection intraveineuse de solutions chlorurées hypertoniques a donné des résultats inespérés ; nous avons publié, il y a dix-huit mois, une observation tout à fait démonstrative dans ce sens, et depuis notre travail, de nombreuses communications ont été faites concernant des malades dont le pronostic était particulièrement sombre, et qui n'ont dû leur guérison qu'à ce que le traitement chirurgical a été complété par des injections de solutions concentrées de chlorure de sodium pratiquées dans les veines. Nous renvoyons pour le détail de nos recherches, expérimentales et cliniques, aux deux articles que nous avons publiés antérieurement (*La Presse Médicale*, 7 janvier 1928, n° 2, p. 18 et 15 décembre 1928, n° 100, p. 1593).

Nous voudrions dans cette note, insister sur la *diminution considérable du chiffre des chlorures du sérum sanguin chez des chiens porteurs d'une fistule de l'intestin grêle.*

Technique. — Nos animaux ont été examinés au point de vue du taux du chlorure sanguin avant l'expérience et avant l'administration de chloralose. L'opération, réalisée aussi aseptiquement que possible, a été faite en deux temps : 1° fixation à la peau d'une anse intestinale choisie à un niveau déterminé (anse du grêle haut ou bas située) ; 2° ouverture de cette anse, le lendemain, à l'aide d'un cautère, de façon à mettre le canal intestinal en communication directe avec l'extérieur.

Ensuite, tous les jours, le dosage des chlorures dans le sérum sanugin de ces animaux, a été effectué d'après la technique de M. Laudat.

Résultats. — Le tableau ci-dessous résume nos résultats.

	Taux des chlorures par litres de sérum							
	Avant l'opération	1er jour	2e	3e	4e	5e	6e	7e
Chien I (fistule intestinale haute à 70 cm. du pylore)	6 gr. 57	4,99	4,26					
Chien II (fistule intestinale haute à 60 cm. du pylore)	6 gr. 56		4,90	4,67	3,80			
Chien III (fistule intestinale haute à 110 cm. du pylore)	6 gr. 65		4,79	4,67	4,50	4,48		
Chien IV (fistule intestinale basse sur le grêle avant l'abouchement au cæcum)	6 gr. 50	6,08	6,08	6,08			6,37	6,30

La fistule de l'intestin grêle, quand elle est haut placée, détermine une chute rapide et accentuée des chlorures du sang. Chez les chiens I, II et III, dont la fistule intestinale était séparée du pylore par une distance de 60 à 70 centimètres, la mort est survenue du 3e au 6e jour, et à la veille de celle-ci les chlorures étaient tombés de 6 gr. 50 à un chiffre qui variait de 3 gr. 80 à 4 gr. 40.

Cette chloropénie s'accompagne d'une élévation de l'urée sanguine : pour le chien n° II, le 4e jour, on dosait 2 gr. 85 d'urée, et pour le chien n° III, le 5e jour, le taux d'urée sanguine était de 2 gr. 60.

Pareilles modifications ne s'enregistrent pas si la fistule de l'intestin grêle est bas située, à la partie terminale de celui-ci (chien n° IV).

Interprétations. — Quel est le mécanisme de cette chute des chlorures ?

Les vomissements ont un pouvoir déchlorurant indiscutable, sur lequel nous avons insisté antérieurement. Ils peuvent intervenir dans certains cas rapportés dans notre tableau, les chiens I et II ayant, en effet, vomi à plusieurs reprises après leur opération, mais par contre, le chien III qui présente une hypochlorurémie manifeste n'a eu aucun vomissement.

La fistule intestinale, à elle seule, quand elle est haut située, c'est-à-dire séparée de l'estomac par une courte distance, peut fort bien déclancher une grosse perte de chlorures. On sait la forte teneur du suc gastrique en acide chlorhydrique. On sait aussi que le chlore de ce suc est d'origine sanguine et que la quantité prélevée par la muqueuse de l'estomac est telle que certains auteurs, comme E. Lambling, vont jusqu'à admettre que « les deux tiers du chlore du liquide sanguin passent chaque jour par le suc gastrique pour être résorbés plus bas ». Mais justement la fistule intestinale ne diminue-t-elle pas cette résorption, et cela d'autant plus qu'elle est plus haut située ?

Conclusions. — Ces recherches expérimentales semblent présenter, non seulement un intérêt biologique, mais encore un intérêt pratique, et nous amènent à conseiller l'administration de chlorure de sodium aux malades atteints de fistule intestinale haute pour suppléer à leurs pertes de chlorures.

L. LAUNOY

À PROPOS D'UN ESSAI DE PRÉVENTION CHIMIQUE
DANS LA LUTTE CONTRE LES TRYPANOSOMIASES

Docteur A. LEREFAIT

Médecin Honoraire des Hôpitaux de Rouen.

« L'APPENDICITE »

Ses relations, son origine, son traitement curatif et préventif.

L'appendice cæcal, prolongement à diamètre très réduit du cæcum, constitue une glande annexe du côlon dont la fonction n'est pas encore précisée. Actuellement cet organe, volontiers considéré comme inutile et encombrant, est affecté d'une réputation détestable ; le dossier de ses méfaits présumés s'amplifie tous les jours, car il n'est guère de trouble pathologique que l'on ne rapporte plus ou moins directement à son inflammation.

L'usage s'est établi de supprimer l'organe chaque fois que le diagnostic d'appendicite est posé, qu'il s'agisse d'une menace imminente de perforation ou simplement d'une légère inflammation chronique ; les chirurgiens prennent pour règle de procéder par mesure de précaution à l'ablation de l'appendice lors de toute intervention abdominale ; on considère comme prudent d'opérer préventivement les personnes appelées à faire un séjour en des contrées éloignées de tout secours chirurgical ; on estime même raisonnable d'aller plus loin dans cette voie et on a récemment proposé de pratiquer systématiquement l'appendicectomie préventive chez les enfants. Beaucoup de médecins professent l'opinion que l'appendice ne doit jamais être ménagé et que les rares accidents graves et la légère mutilation qu'entraîne l'opération ne doivent entrer en ligne contre les redoutables dangers que son maintien peut faire courir au porteur. Cette opinion paraît justifiée par la fréquence de l'appendicite chronique. des troubles concomitants dont on l'inculpe d'être la cause, et par la crainte trop souvent réalisée de la crise aiguë.

Ce jugement sévère presque unanimement accepté ne peut être définitif ; je suis sûr qu'il doit être révisé et réformé. Dans ce travail je me propose d'exposer les raisons de ma conviction appuyée sur une expérience clinique poursuivie pendant plusieurs années au cours de laquelle j'ai pu déterminer l'origine de l'appendicite et m'assurer positivement que cette affection est parfaitement curable et facilement évitable.

Sans exception l'appendicite se présente d'abord sous la forme chronique qui peut persister pendant des années et même indéfiniment.sans aboutir à la crise aiguë ; quand celle-ci apparaît soudaine, c'est que le diagnostic antérieur n'a pas été fait. L'appendicite chronique est très commune ainsi qu'en témoignent les examens pratiqués en série sur des sujets quelconques ; elle se présente avec tous les degrés d'intensité, depuis la faible douleur à la pression qu'il faut rechercher profondément au point d'élection, jusqu'aux coliques appendiculaires et aux sensations pénibles occupant la plus grande partie du flanc droit; quand les signes sont légers l'appendicite chronique passe facilement inaperçue.

Un examen attentif fait constater que l'inflammation n'est pas limitée à l'appendice ; le cæcum y participe toujours et on trouve parfois des points sensibles épars sur le côlon qui peut même être douloureux sur toute son étendue ; l'appendicite se révèle ainsi comme une station privilégiée de colite. L'examen poussé en amont fait voir en outre une inflammation des canaux biliaires et surtout de la vésicule qui se montre aussi une station privilégiée de cholangite ; l'inflammation de l'appareil biliaire peut s'étendre au duodénum. Les recherches poursuivies toujours en amont amènent la découverte d'un fait capital qui ne manque jamais : la tension biliaire du foie ; elle peut quelquefois se manifester spontanément par des douleurs de voisinage : pleurodynie droite, douleur épigastrique, douleur en ceinture et même douleur en écho ressentie seulement dans l'hypochondre gauche ; elles font souvent défaut et même une forte pression graduelle sur le foie n'éveille aucune sensation douloureuse. Pourtant il est un moyen facile de déceler sûrement la tension biliaire : il faut et il suffit d'exercer sur la glande à travers la paroi thoracique une pression assez faible, mais brusque. Chez tous les appendicitaires, si peu atteints qu'ils soient, cette pression brusque procure une sensation pénible, inhibante, pouvant aller jusqu'à la syncope ; il faut donc agir avec précaution chez les sujets dont les côtes sont souples. Cette tension biliaire prépare l'appendicite, l'accompagne, et lui survit après l'opération.

L'inflammation s'étend donc plus ou moins discontinue du foie à l'anus. Toutes conditions égales d'ailleurs, elle est proportionnelle à la stagnation du contenu ; peu appréciable dans l'intestin grêle, à cause du transit rapide des matières alimentaires et des sécrétions digestives, elle s'accentue nettement dans le côlon, particulièrement dans le cæcum que sa disposition en cul-de-sac soustrait à un balayage efficace et elle prend sa plus grande valeur dans les organes que leur situation isole du courant : la vessie biliaire placée en relais sur le canal évacuateur de la bile, et surtout l'appendice ouvert au fond du cæcum et lavé seulement par sa propre sécrétion.

La crise aiguë est un accident provoqué par la structure de l'appendice constitué par un tube étroit, long et contourné ; la muqueuse gonflée par l'inflammation ne pouvant librement s'épandre ferme le tube en un point quelconque ; les sécrétions mucopurulentes étant retenues, la surpression intérieure amène une gène circulatoire compromettant la vitalité de l'organe qui se comporte comme un abcès fistuleux dont l'orifice oblitéré oblige le contenu à se frayer un passage par effraction ; l'inflammation atteint la surface péritonéale et peut aboutir au sphacèle et à la perforation ; des corps étrangers inertes engagés dans le canal appendiculaire peuvent contribuer à l'étranglement, mais en général leur rôle est à peu près négligeable.

L'appendicectomie en supprimant un important foyer de suppuration amène une amélioration de la santé du malade ; le résultat, très net dans les cas accentués, est moins patent dans les cas légers où le chirurgien se propose surtout de parer aux dangers d'une crise aiguë éventuelle. Mais l'amélioration n'est que relative et trop d'opérés restent en mauvais état et continuent de souffrir. On a donc été conduit à estimer insuffisante l'appendicectomie simple, et on s'est attaqué aux autres points sensibles : on libère le cæcum des adhérences et des brides gênantes, et on a tenté de réséquer la vessie biliaire en même temps que l'appendice ; l'opération est plus longue, les risques en sont accrus et la suppression de la vésicule amène des troubles physiologiques ultérieurs.

Malgré cette ampleur la thérapie chirurgicale n'est que palliative et s'affirme insuffisante pour parer à tous les désordres qui font cortège à l'appendicite ; d'ailleurs elle n'est qu'un pis-aller, car on ne sacrifie que ce qu'on ne sait guérir.

Illusionné par la prépondérance symptômale de l'appendicite, on a commis l'erreur de la considérer comme primitive et génératrice de tous les désordres associés ; ce n'est pas nécessairement dans l'organe le plus atteint qu'il faut chercher l'origine du mal. D'ailleurs considérer les manifestations morbides du foie, de l'appareil biliaire et de l'intestin comme des satellites issus de l'appendicite, n'est point expliquer cette dernière. Puisque le remède absolu appliqué à l'appendice laisse subsister ces manifestations, ce n'est pas son inflammation qui les engendre et les entretient. De toute évidence il faut chercher plus loin et trouver la vraie cause du mal pour l'attaquer logiquement et le détruire dans sa source.

L'observation clinique montre ceci : 1° Le territoire envahi par l'inflammation s'étend en amont et en aval de l'appendice et correspond au trajet parcouru par la bile depuis sa source jécorienne jusqu'à son expulsion par l'anus ; 2° les appendicitaires ont tous des sables, des graviers

et souvent même des calculs biliaires. Le rapprochement de ces deux faits
éclaire le problème et permet de le résoudre complètement.

Constamment chez les appendicitaires la bile est altérée par la précipitation de la cholestérine dans le foie. Cette précipitation entraîne dans
toute l'étendue du trajet parcouru une série de phénomènes mécaniques
physiques et biologiques qui expliquent tous les troubles constatés, y
compris l'appendicite.

Dans la fine ramure des canaux jécoriens, la précipitation de la cholestérine diminue la fluidité de la bile et crée une résistance à l'écoulement nécessairement équilibrée par une augmentation de la tension dans
les canaux ; la boue biliaire peut se concentrer en certains points en y
formant des embâcles qui sont emportées dès que la pression d'amont est
devenue suffisante ; la débâcle amène une brusque et courte diarrhée
bilieuse précédée et suivie d'une constipation de quelques jours ; les phénomènes se reproduisent avec une alternance assez régulière et constituent la constipation rythmée des appendicitaires. Quand les embâcles
sont formées de graviers moins facilement mobilisables la période d'alternance peut durer plusieurs semaines ou plusieurs mois ; la tension biliaire
du foie augmente progressivement et provoque l'apparition des douleurs
spontanées avec état nauséeux et langue saburrale ; puis la débâcle survient brutale, avec vomissements bilieux et diarrhée abondante. Ces
rétentions biliaires partielles et de durée variable, s'accompagnent d'une
jaunisse plus ou moins marquée, souvent faible et peu perceptible ; l'analyse indique la présence de pigments biliaires dans l'urine.

La précipitation de la cholestérine est l'origine des calculs biliaires ; les
graviers formés dans les canaux jécoriens et parvenus dans la vessie
biliaire peuvent y séjourner en augmentant de volume et de dureté par la
précipitation secondaire des sels de chaux ; les dépôts de cholestérine
provoquent la précipitation calcaire à laquelle ils servent de support
comme on le constate aussi dans l'athérome artériel et les foyers nécroti-
ques de la tuberculose pulmonaire.

A ces troubles mécaniques, physiques et biochimiques, la précipitation
de la cholestérine biliaire ajoute un désordre biologique d'une importance
encore plus grande.

La cavité tubaire de l'endoderme largement ouverte à l'extérieur jouit
d'une immunité naturelle contre les microbes vulgaires qui y pénètrent
en toute liberté et qui y sont introduits en masse par le fait même de ses
fonctions physiologiques. Des glandes à flux abondant étagées sur sa
longueur assurent cette immunité ; en avant, les glandes lacrymales protègent les conjonctives oculaires et le rhinopharynx, les glandes salivaires
protègent la partie antérieure du tube digestif, de la bouche à l'estomac ;
en arrière, le foie protège l'intestin entier.

Le nombre des microbes de l'intestin est énorme, plus grand chez les mangeurs de viande que chez les végétariens. Outre le colibacille on y rencontre tous les microbes pathogènes ordinaires : entérocoques, staphylocoques, streptocoques, levures, etc... ; les microbes trouvent dans le milieu intestinal les conditions favorables à leur pullulement. Nonobstant, à l'état normal ils restent inoffensifs pour l'hôte qui les héberge. Les recherches bactériologiques les plus strictes n'ont pu déceler un microbe spécifique de l'appendicite vulgaire : l'inflammation est due exclusivement à la virulence éveillée des microbes ordinaires.

La cause de cet éveil est la précipitation de la cholestérine biliaire. Dans la bile l'élément frénateur de la virulence est la cholestérine dont les propriétés immunisantes et antitoxiques ont été révélées par de récentes recherches ; mais ces propriétés appartiennent exclusivement à la cholestérine dissoute ; précipitée, cette substance a perdu toute activité suivant la loi chimique : *Corpora non agunt nisi soluta*. Biologiquement la précipitation de la cholestérine biliaire équivaut à sa carence ; la virulence se déchaîne proportionnellement à l'insuffisance de la cholestérine restée en solution dans la bile ; elle varie suivant une foule de circonstances ; d'où les différences individuelles, les atténuations et les reprises. Une grande insuffisance, surtout si l'intestin est infesté de petits helminthes, oxyures et trichocéphales dont les piqûres inoculent profondément les microbes, entraîne des lésions graves ou aiguës ; quand l'insuffisance est moindre, les signes inflammatoires plus faibles conservent l'allure chronique ; néanmoins de grands désordres peuvent compromettre la santé du sujet. La fermentation putride des matières alimentaires dans le cæcum et le côlon engendre des poisons nombreux qui, absorbés par l'intestin et véhiculés par le sang, se répandent dans tout l'organisme, causant des troubles de tout genre et des lésions secondaires d'organes avec leurs conséquences particulières ; les poisons volatils éliminés par les poumons et les reins décèlent directement leur présence par la féteur de l'haleine et de l'urine.

En résumé. — La précipitation de la cholestérine biliaire est la cause générale et unique de tous les désordres observés au cours de l'appendicite. Par leur origine et nonobstant leur enchevêtrement, ces troubles forment deux parts distinctes : l'une, d'ordre positif, est l'effet direct du précipité et comprend les accidents mécaniques et physiologiques de la lithiase biliaire ; l'autre plus importante, d'ordre négatif, est l'effet de la carence de la cholestérine soluble, reste proportionnelle à cette carence, et englobe l'ensemble des inflammations et intoxications avec leurs conséquences directes et indirectes. Les troubles s'étendent à tout le territoire arrosé par la bile ; au point de vue considéré ce territoire forme un bloc iudivisible, siège d'une cholangite totale sur le trajet de laquelle l'inflammation inégalement répartie est en chaque point proportionnelle à la stagnation du contenu ; c'est ainsi que le côlon se trouve plus atteint que l'intestin grêle et que se forment les stations privilégiées : la vessie biliaire, le cæcum, et surtout l'appendice dont l'inflammation a trop exclusivement fixé l'attention.

L'origine de la précipitation de la cholestérine biliaire reste indéterminée. Cette précipitation se comporte inégalement selon les sujets et les contingences ; elle est extrêmement fréquente et se produit à tout âge, à la différence de la précipitation de la cholestérine organique dans les tissus qui reste l'apanage des personnes âgées ou précocement usées par des intoxications ou des infections chroniques. On peut rapprocher la précipitation de la cholestérine de celle de l'acide urique qui se produit dans l'appareil urinaire et aussi dans les tissus ; ces deux diathèses associées forment le groupe nosologique désigné par le vocable peu approprié d'arthritisme.

Cet exposé serait vain s'il n'aboutissait à une conclusion pratique : le traitement curatif de la maladie, seul objectif du médecin. Ce traitement doit s'attaquer à la cause, donc s'opposer à la précipitation de la cholestérine biliaire ; ce faisant, il guérira l'appendicite et le cortège des troubles organiques qui l'accompagne, en même temps qu'il dissoudra les calculs biliaires et supprimera les coliques hépatiques. La guérison simultanée de ces différentes manifestations par un moyen unique sera la confirmation pratique de l'hypothèse que je viens d'exposer.

J'ai vérifié qu'il existe un médicament dont l'action solvante *in vivo* sur la cholestérine biliaire donne des résultats parfaits et constants : c'est le calomel, depuis longtemps connu, mais dont l'emploi outrancier, sans directives stables, a provoqué le discrédit. Le calomel se montre le véritable spécifique de l'appendicite, de la lithiase biliaire et de tous les troubles organiques concomitants ; son action est certaine, précise, efficace pour une quantité infime, puisque la dose utile et suffisante pour un adulte varie suivant les cas de un à quatre centigrammes par semaine. Dans la circonstance le calomel se comporte comme une diastase, vraisemblablement en neutralisant une précipitine.

Pratiquement la petite dose de calomel, un ou deux centigrammes, sera prise sous forme de cachet ou de comprimé rapidement dissociable, avec un peu d'eau pure, le matin au réveil, une heure avant le premier repas. Quand il y a des lésions graves ou invétérées, il est opportun d'adjoindre momentanément un traitement accessoire pour hâter leur disparition et combattre les helminthes ; sous l'influence du traitement le foie se détend et au bout de quelque temps la pression brusque de la glande ne procure plus de sensation pénible, la douleur iliaque s'atténue puis s'éteint, les toxines et les pigments biliaires disparaissent de l'urine, l'haleine se purifie, le teint s'éclaircit et la santé redevient normale. Lorsque tous les signes ont complètement disparu, on peut cesser le traitement ; mais en principe la tendance à la précipitation persiste ; il est donc sage de surveiller le foie ; la réapparition de la tension biliaire est l'indice d'une récidive en préparation. La meilleure garantie contre tout retour offensif est de faire prendre au sujet une minime dose de calomel à des intervalles réguliers espacés d'une semaine à plusieurs mois, suivant les cas. La surveillance du foie permet de déterminer sa période d'indolence et de régler à coup sûr le rythme du traitement préventif. Ainsi on maintient correcte la fonction immunisante de la bile ; quelques centigrammes de calomel par an suffisent pour assurer ce résultat.

J. MAGROU
Chef de Laboratoire à l'Institut Pasteur.

LE CANCER DES PLANTES ET L'ACTION A DISTANCE
DU *BACTERIUM TUMEFACIENS*

Parmi les tumeurs ou galles si fréquentes dans le règne végétal, il en est de remarquables par les analogies qu'elles présentent avec le cancer de l'homme et des animaux. Ce sont les galles du collet ou de la couronne (*crowngall*), ainsi nommées parce qu'elles siègent le plus souvent au ras du sol, au collet ou couronne de la plante, c'est-à-dire à l'union de la tige et de la racine. L'étiologie bactérienne de ces tumeurs fut reconnue par Erwin F. Smith, qui en isola une bactérie particulière, le *Bacterium tumefaciens*, dont l'inoculation aux plantes sensibles reproduit des hyperplasies semblables à celles de la maladie spontanée ([1]). Depuis cinq ans, nous avons reproduit un grand nombre de fois l'expérience fondamentale de Smith, dans le laboratoire de Biologie de la Clinique Chirurgicale de la Salpêtrière, dirigée par M. le Professeur Gosset ([2]). Des tumeurs expéri-

---

([1]) E.-F. SMITH, N.-A BROWN et L. Mc. CULLOCH, *U. S. Depart. Agric., Bureau Plant Industry Bull.*, 255, 1912.

([2]) J. MAGROU, *Travaux de la Clinique chir. de la Salpêtrière*, publiés par A. GOSSET, 1re série, 1925, p 141 ; 2e série, 1927, p. 229.

mentales ont été obtenues ainsi, à la suite de piqûres avec des aiguilles chargées de *Bact. tumefaciens* en culture pure, chez plusieurs centaines de plantes appartenant à des espèces variées (*Pelargonium*, Tomate, Betterave, Soleil, Chrysanthème, Ricin). L'expérience réussit dans 100 0/0 des cas. Les tumeurs obtenues, mamelonnées et bourgeonnantes, rappellent l'aspect en chou-fleur des cancers humains végétants. Histologiquement, elles sont formées, comme les cancers, de petites cellules à cytoplasme dense qui prolifèrent activement, et s'insinuent, en les écartant, entre les grandes cellules différenciées des parenchymes normaux. Dans certains cas, il se développe, à distance de la tumeur, des métastases qui reproduisent, quel que soit l'organe où elles se forment, la structure du néoplasme primitif.

Il est facile d'isoler, des galles expérimentales, le *Bact. tumefaciens* en culture pure. Par contre, il est impossible de le déceler microscopiquement dans les cellules en voie de prolifération de ces tumeurs. Tout au plus arrive-t-on à le mettre parfois en évidence dans les espaces intercellulaires, ou encore dans des cellules nécrosées superficielles ; en dehors, par conséquent, des cellules génératrices du néoplasme. On est conduit par là à admettre que le parasite agit à distance sur les cellules dont il provoque la prolifération. Cette action à distance peut être due à la diffusion, à partir des bactéries, d'une toxine spécifique, ou encore, comme il semble résulter de certaines expériences de Smith, de produits chimiques non spécifiques résultant du métabolisme bactérien.

Nous nous sommes demandé si l'action à distance du *Bact. tumefaciens* ne pourrait pas s'expliquer, en partie tout au moins, par l'émission d'un rayonnement de fréquence convenable qui, venant à frapper les cellules sensibles, provoquerait leur division. Cette manière de voir procède de la théorie par laquelle M. Jean Perrin explique les transformations de la matière. Selon M. Perrin, ce sont, en effet, les vibrations lumineuses, appartenant ou non au spectre visible, qui provoquent les ruptures et soudures de valences caractéristique des réactions chimiques, chacune de ces réactions étant accordée à une lumière de fréquence déterminée [1]. Si l'on tente d'appliquer cette conception à la matière vivante, on est conduit à imaginer que la cellule se comporte comme un résonateur, entrant en caryocinèse sous l'influence d'une radiation de fréquence convenable. M. Perrin a lui-même laissé entrevoir les conséquences biologiques de sa théorie ; selon lui, la genèse des cancers pourrait relever d'un déséquilibre dans l'irradiation normale des tissus par un élément radioactif tel que le potassium.

Pour vérifier si le *Bact. tumefaciens* était capable d'agir à distance,

---

[1] Jean PERRIN, *Ann. de Physique*, 1914.

sans aucun contact matériel, sur les processus de division cellulaire, nous nous sommes inspirés, avec Mme M. Magrou [1], du dispositif par lequel M. Gurwitsch semble bien avoir montré que certains tissus végétaux et animaux émettent un rayonnement capable de provoquer un excès de mitoses chez des cellules aptes à se diviser [2]. L'une des racines en voie de croissance d'un bulbe d'oignon est immobilisée, en position verticale, dans un tube de verre interrompu à sa partie inférieure, sur une longueur de 3-4 millimètres correspondant à la zone de croissance. La racine est arrosée de façon continue pendant toute la durée de l'expérience, de telle sorte que sa portion libre est entourée d'un manchon d'eau courante. L'axe de cette zone libre est visé par une pipette horizontale finement effilée renfermant une suspension de *Bact. tumefaciens* dans du bouillon nutritif (bouillon de viande peptoné). La suspension affleure l'extrémité effilée, maintenue à 3-4 millimètres de distance de la racine en expérience. Après trois heures d'exposition, l'extrémité inférieure de la racine est débitée en coupes en série, parallèlement au plan qu'avaient déterminé la racine et la pipette On dénombre, dans toute la série des coupes, les mitoses situées de part et d'autre de la ligne médiane, et l'on constate qu'au voisinage du plan vertical défini par l'axe de la racine et la pointe effilée, elles sont notablement plus nombreuses dans la moitié exposée à la suspension microbienne que dans la moitié opposée. On trouve en moyenne, pour une dizaine d'expériences, un excès de 30 0/0 environ, les caryocinèses dans chaque racine étant au nombre de plusieurs milliers. Chez les racines témoins, non soumises à l'influence du *Bact. tumefaciens*, les mitoses se répartissent également entre les deux moitiés de la racine.

L'expérience réussit aussi bien si l'on interpose une plaque de quartz entre la racine et la suspension bactérienne, ce qui élimine toute possibilité d'action chimique des produits volatils émanés des bactéries.

Pour vérifier si cette action à distance était capable de se manifester sur d'autres cellules vivantes, nous avons exposé des œufs d'Oursins à des suspensions de *Bact. tumefaciens* [3]. Des œufs de *Paracentrotus lividus*, aussitôt après la fécondation, sont placés dans des cuves de 3,5 centimètres de diamètre dont le fond est formé par une glace de quartz de 0,3 à 1 millimètre d'épaisseur. Chacune de ces cuves est posée sur un récipient de même diamètre renfermant une suspension épaisse de *Bact. tumefaciens* en bouillon nutritif. Des écrans à joints paraffinés protègent les œufs contre toute action possible des produits volatils éventuellement émanés de la culture bactérienne. Les lots témoins, formés d'œufs prove-

---

[1] J. MAGROU et Mme M. MAGROU, *C. R. Acad Sciences.* t. CLXXXIV, 1927, et *Bull. Histol. appl.*, t. IV, 1927.

[2] A. GURWITSCH, *Arch. f. Entwick. Mech.*, t. C, 1924.

[3] J. MAGROU et Mme M. MAGROU, *C. R. Acad. Sciences*, t. CLXXXVI, 1928.

nant de la même ponte et fécondés avec le même sperme, sont placés
dans des conditions rigoureusement identiques, à cela près qu'ils ne sont
pas exposés au *Bact. tumefaciens*; ils donnent. en 36 à 48 heures, à la
température de 21 à 23°, des larves *pluteus* de forme normale, élancées,
transparentes, à bras longs. Par contre, une forte proportion de lots exposés donne, dans le même temps, des larves aberrantes, plus opaques que
les témoins : *pluteus* à bras courts ou sans bras, formes monstrueuses
variées, bien que pourvues d'un tube digestif présentant les trois segments habituels. L'examen histologique montre que chez ces larves aberrantes, le mésenchyme est beaucoup plus abondant que chez les *pluteus*
normaux.

L'expérience a été répétée un grand nombre de fois et a toujours donné
des résultats de même sens, ce qui élimine la possibilité d'accidents for-
tuits dans l'évolution des élevages de larves. Il faut noter que l'influence
observée est moins manifeste si la température est inférieure à 20°, et si
les bactéries, au lieu de rester en suspension homogène, s'agglutinent de
façon précoce au fond du récipient qui les renferme. Enfin, aucune action
ne s'exerce si, au lieu de quartz, c'est du verre qui forme séparation entre
les bactéries et les œufs (verre vert de lames porte-objet).

Nous croyons pouvoir conclure de ces expériences que le *Bact. tumefaciens* est capable d'exercer une action à distance sur les processus de division cellulaire. Sans nous prononcer encore sur la nature de cette
influence, nous pensons qu'elle n'est pas due à un contact chimique,
puisqu'elle s'exerce à travers des écrans de quartz qui constituent un
obstacle infranchissable pour tout produit volatil.

P.-E. PINOY

QUELQUES CONSIDÉRATIONS SUR LES CHAMPIGNONS
RENCONTRÉS DANS LES NODULES SIDÉROSIQUES
EN RAPPORT AVEC LE DÉVELOPPEMENT DES SPLÉNOMÉGALIES

Depuis la communication que j'ai faite au congrès de Constantine de
l'Association Française pour l'Avancement des Sciences sur l'*Aspergillus
nantae* que j'avais isolé de trois cas de splénomégalies algériennes étudiées par Nanta, Oberlin a retrouvé les nodules sidérosiques dans des cas

de splénomégalies d'origine diverses. J'ai pu vérifier le fait sur des pièces que m'a obligeamment communiquées M. le Docteur Montpellier.

J'ai étudié, à ce point de vue, un cas de sarcome, un cas de cirrhose de Laënnec et un cas de splénôme. Les nodules beaucoup moins nombreux existent en des points limités de la rate mais ils ont la même structure que celle qui a été décrite par Nanta dans les splénomégalies algériennes. A mon avis, il y a aussi dans ces formations des éléments mycosiques, car on y trouve des formes à double contour résistant à l'action de la potasse concentrée à chaud et aux hypochlorites, malgré un traitement préalable par une solution d'acide azotique pour décalcifier et par une solution de permanganate de potasse puis d'acide oxalique pour enlever le pigment ferrugineux.

Le champignon se développerait donc sur une rate déjà malade. Nos recherches actuelles sur les splénomégalies algériennes ne contredisent pas cette hypothèse. En effet nous avons reproduit expérimentalement les splénomégalies chez le cobaye et le lapin.

Nous avons isolé dans cinq cas de splénomégalies humaines avec ou sans nodules sidérosiques une bactérie que nous avons décrite sous le nom de *Synbacterium splenomegaliae*. Comme certains entérocoques ou streptocoques, elle est parfois strictement anaérobie au moment de l'isolement. Par repiquage sur les milieux de culture, elle devient aérobie. Elle exige des milieux de pH supérieur à 7,5. Elle se développe le mieux dans le bouillon de pH 7,9.

Cette bactérie est de virulence variable. Avec une culture qui tue par inoculation péritonéale le cobaye en cinq jours on observe une splénomégalie. Si, avant la mort du cobaye, au troisième jour, on injecte dans le cœur une émulsion trouble de spores d'*A. nidulans* ou une émulsion légèrement louche de spores d'*A. fumigatus* on constate que le cobaye survit 8, 10 jours et parfois davantage. A l'autopsie, on constate l'existence de splénomégalies énormes où l'on peut étudier tous les stades de l'infection mycosique (développement du mycélium, puis sa désintégration, si bien que dans les rates anciennes il n'est plus possible de cultiver le champignon). Chez le lapin, qui est très résistant à l'action pathogène de la bactérie, si on fait une inoculation d'un mélange de culture de la bactérie et de spores de *A. nidulans* ou de *A. fumigatus* dans les veines ou dans le cœur, le lapin survit très longtemps plus de 2 mois. Si l'on sacrifie l'animal, on constate à l'autopsie l'existence d'une grosse rate ayant parfois plus de 10 centimètres de longueur. Dans les premières semaines de l'infection, on retrouve facilement le champignon et la bactérie à l'examen microscopique et par la culture, mais plus tard les cultures deviennent plus difficiles à obtenir et il arrive un moment où il est impossible d'obtenir la culture du champignon et de la bactérie.

Nous nous trouvons ainsi devant des splénomégalies dont il nous serait impossible d'indiquer l'origine.

Sur des coupes de rate, on ne trouve que des amas de corps irréguliers jaunes, analogues à ceux qui ont été décrits parmi les filaments, dans les nodules sidérosiques de rates humaines et qui, en quelques points conservent un certain alignement rappelant le filament mycélien qui leur a donné naissance.

La concordance de ces faits expérimentaux avec ce que l'on observe chez l'homme est à signaler.

H. SIMONNET

Chef des Travaux pratiques de physiologie à l'École Nationale vétérinaire d'Alfort.

LES EXTRAITS HYPOPHYSAIRES

(Rapport publié hors volume)

F. BEZANÇON   et   Mathieu Pierre WEIL

Professeur à la Faculté   Chef de laboratoire
de Médecine de Paris   à la Faculté de Médecine de Paris

CLASSIFICATION DES RHUMATISMES CHRONIQUES

(Rapport publié hors volume)

ÉLECTROLOGIE ET RADIOLOGIE MÉDICALE

Président	Dr VIALET, Alger.
Vice-Président	Dr BORDET, Paris.
Secrétaire	Dr DE BOISSIÈRE, Le Havre.
Secrétaire-adjoint . . .	Dr LEBLANC, Le Havre.

Docteur BONER

Médecin-adjoint à l'Institut d'Electrologie de la Ville de Paris.

VISITE D'UN CENTRE D'ÉMANOTHÉRAPIE

Répondant aimablement à une invitation, la 13ᵉ section de l'Association Française pour l'Avancement des Sciences pour clôturer le congrès
du Havre, est allée, sous la direction du docteur Viallet son président,
visiter le centre d'émanothérapie artificielle créé à Caen par le docteur
Boner, et encore unique en France.

Eclairé par plus de 120 fenêtres, cet édifice élégant et d'aspect moderne
s'élève sur une place spacieuse, en face du champ de courses. La décoration extérieure en rappelle heureusement sa destination aux agents physiques ; le rez-de-chaussée y est entièrement consacré à l'émanothérapie.
Le côté droit est réservé aux hommes et les douches, lavabos et cabines
de traitements leur sont spécialement réservés ; on y trouve en particulier,
une cabine pour la pulvérisation radioactive par le système Vaugeois,
une tablette y supporte un réservoir chargé d'oxygène comprimé, soit
pur s'il s'agit d'utiliser le thoron, soit radioactivé s'il s'agit de radon.
Pour le thoron, deux pinces sont destinées à maintenir au-dessus du
réservoir le tube émanogène. L'oxygène est alors envoyé soit directement,
soit par l'intermédiaire du tube à thoron dans un pulvérisateur placé sur

un pied orientable, dont l'eau ainsi radioactivée est balayée sur la partie du corps à traiter. Lorsqu'il s'agit des membres, en particulier des pieds, on les place dans une enveloppe métallique spéciale, convenablement close, où se fait la pulvérisation. Ce dispositif est destiné à maintenir le plus longtemps possible l'émanation en contact avec la région malade à traiter.

Une cabine voisine est réservée au traitement des voies génito-urinaires, l'eau qu'on y utilise est stérilisée par un ozonisateur.

Le déshabillage composé de trois cabines comporte une vingtaine d'armoires individuelles. Le côté gauche réservé aux femmes présente la même disposition avec en outre deux cabines destinées à la gynécologie. Dans chacune d'elles se trouve un réservoir d'eau muni d'un niveau et alimenté par un mélangeur eau chaude, eau froide, surmonté d'un thermomètre. Pour radioactiver l'eau destinée aux irrigations vaginales, le système utilisé est analogue à celui employé pour les pulvérisations.

L'oxygène radioactivé arrive dans un siphon, s'y mélange avec l'eau du réservoir et passe encore avant son utilisation par un thermomètre à cadran largement gradué, indiquant avec précision sa température. Pour les traitements généraux par la balnéation, et le séjour en atmosphère radioactive, les malades après déshabillage passent dans l'émanatorium. C'est une vaste pièce qui ne communique avec l'extérieur que par les portes accédant au déshabillage et éclairée abondamment par un double plafond vitré. L'aération se fait indirectement par l'intermédiaire de vasistas ouvrant dans les salles de bains, qui, avec des cabines de sudation, garnissent sa périphérie.

Cette disposition a été réalisée pour éviter les fuites de l'émanation, dont la quantité peut être maintenue constante dans cette pièce. L'atmosphère y est constamment brassée par un ventilateur ; un grand bassin de mosaïque en occupe la partie centrale. C'est là que l'eau radioactive, déjà utilisée dans les baignoires vient se déverser, et où sans cesse agitée par une circulation d'air comprimé, elle dégage la plus grande partie de l'émanation qu'elle contient encore. Autour du bassin sont disposés des fauteuils où les malades au sortir du bain radioactif viennent s'asseoir pour respirer l'émanation. Une cloison légère percée d'une porte complétée par un rideau de verroteries sépare ce bassin, isolant le côté hommes du côté femmes. C'est à cette cloison que sont adossés de part et d'autre, les mélangeurs du modèle Vaugeois, actionnés par un moteur et destinés à radioactiver l'eau des bains.

Le même soin d'utiliser d'une manière efficace et rationnelle l'émanation, se retrouve dans la disposition des salles de bains. Toutes du même modèle, elles comportent une baignoire élégante, sur laquelle des charnières permettent de rabattre un couvercle hermétique, sauf une ouverture pour la tête, et destiné à empêcher l'émanation de s'enfuir du bain.

L'alimentation en eau chaude et froide se fait par l'intermédiaire d'un mélangeur surmonté d'un thermomètre, et l'eau arrive dans la baignoire en dessous du couvercle, grâce à un dispositif spécial. Il est ainsi possible, sans laisser partir l'émanation, de modifier à chaque instant la température du bain.

Au premier étage, outre la gamme des appareils les plus modernes pour la physiothérapie, haute fréquence, diathermie, galv. far., ultra-violets, radium, rayons X, profonds et superficiels, et le radiodiagnostic, se trouve une vaste salle uniquement destinée aux applications de l'émanothérapie en oto-rhino laryngologie et aux affections de la face. Equipée de 5 lavabos, elle renferme tout le matériel nécessaire aux inhalations, irrigations et pulvérisations. Un laboratoire complète cette installation ; prévu pour les analyses courantes, il est organisé pour permettre toutes les recherches scientifiques.

Ed. BENHAMOU et R. MARCHIONI

RADIOSCOPIE ET RADIOGRAPHIE DE LA RATE

Les auteurs montrent à l'aide de nombreux documents les avantages respectifs de la radioscopie et de la radiographie pour l'étude de la rate.

La radioscopie doit être réservée à l'examen des rates modérément hypertrophiées, avec ou sans insufflation gastro-colique ; elle permet dans ce cas l'étude des mouvements de contractilité après injection d'adrénaline, après l'effort ou la course.

La radiographie permet d'obtenir de belles images de rates hypertrophiées en même temps qu'elle permet la prise de films en série, qui bien mieux que les orthodiagrammes objectivent les mouvements de contractilité de la rate normale et pathologique après les différentes épreuves. Mais la radiographie demeure la méthode de choix pour obtenir l'image de la rate normale si difficile à apercevoir à l'écran et d'étudier sa cinématique. Les auteurs décrivent leur technique pour avoir de bonnes images de rate hypertrophiée ou normale ; malade couché à plat ventre sur le Potter-Bucky en apnée expiratoire, l'ampoule étant centrée sur la partie moyenne du dernier espace intercostal postérieur gauche, avec temps de pose extrêmement rapide ; mais il importe pour les auteurs que ce soit *sans préparation, sans insufflation*.

Associée aux épreuves de splénocontraction radiologique et hématologique, au « barytage » léger de l'estomac, à la pyélographie, la radiographie de la rate tant hypertrophiée que normale est susceptible d'aider puissamment le clinicien dans le diagnostic souvent difficile des tumeurs de l'hypochondre gauche.

<hr>

S. BONNAMOUR et A. BADOLLE

de Lyon.

<hr>

DE L'EMPLOI DU LIPIODOL
DANS LE CONTROLE DES EFFETS DE LA PHRÉNICECTOMIE
DE LA THORACOPLASTIE ET DU PNEUMOTHORAX ARTIFICIEL

<hr>

Si le lipiodol intratrachéal est utile dans le diagnostic d'un certain nombre d'affections broncho-pulmonaires, il est une indication de son emploi qui, bien qu'utilisée en Amérique et en Suisse, nous semble être trop négligée en France, c'est le contrôle des effets de la phrénicectomie, de la thoracoplastie et du pneumothorax artificiel.

On sait, en effet, que le mécanisme des résultats du pneumothorax artificiel de la phrénicectomie et de la thoracoplastie est très discuté et que les indications précises respectives de chacune de ces deux dernières opérations, en dehors de l'unilatéralité des lésions et de l'impossibilité du pneumothorax artificiel, sont encore diversement envisagées par les chirurgiens spécialisés dans ces questions.

Ceci tient peut-être bien en partie à ce que dans différents cas, la radioscopie et la radiographie simples, si elles montrent l'affaissement d'un poumon, sont incapables à elles seules de permettre d'apprécier dans tous leurs détails le siège exact des lésions qu'il s'agit de combattre et l'effet de l'opération dirigée contre elles. Bien souvent, en effet, une symphyse pleurale plus ou moins épaisse, symphyse qui, précisément, a empêché le pneumothorax artificiel, ne donne à la radioscopie et à la radiographie qu'un voile grisâtre diffus, empêchant de préciser le siège

et la nature des lésions pulmonaires. Après la thoracectomie, l'aplatissement de l'hémithorax, amène la superposition des différents plans de la
paroi thoracique ; de plus, la sclérose cicatricielle de la zone opératoire
s'ajoute encore à l'opacité pleurale.

Le lipiodol seul, pensons-nous, permettra de préciser les limites pulmonaires, de voir le siège des lésions, l'affaissement ou non des cavernes et
pourra ainsi révéler si l'opération a été suffisante et de dire également si
l'on est en droit d'espérer une cicatrisation complète des lésions antérieures.

On sait que les effets de la phrénicectomie sont les plus variables ;
tantôt on voit des malades s'améliorer et guérir complètement après cette
seule opération ; tantôt ses effets sont nuls et l'on doit la faire suivre
d'une thoracectomie. Or, comment mieux qu'avec le lipiodol intratrachéal
pourra-t-on, surtout s'il y a une symphyse pleurale qui masque tout,
apprécier les effets de cette opération, c'est-à-dire, l'ascension du dia-
phragme, le degré de collapsus du poumon, l'aplatissement d'une caverne
suivant qu'elle siège au sommet, au milieu ou à la base du poumon.

Après une thoracoplastie comme nous l'avons dit, l'appréciation des
effets complets de l'opération par la radiographie simple est encore plus
difficile. Le lipiodol au contraire permettra de les préciser et d'apprécier
le collapsus des cavernes. Archibald et Ballon de Montréal ont appliqué
systématiquement ce moyen de contrôle pour montrer que les cavernes
qui siègent près du hile ou au niveau des segments inférieurs du poumon sont bien moins collabés que celles du sommet. C'est grâce à ces
données radiographiques ainsi recueillies que ces auteurs ont préconisé
l'adjonction de la phrénicectomie à la thoracoplastie dans les cas de
cavernes des lobes inférieurs, de façon à en assurer un plus complet
aplatissement.

Enfin, après le pneumothorax artificiel, la radioscopie et la radiographie seules permettent bien de voir l'aplatissement plus ou moins marqué
du poumon mais ne permettent pas d'apprécier la persistance ou non de
la perméabilité des voies aériennes dans le poumon comprimé. Or on sait
que Lindblom avait émis l'hypothèse que l'arbre bronchique, malgré une
compression qui semblait parfois aussi complète que possible, demeure
perméable jusque dans ses subdivisions les plus ténues, ce qui permettrait la possibilité de dissémination des lésions tuberculeuses, non plus
par la voie hématogène mais par les voies lymphatiques et bronchiques.

Giraud et de Reynier de Leyzin, ont cherché à vérifier cette hypothèse
en injectant systématiquement du lipiodol dans le poumon collabé de
leurs malades. Nous-mêmes, ces derniers temps, avons repris cette étude.
Dans les clichés que ces auteurs ont publiés dans la *Revue de la Tuber-*

culose, de même que dans les nôtres, dont nous vous présentons quelques-uns, on peut faire les constatations suivantes :

Tout d'abord, les cavernes mises en évidence par la compression pulmonaire ne sont jamais injectées, qu'elles soient situées dans n'importe quelle partie du moignon pulmonaire, même quelquefois en position déclive. Ceci peut s'expliquer soit par la compression qui s'exerce tout autour de la caverne, soit comme le pensent Giraud et de Reynier, par l'encombrement de la bronche de drainage par les produits de sécrétion de la cavité et par le défaut d'aspiration dans cette bronche de drainage.

Au contraire, le lipiodol dessine toujours la trachée et les grosses bronches de première et de deuxième divisions ; au delà de ces dernières les images obtenues sont variables suivant les cas. On peut en distinguer deux grandes modalités :

Tantôt la ramure bronchique apparaît jusque dans ses plus extrêmes divisions avec une extraordinaire netteté mais sans aucune image alvéolaire. L'image dessinée par le lipiodol donne la sensation de relief et simule, comme le remarquent Giraud et de Reynier, un véritable moulage des conduits aériens.

Tantôt avec la ramure bronchique plus ou moins dessinée, apparaît en plus un feuillage alvéolaire plus ou moins fourni, indiquant que le lipiodol a pénétré cette fois dans les alvéoles pulmonaires. Ce feuillage alvéolaire donne soit de fines tachetures, plus ou moins serrées sur le trajet des bronches, soit des bouquets lobulaires à l'extrémité de quelques bronches, soit un feuillage touffu de tout un lobe, quelquefois même de la presque totalité du moignon pulmonaire, rappelant l'image que nous avons donnée par ailleurs du poumon normal.

Ces constatations après lipiodol montrent que bien souvent, malgré une compression qui semble quelquefois complète et qui dure depuis de longs mois, le poumon collabé continue à respirer. On peut en déduire que le mécanisme de la compression est plus complexe qu'on l'avait pensé autrefois. On ne peut pas invoquer la mise en repos du poumon, l'effacement de la lumière des bronches et des alvéoles, l'accollement des parois cavitaires, la suppression de la circulation aérienne, la non-pénétration dans le poumon des poussières extérieures. Il faut probablement accorder une part bien plus importante qu'on ne le pensait aux modifications des circulations artérielle, lymphatique et surtout veineuse.

Nous ajouterons que dans les cas que nous avons examinés, les pressions après injections d'azote étaient très variables, tantôt négatives, tantôt positives, et par conséquent ce n'est pas l'établissement des pressions positives, comme on l'a cru, qui peut modifier l'architecture histologique et le régime circulatoire du poumon.

Enfin, cet examen lipiodolé permet de vérifier l'hypothèse de Lindblom dont nous avons déjà parlé que au cours du pneumothorax artificiel, la production d'embolies bronchiques dans le poumon comprimé est toujours possible et que ces embolies bronchiques doivent représenter la cause, sinon unique, du moins la plus habituelle des foyers de nouvelle formation dans le poumon comprimé.

Les films que nous venons de vous présenter et les considérations auxquelles ils donnent lieu montrent bien l'intérêt de la méthode de Sicard dans l'appréciation des effets des opérations dirigées contre la tuberculose pulmonaire. En l'employant plus systématiquement qu'on ne le fait actuellement, on pourra se rendre compte de l'efficacité de chacune d'elles suivant le siège des lésions et permettre peut-être de préciser plus complètement leurs indications respectives.

Il est bien évident que comme ces malades sont des tuberculeux évolutifs, on doit être réservé dans l'emploi de cette méthode et ne l'appliquer qu'au cas où des radiographies simples seraient insuffisantes, mais nous croyons que les services qu'elle rendra dans les cas dont nous avons déjà parlé, doivent passer avant les inconvénients qu'elle pourrait avoir.

Docteur DIOCLÈS
de Paris.

1° COMPRESSEUR ET APPAREIL SÉLECTEUR
POUR L'ÉTUDE DU RELIEF DU TRACTUS DIGESTIF

Le docteur Dioclès présente un appareil sélecteur pour prise de clichés en série et en relief et un dispositif de compression constitué par un localisateur ovalane et un ballon de Shönfeld qui permet le rapprochement des parois gastriques duodénales et intestinales.

On peut ainsi étudier méthodiquement les plis muqueux et reconnaître les lésions des faces qui échappaient jusqu'ici le plus souvent aux investigations radiologiques habituelles. Des projections de clichés montrent nettement des lésions ulcéreuses (ulcères vus de profil, images en étoile caractéristiques des ulcères vus de face).

2⁰ PRÉSENTATION DE STÉRÉOGRAMMES
AU MOYEN D'UN DISPOSITIF NOUVEAU

Le docteur Dioclès, de Paris, montre au moyen d'une nouvelle jumelle à prisme une série de stéréogrammes démontrant par des faits cliniques la nécessité indispensable de la stéréoradiographie si l'on veut arriver à un diagnostic précis, complet et exact dans toute une série d'affections thoraco-abdominales, localisation des lésions, tuberculose, abus, corps étrangers, fumeurs, kystes, carcinomes-chondriomes, repérage des brides de pneumothorax en vue de faciliter l'opération de Jacobeus.

Docteur Charles GAUDIN
Alger.

ORTHODIAGRAMÈTRE POUR EXAMENS RADIOSCOPIQUES DU CŒUR

Il s'agit d'un compas, sur l'une des branches duquel on a fixé un secteur en arc. L'autre branche étant mobile et pouvant parcourir la longueur du secteur.

Sur le secteur, existent quatre séries de graduations.

La graduation des centimètres mesure l'écart des pointes du compas, lorsque leur écartement varie — pour mesurer les différents diamètres du cœur.

La graduation portant l'indication « Recherche de l'indice en profondeur » indique l'écartement à donner aux branches du compas pour décaler l'ampoule latéralement, en fonction de la distance anticathode-écran.

Les chiffres correspondent aux distances anticathode-écran.

Par exemple : l'anticathode étant à la distance régulière de 60 centimètres ; on fera coïncider le bord intérieur de la branche mobile du compas avec la division 60.

Si cette distance est de 70 centimètres ; on poussera à la division 70.

Ceci permet d'obtenir des résultats cliniques toujours comparables entre eux et avec ceux de MM. Vaquez et Bordet.

La troisième graduation est celle pour l'étude de l'angle de la disparition de la pointe du cœur.

Elle a été calculée pour des réglettes de 20 centimètres d'écart et de 10 centimètres pour les enfants.

On place la réglette et on manœuvre exactement comme l'enseignent MM. Lian et Guénaux. Lorsque le malade est en o P D, on mesure avec les pointes du compas l'écart de la projection de la réglette sur l'écran. On lit sur la graduation la valeur de l'angle cherché.

Par exemple : si les branches du compas sont distantes de 20 centimètres, l'angle est égal à 0° ; si l'écart diminue et tombe à 17 centimètres par suite de la rotation du malade, l'angle sera de 31°.

Enfin la dernière graduation, celle des degrés, mesure l'ouverture des branches du compas en angle. Elle permet d'utiliser le compas comme rapporteur pour mesurer les angles, en faisant coïncider le sommet du compas (centre du croisillon) et les deux bords internes des branches du compas avec le sommet et les côtés de l'angle que l'on veut mesurer.

Enfin les branches du compas, leur longueur étant de 16 centimètres, peuvent être utilisées dans presque tous les cas, pour tracer les différents diamètres du cancer.

***

GOSSET, LEDOUX-LEBARD,
Garcia CALDERON et PETETIN

***

EXPLORATION DE L'URÈTHRE PAR LE LIPIODOL

Travail de la Clinique Chirurgicale de la Salpêtrière (Prof. Gosset).

***

Depuis que Sicard et Forestier ont donné avec l'exploration lipiodolée les premières bases d'une exploration radiologique de l'urèthre de l'homme, il ne semble pas qu'en France du moins, cette méthode ait retenu l'attention et soit entrée dans la pratique comme elle le mériterait.

Elle est cependant simple, presque toujours indolore et absolument inoffensive et complète souvent très heureusement les autres méthodes d'examen. Elle pourrait s'y substituer avantageusement dans certains cas et permet seule, dans quelques-unes une exploration rigoureuse.

A ces divers titres les auteurs croient pouvoir la recommander sans réserves.

Ils décrivent la technique radioscopique et radiographique à laquelle ils se sont arrêtés et résument les indications fournies dans les cas de rétrécissements traumatiques ou non traumatiques, les fistules, les diverticules, les affections de la prostate et certaines suites post-opératoires des prostatectomies.

Docteur BOURGUIGNON

LES RAPPORTS DE LA PHYSIOLOGIE
AVEC L'ÉLECTRODIAGNOSTIC ET L'ÉLECTROTHÉRAPIE

(Rapport publié hors-volume)

Docteurs GUILLOT et DÉRUAS
Le Havre.

FISTULE ANORECTALE. ÉTUDE PAR LE LIPIODOL

Il s'agit d'un malade M. M..., opéré à Dunkerque au mois de janvier 1929 d'un phlegmon du creux ischio-rectal du côté droit et qui conserva par la suite une fistule anorectale rebelle. L'opération avait montré qu'il y avait un orifice dans le releveur et qu'il s'agissait d'un phlegmon de l'espace pelvi-rectal supérieur. Le foyer fut ouvert très largement et tamponné. Malgré cela il se forma à la suite de l'opération, une fistule qui dure encore à l'heure actuelle.

Le malade ayant présenté des troubles intestinaux antérieurs, en particulier des phénomènes de sigmoïdite chronique, le Docteur Guillot pensa qu'il pouvait s'agir d'une sigmoïdite chronique avec diverticulite d'où partait la fistule. Il était difficile d'en faire la preuve et de confirmer le diagnostic. Aussi on eut l'idée d'explorer la fistule au lipiodol.

On fit d'abord une première exploration de l'intestin avec un lavement opaque, ce qui ne nous donna aucun renseignement intéressant. Ensuite à l'aide d'une petite sonde en gomme introduite le plus profondément possible dans la fistule, on injecta du lipiodol; on constata qu'il existait un trajet fistuleux remontant directement en haut jusqu'à une petite cavité se projetant sur la branche ischio-pubienne dans laquelle le lipiodol se diffusa un peu. En faisant une deuxième injection plus énergiquement poussée, on remarqua qu'après le premier trajet fistuleux, il en partait un deuxième qui se dirigeait également en haut, longeant l'ampoule rectale pour aboutir, dans la région du recto-sigmoïde ; le lipiodol se répandant là dans une deuxième petite cavité. Nous avions ainsi la preuve que la fistule partait des environs du recto-sigmoïde, et on en tirait la conclusion suivante, c'est que l'intervention par en bas, n'était pas suffisante pour débarrasser le malade de sa fistule et qu'il fallait aussi intervenir par en haut.

On voit ainsi toute l'importance de l'exploration d'une fistule même banale comme les fistules anales, pour la conduite d'un traitement chirurgical rationnel et nous avons présenté trois clichés radiographiques pris au cours de cette exploration.

Docteur A. GUNSETT

Directeur du Centre anticancéreux de Strasbourg.

ESSAI D'EXPRIMER EN UNITÉS R ÉLECTROSTATIQUES LA RÉACTION. DITE ÉPIDERMICIDE SUR LA PEAU.

L'auteur, après s'être rendu compte dans des travaux expérimentaux antérieurs, que la dose de 840 r électrostatiques internationaux n'avait pas eu comme suite une radio-dermite grave telle que le laissaient supposer des auteurs étrangers, a expérimenté des doses plus fortes en cherchant avec un filtre de 2 millimètres de cuivre la dose épidermicide.

Il a trouvé cette réaction en appliquant sur un champ cutané de 9 centimètres carrés de surface en dose massive, c'est-à-dire en 24 heures la dose de 1500 r électrostatiques. La réaction épidermicide apparut 46 jours après l'application et était en tout comparable à une réaction provoquée sur la même malade par le radium à dose épidermicide. La chute de l'épiderme se répara dans les 10 jours qui suivirent. Il ne restera plus qu'une légère desquamation suivie plus tard d'atrophie.

Cette réaction épidermicide n'a pas pu être obtenue en appliquant la même dose en fractions réparties sur 4 jours. Il n'en résulta dans ces conditions qu'un violent érythème suivi de desquamation.

L'auteur rend attentif à la difficulté qu'il y a de transposer par le calcul les unités r internationales en unités r Solomon et insiste sur le fait que celui qui veut imiter une indication d'un auteur en unités r internationales fait bien d'employer, pour sa mesure, exactement la même méthode que cet auteur a employée.

Docteur Maurice d'HALLUIN

Professeur à la Faculté Libre de Médecine de Lille.

A PROPOS DU TRAITEMENT DU CANCER PAR LES RADIATIONS DE COURTE LONGUEUR D'ONDE

I. — Vingt-cinq cas de guérison datant de 9 à 3 ans.

I. — Sur vingt-cinq cas, l'auteur enregistre : *deux* morts par affection intercurrente limitant la survie à 3 ans 1 mois (néo du sein) à 3 ans 6 mois (néo du rectum), *cinq* morts par récidive.

néo-langue, guérison apparente de ..	5 ans 8 mois
néo-col	5 ans 9 mois
néo du corps. . . . . . : . .	5 ans 11 mois
néo du larynx	3 ans 9 mois
néo levie	5 ans 11 mois

tous ces chiffres sont particulièrement encourageants malgré l'insuccès final, *une* malade néo du sein en récidive.

41

Dix-sept guérisons apparentes :

1 récidive opératoire néo du col . .	9 ans 2 mois
2 sarcomes	8 ans
3 néos du col	7 ans
1 épithelium du sac lacrymal . . .	6 ans 5 mois
2 néos du col	6 ans
1 récidive opératoire néo du sein . .	6 ans
1 néo du rectum	6 ans
1 tumeur du médiastin	5 ans
1 néo du col	4 ans
1 récidive opératoire néo du sein . .	4 ans
1 néo-orbite	4 ans
1 néo du col	3 ans
1 néo-langue	2 ans 9 mois

Ces malades ont été en général traités par le radium et les rayons X. Leur nombre, l'ancienneté du résultat, la gravité de l'affection, pour certains (par ex. néo du sein, récidive opératoire chez une femme jeune) la vérification histologique pour à peu près la moitié des cas donnent à cet ensemble une réelle valeur.

II. — *Réflexions sur les avantages de la thérapeutique du cancer par les radiations.*

II. — L'analyse méthodique de ces observations suggère à l'auteur des réflexions suivantes :

1° Les doses fortes ne sont pas toujours les plus efficaces et bien des résultats permanents ont été obtenus avec des doses considérées comme faibles à l'heure actuelle.

2° Le traitement régional par les rayons X est avantageusement combiné avec le traitement local par le radium.

3° L'absence de biopsie dans la moitié des cas diminue aux yeux de certains la valeur de cette statistique, il ne faut pas exagérer l'importance de cette objection ; elle est dans tous les cas sans valeur venant des chirurgiens qui sur la foi du simple examen clinique se livrent à des opérations audacieuses entraînant de graves mutilations. Il nous est bien permis à nous radiologistes de faire quand nos malades s'y opposent, ou quand nous jugeons le prélèvement contraire aux intérêts du patient, un traitement non mutilant dont l'efficacité vaut dans certains cas celle de l'acte chirurgical. Dénier toute valeur à ces observations serait faire fi de la clinique. D'ailleurs dans certains cas des récidives tardives sont venues confirmer l'exactitude du diagnostic clinique.

4⁰ La supériorité des radiations est motivée par les arguments suivants :

a) C'est avec les laissés pour compte que l'on obtient dans bien des cas des résultats durables. Logiquement les cas opérables doivent donner des résultats plus constants.

b) Les radiations obtiennent des succès même dans des cas de récidives chirurgicales, bien que ces formes soient particulièrement mauvaises.

c) A l'action directe et non limitée des radiations concernant la supériorité incontestable de cette thérapeutique dans certains cas, s'ajoute une action indirecte *locale et générale* double facteur de guérison que la chirurgie ne peut invoquer.

L'action indirecte locale est démontrée par les analyses histologiques précisant les réactions du stroma et les modifications heureuses de l'évolution topographique et morphologique des cellules troublées par le processus cancérigène.

L'action indirecte générale a une importance particulière légitimant de grandes espérances. L'organisme peut incontestablement dans certains cas heureux, mais exceptionnels, faire à lui seul les frais de la guérison d'une tumeur maligne caractérisée.

La détermination du pH sanguin, le dosage du calcium, l'étude du métabolismes des sucres ont permis d'établir un syndrome humoral caractéristique si non du cancer tout au moins de l'aptitude à faire du cancer.

Les recherches biologiques montrent d'autre part ces modifications humorales comme aptes à favoriser le développement anarchique de la cellule.

Il est donc intéressant de constater à la suite de l'utilisation des radiations, dans les cas heureux un redressement de cet état humoral défavorable, et ce fait bien mis en valeur par Reding et Slosse est d'autant plus remarquable que les guérisons chirurgicales ne permettent pas cette heureuse constatation.

R. J. LACHOWSKY

Assistant à l'Institut municipal d'électroradiologie de la Ville de Paris.

et

R. HICKEL

Assistant de radiologie des Hôpitaux de Paris.

ACTION DE L'ÉMANOTHÉRAPIE SUR LE DÉSÉQUILIBRE DU VAGUE

L'action sédative des sels de radium sur le système rachidien, son action tonifiante sur le système sympathique sont généralement reconnues aujourd'hui.

Nous voulons simplement vous soumettre les conclusions que nous croyons possible de tirer des résultats obtenus par le traitement émanothérapique des sujets considérés comme atteints de surmenage chez lesquels il amène un tel soulagement qu'ils n'en avaient pas ressenti semblable depuis de longues années.

Le déséquilibre vague est un état que l'on observe fréquemment aujourd'hui. On admet généralement qu'il n'est qu'une conséquence des conditions actuelles de l'existence, conditions épuisantes pour le système nerveux, et le moindre excès physique, alimentaire ou intellectuel détruirait cet équilibre.

Chez les malades traités, il a été possible de mettre en évidence certains troubles du sympathique. Ils ont été recherchés au moyen de la capsule oscillométrique de Pachon qui permet d'étudier sur un graphique du pouls les R. O. C. et solaire.

Les tests obtenus ont été différents avec les sujets, mais peuvent se grouper en deux séries : ceux chez qui le R. O. C. est accentué, et le solaire inversé, ceux chez qui le R. O. C. est normale et le solaire accentué.

L'inversion du solaire s'accompagnait le plus souvent d'une tension basse, d'une instabilité nerveuse remarquable, coïncidant avec l'incapacité totale du sujet à se livrer à la moindre occupation. Le réflexe solaire accentué s'observait chez ceux qui outre ces troubles, présentaient des manifestations douloureuses plus ou moins marquées (sciatique, névralgies, algies diverses), accompagnées parfois d'une tension artérielle élevée (M. 22) et souvent d'hyperuricémie légère (M. 0,7).

L'apparition dans certains cas de phénomènes douloureux transitoires au cours du traitement chez les hypotoniques est à signaler. Elle cadre bien avec certaines hypothèses de Finck.

Chez tous les sujets traités, le même test physiologique que précédemment pratiqué après le traitement a révélé des réflexes normaux. La disparition des troubles objectifs a été totale et nous avons constaté une tendance vers le retour à la normale de la tension artérielle. La disparition de l'hyperuricémie a été accompagnée d'une décharge d'acide urique, mais chaque fois la constante d'Ambard avait repris un taux normal vers le trente-cinquième jour après le début du traitement.

La technique employée a été l'insufflation rectale d'oxygène radioactivé. Nous avons voulu nous rendre compte de la part prise dans les résultats par l'oxygène, et supprimant le tube émanogène, nous avons insufflé ce gaz pur. Les résultats furent nuls jusqu'à ce que nous nous décidâmes à radioactiver à nouveau nos insufflations

Sur une vingtaine de sujets traités tous avec succès, nous ne retiendrons que les quelques observations suivantes :

OBSERVATION n⁰ I. — M. Tr..., 40 ans.

Directeur d'un établissement commercial important, il doit fournir depuis quelques mois un gros effort. Peu à peu l'incapacité de travail survient ; en trois mois, elle est absolue et pendant cette période l'amaigrissement a été de 12 livres. M. Tr... se met au repos deux mois sans résultat. C'est à ce moment que le malade vient consulter à l'Institut municipal d'Electroradiologie. L'interrogatoire nous apprend que déjà ce malade a présenté des accidents semblables. On relève l'arthritisme chez ses parents.

L'examen ne révèle aucun trouble organique : acide urique urinaire et l'urée du sang sont normaux, seule la tension artérielle est basse 11-8 ; le test physiologique pris à jeun donne R. O. C. très prononcé, solaire fortement inversé.

M. Tr... est mis au traitement émanothérapique par l'insufflation rectale quotidienne de 150 millimicrocuries de radon, véhiculés par 200 centimètres cubes d'oxygène. Dès le 15ᵉ jour, le malade se sent mieux. Au 20ᵉ jour il reprend son travail, le 21ᵉ jour la bascule accuse un poids en augmentation de 4 livres. Le test pratiqué comme précédemment donne R. O. C. moins prononcé ; solaire normal. Tension artérielle remontée à 14-9.

Le traitement est interrompu ; depuis un an M. Tr... a repris son poids et son activité.

OBSERVATION n° 2. — M. Dav..., 42 ans.

A déjà été traité par les rayons X pour sciatique il y a deux ans ; revient parce que la sciatique est réapparue et surtout pour mauvais état général : insomnie, nervosité extrême provoquée par un surmenage intellectuel intense. A l'examen : cœur, reins, sang, urines : normaux. Signe de Lasègue est + du côté droit, le trajet du sciatique est douloureux. La tension artérielle élevée (22-12). Le test physiologique donne R. O. C. négatif. Solaire assez accentué.

Mis au traitement comme le précédent, vers le 8e jour recrudescence de la sciatique Au 15e jour, le malade va mieux ; au 20e jour, M. D... se déclaré guéri, il dort bien, est très résistant à la fatigue, calme. Le test physiologique montre des réflexes normaux et la tension artérielle est abaissée à (16-11). Cet état se maintient depuis 14 mois.

OBSERVATION n° 3. — M. V..., 50 ans.

A la suite d'une période de surmenage intellectuel et d'ennuis pécuniers, M. V..., journaliste très actif, est obligé d'interrompre son travail. L'insomnie est tenace, la nervosité extrême par instants, laisse souvent place à une dépression morne. La tension artérielle est de 12-10, l'hyperuricémie légère : 0,70, acide urique urinaire 0,30. Le test physiologique donne R. O. C. accentué, solaire inversé.

Traité comme précédemment, un mois après le début du traitement le test physiologique des réflexes est normal. Urée du sang 0,45, acide urique 0,40. La tension artérielle est remontée à 16-10, le travail est redevenu facile, et l'humeur égale. M. V... nous déclare que depuis bien longtemps, il n'avait joui d'un pareil état général.

Les excellents résultats obtenus nous montrent que le radon agit comme un régulateur merveilleux de la tonicité du vague, qui l'abaisse lorsqu'elle est trop élevée, et la relève lorsqu'elle est trop basse.

Certains auteurs ont pu de la sorte conclure à une action tonifiante directe de l'émanation sur le système sympathique.

Il nous paraît difficile de suivre ces conclusions. Le déséquilibre du vague, n'est le plus souvent qu'un symptôme. A son origine, doit se trouver un trouble du fonctionnement du métabolisme cellulaire intime, ce trouble peut apparaître sous l'influence de causes variées ; excès physiques, alimentaires, intellectuels. Plus volontiers chez les prédisposés, ceux qui, porteurs d'une hérédité chargée, sont constitués de cellules touchées dès leur origine dans leur capacité vitale.

Les manifestations locales de cet état général, qui apparaissent plus ou moins tardivement sont en rapport avec la valeur fonctionnelle des organes d'un individu, en rapport aussi avec la cause qui déclanche le mal.

Il nous semble légitime de conclure que l'émanothérapie a une action générale sur tout l'organisme. Les propriétés tonifiantes spéciales au vague, incapables d'expliquer la perfection, la rapidité et la variété des résultats, ne seraient autres que celles que manifeste sur toutes les cellules, l'énergie radiante, source de vitalité.

Professeur LAFFONT

Alger.

EMPLOI DU LIPIODOL EN ALGÉRIE

Je m'excuse d'apporter ici une note d'une tendance particulière mais qui, étant tout à la gloire du lipiodol, mérite je crois de vous être soumise.

Depuis ces dernières années, j'utilise l'exploration utérine au lipiodol à la consultation de gynécologie de la Maternité d'Alger. J'ai pu me convaincre avec mes collaborateurs du précieux moyen d'investigation et parfois de traitement que nous possédons en lui. Les recherches que j'ai entreprises avec l'assistance de Ferrari et l'obligeance habituelle de notre Président Viallet, nous ont donné les plus grandes satisfactions sans incident notable à signaler et me laissent espérer des succès ultérieurs beaucoup plus accentués et beaucoup plus nombreux.

Je fais en ce moment allusion au développement considérable de la consultation de gynécologie de mon service qui a plus que décuplé depuis ces dernières années.

Je dois le déclarer ici, ce développement extraordinaire, nous le devons en grande partie au lipiodol !

Dans ce pays neuf qu'est l'Algérie nous devons nous efforcer, en important des moyens thérapeutiques efficaces, de rejoindre par l'orientation de nos efforts, les croyances, les superstitions et aussi les tendances et les souhaits des populations que nous protégeons. Or rien ne peut être plus cher au cœur d'une musulmane ou d'une israélite d'Algérie qu'une nombreuse famille. La stérilité ne constitue pas seulement un regret ou un chagrin c'est une déchéance et c'est un opprobre !

Les pèlerinages et les superstitions des malheureuses femmes accablées de reproches par leur famille ou menacées des pires sévices par leur mari — qui sont pourtant si souvent les responsables ! — ne se comptent plus.

Chez ces populations la stérilité est l'occasion de préoccupations constantes.

Depuis que nous avons réussi à faire comprendre à nos consultantes la valeur du lipiodol dans le traitement et dans la recherche des causes de la stérilité, depuis que nous complétons nos explications toujours nécessaires par des documents photographiques, les individus les plus simples comprennent suffisamment le sens de nos efforts, et le nombre de nos consultantes s'accroît chaque jour. Autrefois une femme indigène ne venait à l'hôpital que dans les cas d'extrême urgence et de gravité mortelle. Aujourd'hui la bienfaisance de la science a pénétré dans les milieux les plus récalcitrants et nous assistons au miracle de la femme arabe qui sort de son foyer, prend le chemin de l'hôpital et de la consultation.

Si nous voyons enfin les pèlerinages changer de direction nous le devons au lipiodol !

Quelques succès colportés et commentés avec frénésie dans leurs milieux par les intéressées elles-mêmes nous ont valu la plus fidèle et la plus abondante des clientèles.

Jusqu'ici la femme arabe représentait en quelque sorte la dernière forteresse de la superstition musulmane cristallisée contre le progrès et, peut-on dire, contre la pensée française. Aujourd'hui le lipiodol a contribué à vaincre ces ultimes résistances contre notre influence.

Nous pouvons le déclarer, Messieurs, le lipiodol a bien mérité de la patrie !

Il a obtenu la reconnaissance des femmes indigènes et a fait faire un pas de plus à la conquête des cœurs entreprise depuis un siècle en Algérie.

LAMARQUE
Professeur agrégé à Montpellier.

UN NOUVEAU SYSTÈME D'ÉCLAIRAGE DES SALLES DE RADIOSCOPIE PAR L'ANEXHIP MÉDICAL

J'ai l'honneur de présenter un nouvel appareil destiné à l'éclairage des salles de radioscopie. Cet appareil imaginé par M. le professeur Pech de

Montpellier est construit par la maison Gallois de Lyon et porte le nom d'anexhip médical.

La partie supérieure est constituée par un miroir cylindrique M dont la concavité est dirigée vers le bas et dont le plan méridien de section AB est horizontal ; sur l'une des génératrices extrêmes A de ce miroir est adapté un second miroir parabolique P. Le foyer lumineux est constitué

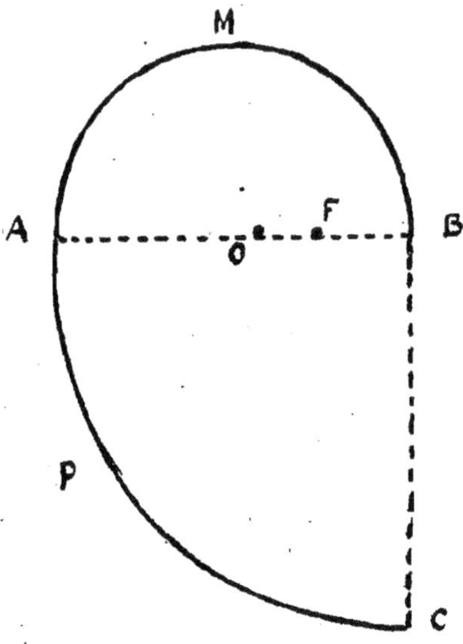

par un filament placé suivant l'axe O du cylindre, cet axe se trouve légèrement en arrière du foyer F du miroir parabolique, de cette façon tous les faisceaux lumineux sont dirigés au-dessous du plan méridien AB. La lumière émise par cet appareil est filtrée par un verre spécial BC, qui ne laisse passer que les radiations extrêmes du spectre c'est-à-dire les rayons violets et les rayons rouges, toute la partie intermédiaire du spectre étant absorbée.

Avantages de cet appareil. — Les principaux avantages de cet appareil sont les suivants :

1° Le sol se trouve éclairé et les yeux de l'observateur ne reçoivent pas de rayons directs. Il est cependant possible de voir ce qui se passe dans la salle.

2° D'autre part le faisceau lumineux ne vient jamais éclairer l'écran radioscopique, pas de réflexion gênante.

3° En général les personnes qui viennent de la lumière et qui rentrent brusquement dans la salle de radioscopie, même éclairée à la lumière rouge, ne sont pas adaptées suffisamment et ne peuvent pas se diriger ; elles ne savent où poser le pied. Avec ce système d'éclairage, au contraire, le sol étant éclairé, le déplacement des personnes non adaptées est très facilité.

4° Le choix du verre coloré, qui se trouve donner à peu près les couleurs qui sont absentes de l'écran radioscopique, laisse parfaitement la rétine au repos et celle-ci reste parfaitement adaptée pour les examens, ce qui n'existe pas complètement lorsqu'il s'agit d'un éclairage rouge ordinaire ou bleu.

Depuis bientôt deux ans à Montpellier, dans le service de radiologie de l'Hôpital Suburbain, nous utilisons cet éclairage et nous pratiquons tous nos examens radioscopiques en laissant allumée la lampe anexhip médicale, sans éprouver le moindre inconvénient ou la moindre gêne. Je crois véritablement qu'il s'agit là d'une innovation très intéressante et il faut l'avoir essayé pour se rendre compte de ses avantages.

Docteur LAQUERRIÈRE

Paris.

LES ONDES GALVANIQUES ALTERNATIVES A LONGUES PÉRIODES

Cette nouvelle forme d'application du courant continu consiste en un courant qui monte progressivement au maximum, reste au maximum un certain temps, réglable à volonté, redescend à zéro, remonte progressivement au maximum en sens inverse et continue ces cycles successifs.

Les raisons qui ont amené l'auteur à créer les O. G. A. L. P. sont tirées de constatations cliniques et d'expériences, déjà anciennes, de Physiologie.

Action gymnastique. — Les chocs brusques de courant galvanique font mal contracter les muscles très dégénérés et font au contraire très bien contracter les muscles sains, dans diverses affections les chocs brusques provoquent donc une gymnastique qui porte spécialement sur les muscles sains, augmentant leur tonicité. On favorise ainsi les attitudes vicieuses et les déformations.

Laquerrière et *Delherm* en différentes publications avaient préconisé diverses manières de disposer les électrodes sur les groupes musculaires, chaque électrode étant réuni à un rhéostat afin de faire porter l'excitation uniquement sur les muscles malades et de régler l'importance de l'excitation sur chacun d'eux suivant son état.

Bordet en 1907 avait montré que l'élévation progressive du courant faisait au contraire contracter électivement les muscles malades.

Le courant *ondulé* avait quand on le réglait bien l'avantage de faire travailler un muscle d'autant plus qu'il était plus malade et d'éviter par conséquent, toute attitude vicieuse. Mais avec l'appareil de Bordet, les variations d'état se succédaient sans période de repos et l'on risquait de provoquer rapidement la fatigue.

Les O. G. A. L. P. déterminent durant leur phase progressive une contraction des seuls muscles malades puis les laisse au repos pendant toute la phase d'état constant. Or *Remack* a montré il y a longtemps que le courant continu constant enlève la fatigue du muscle, d'autre part *Delherm* et *Laquerrière* ont constaté qu'un même travail musculaire pouvait être poursuivi beaucoup plus longtemps si on électrisait le membre durant ce travail. La période de courant constant ne sert donc pas seulement de repos (repos dont Chauveau a montré tout l'avantage sur les nutritions des muscles), elle prépare le muscle à la contraction suivante.

Actions trophiques. — *Guilloz* (de Nancy) avait montré que le courant continu active les combustions organiques du muscle en état de survie, et ses expériences expliquent en partie les actions sur la nutrition des tissus qu'on attribue en général au courant continu. Mais *Weiss* (de Paris) avait trouvé qu'un muscle traversé par un courant trop intense était d'abord paralysé puis subissait une dégénérescence histologique complète. Il s'agissait d'une action chimique électrolytique, car si on prenait le soin d'inverser suffisamment le courant, la même intensité ou même une intensité double passant durant le même temps n'avait aucun inconvénient.

Les O. G. A. L. P. permettent donc d'obtenir les actions trophiques du courant continu ; mais réalisent les changements de sens qui permettent d'annuler tous effets nocifs. Sur des membres malades, mal irrigués par le sang (paralysie infantile) il est difficile avec le courant continu d'être sûr qu'on n'atteindra pas la dose dangereuse. On peut par contre avec le nouveau procédé faire des séances plus longues ou plus intenses.

L'instrumentation. — L'appareil est une modification de l'onduleur de d'Arsonval : deux curseurs se déplacent sur une résistance circulaire liquide formant deux réducteurs de potentiel accouplé ; quand l'un est devant le pôle positif, l'autre est devant le pôle négatif ; le courant est au maximum ; ils s'éloignent ensuite respectivement de leur position première pour d'abord passer au zéro et ensuite prendre la place l'un de l'autre. Mais un dispositif mécanique, fait qu'ils s'arrêtent à volonté un temps plus ou moins long quand le courant est au maximum.

Applications thérapeutiques. — Dans certains cas : constipation, certaines affections gynécologiques, troubles de la nutrition, troubles circulatoires, goître exophtalmique, troubles asthéniques et névropathiques, les O. G. A. L. P. peuvent quelquefois présenter quelques avantages sur le simple courant continu mais elles sont surtout indiquées dans la paralysie infantile et les névrites graves.

<hr>

Docteurs DE BOISSIÈRE et LEBLANC

<hr>

« UN CENTRE D'HÉLIOTHÉRAPIE »
LE SOLARIUM LERCH ET SES ANNEXES

<hr>

Les auteurs, après un rapide historique du solarium Lerch décrivent son fonctionnement et ses résultats ; ils montrent que, grâce à l'initiative et au dévouement de quelques médecins havrais, grâce au très généreux concours de la population et des pouvoirs publics, on a pu créer et assurer le fonctionnement d'un centre d'héliothérapie et de rayons ultra-violets qui rend les plus grands services.

ODONTOLOGIE

Président. . . . . M. Blatter, Professeur à l'Ecole dentaire de Paris.
Vice-Président . . . Cramer, Chirurgien dentiste.
Secrétaire . . . . R. Wallis-Davy, Chirurgien dentiste. Paris.

Louis C. BARAIL

Première communication

LA LUMIÈRE FROIDE.
QUELQUES RÉSULTATS THÉRAPEUTIQUES INTÉRESSANTS DUS
A UNE NOUVELLE SÉLECTION D'ONDES LONGUES

L'auteur a utilisé, dans plusieurs affections bucco-dentaires, une lampe au néon, donnant des radiations de grande longueur d'onde, comprises entre 5.800 et 4.050 angströms environ.

Les propriétés toutes particulières de ces radiations sont d'avoir un effet analgésique rappelant celui de la lumière bleue, un effet légèrement révulsif, analogue à celui de la lumière rouge ou orangée, mais de ne dégager absolument aucune chaleur. La lampe reste absolument froide pendant toute l'irradiation ; on peut, par conséquent, l'approcher très près du malade ; on peut même lui faire toucher la peau et les muqueuses : il n'y a pas la moindre hypérémie et on ne risque ni brûlure ni la gêne particulière qui caractérise souvent les révulsions par l'infra-rouge. Par conséquent, on ne risque pas que le malade souffre de nouveau après l'irradiation, comme il arrive avec les rayons calorifiques, s'il expose brusquement les tissus irradiés aussitôt après l'irradiation, à une température un peu trop basse ou aux courants d'air.

Toutes les algies se trouveront bien de cette thérapeutique, en particulier chez les enfants, puisque ces radiations ne se manifestent que par une lueur peu visible, et qu'il n'y a ni production de chaleur par la lampe, ni appareillage bruyant. Ces irradiations étant, en outre, assez pénétrantes elles donnent de bons résultats, tant au point de vue analgésie qu'au point de vue révulsion, dans les accidents de dents de sagesse, les douleurs de l'articulation temporo-maxillaire, les arthrites. le trismus, etc...

L'auteur termine par la description schématique d'une petite lampe qu'il est en train de réaliser et que le malade placerait lui-même dans sa cavité buccale pour réaliser à domicile l'irradiation post-opératoire des alvéoles, ou encore, dans les stomatites très douloureuses, celle de toute la cavité buccale.

Deuxième communication

LES ULTRA-VIOLETS DANS LES AFFECTIONS BUCCALES ET DENTAIRES

L'auteur résume dans ce travail, qui est en quelque sorte un rapport sur la question de l'actinothérapie en odonto-stomatologie, les diverses indications de ce mode de traitement dans sa spécialité, ses modalités d'emploi, et les résultats obtenus.

Il n'y a que quelques années, quelques mois même, pour ce qui concerne les applications bucco-dentaires, que l'actinologie est sortie du domaine de l'empirisme pour entrer dans celui de la science pure et des réalités thérapeutiques.

L'auteur rappelle les travaux qui ont été publiés sur la question, et, reprenant ses recherches sur l'évolution des dents, il donne un *modus operandi* qui semble définitif, pour provoquer la dentition, aussi bien chez l'adulte (troisièmes molaires, dents incluses, etc.), que chez le nourrisson et l'enfant.

Le pouvoir biologique et bactéricide des ultra-violets sera utilisé avec le plus grand profit dans le traitement de toutes les plaies, post-opératoires ou accidentelles, de la cavité buccale, et surtout dans les stomatites où, avec l'électronosmose, il constitue le traitement de choix.

Les essais effectués dans la périodontoclasie n'ont pas donné de résultats encourageants, ce qui s'explique d'ailleurs aisément. L'auteur n'a donc pas poursuivi ses recherches dans ce sens.

Par contre, il semble que le blanchîment des dents même décolorées par des coagulants, soit tout à fait au point, et puisse prendre définitivement place dans la thérapeutique dentaire courante.

Il va de soi que les résultats sont d'autant plus rapides que la décoloration est plus récente.

Il rappelle enfin son procédé de diagnose par la lumière ultra-paraviolette, qui a rencontré dans toute la profession un grand succès, à cause de son exactitude et de sa simplicité.

Le corps dentaire ayant à sa disposition plusieurs lampes bien construites et facilement maniables, nul doute que les ultra-violets soient bientôt, par lui, d'un emploi de plus en plus courant. Les résultats décrits par l'auteur en sont le plus sûr garant.

DISCUSSION

Le Dr Foveau de Courmelles, prenant la parole, insiste sur la valeur thérapeutique des ultra-violets et de la lumière en général, dans tous les cas pathologiques buccaux et dentaires. En ce qui concerne la lampe au néon, il est heureux de voir réalisée une idée qu'il avait également eue, car il estime, comme l'auteur, qu'on a trop souvent attaché à l'action calorifique de certaines radiations, une importance plus grande qu'elle ne le méritait. L'action lumineuse pure lui semble de beaucoup la plus importante et la plus intéressante, et les essais de l'auteur devront être continués dans toutes les spécialités médicales.

Docteur F. BONNET-ROY

Oto-Rhino Laryngologiste de l'Hôpital Saint-Michel,
Professeur a l'Ecole dentaire de Paris.

UN NOUVEAU CAS D'OSTÉOPHLEGMON GRAVE AVEC ÉLIMINATION D'UN VOLUMINEUX SÉQUESTRE DU MAXILLAIRE INFÉRIEUR

J'ai eu l'occasion de présenter à la *Semaine Odontologique*, en 1928, une observation d'ostéophlegmon particulièrement grave, survenu comme complication d'évolution de la dent de sagesse inférieure et qui s'était terminé par l'élimination d'un séquestre considérable, qui comprenait la totalité de la branche horizontale droite du maxillaire inférieur.

Il m'a été donné, dans ces derniers mois, de traiter un cas analogue.

Le 16 mars 1929, Mme A... m'était adressée par un chirurgien-dentiste de la banlieue parisienne.

Il s'agissait d'une femme de 35 ans, très frêle d'aspect, qui avait présenté, les jours précédents, des phénomènes inflammatoires au niveau de la dent de six ans inférieure droite. Cette dent, qui avait d'ailleurs été traitée déjà l'année précédente, avait été extraite récemment, sans que les manifestations locales aient diminué.

Au moment de mon examen, la mâchoire inférieure était le siège d'un phlegmon typique avec infiltration des parties molles. L'examen buccal montrait un décollement gingival au niveau des molaires et par ce décollement, le stylet tombait sur un os sec, grisâtre, d'aspect nécrotique.

La température était à 39°, le pouls à 120, la langue saburrale et le teint plombé.

Je vis la malade à 17 heures. A 18 h. 30, j'incisais son phlegmon et assurais un large drainage du foyer, ainsi que je le fais d'habitude, en faisant communiquer par un gros drain la cavité buccale avec la plaie opératoire extérieure.

Je m'attachai, en outre, à ébarber à la pince-gouge le rebord alvéolaire nécrosé, au point où sa réparation paraissait absolument impossible, après avoir extrait les deux ou trois dents voisines qui baignaient dans le pus.

Les suites opératoires furent assez sérieuses. Pendant trois ou quatre jours, bien que la température cédât, le pouls restait au-dessus de 100, très faible, et la malade n'était soutenue que par des injections d'huile camphrée, de caféine et de sérum.

Localement, la plaie opératoire se détergeait, mais le décollement gingival persistait et j'avais prévenu l'entourage qu'il dût s'attendre à l'élimination secondaire d'un séquestre assez considérable.

Un mois après ma première intervention, en effet, la malade rétablie, présentait une fistule persistante dans la cavité buccale par où s'écoulait du pus depuis la région de la dent de douze ans jusqu'à la symphise. La température qui était devenue normale commençait à remonter légèrement. Si désireux que je fusse de laisser le plus de temps possible à la nature pour faire le départ entre l'os sain et celui qui devait être éliminé, l'abondance de la suppuration et la menace des nouveaux accidents inflammatoires m'obligeaient à intervenir derechef.

C'est ce que je fis le 11 avril, sous anesthésie générale. Le curetage par l'incision précédente ne ramena que quelques fongosités, mais par la cavité buccale je fis, sans effort, l'extraction d'un volumineux séquestre. Ce séquestre comprenait la totalité du maxillaire inférieur entre l'angle mandibulaire et la symphise, sur 6 centimètres de long. Il était sec, grisâtre, dépourvu de tout fragment musculaire ou muqueux et d'aspect absolument nécrotique.

Les suites opératoires furent simples et rapides. La suppuration diminua et la plaie extérieure se cicatrisa dans de bonnes conditions.

Néanmoins, je fis encore quelques réserves sur l'éventualité de l'élimination de séquestres secondaires. On n'est jamais certain, en effet, que les deux tranches d'os, de part et d'autre du séquestre, ne resteront pas le siège d'un processus ostéitique subaigu. En fait, ce processus est inévitable. Le séquestre enlevé, je rugine et je nettoie à la pince-gouge ces deux extrémités osseuses, qui sont toujours friables, mais on risque, à pousser trop avant ce curetage, de faire des sacrifices excessifs. Mieux vaut rester en deçà des nécessités que les dépasser. La nature dans les semaines suivantes, prépare et mobilise les petits séquestres qui devront être éliminés, cependant que la cicatrisation de la muqueuse protège et recouvre l'os qui a été épargné par l'infection.

C'est ce qui se passa pour la malade. Le moignon de l'hémi-maxillaire gauche se répara normalement, tandis qu'une petite fistule persistait à l'autre extrémité de la brèche osseuse, au niveau de l'angle mandibulaire droit.

Le 27 mai, je constatai une petite collection suppurée sous-angulo-maxillaire droite, nettement en rapport avec un séquestre de l'angle, en voie d'élimination. Je n'eus qu'à inciser cette collection et à cueillir à la pince un minime fragment osseux.

Désormais, tandis que la plaie cervicale se cicatrisait rapidement, la fistule buccale se tarissait complètement.

Au milieu de juin, la malade était en aussi bon état que possible. La brèche osseuse était recouverte par une muqueuse cicatrisée, lisse, sans fistule sous laquelle on percevait un plan résistant qui permet d'escompter une réparation osseuse ou tout au moins fibreuse de la perte de substance.

Cette observation se rapporte à un syndrome assez fréquent, mais dont les indications thérapeutiques méritent toujours d'être soulignées.

En présence des accidents phlegmoneux graves du début, il faut intervenir vite et largement. L'incision doit ouvrir tout le foyer, le drainage doit être établi jusque dans la cavité buccale ; il faut, en quelque sorte, isoler ce foyer des tissus environnants et sacrifier toutes les dents voisines qui sont ébranlées, car c'est par elles que se propage l'incendie. L'état général est toujours profondément atteint ; il convient de mettre en œuvre toute la thérapeutique anti-infectieuse classique, mais après l'intervention. Car c'est un leurre de compter sur la thérapeutique générale seule pour éviter l'acte opératoire indispensable.

Celui-ci exécuté, il faut s'attendre à l'élimination secondaire du séquestre. Ce séquestre est prévu au moment de l'intervention initiale, mais il n'est pas « mûr ». Ce serait s'exposer à de dangereux mécomptes que faire, dès le début, une résection·osseuse qui serait ou bien excessive ou bien insuffisante, donc dangereuse ou inutile. Le foyer drainé et surveillé on attendra patiemment que le départ soit fait entre, ce qui sera éliminé et ce qui sera conservé. La persistance d'une fistule bourgeonnante, la reprise, à allure subaiguë, de la réaction inflammatoire de voisinage, l'abondance de la suppuration indiquent que le séquestre agit comme un corps étranger mal toléré. Alors, mais alors seulement, on interviendra en se bornant en quelque sorte à aider chirurgicalement l'expulsion spontanée de ce corps étranger. En pareille matière, il faut préparer les malades à une cicatrisation de longue durée et souvent à des interventions multiples.

———

Docteur Henri CHENET

Assistant de prothèse maxillo-faciale à l'Hôpital Lariboisière.

———

LA RÉGÉNÉRATION OSSEUSE APRÈS PERTE DE SUBSTANCE ÉTENDUE DU MAXILLAIRE INFÉRIEUR

———

RÉSUMÉ

Une perte de substance étendue du maxillaire inférieur constitue le plus souvent une lésion extrêmement grave, étant donnée la physiologie de cet os et son rôle capital au point de vue mastication, phonation, et même esthétique.

Très fréquentes pendant la guerre, la balle ou le fragment d'obus arrachant parfois des portions entières du maxillaire, le traitement de ces lésions s'est rapidement modifié devant des résultats probants.

Alors qu'autrefois, la phobie du phlegmon du plancher de la bouche poussait le chirurgien à ouvrir largement le foyer de fracture, à cureter, à faire l'extraction de toutes les esquilles possibles, l'on s'est vite rendu compte qu'une telle conduite entraînait presque toujours des pseudarthroses incurables, avec tous leurs graves inconvénients.

Et peu à peu, s'est établie la règle de demander à la prothèse l'immobilisation précoce des fragments et de laisser agir la nature au point de vue des éliminations séquestrales. En surveillant le drainage, en n'extrayant que les esquilles véritablement séquestrées, et absolument détachées de l'organisme, l'on a obetenu des consolidations inespérées, l'esquille adhérente au périoste et laissée en place, faisant le plus souvent office de foyer intense d'ostéogénèse.

Depuis la guerre, en dehors des accidents industriels (éclatement de meule, de bouteille d'oxygène, etc.), qui produisent des lésions absolument semblables à celle de la guerre, les pertes de substance sont dues le plus souvent à des accidents graves de dent de sagesse, d'ostéo-périostite ou de kyste dentaire suppurés.

Chargé du service de prothèse maxillo-faciale de l'hôpital Lariboisière, l'auteur en a observé un grand nombre de cas, et, les traitant comme ses blessés de guerre, a obtenu des résultats absolument concordants. Il cite un certain nombre d'observations de régénération osseuse du maxillaire inférieur, dont un cas en particulier avait, à la suite d'accidents de dent de sagesse, éliminé l'absolue totalité de l'os, avec ses condyles et ses coronés. Il en montre la pièce anatomique conservée, et explique qu'après le port d'un appareil de maintien des tissus, qui conservait au visage sa forme antérieure, un arc osseux absolument conforme à celui qui avait été éliminé, s'est formé, suffisamment épais et résistant pour supporter un appareil de prothèse absolument identique à celui d'un édenté banal.

De même une jeune femme, qui avait dans des circonstances analogues, éliminé la totalité d'une branche montante, la régénéra de telle façon, grâce à l'appareillage guide, qu'elle put être présentée six mois après à la Société d'Odontologie, mastiquant sans aucun appareil un petit pain particulièrement dur.

De même encore deux cas extrêmement intéressants, parce que l'auteur peut en montrer la régénération grâce à des radiographies successives : l'un, perte de substance de tout l'angle de la mâchoire, par accident de dent de sagesse, l'autre, perte d'une grande partie de la branche horizontale par kyste volumineux ayant entraîné une fracture spontanée, tous deux en voie de régénération parfaite, grâce à un maintien prothétique approprié.

L'auteur cite les travaux d'Ollier, sur la régénération périostique, et, comparant le périoste à une enveloppe qui se serait vidée de son contenu, dit qu'elle est capable de se remplir d'elle-même, par formation osseuse nouvelle, à condition que sa face interne ait été laissée intacte.

D'où, au point de vue chirurgical, cette règle qu'il ne faut jamais cureter, ni extraire d'esquilles non absolument séquestrées : bien drainer, par des incisions sous-maxillaires, et désinfecter le plus possible par des lavages buccaux au bock, avec le liquide de Dakin, ou la solution permanganatée faible.

Il insiste sur le rôle capital de la prothèse. Par des systèmes de bielles, ou d'appareils à guides, il faut maintenir en position normale, la partie restante de la mâchoire, tout en lui permettant la mobilité, car le travail musculaire bien guidé, semble activer la régénération, en évitant la constriction permanente ou l'ankylose temporo-maxillaire.

Ce mode de traitement tout opposé au traitement classique de ces lésions, est appelé à rendre d'énormes services, la perte de substance définitive du maxillaire inférieur constituant une des lésions les plus graves qu'il soit.

Aussi l'auteur espère-t-il que sa communication sortira de son cadre purement odontologique, la chirurgie et la prothèse devant, là, comme pour tout ce qui concerne les lésions maxillo-faciales, marcher de pair et se prêter mutuellement assistance, pour le plus grand bien des blessés.

Pierre GAUBERT

LE TRAITEMENT VACCINAL ANTIPYORRHÉIQUE

Appartenant à la génération d'Elèves de l'Ecole Odonto-technique de Paris, dont le programme comporte depuis plusieurs années l'enseignement du traitement vaccinal antipyorrhéique d'après le docteur Goldenberg, je me permets d'apporter ici le résultat de mes propres observations dans ma clientèle privée sur les malades traités suivant ce procédé.

On sait que le traitement efficace des états pyorrhéiques a été trouvé par Goldenberg, qui a indiqué la nécessité de recourir au vaccin spécial utilisé directement dans le foyer d'infection.

Une Ecole, qui rencontre à l'heure actuelle un très grand nombre de partisans, s'est rangée à côté des théories de Goldenberg, pour affirmer que dans la pyorrhée alvéolaire, la suppuration présente le symptôme qui prime tous les autres par les ravages qu'il est susceptible d'amener, soit localement, soit dans l'organisme général.

La lutte contre cette suppuration doit, par conséquent, devenir le principal souci du praticien.

Tandis que les innombrables tentatives faites pour combattre la suppuration buccale au moyen de produits antiseptiques n'ont jamais donné les résultats espérés, le traitement biologique selon le procédé de Goldenberg s'est montré d'une efficacité extraordinaire, efficacité due surtout aux principes même dudit traitement, qui consiste, non pas à attaquer directement les microbes, mais à renforcer la résistance des tissus atteints et de ceux qui sont menacés.

Pour réaliser ce but, Goldenberg a préconisé un vaccin spécial, dont les principes de préparation ont été publiés au cours de l'année 1923.

Ce vaccin, employé *loco dolenti*, arrive en peu de temps à tarir la suppuration bucco-dentaire.

Au cours de nos études, alors que nous étions encore à l'Ecole, nous pouvions nous rendre compte de l'efficacité de ce vaccin. C'est pourquoi, dans notre clientèle privé, nous avons continué de nous servir de cette arme pour lutter contre la suppuration buccale.

Mais comme au cours de la pyorrhée alvéolaire, nous constatons souvent la présence d'une gingivite, qui paraît être le résultat d'une association fuso-spirillaire, nous faisons, parallèlement aux injections du vaccin de Goldenberg, l'application par attouchement, de novarsénobenzol en solution glycérinée.

Nous ne pouvons pas donner ici le détail de la technique ainsi que de nos observations, que nous nous réservons de publier ailleurs. Nous nous bornerons seulement à dire que sur 38 cas de pyorrhée alvéolaire indiscutables, suivis longtemps après la fin du traitement, les résultats ont été excellents et absolument conformes à ceux observés à l'Ecole Odontotechnique.

Nous voulons insister sur la nécessité de l'association de l'arsénobenzol au traitement vaccinal, car il est indéniable que ce produit est un médicament très efficace contre la gingivite et la stomatite ; mais, comme il est d'autre part absolument incapable de juguler à lui seul une pyorrhée, il est indispensable de recourir au traitement vaccinal.

Comme conclusion, je dirai que mes 38 cas m'ont permis d'apprécier l'activité de la solution glycérinée de l'arsénobenzol dans les gingivites, ainsi que l'efficacité du traitement vaccinal contre la pyorrhée proprement dite, c'est-à-dire disparition du pus, consolidation des dents, et réalisation du bien-être général.

Georges ANDRÉ

1⁰ LA SCIENCE BIENFAISANTE ET LA SCIENCE HOMICIDE
2⁰ LES GRANDS CHOCS SUR LE SYSTÈME NERVEUX
D'ORIGINE DENTAIRE

H. LENTULO
D. E. D. P.

OBSERVATIONS SUR LES DESCELLEMENTS ACCIDENTELS
DES PIVOTS DENTAIRES

Permettez-moi, sans autre préambule d'entrer tout de suite dans le vif d'un incident de pratique professionnelle fréquent, banal, que vous n'ignorez pas.

(Suivent, dans la communication originale, deux observations typiques, classiques, de dents à pivots avec collier et sans collier accidentellement descellées).

Dans ces deux cas comme dans tous autres que vous avez pu personnellement observer, il est à noter la remarquable rareté des traces de ciment dans les parties construites pour la rétention.

C'est là que nous voulons en venir.

Point de ciment. On a donné des explications diverses. Peut-être tout à l'heure en sera-t-il formulé, s'il y a discussion. Nous nous proposons de défendre l'explication suivante comme fait principal : On ne trouve pas de ciment parce que, en dépit de ce que l'on croit, il n'en a point été mis... ou si peu.

Cette affirmation n'intéresse, bien entendu, que les pivots accidentellement descellés, quoique de récentes constatations pourraient nous inciter à une plus grande généralisation.

En effet, pour les besoins de cette communication, nous avons cherché à nous rendre compte d'une façon positive de ce qui n'était qu'une présomption sérieuse.

Nous avons pu examiner quatre-vingt-quinze radiographies de dents à pivots.

Ces films ont été tirés à des époques diverses pour le service d'une clientèle bourgeoise aisée et riche ce qui peut préjuger, pour l'ensemble des travaux examinés, une exécution de bonne classe.

Nous avons eu la surprise de constater que sur quatre-vingt-quinze images, quarante-sept seulement révèlent un scellement convenable. Ce qui reviendrait à dire que une fois sur deux, les scellements laissent à désirer.

Qu'observe-t-on dans les images signifiant un scellement réussi ? Voici, en schématisant : Une racine, avec la portion du canal traité et obturé correspondant au tiers apical. Dessous, on aperçoit la loge recevant le pivot. Elle est presque opaque, avec en son centre, nettement visible, le pivot métallique impénétrable aux rayons X. Cette appréciation ne laisse pas de doute sur l'efficacité du scellement et nous pouvons vous affirmer en passant, que devant un cas semblable et pour peu que le pivot soit strié, il n'y a pas d'extracteurs de pivots qui puisse en venir à bout.

De même pour indubitable nous paraît le résultat d'examen des films de pivots imparfaitement scellés.

Cette fois-ci la racine présente aussi, sous la portion de canal obturé, la loge du pivot et le pivot, avec cette différence que, en examinant de près, on aperçoit, surtout si le pivot ne va pas buter au fond de sa loge, un espace vide de ciment, une cavité.

D'autres exemples d'imperfections se révèlent par le profil du pivot métallique et ses encoches de rétention avec une netteté de contours qui est exclue quand celui-ci est tant soit peu enrobé de ciment.

Ainsi, nous pensons avec ces aspects pouvoir décider de la plus ou moins bonne réussite dans le scellement.

Au surplus, notre statistique ne s'impose pas rigoureusement et n'a qu'une valeur d'appoint pour cette conclusion que *le scellement d'un pivot n'est pas une opération tellement facile,* comme semblent le laisser supposer les ouvrages traitant des bridges, couronnes et dents à tenons. A tel point que dans certains traités, le scellement avec ciment est tenu pour quelque chose qui va de soi est reste sans explication.

Sans avoir à s'étendre exagérément, il doit pouvoir être indiqué, au moins, ce qu'il faut éviter.

Ceci par exemple.

Servons-nous d'un cas banal qui vous rappellera peut-être des souvenirs.

Nous avons à poser une incisive latérale à pivot avec collier. Prudemment, savamment, le pivot a été conçu et exécuté en métal dur, rigide, pour être, avec un diamètre *réduit* ajusté dans une loge *exactement* à sa mesure.

Le moment du scellement arrive. C'est généralement en fin de séance (ce détail n'est pas inutile). Tout est prêt. Il n'y a pas de doute que nous emploierons un ciment spécial, malaxé semi-fluide, à prise moyennement rapide... Et nous voici garnissant le collier, enrobant le pivot, puis essayer d'introduire le ciment dans la loge radiculaire. Généralement, c'est une sonde droite qui est employée avec toujours le même mouvement d'aller et retour d'un instrument empâté de ciment, qui voudrait pousser la chose le long d'une paroi de la loge. Mais elle est si *étroite* que bientôt l'orifice en est complètement obstrué et dès ce moment on ne voit plus ce qui se passe... De plus, il n'y a pas tellement de temps à perdre... Le ciment est déjà moins fluide... Il s'agit de terminer. Le pivot est engagé : il avance bien pour les deux tiers, puis, une résistance s'annonce et si on lache la dent il y a un *effet de piston* qui la rejette sensiblement. C'est le signe d'une bulle d'air dans le fond de la loge. Quoi faire ?... Recommencer ?... Peut-être. Mais pas avec le même ciment qui nettement commence à faire prise... C'est allonger cette séance de vingt minutes ?... Mais, voilà qu'un coup de pouce un peu plus fort... (presque malgré nous) a tout décidé. La dent et le pivot sont à fond ; on a entendu un léger claquement gras sur les bords du collier ; la dent n'est plus repoussée ; il n'y a plus de bulle d'air gênante. L'opération est jugée terminée.

Mais pas tellement bien qu'on puisse assurer qu'il demeure assez de ciment autour du pivot, car, en sortant de force, la bulle d'air a presque tout balayé vers l'extérieur.

Nous ne voyons pas d'autre cause pour expliquer quarante-huit scellements imparfaits sur quatre-vingt-quinze examinés.

Nous pensons qu'il est facile de modifier ce pourcentage.

Il suffit d'un simple foret de Beutelrock, monté sur le tour dentaire et *tournant à l'envers,* qui portera le ciment dans la loge du pivot.

Le moins que cet instrument puisse faire en tournant à contre-sens c'est de laisser le ciment, là où il est porté, sans le ramener autour de lui comme dans le cas de la sonde ou du fouloir droit.

Par ailleurs, ceux d'entre vous qui ont bien voulu utiliser l'instrument dit « bourre-pâte » pour l'obturation des canaux ont sans doute déjà pensé à employer celui-ci pour le scellement des pivots. Quoiqu'il n'y soit pas totalement efficace, tel quel, il est déjà aussi d'un bon secours.

Nous avons fait construire une variété de « bourre-pâte » spécialement pour les scellements en question ; variété à gros diamètre et de spires uniformes.

Le résultat de leur emploi est que, en quelques secondes, n'importe quelle loge est remplie de ciment sans la moindre lacune, réalisant des scellements parfaits, nous pouvons dire à cent pour cent, sans que cela ait absolument rien d'étonnant et comme chose qui, cette fois, va bien de soi.

Docteur A. PONT

CONTRIBUTION A L'ÉTUDE DES CANINES INCLUSES

Docteur Pierre ROLLAND

DE LA STÉRILISATION ET DE L'ENTRETIEN DES SERINGUES A INJECTIONS HYPODERMIQUES

M. F. HALOUA

BROSSE A DENTS ROTATIVE A MOUVEMENTS MÉCANIQUES

Nous connaissons tous l'importance capitale qu'il faut attacher à l'hygiène dentaire à laquelle je me suis depuis de longues années plus particulièrement attaché. Je ne vais pas vous en faire l'historique ni vous décrire les étapes successives que l'hygiène dentaire a traversé, ni ce qui a été fait, peu de chose, ni ce qui reste à faire, presque tout.

Il est indéniable qu'en dehors des multiples préceptes d'hygiène dentaire recommandés, ordonnés, répandus et qu'à dessein nous laisserons de côté pour aujourd'hui, la brosse à dents a joué et joue toujours un rôle dont la valeur n'échappe à personne.

Mais de combien de conceptions, de combien de modèles, souvent ingénieux, cette brosse n'a-t-elle pas été l'objet ! Ne remontons pas à l'origine il faudrait plusieurs pages pour traiter convenablement cette question.

Plusieurs types de brosses à dent nous été souvent présentés. Tous ont des qualités, des défauts. Des poils courts, des poils longs, la masse de ces poils interchangeables, incurvés à droite, incurvés à gauche, le manche suivant le même mouvement ou le contrariant que sais-je encore. Tous ces types sont dans le commerce et vous les connaissez. Cependant aucun type de brosse, si perfectionné fut-il, n'est parvenu encore à réunir les suffrages précieux et indiscutables de tous les confrères, ceux-ci restant fidèles et absolument convaincus que seules les petites brosses, pinceau, roue ou cupule, dont nous nous servons dans nos cabinets, par un mouvement rotatif, remplissent toutes les conditions désirables pour les nettoyages des dents tout en produisant le maximum d'effet.

Mon confrère et ami M. Hulin, dans son remarquable travail sur la pyorrhée, l'a déclaré nettement tout en regrettant que l'usage de cette brosse ne puisse pas être répandue, car seule l'électricité ou le tour à pied sont capables de donner à ces brossettes la rotation si efficace.

Evidemment on ne peut pas voyager avec un tour à pied même démontable parmi ses bagages, on ne peut pas non plus se déplacer avec un petit moteur dans sa poche et tous les accessoires nécessaires à la petite opération de brossage bi-quotidienne, faire mettre une prise de courant là où l'on se trouve, etc., etc., la chose nous paraît parfaitement irréalisable.

C'est ce qui nous a donné l'idée de chercher à obtenir la rotation de la brossette par un moyen uniquement mécanique, sans tour à pied, sans électricité, simplement par un petit appareil facile à manier, facile à transporter et qui pourrait dignement figurer dans l'arsenal d'hygiène d'un cabinet de toilette.

Paul SPIRA

Colmar

DÉGLUTITION D'UN CORPS ÉTRANGER (TIRE-NERF) PENDANT UNE OPÉRATION DENTAIRE

Lors de l'extirpation de la pulpe d'une dent de sagesse inférieure avec un tire-nerf court, celui-ci s'échappe des doigts de l'opérateur et est avalé

par la patiente. La radiographie, faite immédiatement le situe très nettement libre dans l'estomac; aucun symptôme objectif, ni clinique. Les
radiographies et les scopies faites les lendemain et surlendemain font
voir la marche du corps étranger et démontrent avec certitude l'élimination du tire-nerf par les voies naturelles; toutefois la patiente n'a pas
vérifié ses selles et l'instrument n'est plus revu.

L'auteur expose les dangers des petits instruments pointus utilisés en
dentisterie, les mesures et moyens de protection pour éviter ces accidents,
la question de responsabilité et l'attitude du praticien lors d'un événement pareil et les mesures à prendre pour faciliter le passage dans le
tractus intestinal d'un corps étranger pointu avalé.

SCIENCES PHARMACEUTIQUES

Président. . . . . .   M. Emile PERROT, Membre de l'Académie de Méde-
cine, Professeur à la Faculté de Pharmacie.
Vice-Président . . .   BRUÈRE, Pharmacien colonel de l'Armée.
Secrétaire . . . . .   GUILLAUME, Professeur Ecole de Médecine et de Phar-
macie de Rouen.
Secrétaire-adjoint . .   J. COULOUMA, Pharmacien, Béziers.

Docteur ARTAULT DE VEVEY

LES AVATARS ET L'AVENIR DE LA THÉRAPEUTIQUE NATURELLE

Dans un exposé vigoureux des causes du dédain actuel des médecins, et même des pharmaciens, pour la thérapeutique naturelle, et dans un appel chaleureux à une exacte connaissance, et à une juste appréciation des services qu'elle pourrait leur rendre, le docteur Artault de Vevey a fait le procès des agents responsables de l'abandon de l'enseignement des sciences dites « accessoires », et pourtant fondamentales (Physique, chimie, histoire naturelle), dans les Facultés de Médecine.

Il a montré que ce dédain résultait de l'indifférence, et même du mépris, que professaient et que professent trop souvent encore, les maîtres de la Clinique, qui devraient, au contraire, par définition, par intérêt, par amour-propre, et par obligation, enseigner les moyens de guérir que ces sciences mettent à la disposition des médecins, mais qui, malheureusement, les ignorent eux-mêmes, parce qu'au cours de leurs études nul ne les leur a enseignées, et qu'on n'en demande pas aux concours.

Le docteur Artault de Vevey se demande si la médecine est l'art de faire des diagnostics, ou l'art de soulager et de guérir. Il prétend que la clinique doit apprendre à connaître les maladies, pour savoir par où et comment on peut les attaquer. Mais comme le malade attend autre chose du médecin que de savantes dissertations sur son cas, il faut que le clinicien se double d'un thérapeute.

Or seules les sciences accessoires, avec toutes les thérapies qui découlent de chacune d'elles : électrothérapie, héliothérapie, photothérapie, actinothérapie, radiothérapie pour la physique, chimiothérapie, zoothérapie, dont le nom devrait remplacer celui d'opothérapie et phytothérapie, pour l'histoire naturelle ; seules ces sciences accessoires, dont la liste ci-dessus suffit à montrer l'importance, contribuent au but noble et suprême de la Médecine : soulager et guérir.

Mais de toutes les thérapies énumérées ici, la phytothérapie est la plus dédaignée ; c'est qu'elle est aussi la plus ignorée, car depuis près de 40 ans elle est inexistante à la Faculté de Paris qui, seule dans le monde, n'a même pas un Jardin botanique. Elle est cependant la plus riche en médicaments répondant à toutes les indications ; et elle s'enrichit tous les jours de nouvelles plantes et de nouvelles connaissances des propriétés des anciennes ; et surtout, par les travaux des physiologues et des pharmacologues, qui s'engagent maintenant dans la voie féconde de l'étude des analogies entre certains produits végétaux et animaux ; voie qui mènera sûrement à des découvertes intéressantes, non seulement pour la thérapeutique naturelle, mais pour la biologie elle-même.

Aussi bien le docteur Artault de Vevey ne doute-t-il pas qu'entraînés par les progrès de cette thérapeutique, les médecins n'éprouvent bientôt le besoin de connaître enfin les ressources infinies de la phytothérapie, et que l'enseignement de physique, de chimie, d'histoire naturelle *médicales*, à orientation nettement professionnelle, s'imposera tôt ou tard.

Il fait en tout cas, dès aujourd'hui, un appel chaleureux aux médecins pour qu'ils apprennent à connaître les plantes. Cela rehaussera même leur prestige aux yeux de leurs propres clients, souvent guéris par les simples de quelque guérisseuse, là où ils avaient échoué avec leurs spécialités. Leur défense : d'y trouver plus de sûreté d'action, est un argument spécieux, oreiller d'ignorance ou de paresse. C'est en tout cas ravaler leur art au rang de métier, presque d'intermédiaire commercial. Or, ils éprouveraient, au contraire, de vives satisfactions à l'étude de la thérapeutique naturelle, qui leur imposerait, par la rédaction d'ordonnances, une gymnastique intellectuelle utile pour les convenances et les combinaisons de médicaments, d'où ils tireraient une culture plus étendue, et un esprit critique plus affiné.

Le docteur Artault de Vevey recommande enfin à ses confrères et aux pharmaciens de préconiser la culture des plantes médicinales qui tend à devenir une branche importante de notre agriculture, sous l'impulsion énergique du professeur Em. Perrot, de qui l'effort mérite d'être soutenu, tant par la perspective des bénéfices qu'on en peut tirer, que par l'intérêt patriotique qu'il éveille, puisque nous payons pour les plantes médicinales et industrielles un lourd tribut d'importation à l'étranger.

BONNEFOND

Pharmacien.

CONTRIBUTION A L'ÉTUDE DU GAIACOL CAMPHRÉ

L'iode, pris à hautes doses, paraît être le remède spécifique de la tuberculose. Malheureusement les doses élevées peuvent déterminer, très rapidement, des accidents graves. C'est pourquoi on fait prendre la teinture d'iode ou les solutions iodo-iodurées dans le lait. Une grande partie de l'iode passe à l'état d'albumine iodée dont l'action peut être totalement différente de celle de l'iode.

Le gaïacol camphré confère à l'iode une très grande innocuité. C'est ce que je vais essayer de démontrer.

Une solution d'iode au tiers dans le gaïacol camphré, c'est-à-dire cinq fois plus concentrée que la teinture d'iode, ne produit sur la peau aucune démangeaison ni inflammation, même après plusieurs applications.

Lorsqu'on respire de l'air chargé de vapeur d'iode il se produit du coryza, du larmoiement, des hémorragies, parfois même de l'œdème de la glotte et du poumon.

Aucun de ces accidents ne se produit lorsque l'air chargé de vapeur d'iode a barboté dans du gaïacol camphré.

Ce traitement a été employé, dans un cas des plus graves de broncho-pneumonie, chez une enfant de deux ans dont tous les organes étaient profondément atteints par la tuberculose. C'était une tentative désespérée. On sait que dans la broncho-pneumonie il faut éviter toute vapeur irritante. Cependant la malade fut placée plusieurs heures chaque jour dans une atmosphère iodée contenant des traces de gaïacol camphré ; elle n'eût ni coryza, ni larmoiement et la broncho-pneumonie guérit.

En continuant à outrance le traitement iodé, au lieu de s'en tenir à une cure d'air, on eût, peut-être, évité la méningite qui se déclara au cours de la convalescence.

Cette expérience m'a conduit à essayer, sur l'organisme, l'action de l'iode en dissolution dans le gaïacol camphré. Je suis arrivé à dépasser de beaucoup, et impunément. les quantités maxima du Codex. Celles-ci sont de 25 milligrammes pour une dose et de 10 centigrammes pour 24 heures. Or j'ai fait prendre jusqu'à 50 centigrammes par dose et 1 gramme et demi en 24 heures, ce qui, en teinture d'iode, représente respectivement 7 gr. 50 et 22 gr. 50, quantités supérieures à celles qui sont considérées comme mortelles.

Je n'ai pas prolongé l'usage de ces doses élevées, quoique les sujets n'aient présenté aucun symptôme d'intolérance.

Par contre, les mêmes personnes absorbent chaque jour, depuis le mois de mars 1928, trois doses de 25 centigrammes d'iode. Elles n'en sont pas incommodées et jouissent même d'une santé parfaite, y compris une jeune femme tuberculeuse qui paraît guérie.

On a pu donner de très grandes quantités d'iode sous forme d'huile iodée ou d'iodures, mais on ne peut pas comparer l'effet de ces combinaisons à celui de l'iode pur ; leurs propriétés sont tout à fait différentes.

Jusqu'à présent, l'usage de l'iode libre, comme médicament interne, est très restreint ; pourtant on en obtient des résultats intéressants dans un grand nombre de maladies.

Lorsqu'il sera permis, sans crainte d'accident, d'user de doses dix fois plus élevées on augmentera d'autant son pouvoir antiseptique, son action stimulante sur les organes lymphoïdes, son action sur la circulation et la respiration. La plénitude respiratoire obtenue avec une forte dose d'iode procure une sensation de bien-être comparable à celle que donne la cocaïne avec cette différence qu'elle est beaucoup plus durable et n'est jamais suivie de collapsus. On peut, par ce moyen guérir la toxicomanie.

Souhaitons que, dans un avenir proche, l'iode prenne en thérapeutique la place qu'il mérite.

Paul BRUÈRE
Pharmacien-Colonel. Paris

APPLICATION PRATIQUE DE LA « TEINTURE SANS COLORANTS »
1º A la différenciation des fibres animales et végétales.
2º A la coloration stable des crins de Florence.

L'étude que nous avons faite d'un nouveau procédé de teinture, réalisable sans matières colorantes ([1]) nous a conduit à rechercher les conditions optima de son application :

1º En *analyse* pour la différenciation des fibres animales et végétales.

2º En *pharmacie* pour la coloration stable des crins de Florence.

Avant d'exposer le mode opératoire auquel nous nous sommes arrêté pour les synthèses chromogènes à réaliser dans chacune de ces catégories, il nous a paru nécessaire de résumer très brièvement le principe de la teinture sans matières colorantes.

Les procédés Escaich-Worms consistent essentiellement à développer directement des colorations sur fibres animales en bains acides, renfermant des sels métalliques à cations spécifiques (cuivre, fer, nickel, cobalt, etc.) employés seuls (série A) ou associés à des phénols (série B) ; les nuances montent par addition ménagée de nitrite de sodium en une heure environ, à une température comprise entre 75º et l'ébullition.

Les colorations se développent également à partir de la température ordinaire, mais beaucoup plus lentement.

Les fibres végétales et les soies artificielles à caractère cellulosique ne se teignent pas dans les mêmes conditions.

I. — *Différenciation des fibres animales et végétales.*

Pour effectuer cette détermination analytique, basée principalement jusqu'ici sur les constatations faites au cours de la combustion et sur l'action des liqueurs alcalines, nous avons établi un *bain-standard*, applicable à toutes les catégories de fibres (laine, soie, lin, coton, etc.) quelle que soit leur présentation (bourres, fils, tissus simples ou mixtes).

([1]) Communication présentée à la Société des Experts-Chimistes de France, février 1929 (*Annales des falsifications et des fraudes*, nº 243, mars 1929).

Mode opératoire. — Le bain est obtenu pratiquement au laboratoire en mesurant dans un cristallisoir avec couvercle de 6 à 8 centimètres de diamètre et 2 à 3 centimètres de hauteur :

> Eau distillée . . . .   20 cm³
> Solution aqueuse au dixième de sulfate
> de cuivre cristallisé . . . .   XX gouttes

On porte au bain-marie d'eau bouillante et dès que la température dépasse 70⁰ on ajoute :

> · Solution aqueuse au dixième d'acide for-
> mique . . . .   XXX gouttes

On introduit dans ce bain l'éprouvette du tissu à examiner ou les fibres réunies en écheveau d'un poids moyen de 5 décigrammes à 1 gramme.

Pour faire monter la coloration au vieux rose on ajoute de cinq en cinq minutes :

> Solution aqueuse au dixième de nitrite de
> sodium . . . .   X gouttes

L'opération est pratiquement terminée en quinze ou trente minutes suivant que l'on désire obtenir une coloration moyenne ou la pousser jusqu'au rose violacé afin d'accentuer les oppositions dans les cas des tissus mixtes.

En fin d'expérience on lave, on rince et on sèche.

Interprétation des résultats. — La laine, la soie naturelle, les crins, les plumes se colorent dans le *bain-standard* au cuivre en rose violacé.

Les fibres végétales (coton, lin, chanvre) ainsi que les soies artificielles cellulosiques restent incolores.

L'emploi de cette méthode permet une vérification macroscopique de la contexture d'un tissu ; on pourra ainsi mettre en relief les points suivants :

a) Chaîne (colorée) et trame (colorée) d'un tissu pure laine ou soie naturelle.

b) Chaîne (non colorée) en coton, lin ou soie artificielle et trame (colorée) en laine ou soie naturelle.   ·

c) Chaîne apparente d'envers (non colorée) en coton ou soie artificielle avec trame (colorée) en laine ou soie naturelle.

d) Dessins (non colorés) en coton sur fond (coloré) en laine, etc.

Un simple triage à la main, suivi d'une pesée permettra d'apprécier le pourcentage des fibres animales.

II. — *Coloration stable des crins de Florence.*

A. — La coloration des crins de Florence, par les couleurs d'aniline, n'est pas toujours très stable ; il nous a paru intéressant de chercher à réaliser cette coloration par formation de complexes organo-métalliques.

Les colorations obtenues série A, c'est-à-dire sans emploi de phénols ont une gamme restreinte au jaune d'or, à l'orangé, au rose carminé, au rouge-groseille et au brun-noir ; les solvants habituels utilisés en chirurgie (alcool, éther, chloroforme ainsi que l'eau oxygénée) ne modifient pas les colorations obtenues. Avec les solutions d'hypochlorites et de chloramines l'atténuation constatée à la longue ou les modifications de teintes sont pratiquements négligeables.

Mode opératoire. — On enroule les crins en couronnes par groupes de dix à quinze suivant leur grosseur, de façon à obtenir un poids voisin d'un gramme ; puis on les immerge dans un bain standard contenu dans un cristallisoir en verre avec couvercle du modèle précité.

Bain standard	Eau distillée.		20 cm³
	Solution aqueuse au dixième	d'acide formique . . .	XX gouttes
		de nitrite de sodium . .	XX gouttes

A la température ordinaire, un contact de deux heures suffit pour obtenir une coloration *jaune d'or*.

On lave et on sèche entre deux feuilles de papier à filtrer.

Pour obtenir une coloration *orangée* le séjour doit être prolongé pendant 48 heures.

L'addition au bain standard de XX gouttes d'une solution aqueuse au dixième de sulfate de cuivre conduit à une teinte *rose carminé* en deux heures environ.

L'emploi dans les mêmes proportions d'une solution aqueuse au dixième de sulfate de nickel fournit en cinq heures environ une belle coloration *rouge-groseille*.

Pour obtenir une coloration noire on emploie une solution aqueuse au dixième de chlorure de cobalt ; on laisse monter la nuance pendant 48 heures.

B. — La gamme des colorations *série A* peut être élargie en faisant appel aux bains à base de produits phénoliques série B.

A titre d'indication nous signalerons les colorations *jaune-vert* et *vert-bleu* facilement réalisables à la température ordinaire en ajoutant au bain standard :

Solution aqueuse au dixième	de sulfate ferreux	XX gouttes
	de résorcine	V à X gouttes

Les teintes montent en une heure au *jaune-vert* puis au *vert-chloro-phylle* pour s'accentuer au *vert-bleu* en augmentant la durée de séjour et la proportion de produit phénolique.

Nota. — En règle générale, pour une même durée de séjour dans le bain, l'intensité des colorations s'accentue en raison inverse de la grosseur des crins ; d'autre part il y a lieu de se mettre en garde contre un séjour trop prolongé qui tend à foncer les nuances et à les conduire au brun-noir.

Il est important de noter que les essais comparatifs effectués au séricimètre sur des crins de même série n'ont accusé aucune différence dans la résistance avant et après la coloration par ce procédé original de teinture.

J. COULOUMA

Docteur en Pharmacie.

TROIS CAS D'ACÉTONURIE SANS DIABÈTE

Par habitude nous considérons l'acétonurie comme une conséquence du diabète et dans les analyses complètes d'urine nous ne cherchons pas toujours l'acétone indépendamment de la présence du sucre.

Or cette année nous avons eu la chance d'observer trois cas curieux d'acétonurie sans glycosurie dans des maladies peu fréquentes et à des âges très différents.

a) Nous citerons d'abord le cas d'un enfant de quatre ans et demi qui a fait une crise grave d'urémie heureusement conjurée. Dans la journée du 6 mai les parents de ce bébé avaient remarqué chez leur fils une enflure d'un orteil. Le médecin appelé parla d'une crise de rhumatisme et ordonna une alimentation légère végétale. Le lendemain, 6 mai l'œdème gagna le pied ; le soir du même jour elle monta jusqu'au genou ; à ce moment un essoufflement caractéristique apparut. Les urines étaient rares : les parents du bébé m'ont déclaré que leur fils faisait une cuillerée à café par 24 heures.

Dans la nuit du 6 au 7 une syncope se produisit : le médecin diagnostiqua des troubles urémiques graves ; il donna des piqûres d'huile camphrée et des lavements glucosés. L'enfant était alimenté avec des oranges.

Le 8, les urines revinrent en quantité suffisante pour permettre une analyse. Nous avons mesuré ce jour-là 400 centimètres cubes. Nous avons dosé 0 gr. 36 de chlorures, 10 gr. 41 d'urée, 0 gr. 75 d'ammoniaque et 103 milligrammes d'acétone. La réaction de l'urobiline était très nette ; il existait des traces d'albumine. Dans le dépôt nous n'avons pas observé des cylindres mais de rares hématies. Le rapport azoturique était de 74 et le coefficient Maillard de 54.

Le lendemain, 9 mai, les urines revinrent en abondance et atteignirent le litre. Le 12, nous n'observâmes plus d'acétone ; l'albumine avait disparu, les chlorures atteignaient 3 grammes et l'ammoniaque était tombé au chiffre normal de 0,12. La guérison était complète.

b) Je vous signalerai en deuxième lieu le cas très rare d'une dame de 43 ans atteinte de molle hydatiforme au troisième mois de sa grossesse. Les hémorragies abondantes, la gêne respiratoire, les vomissements rendaient le médecin traitant fort perplexe. Le diagnostic ne fut posé que par le chirurgien. Le pouls était à 140. .

Je rappelle que la grossesse molaire résulte d'un produit de conception altéré dont la cause peut être d'après divers auteurs, traumatique, morale ou syphilitique. Les théories modernes font du molle une sorte de prolifération cancéreuse de la villosité choriale. Dans l'espèce il s'agissait d'un molle hydatiforme ou vésiculaire constitué d'une série de vésicules réunis en grappes de raisin ; le fœtus avait été résorbé et les villosités du chorion s'étaient hypertrophiées. Au point de vue laboratoire les urines étaient depuis quelque temps très concentrées et très rares.

Le 24 mai 1928, nous avons procédé à l'analyse des urines sur un volume de 560 centimètres cubes :

Elles contenaient 0 gr. 14 d'albumine, 0 gr. 53 d'acétone, 13 gr. 18 d'urée et 19 gr. 94 de chlorure.

Les réactions de l'indican, de l'urobiline et des acides biliaires étaient fortement marquées. Le dépôt était formé de nombreuses hématies, de leucocytes isolés et de cellules épithéliales. La malade faisait de la bactériurie colibacillaire et de l'urémie avec 76 centigrammes d'urée.

La réaction de Wassermann était négative. Le 28 mai, l'opération eut lieu. Le chirurgien enleva le molle et l'utérus. Dès le surlendemain la malade se trouva mieux ; tous les troubles disparurent.

Le 27 juin, l'urine de la convalescente ne contenait plus d'acétone.

Par contre l'urémie a persisté un certain temps, tout en s'atténuant : le 20 août nous trouvions encore 0 gr. 52 d'urée. En décembre seulement la teneur de ce corps est descendu au chiffre normal. Cette dame n'a jamais fait de la glycosurie.

c) En troisième lieu je vous parlerai d'un sexagénaire de 62 ans atteint depuis deux ans d'une tumeur végétante de l'estomac ou d'un ulcère rond.

Cette tumeur a bloqué l'estomac ; en se développant elle a rendu difficile le passage des aliments dans l'intestin. Nous avions procédé à une analyse en novembre dernier ; nous n'avions pas caractérisé l'acétone ni le glucose.

Le 7 avril, nous fûmes chargé d'un nouvel examen des urines. Le volume des 24 heures était de 500 centimètres cubes. Nous avons dosé 0 gr. 07 d'albumine, 23 gr. 29 d'urée et 0 gr. 103 d'acétone. L'acidité de l'urine s'élevait à 2 gr. 07 nous avons titré 1 gr. 21 d'ammoniaque.

Depuis 20 jours déjà la tumeur empêchait toute alimentation et l'acétonurie observée pourrait se classer dans les cas déjà signalés d'acétonurie par jeûne. Ce malade est mort 10 jours après notre analyse.

Ces trois cas curieux peuvent nous inciter à chercher systématiquement l'acétone dans toutes les urines.

La réaction au nitro-prussiate et à l'ammoniaque que nous avons employée est très nette à partir de 20 milligrammes d'acétone. Nous avons toujours fait précéder le dosage à l'iode d'une distillation.

Lucien DANZEL

Docteur en Pharmacie.

1° L'EXPLOITATION INDUSTRIELLE DE LA SCILLE EN AFRIQUE DU NORD

De tous temps, la Scille a été appréciée comme plante médicinale et sa vente n'a guère subi d'interruption au cours des siècles.

Cependant, ses propriétés thérapeutiques, tout en étant régulièrement mises à profit par le corps médical, ne suffiraient pas à lui assurer une grande consommation si, par ailleurs, son pouvoir toxique spécial n'était mis à profit par l'industrie pour la fabrication de préparations raticides, qui, — devant le danger que fait courir au monde la gent Trotte-Menu extraordinairement prolifique, — lui assurent ainsi un débouché important.

La Scille, c'est un fait, est toujours préférée à tous les autres poisons, même aux virus, pour lutter contre l'invasion des rats. Dans ce but, une importante maison de droguerie nous ayant demandé d'étudier la production et la fourniture de toute la Scille dont elle a besoin, nous avons été amené à réaliser l'étude suivante pour l'obtention d'un produit abondant, actif, inaltérable et d'un prix abordable.

Bien que la technique que nous préconisons nous soit particulière, nous en communiquons volontiers les détails, car ils pourront peut-être être mis à profit par une industrie similaire et parce que nous avons aussi l'espoir qu'elle recevra l'approbation du corps pharmaceutique : professeurs, techniciens, industriels et pharmaciens français, pour nous aider à faire rentrer complètement entre des mains françaises une industrie qui s'annonce rémunératrice.

Cette technique présente, en outre, l'avantage de pouvoir être entièrement réalisée industriellement dans l'Afrique française du Nord où la Scille est très abondante et parfois même encombrante et, une exploitation semblable devrait nous dispenser d'aller acheter dans les autres pays méditerranéens une matière première végétale que nous supposons fermement pouvoir livrer donnant toute satisfaction, ce qui n'est pas souvent le cas, pas plus aujourd'hui qu'autrefois.

En effet, en tout temps, des plaintes se sont élevées pour signaler le manque de régularité dans l'action physiologique de la Scille, en même temps que la difficulté de sa conservation.

Le guide officiel en la circonstance devrait être le Codex, mais, pour les Français au moins, il est pauvre en renseignements et il prescrit seulement la récolte en automne du bulbe, dont les squames intermédiaires, coupées et séchées, seront seules retenues pour les applications officinales. C'est encore dans le *Traité des Plantes médicinales indigènes* de Cazin qu'on trouve le plus de renseignements, mais, par contre, tous les auteurs déplorent la difficulté de conservation, sans indiquer d'ailleurs de remède à ce mal qui entraîne vraisemblablement une irrégularité d'activité.

Dernièrement, C. Focke, dans *Arch. de Pharm.* (1927, n° 2) a de nouveau posé la question en supposant que l'action des préparations à base de Scille devrait être considérablement augmentée avec une bonne méthode technique.

Le manque de technicité apparaît en effet et le peu de précision du Codex français est sans doute dû aux difficultés de récolte et de traitement.

D'abord, l'arrachage du bulbe de Scille est une opération vraiment pénible à cause de l'action inévitable du suc frais sur la peau.

Puis, la date de la récolte, dans la pratique, est généralement prématurée, car elle a lieu avant la pleine accumulation des produits de réserve dans les bulbes au cours de l'automne, par suite du désir des récolteurs de profiter du chaud soleil de l'été pour le séchage plus rapide avant les premières pluies de l'automne qui entravent ou retardent la dessiccation.

Ensuite, le séchage est réalisé à l'air et ne nous semble pas assez profond ni assez prolongé pour atteindre un degré de dessiccation suffisant pour mettre la plante, — et la poudre, par la suite, — à l'abri des variations de l'état hygrométrique de l'air.

Enfin, une autre cause de la diminution de la teneur en principes actifs est aussi souvent due au désir de récolter le poids le plus élevé possible et fait que le récolteur conserve trop de squames intérieures charnues et inactives.

Pour être réellement satisfaisante, une exploitation rationnelle devra donc, par suite, tenir compte de toutes ces critiques et les résoudre.

C'est le but de la méthode de traitement que nous allons exposer.

La date de récolte doit d'abord être rigoureusement ramenée à l'automne, comme le veulent tous les traités et Pharmacopées, pour trouver des bulbes remplis de réserves et nous ne serons pas pressé de bénéficier du soleil, par suite de notre installation de séchage.

En outre, dans une exploitation industrialisée et combinée de matières premières végétales nord-africaines, la récolte de la Scille en automne vient à point pour utiliser une main-d'œuvre rendue libre par la fin des travaux agricoles et bénéficier d'un traitement complet ininterrompu pendant deux mois environ au cours desquels les loisirs laissés par les autres branches de l'exploitation sont assez importants, puisque la carbonisation, exploitation de base que nous préconisons, sera la seule partie de production continue, été comme hiver.

L'arrachage, tel qu'il est encore pratiqué, est notoirement insuffisant et pénible et, le faisant bénéficier des progrès industriels de l'outillage, nous prévoyons un arrachage mécanique à l'aide d'un marteau pneumatique actionné par le moteur du camion dans lequel tout est amené sans frais sur le lieu même de la récolte. Celle-ci devra porter surtout sur les bulbes de moyenne et de grosse taille, triés dès l'arrachage même, au moment du chargement du camion et emportés de suite à l'usine.

Ici donc, économie énorme de temps et de main-d'œuvre, le transport par camion ne coûtant rien par l'utilisation, dans son gazogène, des déchets de charbon de la carbonisation à l'usine.

Dès leur arrivée à l'usine, les bulbes sont débarrassés mécaniquement de leur partie centrale charnue en passant dans un appareil où ils sont centrés puis perforés dans leur longueur par un tube emporte-pièce, pour de là tomber dans la machine à inciser où ils sont éclatés en quatre parties et plongés aussitôt dans l'alcool méthylique bouillant (Pour les préparations destinées à la médecine humaine, on emploiera de l'alcool officinal).

Une chaîne à godets sans fin remonte les bulbes éclatés au bout du temps de séjour nécessaire dans l'alcool et ces bulbes, ainsi stabilisés et stupéfiés, sont immédiatement placés dans une étuve avec ventilation à air chaud et desséchés suffisamment pour stériliser les matières amylacées qui ne pourront ainsi fixer d'humidité par la suite et seront d'une conservation pratiquement indéfinie, même après avoir subi une pulvérisation.

En résumé, nous réalisons avec un petit appareillage relativement

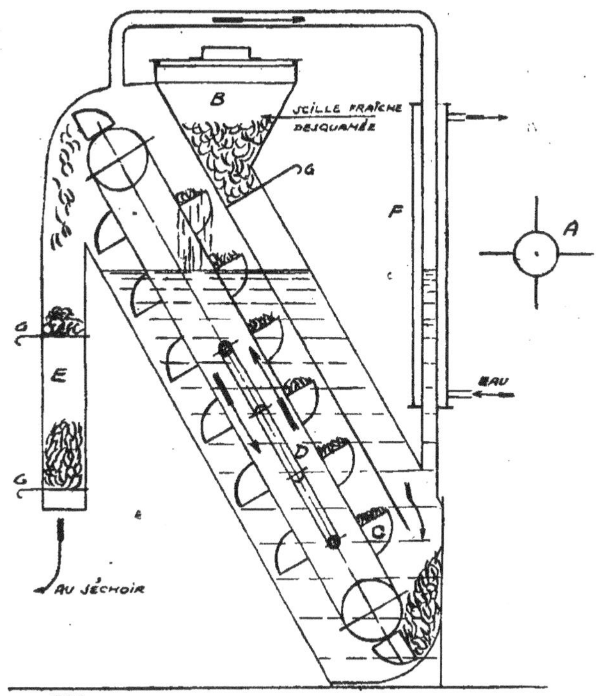

simple et peu coûteux, une stabilisation du bulbe de Scille selon la méthode Perrot-Goris et que les Laboratoires Dausse mettent déjà en pratique, nous semble-t-il, pour leurs extraits stabilisés de Scille.

Dans notre traitement de la Scille destinée aux préparations raticides, nous utilisons de l'alcool méthylique qui est d'ailleurs récupéré par un condensateur à reflux et qui nous est fourni sans frais par la distillation de notre bois de carbonisation, dont les déchets de charbon sont encore utilisés et chauffent le réservoir à alcool et l'étuve pour le séchage.

Il est bien évident qu'après un semblable traitement, toute l'activité de la plante fraîche est conservée et que les opérations suivantes de desquamation, de concassage, de pulvérisation seront accomplies en toute sécurité par la main-d'œuvre.

Cette technique industrielle pour l'exploitation de la Scille, — schématisée sur le graphique que M. G. Baudot et nous avons établi dans ce but et que nous joignons à cette étude, — nous paraît répondre à toutes les objections que nous avons relevées plus haut et la valeur des résultats sera exactement précisée par un titrage indispensable de la Scille sèche obtenue.

Reste enfin la question de la localisation de cette exploitation.

Pour être mise en œuvre, nous avons dit qu'elle doit être une petite branche d'une exploitation industrielle combinée de matières premières végétales nord-africaines, basée, selon nous, sur la carbonisation, car il est bien évident qu'une simple exploitation de plantes aromatiques et médicinales ne pourra prospérer par elle seule, même sous un climat idéal et au milieu d'une flore abondante et excellente, comme en Afrique du Nord.

Nous l'avons dès lors localisée dans cette contrée maghrebine où la Scille est abondante, — le titre de parrainage de la tribu algérienne des « Ben-Urgin » sur l'*Urginea Scilla* en est la preuve, — et la Kabylie nous paraît particulièrement propice, à tous points de vue, pour la réalisation matérielle et fructueuse de cette industrie.

C'est donc pour essayer d'amener en terre française une exploitation avantageuse d'une de ses ressources naturelles que nous proposons la méthode que nous venons d'exposer, avec le ferme espoir qu'elle fournira un produit nettement supérieur à ce que nous livre, à un prix relativement élevé, la concurrence étrangère et que, par suite, notre méthode contribuera, pour sa modeste part, à établir dans cette partie la supériorité de la production nord-africaine française et aidera à lui assurer une réputation mondiale.

Dans ce but, nous sollicitons d'abord l'opinion la mieux qualifiée, celle de la section pharmaceutique de l'Association Française pour l'Avancement des Sciences.

2⁰ L'ALGÉRIE, TERRE DES SOLANÉES

Spontanées ou cultivées, indigènes ou importées, vivrières, ornementales, médicinales, condimentaires, etc., toutes les Solanées, sans exception, lorsque l'expérience en a été faite, ont réussi à se fixer sur le sol de l'Algérie, dans le Sahel surtout, pour y prospérer et s'y accroître sans difficulté.

En effet, qu'elles soient :

Médicinales : Datura, Douce-amère, Belladone, Jusquiames diverses, Physalis, Morelles, Mandragore, Lyciet ;

Alimentaires : Pomme de terre, Tomate, Piments, Aubergine ;

Industrielles : Nicotianes diverses ;

Ornementales : Browallia, Solanum grimpant, Cestrum, etc. ;
toutes ces Solanées y poussent à l'envi.

Le splendide développement des cultures des primeurs : pommes de terre, tomates, etc., les champs de tabac, les plants de datura, les élevages du Jardin du Hamma, sont la meilleure démonstration que le climat convient à souhait à cette famille de plantes et les critiques qui ont marqué le début des cultures n'ont pas tardé à se taire devant les faits et les résultats positifs.

C'est qu'en réalité il n'y a jamais eu vraiment d'acclimatation à résoudre en ce qui se rapporte aux Solanées, car avec elles, puisqu'elles abondent en climat tempéré, on ne peut être accusé de rêver d'agriculture tropicale dans un pays méditerranéen.

Les Solanées, nous le savons, demandent cependant un climat, un terrain, une culture, un régime particuliers dont nous ne connaissons encore que très imparfaitement le rôle, surtout quand nous avons affaire à celles d'entre elles qui sont des plantes à alcaloïdes. C'est d'abord une question d'expérimentation et c'est précisément devant les résultats tangibles obtenus et confirmés qu'on doit s'efforcer d'en tirer tout le parti possible.

Dans le mot : « Solanée » il y a le radical : « Sol », de Soleil, qui vaut une indication et, en ce qui concerne ces plantes, l'acclimatation, si acclimatation il y a, est avant tout une question de latitude et, partant, d'irradiation.

Or, l'expérimentation nous démontre chaque jour, depuis plusieurs années, que les Solanées, — qui ne sont pas à vrai dire des plantes tropicales, mais bien plutôt des plantes sub-tropicales —, s'accommodent toutes à merveille du climat nord-africain qu'il nous faut dès lors, devant les résultats acquis, considérer comme le climat optimum.

En Algérie, les Solanées produisent le meilleur rendement économique et, par la culture, jamais elles ne se retrouvent d'emblée en infériorité par rapport à leur état spontané.

N'est-ce pas là la définition même de la terre d'élection, — voire de prédilection, — pour l'exploitation et l'étude plus approfondie des propriétés, des ressources et de l'activité d'un groupe de plantes ?

La simple énumération que nous venons de donner plus haut des Solanées se rencontrant en Algérie et qui se retrouvent mentionnées dans les flores (très rares !) ou les traités de culture nord-africaine est suffi-samment éloquente par tous les noms connus qu'elle comporte et aux-quels il ne manque que certains noms de Solanées encore restées dans leur région d'origine, ignorées ou isolées, telles que le Jurubèbe et le Pseudo-Quina du Brésil, la Scopolia du Japon, le Pichi du Chili et de l'Argentine, le Duboisia d'Australie, les Solanées de Madagascar, dont l'Anantsatria des Betsiléo et quelques autres.

L'essai de culture en Afrique du Nord de ces Solanées secondaires, comme de celles que nous pouvons importer d'Afrique Equatoriale Fran-çaise et qui présentent un intérêt au point de vue alimentaire : piments, arbres à tomates, lycopersicum, etc., serait intéressant à tenter parce que quelques-unes présentent un réel intérêt et qu'aucune d'elles ne semble redouter une transplantation, voire celles de la zone nettement tropicale qui pourraient peut-être croître près de la Jusquiame « Falez-lez » saharienne ou, comme le Browallia, s'adapter au ciel algérien.

Certes, il est regrettable qu'aucune précision ne puisse être apportée dès maintenant, mais qui peut le faire vraiment lorsqu'il s'agit des Solanées médicinales à alcaloïdes ?

Il faut prendre le problème à son point de départ et faire des dosages comparatifs des principes actifs de plantes recueillies en Afrique du Nord et de celles des autres pays supposés pays d'origine.

En faveur de notre thèse, la réponse est péremptoire avec les Solanées alimentaires, par la beauté, la saveur, la valeur nutritive de leurs fruits. En outre, certaines Solanées à parfums nous ont donné des indications encourageantes pour continuer les études.

Mais où les indications les plus sérieuses nous sont fournies, c'est par le tabac qui occupe aujourd'hui la première place parmi les plantes industrielles cultivées en Algérie et dont les variétés les plus riches en nicotine, — c'est-à-dire en principes actifs, — viennent précisément bien sous le climat nord-africain.

Restent donc presque exclusivement les Solanées médicinales pour la détermination des conditions favorables à leur production et à l'établisse-ment de types standards. Pour notre part nous avons obtenu de très intéressants résultats, quant à la beauté « marchande », au cours d'essais sur les datura sauvage et cultivé, mais comme nous n'avons pas encore pu procéder à des dosages précis, le problème reste entier et notre con-cours est tout acquis pour les essais que la Faculté voudra bien nous indiquer.

Il est certainement facile dès maintenant d'organiser scientifiquement des recherches dans toute la France Nord-Africaine avec la collaboration des professeurs et des techniciens qui suivront scrupuleusement les direc-tives données, mais il importe aussi, en attendant les résultats, que cette importante question de la culture des Solanées médicinales soit formellement réservée ? C'est le vœu que nous présentons et c'est là le but pratique de cette communication.

En conclusion de la communication ci-dessus, nous avons l'honneur de proposer à la XVe Section l'adoption des résolutions suivantes :

1° La France, par ses provinces nord-africaines, possède vraisemblablement les régions les plus favorables à la production des standards des diverses espèces de Solanées. En conséquence, elle invite ses délégués au Congrès International des Intérêts Européens de « La Plante Médicinale » à demander que lui soit réservée cette production en vue d'une normalisation de la production des Solanées médicinales ;

2° Le Gouvernement Général de l'Algérie sera sollicité pour faire procéder à des essais de standardisation, sous le contrôle du Comité Interministériel des Plantes Médicinales et Aromatiques et des Comités régionaux nord-africains ;

3° L'étude de la valeur thérapeutique desdites plantes obtenues sera assurée en même temps en relation avec les services de culture, par les Facultés de Pharmacie de Paris et d'Alger ;

4° Les entreprises privées d'exploitation de matières premières végétales, — sur leur demande à l'Office National des matières premières végétales pour la Droguerie et la Parfumerie, — seront tenues au courant des résultats obtenus et, en vue de l'exploitation agricole ou industrielle des Solanées médicinales en Afrique du Nord, recevront de la part des Pouvoirs Publics, par l'intermédiaire et sous le contrôle de la Faculté de Pharmacie, tous renseignements, aides et encouragements désirables ;

5° Aucune des matières premières récoltées provenant des Solanées médicinales, comme aucun des produits retirés de ces matières premières, ne pourront être délivrés au commerce de la droguerie sans avoir été auparavant contrôlés sur leur identité, leur pureté ou leur activité physiologique par le Laboratoire de Pharmacologie qui seul pourra délivrer le permis de vente.

R. FABRE

Professeur à la Faculté de Pharmacie de Paris.

L'IRRADIATION DES STÉROLS ET SES RAPPORTS
AVEC LA THÉRAPEUTIQUE

Rapport publié hors volume.

P. GILLOT et A. MEUNIER

Faculté de Pharmacie de Nancy.

SUR LA COMPOSITION DES TUBERCULES
DE LA GESSE TUBÉREUSE *(LATHYRUS TUBEROSUS* L.)

La Gesse tubéreuse (*Lathyrus tuberosus* L.) est une légumineuse vivace, à jolies fleurs roses, abondante dans le nord-est de la France. Elle croît spontanément dans les terrains calcaires et argilo-calcaires et, de préférence, dans les cultures de céréales et les friches.

Ses racines sont garnies de tubercules ovoïdes ou pyriformes, dont la grosseur varie entre celle d'une noisette et celle d'une noix. Ces tubercules n'acquièrent leur volume définitif qu'après trois ou quatre ans de végétation et certains d'entre eux peuvent alors peser 50 grammes.

Lorsqu'ils ont atteint leur maturité complète, les tubercules de la Gesse tubéreuse sont assez agréables à manger. Cuits dans l'eau ou sous la cendre, ils ont une saveur qui rappelle celle de la châtaigne. Aussi, sont-ils recherchés dans les campagnes où on leur donne les noms de *macusson, marguson, makoise, gland de terre,* etc.

Les tubercules du *Lathyrus tuberosus* ne semblent pas avoir été l'objet de recherches approfondies. Il convient cependant de signaler que

Parmentier attira l'attention sur leur valeur alimentaire dès 1781 [1] et que Braconnot en fit, en 1818 [2], une analyse très détaillée pour l'époque. Il nous a semblé intéressant de reprendre l'étude de ces tubercules. Les échantillons qui ont servi à nos recherches ont été récoltés, en mars 1928, dans la vallée de la Marne, aux environs de Châlons. Voici, succinctement résumés, les résultats correspondant à cette récolte :

Teneur en eau. — Coupés en tranches minces, les tubercules frais ont été desséchés à l'étuve à + 100° jusqu'à poids constant. La perte en eau s'est élevée à 74,20 0/0.

Matières minérales. — L'incinération du résidu sec obtenu précédemment a fourni une quantité de cendres correspondant à 1 gr. 30 pour 100 grammes de tubercules frais.

Matières protéiques. — En utilisant le procédé de Kjeldahl, nous avons trouvé 1 gr. 14 d'azote 0/0 ; ce qui correspond à 7 gr. 12 de matières protéiques pour 100 grammes de produit frais.

Sucres réducteurs. — 250 grammes de tubercules frais ont été stabilisés et épuisés par l'alcool à 95° bouillant. La solution extractive fut évaporée dans le vide à basse température et le résidu, dissous dans de l'eau thymolée, de façon que 100 cm³ de liquide correspondent à 100 grammes d'organes frais. L'examen de cet extrait aqueux a donné les résultats suivants :

Déviation polarimétrique ($l = 2$) . . . .   + 9°23'
Sucre réducteur (en glucose 0/0) . . . .   0 gr. 340

Sucres hydrolysables. — Le liquide précédent a été additionné d'invertine et abandonné à la température de 35°. Après 8 jours de contact, il présentait les caractères suivants :

Déviation polarimétrique ($l = 2$) . . . .   — 1°10'
Sucre réducteur (en glucose 0/0) . . . .   6 gr. 757

Sous l'influence de l'invertine, la déviation initiale de la solution extractive a diminué de 10°33' et il s'est formé 6 gr. 417 de sucre réducteur ; ce qui correspond à un indice de réduction de 608 et permet de supposer que le sucre hydrolysé est le saccharose. Ce sont d'ailleurs les résultats fournis par l'invertine qui permirent à V. Harlay [3] de conclure à l'existence de ce sucre dans des tubercules de *Lathyrus tuberosus* récoltés en mai 1902.

---

[1] P. Parmentier. *Recherches sur les végétaux nourrissants qui dans les temps de disette peuvent remplacer les aliments ordinaires,* Paris, 1781.

[2] H. Braconnot. Examen chimique des tubercules de la Gesse tubéreuse (*Ann. de Chim. et de Phys.* (2), VIII, 1818, p. 241.

[3] V. Harlay. *Bull. de la Soc. .d'Hist. nat. des Ardennes,* 1903, p. 43.

Afin de contrôler les indications fournies par l'invertine, nous avons tenu à extraire le sucre hydrolysable par ce ferment. De 500 grammes de tubercules, préalablement stabilisés, nous avons obtenu facilement, en employant le procédé bien connu de la combinaison barytique, 10 grammes d'un sucre cristallisé possédant le pouvoir rotatoire du saccharose :

$$\alpha_D = + 66^o5$$
$$(p = 1,0617 \,;\, v = 20 \,;\, l = 2 \,;\, \rho = + 7^o4').$$

Il convient toutefois de signaler que l'analyse de tubercules récoltés en septembre 1928 nous a fourni des résultats différant sensiblement des précédents. La solution extractive correspondante présentait, en effet, les caractères optiques suivants :

Déviation initiale ($l = 2$) . . . . $+ 7^o35'$
Déviation après l'action de l'invertine . . . . $+ 2^o32'$

Le liquide d'hydrolyse conserve, cette fois, une si forte déviation droite, qu'il est permis de soupçonner, dans les organes analysés, la présence d'un principe dextrogyre différent du saccharose.

Glucosides. — La recherche des glucosides succédant normalement à celle des sucres hydrolysables, nous avons utilisé, à cet effet, les liqueurs précédentes dans lesquelles l'action de l'invertine était complètement terminée. Nous les avons soumises, sans aucun résultat, à l'action de l'émulsine, de la rhamno-diastase et de la poudre fermentaire de *Lathyrus tuberosus.* Il n'y a donc pas de glucoside hydrolysable par ces ferments dans les tubercules de la Gesse tubéreuse.

Matières amylacées. — Ce dosage a été effectué sur le marc résultant de l'épuisement des tubercules par l'alcool bouillant et qui renferme les substances glucidiques insolubles dans ce dissolvant. Nous avons eu recours au procédé de saccharification par la diastase et dosé globalement l'amidon et les dextrines. La quantité d'amidon s'élève à 3 gr. 62 pour 100 grammes d'organes frais.

Alcaloïdes. — En traitant un kilo de tubercules, préalablement stabilisés, nous avons réussi à isoler, en petite quantité, une base azotée précipitable par la plupart des réactifs des alcaloïdes. L'état actuel de nos recherches ne nous permet pas encore de préciser la véritable nature de cette base, et nous en poursuivrons l'étude dès que nous aurons à notre disposition une quantité de matière suffisante.

Ferments. — Pour rechercher les ferments, nous avons utilisé le suc fourni par l'expression des tubercules frais.

Ce suc ne colore pas l'eau gaïacolée, mais l'addition d'eau oxygénée fait apparaître une coloration rouge intense, caractéristique d'une peroxydase.

Ajouté, à raison de 10 0/0, à des solutions thymolées renfermant : l'une 1 0/0 de saccharose, l'autre, 1 p. 100 de salicine, il a déterminé en quelques jours dans la première solution, un recul vers la gauche de 1°, dans la seconde, un retour à droite de 30'. Ce qui indique la présence d'invertine et d'émulsine.

Ajouté, dans la même proportion et en présence de toluène, à un empois contenant 1 0/0 d'amidon, le suc des tubercules de *Lathyrus tuberosus* a provoqué, en 8 jours de contact à 35°, la formation de 0 gr. 736 de sucre réducteur. Les organes examinés renferment donc de l'amylase.

En résumé, les tubercules frais du *Lathyrus tuberosus* présentent, à une époque correspondant sensiblement au départ de la végétation aérienne, la composition centésimale suivante :

Eau	74 gr. 20
Matières minérales.	1 gr. 30
Matières protéiques	7 gr. 12
Matières amylacées	3 gr. 62
Sucre réducteur	0 gr. 34
Saccharose	6 gr. 09
Non dosé	7 gr. 33

Outre ces principes, les tubercules de la Gesse tubéreuse renferment une pectine, une base azotée et, en septembre, un principe dextrogyre différent du saccharose. Ils contiennent aussi plusieurs ferments : peroxydase, invertine, émulsine et amylase.

La présence d'une base azotée et d'un principe dextrogyre nous incite à poursuivre l'étude de ces tubercules et à suivre les variations de leurs réserves glucidiques.

A. GUILLAUME

Professeur à l'École de Médecine et de Pharmacie de Rouen.

1° ÉTUDE BIOLOGIQUE DES ALCALOIDES

Depuis l'excellent travail de M. Goris, 1914, intitulé « Localisation et rôle des alcaloïdes et des glucosides chez les végétaux », des études variées sur la biologie des alcaloïdes ont été publiées tant en France qu'à l'étranger. D'autre part, des recherches expérimentales de chimie végétale entreprises depuis 6 années sur la migration de ces substances chez les plantes, autorisent le conférencier à présenter le sujet non pas sous un jour nouveau, mais avec des faits nouveaux.

C'est surtout le point de vue dynamique qui est intéressant à considérer : il comporte l'emploi de méthodes d'analyses chimiques quantitatives et comprend les deux parties principales suivantes :

1. L'étude du mécanisme biologique de l'apparition des alcaloïdes dans la plante, c'est-à-dire leur mode de formation : hypothèses proposées, expériences pour les contrôler ;

2. Puis l'étude des variations quantitatives des alcaloïdes et de leurs migrations : *a*) avec les conditions naturelles de culture : action des engrais ; influence des facteurs climatériques : action des radiations solaires, de l'état hygrométrique de l'air ; influence de la provenance des plantes : changements d'altitudes, de latitude, c'est-à-dire de température.

b) Variations sous l'influence de différents facteurs : facteur lumière : culture à l'obscurité ; facteur nutrition : étude de l'action qu'exercent les alcaloïdes sur les végétaux, quand on tente de les faire absorber par eux, c'est-à-dire l'étude de la nutrition des plantes avec les alcaloïdes ; culture en milieu non azoté.

c) Enfin migrations pendant la greffe et pendant la germination des graines. — Cette étude des variations de teneur en alcaloïdes dans les plantes est intéressante à envisager à un double point de vue : 1° de la science pure pour connaître, en physiologie végétale, les rapports des alcaloïdes avec la plante qui les fournit : comment ils apparaissent, de quelle façon ils interviennent dans la vie de la plante, comment ils se transforment et disparaissent ; 2° Applications à la culture des plantes médicinales à alcaloïdes ; c'est en effet en groupant tout ce que l'on sait sur la biologie de ces plantes que l'on pourra arriver à cultiver les plus importantes d'entre elles dans les meilleures conditions possibles au point de vue rendement en alcaloïdes et en poids de récolte.

2° DES PERTES EN ALCALOIDES AU COURS DE LA DESSICCATION DES PLANTES DANS DES CONDITIONS VARIÉES

Les plantes subissent pendant leur dessiccation des modifications chimiques dues à l'action des ferments. Nous avons voulu nous rendre compte des pertes en alcaloïdes qu'éprouvent certaines plantes, en les faisant sécher dans des conditions différentes les unes des autres et en titrant aussitôt leur principe actif. Nos expériences ont porté sur le *Lupinus mutabilis*, légumineuse à alcaloïde volatil : la spartéine, cultivé à Fontainebleau en 1928 et récolté en pleine floraison. Le principe qui nous a guidé fut le suivant : 1° séparer sur la plante fraîche, venant d'être récoltée, les différents organes : racines, tiges, feuilles jeunes, fleurs, fruits, et en prélever des lots de 100 gr. ; 2° Les faire sécher dans les conditions variées ci-après : les uns, stabilisés d'abord par les vapeurs d'alcool : Procédé Perrot-Goris, puis séchés à l'étuve à 70° ; les autres, séchés directement d'après les deux modalités qui suivent : certains, rapidement à l'étuve à diverses températures : 35°, 70°, 100° ; d'autres lentement, à l'air libre : soit à l'air sec, soit à l'air humide ; 3° Pulvériser ensuite finement chacun des lots et titrer les alcaloïdes par la méthode à l'acide silicotungstique. Comparer les résultats.

La durée de la stabilisation et la pression à l'autoclave furent différentes suivant la nature des organes : c'est-à-dire que les feuilles, les fleurs et les gousses furent stabilisés à 110° pendant une minute seulement ; les tiges le furent à la même température pendant trois minutes, les racines nécessitèrent dix minutes d'exposition à 118° (¹).

Les résultats sont consignés dans le tableau ci-dessous :

Variations de teneur en alcaloïdes (pour 100 d'organes frais) chez le lupin après dessiccation dans des conditions variées.

| | Plante stabilisée | Plante non stabilisée | | | | |
| | | Etuve | | | Air libre | |
		à 100°	à 70°	à 35°	sec (¹)	humide (²)
Fleurs . . .	0,1483	0,1318	0,1120	0,1026	0,1071	0,0951
Feuilles . .	0,0532	0,0393	0,0300	0,0376	0,0327	0,0194
Gousses. . .	0,1528	0,1607	0,1475	0,1209	0,1398	0,1059
Tiges . . .	0,0061	0,0051	0,0050	0,0034	0,0049	0,0017
Racines . . .	0,0041		0,0029	0,0010	0,0012	

(¹) La température pendant la durée de la dessiccation, s'est maintenue entre 15 et 20°.

(²) La température fut comprise entre 13 et 20°.

(¹) La stabilisation fut reconnue efficace lorsque la recherche des oxydases à l'aide de la teinture récente de résine de gaïac et de l'eau oxygénée donnait un résultat négatif.

Nous pouvons les interpréter de la façon suivante :

1° *Comparaison entre les organes stabilisés et ceux qui ne le sont pas* : dans tous les lots d'organes stabilisés, la teneur en alcaloïdes reste supérieure (sauf toutefois dans les gousses où la proportion à l'étuve à 100° se trouve plus grande avec un écart de 0 gr. 079 d'alcaloïdes par kg.) ;

2° *Comparaison entre les organes stabilisés et séchés à 70° et les organes non stabilisés* : a) *et séchés à la même température* : nous trouvons par kilogramme de plante fraîche et pour les cinq organes envisagés les différences suivantes à l'avantage des organes stabilisés : 1° Fleurs : 0 gr. 363 ; 2° Feuilles : 0 gr. 032 ; 3° Gousses : 0 gr. 053 ; 4° Tiges : 0 gr. 011 ; 5° Racines : 0 gr. 0012 ;

b) *Et séchés à l'air libre et sec* : ici les différences sont plus grandes ; ainsi, pour les fleurs, nous trouvons : 0 gr. 412 par kilogramme ; pour les feuilles : 0,205 ; pour les gousses : 0,130 ; pour les tiges : 0,012 ; pour les racines : 0 gr. 0034.

3° *Comparaison entre les organes non stabilisés et séchés à l'étuve à diverses températures* : nous reconnaissons que c'est à l'étuve à 70° que la plupart des organes se sont le mieux comportés : à 100° si les fleurs et les gousses ont subi de moins grandes pertes, prr contre les feuilles ont un écart en moins de 0 gr. 032 d'alcaloïdes par kilogramme ; à 35° tous les chiffres sont inférieurs à ceux obtenus à 70°.

4. *Comparaison entre les organes séchés à l'étuve (à différentes températures) et ceux séchés à l'air libre : air sec et air humide* : dans ces derniers cas, l'action prolongée de la dessiccation s'est fait largement sentir, surtout à l'air humide et les pertes atteignent pour l'air sec par rapport à l'étuve à 70° : 0 gr. 049 par kilogramme de fleurs ; 0 gr. 173 par kilogramme de feuilles.

En somme donc, il semble résulter de ces expériences que la meilleure méthode de dessiccation pour des plantes à alcaloïdes volatils tel que le lupin, consiste (en dehors de la stabilisation préalable et séchage à 70° que nous classons à part ici, puisqu'elle s'est montrée supérieure) à les soumettre à une température relativement élevée, voisine de 70-80°. Il est probable que dans ces conditions les ferments sont promptement atteints et qu'ils ne peuvent agir pendant un temps suffisamment long sur le contenu cellulaire pour détruire les alcaloïdes ; d'autre part, ceux-ci doivent être suffisamment fixés dans la plante (sous forme de sels) pour pouvoir subir ces hautes températures sans être volatilisés.

3° VARIATIONS DE TENEUR EN ALCALOIDES
DANS LES FEUILLES DE LUPIN
RECUEILLIES DANS CERTAINES CONDITIONS

René GUYOT

Pharmacien.

BACILLES PHOTOGÈNES, PATHOGÈNES, CHROMOGÈNES.
CHAMPIGNONS ET MYCÉLIUMS PHOSPHORESCENTS,
CHAMPIGNONS SE COLORANT PAR FROISSEMENT OU BRISURE (¹)

Dans une étude précédente, Microbes et Champignons phosphorescents, parallélisme (*Revue Générale des Sciences*, 20 février 1928) nous
indiquions les réactions communes aux microbes et aux mycéliums lumineux. Nous voudrions dans cet exposé, élargir la question, en y englo-
bant les bacilles chromogènes et pathogènes, les champignons, susceptibles de changer de couleur par froissement ou brisure.

Bacilles photogènes. Couleur de la lumière émise. — La couleur pour
les bacilles varie du bleu au vert, au blanc. Beyerinck a isolé divers photo-
bactériums qu'il classe d'après la couleur émise : bleue, cyanophospho-
rescens, blanche, argentéophosphorescens. Dans mes cultures, en partant d'un même ensemencement. j'ai obtenu successivement avec le
vieillissement de culture un bleu intense puis du vert enfin du blanc ; le
milieu était solidifié par de la gélose. La couleur était alors bleue, le
milieu se liquéfie bientôt, la couleur passe au vert, en dernier lieu au
blanc, pour le mycélium d'armillaire la couleur est blanche ou jaune, le
mycélium seul est lumineux, ni la spore, ni le champignon parfait ne
luisent. L'agaric Gardneri émet une lumière verte.

Bacilles chromogènes. — Leur couleur varie avec chaque espèce et dans
la même espèce suivant le milieu, la réaction acide, alcaline ou neutre.
La couleur se diffuse (*Bac. chlororaphis*), se localise, pyocyanique la couleur est jaune d'or, staphylocoque doré, rose, *B. rubescens*, rouge, *Micrococus prodigiosus*, violette ou verte pyocyanique, verte, *B. chlororaphis*

(¹) Conférence des Journées Médicales de Bordeaux (*Société de Pharmacie*).

(Guignard et Sauvageau) ([1]) bacilles des eaux de fleurs d'orangers vertes Guyot ([2]).

Bacilles pathogènes. — C'est le vaste champ où Pasteur et ses élèves ont inscrit immortellement leur nom. Ces bacilles sécrètent des toxines, diastases à caractères spécifiques. Elles furent découvertes par Pasteur en 1880, confirmées par Charrin en 1887 (Expérience sur le choléra des poules et sur les cultures de pyocyanique).

Localisation. — Chaque microbe pathogène a un milieu électif spécial, le pneumocoque affecte les bronches, le staphylocoque, l'épiderme, le diphtérique, le pharynx et le larynx : l'action des toxines est elle-même élective, celle du tétanos affecte les centres nerveux commandant les muscles. Le mycélium d'armillaire affectionne la racine des arbres, c'est là qu'il se localise pour pénétrer dans la région libérienne de la tige.

Production de matière colorante, de lumière, ou de toxine. — Pour les bacilles chromogènes, la coloration est le fait d'une oxydation à laquelle concourt une oxydase. La question a été élucidée pour les champignons colorés, par les professeurs Bertrand et Bourquelot. La coloration résulte chez eux du conflit d'une oxydase et d'un chromogène phénolique. Pour le *Boletus cyanescens*, le chromogène est le bolétol. Détruisant par l'alcool bouillant l'oxydase, je me suis servi de la solution alcoolique du chromogène pour la recherche du sang ([3]). Un autre champignon, *Rusula nigricans*, devient rouge par brisure, puis noir par formation de mélaniné; les principes sont une oxydase, tyrosinase, un principe phénolique, tyrosine. Pour le bacille photogène et le mycélium lumineux, la lumière nécessite les mêmes conditions, eau, oxygène, oxydase, principe phénolique. Dewar a pu extraire des bacilles par pression croissante et congélation, une diastase oxydante, il n'a pu isoler le principe photogène générateur. Nos essais sur le mycélium d'armillaire n'ont pas eu plus de succès. Lutz ([4]) a cependant montré l'action oxydante du mycélium d'hyménomycète dû à une diastase. Nobécourt ([5]) et nous-même ([6]) avons confirmé l'action d'oxydase dans des cultures de mycélium d'armillaire. En présence de différents phénols, nous avons montré que le mycélium d'armillaire modifiait la couleur du milieu nutritif, zone rouge entourant les rizomorphes (gaïacol et résorcine), zone brune (hydroquinone).

([1]) Contribution à l'étude du *B. chlororaphys* Lasseur, Nancy, 1911.

([2]) Altération colorée des eaux distillées, de l'eau de fleurs d'orangers, 1916. *Journal Ph. et Chimie.* Bacilles chromogènes. *Ibid.*, 1917.

([3]) Réaction oxydase du sang. *Bulletin Société pharmacie de Bordeaux*, 1918.

([4]) Sur les ferments solubles sécrétés par les champignons hyménomycètes (réaction oxydante). *C. R Ac. Sciences*, 1926.

([5]) Sur l'*Armillaria melea* en culture pure. *Association française Avancement des Sciences*, Lyon, 1926.

([6]) Particularité de culture en milieu stérile du mycélium d'Armillaire. |*Association française Avancement des Sciences*, congrès La Rochelle, 1928.

Raphaël Dubois pour la pholade dactyle a isolé une oxydase, luciférase, un principe photogène, luciférine.

Qualité de la lumière émise. — C'est une lumière froide qui renferme les radiations moyennes du spectre très peu de radiations extrêmes, ultra-violet ou infra-rouge, cette lumière se réfléchit, se réfracte, se polarise, son intensité est assez vive pour qu'on puisse lire l'heure d'une montre.

Action des agents physiques. Température. — Les bacilles comme le mycélium ont besoin d'une température convenable pour manifester leur coloration, leur luminescence, leur toxine. Il y a, pour chaque espèce, une température minima et une maxima entre lesquelles oscille la vitalité et ses manifestations. Dans la glace fondante, à zéro°, les cultures de bacilles photogènes, le mycélium ne brillent pas. La température favorable est de 20°. Pour les pathogènes de 37°. Gessard par chauffage à 57° obtient quatre races de bacilles pyocyaniques dont la coloration varie. La température de 60° (tyndallisation) est une méthode courante de stérilisation de nos laboratoires. Une chaleur de 110° (autoclave) réalise une stérilisation plus efficace. Cependant des spores peuvent y résister, tel est l'exemple d'une fermentation butyrique du sérum glucosé que j'ai signalée ([1]).

Humidité. — Une certaine humidité est nécessaire pour le mycélium comme pour les bacilles. Les champignons ne changent pas de couleur par temps sec, la production des chromogènes n'a pas lieu. Un mycélium desséché à l'étuve ne brille plus, porté dans une atmosphère humide, la lumière revient.

Action mécanique. Friction. — La cellule réagit à toute excitation par un choc en retour, lumière, coloration, toxines. Une friction exercée sur un mycélium lumineux fait apparaître en des points fort éloignés de petites étoiles lumineuses dont le nombre augmente et qui occupent bientôt tout le champ. La luciférine et la luciférase mélangées sans addition d'eau ne brillent pas, l'apport de l'eau fait apparaître la lumière, l'agitation de cette eau intensifie l'éclat.

Electricité, courant continu. — Un courant de quelques dixièmes de milliampères appliqué sur un mycélium détermine à la cathode une lumière plus vive qu'à l'anode. Cette observation s'étend aux bacilles phosphorescents et aux chromogènes.

Smirnof atténue la toxine diphtéritique par de forts courants continus. A voltage faible, l'électricité joue le rôle d'excitant, à voltage élevé, elle joue le rôle d'extincteur.

Courant discontinu. — Le courant discontinu d'une bobine de Rhumkorff fait apparaître dans les cultures de photogènes ou sur le mycélium

---

([1]) *Altération d'origine microbienne du sérum glucosé, fermentation butyrique. Bulletin Société Ph.*, Bordeaux, 1925.

des points alternativement lumineux et obscurs correspondant à l'ouverture et à la fermeture du courant. D'Arsonval et Charrier atténuent par des courants alternatifs de haut voltage les toxines en les transformant en vaccins.

Rayons X. — Courmont et Spicler ont montré que ces rayons agissent comme excitateurs pour provoquer la caryocinèse, leur action étant prolongée, ils atténuent la virulence des microbes et agissent comme bactéricides. Les rayons X dans un premier temps agissent sur le mycélium d'armillaire comme la friction et l'électricité, pour provoquer la luminescence ; dans un second temps, l'exposition étant prolongée, il y a extinction totale (stérilisation) (Expérience Bergonnié Guyot). Nous nous sommes servi des rayons X pour stériliser l'eau de mer et l'appliquer comme sérum marin sur les plaies : résultat : stérilisation des plaies, régénération des tissus ([1]).

Radium. — Le radium agit comme les rayons X. Premier temps, action irritante, deuxième temps action stérilisante (Expérience personnelle sur le bacille phosphorescent, sur le *Micrococus prodigiosus*, absence de luminosité et de coloration).

Le radium est un puissant bactéricide pour le choléra des poules, la diphtérie, la typhoïde. L'*émanation* du radium agit de même sur les chromogènes et les pathogènes, Bouchard et Balthazard, expérience sur le *Micrococus prodigiosus*, bacille fluorescent des eaux et pyocyanique. Suivant la durée de contact de l'émanation et le dosage, on enraye la coloration, la fonction de reproduction et la vitalité. A dose et durée faibles, l'émanation affaiblit la fonction chromogène, photogène, toxigène ; à dose et durée élevée, elle annihile toutes les fonctions.

Ultra-violet. — Billon et Daguerre ont montré que les régions de l'ultra-violet situées entre λ 0,10 et 0,30 sont nettement abiotiques les ultra-violets sont bactéricides (culture de staphylocoques, d'Eberth, de Lefler). Raybaud projette sur des cultures mycéliennes de *Phycomyces nitans*, le spectre de l'ultra-violet. Les cultures dessinent alors un spectre biologique coïncidant avec le spectre photographique. L'irradiation étant prolongée, le protoplasme subit une contraction, la membrane externe se sépare, les noyaux nagent dans le suc cellulaire, il y a plasmolyse. M. et Mme Chauchard (*Thèse faculté Sciences*, Paris, 1920) ont montré par ultra-violet l'atténuation des diastases pouvant aller jusqu'à l'inertie. Maurice Renaud (*Bulletin Institut Pasteur*, 1914) atténue par ce moyen les toxines, les transforme en vaccin.

([1]) Eau de mer exposée aux rayons X et eau de mer isotomique ozonisée, GUYOT et ROQUES, *Archives électricité médicale*, août, 1905.

([2]) Action de l'émanation du radium sur les bactéries chromogènes. *Académie des Sciences*, 1906.

Action chimique. Oxygène. — L'oxygène est nécessaire aux bacilles photogènes, chromogènes, pathogènes. Il rallume la luminosité dans le mycélium éteint par CO^2. Les bactéries pourprées exposées à la lumière dans le voisinage d'algues vertes, se portent dans les régions du spectre où l'action chlorophyllienne est maxima. Leur mobilité y est très grande, l'oxygène étant abondant, un courant de CO^2 les immobilise ; leur mouvement ne reprend que par l'arrivée nouvelle d'oxygène (Engelman). Les pathogènes se divisent en deux classes. aérobies et anaérobies, pour les uns, l'oxygène est nécessaire, pour les autres, il est nuisible. Les gaz neutres ou asphyxiants HCO^2, SO^2, H^2S, nuisent également aux chromogènes, photogènes, pathogènes.

Anesthésique antiseptique. — Le chloroforme, le chlorure d'éthyl, l'éther suspendent la luminosité, la coloration, la production de toxines. Les antiseptiques agissent de même. Avec le mycélium ou les bacilles lumineux, on réalise un champ d'expériences commode pour l'observation. La lumière s'éteignant par plages successives avec plus ou moins de rapidité suivant la vitesse de diffusion, la puissance antiseptique ; l'iode est un antiseptique puissant, il sert à atténuer les toxines, à les transformer en vaccins. De nos études récentes sur les cultures de mycéliums d'armillaire, il ressort que les phénols et leurs dérivés agissent comme antiseptiques pour entraver le développement du mycélium, sa luminosité, la formation de rizomorphes ; chacun a son seuil de nocivité vis-à-vis du mycélium.

Influence de certains sels. — Le chlorure de sodium utile pour les photogènes est nuisible pour le mycélium, les sels de zinc favorables à l'aspergillus, sont contraires au bacille vert de l'eau de fleur d'oranger. L'argent est un bactéricide puissant. Lekowsky utilise des spires d'argent pour stériliser l'eau (circuit oscillant).

Propriétés contingentes. — Les fonctions photogènes, pathogènes, chromogènes ne sont que propriété accessoire, contingentes, elles dépendent du milieu des variations externes ou internes, le bacille peut vivre sans sécréter de toxines, de coloration, de lumière dans un milieu contraire. Reporté sur un milieu favorable, il donne à nouveau une toxine, une coloration, une lumière.

Durée d'activité. — Les cultures de bacilles photogènes doivent être constamment réensemencées, leur durée de luminescence n'excède pas quinze jours. Le mycéllium d'armillaire reste lumineux en culture de six à huit mois. Les chromogènes restent en vie latente très longtemps. Après deux ans, j'ai pu ensemencer de l'eau de fleur d'oranger et obtenir la teinte verte. Les pathogènes restent longtemps virulents. Le cas classi-

---

(¹) Fermentation visqueuse des potions. *Bulletin Soc. Pharmacie,* Bordeaux, 1910.

que du charbon de Pasteur est dans toutes les mémoires. Le mycélium d'armillaire desséché à l'air, reste, lui aussi, en vie latente. Viennent les conditions d'humidité et de chaleur favorables, le mycélium s'accroît à nouveau, se reproduit. Nous avons signalé une torula susceptible de transformer en quelques heures une potion en une masse gélatineuse. Nous avons conservé ces torulas pendant plusieurs années et reproduit à volonté la fermentation visqueuse.

Les bacilles émettent-ils des radiations? — Pour les photogènes et le mycélium lumineux, la question ne se pose pas. Raphaël Dubois photographia le buste de Claude Bernard à la lueur des bacilles. Nadson les contours d'une grenouille inoculée aux microbes phosphorescents. Nous-même avec le mycélium d'armillaire l'appareil de Benoit. Ce rayonnement agit aussi à la façon des rayons X. En interposant entre le mycélium lumineux et une plaque photographique entourée de papier noir, une lettre découpée en zinc, nous avons obtenu un cliché positif, le métal semble être devenu radio-actif par induction, en effet en approchant le mycélium lumineux d'un électroscope de Curie une décharge s'observe. Raphaël Dubois sépare un bouillon de culture de bacilles phosphorescent d'une plaque sensible au moyen d'une planchette de bois. La structure de la planchette, les rayons médullaires apparaissent au révélateur.

Bacilles pathogènes. — Des travaux récents de Gurvitch, de M. et Mme Magrou révèlent des radiations biologiques. Leur expérience repose sur l'hypothèse émise par Périn dont voici la teneur : sous l'influence d'une lumière convenable, les cellules se comportent comme des résonateurs et entrent en cariocinèse, si elles sont sensibles à la lumière c'est-à-dire accordées à la fréquence qui les caractérise.

Première expérience. — Domaine végétal. — A quelques millimètres d'une racine d'oignon en voie de croissance, on dispose des cultures de *B. tumefaciens* qui donne le cancer des plantes. Les auteurs remarquent une prolifération exagérée de noyaux cellulaires, une cariocinèse intense. L'interposition même d'une lame de quartz ne modifie pas les constatations précédentes. Le verre par contre est un isolant.

Deuxième expérience. — Domaine animal. — Action du bacille *tumefaciens* sur le développement des œufs d'oursin. Les auteurs constatent une accélération de croissance de larves, ces dernières affectent des formes aberrantes. Parthes et Bohms signalent des faits similaires par l'émanation du radium sur les œufs d'oursins, retard du développement tout d'abord, secondairement, cariocinèse intense, formation de monstres.

Ces expériences sont superposables. La cellule est susceptible du fait de son activité d'émettre des radiations perceptibles non seulement à nos yeux et à la plaque photographique, mais à cet autre résonateur qu'est une autre cellule.

CONCLUSIONS

La similitude apparaît dans tous les domaines entre bacilles photogènes, mycélium lumineux, bacilles chromogènes, pathogènes. La cellule
la plus simple, bacille ou hyphe, réagit aux agents excitateurs physiques
et chimiques, de même comme le ferait le tissu le plus complexe à fonctions les plus différenciées, elle répond par un choc en retour, une luminescence, une coloration, une sécrétion de toxine, parfois même, une
radioactivité. Au demeurant la cellule est un simple mais admirable
transformateur d'énergie.

Pierre LAVIALLE
Professeur à la Faculté de Pharmacie de Strasbourg.

LE FACTEUR ANTISCORBUTIQUE,
SES RAPPORTS AVEC LA DESSICCATION

J'ai déjà eu l'occasion d'étudier l'influence de la concentration, de l'ho-
mogénéisation, de la stérilisation par surchauffe et de la dessiccation sur
le facteur antiscorbutique [1].

Dans le choix de l'animal d'épreuve, j'ai dû éliminer le cobaye comme
trop sensible et trop exigeant en facteur C par rapport à l'organisme
humain. L'homme se contente, en effet, d'une quantité de lait frais qui,
rapportée à son poids, même dans le jeune âge, est très inférieure à celle
qui est nécessaire pour maintenir le cobaye en équilibre nutritif [2].

J'ai étudié soigneusement et choisi le chien (race fox) qui avait d'ailleurs été, antérieurement, l'objet d'observations sur ce point [3]. Cet animal, soumis à une alimentation complètement carencée par la surchauffe,
présente, au bout d'un temps qui varie avec son âge et son état de santé,

---

[1] P. LAVIALLE. Le facteur C dans le lait de vache. *Bull. Assoc. intern.*, pour la
protection de l'enfance, mai 1926. *Bull. Soc. biol*, février 1927 et décembre 1928.

[2] Mme L. RANDOIN. La question des vitamines. Le facteur antiscorbutique, *Bull.
Soc. Chim. biol.*, 5, p. 283.

[3] Miss K. GANGÉE. Un cas de scorbut chez un jeune chien. *Bull. Soc. de Pédia-
trie*, 1922. – KARR. The influence of water-soluble vitamine on the nutrition of dog.
Proc. Soc. exper. biol. and Med., 1920, 17, p. 84.

un scorbut dont les symptômes, la durée d'incubation et la médication rappellent le scorbut humain, le scorbut infantile en particulier ([1]).

Le chien adulte, en très bon état de santé initiale, soumis à un régime alimentaire physiologiquement complet et abondant, mais carencé en facteur C par la surchauffe vers 130° soutenue pendant 45 minutes, présente, au bout de neuf à dix mois environ, les premiers symptômes du scorbut : sensibilité des articulations ; tuméfaction des gencives ; taches cutanées rougeâtres ou bleuâtres au niveau des éphyses surtout ; gonflement des épiphyses ; marche très pénible, etc. Parfois, hémorragies sous-cutanées et, surtout, intestinales.

La résistance au scorbut, chez le chien, peut être abrégée considérablement si l'animal s'est amaigri, a souffert de maladies récentes ou de privations : bref, si la provision naturelle de son organisme en facteur C est réduite. C'est ainsi qu'un chien, pris à la fourrière en état de misère physiologique prononcée, n'a résisté que pendant six mois environ au même régime carencé.

Le présent travail a eu pour but de vérifier l'influence de la dessiccation sur le facteur antiscorbutique, et de déterminer le temps nécessaire à l'apparition du scorbut chez le chien nourri à l'aide d'un aliment complet mais entièrement séché.

Le facteur antiscorbutique se présente comme particulièrement sensible à la chaleur, tout au moins dans certains milieux. L'action de la chaleur est d'autant plus rapide que la température est plus élevée. Cependant, certains végétaux (chou, suc de citron, etc.) peuvent être soumis : soit à une ébullition prolongée (chou), soit même à l'autoclave à 120° pendant une heure (suc de citron), sans amener la destruction totale de ce facteur.

De même, la dessiccation lente et pratiquée au contact de l'air détruit plus ou moins complètement cet agent. Mais cette opération peut laisser aux aliments leurs propriétés antiscorbutiques, pourvu qu'elle soit réalisée dans des conditions convenables. Bezssonof ([2]), Delf et Skelton ([3]) ont signalé la grande oxydabilité du facteur antiscorbutique : l'oxydation joue un rôle considérable dans sa destruction. L'air, d'une part, les ferments oxydants contenus dans les produits animaux et végétaux, d'autre part, sont les causes essentielles au moins, de destruction du facteur C. L'expérience a montré qu'on peut dessécher complètement des produits animaux et végétaux sans les priver de leur pouvoir antiscorbutique, soit

---

([1]) Les pédiatres fixent à six à douze mois la période de résistance des enfants à la carence des régimes en facteur antiscorbutique.

([2]) Bezssonof. La valeur antiscorbutique de la pomme de terre. *Bull. Soc. Hyg. aliment.*, 1920, 8, p. 622.

([3]) Delf et Skelton. The antiscorbutic value of cabbage. *Biochem. Journ.*, 1918, 12, p. 448.

en détruisant préalablement les ferments oxydants, soit en pratiquant la
dessiccation à l'abri de l'air, soit en accélérant considérablement cette
dernière opération par un dispositif approprié, soit en combinant ces
diverses précautions.

S'il est assez difficile de réaliser pratiquement, sur une vaste échelle,
la dessiccation des produits alimentaires, en l'absence complète d'oxygène
(dans le vide ou dans un gaz inerte), on peut facilement opérer à une
température relativement basse et réduire, dans une importante mesure,
la durée du contact des produits frais avec l'air, en accélérant les manipulations et hâtant l'évaporation de l'eau par des dispositifs spéciaux.

Enfin, si le produit sec obtenu dans de bonnes conditions ne présente, à
l'égard de l'air, qu'une sensibilité presque nulle par rapport au produit
frais, il est bon, cependant, de tenir compte encore de l'action de l'air sur
le facteur C. Harden et Robison ([1]) ont montré, en effet qu'un suc végétal riche en facteur C, séché dans le vide, conservait ses propriétés anti-
-scorbutiques. Ces auteurs gardèrent le produit sec pendant deux ans dans
un dessiccateur à la température de 15°, et constatèrent une perte de
50 0/0 environ de son pouvoir antiscorbutique. Une fraction du même
produit sec, conservée pendant quatorze mois à la température de 29°,
avait perdu 85 0/0 de ce même pouvoir. Ces faits soulignent la préférence
qu'on doit accorder aux produits secs récemment préparés, ou conservés
dans un gaz inerte.

EXPÉRIENCES

Me basant sur ces données, j'ai institué les expériences suivantes :

L'animal choisi (chien fox) a été pris adulte et, aussi, très peu de temps
après la naissance, dès qu'il peut s'alimenter sans le secours de sa mère.

Quant à l'alimentation, j'ai cherché à réaliser, pendant un temps que
je savais très long, un régime physiologiquement bien complet et très
régulier dans sa composition. Je me suis adressé à une farine lactée couramment utilisée et très répandue dans le commerce. Voici quelques
indications concernant sa préparation : on concentre sous pression
réduite, c'est-à-dire à basse température, du lait préalablement additionné
de sucre; on ajoute une poudre de biscuit préparée avec de la farine de
blé presque entière et convenablement maltée ; le séchage final du
mélange est pratiqué sous pression réduite et très rapidement.

([1]) HARDEN et ROBISON. The antiscorbutic properties of concentrated fruit juices.
Biochem. Journ., 1921, 15, p. 521.

Composition chimique moyenne de la farine lactée employée :

Matières grasses	5,94 0/0
Matières azotées	14,47 0/0
Hydrates de carbone solubles totaux, environ	63,71 0/0
Amidon.	12,23 0/0
Matières minérales	2,02 0/0
Eau	1,63 0/0

J'ai mis en expérience trois chiens adultes en très bonne santé et un jeune chien pris à la mamelle. Chaque animal recevait à discrétion, deux fois par jour, le mélange nutritif précédemment décrit, additionné d'une quantité d'eau bouillie et refroidie suffisante pour obtenir une soupe fluide.

Cependant, pendant les trois premiers mois, pour ménager la susceptibilité du tube digestif des animaux adultes, j'ai remplacé l'un de ces deux repas par une soupe composée de pain, de viande, d'os et de sel, autoclavée pendant 45 minutes vers 130°.

Mon intention première était de limiter la durée de l'expérience à une année, estimant même qu'un aliment n'est jamais utilisé d'une façon absolument exclusive pendant une aussi longue période. Mais aucun symptôme de scorbut n'ayant apparu, j'ai poussé plus loin l'essai que j'ai terminé au dix-septième mois.

Résultats obtenus :

1° Pour les trois chiens adultes :

Poids. – Le poids des trois chiens est passé progressivement de :

a) 6 kilogrammes à 8 kilogrammes environ.

b) 8 kg. 500 à 10 kilogrammes environ.

c) 5 kilogrammes à 7 kg. 500 environ.

Scorbut. — Aucun symptôme de scorbut.

2° Pour le chien très jeune pris à la mamelle :

Poids. — Le poids est passé de 1 kg. 200 à 6 kilogrammes environ après dix-sept mois de régime.

Scorbut. — Vers le seizième mois ont apparu les premiers symptômes du scorbut : tuméfaction des gencives, gonflement des épiphyses, douleurs au niveau des articulations, taches cutanées rougeâtres ou bleuâtres au niveau des épiphyses surtout.

Cet animal, soumis à un nouveau régime composé de viande fraîche, de lait frais et de soupe ordinaire, s'est rétabli complètement au bout d'un mois.

Conclusions

Le chien (race fox) adulte, en bon état de santé, recevant un aliment complet mais nettement carencé par la surchauffe, présente les symptômes du scorbut dès le neuvième ou dixième mois.

Le même animal adulte peut résister, pendant au moins dix-huit mois, à un aliment complet pulvérulent, séché rapidement à basse température, sans présenter aucun symptôme de scorbut.

Un chien fox, pris à la mamelle dès qu'il peut s'alimenter sans le secours de sa mère, s'accroît normalement et résiste au même régime pendant seize mois environ. A ce moment, apparaissent successivement et lentement les symptômes du scorbut. Ces symptômes cèdent très rapidement (en moins d'un mois) à un régime composé d'aliments frais.

H. A. LEMÉE
Pharmacien.

CAUSERIE

Le Pharmacien ne doit pas se désintéresser de la question des Plantes Médicinales et Aromatiques.

Il doit apporter une collaboration active à l'Office National et aux Comités Régionaux.

De quelle façon ?

Ces dix dernières années auront vu la renaissance de notre industrie nationale de récolte et de culture des plantes médicinales.

Il faut le rappeler à l'occasion d'un tel Congrès pour l'Avancement des Sciences car nous avons là le plus bel exemple d'un effort tenace et profitable dans l'union de la Science, de l'Industrie et du Commerce.

Nous devons tendre à suffire à nos besoins autant que cela est possible et à redevenir exportateurs.

Nous savons que vers 1820 la France exportait déjà des plantes médicinales réputées dans le monde entier. L'organisation de leur récolte était, en fait, réservée aux Apothicaires.

Ils se chargeaient seuls du soin délicat de la recherche des gîtes, de la préparation et du séchage. La qualité était la règle, il n'y avait jamais ni substitution ni falsification.

Les études Botaniques étaient en grand honneur et avec elles les applications pratiques. Faut-il rappeler que le premier jardin des plantes médicinales fut crée vers 1600 à Paris par la Corporation des Apothicaires. Nous trouvons parmi eux toute une lignée de savants botanistes et sans interruption cette lignée se continue toujours. Pourquoi faut-il de 1820 à 1915 constater la presque disparition de nos récolteurs de plantes médicinales ?

Si, pendant quelque temps, les produits chimiques, les principes actifs extraits des plantes ont presque anéanti la vieille thérapeutique par les simples et distrait ses adeptes il semble aujourd'hui que des conditions nouvelles permettent tous les espoirs. Il convient de noter, en passant, que la vogue populaire pour les plantes médicinales n'a jamais faibli et que le public même très instruit est tout préparé à partager cette nouvelle confiance en l'activité de certaines plantes médicinales.

Grâce aux travaux de nos savants nous savons maintenant empêcher les altérations, inévitables jusqu'ici, des principes actifs des plantes pendant le séchage et dans nos magasins de stockage. Nous pouvons fixer, stabiliser les glucosides et les autres constituants.

Ces nouvelles techniques seront bientôt applicables à de très nombreuses espèces dans des sécheries modèles.

Nos pharmaciens récolteurs seront favorisés par ces circonstances nouvelles et d'autres perfectionnements seront trouvés par les constructeurs aidés de nos savants.

De ces progrès il résultera que des drogues plus actives, des préparations galéniques plus stables et d'activité régulière pourront être fournies à nos Médecins qui prendront alors l'habitude de prescrire des plantes médicinales en même temps que les produits chimiques.

Médecins et pharmaciens doivent ainsi contribuer à notre propagande nationale les uns en reprenant la direction des récoltes, les autres en appliquant la méthode scientifique à l'étude plus fouillée des procédés empiriques.

Nul doute que les pharmaciens ne soient toujours capables de remplir ce rôle : leurs études scientifiques, toutes leurs aptitudes les préparent à redevenir récolteurs ou, mieux encore, à entreprendre et diriger des cultures. Mais il faut que tout tende à cette modification de leurs habitudes. Dès le stage il faudrait y penser. La bibliothèque de l'étudiant et celle du praticien, nos Revues professionnelles et scientifiques, le Codex, lui-même, tout devrait redire l'intérêt national de cette industrie.

A ce propos il doit être rappelé que nos anciennes pharmacopées donnaient plus d'importance aux plantes médicinales. S'il est exact que les vieilles éditions du Codex ont la même valeur que la plus récente et que le tout constitue la vraie pharmacopée française il conviendrait de dresser une liste récapitulative des plantes ayant « droit de cité » dans notre pharmacopée actuelle.

Pour ne parler que du « chrysanthème insecticide » ou pyrèthre de Dalmatie : constatons qu'il n'est pas encore au Codex bien que notre consommation de 150 tonnes depuis 50 ans (jusqu'en 1926) dépasse actuellement 600 tonnes.

Nos livres classiques de matière médicale ne donnent plus assez de renseignements sur les phases de la récolte, de la préparation, du séchage et du stockage des plantes médicinales. Nos jardins botaniques un peu à l'étroit devraient être agrandis de façon à permettre, durant la scolarité, quelques essais de cultures par nos futurs collègues.

Nous savons quelle organisation minutieuse, à tous les degrés, avait crée en Autriche et en Allemagne une industrie florissante de récolte et de culture et des marchés des drogues où s'alimentaient toute l'Europe et l'Amérique vers 1910. Si nous n'y prenons garde nous laisserons perdre de nouveau sur notre sol des plantes qui nous sont nécessaires et que nous serons obligés d'acheter par tonnes à l'extérieur.

Le rôle du Pharmacien dans une organisation de cet ordre peut être très varié selon les circonstances : il s'agit de faire en plus grand nombre ce que certains ont déjà fait depuis 10 ans avec plus de difficultés qu'il n'en coûte aujourd'hui. On ne peut dire que cette fonction convienne surtout aux pharmaciens des petites villes et des campagnes. Nos confrères des grandes villes, ayant propriété dans une région propice, pourront exploiter ces conditions particulièrement intéressantes. Les Vosges, le Jura, les Hautes-Alpes, les Pyrénées, nos forêts domaniales, nos tourbières, nos garrigues peuvent devenir des centres de récoltes, parfois d'aménagement sur place, ou de cultures médicinales.

Les pharmaciens collaboreront avec les Comités ou sous-Comités régionaux. La documentation patiemment réunie depuis 10 ans par l'Office National à Paris leur sera très utile. Ils seront souscripteurs de cet Office, organe d'exécution du Comité interministériel et apporteront ainsi à un grand ami de notre belle profession leur concours dévoué et leur appui.

Tous ceux qui s'intéressent vraiment à cette question travaillent selon leurs plans personnels mais contribuent d'autre part, à subventionner des recherches spéciales ou générales. Le champ d'action de l'Office est si grand que des spécialistes et des laboratoires bien installés peuvent seuls se charger de certains travaux sur les matières premières intéressant la Pharmacie, la Parfumerie, la Droguerie, la Distillerie. Pour rivaliser avec les organisations similaires de l'étranger nous devons augmenter les faibles moyens mis jusqu'ici à la disposition de l'Office National et des Comités pour ces recherches spéciales.

Les amis des plantes médicinales sont nombreux, tous les pharmaciens sont de ce nombre. Les sociétés de Pharmacies étrangères travaillent activement et sont représentées dans les congrès internationaux. Faisons de même chez nous : travaillons personnellement, subventionnons nos laboratoires de recherches.

Découvrir les gîtes exploitables, organiser les récolteurs, surveiller le mondage des plantes, leur mise au séchoir, leur stockage sont choses faciles pour nos confrères. L'installation même du séchoir, le réglage de sa ventilation naturelle ou artificielle, le contrôle minutieux des opérations, le calcul des rendements seront pour certains des occupations pleines d'intérêt. Elles comportent parfois des difficultés ; nous sommes habitués à les vaincre dans nos laboratoires et nos officines.

Je vois surtout nos confrères à la sécherie médicinale il faut bien organiser le mondage des plantes et leur séchage. D'eux dépendent la qualité des lots.

Le ramassage est chose plus facile : tout le monde, petits et grands, hommes ou femmes, peuvent y contribuer. Au départ, il suffira de donner les types des récoltes désirées ; à l'arrivée, un contrôle rapide complétera l'instruction de l'équipe.

Les paiements se feront d'après le poids des récoltes à l'état frais et à mesure des récoltes.

Préalablement le pharmacien, en collaboration avec son Comité, aura dressé la carte botanique de la région. Il notera les noms vulgaires et populaires des plantes et établira leurs correspondances avec les noms commerciaux et botaniques. Dans des conférences préparatoires il expliquera les termes commerciaux et en donnera la clé : plantes mondées, plantes entières (sans racine) bouquets (de longueurs très variées).

Si vraiment quelques confrères ne peuvent redevenir « récolteurs » je leur demande de faire au moins avec nous une active propagande pour diriger vers cette industrie toutes les énergies disponibles : les petits rentiers, les enfants, les vieillards, les femmes ne disposant que de petites journées et de forces moyennes inutilisables en grande culture.

Puis, sa propagande s'étendra aux Sociétés locales d'horticulture, sociétés d'agriculture, sociétés savantes, groupements scientifiques. Il prêtera son concours aux sociétés scolaires, aux organisations de scouts dont tous les membres doivent réglementairement composer un petit herbier de 100 plantes utiles. Les cités ouvrières, les jardins ouvriers, les patronages confessionnels ou laïques, les colonies de vacances profiteront largement de leurs leçons pratiques.

Le Pharmacien documentera ceux qui voudront cultiver les plantes médicinales. Lui-même, dans son jardin ou dans sa propriété serait bien inspiré en réalisant un petit jardin d'essais ou une petite pépinière médicinale.

La culture de ces plantes doit permettre de tirer parti de terres actuellement dépréciées, trop humides ou trop sèches et presque impropres à toute culture. La menthe, le pyrèthre, la lavande (en demi-altitude) ont déjà donné des résultats très intéressants.

Il faut que nos pharmaciens ruraux s'intéressent à cette culture : il leur est possible aujourd'hui d'acquérir rapidement en une année d'étude les connaissances agricoles pratiques indispensables. Ils seront ensuite capables de devenir les conseillers techniques spécialisés dont nous avons besoin pour enseigner, surveiller, guider les petits propriétaires de domaines agricoles dans cette culture spéciale.

Récolte et culture donneront lieu à un stockage : là encore le pharmacien, même s'il ne fait lui-même ni ramassage, ni culture, nous sera très utile. Pour ses besoins personnels, pour un groupe d'amis, pour son groupement, pour les herboristes en gros surtout, il achètera les lots dont il aura surveillé récolte et séchage. Des marchés locaux seront créés par la force des choses : des centres de production s'ajouteront à ceux déjà très réputés que nous avons dans plusieurs régions de France.

Je n'insisterai pas sur ce que je considère comme un minimum : le rôle du pharmacien détaillant, à son officine même. Fidèle héritier des Apothicaires le pharmacien se doit de vendre de très belles plantes, bien triées, mondées et bien séchées.

Déjà nos inspecteurs de pharmacie, très au courant des progrès de l'Herboristerie, examinent plus fréquemment nos plantes et désirent n'avoir que des éloges à donner.

Il nous est impossible de nous désintéresser de la vente des plantes médicinales : tous nos clients font appel à notre rayon d'herboristerie. A Paris même et dans nos grandes villes le nombre est considérable des espèces demandées par des clients venus de tous les coins de la France apportant chacun sa recette souveraine.

Nous constatons chaque jour cette confiance inébranlable dans les vertus des plantes : tout en modérant quelques exagérations gardonsnous de froisser ces braves gens. L'étude scientifique des formules des empiristes n'a-t-elle pas révélé à nos savants explorateurs des utilisations très intéressantes et très justifiées.

Les plantes spécialisées, présentées en élégantes boîtes montées, dans le goût général du public, procureront encore un nouvel intérêt.

Si la Loi nous réserve la vente des plantes exotiques nous ne devons jamais négliger celle des plantes indigènes Certains médecins nous demandent fréquemment de composer, selon leurs formules et sur ordonnances, des paquets dosés pour un litre ou pour une tasse : pour cette exécution nous ne devons employer que des plantes de choix. Nul doute d'ailleurs, que clients et médecins apprécieront facilement l'arome et l'activité très réelle de nos plantes.

Pour l'exécution de préparations galéniques telles que les teintures ou extraits fluides, les sirops les plus demandés, une herboristerie de choix nous sera très profitable.

J'espère que cet appel à mes confrères apportera à nos organisations nationales le concours actif et dévoué d'un très grand nombre d'entre eux. Le même appel s'adresse à ceux d'entre nous n'ayant pas ou n'ayant plus d'officine : pharmaciens honoraires ou industriels, pharmaciens spécialistes, pharmaciens droguistes. En face des progrès des pays voisins redoublons nos efforts.

Réalisons de nouveau, dans les conditions nouvelles des techniques et du Commerce international une industrie florissante autrefois grâce aux Apothicaires. Redevenons récolteurs ou cultivateurs de plantes médicinales.

LOBSTEIN et ANCEL

Laboratoire de Matière médicale de la Faculté de Pharmacie de Strasbourg.

DOSAGE DU SULFATE DE POTASSE DANS LES VINS
AU MOYEN DE LA BENZIDINE

Il existe deux méthodes officielles pour le dosage du sulfate de potasse dans les vins : la précipitation et la pesée à l'état de sulfate de baryte, et la méthode au trouble de Marty.

A la vérité la première seule est précise (encore que le sulfate de baryte formé ne soit pas complètement insoluble en présence des acides organiques du vin et si l'on voulait un résultat rigoureux il faudrait opérer sur les cendres, c'est-à-dire calciner au préalable la prise d'échantillon), mais elle est longue, laborieuse et délicate. La seconde méthode est rapide, mais ne constitue qu'un essai approximatif par minima et maxima.

Nous avons cherché à réaliser un dosage à la fois rapide et exact au moyen de la benzidine (diparadiaminodiphényle) dont le sulfate est pratiquement insoluble.

On peut avec ce corps réaliser deux sortes de dosages : le dosage direct et le dosage en retour.

Le dosage direct consiste à précipiter l'acide sulfurique à l'aide d'une solution de chlorhydrate de benzidine : le précipité de sulfate de benzidine formé est recueilli par filtration, lavé, puis dissocié dans l'eau et on dose l'acidité par la soude N/10 avec la phénolphtaléine comme indicateur.

Le dosage en retour, ou indirect, comprend les mêmes opérations, mais au lieu de titrer l'acidité du précipité on titre celle du filtrat : connaissant d'une part l'acidité du réactif benzidinique (chlorhydrate) et ayant d'autre part obtenu la neutralisation parfaite de la solution à doser, la différence entre l'acidité du réactif et l'acidité du filtrat donnera la quantité d'acide sulfurique passé à l'état de sulfate de benzidine.

Le dosage direct est préférable au dosage indirect qui nécessite deux opérations supplémentaires : neutralisation exacte de la prise d'essai et mesure de l'acidité du réactif benzidinique.

En 1903, Muller et Dürkes appliquèrent la méthode indirecte au dosage des sulfates de fer, de manganèse, de magnésium, de zinc, d'ammonium, de sodium et de potassium.

En 1906, parut la technique de Rachig (dosage direct). L'auteur précipite les sulfates à l'aide d'une solution de chlorhydrate de benzidine. La précipitation se fait à froid et la neutralisation de la liqueur renfermant les sulfates n'est pas nécessaire. Au bout d'un quart d'heure on filtre sur un petit filtre sans plis et lave le précipité avec un peu d'eau distillée. Le filtre et son précipité sont placés dans une fiole conique, le filtre est mis en pièces par forte agitation et le tout est titré au moyen de soude N/10 en présence de phénolphtaléine.

Rachig a préparé son réactif benzidinique de la façon suivante :

Benzidine pure	40 gr.
Broyer au mortier avec HCl . .	50 cc.
Ajouter eau distillée q. s. p. . .	1.000 cc.

On a ainsi la solution-mère, que l'auteur dilue au 1/20e pour l'emploi.

En 1913, Gauvin et Skarzenski appliquèrent la méthode de Rachig au dosage rapide du soufre sous ses différents états dans les liquides biologiques et en particulier dans l'urine.

Application aux vins. — Notre technique est la suivante : dans une fiole conique on met :

Vin neutralisé	50 cc.
HCl N/10	5 cc.
Solution de chlorhydrate de benzidine à 40 0/00 .	30 cc.

On laisse reposer 20 minutes, filtre sur petit filtre sans plis, lave la fiole et le précipité à 5 reprises avec chaque fois 25 centimètres cubes d'alcool-éther (à parties égales) rigoureusement neutre ; le filtre et son précipité sont mis dans une fiole conique de 250 centimètres cubes, on ajoute 100 centimètres cubes d'eau distillée neutre et on dose l'acidité au moyen de soude N/10 en présence de phénolphtaléine : le nombre de centimètres cubes écoulés multiplié par 0 098 donne en grammes le poids d'acide sulfurique contenu dans un litre de vin.

Les résultats obtenus comparés à ceux donnés par la méthode au sulfate de baryte après calcination, prise comme étalon, accusent un écart inférieur à 1,5 0/0. On peut, si besoin est, faire un dosage plus précis encore, en opérant après calcination :

50 centimètres cubes de vin sont évaporés puis calcinés dans un ballon en pyrex de 250 centimètres cubes, on laisse refroidir, reprend par l'eau, et filtre ; on ajoute au filtrat quelques gouttes d'acide chlorhydrique au 1/10 et porte à l'ébullition quelques minutes pour chasser l'acide carbonique ; on neutralise par la soude N/10, ajoute 2 gouttes d'acide chlorhydrique au 1/10, 100 centimètres cubes de la solution diluée de Rachig puis on continue l'opération suivant la technique de cet auteur. Toutefois au lieu de laver à l'eau on lave à 4 reprises avec chaque fois 25 centimètres cubes d'un mélange alcool-éther à parties égales rigoureusement neutre.

Avec cette technique les résultats obtenus, comparés à ceux donnés par la méthode au sulfate de baryte après calcination, accusent un écart inférieur à 1 0/0.

LOBSTEIN et KOVELMANN

Laboratoire de Matière Médicale de la Faculté de Pharmacie de Strasbourg.

RECHERCHES TOXICOLOGIQUES ET CHIMIQUES
SUR LE *CNESTIS POLYPHYLLA*

Le *Cnestis polyphylla* L. (*Cnestis bullata* Baillon), est un arbuste de la famille des Connaracées, croissant à Madagascar et à l'Ile Maurice. Les Malgaches utilisent ses racines pour empoisonner les chiens. A l'état frais elles exhaleraient une odeur forte de choux et de raifort, mais desséchées et telles que nous les avons reçues, elles sont inodores et sans saveur, comme les tiges d'ailleurs. Chez les unes et les autres le bois est jaune clair, l'écorce brunâtre, peu épaisse, et les divers parenchymes renferment de nombreux cristaux d'oxalate de chaux.

Ecorce et bois de la racine et de la tige sont toxiques, mais inégalement : l'écorce de la racine apparaît 2,65 fois plus toxique que le bois de la racine et l'écorce de la tige (bois de la racine et écorce de la tige ayant sensiblement la même toxicité), et 10 fois plus toxique que le bois de la tige. Le cobaye se montre moins sensible que le lapin et le chien à l'action de ce poisson. La dose léthale, ramenée au kilogramme de poids vif, est pour le lapin : 1 gr. 20 d'écorce et 3 gr. 25 de bois de la racine ; 3 gr. 40 d'écorce et 12 gr. 25 de bois de la tige. Avec ces doses, les symptômes d'intoxication apparaissent de 20 à 30 heures après l'ingestion de la drogue et se traduisent par de la paralysie des membres, des convulsions, avec respiration stertoreuse, hypersécrétion des glandes salivaires et lacrymales, hyperglycémie (2 gr. 60 et 2 gr. 97 de glucose pour 1.000 cm³ de sang), forte glycosurie (25 à 30 et jusqu'à 75 gr. de glucose pour 1.000 cm³ d'urine) et de l'albuminurie (1 à 2 gr. d'albumine pour 1.000 cm³ d'urine). La mort survient au bout de 60 à 70 heures. — A l'autopsie, rien de saillant macroscopiquement, mais l'examen cytologique révèle un foie complètement privé de glycogène, et dans le pancréas, riche encore en grains sécrétoires, une altération des îlots de Langerhans expliquant l'absence de glycogène hépatique. Les glandes salivaires ne présentent rien de net, mais elles sont notablement diminuées de volume (réduction de 1/3 et même de 1/2).

Ni les viscères, ni le cerveau et le bulbe d'un animal mort en intoxication aiguë ne déterminent des symptômes d'empoisonnement chez un animal sain qui les absorbe ; l'injection intrapéritonéale du sang d'un animal intoxiqué n'en provoque pas davantage.

Des mesures de chronaxie sur les nerfs et le muscle de l'animal intoxiqué montrent qu'il s'agit uniquement d'un poison musculaire et comme tel agissant sur le tissu glandulaire et en premier lieu sur les glandes à sécrétion interne. La chronaxie musculaire augmente en effet dans la proportion de 1 à 2, tandis que la chronaxie du nerf ne change pas.

Les solvants habituels (eau, eau acidulée par l'acide chlorhydrique ou alcalinisée par la soude, alcool, chloroforme, benzine, éther, éther de pétrole...) n'arrivent pas a enlever complètement à l'écorce et au bois du *Cnestis polyphylla* leur toxicité, même en les faisant agir à la température d'ébullition pendant un temps prolongé.

Le principe actif n'est pas une toxine végétale puisque la chaleur ne le détruit pas ; et il ne paraît pas être d'une nature alcaloïdique puisque l'extrait alcoolique, qui est toxique et produit tous les symptômes d'empoisonnement ne donne aucun précipité avec les réactifs généraux des alcaloïdes et ne renferme d'ailleurs pas d'azote. Par contre la la recherche des glucosides par la méthode biochimique de Bourquelot qui est spécifique, fut positive (changement des pouvoirs rotatoire et réducteur après action de l'émulsine) ; mais elle ne révèle qu'une quantité très faible de glucoside, ce qui ne saurait étonner, la majeure partie de ce corps ayant pu être décomposée au cours de la dessiccation puisque la plante renferme elle-même de l'émulsine. Le glucoside est-il le principe actif laissant, après dédoublement diastasique, un aglycone toxique ? On ne saurait répondre qu'après extraction du glucoside même, et l'étude du *Cnestis polyphylla* doit, à ce point de vue, être reprise sur des organes frais stabilisés (Etude que nous poursuivrons dès que nous aurons reçu les matériaux nécessaires).

Par ailleurs la racine de cette plante a la composition chimique résumée ci-dessous. Au cours de notre analyse nous avons en particulier montré que l'extraction des lipides par l'alcool bouillant et leur dosage par la méthode de Kumagawa s'imposent si l'on veut une détermination précise de ces substances : ainsi avec le *Cnestis* la proportion d'insaponifiable et d'acides gras non extraite par l'éther de pétrole dans le classique appareil de Soxhlet atteint 33,3 et 46,6 0/0.

Composition chimique de la racine du « Cnestis polyphylla ».

1° *Lipides* (Insaponifiable et graisses neutres) : 0 gr. 337 pour 100 grammes de bois..

    Insaponifiable. . . . .   0 gr. 18 (0,0045 phytostérol).

    Acides gras . . . . .   0 gr. 15 ($=$ 0,157 graisses neutres).

2° *Glucides* : Sucres réducteurs et hydrolysables : 0 gr. 418 pour 100 grammes de bois.

    Amidon, environ. . . ..   14,30 pour 100 grammes de bois.

(L'écorce renferme 0 gr 765 0/0 de sucres réducteurs et hydrolysables, mais ne renferme point d'amidon).

3° *Protides* : Environ 4 gr. 75 pour 100 grammes de bois.

    Environ 8 gr. 12 pour 100 grammes d'écorce.

4° *Acides organiques* : Acides citrique, malique, oxalique, succinique.

5° *Tanin* (appartenant au groupe des tanins galliques) :

    Environ 2 gr. 27 dans 100 grammes de bois.

    Environ 3 gr. 40 dans 100 grammes d'écorce.

6° *Résine* : 1 gr. 20 pour 100 grammes de bois.

7° *Cendres* : 3 gr. 13 pour 100 grammes de racine : Mn (0,0028 0/0 de racine), Fe, Ca, Mg, K, Na, S, Cl, P, Si, As.

LOBSTEIN et SCHMIDT

Laboratoire de Matière médicale de la Faculté de Pharmacie de Strasbourg.

LE VIGNOBLE ALSACIEN ET SES VINS

Le vignoble alsacien qui semble remonter au temps de l'invasion de la Gaule par les légions romaines de Jules César, acquit très vite une flatteuse renommée, et ses vins, très recherchés, étaient exportés en Suisse, Allemagne, Autriche, et jusque dans les pays scandinaves et en Angleterre.

A l'origine, fief exclusif des puissantes Abbayes et des Maisons seigneuriales, fort nombreuses dans la religieuse et féodale Alsace, le vignoble assez rapidement se morcela. Il s'étend aujourd'hui d'une façon continue entre la Doller au sud de Thann et la Mossig au sud de Saverne, soit une longueur d'environ 90 kilomètres, couvrant une partie de la plaine et les versants des collines sous-vosgiennes jusqu'à une altitude de 500 mètres. Au delà de Saverne, dans le nord de la Basse-Alsace, il devient plus rare à cause des conditions naturelles moins favorables. Sur 946 communes que comprennent les départements du Bas-Rhin et du Haut-Rhin, 521 cultivent la vigne qui occupe un total de 18.000 hectares environ, répartis sur la bordure sédimentaire de la vallée du Rhin.

L'humidité relative moyenne dans la région du vignoble est assez élevée : 79 à 80 0/0 ; la hauteur annuelle des pluies atteint 742 millimètres ; la température présente une oscillation annuelle de 20 degrés, le nombre de jours avec 25 degrés et plus étant de 45 à 50 avec une moyenne de 14 degrés en mai, 18 degrés en juin, 19 degrés en juillet et en août et 15 degrés en septembre.

La production du vin, très variable avec les années, fut de 253.000 hectolitres en 1926 et de 450.000 hectolitres en 1927. D'une façon générale, le viticulteur cherche à substituer la qualité à la quantité par un choix judicieux des cépages et c'est son nom de cep, « Riesling, Sylvaner, Traminer, etc. », que le vin d'Alsace porte avant celui de la contrée ou du clos.

Ce sont presque uniquement des vins blancs, et la production du vin rouge, limitée à quelques localités (Marlenheim, Obernai, Ottrott), est très restreinte ; un dixième environ de la production totale.

La très ancienne « taille en quenouilles » palissée sur des perches hautes de 2 à 3 mètres, — mode de culture très spéciale à l'Alsace et qui d'ailleurs donne d'excellents résultats — tend à être remplacée par le système moderne plus pratique et moins onéreux des treilles au fil de fer.

En Alsace, comme partout, le viticulteur a à lutter contre les mêmes maladies cryptogamiques et les mêmes insectes parasites qui sont les fléaux de la vigne. Toutefois, il existe encore beaucoup de vignobles où l'on trouve la vigne sur « pied franc » non greffé avec des plants américains.

La vendange s'effectue le plus tardivement possible, en octobre, pour avoir le degré maximum de maturation. Ce retard assure d'ailleurs le développement du « Botryte cendré » causant, lorsque la température s'y prête et qu'il n'a pas plu en trop grande quantité, « la pourriture noble », favorable à la formation de substances aromatiques.

La fermentation des moûts est régularisée par l'addition de levures sélectionnées. En outre, un décret spécial pour l'Alsace autorise et fixe, dans des conditions bien précisées, le sucrage, afin de suppléer au manque de maturation du raisin dans les années où les conditions météorologiques furent inclémentes.

Nos analyses ont porté sur dix-neuf vins des années 1925, 1926, 1927, provenant principalement des cépages Riesling, Sylvaner, Traminer; nous avons analysé également quelques vins provenant du Pinot et de cépages mélangés. Les conclusions suivantes en découlent : la teneur en alcool est en moyenne de 11,8 degrés ; l'acidité totale, faible dans le vin rouge, oscille autour de 4 gr. 50 pour les vins blancs, avec une moyenne de 2,35 d'acide tartrique total, 2 gr. 20 d'acide lactique et une petite quantité d'acide malique. Ce qui frappe, c'est, d'une façon générale, la faiblesse relative en extrait sec à 100 degrés ; il est compris entre les extrêmes 10 gr. 25 et 25 gr. 35 avec une moyenne de 17 gr. 45, cinq vins seulement ayant une quantité d'extrait égale ou supérieure à 20 grammes. Les divers indices œnologiques (règle de Gautier, rapport de l'alcool poids à l'extrait réduit, rapport Halphen, rapport Roos) ne sauraient être appliqués aux vins d'Alsace dans leur intégralité.

Il se produit une désacidification biologique naturelle des vins d'Alsace par la fermentation malo-lactique (œuvre de plusieurs micro-organismes : *Micrococcus malolacticus*, *Bacterium gracile*, *Bacterium acidivorax*...) qui fait disparaître l'excès d'acide malique pouvant, certaines années, demeurer dans le raisin par suite d'un défaut de maturité.

LOBSTEIN et COISNARD

Laboratoire de Matière Médicale de la Faculté de Pharmacie de Strasbourg.

RECHERCHES BOTANIQUES ET CHIMIQUES
SUR LES FRUITS DE L'*UVARIA CATOCARPA*
(Anonacée de Madagascar).

Les fruits d'*Uvaria* (famille des Anonacées) que nous avons étudiés sont communément vendus et employés à Madagascar, en médecine populaire, comme stomachiques, fébrifuges, calmants, toniques et même désinfectants, sous le nom de *Senasena* ou *Senanasena*. Ils appartiennent à l'espèce *Uvaria Catocarpa* (Diels). caractérisée par un tomentum fragile, tombant d'ailleurs avec l'âge, mais dont nous avons constaté la présence dans les coupes sous forme de poils tecteurs rameux.

Ce sont des baies irrégulières, de la grosseur d'une noisette à celle d'une grosse noix, quelquefois étranglées vers leur milieu, de couleur brun-chocolat, renfermant d'une à sept graines brunes, à albumen ruminé.

Les Graines sont particulièrement riches en *lipides*, qui représentent le cinquième de leur poids et existent dans les cellules sous forme d'huile brunâtre ou d'acides gras cristallisés de formule $C^{18}H^{19}O^7$. Elles renferment en outre une *résine* très amère (4 gr. 50 0/0) et qui, expérimentée sur le cobaye, semble douée d'une certaine toxicité ; puis des *glucides* (17 à 18 0/0) sous forme de sucres réducteurs et hydrolysables, mais surtout d'amidon ; des *acides organiques* (acide oxalique, citrique, malique, succinique, acétique, formique), du *tanin*, des traces d'*essence*, et naturellement des *matières protéiques* (12 à 13 0/0).

Le Péricarpe est beaucoup moins riche en *matières grasses* que la graine, mais il renferme comme celle-ci, et en plus forte proportion même, une *résine* dont la saveur toutefois est âcre et non amère. Il contient d'autre part de nombreuses cellules remplies d'une *essence* terpénique à odeur poivrée. Nous y avons décelé en outre, par la méthode biochimique de Bourquelot, la présence d'un *glucoside* que dédouble l'émulsine (ce ferment existe d'ailleurs dans le péricarpe) ; son étude malheureusement a été limitée par suite de la faible quantité et aussi de la qualité des matériaux dont nous disposions (matériaux forcément secs et non stabilisés). Il n'y a pas d'alcaloïdes.

Enfin les *éléments minéraux* suivants ont été caractérisés dans ces fruits : cuivre, fer, manganèse, magnésium, potassium, sodium, phosphore, soufre, arsenic.

Les résultats que nous avons ainsi obtenus dans nos recherches, en particulier la présence d'une résine amère, d'une essence et d'une forte proportion de matières grasses permettent d'expliquer et justifient en certains points l'usage empirique des fruits de l'*Uvaria catocarpa* dans leur pays d'origine.

E. LABORDE

Professeur à la Faculté de Pharmacie de Strasbourg.

et

GEORGESCU-VIOREL

VARIATIONS DES PROPORTIONS D'EAU, D'AZOTE, DE PHOSPHORE DANS LE *GRAS BACILLUS* II AU COURS DE SON DÉVELOPPEMENT

1° *Eau*. — Pour cette détermination les Auteurs ont utilisé le milieu suivant : Phosphate monopotassique, 1 gr. 50 ; sulfate de magnésium, 1 gramme ; asparagine, 10 grammes ; glycérine neutre (densité 1,26), 40 grammes ; eau distillée q. s. pour un litre.

Le pH de ce milieu est égal à 6,6.

Ce liquide a été réparti par fractions de 50 centimètres cubes dans des matras, stérilisé à l'autoclave à 120° pendant 20'. Après refroidissement le contenu de chaque matras a été ensemencé avec une trace de culture pure de *Gras bacillus* II, puis placé à l'étuve réglée à 36°-37°.

Le bacille s'est développé avec rapidité et au bout de 20 jours le poids des bacilles à l'état sec atteignait en moyenne 0 gr. 42 par matras.

Pour doser l'eau des bacilles, ces derniers ont été lavés avec de l'eau distillée (3 lavages successifs), puis essorés avec soin et pesés ; après un séjour d'une heure dans une étuve à 105°, ils ont été pesés à nouveau.

La différence entre les deux pesées indique la teneur en eau. Sans entrer dans le détail des expériences, il résulte des constatations faites que la teneur en eau augmente progressivement avec l'âge de la culture. En effet les Auteurs ont trouvé que la teneur en eau est de 73,61 0/0 au bout de dix jours ; de 80,06 après 20 jours ; 81,87 au bout de 30 jours et de 86,46 pour une culture âgée de 51 jours.

2° *Azote.* — Le milieu de culture utilisé pour cette deuxième série de recherches a été tout d'abord le même que pour la détermination de l'eau ; mais ont été utilisés aussi d'autres milieux dans lesquels l'asparagine a été diminuée et d'autres dans lesquels l'asparagine a été remplacée par des matières azotées : urée, acide aspartique, sels ammoniacaux organiques ou minéraux, azotate de potassium. D'autre part, on a opéré tantôt en milieu acide, tantôt en milieu alcalin.

Le dosage de l'azote a été exécuté par le procédé Kjeldahl. Les résultats obtenus ont conduit aux conclusions suivantes :

Dans les milieux contenant 10 grammes d'asparagine et dans ceux où la quantité de cette substance a été réduite de moitié, la teneur en azote est sensiblement la même. Donc tout l'azote de l'asparagine n'est pas utilisé par le bacille.

La teneur en azote est aussi la même dans le milieu où l'asparagine est remplacée par une quantité correspondante d'urée.

Par contre avec l'acide aspartique, les sels ammoniacaux et l'azotate de potassium la teneur en azote est notablement diminuée.

En ce qui concerne l'influence de la réaction du milieu, la teneur en azote augmente en milieu acide et proportionnellement à la concentration en acide, tandis qu'elle diminue avec l'augmentation de l'alcalinité.

3° *Phosphore total.* — Le milieu utilisé pour la culture du bacille est le même que celui ayant servi pour la détermination de l'eau.

Pour le dosage du phosphore, celui-ci est transformé par oxydation en acide phosphorique ; ce dernier est précipité à l'état de phosphomolybdate d'ammoniaque. Après plusieurs lavages à l'alcool ce sel est dissous dans de l'ammoniaque diluée ; cette solution est ensuite additionnée d'une quantité déterminée de soude $\frac{N}{25}$ et portée à l'ébullition ; on ajoute alors une quantité d'acide sulfurique (¹) en volume égal à celui de la soude à $\frac{N}{25}$ et on titre à chaud l'excès d'acide par une solution titrée de soude $\frac{N}{25}$.

Le nombre de centimètres cubes de soude employée dans cette dernière opération multiplié par le facteur 0,0448 donne en milligrammes le poids du phosphore total contenu dans la prise d'essai.

(¹) $\frac{N}{25}$.

Les résultats obtenus montrent que la proportion de phosphore total varie suivant l'âge de la culture.

Du 10e au 14e jour la quantité de phosphore va croissant pour atteindre le maximum le 14e jour ; la teneur en phosphore s'abaisse du 14e jour au 35e ; à partir du 35e jour elle augmente à nouveau jusqu'au 51e jour, terme de cette série d'expériences.

4° *Valeur alimentaire pour le* gras bacillus *de la glycérine et de divers hydrates de carbone.*

Dans cette nouvelle série d'essais, les Auteurs ont utilisé le même milieu de culture que celui ayant servi pour la détermination de la teneur en eau, puis d'autres milieux dans lesquels la glycérine a été remplacée en totalité ou en partie par des alcools polyvalents (*mannite, érythrite*) ; par des hexoses (*glucose, fructose*) ; par des hexobioses (*saccharose, lactose*) ; par des polysaccharides (*amidon, dextrine*). Les résultats de ces essais autorisent les conclusions générales suivantes :

Le *gras bacillus* II se développe mieux dans les milieux glycérinés et dans le milieu dans lequel la moitié de la glycérine soit 20 grammes a été remplacée par 20 grammes de glucose, que dans ceux où la glycérine est remplacée par des alcools polyvalents, par des hexoses (glucose excepté) par des hexobioses, par des polysaccharides.

N.-B. — Cette étude sera continuée et en particulier seront déterminées les formes sous lesquelles se trouvent l'azote et le phosphore dans le *gras bacillus* II.

C. PÉES
Pharmacien.

SUR L'ESSAI DE LA PEPSINE

La pepsine officinale se présente sous diverses formes qui résultent du mode de préparation : pâte, poudre, paillettes. Le produit officinal doit transformer en peptone cent fois son poids de fibrine essorée.

Certains échantillons ayant absorbé l'humidité atmosphérique, perdent leur odeur peu désagréable et dégagent une odeur de triméthylamine. Le produit est devenu fortement basique, la réaction d'Eber est positive. Une telle pepsine est, bien entendu, inutilisable, son titre pouvant d'ailleurs, à l'origine, être parfaitement normal. Il s'agit ici d'une altération accidentelle.

D'autres échantillons restent secs jusqu'aux dernières paillettes. Des flacons contenant un peu de produit et placés dans un lieu humide, paraissent à l'abri de toute altération. Un essai, pratiqué sur un produit de cette sorte, révéla un titre très faible : *14 au lieu de 100*.

Le Codex n'indique pas le moyen d'évaluer le titre d'une pepsine non officinale. Il se borne à indiquer les quantités de fibrine devant être transformées complètement en peptone.

Un moyen pratique, dans le cas où après digestion, il reste de la fibrine non dissoute, consiste à recueillir cette fibrine sur deux filtres de même poids placés l'un dans l'autre et desséchés. On pratique une fente au fond du filtre placé au-dessous de l'autre ; on filtre, lave le résidu avec un peu d'eau distillée et on dessèche les deux filtres à l'étuve. La différence de poids fait connaître la quantité de fibrine non transformée en peptone et permet d'évaluer la quantité transformée par la pepsine essayée.

Ainsi que l'indique le Codex, 10 grammes de fibrine essorée correspondent à 2 gr. 50 de fibrine desséchée.

A défaut de régulateur à gaz, il paraît assez difficile d'installer un dispositif permettant de réaliser l'essai. On peut y arriver aisément en utilisant l'enveloppe de l'autoclave des pharmacies. On place au-dessus une capsule contenant l'eau du bain-marie et de dimension telle qu'elle recouvre complètement l'ouverture supérieure, les gaz chauds sortant par les ouvertures pratiquées dans le haut de la paroi de l'enveloppe. On règle le feu de façon à maintenir la température de l'eau à 50° et on met en place le flacon contenant la pepsine essayée et muni d'un thermomètre.

Professeur Em. PERROT

Membre de l'Académie de Médecine et de l'Académie d'Agriculture.

LES ESPÈCES CHAULMOOGRIQUES AFRICAINES

Les précédentes études faites au Laboratoire des Recherches de la Faculté de Pharmacie ont permis d'établir qu'il existait, dans nos colonies africaines, des plantes de la famille des Flacourtiacées capables de donner des huiles du groupe chaulmoogrique.

L'huile de Gorli, *Oncoba echinata* Oliver, récemment étudiée par MM. Em. André et D. Jouatte (¹) s'est révélée comparable aux huiles de Chaulmoogra asiatique. Malheureusement, l'*Oncoba echinata* est un arbuste peu répandu, et la petite quantité de graines que l'on peut récolter sur les plants sauvages est très insuffisante pour répondre aux besoins de la thérapeutique. Des essais de culture, tentés à la ferme-école de Soubré (Côte d'Ivoire) semblent donner satisfaction et l'huile extraite des graines de Gorli cultivé possède les propriétés de celle qui est retirée des graines sauvages (²).

Des explorations botaniques en Afrique centrale ont permis de signaler l'existence de genres très voisins du genre *Oncoba*. M. Auguste Chevalier a rencontré le *Caloncoba glauca* Gilg (³) précédemment décrit sous les noms de *Ventenatia glauca* par Palissot de Beauovis (⁴), d'*Oncoba glauca* par Oliver (⁵) et d'*Oncoba Klainii*, par Pierre (⁶), en Côte d'Ivoire, à Voguié et dans la province de l'Attié. Depuis, l'espèce a été signalée au Cameroun, dans les régions d'Edéa et d'Ebolowa. La première étude chimique de la graine est due à M. C. Périer (⁷), pharmacien des troupes coloniales, chef de service à Douala. La teneur en huile est peu élevée, mais par contre, le pouvoir rotatoire dépasse notablement celui de l'huile de Gorli. Faute de matière première, l'auteur n'a pu pousser très loin ses recherches : toutefois les essais suffisent à montrer la parenté qui existe entre cette huile et celles des autres graines chaulmoogriques.

Grâce à l'heureuse activité de M. le Gouverneur Marchand, Commissaire de la République au Cameroun, et par l'intermédiaire de l'Agence économique des territoires africains sous mandat, le Laboratoire de matières premières d'origine végétale a reçu, il y a quelques mois, un lot de graines correspondant au nom indigène de *Miami n'goma*. Celles-ci, un peu plus petites que les graines de Gorli, avaient un aspect fusiforme, un épiderme assez rugueux, de couleur gris foncé. Quelques fruits joints à l'envoi ressemblaient à de grosses châtaignes couvertes de longs piquants, d'où le nom de *Miami n'goma* signifiant « hérisson ». Ces documents furent suffisants pour identifier l'espèce et reconnaître que

---

(¹) Em. André et D. Jouatte. L'huile de Gorli. *Bull. Sc. pharmacol.*, 1928, 35, pp. 84-87.

(²) M. Th. François Examen des graines de Gorli de culture. *Bull. Sc. pharmacol.*, 1929, 36, pp. 339-342.

(³) Aug. Chevalier. *Exploration botanique de l'Afrique occidentale française*. Paris, 1920, 1, p. 38.

(⁴) Palissot de Beauvois. *Flore d'Oware et de Bénin*. Paris, 1804, 1, p. 293.

(⁵) D. Oliver. *Flora of tropical Africa*. London, 1867, 1, p. 117.

(⁶) Pierre. Observations sur quelques bixacées. *Bull. mensuel de la Soc. Linéenne de Paris*, 1898, nouv. série, 1, pp. 118-119.

(⁷) C. Périer. *Bull. Agence économique des territoires africains sous mandat*. Paris, 1927, n° 14.

l'échantillon appartenait au *Caloncoba Welwitschii* Gilg. L'arbre dont Oliver donna la première description en 1867, pousse dans les forêts voisines du golfe de Guinée, au Gabon (ENGLER et DRUDE), au Congo belge (Em. de WILDEMAN et Th. DURAND). Enfin, l'année dernière, M. L. HÉDIN, Ingénieur agronome, chargé de Mission au Cameroum, l'a très souvent rencontré sur la route de Douala à Japoma, entre Kribi et Dehane et dans la région de Mkongsamba. Nous avons pu consulter avec grand intérêt les collections d'herbier rapportées par M. L. HÉDIN qui a bien voulu aussi nous faire part de ses observations personnelles au sujet de cette plante.

Tout comme le *Caloncoba glauca* c'est un arbuste qui peut atteindre 8 mètres de hauteur, il s'en distingue par ses fleurs odorantes et surtout par la forme et l'aspect de son fruit : le fruit de *Caloncoba glauca* est jaune, glabre, un peu ovale, de la grosseur d'une petite orange ; il contient des graines trigones de 9 à 10 millimètres de diamètre, irrégulières, déformées par pression mutuelle à l'intérieur du fruit, légèrement granuleuses, de couleur brun-noir, possédant un tégument un peu épais, sclérifié, un albumen bien développé, mou, onctueux au toucher ; un embryon intraire, droit, à cotylédons assez étroits, rapprochés à la base de la graine ([1]). Le fruit de *Caloncoba Welwitschii* est couvert de piquants. Les graines sont plus petites que celles du *Caloncoba glauca* et même que celles de l'*Oncoba echinata* ; ce sont les plus petites graines chaulmoogriques connues. Leurs dimensions varient de 0 cm. 5 à 0 cm. 8 de long sur 0 cm. 2 à 0 cm. 4 de large, leur poids de 0 gr. 037 à 0 gr. 046. Le tégument est un peu épais, l'albumen, l'embryon et les cotylédons sont en tous points analogues à ceux de l'espèce précédente.

Les graines soigneusement triées pour éliminer les débris minéraux et végétaux qui les accompagnaient pesaient 560 grammes environ au litre. Après avoir été finement broyées dans un moulin, elles furent épuisées par de l'éther de pétrole léger (Eb. av. 50°) dans un appareil de Soxhlet. La solution ainsi obtenue, après séchage sur du sulfate de sodium anhydre et évaporation sous pression réduite jusqu'à complet départ du dissolvant (opération assez pénible à mener jusqu'à son terme, l'huile retenant énergiquement des traces d'éther de pétrole avec lesquelles elle forme une émulsion difficile à vaincre) abandonne une huile jaune orangé, d'odeur vireuse, rappelant celle de la graisse de Gorli ; qui se concrète à

([1]) RENÉ MATHIVAT. Le chaulmoogra du Cameroun, suivi d'une étude sur les graines et les tourteaux des espèces du groupe chaulmoogrique. *Th. Doct. U. (Pharm.).* Paris, 1929.

froid en une masse butyreuse présentant les caractères suivants :

Rendement des graines en huile. 44 0/0
Point de fusion . . . . 38^0
Densité. . . . . $D_{0^0}^{15^0} = 0,942$
Indice de réfraction . . . . n_D à $30^0 = 1,4750$
Déviation polarimétrique ([1]). . . . . . $+ 51^0 40'$
Pouvoir rotatoire spécifique ([2]) . . . . . $\alpha_D = + 54^0 8$
Acidité en acide oléique 0/0   7
Indice de saponification   184
Indice d'iode (Hanus).   84

Les acides gras ont été préparés suivant la méthode classique : l'huile a été saponifiée à l'aide d'une lessive alcaline en présence d'alcool ; puis la solution savonneuse obtenue décomposée par un excès d'acide minéral, et agité à plusieurs reprises avec de l'éther pour dissoudre les acides gras. La solution éthérée après lavage à l'eau distillée, séchage sur du sulfate de sodium anhydre et distillation, donne un liquide jaune pâle qui se solidifie rapidement et présente les caractères suivants :

Point de fusion . . . . . . 56^0
Indice de saturation . . . . . 203^0
Poids moléculaire moyen . . . 275^0
Indice d'iode (Hanus). . . . . 90^0
Déviation polarimétrique . . . $+ 55^0 30'$

On trouvera résumés dans le tableau ci-contre les différents caractères des graines et des huiles des espèces chaulmoogriques africaines dont l'étude a été entreprise :

([1]) Calculée d'après la formule $\dfrac{\rho v}{pl}$, ρ, étant la rotation observée, p, le poids d'huile dans le volume v de solvant, l, la longueur du tube polarimétrique.
([2]) Le pouvoir rotatoire spécifique correspond au quotient de la déviation polarimétrique précédemment calculée par la densité spécifique déterminée à la même température.
Le dissolvant utilisé a été le chloroforme.

Noms des espèces	*Oncoba echinata*	*Caloncoba glauca*	*Caloncoba Welwitschii*
Dim. des graines en cm. . .	5 à 9 sur 3 à 5	9 à 10	5 à 8 sur 2 à 4
P. moyen d'une graine en mgr.	48		42
P. de l'Hl. en kg.	64		56
Rendement en huile 0/0. . .	46 à 49	19	44
Point de fusion	40-42°		38°
Densité	0,9286 à 32°		0,942 à 15°
Indice de réfraction. . . .	1,4740 à 31°		1,4750 à 30°
Dév. polarimétrique . . .	56°10′		51°40′ à 15°
Pouv. rotatoire spécif . . .		60°8 à 24°	54°8 à 15°
Acidité en ac. oléique 0/0 . .	4,5		7
Indice de saponification . .	84,5		184
Indice d'iode	98	86,3	84

L'examen de ces chiffres montre les analogies profondes qui unissent les huiles retirées des graines d'*Oncoba echinata*, de *Caloncoba glauca* et de *Caloncoba Welwitschii*. Toutefois si on compare les rendements des graines en huile on constate une infériorité marquée chez le *Caloncoba glauca*. Malgré le pouvoir rotatoire élevé de l'huile extraite des graines de cette espèce, qui indique une teneur importante en acides actifs, il ne semble pas avantageux de l'utiliser pour la préparation d'une huile thérapeutique.

F. A. ROLLAND

Ex-Pharmacien de l'Armée,
Ancien chef de Laboratoire à l'Institut scientifique et à l'Hôpital de Rabat (Maroc).

VERS L'UNIFICATION ET LE CONTROLE DES MÉTHODES ANALYTIQUES EN MATIÈRE D'ANALYSES BIOLOGIQUES

Après le cri d'alarme poussé en 1925 par l'Académie des Sciences et des lettres de Montpellier et à la suite de spécialistes appartenant l'un à la branche pharmaceutique [1] l'autre à la branche médicale [2] nous

---

[1] M. BAGROS. Considérations sur les analyses médicales *J. Ph. et Chim.*, 1925, 8ᵉ série, I, p. 23).

[2] H. M. REMLINGER. La nécessité d'un contrôle technique des Laboratoires d'analyses biologiques (*Bull. Ac. méd.*, 1926).

avons été amenés à exposer notre modeste point de vue sur la question ([1]). Nous insistions notamment sur la nécessité d'introduire en analyse biologique des « méthodes officielles » comme il en existe en matière de Répression des fraudes.

Ou voici que la Régence de Tunis par décret paru au *Journal Officiel Tunisien du 11 juillet 1928* est venue nous fortifier dans cette manière de voir en réglementant l'autorisation et le contrôle des Laboratoires d'analyses médicales et en exigeant des futurs titulaires de faire connaître leurs méthodes d'analyse.

C'est là « un fait nouveau » sur lequel je désire retenir l'attention des médecins et pharmaciens qui placent en tête de leurs préoccupations la protection de la santé publique.

Pourquoi faut-il que l'exemple nous vienne d'outre-Méditerranée ? C'est que le système des décrets-lois qui constitue l'exception sous notre régime parlementaire est la règle dans les pays soumis à notre influence.

Demain l'Empire chérifien suivra l'exemple de son aîné le Protectorat Tunisien et nous assisterons à ce fait paradoxal que nos départements français d'Algérie se trouveront devancés dans la voie du progrès par leurs plus proches voisins.

Il suffit en effet de parcourir les divers articles du décret tunisien pour voir qu'ils représentent un minimum de garanties exigibles en pareil cas. Qui donc oserait prétendre que notre législation actuelle offre une sécurité suffisante pour le malade et pour le médecin traitant ?

C'est tout à l'honneur de notre actuel Résident Général au Maroc M. Lucien SAINT d'avoir compris la nécessité d'une telle réglementation et qui plus est, de l'avoir mise en vigueur.

L'Association Française pour l'Avancement des Sciences qui a l'heureuse fortune de grouper un nombre considérable de membres appartement aux deux professions sœurs (Médecine et Pharmacie) n'est-elle pas une tribune toute désignée pour éclairer nos législateurs sur l'urgence d'une mesure qui intéresse au plus haut point l'avenir de la race et qui constitue au surplus une sauvegarde à l'honorabilité des deux professions ?

------

[1] F. A. ROLLAND. Au sujet de l'unification des méthodes analytiques en matière de chimie appliquée à la biologie médicale (*Bull. Sc. Pharmacol.*, Paris, 1926, t. XXXIII, p. 288).

A. SARTORY, R. SARTORY et J. MEYER

1⁰ RECHERCHES SUR LA COMPOSITION CHIMIQUE
DE CERTAINS EXTRAITS DE PEAU OBTENUS PAR PLASMOLYSE

Les auteurs ont préparé un extrait de peau par plasmolyse de tissus cutanés de poisson, dans une solution concentrée de chlorure de sodium.

Cet extrait renferme 36,36 0/0 de carbone, 6,83 0/0 d'hydrogène, 14,4 0/0 d'azote, 21,7 0/0 d'oxygène et 1,73 0/0 de cendres.

Les cendres renferment du phosphore, du soufre, de l'arsenic, du magnésium et du manganèse.

L'insaponifiable total est d'environ 8,3 0/0.

Le cholestérol existe dans les proportions de 2,68 à 3,21 0/0 ; les protides contenus dans l'extrait cutané sont représentés par 268,1 d'acides aminés totaux exprimés en centimètres cubes de NaOH N/10, dont 75,7 sont dus aux acides totaux préexistants.

2⁰ LES MODIFICATIONS APPORTÉES
DANS LA TENEUR EN LIPOIDES DU SANG
SOUS L'INFLUENCE DE L'INGESTION DE CERTAINS EXTRAITS DE PEAU
PRÉPARÉS PAR PLASMOLYSE

Les auteurs, par des dosages colorimétriques et pondéraux ont étudié la teneur en lipoïdes du sang de lapin normal et du sang de lapin préparé par ingestion de petites quantités de leur extrait cutané. De leurs expériences on peut tirer les conclusions suivantes : Le sang des lapins préparés par ingestion préliminaire de l'extrait de peau renferme de 2 à 10 fois plus de lipoïdes que le sang des animaux normaux (d'après les méthodes colorimétriques). Les dosages pondéraux du phosphore ont donné pour les animaux témoins une teneur moyenne correspondant aux phosphatides du sang de 6 mgr. 035. En ce qui concerne les animaux préparés, ce taux moyen est passé à 36 mgr. 75, soit environ 6 fois plus. Ces recherches vérifient les travaux antérieurs de Goodman et de Chauffard, Laroche et Grigaut.

3° MODIFICATIONS APPORTÉES PAR L'INGESTION D'EXTRAITS CUTANÉS DANS LES PHÉNOMÈNES D'HÉMOLYSE ET D'ANAPHYLAXIE

Les auteurs, confirmant les travaux de Detre et Sellei d'un côté, de Lundberg et Gronberg de l'autre ont mis en évidence une résistance anti-hémolytique très accentuée contre l'action des solutions hypotoniques, résistance occasionnée par l'augmentation du taux lipidique dans le sang. Les animaux préparés par ingestion de petites quantités d'extrait de peau présentent une immunité relative vis-à-vis du choc anaphylactique aigu. L'injection déchaînante au moyen de sang d'animaux préparés au préalable par l'ingestion d'extrait lipoïdogénétique est sans action sur l'animal sensibilisé.

4° CONTRIBUTION A L'ÉTUDE D'UNE NOUVELLE BACTÉRIE CHROMOGÈNE

La bactérie étudiée par les auteurs a été trouvée sur des melons malades chez lesquels elle produit une infection secondaire ; c'est un bâtonnet de longueur inégale, mobile, se décolorant par la méthode de Gram ; son optimum cultural est à + 27°. Dans certaines conditions (milieux contenant un hydrate de carbone et un phosphate ou du sulfate de magnésie en présence de chlorure de sodium) elle sécrète une matière colorante. Les auteurs ont fait l'étude complète ionométrique et spectroscopique de la matière colorante. Cet organisme diffère des bactéries du groupe du *Bacillus prodigiosus*, se rapproche du *Bacillus pyocyaneus* mais elle n'a pas de propriétés de fluorescence. Les auteurs proposent pour cette bactérie le nom de *Bacillus citrulli nov. sp.* et la range à côté du pneumobacille de Friedländer dont elle possède les caractères morphologiques et culturaux, abstraction faite de la présence du pigment.

E. TRABAUD

Pharmacien chimiste, Docteur en pharmacie.

SUR UN PROCÉDÉ D'ÉVALUATION ET DE DOSAGE
DE LA BARÉGINE DES EAUX SULFUREUSES

Depuis les travaux de Dufrénoy, du docteur Molinery, du professeur Fourment, on sait que la barégine de Longchamp (glairine d'Anglada) est un produit complexe, un gel pectique dont la formation est due à la prolifération de la substance intracellulaire qui réunit les microorganismes particuliers désignés sous le nom de « Sécréteurs de barégine ». Ces bactéries fournissent de la pectase qui, en présence de pectine et de sels de calcium donnent des pectates de chaux. Ces produits pectiques refoulés s'accumulent à l'extérieur de la membrane en absorbant une certaine quantité d'eau (hygrophilie). Il se forme ainsi un corps hétérogène qui permettra aux sulfobactéries aérobies de se développer sur sa face émergée, et protégera sur sa face immergée, les ferrobactériacées anaérobies contre une trop forte tension d'oxygène.

Cet ensemble comprend donc des matières organiques ternaires dont certaines seront en pseudo-solution (représentant la barégine en dissolution où en suspension des anciens hydrologues) et des quaternaires provenant de la présence des êtres vivants indiqués plus haut. Enfin cette zooglée fixera des ions métalliques, par adsorption basophile, sous forme insoluble et très stable et retiendra du soufre cristallisé ou amorphe provenant soit de l'oxydation de l'H^2S soit du travail physiologique de sulfobactéries particulières.

Dans un travail présenté devant la Faculté de Pharmacie de Montpellier nous avons proposé d'évaluer la valeur des barégines d'après leur teneur en soufre total et libre (ce dernier étant le seul actif thérapeutiquement) et par un indice de permanganate exprimé en grammes d'oxygène emprunté pour 100 de produit examiné. Le soufre total est obtenu après oxydation par l'hypobromite de soude et précipitation par $BaCl^2$ en milieu chlorhydrique, le second est le résidu du traitement de la barégine par la benzine.

La teneur en soufre total varie de 13 gr. 66 0/0 (barégine sèche de Barèges) à 1 gr. 73 (barégine sèche de Thuès source n° 3). La première contient 8 gr. 84 de soufre libre, tandis que la barégine de la source Barrera de Vernet-les-Bains en est privée. Les sources 3, 5, 6 de Thuès-les-Bains ont des teneurs variant entre 0 g. 32 0/0 (source n° 5) et 0 g. 42 0/0 (source n° 6). La moyenne du soufre total et du soufre libre est respectivement de 4 gr. 37 et 2 gr. 44 pour les barégines sèches.

L'indice de permanganate est évalué soit à froid (procédé de MM. les professeurs A. Astruc et E. Canals, et appliqué par J. Serre. docteur en pharmacie aux eaux distillées aromatiques. Conf. A. F. A. S., Montpellier, 1922) soit à chaud par la méthode habituelle du dosage des matières organiques dans les eaux, mais après élimination préalable des sulfures. Le résultat oscille entre 9,46 (à froid), 23,26 (à chaud) pour les barégines sèches de Barèges et 3,03 (à froid) 6,78 (à chaud) pour les barégines sèches de Thuès, source n° 5. L'indice moyen est de 9,46 (à froid) et de 18,31 (à chaud).

On peut comprendre ainsi la valeur des barégines de Barèges contenant 13 gr. 66 de soufre total dont 8 gr. 84 de libre pour 100 de matière sèche, et ayant un indice de permanganate à chaud de 23,26.

Le dosage de la matière organique dissoute ou en pseudo-solution essayée, en 1885 par Bellamy, par pesée du précipité obtenu par l'ajout d'hydrate d'alumine potassique dans de l'eau sulfureuse ne nous a point donné de résultats satisfaisants même après calcination du précipité.

Nous avons provoqué la formation d'un hydrogel dans un litre d'eau sulfureuse, en utilisant la formule de Willstaetter et Kraut, comparativement avec la formation d'un gel sur une même quantité d'eau distillée. Après calcination nous avons pesé et la différence entre le précipité obtenu au sein de l'eau sulfureuse et celui de l'eau distillée, représente la matière absorbée par le gel.

Si celui-ci entraîne le composé ternaire (pectates) il emprisonne également une partie des matières organiques propres à l'ensemble des eaux car nous retrouvons toujours, après ce traitement, des matières oxydables par le permanganate en milieu acide, même après élimination des sulfures par l'azotate de cadmium.

Cette méthode, pas plus du reste que celle de Bellamy, ne peut donc permettre d'apprécier la valeur émolliente de l'eau sulfureuse. Seules, les teneurs en soufre (total et libre) et l'indice de permanganate peuvent nous renseigner sur la valeur d'une barégine.

VAUDIN
Président honoraire de la Société de Pharmacie de Paris
et de l'Association générale des Pharmaciens de France.

Eugène MARCHAND
Chimiste et Pharmacien à Fécamp.

A l'occasion du Congrès de l'*Association Française pour l'Avancement des Sciences*, il m'a paru extrêmement intéressant d'y rappeler les travaux d'un de nos anciens collègues de la Société de Pharmacie de Paris, correspondant national de l'Académie de Médecine : Eugène MARCHAND qui exerça la pharmacie à Fécamp pendant de longues années.

Ses travaux ont paru, dans le *Journal de Pharmacie et de Chimie*, dans les *Mémoires de la Société centrale d'Agriculture* et dans les volumes annuels relatant les recherches effectuées par les Membres de l'Association Française pour l'Avancement des Sciences, Havre, 1877 ; Paris, 1878 ; Montpellier, 1879 ; Alger, 1881 ; Rouen, 1883.

Eugène MARCHAND après avoir fait son apprentissage à Fécamp, terminait son stage à Paris, rue Saint-Denis, chez Chéreau. C'est chez ce Maître, Membre de l'Académie de Médecine, dans le laboratoire duquel il rencontrait souvent le Professeur Trousseau, qu'il prit goût aux recherches analytiques, c'est là aussi qu'il fit connaissance de Boullay, avec lequel il resta en relation jusqu'à la mort de ce dernier.

En 1841, il revient dans sa ville natale pour succéder à Benjamin Germain. Peu de temps après il publie un travail *Sur un nouveau caractère spécifique de la Strychnine* (1) et, dans les années qui suivent, il se livre à l'étude chimique des eaux.

Ayant eu connaissance en 1850 du travail qu'Adolphe Chatin vient de présenter à l'Académie des Sciences, démontrant la présence de l'iode dans les plantes d'eaux douces, il adresse à Boullay une lettre (2) dans laquelle il expose que dans les eaux d'alimentation de la ville de Fécamp il a trouvé des iodures et des bromures, et aussi de la lithine.

Peu de temps après, dans une nouvelle lettre à Boullay (octobre 1850) il indique que toutes les eaux naturelles, ainsi que les eaux de pluie ou de neige, contiennent de l'iode et du brome.

Cette série de recherches sur les eaux se termine par le dépôt d'un long mémoire à l'Académie des Sciences sur la *Constitution chimique des eaux potables*.

Quelques années plus tard, il présente à la Société de Pharmacie et à l'Académie de Médecine, sa *Nouvelle méthode de dosage du beurre dans le lait* au moyen d'un nouvel appareil de son invention, le bactobutyromètre, qui fait l'objet d'un rapport favorable par Bussy (3).

Il poursuit ses travaux sur le lait, ainsi qu'en témoignent les travaux relatés dans les publications de l'époque. L'Académie nationale de Médecine le nomme correspondant National. Mais, élargissant son horizon, Eugène Marchand entreprend un travail considérable qu'il publie en 1869 : *Etude Statistique, Economique et Chimique sur l'Agriculture du Pays de Caux* (1 volume in-8° de 860 pages) dont l'éloge a été fait d'une façon magistrale par P. A. Cap (6). « L'ouvrage de notre confrère, — cor- « respondant de l'Académie impériale de Médecine — a d'ailleurs obtenu « tout le succès qu'il ambitionnait et qu'il méritait à tous égards. Il a été « couronné par l'Académie des Sciences (Prix Monthyon) et par la Société « impériale et centrale d'Agriculture, qui, en outre l'a inséré intégrale- « ment dans le recueil de ses mémoires. Ce sont là les plus dignes récom- « penses que puisse recueillir un savant modeste, voué à l'une des pro- « fessions des plus utiles et des plus honorables, appliqué à faire tourner « les connaissances qui en sont la base au profit de l'art agricole, sur « lequel repose le bien être des populations et, à coup sûr, la richesse « principale de notre pays ».

A partir de 1887, l'activité d'Eugène Marchand, qui ne s'est pas amoindrie, se manifeste par des communications aux Congrès de l'Association Française pour l'Avancement des Sciences. Au Congrès du Havre, il présente un travail : *Sur l'analyse du lait (cendres et lactose)* et : *Sur l'absorption atmosphérique des forces contenues dans la lumière* et, *sur le calcul de cette absorption* (7).

En 1878, à l'occasion de l'Exposition universelle, le Ministre de l'Agriculture met à sa disposition le lait des animaux présentés, et il publie une *Etude sur la fermentation lactique du lait sécrété par les différentes vaches*.

Au Congrès de Montpellier en 1878 il présente une *Note sur la distribution de la chaleur solaire sur les différents points du globe terrestre dans les jours d'équinoxe et de solstice*, et, à Rouen en 1883 une *Notice sur la mesure de la force chimique contenue dans la lumière du soleil*.

En 1881, au Congrès d'Alger, Eugène Marchand présentait deux communications importantes, l'une *Sur le dosage volumétrique de la potasse* (8) l'autre *Sur l'analyse du sol par les plantes cultivées*. Dans ce dernier mémoire, il étudie les qualités d'un sol en le mettant en état de produire, sur de petites superficies exactement mesurées, et dans des conditions bien déterminées, des plantes appartenant à l'espèce dont il doit être chargé dans les opérations ultérieures de culture. C'est la méthode qu'ont employée Boussingault et Georges Ville. Il la répand, à cette époque, dans le pays de Caux, où de nombreux cultivateurs ont eu recours à ses conseils judicieux et éclairés.

Tels sont, sommairement rapportés, les travaux d'Eugène MARCHAND, de Fécamp ; ils ont trait à la Chimie analytique, à la Chimie physique et à la Chimie agricole.

En les évoquant devant la Section de Pharmacie de l'Association Française pour l'Avancement des Sciences, dans cette ville du Havre, où il est venu tant de fois apporter le concours de sa savante autorité au Conseil d'Hygiène, dont il a fait partie pendant près de 40 ans, je rends un hommage mérité au confrère qui a honoré si dignement sa profession et son Pays.

BIBLIOGRAPHIE

(1) *Journal de Pharmacie et de Chimie*, 1843, t. IV, p. 260.
(2) *Journal de Pharmacie et de Chimie*, 1850, t. XVII, avril, p. 330.
(3) *Journal de Pharmacie et de Chimie*, 1852, t. XXI, p. 62.
(4) *Journal de Pharmacie et de Chimie*, 1854, t. XXVI, p. 344.
(5) *Journal de Pharmacie et de Chimie*, 1854, t. XXVI, p. 352 à 359.
(6) *Journal de Pharmacie et de Chimie*, 1854, t. IX, p. 474.
(7) *Congrès du Havre*, 1877, pp. 394 et 418.
(8) *Congrès de Rouen*, Paris, 411-1140.
(9) Mémoires également présenté aux réunions de l'*Union Scientifique des Pharmaciens de France* qui malheureusement n'a eu qu'une existence éphémère.

PSYCHOLOGIE EXPÉRIMENTALE ET PÉDAGOGIE

Président. . . . M. Paul Langevin, Professeur au Collège de France.
Secrétaire . . . Marcel Leroux, instituteur.

Lieutenant-Colonel FILLOUX

L'ESPÉRANTO

La rapidité des moyens de communication actuels, la T. S. F. et bientôt le film parlant, font de l'adoption d'une langue seconde internationale une nécessité de plus en plus pressante.

Les Sociétés scientifiques notamment en ont besoin dans leurs Congrès internationaux dont la confusion actuelle du langage gêne les travaux. Les orateurs sont souvent contraints de parler dans une langue qui n'est pas la leur; difficile à apprendre et à prononcer; ils sont gênés pour exprimer leur pensée et les auditeurs sont trop souvent incapables de suivre les communications.

Pour les travaux écrits, les mêmes difficultés se présentent; il faut, pour les répandre, les traduire en diverses langues et les éditer ensuite autant de fois, tandis qu'une seule édition en Espéranto suffirait, serait imprimée à meilleur marché, puisque tirée en un grand nombre d'exemplaires et se trouverait immédiatement répandue dans le monde entier.

Dans l'état des choses actuel, des travaux restent ignorés, les savants travaillent isolés; du temps et de l'argent sont gaspillés en pure perte.

Il faut une langue seconde. Quelle sera-t-elle?

Une langue morte ne saurait convenir, parce que mal adaptée à la vie moderne, difficile à apprendre et inaccessible au grand public qui a besoin de la langue seconde pour le tourisme, le commerce, etc.

Une langue vivante présente les mêmes difficultés d'acquisition auxquelles il faut ajouter celles du choix que rendent impossible les légitimes susceptibilités nationales.

Reste une langue artificielle. Des centaines ont été imaginées. Une seule a résolu le problème complètement, c'est l'Espéranto.

La preuve de cette réussite a été faite de façon éclatante par les Congrès internationaux que les Espérantistes viennent faire chaque année et dans lesquels ils s'entretiennent plusieurs jours durant dans cette seule langue sans avoir de difficultés résultant de leur diversité d'origine. Leur prononciation à tous est en particulier remarquablement régulière et uniforme.

De plus, ils ont édité des traductions de livres de toute espèce, la Monadologie de Leibnitz comme les comédies de Molière, la Bible comme les travaux scientifiques les plus divers.

Ajoutons que, grâce à cette littérature déjà très riche, et à une diffusion déjà énorme dans tous les pays, l'Espéranto peut s'enrichir des néologismes utiles sans craindre la confusion, puisqu'il est fixé *ne varietur* par ce fondement intangible et, en fait, depuis 40 ans, il s'est graduellement enrichi, sans que cessent d'être rigoureusement réguliers encore les plus anciens ouvrages parus.

Donc l'Espéranto convient.

Les raisons de ce succès sont :

1° La régularité parfaite de la grammaire dont les seize règles immuables et sans exception contiennent, notamment, une conjugaison plus riche que celle de n'importe quelle langue naturelle.

2° La richesse et la facilité d'acquisition du vocabulaire. Les racines des mots sont en effet prises sans modification appréciable dans les langues naturelles en les choisissant d'après le maximum d'internationalité. Grâce à l'emploi de préfixes et de suffixes au sens précis et invariable, grâce à celui des mots composés, la langue est souple, précise et d'une richesse que ne vient limiter aucune restriction d'usage.

Du point de vue pédagogique, nous devons remarquer les facilités que procurerait pour l'enseignement de la grammaire française les rapprochements avec la grammaire schématique de l'Espéranto.

En outre, il est toujours malaisé d'apprendre aux jeunes élèves la façon d'exprimer correctement et clairement des idées, car ils manquent d'idées. La version latine remédie à cette difficulté dans l'enseignement secondaire. L'Espéranto doit devenir à cet égard le latin de l'Ecole primaire.

La diffusion de l'Espéranto s'impose donc comme un devoir à tous ceux qui s'occupent de science ou d'enseignement. Ce devoir est d'autant plus impérieux que la France après avoir été à la tête du mouvement, s'est laissée distancer depuis quelques années par de nombreux pays étrangers.

Docteur GOMMÈS

UN ENSEIGNEMENT SUPÉRIEUR
DES SCIENCES ET ARTS MÉNAGERS

I

Au moment où, dans tant de domaines spéculatifs ou techniques, des disciplines nouvelles s'avèrent indispensables et assurent leur plan d'études, dans les universités s'imposent de plus en plus l'institution d'une Science du Foyer, adéquate au perfectionnement, d'une évolution actuellement très rapide, de cette variété des connaissances humaines. Révolution même, plus qu'évolution, que l'Enseignement doit suivre.

Hier, les notions ménagères pouvaient s'adresser exclusivement à l'Enseignement primaire. Elles pénétraient — fort peu — les milieux secondaires et encore, ces derniers temps, étaient-elles rognées par de nouvelles disciplines (histoire de l'art...). L'enseignement du latin ne laisse guère de temps aux lycéennes !

Quant à l'enseignement supérieur, il restait — et il reste — tout entier à faire. A l'heure actuelle, ce sont des entreprises commerciales qui pour leur publicité en réalisent de-ci, de-là, quelques bribes, à leur profit, naturellement sans nul souci d'impartialité.

Qu'on ne ramène pas cet enseignement à une simple formation technique ! Il la déborde. Les notions d'art et littéraires s'ajoutent en effet aux fondements scientifiques proprement dits, et l'ensemble est quelque chose de très original. C'est pourquoi les méthodes dans les Ecoles normales ménagères ne sont pas exactement celles d'un enseignement supérieur. Tout en rendant hommage aux travaux des Internats-Ecoles plus particulièrement Laeken, Liège, Bâle, Zurich, Fribourg, c'est encore de l'enseignement primaire: Un caractère technique exclusif. Très peu de culture générale à l'entrée. Pas de langues étrangères. Ces établissements s'occupent de former des professeurs ménagers : mais ceux-ci sont loin de répondre à l'idéal proposé. En outre, beaucoup de ces écoles laissent entendre plus ou moins qu'elles s'adressent aux classes ouvrière et paysanne pour ce qu'il s'agit aussi de former valets, femmes de chambre ou cuisinières bien stylées. On comprend la teinte péjorative de ces directives un peu... spéciales dans l'esprit des étudiants et du public.

La discipline en vue ici est bien différente. En doivent bénéficier, toutes les classes sociales. Toutes les jeunes filles — et nombre de jeunes gens — quelle que soit leur origine, ont besoin d'un enseignement qui leur donne plus de sympathie pour les occupations du home et plus de facilité à les accomplir.

Dans les classes moyennes aussi la future ménagère a besoin d'être guidée, instruite, car elle sera un des principaux facteurs de prospérité ou de ruine. Combien dans nos classes libérales parisiennes l'ignorance là-dessus est extrême ! — Si la maîtresse de maison de situation aisée doit avoir des gens à son service, c'est encore plus pressant : savoir commander, c'est savoir exécuter (Mme de Maintenon).

II

Certes, du point de vue des carrières ménagères elles-mêmes et de leurs possibilités de gains, l'enseignement de cette discipline supérieure serait déjà des plus souhaitables. Si, dans nos lycées, les filles obtiennent souvent de plus grands succès que les garçons, cela correspond à cette vraie ruée féminine vers des professions jadis réservées aux hommes, en concurrence de plus en plus âpre ! Dans ces conditions, pourquoi pas aussi un *baccalauréat ès-sciences ménagères ?* Les cuisinières ne sont-elles pas plus rares que les doctoresses où les avocates, aujourd'hui ? Les plus qualifiées gagnent très largement ([1]). Et ce serait avec grand profit que des entrepreneurs de blanchissage, de teinturerie, des directrices d'hôtel auraient travaillé les sciences ménagères, en vue de s'élever au-dessus de leur étroite spécialité.

Indépendamment de cette immense portée d'application, les sciences et arts ménagers ont en eux des éléments scientifiques suffisants pour justifier largement un enseignement supérieur avec doctorat. Complexes et difficiles, ils sont de tous les domaines, se dirigent vers tous les horizons. C'est ce que j'ai expliqué dans mon *Introduction aux Sciences Ménagères* ([2]). C'est aussi ce que pense le ministre belge VANDERWELDE. En se défendant de faire aucun classement ni de rédiger le programme de cinq années d'études, celui-ci ne juge pas nécessaire la création de cours nouveaux. Ces cours existent. Qu'on les indique, qu'on les répartisse

---

([1]) IDA SÉE. L'Enseignement des jeunes filles.
([2]) Docteur GOMMÈS. Introduction aux Sciences Ménagères, Maloine, édit. Paris.

convenablement ! Voici par exemple, ceux qui conviennent, parmi les cours supérieurs professés à Gand :

Faculté de philosophie et lettres : histoire politique contemporaine, morale, psychologie, pédagogie et méthodologie, bibliographie, esthétique.

Faculté de droit : comptabilité, sociologie, économie politique, produits commerçables.

Faculté des sciences : botanique, zoologie, chimie, physique.

Faculté de médecine : anatomie, physiologie, hygiène, parasitologie, denrées alimentaires.

Institut agronomique supérieur : mécanique, microbiologie, horticulture, agriculture potagère.

Institut supérieur des fermentations : industries alimentaires, industries laitières, procédés de conservation.

J'y ajoute, pour ma part : l'Histoire de la civilisation, l'art de la décoration intérieure et du costume, la mécanique.

Importante est la dénomination officielle de cette encyclopédie : il s'agit de *sciences et arts ménagers*. Ne disons pas *domestiques*, ce qui rappelle une servitude. Ni même *du foyer*, le mot foyer étant d'un sens trop restreint, et quelque peu littéraire. Le mot *ménagers* rappellera que la ménagère exerce une fonction au même titre que son mari. Fonction équivalente. La ménagère vaut celui-là au point de vue professionnel, sa tâche est souvent plus complexe ([1]). La juste ré-évaluation monnayée de cette tâche est une des revendications de l'Ecole d'organisation moderne, qui tend à mettre la ménagère au premier rang des valeurs sociales.

Je propose, à la discipline scolaire en question, le nom d'*Eubiotique ménagère*, dont la portée est plus extensible.

III

Des établissements privés ont essayé d'établir cet enseignement. Aux Etats-Unis, l'*Appleroft experiment station*, qui est aussi un laboratoire pratique d'essai des appareils ménagers, et le *House Keeping Institute* de New-York.

Mais ce sont les établissements d'Etat qui nous intéressent.

En Angleterre, il y a l'enseignement, durant trois ans, du *Kings College*, dépendant de l'Université de Londres (Diplôme en Sciences domestiques et sociales).

Aux Etals-Unis, celui de *Simmons College*, au milieu d'autres disciplines féminines. Le *Howard University* (Washington), d'une durée de quatre ans, de trois trimestres chacun, avec diplôme de Bachelor of science

---

([1]) Professeur VANDEVELDE. Le Doctorat ès-Sciences Ménagères.

in Home Economics. Le programme de *Columbia* comporte une étude du home, basée sur l'organisation scientifique dans l'industrie.

A Tokio, une section spéciale de l'Université féminine, avec doctorat spécial, ès-sciences et arts domestiques.

En France, nous n'avons rien d'universitaire proprement dit, et personne à la Sorbonne n'en a encore jamais parlé. Un seul établissement d'enseignement supérieur peut cependant se flatter d'avoir partiellement remédié à cette carence par une chaire magistrale purement théorique (sauf projections et présentation de pièces). Non pas le *Conservatoire des Arts et Métiers* — à qui la chose fut cependant proposée, — mais le *Collège libre des Sciences sociales* (Paris), ou professent les G. RENARD, G. POISSON, CHARLES-BRUN, AGACHE, docteurs LEGRAIN, MARIE, CH.-E. LÉVY, Maître F. CORCOS, etc. Ce fut sur ma proposition, en 1923, qu'un Cours d'*Hygiène, Organisation et Technique ménagères* fut créé. Le fait de l'acceptation revient à l'éminent professeur AULARD — mort depuis — et à M. E. BERGERON, secrétaire général de l'établissement, qui ont perçu la valeur pédagogique et morale de ces études et les immenses possibilités qu'elles renferment.

D'ailleurs, de par son titre, le Collège libre des Sciences sociales n'était-il pas tout indiqué ? Les sciences sociales, affranchies des ornières qui guettent toute science nouvelle, sont précisément de celles qui, en raison du caractère intrinsèque des phénomènes qu'elles considèrent aussi bien que de l'extrême complexité de ceux-ci, s'ouvrent le plus largement sur la voie de la synthèse et de l'application [1].

La leçon d'ouverture eut lieu en janvier 1924. Elle fut présidée par un délégué du sous-secrétariat d'Etat de l'Enseignement technique. Un inspecteur général du ministère de l'Agriculture, M. CHANCRIN, a bien voulu saluer en l'auteur « le pionnier d'une science nouvelle, tout citoyen conscient des nécessités de notre époque devant souhaiter bonne chance à ses efforts » [2].

Voici, pris au hasard, le programme d'une année, — comprenant cinq leçons d'une heure :

(1926-1927). L'éducation physique de la jeune fille. Les exercices de fond, de force, de vitesse, appliqués aux travaux ménagers. Création d'une gymnastique ménagère, tout à fait exclusive de championnats et d'athlétisme.

Partie *analytique*. — Les grands massifs anatomiques sur le squelette, sur le vivant nu, sur le vivant avec vêtements. Une orthopédie ménagère.

---

[1] BASSO, *Revue philosophique*, 1928.

[2] Quelques grands journaux politiques (l'*Echo de Paris*, *Excelsior*, l'*Avenir*, le *Quotidien*, le *Petit Parisien*, le *Daily Telegraph*, etc.) voulurent bien faire paraître là-dessus quelques articles fort encourageants.

— L'épaule et sa fixation. La colonne vertébrale et son redressement. L'abdomen et le jeu de la sangle musculaire. La physiologie régionale des : lever, porter, secouer, nettoyages divers, pousser, tirer, torsions du linge.

Partie *énergétique* de l'exercice, de l'exercice ménager en particulier. Métabolisme basal et dépenses calorimétriques des principaux travaux : lavage de vaisselle, avec mensuration des hauteurs proportionnelles ; les travaux de force (soulevages), ceux de fond (le blanchissage dans ses multiples actes), etc.

Opérations ménagères envisagées au point de vue de la *fatigue* physique ou mentale. Tests du surmenage. Comment le diminuer par l'entraînement, l'appareillage... Possibilité d'un dosage des exercices.

Les rythmes musculaires, les pauses. Les attitudes : debout, assise, horizontale, et leur énergétique. Le *bon* repos. Ses conditions : 1° un relâchement musculaire parfait. Sommier, matelas, leur technique de façon (laines, kapoks, crins, duvets-liège, bobines-ressorts, etc.) et d'entretien ; 2° le retour du sang facile, hydraulique veineuse. Comparaison à ce point de vue des diverses inclinaisons des membres inférieurs, mobilier y répondant. Le repos au lit, méthode de traitement systématisé de diverses psychoses aiguës.

Et voici, d'autre part, un fragment du programme que je propose à l'*Institut d'Hygiène de la Faculté de médecine de Paris*, où sont enseignées par des spécialistes les Hygiènes coloniale, militaire, scolaire, etc., mais non la ménagère.

LE VÊTEMENT

Caractères microscopiques des différentes étoffes.

Pénétration par l'air. Poids spécifique. Influence de la texture. Compressibilité.

Perméabilité aux échanges de gaz (CO^2) et à vapeur d'eau.

Pénétration par l'eau : d'hygroscopie (différences d'après tissus), et d'interposition (capacité maxima et minima).

Propriétés thermiques. Pouvoir conducteur. Conductibilité calorique (en milieu sec, en milieu mouillé), conductibilité électrique.

Pouvoirs rayonnant et absorbant.

Action thermique générale. Action du vêtement mouillé (courbes d'évaporation). Technologie des matières imperméabilisantes.

Modification des tissus par les agents lixiviels.

Le poids du vêtement du travailleur (en tant que dépense statique).

IV

Pour l'application de toutes ces données, le *laboratoire* est indispensable. En effet les sujets de recherches expérimentales dans cette spécialité se présentent en foule :

— L'*essai des appareils, du mobilier*...

— Dans le *blanchissage*, le mode de pénétration des fibres par les produits tinctoriaux et lixiviels, le dosage des ingrédients...

— Dans le *dépoussiérage*, les tests de vérification microbiologique post-opératoires...

— Dans les *manœuvres ménagères* en général, les dépenses organiques, les tests de fatigue musculaire, les mensurations dynamométriques, calorimétriques, dans le genre de celles poursuivies dans les chambres de combustions ou dans les instituts ergologiques, à propos de la manipulation du volant, de la manivelle, de l'aspirateur...

— Dans la *calorification culinaire* (mesures de conductibilité de chaleur spécifique des différents métaux, du verre...).

— Dans l'*éclairage*, les mesures photométriques.

Etc., etc.

L'étude des méthodes de travail, en général, sera étendue aux multiples problèmes ménagers. Une formule conquiert le monde : produire le plus possible dans un minimum de temps avec un minimum de fatigue. C'est sous son signe que tous problèmes sont à reviser et envisager. A propos de chaque occupation et dans le but de la modifier rationnellement, se poseront les questions : améliorer en qualité, en quantité, en vitesse (accroissement des loisirs), en hygiène (conservation de la santé), en facilité physique, enfin gagner davantage par l'augmentation des salaires, bénéfices, ou économies [1].

La *thèse* est ici aussi essentielle, un grand nombre de thèse sert à l'avancement d'une science. D'autre part la thèse, comme le laboratoire, donne à l'étudiant le moyen de développer sa personnalité, lui montrant, ce qu'on méconnaît souvent dans le « Primaire », qu'il existe autre chose, comme publications, que copies et compilations. Et puis, presque tout ce qu'un étudiant apprend à un cours, dans un livre, il l'oublie. Cours et livres réussissent au contraire comme préparation au travail personnel. Seul se grave intégralement dans notre esprit ce que nous avons nous-mêmes recherché [2].

Ici les sujets — même non expérimentaux — ne manquent pas ! En eubiotique ménagère tout est nouveau : points particuliers autant que vues synthétiques.

---

[1] PAULETTE BERNÈGE. Congrès d'organisation scientifique du Travail.
[2] P. VANDEWELDE. *Loc. cit.*

L'avantage immédiat de la thèse, c'est la sanction permettant l'accès à l'une des multiples *carrières sociales* ouvertes aux femmes : assistantes scolaires, surintendantes d'usines, infirmières à domicile. Ces fonctions doivent être remplies par des personnes instruites, imprégnées d'un peu de culture classique, pénétrées de la délicatesse et de l'élévation de leur tâche.

Surtout la thèse aidera, conjointement ou non à un passage par les Ecoles Normales, à la formation de *maîtresses* ménagères. Celles-ci s'intitulant, non institutrices, — ce qui dans différents pays les confond avec les enseignantes aux petits enfants, — mais professeurs. Le recrutement d'un personnel de choix paraît bien, de l'avis de toutes les compétences, le point culminant de l'institution de notre discipline nouvelle.

V

Cette fondation d'un enseignement ménager supérieur, la logique et les nouvelles compréhensions sociales l'exigent en Europe, autant qu'en Amérique et au Japon. Récemment l'Office ménager de Fribourg (Suisse) se jugeait qualifié pour le créer, et il se tient actuellement sur les rangs comme initiateur international à ce point de vue. Mais pourquoi la France, pour elle et son immense empire, n'agirait-elle pas, par elle-même ?

Pour elle, la raison d'Etat, à défaut de considérations rationnelles mentionnées, devrait depuis longtemps avoir fait sienne cette création. Les sciences et arts du Foyer envisagés d'un point de vue élevé serviraient, sans doute, un peu de frein à la désagrégation de la famille par une vie trop extériorisée, et par suite entreraient en forte part dans la lutte contre ces deux fléaux : dénatalité et désertion des campagnes.

M. Paul LEMOINE

Professeur au Muséum National d'Histoire naturelle, Paris.
Président de l'Association des Parents d'Elèves du Lycée Henri IV.

LA GRATUITÉ DANS LA 6ᵉ DES LYCÉES : SES CONSÉQUENCES

Un fait nouveau vient de se produire. Dans le projet de budget pour 1930, le Gouvernement propose au Parlement d'établir la gratuité de l'enseignement pour les classes de 6ᵉ des Lycées. Cette gratuité sera étenduc progressivement aux classes suivantes, de sorte que la réforme sera complète dans un délai de six années.

L'enseignement secondaire étant ainsi ouvert, théoriquement, à tous, il est à craindre qu'un encombrement ne se produise, surtout dans les Lycées des grandes villes. Une sélection s'imposera donc ; comment peut-elle se faire.

1° *Par ordre d'inscription.* — Les élèves de 7e des Lycées seront inscrits d'office, les premiers et les enfants des Ecoles primaires seront pratiquement éliminés en majeure partie ;

2° *Par des examens, type « examen des bourses ».* — Leur aléa est généralement reconnu. Les enfants des Lycées y sont beaucoup moins bien préparés que les enfants des écoles primaires et seront sacrifiés.

3° *Des épreuves sur tests psycho-physiologiques.* — Ils n'ont pas encore fait leurs preuves et leur emploi est très discuté.

4° *Des examens basés sur les notes de l'année et sur l'opinion des professeurs.* — Avec des éliminations progressives au cours des premiers mois de l'année de 6e, puis ultérieurement en 5e, 4e, etc., cette méthode est peut-être la plus sûre.

Mais elle nécessite la possibilité d'avoir des classes de 6e plus nombreuses ; pour avoir les locaux disponibles, il faudrait récupérer les locaux des classes de 10e, 9e, etc., en laissant les enfants de cet âge dans les locaux des écoles primaires. D'autre part, l'élimination progressive nécessite le retour des enfants de 6e, 5e, etc., à l'enseignement primaire supérieur, à l'enseignement technique, etc.

C'est donc *tout le problème de l'Ecole Unique* qui se pose ; le malheur est qu'il se pose d'une façon indirecte, sans aucune préparation. Dans ces conditions, si l'on n'y prend garde, il aboutira fatalement à un échec et la réforme de l'Ecole Unique aura été tuée dans l'œuf.

Il faut que cette expérience soit faite dans des conditions correctes ; pour cela il faut que ses modalités soient étudiées jusque dans le détail par une commission mixte de membres de l'Enseignement primaire et secondaire, à laquelle seront adjointes quelques personnes spécialement qualifiées (Représentants des parents d'élèves ; membres de l'Enseignement technique et de l'Enseignement supérieur, etc.).

Marcel LEROUX
Instituteur.

L'IMPRIMERIE A L'ÉCOLE

L'an dernier, je connus l' « Imprimerie à l'Ecole ». Une démonstration, puis la lecture d'un ouvrage de M. Freinet, le créateur de cette technique, firent naître en moi le désir de tenter l'expérience. Je me procurai le matériel nécessaire à la « Coopérative de l'Enseignement laïc » fondée par les premiers instituteurs qui, au lendemain de la guerre, se groupèrent autour de M. Freinet et le 15 novembre 1928 je commençais à imprimer.

L'expérience dure depuis 8 mois.

Les caractères employés sont ceux du commerce (plomb et antimoine) ; ils sont répartis dans une casse ordinaire dite casse parisienne. Pour composer, les enfants disposent les lettres dans des composteurs en cuivre. Les jeunes imprimeurs travaillent généralement à 4 à la fois autour de la casse ; ils mettent, selon leur habileté et leur expérience, 5, 6, 8 minutes pour terminer une ligne, de sorte qu'un texte de 12 lignes demande au maximum 24 minutes pour être composé.

Reste le tirage. Vous verrez comment nos enfants s'en acquittent. Là encore ils travaillent à quatre. L'un place la feuille blanche sur la presse, un autre met de l'encre à l'aide d'un rouleau, un troisième passe le rouleau presseur, enfin le quatrième enlève la feuille imprimée.

On perce ensuite deux trous dans chaque feuille et on en distribue un exemplaire à chaque élève. Il va rejoindre les feuillets précédents sous l'écrou d'une reliure métallique spéciale.

Ainsi, jour par jour, les histoires s'ajoutent aux histoires ; les événements heureux, comiques ou douloureux de la vie des enfants, les faits dont ils ont été les témoins intéressés et attentifs s'entassent pour constituer le recueil qu'ici on appelle : « Livre de Vie », là : « Nos histoires ». ailleurs : « Entre nous » ou : « Mon ami Pierrot » au gré de l'imagination.

Bien entendu, les narrations ne sont pas imposées ; elles sont entièrement libres dans le choix du sujet comme dans l'exécution. Comme elles sont trop nombreuses pour être toutes imprimées les enfants choisissent eux-mêmes, en votant à mains levées, celles qui réunissent le plus de qualités.

Nous profitons ensuite de l'intérêt tout particulier que les élèves témoi_gnent au texte choisi pour en faire le centre d'intérêt de la journée. Le dessin, la lecture, la grammaire, le vocabulaire s'y rapporteront toujours ; les sciences, l'histoire, la géographie parfois; la morale très souvent. Il donne lieu, fréquemment, à des études régionales.

Chaque feuillet imprimé est envoyé, à charge de réciprocité, à une classe correspondante en autant d'exemplaires qu'elle contient d'élèves. Ainsi tous les jeunes imprimeurs du Havre possèdent en fin d'année deux recueils : celui qu'ils ont composé eux-mêmes et celui de la classe de Lyon qui est leur correspondante.

Tous les mois ou deux fois par mois, nous envoyons dans 7, 8, 10 éco-les un livret contenant, cette fois, un seul exemplaire des textes de la période écoulée. Nous recevons en retour 7, 8, 10 livrets analogues qui viennent enrichir notre bibliothèque.

Pour augmenter l'intérêt des échanges on groupe les régions et les milieux les plus différents : la montagne correspond avec la plaine, le littoral avec l'intérieur, les régions industrielles avec les contrées agri-coles.

M. Freinet, gérant de la coopérative, reçoit tous les travaux des écoles travaillant à l'imprimerie. Aidé de quelques instituteurs il recherche les narrations les plus susceptibles d'intéresser et en même temps d'instruire de jeunes lecteurs et il les réunit en brochures d'une dizaine de pages qu'il fait éditer. Elles sont intitulées « Extraits » et mises en vente au prix de 0 fr. 50.

Onze numéros sont parus à ce jour.

Il me reste maintenant à rapporter aussi fidèlement que possible les constatations qu'il m'a été donné de faire et les réflexions qu'elles m'ont suggérées. Je les résume d'un mot : L'Imprimerie donne de l'*intérêt* au travail.

Les enfants ne se lassent jamais de composer, décomposer, tirer, clas-ser les caractères et les nettoyer.

Le matin, ils arrivent volontiers à l'école avant l'heure espérant qu'il y aura quelque chose à faire ; pendant la classe, ils se dépêchent de faire leurs devoirs et de les bien faire pour pouvoir imprimer ; ils restent de 11 heures et demie à midi et, le soir, ils travailleraient pendant des heures entières autour de la casse et de la presse qui exercent sur eux, une véritable fascination.

Parallèlement à cette passion pour le travail manuel de l'Imprimerie, on observe un goût de plus en plus marqué pour écrire.

Demandons-nous, en effet, ce qui se produirait dans l'atelier du menuisier ou du forgeron, par exemple, si on jetait systématiquement au rebut tout ce qui sort de la main des apprentis. Qu'adviendrait-il de leur application et de leur désir de bien faire ? A quoi bon, diraient-ils, se donner de la peine ! Heureusement il n'en est pas ainsi et le patron ne manque pas d'utiliser leurs essais chaque fois qu'ils sont convenables.

Il faut un but au travail. Mais travailler en vue d'acquérir une instruction qui servira dans l'âge adulte est un objectif que l'enfant n'aperçoit pas. Comme l'apprenti il a besoin, pour déployer toute son activité de voir utiliser dans le présent le résultat de ses efforts.

Partis de narrations libres, passant par les centres d'intérêt et les échanges interscolaires, nous aboutissons à des publications périodiques. Ce sont là des réalisations appréciables. L'enfant en est la cheville ouvrière et il s'en rend compte. Son travail a de l'importance et il le comprend. C'est à lui qu'il appartient d'alimenter l'œuvre qui est sienne. Il s'anime. Dès lors, il n'est plus nécessaire de le stimuler par des moyens artificiels. Les bons points n'ont plus leur raison d'être. L'Imprimerie, en répondant à un besoin de l'esprit a mis en mouvement les ressorts de son activité. On peut être assuré désormais que l'entrain, l'enthousiasme au travail ne lui feront point défaut.

Des élèves m'ont confié qu'ils avaient d'eux-mêmes recommencé 5 fois, 6 fois le même travail avant de l'apporter à l'école ; d'autres qu'ils étaient allés sur place examiner un détail, approfondir une question. Certains ont interrogé des personnes compétentes sur le sujet qu'ils désiraient traiter. Il en est dont l'esprit est toujours à la recherche de l'événement comique, pittoresque ou émouvant digne d'être raconté. J'ai vu des enfants peu doués faire des efforts obstinés pour rendre leur texte acceptable.

Certains, en cette fin d'année, écrivent avec une verve endiablée; d'autres avec beaucoup de correction ou une grande recherche dans l'expression. Ils aiment maintenant écrire comme ils aiment dessiner.

L'orthographe est meilleure elle aussi. Est-ce parce que l'élève apprend la grammaire sur des textes à sa portée et qui l'intéressent ? Est-ce parce qu'il tient, par un sentiment d'amour-propre bien naturel, à fournir ses propres créations exemptes de déformations qui les rendraient désagréables à lire ? Est-ce enfin parce qu'en composant il a pris l'habitude de regarder attentivement les mots ? Pour toutes ces raisons sans doute.

Tant au point de vue de la rédaction que de l'orthographe, les résultats sont nettement concluants.

P MASSON-OURSEL

Paris.

L'UTILISATION DES TESTS A LA GYMNASTIQUE MENTALE

Les tests, ou épreuves étalonnées par la psychologie contemporaine issue de Binet, ne sont guère utilisés que comme *critères* des capacités d'un esprit, par exemple à un âge donné. Mais ils peuvent servir à une tout autre fin : l'assouplissement, l'accroissement des capacités. Qu'on nous permette une comparaison : les obstacles qui jalonnent une piste de champ de courses montrent de quoi est capable un cheval ; mais ils servent aussi à son entraînement.

Les éducateurs, de tout temps, ont associé, dans l'effort qu'ils exigent de l'élève, deux points de vue : l'élève se situe lui-même au rang qu'il occupe par la note qu'il mérite, et d'autre part le travail fourni entretient et accroît ses aptitudes. Le « devoir » est exécuté pour l'entraînement, la « composition » comme test. La « question de cours » témoigne d'un apprentissage, le « problème » constitue une épreuve. Scission qui offre quelque danger : l'enfant risque de perdre ses moyens devant l'épreuve, de même que le sujet examiné dans un laboratoire de psychologie perd son naturel devant le test. Sauf aux jours de « composition », le problème devrait être présenté comme une invitation encourageante et attrayante à la réflexion, non comme une chausse-trappe, comme une occasion de mauvaise note en cas d'échec.

La valeur éducative des tests a fait l'objet d'études techniques à l'*Institut Pelman* depuis de longues années. Il résulte d'une expérience journalière qu'un individu soumis à une gamme de tests convenablement gradués acquiert, dans n'importe quelle sorte d'effort, une aptitude croissante. Un principe constamment vérifié est qu'il faut partir de plus bas que le niveau mental de la personne à rééduquer, pour aboutir plus haut. Soit quelqu'un qui ne peut s'appliquer sans distraction à du calcul que 5 minutes ; on n'exigera de lui, pour le début, qu'une minute d'attention, mais intense, et on fera en sorte que la durée de l'application augmente très lentement. Au bout de quelques semaines, à son insu, il aura dépassé ses capacités initiales.

Voici les gammes de tests les plus fréquemment mises en œuvre. Leur simple énoncé montrera que ce dressage s'applique non pas seulement aux fonctions mécaniques, mais aux fonctions supérieures de l'esprit.

I. *Tests d'activité* : exécution rapide d'un acte simple.

Tests de volonté : accoutumance à un effort, plus ou moins astreignant.

II. *Tests de curiosité* :

1) de distinction et d'identification,

2) d'analyse perceptive (recherche de détails dans un ensemble),

3) de synthèse perceptive (recherche d'un effet d'ensemble parmi des détails),

4) de causalité (recherche du comment, du pourquoi),

5) de comparaison.

III. *Tests de mémorisation* : promptitude ou exactitude.

IV. *Tests d'association d'idées*.

Tests d'enchaînement logique des idées.

Tests de composition (graphique, littéraire, musicale, oratoire).

La valeur critériologique et la valeur gymnastique d'un test sont d'ordinaire très différentes ; quelquefois ces deux aspects sont inversement proportionnels.

Aujourd'hui que de toutes parts on déplore le surmenage scolaire, ainsi que l'impuissance fréquente des écoles à former le jugement, il faut souhaiter que pédagogues et psychologues combinent leurs recherches, desquelles dépend le succès ou la faillite de l'enseignement. Ce qu'une initiative privée a largement amorcé, les ressources de l'organisation universitaire doivent le promouvoir.

***

MERCIER   et   **Dr PONCET**

Inspecteur d'Académie   Inspecteur départemental d'hygiène
de l'Ain.

CANTINES SCOLAIRES RURALES
ET
VULGARISATION DE L'HYGIÈNE ALIMENTAIRE

Résumé de la Communication.

On croit généralement que, à la campagne, dans les familles de cultivateurs, les enfants sont bien nourris parce que les produits alimentaires les meilleurs, œufs et lait en particulier, sont récoltés à la maison et que la situation économique agricole s'est considérablement améliorée depuis vingt ans.

L'un de nous, chargé pendant trois ans de l'inspection médicale des écoles d'une circonscription rurale riche a cependant constaté que 20 0/0 des enfants présentaient un mauvais état général (développement insuffisant, faiblesse générale, distension de l'abdomen, prédisposition à toutes les infections et en particulier à la tuberculose).

Outre le très fréquent manque de sommeil et l'excès de fatigue pour certains, on peut dans un grand nombre de cas incriminer l'insuffisance quantitative et qualitative de l'alimentation des enfants. Dans les familles, trop souvent le repas se compose seulement de soupe et de tartines. La plupart des cantines scolaires, là où il en existe, ne donnent que de la soupe et les enfants apportent des tartines de beurre, de fromage ou de confiture, ou du pain avec du saucisson ou du chocolat, ou même du pain sec. Bref, beaucoup trop de pain et de soupe, qui sont souvent la cause de ces ventres ballonnés et engendrent plus tard des dyspepsies rebelles ; par contre, pas assez de viande, d'œufs, de pâtes ; même pas assez de beurre, de fromage, de confitures.

L'éducation alimentaire des mères de famille est trop rudimentaire, sinon inexistante. L'école doit la compléter en enseignant aux fillettes, futures ménagères, les principes de l'hygiène alimentaire ; plus immédiatement les cantines scolaires devraient pouvoir servir de modèles aux familles par la composition des repas et la préparation des aliments ; plus immédiatement encore, une cantine scolaire fournissant un repas convenable assure un meilleur développement des enfants.

Il semble que l'on ne s'est généralement occupé des cantines scolaires que pour l'amélioration immédiate du sort des enfants et pour l'encouragement à la fréquentation scolaire. On n'a pas souvent compris ce que l'on peut obtenir des cantines pour la vulgarisation de l'hygiène alimentaire.

Nons pourrions citer quelques exemples concrets dus au grand dévouement de quelques instituteurs qui avaient bien voulu se laisser guider. Nous devons nous borner, dans ce résumé, à quelques réflexions.

Il faut une cuisinière capable et un matériel suffisant pour préparer des mets appétissants en des menus variés. Il est désirable de ne pas voir revenir le bœuf bouilli plus d'une fois par semaine : il faudrait donner de la viande rôtie deux fois par semaine, et on réserverait les haricots et les pois cassés pour les jours sans viande. Dans certaines régions il serait avantageux de donner du poisson de temps en temps. On ne devrait jamais servir de saucisses. Les entremets au lait sont très recommandables et les enfants acceptent volontiers le riz au lait s'il est bien préparé et si on y met beaucoup de sucre ou si on le saupoudre de chocolat râpé.

Dans les campagnes il est très facile d'obtenir des familles des versements en nature : pommes de terre, haricots, carottes, beurre, etc. La comptabilité certes est ainsi un peu plus compliquée ; mais les parents ont moins à débourser.

Très généralement ce sont les instituteurs qui dirigent les cantines scolaires. Nous serions heureux de voir plus souvent collaborer les institutrices. L'instituteur s'occuperait de la comptabilité et de la gestion, et l'institutrice de la préparation des aliments et de l'entretien du matériel et du local en y faisant le plus possible participer les enfants eux-mêmes.

Malheureusement ni les futures institutrices ni les futurs instituteurs n'ont été préparés à cette tâche. Aussi avons-nous été heureux de voir un Préfet comprenant l'intérêt des enfants insérer dans un arrêté réglementaire sur l'hygiène des écoles les paragraphes suivants :

« M. l'Inspecteur départemental d'hygiène donnera des directives pour la création de nouvelles cantines scolaires et pour l'amélioration du fonctionnement des cantines existant déjà sur lesquelles il exercera sa surveillance. Il fera chaque année aux élèves des Ecoles normales une série de leçons sur l'hygiène, avec des démonstrations pratiques, dont le programme sera arrêté en accord avec M. l'Inspecteur d'Académie, et sera invité à participer activement aux conférences pédagogiques et aux stages d'éducation physique ».

C'est M. le Prof. Calmette qui a dit : « Distribuer la famine, ce n'est pas le but que poursuivent les cantines scolaires... Les cantines scolaires pourraient être, pour ceux qui les fréquentent, de merveilleuses écoles d'hygiène ; on y apprendrait non seulement à manger proprement des aliments sains, mais aussi à connaître les denrées alimentaires, leurs qualités nutritives, leur valeur, et, pour les garçons aussi bien que pour les filles, la manière de les préparer ».

C'est M. Maurice Roger, Inspecteur général de l'enseignement, qui a écrit : « Je souhaiterais que, dans les nombreux chapitres de son programme, notre société « l'Hygiène par l'Exemple » accordât un tour de faveur à l'alimentation et ajoutât ainsi un nouveau service à tous ceux déjà rendus à l'école. Les succès passés justifient mon espoir ».

BIOGÉOGRAPHIE

Président . . . .   Ed. Le Danois, Directeur de l'Office scientifique et technique des Pêches Maritimes.
Vice-Président . .   Mme Lemoine, Docteur ès Sciences
Secrétaire . . . .   M. Millot, Docteur ès Sciences.

René ABRARD

LES ORBITOÏDES DE MAESTRICHT ET LEUR VOIE DE MIGRATION

On sait qu'au Néocrétacé ou Sénonien, existent deux provinces zoologiques bien tranchées, la *province équatoriale* et la *province boréale*; la première est caractérisée essentiellement, en ce qui concerne les Foraminifères, par les Orbitoïdes. Ces formes qui ont une grande importance au point de vue stratigraphique sont maintenant très bien connues grâce aux travaux de H. Douvillé (¹). On peut dire qu'en gros, le bassin aquitanien appartient à la zone équatoriale, tandis que le bassin de Paris, et *a fortiori* les régions plus septentrionales font partie de la zone boréale ; la limite entre ces deux zones se déplace suivant les moments, et c'est ainsi qu'au Campanien, elle est renvoyée très au Sud : à cette époque on ne connaît d'Orbitoïdes que dans le Sud de la province de Constantine et en Tunisie (*Orbitella Tissoti* Schlumberger).

Au Maestrichtien au contraire, les conditions équatoriales les plus franches règnent dans le bassin d'Aquitaine, qui présente un grand nombre de Rudistes et des Orbitoïdes.

Si l'on considère en bloc la répartition géographique des Orbitoïdes en

---

(¹) H. Douvillé. Révision des Orbitoïdes. 1ʳᵉ partie. Orbitoïdes crétacés et genre *Omphalocyclus*. *B. S. G. F.* (4), XX, p. 209-232, 37 fig., 1 pl., 1920.

Europe occidentale, une anomalie apparaît immédiatement, c'est la présence à Maestricht de très nombreux individus de Foraminifères de ce groupe appartenant à trois espèces méditerranéennes : *Orbitella apiculata* Schlumberger, *Lepidorbitoides socialis* Leymerie, *Omphalocyclus macropora* Lmk.

O. apiculata est très abondante dans le « calcaire nankin » ou Maestrichtien supérieur des petites Pyrénées, à Gensac (Haute-Garonne), à Maurens (Dordogne) ; *L. socialis* se rencontre dans les mêmes localités, ainsi que *O. macropora* qui de plus existe en Italie et a été signalé en Tunisie. Ces trois espèces sont, dans les régions méditerranéennes, souvent associées à *Simplorbites gensacicus* Leym. qui abonde en Haute-Garonne dans le Maestrichtien supérieur et se retrouve en Sicile.

Les espèces de Maestricht sont donc bien spécifiquement méditerranéennes. Ce qui frappe dans leur distribution géographique, c'est qu'elles font totalement défaut dans le bassin de Paris. Cette anomalie apparente est due à des considérations d'ordre stratigraphique.

Le Crétacé le plus élevé du bassin de Paris est représenté par la craie de Meudon à *Belemnitella mucronata*, sans *B. quadrata* ; on le considère en général comme devant être rapporté à la partie inférieure et moyenne du Maestrichtien ; il est en tout cas assez probable que cette craie de Meudon s'élève stratigraphiquement à peine au-dessus de la limite inférieure de la zone à *Parapachydiscus neubergicus*. Toute la partie supérieure de l'étage, et notamment celle qui correspond à la craie sableuse de Maestricht, fait ici défaut.

Dans le bassin Aquitanien et les Pyrénées, nous trouvons deux niveaux à Orbitoïdes :

1° Le calcaire de Royan à *Orbitella media*, qui correspond au Maestrichtien inférieur et moyen ;

2° « Le calcaire nankin » des petites Pyrénées et les couches de Gensac, qui sont du Maestrichtien supérieur et correspondent exactement à la craie sableuse de Maestricht, laquelle se situe au sommet de l'étage.

Des données stratigraphiques qui précèdent, il résulte que le bassin de Paris était exondé au moment où dans la mer maestrichtienne se déposaient les couches à *Orbitella apiculata* d'Aquitaine et de Hollande. Ce n'est donc pas par la voie directe du détroit du Poitou qui ne jouait plus à ce moment, et du bassin de Paris qui était émergé, qu'a pu se faire la migration d'Orbitoïdes qui a donné naissance à la colonie très caractérisée de Maestricht. Il y a lieu d'admettre que c'est en contournant le massif armoricain que ces foraminifères ont pu parvenir jusque dans cette région septentrionale, vraisemblablement à la faveur de facteurs climatiques et biologiques du même ordre que ceux qui ont permis par le même chemin, l'arrivée des Nummulites dans le bassin de Paris à divers moments de l'Eocène et de l'Oligocène. H. Douvillé avait déjà émis cette opinion en 1903, sans toutefois en donner la preuve ([1]).

Cette voie de pénétration des organismes méditerranéens vers les régions septentrionales semble avoir été très généralement suivie, au moins depuis le Mésocrétacé. J'ai montré qu'il en était ainsi en ce qui concerne les Orbitolines du Cénomanien ([2]), pour lesquelles les lambeaux du Cotentin constituent d'ailleurs des points de repère très parlants. Aussi intéressant est-le fait, au Maestrichtien supérieur, de l'existence près de Valognes-de calcaire à *Baculites auceps*, qui jalonne la route entre Maestricht et l'Aquitaine.

Il est probable qu'à la période qui précédait celle où se sont formées les couches à *Orbitella apiculata*, les circonstances climatiques ne se prêtaient pas à la migration des formes équatoriales, et que c'est pour cette raison qu'*Orbitella media* n'est pas remontée vers le Nord.

Les Orbitoïdes de Maestricht ne constituent évidemment qu'une colonie ; ils y sont très abondants, y ont leur taille normale, sauf *Lepidorbitoides socialis* qui y est représenté par la race *minor* Schlumb. Ils voisinent avec des formes essentiellement boréales telles que *Belemnitella mucronata*.

M. BOURY

Attaché scientifique à l'Office des Pêches Maritimes.

L'HUITRE FRANÇAISE
TENDRAIT-ELLE A DEVENIR UNE HUITRE COTIÈRE ?

Par opposition avec la portugaise, quant à l'habitat, on définit communément l'huître indigène (*Ostrea edulis* L.) comme étant une espèce de fond. Il convient d'entendre par là que ce bivalve vit normalement « à la limite inférieure de la zone intercotidale et même un peu plus au large » (G. Ranson, 1926).

On sait en effet qu'autrefois des bancs naturels d'huîtres plates relativement nombreux et riches s'étendaient en plusieurs endroits, au large de

---

([1]) H. Douvillé. Sur la trouée de la Manche. *B. S. G. F.* (4), III, p. 652, 1903.
([2]) R. Abrard. Sur la pénétration des formes méditerranéennes dans le bassin de Paris, au Cénomanien. *C. R. som. S. G. F.*, p. 55-56, 1929.

nos côtes et dans des estuaires. Ces bancs ont été très appauvris, quelquefois même anéantis, par des dragages excessifs puis par la « grande mortalité ». Celle-ci ayant cessé, on serait porté à croire que le naissain de plate est capable de réapparaître sur tous les gisements qui florissaient jadis, une fois que des huîtres adultes se trouvent encore dans leur voisinage.

Or, il peut être constaté que la reproduction ne se fait bien aujourd'hui que sur les fonds huîtriers situés aux plus faibles profondeurs, c'est-à-dire le plus en amont, dans le cas des gisements d'estuaires, et le plus près de la côte, dans le cas des gisements de baies.

Voici quelques exemples :

1° *Bancs d'estuaire.* — *Rivière d'Auray* : Cette rivière a possédé des bancs très peuplés, échelonnés à différents niveaux. Les seuls gisements qui présentent encore des signes de prospérité sont ceux pour lesquels les sondes ne descendent guère au-dessous de 2 m. 50.

2° *Gisements de baies.* — *Baie de Quiberon* : Par suite d'exploitations annuelles, le banc de Quiberon est ruiné complètement, ou presque. Mais on peut noter que c'est dans la partie du banc où la profondeur est au plus égale à 3 mètres que les huîtres ont persisté le plus longtemps.

Baie du Mont Saint-Michel : Tous les bancs de Cancale sont extrêmement pauvres. Cependant, le naissain se fixe toujours assez abondamment sur le bas des étalages et sur le banc du Bas-de-l'eau, dont le nom indique suffisamment la position. Les bancs qui s'étendent plus au large se reconstituent moins aisément.

Je rappelais tout à l'heure que la pêche excessive est la cause dominante de l'affaiblissement ou de la disparition de nos huîtrières. On doit remarquer que les gisements en eau peu profonde sont particulièrement sujets aux pillages, puisque ce sont les plus accessibles, et qu'aux dragages par bateaux s'ajoutent parfois les pêches à pied, lors des grandes marées.

Comment expliquer que le naissain de plate paraisse se fixer de plus en plus volontiers à des niveaux relativement élevés ?

Il y a un siècle, les huîtres livrées à la consommation venaient exclusivement des bancs naturels. Depuis, de nombreux parcs ont été créés, tant pour l'élevage des adultes que pour la production du naissain. Tandis que le stock global des huîtres sauvages diminue d'une façon progressive, la quantité des huîtres cultivées croît considérablement.

Il en résulte que, contrairement à ce qui avait lieu auparavant, les larves de plates qui se fixent durant l'été proviennent pour une large part d'huîtres de parcs. De plus les huîtres mères sont souvent, elles-mêmes, le produit de l'élevage de naissains récoltés sur des collecteurs artificiels.

Or, les parcs d'élevage comme ceux de reproduction sont établis dans la zone intercotidale. Au risque d'avoir une récolte amoindrie après un hiver rigoureux, les ostréiculteurs sont même enclins à placer leurs collecteurs le plus haut possible, car les travaux de pose et d'enlèvement sont évidemment beaucoup facilités sur les concessions hautes, qui se trouvent longtemps et fréquemment à découvert.

Plusieurs facteurs, dans certains cas tout au moins, sont de nature à amener le naissain à se fixer surtout à de faibles profondeurs. Je les ai indiqués ailleurs (*Revue des Travaux de l'Office des Pêches*, tome II, fasc. 2).

Quoi qu'il en soit, les faits énoncés plus haut donnent à penser que, sous l'influence de la culture, l'huître française est en voie de changer peu à peu d'habitat ; elle a tendance à s'élever de la zone des Laminaires vers celle des Fucus.

Au Japon on rencontre plusieurs espèces d'huîtres qui vivent dans des eaux de salinités différentes. I. Amemiya (1928) s'est livré à des essais d'élevage artificiel des larves de ces diverses espèces. Il a constaté que les embryons sont adaptés aux salinités des milieux où demeurent normalement les adultes.

On conçoit que le naissain de plate, qui doit s'adapter à l'habitat de l'huître mère, se fixe de préférence dans la nouvelle zone où est maintenant accoutumée à vivre l'huître qui l'émet.

Le phénomène qui vient d'être examiné peut parfaitement ne pas être observé dans les pays étrangers où l'on trouve également l'huître plate mais où la culture en eau profonde est couramment pratiquée. J'ajoute enfin qu'il est susceptible de présenter pour l'ostréiculture française certaines conséquences : à citer notamment l'augmentation de la concurrence vitale entre la portugaise et la plate, dans les régions où ces huîtres sont réunies.

L. G. SEURAT
Professeur à la Faculté des Sciences d'Alger.

LA FAUNE DE PÉNÉTRATION DES RIVIÈRES ET DES SOURCES DU SUD TUNISIEN

L'une des particularités les plus curieuses de la faune dulcaquicole de la région de Biskra est la présence de deux formes, le *Cyprinodon fascia-*

tus Val. et le *Palaemonetes punicus* Sollaud qui existent, d'autre part, sur le littoral du golfe de Gabès ; il faut mentionner, en outre, un Amphipode terrestre, l'*Orchestia gammarella* (Pallas) dont l'habitat normal est la terre humide à proximité du littoral maritime, signalé par R. BLANCHARD dans les seguias de l'oasis de Sidi Yahia, au sud de Biskra. Si l'on ajoute à ces trois formes un Isopode thalassoïde, le *Typhlocirolana fontis* (Gurney), trouvé d'abord dans les sources d'Oumache, plus tard dans les puits de Mustapha (Alger) et tout récemment par moi à Fort-Miribel, à 1.100 kilomètres environ de la côte, on voit combien est étrange cette population aquatique et subaquatique du sud constantinois.

Le *Cyprinodon fasciatus*, le *Palaemonetes punicus* et l'*Orchestia gammarella* qu'on observe, d'une part, sur le littoral de la petite Syrte, d'autre part dans la région de Biskra, existent, ainsi que j'ai pu le constater au cours de diverses excursions, dans toute la région des grands chotts tunisiens (¹), dans des conditions que nous allons essayer de préciser.

L'*Orchestia gammarella* est généralement associé, dans le sud tunisien, à un Hydrophilide, *Cyclonotum hispanicum* Küst., à des Myosotelles et parfois à la Courtilière, *Gryllotalpa gryllotalpa* var. *cophta* Haan. Il vit dans les berges des seguias ou des ruisseaux, immédiatement au-dessus du niveau de l'eau, dans la terre mouillée par capillarité : c'est ainsi que je l'ai observé au fond de l'estuaire de l'oued Akarit, dans les berges de la rivière artésienne d'Adjim (île Djerba), dans les sources du Nefzaoua, dans celles du djebel Tebaga et dans les ruisseaux des oasis du Djérid.

Dans les sources de Ras-el-Aïn (Kébilli), l'Orchestie se tient immédiatement au-dessus des griffons des sources, en compagnie du *Cyclonotum hispanicum*, du *Myosotella Cossoni* (Bgt.), de l'*Amnicola Dupoletiana* (Forbes), d'un Géophile et d'un Cloporte ; les griffons eux-mêmes sont le domaine du *Nepa Seurati* Bergevin et d'un Typhlocirolanide, *Saharolana Seurati* Monod (*in litt.*). Ce dernier s'éloigne quelque peu des sources, s'aventurant dans les ruisselets, caché sous des cailloux ou des débris de Palmiers, en compagnie de Gammares et du *Nepa minor* L. ; dès que la profondeur est suffisante, on voit apparaître le *Palaemonetes punicus*.

Dans la source d'Aïn Saïdane, qui sort des grès albiens du versant nord du djebel Tebaga, l'*Orchestia gammarella* est associé au *Cyclonotum hispanicum*, au *Limnatis nilotica*, à un Tubifex et à des Amnicoles ; la terre humide située immédiatement au-dessus de son niveau abrite la Courtilière.

L'*Orchestia gammarella* se retrouve dans plusieurs sources du Nefzaoua : oasis de Rahmat, Aïn Taouerrha (village de Fatnassa), foggara de

---

(¹) Cette région est célèbre par le projet de mer intérieure conçu par le colonel Roudaire ; ce projet, qu'on pouvait croire complètement abandonné depuis longtemps, vient d'être remis en avant tout récemment !

Menchia ; dans la foggara de Menchia ce Crustacé habite le niveau émergé, immédiatement au-dessus de l'eau ; le niveau immédiatement inférieur est l'habitat de deux autres Amphipodes, *Gammarus tacapensis* Chevr. Gauth. et *Orchestia Bottae* Edw., celui-ci plus rare et de petits Gastropodes, *Paludestrina Duveyrieri* Bgt. et *Amnicola Dupotetiana* (Forbes).

Dans l'oasis de Douz (25 km. au sud de Kébilli) l'*Orchestia gammarella* est rélégué en une unique station, dans un suintement au pied d'un Palmier connu des Indigènes sous le nom d'El Mahdia ; il vit là, associé au *Bufo viridis* Laur., à des Scarites et à des Cicindèles.

On retrouve cet Amphipode dans les ruisseaux de Tozeur et de Nefta, sous les troncs pourris de Dattiers jetés sur les berges, associé au *Cyclonotum hispanicum*, à la Courtilière et à divers petits Gastropodes, *Myosotella Cossoni* (Bgt.) et *Amnicola Dupotetiana* ; la partie supérieure des berges est fréquentée par un Carabide, *Pheropsophus africanus* Dejean, qui abonde dans ces deux localités.

Les Myosotelles qu'on observe, dans le sud tunisien, associées à l'*Orchestia gammarella* sont également des animaux qui affectionnent le littoral maritime ; le *Myosotella Cossoni*, notamment, qui vit à Kébilli, à Tozeur et à Nefta existe d'autre part dans les lais de Zostéracées du canal de Bordj Kastil, qui sépare l'île Djerba du continent (péninsule des Akara).

Le *Palaemonetes punicus* Sollaud apparaît dans l'estuaire de l'Akarit et dans une source du marais de Roseaux au sud de cet estuaire ; je ne l'ai jamais observé plus au nord ([1]) ; il abonde dans l'oued Melah (à 16 km. au nord de Gabès), dans l'oued Gabès et existe également dans l'oued Serrak. On le retrouve dans les seguias de l'oasis d'El Hamma de Gabès (à 38 km. de la côte) ([2]), dans les eaux de beaucoup d'oasis du Nefzaoua, notamment à Ras-el-Aïn de Kébilli, dans l'Aïn Taouerrha (village de Fatnassa), dans les mares de Mansourah et de Tombar et enfin dans les oasis du Djérid, Tozeur et Nefta ; les spécimens de Nefta et ceux de l'oued Melah sont, d'après M. SOLLAUD qui les a examinés, identiques à ceux de Biskra. On n'observe pas cette Crevette dans les sources qui sourdent sur le versant nord du djebel Tebaga, dont la faune ne comprend guère que

---

([1]) Le *Palaemonetes varians occidentalis* Sollaud, non encore signalé en Tunisie, vit dans quelques rivières (oued Abids, oued Chioua) de la côte S. E. de la péninsule du cap Bon ; ce Crustacé descend jusqu'au delà de la Sousse, dans l'oued Hamdoun, associé au *Cyprinodon fasciatus* ; cette rivière paraît marquer sa limite méridionale, tous les oued jusqu'à l'Akarit étant à sec en été.

Les Crevettes de l'oued Melah du Nador, au sud de la Skira, associées au *Syngnathus algeriensis* Playfair, sont des *Leander squilla elegans* (Rathke).

([2]) Le *Palaemonetes punicus* arrive à vivre dans les eaux putrides de la mare Gmir-bou-Rzel, de l'oasis d'El Hamma, associé à des larves d'*Eristalis*, au milieu d'une végétation de Cyanophycées.

des Insectes aquatiques et des Entomostracés ; elle manque également dans l'Aïn Trarfi, source légèrement salée qui surgit au milieu du chott Fedjedj, à l'altitude de 25 mètres et ne nourrit qu'une population de Daphnies (*Daphnia magna* Straus) et de petits Gastropodes (*Peringia arenaria* Bgt., *P. punica* Lct. Bgt). Le *Palaemonetes punicus* abonde dans la mare alimentée par les sources de Ras-el-Aïn (Kébilli), associé à divers Poissons, *Barbus Antinorii*, etc., au *Melania tuberculata* Müll. et à des Mélanopsides.

Le *Cyprinodon fasciatus* Val., d'une abondance extrême dans toutes les eaux saumâtres du littoral oriental de la Tunisie, de la lagune de Porto Farina, au nord, à la mer des Biban, au sud, est commun dans l'oued-el-Melah, dans l'oued Gabès, dans les seguias de l'oasis d'El Hamma et l'oued-el-Hamma (41 km. à l'ouest de Gabès), dans les sources froides de l'oasis d'El Hamma du Djérid, où il est associé au *Melania tuberculata* Müll., au *Melanopsis algerica* Pallary et au *Gammarus tacapensis*.

Ce petit Poisson euryhalin et eurytherme s'avance plus loin vers le sud que le *Palaemonetes punicus*, puisqu'on le retrouve, non seulement dans les eaux des environs de Biskra, avec celui-ci, mais jusque dans l'oasis de Touggourt.

Quelle est l'origine de cette faune de pénétration ? Sollaud envisageant les variations morphologiques du *Palaemonetes punicus* admet que le peuplement par cette espèce s'est fait de proche en proche, non pas à partir du littoral actuel du golfe de Gabès vers l'intérieur, c'est-à-dire de l'est à l'ouest, mais précisément en sens inverse, à partir de Biskra. H. GAUTHIER admet, au contraire, pour la même Crevette, une migration qui se serait faite à partir de la petite Syrte par la région des grands chotts, à l'époque où cette contrée, zone d'épandage de l'Igharghar, était à l'état de marécages plus ou moins saumâtres.

Il me semble que c'est à cette dernière opinion qu'il convient de se ranger, non seulement pour le *Palaemonetes punicus*, mais encore pour l'ensemble de la faune de pénétration.

AGRONOMIE

Président. . . Em. Prudhomme, Directeur de l'Institut National d'Agronomie Coloniale.

Ch. BRIOUX
Ingénieur agronome,
Directeur de la Station Agronomique de la Seine-Inférieure.

et

Edg. JOUIS
Ingénieur agricole
Préparateur à la Station Agronomique.

LA CHAUX ACTIVE DES SCORIES DE DÉPHOSPHORATION ET DES PHOSPHATES DITS « DÉSAGRÉGÉS » OU BASIPHOSPHATES

Les scories de déphosphoration jouissent d'une juste faveur auprès des agriculteurs pour la fumure phosphatée des sols décalcifiés et des prairies ; mais jusqu'ici, les agronomes ne sont pas d'accord sur leur teneur *en chaux active*, capable d'agir comme neutralisant de l'acidité du sol.

Il y a une dizaine d'années, il était généralement admis que les scories de déphosphoration contenaient une forte proportion de chaux libre ; mais MM. Rousseaux et Joret, dans une communication faite à l'un des Congrès de l'Association française, dans ce même département, à Rouen 1921, montrèrent que les méthodes anciennement utilisées pour le dosage de la chaux libre des scories donnaient des résultats beaucoup trop élevés [1].

---

[1] Rousseaux et Joret. *Congrès de Rouen*, 1921, p. 1353.

L'année suivante, M. Demolon ([1]) consacra aux scories de déphosphoration, une étude publiée par l'Association des Chimistes de sucrerie et de distillerie.

Il dosa la chaux des scories solubles dans-divers réactifs : eau distillée, eau sucrée, acide phénique à 2 0/0, solution de chlorhydrate d'ammoniaque à 5 0/0, eau saturée de CO_2, etc., agissant pendant un temps plus ou moins long, et il conclut également que la chaux caustique libre (2 à 7 0/0) ne représente qu'une faible partie de la chaux des scories contribuant à l'alcalinisation du sol.

A côté de cette chaux libre, il y a des silicates et silico-phosphates de chaux susceptibles d'être décomposés plus ou moins rapidement dans le sol, notamment sous l'influence de l'eau chargée d'acide carbonique.

Il y a mise en liberté de silice gélatineuse et formation de carbonate de chaux, actif au point de vue de la réaction du sol.

Mais quelle est la quantité totale de *chaux active* qui peut ainsi se libérer.

Jusqu'ici, on n'avait pas, à notre connaissance, tenté de la déterminer. De même on manquait de données sur la rapidité avec laquelle cette décomposition des silicates et silico-phosphates peut se produire.

Nous avons essayé de combler cette lacune par l'étude des variations de concentration en ions hydrogène que subissent des terres acides ou neutres, additionnées d'une petite quantité de scories de déphosphoration, variations se traduisant numériquement par des pH susceptibles de nous permettre de calculer, grâce à des courbes de saturation préalablement établies, les doses de chaux active correspondant à chaque pH particulier.

Les courbes de saturation des terres mises en expérience, se déterminent de la façon suivante : des prises de 10 grammes de terre séchée à l'air et tamisée, sont introduites dans des tubes à essais en verre neutre, avec un volume toujours égal à 50 centimètres cubes d'un mélange d'eau distillée fraîchement bouillie, et de quantités croissantes d'eau de chaux titrée ; on place les tubes à l'agitateur rotatif pendant un certain temps, et l'on détermine la concentration en ions H des diverses suspensions de sol, à l'aide de l'électrode à hydrogène.

Pour tracer les courbes de saturation, on porte les volumes d'eau de chaux en abscisses, et les pH correspondants en ordonnées ; les points obtenus sont réunis par une courbe d'autant plus infléchie vers l'horizontale que la terre possède un pouvoir tampon plus élevé.

Les courbes de saturation permettent de calculer la quantité de chaux

---

([1]) A. DEMOLON. Observations sur les scories de déphosphoration. *Bulletin Ass. des Chim. de sucrerie et de distillerie*, t. XL, juillet 1922, p. 22 à 31.

qu'il faut ajouter à un sol pour l'amener à un pH donné, ou inversement, si le sol a été amené à un pH x par un amendement calcaire ou un engrais basique, d'évaluer la quantité de chaux qui a produit la variation de pH.

Nos essais ont porté sur deux scories de déphosphoration et sur un phosphate dit « désagrégé » Belge. Ce dernier engrais est obtenu en traitant à très haute température dans des fours tournants, un mélange de phosphate naturel, avec des silicates de soude et de potasse et un peu de soude, jouant le rôle de fondants.

Dans les phosphates désagrégés ou basiphosphates, la presque totalité de l'acide phosphorique est soluble dans le citrate d'ammoniaque alcalin.

Voici la composition des engrais utilisés :

TABLEAU I

	Scorie n° 1	Scorie n° 2	Phosphate désagrégé
Acide phosphorique total . .	20,98	17,14	23,15
Chaux totale.	52,10	49,90	35,80
Chaux libre (soluble eau sucrée, agitation 4 heures) . . .	6,89	3,75	2,52
Chaux sol. dans eau saturée de CO_2 (0 gr. 25 dans 50 cc., agitation 4 heures) . . .	20,72	22,96	27,44
Soude et potasse.	»	»	14,64

. *Mode opératoire* [1]. — Un gramme des engrais ci-dessus était intimement mélangé à sec à des lots de 500 grammes de terre acide, de pH et de besoin en chaux connus, puis l'humidité était amenée à 20 0/0, et l'on déterminait le pH des divers lots, à l'électrode à hydrogène, après quelques heures, 24 heures, 2 jours, 8 jours, etc...

Grâce aux courbes de saturation des terres mises en expérience, il nous était facile de calculer, avec une approximation suffisante, les doses de chaux active ayant amené les terres à chacun des pH observés.

Nous laissons de côté les résultats cependant intéressants de nos essais préliminaires, pour nous borner à mentionner ceux se rapportant à une terre sablo-argileuse du Néocomien, d'une acidité électrométrique évaluée en chaux de 0,743 0/00 et d'un pH initial de 5,49.

---

[1] CH. BRIOUX et EDG. JOUIS. *C. R. Acad. des Sc.*, juillet 1929.

Voici les variations de pH observées et les quantités de chaux active correspondantes :

TABLEAU II

	Scorie n° 1			Scorie n° 2			Phosphate désagr.		
		Chaux active			Chaux active			Chaux active	
	pH	p.1 kg. de terre	0/0 d'engrais	pH	p.1 kg. de terre	0/0 d'engrais	pH	p.1 kg. de terre	0/0 d'engrais
		gr.			gr.			gr.	
Après 3 heures.	6,03	0,246	12,30	6,15	0,297	14,85	6,32	0,382	19,10
24 heures.	6,32	0,382	19,10	6,44	0,441	22,05	6,66	0,558	27,90
48 heures.	6,45	0,446	22,30	6,56	0,508	25,40	6,85	0,660	33,00
4 jours .	6,54	0,495	24,75	6,62	0,538	26,90	6,96	0,725	36,25
8 jours .	6,76	0,613	30,65	6,89	0,680	34,00	7,26	0,873	43,65
15 jours :	6,73	»	»	6,85	»	»	7,21	»	
3 sem. .	6,66	Réacidification		6,72	Réacidification		7,03	Réacidification	

Pour la terre utilisée, d'acidité assez élevée, les variations de pH obtenues 3 heures seulement après l'incorporation des engrais, correspondent déjà à des doses de chaux active variant de 12 à 19 0/0, doses nettement supérieures aux quantités de chaux libre existant dans les engrais.

Après 24 heures, les doses de chaux active correspondent très sensiblement à la chaux soluble dans l'eau saturée d'acide carbonique, après 4 heures d'agitation (Tableau I).

Les silicates et silico-phosphates de chaux des scories et du phosphate désagrégé se décomposent donc avec une assez grande rapidité dans un sol nettement acide, en mettant en liberté de la chaux active. Leur décomposition paraît terminée au bout de 8 jours dans la terre envisagée ; il y a par la suite un commencement de réacidification comme l'un de nous l'a déjà signalé pour les terres neutralisées (1).

En ce qui concerne les scories, la dose totale de chaux active trouvée varie de 30 à 34 0/0. Pour le phosphate désagrégé, à l'action de la chaux active s'ajoute celle de la soude et de la potasse existant aussi dans l'engrais à l'état de silicates ; le tout, *évalué en chaux*, s'élève à plus de 40 0/0.

---

(1) BRIOUX et PIEN. *C. R. Acad. des Sc.*, 1927, t. CLXXXIV, p. 1583.

D'autres essais analogues ont été effectués avec une terre de limon des plateaux très légèrement alcaline, de pH $= 7,22$ qui fut additionnée d'une dose moitié moindre d'engrais, soit 0 gr. 5 de la scorie n° 2 et du phosphate désagrégé, par lot de 500 grammes de terre ce qui correspondrait à environ 2.500 kilogrammes par hectare.

Voici les résultats trouvés :

TABLEAU III

| | Scorie n° 2 | | | Phosphate désagrégé | | |
| | pH | Chaux active | | pH | Chaux active | |
		pour 1 kg. de terre	0/0 d'engrais		pour 1 kg. de terre	0/0 d'engrais
Après 1 heure .	7,58	0,056	5,60	7,90	0,130	13,00
24 heures .	7,76	0,096	9,60	8,11	0,205	20,50
4 jours.	8,06	0,185	18,50	8,32	0,290	29,00
8 jours. .	8,06	0,185	18,50	8,28	0,273	27,30

La décomposition des silicates et silico-phosphates est poussée moins loin que dans la terre acide, même avec une dose moitié moindre d'engrais, et libère moins de chaux active. Les chiffres trouvés ne variaient plus après 8 jours, et le pH des sols s'est élevé jusqu'à 8,06 et 8,32.

En sol nettement acide, les scories et le phosphate désagrégé libèrent donc plus de chaux active que dans une terre neutre ou légèrement alcaline ; la décomposition des silicates et silico-phosphates paraît hâtée et favorisée par l'acidité propre des sols, dont l'action se joint à celle de l'eau chargée de gaz carbonique.

M. ETESSE

Ingénieur Agronome, Conseiller technique au Ministère des Colonies.

LE COTON EN AFRIQUE OCCIDENTALE

On sait que l'effort cotonnier de la France s'est surtout porté sur notre domaine africain de l'Ouest. Notre intention n'est pas de parler ici des raisons qui ont amené la Métropole à envisager la culture du coton dans nos colonies, ni de celles qui l'ont conduite à s'intéresser plus à l'Afrique occidentale qu'à un autre territoire, mais de traiter du développement de la culture cotonnière dans notre grande possession africaine.

Pour bien comprendre le problème cotonnier en Afrique Occidentale, il est nécessaire de rappeler quelques considérations climatériques sur ce pays. Si nous exceptons les territoires désertiques de la Mauritanie, nous voyons que la ligne de chute des pluies de 400 millimètres suit le 16ᵉ parallèle qui passe par Saint-Louis. Elle s'incline au-dessous de ce parallèle à la hauteur de Kaédi, sur le fleuve Sénégal, pour aller rencontrer le 15ᵉ sur le Niger et le suivre. Cette courbe délimite au nord la région Sahélienne. Sa limite au sud est la ligne de 800 millimètres, qui suit au bord de la côte le 14ᵉ parallèle, puis s'incline vers le sud, franchit le 13ᵉ à la hauteur de Bamako, pour le suivre à peu près parallèlement en passant aux environs de Ouagadougou. En dessous de cette ligne de démarcation commence un nouveau climat qui est appelé Soudanien. Il comprend toutes les régions recevant annuellement de 800 à 1.600 millimètres d'eau. C'est une bande très étroite sur la côte, mais qui va en s'élargissant au fur et à mesure qu'on s'avance vers l'intérieur. La ligne de 1.600 millimètres se rencontre au bord de la mer à la hauteur du 12ᵉ parallèle. Elle s'incline très fortement vers le sud, traverse le 11ᵉ, le 10ᵉ et le 9ᵉ parallèle, pour aller atteindre presque tangentiellement le 8ᵉ degré de latitude nord.

Au-dessous se trouve le climat Guinéen et celui des forêts avec des chutes d'eau de 1.600 à 2.000 millimètres. Il comprend les zones côtières de la Côte d'Ivoire, de la Guinée et du Dahomey. La caractéristique des deux premières tranches, Sahélienne et Soudanienne, est que l'année est divisée en deux périodes plus ou moins longues, l'une sèche et l'autre humide ; dans la dernière, Guinéenne, l'humidité est beaucoup plus intense, car il y a deux périodes pluvieuses, d'inégale durée mais assez

longues, coupées par des saisons sèches plus réduites. Le coton exigeant
de l'humidité pour sa végétation et de la sécheresse pour sa fructification,
il ressort de ce qui précède que les meilleurs territoires pour sa culture
sont ceux compris dans la première et la deuxième zone.

Dans la région Sahélienne toutefois, la chute des pluies peut être
insuffisante pour assurer d'une façon normale la végétation de la plante.
Afin d'éviter les aléas, il sera nécessaire d'envisager la possibilité d'arro-
sage des cultures. C'est dans cette zone que se trouve le delta du Niger et
une grande partie de la vallée du Sénégal. C'est la région du coton irrigué
par excellence. Dans la partie plus au sud se trouvent par contre les territoires de culture sèche du coton.

On sait que toutes les fois qu'on est amené à employer de l'eau d'irrigation dans des cultures tropicales, il est nécessaire de chercher à obtenir
le produit le plus abondant et de haute qualité. Dans le cas présent le
coton longue soie qui atteint le plus haut prix sur les marchés : le coton
Egyptien. Ce sont en effet les variétés égyptiennes, notamment le Sakella-
ridis, qui ont été cultivées dans le delta du Niger. Les grandes entreprises
européennes qui existent dans ces régions utilisent l'eau du Niger par
pompages et s'adonnent à cette production. Il en sera sans doute de même
dans une partie des terrains irrigués à la suite des travaux entrepris à
l'heure actuelle dans la zone deltaïque du fleuve. Mais quand on approche de la limite du climat Soudanien, les cotons égyptiens se montrent
sensibles à l'augmentation de l'humidité et dans ces régions la culture
des variétés américaines longues soies est plus à recommander. La
rouille notamment fait des dégâts dans les cultures des variétés Egyptien-
nes. La vallée du Niger peut donc être considérée au point de vue de la
culture du coton comme divisée en deux parties : 1° La zone sud ou pré-
deltaïque, à cotons Américains et 2° la zone deltaïque à cotons Egyptiens.

L'immense région au sud de la zone Sahélienne, constitue les territoires à climat Soudanien. Pendant très longtemps on a cherché à acclimater
dans cette région des cotons provenant des Etats-Unis. S'il est possible à
la longue d'obtenir parmi les nombreuses variétés Américaines, quelques-
unes qui puissent s'adapter d'une façon avantageuse au climat, on s'est
aperçu qu'il faudrait un temps assez long pour obtenir une adaptation
complète. Cette façon de procéder n'apporte pas la solution rapide recherchée pour le développement de la culture dans ces régions et on a pensé
à profiter des efforts déjà faits dans ce but dans d'autres pays.

Dans son rapport sur la production du coton en 1928, le chef du service
des textiles de l'Afrique Occidentale, M. l'ingénieur Bélime, Inspecteur
Général de ces services s'exprime ainsi à ce sujet :

« Dès la fin de la malheureuse campagne de 1924, nous avions personnellement renoncé à l'espoir de trouver aux Etats-Unis, pays tempéré,

un cotonnier susceptible de maintenir intégralement ses qualités sous le climat humide des tropiques. Longtemps avant nous, les Anglais aux Indes, en des tentatives analogues, avaient à peu près complètement échoué. Il ne subsiste presque rien aujourd'hui de leurs longs et patients efforts ».

Il signale en effet qu'en 1920, sur une production globale voisine de 3.000.000 de balles, l'Inde centrale et méridionale exporta 1.000 balles de ce coton Américain. Aux Indes comme en Afrique Occidentale, l'introduction immédiate des *G. hirsutum* à soies moyennes, originaires des Etats-Unis n'est possible que dans les régions où la pluviosité est constamment inférieure à 700-800 millimètres. Dans les territoires ou les précipitations sont plus intenses, il faut renoncer à ces plantes ou bien admettre de longs délais d'acclimatement. Il était logique de rechercher, dans ces conditions, les variétés du *Gossipium hirsutum* déjà acclimatées sous des climats analogues, ou les cotonniers d'origine tropicale.

Le service des Textiles de l'Afrique Occidentale est ainsi arrivé à établir une liste des cotonniers donnant dans les régions mondiales, à climat soudanien, des fibres comparables aux moyennes soies d'Amérique. Elle se résumerait ainsi :

« Allen » de la Nigéria septentrionale.

« Cambodia » du sud de l'Inde.

« Cawnpore Américain » de l'Inde centrale (provinces unies du Gange).

« Buri » de l'Inde centrale.

Comme espèces tropicales :

G. indicum, appelé en Tamul « Karanghani », du sud de l'Inde.

G. indicum, appelé en Tamul « Bani ou Gaorani », de l'Inde centrale.

L'Allen fut expérimenté le premier au Soudan, à Niénébalé, en 1925. Il semble que la zone favorable à cette variété soit limitée au sud par une ligne droite passant légèrement au sud de Tambacounda au Sénégal, par Bamako au Soudan, Boromo en Haute Volta et Kandy au Dahomey. Cette zone correspond à celle de la Nigéria où cette variété est cultivée.

Le cambodia et le cawnpore ont été introduits directement de l'Inde en 1926. Le cambodia ne vaut pas l'Allen, c'est une espèce cependant remarquable par sa résistance au climat et par la grosseur de ses capsules. Aucun fait bien établi ne permet de dire que ces deux variétés descendront plus au sud que l'Allen. Dans la région située au sud des contrées précédentes et avant d'arriver dans les zones favorables au *G. barbadense, brasiliense* et *vitifolium*, il n'existe encore que les cotons indigènes.

Il faut bien se rendre compte que ce sont ces derniers qui constituent pour l'instant la plus grande partie de la production de l'Afrique Occidentale. Les fibres produites par ces variétés furent longtemps sous-estimées, sans doute parce que le coton n'était pas de valeur homogène. Il était alors recueilli sans soins par les cultivateurs qui n'opéraient pas la séparation des fibres provenant des récoltes de tête et de queue. Il semble qu'à l'heure actuelle l'indigène à une meilleure conception des différentes valeurs de sa récolte et apporte un soin plus grand dans son travail.

Mais le développement de cette culture eut été rendu impossible sans l'action de l'association cotonnière. Le rôle de cette société est plus spécialement d'intensifier la culture par la création des usines d'égrenage. Il est bien évident en effet que sans ces usines le coton ne peut guère être exporté. Grâce aux subventions qui lui ont été accordées, provenant d'une taxe à l'importation ou des fonds de liquidation du consortium cotonnier de la guerre, l'association cotonnière a pu organiser et faire fonctionner un certain nombre d'usines.

Le dernier bulletin de cette association, publié hors série, contient le rapport de mission d'inspection et d'études en Afrique Occidentale de son directeur M. le Gouverneur Hesling. On est heureux de voir que les efforts faits et les dépenses qu'ils nécessitent, aboutissent à de bons résultats. Les stations d'égrenage sont situées à : Ségou, San, Koutiala, Bobo-Dioulasso, Ouagadougou, Bouaké, Séguéla, Dimbokro, Korhogo, Bohicon, Parakou, Lomé. On voit quelles sont réparties sur tout le territoire cotonnier de notre colonie et au Togo.

Mais malgré tout ces usines ne sont pas suffisamment nombreuses. Pour faciliter le décorticage du coton dans les régions trop éloignées de l'usine, il a été créé des groupes mobiles qui vont à l'intérieur du pays, comme vont en France de hameau en hameaux, dans les régions de petite propriété, les batteuses de céréales au moment de la moisson.

Sous ces différentes actions, les quantités de coton exportées par l'Afrique Occidentale ont été en croissant. Le Togo compris elles sont les suivantes :

Année 1924	2.650	tonnes
Année 1925	4.899	»
Année 1926	5.700	»
Année 1927	4.987	»
Année 1928	5.520	»

L. CHAPTAL

Directeur de la Station de Physique et de Climatologie agricoles de Montpellier

L'UTILISATION DES DONNÉES CLIMATÉRIQUES
DANS LES RECHERCHES AGRONOMIQUES

Le facteur climat dans les expériences agricoles. — La plupart des agronomes reconnaissent aujourd'hui la nécessité de tenir compte dans leurs recherches et leurs expériences du facteur climat.

C'est ce qui ressort en particulier des *Comptes rendus des Travaux de la Commission internationale pour l'Etude scientifique des Engrais* que, l'Institut International d'Agriculture, a réunie à Rome, en février 1926.

Tandis qu'autrefois, la détermination du milieu physique se limitait à l'analyse du sol, actuellement, la détermination du milieu écologique comporte à la fois l'étude du sol et du climat et la connaissance de leurs actions réciproques.

La nouvelle manière d'opérer, qui précise mieux que les précédentes les conditions dans lesquelles sont faites les expériences, est plus scientifique et par conséquent préférable.

Quand on fait des essais culturaux sans se préoccuper des conditions atmosphériques, qui sont la principale cause de la variation du rendement des plantes cultivées dans le temps et dans l'espace, les résultats obtenus ne présentent qu'un intérêt relatif.

Malheureusement, les données climatériques recueillies jusqu'à ce jour, sont insuffisantes pour les besoins de l'agriculture et ne sont guère utilisables pour les recherches agronomiques.

L'étude agricole des climats. — Les renseignements que l'on possède sur les divers climats font surtout connaître, pour un lieu déterminé, les valeurs moyennes de chacun des principaux facteurs météorologiques. On n'y trouve, qu'exceptionnellement, des indications sur leurs valeurs extrêmes et sur la fréquence et la persistance de leurs valeurs intermédiaires. Ce sont cependant ces éléments qui ont la plus grande influence sur le développement des végétaux.

De plus, les plantes étant soumises à l'action simultanée de tous les facteurs météorologiques, ce sont les variations de la résultante de leurs actions réciproques, et non les valeurs moyennes de chacun d'eux envisagé séparément, qu'il importe, au point de vue biologique, de mettre en

évidence. C'est la synthèse des conditions atmosphériques que les cultures ou les expériences ont à supporter qu'il faut chercher à réaliser par
des méthodes et des observations appropriées.

Quand on fait de la météorologie en vue de son application à l'agronomie, il est impossible de séparer l'étude des phénomènes de l'atmosphère
de celle de diverses questions de physique du sol et même de physique
végétale. La mesure de la température du sol et celle de son humidité,
ont, en climatologie agricole, une importance au moins aussi grande que
celle de la température de l'air ou de la hauteur de pluie ; de même la
mesuré de l'évaporation et du refroidissement nocturne des végétaux présentent autant d'utilité, pour l'agriculteur, que la variation de la pression atmosphérique ou de la vitesse du vent.

Pour connaître la constitution et la richesse des terres, les agrologues
ont établi des méthodes spéciales d'analyse ; pour connaître les conditions
climatériques dans lesquelles les plantes se développent, il faut que les
agro-physiciens établissent des séries d'observations météorologiques
adaptées aux exigences des agronomes. En Ecologie agricole on peut
déterminer avec assez de précision les caractéristiques du milieu sol,
tandis qu'on n'a aucune base pour déterminer les caractéristiques du
milieu atmosphère. On ne saurait en effet prétendre que la hauteur
totale d'eau recueillie et le nombre de jours de pluie suffisent pour donner,
au point de vue cultural, le qualificatif de sèche ou d'humide à une année
ou à une saison.

Nous allons examiner les principales observations qu'il conviendrait
d'effectuer pour fournir aux agriculteurs et aux agronomes les renseignements dont ils ont besoin.

Température de l'air. — Les éléments du climat qui, en l'état actuel de
nos connaissances, paraissent avoir une importance prépondérante en
biologie agricole sont : la chaleur, l'eau et la lumière ; les autres : vent,
pression, électricité, exercent sur la végétation une action plus faible ou
moins connue.

La mesure de la quantité quotidienne de chaleur que reçoivent les plantes ne peut être pratiquée que dans quelques établissements pourvus
d'appareils coûteux et d'un personnel spécialisé. Il en est de même de la
mesure directe de la température des végétaux. Cette dernière est d'ailleurs fonction de la température de l'air et de celle du sol qui sont les
seules données thermiques faciles à obtenir.

Pour la température de l'air, on se contente en général, de noter pour
chaque jour : le maximum, le minimum et la moyenne ; dans quelques
cas, on complète ces indications par le relevé des températures horaires.
Quand les observations de température sont faites en vue de leur utilisation par des agronomes, il y a lieu d'établir une distinction entre le jour

et la nuit et de déterminer pour chacune de ces périodes : 1° les valeurs extrêmes et moyennes ; 2° le nombre d'heures pendant lesquelles le thermomètre est resté entre certaines limites.

Température du sol. — La température du sol qui exerce une action marquée sur la germination des graines, l'absorption radiculaire, la température des végétaux et celle de l'air, est un facteur écologique très important. Bien que cette question se rattache à la physique du sol, elle est inséparable de celle de la climatologie agricole.

Trop de causes, parmi lesquelles il faut citer ; la composition, l'exposition, la nature du sous-sol, etc., influent sur la température du sol pour qu'il soit possible de faire état dans les climatologies des renseignements que l'on possède sur ce sujet. Ils n'ont de la valeur que pour un lieu donné et une terre déterminée. Il serait cependant utile de pouvoir comparer l'état thermique de deux sols identiques et semblablement placés mais situés sous deux climats différents. A cet effet, les pédologues et les météorologistes agricoles pourraient s'entendre pour réaliser un sol conventionnel type, de composition mécanique, physique et minéralogique parfaitement connue reposant sur un sous-sol de constitution également connue et placé dans des conditions topographiques aussi semblables que possible.

Les propriétés des terres naturelles seraient déterminées par comparaison avec le sol étalon et le rapprochement des observations faites dans les divers sols étalons mettrait en évidence les caractéristiques écologiques des différentes régions.

Précipitations et dépôts aqueux. — La hauteur de pluie tombée et la durée de la chute, sont des éléments qui ne prennent toute leur signification agricole qu'à la condition d'être combinés l'un à l'autre. Au point de vue cultural et dans les conditions normales, l'efficacité d'une pluie est fonction à la fois de la quantité d'eau recueillie et de l'écart entre la vitesse de chute observée et une vitesse optimum conventionnelle, déterminée d'après les constatations faites dans la pratique. C'est la résultante de ces deux actions inverses qu'il convient de calculer pour connaître l'effet d'une pluie sur l'humectation de la terre.

D'autre part, les précipitations ne sont pas les seules sources de l'humidité du sol. Dans certaines régions, les sources secondaires : brouillards, rosées, dépôts aqueux, ont une importance au moins aussi grande que la pluie qui y est insuffisante ou mal répartie pour satisfaire aux besoins de la végétation. La détermination de la fréquence et de l'intensité de ces phénomènes constitue un des principaux problèmes de la physique agricole.

Humidité du sol. — La mesure de la hauteur de pluie recueillie, celle de la fraction des précipitations qui pénètre dans la terre, même celle de la quantité d'eau qui existe dans le sol, sont des données, sans doute très importantes, mais cependant insuffisantes.

Dans l'étude des rapports entre les récoltes et l'eau, le facteur essentiel est : la quantité d'eau que le sol peut céder aux végétaux.

Cette quantité dépend, non seulement de la proportion que la terre renferme, mais aussi de la manière dont l'eau est retenue à la surface des particules terreuses et de la vitesse avec laquelle elle est susceptible de circuler dans le sol. Sa mesure ne peut donc être faite que sur une terre en place, et par des procédés qui ne sont pas encore entrés dans la pratique courante.

La connaissance de l'humidité d'une terre donnée, ne présente qu'un intérêt limité. Il en est de même de l'estimation de l'état du sol recommandée par certains météorologistes. Ces renseignements, tout comme les températures du sol dont nous avons parlé, ne peuvent pas être utilisés en climatologie comparée. Pour l'humidité, comme pour la température, il faudrait définir une terre conventionnelle sur laquelle seraient faites les observations.

Etat hygrométrique et évaporation. — A l'étude des précipitations et de l'humidité du sol se rattachent celles de l'état hygrométrique et de l'évaporation.

L'humidité atmosphérique préoccupe à la fois les physiologistes et les phytopathologistes. Comme pour la température de l'air, il y a lieu d'examiner séparément l'état hygrométrique diurne et l'état hygrométrique nocturne et de déterminer le nombre d'heures pendant lequel l'état hygrométrique a atteint certaines valeurs.

Les évaporomètres ordinaires quand ils sont placés dans de bonnes conditions, donnent des indications sur le pouvoir évaporant de l'air mais ils ne fournissent aucun renseignement sur la hauteur d'eau évaporée par les plantes et le sol. Le complément naturel de l'observation des évaporomètres usuels est la mesure de la quantité d'eau journellement évaporée par le sol artificiel choisi comme terme de comparaison.

Lumière et vent. — La lumière solaire exerce sur le développement des plantes, une influence marquée qui varie suivant que les végétaux sont exposés à la radiation directe ou qu'ils reçoivent seulement de la lumière diffuse. Il est indiqué de calculer, pour les besoins de la biologie agricole, le nombre d'heures d'insolation, le nombre d'heures de jour sans soleil et le nombre d'heures d'obscurité.

Le nombre d'heures pendant lesquelles le soleil a brillé ne donne aucun renseignement sur l'intensité de l'éclairement. Cette dernière, qui est fonction à la fois du rayonnement direct, et du rayonnement diffus, varie avec leurs proportions relatives et la proportion de chacun d'eux absorbée par l'atmosphère.

Les lucimètres à distillation, instruments d'une manipulation facile, permettent d'évaluer l'intensité calorifique des radiations lumineuses . qui sont celles qui ont le plus d'effet sur le développement des végétaux.

Le vent n'exerce une action directe sur les plantes que dans les cas exceptionnels où il acquiert une très grande vitesse. Par contre, il exerce fréquemment une action indirecte à cause de ses caractères thermiques et hygrométriques. Dans chaque région, il existe un certain nombre de vents présentant des propriétés particulières, bien connues des agriculteurs du pays. C'est la fréquence, la persistance et la répartition saisonnière de chacun de ces vents dont il faut tenir compte dans l'étude du milieu écologique.

Pression et facteurs secondaires. — Quant à la pression atmosphérique, non seulement elle intervient, par sa valeur absolue, dans les échanges osmotiques qui se produisent entre l'atmosphère et les tissus végétaux mais encore, par ses variations, elle est une des principales causes de l'aération du sol, facteur de fertilité à ne pas négliger.

D'autres agents atmosphériques, notamment l'état électrique de l'air agissent directement ou indirectement sur le rendement. Leur action étant encore mal connue, il est impossible d'en tenir compte dans l'interprétation des résultats des expériences culturales.

L'effet des phénomènes atmosphériques sur les plantes n'étant que rarement instantané, quand on veut rapprocher les observations météorologiques des observations biologiques et culturales, il est préférable de les grouper en périodes plus longues que la journée, mais plus réduites que le mois. La demi-décade est une période de durée intermédiaire applicable dans la plupart des cas.

Programme de la climatologie agricole. — Les remarques qui précèdent ont simplement pour but de montrer l'insuffisance des méthodes et des moyens dont disposent les agronomes pour connaître les conditions atmosphériques dans lesquelles ils exécutent leurs expériences.

Pour faire une étude du temps et des climats répondant aux besoins de la recherche et de la pratique agricole, il faudrait :

1º que des spécialistes des diverses branches de la science agronomique indiquent d'une manière aussi précise que possible les renseignements dont ils ont besoin pour leurs travaux ;

2º que des agro-physiciens et des agro-météorologistes examinent dans quelle mesure il est possible, en l'état actuel de nos connaissances, de leur donner satisfaction ;

3º que les services agricoles qualifiés pour s'occuper des recherches et de l'expérimentation établissent les programmes des observations à effectuer et des méthodes à adopter et qu'ils prennent les mesures nécessaires pour en assurer l'exécution.

P. COLÉNO

Ingénieur adjoint des services de l'Agriculture aux Colonies.

ÉTAT ACTUEL DE LA CULTURE DU COTON
EN AFRIQUE OCCIDENTALE FRANÇAISE

La question cotonnière n'est pas nouvelle pour l'Afrique occidentale française ; elle préoccupe à juste titre, depuis longtemps l'administration de cette colonie. Dès le début de 1800 des essais d'améliorations de la production furent entrepris le long du fleuve Sénégal, mais, en raison du manque d'études préalables, des conditions climatériques et agrologiques de cette région, les résultats furent négatifs, malgré les gros sacrifices de la colonie.

De nouveaux essais furent encore effectués, plus tard ; ils portaient sur l'introduction d'espèces étrangères américaines, égyptiennes et même asiatiques. On tenta l'irrigation, mais à la suite de la désorganisation du service de l'agriculture, en 1910, les essais furent abandonnés.

Il faut arriver à la période d'après-guerre pour assister à un mouvement considérable en faveur de la production cotonnière. A la tête de ce mouvement se trouve, en Afrique occidentale, M. le Gouverneur Général Carde, qui dans une circulaire de grande clarté, a organisé d'une façon rationnelle, la production du coton dans les colonies du groupe.

On peut être étonné que depuis si longtemps, la culture du cotonnier n'ait pas pris d'elle-même, un grand développement dans l'ouest africain ; les raisons en sont très diverses. En premier lieu se trouve la pauvreté des sols de l'Afrique tropicale en éléments fertilisants qui ne permet la culture de variétés perfectionnées, particulièrement exigeantes, qu'en certains points privilégiés. On peut citer, comme autre cause l'abâtardissement des types déjà existants, par la culture pérenne ou le métissage le parasitisme intense et l'extrême diffusion des maladies. Toutes ces conditions défavorables sembleraient devoir interdire le développement de la culture du coton dans l'ouest africain ; il n'en est rien, le problème est complexe, mais non pas insoluble : il faut avant toute chose, étudier d'une façon très minutieuse les divers facteurs agissant sur le développement du coton, la création d'un organisme spécialement outillé en vue de ces études s'imposait ; il fut créé en 1925, sous le nom de « Service agronomique du coton ».

Culture indigène. — La culture du coton, par l'indigène est et doit rester familiale. Elle s'effectue autour des villages sur des terrains fumés par les débris alimentaires ou ménagers, et également sur l'emplacement des endroits ayant servi au parcage des animaux.

Il est, dans la majorité des cas, cultivé en association avec le gros milou même avec le petit mil, dont il supporte bien l'ombrage. Cependant dans la région de Sanssanding, sur le Niger, le coton est très souvent cultivé, sur des champs d'une certaine étendue ou l'indigène lui apporte au moment du semis, le fumier dont il a besoin.

La récolte échelonnée du coton indigène, demande une main-d'œuvre abondante fournie par les femmes et les enfants des villages producteurs.

Le coton obtenu, est en ce qui concerne le Soudan, très inférieur comme qualité, les soies sont irrégulières et souvent tachées. En Côte d'Ivoire par contre, où l'on cultive surtout le *Gossypium Barbadense*, espèce à laquelle appartient le célèbre Sea Island des Etats-Unis, le coton est beaucoup plus beau mais il reste cependant très hétérogène ; ce défaut étant dû à la culture, en mélange, d'une quantité d'espèces différentes, plus ou moins hybrides. Une sélection attentive s'impose pour séparer ces variétés, et en choisir la meilleure afin d'élever encore la qualité du coton produit, déjà estimé, puisque coté 50 francs de plus, par 50 kilos, que le standard américain.

Amélioration de la culture. — *Introduction des variétés étrangères.* — Devant les faibles rendements obtenus par l'indigène, tant au point de vue cultural qu'à l'égrenage, on a pensé naturellement à améliorer cette culture et, dans ce but, un service spécial (Service agronomique du coton) fut créé en 1925. Des études faites il résulte que le coton indigène du Soudan doit être abandonné et remplacé par des variétés étrangères annuelles et à rendement plus élevé.

De nombreux essais d'acclimatement furent tentés, et du lot très important de variétés essayées, quelques-unes seulement furent retenues, ce sont pour les variétés américaines :

Courtes soies : les variétés *Triumph-Simpkins ideal.*

Moyennes soies : les variétés *Hartsville 16-Méade-Lithning express.*

L'Hartsville 16. introduit en 1922, avait tout de suite montré une certaine résistance, mais les résultats défectueux de ces deux dernières années, le font retenir encore à l'étude dans les stations d'essais.

Des variétés de coton indiens ont été également introduites, parmi lesquelles il faut retenir le *Karangani* dont le long cycle végétatif interdit sa culture au nord de Bamako, mais qui, plus au sud trouvera un milieu favorable à son développement. Comme tous les cotons indiens il présente le gros avantage de résister aux maladies cryptogamiques et aux attaques des insectes, grâce à sa grande pilosité.

En 1925, lors d'une mission, en Nigéria britannique, M. le docteur Forbes, alors chef du service agronomique du coton, rapporta une variété de
coton Allen (Upland) acclimaté et sélectionné dans cette dernière colonie.
Cette variété introduite à Ségou (Soudan) s'est tout de suite bien compor-
tée, de nombreuses sélections ont été cultivées en lignes séparées, et plusieurs sont actuellement susceptibles d'être distribuées aux indigènes. Au
point de vue agronomique, les travaux ont portés sur deux modes de culture.

Culture en Dry-Farming. — Possible et pouvant donner des résultats
intéressants en ce qui concerne les variétés importées à court cycle végétatif (4 mois) dans les régions où il tombe 800 à 900 millimètres d'eau,
répartie pendant cette période. A Ségou, en 1928 ; les rendements en culture sèche de l'*Allen* ont été, sur défrichement, de plus de 500 kilos de
coton brut à l'hectare par une période mauvaise au point de vue répartition des pluies.

Plus au nord par contre, la culture doit se faire avec irrigation, et les
rendements s'en trouvent considérablement augmentés ; certaines variétés (longues soies égyptiennes) ne pourraient être cultivées sans elle.

A Siguiné, station d'essai du service agronomique du coton, situé au
nord de Sanssanding, sur la rive gauche du Niger, l'irrigation a, dans
certaines conditions, triplée les rendements.

Tous les essais d'amélioration d'une culture se basant sur la sélection
et l'importation de variétés étrangères sont longs et souvent décevants,
et nécessitent de la part de ceux qui les effectuent, une grande continuité
de vues et beaucoup de patience ; il a donc fallu pour parer au plus
pressé, trouver les moyens d'améliorer immédiatement la production.

Amélioration immédiate de la production. — Celle-ci consiste en un
meilleur drainage de la récolte, par la création de marchés surveillés
administrativement ; 30 ont déjà fonctionnés au Soudan pour la campagne 1927-28 mais ils ne sont pas encore au point. Il serait désirable
qu'ils soient dotés d'appareils automatiques pour la pesée rapide du
coton apporté et que la surveillance soit plus active.

Ces marchés ont l'avantage de permettre à l'indigène, de vendre ses
produits à faible distance de son village, a un prix plus rémunérateur et
conduisent, finalement, à l'obtention d'un produit classé, de bonne qualité marchande.

Les usines d'égrenage, avec tout l'outillage nécessaire, doivent se
développer parallèlement aux marchés. La création prochaine de groupes
automobiles qui iraient de marché en marché, égrener le coton et le mettre en balles, permettrait d'éviter le transport de produits bruts, des centres d'achat aux usines fixes et réaliserait ainsi une grosse économie de
temps et de main-d'œuvre.

En résumé, on voit que la question du coton prend corps en Afrique occidentale française. Des résultats importants ont déjà été obtenus. Mais il ne faut pas vouloir aller trop vite, surtout avec une plante aussi délicate et capricieuse que le coton ; il ne faut surtout pas se leurrer sur les rendements possibles ; les variétés étrangères introduites en A. O. F. donneraient certainement beaucoup moins de coton, que dans leur pays d'origine, mais l'augmentation de rendement sur le coton indigène, sera toujours suffisante pour justifier les importants travaux effectués, et les grosses sommes d'argent engagées.

P. JOBIN

LA SÉLECTION DÉSIRABLE DE LA PRODUCTION CAFÉIÈRE COLONIALE ET SES MEILLEURES POSSIBILITÉS DE RÉALISATION

(Rapport présenté au nom du Syndicat du commerce
des cafés du Havre).

L'orientation de la production agricole coloniale vers la culture caféière, sensiblement en progrès, est évidemment très souhaitable puisque notre France métropolitaine est, encore aujourd'hui, presqu'entièrement tributaire de l'étranger pour les besoins de sa consommation qui atteint annuellement plus de 165.000 tonnes de cafés divers (2.751.000 sacs en 1928).

Cependant, sous l'influence de l'Institut de Défense du Café de Sao-Paulo, une longue période de hauts prix, amplement rémunérateurs a, dans de nombreux pays, incité à la création de nouvelles et importantes caféiries dont l'apport futur fait entrevoir une suite de récoltes mondiales surproductives, inconciliables avec des cours toujours aussi élevés. Une telle éventualité, bien que problématique, devra conséquemment préoccuper nos nouveaux planteurs coloniaux qui, entre l'époque de leurs premiers défrichements et celle des futures récoltes, verront s'écouler un laps de temps fort long, pendant lequel bien des perturbations seront susceptibles de modifier la situation actuelle. Il importe donc de les prémunir contre un emballement irréfléchi et il apparaît que leur réussite

certaine sera tout d'abord subordonnée au choix sélectionné des espèces
cultivables, dont les produits devront être plus tard, très soigneusement
présentés. Ce n'est aussi, qu'en employant les meilleures méthodes commerciales pour la vente de leurs cafés, qu'ils obtiendront la quintessence
d'un profit équitablement mérité.

La détaxe douanière de 231 fr. 20 les 100 kilogrammes, dont profitent
les cafés coloniaux à leur entrée en France, nous rassure d'ailleurs sur la
prospérité des nouvelles entreprises, puisqu'en période de crise passagère, cette détaxe consoliderait le barrage qui en maintient les cours à
un niveau sensiblement plus élevé que ceux des cafés étrangers.

Si nos Colonies de la Guadeloupe et de la Nouvelle-Calédonie, depuis
déjà longtemps productrices de Café, se sont surtout consacrées à la
culture de l'espèce Arabica de qualité supérieure les autres comme l'Indo-
Chine, Madagascar, le groupe de l'Afrique Occidentale et l'Afrique Equatoriale Française tout en cultivant l'Arabica, manifestent des préférences
marquées pour les Robusta et Kouillou, et depuis peu, pour les Excelsa
ou Chari, d'une valeur marchande très inférieure à l'Arabica de premier
choix. Nous ne citerons que pour mémoire, l'espèce Libéria, de plus en
plus délaissée.

Sous réserve de certaines influences spéculatives qui parfois faussent
les cours et illusionnent les producteurs, la comparaison des côtes normales permet raisonnablement d'envisager entre les diverses sortes, les
écarts de valeur suivants (cours moyens actuels) :

		Valeur moyenne des 50 kilos.
Guadeloupe	Arabica bonifieur.	1.000 francs
Nouvelle-Calédonie.	» gragi.	800 »
Indo-Chine (Tonkin)	» bleuté lavé.	725 »
»	Robusta et similaires.	555 »
Madagascar.	Kouillou et similaires.	555 »
Afrique Occidentale Française.	Robusta et similaires.	550 »

Le café Brésil : arabica Santos, très doux, grosse fève, nuance tendre,
vaut en moyenne à la même parité 500 francs, auxquels il convient
d'ajouter, comme point de comparaison, les droits de douane de 231 fr. 20,
dont le café colonial est détaxé, soit environ 615 francs les 50 kilogrammes.

Les beaux cafés arabica coloniaux, valent donc environ de 3 fr. 40 à
8 fr. 90 de plus par kilogramme que les Robusta. Entre ceux-ci, et le
Santos arabica extra, la plus-value est de 1 fr. 20 en faveur du café brésilien.

Quelle que soit cependant cette différence sujette à des fluctuations importantes, on constate qu'il est indéniablement plus avantageux de produire des cafés de qualité supérieure, plutôt que des ordinaires, d'autant plus que la bonne ou la médiocre qualité d'un produit doivent occasionner des frais d'exploitation à peu près équivalents. Il apparaît conséquemment qu'il est d'importance primordiale, lors de la création d'une caféirie, de bien sélectionner les espèces, sources rémunératrices des rendements futurs.

La nature du sol, les conditions climatériques et les parasites, tels que l'*Hemileia vastatrix*, le Borer, etc., astreignent les producteurs à d'inévitables nécessités ; Madagascar ne pourra vraisemblablement pas espérer produire d'autres sortes que celles contribuant aujourd'hui à sa prospérité, mais l'Afrique Occidentale Française, surtout en Côte d'Ivoire et au Togo, semble plus favorisée, car, parmi les échantillons de café provenant de ces régions, certains que nous avons expertisés seraient susceptibles de lutter avantageusement avec les cafés brésiliens. Il est d'ailleurs possible d'introduire dans ces pays, des espèces connues, de qualité supérieure du Centre Amérique ou des Antilles. Cependant, les quelques lots de café marchand apparus sur notre marché, sauf de rares exceptions, ne répondent pas encore aux désidérata de la consommation et nous font craindre qu'une sélection raisonnée n'ait pas été jusqu'alors observée par la plupart des intéressés.

Si la sélection des espèces est capitale, la préparation du produit a aussi une très grande importance ; la grosseur de la fève, sa nuance, l'état sain du café et son triage en influencent la valeur marchande. La préparation par voie humide lui fait toujours obtenir des prix plus élevés que celui du café bariolé, d'aspect défectueux.

Les sacs jute, bien conditionnés, solides, d'un poids uniforme de 60 kilogrammes, ont la préférence des acheteurs. Il est parfois employé à Madagascar des nattes ou fibres bien tressées pour les emballages en ballotins, qui donnent aussi satisfaction. Ce mode d'emballage, même pour des colis de 60 kilogrammes, pourrait être à envisager, s'il avait pour but, en créant une industrie nouvelle dans la colonie, de réaliser une économie sur le prix des sacs en jute.

Obtenir un beau produit, en tous points parfait, sera donc l'objectif du planteur de café, mais là ne s'arrêtera pas son ambition d'en réaliser le meilleur profit. Averti de l'existence de notre grand marché havrais et des facilités qu'il procure, il s'assurera avec son concours, le maximum d'avantages. De longue date, le marché à terme du Havre, d'une utilité incontestable, a institué un organisme officiel appelé « Caisse de Liquidation des affaires en marchandises » qui garantit aux parties contractantes la parfaite exécution des affaires traitées avec sa collaboration.

Ainsi que son nom l'indique, un marché à terme permet de vendre ou d'acheter sur des mois déterminés, au choix des intéressés, suivant les cotations officiellement enregistrées par les Courtiers assermentés. Si l'un des opérants le désire, il peut à son gré se dégager avant terme par une nouvelle opération contraire à celle qu'il aura primitivement traitée, ou bien à l'époque du terme du contrat, livrer une marchandise susceptible de faire aliment au marché.

Au moyen de cet organisme, le producteur pourra conséquemment dès l'époque de la floraison ou à toute autre période à sa convenance, quand il estime les cours satisfaisants, s'assurer une base « terme » qui le mettra à l'abri des fluctuations éventuelles jusqu'à l'époque de la livraison de ses cafés. Ceux-ci profiteront en sus du prix de base, d'une plus-value, s'ils sont d'un classement supérieur au type « terme » moyen dénommé « Santos good average » ; ils seront au contraire susceptibles d'une moins-value, si le café livré est d'un classement inférieur à ce type. Des classements standardisés, conformément livrés, permettant d'estimer préalablement les écarts d'avec la base « terme » sont conséquemment recommandables.

Dans l'état actuel de la production caféière coloniale, de trop minime importance, ou trop disparate, il est impossible d'en réglementer l'admission en aliment des affaires à terme, un tel marché ayant besoin de gros stocks pour assurer la régularité des transactions. Toutefois, en l'attente d'un avenir plus favorable, cet organisme peut d'ores et déjà lui rendre des services appréciables grâce à son mécanisme de dégagement avant ou à l'échéance du terme des marchés à livrer. Dans ce cas, l'affaire « terme » sert exclusivement d'arbitrage, c'est-à-dire d'assurance de la base primitivement acquise. Si, ultérieurement il y a baisse, le rachat à meilleur compte du contrat de vente primitif et le bénéfice en résultant compense la moins-value occasionnée à la marchandise qu'il faudra vendre au cours du jour de la livraison. Si au contraire il y a hausse, ce même rachat, alors désavantageux, est compensé par un prix de vente plus élevé des cafés disponibles.

Cette méthode commerciale, éminemment utile pour la grande production, peut aussi rendre service aux planteurs coloniaux, car, bien qu'un minimum de 15 tonnes (250 sacs de 60 kilos) soit exigé par la Caisse de liquidation des affaires en marchandises, pour l'enregistrement des contrats, les négociants havrais, grâce à leurs possibilités de groupement, fractionnent ce minimum suivant les besoins de leurs clients ; employée avec clairvoyance, elle les prémunit contre les risques inhérents à un produit soumis aux inévitables agissements de la spéculation.

Ceux d'entre les producteurs qui, après la récolte, utiliseront l'intermédiaire du Havre pour la vente de leurs cafés disponibles, trouveront sur notre place, toutes les facilités désirables. Avec ses consignataires, ses courtiers assermentés et ses nombreux négociants-commissionnaires, notre grand marché des cafés est susceptible d'écouler toutes les provenances diverses en quantités illimitées ; il en résulte une émulation entre acheteurs des plus profitables à leurs fournisseurs habituels.

Dans la lutte économique, les meilleures armes seront toujours les plus perfectionnées ; des deux puissances directement en contact, production et consommation, la première insuffisamment renseignée en raison de son éloignement, est évidemment en état d'infériorité devant la seconde, alors que son initiative et son travail persévérant et méritoire justifien ses droits à l'obtention des prix de vente maxima : seule, l'entremise des marchés de consommation peut leur faire atteindre cet idéal.

Entretenons donc soigneusement le lien précieux pour les producteurs, que présente le marché des cafés du Havre ; en les mettant en garde contre des illusions décevantes, il les guidera sûrement dans la voie du progrès et leur prospérité n'en sera que plus féconde.

Jean PORCHEREL

Ingénieur agricole,
Les Martres-de-Veyre (Puy-de-Dôme).

HÉRÉDITÉ DU SEXE

C'est là une question très complexe en raison des nombreux facteurs qui entrent en jeu, tels que : l'âge de chacun des reproducteurs, leur état au moment de l'accouplement ; pour les mâles le nombre des saillies dans la journée, pour les femelles, la date de la dernière mise-bas, l'état de lactation, etc...

Les hypothèses émises au sujet de l'hérédité du sexe sont très nombreuses, aucune n'a permis d'aboutir à une conclusion probante.

Suivant Cl. Bernard « la sexualité » qui est l'expression la plus élevée des phénomènes générateurs est liée étroitement avec les phénomènes nutritifs : la fécondation n'est en réalité, qu'une impulsion nutritive donnée à l'élément, à la cellule organisée, d'où procède l'être nouveau ».

Le rapport des mâles et des femelles, dans les règnes végétal et animal, ne montre pas des variations étendues ; numériquement les deux sexes se balancent presque, toutefois on a constaté une légère prédominance, en faveur du sexe mâle, aussi bien dans l'espèce humaine, que dans les espèces animales domestiques.

Cornevin [1] cite que sur 131 veaux nés à la ferme d'application de l'Ecole vétérinaire de Lyon, de 1882 à 1888 il y eut 67 mâles et 64 femelles. Sur 153 agneaux nés dans le même établissement pendant trois ans, on compte 82 mâles et 74 femelles, enfin dans l'espèce porcine, sur 711 porcelets nés à cette ferme, 364 étaient mâles et 347 femelles. Gravillet [2] rapporte que sur 845 mises-bas de l'espèce bovine enregistrées à la ferme de Céry (Suisse) de 1896 à 1922. on trouve 444 mâles et 414 femelles, soit une proportion de 107,2 0/0 de mâles ; sur ce nombre 26 gestations gémellaires.

En élevage, l'intérêt pratique qui s'attache à cette question du déterminisme de la sexualité est véritablement très grand, par ce fait, que dans plusieurs espèces, la valeur des sujets est inégale suivant le sexe, et qu'il serait important de pouvoir diriger la reproduction, de façon à obtenir des sujets du sexe qui se vend le mieux.

Nous n'énumérerons pas ici, toutes les théories émises, nous relaterons simplement ce que nous avons observé dans notre exploitation.

La race bovine que nous exploitons au domaine de Lavort, est la race tachetée pie-rouge de l'Est ; du 26 octobre 1928 au 5 mai 1929, nous avons enregistré 17 naissances, soit 9 mâles et 8 femelles, sur ce nombre, une parturition double. Le taureau utilisé pour nos 60 vaches, était âgé de 16 mois. au début de la monte, en janvier 1928. Les cinq premières mises-bas, nous ont donné 1 femelle, puis 4 mâles ; dans la suite, nous avons obtenu alternativement des mâles et des femelles. Avec un reproducteur mâle jeune, quelle influence peut avoir l'âge de la femelle, sur le déterminisme du sexe ?

1° Vaches au-dessus de 5 ans : nous avons obtenu 4 mâles, 2 femelles.

2° Vaches de 5 ans et au-dessous : 4 mâles et 5 femelles. Une vache âgée de 7 ans, nous a donné une parturition double, 1 mâle et 1 femelle.

La moyenne de la durée de la gestation a été :

(I) $\begin{cases} a) \text{ mâles} & 282 \text{ jours} \\ b) \text{ femelles} & 274 \quad » \end{cases}$ provenant de vaches de 5 ans et au-dessous ;

(II) $\begin{cases} a) \text{ mâles} & 289 \text{ jours} \\ b) \text{ femelles} & 283 \quad » \end{cases}$ provenant de vaches au-dessus de 5 ans.

Conclusions. — Quelles que soient les causes intervenues, âge des reproducteurs, époque de la saillie, durée de la gestation, etc..., nos observations permettent de constater que les sexes se balancent comme

[1] Ch. Cornevin. *Traité de Zootechnie générale.*
[2] E. Gravillet. *Hérédité du sexe ; La terre vaudoise,* 1923.

habituellement, avec une légère prédominance des mâles, (9 mâles, 8 femelles). Comme toutes les lois biologiques, la détermination du sexe est soumise à de nombreux facteurs, lesquels peuvent subir des modifications, sous des influences diverses.

Roland PORTÈRES

Ingénieur Agricole et d'Agronomie Coloniale.

1° AMÉLIORATION DES GRAINES DE CACAO PAR LA FERMENTATION

Les fruits ou *cabosses* du Cacaoyer sont, après récolte, brisés, et leur contenu (fèves, pulpes) est entassé dans des bacs où la fermentation s'effectuera.

Cette fermentation modifie la structure et les propriétés physiques et chimiques des fèves et améliore ses propriétés organoleptiques. Les principales modifications consistent, surtout, en une destruction et enlèvement de la pulpe adhérente aux graines et en la dégradation d'une grande partie des substances amères et astringentes de nature tannique. On observe, aussi, une séparation des cotyles originairement soudés aux téguments. L'amande brunit, les alcaloïdes (Théobromine et Caféine) sont mis en liberté, et l'arome se développe.

Modifications apportées dans la constitution de la pulpe. — La pulpe, très riche en sucre et cellulose peu avancée dans la polymérisation, subit une fermentation alcoolique, laquelle prolongée devient acétique.

Si la fermentation marche normalement la température se tiendra entre 43° et 52° C. sans que les levures soient affaiblies. Plus cette température sera atteinte rapidement, meilleurs en seront les produits.

En 1901, Axel Preyer isole le *Saccharomyces Theobromæ* Prey.

D'autres levures elliptiques furent ensuite découvertes.

Plus tard, Harvey C. Brill (1915-1917) met en évidence, dans la pulpe, des diastases (caséases, protéases, oxydases, raffinases, invertases). Dès le début de la fermentation les diastases et levures entrent en action ; ce sont d'abord des levures sauvages, puis vient le stade des levures vraies.

Plus tard les Mycodermes poussent les fermentations au stade acétique.

Les téguments se sont détachés de l'amande. Les cellules se plasmolysent et les liquides issus de la fermentation de la pulpe filtrent à travers les enveloppes et gagnent les cotylédons.

Les diastases, les alcools et l'acide acétique vont agir sur l'amande à une température de 45-50° C. Les diastases de l'amande sont libérées.

Modifications apportées dans la constitution de la Graine. — 1° Les substances tanniques, astringentes et amères, connues sous le nom de *cacaool* décroissent en quantité avec la durée de la fermentation. Ce corps est décomposé par les oxydases et l'acide acétique en un produit insoluble, rouge-brun, voisin du *rouge de Cola*. C'est un phlobophène : le *brun de Cacao.* .

2° Les oxydases et les émulsines agissent sur un glucoside à fonctions phénolique et purique, qui par hydrolyse et oxydation se scinde en glucose, théobromine et *rouge de Cacao*.

A ce composé a été donné le nom de *cacaonine* (*Hilger*) sanctionnant ainsi sa nature glucosidique autrefois contestée.

Les travaux récents de FINCK (1928) ne confirment pas l'existence de ce glucoside. D'après cet auteur, il n'existe pas de rapport constant entre le rouge de Cacao et l'alcaloïde.

Les bases xanthiques (théobromine et caféine) seraient donc en combinaison instable avec deux « substances mères » l'une qui fournirait le « brun de Cacao » et l'autre le « rouge de Cacao ». Celui-ci n'augmenterait pas durant la fermentation, mais se transformerait en « brun de Cacao ». Ce dernier aurait donc deux sources de production.

Ainsi, dans les graines desséchées, soumises à la fermentation, une matière donne un pigment : le « brun de Cacao ».

Chez les plantes vivantes, en présence des acides, une autre matière mère, donnerait le « rouge de Cacao », lequel, par fermentation, se transformerait en « brun de Cacao ».

Les deux matières mères qui donnaient aux fèves leur couleur violette donnent après fermentation des fèves brunes ou brun rougeâtre, en totalité ou partiellement. En même temps, l'amertume et l'astringence ont presque disparu.

3° Un résultat important à noter est le développement de l'arome. Sa substance mère est encore inconnue. On sait seulement qu'elle est désagrégée par une diastase et la chaleur et que l'acide acétique n'a aucune action sur elle.

L'arome est fourni par un monoalcool du groupe des Hémiterpènes, le d. linalol, en mélange avec des éthers divers.

Le rapport $\frac{\text{essence}}{\text{amande}}$ est de 1/8.000.000°.

Résultats obtenus par la fermentation. — *Sans fermentation* et après séchage, le tégument des graines est pourpre, terne, recouvert d'une pulpe desséchée (à moins que les fèves n'aient subi un traitement spécial : lavage, polissage, terrage, cendrage). Ce tégument adhère fortement à l'amande et rend le décorticage peu facile. L'amande se brise difficilement ; sa couleur est violette dans les *Calabacillos* et les *Forasteros*, brun foncé dans les *Criollos* mais elle n'est pas uniforme et présente des tons grisâtres, ardoisés et bigarrés. En outre l'arome n'existe pas.

Après fermentation, et séchage, les fèves possèdent une belle couleur cannelle plus ou moins pourprée, un aspect brillant sans plages ternes ou recouvertes de moisissures. Elles sont ventrues, arrondies, débarrassées entièrement de leur pulpe. Le tégument se détache facilement. sous la pression des doigts, sans toutefois être trop fragile. La face interne est recouverte par endroits d'une pellicule brun rougeâtre formée durant la fermentation. Les cotylédons se brisent avec facilité et l'intérieur est brun, légèrement violacé vers le centre dans les *Forasteros* et les *Calabacillos*, brun pâle ou rougeâtre dans les *Criollos*.

La couleur est toujours uniforme et veloutée. Une odeur aromatique de chocolat se dégage. Au goût l'amertume est peu perceptible.

Recherches faites depuis 1900 en vue de modifier la technique et de l'améliorer. — A Ceylan, en 1901, AXEL PREYER cultive le *S. Thebromæ* Preyer, et en pratique l'ensemencement sur des fèves stérilisées à la vapeur.

LUCIUS NICHOLL ajoute des levures, non pour remplacer complètement tout autre organisme, mais pour activer la fermentation.

FICKENDEY libère les diastases de la graine en tuant celle-ci par différents procédés : froid, écrasage et séchage, atmosphère alcoolisé. Il traite aussi les fèves par une solution à 5-10 0/0 KOH afin de réduire l'acidité et favoriser le [travail des oxydases, les tanins ayant la possibilité de fixer l'oxygène avec plus d'activité en milieu alcalin.

SHÜLTE IM HOFE pratique une fermentation ordinaire mais prolonge le stade acétique le plus loin possible. L'acide attaque les substances mères, génératrices de *rouge* et de *brun de cacao*. Ensuite l'oxydation est développée en pratiquant une série de séchages légers, entrecoupés de fermentations peu accusées.

E. PERROT et GORRIS enlèvent la pulpe par lavage au carbonate de soude et brossage mécanique. Les graines sont ensuite stérilisées à la vapeur. Les diastases sont tuées et les fèves sont ensuite séchées, « stabilisées ».

ETEVENS estimant que la fermentation déprécie les fèves de Cacao par l'acidité qu'elle leur fournit conseille de s'arrêter avant le stade acétique. Les fèves sont alors brossées mécaniquement, tenues dans la vapeur à 50-60° C., puis séchées.

Tous ces essais ont été effectués en tenant compte de façons différentes des agents nécessaires à la production d'un bon Cacao.

Les partisans de la fermentation alcoolique regardent l'action de la zymase comme primordiale.

D'autres cherchent, par une fermentation prolongée, l'obtention d'une oxydation et d'une acétification très intense.

C. Brill (1913) montre que pour obtenir un très bon produit, il faut combiner nécessairement, et seulement, l'action simultanée des levures et des diastases.

Stevens éloigne l'acidité et ne fait entrer en jeu que les diastases. Enfin dans le procédé de la « stabilisation » (Perrot et Gorris), il n'y a pas de fermentation ; les diastases sont détruites dès le début. Le Cacao est pulvérisé et l'oxydation se fait par simple contact avec l'oxygène de l'air.

Utilisation des différentes méthodes. — La qualité d'un cacao semble beaucoup plus liée à la variété qu'à la préparation. Celle-ci joue un rôle améliorateur qui n'est comparable seulement que dans la variété considérée. Avec chaque forme de cacao, la technique doit être modifiée.

En principe les méthodes devront varier avec le taux de matières tanniques.

Avec les *Creoulo-Calabacillos* de l'Ouest Africain, il sera bon de développer la fermentation acétique. Les fèves seront ensuite transportées sur un séchoir plan (terreiro). Le cacao sera étalé dans la journée et rassemblé en petits tas pour la nuit. Amoncelé, il s'y produira des fermentations secondaires, après coup, que l'on peut encore activer par des arrosages légers.

Avec les *Criollos* et les *Forasteros*, lesquels ne demandent pas une longue fermentation, le procédé du Dr Stevens peut être utilisé avec avantages.

Dans les pays de production des *Calabacillos*, là ou la culture est entre les mains de petits cultivateurs, on peut pratiquer une légère fermentation suivie d'un léger séchage et expédier la récolte dans des ateliers centraux où une fermentation raisonnée puisse être effectuée par des agents agricoles. Dans ce cas, l'on sera obligé d'utiliser des moûts, des cultures de levures. Cette méthode permettrait d'exporter, d'un district déterminé, une même sorte commerciale, ce qui simplifierait les transactions au bénéfice à la fois des cultivateurs et du commerçant.

2º PRODUCTION ET CONSOMMATION DU CAFÉ DANS LE MONDE

En 1849 la production mondiale était estimée à plus de 4.000.000 de sacs de 60 kilogrammes dont 70 0/0 provenaient de l'Amérique et 30 0/0 du continent asiatique (Indes, Arabie, Iles de la Sonde).

80 ans après, pour la campagne 1929-1930 dont la récolte est déjà entamée dans de nombreux pays et particulièrement au Brésil, on estime que l'apport dépassera 30.000.000 de sacs, c'est-à-dire près de huit fois plus. L'Amérique y participera pour 85 0/0 et le continent océano-asiatique pour 10 0/0, le reste revenant à l'Afrique.

Le pôle cultural s'est, au cours de l'histoire, déplacée de la presqu'île arabique au Brésil en passant par l'Océan Indien, les Antilles puis le Centramérique.

De 1914 à 1917 la production oscilla autour de 18.000.000 de sacs, subit une diminution dans l'après-guerre, dépassa le chiffre de 20.000.000 de sacs comme le montrent les quelques chiffres suivants :

En 1924-1925 il a été produit 22.300.000 sacs.
En 1925-1926   »   21.700.000   »
En 1926-1927   »   21.300.000   »
En 1927-1928   »   23.500.000   »
En 1928-1929   »   22.250.000   »

Si l'on tient compte de la consommation des pays producteurs il faut encore alourdir ces chiffres de 5-6 millions.

La part du Brésil dans la production oscille suivant les années de 63 à 70 0/0. Viennent ensuite d'autres pays de plus faible production mais dont l'importance s'amplifie chaque année pour beaucoup d'entre eux.

La République de Colombie a en 10 ans doublé sa production et a atteint en 1927 et 1928 2.400.000 sacs.

Le Venezuela produit bon an mal an 1.000.000 de sacs sans que la culture s'y développe.

Les Antilles et le Centramérique fournissent plus de 4.000.000 de sacs, les Indes Néerlandaises 2.000.000.

Consommation. — Dans l'ensemble, la moitié des exportations est dirigée sur l'Europe et l'autre sur le Continent Nord Américain. C'est ainsi d'ailleurs que le Brésil partage sa production. 80 0/0 du café colombien est dirigé sur les Etats-Unis.

La consommation mondiale n'atteignait pas 10.000.000 de sacs avant 1890. C'est surtout de cette date à 1900 que l'usage de l'infusion noire

s'étendit fortement au point que durant l'année statistique 1909-1910
18.000.000 de sacs furent absorbés. Durant les deux premières années de
la guerre, le monde consomma plus de 21.000.000 de sacs. La période
1916-1918 ne fut guère favorable à la consommation, les stocks s'accumu-
lèrent pour s'alléger en 1919 et 1920 à la suite de faibles récoltes.

Depuis cette époque la consommation s'est considérablement accrue et
atteint actuellement 23.000.000 de sacs.

Il est intéressant de comparer la consommation par tête d'habitant pour
quelques pays. Les gros consommateurs sont la Hollande avec 7 kilogrammes, la Suède et le Danemark avec 5 kg. 50, la Belgique et la Norvège avec 5 kilogrammes, la Finlande et la France avec 4 kilogrammes
(2 kg. 500 en 1914 pour la France).

Aux Etats-Unis on consomme 5 kilogrammes par tête contre 4 kg. 400
en 1914.

En Europe, n'ont pas encore retrouvé leur capacité de consommation
d'avant-guerre l'Allemagne, la Hollande.

La Grande-Bretagne toujours fidèle au thé est passée de 300 à
350 grammes seulement.

L'Afrique du Nord absorbe actuellement 220.000 sacs c'est-à-dire près
de 150 0/0 de la production des colonies françaises.

Situation économique. — Le Brésil fournit plus des deux tiers du café
dont le monde a besoin. Pour que sa monoculture caféière puisse subsister
devant les oscillations de prix dues aux variations de la production mondiale, le Brésil a pris dans le passé quelques mesures de sécurité. Ce fut
d'abord la valorisation de 1906 issue de la Convention de Taubate et qui
dura jusqu'en 1918, puis celles de 1917-1920 et de 1921 qui se poursuit
encore actuellement sous la direction de l'Institut de défense du café.

La situation économique actuelle est assez inquiétante. Telle qu'elle ressort des dernières informations elle peut être résumée comme suit :

Stock visible mondial	5.300.000 sacs
Stocks détenus dans les magasins régula-lateurs du Brésil	875.0.000 sacs
Récolte brésilienne en cours (estimations).	21.000.000 sacs
Production américaine diverse. . . .	6.000.000 sacs
Production africanoasiatique	3.000.000 sacs
Total	44.000.000 sacs
Consommation 1929-1930	23.000.000 sacs
Le stock restant à la fin 1930-1931 . .	21.000.000 sacs

Ce qui obligera le Brésil à immobiliser 16.000.000 de sacs, 5.000.000
constituant le stock visible mondial.

De plus, pour les quantités stockées, n'entrent pas dans les statistiques officielles ce que les planteurs brésiliens sont obligés de garder chez eux.

L'Institut de défense du café de Sao Paulo, jouissant de la personnalité juridique possède par suite la faculté de contracter des emprunts sur les places étrangères et intérieures afin d'acheter aux planteurs les quantités énormes à entreposer dans ses magasins régulateurs.

Ce système de retrait de la marchandise qui fonctionne depuis plusieurs années à l'encontre de toutes lois économiques naturelles régissant les marchés tiendra-t-il longtemps ? Il est très malaisé de le penser.

Toutes les statistiques et rapports indiquent que depuis 8 ans on plante avec fièvre dans le Brésil. Il y a 20 ans le caféier était cultivé avec des fortunes diverses dans sept à huit Etats de la Fédération brésilienne. Actuellement quinze Etats sont producteurs. La Colombie, les Indes Néerlandaises, le Congo Belge, l'archipel des Philippines intensifient leurs cultures. On trouve même en Argentine quelques petites plantations.

En Australie, dans le Queensland. les essais d'introduction ont été concluants et l'on y plante du caféier.

Devant les restrictions que doivent subir les cafés brésiliens à l'exportation pour que les prix ne descendent pas, un accord est intervenu en 1928 entre les principaux Etats producteurs du Brésil. Pratiquement il tend à annihiler les jeunes Etats producteurs au bénéfice des plus forts.

Parmi les causes qui peuvent contribuer à l'inquiétude du marché il faut noter que dans presque tous les pays producteurs et surtout dans l'Etat de Saint-Paul où la culture y possède, agronomiquement parlant, un certain caractère d'extensivité, on se préoccupe plus que jamais d'organiser l'exploitation de la plante sur des bases plus scientifiques. Le caféier est une plante stérilisante. L'ombrage, la couverture du sol, morte ou vivante ne sont pas utilisés. L'eau n'est pas retenue suffisamment. Les matières fertilisantes sont entraînées dans le sous-sol avec rapidité.

C'est pourquoi depuis quelques années des procédés de captation artificielle des eaux de pluies et de la vapeur d'eau ont été expérimentés. Mais le véritable remède consiste en la formation d'humus soit par apport de matières organiques décomposées, soit par la culture d'engrais vert. Les composés colloïdaux humiques et hulmiques retiendront dans la perfection l'eau et les matières fertilisantes et capteront la vapeur d'eau atmosphérique mieux que ne le pourront faire les colloïdes minéraux.

Partout sont entreprises des recherches de variétés possédant des qualités de résistance au parasitisme, à la déprédation, au froid, à la sécheresse, des qualités de haute productivité, d'homogénéité dans la récolte, etc.

Mais ne peut-on entrevoir aussi une diminution de la production et ce, en dehors de tout fait économiquement normal ?

Il y a bien les gelées. Mais il n'y faut pas trop compter. L'*Hemileia* n'existe pas encore au Brésil.

Le scolyte des baies, le *Stephanoderes* s'y trouve en permanence depuis 1913. Il s'est éveillé énergiquement il y a quelques années. Le mal fut enrayé dans son extension mais conserve toujours quelques foyers.

L'intensité de ces attaques peut-elle augmenter? Cela est probable si l'on considère ce fait qu'il existe au Brésil des *Stephanoderes* ou genres voisins autochtones causant des dégâts sur des caféiers indigènes de la Flore Brésilienne [ce sont bien entendu des caféiers n'entrant pas dans la section des Eucoffeæ ou caféiers vrais du genre *Coffea*].

Enfin il faut mentionner les difficultés de main-d'œuvre que commencent à rencontrer les planteurs Brésiliens depuis quelques années.

Le gouvernement brésilien devant les dangers que présente une monoculture pour ce pays, encourage l'établissement d'autres cultures comme le cotonnier, la canne à sucre, les céréales et le cacaoyer.

Toute la politique du café est confiée à l'Institut de défense qui s'est acquittée de cette tache avec succès jusqu'à maintenant.

Mais devant l'immobilisation s'accusant continuellement d'énormes stocks de café, devant le crédit toujours plus cher qui est ouvert pour cet usage, devant une production étrangère toujours croissante et de mieux en mieux organisée, le Brésil tiendra-t-il toujours. Tombera-t-il bientôt?

Ch. ROLLOT

Inspecteur général de l'Agriculture aux Colonies.
Chef du Service de l'Agriculture à Madagascar.

L'ASPECT ACTUEL DE LA CULTURE DU CAFÉIER

Notre colonie de Madagascar exporte, actuellement, entre 3.000 et 4.000 tonnes de café ; c'est assurément peu en regard de la production mondiale, ou même, plus simplement, comparé à ce que consomme la France. Ce n'en est pas moins, pour le moment, la source française la plus importante, et c'est déjà là un fait digne d'intérêt si l'on considère la date relativement récente de l'introduction du caféier dans notre grande colonie de l'océan Indien, laquelle ne remonte guère pratiquement, au delà du début du siècle.

Il y eut bien avant 1895, date de la conquête, des plantations créées sur la côte orientale avec la variété si recherchée de l'île Bourbon ; mais toutes furent détruites à la fin du siècle dernier, avant même leur plein rendement, par l'*Hemileia vastatrix*, ce terrible champignon des feuilles qui fit disparaître le *Coffea arabica* de toutes les côtes de l'océan Indien.

Ces désastres, dans un pays aussi « neuf » que Madagascar, où rien n'était encore organisé pour les recherches agricoles, où la colonisation n'en était qu'à ses premiers tâtonnements, eurent pour conséquence de détourner, dans une certaine mesure, les colons du caféier. Néanmoins, les nouvelles variétés résistantes à la maladie des feuilles, furent vite connues et introduites, et le *Coffea arabica* n'était pas encore complètement disparu que déjà quelques tentatives de plantation étaient faites avec le caféier du Libéria.

Cette nouvelle introduction était bien, par la vigueur de la plante et sa résistance, de nature à inspirer confiance aux colons, et nombreux furent ceux qui, au début du siècle, plantèrent du Libéria dans la partie moyenne de la côte orientale, entre Tamatave, au nord, et Mananjary au sud.

Les premiers espoirs ne tardèrent pas à faire place à de grosses déceptions ; si le « Libéria » avait une vigueur remarquable et une production satisfaisante, son produit marchand n'avait qu'une faible valeur et le café de Madagascar ne tarda pas à acquérir, sur le marché, une réputation détestable. Le mauvais goût avec amertume prononcée, qui lui était reproché était en somme celui de l'espèce mais plus sensible encore qu'en d'autres pays producteurs pour deux causes : la jeunesse des arbustes, trop vigoureux, fournissant des baies énormes, et la préparation défectueuse par des planteurs inexpérimentés ; alors qu'il eût fallu un usinage parfait, justement pour palier, dans toute la mesure du possible, au défaut naturel d'arome.

La mévente de cette production, grevée, par ailleurs, de frais de transport élevés, était telle que le producteur, n'en retirait que des bénéfices infimes. Aussi, aux espérances du début succéda, encore une fois, un découragement dont la conséquence fut le quasi-abandon de plusieurs plantations sans grande extension des surfaces plantées.

Comme précédemment, lors de l'échec du *Coffea arabica*, la réaction ne tarda pas à se manifester. Le service agricole, organisé entre temps avait mis à l'étude de nombreuses variétés nouvelles de caféiers ; quelques-unes étaient également expérimentées par des colons. Les Kouillou et Robusta du groupe Canephora ne tardèrent pas à connaître la vogue qui ne s'est pas démentie depuis.

Le Libéria conserve encore quelques partisans dont le principal argument est la vigueur de l'arbuste, auquel s'ajoute des graines de taille

raisonnable, ayant perdu une grande partie de leur mauvais goût qu'atténue presque complètement, une préparation partout très soignée ; mais
la majorité des planteurs a abandonné cette espèce qui entre à peine,
pour un huitième, dans le total des exportations ? Il est, par contre, bien
difficile de connaître même approximativement, la part revenant à chacune des autres sortes qu'il n'est même pas toujours facile de discerner,
car il s'agit d'espèces bien mal fixées, avec des variations nombreuses,
d'un type aux autres.

C'est encore la zone côtière moyenne, où il débuta, et principalement
la province de Mananjary, qui produit la presque totalité du café ; c'est
que là sont réunies un ensemble de conditions favorables à la culture
qu'on ne retrouve nulle part ailleurs dans l'île ; d'abord un climat chaud,
humide, sans longues périodes sèches ; la proximité de ports d'embarquement et d'une main-d'œuvre souple qui fut abondante jusqu'à ces dernières années. Le sol, sans y être d'une fertilité remarquable, est suffisamment riche, dans les alluvions des cours d'eau surtout utilisées. Ces
situations ont peu souvent une vaste superficie sans être interrompues
par des collines avançant jusqu'à la rivière ; aussi, rares sont les exploitations comportant plus de 250.000 caféiers tandis que beaucoup voisinent ce nombre, jugé suffisant par de nombreux planteurs, étant données les difficultés d'exploitation résultant du faciès chaotique de cette
partie de l'île.

L'aspect de la zone caféière de Madagascar est donc bien différent de
celle du Brésil où, au contraire, dominent les immenses domaines et
cette différence a encore tendance à s'accentuer du fait que, depuis quelques années, à côté des exploitations européennes se sont créés des quantités de petits champs indigènes dont la superficie totale l'emporte dès
maintenant, sur celle de la culture européenne.

Il ne semble pas que la culture européenne aurait pu atteindre une
grosse production en café, limitée comme elle l'est par le peu d'abondance des terres propices, d'étendue suffisante pour l'activité de l'Européen, obligé de faire relativement grand, aussi bien pour l'amortissement
de ses frais généraux que pour la rémunération du capital engagé
qu'élève sensiblement l'usine toujours coûteuse. Les difficultés de main-
d'œuvre créent encore un obstacle supplémentaire aggravé, d'année en
année, par la tendance de plus en plus marquée de l'indigène de se livrer
à la culture personnelle.

L'extension du caféier par l'Indigène n'a par contre, d'autre limite
que celle de la capacité de travail d'une population peu dense et, il ne
faut pas l'oublier, peu laborieuse. Il n'est pas douteux que cette culture
indigène doublera, d'ici peu, le tonnage exporté, bien qu'elle n'en soit
qu'à ses débuts.

Cette évolution de l'autochtone vers la culture personnelle, nullement limitée au caféier, n'est pas sans avoir des conséquences nombreuses dont la plus immédiate est cette difficulté de main-d'œuvre déjà sensible lorsqu'il s'agit de travaux saisonniers, comme la cueillette du café, exigeant le concours d'un nombreux personnel temporaire.

Le rendement du cultivateur indigène, livré à lui-même, est bien inférieur à celui du salarié soumis à des méthodes moins primitives, aidé d'instruments agricoles et d'ailleurs dirigé dans son labeur. Cette diminution de rendement, progressant parallèlement à l'extension de la culture indigène, pourrait avoir pour conséquence la stagnation économique du pays, si aucun fait nouveau n'intervenait.

Autre inconvénient, plus grave encore : souvent mal entretenus, tous ces petits champs dispersés pourraient, le cas échéant, constituer un milieu dangereux tout à fait favorable à la dispersion des maladies ou d'insectes parasitaires.

Enfin, le produit de la culture indigène préparée sans soin, par des procédés rudimentaires est, le plus souvent, de médiocre qualité et manque d'homogénéité, risquant, au surplus, de discréditer la production des exploitations européennes.

En regard de ces inconvénients, la culture indigène a, pour la colonie, d'incontestables avantages ; en premier lieu, d'amener dans le pays, une prospérité individuelle bien plus grande que celle procurée par le travail salarié. On peut même admettre que, l'exemple aidant, nombre d'oisifs réfractaires au travail chez autrui, planteront pour leur compte. Ce fait semble dès maintenant, amplement confirmé ; il pourrait donc en résulter une activité économique très importante en même temps qu'un bien-être tendant à se généraliser et générateur d'émulation nouvelle. En somme, ce qui manque à cette culture indigène, c'est la technicité et l'organisation ; pour la rendre productive et lui donner toute l'importance qu'elle peut et doit avoir, une large intervention étatiste est indispensable, en particulier du service agricole doté d'un personnel suffisamment nombreux pour assurer la surveillance prophylactique efficace en même temps que des conseils répétés pour la bonne conduite des cultures et la préparation homogène et consciencieuse des récoltes; ceci implique encore, sinon une dépense réelle, au moins des avances importantes de l'administration pour l'achat du matériel de préparation du café dont il faut munir les planteurs groupés d'un ou de plusieurs villages.

Bien que l'Administration soit déjà entrée dans cette voie, l'organisation de la culture indigène, ayant sensiblement la même importance dans la plupart des régions, est un problème ardu d'une solution complète à échéance lointaine ; car les ressources locales ne peuvent que progressivement faire face à l'accroissement de dépenses qu'entraîne cette large intervention. Les résultats n'en peuvent être aussi que progressifs.

Cependant les inconvénients signalés existent et celui de la qualité inférieure du café, outre ses conséquences immédiates, menace de compromettre la valeur de la production et même son débouché ; cela d'autant plus que des mélanges voulus ou non, constituent une sorte de tromperie mal acceptée de l'acheteur qui s'accommoderait peut-être d'une qualité médiocre si elle lui était offerte comme telle.

Il semble possible, par une standardisation judicieuse et sévère d'atténuer grandement ce défaut de la production indigène.

Quoi qu'il en soit, la culture indigène fournira dans l'avenir, une quantité importante de café, qu'il serait imprudent de tenter de chiffrer, étant données les contingences qui la conditionne.

Il ne s'ensuit pas d'ailleurs forcément que la production européenne ne soit plus susceptible de s'accroître ; outre que, malgré les difficultés réelles qui se présentent, il se puisse qu'une main-d'œuvre étrangère vienne augmenter celle existante, il y a encore place pour une colonisation européenne bien pourvue en capitaux et utilisant le machinisme au maximum. Néanmoins ce n'est pas de cette source que viendra le stock de café que doit donner Madagascar dans un avenir prochain.

L. RENODIER

Ingénieur d'Agronomie Coloniale.

LE CACAOYER EN COTE D'IVOIRE

La Côte d'Ivoire représentant incontestablement la plus belle colonie du groupe de l'A. O. F. par la diversité de ses possibilités agricoles, mérite un engouement égal à celui dont jouissent ses sœurs d'Extrême-Orient : la Cochinchine et le Cambodge, dont elle se rapproche étonnamment par le climat et la luxuriance de sa végétation.

Nous voudrions, en ces quelques lignes, montrer ce qui a été fait quant à la production de cacao et le chemin qu'il reste encore à parcourir pour alimenter nos chocolatiers d'un produit d'une réelle valeur.

Car ce qui frappe à la lecture des cotations du Havre, concernant ce produit, c'est le peu de faveur dont jouit le cacao de la Côte d'Ivoire ; avis confirmé par les industriels que nous avons pu toucher. Cette moindre valeur tient à deux causes : 1° le goût de terroir, inférieur à celui des autres provenances, et sur lequel il est difficile d'agir efficacement, d'autant qu'on ne connaît pas exactement les raisons provoquant ces divergences de goût ; 2° la présentation, trop souvent défectueuse, mais sur laquelle les moyens d'action restent entiers et à appliquer sans retard pour donner une valeur soutenue à ce cacao.

Pour bien comprendre les raisons de cette mauvaise présentation, il est nécessaire de visiter les plantations de la Côte d'Ivoire et de les comparer avec les plantations d'Extrême-Orient. Ayant fait ce voyage d'étude, nous nous permettrons d'en faire connaître le résultat.

Dans toute la zone forestière de la Côte d'Ivoire, la culture du cacaoyer peut être entreprise de façon rémunératrice et le développement actuel des plantations de cet arbre en est le meilleur garant.

La Côte d'Ivoire exporte actuellement 10.000 tonnes de fèves et notre consommation s'élève à environ 30.000 tonnes. En chiffrant grossièrement, l'ensemble des plantations peut représenter, à l'heure actuelle 25.000 à 30.000 hectares sur les 800.000 hectares que comprend la zone forestière ; il reste donc une vaste marge pour le développement de cette culture.

Bien que cette mise en valeur puisse paraître insignifiante, comparativement à la surface utilisable, il ne faudrait pas en conclure que la culture du cacaoyer soit extensible à l'infini ; elle est essentiellement subordonnée aux disponibilités de main-d'œuvre lesquelles sont particulièrement restreintes. Cela tient, en partie, aux difficultés d'existence dans cette région et, d'autre part, à des raisons que le cadre de cet exposé ne nous permet pas d'aborder, bien que nous soyions convaincu de la possibilité d'en accroître les disponibilités dans de fortes proportions par une administration judicieuse.

Le choix du centre (Tiassalé) et du centre ouest (Oumé, Daloa, Gagnoa) de la zone forestière, par les planteurs européens, a été déterminé par la plus grande abondance relative de la main-d'œuvre ; alors que les plantations indigènes sont plus spécialement dans l'Est (Indénié) entre la ligne du chemin de fer et la Gold Coast. La partie Ouest, vallée de la Sassandra, bien que particulièrement favorable, n'est que peu exploitée, en raison de ses difficultés de communications.

Les plantations européennes ont été créées, dans leur ensemble, par d'anciens coupeurs de bois ou par des employés de commerce ayant préféré aux situations médiocres des comptoirs, la vie indépendante avec tous ses risques. Tous, gens particulièrement travailleurs et courageux, ils ont débuté par un petit commerce, auquel ils ont adjoint le camionnage automobile, couronnant leur effort de plusieurs années, par la création d'une plantation. Doués de la meilleure volonté, il leur manque d'avoir vu une plantation type, d'en avoir suivi le développement pour en suivre l'exemple ; aussi ne peut-on leur faire grief des imperfections que leurs plantations recèlent. Cette création modèle incombait aux exportateurs de cacao, en liaison avec le Gouvernement. La Côte d'Ivoire souffrira encore longtemps de ce manque d'initiative, car le redressement d'un produit, sur le marché, n'est pas chose aisée.

Pénétrant dans une de ces plantations, l'on est frappé de l'analogie qui existe avec les plantations indigènes : les cacaoyers trop près les uns des autres sont très fréquemment atteints de chlorose ; ils manquent d'air et de nourriture, aussi la productivité en est-elle réduite. En observant le sous-bois, de ces plantations, l'on est frappé par l'absence totale de végétation et par l'humidité excessive qui y règne, créant de ce fait un excellent milieu pour le développement des maladies cryptogamiques, dont on ne tarde pas à voir les mauvais effets sur les troncs et cabosses, fréquemment atteints de *Corticium* et de pourriture. Les cabosses malades n'étant pas incinérées, la maladie gagne, d'année en année, et fait courir le plus grand risque aux plantations ; fléau, qui inquiète très fortement déjà, les planteurs de la Gold-Coast.

Pour obvier, dès à présent, à ces mauvais effets nous estimons que l'élimination des arbres de mauvause venue ou mauvais producteurs s'impose et, en même temps que l'on ramènera les plantations à la densité normale de 500 à 600 arbres à l'hectare (suivant la richesse du lieu), des mesures énergiques doivent être prises pour lutter contre les maladies cryptogamiques. L'élimination doit être faite avec circonspection, car de son application trop énergique les arbres pourraient souffrir d'une insolation trop brutale, l'ombrage n'existant pas dans la majorité des plantations.

Nombre de plantations ayant été créées sans tenir compte de l'orientation et sans ménagements d'abris coupe-vent, nous avons observé que nombreux étaient les cacaoyers qui souffraient de « l'Harmattan » vent d'Est chaud et sec, provoquant une défoliation totale des rameaux exposés dans sa direction.

Lors de la création ou de l'extension d'une plantation, les plants proviennent, dans la majorité des cas, de pépinières mal conditionnées : le sol insuffisamment travaillé, souvent en terrain trop humide et peu profond, fournit des plants irréguliers, à mauvais pivot et feuilles chétives, conditions déplorables pour un bon développement ultérieur.

A la mise en place, les trous faits au dernier moment sont insuffisamment aérés et de volume trop réduit? D'autre part, l'habitude de détruire toute végétation par un brûlage intensif facilite l'entraînement de l'humus, lors de la saison des pluies, ce qui réduit d'autant les réserves nutritives ; pertes qui ne sont pas compensées par de ·nouveaux apports de matières fertilisantes. Ceci, joint aux imperfections précédemment signalées, contribue au mauvais développement des plantations.

A la récolte, les cabosses sont fréquemment ouvertes sur place et les graines mises dans des corbeilles pour être transportées au séchoir et aux bacs de fermentation, quand ils existent. Ces déchets de cabosses restent donc dans la plantation, y fermentent et constituent de nouveaux foyers pour la propagation des maladies.

La fermentation et le séchage se font dans de très mauvaises conditions ; absence de bacs de fermentation, mauvaise conduite de celle-ci, insuffisance de lavage, séchage à l'air libre rendu particulièrement difficile dans un état hygrométrique élevé en permanence, nécessitant une exposition beaucoup trop longue durant laquelle des fermentations secondaires prennent naissance, donnant un cacao noirâtre ; favorisant aussi le développement des moisissures lesquelles donnent mauvaise odeur ? Ce cacao, ensaché avant complète dessiccation, continue encore à perdre de sa valeur.

Nous n'insisterons pas sur les plantations indigènes où toutes les précédentes critiques seraient encore aggravées. Toutefois nous devons reconnaître, à l'avantage des plantations européennes, le meilleur choix du terrain, tandis que l'indigène, partisan du moindre effort, recherche les points les moins boisés, par conséquent moins riches, ou encore des terrains qu'il aura défrichés antérieurement, pour ses cultures vivrières, lesquels sont très fortement épuisés. L'indigène ignore, par ailleurs, les soins aux arbres, à la récolte, et de cela nous ne lui ferons pas grand grief : il a, dans son esprit simpliste, reconnu que l'on s'arrachait sa récolte bien ou mal présentée ; que, dans la période de traite, une véritable fièvre s'emparait des exportateurs, qui, ne voyant que leur bénéfice immédiat, se sont fort peu souciés, jusqu'à ce jour, de l'avenir de cette culture et de l'avenir de la Côte d'Ivoire en général (pas plus, qu'en ce qui concerne l'arachide, de l'avenir du Sénégal). Pourquoi l'indigène ferait-il effort ? Il est apathique, le climat y contribue ; il n'est pas non plus innovateur, l'on ne peut donc rien attendre de ce côté. Du côté exportation, la même inertie existe. L'intervention du Gouvernement s'impose donc par la contrainte de l'un et de l'autre, car il est de son devoir de prévoir le jour, où par suite d'une nouvelle baisse des prix, les cacaos de la Côte d'Ivoire pourraient être éliminés du marché, en raison de leur peu de valeur industrielle, due à la mauvaise présentation.

Le Gouvernement de la Côte d'Ivoire possède, dans son service d'Agriculture, un personnel absolument compétent, lequel, faute des subsides nécessaires, n'a pu faire œuvre utile, jusqu'à ce jour. Largement pourvu de pouvoirs et d'argent, il transformera rapidement cet état néfaste en prospérité, par l'application de mesures progressives, sous un contrôle particulièrement strict.

En Gold Coast, l'application d'un droit de sortie, sur les cacaos, permet de subventionner largement les Services agricoles ; par ailleurs le « Consortium Cotonnier Français » prélève une certaine quantité sur les droits d'entrée des balles de coton, dont il dispose pour l'amélioration de la culture du coton dans les Colonies Françaises. L'une ou l'autre de ces modalités pourrait convenir pour le fonctionnement d'un organisme spécial, assurant l'amélioration des cacaos de la Côte d'Ivoire.

Notre exposé serait incomplet si nous n'indiquions pas, même succinctement, les conditions que nous jugeons les meilleures pour l'établissement d'une plantation, dont le modèle nous a été fourni par l'Extrême-Orient, et plus particulièrement par les Indes Néerlandaises.

Partant du principe que le sol de la Côte d'Ivoire est faiblement pourvu des éléments fertilisants de base, en dehors de l'humus, le choix d'une concession doit être principalement guidé par ses facilités de main-d'œuvre et de communications, ces dernières primant toutefois. L'amélioration du sol étant obligatoire en n'importe quel lieu que l'on se place. Préalablement à l'installation de la plantation une reconnaissance doit être faite pour l'établissement d'un plan comportant un nivellement grossier, lequel permettra une répartition judicieuse des habitations européennes et indigènes sur les hauteurs bien ventilées, des pépinières, ainsi que de l'usine de traitement en des points largement pourvus d'eau. Le réseau routier doit être étudié spécialement, afin d'éviter les pentes exagérées rendant les transports difficiles ; pour la plus grande facilité de surveillance de tous les travaux agricoles, la plantation sera divisée en parcelles de 4 hectares, surface cultivable par un manœuvre ; toutes ces parcelles orientées ou protégées, pour ne pas souffrir de l'*Harmattan*.

Plantés en ligne, les cacaoyers n'excéderont pas la densité de 600 pieds à l'hectare ; les plants provenant de pépinières, défoncées à 0 m. 60 en terrain frais, profond, facilement arrosable et ombragé artificiellement. La mise en place, au début de la saison des pluies, sera faite en trous d'au moins 0,60 × 0,60 creusés longtemps d'avance sur un terrain n'ayant subi aucun brûlage et dont on maintiendra l'humus par la culture de légumineuses appropriées, couvrant la totalité du sol et empêchant la repousse des arbres abattus en ménageant un ombrage ténu, en attendant la pousse des arbres d'ombrage définitif, plantés sur la même ligne que les cacaoyers, en même temps que l'ombrage provisoire constitué par les bananiers. Les arbres et les souches disparaissant en deux et trois ans, la plantation sera alors aménagée en terrasses, dans les parties déclives et labourée, dans les parties planes, pour être recouverte d'une légumineuse traçante (Calopogonium). Le tout complété par des apports de matières fertilisantes comprenant des composts et des engrais minéraux en quantités suffisantes pour compenser les prélèvements faits par les récoltes.

Les cacaoyers seront guidés, durant leur croissance, pour leur assurer une forme régulière sur une solide charpente ; les rameaux abondamment pourvus de feuilles saines et quand le développement complet sera atteint, que le sol sera fortement recouvert, des pulvérisations de sulfate de cuivre seront pratiquées contre les maladies cryptogamiques.

L'usine de préparation de la récolte sera étudiée dans ses moindres détails, afin de réduire, au minimum, les manutentions toujours onéreuses. Les bacs de fermentation superposés par séries de trois pour se vider de l'un dans l'autre, assurant par ce procédé une fermentation aussi complète que parfaite. Le bac inférieur se déversant dans un vaste bassin de lavage, en communication directe avec les aires de ressuyage ; la dessiccation complémentaire étant assurée par un séchoir continu à air chaud. Ce séchoir suivi d'une salle de triage comprenant des trieurs mécaniques et des tables de triage pour l'élimination des grains noirs.

L'installation d'une usine, aussi perfectionnée, devrait traiter la production de plusieurs plantations de 200 hectares, estimant que cette surface peut être efficacement surveillée par un Européen, et offrant l'avantage de pouvoir circonscrire les dégâts, lors d'une brusque invasion parasitaire.

L'installation et l'entretien de la main-d'œuvre indigène doivent être l'objet d'une observation permanente, car du bon état de cette main-d'œuvre dépend aussi le bon rendement de la plantation et nous sommes persuadé que, par cet effort permanent, le métayage pourrait être envisagé dans un délai relativement proche, qui en assurant une meilleure rétribution au travail de l'indigène, lui permettrait de vivre avec sa famille, en même temps que les frais généraux de l'entreprise seraient diminués.

Elevant ainsi le niveau social de nos protégés, la mise en valeur de la Côte d'Ivoire serait doublée d'un rôle social important susceptible d'enrayer l'influence néfaste de l'Islam, dont la politique entrave l'intensification du travail des autochtones, en collaboration avec les Européens.

Pour conclure nous signalerons les risques encourus par les plantations en monoculture, aussi sommes-nous un fervent admirateur des méthodes préconisées par MM. Houard et Castelli (Directeur et Inspecteur d'Agriculture de la Côte d'Ivoire) comportant la culture du cacaoyer en intercalaire du palmier à huile, dont le rendement plus tardif assurera toujours une excellente rémunération des capitaux investis, en même temps que cette culture assure une meilleure répartition des frais de premier établissement, en les reportant sur un grand nombre d'années.

Laurent RIGOTARD

Ingénieur agronome à Chantesse (Isère).

LES TERRES DE MONTAGNE, LEUR MISE EN VALEUR, LEUR AMÉLIORATION

L'étude des sols en formation sur les montagnes présente un grand intérêt au point de vue de la science agronomique et aussi au point de vue économique.

J'ai prélevé de nombreux échantillons de sols sur les montagnes du Dauphiné depuis la limite supérieure de la végétation herbacée à plus de 3.000 mètres d'altitude jusque dans les vallées où la culture s'est établie depuis très longtemps.

L'examen de ces sols fait sous les auspices de l'Institut des Recherches agronomiques a montré que les sols de montagne ne sont pas nécessairement des terres pauvres comme une opinion courante semble le supposer.

Dès le premier émiettement des roches originelles, les sols ainsi formés contiennent des doses d'éléments fertilisants convenables pour permettre la croissance de la riche flore alpine qui constitue les pâturages supérieurs, ceux de 2.000 à 3.000 mètres. Toutefois il faut remarquer que les doses d'éléments nutritifs dits assimilables sont faibles et que les plantes alpines disposent, pour les absorber, de leurs puissants systèmes radiculaires et, pour les transformer, de cette intensité de vie qu'elles tiennent des radiations du soleil. Il existe d'ailleurs des variétés de plantes cultivées adaptées aux conditions de vie de la montagne, des blés par exemple, il ne serait pas du tout sans intérêt de les sélectionner en haute altitude pour augmenter leur rendement déjà très intéressant.

Au-dessus de 2.000 mètres la croissance des herbes des pâturages est limitée. Mais de 1.500 à 2.000 mètres on trouve de riches prairies fauchées, et des cultures de céréales dont la croissance et la production sont très satisfaisantes.

Les foins de montagne sont d'une richesse avantageuse pour l'élevage. Sans avoir fait leur étude scientifique, l'indigène le sait, il en tire un excellent parti. L'analyse chimique de ces fourrages ne fait que nous expliquer ce grand développement de l'élevage sur les montagnes.

J'ai voulu comparer une fois de plus la composition de plantes de ces prairies à celle des plantes de la plaine. Voici l'analyse, faite par M. Granvigne, directeur de la Station agronomique de Dijon, d'un échantillon de trèfle prélevé vers 2.400 mètres d'altitude sur les pentes de la rive droite du lac Doménon, massif de Belledonne (Isère) en 1927.

Humidité	13,6
Cendres '	4,65
Protéine	20,0
Soluble éther	4,3
Cellulose	19,2
Extractifs non azotés . .	38,35
	100,00

Acide phosphorique	0,218 0/0
Chaux (CaO)	0,73 0/0

La teneur en matières azotées (Protéine) est presque le double de celle des trèfles récoltés en plaine. Ce fait ressortait déjà des études faites par divers auteurs notamment en Suisse (voir Stebler et Schröter : les meilleures plantes fourragères, Burkhardt, éditeur, Genève).

Ces études sur le sol et sur les plantes de montagne expliquent le développement, et en particulier la localisation de la mise en valeur des montagnes par l'agriculture.

J'ai dit que dès leur première formation en haute montagne les sols sont assez bien pourvus en éléments nutritifs. Ainsi à 3.200 mètres col des Rouillans, non loin de La Meije (Hautes-Alpes) un sol accusait 3,38 d'azote pour 1.000 dans sa terre fine avec 2,6 d'acide phosphorique et 88 de chaux ; ce sont des doses élevées.

Quoi d'étonnant, alors, si l'on arrive à la composition ci-dessous pour une terre cultivée et fortement fumée :

Terre prélevée à 1.575 mètres d'altitude dans un champ d'orge à Villard-Notre-Dame (Isère). Analyse de la terre fine de 1 millimètre (50 0/0 de la terre totale).

Azote	9,64	0/00
Chaux	48,0	»
Acide phosphorique . . .	3,3	»
Acide phosphorique assimilable .	1,0	»
Potasse assimilable	0,4	»

Tous les sols de montagne, même ceux qui sont cultivés sont évidemment plus ou moins loin d'atteindre cette extraordinaire richesse. Ils sont cependant bien pourvus, et si l'on accroît leur teneur en éléments nutritifs par le fumier ou par les engrais chimiques, on obtient des cultures rémunératrices.

Il y aurait grand intérêt à profiter de la puissance de vie des végétaux sur les montagnes, puissance qu'ils tiennent en partie de l'exceptionnelle intensité des radiations solaires, en cultivant des surfaces aussi étendues que possible sur lesquelles on épandrait des engrais chimiques. Les quelques essais d'engrais que j'ai faits, notamment sur pommes de terre à 1.500 mètres d'altitude ont montré le parti que l'on pourrait tirer des applications de nitrate, d'engrais phosphatés, et d'engrais potassiques.

En combinant l'amélioration du sol par les engrais à l'emploi d'instruments de culture plus perfectionnés, et spécialement adaptés au travail à effectuer on pourrait fournir aux vaillantes populations des montagnes le moyen de s'y maintenir plus facilement.

Est-il besoin de démontrer qu'il y a une raison sociale et nationale de favoriser la vie sur les montagnes ? Ce serait sortir du cadre de l'agronomie que de rappeler le rôle des hommes venus des montagnes pour régénérer la population étiolée des villes, pour former aussi ces bataillons d'élite habitués à ne reculer devant aucune difficulté ni aucun danger.

Une fois de plus constatons que les conditions du sol déterminent l'évolution des pays et des peuples. A ce titre elles méritent notre attention.

J. RAZOUS

Ingénieur E. T. P. Professeur à l'Ecole d'Agriculture et de Viticulture de Ste-Maure

L'ORIENTATION PROFESSIONNELLE RURALE
ET L'ENSEIGNEMENT AGRICOLE

La situation de l'agriculteur français a été pendant longtemps si précaire que l'exode des campagnes vers les villes allait en croissant d'année en année. Les conditions ont changé et tous ceux qui s'adonnent aux productions végétales et animales sont récompensés actuellement de leurs efforts, sauf toutefois lorsque les intempéries arrêtent la croissance des plantes ou que des épizooties sévissent sur le bétail.

L'accroissement des bénéfices des exploitations agricoles et la réduction des pertes par l'assurance ou par des mesures préventives, dépendent en grande partie du labeur, de l'intelligence, du bon sens et de l'esprit de décision de l'agriculteur, ainsi que de ses connaissances techniques.

Voilà pourquoi, il y a aussi et peut-être même plus que dans les autres professions, la nécessité d'une orientation professionnelle pour les travaux des exploitations agricoles.

Quelles sont d'abord les conditions générales à posséder par le travailleur des champs ? :

1° Il faut de la ténacité et de la persévérance, car certains fruits du travail ne sont recueillis qu'après un temps parfois assez long et, de plus, il ne faut pas se laisser abattre par des pertes qu'heureusement ils peuvent en partie conjurer ;

2° Il faut aimer l'observation de la vie des animaux et des végétaux au milieu desquels se passe son existence, organismes vivants satisfaisant les besoins matériels de l'humanité et intéressants aussi par leurs mœurs et par leur croissance.

3° Il faut avoir de l'ordre aussi bien pour la remise en place des outils utilisés que dans l'établissement des comptes afin d'avoir une idée exacte des bénéfices des diverses opérations.

Des conditions particulières sont aussi à envisager, notamment en ce qui concerne l'ouvrier agricole, lequel doit posséder les qualités précédentes, s'il veut plus tard, diriger une exploitation, mais qui doit, par la nécessité des travaux agricoles, être bon marcheur et bon coltineur.

Le journalier qui laboure avec les chevaux arrive à faire de 15 à 20 kilomètres dans sa journée et la moitié environ de ces chiffres s'il laboure avec des bœufs ; de même les charrois du fumier ou l'épandage des engrais exigent une aptitude assez grande à la marche ; la robustesse est aussi indispensable car la plupart des travaux agricoles nécessitent une dépense d'énergie et des efforts musculaires répétés. Toutefois l'emploi des moissonneuses, des faucheuses, des semoirs, a considérablement diminué la fatigue de l'ouvrier agricole. Il reste cependant le chargement des récoltes, le coltinage des sacs au moment du battage des céréales, la manutention des hottes et des comportes lors des vendanges, etc...

Il résulte d'une évaluation judicieuse faite par le docteur Adolphe Javal dans son livre *La Confession d'un Agriculteur*, que le service de manutention des récoltes dans une ferme nécessite une manipulation annuelle de 100 tonnes par hectare.

L'ardeur du soleil et l'humidité de la période de pluies, sont aussi un des revers de la profession du travailleur agricole, mais ces inconvénients météorologiques que s'exagèrent les citadins, sont très atténués par le fait de l'air sain que respire l'ouvrier des champs.

Si l'utilisation des tracteurs avec siège a rendu moins pénible certains travaux du sol, tout au moins pour les ouvriers des moyennes et des grandes exploitations, il faut par contre que ces ouvriers soient initiés au fonctionnement des machines, à leur nettoyage, à leur entretien, à leur démontage et à leur remontage ; l'ouvrier agricole n'a certes pas besoin d'être un mécanicien au sens strict du mot, mais il doit être un bon conducteur de machines, apte à tirer de celles-ci le meilleur rendement grâce à la connaissance de toutes leurs pannes et des remèdes à y apporter.

D'autres qualités sont indispensables au fils du fermier ou du propriétaire qui aura plus tard à diriger l'exploitation de ses parents. Des connaissances techniques et commerciales sont nécessaires ; une partie de ces connaissances sont acquises tant par la pratique journalière des opérations culturales et des soins à donner aux animaux, que par la présence aux marchés des produits du sol ou de l'élevage. Mais l'agronomie et la zoologie ont fait de grands progrès et la vie professionnelle du bon cultivateur doit, comme l'a si bien dit M. Albert Vincent dans son livre *L'école rurale de demain*, s'apparenter à celle du savant.

Voilà pourquoi le futur exploitant doit être préparé à la compréhension scientifique des propriétés des divers sols, de la valeur respective des substances qui sont de nature à amender les propriétés physiques de ces sols, de l'opportunité des labours profonds ou des labours superficiels, de la distribution satisfaisante des précipitations atmosphériques ou des eaux d'irrigation, des rations convenant aux animaux de trait et aux animaux d'engraissement.

Cette préparation est donnée magistralement à l'Institut national agronomique et dans les écoles nationales d'Agriculture, dont les anciens élèves sont tous qualifiés pour diriger les très grands domaines. Signalons aussi l'Institut agricole de Beauvais, plusieurs Instituts agricoles d'Université, l'Ecole libre d'agriculture d'Angers, qui forment de distingués agronomes.

Mais les examens d'entrée à ces écoles exigent des connaissances nécessitant quatre à cinq années au moins d'enseignement secondaire.

Il existe bien pour les fils de cultivateurs qui possèdent ou qui gèrent des moyennes et petites exploitations, les Ecoles pratiques et les Fermes-écoles dont les programmes d'enseignement sont bien compris ; mais ces établissements ont l'inconvénient d'enlever à la ferme même où il travaille, le futur agriculteur. Aussi pour concilier les désirs des parents de conserver auprès d'eux une main-d'œuvre indispensable et permettre en même temps l'acquisition aux adolescents des connaissances techniques utiles, il n'existe à notre connaissance que deux types d'organismes :

1° Les écoles ambulantes dont le seul inconvénient est de ne pouvoir être partout à la fois ;

2° Les cours par correspondance avec stages pratiques de courte durée au siège de l'Ecole, ces stages comportant des conférences de revision, des visites d'exploitations agricoles bien organisées, l'initiation aux analyses simples des sols, des engrais et des vins.

C'est ce second procédé qui est appliqué depuis sept ans à Sainte-Maure-de-Touraine (Indre-et-Loire) et qui a donné les meilleurs résultats. Les adolescents et jeunes gens ainsi formés et qui sont des fils de cultivateurs ne songeront certainement pas à abandonner la profession agricole.

Ce procédé constitue d'ailleurs une application de l'un des conseils sur l'orientation professionnelle donné par MM. Mauvezin et Duffeux dans le numéro de mai 1927 du *Bulletin de la Chambre des Métiers de la Gironde* et aux termes duquel on ne doit enlever un enfant à son milieu social qu'avec la plus extrême prudence, de crainte d'en faire un déclassé.

Les cours en question ont pour but non seulement de fournir aux élèves une documentation sur l'agriculture et l'élevage du bétail, la viticulture et l'arboriculture, la mécanique et les machines agricoles, la législation rurale et la comptabilité agricole, mais aussi de leur donner des conseils pratiques en matière d'organisation du travail agricole.

Nous avons pensé qu'au moment où l'on vient d'étendre par la loi du 29 décembre 1928, à l'apprentissage agricole, les dispositions de la loi du 29 mars 1928, aux termes desquelles le jeune homme peut sans perdre sa qualité d'apprenti acquérir ses connaissances professionnelles dans sa propre famille, les principes du fonctionnement de l'Ecole d'Agriculture et de Viticulture de Sainte-Maure-de-Touraine méritaient d'être signalés à l'Association Française pour l'Avancement des Sciences.

GÉOGRAPHIE

Président. . . .   René Bossière, Président de la Compagnie Générale
des Iles Kerguelen, Saint-Paul et Amsterdam.
Vice-Président . .   Ch. Cailhatte, Président de la Société Havraise de
Géographie.
Secrétaire . . .   M. Maurion.

M. Edgar AUBERT DE LA RUE

QUELQUES MOTS SUR LA CLIMATOLOGIE DES ILES KERGUELEN

Les îles Kerguelen situées dans l'extrême sud de l'océan Indien, par 50°
de latitude et 70° de longitude est environ, jouissent d'un climat tout à
fait océanique.

Nous possédons aujourd'hui quelques données fort intéressantes, mais
malheureusement incomplètes, sur la météorologie de ces terres australes.
En effet, les observations météorologiques, faites aux îles Kerguelen, ne
portent que sur d'assez courtes périodes.

Il est curieux de constater que, malgré leur situation, ces îles jouissent
d'une température assez basse. La température moyenne de l'année est
d'environ + 3°. C'est sensiblement celle de l'Islande qui est plus rapprochée du pôle de 15°. A latitude égale, les îles Kerguelen sont également
plus froides que les autres terres subantarctiques.

Un des traits du climat des Kerguelen, est la régularité de la température, qui varie peu durant les différents mois de l'année. Tandis que la
moyenne mensuelle des mois les plus froids (juillet et août) est voisine
de zéro, celle des mois les plus chauds (janvier et février) est de 5° à 6°

seulement. On a pu dire qu'aux îles Kerguelen, les saisons sont à peine marquées.

Toutefois, si la moyenne des températures varie assez peu d'un bout à l'autre de l'année, on observe des variations quotidiennes assez importantes et qui sont presque anormales pour un climat si maritime. C'est ainsi que pendant l'été austral 1928-1929, j'ai observé à Kerguelen, à plusieurs reprises, des écarts de température atteignant 15° dans la même journée. Des amplitudes de l'ordre de 10° sont fréquentes. Voici les températures extrêmes que j'ai notées durant mon séjour :

Novembre 1928 : Minimum absolu —   1°8 (le 14 novembre à   4 h.).
                 Maximum absolu + 16° (le 26 novembre à 14 h.).
Décembre 1928 : Minimum absolu —   2°2 (le 3 décembre à   4 h.).
                 Maximum absolu + 15° (le 30 décembre à 12 h.).
Janvier 1929 : Minimum absolu   0° (le 18 janvier   à   4 h.).
                 Maximum absolu + 18° (le 5 janvier   à 12 h.).
Février 1929 : Minimum absolu +   1°5 (le 16 février   à   4 h.).
                 Maximum absolu + 20°5 (le 5 février   à 12 h.).

Voici quelles ont été les températures moyennes durant mon séjour aux îles Kerguelen du 12 novembre 1928 au 24 février 1929 :

	Minima moyens	Maxima moyens	Température moyenne
Novembre (1928). .	+ 1°17	+ 9°63	5°40
Décembre (1928) . .	+ 1°25	+ 10°07	5°71
Janvier (1929) . .	+ 3°	+ 10°35	6°27
Février (1929) . .	+ 3°6	+ 8°16	5°88

Il est curieux de remarquer qu'au même moment, la température n'est pas toujours la même en deux points différents de l'île, situés tous les deux au niveau de la mer. J'ai ainsi pu observer à plusieurs reprises, des écarts assez sensibles à cet égard. Il s'agit toutefois d'observations séparées et on ne saurait en déduire que certaines parties de l'archipel sont sensiblement plus froides que d'autres. Ces anomalies sont certainement dues au vent qui est dévié par les montagnes et les vallées et qui dans quelques cas a pu se rafraîchir sensiblement en franchissant certaines régions recouvertes de glaces.

Une autre observation que j'ai faite, d'une manière très constante, cette fois, est l'abaissement très rapide de la température, dès que l'on s'élève dans la montagne. J'ai presque toujours observé des glaçons sur les versants de montagne au-dessus de 300 mètres d'altitude à n'importe quel moment de l'été. Ceci montre qu'à l'intérieur du pays, la température s'abaisse chaque nuit jusqu'à zéro. Toutefois, même dans la montagne et jusqu'à 800 mètres d'altitude au moins, le thermomètre s'élève en été, presque quotidiennement de plusieurs degrés au-dessus de zéro dans le courant de la journée. Ceci permet d'expliquer la présence d'une certaine végétation jusqu'à une altitude assez élevée. Dans la Péninsule Galliéni, notamment j'ai observé en plusieurs endroits, jusque vers 800 mètres d'assez nombreux choux de Kerguelen.

L'étude géologique de l'archipel de Kerguelen montre que le climat actuel de ces îles diffère sensiblement de celui d'autrefois. Au début du Tertiaire, il était certainement beaucoup plus tempéré qu'il ne l'est aujourd'hui. Les nombreux lits de lignite et la présence de troncs de conifères fossiles, compris entre certaines coulées basaltiques, montre, qu'à cette époque les terres étaient en grande partie recouvertes de forêt. Aujourd'hui, aucun arbre ne peut vivre à Kerguelen, non pas tant à cause de la rigueur de la température, que par suite de l'extrême violence du vent.

A une époque plus rapprochée, les Kerguelen étaient entièrement recouvertes de glace. Il a du reste dû se produire plusieurs glaciations différentes. De nos jours, les glaciers et les neiges éternelles occupent encore le quart de la superficie totale de l'archipel. Actuellement, si l'on en juge d'après les dépôts morainiques que l'on aperçoit en certains points du pays, notamment dans la péninsule Galliéni, les glaciers sont en léger recul. Un bon nombre d'entre eux atteignent toutefois le niveau de la mer, principalement dans le Sud-Ouest de l'archipel.

Les immenses étendues glacées qui occupent la partie occidentale des îles Kerguelen provoquent la condensation d'une quantité énorme de vapeur d'eau, amenée sans cesse par les vents. C'est ainsi que le ciel des Kerguelen est presque toujours nuageux et que les sommets disparaissent continuellement dans la brume.

Les îles Kerguelen sont certainement parmi les régions les plus arrosées du globe. Les précipitations atmosphériques y sont presque quotidiennes d'un bout à l'autre de l'année. Ces précipitations ont presque toujours lieu sous forme de neige, même au cœur de l'été. Durant mon séjour j'ai compté environ 85 jours de pluie ou de neige sur 100 journées d'observations.

S'il neige très fréquemment, même en été, la neige ne subsite pourtant guère, sauf en hiver, dans les parties basses des îles. La limite des neiges éternelles semble être environ à 700 mètres. Pourtant on observe à des altitudes bien inférieures, même pendant les mois les plus chauds, d'immenses champs de neige, dont l'épaisseur est telle, qu'ils ne parviennent pas à fondre durant l'été.

L'hiver 1928 a du être particulièrement rigoureux à en juger par l'épaisseur de la couche de neige qui recouvrait une grande partie du pays à mon arrivée. Pourtant, de nombreux navigateurs, venus autrefois aux

Kerguelen pendant les mois d'hiver, ont été frappés, en certaines années, de ne pas trouver de neige dans les parties basses du pays, en cette saison.

Le vent souffle presque constamment aux îles Kerguelen. Ce sont habituellement les vents d'Ouest qui dominent. Pendant l'été 1928-1929, leur direction générale a été légèrement différente. Celle-ci était en effet Nord-Ouest.

Si les orages sont totalement inconnus aux Kerguelen, les tempêtes y sont par contre d'une grande fréquence. Ces tempêtes sont provoquées par des dépressions dont le centre passe en général dans les parages des Kerguelen. Ces tempêtes, toujours très violentes, ont été particulièrement nombreuses pendant mon séjour. Les anticyclones qui séparent ces dépressions barométriques sont généralement peu développés et il est bien rare qu'ils persistent pendant plus de 24 heures.

Ces tempêtes débutent toujours par des vents du Nord-Est. Puis ceux-ci passent au Nord en fraîchissant et tournent enfin au Nord-Ouest et à l'Ouest. J'ai également observé en janvier et février 1929 quelques très violentes tempêtes avec vents du Sud. Elles ont donné lieu à des chutes de neige extrêmement importantes.

Pendant la saison 1928-1929, la pression barométrique a été anormalement basse ; elle a été en moyenne de 750 millimètres. Au passage des plus fortes dépressions, le baromètre est descendu à plusieurs reprises jusqu'à 730 millimètres. La pression la plus basse a été de 729 millimètres le 20 décembre. La pression maximum a été de 769 millimètres le 15 novembre 1928.

L'humidité atmosphérique est toujours considérable. L'hygromètre suit une marche assez régulière avec un minimum vers midi et un maximum vers 5 heures du matin. Indépendamment de ces variations régulières, l'humidité relative est également fonction des vents. C'est ainsi que les vents du Nord-Est et du Nord sont extrêmement humides tandis que les vents d'Ouest et du Sud sont relativement secs.

D'une manière générale, l'humidité relative a diminué sensiblement depuis le mois de novembre 1928 jusqu'au mois de février 1929. Alors qu'au début de l'été, elle dépassait généralement 90 pendant la nuit, elle n'atteignit plus que 80 en janvier et février.

Une autre particularité de l'été 1928-1929 a été la fréquence exceptionnelle des icebergs. Les chasseurs de phoques qui fréquentent l'archipel de Kerguelen n'en avaient rencontré que très rarement durant les années précédentes. J'en ai observé de nombreux, principalement en janvier et février, surtout le long des côtes Ouest et Sud de l'Archipel. Certains d'entre eux, chassés par le vent ou les courants venaient même s'échouer à proximité du rivage.

René BOSSIÈRE

LES INTÉRÊTS FRANÇAIS DANS LES MERS AUSTRALES

L'Hémisphère Sud contient relativement très peu de terres en proportion de l'Hémisphère Nord.

A part la pointe de l'Amérique du Sud, les extrémités de l'Afrique et de l'Australie, il n'y a guère de territoires importants dépassant le 35° de latitude Sud.

Tout le reste de l'Hémisphère Sud, n'est composé que de mers, au sein de l'immense étendue desquelles émergent quelques rares îles, qui, presque toutes, ont appartenu ou failli appartenir à la France.

Il s'en est fallu de peu que la Nouvelle-Zélande ne fut Française.

Les îles Malouines (Falkand Islands) ont été Françaises, elles appartiennent maintenant à l'Angleterre.

L'île Marion a été Française.

L'île Bouvet a été découverte par un Français. La Norvège vient de se l'approprier.

On sait, d'autre part, que le Gouvernement anglais a décrété dernièrement qu'à l'avenir, une grande partie des mers australes seraient sous sa juridiction. Il a tracé, à partir du pôle Sud, deux énormes secteurs dont il entend exclure toute exploitation autre que celles ayant reçu son approbation.

Parmi les terres sub-antarctiques comprises dans le secteur situé au Sud des îles Malouines et du cap Horn, se trouvent des terres qui, depuis Dumont d'Urville portent des noms Français — (tels que terre Louis Philippe, îles Joinville, terre Adélaïde) — et quelques autres notamment port Lockroy, terre Loubet, terre Fallières, etc..., qui ont été récemment découvertes par le docteur Charcot — et qui, dans ces dernières années, sont devenues le centre d'une formidable exploitation baleinière — mais il ne semble pas que la France revendique la propriété de ces territoires.

Elle n'a plus de droits incontestés dans les régions polaires antarctiques que sur la terre Adelie et sur la terre Clarie. Sur la terre Clarie dont l'existence n'est pas certaine — et sur la terre Adélie, presque impossible à atteindre — située qu'elle est au milieu de la barrière de glace la plus haute du cercle polaire et tellement exposée aux tempêtes que le célèbre explorateur anglais Sir Douglas Mawson, le seul, croyons-nous, qui (en 1911-1914), y ait mis le pied depuis notre Dumont d'Urville (en 1841) a donné au livre où il l'a décrite le titre suggestif « The Home of the Blizzard ».

En dehors de ces côtes inabordables et toujours couvertes de glaces, la France n'a plus la possession, dans l'immensité des mers australes que trois îles ou groupes d'îles ; *les îles Kerguelen, les îles Saint-Paul et Amsterdam, les îles Crozet.*

Sur les îles Kerguelen, Saint-Paul et Amsterdam, je demande la permission de ne pas insister, parce que cela semblerait dans un but particulier. Qu'il me soit permis toutefois de dire que, malgré la dénomination d'île de la Désolation que lui avait donné Ross jadis, et malgré certaines publications ayant un caractère quasi-officiel qui s'obstinent à lui donner la réputation d'être inutile et impossible à coloniser, la terre de Kerguelen est aujourd'hui productive et commence à faire honneur au Pavillon National.

A port Jeanne d'Arc existe en effet, un grand Etablissement créé en 1908, appartenant à la « Compagnie générale des îles Kerguelen, Saint-Paul et Amsterdam ».

A port Couvreux (du nom d'un de nos premiers collaborateurs) un autre Etablissement existe plus modeste où se poursuivent, depuis une quinzaine d'années, des essais d'élevage de moutons et de porcs pour le compte de la même Compagnie. Les colons Français qui habitent port Couvreux depuis plusieurs années avec leurs femmes, supportent parfaitement le climat sans doute froid, mais excessivement sain, et l'un d'eux revenu en France en mai dernier, vient d'y repartir plein de confiance avec sa femme et sa jeune fille.

A Kerguelen travaillent deux filiales de la « Compagnie Générale » : *The Kerguelen Sealing and Whaling Cod Ltd*, co-exploitation Anglo-Norvégienne, qui chasse la baleine et l'éléphant de mer et *Pêches Australes*, Société exclusivement Française, qui, avec un personnel exclusivement français, chasse les éléphants de mer sur la côte Nord en employant les méthodes auxquelles les co-exploitants norvégiens ont initié les Français depuis 1908. Peut-être arriverons-nous un jour à faire réexercer par du personnel français et avec des procédés modernes, la vieille industrie de la pêche à la baleine disparue du Havre depuis 1867 et aujourd'hui exclusivement aux mains dans le monde entier, de spécialistes norvégiens.

D'autre part, à l'île Saint-Paul est installée une nouvelle filiale qu'a créée également la « Compagnie Générale des îles Kerguelen, Saint-Paul et Amsterdam » : « La Langouste Française », Société exclusivement française, qui travaille, elle aussi, avec du personnel exclusivement français.

Ces terres sont donc désormais effectivement occupées par des nationaux.

Mais, il n'en est pas de même des îles Crozet et cela constitue un danger.

En effet, lors de la prise de possession officielle toute récente de l'île Bouvet par les Norvégiens... — le principe a été admis paraît-il, qu'à l'avenir, toute terre n'ayant pas été effectivement occupée depuis cinq ans, appartiendrait au premier occupant — quelle que soit la nationalité de celui qui l'a découverte et quelles que soient les déclarations, les réglementations ou les prises de possession officielles de jadis.

Or, depuis la découverte des îles Crozet en 1772 au cours du voyage du *Mascaris* commandé par le Capitaine de brulot Marion Dufresne qui avait donné son nom quelques jours auparavant à l'île Marion et depuis la prise de possession du 24 janvier 1772 des nouvelles îles par le second du *Mascaris* nommé Crozet, la France ne les a jamais occupées.

En fait d'occupation par des Français, nous ne connaissons que le récit dramatique du capitaine Lesquin naufragé de la goélette l'*Aventure* en 1827, qui est resté près de deux ans sur une de ces îles désertes et la croisière du capitaine de vaisseau Cécille sur l'*Héroïne*, chargé, en 1838, de protéger les baleiniers français chassant dans ces parages.

Depuis lors on n'a plus guère entendu parler des îles Crozet qu'à l'occasion d'autres naufrages, notamment de celui du grand voilier Français *Tamaris* en 1887 et de la goélette norvégienne *Catherine* en 1907, dont le capitaine H. J. Bull est resté aussi plusieurs mois avec son équipage sur l'une des îles.

Qui sait, si ce n'est pas sur elles que le navire-école danois *Copenhague* dont on reste sans nouvelles, aurait fait un désastreux naufrage.

Il serait donc de l'intérêt de la civilisation que ces îles fussent habitées et qu'une station météorologique y fut installée. Aujourd'hui que la Télégraphie sans fil a fait les admirables progrès que l'on sait, un poste de ce genre rendrait les plus grands services au monde entier.

La Société des Nations ne pourrait-elle prendre en mains une installation de cet ordre ?

En tout cas ; il semble utile de tâcher de donner à ces îles une valeur économique et la seule chance d'y arriver paraît être de permettre d'essayer d'y organiser une industrie de chasse aux animaux marins.

Or, un décret du 30 décembre 1924 a érigé la totalité des îles Crozet en *Parc National*, où il est formellement interdit à nos nationaux de chasser, ni une baleine ni un phoque ni un oiseau.

Sans doute, l'idée de créer dans une colonie, quelle qu'elle soit, une réserve où la faune et la flore soient conservées et puissent se perpétuer dans leur état naturel ne saurait trouver ici que des approbations, et je suis heureux d'avoir, pour ma modeste part, été au-devant de cette pensée, puisque, dès 1909, nous avions institué des réserves de chasse aux îles Kerguelen et puisque, dès 1914, au Congrès de l' « Association Française pour l'Avancement des Sciences » qui s'est tenu au Havre, j'ai eu l'honneur de présenter — ici-même à la Section de Géographie — un Vœu tendant à ce qu'une réglementation internationale intervienne pour la chasse des baleines que je considérais déjà comme trop développée dans le monde entier, et dangereuse pour la conservation de l'espèce. Depuis lors, cette industrie n'a fait que se développer. Je répète donc qu'une réglementation internationale serait très utile en insistant sur ce qu'elle doit être « internationale », sans quoi les règlements faits pour limiter la chasse des cétacés sur les côtes de certains pays se tourneraient au préjudice des pays possesseurs de ces côtes.

Il en est de même pour certaines espèces d'animaux marins, essentiellement migrateurs ; comme les éléphants de mer par exemple, qui fréquentent les îles Crozet et qui n'y courent pas de risque de destruction sous les falaises ou aucun homme ne pourra jamais débarquer.

Nous sommes ici en un Congrès cherchant l'Avancement des Sciences — de toutes les sciences —.

Si la Science prise dans son ensemble, a incontestablement, pour devoir élémentaire d'empêcher la destruction des espèces naturelles, son avancement paraît consister dans la recherche des moyens de faire servir les forces naturelles au bien être de l'Humanité.

Eh bien, il semble que les bonnes intentions du décret Français du 30 décembre 1924 ont dépassé les désirs de la Science en interdisant absolument toute exploitation de l'archipel Crozet par les hommes, interdiction qui ne s'applique du reste qu'aux Français et qui n'empêchera jamais aucun flibustier étranger de commettre sur ces rochers inhabités toutes les dépradations qu'il voudra.

Ne serait-il pas suffisant de conserver à l'une ou à plusieurs des îles Crozet un caractère de Parc National, et ne pourrait-on pas essayer de donner aux autres une valeur économique, en tâchant d'y organiser une Station météorologique transmettant par télégraphie sans fil ses observations aux navigateurs.

Telle est la question que je me permets de soumettre au Congrès car il me semble que sa solution rendrait service non seulement au Domaine Colonial Français, mais à la civilisation en général et spécialement aux navigateurs du Monde entier.

Paul GIRARDIN

Université de Fribourg.

L'INTERPRÉTATION DES DÉTROITS POLAIRES A LA LUMIÈRE
DE L'HYPOTHÈSE DE A. WEGENER

On sait le succès qu'a rencontré l'hypothèse de l'Allemand Wegener, relative à la translation des continents (« Verschiebung ») et au déplacement des pôles, non seulement dans son pays, mais dans le monde entier, et l'on a vu des géologues comme Emile Argand s'en emparer et en déduire leur théorie sur la formation des chaînes de montagnes et le « bâti continental ».

Nous n'avons pas à refaire ici l'énoncé de cette hypothèse qui, si elle se confirme, restera l'équivalent dans la science des synthèses d'un Suess ou d'un Marcel Bertrand, et nous ne rappellerons pas ici l'énorme faisceau de « preuves » et d'arguments que le génial géophysicien tire successivement de la géophysique, de la géologie, de la paléontologie et de la biologie (qui se montrait pourtant si adaptée à la précédente hypothèse (d'Edouard Suess) des « ponts continentaux »), de la paléoclimatologie, enfin et surtout de la géodésie, sans le concours de laquelle, on le devine, tous les autres arguments risqueraient de demeurer vains. Aussi, dans une quatrième édition, Braunschweig, 1929 (les trois premières datant de 1915, 1920 et 1922), l'auteur renforce-t-il fort opportunément ces concordances géodésiques, d'après les observations les plus récentes et les plus délicates, quelques-unes effectuées, comme le rattachement de la Corse au continent par Paul Helbronner, en partie du moins pour confirmer ou pour infirmer, au cours des années qui vont venir, la théorie de Wegener. Aussi bien ces observations géodésiques, en particulier celles de longitude, qui étaient restées si longtemps en retard, au cours de l'histoire des sciences, sur celles de latitude, sont-elles susceptibles, aujourd'hui, par suite des décimales gagnées une à une, d'une précision suffisante pour permettre, à l'intervalle de quelques années, des comparaisons pouvant être tenues pour pertinentes, alors que les observations anciennes, même celles remontant seulement au début du siècle, étaient d'un ordre de précision encore insuffisant. Nous sommes là encore en présence d'un de ces cas où tout un ordre de recherches ne peut se constituer qu'à la faveur d'une décimale gagnée. Voici les faits récents sur lesquels s'appuie

Wegener dans sa 4e édition, faits géodésiques auxquels il donne cette fois délibérément la première place : La distance entre le Groënland et l'Europe, déterminée par la comparaison des longitudes obtenues par la télégraphie sans fil, présenterait un accroissement qui ne serait pas moindre de 36 mètres, chiffre considérable, qui peut paraître suspect en ce que les mesures ne portent encore que sur cinq années (1922-1927), mais que des observations qu'on doit reprendre tous les cinq ans, confirmeront peut-être. Dans une annexe, l'auteur est à même d'indiquer que la distance entre Paris et Washington, au cours des dernières 14 années, s'est accrue de quatre mètres et un tiers, soit un tiers de mètre par an, donc tout à fait en accord avec ce qu'avait anticipé l'auteur, qui (p. 30) avait avancé une valeur de moins d'un mètre. On voit que les arguments doivent retenir de plus en plus l'attention.

Telle est, dans ses grandes lignes, cette belle construction, qui, dans son état actuel, n'est encore qu'une construction, avec une grande part d'hypothèse. On voit très bien que ce qui a conduit l'auteur, qui est avant tout un géophysicien, — et c'est là sa force, — c'est la considération de la forme extérieure des rivages opposés des deux Amériques et de la façade Européo-Africaine de l'ancien continent, dont les rentrants et les saillants s'adaptent avec assez d'exactitude pour qu'ils puissent presque s'emboî-ter. Il y a loin de ces considérations morphologiques précises aux lointaines analogies, purement extérieures, sur lesquels Oscar Peschel avait prétendu fonder sa théorie. D'autre part, si Wegener se fonde, tout comme Suess et son école, sur les ressemblances de flore et de faune entre des continents aujourd'hui disjoints, lesquelles attestent certainement une origine commune, il peut faire à la théorie des « ponts continentaux » le grave reproche, toujours en se cantonnant sur le terrain des considérations morphologiques extérieures, que l'écart est vraiment bien grand entre l'Amérique du Sud et l'Afrique, entre le plan du Dekan et la plate-forme Africaine. C'est jouer avec la difficulté que de supposer à la surface du globe des effondrements représentés aujourd'hui sur la carte par des vides beaucoup plus grands que les pleins, tandis qu'on ne peut assigner de limites à l'éloignement progressif de deux continents dont le divorce s'accomplit à l'amiable au cours du temps, lequel dispose d'une durée encore plus infinie que les infinis géographiques.

Ce qu'il faudrait prendre sur le fait, pour départager, au moins sur le terrain de la pure morphologie, ces deux théories, c'est la formation actuelle de ces cassures, de ces brisures de l'écorce, qui, en se rejoignant et en s'approfondissant, conduisent aux effondrements, aux disparitions en masse de tout ou partie d'une grande terre. Or il semble que l'exploration polaire, au cours des XIXe et XXe siècles, révèle une série de ces cassures, qui sont en train de naître, qui n'ont pas eu le temps de s'élargir, cassu-

res presque linéaires, aux rives presque rigoureusement parallèles, cassures conservées sans doute, peut-être agrandies, en tout cas soulignées par
l'action glaciaire, mais qui ont certainement, à leur origine, un principe
d'ordre tectonique, et qui sont d'ailleurs situées, dans la région des grands
effondrements les plus récents, dans ce domaine de l'Atlantique Nord où
l'Islande constituée tout entière, ou presque, de laves et de matières
d'épanchement volcanique, témoigne que ses volcans, nés à la suite de
bouleversements géologiques à peine terminés, l'emportent par leur
masse sur ses glaciers. Les régions arctiques, et aussi les régions antarctiques que l'on commence à connaître, présentent dans leur configuration
générale, un ensemble de terres brisées, de terres éclatées, morcelées à
l'infini, de telle sorte qu'il n'y a guère d'intact que le Groenland, et qui
ne font pas mine de s'éloigner les unes des autres, qui sont restées sinon
soudées, du moins juxtaposées, séparées les unes des autres par de longs
et interminables détroits, aux rives parfois rectilignes, souvent parallèles, qui ont joué dans la reconnaissance des pôles un rôle de premier
plan, puisque c'est par ces interminables détroits, dénommés par les
explorateurs « passages », que se sont frayé une route les navires lancés
à la découverte des « passages », du Nord-Ouest ou du Nord-Est.

Ce qui est en cause ici, ce ne sont pas les « côtes à fjords », côtes festonnées du Labrador, de l'Alaska, du Groënland, de la Patagonie, de la Norvège, ce ne sont pas les fausses « entrées » (« Einfahrt », « Inlet »), qui
finissent en impasse, et qui témoignent par leur empreinte ineffaçable de
la puissance de la glaciation quaternaire. Ce sont uniquement, ou principalement, ces détroits interminables et qui se font suite, ou longitudinaux
et parallèles à la côte, comme en Alaska, en Colombie, au Chili, en Norvège, ou transversaux, et menant d'une mer dans l'autre.

Il y aurait à montrer, par l'histoire même de l'exploration, le jeu et le
rôle de ces détroits, tous localisés dans les basses latitudes, à la recherche
desquels tous les navigateurs se sont acharnés depuis le xvie siècle, soit
vers le Nord, soit vers le Sud, pour tâcher de percer enfin l'immense barrière des deux Amériques, trouver enfin le « passage » ou la mer libre,
atteindre cet Océan vu par Balboa en 1512, à quelques lieues à peine de
l'Atlantique. Déjà Colomb abordant aux rivages de l'Orénoque y cherchait
la solution de continuité du continent nouveau, que l'on allait chercher
après lui de baie en baie (Bahia Blanca), d'estuaire en estuaire, à Rio de
Janeiro (une baie prise pour un fleuve), puis dans le Rio de la Plata, où
l'espoir fut plus grand encore, parce qu'ils s'allongeait davantage. On
comprend la terreur de Magellan tremblant, à chaque sinuosité du détroit
qui porte son nom, de voir se fermer devant lui ce qui pouvait n'être
qu'une baie comme les autres, ce chenal contourné et aux rives parallèles,
qu'il mit 60 jours à traverser. Voilà une première craquelure du conti-

nent, conservée par la glaciation, mais antérieure à elle. Dans l'Amérique
du Nord il y aurait, à la lumière de ce point de vue, à suivre pendant
trois ou quatre siècles les mêmes tentatives, des Espagnols, des Anglais,
des Français, des Portugais, qui gagnent de plus en plus vers le Nord,
non encore à la recherche de terres nouvelles à coloniser, puisque les terres nouvelles sont à qui veut les prendre, mais à la recherche de ce passage qu'on finira par appeler « du Nord Ouest », et qui doit conduire
l'heureux gagnant vers les Indes Orientales, vers les îles des épices et des
bois précieux. Tour à tour Verazzano Verazzani, Gabot, Cortereal (1500),
Frobisher (1576), Davis (1585), s'acharnent à la recherche du passage,
qu'ils ne trouvent pas, puisqu'il était situé plus au Nord encore, de cette
série de détroits aux rives parallèles qu'il était réservé à nos contemporains de traverser. Les Français, avec Jacques Cartier, croient un instant
le tenir, en s'engageant dans l'immense estuaire du Saint-Laurent, qui se
révèle à la fin n'être qu'un fleuve comme les autres, mais un fleuve qui
s'enfonce si loin dans le continent que, qui le tenait, pouvait s'en assurer
la domination.

De ce point de vue, nous devons distinguer : 1° Les îles brisées, cassées
en deux, en trois ou plus encore : 2° les détroits en série, les détroits qui
se font suite, les « passages ».

Parmi ces îles brisées en deux ou en trois morceaux viennent de suite
en mémoire les îles doubles, ces îles coupées, caractéristiques des terres
boréales ou australes, et dont les premiers explorateurs, du pont de leur
navire, n'aperçurent même pas la solution de continuité. On ne découvrit
que beaucoup plus tard le détroit qui permettait de couper en leur milieu
ces îles allongées et formant barrage, par exemple. la Nowaja Semla,
avec le Matotschkin-Scharr, et son pendant dans l'hémisphère Sud, la
Nouvelle-Zélande, avec le détroit de Cook, les terres Nord-Est et Ouest du
Spitzberg (Svalbar), avec le détroit de Hinlopen, la série de détroits entre
la Terre de Feu et les îlots plus au Sud (du cap Hoorn, des Etats, etc.) le
premier étant le détroit de Lemaire.

Semblables à ces îles brisées en deux sont les fausses presqu'îles, qui
se terminent en îles, dont celle de Boothia, que le détroit de Ballot sépare
du Nord Somerset, est un type. La corne qui lui fait pendant à l'Ouest,
c'est la presqu'île Melville, si raccourcie parce que le détroit de Fury
Hecla la sépare de la terre de Baffin ; c'est Terre-Neuve, qui put passer
pour une presqu'île tenant au Labrador, à la « côte des Esquimaux »,
dont la sépare, — si peu, — le détroit de Belle-Isle ; à l'Est de Boothia,
c'est ce qu'on prend d'abord pour une presqu'île. et ce qui se révèle être
une île, le King William Ld, la Terre de Baffin, ce fut longtemps la presqu'île terminale du Labrador, jusqu'à ce que Hudson découvrit le détroit
qui garde son nom (1611), comme l'on put croire qu'elle tenait par

l'Ouest à la presqu'île Melville. Enfin la Nowaja Semla elle-même est une
de ces presqu'îles, rattachée au continent Sibérien par la ligne sinueuse
d'un plissement dont la carte tectonique d'Argand révèle la continuité, et
dont le mince pédoncule d'attache a été rompu par la mer au détroit de
Waiga.

Dans l'Antarctique, la terre de Graham se révèle, par la sensationnelle
découverte de Wilkins, non un continent, mais un chapelet d'îles, dont
les plus importantes, Nort Graham et South Graham, sont séparées l'une
de l'autre par la Craw Channel.

Dans l'Arctique en particulier, mieux connu que l'Antarctique, ces
terres brisées en deux et trois morceaux par des cassures que la glace
souligne et élargit sans les avoir créées, finissent par constituer cette
poussière d'îles que présente la carte entre le Groënland et le continent
Américain, îles semées dans le désordre apparent le plus complet, et où le
seul principe d'ordre permet au navigateur ou au géographe de s'y
reconnaître ; ce sont ces détroits en série, provenant de la même tendance
à la cassure tectonique que nous analysions dans les îles brisées en deux
fragments, et qui vont nous intéresser maintenant. Ces détroits ne sont
pas sans lien les uns avec les autres, il se trouve qu'ils sont disposés en
série plus ou moins rectiligne, qu'ils se font suite pour constituer ces
fameux « passages » qu'ont recherché les navigateurs du xixe siècle, et
c'est justement cette disposition en série, ces alignements de détroits mis
comme bout à bout qui révèle aussi l'origine tectonique de cette disposition si originale.

La série de détroits la mieux caractérisée que nous trouvons là, c'est
celle qui constitue le fameux « passage du Nord Ouest », détroits de Lan-
castre, de Barrow, de Banks, dont la découverte fut l'œuvre principalement de Mac Clure, au xixe siècle, avec, au milieu, un élargissement formant une mer, le Melville Sound, motif que nous retrouverons dans les
chenaux à l'Ouest du Groënland. Ces détroits, plus ou moins alignés sur
près de 1.500 kilomètres de long, offrent bien le type parfait de ces cassures que nous indiquons comme signalétiques des régions polaires boréales ou australes.

Une seconde série de détroits sera celle découverte par Mac Clintock, et
absolument rectiligne, depuis le détroit de Banks, qui en réalité figure
dans cet alignement plutôt que dans le précédent, jusqu'à celui de Mac
Clintock entre les terres du Prince de Galles et de Victoria, et à celui de
Ross, entre Boothia et la terre du Roi Guillaume, encore un alignement de
1.350 kilomètres de long, constituant un autre passage du Nord-Ouest,
aussi peu praticable que l'autre.

Tandis que le premier alignement de détroits est Est-Ouest, le second
N.-W. — S.-E., voici un alignement franchement Nord-Sud, celui qui

limite les terres occidentales du Groenland, Prudhoe, Humbolt, Hall, et qui a amené Peary vers le Pôle, c'est celui des détroits de Smith, de Kennedy, de Robeson, avec, en son milieu l'élargissement de la mer de Kane, motif qui se répète là comme dans la première série (Melville Sound). Le Groënland lui-même, avec son apparente unité semble un défi à la généralité de ces brisures qui ne peuvent être que tectoniques, mais nous ne savons ce qui se dissimule sous sa carapace de glace, et peut être une exploration fouillée nous réserve-t-elle des surprises. En tout cas l'immense Terre de Baffin est trop grande pour échapper à cette tendance au morcellement, et déjà nous la voyons entamée à l'Est par deux baies qui annoncent les détroits qui se forment, celles de Frobisher et de Cumberland, qui trompèrent les premiers découvreurs, dont Frobischer, en la persuadant qu'il tenait là une « entrée » véritable, susceptible de former la tête du passage du Nord-Ouest.

Ici il pourrait y avoir une place pour les cassures en voie de formation probable, par exemple. au Sud du Groënland, les Christians Sound, et surtout, en Ecosse, la grande cassure rectiligne et strictement alignée, de direction N.-E. — S.-W., que parcourt le grand Canal Calédonien et qui n'est autre que l'annonce de la rupture de la vieille Calédonie en deux morceaux inégaux, selon cet invariable motif, indéfiniment répété, des terres polaires et subpolaires.

Quelques-uns de ces archipels arctiques sont tellement brisés et morcelés en tous sens, qu'on ne peut retrouver ni directions primordiales de fractures, ni alignements de détroits, à travers cette poussière d'îles. De ce nombre, l'archipel François Joseph, la Terre de Wilczek, et le Spitzberg lui-même, où se croisent à angle droit deux directions de cassures, N.-W. — S.-E. avec le détroit de Hinlopen, N.-E. — S. W. jalonnées par la côte orientale des deux grandes îles.

C'est sur la fréquence, la généralité de ces formes, dans les régions polaires, en particulier sur la fréquence de ces détroits, que nous nous appuyons pour nous demander si ce motif à répétition constante est bien conciliable avec la théorie de Wegener, et s'il ne s'explique pas mieux par la théorie aujourd'hui admise des fractures, des cassures et des effondrements. Tout en faisant à la glaciation sa part, qui est considérable, il semble bien qu'il y ait un résidu, considérable aussi, et qu'on ne puisse en rendre compte que par des raisons d'ordre tectonique, puisque nous nous trouvons là dans une des régions, l'Arctique en particulier, les plus fragmentées, les plus fracassées du globe. Que si l'on essayait d'invoquer, pour expliquer ces ruptures, un phénomène d'ordre plus général encore et relevant simplement de la physique du globe, tel que la force centrifuge, il faudrait se rendre compte, au contraire, que cette force a dans les régions polaires sa puissance minimum, pour devenir nulle au

Pôle géométrique, et que c'est justement à l'Equateur qu'elle aurait son maximum. Ce serait plutôt pour expliquer dans le sens de Wegener, le lent décollement de l'Afrique et de l'Amérique, ou de l'Europe et de l'Amérique du Nord, qu'il faudrait la faire intervenir.

Il semble aussi que l'orientation de ces détroits soit trop désordonnée pour refléter quelque chose comme un plan d'ensemble auquel, dans l'hypothèse de Wegener, il faut toujours recourir. Sans doute l'orientation de la série de détroits représentant le grand passage du Nord-Ouest est-elle Ouest-Est, ou selon les parallèles, et encore le dernier, celui de Banks, s'en écarte-t-il déjà, mais la série de détroits à l'Ouest du Groënland, qui n'est pas moins typique, est franchement Nord-Sud, selon les méridiens, et il faut bien convenir que la plupart des détroits que nous avons énumérés ou que nous aurions pu énumérer affectent toutes les directions de l'horizon. De ce côté là non plus, il n'y a aucune indication, aucune présomption à chercher en faveur de la théorie de Wegener.

———

R. DE PUYMALY

Secrétaire Général de la Chambre de Commerce et du Port autonome du Havre.

———

LES RELATIONS DU PORT DU HAVRE AVEC LES COLONIES

———

Jusqu'en 1914, grâce à l'énergique impulsion de la Chambre de Commerce, grâce aussi au développement considérable de son outillage et à la solide organisation de sa place de commerce, Le Havre prit un essor tout particulier comme port d'importation des marchandises faisant l'objet de grands marchés, notamment des cafés et des cotons, articles pour lesquels il est le seul port français à posséder des marchés réglementés. Ces marchandises, au lieu de transiter directement, étaient dans une très forte proportion, stockées dans les magasins avant leur réexpédition vers l'intérieur. Après la guerre, les difficultés financières n'avaient plus permis au commerce havrais de financer ces marchandises avec la même supériorité à l'égard des concurrents d'outre-mer et de ce fait, les stocks, notamment celui du café, avaient subi une diminution marquée. Mais on constate maintenant que la stabilité monétaire et le bon marché du taux de l'argent sont de nature à permettre aux importateurs de jouer à nouveau, à cet égard, un rôle plus important.

Le Havre port d'importation, de transit et d'escale. — Par ailleurs, cette diminution des stocks a eu pour effet de rendre plus considérable le rôle du port du Havre comme port de transit. En outre sa proximité de Paris et ses communications directes et rapides, tant par fer que par eau, avec la capitale sont très appréciées par les industriels de la région parisienne pour l'importation des matières premières qui leur sont nécessaires, comme pour l'exportation des produits fabriqués.

Enfin, situé sur la Manche, au carrefour de nombreux courants commerciaux et d'innombrables lignes de navigation desservant toutes les contrées du monde, Le Havre se prête merveilleusement à la navigation d'escale. Grâce aux travaux entrepris par le Port autonome et la Compagnie Industrielle Maritime, concessionnaire de l'avant-port du bassin de marée, travaux actuellement en cours, ce genre de navigation est sur le point de prendre un développement très important.

Le rôle que le port du Havre est ainsi appelé à jouer comme port d'importation, comme port de transit et comme port d'escale, ne peut que croître grâce au régime libéral de l'autonomie qui lui est appliqué depuis le 1er janvier 1925.

A la faveur de ce régime, Le Havre est en train de s'organiser pour recevoir et expédier, dans les conditions les plus pratiques et les plus économiques, toutes les matières premières nécessaires à l'industrie, les produits naturels indispensables à l'alimentation de la partie la plus peuplée de la France, tous les produits fabriqués destinés à l'exportation.

Le trafic colonial a doublé depuis 1913. — A ce point de vue, si l'on considère en particulier le trafic colonial par le port du Havre, on peut dire qu'il s'est brillamment développé au cours des dernières années. En effet, en 1925, il a été importé des colonies françaises et exporté vers elles, par Le Havre, 419.849 tonnes sur un trafic total du port de 3.583.718 tonnes, soit 11,71 0/0 alors qu'en 1913, il avait été importé de ces colonies et exporté vers elles par Le Havre, 188.725 tonnes sur un trafic total du port de 3.618.148 tonnes, soit 5,21 0/0. N'est-il pas extrêmement intéressant de constater que le trafic colonial du port du Havre a plus que doublé en 12 ans, puisqu'il est passé de 5,21 0/0 à 11,71 0/0.

Si maintenant on envisage seulement les importations, on constate qu'en 1925, il a été importé des colonies françaises par Le Havre, 403.848 tonnes, soit 9,17 0/0 des importations totales de ces colonies en France (4.402.667 tonnes) et 13,14 0/0 du total des importations par le port du Havre (3.072.560 tonnes) alors qu'en 1913 le chiffre correspondant était de 159.299 tonnes, soit 5,37 0/0 des importations totales de ces colonies en France (2.961.717 tonnes) et 5,98 0/0 du total des importations par le port du Havre (2.661.250 tonnes).

On peut donc dire que le trafic colonial s'est considérablement développé au port du Havre et y a pris une importance notable. Il suffit d'examiner en particulier les relations du port du Havre avec chaque colonie française et on s'aperçoit qu'en 1925 il a été importé de certaines colonies par ce port, parfois près des trois quarts des marchandises importées de ces colonies en France, parfois plus des deux tiers, dans d'autres cas plus de la moitié :

Noms des Colonies	Importations totales des Colonies en France	Importations par Le Havre en tonnes	Proportion
Congo français	57.040	41.393	72,56 0/0
Madagascar	145.757	100.866	69,20 0/0
Etablissements français de la Côte Occ. Afrique . .	89.052	61.571	69,14 0/0
Guyane française . . .	5.431	3.469	63,87 0/0
Etablissements français de la Côte des Somalis . .	4.259	2.643	62,05 0/0

Aussi bien Le Havre s'est-il spécialisé dans certains trafics de marchandises coloniales, telles que le coton, les bois, le café, le poivre, les cuirs et peaux, le riz, le cacao, le rhum.

Importations en 1925.

Nature de la marchandise	Importations totales des Colonies en France	Importations des Colonies par Le Havre	Proportion
	(tonnes)	(tonnes)	
Coton	5.242	3.625	69,15 0/0
Bois coloniaux	137.512	84.613	61,53 0/0
Café	7.686	4.295	55,88 0/0
Poivre	3.511	1.256	35,77 0/0
Cuirs et Peaux . . .	23.065	7.526	32,62 0/0
Riz	234.302	72.627	30,99 0/0
Cacao	14.547	4.486	30,85 0/0
Rhum	62.376	11.383	18,24 0/0

Si le port du Havre malgré sa position géographique éloignée des colonies françaises, tend de plus en plus à devenir un port d'importation des produits coloniaux, c'est qu'il est le siège de marchés importants et se trouve à proximité de la région parisienne, grande consommatrice de ces produits.

D'ailleurs les « Chargeurs Réunis » et les « Messageries Maritimes » lui assurent d'excellentes liaisons avec nos colonies d'Afrique et d'Asie.

La « Compagnie Havraise Péninsulaire » l'unit à la Réunion et aussi à Madagascar, dont le développement n'est qu'à son début. Si l'on considère que la « Compagnie Générale Transatlantique » fait maintenant aboutir à notre port la ligne postale des Antilles, on peut dire que Le Havre est, dès à présent relié, à toutes les colonies françaises. D'autres lignes encore relient Le Havre à nos colonies de l'Afrique Occidentale Française, à savoir la « Société Navale de l'Ouest » et la « Compagnie Venture-Weir ».

Grâce à l'importance de ses marchés, grâce aussi au développement considérable de son outillage et à l'accroissement des lignes de navigation le reliant avec toutes les colonies françaises, grâce enfin à sa proximité de la région parisienne, le port du Havre ne peut que continuer à prendre une part de plus en plus grande dans le trafic de la métropole avec ses colonies.

ÉCONOMIE POLITIQUE

Président. . . .   Gaston Saugrain, avocat à la Cour d'appel.
Secrétaire . . . .   L. Delmas.

C. DURAFFOURD

Ingénieur-Topographe.
Membre du Comité National Français de Géodésie et de Géophysique.

LES RÉFORMES FONCIÈRES ET DU CADASTRE INTRODUITES DANS LES PAYS DU LEVANT SOUS MANDAT FRANÇAIS

Les pays syriens et libanais étaient dotés, avant leur détachement de l'Empire Ottoman, en 1919, d'un système d'enregistrement des propriétés qui n'offrait aucune garantie d'*exactitude* (propriétés non délimitées contradictoirement et par des limites fixes) *de sécurité* (défaut d'inscription des droits réels et des servitudes) *et de constatation des droits de propriété* (Recensement des biens immeubles incomplet et inexécutable pratiquement avec ce système qui ne procédait pas d'un cadastre complet.

L'enregistrement des propriétés consistait dans l'inscription par ordre chronologique, des transactions immobilières, sur des registres spéciaux tenus par district (caza). Ces inscriptions ne comportaient pas la désignation de limites fixes ni de superficies exactes. On se bornait à indiquer les propriétaires limitrophes et parfois la contenance, après une estimation faite d'après les procédés les plus rudimentaires : mesurage au pas, à la perche, à la corde, etc... Les titres délivrés participaient nécessairement de cette insuffisance. Il était dans un grand nombre de cas impossible de les matérialiser sur le terrain et bien souvent, ils pouvaient s'appliquer avec une vraisemblance égale à plusieurs parcelles, ce qui faisait dire à un auteur syrien, Nadra Moutran, que ce système avait été institué par les

Ottomans en vue de rapporter tous les vingt ans au trésor impérial, l'équivalent du prix des terres, et que les titres délivrés n'avaient aucune valeur effective.

Le désordre était encore augmenté du fait que non seulement il était impossible de trouver les actes successifs relatifs à une propriété dans un registre qui n'avait pas de feuillet distinct pour chaque immeuble, mais encore que nombre de ces registres avaient disparu ou avaient été détruits pendant la guerre. Si l'on ajoute que l'administration du service d'enregistrement des droits immobiliers donnait peu de garantie, que certains agents sans scrupules fabriquaient de faux titres, on comprendra la confusion extrême dans laquelle la France a trouvé les pays syriens et libanais, lorsque la Société des Nations lui a confié le mandat de les organiser.

La consécration des droits de propriété fut donc un des premiers problèmes que la nation mandataire eut à traiter, afin de remédier au désordre existant et d'éviter les spoliations toujours à craindre dans les pays Orientaux où le droit du plus fort prime souvent celui du plus faible.

D'autre part, les pays sous mandat qui se trouvaient après la guerre démunis de toutes ressources financières, exigeaient de gros capitaux pour assurer leur développement économique. Or, la terre, qui constitue l'unique richesse de la Syrie et du Liban pouvait seule servir de garantie à ces capitaux.

Pour remédier à cette situation, dont les conséquences aux points de vue social et économique étaient des plus déplorables, la nation mandataire, allant au-devant des vœux des populations placées sous sa tutelle, institua au cours des années qui suivirent la libération des pays syriens et libanais, un système foncier, comportant :

1° La constitution juridique des propriétés immobilières par leur délimitation contradictoire et l'établissement des droits réels, ainsi que des servitudes les affectant.

2° L'identification, l'immobilisation et la détermination des biens immeubles par leur abornement et l'établissement du cadastre.

3° L'établissement de l'état civil des propriétés immobilières qui complète les opérations ci-dessus, par leur inscription au livre foncier.

Ce nouveau système a pour résultat primordial d'individualiser la propriété immobilière, de déterminer exactement tant sa consistance matérielle que sa situation juridique et a pour base fondamentale les principes suivants : légalité ou force probante des inscriptions figurant sur les registres fonciers ; publicité absolue de tous les droits immobiliers et des modifications de ces droits, par désignation d'immeubles ; spécialité de tous les droits réels immobiliers et charges foncières ; contrôle préalable de tous les actes soumis à l'inscription.

Pour atteindre ce résultat, il a paru que le moyen le plus sûr était l'institution du livre foncier à feuillet réel, c'est-à-dire afférent à chaque bien immeuble. Ce feuillet comprend trois séries de renseignements, ceux ayant trait à la désignation et à la description de l'immeuble, de ses limites et à la détermination de sa superficie ; ceux contenant les droits dont l'immeuble fait l'objet et les charges et servitudes pesant sur celui-ci et enfin ceux relatifs aux hypothèques, antichrèses et autres contrats accordant à un créancier une garantie spéciale sur l'immeuble.

Le livre foncier est établi par commune au fur et à mesure de l'achèvement des opérations de recensement et de délimitation des biens immeubles qui sont suivies de la purge de tous les litiges et conflits et du levé cadastral.

L'établissement du cadastre qui constitue la base essentielle du système foncier et le complément inséparable du livre foncier, est appuyé sur une triangulation qui est greffée sur la triangulation géodésique exécutée par le Service Géographique de l'Armée ; le levé cadastral est effectué avec le concours de la photographie aérienne de façon à restreindre les travaux sur le terrain au relevé des limites des propriétés, tous les détails planimétriques étant reportés ensuite sur les plans, à l'aide des photographies aériennes préalablement restituées à l'échelle de ces derniers ([1]).

Dans les régions agricoles irrigables ou à assécher, il est procédé en même temps que le levé du cadastre, au relevé du nivellement, afin d'établir, en plus des plans cadastraux, les plans cotés nécessaires aux études d'irrigation, d'assèchement et, en général, de tous les travaux d'amélioration agricole. Comme ce dernier travail s'effectue conjointement à l'établissement du cadastre, il en résulte une économie considérable en ce qui concerne l'exécution des plans d'études.

D'autre part, le remembrement des propriétés morcelées et dispersées suit l'établissement du cadastre, dans les villages dont les habitants ont demandé le regroupement de leurs parcelles, qui fait l'objet d'une loi spéciale. Enfin, en Syrie, où les terres de nombreuses communes sont encore possédées collectivement et partagées chaque année entre les habitants suivant les vieilles coutumes patriarcales, il est procédé au lotissement de ces terres en vue de créer la propriété individuelle et de permettre ainsi aux propriétaires d'effectuer des améliorations sur les biens qui leur sont affectés définivement, ainsi que des plantations arbustives, choses

---

([1]) Ces travaux ont fait l'objet en 1923 d'une communication de M. C. Duraffourd présentée au Congrès de Bordeaux de l'Association Française pour l'Avancement des Sciences, par Monsieur le Général Perrier, membre de l'Institut, secrétaire du Comité National Français de Géodésie et de Géophysique,

Etats	Régions	Superficie délimitée			Villages délimités			Propriétés délimitées		
		Avant 1928	En 1928	Total	Avant 1928	En 1928	Total	Avant 1928	En 1928	Total
Syrie	Caza de Homs	1927-1928		131.100	27	63	90	1927-1928		12.684
	Caza du Djebel Sman	Néant	58.654	58.654	Néant	40	40	Néant	17.433	17.433
	Ville d'Alep	9.100	1.200	10.300	Du 19 sept. 26 au 1 avr. 28			25.580	3.888	29.468
	Vallée du Ghab	1927 1928		68.700	9	24	33	1927-1928		4.739
	Ville de Hama	—	6.200	6.200	Du 20 février 1928			Néant	9.068	9.068
	Ville de Damas	Travaux entrepris le 18 décembre 1928						Néant	232	232
	Ville d'Antioche	—	600	600	Du 18 juin 1928			Néant	5.102	5.102
	Plaine de l'Amouk et rég. d'Antioche	53.035	2.670	55.705	44	7	51	2 699	1.568	4.267
	Ville d'Alexandrie	Travaux entrepris en 1926		120				2.042	—	2 042
	Région côtière d'Alexandrette	7 665	—	7.665	10	—	10	2.772	—	2.772
Liban	Ville de Beyrouth	2.700	—	2.700	Délimitée en 1926-1927			15.713	—	15.713
	Région de Baabda	6.000	—	6.000	1	—	1	1.115	—	1.115
	Région de Beyrouth	—	990	990	—	4	4	Néant	1.166	1.166
	Plaine de la Békaa	64.944	9.065	74.009	68	11	79	70.463	11.241	81.704
Alaouites	Plaine d'Akkar	35 000	—	35 000	66	—	66	13.990	—	13.990
	Région de Tartous-Banias	4.826	—	4.826	7	—	7	6.300	—	6.300
	Région de Banias	—	2.520	2.520	—	6	6	Néant	3.304	3.304
	Région du Nahr Sen	4.768	—	4.768	5	—	5	589	—	589
	Vallée du Ghab	15.000	51.800	66.800	3	18	21	1.118	6 088	7.206
	Totaux			536.657 Ha			413 + 6 villes			218.914

qui leur étaient impossibles à réaliser auparavant dans la forme de possession collective des terres.

En outre, l'estimation des propriétés immobilières en vue de l'établissement sur une base sûre, égale pour tous, de l'impôt foncier a été également entreprise en Syrie et doit être mise en œuvre prochainement dans les autres Etats sous mandat. Cet impôt est destiné à remplacer les anciennes contributions de la dîme et du virgho dont l'évaluation, la répartition et la perception représentaient autant d'iniquités et d'abus, au plus grand préjudice de l'agriculture et des petits exploitants.

L'état d'avancement des travaux du cadastre à la fin de l'année 1928 se résume comme suit dans les territoires sous mandat français, où les opérations d'immatriculation des propriétés seront achevées vers 1933-1935 dans toutes les villes et les régions agricoles (voir tableau ci-contre).

En résumé, au 31 décembre 1928, il existe :

413 villages délimités, plus 6 villes : Alep, Beyrouth, Alexandrette, Antioche, Hama et Zahlé.

218.914 propriétés délimitées couvrant une superficie de 536.657 hectares.

R. DU BOBERIL

LE SYNDICALISME

GEORGES COURCY
Institut Pelman.

LA RATIONALISATION DANS L'INDUSTRIE

L'auteur en terminant sa communication propose :
1° De faire étudier un plan d'action, non seulement national mais

universel par la Société des Nations en vue de la rationalisation et de l'organisation scientifique du travail qu'il est dangereux de laisser sans directives à l'initiative privée.

PAUL RAZOUS

LA STANDARDISATION POUR LA CONSTRUCTION D'HABITATIONS A BON MARCHÉ

21ᵉ Section

PÉDAGOGIE

(fusionnée avec la 16ᵉ)

22ᵉ Section

HYGIÈNE ET MÉDECINE PUBLIQUE

Président. . . . M. le Docteur Vignié, Directeur de la Santé au Havre.

Les communications présentées à cette section ont été réparties entre la 12ᵉ (Médecine), et la 16ᵉ et 21ᵉ (Psychologie expérimentale et Pédagogie).

ARCHÉOLOGIE

Président . . . . . .   Docteur Leroy, Président Fondateur de l'*Association des amis du Vieux Havre*.

Docteur LEROY.

Président de la Sous-section d'Archéologie.

ALLOCUTION

En 1914, j'avais le grand honneur de vous souhaiter la bienvenue et d'ouvrir la première séance de la Section d'Histoire et d'Archéologie du Congrès pour l'Avancement des Sciences, ce même honneur m'échoit aujourd'hui.

J'avais voulu payer un petit tribut à ma ville natale en vous parlant de son passé archéologique et en évoquant le souvenir du Créateur de la sépulchrologie, l'Abbé Cochet, notre illustre concitoyen.

L'Histoire du Havre, comme l'a écrit Hanotaux, n'est rien autre chose qu'une perpétuelle manifestation d'énergie. La ville est née d'une volonté calculée, elle a périclité chaque fois que cette volonté a fléchi, elle a repris son éclat toutes les fois que la nation est redevenue consciente de ses forces et de sa grandeur.

Les historiens déclarent que la civilisation a passé par trois phases : elle se développe sur les cours des fleuves, c'est la phase potamique ; elle gagne ensuite les mers intérieures, c'est la phase thalassique ; elle se porte enfin vers les grandes mers qui baignent de leurs flots les continents, c'est la phase océanique.

Le Havre de Grace, ce Portus Graciæ, a connu ces trois phases : nos aïeux, avant François Ier, avaient fondé un Havre sur le bord de la

Rivière Sequana : puis vint François Ier lequel alliant le caprice de la mer à la volonté d'un roi créa Le Havre de Grace.

Notre port tourné vers l'Amérique reçut les premiers navires qui venaient de *toutes les Frances nouvelles* créées par Richelieu, et Colbert déclarait que *ses marins étaient les plus habiles et les plus hardis d'Europe* et le commerce vers l'intérieur pris de jour en jour une extension très grande. Le sort du Havre fut et sera toujours lié plus que celui d'une autre cité au sort général de la Patrie : *il est,* dit encore Hanotaux, *le thermomètre de ses succès et de ses revers.*

Dans nos archives municipales on voit une délibération des échevins et des notables formulée en 1702 et adressée au Roi :

« La ville a été placée à l'embouchure de la Seine dans un terrain gagné
« sur la mer pour servir de frontière à l'Etat et de commodité au com-
« merce de toute la France : si le roi François Ier la fit construire ce ne fut
« pas dans la pensée de travailler exclusivement pour le pays d'alentour.
« La ville fut regardée avant tout comme une ville pour les étrangers,
« l'entrepôt des marchandises pour Rouen, Paris, Lyon et autres villes,
« et nombre de provinces du royaume : son sol n'appartient pas à la pro-
« vince, pas plus que sa population qui est venue d'un peu partout. »

La ville et le port appartiennent au pays tout entier et la Grande Guerre de 1914-1918 en a donné le sublime témoignage.

A la suite du Congrès de l'Association Française pour l'Avancement des Sciences de 1914 le goût pour l'Archéologie se dessina : pendant la guerre des savants explorèrent nos campagnes et nos villages et découvrirent des choses intéressantes : aussi après la cessation des hostilités l'Association des Amis du Vieux Havre fut fondée dans le but d'inciter au respect des vestiges du passé ayant un caractère artistique, historique ou ethnographique, d'assurer la protection et la conservation des monuments, des objets d'art, des curiosités, des sites naturels.

A cette œuvre notre jeune Société a consacré la meilleure part de son activité.

Et dans vos promenades à travers notre ville vous pourrez admirer la très jolie restauration de l'Eglise Saint-Michel d'Ingouville qui date de la fin du XVe siècle.

Actuellement les maîtres de l'œuvre et les ouvriers travaillent à notre Eglise Notre Dame dont le plan date de 1575 et a été établi par Spinelli d'Urbino.

Vous irez visiter le Prieuré de Sainte-Honorine avec son église romane, ses cryptes et ses bâtiments conventuels. Les deux cryptes ont été restaurées, dit M. Mauger, pour devenir dans une atmosphère de mystère et d'austérité la retraite qui convient à une collection lapidaire ; les bâtiments ont été convertis en salle d'exposition et le tout forme le Musée du Prieuré.

Messieurs, je vous remercie de votre attention que je ne veux pas retenir plus longtemps et je déclare ouverte la première séance de la Section d'Histoire et d'Archéologie du Congrès de l'Association Française pour l'Avancement des Sciences de 1929 et vous donne la parole.

J. COULOUMA
Pharmacien.

UNE RÉFORME JUDICIAIRE DE LOUIS XIV; SON APPLICATION A BÉZIERS

Un de nos amis, petit neveu de Ferdinand Fabre, nous a offert un recueil d'arrêts de Louis XIV, concernant le Languedoc. La plupart de ces actes sont imprimés, soit à Toulouse chez Jean Boude, soit à Pézenas chez Jean Martel « imprimeurs ordinaires du Roy, de Messeigneurs les Commissaires présidant pour sa Majesté aux Etats généraux du Languedoc ».

L'échec tout récent d'une réforme judiciaire centralisatrice nous a engagé à vous présenter une réforme judiciaire du temps du grand Roi.

Dans un édit du mois d'avril 1664, Louis XIV avait ordonné que les notaires, tabellions royaux, huissiers et sergents, seraient réduits au nombre déclaré et que celui des procureurs postulants serait fixé; à cet effet des états devaient être envoyés par les juridictions contenant leurs noms, les lieux de leur résidence et les titres en vertu desquels ils exerçaient; sur ces états sa Majesté choisira et nommera ceux qu'elle jugera et estimera devoir être maintenus avec défense pour tous de passer aucun acte ni de faire aucun exploit, un mois après la publication de l'édit, sans avoir pris des provisions en la grande chancellerie.

La difficulté des communications et peut-être aussi les retards apportés par les intéressés amena le roi, en date du 6 octobre, à permettre aux officiers judiciaires l'exercice de leurs fonctions, jusqu'aux derniers jours de décembre 1664, en attendant l'envoi des états réclamés malgré l'expiration du délai et l'interdiction prononcée en conséquence.

Or les divers états des provinces les plus éloignées ne parvinrent pas fin décembre. Le roi jugea impossible de faire les réductions desdits offices dans tout le royaume en même temps. Il fut décidé qu'on procéderait immédiatement à la réforme dans les provinces qui avaient fait parvenir leurs états et que la mesure serait étendue petit à petit à la France entière.

Louis XIV donna un nouveau délai aux notaires, avoués, huissiers et sergents pour continuer l'exercice de leurs fonctions afin (dit le texte) « que ses sujets ne souffrent aucun préjudice ».

Dans l'arrêt du 31 Décembre le roi, voulant éviter qu'il soit donné des lettres de provision des offices à ceux qui ne seraient pas portés sur les états décida, sur le rapport de Colbert, conseiller ordinaire au Conseil royal et Intendant des finances, d'envoyer immédiatement des lettres de provisions aux possesseurs desdits offices maintenus en Conseil royal ; sous le contre-scel de ces lettres il sera attaché un extrait des états collationné par Me Jean Rouvière, l'un des conseillers et secrétaires commis à cet effet par le roi, mention sera faite dans les lettres de cet extrait.

Louis XIV fit défense aux contrôleurs des lettres de provision d'en contrôler aucune et aux gardes des rôles des offices de France de les présenter au sceau à moins qu'elles ne soient munies de l'extrait dudit état collationné par Jean Rouvière, contenant le nom du notaire et de l'avoué dont les provisions seront remplies sous peine d'interdiction de leur charge ; le Roi prescrit d'autre part aux juges de ne recevoir ces lettres que si elles sont jointes à l'extrait des états.

Les précautions étaient bien prises pour éviter les passe-droits ou les complaisances.

Pour les sièges de juridiction où ne seraient pas publiées les listes de réduction fin Janvier, le roi accordait un nouveau délai d'un mois aux Officiers en charge, après lequel ils seraient déchus de leurs fonctions, s'ils n'obtenaient pas les lettres de provisions.

Louis XIV, ayant fait dresser les listes et les états de réduction pour un certain nombre de baillages et de présidiaux, les Officiers Ministériels dont les noms n'étaient pas compris sur la liste firent très humblement remontrer à sa Majesté que la plupart d'entre eux avaient rempli leurs fonctions depuis de longues années et que, si elles leur étaient interdites, ils seraient réduits à la dernière misère, ne pouvant s'appliquer à un autre emploi soit à cause de la faiblesse de leur âge, ou par leur manque de connaissances d'une autre industrie ; par contre si sa Majesté se plaisait à supprimer leurs offices après leur mort et leur en permettait la fonction pendant leur vie, ils pourraient subvenir aux besoins de leurs familles.

A cette époque le roi était plus humain que les pouvoirs publics modernes. Louis XIV en son conseil se montra père de famille en accordant aux officiers ministériels déchus par l'arrêt du mois d'avril 1664 le droit d'exercer leur vie durant.

Cependant, pour que le nombre des notaires et des avoués fixé par cet arrêt soit promptement réduit, le roi ordonna le 3 février 1664 que tous les ans dans chaque siège présidial un office de chaque profession serait supprimé en suivant l'ordre de réception à commencer par le dernier reçu ; les lieutenants généraux seront tenus d'envoyer chaque année un état des officiers déchus restant encore en fonction,

En outre le roi enleva à une partie des certificateurs des criées, aux tiers référendaires, substituts et adjoints aux enquêtes le pouvoir et la facilité de postuler parce que cette tolérance augmentait le nombre des postulants (avoués). Sa Majesté voulait limiter ces fonctionnaires au nombre nécessaire et suffisant pour le besoin des justiciables parce que dit-il « ceux qui sont inutiles et sans emploi cherchent des chicanes et des moyens pour s'en attirer au grand préjudice et dommage de ses sujets ».

Cette réforme fut appliquée à Béziers, nous possédons la liste des officiers royaux « Suivant la réduction qui en a été faite au conseil royal des « finances dans l'étendue et ressort du Sénéchal et Siège Présidial de « Béziers le 7 juin 1665 ».

Avant d'étudier cet état de réduction je tiens à préciser l'origine, les fonctions et la composition du « Tribunal du Sénéchal et Siège Présidial » d'après la savante étude de notre aimable confrère Me Edouard Laurès « la Municipalité de Béziers à la fin de l'ancien régime ».

Le sénéchal était le juge du roi, bien que les Sénéchaussées languedociennes ne fussent pas d'origine royale ; Simon de Monfort avait en effet subdivisé notre province en deux sénéchaussées : celle de Beaucaire et de Nimes, celle de Carcassonne et de Béziers.

Ces tribunaux d'abord criminels, devinrent au xiie siècle des Tribunaux d'appel des vigueries avec une compétence double.

En 1551, Henri II établit en France de nombreuses cours présidiales pour alléger les cours souveraines ; un édit de 1553 organisa un présidial à Béziers, démembrant ainsi la sénéchaussée de Carcassonne ; notre juge mage portait le titre de lieutenant général et non de sénéchal.

Les présidiaux avait une compétence équivalente à celle des cours d'assises. Notre Tribunal du Sénéchal jouait également le rôle d'une cour d'appel par rapport aux trois catégories de juridiction qui se divisaient alors la ville de Béziers : Justice royale du viguier, justice consulaire ou justice épiscopale et justices bannerettes

La justice consulaire se réduisait à un Tribunal de simple police. Nos Consuls rendaient les arrêts au nom du roi et de l'évêque, coseigneurs de Béziers ; l'évêque possédait en effet les droits de justice sur toute la moitié de Béziers située au nord de la rue Bonsi et de la rue du 4-septembre.

Notre conseil politique ne reconnaissait pas toujours la prééminence du Tribunal du Sénéchal et en appelait au Parlement de Toulouse.

Les justices bannerettes des chapitres des églises St-Aphrodise et St-Jacques avaient peu d'importance. La seule peine qu'elles pussent prononcer était le bannissement de leur ressort.

Le Tribunal du Sénéchal jouait aussi le rôle d'une cour d'appel par rapport aux justices royales inférieures des environs.

En 1789 le siège de Béziers était composé d'un juge mage premier président, d'un second président, du lieutenant général d'épée, du lieutenant criminel, du lieutenant particulier et du chevalier d'honneur. Suivaient huit conseillers ; en tout quatorze juges. Le roi était représenté par trois procureurs.

Les listes de réduction dressées par le pouvoir central étaient précédées du préambule suivant :

« Extrait de l'état des notaires, procureurs postulants, huissiers et « sergents royaux que le roi en son conseil des finances a choisi et nommé « pour exercer et faire leurs fonctions dans les villes et lieux ci-après décla- « rés en exécution de l'édit du mois d'avril 1664. Arrêt donné en consé- « quence, le dit état arrêté au dit conseil royal le 7 juin 1665 ».

La liste dressée pour Béziers à cette date, nous apprend que notre sénéchaussée était très étendue : elle comprenait tout le diocèse de Béziers, le diocèse d'Agde en entier, l'évêché de Lodève, les Abbayes d'Aniane et de St-Guilhem, le diocèse de St-Pons-de-Thomières, les villages de Bizan (Bize) et de Ginestas actuellement rattachés à Narbonne, celui de la Bastide-*Rouacroux* de l'arrondissement de Castres. Ne faisaient pas partie de notre ancienne sénéchaussée les cantons d'Olonzac et du Caylar.

La ville de Béziers devait se contenter désormais de dix notaires, de vingt procureurs postulants (avoués), de dix huissiers, de dix sergents.

C'était largement suffisant. Malgré l'accroissement de sa population notre cité ne possède pas aujourd'hui un nombre aussi considérable d'offices.

La ville de *Ginhac* est citée immédiatement après Béziers ; c'était un chef-lieu de viguerie muni d'un siège royal ; le roi maintient à ce siège 4 notaires et quatre avoués. Pézenas tient un bon rang dans cette liste de localités ; cette ville possédait une « Chastelenie » et un siège royal. Les notaires étaient au nombre de six ; ils étaient chargés de remplir les six offices d'avoués. Les huissiers étaient maintenus au nombre de quatre près la cour royale.

Ginhac et Pezenas formaient donc deux subdivisions judiciaires de la sénéchaussée.

Nous pouvons citer encore la « Chastelenie » de la ville de *Montaignac* et ses quatre notaires. Malgré l'étendue de son ressort la « Chastelenie » de Cessenon n'avait que trois offices notariés ; les villages de Saint-Nazaire, Premian, Pierrerue, Berlou et Ferrières en dépendaient.

Agde, Lodève et St-Pons portent le titre de villes chefs de diocèse ; ils ne comportent pas d'offices d'avoués puisqu'il n'y a pas de siège royal ; quatre notaires sont maintenus dans chacun de ces évêchés.

Malgré la proximité de Béziers les *bourgs* de Villeneuve-la-Cremade de, Cazouls, de Thezan et de Murviel possèdent des offices notariés.

Bédarieux, St-Gervais, La Salvetat, St-Chinian dans la région montagneuse, Bessan, Vias, *St-Thyberi*, Florensac, *Marceilhan*, *Capestan*, dans la plaine portent le titre de bourgs et gardent deux offices notariés.

Clermont est cité comme ville tandis que Mèze est considéré comme un village.

Le notaire de *Seyras* et Saint-Félix, le notaire de St-Guilhem, Archimbaud notaire de *Sallas et Taulas*, Palasy, notaire de Labastide doivent se démettre dans trois mois, passés lesquels défense d'exercer.

Tricot, notaire de Maraussan, Villenouvette, Colombier et Montady, Jean Pagès, notaire de Corneilhan sont obligés à résider dans leur notariat ou de se démettre de leur charge.

Hercule Senegua, notaire de Boujan est aussi procureur au Sénéchal de Béziers ; il ne doit plus cumuler.

Je relève encore sur cette liste quelques points curieux :

Nous voyons très souvent un notaire assurer le service de deux ou trois localités quand elles ne sont pas importantes : André Massol établit les actes pour les habitants de Bassan et de Lieuran, Combes pour Camplong et Graissessac, Causse pour Péret et Cabrières, Cabanettes pour Lunas, Caunas et *Fogères* (ces trois villages rappellent l'ancienne seigneurie du baron Claude de Faugères, seigneur de Lunas).

Autinhac possède un orifice notarié tandis que Laurens et St-Genies ne sont pas cités sur cette liste.

Les mêmes noms se retrouvent chez les titulaires de ces divers offices ; les familles étaient spécialisées dans le même emploi ; les fils suivaient l'exemple des pères et n'avaient pas de difficultés pour acheter une étude qui leur était échue par héritage. La tradition et la continuité caractérisaient cette époque.

A Bédarieux la famille Théron possède un des offices notariés de 1663 à 1830 ; au Poujol les Cavaliè sont notaires de 1743 à 1816 ; enfin à Capestang nous trouvons le nom des Pagès de 1631 à 1813. En 1789, Béziers comptait sept notaires au lieu de dix portés sur la liste de 1665. Trois charges avaient dû être supprimées.

Cette liste de réduction ne diminue pas sensiblement le nombre des offices ; elle est plutôt limitative pour l'avenir, elle a l'avantage de mettre les charges sous une surveillance plus proche de l'Etat. Les notaires tiraient jusqu'alors leur droit d'exercer d'un contrat de vente ou d'une permission des juges ; il faudra désormais qu'ils obtiennent des lettres de provisions.

A première vue nous sommes surpris du nombre considérable des offices notariés (118) pour une région dont la superficie est légèrement inférieure à celle de notre département de l'Hérault. Nous ne devons pas oublier cependant que nos ancêtres allaient très souvent chez le notaire, sorte de juge de paix et de juge de commerce, chez lequel ils passaient les contrats d'apprentissage et réglaient les différends commerciaux. Je n'en citerai qu'une preuve : En 1696 Guillaume Aumières, 2e consul de Béziers propriétaire et négociant en vins, oblige son frère Pierre, religieux jacobin à Paris, son agent de vente dans la capitale, à lui rembourser le montant de plusieurs ventes effectuées l'année précédente ; la transaction a lieu devant le notaire.

Cette multiplicité des offices notariés facilitait la vie rurale et évitait les déplacements longs et pénibles. Elle maintenait les petits bourgs comme centres d'affaires et d'activité. Nous pourrions en prendre exemple pour expliquer et modifier la centralisation d'aujourd'hui.

Cette réforme fut-elle efficace et de longue durée ? Un état de 1789 nous le ferait croire, car à cette date le nombre des procureurs (avoués postulants) était toujours de vingt et celui des huissiers de six.

Nos ancêtres tenaient comme nous à leurs Tribunaux.

Le conseil de ville réuni en 1753 proteste en ces termes contre un projet de suppression du siège présidial de Béziers. « Cet événement serait « d'autant plus préjudiciable pour la ville qu'il la dépeuplerait encore « davantage et par là-même entraînerait sa ruine. Cette compagnie fait « tout l'ornement de Béziers, toute sa ressource ; en décorant la ville ce « siège contient le peuple, écarte les malfaiteurs et assure le repos de ses « habitants. De plus il y a à Béziers peu de commerce pour le grand nom- « bre de gens de considération qui donnent dans la profession des armes « et de la robe, ce siège attire dans la ville un nombre considérable de jus- « ticiables dont le séjour favorise le débit et la vente des denrées des habi- « tants, notamment du vin qui fait une de ses principales ressources. »

L. COUTIL

1° LES MORS DE CHEVAUX AUX ÉPOQUES NÉOLITHIQUES, DU BRONZE, DU FER ET JUSQU'AU Xᵉ SIÈCLE

Afin de compléter l'étude que nous avons publiée, en 1927, dans le *Bulletin de la Société préhistorique française* sur les mors de bride gaulois de Lery (Eure) et de Verna (Isère), les mors mérovingiens et carolingiens de La Cheppe (Marne), Fère-en-Tardenois (Aisne) et Etrigny (Saône-et-Loire), nous donnons un inventaire des mors néolithiques et lacustres en os trouvés dans les stations de Corcelettes, Estavayer (Suisse) ; Karmine (Allemagne) ; Starnberg (Haute-Bavière) ; Koban-le-Haut (Caucase).

Pour l'âge de bronze, nous connaissons et reproduisons également ceux de Mœringen, Corcelettes, Nidau, Auvernier, Estavayer (Suisse) ; le musée de Copenhague en possède un autre, ressemblant à des plaques décoratives de mors trouvées en Allemagne et dans l'Europe occidentale. M. Bellucci en a publié un analogue provenant de la nécropole de Cupramarittima (Ascoli) Italie.

Au premier âge du fer, et notamment pour l'Italie du nord, nous citerons les branches de mors en bronze qui se voient au musée St-Raymond, à Toulouse ; d'autres de Ronzano offrant un mors complet orné de chevaux stylisés, aux extrémités du canon ; ceux de Klein-Glein (Styrie) ; de Caere (Cervetri) ; Verucchio près Rimiai ; Ramonte ; Bologne.

Le Caucase a donné ceux de Koban-le-Haut, un peu différents.

L'Espagne du nord a fourni une série de bridons spéciaux dont une dizaine dans la vaste nécropole Ibérique de Aguilar de Anquita.

Le général Pothier en a trouvé un dans les tumuli du plateau de Ger à 10 kilomètres de Tarbes. Nous n'oublirons pas de citer les bridons de la Tène (Suisse), et ceux de Léry (Eure).

Aux mors mérovingiens et carolingiens cités dans notre première étude nous ajouterons les très riches brides et mors de la nécropole située près de l'église de Vendel, dans l'Uppland du Nord (Suède) de 1891 à 1893.

2° LE MOBILIER FUNÉRAIRE DES VIKINGS

On publie fréquemment, en Normandie, des poésies ou des romans sur les Vikings ; généralement, ces récits restent dans le vague. D'ailleurs, jusqu'au Congrès du Millénaire de la Normandie, en 1899, rien n'avait été publié sur ce sujet. Nous avons alors rappelé la découverte des deux fibules ovales ajourées, en bronze, de Pitres, trouvées en 1865 ; et des armes en fer, sabres, angons, francisques, forces, un bouclier et une bague en or ornée de têtes humaines stylisées.

Au Congrès de l'Association française tenu à Lyon, nous avons publié une autre fibule en bronze ajourée, un peu différente, et une plaque ronde orné d'oiseaux stylisés du musée de Lyon, sans provenance.

Depuis cette date, notre collègue Arne a publié une remarquable étude sur les tumulus qui entouraient l'église de Vendel (Uppland du Nord, Suède) et recouvrant des bateaux de chefs Vikings où reposait le défunt entouré d'animaux domestiques, de ses chevaux et d'armes remarquables, notamment de casques et de boucliers. Cette découverte nous a permis de rappeler une trouvaille d'ornements de chevaux, de planches et d'armes de même époque faite, vers 1892, en draguant un îlot situé au pied du château Gaillard, forteresse construite en 1197 par Richard Cœur de Lion, au Petit Andely, et où avait dû être inhumé un chef Viking au IXᵉ siècle. Nous attirons donc l'attention des archéologues, car on effectue dans la Seine d'importants redressements des berges.

3° HACHES A DOUILLES TROUVÉES DANS LE CALVADOS ET LA MANCHE

En rangeant les nombreux objets de notre collection offerte au musée d'Evreux, nous avons revu trois formes un peu spéciales et intéressantes par leur décor. Le département de la Manche a fourni des centaines de très petites haches à douille, avec ou sans anneau latéral, elles ont été trouvées notamment à Saint-James et à Saint-Germain-de-Tournebut, à deux reprises, en 1896 et 1900 ; parmi celles-ci nous en citerons qui sont ornées de deux ou quatre petites lignes parallèles et en relief. certaines s'arrêtent au dernier tiers et se terminent par un cercle avec point central ; une autre, porte trois cercles à doubles circonférences concentriques, avec point central, et disposés en triangle, elles figurent sur les deux côtés,

L'importante découverte de Vanx-sur-Aure (Calvados) recueillie par
M. Villers, en 1863, comprenait 22 haches à talon, 14 à douille, avec
4 lignes parallèles, terminées par un point. La plus curieuse est ornée sur
ses deux faces par quatre lignes parallèles terminées par un point et
s'entrecroisant ; ensuite par deux losanges opposés formés par des lignes
diagonales. Nous n'avons pu trouver de haches offrant une ornementation
aussi compliquée parmi toutes celles qu'a décrites et figurées John Evans,
ni dans les régions nordiques ; une seule figurant dans l'album de Paren-
teau, qui appartient à M. Chauvet, n'a pas de provenance, mais elle a
sans doute été trouvée dans la Charente.

Nous avons figuré ces haches sur les planches de nos Inventaires, mais
la réduction ne permet pas de bien discerner les détails.

E. TORDAY
Londres.

LA MAGIE ET LA SORCELLERIE DES BANTOU OCCIDENTAUX

Les Bantou dont les croyances font le sujet de cette étude occupent la
partie occidentale de l'Afrique qui s'étend de la côte jusqu'à la Loange
entre les 3° et 8° latitude sud, à l'exclusion de l'enclave faite par le territoire des Bateke et leurs congénères, peuplades dont l'arrivée dans cette
région ne date que de cinq ou six siècles, et qui, tout en ayant absorbé
un fort élément bantou, gardent l'empreinte de leur origine soudanaise.
Il ne sera pas tenu compte non plus de la branche septentrionale des
Bantou occidentaux au Cameroun, séparée de sa souche par les incursions
des Bateke et des Fans.

Ces indigènes attribuent le commencement de toutes choses à la
réaction mutuelle de deux éléments primitifs, l'eau et la terre, person-
nifiés en Mbumba et Kalunga ; de même qu'il leur est impossible de concevoir la création autrement que sous l'aspect d'une procréation initiale,
ils croient que les causes qui ont fait naître le monde assurent également
sa durée. Ils se sont construit un Univers dans lequel l'humanité occupe
une position spéciale, toute priviligiée. Dans la composition de l'homme
il y a des ingrédients qu'on ne retrouve nulle part ailleurs dans la nature.
Ainsi, l'homme seul possède le *nitu*. Ce mot, comme tant d'autres, nous

démontre que nous entendons rarement un verbe dans le sens que lui
attache le primitif et que nous échouons trop fréquemment dans notre
tentative de rendre son insaisissable pensée par un de nos vocables. Les
lexicographes ont traduit *nitu* par « corps », ou même par « chair
humaine ». Rien ne pourrait être plus faux. Le Congolais entend par ce
mot la forme, la tournure, les contours de l'homme, le cadre de ses âmes.
Un animal a de la chair et un corps, *nsuni*, mais le *nitu* n'est propre qu'à
l'homme. Il en est de même en ce qui concerne les éléments spirituels :
c'est l'homme, et l'homme seulement, qui possède des âmes. Il y en a
deux, mais évitons l'erreur de dire que tout homme a deux âmes. Nous
retrouvons dans chaque individu la même âme maternelle du clan, la
même âme paternelle de la tribu, qui pénètrent les générations nouvelles
sans se diviser ; elles ressemblent à une note sonore composée d'une
multitude de vibrations dont l'union intime forme sa parfaite harmonie.
Les manifestations perceptibles de ces âmes sont le nom personnel pour
l'une, et l'ombre pour l'autre. Ce qui n'est pas homme n'a qu'un nom
générique et son ombre n'est pas de la même essence que l'ombre
humaine. Le Congolais, avec cette précision qui fait les délices des philo-
logues, fait distinction nette entre *kini*, l'ombre de l'homme et réflexion
de son âme paternelle, et *kiosi*, la fraîcheur que répand tout autre
matière vive ou morte. L'affirmation des indigènes qu'un cadavre ne
jette pas d'ombre, due à cette interprétation, leur a valu le reproche de
manquer de la faculté d'observation.

Au lieu des âmes, chaque espèce des animaux, végétaux et minéraux
possèdent un *nkisi*, une qualité, une vertu mystérieuse, un secret, n'appartenant qu'à lui ; et de même qu'il y a des prêtres préposés aux rites de
la religion orthodoxe, du culte des ancêtres qui sont chargés d'honorer et
propitier les âmes des défunts, il y a des *nganga* à qui on attribue un empire
sur les forces multiples cachées dans les « vertus » du monde extra-humain.
En premier lieu le *nganga* est un bienfaiteur qui allège les terreurs qu'ins-
pirent aux croyants ces forces à l'ordinaire latentes, mais capables de
devenir aggressives, selon le principe que ce qui est doit agir. Il les prémunit d'amulettes. Mais il se sert également de la maîtrise qu'il a sur ces
secrets pour guérir, ou, au moins, adoucir les maux physiques et spirituels ; par des talismans il amène des changements que ses clients désirent
et que la cruelle destinée leur a refusés ; en outre il dévoile les mystères
que cache l'avenir.

Les indigènes ne font pas une démarcation rigide entre la magie et les
pratiques qu'on est convenu malheureusement d'appeler le fétichisme ;
pour eux la différence entre les deux n'est pas de substance, mais de
mutabilité et de sphère d'action. Les talismans et amulettes sont simples,
c'est-à-dire ils contiennent la vertu d'un seul ingrédient à une seule action

et ne sont qu'au service de leur propriétaire ; les fétiches sont composites, contiennent un nombre plus ou moins grand de substances puissantes, ce qui leur assure une action multiple, et ils sont, en règle générale, au service du grand public. La forme anthropomorphe ou autre n'y a rien à voir. Amulettes, talismans et fétiches sont activés par les mêmes forces dynamistiques asservies par la science du *nganga*.

L'indigène, philosophe à sa façon, ne peut pas concevoir un pouvoir qui n'agit que pour le bien et demande souvent au *nganga* qu'il serve sa vengeance privée en mettant en action les maléfices que légitimement il devrait combattre. Celà s'appelle la magie noire et des auteurs de l'éminence de Sir James Frazer ont confondu ces pratiques avec la sorcellerie En ce qui concerne les Bantou en général et mêmes d'autres peuplades africaines qui ont subi une influence bantou, cette identification n'est pas soutenable. La magie, blanche ou noire, ne sert que ceux qui la sollicitent. tandis *kindoki*, la sorcellerie, est une condition dans laquelle sa personnification, *Muloki*, impose sa volonté à ceux qui en sont coupables. Le *ndoki*. l'individu désigné comme sorcier, est son instrument innocent, souvent passif et inconscient. C'est à tel point vrai que *kindoki* tue fréquemment le pauvre *ndoki* lui-même dans lequel il est logé. Notons encore l'antagonisme notoire entre le sorcier et le *nganga* dont c'est une des principales fonctions de protéger la communauté contre le sortilège et de dénoncer ceux qui en sont coupables.

La sorcellerie est la possession du sorcier par *Muloki*, qui, comme l'indique le préfixe *Mu.* a une personnalité. Sous son empire irrésistible le malheureux sorcier ne songe qu'à la destruction des âmes, directement, en les dévorant par un procès lent qui se manifeste en maladie, ou bien indirectement en causant la stérilité qui met fin à la production d'âmes nouvelles, ou plutôt à la perpétuation des âmes sur terre. Cet acharnement contre les âmes suggère l'hypothèse que *Moloki* est le fantôme d'une divinité ancienne, changée en esprit malin par la terreur d'antan qui a survécu à sa déchéance. Détrôné par les ancêtres divinisés d'une race conquérante, le dieu autochtone leur a voué une haine irrépressible qui se manifeste dans ses attaques aux âmes dans lesquelles ils se perpétuent. Sans relâche il travaille à leur destruction, aspirant à regagner son empire sur la terre. Des analogies d'un développement pareil ne manque pas dans d'autres religions.

Colonel CONSTANTIN

UNE LOCUTION D'ARGOT VENUE DU FOLKLORE AGRAIRE

Isaïe DHARVENT

Archéologue.

LES PIERRES A FIGURES ANIMÉES DU PALÉOLITIQUE
Période acheuléenne et moustérienne.

PRÉSENTATION DE PIERRES ET PHOTOGRAPHIES

CONFÉRENCES

CONFÉRENCES FAITES PENDANT LE CONGRÈS

Vendredi 26 juillet

M. le Professeur Léon BERNARD

(LE PROBLÈME DE L'HÉRÉDITÉ TUBERCULEUSE)

Samedi 27 juillet

M. le Professeur PERROT

(CUEILLETTE ET CULTURE DES PLANTES MÉDICINALES
ET A PARFUM)

Lundi 29 juillet

M. FONTÈGNE
Directeur du Service d'Orientation professionnelle
à l'Enseignement technique

(L'ORIENTATION PROFESSIONNELLE)

TABLE DES MATIÈRES

CONGRÈS DU HAVRE

SÉANCE GÉNÉRALE D'OUVERTURE

ASSEMBLÉE GÉNÉRALE

SÉANCES DES SECTIONS

1er GROUPE. — SCIENCES MATHÉMATIQUES

1re SECTION. — *Mathématiques.*

2e Section. — *Astronomie, Géodésie, Mécanique.*

11ᵉ Section. — *Anthropologie.*

12ᵉ Section. — *Sciences Médicales.*

15ᵉ Section. — *Sciences pharmaceutiques.*

TABLE ANALYTIQUE

ÉDITÉ PAR
L'ASSOCIATION FRANÇAISE
POUR
L'AVANCEMENT DES SCIENCES
28, Rue Serpente, Paris (6e)

SORTI DES PRESSES DE
L'IMPRIMERIE BARNÉOUD
— A LAVAL —